New Concept Electrocardiogram

新概念心电图

（第5版）

郭继鸿　著

北京大学医学出版社

XIN GAINIAN XINDIANTU（DI 5 BAN）

图书在版编目（CIP）数据

新概念心电图 / 郭继鸿著 . —5 版 . —北京：北京大学医学出版社，2021.11
　　ISBN 978-7-5659-1612-0

　　Ⅰ . ①新… 　Ⅱ . ①郭… 　Ⅲ . ①心电图
Ⅳ. ① R540.4

　　中国版本图书馆 CIP 数据核字（2021）第 207511 号

新概念心电图（第 5 版）

　　著：郭继鸿
出版发行：北京大学医学出版社
地　　址：（100191）北京市海淀区学院路 38 号　北京大学医学部院内
电　　话：发行部 010-82802230；图书邮购 010-82802495
网　　址：http://www.pumpress.com.cn
E-m a i l：booksale@bjmu.edu.cn
印　　刷：北京金康利印刷有限公司
经　　销：新华书店
责任编辑：高 瑾　　责任校对：靳新强　　责任印制：李 啸
开　　本：889 mm×1194 mm　1/16　　印张：56.5　　字数：1955 千字
版　　次：2021 年 11 月第 5 版　2021 年 11 月第 1 次印刷
书　　号：ISBN 978-7-5659-1612-0
定　　价：298.00 元

郭继鸿教授

第 5 版前言

转眼已是辛丑年的谷雨时节，又是远山青染，气爽心悦的四月天。细落的微雨，因益于田间谷物而得谷雨的雅名。看那一眼望穿的鲜绿麦苗，正饮着雨水拔节吐穗。正是春好不虚度，只要勤奋就会五谷丰登。

携盎然绿意，欣然提笔为第 5 版《新概念心电图》作序。可以想象，但凡一书到了 5 版，无论是人文经史，还是自然科学论著，都表明已得到社会与读者的高度认可，而这种认知无论对作者、对出版社都是一种难得的信任与荣誉。而伴其来的则是作者倍觉责任的加重，唏嘘新版之作真能不负众望。

科学最大的属性就是不停地前行，不断驶向彼岸。而科技专著作为科学理论的文字载体，天经地义地要与时俱进，将科学巨轮前行的每一足迹、每一动向都在第一时间反馈给读者。即使有些还在襁褓中，哪怕刚露出一线光亮，也要不遗余力地传播。有时就是这微弱之光，却能引出一片新光芒，照亮一域新天地。

翻开《新概念心电图》第 5 版目录，你很快就能感受新版的三大特点：修订深入、扩版幅广、内容前沿。修订深入是对前版内容纵深细致的修改，几年来心电学理论大幅度的更新，推出的新视点、新理念，敦促着对前版内容的更新增补，为昨日的经典增添今天的新活力。扩版幅广是指本次从第 4 版撤下 23 篇文章，其内容多为读者熟知，同时有 25 篇新文章首次入围，占新版总篇幅的 25%，使新版容量得到大幅扩充。这些更为前沿的文章，可让读者耳目一新，视野洞开，提高了第 5 版的可读性、前沿性和实用性。因此，新版的《新概念心电图》蕴含着对心电学新理念的更高认知力。

举例而言，4 版后的近几年，心电学的一个新热点集中在室性与室上性心动过速的精准诊断与鉴别，这与方兴未艾的心脏电生理的进展与消融术根治心律失常的快速进展戚戚相关。新的诊断技术能给各种室性心动过速更加精准定性、定位，使消融术根治室性心动过速的成功率显著提高。有鉴于此，第 5 版收录了"迷走性心动过速的积分法""室性心动过速的积分法"等重要文章。

此外，第 5 版对心电图新推出的 Bays 综合征、Wellens 综合征、I_f 通道、晚钠电流抑制剂、新药伊伐布雷定等专题做了浓墨重彩的介绍，并对胺碘酮、普罗帕酮等老药的新用、指南新的推荐意见做了深入阐述，将对临床医生有着重要的指导与提高作用。

纵览《新概念心电图》5 版后，你会发现，跨越了二十余年的五本同名专著，在专业理念上有着惊人的循规蹈矩、一脉相承。其大胆打破了心电图学既往的阐述模式，以全新的理念与视角，对心电图理论做了更深层面的纵向论述，对这项百年不衰的诊断技术做了空前拓展，益于专业人员的革故鼎新。与此同时，全书的文章又各自独立，属于非系统性论述。其严守初心、主旨不变，矢志不渝地给心电图学注入新血液，赋予新使命，绝不囿囿于单纯的心电图形，而是渗其精髓，入木三分。

明眼者知，《新概念心电图》前几版均五年一新，而本版却与第4版相隔七年。显然，其受到新冠病毒对人类猖獗逆施的影响。近两年，肆无忌惮的新冠病毒打乱了人类生存、生活与工作秩序，使第5版的修订拖延了两年。至今，灾难仍在，使第5版的收官工作推延到2021年的暮春时节方才竣工。

眼下，第5版《新概念心电图》沐浴着四月天的谷雨，携带着种桃、种李、种春风的爽快心情，在令人惬意的时节破土萌出了。窗外暖风不燥，风光秀瑰，看春花未尽，夏花又盛。在这春花春雨中新卷在握，让我们心中有梦、有爱，让生活有诗、有花，使一路种树栽花人的心中，春意长存长在。

新版面世之际，我要衷心感谢所有读者对第5版《新概念心电图》的厚爱与耐心等待，感谢北京大学医学出版社的包容和一如既往的扶持，还要感谢本书助理张丽萍女士，全书每幅精致的图表都浸透着她的智慧与付出。

每版序言多以励志之言结束，那是为了事业走得更远，渴望读者前行得更快。第5版序言和各位同仁共勉的是"选择了登顶，就不怕跌宕；选择了远方，就要拿出坚强！"

郭继鸿

二〇二一年四月于北京

第4版前言

做事拖沓是不少人很难逾越的难关，正是这一软肋使《新概念心电图》第4版的修订一拖便是几年，最终拖到了甲午之年。庆幸的是第4版扩充与修订的幅度大，全书更充实的内容使人耳目一新，再加上全书全彩色印刷，使85%以上的示意图与心电图实例均为彩色，这使全书赏心悦目，颇具新意，令人略感慰藉。

正如本书第1版前言所述，《新概念心电图》不是心电图教科书，书中的内容各自独立，并非系统性编排。几版来，其致力于引进和介绍心电学领域的前沿热点、概念的更新、新技术的应用等。精读本书的读者能深刻感到，心电学如同海水潮汐，一浪胜过一浪，并不时撞击出新的浪花；让你由衷感到这一学术天地就像一个变化不竭的万花筒，新景好戏连番不断。这些层出不穷的新知识、新视野让人吃惊、让人兴奋，诱人猎取而不弃舍。读者还会切身感悟到，在其广袤的学术瀚海中，蕴藏着无限奇妙，除惊叹不止外，还能深感那顽强巨大的生命力，还让你豁然明朗：为什么她在百年的坚挺中久盛不衰，青春与活力永驻。这就是科学的永恒属性——永不停息的前行与发展，而探索者永远不能到达彼岸。

与前三版不同，第4版除内容拓宽和更加跟进前沿外，新版将全书内容改为以篇章为序，将书中内容集结在十大旌旗下，重新组合，统一编排，使书中相似内容集结在一起，并能对心电学领域的进展更清晰地分类，形成整体框架与印象。

与前三版还略有不同的是，第4版的内容更贴靠临床，更密切结合心脏电生理的验证与诠释。这体现出多年来我们不遗余力地倡导心电图的两个方向：一是更紧密围绕着临床需求，直接为医疗一线服务。绝不把心电学束之高阁，或将其误导为图形学。相反，其始终是临床疾病诊治的重要手段。如果将治病喻为一场球赛，那心电图绝不是赛场周围的观众，而是参赛的队员。每次进球如同患者的诊治出现了新转机，这里饱含了心电学检测技术的贡献。二是要与心脏电生理，包括无创食管心脏电生理检查技术更紧密结合，验证心电图的诊断，探求其发生机制，寻找最佳治疗。

还应指出，修订后的第4版仍有不少遗憾。首先是全书涵盖的专题多、领域广，使新的修订本未能如愿地涵盖更多的精品文章，使每个专题最新进展的介绍尚存顾此失彼的情况。其次是近一百篇内容各异的文章林立，使各章节内容存在少许的交叉重叠，甚至插图也有重复应用，但为各专题论述的完整性有时不得不为之。另一遗憾是全书的篇幅有限，遴选全书内容时，常有忍痛割爱之况，使有些内容未能入围第4版。正是这些不足与遗憾，将成为我们撰写第5版的新动力。

踏进马年，人们总会脱口道出：策马奔腾、马到成功等成串的吉言。而久怀忧国之心的我却把马年与甲午年相联而思。一提甲午年就让人想到双甲子前的甲午海战，未消两时辰，大清帝国赫然有名的北洋水师惨遭全军覆没，并在随后马关条约第三次谈判后，日本枪手的暗杀子弹射入大清帝国首席代表李鸿章的左面颊。还让人想到六年后李鸿章再次忍辱负重，签署再辱中华的辛丑条约并积劳猝死在贤良祠居所的床榻上，只在那空荡而败落的贤良祠正厅留下他"含谟吐忠"四个让人心酸的大字。屈辱的历史常让人仰天长叹、低头反思，常能点燃我们心中那永不平复的火种，激发国人自强自立的信念，激起为国为民的斗志，并在每位中华儿女的心中油然升起神圣的使命感。甲午耻，犹未雪，国人恨，何时灭！凭借这股强劲的爱国之心与使命感，尽绵薄之力，筑我中华新长城。

第4版前言收笔之际，我想用美国哈佛大学图书馆的一句馆训与各位读者共勉："现在去睡觉一定能做个好梦，而继续读书，能将好梦变为现实。"衷心希望《新概念心电图》第4版能使每位读者受益，衷心祝愿每位读者朋友天天进取，学有所成。

郭继鸿

甲午年顿首致谢

第3版前言

是心电学日新月异持续不断的进展，是我对心电图应用与理解的逐步加深，是心电图工作者对新知识、新技术的追求与渴望，以及读者对本书前两版的信赖与首肯，促进了《新概念心电图》第3版的修订问世。

稍加思考就能发现，当今心血管领域多数重要的发展都与心电学休戚相关。射频消融术使无数的快速性心律失常得到根除，使患者彻底告别疾病恢复健康。埋藏式心脏复律除颤器（ICD）的问世与应用，迈出了人类征服心脏性猝死的一大步；新近提出的短QT间期综合征、2相折返、SCN5A疾病都属于心电疾病，都要经心电图或心电学各种方法做出诊断。为阐明心电学极为重要的临床作用，不妨回顾几个令人瞩目的心血管病综合征。众人皆知的预激综合征于1930年由Wolff、Parkinson、White三人共同提出，其包括短PR间期、δ波、宽大畸形的QRS波心电图三联征，这种特征性的心电图表现加上心动过速的病史则构成预激综合征。预激综合征合并的折返性室上性心动过速属于0相折返，射频消融根治性治疗的成功率几乎100%。无独有偶，事隔60年，1991年西班牙的Brugada兄弟提出了另一个综合征，其特征性的心电图三联征表现为：右胸导联的类右束支阻滞（J波），下斜型ST段抬高及T波倒置。不同的是其合并心动过速的机制是2相折返，常合并的心律失常是心室颤动与猝死，结合病史和心电图表现则构成了Brugada综合征。显然，Brugada综合征的本质也是一个心电图综合征，尽管提出仅仅16年，却挽救了不少人的生命。因此，心电图学一直处于发展中，一直不断涌现着新的建树与突破，这些显著的特征使其百年久盛不衰。

显然，第3版的内容希望更能充分反映心电学的这些新亮点。在原来内容的基础上，第3版增补了约三分之一的新内容。例如，"短QT间期综合征""Lambda波""窦性心率震荡现象""不应期重整""心脏震击猝死综合征"等。除此，又对原书保留下的内容也做了修改、补充及完善。可以肯定，不论内容还是学术水平，《新概念心电图》第3版都上了一个新台阶。

正值新版修订即将完成之际，慈祥的母亲不幸辞世，悲痛欲绝的我挥泪写下："哪里有阳光，哪里就有芳草绿地；哪里有母亲，哪里就有伟大的爱。"这凝聚着我心中的感恩之情，连同本书一起献给已在琼岛仙阁但仍然注视和关心我的慈母。

"功崇惟志，业广惟勤"，这是清朝乾隆大帝勉励自己的座右铭，是说每个人的成就与功绩都要靠坚定不移的意志和信念来完成；要靠不懈的努力与勤勉来实现。这种励精图治的情怀，至今仍对我们有一定的启迪和教益。

郭继鸿
二〇〇七年十月三日于北京

第2版前言

《新概念心电图》自 1999 年面世至今已有三载春秋，未曾始料该书出版竟得到了众多医学同道的支持、鼓励、关心与厚爱，一时间竟脱销两次，令人感动而慰藉。

初版后的三年中，心电图基础理论的研究、心电图特殊现象的研究、心电图的临床应用，以及心电相关的无创检查新技术等诸多方面均出现了不少新观点与进展。无疑，这些对临床医师及心电图医师的知识更新都是必不可少，再版中在这些方面都有相当篇幅的阐述与增补，与第 1 版相比，2 版的篇幅增多了一倍以上。

在新版增添的内容中，部分是在原来资料基础上的扩充，以"二联律法则与长短周期现象"一文为例，初版仅侧重室性心律失常，再版中对房性心律失常中的长短周期现象也做了详尽阐述。增补的内容中，不少属于心电图基础知识的范畴，例如"不应期与心电图""折返与心电图""节律重整与心电图"，这些不仅能提高临床及心电图医师的理论水平，也能提高其心电图的分析和阅读能力，对心电图与心脏电生理的有机结合与渗透也十分重要。此外，新增内容中更强调心电图的诊断与临床心血管疾病之间的结合，以 Lev 病为例，Lev 病属于老年双束支阻滞的一种心电疾病，其与老年心脏钙化综合征、老年退行性瓣膜病变间的关系密切。心电图与临床间更为紧密的联系，使过去 Lev 病只能在尸检后才能确定诊断，发展到当今，在患者生前便可被明确诊断。

《新概念心电图》的再版，正值心电图临床应用百年庆典之际。从 1902 年 Einthoven 开创心电图技术至今的百年中，心电图的重要性不仅久盛未衰，反而应用价值有增无减，成为临床医学的四大常规检查项目。其诊断水平也逐渐升高。以先天性长 QT 间期综合征为例，如今，经体表心电图的详尽分析，几乎能 100% 对患者基因突变的类型与位点做出诊断，出现了分子水平的心电图诊断。

在新版《新概念心电图》问世之际，如同第 1 版前言中我们强调的那样：《新概念心电图》不是新概念心电图学，因为这些文章各自独立、属非系统性论述，但也不同于心电图新概念，因为作者的目的不是单纯想使读者多了解几个新的名词、新的概念，而更希望读者在浏览这些抛砖引玉的文章后，能引发对心电图更深层次的理解，形成一个宏观的全新概念，进而拓宽心电图的应用空间，使其发挥更大的潜能，更好地为临床医学服务。

居里夫人说过："科学家的任务就是要点燃科学道路的路灯。"《新概念心电图》称不上路灯，但衷心希望它能成为一支闪亮的蜡烛。

郭继鸿
二〇〇二年四月于北京

第1版前言

自 1887 年 Waller 记录出人类第一份心电图至今已整整 112 年了。心电图技术的问世极大提高了心脏生理学研究水平，提高了心血管疾病的诊断能力，甚至使整个临床医学都发生了改观。为此，对心电图创立与发展做出巨大贡献的 Einthoven 荣膺了 1924 年诺贝尔生理学或医学奖。

在心电图百年发展史中，1942 年，导联系统最终完善为至今沿用的 12 导联系统；1960 年，动态心电图（Holter）技术开始用于临床，使心电图对心肌缺血和心律失常的诊断能力大为提高；1968 年，Scherlag 创立的心导管记录希氏束电图的方法问世；1971 年，Wellens 完善的心脏程序刺激方法为现代心脏电生理学的发展奠定了基石；1982 年和 1986 年先后开展的快速性心律失常的直流电消融、射频消融揭开了心律失常非药物治疗的新纪元。

心脏电生理学近年来日新月异的发展，使心电学领域的知识呈爆炸性扩充和积累，使很多传统观点发生了根本性变化。这种形势下，临床医师和心电图工作者必须在心电学方面进行较大范围、有一定深度的知识更新，才能使心电图检查更好地为临床服务。为此，我们选择了近年来已发表的比较重要的文章汇集成《新概念心电图》一书，奉献给医学同道。应当说明，《新概念心电图》不是新概念心电图学，因为这些文章各自独立、属于非系统性论述，但也不同于心电图新概念，因作者的目的不是单纯想使读者了解几个新名词、新概念，而更希望读者在浏览这些抛砖引玉的文章后，能引发对心电图更深层次的理解，形成一个宏观的全新概念，进而拓宽心电图的应用空间，使其发挥更大的潜能，更好地为临床医学服务。

郭继鸿
一九九九年十二月于北京

目　　录

心电基础新概念

第一篇

第一章

心脏电机械耦联

心脏有两种基本功能和基本的活动形式：电活动和机械活动。在每一个心动周期中都是电活动在前，机械活动在后，两者相差 40～60ms，形成了兴奋与收缩的耦联。人们常把心脏比喻为循环系统中的一个动力泵，更确切地说心脏是一个电驱动的机械泵。

兴奋与收缩或电和机械活动之间形成的耦联是心脏生理学和心脏病学中的一个基本概念，其对深刻理解心脏的生理功能与病理改变有着重要意义，对心电图及各种心电现象与临床关系的认识和理解也有重要作用。

一、兴奋与收缩耦联的基本概念

正常心肌电激动和机械收缩耦联的间期平均约 50ms，即心肌电激动和动作电位起始约 50ms 后开始机械性收缩，并在动作电位复极到一半时出现收缩的峰值，而复极完毕时开始舒张。这种心脏的电激动经过转导引起心肌收缩、心肌收缩强度变化的现象称为兴奋与收缩耦联。

兴奋与收缩的耦联现象是在 20 世纪 60 年代，通过膜片钳技术最终在心肌细胞水平得到证实的。在哺乳动物的单个心肌细胞去极化后，可以看到该细胞两种类型的收缩反应。①位相性收缩：最先出现，快捷而持续时间短；②张力性收缩：位相性收缩之后，持续到动作电位复极后完成。不论哪种收缩，其与心肌细胞兴奋之间的耦联因子都是 Ca^{2+}（图 1-1-1）。

业已明确，兴奋与收缩之间的相互作用呈双向性，两者间的反向作用称为机械电反馈，该作用依赖牵张力激活的离子通道。这一反向作用表现为心肌细胞及心肌组织机械收缩的张力、长度与方位的变化能够影响心肌细胞和组织的电位与兴奋，影响心脏的电功能。

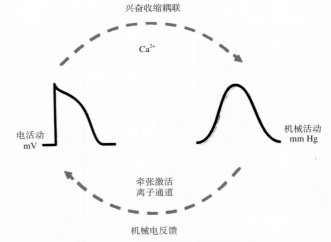

图 1-1-1　心脏的兴奋收缩耦联示意图
图中显示电和机械活动之间的相互作用呈双向性

总之，心脏的电与机械功能完全被整合成一体，深入探讨与研究两者的相互作用可能为顽固性心脏疾病，尤其是致命性心律失常的治疗和预防提供新线索。

二、兴奋与收缩耦联的发生过程

兴奋与收缩耦联的间期为 40～60ms，两者耦联的因子为 Ca^{2+}，而耦联的过程并非十分复杂。

（一）Ca^{2+} 跨心肌细胞膜的转运

Ca^{2+} 是心肌兴奋与收缩的耦联因子，Ca^{2+} 跨心肌细胞膜的转运，钙稳态与钙瞬变等概念十分重要。

1. 心肌细胞的钙稳态

钙的稳态表现在 3 个方面：①舒张期钙稳态：此时心肌细胞内 Ca^{2+} 浓度为 10^{-7}mol/L，细胞外 Ca^{2+} 浓度为 10^{-3}mol/L，细胞外 Ca^{2+} 的浓度是细胞内浓度的 1 万倍，这使 Ca^{2+} 可顺浓度阶差跨过细胞膜转运到细胞内，尤其当细胞膜对 Ca^{2+} 的通透性升高时；②收缩期钙稳态：心肌收缩时，细胞内游离的 Ca^{2+} 浓度骤然升高 100 倍（从 10^{-7}mol/L 升高到 10^{-5}mol/L），而收缩期后，在很短时间细胞内游离 Ca^{2+} 的浓度回降

100 倍后（降回到 $10^{-7}mol/L$）才能引起心肌舒张；③心肌细胞和组织的收缩力受细胞内 Ca^{2+} 浓度的调控，能够改变钙稳态的药物及其他因素都能影响心肌收缩力。当钙稳态被破坏时，细胞内 Ca^{2+} 的浓度异常升高（Ca^{2+} 超载），只要持续几秒就能引起细胞不可逆损害。

2. Ca^{2+} 的跨心肌细胞膜转运

Ca^{2+} 跨心肌细胞膜的转运主要经以下途径：

（1）细胞膜上的 Ca^{2+} 通道：该通道激活后，Ca^{2+} 经开放的通道进入细胞内，其包括电压依赖及受体操纵性两种 Ca^{2+} 通道（图 1-1-2）。

1）电压依赖性 Ca^{2+} 通道：包括 L 型和 T 型两种，都参与心脏自动节律性的产生（图 1-1-3）。其中 L 型 Ca^{2+} 通道激活开放的阈电位−40mV，开放后失活很慢，可被二氢吡啶类药物阻断，故又称为二氢吡啶受体，参与心肌兴奋收缩的耦联过程。其与肌浆网的 Ryanodine 受体 (RyR_2) 的关系密切，可触发后者快速释放 Ca^{2+} 而引起心肌收缩。

2）受体操纵性 Ca^{2+} 通道的作用与机制尚不清楚。

（2）Na^+-Ca^{2+} 交换体：Na^+ 与 Ca^{2+} 跨心肌细胞膜的耦联交换呈双向性，交换时每 3 个 Na^+ 交换 1 个 Ca^{2+}。收缩期 Ca^{2+} 内流，3 个 Na^+ 从细胞内向外排出的同时耦联 1 个 Ca^{2+} 内流；而舒张期 Ca^{2+} 外流，此时 3 个 Na^+ 从细胞外内流的同时耦联 1 个 Ca^{2+} 外流。兴奋收缩耦联过程中的舒张期，Ca^{2+} 的浓度必须在极短时间内迅速下降才能引起舒张，其中 80% 的 Ca^{2+} 经肌浆网重摄取，另外 20% 的游离 Ca^{2+} 则经 Na^+-Ca^{2+} 交换体排到细胞外，因此，Na^+-Ca^{2+} 交换体对心肌舒张功能的作用十分重要。

（3）Ca^{2+} 泵：Ca^{2+} 泵又称 Ca^{2+}-ATP 酶，其功能是将胞浆的 Ca^{2+} 转运到心肌细胞外，这是一种耗能的逆浓度差转运，钙泵将心肌细胞内的 Ca^{2+} 向细胞外的转运对于心肌收缩张力的调控也很重要。转运中分解和消耗 1 分子的 ATP 可泵出 1 分子的 Ca^{2+} 到细胞外，同时交换 H^+ 进入细胞内（图 1-1-2）。

（二）Ca^{2+} 跨肌浆网的转运

肌浆网（sarcoplasmic reticulum，SR）是分布于整个心肌细胞内纤细的网状结构，其肌膜结构类似细胞膜的双层脂质结构，对 Ca^{2+} 有摄取、释放、储存三大功能，起到调节细胞内游离 Ca^{2+} 浓度的关键性作用，也是心肌细胞收缩与舒张的最重要决定因素。

肌浆网释放和摄取 Ca^{2+} 主要通过 RyR_2（ryanodine receptor）受体和 IP_3 受体两个家族调控。其特点：①受细胞内游离 Ca^{2+} 浓度的调节而发生肌浆网膜通道的开放与关闭（释放与摄取 Ca^{2+}）；②通道呈快速暴发性开放和关闭，通道暴发性开放仅持续 1 到数毫秒，表现为最大速度的 Ca^{2+} 释放，迅速的释放可使胞质中游离的 Ca^{2+} 浓度骤升 100 倍而引起心肌收缩。心肌收缩后，肌浆网对 Ca^{2+} 发生暴发式的再摄取，细胞质中游离的 Ca^{2+} 迅速摄取到肌浆网后，通道很快关闭。

上述这种细胞质 Ca^{2+} 浓度一定程度的升高引起大量 Ca^{2+} 从肌浆网释放的现象称为钙火花，是钙瞬变的一种形式。

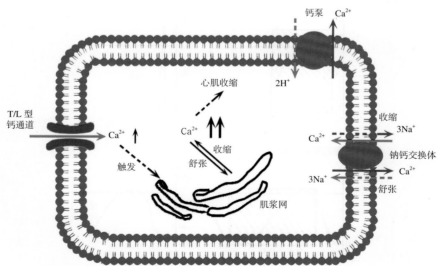

图 1-1-2 Ca^{2+} 跨心肌细胞膜各种转运方式的示意图

（三）Ca²⁺ 与心脏的电兴奋

Ca²⁺ 与心脏电活动有多方面的关系，包括与心脏自律性的相关性，普通心肌细胞的动作电位及不应期，以及在兴奋收缩耦联中的作用等。

1. 与心脏电活动起源的关系

人体心脏电活动起源于窦房结，窦房结内有自律性的起搏 P 细胞属于慢反应纤维，起搏 P 细胞的除极不是因快速的钠内流产生，而是由缓慢的钙内流形成（图 1-1-3B，图 1-1-4B），当膜电位去极化达到阈电位 −40mV 时钙通道激活后开放，Ca²⁺ 带着正电荷缓慢内流并导致窦房结起搏 P 细胞的缓慢除极（0 相）。可以看出，心肌细胞表现出的快、慢反应电位的特点全然不同。

2. 与心房或心室肌细胞电活动的关系

普通的心房肌或心室肌细胞的动作电位表现为快反应电位，其复极的 2 相平台期主要是缓慢而持续的 Ca²⁺ 内流形成。当膜电位约 −55mV 时，T 型和 L 型 Ca²⁺ 通道相继被激活而开放，Ca²⁺ 沿较高浓度跨膜缓慢内流，这种缓慢而持续的内流使细胞膜内的电位保持在较高水平并形成 2 相平台期（图 1-1-3，图 1-1-4）。Ca²⁺ 通道的失活比激活更慢，使钙内流微弱而时间持久，2 相平台期及钙内流不仅与心房、心室肌细胞的动作电位时程及不应期有关，也和电兴奋引起心肌的收缩有关。所以，Ca²⁺ 对心脏电活动的作用至关重要，关系密切（图 1-1-3，图 1-1-4）。

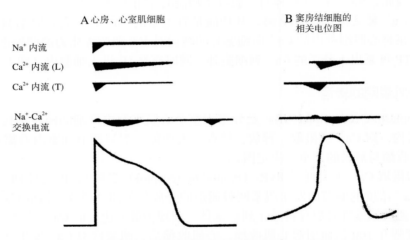

图 1-1-3 Ca²⁺ 在自律性及非自律性心肌细胞动作电位中的不同作用

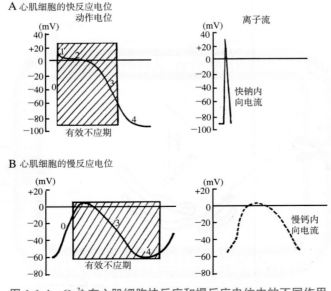

图 1-1-4 Ca²⁺ 在心肌细胞快反应和慢反应电位中的不同作用

（四）Ca²⁺ 与心肌收缩

心肌的收缩和舒张主要由心肌细胞肌凝蛋白（粗肌丝）和肌动蛋白（细肌丝）两种收缩蛋白共同完成。

舒张期在两者之间存在位阻效应，即原肌凝蛋白丝在肌钙蛋白的作用下，阻碍了肌凝蛋白和肌动蛋白的接触及发生横桥滑动，因而保持舒张状态（图 1-1-5A）。

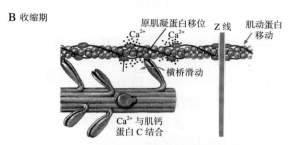

当心肌细胞质游离的 Ca²⁺ 达到一定浓度时，游离的 Ca²⁺ 与肌钙蛋白 C 形成复合物，造成原肌凝蛋白丝的位置移动，使原来存在的位阻效应去除，肌凝蛋白的横桥（头部）与肌动蛋白接触而发生同步的横桥及肌动蛋白细肌丝的滑动，本来已位于肌节中央部位的肌凝蛋白通过自己的横桥滑动而拉动肌动蛋白细肌丝向肌节中央方向滑行一定距离，结果肌节长度缩短而产生收缩，因此心肌收缩的本质是肌动蛋白细肌丝随着横桥的一种滑动，而不是肌丝的真正短缩（图 1-1-5，图 1-1-6）。

图 1-1-5　心肌收缩时横桥滑动的示意图
A. 舒张期出现的位阻效应阻碍了肌凝蛋白与肌动蛋白的横桥滑动；B. Ca²⁺ 与肌钙蛋白 C 结合后产生去位阻效应，进而引起收缩时的横桥滑动

当心肌细胞质中 Ca²⁺ 的浓度降低时（肌浆网摄取 80%，Na⁺-Ca²⁺ 交换体排出 20%），Ca²⁺ 与肌钙蛋白 C 解离，使原肌凝蛋白丝又回到原来的位置而产生位阻效应，使肌凝蛋白的横桥和肌动蛋白的接触再次分离而退回原位置，肌节伸长而舒张。因此，胞质中游离 Ca²⁺ 的增多，起到关键性的消除位阻效应而引起收缩，当 Ca²⁺ 浓度下降时，位阻效应重新出现而形成舒张（图 1-1-5，图 1-1-6）。

（五）心肌兴奋与收缩耦联过程的三部曲

1. 钙瞬变

钙瞬变是指心肌细胞动作电位或其他原因引起心肌细胞内游离 Ca²⁺ 浓度迅速波动的现象。换言之，心

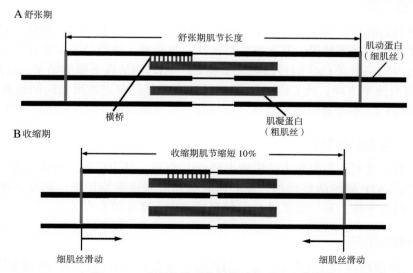

图 1-1-6　心肌收缩时横桥滑动的平面示意图
A. 舒张期：肌动蛋白细肌丝距肌节中央较远，肌节较长；B. 收缩期：横桥滑动后，肌动蛋白细肌丝向肌节中央移位使肌节缩短 10%，产生收缩

肌细胞外的 Ca^{2+} 经 L 或 T 型通道进入细胞内并触发肌浆网暴发性释放大量 Ca^{2+}，使心肌细胞内游离 Ca^{2+} 浓度骤然升高 100 倍，这种类型的钙瞬变又称钙火花。

2. 去位阻作用

心肌细胞的肌凝蛋白与肌动蛋白在舒张期呈分离状态，这是原肌凝蛋白丝将两者隔开的结果。当胞质内骤然升高的 Ca^{2+} 与肌钙蛋白 C 结合后产生去位阻效应，即原肌凝蛋白丝的移位使肌凝蛋白的横桥发生滑动并同时拉动肌动蛋白细肌丝向肌节中央移位，产生心肌细胞的收缩。

3. 位阻效应重现

舒张期心肌细胞内的肌浆网重新摄取胞质中增高的游离 Ca^{2+}，以及 Na^+-Ca^{2+} 交换体将部分游离的 Ca^{2+} 排出细胞外，结果胞质中游离 Ca^{2+} 浓度降低并与肌钙蛋白 C 分离，位阻效应重新出现而发生心肌的舒张。

因此，Ca^{2+} 在心肌的兴奋与收缩耦联现象中起到递质样作用，十分关键。

三、心脏的兴奋收缩耦联与临床

（一）心肌兴奋收缩耦联的几种类型

1. 正常的兴奋收缩耦联

正常时，心房或心室肌细胞和组织发生兴奋后，间隔 40～60ms 开始收缩，继而舒张。

2. 兴奋收缩的脱耦联

兴奋与收缩的脱耦联又称电和机械的分离，由于心肌细胞内的肌浆网储存 Ca^{2+} 的数量本来就比骨骼肌少，因而其对心肌细胞膜外的 Ca^{2+} 内流以及触发肌浆网释放 Ca^{2+} 的依赖性较大，这使心肌细胞外的 Ca^{2+} 浓度对心肌收缩力的影响较大。当细胞外 Ca^{2+} 浓度降低时心肌收缩力减弱。犬的实验表明，实验犬呼吸停止后，心脏的机械活动仅能维持 10min，而心电活动则可维持 50min。临床中，很多临终患者在一段时间能够记录到缓慢的心电活动，但同时却无心音和血压，形成电与机械功能的分离。

3. 兴奋收缩的延迟耦联

兴奋与收缩之间的耦联并非呈"全或无"状态，还存在着一种延迟耦联，这是在各种病理因素的作用下，如缺血、缺氧，使某些心肌细胞或心肌组织兴奋与收缩耦联的间期出现病理性延长，收缩耦联间期可能从正常的 50 毫秒延长到 100 毫秒，甚至几百毫秒，表现为心室电激动形成的 QRS 波已经结束，但某些部位的心室肌相隔较长时间后才开始延迟收缩，造成不同部位心室肌收缩的不同步。心室肌收缩的不同步能显著影响心室功能，是心力衰竭患者一种常见的病理状态。目前，心室再同步化起搏治疗心力衰竭时，不少心力衰竭患者的 QRS 波不增宽，但双室同步化起搏治疗后疗效明显，则属于这种情况。

（二）舒张功能的下降

临床医生经常遇到心脏舒张功能明显减退的患者，例如老年人、肥厚型心肌病、冠心病、高血压患者都可能存在不同程度的舒张功能减退，甚至发生舒张性心力衰竭。动物及临床研究的结果表明，舒张功能的减退常是心肌细胞内肌浆网对 Ca^{2+} 的再摄取速率及 Ca^{2+}-ATP 酶活性下降的结果。这使心肌细胞收缩后，肌浆网对 Ca^{2+} 的再摄取速率下降，或 Ca^{2+}-ATP 酶的活性下降使钙泵逆浓度差向细胞外泵出 Ca^{2+} 的速率下降，结果胞质中游离的 Ca^{2+} 不能及时迅速地回降而导致舒张功能减退。

（三）甲状腺功能与心肌收缩力

甲状腺功能异常时，其对心肌收缩力的影响也经 Ca^{2+} 介导，其中甲状腺功能亢进（甲亢）患者肌浆网 Ca^{2+} 的释放速率和 Ca^{2+}-ATP 酶的活性增加，使心肌收缩和舒张速率均增加。相反，甲状腺功能减退（甲减）患者心肌收缩力明显下降，其与肌浆网 Ca^{2+} 的释放速率下降等因素有关。

（四）洋地黄的强心机制

洋地黄能选择性抑制细胞膜上的 Na^+-K^+-ATP 酶，使心肌细胞内的 Na^+ 外运发生障碍而浓度升高，细胞内 Na^+ 浓度的升高将促进 Na^+-Ca^{2+} 交换体的功能，最终使细胞内 Ca^{2+} 的浓度升高而心肌收缩力增强。

（五）抗心律失常药物

实验及临床资料显示，几乎所有的抗心律失常药物在其产生心脏负性频率和负性传导作用的同时，都伴有负性肌力作用。此外，迷走神经兴奋性增强时也有同样的"三负"作用；而交感神经兴奋性升高时则相反，表现为"三正"作用，即正性变时、正性传导、正性心肌收缩力的作用。电功能的抑制或兴奋与机械功能的抑制或兴奋同步改变的机制，与兴奋收缩耦联直接相关。以交感神经兴奋为例，交感胺与受体结合后，经过一系列酶促反应将引起各种离子通道的功能增强，包括 Ca^{2+} 的内流增加，Ca^{2+} 跨膜内流的增加影响电功能的同时必然增强心肌收缩力。因此，交感神经兴奋时的三个正性作用也呈耦联式同时表现出来。其他因素的类似作用也能以此类推。

四、心脏的兴奋收缩耦联与心电图

心脏的基本功能是电和机械功能，临床中检测这两种功能最常应用的技术是心电图及超声心动图。因此，当怀疑患者有心脏疾患时，医生最先开出的两张检查单常是心电图和超声心动图。超声心动图不仅能检测心脏的形态学，还能检查心脏的收缩与舒张功能。当这两项检查结果都为阴性时，医生则能初步认为患者心脏的基本功能正常，没有太大的问题。

1.经心电图识别心脏电与机械功能的耦联关系

心电图是检查心脏电功能最常用、最简单的方法，临床医生和心电图医生分析心电图时，除了通过心电图的分析了解心脏电功能之外，还应当同时考虑已发生的电活动紊乱与心脏机械功能的关系和可能产生的影响。换言之，通过心电图能将心脏电和机械功能耦联在一起同时考虑，这种分析方法能显著提高对心电图、心律失常及血流动力学影响的理解，提高医生对患者的诊治能力。

心脏的电和机械功能在每个心动周期中都紧密耦联在一起，这意味着，当心肌细胞或组织发生兴奋和电激动后 50ms，应当出现相应的机械活动：先收缩后舒张，对心房肌和心室肌都一样。以心室肌为例（图1-1-7），心电图 QRS 波的起点代表心室电活动的开始，间隔 50ms 时，则是其机械活动心室收缩的开始，左室收缩并向主动脉射血的收缩期一直持续到 T 波结束，因此 QT 间期对心脏电活动而言是心室肌的总不应期（有效不应期＋相对不应期），对机械活动而言是心室的收缩期，T 波结束代表心室收缩期的结束。

在心室收缩期（QT 间期），各部分心室肌先后除极共同形成 QRS 波。其中除极的第一向量为间隔向量，第二为心室体部向量，第三为心室底部向量，先后发生的三个心室除极向量在心电图某些导联分别形

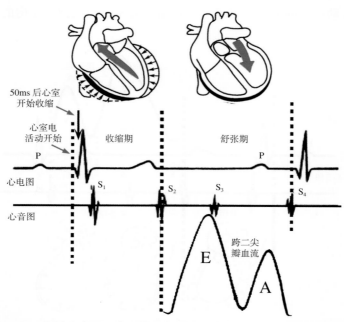

图 1-1-7　通过心电图一个心动周期分析心室电与机械功能的耦联关系

成 Q 波、R 波和 S 波。电活动之后必将触发其机械活动，因此，不同部位的心室肌的机械收缩顺序也将有先有后。但正常时，各部分心室肌收缩力达峰的时间是同时的，当各部位心肌收缩同时达峰时，产生很高的心室内压而冲开主动脉瓣完成射血。因此，QT 间期相当于心室的收缩期，此时主动脉瓣开放，心室呈射血状态。

心室射血结束后，经过等容舒张期心室容积开始扩大及腔内压下降，当心室腔内压下降到比心房平均压还低时，房室瓣（二、三尖瓣）则被冲开，开始了舒张期心室的充盈。此时超声心动图的探头对准二尖瓣探查时，可以记录到舒张期跨二尖瓣血流形成的 E 峰，以及随后的 A 峰，E 峰与 A 峰的持续时间是左室的有效充盈期。

因此，我们分析心电图的一个心动周期时既要看到心电活动，同时也要联想到与之耦联在一起的机械活动，即 QT 间期相当于心室的收缩期，T 波结束到下一个 Q 波的间期相当于心室的舒张期（图 1-1-7）。通过心电图将心脏的电与机械功能紧密联系在一起时，很容易分析出心律失常发生时相关的血流动力学影响。例如心电图常能记录到联律间期不同的室性期前收缩（室早），当室早的联律间期较短时，通过图1-1-7 的分析可知该室早将落入收缩期，而联律间期较长的室早将落入舒张期，甚至形成舒张晚期的室早。稍加分析就能清楚两种室早血流动力学的不同，落入收缩期、联律间期很短的室早出现时，将遇到前次窦性心律心室收缩已将血流射入主动脉后尚未舒张的心室，而本次心室电活动（室早）以及相应的心室收缩有效射血量肯定很少，能引起动脉血压暂时下降，甚至能激惹交感神经。而舒张晚期的室早则相反，与室早耦联的心室收缩时，已有相当数量的心室充盈，因此，几乎不存在上述血流动力学的影响。对于联律间期不同的房性期前收缩（房早）也同样存在不同的血流动力学影响。

2. 经心电图识别房室同步的关系

房室同步是保证正常心功能的一个重要因素。心脏在体内循环系统中所充当的泵功能中，心室将承担 65% ～ 85% 的比例而称主泵，心房承担 15% ～ 35% 而称辅助泵。心室与心房各自承担的比例呈反向变化，二者的总和为 100%。对于二者承担比例的高低，心室是主动的，当心室的收缩与舒张功能正常时，其独立承担的主泵比例能达到 85% 以上，但当心室功能随年龄增大而出现明显的生理性减退及心功能下降时，或因冠心病、心肌病、高血压引起心功能下降，甚至发生心力衰竭时，则心室承担的主泵功能比例将有不同程度的下降。此时心脏对心房辅助泵的协助作用依赖性明显增大，心房辅助泵作用所占心功能的比例就要增高。

心房辅助泵的作用如何发挥和体现呢？从图 1-1-8 可以看出，QRS 波起始 50ms 后心室开始收缩，并向主动脉内持续射血直到 T 波结束、第二心音出现之前。此后心室开始舒张，当心室腔容积变大、心室内压下降并低于心房平均压时，心房的血流将冲开房室瓣，血流从压力高的心房快速向心室充盈，此时跨二尖瓣的血流形成了超声心动图上的 E 峰，随着心房血流向心室不断充盈，左房的平均压逐渐下降，左室充

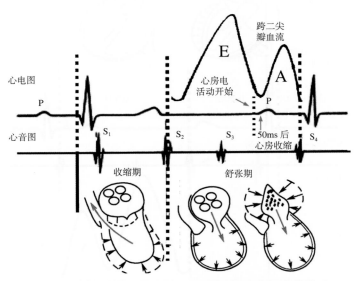

图 1-1-8　通过心电图一个心动周期分析房室同步的关系

盈速率的下降形成了 E 峰的降支。舒张后期，心房除极的 P 波出现，这是窦性激动使心房除极时形成的 P 波，同样心房肌也遵循着兴奋与收缩的耦联作用，在 P 波起始 50ms 后心房的机械收缩将开始，心房的收缩使心房容积变小而内压升高，心房平均压的再次升高将加大左房与左室之间的跨二尖瓣压差，进而再次增加了舒张期心室充盈的血流速度并形成跨二尖瓣血流的 A 峰。因此，心室的有效充盈时间包括心室快速充盈的 E 峰和心房收缩时形成的 A 峰，而舒张期心室有效的充盈是心室再次收缩时每搏量的重要基础。

因此，心房辅助泵的作用发生在舒张期，表现为舒张晚期心房收缩时 A 峰的出现。当左室舒张功能减退时，对心房辅助泵作用的依赖性将增加，则会出现 A 峰的增高，甚至 A 峰幅度高于 E 峰。而当房室的同步性丧失时，则会出现 A 峰的消失，窦性心律时 E、A 双峰先后共存的情况则变成了单峰，心房辅助泵功能的消失将使整体心功能明显受损。

因此房室同步十分重要，适当的 PR 间期能够确保舒张期心房发挥最佳的辅助泵作用。

应当强调，房室同步不是房室同时，其先后适时的顺序发生是维持良好心功能的重要环节。正常时两者的最佳间期为 0.12～0.20s，而心房颤动、三度房室传导阻滞、室性心动过速（室速）时房室同步完全丧失了，主泵和辅助泵共同完成心脏泵功能的情况变成了由心室单独完成和承担，对于有明显器质性心脏病的患者则因心房辅助泵作用的丧失而使心功能明显下降，严重受损，甚至诱发心力衰竭及心功能恶化。

当 PR 间期 <0.12s，或明显 > 0.20s 时，也会出现房室同步不良的情况。PR 间期太短时，临床能够出现左房功能低下综合征，PR 间期过长时（> 350ms）可出现 PR 间期过度延长综合征。这些情况时心功能的受损都能从图 1-1-8 的进一步分析中推导出来。

五、小结

心脏的兴奋与收缩耦联是一个经典的生理学概念，近年来相关研究的进展十分迅速，使这个原来纯基础的概念与心脏病的临床及心电图的直接关系越来越密切。除此，心脏兴奋收缩的良好耦联，房室的同步性对心功能十分重要，这些抽象的关系可以在心电图上形象而具体地体现出来，学会将心电图与这些概念随时"耦联"在一起，将能提高对这些问题更加清晰、透彻及深刻的理解，这对临床和心电图医生都十分重要。

不应期与心电图

第二章

不应期是临床心电图学中应用最多、最广泛的概念。几乎所有的心电图学的概念、现象、法则以及复杂心电图的诊断都与不应期相关。因此，透彻理解不应期及相关概念十分重要。

一、不应期的基本概念

心肌细胞和心肌组织的兴奋性是其四大生理学特征之一，这是指心肌细胞或心肌组织对邻近细胞及组织传导来的兴奋或外来的刺激能够发生反应而激动的特性。一旦心肌细胞或组织发生了除极反应，则立即在很短的一段时间内、完全或部分地丧失兴奋性，这一特性称为不应性或乏兴奋性，除极后不应性所持续的时间称为不应期。从心肌的收缩性而言，一个心动周期由收缩期和舒张期两部分组成。从心肌的兴奋性特点来说，一个心电周期由兴奋期和不应期两部分组成。

体内具有兴奋性的各种组织不应期长短不同，粗大神经纤维的有效不应期为 0.3ms，相对不应期为 3ms，而骨骼肌的兴奋与收缩的耦联间期约为 0.5ms，腓肠肌的不应期为 25 ～ 40ms，收缩频率达 25 ～ 40 次 / 秒，最高可达 100 次 / 秒，以致引起收缩的融合，形成强直性收缩。心肌的兴奋与收缩耦联的间期为 40 ～ 60ms，不应期长达几百毫秒，比神经纤维和骨骼肌明显延长，这可避免心肌发生强直收缩而引起循环骤然停止，心肌不应期较长具有重要的生理意义。

二、不应期的分类

能够稳定引起细胞或组织发生兴奋反应的最低刺激强度称为阈强度，阈强度是衡量兴奋性的指标，阈强度值增高，提示该组织的兴奋性降低，阈强度也是衡量不应性程度的指标。

绝对不应期是指应用高于阈刺激值 1000 倍强度的刺激也不引起兴奋反应的一段时间，称为绝对不应期，临床心脏电生理检查时，不可能应用如此强的刺激，超高强度的刺激只能用于动物实验，因而又被称为生理学的绝对不应期。因此，临床心电图学和心脏电生理学中几乎不用绝对不应期这一术语。

1. 有效不应期

（1）定义：应用比阈强度值高出 2 ～ 4 倍的刺激仍不能引起心肌细胞发生兴奋反应的时间段，称为有效不应期（图 1-2-1）。

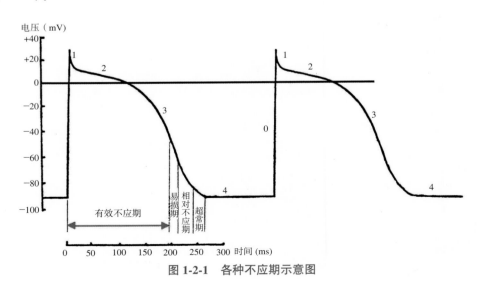

图 1-2-1　各种不应期示意图

（2）持续时间：以心室肌为例，有效不应期为 200 ～ 300ms。在有效不应期中，可以认为一次兴奋反应刚刚发生后，组织的兴奋性从 100% 降为零，完全丧失了兴奋性。

（3）与心肌细胞动作电位的关系：相当于心肌细胞动作电位的 0 相、1 相、2 相和 3 相的前部。

（4）与体表心电图的关系：以心室肌为例，QRS 波的起始标志着心室肌发生了除极反应，此后则完全丧失了兴奋性而进入有效不应期，相当于从 QRS 波开始一直持续到 T 波的前支。

2. 相对不应期

（1）定义：应用比阈强度值高出 2 ～ 4 倍的刺激，能够引发心肌细胞缓慢的扩布性激动反应的时间段称为相对不应期。

（2）持续时间：以心室肌为例，为 50 ～ 100ms。与有效不应期相比，相对不应期明显要短。在相对不应期中，心肌组织和心肌细胞的兴奋性逐渐从 0 开始恢复，此时间段中时间越早兴奋性越低，引起除极反应需要的刺激强度也越高。

（3）与心肌细胞动作电位的关系：相当于细胞动作电位 3 相的后半部分。

（4）与体表心电图的关系：以心室肌为例，相对不应期相当于 T 波的降支，T 波的后半部分，即 T 波的顶峰到 T 波的结束。

上述有效不应期与相对不应期之和称为总不应期。以心室肌为例，QT 间期实际可视为心室总不应期的同义语。先天性长 QT 综合征，可以看成心室不应期先天性延长综合征。而心室肌不应期过度延长时，各部位心室肌之间可能延长得不均衡，出现心室肌的兴奋性、不应期、传导性等电生理特性的明显差异，进而容易发生恶性室性心律失常。临床通过同步记录的 12 导联心电图可以测定 QT 间期离散度，实际测定的也是各部位心室肌不应期的离散度。正常时，该离散度一般小于 30ms，大于 50ms 时常视为异常。存在心肌缺血、心功能不全等病因时，心室肌不应期离散度可增加到 100 ～ 200ms 或以上。如上所述，心室肌不应期离散度越大，恶性室性心律失常及猝死率越高。服用抗心律失常药物时，临床医生要经常记录患者心电图，测定 QT 间期，实际上是监测心室肌不应期的变化。所有抗快速性心律失常药物都要延长心脏各部位不应期，这是其治疗心律失常的机制。不应期延长的初期，药物对各部位心室肌不应期延长是均衡的，因此，QT 间期能从原来基础值逐渐延长到 500ms，如果 QT 间期进一步延长，则可能出现不同部位心室肌不应期延长的不均衡，进而出现不同部位心室肌不应期离散度加大。因此，用药后 QT 间期大于 500ms 时需考虑减少药物剂量，大于 550ms 时则应停药。

临床电生理检查时（心内或经食管），程序期前刺激 S_2 的联律间期常选择逐渐缩短，称为逆（反）扫描。结果在整个扫描中，S_2 刺激先落入兴奋期，然后进入相对不应期，最后进入有效不应期。多数情况下，相对不应期比有效不应期持续时间明显要短。

应当说明，功能性不应期是指心肌组织允许连续通过 2 次激动的最短间期。功能性不应期在临床心电图及心脏电生理学中应用较少。

三、易损期与超常期

在总不应期的时间段内或之后，存在着易损期及超常期。

1. 易损期

（1）定义：心房肌和心室肌在相对不应期开始之初有一个短暂的时间间期，在此期间内应用较强的阈上刺激容易引发心房或心室颤动，称为易损期（vulnerable period）。

（2）发生机制：心房或心室肌的兴奋性在相对不应期逐渐恢复，在其恢复之初，不同部位的心肌组织或细胞群之间兴奋性恢复的快慢差别最大，使这一时间内，兴奋性、不应期和传导性都处于十分不均匀的电异步状态（electrical asynchrony）。此时如果给予一个刺激，兴奋在某些部位易于通过，在另一些部位难以通过，发生传导延缓和单向阻滞，导致折返激动形成。如果许多折返同时出现，则心房或心室的兴奋与收缩都失去协调一致性而形成纤维颤动。

（3）持续时间及心电图相应部位：心房肌的易损期为 10 ～ 30ms，其位于心电图 QRS 波的后半部，即 R 波的降支或 S 波的升支。心室肌的易损期为 0 ～ 10ms，其位于心电图 T 波升支到达顶点前的 20 ～ 30ms 内。当患者心房或心室的易损期存在病理性增宽时，易发生心房颤动（房颤）或心室颤动（室颤）。

（4）易损期的测定：应用程序刺激可以测定心房或心室的易损期。图1-2-2是经食管心脏电生理检查应用S_1S_2程序刺激测定心房易损期。应用反扫描使S_2的联律间期逐渐缩短。当缩短到220ms时，一次S_2刺激则诱发了房颤，而诱发的房颤有其自限性，可以自行终止恢复窦性心律，使检查能继续进行。从图1-2-2可以看出，该患者心房易损期位于S_1刺激后的110～220ms，易损期明显增宽，使这位患者经常发生阵发性房颤。

应用心室程序刺激可以诱发和测定心室易损期，图1-2-3是应用S_1S_2刺激诱发室颤。其中，S_1S_1间期为400ms，S_2刺激与前一个S_1刺激的联律间期为300ms，S_2刺激后，室颤被诱发，这是S_2刺激落入心室易损期的结果。

2. 超常期

（1）定义：在心肌组织的相对不应期之后，正常心肌复极结束之前的一段时间，应用阈下刺激可引起心肌扩布的兴奋反应。此期称为超常期。

（2）发生机制：在心肌组织复极之末，膜电位尚未完全恢复到静息膜电位水平，处于一种低极化电位的水平，而这时的膜电位与发生兴奋反应的阈电位更靠近，更易发生兴奋反应，兴奋性比正常时还要高。超常期后，膜电位达到静息电位，心肌兴奋性完全恢复。

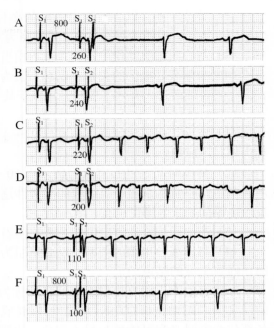

图1-2-2 经食管心脏电生理检查测定心房易损期

应用S_1S_2程序刺激测定心房易损期，S_1S_1间期800ms，S_1S_2间期分别为260ms、240ms、220ms、200ms、110ms及100ms，在C、D、E条带分别诱发了房颤，测定的心房易损期为S_1刺激后的110～220ms之间，落入此间期内的心房激动能诱发房颤。图中数字单位为ms

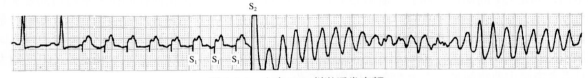

图1-2-3 心室S_1S_2刺激诱发室颤

图中S_1S_1间期为400ms，S_1S_2间期为300ms，S_2刺激诱发了室颤，系S_2刺激落入心室易损期的结果

（3）与体表心电图的关系：超常期可持续几十毫秒，位于心电图T波之后的U波初期（图1-2-4）。临床心电图中超常传导的概念是指传导阻滞发生了意外的改善。以心房扑动（房扑）为例，房扑时心房频率多数为300～350次/分，常伴有F波2:1下传心室。因为房室结生理性传导能力有一定限制，150次/分以上的激动可出现文氏下传，180次/分以上的激动可出现2:1下传，这是房室结保护心室安全的一种机制。少数情况下，房扑可以突然从2:1变化为1:1下传，300次/分的F波经房室结1:1下传心室，使心室率也接近300次/分，可引起急骤的血流动力学障碍。此时，在房室结肯定发生了超常传导。

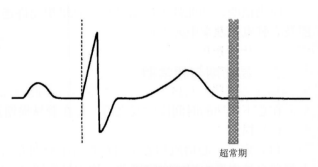

超常期

图1-2-4 心室超常期位置的示意图

四、不应期的影响因素

心脏组织的不应期受多种生理、病理因素的影响（图1-2-5），例如膜电位水平。以心室肌为例，心室肌细胞为快反应心肌细胞，在钠内流的过程中，只有当膜电位达到-60mV时才有扩布性反应的发生，这一特点称为不应期的电压依赖性。此外，还有一些其他常见的影响因素。

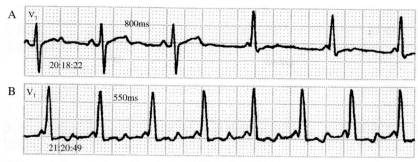

图 1-2-5　旁路不应期的变化

图为 1 例间歇性预激综合征患者旁路不应期的变化。A. 前 3 个心动周期均无旁路下传，提示该时旁路有效不应期大于 800ms；B. 旁路连续下传，提示此时旁路有效不应期小于 550ms，左下角数字为心电图记录时间。可见旁路不应期受多种因素的影响，短时间内旁路不应期值则有很大变化

1. 性别

在其他因素等同的情况下，女性比男性的 QT 间期长，不应期长。

2. 年龄

心脏组织的不应期随年龄的增长而相对延长，其意味着心肌的自律性、传导性都有明显的年龄依赖性。年龄低时，心率快，不应期短。

3. 不同部位心肌组织的不应期不同

心房肌、心室肌和房室结的不应期差别较大，其中心房肌不应期最短，房室结不应期最长，心室肌居中。右束支与左束支相比，右束支不应期明显比左束支长，临床心电图中，右束支传导阻滞的发生率高于左束支传导阻滞十多倍与此有关。左束支的两个分支中，左前分支不应期比左后分支不应期长，使左前分支阻滞的心电图远比左后分支阻滞多见。

90% 的预激综合征患者的旁路不应期比房室结不应期长。适时房早出现时，旁路先进入不应期，出现功能性单向阻滞，容易引发房室结前传、旁路逆传的顺向型房室折返性心动过速。而另外 10% 的情况与此相反，房室结有效不应期相对较长，易进入不应期而出现前传的功能性阻滞，使心房的激动沿旁路前传、房室结逆传而发生逆向型房室折返性心动过速。该型心动过速发生时，QRS 波宽大畸形，时限 > 120ms。

房室结双径路患者，多数快径路传导快、不应期长，易发生慢径路前传、快径路逆传的慢快型房室结折返性心动过速（约占 90%）。少数情况下，快径路传导的速度快、不应期短，而发生快慢型房室结折返性心动过速。

不同心肌组织之间的连接处，不应期的差别与离散度较大。过去仅注意特殊传导系统与心肌组织的连接处，例如窦房结与心房肌之间，房室结、希浦系统与心室肌之间，房室结结束区与希氏束之间。这三个连接区的传导速度慢，不应期差别大，易发生传导阻滞，曾被称为传导的三个闸门，是传导阻滞、激动折返、心律失常容易发生的部位。近年来，这一观点已有发展。目前认为心肌组织与其他组织的连接处存在着移行区，这些移行区的传导速度变慢、不应期离散度大，易发生折返和心律失常。例如右心房与上下腔静脉、右心耳、冠状窦、三尖瓣环、卵圆窝之间，左心房与左心耳、二尖瓣环、肺静脉之间，右室与三尖瓣环、肺动脉之间，左室与二尖瓣环、主动脉之间等。这些部位都存在着心肌移行区，存在着心肌深入到这些部位中的肌袖，是折返及心律失常最常发生的部位。例如右室特发性室速易发生在右室流出道，局灶性房颤易发生在肺静脉，局灶性房速易发生在肺静脉、房间隔下部、右房界嵴等部位。心房扑动的缓慢传导区多数位于右房下部的峡部等都说明了这一问题。目前快速性心律失常的非药物治疗射频消融术的靶点区也常位于这些区域。

4. 神经因素的影响

神经因素尤其是自主神经，对心肌不应期的影响较大。在心率及心动周期固定的情况下，迷走神经张力的增加可使房室结不应期延长，心房肌不应期缩短，心室不应期变化不大。卧位性房室传导阻滞是指站立时（交感兴奋）无房室传导阻滞，变为卧位时，迷走神经张力增加，而出现二度 I 型或 II 型房室传导阻滞。例如迷走性房颤易发生在休息、夜间、晚餐后，这些时间段都有迷走神经张力增加，使心房不应期缩短而容易发生房颤。而迷走神经末梢在心室的分布相对少，使迷走神经对心室肌不应期的影响较小。交感

神经的作用与迷走神经相反。交感神经是心脏的加速神经，使心肌的自律性、传导性、收缩性均增强，使不应期缩短，尤其是房室结不应期明显缩短。动态心电图检查中经常发现，有些患者夜间心率 40 ～ 50 次 / 分时可能存在二度 I 型房室传导阻滞，而白天活动时，心率达 140 次 / 分以上时房室结却能 1：1 下传。同一患者房室结不同时间的功能出现如此之大的差别是自主神经影响的结果。

自主神经影响着心肌各组织的不应期，包括预激旁路的不应期（图 1-2-5）。

5. 心率对不应期的影响

心率或心动周期是不应期另一个重要的影响因素。心率增快、心动周期缩短时，心房肌、心室肌、预激旁路的不应期随之缩短，反之亦然，即心房肌、心室肌、旁路不应期与前一心动周期的长短呈正变规律。而房室结相反，房室结不应期在心率增快、心动周期缩短的情况下反而延长，使房室结不应期与前一心动周期长短呈反变规律，这一特点使房室结能对过快的室上性激动起到"过筛"作用，避免过快的室上性激动下传心室，起到心室保护作用。

上述心房肌、心室肌的不应期长短与前一心动周期长短呈正变规律的特点又称不应期的频率自适应性。两者相比，心房肌不应期的频率自适应性容易被破坏、发生反转，这使心房不应期在房颤时或恢复窦性心律后都短，心房不应期较短时房颤容易复发，这是发生房颤连缀现象的关键环节。

应当强调，心肌不应期的调整十分迅速，当前一个心动周期结束时，下一个心动周期的不应期长短及变化的调整已经完成。因此发现一个心动周期中不应期发生不寻常变化时，常与前一心动周期的长短变化相关。图 1-2-6 心电图中同样形态、同样联律间期的房早引发了不同形态的 QRS 波，显然，引起室内差异性传导（差传）的发生机制与房颤时出现的 Ashman 现象的机制相同（图 1-2-7）。

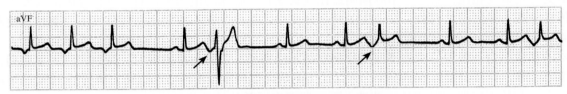

图 1-2-6 前一心动周期长度对心室不应期的影响

图中两个房早（箭头指示）的联律间期完全相同，但前一个房早下传引起了室内差传，QRS 波宽大畸形，引起这一改变的原因是前一心动周期较长

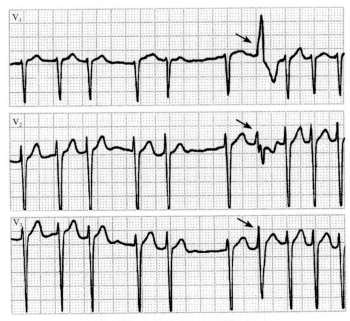

图 1-2-7 Ashman 现象

本图为 1 例房颤患者 V_1 ～ V_3 导联同步记录的心电图，箭头指示的 QRS 波宽大畸形，出现了室内差传，引起 QRS 波改变的原因是前一个心动周期的 RR 间期较长。这种心电图表现称为 Ashman 现象

五、不应期与传导

心肌的兴奋性与传导性分别是两个独立的生理学特性，但两者又密切相关。

当某一心肌组织处于兴奋期时，激动在该组织的传导将完全正常，当该组织处于相对不应期时，激动在该组织中的传导变得缓慢，而处于有效不应期时，激动在该组织中的传导则中断。通过体表心电图的观察与分析，不同心肌组织的传导情况一目了然，心电图及临床医师则能根据心电图的传导情况推测该组织兴奋性的状态。当房室传导中断时，可以推断房室结或希浦系统此时处于有效不应期。房室结传导延缓时，推测该时房室结或希浦系统处于相对不应期。

不同程度房室传导阻滞的心电图各有特点，心电图的这些特点是以不应期的不同改变为基础的（图1-2-8）。一度房室传导阻滞时，房室传导系统的相对不应期明显延长，使窦性P波在任何时刻下传到房室传导系统时都将遇到相对不应期而传导延缓，形成PR间期延长。二度Ⅰ型房室传导阻滞主要是房室传导系统的相对不应期延长，使窦性P波容易落入相对不应期，而且会出现窦性P波"越陷越深"，陷入房室传导系统相对不应期越来越早，引起窦性P波下传则越来越慢，PR间期逐渐延长，直到有P波落在房室传导系统的有效不应期而使房室传导中断，文氏周期完成。从图1-2-9可以看出，引起房室文氏下传的启动原因是：①房室传导系统的相对不应期

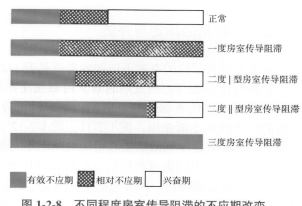

图1-2-8　不同程度房室传导阻滞的不应期改变

明显延长，窦性心率一旦稍快则落入其中，造成第一个PR间期延长；②此时窦性P波的间期相对固定，其PP间期等于PR间期与RP间期之和。当第一个PR间期延长后，随后的RP间期则缩短，使该P波更早落入房室传导系统的相对不应期，PR间期更长，形成"恶性循环"。在PR间期逐渐延长、RP间期逐渐缩短的过程中，最终将有一个P波落入房室传导系统的有效不应期而致传导中断，文氏周期结束（图1-2-9）。二度Ⅱ型房室传导阻滞时，房室传导系统的有效不应期明显延长，相对不应期延长不显著。因此，窦性P波或是落在房室传导系统的兴奋期下传，或是落入有效不应期不下传，而不伴脱落前的PR间期逐渐延长。

六、不应期与心律失常

不应期与心律失常的关系直接而密切。一个心电周期可以看成由兴奋期和不应期两部分组成，不应期

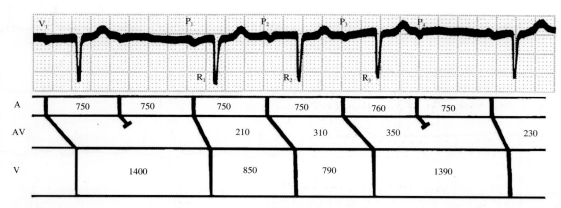

图1-2-9　房室传导的文氏现象

本图为1例二度Ⅰ型房室传导阻滞，P_2落入房室结相对不应期，引起PR间期延长，而P_2P_3的间期不变，使R_2P_3间期缩短，进而引起P_3R_3间期延长，并造成下一次的R_3P_4间期更为缩短，使P_4落入房室结有效不应期而未下传心室，形成5:4下传的文氏周期。根据不应期有效不应期与传导的关系，还可区分房室传导中断是干扰性的，还是病理性传导阻滞。当P波出现较早，下传到房室传导系统遇到其生理性有效不应期而不下传时称为干扰性阻滞。而二度房室传导阻滞房室2:1下传时，未下传的P波常位于T波后较远的位置，其下传遇到房室传导系统有效不应期病理性延长而未下传，这种房室传导系统有效不应期病理性延长造成的房室传导阻滞，称为病理性传导阻滞（图中数字单位为ms）

缩短时，则兴奋期延长，使期前激动易于发生，激动的折返容易形成。当不应期延长时则期前激动不易发生，单向阻滞可形成双向阻滞而使折返中断。

抗心律失常药物有负性频率、负性传导作用，对于心肌组织的不应期都有延长作用，因而可使原有的折返环路中的单向阻滞变为双向阻滞，使折返不再发生（图 1-2-10）。除此，药物可抑制钠离子或钙离子内流，因而可减少异位激动的形成而达到治疗心律失常的目的。

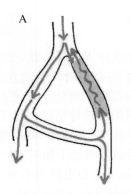
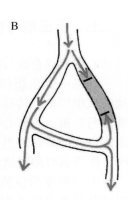

图 1-2-10 抗心律失常药物终止折返的示意图
A. 折返形成，折返环路中深色部分为单向阻滞区；B. 抗心律失常药物应用后，单向阻滞区变为双向阻滞区，折返不能维持而终止

七、不应期的测定与评估

成人心脏各部位的有效不应期参考值见表 1-2-1。

心脏程序刺激（心内或经食管）可以测定心房肌、心室肌及心脏传导系统各部位的不应期。测定时可应用 S_1S_2 程序，也可用 RS_2 程序，多数采用反扫描，即 S_2 刺激的联律间期逐渐缩短，图 1-2-11、图 1-2-12 分别显示通过程序刺激测定房室传导系统和预激旁路的不应期。应用心脏程序刺激法能够精确地测定不同部位心肌组织的不应期。

应用体表心电图也可粗略估计心脏各部位的不应期，以房室传导系统不应期为例，房室结不应期大致与 QT 间期相等或略长。在心电图中，凡是引起后面 PR 间期延长的 RP 间期都可看成在房室传导系统的相对不应期范围内，而引起 PR 间期延长的最短的 RP 间期与最长的 RP 间期的差值，可以看成房室结传导系

表 1-2-1 成年人正常不应期（ms）

	心房不应期	房室结不应期	希浦系统不应期	心室不应期
Denese 等	150～360	250～365		
Akhtar 等	230～330	280～430	340～430	190～290
Schuilenburg 等		230～390		
Josephson 等	170～300	230～425	330～450	170～290
陈新等	200～270	250～450	210～260	

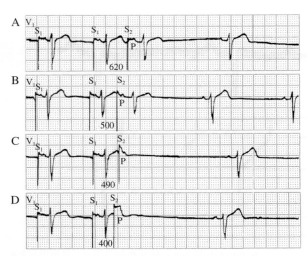

图 1-2-11 程序刺激测定房室结不应期
图为 S_1S_2 程序刺激，当 S_2 联律间期缩短为 490ms（C 条中）时，其后 P 波未能上传，系 S_2 刺激引起的 P 波下传时落入房室结有效不应期，此例患者的房室结有效不应期为 1000/490ms

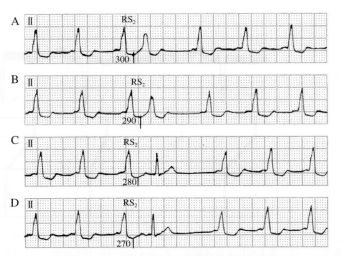

图 1-2-12 程序刺激测定旁路有效不应期
图为 RS_2 心房程序刺激，当 RS_2 联律间期缩短为 280ms（C 条中），S_2 刺激引起的心房波落入旁路有效不应期而不能下传，测定结果旁路有效不应期为 280ms。该刺激沿房室结下传，δ 波消失，PR 间期变为正常

统的相对不应期范围。二度Ⅰ型房室传导阻滞的文氏周期中，则可进行这种粗略估计。同样，能够引起 P 波下传中断的 RP 间期，可以看成其已进入房室传导系统的有效不应期范围，因此，RP 间期可以粗略估计房室传导系统有效不应期的范围。

通过体表心电图，也可以对心房、心室不应期进行粗略估计。

八、结束语

不应期的概念是临床心电图学的基石之一，是分析和诊断心律失常心电图的重要基础。为提高临床心电图诊断水平，必须深入、全面地理解不应期及其涵盖的相关知识。

折返与心电图

与不应期的概念相同，折返也是临床心电图学、临床心脏电生理学的最基本概念，绝大多数心电学的方法都与折返相关，几乎所有种类的心律失常都存在着折返机制。

一、折返的研究史

早在 1887 年折返现象就被苏格兰的生理学家 John Mac William 提出，他应用感应电刺激实验动物的心房时诱发了心房扑动。他发现：心房快速的扑动十分规律，这些波似乎都起源于感应电刺激的心房部位，随后，又传播到其他部位，就像一系列快速的收缩波传遍心房壁。1906 年，Mayer 在墨鱼的标本上用实验证实了折返现象（图 1-3-1）。实验中，Mayer 将墨鱼的伞状组织切成环状，应用电刺激来刺激组织环上的某一点时，激动波则沿着环的两侧向相反的方向运行，最后相互抵消，不形成折返。此后，压迫环状组织上刺激点旁的某一侧组织时，电刺激引起的激动只沿着压迫点的反方向单向传导，压迫侧激动波的传导被阻滞。发生上述现象时，如及时解除压迫，激动波则在组织环上持续运动。Mayer 的这一极有价值的实验结果，已在人体心脏的心房、心室及希浦系统等组织中得到证实。

1913 年，George Mines 在蛙的心房和心室标本进行的实验中，应用电射线（electric ray）刺激心脏，用烟鼓做记录，他发现激动经过不同的径路进入并能再次进入某一传导的抑制区。当时，Mines 称之为反复心律（reciprocating rhythm）。他认为，激动围绕着一个固定解剖学障碍可以发生折返，而在折返环上给予物理学干预后，折返可以中断（图 1-3-2A）。1928 年，Schmitt 和 Erlanger 在美国生理学报上发表的《心肌激动传导的不同方向与室早的关系》一文证实了 Geroge Mines 的理论。

1915 年，White 首次记录并发表了心电图的折返现象。该心电图表现为一个正常的 QRS 波伴有逆向倒置的 P' 波，随后经折返又产生了另一个正常的 QRS 波。此后，不断出现的心肌缺血区的 8 字形折返、各向异性折返等理论不断丰富着心电图学中这一重要的概念。

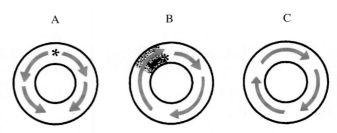

图 1-3-1　Mayer 提出的折返运动示意图

A. 未做干预的刺激不形成折返；B. 压迫刺激点的一侧造成单向阻滞后形成折返；C. 折返反复持续存在

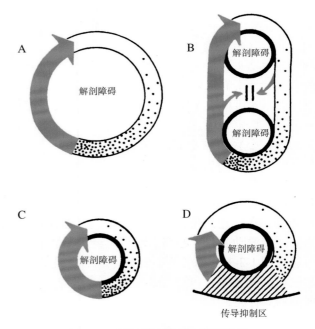

图 1-3-2　解剖障碍性折返的示意图

A 至 D 为不同种类的解剖障碍性折返，折返环中黑色部分代表折返波的有效不应期，点状部分为相对不应期，白色部分为可激动间隙。A. Mines 于 1913 年提出的模式；B. Lewis 于 1920 年提出的有 2 个解剖障碍区的折返模式；C. 折返波长较短的折返模式；D. 折返环路有一明显的抑制区

二、折返的定义

所谓折返是指心脏某部位的一次激动经过传导再次激动心脏该部位的现象。例如一次激动已使心房肌除极，经过房内传导可使心房肌再次被激动，心电图上表现为两次心房除极波连续发生。

三、折返形成的基本条件

折返的形成需具备三个基本条件，称为折返发生的基质：①激动传导方向上存在传导的双径路；②其中一条径路发生前传单向阻滞；③另一条径路需存在前向缓慢传导。这 3 个条件简单明了，但需要深入理解其广泛的内涵。

（一）激动传导的双径路

双径路是指激动传导的方向上存在两条径路，两条传导径路都与心脏的某部位心肌组织相通，一条是将该部位心肌的电活动传出，称为前传支，传到心脏其他部位或其他节段。显然，一次激动经前传支传出后，在该径路脱离不应期之前不能从此传导途径返回，还必须有另一条传导径路作为回传支，冲动沿回传支可回传到心肌的原部位或原节段，使之再次被激动而形成折返。以心脏某一节段为基点，两条径路一支前传，一支回传，形成一个完整的折返环路。

激动传导方向的双径路可以是正常或异常的解剖结构。例如，窦性激动下传经过房室结、希氏束后，则出现左束支和右束支两条径路，激动可沿这两条径路下传，也可在两条径路中折返，称为束支折返。预激综合征患者心房、心室之间先天性存在着一条异常的传导径路。加上正常的房室传导系统，在心房和心室之间存在着两条传导径路，室上性激动可沿这两条径路下传，形成心室融合波，也可在两条径路中形成折返。

除解剖学上的双径路外，更多的是激动传导方向上存在功能性双径路。功能性双径路见于多种情况：①在激动传导方向上，原来传导正常的组织，由于炎症、缺血或其他损伤，这些组织的电生理特性发生急剧严重的改变，并可能丧失传导性而变成传导方向上的"障碍"，激动传导遇到障碍后沿其两侧前传，形成功能性双径路；②在激动传导方向上，原来传导速度均衡的组织中，部分组织因缺血或其他损伤而使其纵向传导速度明显下降，结果与邻近正常传导组织形成传导方向上传导速度不同的快慢径路。

人工因素也能造成激动传导的双径路：①双腔心脏起搏器（DDD）除起搏心房、心室外，还有房室传导功能，心房激动可经心房电极导线传导到起搏器，起搏器经房室延迟后经心室电极导线起搏心室。三度房室传导阻滞的患者植入 DDD 起搏器后可使心房激动沿起搏器 1 ：1 下传并起搏心室，使三度房室传导阻滞完全消失。对于没有三度房室传导阻滞如病态窦房结（病窦）综合征患者，DDD 起搏器植入后，则在患者心房与心室之间形成传导的双径路，一条是自身的房室传导系统，另一条是人工的房室结，即 DDD 起搏器。在一定的条件下，心房激动经 DDD 起搏器下传，并起搏心室，而心室激动又能沿自身房室传导系统逆传激动心房，心房激动可再经起搏器下传，周而复始形成折返性心动过速，又称起搏器介导性心动过速（图 1-3-3）。②心脏的外科手术，如先天性心脏病的外科修补、风湿性瓣膜病的换瓣术后，都可在手术区域形成无传导功能的瘢痕组织。激动传导遇到瘢痕而受阻，再沿瘢痕组织的两侧传导形成激动传导方向上的双径路。

（二）一条径路发生前传单向阻滞

当一条传导径路在一个方向上能够传导，在相反方向上完全不能传导时称为单向阻滞。如图 1-3-1 所示，激动传导的双径路均有前向传导时与只有一条径路无任何区别，激动此时只有传导的去路而没有返回通路。因此，传导的双径路中必须有一条径路前传存在单向阻滞，但可以反向逆传，形成冲动折返的回路，进而形成折返激动。单向阻滞是折返形成的另一个基本条件。

单向阻滞形成的原因：

（1）先天性单向阻滞：具有传导功能的心脏组织先天性发生单向阻滞的情况并非少见。房室传导系统的主要功能是传导，是房室间电激动正常传导的唯一通路，一般人群中，房室传导系统先天性仅有前传而

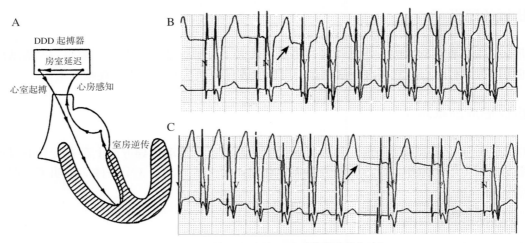

图 1-3-3　起搏器介导性心动过速的发生机制

A. 发生机制示意图；B. 双腔起搏时，因一个房早诱发心动过速（箭头指示）；C. 起搏器介导性心动过速的停止（箭头指示），恢复双腔 DDD 起搏器的起搏

无逆传的情况为 20% ～ 32%，而预激综合征患者中室房逆向阻滞的比例可能还要高。预激综合征旁路也一样，旁路先天性单向阻滞的发生率为 40%，其中前传单向阻滞的发生率为 30%，逆传单向阻滞的发生率为 10%。可以看出，传导组织的先天性单向阻滞相当常见，发生机制目前尚不清楚。

（2）获得性单向阻滞：心肌细胞的静息膜电位水平是传导速度的主要决定因素。静息膜电位水平越高，发生动作电位时，则有更多的钠通道被激活，钠离子进入细胞内的速度也越快，形成快反应动作电位。静息膜电位在−80 ～−90mV 时，发生快反应动作电位时的传导速度为 1 ～ 4m/s。

当静息膜电位在−60 ～−70mV 时，动作电位发生时仅有 50% 的钠通道被激活，钠离子进入细胞内的速度明显减慢，使动作电位 0 位相峰值速度和振幅均低于正常，传导速度将明显减慢。当静息膜电位负值进一步降低，低于−60mV 时，可使去极化速度明显降低，甚至为零，传导性也能下降为零，进而引起单向传导很慢，而另外方向上则完全不能传导，形成单向阻滞。引起膜电位负值下降的生理及病理因素很多：如高血钾、缺血、炎症、低氧、洋地黄中毒等。获得性单向阻滞可以是病理性的，也可能是功能性的。

（3）激动相加法引起单向阻滞：1971 年由 Cranelfield 提出的激动相加法则（summation）是形成单向阻滞的又一原因（图 1-3-4）。当传导纤维的解剖结构由两支纤维汇集到一支纤维，而汇合部位又存在抑制区时，如果两支传导纤维内的冲动同时抵达，则可相加形成较强的激动通过汇合部位，继续前传。相当于两个阈下刺激相加，结果其强度超过阈值而通过抑制区。如果两支传导纤维内的冲动先后到达汇合部位和抑制区时，提前抵达的激动使随后的激动不能通过汇合部位及抑制区，引起单向阻滞。激动反向传导到达汇合部位及抑制区时，激动强度进一步分散而不是相加，结果可造成反方向的单向阻滞（图 1-3-4C）。心脏的许多部位都有这种心肌纤维汇合的结构，均可发生激动的相加及单向阻滞。

（4）激动的抑制引起单向阻滞：两个传导中的激动相互作用的另一种形式为抑制（图 1-3-5）。即在两支传导纤维汇合成一支纤维处并存在抑制区时，一个较强的冲动可以通过该抑制区，但其到达抑制区之前，已有一个弱的激动提前抵达，其未通过抑制区，却扩大了该部位的不应期，结果随后而来的强刺激也不能通过该抑制区，形成冲动间的相互抑制，这是引发单向阻滞的另一原因（图 1-3-5）。

临床心电图学中功能性单向阻滞常见。激动传导方向上的两条径路的传导速度常不均衡，传导速度快的径路为优势传导路，但其传导阻抗高，传导的安全系数低。不应期较长时其比另一传导径路更易进入"传导的红灯区"（有效不应期），使传导功能暂时丧失而发生功能性单向阻滞。例如预激综合征旁路的传导速度比房室结快，90% 以上的病例中旁路的有效不应期长，较早的心房激动下传时则会遇到其不应期，发生功能性单向阻滞，使该激动只能沿房室结下传。对于房室结双径路也是一样，房室结存在双径路时，快径路传导速度快，为优势传导径路。同样，90% 以上的快径路不应期比慢径路长，而更易发生单向阻滞，产生慢快型房室结折返性心动过速。

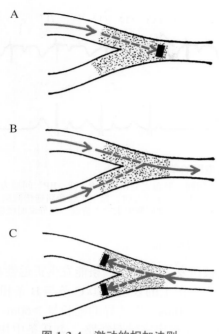

图 1-3-4　激动的相加法则

A. 较弱的激动未能通过传导抑制区；B. 两个同时到达的较弱激动相加后变强而通过传导的抑制区；C. 反向传导的激动强度减弱而发生单向阻滞

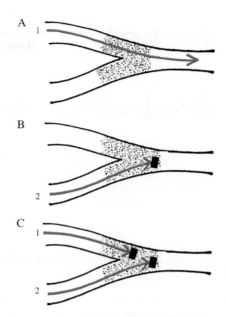

图 1-3-5　激动的抑制引起单向阻滞

A. 一个较强的刺激能够通过抑制区；B. 一个较弱的刺激先期到达传导的抑制区未能通过，但使其不应期延长；C. 较强刺激在弱刺激后抵达该区时不能通过，引发了单向阻滞

（三）另一条径路存在前向缓慢传导

发生折返的另一重要因素是折返环路上存在缓慢传导，缓慢传导常发生在前传支。如上所述，优势传导径路常常较早地进入不应期，发生功能性单向阻滞，相反，传导速度慢的径路不应期短，在"快径路"发生单向阻滞后，前向传导只能沿慢径路传导。另外，"慢传导径路"不仅初始传导的速度缓慢，而且传导有一定的递减性，使传导速度更为缓慢。缓慢传导对折返的发生十分重要，因为激动沿包括缓慢传导区在内的折返环回传到原激动发出部位时，该区才能脱离前一次除极后的不应期，恢复了兴奋性后才能被再次激动，引起折返性激动。如果折返环中没有缓慢传导区，或者缓慢传导区不够缓慢时，激动返回到原激动发出部位时，该部位还处于前一次激动后的不应期而不能再次被激动。图 1-3-6 可以清楚说明这一问题，患者有预激综合征，右侧隐匿性旁路。一说到隐匿性旁路，提示患者已经先天具备了折返发生的两个基本条件，即激动传导方向上的双径路和一条径路的前向传导阻滞。但是，图 1-3-6 心电图中不是每个窦性激动都沿房室传导系统下传到心室后，沿旁路逆传再次激动心房。在 aVR 导联中仅仅是第 3、7、10 个窦性激动下传后发生了折返。原因是这三个周期中房室传导系统的传导更加缓慢，缓慢下传后发生了折返，其前传的时间、心室激动时间、沿旁路逆传的时间总和超过了心房不应期，结果经旁路逆传到心房时，心房脱离了前次激动后的不应期而能再次被激动。随后逆传的心房波，如同一次房早干扰了一次窦性激动，而使典型的文氏周期"夭折"。图 1-3-6 是一种十分常见的心电图。

应当指出，多数情况下，前向单向阻滞和缓慢传导分别发生在两条传导径路上。少数情况下，单向阻滞及缓慢传导能发生在同一条径路。例如持续性交界区折返性心动过速（PJRT）患者的慢旁路则属于这种情况。这种患者存在着隐匿性旁路（前向阻滞），而且旁路逆传缓慢，因而使患者天然具备了折返发生的三要素，使其心动过速表现为先天性、无休止性或反复发作，常在幼儿或少年就伴有心动过速性心肌病。

应当强调，折返发生的三个基本要素不是一种纯理论的推断，其在临床心电图上都有具体表现。折返发生时三个基本条件必须具备，缺一不可，而心电图上折返一旦发生就说明这三个基本条件肯定已经具备，应当查找三个基本条件在心电图中的表现。

图 1-3-7 是一位心动过速患者食管调搏的心电图，食管调搏应用的是 RS_2 程序，在自主 QRS 波基础上，加发联律间期不等的 S_2 刺激。A、B 两条中，联律间期为 300ms 和 290ms 的 S_2 刺激均未诱发心动过

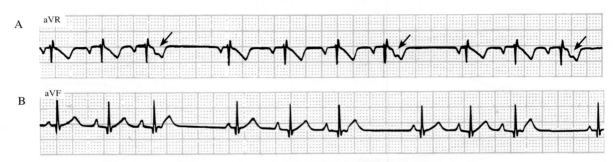

图 1-3-6　隐匿性预激综合征患者心电图的单次折返

A、B 分别为 aVR、aVF 导联心电图，A 条中第 3、7、10 个 QRS 波后均可见联律间期、形态完全相同的 P'波，RP'间期为 80ms（箭头指示）。经射频消融术证实患者存在一条隐匿性旁路。当这 3 个心动周期中 PR 间期达到一定程度时，发生了经旁路逆传激动心房的折返。折返的心房波未能下传，并对窦性激动产生干扰而使文氏周期"夭折"。本图中阻滞前的心动周期中未发生折返，充分说明缓慢传导在折返中的重要作用

速，而 C、D 两条，S_2 联律间期在 280ms 和 240ms 时心动过速被诱发。为什么 C 条能发生折返性心动过速，而 B 条不发生呢，应当寻找折返发生的三个基本条件在 C 条心电图上的表现：① C 条与 B 条相比，S_2 刺激的联律间期缩短了 10ms，但其后的 S_2R_2 间期却跳跃式延长了 200ms，当传导的延长量 >60ms 时提示房室结中存在快慢两条径路，本例心电图完全符合这一条件，说明存在房室结双径路。② B 条中快径路下传的时间为 200ms，但在 C 条中，S_2 刺激引起的房早又提前了 10ms，下传到房室传导系统时，遇到快径路的不应期而不能下传，激动只能沿慢径路下传，C 条中 S_2 刺激后 200ms 时不见下传的 QRS 波，提示快径路发生了前向阻滞而不能下传。③ C 条中 S_2 后的激动沿慢径路下传，其缓慢下传的时间（S_2R_2 间期）达 400ms，属于缓慢传导，可以看出折返的三个基本条件均出现在图 1-3-7C 中，也只有三个基本条件都具备时，折返才能发生。因此，C、D 两条发生了折返性心动过速，而 A、B 两条未能发生（图 1-3-7）。

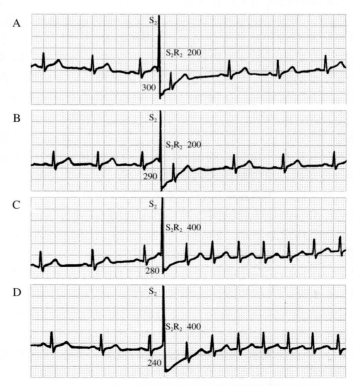

图 1-3-7　RS_2 程序刺激诱发房室结双径路患者的心动过速

图 A ～ D 的 S_2 刺激联律间期分别为 300ms、290ms、280ms、240ms，但在 C、D 中发生了折返性心动过速，C 与 B 相比，出现了快径路的前传单向阻滞，并出现了慢径路的缓慢传导，加之原来就有双径路，折返发生的三个基本条件均已具备时发生了折返性心动过速。图中数字单位为 ms

四、折返的分类

折返有多种分类方法。

（一）按折返发生部位分类

在心肌很小的空间即可发生折返，实验表明，心肌仅 $0.3mm^3$ 的空间即可发生折返。因此心脏各个部位均可发生折返（图1-3-8），如窦房折返、房内折返、房室结内折返、房室折返、束支折返、室内折返等。

（二）按折返环大小分类

根据折返环的大小也能进行折返的分类，例如，心房扑动是房内的大折返，多数情况下，折返环沿右心房的侧壁前传，经过峡部的缓慢传导后，再沿间隔壁逆向传导。房颤为微折返，房颤发生时，心房肌处于易损期，此时细胞群之间兴奋性恢复的快慢先后差别最大，使兴奋性、不应期和传导性处于十分不均匀的电异质状态，出现了极不规则的可激动径路，形成了同时出现的杂乱无序的、折返环大小不等、方向多变的微折返（图1-3-9），产生了频率为 $350\sim500$ 次/分的房颤波。

（三）按折返发生的不同机制分类（见下文）

五、解剖性和功能性折返

折返可在多种情况下发生，但必须满足折返的三个基本条件：双径路及组成的折返环路，单向传导阻滞和缓慢传导。折返环路可以是围绕正常或异常的解剖结构形成的环形通道，也可以是心肌细胞及组织间电特性的差异造成的功能障碍性折返环，根据折返环的两种不同性质，可分成两种类型的折返模式：解剖性及功能性折返。

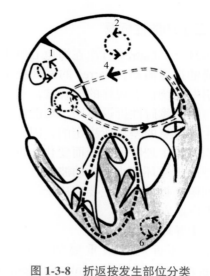

图1-3-8　折返按发生部位分类

1. 窦房折返；2. 房内折返；3. 房室结内折返；4. 房室折返；5. 束支折返；6. 室内折返

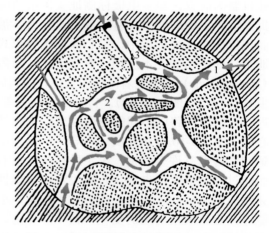

图1-3-9　心房颤动时发生微折返的示意图

（一）解剖性折返

解剖性折返最简单的模型早在1906年由Mayer提出（图1-3-1），其后Mines于1913年将该概念完善（图1-3-2A）。这类折返环路常围绕着心脏某一解剖结构形成。折返环的长度几乎等于其解剖学环路的长度，环路一般较长，而且长度固定，使折返发生时保持十分规律的心动过速。在折返环内传导的激动波锋和波尾之间有一宽窄不等的可激动间隙，激动在折返环路上环行一周所需时间与传导速度成反比，而且折返环路长于波长（波长等于传导速度×不应期）。除此，折返环上常有缓慢传导区。

1920年，Lewis提出具有2个解剖学障碍的折返模式，该解剖环路较长（图1-3-2B）。此后，又有人提出一种折返波长较短的相对稳定的解剖学结构的折返（图1-3-2C）。还有一种解剖性折返，其在折返环路中有一明显的传导抑制区，因而使折返环路上存在稳定的可激动间隙（图1-3-2D）。

预激综合征的房室折返及束支折返均属解剖性折返。解剖性折返环路上一定存在可激动间隙，并具有以下特征：①折返波的波锋在其折返径路前总是遇到完全恢复、可被激动的组织，因而，可激动间隙的存在使折返运动变得更为稳定；②一个期前刺激能经可激动间隙侵入折返环，当折返波波锋与适时的期前刺激碰撞后，可以终止折返运动；③延长不应期的药物可使不应期延长、湮没可激动间隙，使折返终止。

（二）功能性折返

1924 年，Garrey 首次在海龟心脏上观察并描述了没有解剖障碍的折返激动。Garrey 的发现提示，心房肌某点的刺激足以引发围绕该点规律的旋转波，这是最早提出的功能性折返。与解剖障碍性折返不同，功能性折返的环路是由心肌细胞电生理特点的差异所决定的，因此环路的长度随环路及周围组织的电生理特征改变而变化，没有固定的长度，一般这种类型的折返环细小，激动波的波锋与波尾间常无完整的可激动间隙，折返周期主要取决于折返环组织的不应期，并与平均不应期成正比。

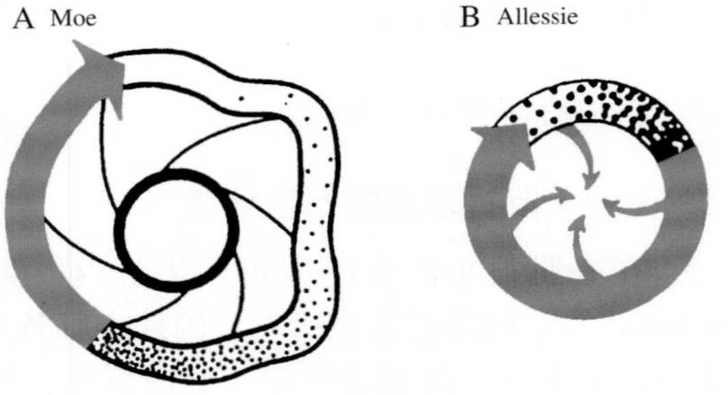

1. 主导环折返

主导环折返是最重要的一种功能性折返。1977 年，Maurits Allessie 与同事 Bonke Schopman 等在荷兰 Maastricht 市的 Limburg 大学通过实验证实，在某些形式的折返中解剖学障碍并不重要。他们在兔的小块游离的心房肌进行心动过速机制的研究，经多电极标测证实，由期前刺激引发的旋转折返波内组织和细胞仅有局部反应，而不被折返波除极。因而提出，在这种折返中，中心部位某种形式的反应，使中心地带总处于功能性不应期，形成功能性障碍，折返的主导环（leading cycle）则围绕着除极的功能性障碍做环形运动，形成主导环折返（图 1-3-10B）。1980 年，Moe 等也描述了一种折返，该折返环路以不同的速度经房间束和结间束传导并激动心房（图 1-3-10A），证实了主导环折返理论。主导环折返与解剖性折返有许多差别：①主导环折返没有解剖学环路，因而通过打断折返环来终止心律失常的可能性较小。②由于无完整的可激动间隙，使心律失常不稳定，小的电生理变化就能导致心律失常周期的变化，甚至终止之。同样，由于没有完整的可激动间隙，主导环折返对电刺激终止心动过速的治疗不敏感，通过体外刺激终止和诱发心律失常的可能性很小。③与有固定解剖障碍的折返相比，主导环折返的波长相对较小。临床心律失常中，心房颤动的微折返发生的特点与主导环折返类似。折返沿不应期短的纤维进行，其中央有一个功能不应期形成的核心，并伴有单向阻滞。

2. 各向异性折返

顾名思义，因心脏的各向异性结构及电功能的各向异性引起的折返称为各向异性折返，是新近提出的一种功能性折返。

众所周知，心脏并非是一个均质的合胞体，而是具有各向异性结构，这使其电功能的各种特性存在着各向异性，即不同方向特性不同。心肌细胞间连接的数量在心肌细胞纵向比横向明显增多，使心肌纤维长轴的传导速度比横轴传导高出 3～5 倍，甚至达 10 倍以上，因此，心肌纤维束间特有的平行排列和较低的电传导能力可形成功能性的传导延缓或线性阻滞区（图 1-3-11）。线性阻滞区及邻近边缘的心肌传导速度非常慢，形成一个功能阻滞区，而使环行激动沿心肌其他方向运行。

因此，心肌细胞动作电位的传导不仅依赖细胞的兴奋性和不应性，还依赖于细胞与细胞连接的高度各向异性，以及心肌细胞微结构的复杂性。由心肌组织学特点引发和维持的各向异性折返仍是心律失常机制研究中的新理论。根据这一理论，即使在正常心肌组织，其静息膜电位正常，不应期也均匀一致时，传导仍然可以在与心肌纤维平行的方向发生线性阻滞，而在纵轴方向缓慢扩布，形成各向异性折返。

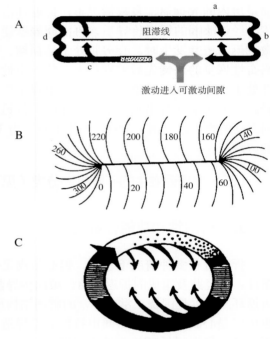

图 1-3-10 主导环折返的示意图

A、B 两图分别为 Moe 及 Allessie 提出的主导环折返示意图，折返环路环绕着功能障碍区形成，可激动间隙十分窄或"几乎没有"

图 1-3-11 各向异性折返的示意图

A～C 都是各向异性折返的示意图，三者的共同特点是都有心肌各向异性结构，在中心部形成阻滞区。激动平行于阻滞线或围绕着阻滞区缓慢传导并形成折返（B 图中数字单位为 ms）

心房与心室相比，心房的各向异性结构和特征更为明显，因此其各向异性折返、房性心律失常更为常见。心房内，以右房下部结构的各向异性最为明显，其纵向与横向传导速度比可达 10：1 以上，因此临床中右房下部依赖性房性心律失常发生率较高的现象不足为奇。

3. 激动的反折

激动传导的反折（reflection）是指激动沿一条线性通路（如浦肯野纤维）传导，并能再沿原传导通道返回的情况，文献中常把其单列为一种特殊形式的折返（图 1-3-12）。反折性折返实际属于功能性折返的一种，只是其环行运动发生在十分邻近的组织，或发生在两条紧邻的心肌纤维间，容易误认为是经一条通道传去又传回形成的激动反折。

从图 1-3-12 的分析中可知，激动从部位 1 处发出，沿上下两条纤维前传，在上面纤维中存在传导的重度抑制区，前传在部位 2 受阻形成单向阻滞，激动通过下面纤维心肌的中度抑制区缓慢传导，并在远端部位 3 处扩散到上面纤维，再反向穿过传导的重度抑制区到达部位 4，并能进一步到达部位 1 而形成反折性折返。

激动反折常发生在紧紧相邻的两条心肌纤维间，激动传导时，一条纤维存在传导的重度抑制区，传导在该纤维的重度抑制区受阻，形成单向阻滞；而在另一条心肌纤维存在传导的中度抑制区，激动缓慢地传导通过抑制区，继续前传的激动波锋有可能从重度抑制区的远侧扩散到另一条心肌纤维而返回。当返回到激动起源的正常心肌组织时，其已脱离有效不应期，则可再次被激动形成一次有效的折返，甚至由此而发生折返性心动过速。反折性折返多见于心室内的浦肯野纤维，或是梗死区周围的心肌组织。

4. 螺旋波折返

螺旋波折返（spiral wave reentry）是另一种功能性折返（图 1-3-13）。兴奋的螺旋波可发生在心肌，代

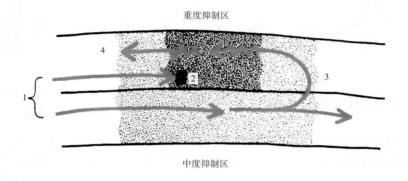

图 1-3-12 反折性折返的示意图

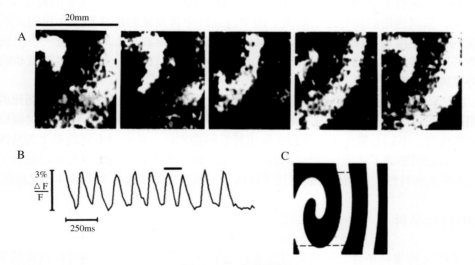

图 1-3-13 螺旋波折返
A. 狗的心外膜心肌上顺时针旋转的螺旋波折返的连续记录，白色部分为螺旋样转动的除极波；B. 相应的多形性室速心电图；C. 螺旋波折返示意图

表一种二维形式的折返。如果螺旋波在折返中波弧的形状、大小和位置都不改变，其可以是固定的，可以产生一种单形性心动过速。当运动的波弧离开其起源部位后，可以形成移动漂流的螺旋波，能够产生一个心电图形不断变化的节律如尖端扭转型室速。

5. 8 字形折返

8 字形折返是由 El-Sherif 及同事于 1977 年在缺血心肌中发现并提出的一种特殊形式的折返，此后，又由 Stevenson 进一步论证及完善（图 1-3-14）。

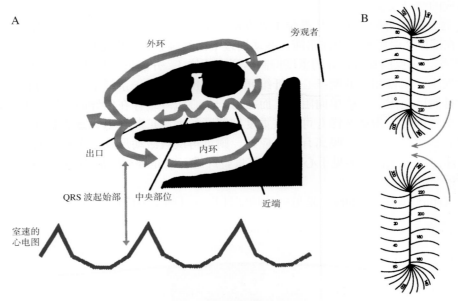

图 1-3-14　8 字形折返的示意图

A. 心肌梗死后发生 8 字形折返的示意图，黑色部分为无传导功能的坏死心肌组织，折返则围绕着这些解剖障碍区及存活心肌区而发生特殊形态的 8 字形折返；B. 8 字形折返的模拟图（数字单位为 ms）

8 字形折返由顺时针和逆时针两个方向运转的波组成，像单个折返环一样，8 字形折返中每个波各自沿自己折返环的方向运转，各自的环形运动环绕着功能性及解剖性两种障碍，在这两个折返波的聚合处有一线性阻滞区将两个环分开并形成一个传导缓慢的共同通道，共同通道的作用近似功能性传导障碍形成的峡部，代表折返环路的缓慢传导区。

应当注意，临床折返性心动过速的病例中，共同通道的传导速度受预先就有的局部组织异常的影响，而在 8 字形折返中，共同通道的传导速度取决于两个折返环中折返波的波锋相互作用的影响，因此在不同部位测量时测定的传导速度可能较快或较慢，当共同通道通向折返波中心时发生进一步损伤会导致折返的中断。除此，在心肌三维结构中的 8 字形折返实际代表了心脏中结构十分复杂的多维激动的传导，其可能从心内膜到心外膜跨越整个心室壁。

应当看到，8 字形折返中包含解剖和功能决定的两种折返模式。梗死区严重缺血而坏死的心肌组织修复后形成了瘢痕组织，失去了传导性，形成了心肌中激动传导的"解剖学固定障碍"，同时瘢痕周围的心肌也有不同程度的病理改变，不同心肌处于轻度到重度电特性的抑制区，并出现不同的电生理特性，这些不应期不同或不应期较长的心肌形成了功能性传导障碍区。因此缺血心肌中特有的 8 字形折返包括了解剖障碍和功能障碍的两种折返模式和特性，因而使心肌梗死或缺血心室肌发生的室速可为多形性、尖端扭转性等。

六、折返的持续条件

折返的持续条件又称维持条件，是指折返发生后能够持续存在的条件。有时折返仅发生一次（图 1-3-15），表现为一次期前收缩（早搏）；有时连续发生两次，表现为成对早搏，有时持续数个周期、数分钟而表现为短阵性或反复性心动过速，折返的每次终止都意味着折返的维持条件遭到破坏。

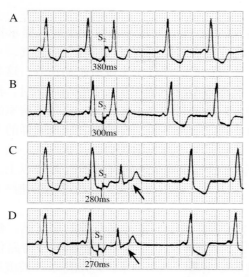

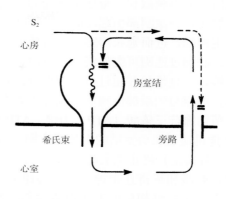

图 1-3-15　未能持续的折返激动

左图为一例预激综合征患者经 S_2 刺激引发单次折返。左图 C 条中 S_2 的联律间期缩短为 280ms 时，S_2 刺激下传的 QRS 波变窄，PR 间期变为正常，原来的继发性 ST-T 改变消失。这是 S_2 刺激下传时旁路处于不应期，其沿房室结下传的结果。C、D 两条图中，箭头指示的 T 波前支另有一波，系经旁路逆传再次激动的心房波，该波传到房室结时，房室结仍处于有效不应期而不能再次下传，因此折返仅发生一次，因不具备折返的维持条件而不能持续。右图为左图的示意图

折返维持的最重要条件是折返环上各部位心肌组织的有效不应期均短于折返周期 (有效不应期＜折返周期)。折返发生时，被激动的心肌组织除极后立即进入有效不应期，随后激动沿折返环路传导一周后回到该部位。如果该部位心肌有效不应期短于折返周期，折返返回的激动到达时，心肌已脱离前次激动后的有效不应期而恢复了兴奋性，并能再次被激动。因此，如果折返环上每部位心肌有效不应期均短于折返周期时，折返则持续存在（图 1-3-16）。上述不等式方向相反时，意味着折返持续的条件遭到破坏，折返必然终止。可以肯定，折返性心动过速每发作一次，一定是折返发生所需的三个基本条件具备齐全时，当折

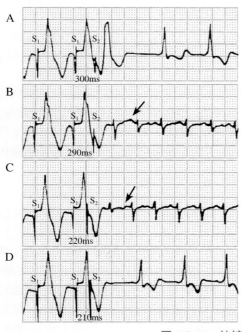

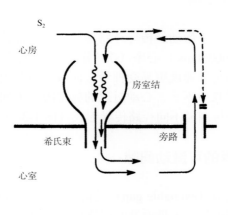

图 1-3-16　持续折返引发心动过速

与图 1-4-15 相仿，图 1-4-16 左图是应用 S_2 刺激诱发折返，诱发是在 S_1 起搏节律的基础上加发 S_2 刺激。在 B 条中发生了与图 1-4-15C 相似的现象，即 S_2 刺激经房室传导系统下传，并经旁路逆传再次激动心房（箭头指示），该心房波下传时，房室传导系统已脱离上一次激动后的有效不应期而再次下传激动心室，周而复始引发了持续的心动过速。右图为持续折返的示意图。左图 D 条中 S_2 刺激未能下传，系进入房室传导系统的有效不应期的结果

返的维持条件被破坏时心动过速就会终止。

临床上常用破坏折返的维持条件来终止心动过速：①室上性心动过速持续发生时，提示折返的维持条件稳定，此时能应用刺激和兴奋迷走神经的方法终止之。患者可以用力吸气或呼气后憋气，可以压迫眼球，压迫颈动脉窦，刺激咽部引起恶心，做呕吐动作，还可以把头埋进水中做潜水动作等。这些方法都能兴奋与刺激迷走神经，进而延长房室结的有效不应期。当有效不应期延长并长于心动周期时，折返的维持条件遭到破坏，心动过速则可突然终止。有时，迷走神经刺激的初始常不能奏效，这是因房室结有效不应期的延长量不够，一旦延长并超过折返周期时，心动过速肯定会被终止。有的患者应用同样的方法一段时间后不再有效，可能与刺激部位阈值上调等因素有关。②应用抗心律失常药物终止折返性心动过速的机制与上相同。以药物腺苷三磷酸（ATP）为例，ATP 快速静注后终止室上速的有效率达 90% 以上，这是因快速推注的 ATP 能迅速延长房室结的有效不应期，当其延长到大于折返周期时，心动过速迅速终止。其他药物如维拉帕米（异搏定）终止室上速的机制与此相同。

可以看出，刺激和兴奋迷走神经和抗心律失常药物主要作用于房室传导系统的房室结，延长其不应期，慢旁路具有与房室结相似的电生理特性，因此这些方法终止的几乎都是房室结或慢旁路依赖性室上速。除此，心动过速终止时，应当注意心律转复过程中的心电图，以便确定折返维持条件被破坏的关键环节，多数终止在房室结的前传或慢旁路的逆传（图 1-3-17）。

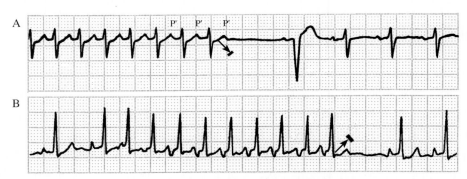

图 1-3-17　心动过速在不同部位被终止

图 A、B 分别是两例顺向型房室折返性心动过速终止时的心电图。A. 心动过速终止在房室结前传；B. 心动过速终止于房室之间的旁路逆传（箭头指示）

七、折返周期

折返周期等于激动经传导环路传导时在各部位传导时间的总和，与心动过速的心室率成反比，即心动周期（ms）=60000ms÷心率（次 / 分）。折返环各部位心肌组织的传导时间受多种因素的影响，尤其房室结的不应期和传导速度更易受神经、体液等诸多因素的影响。因此，同一患者在不同时间发作心动过速的折返周期可以长短不一，心动过速的频率随之不同。心动过速折返周期的显著变化还可能是因不同折返机制引起或同一机制经不同径路传导形成（图 1-3-18）。

八、折返的可激动间隙

可激动间隙（excitable gap）是指折返发生时折返波波锋（wavefront）前的心肌组织处于兴奋期或相对不应期，能够被传导中折返波的波锋再次激动，或被外来的刺激侵入而引起该部位心肌发生除极反应。

图 1-3-19A 能够说明可激动间隙与折返周期的关系，图中白色部分代表折返环中的可激动间隙，深灰色部分代表折返环中处于有效不应期的部分，这部分也称为折返波波长，前部为波锋，尾部为波尾。显然，图中两部分之和等于折返周期。因此，可激动间隙=折返周期−波长（波长等于传导速度 × 有效不应期）。如果可激动间隙的心肌组织完全处于兴奋期时，称为完全性可激动间隙（fully excitable gap）。凡能侵入该区的 S_2 刺激均能引起心动过速的终止或重整。重整发生时，不同联律期的 S_2 刺激引起的重整周期长度不变。折返激动的种类不同，特征不同，可激动间隙也呈多样化，图 1-3-19B 中浅灰色部分代表心

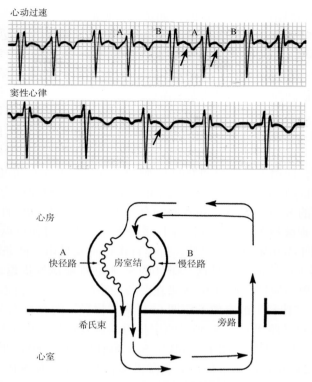

图 1-3-18 心动过速时心动周期的长短交替

本图为 1 例预激旁路与房室结双径路两种机制参与的心动过速，心动过速经房室结前传，经旁路逆传。上图，心动过速发作时，心动周期呈 300ms（A）与 400ms（B）交替，两种心动周期中 VA 逆传时间相等（120ms），但前传时间在 A 周期为 180ms，在 B 周期中约为 280ms。显然心动过速经房室结前传时交替沿快慢径路前传，引起了心动周期的交替。下图为示意图

肌组织处于相对不应期，其替代了图 1-3-19A 中的白色部分，说明这种折返周期中可激动间隙的组织处于相对不应期，称为不完全性可激动间隙（partially excitable gap）。折返波的波锋可进入该区，折返仍能维持。外来的 S_2 刺激也能侵入该区，能够引起心动过速的重整，只是重整周期随 S_2 刺激联律间期的缩短而变长，提示侵入的 S_2 刺激落入相对不应期较深，兴奋性恢复得差，传导更慢。图 1-3-19C 为混合型可激动间隙，该区由处于兴奋期与相对不应期的两部分心肌组织组成，能够进入该区的 S_2 刺激的联律间期逐渐缩短时，重整周期先不变，随后逐渐延长。主导环折返的可激动间隙多数属于不完全性。

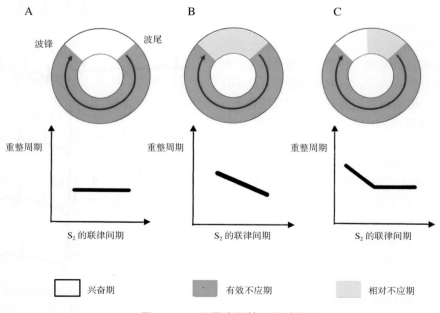

图 1-3-19 不同类型的可激动间隙

A. 完全性可激动间隙；B. 不完全性可激动间隙；C. 混合性可激动间隙

　　可以肯定，当多个部位心肌组织参与折返时，如预激折返时心房、心室、房室结及旁路都参与，可激动间隙在不同心肌组织中宽窄不同。不应期短的心肌部位可激动间隙长，相反则短。不同部位心肌的可激动间隙不同，使 S_2 刺激在不同心肌部位终止折返的能力也不相同。

　　目前认为，凡是折返性心动过速均存在可激动间隙，只是不同类型的折返或折返性心动过速的可激动间隙宽窄不一，房颤时也有该间隙，只是间隙太窄而已。

九、折返的诱发窗口

　　窦性心律或起搏心律时，应用不同联律间期的 S_2 刺激可进行折返或心动过速的诱发，能够诱发折返或心动过速的 S_2 刺激联律间期的范围在窦性心动周期中的位置及持续的时间称为折返的诱发窗口。

　　诱发折返的机制是适时的 S_2 刺激落入一条径路的有效不应期，出现功能性前传单向阻滞，而另一条径路此时处于相对不应期，呈现缓慢前传。单向阻滞和缓慢传导的出现可使折返发生。折返的维持条件具备时，进而发生心动过速（图 1-3-16B、C）。显然，折返首次被诱发是由于两条径路中一条径路进入有效不应期，另一条径路能够缓慢下传，能够满足这一条件的 S_2 刺激都能诱发折返，一直到 S_2 刺激的联律间期太短而落入另一条径路的有效不应期，这时 S_2 刺激在两条径路都不下传，折返也不可能再诱发。总之，折返的诱发窗口(ms)大致等于"快径"的有效不应期(ms)减"慢径"的有效不应期(ms)。

　　图 1-3-20 是一例房室结双径路患者经 S_2 刺激测定折返的诱发窗口。房室结双径路的快径传导速度快、不应期长，慢径传导速度慢、不应期短。图 1-3-20B 中 S_2 的联律间期为 280ms 时，心动过速首次被诱发。此时，快径进入有效不应期（280ms）而不下传，S_2 刺激沿慢径缓慢下传使 S_2R_2 间期从 200ms 跳跃式延长到 400ms。图 1-3-20D、E 中 S_2 刺激均能诱发心动过速，图 1-3-20F 中的 S_2 刺激已不能诱发心动过速，系 S_2 刺激落入慢径的有效不应期（70ms）。图 1-3-20 表明患者心动过速的诱发窗口位于 R 波后的 80～280ms，宽 210ms，通过上文已述的公式也可计算出折返的诱发窗口 =280ms −70ms = 210ms（图 1-3-20）。

　　图 1-3-16 也能验证这一算式。该例顺向型房室折返性心动过速患者经 S_1S_2 刺激测定心动过速的诱发窗口。与房室结相比，旁路为"快径"，其传导快而不应期长，房室结为"慢径"，传导慢伴不应期短。当 S_2 刺激的联律间期逐渐缩短时，肯定先进入旁路不应期（290/600ms），S_2 刺激经房室结下传，心动过速被诱发（图 1-3-16B），当 S_2 联律间期缩短到 210ms 时（图 1-3-16D），进入了房室结有效不应期（210/600ms）后心动过速不能被诱发。测定该诱发窗口位于 QRS 波后 220～290ms，宽 80ms。应用已述的公式，折返窗口 =290ms −210ms = 80ms，两者一致。

　　对于折返性心动过速的患者，其折返的两条径路不应期差值越大，诱发窗口就越宽，心动过速越易发生。相反，心动过速则不易发生或诱发。影响两条传导径路不应期的因素很多，对同一影响因素，两条径路的反应也不一样，因此同一患者在某段时间内心动过速可能频繁发生，另一段时间内心动过速可能很少发生，这与诱发窗口宽窄的变化直接相关，也与早搏的多少密切相关。

　　抗心律失常药物通过抑制早搏，延长传导径路的不应期，缩小两条传导径路不应期的差值，能够治疗和预防心动过速的发生。

　　心脏电生理检查时，常需要诱发心动过速，以便进一步诊断与治疗。有时心动过速不能诱发，有可能因两条传导径路的不应期差值过小所致。这种情况存在时，常给予异丙肾上腺素、阿托品等药物，药物能使上述差值加大，心动过速则易诱发。

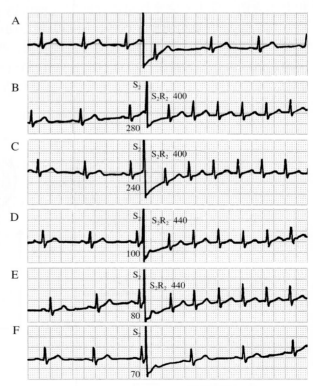

图 1-3-20　折返和心动过速诱发窗口的测定

本图为 1 例房室结双径路患者，经 S_2 刺激测定其折返和心动过速的诱发窗口（图中数字单位为 ms）

十、折返性心动过速的终止窗口

适时单次的 S_2 刺激可以终止心动过速（图 1-3-21），终止的原因是 S_2 刺激落入心动过速的终止窗口。应用程序性 S_2 刺激可以测定心动过速终止窗口在心动过速周期中的位置及宽度。图 1-3-22 显示应用心室 S_2 刺激测定心动过速的终止窗口，结果表明其终止窗口位于心动过速周期中 QRS 波后的 220～260ms，宽 40ms。

如前所述，折返性心动过速发作时，存在宽窄不同的可激动间隙。联律间期不同的 S_2 刺激对心动过速有三种作用：①对心动过速无影响：S_2 刺激未进入可激动间隙（图 1-3-22 右图 G 条）；②心动过速终止：适时的 S_2 刺激进入并使可激动间隙的心肌组织除极而进入有效不应期，使随后的折返波波锋遇到有效不应期导致折返中断（图 1-3-22 右图 C～F 条）；③心动过速重整：S_2 刺激进入了可激动间隙终止原心动过速，同时 S_2 刺激又引发心动过速重新开始，使心动过速发生重整（图 1-3-22 右图 A、B 条）。图 1-3-22 左图 A～C 是上述三种反应的示意图。C 显示心动过速无影响区，B 显示心动过速终止区，A 显示心动过速重整区。显然，心动过速的终止窗口位于可激动间隙内，但比可激动间隙窄。

临床常应用频率很快的猝发刺激 (burst pacing) 连续发放 3～15 次刺激终止心动过速。其目的：一是多个刺激可提高刺激进入心动过速终止窗口的概率；二是提高终止窗口较窄时心动过速的有效终止率，如 Ⅰ 型心房扑动。

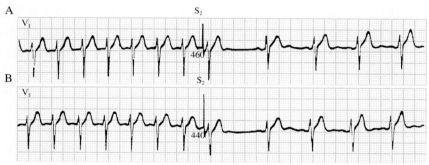

图 1-3-21　S_2 单刺激终止心动过速

图 A、B 中的心动过速分别被联律间期为 460ms 和 440ms 的 S_2 刺激终止

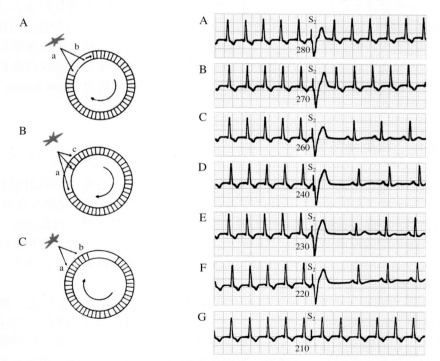

图 1-3-22　心动过速终止窗口的测定

图为 1 例患者室上性心动过速发作时，应用心室 S_2 刺激测定其终止窗口。联律间期不同的 S_2 刺激引起：①心动过速无反应（右图 G 条），S_2 刺激未进入可激动间隙（左图 C）；②心动过速被终止（右图 C～F 条），S_2 刺激进入可激动间隙并终止心动过速（左图 B）；③心动过速重整（右图 A、B 条），系 S_2 刺激进入可激动间隙终止了心动过速并使心动过速重整（左图 A）。图中数字单位为 ms

十一、折返与各向异性

各向异性是物理学概念，"向"是指空间方向，"性"是指性能，即测量指标，例如光的折射率、声速及热的传导系数等。在不同方向上，测定的某一物理学数据不同并存在某一方向的优势时，称为各向异性，相反称为各向同性。

近年来，心脏电活动的研究中引入了各向异性的新概念。"向"则指心肌细胞的长轴（纵向）及短轴（横向），"性"是指电活动的传导速度、不应期等特性。

传统观点将整个心脏组织看成一个电活动的合胞体，电活动犹如在均匀一致的介质中传导，传导时遵循各向同性规律。认为电活动的紊乱如折返现象发生时，是因心肌细胞发生了病理性改变，构成了异常心电现象发生的基质。

目前认为，心脏不是电活动的一个均质体，心肌由许多肌束旋转重叠构成，心外膜面肌纤维的排列与心脏长轴垂直，心内膜面的肌纤维趋于向四周扩散，心肌的这种非均质性排列即为各向异性结构。从细胞水平来看，心肌细胞之间的纵向连接与横向连接相比，其含有的更利于离子流动的缝隙连接及闰盘等结构，远多于后者，形成了心肌细胞水平纵向横向的各向异性结构。

结构上的各向异性，必然产生传导功能的各向异性，心肌细胞的电活动沿纵向的传导速度远远快于横向。以右房界嵴为例，该部位心肌细胞的纵向与横向传导速度比值为 10∶1，使折返发生的概率大大提高。

总之，目前认为心脏存在各向异性结构，以及心电活动的各向异性，这些有可能引起折返等异常心电现象。因此，折返不一定都是心肌病变的病理学结果，在正常生理情况下就有可能存在和发生。这一新观点可以解释特发性、折返性心动过速发生率较高的临床情况。

十二、折返与拖带

心动过速发作时，以高于心动过速的频率起搏，心动过速的频率能提高到起搏频率，起搏到一定时间停止后，心动过速又恢复到原来的频率，这一过程称为拖带，实际是心动过速的拖带现象。凡是能被拖带的心动过速都是折返性心动过速，心脏电生理检查时常据此来区别心动过速属于折返性还是自律性。

如前述，心动过速重整现象是指落入心动过速可激动间隙的 S_2 刺激，在终止原来心动过速的同时，又以 S_2 刺激为起点开始了新的心动过速（图 1-3-22 右图 A、B 条）。有时，某些自律性心动过速的异位节律点的变时性较好，心动过速发作时，应用较高的频率起搏，可以有效夺获，形成较快频率的起搏。这一过程中，起搏节律对异位节律点有抑制作用，起搏停止后，因异位心律的节奏点自律性高而稳定，在起搏停止后可抢先发放自律性激动。当这一现象稳定而能重复时，即引起起搏后间期（post pacing interval，PPI）不变，能伪似折返性心动过速。

十三、折返与抗心律失常药物

所有抗心律失常药物都有负性频率、负性传导、负性肌力作用，都有延长心肌组织不应期的作用。折返或折返性心动过速发生时，都需要具备折返的三个基本条件，包括一条传导径路存在前传的单向阻滞。

抗心律失常药物终止心动过速的机制是药物破坏折返发生及维持的条件。药物治疗单次折返性早搏的机制是：药物能将折返传导的单向阻滞变为双向阻滞，使折返不能发生。药物预防折返性心动过速的机制是：①抑制早搏，减少早搏触发心动过速；②延长不应期，破坏折返的维持条件；③将单向阻滞变为双向阻滞，消除了折返发生的基质。

图 1-3-23 是一例起搏器植入术后出现了频发室早的患者，该室早特点：①形态一致；②联律间期一致；③不同频率起搏时，室早仍以相同联律间期发生；④起搏频率降到一定程度时，室早自然消失（图 1-3-23D）。这些特点提示，患者的室早具有明显的起搏频率依赖性，属于折返性室早。起搏频率为 45 次 / 分时室早消失，说明该起搏频率不再引起室内折返，不引起折返性室早发生。经抗心律失常药物治疗后，同样频率起搏时室早消失，这是药物使原单向阻滞变为双向阻滞，早搏的折返性机制消除的结果（图 1-3-23）。

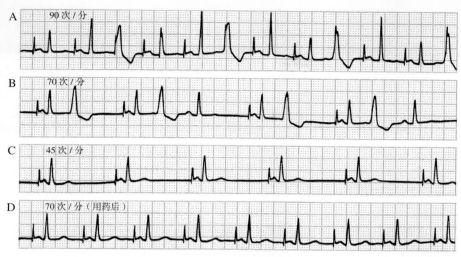

图 1-3-23　起搏心律时折返性室性早搏

本图为 DDD 起搏器植入后出现频发室早。该室早形态及联律间期均一致，并有起搏频率的依赖性，起搏频率 45 次 / 分时早搏自然消失，这些特点支持该室早属于折返性。口服普罗帕酮（心律平）治疗后室早消失

十四、折返的临床意义

图 1-3-24 是一例房颤患者发生洋地黄中毒后的心电图。心电图的基本心律为房颤，图中主波向上的窄 QRS 波的间期绝对不整，为房颤的基本心室律。另一组主波向下的宽大畸形的 QRS 波为一组频发室早，形成二联律。因伴有洋地黄中毒，自然认为属于自律性室早。但观察和测量后可发现，室早的联律间期恒定为 500ms，而且该间期不受前 QRS 波频率的影响。从这些特点看，室早与前 QRS 波有特殊的偶联关系，对前者有明显的依赖性。因此，这组室早属于折返性室早，是前一个窄 QRS 波下传心室后在室内发生了折返，引出了其后的室早，因室内折返径路和传导速度一致，使折返性室早的联律间期固定不变。图 1-3-23、图 1-3-24 提示折返性室早并不少见。

目前多数学者认为，除了并行节律、部分早搏与非阵发性心动过速可能系低位节律点的自律性异常增高外，绝大多数的早搏、阵发性心动过速、心房扑动、心房颤动、各种类型的反复心搏，甚至心室颤动等均由折返机制所致。

因此，对于心电图医师，认识折返机制与相关理论十分重要。解释心动过速的发生，折返机制十分重要；解释联律间期、形态一致的早搏时，折返机制同样重要；解释其他复杂、异常的心电现象时，也不能忽视折返的相关理论。

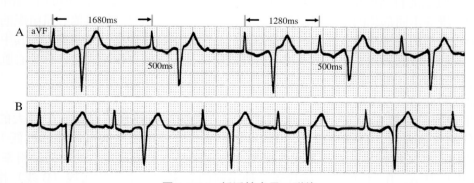

图 1-3-24　折返性室早二联律

本图为房颤患者发生洋地黄中毒时的心电图，图中频发的室早形成二联律，分析室早的特点后，能够推断其为折返性室早形成的二联律

第四章

I$_f$ 通道

近年来，I$_f$ 通道的发现与深入研究是基础心脏电生理领域最瞩目的进展。这项重大发现以 1999 年发现 I$_f$ 通道的亚单位 HCN 通道为标志，随后十几年中，该学术领域出现了颠覆性进展。

一、心脏电活动起源的经典认识

每位心电学入门者都熟悉心脏电活动起源的几个基本概念。

1. 心脏的自律性组织

心脏组织分成有自律性和无自律性两种。具有自律性的心脏组织和细胞在一次动作电位结束进入静息膜电位后，不会停滞在复极后的静息膜电位水平，而是在舒张期 4 相缓慢发生自动化除极，使静息膜电位的水平逐渐升高并最终达到下一次除极的阈电位，进而引起一次新的 0 相除极（图 1-4-1）。该现象又称为舒张期 4 相自动化除极。

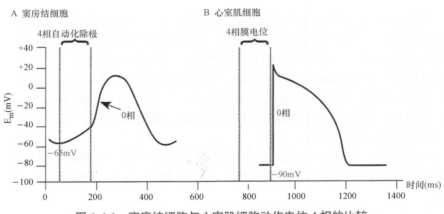

图 1-4-1 窦房结细胞与心室肌细胞动作电位 4 相的比较

2. 自律性的高低差别大

心脏的自律性组织能自动产生有节律的心电活动。心脏的特殊传导系统：窦房结、结间束、房室结、希氏束、浦肯野纤维等不同部位的组织细胞都具有自律性，而窦房结之外的其他心肌组织的每次自律性活动最终将表现为心电图的各种早搏或逸搏。部位不同的心肌组织自律性高低差别很大，其中窦房结的自律性最高，称为心脏的一级起搏点，房室结及浦肯野纤维等其他组织的自律性次之，称为心脏的二级或三级起搏点，属于异位起搏点（图 1-4-2）。

3. 决定自律性高低的三大因素

从心脏电生理的基本概念出发，有三大因素决定心肌细胞自律性的高低：①最大的舒张期电位，最大舒张期电位的负值愈大，自律性越低，图 1-4-2 中浦肯野纤维细胞的自律性远远低于窦房结细胞。②自动化除极的速率（又称斜率）是指最大舒张期电位逐渐到达除极阈电位的时间，斜率越低自律性也越低。图 1-4-3 中标有 A、B、C 的 3 条线代表 3 种不同的斜率，与中间的实线（B 线）相比，A、C 两条虚线的斜率前者大，后者小；斜率越大，自律性越高。③引起再次除极的阈电位：阈值的负值越大自律性越高（图 1-4-3）。

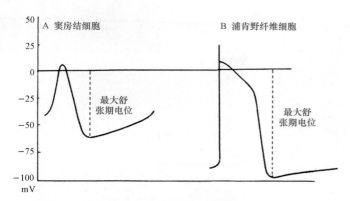

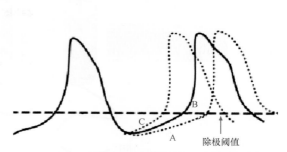

图 1-4-2　窦房结细胞与浦肯野纤维细胞自律性的比较　　　　图 1-4-3　心肌细胞自律性的三大决定因素

二、I$_f$ 通道的结构

对心脏自律性组织，如窦房结细胞的 4 相自动化除极的认识已有很长时间，但因技术限制，一直未能真正揭开起搏的离子通道及起搏电流的真面目，使舒张期 4 相自动化除极的本质与机制一直不完全清楚。直至 1998—1999 年才逐渐发现并证实心肌细胞膜上的起搏 I$_f$ 通道。心肌细胞膜上 I$_f$ 通道的认识与发现，得益于神经元的研究。因神经细胞具有更频繁的自发性电活动，而这种电活动与窦房结细胞的电活动十分相像。1999 年，在神经细胞发现了 CNG 通道后，又在神经细胞和心肌细胞先后发现了超极化激活的阳离子通道（hyperpolarization-activated cation channel，HAC）或称超极化激活的环核苷酸门控的阳离子通道（hyperpolarization-activated cyclic-nucleotide-gated cation channel，HCN）家族。这是最终组成窦房结 I$_f$ 通道的亚单位。

I$_f$ 通道最初发现与确定时，其与此前发现的心肌细胞膜上的离子通道（Na$^+$、K$^+$、Ca^{2+}、Cl$^-$）全然不同，其允许通过的离子并非有选择性，而且在非生理性的超极化状态下能得到最充分激活，故命名时称其为有趣（funny）电流（current）或称有趣通道（funny channel），简称 I$_f$ 通道。

1. HCN

I$_f$ 通道是一个由四聚体组成的孔道（图 1-4-4），每个聚体即为一个 HCN，又是组成 I$_f$ 通道的亚单位。

截至目前，已发现 4 种类型的 HCN，分别是 HCN1、HCN2、HCN3 和 HCN4，而 HCN1、HCN2 和 HCN4 在心脏表达丰富，原位杂交的分析结果表明，HCN 在窦房结的表达依次为 HCN4、HCN2、HCN1。在 4 个 α 亚单位（HCN）构成 I$_f$ 通道时，亚单位可以是同类 HCN，称为同源四聚体，也可以是不同类的 HCN，称为异源四聚体（图 1-4-4）。

人体心脏的 I$_f$ 通道由 HCN2 和 HCN4 两种 HCN 组成，属于异源四聚体，任何一种 HCN 的特性都不能完全反映出 I$_f$ 通道与 I$_f$ 电流的特点。HCN2 和 HCN4 表达的离子流十分相似，两者分别形成 I$_f$ 电流的快成分和慢成分。

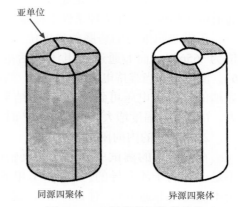

图 1-4-4　I$_f$ 通道的四聚体结构

同源四聚体　　　异源四聚体

2. 跨膜螺旋

与 Kv 通道相似，组成 I$_f$ 通道的每个 α 亚单位（HCN）都由 6 个跨膜螺旋（S1 ～ S6 片段）组成（图 1-4-5）。在跨膜螺旋的片段中，S5 与 S6 的连接区部分在细胞膜外，而另外一部分在细胞膜内，该部分称为 P 环（P-leep）。P 环围在孔道里，对不同离子有不同的敏感性。P 环还有着大多数 K$^+$ 选择性通道所特有的 GYG 标志序列（图 1-4-5）。

3. 电压感受器

I$_f$ 通道存在电压门控，电压感受器位于 6 个跨膜螺旋的 S4 片段，该部位带有较多的正电荷。正常超极

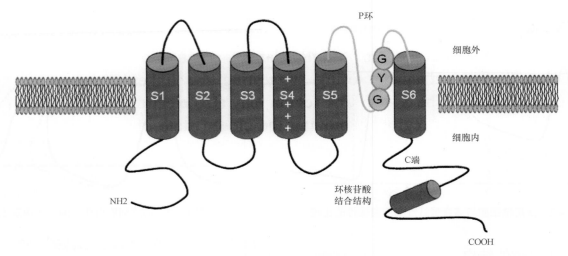

图 1-4-5 组成 HCN 的跨膜螺旋

化激活时，电压的变化就作用在该部位（图 1-4-5）。

4. 化学门控（cAMP 激活）

6 个跨膜螺旋的 S6 片段的 C 端，有一个 I_f 通道与环核苷酸的结合区（cyclic nucleotide-binding domain，CNBD），能与 cAMP 的门控结构相结合，进而控制流经 I_f 通道的 I_f 电流，起到 I_f 通道的化学门控作用。

了解 I_f 通道的结构对深入认识其功能十分重要。

三、I_f 通道的特性

与其他离子通道相比，I_f 通道有多种特征。

1. 超极化激活

I_f 通道的另一名称就是超极化激活的阳离子通道。顾名思义，I_f 通道可在超极化的非生理条件下被激活。

正常心肌细胞的跨膜静息电位为 −90mV，窦房结细胞的极化电位为 −65mV，而 I_f 通道的电压激活范围为 −45 ～ −100mV（图 1-4-6）。测试中，当维持电位为 −35mV，然后以 10mV 负向递增时，最终递增的超极化电压可到 −120mV。结果表明，随着超极化电压的加大，I_f 电流的幅度增大，而 −100mV 时，被激活的 I_f 电流最强。

2. 非单一的内向阳离子流

在 I_f 通道的测试中确定，其反转电位为 −20mV 左右，证实其不是一种离子流介导的。实际，I_f 电流由多种阳离子流组成（阴离子不能通过 I_f 通道），对 Na^+ 和 K^+ 混合通透是 I_f 通道的特点，即生理条件下，I_f 电流由 Na^+ 和 K^+ 介导。这使 I_f 电流的大小与心肌细胞外的 Na^+ 浓度有关，存在着 Na^+ 的依赖性。因此 I_f 通道激活的结果将形成一个以 Na^+ 构成的净内向电流。另外，I_f 通道对细胞外的 K^+ 浓度也十分敏感，当心肌细胞外 K^+ 浓度降到正常水平之下（2 ～ 4mmol/L）时，I_f 电流的强度显著降低，恢复细胞外 K^+ 浓度时，I_f 电流的幅度立即恢复。所以，I_f 电流也存在 K^+ 依赖性。

除此之外，细胞内的 Ca^{2+} 也能影响 I_f 电流，细胞内 Ca^{2+} 浓度的增加可使 I_f 电流幅度增大。另外，细胞外的 Cl^- 浓度对 I_f 电流也有明显影响。

3. 电导小

I_f 单通道的电导很小，其幅度 <10fA（$1fA=10^{-3}pA$），这给相关研究带来很大困难。其电位在 −60mV

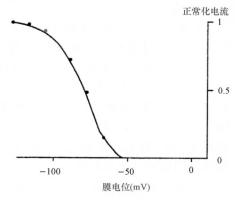

图 1-4-6 I_f 通道的激活电压与 I_f 电流

时，电流几乎无法记录。

4. 输入阻抗高

I_f 通道的输入阻抗很高，大约 109Ω，根据欧姆定律，很小的离子流及变化就能引起膜电压的很大变化。试验表明，窦房结细胞的 I_f 通道处于 4 相时，其膜电位以 0.02～0.1V/s 的速度使舒张期膜电位逐渐升高而发生自动化除极，最终引起一次新的 0 相除极。

5. 双重门控激活

研究表明，I_f 通道的开放由电压与化学两种门控进行激活（图 1-4-7）。

换言之，I_f 通道的激活开放与其他通道一样，有着跨膜电压的门控机制，在超极化 -100mV 时，I_f 通道被激活得最彻底，使 I_f 电流最强。除此之外，I_f 通道还受化学门控，即受到心肌细胞内的环核苷酸的门控而被激活。I_f 通道的两种门控机制将在下文详细介绍。

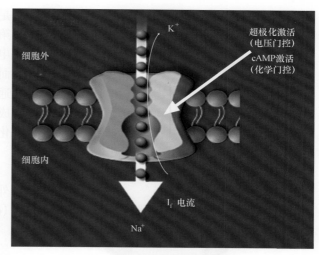

图 1-4-7　I_f 通道的双重门控激活

四、I_f 通道的双重门控激活

I_f 通道受电压与化学的双种门控，这又称双重激活现象。通过对 I_f 通道双重门控的深入理解，有望对人体窦性心律的调控有更深的认识，也将对自主神经对窦性心律、各种心律失常的影响有更深层次的认识。自主神经对心律的调控作用应当属于细胞水平、分子水平的直接作用，而且对心动周期有着逐跳调整作用。

1. 电压门控

超极化激活：对 I_f 通道的最初研究，是用双电压钳制在窦房结多细胞小标本上进行的，随着单个窦房结细胞的成功分离，I_f 通道的研究则在单个细胞上进行，但两者研究结果没有差异（图 1-4-8）。

不同种类的通道根据被激活的性质，常分成：①背景电流通道：其开放与关闭自发进行，任何电位时都开放；②电压门控通道：因电位的变化控制其开放与关闭，一定的跨膜电压使其激活或失活；③神经递质门控通道：由神经递质或称配体激活的通道；④ G 蛋白门控通道：引起 G 蛋白活动的因素使其启动，再经一系列生化变化激活的通道（图 1-4-9）。

I_f 通道首先是电压门控通道，I_f 通道周围跨细胞膜电压在 -45～-100mV 之间时都能使之开放，而且超极化的电位越大，I_f 通道的开放越彻底，相应的 I_f 电流强度也更强。如上文所述，I_f 通道的跨膜螺旋 S4 则

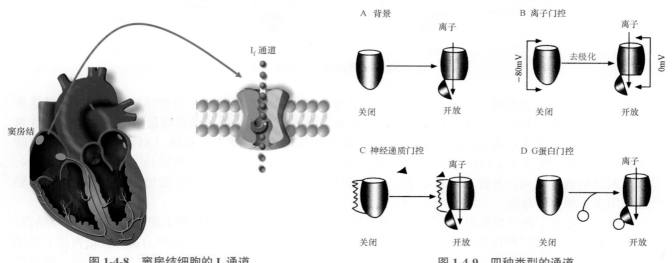

图 1-4-8　窦房结细胞的 I_f 通道　　　　　　　　图 1-4-9　四种类型的通道

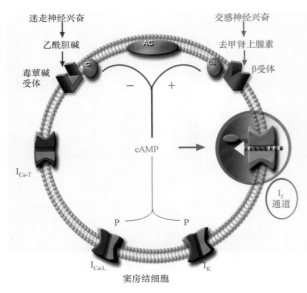

图 1-4-10　I_f 通道的化学门控示意图

是电压敏感器所在部位，其氨基酸排列中每 3 个残基的第一个带有正电荷，其他两个为疏水性残基，跨细胞膜电压的变化能引起电压敏感器带阳离子的残基激活，进而导致 I_f 通道的开放并产生电压依赖性的阳离子流。I_f 通道开放时，将有较多的 Na^+ 内流和少量 K^+ 外流共同组成 I_f 电流，进而启动自律性心肌细胞的 4 相缓慢的自动化除极（图 1-4-10）。

2. 化学门控

化学门控即为神经递质门控，I_f 通道除电压门控外，还有化学门控的特征，因此，I_f 通道又是神经递质（cAMP）门控的通道。

自主神经对心率明显的调控作用早被熟知，其中交感神经是心脏的加速神经，兴奋时心率增快，运动时交感神经的兴奋能引起窦房结的变时性升高，即随着人体运动代谢率的增高，反射性使窦性心率增快，满足机体对代谢率增高的需求。而迷走神经相反，其为心脏的减速神经。但对上述机制的认识，经典概念一直认为自主神经对窦性心率的调控作用是宏观的，是对整个窦房结或心脏的调节，属于窦房结之外的调节机制。因此，评价窦房结自律性功能时，常用一定剂量的 β 受体阻滞剂和阿托品分别阻断交感和迷走神经的调节作用，进而再观察自主神经被药物双阻滞后，窦房结细胞本身的固有心率是否正常。

但实际上，对窦房结细胞的 I_f 通道的调节是电压与递质的双重门控。换言之，自主神经通过递质对 I_f 通道的调节是细胞水平、分子水平或称离子通道水平的，其对起搏电流的强弱有着直接调控作用，也就是说其对舒张期 4 相自动化除极的斜率有着直接作用。因此，自主神经对窦性心律的每个 RR 间期都有逐跳的调节作用，使自主神经对心率的调节表现为逐跳调整（图 1-4-10，图 1-4-11）。

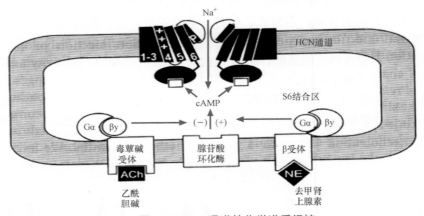

图 1-4-11　I_f 通道的化学递质门控

从上面两图可清楚看到，自主神经对 I_f 通道具有分子水平的直接调节。当交感神经兴奋时，其递质去甲肾上腺素（儿茶酚胺）的分泌增加，进而与窦房结细胞膜上的 β 受体结合数量增加，又经过与 G 蛋白偶联进一步介导激活 α 和 βγ 受体，进而作用在腺苷酸环化酶，使腺苷三磷酸（ATP）分解为环腺苷酸（cAMP）。结果，增多的 cAMP 与跨膜螺旋片段 S6 的 C 末端的 cAMP 结合点结合，从而作用在 HCN，增加了激活后的 I_f 电流，并提高窦性心率。这种窦性心率的增加是激活动力学的增加和沿电流的电压轴转移的阳离子增多引起的。

相反，当心迷走神经兴奋时，分泌的介质乙酰胆碱增多，其与心肌细胞膜上的 M2 毒蕈碱受体结合，也通过与 G 蛋白的偶联和介导减少了 cAMP 水平，使 cAMP 与 S6 片段的 C 末端结合减少，进而使 I_f 电流减弱，起到负性频率的作用。同时，高浓度的乙酰胆碱的增加还能激活对其同样敏感的 K^+ 外流，使复极

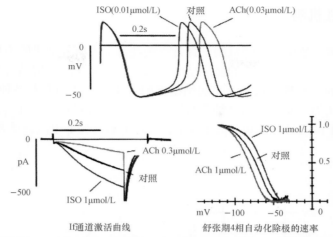

图 1-4-12 交感神经与迷走神经递质对窦房结细胞自动化除极的影响

ISO，异丙肾上腺素；ACh，乙酰胆碱

过程加速，抑制了 4 相自动化除极过程，使心率减慢（图 1-4-10，图 1-4-11）。

交感与迷走神经对窦性心率的明显调节作用还能从图 1-4-12 中看出。

图 1-4-12 显示，小剂量（1μmol/L）的异丙肾上腺素和小剂量的乙酰胆碱（0.3μmol/L）都明显影响窦房结细胞连续两次动作电位之间的间期，即异丙肾上腺素（ISO）可使下次新的 0 相除极比对照组提前发生，使窦性激动的间期缩短，使 I_f 通道的激活曲线左移，加速了 I_f 通道的激活和窦性心律。而乙酰胆碱（ACh）的作用恰恰相反，用药后使下次新的 0 相除极推后，使 I_f 通道的激活曲线右移（图 1-4-12）。图 1-4-12 还能显示，两者均影响了舒张期 4 相自动化除极的速率，但并不改变动作电位的形状，说明其仅改变了舒张期自动化除极通道的离子流，对其他离子流影响甚小。

还要说明，对上述受试标本给予蛋白激酶 A（PKA）灌注时，不增强 I_f 电流，但给予 cAMP 灌流时可使 I_f 电流明显增大，这说明 cAMP 对 I_f 通道的作用与碱性磷酸化的过程无关，而是直接作用于 I_f 通道的结果。

从图 1-4-10 能够看出，cAMP 对 I_f 通道、I_{Ca-L} 及 I_K 通道都有作用，但作用方式不同。对 I_f 通道的作用是直接的，对其他阳离子通道的作用是间接的，是通过碱性磷酸化过程的间接作用（图 1-4-13），这也是 I_f 通道与其他阳离子通道不同的地方。

I_f 通道的双重门控特征有着重要的生理学和临床意义。

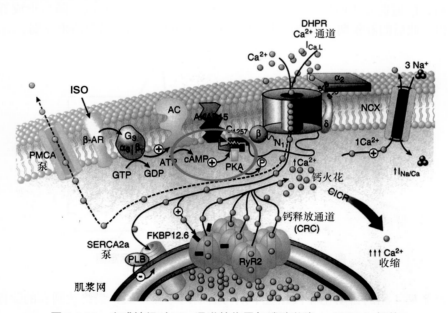

图 1-4-13 交感神经对 ICa 通道的作用与磷酸激酶 A（PKA）相关

GTP，鸟苷三磷酸；GDP，鸟苷二磷酸；cAMP，环腺苷酸；AC，腺苷酸环化酶；NCX，钠钙交换电流；PKA，蛋白激酶 A

五、窦房结的自律性机制

窦房结持续而有节律地发放电激动的机制一直备受关注，又因研究结果的不尽相同而存在争议。

对窦房结的基础研究一直以家兔心脏的窦房结为对象，这与家兔的窦房结容易分离而便于研究有关。

对窦房结自律性机制的经典理论认为，窦房结细胞的自律性电活动有着多种离子通道的参加，是多种离子流参与的结果。目前认为，参与窦房结细胞每次除极的离子流包括：I_f、I_{Ca-T}、I_{Ca-L}、I_K 电流及钠钙交换电流（NCX，I_{Na-Ca}）等（图 1-4-14）。但众多离子流中，经过 I_f 通道的 I_f 电流最重要，故称其为"起搏电流"。

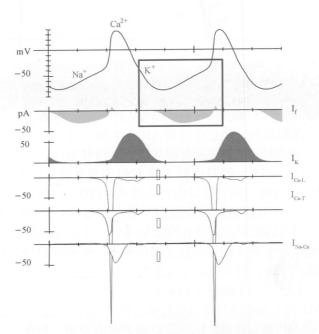

图 1-4-14　参与窦房结细胞动作电位的离子流

从图 1-4-15 可清楚看出，窦房结细胞动作电位的复极初期，I_K 通道被激活，K^+ 的快速外流形成动作电位的 3 相。随后，I_K 通道发生时间依从性失活，引起 K^+ 外流进行性衰减。随后形成舒张期的最大电位而进入舒张期 4 相。此后的舒张期 4 相自动化除极过程又可分成早期、后期两个亚期。

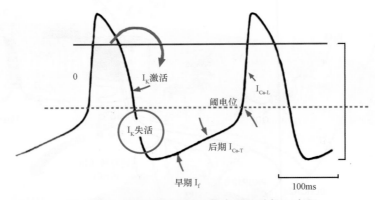

图 1-4-15　窦房结细胞的 4 相自动化除极示意图

窦房结细胞舒张期 4 相的自动化除极经过早期与后期两个亚期后，最终达到新的除极阈电位而引发一次新的窦性激动。

1. 自动化除极的早期

窦房结细胞的 4 相自动化除极的速率快，自律性高，其自动化除极的过程从 I_f 电流开始。I_f 通道在前一心动周期的复极 3 相动作电位降到 −60mV 时已被激活开放，一直到超极化电位达 −100mV 时得到最充分的激活。I_f 电流的激活缓慢，并随时间的延长而增大，该特征称为时间依赖性。因此，I_f 电流受膜内电位的加大和时间的推移而增加，具有电压依赖性和时间依赖性。单通道的 I_f 电流弱，电流幅度 <100fA，电导也很微弱，仅约 1pS。

I_f 通道具有混合的 Na^+ 和 K^+ 的通透性，I_f 电流中主要是持续的 Na^+ 内流，但与心肌细胞的快 Na^+ 通道不同，其对 Na^+/K^+ 相对通透比（P_{Na^+}/P_{K^+}）为 0.2～0.4。I_f 电流使 4 相跨膜电位逐渐升高，升高速度为 0.02～0.1V/s，当升高到 −50mV 时 I_{Ca-T} 通道将被激活开放，标志着 4 相自动化除极已进入后期（图 1-4-15，图 1-4-16）。

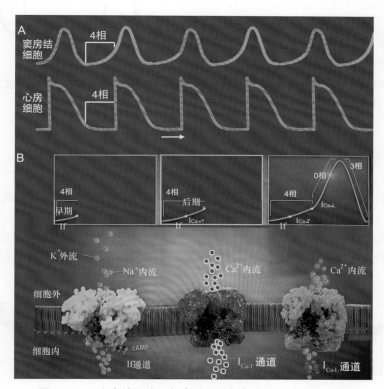

图 1-4-16　窦房结细胞 4 相自动化除极与各离子通道的开放

2.4 相自动化除极的后期

4 相自动化除极的后期约在 4 相自动化除极过程的后 1/3 处开始，后期的主要离子流为 I_{Ca-T}，这是 I_f 电流使房室结细胞的跨膜电压达到 −50mV 激活 I_{Ca-T} 通道的结果，使一定数量的 Ca^{2+} 内流。

应当说明，心肌细胞膜上的钙通道分成 L 型和 T 型两种。

T 型钙通道（tiny and transient）与 L 型钙通道有着不同的生物物理学特征，其激活开放的电压更低（约 −50mV），电导更低，失活更快，失活后恢复得慢。T 型钙通道在心脏的分布比 L 型更局限，在窦房结、房室结、心房和浦肯野纤维的密度不同：窦房结 > 浦肯野纤维 > 心房 > 房室结，成人心室肌细胞没有该通道。由于 T 型钙通道开放的时间短，失活快，故又称短暂型 Ca^{2+} 通道，其失活方式与 L 型钙通道也不相同。

I_{Ca-T} 通道的开放使较多的 Ca^{2+} 内流，使窦房结细胞的跨膜电位进一步升高，并触发肌质网大量释放 Ca^{2+} 而形成钙火花（钙瞬变），并刺激 Na^+/Ca^{2+} 交换（NCX），该过程中内流的 Na^+ 也使 4 相电位升高，最终达到 I_{Ca-L} 通道被激活开放的跨膜电压，即达到引发一次新的除极的阈电位，一次新的窦性激动便产生了。

在所有哺乳动物的心脏细胞中都有 L 型钙通道，其具有多种生理功能，临床中应用的钙通道阻滞剂（Ⅳ类抗心律失常药物）降低窦性心率的机制就是阻断了 L 型钙通道的结果。

还要指出，在上述 4 相自动化除极过程中，还有其他离子流的参与，包括 NCX 和钠钙泵等。NCX 也有使舒张期 4 相跨膜电位升高的作用，但这些机制在该过程中的作用很小。

六、I_f 通道的阻滞剂

Cs^+（铯）是最早发现并最具特异性的 I_f 通道阻滞剂，2mmol/L 浓度的 Cs^+ 就足以阻滞 I_f 通道，使窦性心率下降 30%。而伊伐布雷定是第一个用于临床的 I_f 通道阻滞剂。

伊伐布雷定与开放状态的 I_f 通道有亲和性，其从细胞内侧进入 I_f 通道的核心（其作用的结合点），阻滞相关离子流的跨膜运动，减慢窦房结细胞的舒张期自动化除极速率或斜率，延长窦房结细胞两次动作电位之间的间期，减慢窦房结细胞的自律性（图 1-4-17）。

从更严格的概念而言，β 受体阻滞剂也应视为 I_f 通道阻滞剂，只是 β 受体阻滞剂作用于 I_f 通道的化学门控，减慢窦性心率。

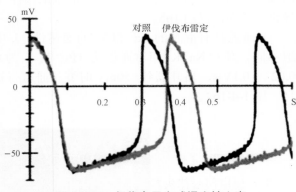

图 1-4-17 伊伐布雷定减慢窦性心率

七、I_f 通道复合体

近年来在 I_f 通道的研究中，发现其复合体对 I_f 通道及 α 亚单位 HCN 有明显影响。

1. KCNE

2004 年首次报告 KCNE2 是 HCN2 的辅助亚单位，两者同时表达时可使 HCN2 电流的振幅升高，KCNE2 增加 KCN2 和 KCN4 电流的作用最明显，使两者分别增加 22% 和 16.5%，对 HCN1 无影响（图 1-4-18）。

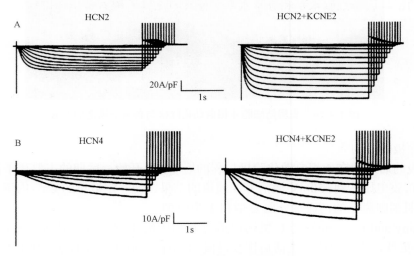

图 1-4-18 KCNE2 使 HCN 单通道电流增大

A. 左为单独 HCN2 的电流记录，右为 HCN2 结合 KCNE2 表达时的电流记录；B. 左为单独 HCN4 的电流记录，右为 HCN4 结合 KCNE2 表达时的电流记录

2. 小窝蛋白 3（Cav-3）

心肌细胞膜是脂质双分子层构成的半渗透屏障，近年来发现，细胞膜上存在着穴样内陷，这种在细胞膜上呈烧瓶样内陷的结构又称小窝。根据发现与确定时间的先后有 3 种小窝蛋白（Cav-1、Cav-2 和 Cav-3）。

近年发现，当 HCN4 和 Cav-3 共同表达形成复合体时，可使 HCN4 的电流幅度增大（图 1-4-19）。

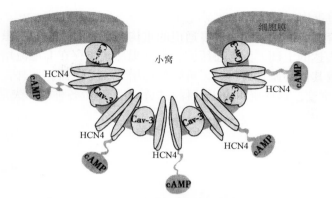

图 1-4-19　HCN4 与小窝蛋白 Cav-3 的共同表达

八、I_f 通道与临床

1. I_f 通道与心律失常

生理条件下，心脏有功能的 I_f 通道表达主要在窦房结、房室结和心脏特殊传导组织，所在部位越高、通道开放的阈电位就越高，窦房结细胞 I_f 通道开放的阈电位最高为 $-45mV$，而 $-100mV$ 时激活最充分。

心室肌细胞的 I_f 通道除数量较少外，其需超极化电位到 $-120mV$ 才能被激活开放。因此，正常生理情况下不能发挥起搏作用，当心肌细胞出现损伤，跨膜电位出现了超极化时也能被激活开放，引发室性期前收缩。

2. I_f 通道与自主神经

经典理论早已认识到自主神经在窦性心率、各种心律失常、心脏性猝死等情况时的重要作用，但认为自主神经的这种调节作用属于器官水平，是对心脏某个局部的调控作用。因此，才会推出测试自主神经对窦房结调节作用的检测技术：窦房结固有心率的测定。测试中应用药物单向阻滞或双向阻滞支配心脏的自主神经，再观察窦房结的"固有心率"，实际这一检测的基础理念存在一定的问题。

对窦房结细胞 I_f 通道的激活开放的机制本身就有双重性：电压门控和化学门控，说明自主神经对窦性心率、心脏性猝死的影响属于细胞水平和分子水平，使其对窦性心率有着逐跳调整作用。因此，对 I_f 通道的全面深入理解将能提高和加深对心率变异性检查方法的认识与理解。

3. I_f 通道的离子疾病

现已明确 I_f 通道是独立存在的非特异性阳离子通道，其结构复杂、功能多种。因此，当 I_f 通道及 HCN 出现编码基因突变时，将能影响 I_f 通道的功能，引起遗传性或家族性病窦综合征、窦性心动过缓等缓慢性心律失常（图 1-4-20）。

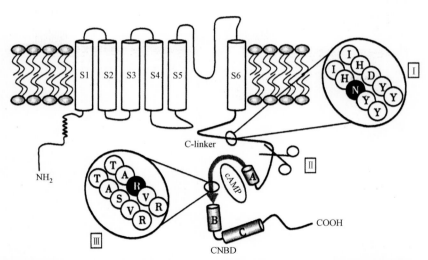

图 1-4-20　基因突变引起 HCN4 的 C 端突变和相关疾病。目前已发现 HCN4 C 端的 3 个基因突变：D553N（Ⅰ），573X（Ⅱ）和 S672R（Ⅲ）。Ⅱ处的剪刀表示 573X 基因突变时该处以下流程不存在

4. 心血管疾病的 I_f 通道重构

现已发现，很多心血管疾病的患者存在着 I_f 通道的重构。例如心肌肥厚的患者，其心室的 I_f 电流可增大 5 倍，同时伴有 HCN4 表达的上调。而高血压、心力衰竭患者也存在 I_f 电流增强的现象。临床应用血管紧张素受体拮抗剂等降压或其他心血管药物时，可降低已增大的 I_f 电流。此外，伴有心房颤动、心室颤动的患者也存在 HCN 的基因突变。这些资料可以解释心血管疾病患者各种心律失常发生率较高的现象。

心脏传导性

传导性是心肌组织和细胞重要的生理学特性，并与自律性、兴奋性等其他生理学特性密切相关，相互影响。传导性的减弱将引起传导异常，是心律失常发生的基础原因之一，深入理解心脏传导性这一概念十分重要。

一、传导性的定义

心肌组织和细胞扩布激动的能力称为传导性。对于心肌细胞，不论特殊传导系统的细胞，还是普通心肌纤维都具有将激动传给邻近细胞的能力，只是传导能力的高低不等。对心肌组织而言，不论是特殊传导系统的组织，还是普通的心房肌或心室肌组织，甚至心脏的其他组织（肺静脉、冠状窦等）拥有很薄的心肌组织覆盖时都有传导性，不同心肌组织的传导性不同（表 1-5-1）。

表 1-5-1 不同心肌组织的传导速度

组织名称	传导速度（mm/s）	传导速度比
房室结	50 ～ 100	1*
窦房结	100 ～ 200	2
心房、心室肌	300 ～ 500	5 ～ 6
希氏束	800 ～ 1000	10 ～ 16
浦肯野纤维	2000 ～ 5000	40 ～ 50

* 将房室结的传导速度设为 1

二、传导性的电生理基础

心肌细胞的胞质和细胞外液电阻很低，都是良好的导电体。静止状态下，细胞膜对离子流动而言是一个屏障，起到电阻作用。另一方面，细胞膜内、外数量相等的带负、正电荷的离子组成了良好的电容器（图 1-5-1），这是一个带有高电阻的电容器，兼有电阻-电容器的双重性能。

心肌细胞多呈细长的圆柱形，纵向衔接，平行排列。心肌细胞纵向与横向之间经缝隙连接与闰盘沟通，使带电荷的离子容易通过（图 1-5-2）。这些圆柱形心肌细胞纵向依次连接形成良好的同轴"电缆"。心肌细胞

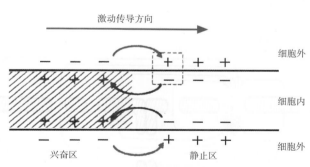

图 1-5-1 激动传导时的局部电流

的动作电位在心肌纤维中的传导就像电流从金属电缆的一端传导到另一端，心肌纤维的传导特性与金属导线的传导特性有很多相同点，只是沿金属导线传导的是携带负电荷的电子，而激动在传导纤维内传导时，其轴向电流与跨膜电流由携带正负电荷的离子流动形成。此外，与金属电缆相比，心肌纤维的传导性并不完善，细胞质的电阻比铜线电缆高 7 倍，细胞膜的绝缘性不良而能漏电，膜电阻仅是绝缘橡胶的 10^{-6} 倍，并有相当高的电导率。

心肌细胞的除极以部分心肌细胞膜的局部除极为起始。所谓局部除极是兴奋区除极的细胞膜内正电位急剧上升，膜外的正电位下降，最终形成外负内正的除极后状态，细胞膜内外正负电荷的这种分布与复极化的静息膜电位情况相反。这使除极后的细胞膜与邻近尚未除极而处于静止区的细胞膜之间形成电位差，产生局部电流。在相邻的细胞，膜内电流从静止区流向兴奋区，在膜外则从兴奋区流向静止区（图 1-5-1）。在局部微观的电流闭合回路中，同时存在 4 个必备成分：①跨膜的内向电流 I_{Na}；②轴向电流 I_a：胞质内正电荷沿电压梯度从兴奋区流向静止区，跨过低阻的缝隙连接流动；③外向电流 I_i 与膜电容电流 I_c：系轴向电流（I_a）部分外漏形成，其改变膜电容并使膜电位变高，负值减小；④膜外电流 I_e：细胞外液的正电荷流向 A 区（图 1-5-3）。在触发静止区细胞发生新的动作电位过程中，上述闭合回路的 4 种电流成分里，轴向电流的跨膜外漏，尤其是 I_c 成分（膜电容电流）足以使静止区心肌细胞的膜内电

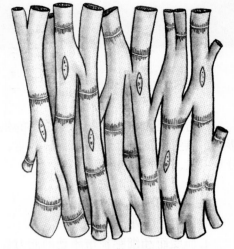

图 1-5-2 很多心肌细胞组成功能性的"合胞体"

位上升，当达到除极的阈电位时，细胞膜大量的快钠通道开放，Na^+ 迅速内流并引发 0 相动作电位，使整个细胞除极和兴奋，产生一定强度的除极电位。可以看出，一个心肌细胞的除极是从点到面、从局部到整体的过程。此后，新近除极的细胞膜与静止区下一个邻近的细胞膜之间又形成局部电流，并最终导致该心肌细胞发生新的除极，周而复始，这种链式的除极反应将沿心肌细胞连接成的传导轴不断向前扩布，形成电激动的传导（图 1-5-4）。在激动的传导过程中，从整个细胞来看则是近端细胞动作电位发生时，邻近的远端细胞动作电位处于"无"的状态，两者之间出现了 0 相电位差，并发生了 0 相的"全与无"之间的传导，形成了连续的、均一的动作电位的扩布或传导（图 1-5-4）。

这种动作电位和电激动的传导，实际是心肌细胞膜的局部电流形成并最终导致整个细胞除极的过程。这种电激动的传导也能用电偶（dipole）的移动形象而简明地说明。电偶由带正电荷的"电源"（source）与带负电荷的"电穴"（sink）组成。当兴奋区的细胞除极后，其细胞膜的电荷从极化时内负外正的状态变为内正外负的情况，结果除极后的细胞膜表面携带负电荷而成为电偶中的电穴。而与之邻近的、尚未除极、仍处于极化状态的细胞膜表面携带着阳离子，而成为同一电偶中的"电源"，两者之间出现了电位差及局部电流，局部电流可使极化状态的静止细胞除极，使原来的"电源"失去阳离子而变成新的"电穴"。新"电穴"又与前方下一个邻近的、处于静止状态细胞的膜外带正电荷的"电源"组成新的电偶，仍然是

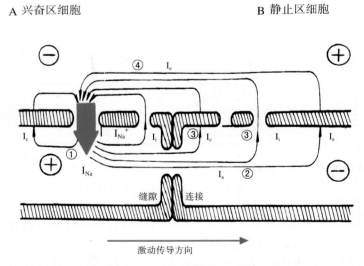

A 兴奋区细胞　　　　　　　　B 静止区细胞

图 1-5-3 激动传导时心肌细胞水平闭合电路的 4 个成分

I_{Na}：跨膜内向电流；I_a：轴向电流；I_i：外向电流；I_c：膜电容电流；I_e：膜外电流

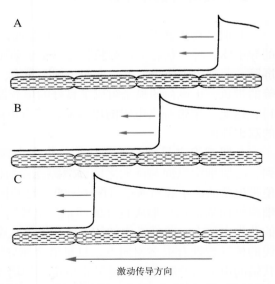

图 1-5-4 激动传导的本质是心肌细胞之间 0 相动作电位的传导

电源在前，电穴在后，只是电偶从除极的部位向尚未除极的部位移动了一步。此后，上述电源在前，电穴在后的移动过程周而复始，不断向前扩展，直到传导轴前方的全部心肌细胞除极为止。因此，激动在心肌细胞和心肌组织中的扩布，可简单地理解为电偶不断移动的结果，总是先除极的部位先成为电穴，其前面静止区的细胞膜为电源，转瞬间电源又变为电穴后，又与前面的"电源"构成新的"电偶"，这种电源在前、电穴在后的电偶不断地变化与重复，形成了激动不断向前传导的状态（图1-5-4）。

现代细胞电生理的研究表明，细胞间激动的传导与心肌细胞之间低阻抗的缝隙连接结构密切相关。细胞间的缝隙连接不但允许大分子物质通过，也是各种小分子、离子能迅速通过的通道，更重要的是使心肌细胞在电生理性能上形成一个合胞体。缝隙连接这个低阻的通道，能使动作电位快速地从一个细胞传至另一个细胞，形成心肌细胞电传导重要的生理学基础。

理论上，在低阻抗的缝隙连接与心肌细胞组成的均匀传导轴上，动作电位将以均一的速度连续传导（图1-5-4）。但是，相邻细胞的缝隙连接并非呈均一的三维分布，心肌细胞长轴上缝隙连接的数量比短轴上显著增多。此外，心脏组织间或组织内存在着明显的解剖学和电生理学的各向异性，使激动的传导不但不均一，反而经常存在着不连续传导，不连续传导主要发生在细胞束的分叉区域或组织发生变化的连接处，进而产生递减传导、缓慢传导，甚至传导阻滞。

三、激动传导的影响因素

如上所述，激动的传导过程是兴奋区或称兴奋纤维（也称上游纤维或动力纤维）将激动向邻近静止区或称静止纤维（也称下游纤维或阻力纤维）传导的过程。决定和影响上述传导过程的因素来自两方面：①动力纤维或兴奋纤维产生激动的效力和强度；②对上游纤维传导来的激动，阻力纤维或静止纤维的接受性（兴奋性）。此外，解剖学因素，如传导纤维的直径及排列情况也能产生影响。

1.动力纤维除极时的效力

动力纤维（兴奋纤维）除极时的效力是影响传导性高低的重要因素，该效力的高低主要体现在0相动作电位上升的速率及幅度，因为0相上升的速率与幅度将决定兴奋的心肌细胞膜与邻近静止的心肌细胞膜之间的电位差，或直接将其视为激动传导的电流强度，对下一个心肌细胞除极的速度有决定性作用。当0相上升的速率越快、幅度越大时，激动的效力愈大，传导的速度也越快，反之，传导的速度则减慢。有人形象地将0相动作电位比喻为一张弓，弓拉得越开，箭射得越远，速度也越快。

下面是影响0相动作电位上升速率与幅度的因素：

（1）膜电位水平：膜电位水平是指心肌细胞兴奋前的静息膜电位或舒张期电位，是复极后最大的膜电位负值。当膜电位负值较大时，细胞膜内外的电位梯度大，除极时促进Na^+内流的力量也较大，0相电位的上升速率及幅度大，激动的传导速度快，传导性强。例如，浦肯野纤维细胞除极时，膜电位的负值为$-90\sim-100mV$时，跨膜的电位梯度大，快速除极时能迅速使大量的快钠通道激活，使Na^+内流速度加快，0相除极的速率提高，上升幅度加大，激动的传导速度增快。当膜电位的负值因某种原因降为$-70mV$时，快钠通道开放的数量将锐减，Na^+内流的速度和数量下降，结果除极的速率能够下降达50%。而膜电位的负值减少到低于$-60mV$时，0相除极速率进一步降低，甚至为0，结果动作电位不能产生及传导，兴奋性及传导性将同时消失。对于慢反应细胞也是一样，窦房结和房室结细胞除极时膜电位$-60mV$时，引起Ca^{2+}缓慢内流，除极时也有少量超射现象（电压高于0的正值部分），传导速度相对快反应细胞要慢，传导速度可能差几十倍。当该膜电位负值低于$-30\sim-40mV$时，内外膜的电位差过低，则不能引起离子跨细胞膜的流动，未能产生动作电位，导致传导阻滞和中断（图1-5-5）。

膜电位水平不仅与正常时的传导性有关，还是传导障碍发生的常见原因。各种病理性因素存在时，可使细胞

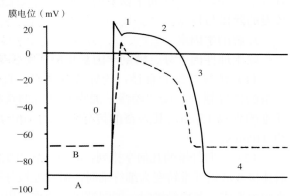

图1-5-5　膜电位的最大负值对0相除极幅度的影响
负值越大0相电位的幅度越高（A），负值越小0相电位的幅度越低（B）

膜发生部分除极（高血钾、缺血、缺氧）或复极化不完全，均能引起膜电位的负值减小，严重时发生传导障碍。

（2）膜反应性：膜反应性是指心肌细胞0相动作电位上升的最大速率与除极时膜电位之间的关系。将两者函数关系绘制成的曲线称为膜反应曲线。该曲线常呈S型，横坐标为静息膜电位，纵坐标为0相上升的最大速率。膜反应曲线能反映心肌细胞在不同膜电位水平时对传导来的激动的反应能力，膜反应曲线右移或下移时，表示膜的这种反应性降低，传导性减弱，传导速度将减慢。不同抗心律失常药物对膜反应曲线的作用不同，多数使之右移，降低心肌的传导性，少数（低浓度利多卡因、普萘洛尔）对之无影响，或使膜反应曲线轻度左移，起到促进传导的作用（图1-5-6）。

（3）膜的阈电位：心肌细胞膜上钠通道的激活与开放呈电压依赖性，能引起细胞膜上大量钠通道迅速开

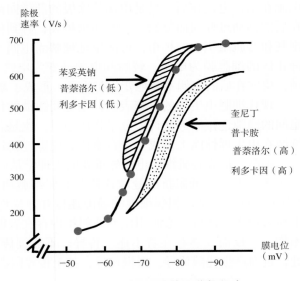

图1-5-6　膜反应曲线及药物影响

放，产生0相除极的膜电位值为膜的阈电位。显然，阈电位负值减少时，其与舒张期最大的静息膜电位的差值增大，使舒张期静息膜电位达到阈电位水平、开始除极的时间延长，这对自律性细胞而言则自律性降低，对传导细胞而言将使传导性下降，反之亦然。一般情况下，阈电位水平不十分重要，但传导速度已降低时，则可能变为决定传导性的关键因素。

（4）膜的电阻：细胞膜电阻越大，局部电流的分布则越受影响，传导速度将越慢。

（5）膜电容：细胞膜电容作用增大时，将消耗更多的局部电流，可使沿心肌纤维传导主轴上流动的电流减少，使传导性减弱，传导速度减慢。

（6）膜的电导率：膜的电导率是指细胞膜对各种离子的通透性，尤其是对Na^+的通透性。电导率越高，对Na^+的通透性越大，Na^+内流加快时，0相除极上升的速率及幅度增加，传导加快。决定细胞膜Na^+通透性的因素除电导率外，还与细胞膜内外Na^+的浓度差（化学梯度）有关，浓度差越大，Na^+的内流越快，0相上升的速率大、幅度也高。

（7）药物的影响：所有能影响各种离子进出心肌细胞膜的药物都能影响0相电位，而抗心律失常药物的作用更明显。例如苯妥英钠能提高心肌细胞膜对Na^+的通透性，使0相的除极速率提高，传导性增强；相反，奎尼丁抑制细胞膜的快Na^+内流，使0相的除极速率和传导性都下降。

2. 阻力纤维对激动的反应性或兴奋性

阻力纤维（或静止纤维）对激动的反应性或兴奋性是决定一个激动到达某组织后能否传导的生理要素，这与激动到达时阻力纤维正处于前次传导与兴奋后，传导性是否恢复及恢复的程度有关。当其仍处于有效不应期，反应性尚未恢复时，则不能发生反应而出现传导阻滞。当其处于相对不应期时，则产生速度较慢的除极与传导。

3. 解剖学因素

除生理性因素外，解剖学因素也能影响传导性。

（1）传导纤维的直径：传导纤维越粗、直径越大时，其横断面积大，对电流的阻力小，局部电流强，兴奋的传导越快，反之较慢。浦肯野纤维的快速传导（约4m/s）与其直径粗大（约70μm）有关，心室肌纤维的直径15μm，其兴奋的传导速度为1m/s，而房室结内传导纤维的直径仅3μm左右，传导速度最慢，约0.05m/s。

（2）心肌纤维的几何学排列：心脏传导组织的几何排列也能明显影响传导性，一支粗纤维与几条细纤维前后连接或从粗纤维转变为细纤维时，激动波被分散后的电流密度将减少，传导减慢。相反，当几条细的传导纤维向前汇成一条粗纤维时，如同拧成一股绳，电流的密度将增加，传导则加速。因此，当传导纤维解剖学的排列使激动波汇合，电流密度加大时则加速传导，反之传导将减慢或阻滞。预激综合征Kent束部分呈先天性前向阻滞，可能与Kent束在心室侧呈树根样分布有关，这种分布形态有利于逆传，而不利于前传。

4. 自主神经对传导性的影响

自主神经对心脏传导性的影响巨大而重要，医生阅读动态心电图记录时，常能看到某些心率 80 次 / 分就有房室传导阻滞的年轻人，当其剧烈活动后心率达 150 次 / 分，甚至 180 次 / 分时，房室之间竟能维持 1∶1 下传，这是运动时交感神经兴奋而加速房室间传导的结果。同样，有些人窦性心率 130 次 / 分时房室 1∶1 下传，而夜间心率 60 次 / 分时反而出现了房室文氏型下传，显然这是迷走神经张力增高时负性传导作用的表现。

众所周知，交感神经是心脏的加速神经，能使心脏的传导加速，而迷走神经是心脏的减速神经，有心脏负性传导的作用。自主神经对心脏传导性的影响包括多种直接或间接的作用。

（1）对心脏传导性的影响：自主神经对心脏传导性的影响主要表现在房室结。在去除了其他影响因素外，当心率固定时，迷走神经可使房室结细胞动作电位发生过度极化（图 1-5-7），0 相除极的速率下降，幅度降低，使传导性降低，即 AH 间期延长，而对希浦系统的传导无明显影响，HV 间期变化较小。

（2）通过对不应期的作用间接影响传导性：心脏的传导性与兴奋性密切相关，自主神经对心脏组织的不应期有明显影响，进而影响传导性。交感神经缩短心房和房室结的不应期而加速传导。迷走神经缩短心房不应期，延长房室结不应期，对心室不应期无明显作用。不应期的延长将使传导性下降（图 1-5-8）。

5. 其他因素

其他的解剖特征，如房室结内的迷路样结构，浦肯野纤维和心室肌连接处的 Y 形分叉结构等，都能使传导延缓。此外，不同组织之间的"连接处"，即心脏特殊传导系统与周围心肌之间的连接部位，常是传导减慢的"闸门"，这些生理性的闸门与局部的解剖特点相关，同时这些连接处乙酰胆碱的聚积也使这些部位容易发生传导递减或阻滞（表 1-5-2）。

年龄对心脏传导性的影响不容忽视，束支传导阻滞、室内阻滞的发生率都随患者年龄的增加而明显升高，这与老年人的器官老化，不可抗拒的退行性变密切相关。老年人传导功能的减退与心肌中胶原纤维数量的逐渐增多有关，当心肌被数量不等的胶原纤维替代时，激动传导的速度肯定降低。

此外，多种神经体液因素、全身血流动力学的变化、心脏功能、心率等都能引起心脏传导性一定程度的改变，当传导性已经降低时，这些因素可能产生显著的影响。

上文阐述了心脏传导性的多种影响因素，图 1-5-9 形象地用一排多米诺骨牌倒地的情况，概括了影响心脏传导性的几大因素：①增加骨牌的高度，如同增加动作电位的幅度，骨牌的高度增加后，每张骨牌倒

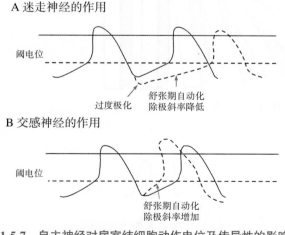

图 1-5-7　自主神经对房室结细胞动作电位及传导性的影响

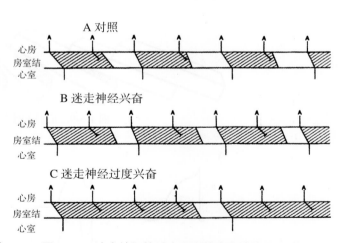

图 1-5-8　迷走神经的过度兴奋使房室结传导功能下降

表 1-5-2　容易发生传导阻滞的部位

阻滞部位	常见原因	对心电图的影响
窦房结	结构和功能性	窦性激动不能发出和激动心房
房室结	功能性	PR 间期延长或 P 波后无 QRS 波
房室束	结构性	PR 间期延长或 P 波后无 QRS 波

下后将延长向前方延伸的距离，使"激动"的传导加速；②加快每张骨牌倒下的速度，如同增加除极的速度，将同样加速传导；③如果削尖每张骨牌，相当于降低骨牌倒下时需要克服的阻力，如同降低可兴奋组织的阈值，可使传导加快；④将骨牌放入真空装置，如同降低长轴方向的电阻，这能加快骨牌倒下的速度而增加传导速度。图1-5-9的类比具有一定的想象性，但对理解心脏传导速度的决定性因素十分有用。

四、心脏传导性的分类

经典的心脏传导概念都是指0相电位的扩布和传导，是指邻近的心肌组织或细胞凭借0相除极产生的电位差和电流，依次顺序被激动的过程。近年来的研究发现在一定的情况下还存在着凭借动作电位2相时的电位差及电流引起邻近细胞的依次顺序除极，甚至引起快速反复性的2相传导而引发2相期折返，这一概念的提出使心脏的传导类型增加了一种。

（一）0相与2相传导

1. 0相传导

0相传导即经典概念上的传导，前文已做详尽讨论，此处不再重复。

2. 2相传导

与0相除极不同，动作电位2相属于复极过程，是心肌细胞除极后逐渐恢复细胞膜电荷内负外正极化状态的过程。2相又称平台相，跨细胞膜的电位差此时处于相对平衡和稳定的状态。形成2相的离子机制是：Na^+与Ca^{2+}的缓慢内流和K^+的外流数量几乎相同，使跨细胞膜的电压几乎持续不变。

但在某些因素的作用下，部分心肌细胞的Na^+内流明显减少或K^+的外流明显增加。结果2相原来Na^+、Ca^{2+}内流与K^+外流的平衡遭到破坏，最终表现为2相平台期的消失，使整个复极时程缩短，甚至动作电位持续时间缩短到正常时的40%～70%（图1-5-10A）。结果2相平台期还存在的心肌细胞与2相平台期消失的心肌细胞间将出现复极2相的电位差，电流则从电压高的部位流向电压低的部位，心肌细胞凭

激动传导方向

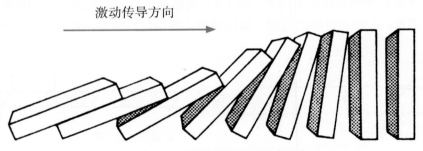

图1-5-9　心脏的传导性及影响因素

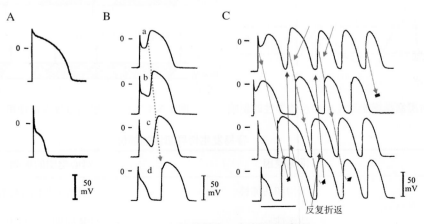

图1-5-10　2相传导和2相折返示意图

A. 2相平台期消失；B. 凭借a点与b、c、d三点间2相的电位差可发生2相传导；C. 2相传导反复发生形成2相折返

借复极 2 相期的这种电位差引发相邻细胞依次除极的现象称为 2 相传导、2 相早搏、2 相折返等（图 1-5-10）。

2 相传导现象系 Antzelevitch 于 1991 年发现，1993 年他正式提出 2 相折返的新概念。Brugada 综合征、特发性室颤患者发生的致命性心律失常与猝死都与 2 相传导和 2 相折返相关。

（二）快、慢反应纤维

心肌中不同反应细胞的传导速度快慢明显不同，甚至相差几十倍，这对心脏的正常传导及异常传导都起着重要作用。

心肌细胞的总数为 100 亿～ 200 亿，根据功能特征而被分成普通心肌细胞，主要功能是收缩，以及特殊传导系统细胞，主要功能是产生和传导激动。

近年来，大量研究指出，根据电生理特征能把所有的心肌细胞分成快反应细胞（纤维）和慢反应细胞（纤维），简称快反应纤维与慢反应纤维。

1. 快反应纤维

快反应纤维是能快速传导激动的心肌纤维。

主要包括：心房、心室肌纤维及内含的特化组织（结间束、希氏束、浦肯野纤维等）。

电生理特征：①静息膜电位的负值大，为 $-80 \sim -90mV$；② 0 相上升速率快、幅度高、传导速度快；③ 0 相除极时的跨膜离子流为快钠内流（Na^+ 快速进入细胞内引起）；④除极的阈电位 $-65mV$；⑤膜电位 $-55mV$ 时，慢通道也被激活并引起缓慢而持久的 Ca^{2+} 内流。Ca^{2+} 电流是形成 2 相电活动的主要离子流，基本不参与 0 相及 3 相的电活动。

2. 慢反应纤维

慢反应纤维是传导激动速度较慢的心肌纤维。

主要包括：窦房结、房室结、冠状窦窦口邻近的心肌。

电生理特征：①静息膜电位的负值小，$-60 \sim -70mV$；② 0 相电位上升速率慢、幅度低、传导速度慢；③ 0 相除极时的跨膜离子流为慢钙内流，其细胞膜上没有快速的"离子通道"。

除上述特征不同外，其对药物或刺激的反应，以及对细胞外液、电解质浓度改变的反应也明显不同（图 1-5-11 及表 1-5-3）。

表 1-5-3　**快、慢反应纤维电生理特性的比较**

电生理特性		快反应纤维	慢反应纤维
激活与失活		快	慢
主要离子		Na^+	Ca^{2+}
静息膜电位		$-80 \sim -90mV$	$-60 \sim -70mV$
阈电位		$-60 \sim -70mV$	$-30 \sim -40mV$
0 相	超射	$20 \sim 30mV$	$0 \sim 15mV$
	除极幅度	$100 \sim 130mV$	$35 \sim 75mV$
	除极速率	$200 \sim 1000V/s$	$1 \sim 10V/s$
传导速度		快（$0.5 \sim 5m/s$）	慢（$0.01 \sim 0.1m/s$）
传导安全度		高	低
抑制药物		河豚毒素	维拉帕米（异搏定）
兴奋性恢复		立即恢复	延至复极之后
对刺激的反应		全或无	分级

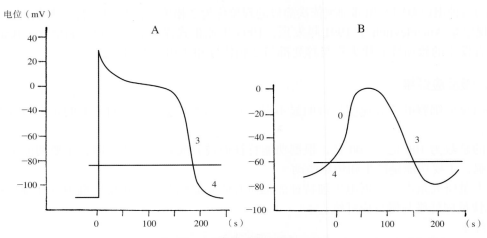

图 1-5-11　快反应心肌细胞（A）及慢反应心肌细胞（B）的动作电位曲线

　　还应注意，某些病理因素可使快反应纤维变为慢反应纤维；例如急性心肌梗死后，浦肯野纤维可由快反应纤维变为慢反应纤维，发生室性心律失常时，利多卡因的治疗可以转为无效。心房水平也如此，当心房快反应纤维变为慢反应纤维时，原来治疗有效的奎尼丁可能无效，而对慢反应纤维有阻滞或减弱作用的维拉帕米（异搏定）将变为有效。

五、传导性异常

　　损害心脏传导性的因素很多，这些因素过强时可引起传导功能下降，引发传导障碍。

　　评价传导性时常用到"安全比率"（safe ratio）或传导的"安全因素"（safety factor）等概念。激动传导的安全比率等于兴奋纤维（上游纤维）激动产生的电流与其邻近的静息纤维被激动时所需电流之比。当比率 >1 时可正常传导，比率 <1 时，将发生传导阻滞。安全比率的高低受诸多因素的影响，而快、慢传导纤维传导的安全比率明显不同。快反应纤维高，而慢反应纤维低，安全比率低的传导纤维容易出现递减性传导。

　　传导性异常包括传导功能的降低和传导功能的加速，还包括两个激动传导时互相干扰等多种情况。

　　1. 递减性传导（decremental conduction）

　　多种生理和病理因素可引起递减性传导。一般认为当细胞膜的静息电位 −90mV 时，传导速度最快，传导功能最强。当膜电位的负值减到 −65 ～ −70mV 时，传导将变得缓慢而出现递减性传导，动作电位 0 相的振幅及除极速率也逐渐降低。当静息膜电位的负值减少到 −55mV 时，则处于传导的阈值之下，而将发生传导阻滞（图 1-5-12B）。生理因素下，房室结最易发生递减性传导，因为房室结的动作电位 0 相上升的速率慢，幅度低，该区传导纤维的直径细，而且低阻的缝隙连接数量少，使传导的安全度低，易出现生理性及病理性递减传导。病理情况下，递减性传导可发生在心脏的任何部位（图 1-5-12）。

　　2. 不均匀性传导（inhomogeneous conduction）

　　不均匀性传导是指十分邻近的传导纤维之间，传导径路的某一部分发生不均匀性递减传导，使部分传导纤维与周围的传导纤维之间传导速度明显不同。与邻近同步除极的传导纤维相比，激动传导的总效力下降。当传导功能进一步下降时，可发生传导阻滞。

　　一般认为，在平行并紧密连接的传导纤维之间，很少发生不均匀性传导，而传导纤维分布散乱，经常吻合成网的传导组织（如房室结）则容易出现传导分散的碎裂波，引起不均匀性传导。邻近的传导纤维复极不均匀或除极不均匀（包括 0 相除极速率、幅度和持续时间），均可引起不均匀性传导（图 1-5-13A、B）。发生不均匀性传导时可衍生出很多的心电现象。例如房室结的传导纤维存在显著的不均匀性传导时，房室结传导纤维的传导能力、传导速度以及不应期都可能明显不同。当一侧出现传导阻滞时，另一侧尚可缓慢而有效地传导，形成房室结的功能性纵向分离（functional longitudinal dissociation），以及快慢径路的传导现象（图 1-5-14）。

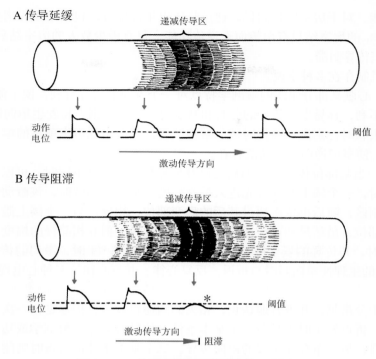

图 1-5-12　传导延缓与阻滞发生的示意图
* 当 0 相动作电位的幅度低于阈值时传导中断

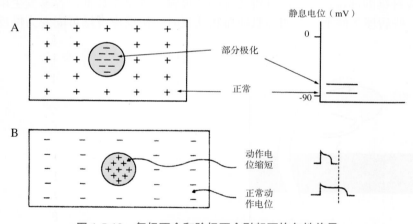

图 1-5-13　复极不全和除极不全引起不均匀性传导
A、B 中两个矩形为传导组织的横断面，A 为正常复极，B 为正常除极，而圆圈内的少数传导纤维存在着复极不全和除极不全，这些将使其传导性明显降低，并与周围传导纤维形成不均匀性传导

3. 单向阻滞（unidirection block）

一般情况下，心脏传导组织具有前向和逆向的双向传导。但在某些生理或病理情况下，心脏某部分传导组织只允许激动沿一个方向传导，而沿另一个方向传导时激动则不能通过，这种情况称为单向传导或单向阻滞。单向阻滞是一种特殊类型的传导阻滞，1928 年 Schmitt 及 Erlanger 在受抑制程度不同的心脏组织中首先发现单向阻滞，并认为是某一部位传导组织两个传导方向存在不同程度递减传导的结果。1976 年，Downal 及 Waxman 再次证实单向阻滞的心电现象。

生理性、先天性单向阻滞在临床上比较常见。以预激综合征 Kent 束为例，其是横跨心房肌与心室肌的一条先天性的异常传导路径。有人统计仅 60% 的 Kent 束存在双向传导，高达 40%Kent 束存在单向阻滞。其中 30% 的 Kent 束仅有室房逆传而无房室前传功能，称为隐匿性预激旁路。而另外 10% 的 Kent 束只有前传而无逆传功能。对于房室结也同样，通过临床电生理检查，包括常规心房及心室程序刺激检查发现，人体约 10% ～ 30% 的房室结只有前传而无逆传功能，仅有极少数人的房室结只有逆传而无前传功能，表现为先天性三度房室传导阻滞。

单向阻滞的发生机制存在多种学说。

（1）解剖学机制：心脏某部分组织的解剖学特点对一个方向的传导有利，便于激动传导的汇合与加强，而对相反方向的传导不利，容易发生传导的分解和减弱时，该部位则容易发生单向阻滞。例如 Ken 束在心室侧的分布形态呈树根状时，则激动前传时被分解和减弱，进而出现房室前传的单向阻滞，而室房逆传时激动不断汇合与加强，使室房逆向传导功能存在。

（2）功能性机制：当某部位传导阻滞的病变以及传导抑制的程度不同时，可以表现为近端严重、远端轻微，或者相反。此时，一个阈上激动首先进入抑制程度较重的抑制区时，该激动的传导性尚处于较强状态，则能通过重度抑制区，随后再依次通过其后的病变部位。相反，当一个阈上激动反向传导时，其首先进入抑制程度较轻的部位，虽然最初可能通过这一较轻抑制区，但 0 相除极的幅度却明显下降，此后进入抑制程度较重的部位时，其传导的安全度大大下降，或传导比率 <1 时，激动的传导将发生阻滞（图 1-5-15）。临床心电图常见的生理性单向阻滞与折返、反复心律、并行心律等多种心电现象有重要关系。

4. 传导的折返

传导的折返现象十分常见，并被普遍认识，相关的阐述也较多。折返是指一次激动经过传导再次激动心脏某一部位的现象。折返发生时需具备三个基本条件：传导方向存在解剖学或功能学的双径路，两条径路中一条发生前向阻滞，另一条存在缓慢的前向传导。三个基本条件都具备时则能发生传导的折返，甚至发生反复的折返而形成心动过速（图 1-5-14）。

实验证明，在心肌 0.3mm³ 的空间内就能发生折返。因此，理论上心脏的各个部位都可能发生折返，但在下列几种情况时折返传导更易发生。

（1）存在慢反应纤维的部位：慢反应纤维传导的速度慢，安全系数低，容易发生单向阻滞，进而容易发生折返。除此，一些病理条件下，例如心肌缺血和缺氧时，快反应纤维可能变为慢反应纤维而使折返容易发生（图 1-5-15）。

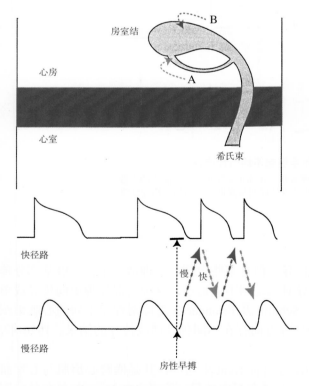

图 1-5-14 房性早搏引起房室结慢快型折返
A. 快径路；B. 慢径路

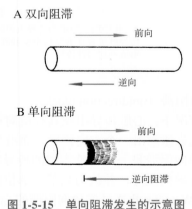

图 1-5-15 单向阻滞发生的示意图

（2）传导组织不应期差别较大的部位：不同心肌组织的不应期不同，同一种组织不同部位的不应期也可能不同，如浦肯野纤维的有效不应期从其近端到远端逐渐增加，到最末端时不应期最长，传导纤维不应期越离散就越容易发生折返。

（3）传导系统或心脏局部几何形状不规则的部位：当传导纤维平行排列，如希氏束或束支的传导纤维排列平行、规则时，这种部位相对不易发生折返。相反，传导纤维排列混乱而不规则、不对称、不匹配时，这些部位容易发生折返。浦肯野纤维的末端是最典型的例子，其末梢与心室肌细胞结合，在结合部细小的浦肯野纤维进入大块的心室肌组织，实际末梢处的电流已经较弱，正常时还能使结合处较大块的心室肌激动，当心室肌出现某种生理性或病理性改变时，浦肯野纤维末梢处动作电位的峰值变小，传导变慢，产生的电流不足以使全部相接的心室肌细胞达到除极的阈值，则出现单向阻滞和缓慢传导，室内折返容易发生（图 1-5-16）。

5. 激动传导时的相加与相减法则

两个激动传导时可产生多种类型的干扰和相互作用，相加（summation）和相减（inhibition）法则就是其中的两种。

（1）相加法则：相加法则由 Cranefield 于 1971 年提出，常发生在传导纤维的排列是由两支细纤维汇成一支略粗纤维的解剖部位处。该部位的传导功能可能略有下降而形成传导的抑制区，一个较弱的激动单独经过此抑制区时能够被阻滞（图 1-5-17Aa），但两个同样较弱的激动同时到达该抑制区时，两个较弱激动的电流汇合、相加为一个较强的电流后能够通过抑制区（图 1-5-17Ab），表现为激动作用的相加。

（2）相减法则：在上述同样情况下，如果两个激动不是同时而是前后到达该抑制区时，两个激动将表现出相减的干扰作用。即先到达该区的较弱激动在抑制区因电流强度不够而受阻，在其后到达的激动即使较强，单独传导时能够通过该抑制区（图 1-5-17Ba），但当其在一个受阻的弱激动之后到达该区域时，激动强度将发生相减而被阻滞（图 1-5-17Bb）。

激动传导的相加、相减法则是引发单向阻滞的一个重要机制。

6. 其他

还有较多传导异常的情况：例如 3 相阻滞、4 相阻滞、超常传导、裂隙现象、魏金斯基现象等，限于篇幅，这些内容详见其他文章。

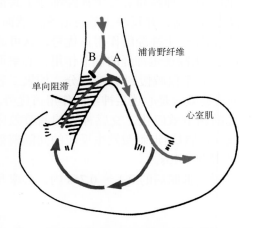

图 1-5-16　浦肯野纤维末梢发生折返性室早的示意图

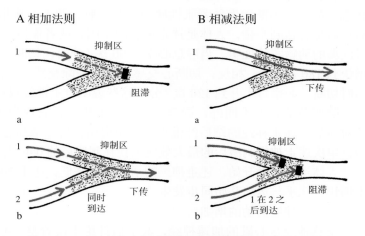

图 1-5-17　两个激动传导相加法则与相减法则的示意图

第六章

心脏变时性

在很长一段时期，心脏的变时性功能仅仅是运动生理学的术语。具有变时性功能的频率反应性起搏器的问世大大推进了心脏变时性功能的研究，并使这一概念逐渐渗透到临床心脏病学和心电学领域。目前认为，变时性是心脏电活动和心脏节律方面的一个重要功能。

一、心脏的变时性功能

（一）定义

人体运动时心率升高，极量运动时能够达到的最高心率与静息心率间的差值称为心率储备（heart rate reserve，HRR）。人体运动时，或在各种生理及病理因素的作用下，心率能够跟随机体代谢需要的增加而适宜增加的功能称为变时性功能。

（二）变时性功能的发生机制

人体运动后心率的增快通过多种机制完成，包括副交感神经活动的减弱，交感神经活动的增强，循环中儿茶酚胺水平的增加，静脉回流增加导致右心房扩张时的 Bainbridge 反射，骨骼肌运动对心率的调节，左室负荷降低等机制。

1. 副交感神经活动的减弱

人体开始运动后，心率在 0.5s 内就开始增加，心率在短时间内增加是迷走神经张力突然下降、兴奋性突然减弱的结果。

众所周知，迷走神经和交感神经共同支配心脏，并从相反的方向调节心脏的活动，适应机体的整体活动。在心脏的双重自主神经的支配中，遵循着紧张性支配的特点，即心迷走神经和心交感神经都处于兴奋状态，都持续不断地发放紧张性冲动调节心脏，两者的作用对抗后达到平衡，并反映为静息心率。然而，对抗后尽管达到平衡，人体是迷走神经的王国，两者作用平衡的结果仍以迷走神经的作用占优势，这可通过经典的动物实验证实。当静息心率为 90 次 / 分时，切断心迷走神经，去除迷走神经的调节作用，心率可增快到 180 次 / 分。相反，切断心交感神经，去除交感神经的调节后，心率仅减慢到 70 次 / 分。如果二者同时切断，心率可上升到 120 次 / 分，这些说明自主神经双重调节的最终效应是心迷走神经的作用占优势。

除调节的强度不同外，调节的速度也不相同，表现为迷走神经的调节效应快，交感神经的调节效应相对滞后。迷走神经的结后纤维支配着窦房结、房室结和心房肌，窦房结对迷走刺激发生反应的间隔期很短，单次迷走神经刺激后的最大效应出现在刺激后的 0.4s 内，一般不超过 0.75s。

人体运动一经开始，迷走神经的活性随即降低，迷走神经兴奋性受到抑制后的 0.4 ~ 0.75s 内，心率马上增快，几乎与运动开始同步发生。

2. 交感神经活动的增加

交感神经是心脏的加速神经，其节后纤维支配着整个心脏，包括窦房结、房室结、心房肌和心室肌。交感神经兴奋时心率加快，心肌收缩力增强，同时传导速度加快。与迷走神经不同，交感神经刺激后起效延迟约 5s，此后心率逐渐增加达到稳态并持续 20 ~ 30s。运动后交感神经兴奋性增加的作用表现在运动几秒后心率显著上升。在其作用显露之初心率可能出现"锯齿"效应（sawtooth effect），这是自主神经的张力尚不稳定，发生的"震荡"现象。

运动期间交感神经的激活将启动 Frank-Starling 机制增加心排血量，适应机体代谢的需要。低强度运动时，心排血量的增加是每搏量和心率同时增加的结果。但是每搏量的增加受到了两个限制。一个是依靠心肌收缩力的增加提高每搏量有一定的限度，大约只能增加原心搏量的 30% ~ 40%。此外，当心率达到 110 ~ 120 次 / 分时，每搏量的增加将停止，这是被心率增快后心室充盈时间明显缩短等因素抵消的结果。

此后，心排血量的增加主要依靠心率的增加。当心率超过最大预测心率的 80% 以上时，心率的增加速度逐渐减慢，最后倾向于停止增加。

3. 循环中儿茶酚胺水平的增加

运动时心交感中枢兴奋，其直接对心肌起到正性的变时和变力作用，使心率增快。此外，兴奋的交感中枢还能使肾上腺髓质的分泌增多，引起循环中儿茶酚胺浓度升高。升高的交感胺中肾上腺素占 80%，去甲肾上腺素占 20%，两者都能与心肌的 β 受体结合，引起正性的变时和变力作用，使心肌收缩力增强，心率加快。

4. Bainbridge 反射

心血管调节中有一些非特异性心血管反射。实验证明在许多动脉、静脉、心房及心室壁中存在压力或化学物质的感受器和传入神经的末梢，当其遇到相应刺激时可产生一些作用微弱的反射，朋氏（Bainbridge）反射就是其中的一种。人体运动后，静脉回流血量增多，引起右心房膨胀、扩张，进而引起右心房部位的压力感受器兴奋，并通过迷走传入神经向中枢传导，反射性引起运动后的心率增快。由于回心血量增多，引起心房容积增大而引起这一反射，因此又称"容量反射"。位于右心房部位的感受器也称"容量感受器"，或称低压力感受器，这是因其位于循环系统压力较低的部位，而颈动脉窦、主动脉弓的压力感受器则称为"高压力感受器"。

5. 骨骼肌运动对心率的调节

人体运动时，全身的骨骼肌收缩，单位时间的作功增加，这将引起全身耗氧量明显增加，并与肌肉作功的增加量成正比。同时，能量代谢储备与变时性心率储备呈线性关系，因此运动时心率明显增加。

除此之外，骨骼肌的运动加强，回心血量的增加，可通过朋氏反射增加心率。运动时肌肉内血管舒张，平均动脉压下降可引起升压反射而使心率增快。另外，长时间运动后，大量的机械能将转换为热能使体温升高，通过体温调节机制，心率将进一步升高。可以看出，人体运动后，骨骼肌的节律性收缩可从多个方面进行变时性的调节。

6. 左心室负荷降低的调节作用

从心室肌收缩的力学角度分析，心室的收缩可能遇到两种负荷。前负荷（preload）是指心室肌在收缩前处于某种被拉长的状态，使其具有一定的初长度，这时心室肌承受的是前负荷。另一种为后负荷（afterload），是指心室肌开始收缩时才遇到的阻力或负荷，其不增加心室肌收缩前的初长度，却能增加心室肌纤维的张力，阻碍心室肌纤维收缩时的缩短。体内的动脉压可以代表心脏的后负荷。机体运动时，由于肌肉血管的舒张，使平均动脉压下降，心脏后负荷减轻。动脉血压的下降可刺激颈动脉窦、主动脉弓的压力感受器反射减弱，使心率增快。

除上述因素外，还有一些其他因素也参与了心脏变时性的调节。在这些众多因素中，似乎最后的"共同通路"是自主神经系统，但也不完全如此，像移植术后的心脏在去自主神经的情况下，仍然可在循环中高儿茶酚胺的作用下表现出变时性功能。另外，调整心脏变时性的众多因素在运动的不同阶段，在不同个体的各种情况下，其产生影响的轻重、发挥作用时间的先后都有所不同。

（三）运动时变时性的调节

人体运动或活动过程中的不同阶段，各种机制对变时性的调节交错发挥作用。

在运动第一阶段的准备期，就可出现心率加快、心排血量增加、动脉血压升高等反应。这一阶段的变时性反应与受检者的条件反射、心理因素、情绪活动有关，是自主神经兴奋性改变产生的调节作用，准备期能够缩短运动后心率达峰需要的时间。在运动第二阶段的起始期，不论准备期的调节情况如何，在运动开始的几秒内，心率和每搏量均会增加，在前 3 个心动周期的每搏量能比运动前提高 60%，是迷走神经调节作用迅速受到抑制的结果。随着运动的继续，心率和心排血量呈指数性增长，这与交感神经兴奋性升高直接相关，该兴奋性可在数秒内达到高峰。在运动开始后 10～45s，心率可达最大心率的 50%。这一阶段自主神经的调节机制起主导作用，心肌收缩力增强，回心血量增多引起的容量反射，以及局部代谢产物对肌肉血管的舒张也起重要作用。在运动第三阶段的平衡期，心血管活动达到相对稳定的状态，这一阶段，随着运动强度的升高，除上述调节机制继续起作用外，循环和呼吸的调节机制对变时性功能的调节作用更为明显，此时心率储备的升高决定于代谢储备百分数的增高，决定于耗氧量的多少。在运动的持续期，代谢率的提高已使体温逐渐升高，随运动的延续心率会进一步缓慢升高，并逐渐达到预测最大心率。

在心率储备的百分数逐渐增高的过程中，初期是每搏量与心率两个因素的共同作用，进入中期心率达110～120次/分时，每搏量的增加在心排血量进一步增加中不再起作用，每搏量甚至可能相对下降。此后，心率的持续增加，保证了心排血量的不断增加，当心率达到预测最大心率的80%以上后，心率的增加将逐渐饱和，心排血量也相应不再增加。

机体运动停止后，心率从运动时的高水平急剧回降，这一过程中迷走神经活性的恢复是心率下降的主要决定因素，而且这一机制独立于年龄和运动强度。运动员的迷走神经张力相对高，因此运动后心率恢复较快，而心力衰竭患者的交感神经处于长期激活状态，因此运动后心率恢复迟缓。注射阿托品阻断迷走神经后，停止运动后心率可以完全不恢复。运动达峰时的心率与运动停止后1min、2min、3min时心率的差值称为心率恢复值，该值的中位数为30次/分，心率恢复值≤18次/分时为异常，提示迷走神经的活性降低，是预测死亡的独立危险因素。老年人、妇女和服用β受体阻滞剂者心率恢复值下降。

除自主神经，特别是迷走神经的活性恢复对运动后心率有调整作用外，肌肉的传入冲动减少或停止也能迅速引起运动后心率的回降。又因体液因素、肾上腺素、乳酸等在血液中的清除速度较慢，故在运动后心率恢复的第二阶段，心率以较慢的速度继续回降。一般情况下，轻到中等度的运动后，心率在几分钟内即可恢复到运动前水平。运动时和运动停止后正常心率变化曲线见图1-6-1。应当指出，心脏的变时性功能是否正常不仅与运动时心率能否达到最大预测心率值相关，也与心率变化曲线的形态相关。

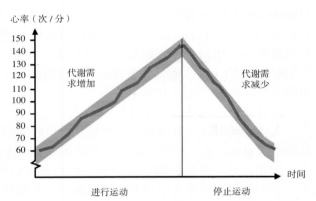

图 1-6-1　变时性正常者运动时心率变化曲线的示意图

（四）变时性功能的检测方法

变时性功能最重要的检测方法是运动试验，其能检测各种级别运动量的变时性功能，除能做出"定性"判断外，还可以做出定量分析。除运动试验外，还可应用动态心电图检测对受检者的变时性功能进行一般性评估。

1. 运动试验

运动负荷试验是一种冠心病无创性检查，观察心脏负荷增加的情况下能否诱发心肌缺血的症状（心绞痛）和缺血的心电图表现（ST段下移），目前国内尚未将运动试验用于检测心脏的变时性功能。

（1）运动的形式：多种形式的运动试验可用于变时性功能的检测。在北美，用于变时性功能检测最多的仍然是平板运动试验，大部分受检者在2min左右达到稳态心率，并在15～20min内完成整个检测。检测中如果允许受试者在运动时抓住前面的扶杆或旁边的扶手，在运动的相同阶段要比没有支持下完成试验的摄氧量和心率降低，负荷量还可能被错误地高估。在欧洲，更常用自行车测力计的运动试验，其优点是心电图记录的干扰小，缺点是负荷量容易出现"跳跃"式增加，无充分的"温醒"过程。应用自行车测力计试验时受检者运动后心率常能达到最大预测心率的65%～70%。显然，在进行变时性评价时踏车试验不如平板运动试验。此外，医师还可选用一些非正式的运动试验，如原地步行、原地下蹲、反复爬楼梯等。这些简易的运动试验尚缺少统一的判定标准，缺少心电监护，且不能连续打印资料等。

（2）检测时的运动方案：有多种方案可用于检测变时性功能，医生可根据患者的年龄、性别、平素有无体育锻炼等情况选择不同的方案。目前很多研究者设计了专用于评价变时性功能的运动试验方案，例如Blackburn提出的CAEP（chronotropic assessment exercise protocol）方案。这一检测方案可以得到静息和极量运动之间不同心率的多个数据点，能够分析静息、次极量、极量运动时的反应，有利于全面评价变时性功能。德国慕尼黑的学者Lehmann提出的方案更适用于评价有基础心脏病或躯体缺陷患者的变时性功能。

2. 动态心电图监测

24h动态心电图可用于变时性功能的一般性评价，通过全天的平均心率、最小及最大心率等，并结合患者的年龄、性别、运动训练情况做出初步判断。但是动态心电图记录的运动和活动属于轻至中等量的活动，常常达不到亚极量的运动水平。此外，动态心电图的24h检测期间患者运动的形式和强度不易标准化，因此会出现较高的假阳性率或假阴性率。有研究者进行了运动试验和动态心电图评估变时性功能的对比研究，发现动态心电图的评价有一定比例的误判。因此，动态心电图只能作为变时性功能的初步评估手段，而不宜作为常规方法推广应用。但是否可将动态心电图检测与一定的运动形式相结合，创立一种新的变时性功能的检测方法，尚需深入思索与研究。

（五）正常变时性功能的判定标准

正常变时性功能的判定标准很多，虽然不同的标准之间存在着较大的差异，但对临床医生都有一定的参考价值。

1. 最大预测心率

Astrand和Rhyming在20世纪50年代提出，最大的变时性反应与年龄有关，不同年龄的受试者应当达到的最大预测心率值见表1-6-1。其计算公式可简化为：220−年龄（岁）。当受试者运动后心率达到最大心率的90%以上时，则认为其变时性功能正常。

表 1-6-1　国内外应用的运动后最大预测心率值

年龄（岁）		20	25	30	35	40	45	50	55	60	65	70
美国	最大预测心率	197	195	193	191	189	187	184	182	180	178	176
	85% 最大心率	167	166	164	162	161	160	156	155	153	151	150
中国	最大预测心率	200	194	188	182	176	171	165	159	153		
	85% 最大心率	170	165	160	155	150	145	140	135	130		

2. 变时性指数

应用能否达到最大预测心率的百分数评估变时性功能的方法受到了年龄、静息心率及身体状况等因素的影响。为此，Wilkoff提出了应用变时性指数评价心脏变时性功能的方法。变时性指数考虑了患者的年龄、静息心率和峰值心率的影响，并应用了心率储备和代谢储备间稳定的、斜率几乎为1的线性关系，而进行变时性功能的评定。心率储备的定义与前述相同，代谢储备定义为能达到的最大运动负荷和静息负荷间的差值。

变时性指数等于心率储备与代谢储备的比值，正常值大约为1，正常值范围为0.8～1.3。其中，心率储备=（运动后心率−静息心率）/（最大预测心率−静息心率），代谢储备=（运动后代谢值−1）/（极量运动的代谢值−1）。当变时性指数<0.8时为变时性功能不良，当变时性指数>1.3时为变时性功能过度（图1-6-2）。

3. 运动后心率值

当运动后心率值>120次/分，则可简捷地判定受试者变时性功能正常。这一判定标准尤其适用于非正式、简易运动试验的结果判定，或用于24h动态心电图对变时性功能的判定。

4. 运动后心率增高值

对于非正式运动试验方法的结果进行判定时，有人提出，当运动后心率比运动前提高30次/分以上时，提示受试者变时性功能正常，但检测中应当达到的运动量缺乏严格的定义。

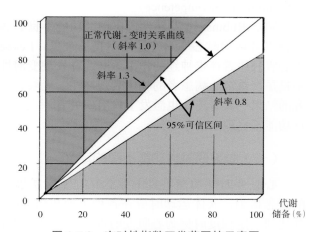

图 1-6-2　变时性指数正常范围的示意图

图中三条线均为代谢-变时关系曲线，斜率分别为1.3（左）、1.0（中）和0.8（右）。斜率为1.0的曲线为标准的正常代谢-变时关系曲线，斜率为1.3和0.8的两条曲线之间代表变时性指数正常值的95%可信区间范围。当受试者的代谢-变时关系曲线的斜率位于此区间时变时性正常

（六）变时性功能检测的评价

1. 变时性功能

是心脏重要的功能之一，其不仅与受检者可能存在的多种疾病有关，也和受试者的运动耐量、心功能密切相关。当某些疾病，如冠心病、病窦综合征合并变时性功能不良时，将使原发心脏病的严重程度加重。因此，及时了解和评价变时性功能有重要的临床意义。

2. 变时性功能结果的判定

变时性功能结果的判定需将运动后心率达标的情况与心率反应曲线结合考虑，当心率确实达标，而心率的反应曲线异常时，应密切结合临床资料进行判断。

3. 变时性功能测定的结果

变时性功能测定的结果多数重复性好，少数病例的重复性差，可能与受检者变时性功能发生急剧改变有关，也可能与受试者不同时间的状态不同相关。

4. 变时性功能的应用

经运动试验或动态心电图测定变时性功能的工作在国内几乎为空白。应当逐步推广，逐步应用。

二、心脏变时性功能不良

1918 年，Bousfield 最早描述了运动时心电图改变的现象，10 年后 Feil 等证明运动不仅可以引起心绞痛，还能引起 ST 段的改变。1955 年 Master 创用二阶梯运动试验，1956 年 Bruce 创用平板运动负荷试验，来诱发冠心病患者冠脉供血不足和心肌缺血。

20 世纪 70 年代初期，Ellestad 医生为一名 51 岁的患者做运动试验，患者曾是运动员，运动耐力良好，运动试验中未诱发 ST 段的压低和胸痛，而最大心率只达到 110 次 / 分。此后不久，患者发生了猝死，尸检证实其前降支和回旋支都有 80% 的狭窄。这一事件促使 Ellestad 医生回顾分析了过去的 2700 例患者的运动试验资料，结果发现运动试验时心率升高幅度低的患者比那些诱发了缺血性 ST 段压低的患者发生心脏事件的危险更高，Ellestad 称其为"不良性心动过缓"。1974 年，他在撰写论文时，发现 1972 年 Hinkle 已经报道了一组类似病例，Hinkle 把这一临床综合征命名为"持续性相对性心动过缓"（sustained relative bradycardia）。Hinkle 报告了 301 例患者 7 年随访的结果，即运动后心率不能达到预测值者，心血管事件明显增多（图 1-6-3）。Ellestad 在论文准备寄出前的一分钟，决定把这种现象命名为"变时性功能不良"（chronotropic incompetence）。

随后 Rubinstein 发现，自主神经功能不良的病窦综合征患者运动时心率常有递增不良的现象；Eckberg 发现心脏病患者迷走神经的作用下降；并发现变时性功能不良是严重冠心病患者的临床表现之一。无疑，这些研究的结果令人着迷，也激发了众多研究者深入研究变时性功能不良现象的热情。

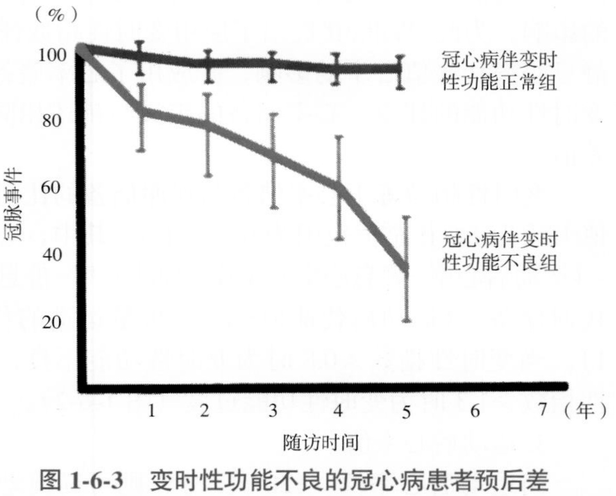

图 1-6-3　变时性功能不良的冠心病患者预后差

本图示冠心病患者伴变时性功能正常组与不良组在随访期间冠脉事件的发生率。变时性功能不良组冠脉事件（心绞痛、心肌梗死、猝死）的发生率明显增加

（一）心脏变时性功能不良的定义

心脏变时性功能不良的概念正在不断扩展。经典的概念认为，人体运动时或在各种生理和病理因素的作用下，心率不能随着机体代谢需要的增加而增加，并达到一定程度时称为心脏变时性功能不良。此后，变时性功能不良的经典概念扩展为：从静息到极量运动，只要心率达不到机体的代谢需要都可视为变时性功能不良。

近几年，随着心脏病学和心脏电生理学的进展发现，心脏的变时性功能不良还可表现为变时功能过度（本文暂命名），即心率增快的反应超过了运动时机体的代谢需要，运动后的心率高于预测最大心率，这种过度的变时性反应在临床中并非少见。因此，目前对心脏变时性功能不良的定义可以概括为：心率对机体代谢的需要发生了不适当性变化。

（二）变时性功能不良的分类

根据上述扩展后的定义，变时性功能不良可进一步分为：①变时性功能低下；②变时性功能过度，二者都应视为变时性功能不良或称变时性异常。我们认为这种分类便于理解，便于记忆，便于应用。

运动时心率变化曲线主要有 3 种类型。

1. 运动早期变时性功能低下型

该型是指运动早期心脏变时性功能不良，该阶段心率的增长明显低于正常，使患者可能发生疲劳，甚至出现呼吸困难。但经过一定时间的运动热身后，"温醒"的心率逐步可达到预测最大心率值，并能够完成长时间的运动，而且运动停止后心率的下降与正常无异，该型运动的心率曲线示意图见图 1-6-4。

2. 运动后期变时性功能低下型

本型是指运动早期变时性功能完全正常，但在运动后期出现变时性功能低下（图 1-6-5）。

3. 停止运动后心率速降型

顾名思义，该型是指运动时变时性功能正常，但在停止运动后，代谢需求下降时，心率骤然下降，并在较短的时间内降回到运动前水平（图 1-6-6）。如前所述，运动后心率恢复值过高时，提示受试者的迷走神经张力较高。

（三）变时性功能不良的发病率

因变时性功能不良尚缺乏统一明确的诊断标准，因此普通人群中变时性功能不良的流行病学研究几乎为零。文献中对病窦综合征患者变时性功能不良发生率的研究较多。Rickards 的资料表明，需要植入永久起搏器的患者中，约 55% 的人存在变时性功能不良而应植入有变时功能的频率应答式起搏器，相反也有相当数量的病窦综合征患者的变时性功能正常（图 1-6-7）。Rosenqvist 的研究认为，如果以运动后心率 <120 次 /

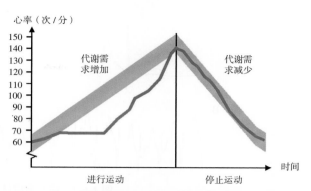

图 1-6-4　运动早期变时性功能低下型心率曲线

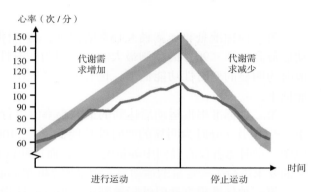

图 1-6-5　运动后期变时性功能低下型的心率曲线

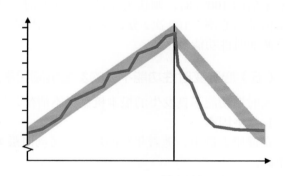

图 1-6-6　停止运动后心率速降型的心率曲线

分为变时性功能不良的判断标准，则病窦综合征患者中平均 40%（28%～50%）伴有变时性功能不良。而另一项研究中，以运动后心率达不到最大预测心率的 80% 作为判定标准时，则病窦综合征患者合并变时性功能不良的发生率为 58%。这些研究的结果一致表明，病窦综合征和需要植入起搏器的患者中，变时性功能低下的发生率很高。可以认为，绝大多数病窦综合征和需要植入起搏器的患者需要植入频率应答式起搏器。

对心房颤动患者房室结变时性反应的研究表明，心房颤动患者变时性功能正常者仅为少数，而变时性功能不良的房颤患者中，变时性功能过度的发生率远远高于变时性功能低下的发生率。而冠心病多支病变的患者、心力衰竭的患者、心脏移植的患者，以及服用抗心律失常药物的老年患者中，变时性功能不良的发生率很高。

（四）心脏变时性功能不良的诊断标准

诊断和评价心脏变时性功能低下的标准多而不统一，但大体分成 3 种。

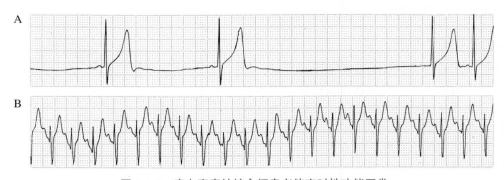

图 1-6-7   病态窦房结综合征患者伴变时性功能正常

A.病窦综合征患者存在严重的窦性心动过缓及窦性停搏；B.运动后窦性心率可达 167 次 / 分，变时性功能正常

第一种标准是和预测最大心率值比较。这一标准认为，预测最大心率值为（220－年龄）次 / 分，当运动后最高心率 <90% 的预测最大心率值时为变时性功能低下；当运动后最高心率值 <75% 的预测最大心率值时为明显的变时性功能低下。也有的作者提出，运动后最高心率 <80% 的预测最大心率值时为变时性功能低下。

第二种标准根据运动后达到的最大心率值进行判定。当运动后最高心率 <120 次 / 分时为变时性功能低下，<110 次 / 分时为明显的变时性功能低下，<100 次 / 分时为严重的变时性功能低下。目前认为，动态心电图记录时患者仅有轻到中等量的活动，而运动试验的运动量比较强。因此，动态心电图检查的患者，按医生的要求进行了一定量的运动后，记录的 24h 最高心率 <100 次 / 分时，应考虑患者存在变时性功能低下。

第三种标准根据变时性指数判定，当变时性指数 <0.8 时为变时性功能低下。

目前，诊断和评价变时性功能过度的标准研究尚少。运动试验中，运动后的最高心率明显超过预测最高心率值的 100% 时，则认为受试者存在变时性功能过度。另一个常用的标准是当患者坐位、直立位或者轻微活动后心率 >100 次 / 分，又无其他原因时，可诊断变时性功能过度。此外，当变时性指数 >1.3 时也能诊断变时性功能过度。

（五）心脏变时性功能不良的发生机制和常见原因

变时性功能不良发生的根本机制仍不清楚，但与变时性功能不良发生的相关因素有多种。

1. 年龄因素

在健康人群中，随着年龄的增长，运动时最大心率值逐渐下降，对静滴异丙肾上腺素的变时性反应也会下降。

2. 广泛的心肌损害

广泛的心肌损害是发生变时性功能不良的解剖学基础，各种心血管病患者常伴有变时性功能不良。已有证据表明，充血性心力衰竭患者变时性反应发生了显著而复杂的改变，表现为静息心率增快，最大负荷心率下降，代谢－变时关系曲线的斜率下降。

3. 自主神经功能受损

研究发现，变时性功能不良的患者与变时性功能正常者相比，心率变异性显著下降，提示自主神经功能的损害与运动不耐受和变时性功能不良的发生相关。

4. 心肌缺血

心肌缺血是最早发现的变时性功能不良的原因，Framingham 心脏中心的研究表明，变时性功能不良与心肌缺血、冠心病之间呈强相关性。缺血造成的室壁运动异常、心肌纤维化都与变时性功能异常有关。这些患者静息心率升高，运动后最大心率降低，以及心率储备与代谢储备的关系曲线有明显变化。

5. 窦房结功能障碍

窦房结功能障碍者中合并变时性功能不良者多见，尤其是高龄、病窦综合征病程较长者。其表现为静息心率下降，运动时心率轻微升高，运动耐量减低，运动停止后心率的恢复异常。

6. 抗心律失常药物

所有抗心律失常药物都有负性变时作用，对于年龄较大或已存在隐匿性窦房结功能不良者，服用正常剂量，甚至很小剂量的药物就能严重抑制变时性功能，尤其服用 β 受体阻滞剂时。因此，抗心律失常药物是引发变时性功能不良的重要直接原因。

7. 心脏对自主神经的调节高敏

心脏对心迷走神经的调节处于高敏状态时能引起变时性功能低下；对交感神经的调节的高敏状态能导致变时性功能过度。目前，对自主神经调节发生高敏状态的原因尚不清楚。

8. 其他

还有不少因素可引起变时性功能不良，如心脏移植术、内分泌疾病、低温等。总之，引发心脏变时性功能不良的机制复杂，相关疾病的种类较多。

（六）对变时性功能不良检测的评价

发现并及时诊断患者存在的变时性功能不良有重要的临床意义。

1. 变时性功能不良的演变

随着时间的推移，变时性功能不良可以改善，也可以恶化。一组病窦综合征患者的随访研究表明，原有变时性功能不良的患者再次进行运动试验时，其变时性功能不良的情况可能出现明显的变化，其中部分改善，部分恢复正常，部分恶化。近年也有文献报告变时性功能不良可自发"康复"，而植入起搏器后约有 50% 的患者出现该现象。相反，变时性功能不良进一步发展或恶化的报告更多，恶化可以急剧发生，或在长期随访中逐渐发生。在一组变时性功能不良患者交叉分析的研究中，2 ～ 4 年后运动试验的最大心率与预测最大心率的百分比从 77% 下降到 68%。不少患者变时性功能恶化的原因是服用抗心律失常药物。

2. 变时性功能不良是冠心病的独立相关因素

变时性功能不良与冠心病广泛而重要的关系几乎被完全忽视。

（1）诊断作用：可疑冠心病患者常常需做平板运动负荷试验，如果能诱发缺血症状或缺血性 ST 段下移则试验结果为阳性。但运动试验时心脏的变时性功能是否正常却常被忽视。一个有对照组、有冠脉造影证实的前瞻性研究结果表明，运动试验中无 ST 段下移改变而仅有变时性功能不良者，72% 的人有明显的冠脉病变。该研究表明，运动试验中变时性功能不良可能是诊断冠脉病变的一个独立而敏感的阳性指标，应当引起足够的重视。Ellestad 的报告认为，运动试验中有 ST 段异常压低伴变时性功能不良患者冠脉三支病变的发病率高于运动试验时仅有 ST 段孤立变化的患者。这些资料提示变时性功能不良应当成为运动试验中值得重视的阳性诊断指标。

（2）预后作用：大量的资料证实，变时性功能低下是冠心病患者重要的预后判断指标。Ellestad 的一组长达 14 年的随访资料表明，运动后最大心率 <120 次 / 分的冠心病患者存活率为 60%，而最大心率 >120 次 / 分的患者存活率为 90%（表 1-6-2）。另一项研究表明，超过 3 年的随访期间，存在变时性功能低下的冠心病患者发生急性冠脉综合征的风险明显提高（比数为 2.20）。

表 1-6-2　**变时性功能不良和冠心病发生并发症的风险**

	变时性功能不良	变时性功能正常	*P* 值
病例数	327	1248	
总死亡数	21（6%）	34（3%）	0.04
冠脉事件	44（14%）	51（4%）	0.02

（3）两者相互为因果：冠心病患者在运动试验中出现变时性功能低下常是患者发生了心绞痛而中止试验的结果。另一方面，变时性功能低下者易患冠心病，Ellestad 的研究表明，运动后最高心率达不到预测最大心率 90% 的患者，其罹患冠心病的风险增加了 4 倍。变时性功能低下与冠心病之间这些相关性的发生机制仍有不同的解释和争论。

3. 变时性功能过度与心肌病

变时性功能过度的患者常有持续的心率增高。以不适宜性窦性心动过速为例，患者全日平均心率可能高达 120 ～ 160 次 / 分，在轻微活动后，窦性心率可升高到 160 次 / 分，甚至 200 次 / 分以上。长期无休止性心动过速可引发患者心功能的下降，造成心律失常性心肌病，引发严重的临床后果。

4. 变时性功能低下者的起搏治疗

相当比例的病窦综合征患者合并变时性功能低下，而具有变时性功能的频率应答式起搏器是变时性功能低下患者重要的治疗方法。治疗后，很多患者的变时性功能低下的情况得到逆转。在美国植入的心脏起搏器中，83% 的起搏器具有变时性功能。在我国，由于医生缺乏相关认识使该类起搏器植入的比例甚低。

变时性功能不良是临床经常遇到的实际问题，常可使心电图变得更加扑朔迷离。随着对这一问题的重视及深入研究，变时性功能不良的概念及相关内容将对临床及心电图医生有更大的启发。

三、房室结的变时性

整体心脏中，变时性功能最明显的是窦房结，其次是房室结。

房室结的变时性和窦房结的变时性有其相似性，也有异同点。窦房结在运动后表现的变时性功能主要受自主神经、儿茶酚胺、静脉回流等因素影响，而这些因素也同时或同样影响着房室结。以心房颤动患者为例，运动后在窦性心律消失的情况下，这些影响因素通过作用于房室结而增加心室率，使心脏在运动时表现出良好的变时性。

但两者的变时性反应很不相同，窦房结的变时性主要表现在自律性的增强，仅在少数有窦房传导阻滞的患者中才通过变传导性提高心率。而房室结却相反，当上述影响因素作用于房室结时，同时影响其自律性和变传导性，而对整个心脏的心率影响而言，房室结变传导性的改变更显著、更重要，其直接决定着心室率，因而房室结的变传导性对心率的影响相当于房室结的变时性功能。

1. 房室结的自主神经支配

房室结内含有起搏的 P 细胞、移行细胞、浦肯野细胞和普通的心肌细胞。房室结可以分成 3 个区域：即房结区（AN）、结区（N）和结希区（NH）。房室结 3 个区域的划分不是根据细胞和组织解剖学、形态学，而是根据电生理学特点，根据动作电位的类型。在结区，慢钙通道和快钠通道各占 80% 和 20%，两者比值为 4：1，而在房结区和结希区两者各占 60% 和 40%，比值为 3：2（图 1-6-8）。显然，钙通道阻滞剂和钠通道阻滞剂作用在房室结的不同部位。

房室结的交感神经和迷走神经的分布和支配十分丰富，其主要接受左胸背侧心交感神经和左侧迷走神经的

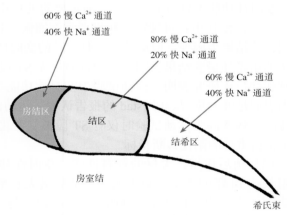

图 1-6-8 房室结分区示意图

支配，但神经末梢的分布不均匀，表现为后、侧区域比中、前区域的分布多。迷走神经对房室结的作用主要在结区，作用增强表现为传导减慢，而在房结区或结希区的迷走神经作用较弱。

自主神经对房室结的影响十分复杂，包括房室结本身的功能、交感和迷走神经的相互作用等。正常时，房室结的递减性传导与心房率呈反比。心房率高于 150 次 / 分和 180 次 / 分时房室结将出现生理性的文氏阻滞和 2：1 传导。而自主神经的调节可使房室结的递减传导的出现提前或推后。十分奇怪的是，对于窦房结，交感神经张力增加时，迷走神经对窦房结的抑制作用更为明显，表现为两者同时激活，或称迷走神经的作用被动加强。而对房室结，迷走神经的作用与交感神经张力的变化无关。

2. 心房颤动时房室结的变时性功能

早在 1924 年，Blumgart 报告了心房颤动患者运动时心率的变时性反应，而 Knox 在 1949 年进行了房颤时房室结变时性的先驱性研究。他观察到，21% 的房颤患者房室结在运动后初期表现为变时性功能不良，心率处于缓慢状态，随着运动的持续可出现较高的心率反应。还有约 32% 的患者运动时房室结表现为变时性功能过度，引起了心动过速，其心室率超过预测最大心室率的 100%，较高的心率可一直延续到运动后的恢复期。

在 Knox 研究的基础上，1989 年 Corbelli 等进行了更为深入的研究。研究中，他应用了 Wilkoff 等最早描述的心率储备和代谢储备间的代谢–变时关系曲线，研究结果发现房颤患者运动后存在几种情况：

（1）部分受检者全程各级运动时心率都缓慢，约占全组的 16%，这些人肯定能从频率应答式起搏器的治疗中获益（图 1-6-9）。

（2）部分受检者全程各级运动中，心率表现为心动过速，约占 32%（图 1-6-10）。

（3）约有 74% 的患者存在运动早期心动过速。

（4）约有 32% 的患者存在运动后期有不适宜性心动过速。

（5）32% 的患者有运动早期心动过速，运动后期

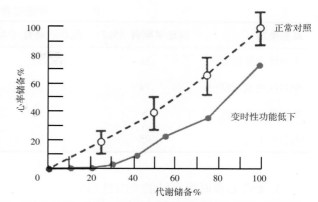

图 1-6-9　房颤伴变时性功能不良的代谢–变时关系曲线

图中虚线系 100 个变时性功能正常者的代谢–变时关系曲线，作为对照，实线为变时性功能低下者的代谢–变时关系曲线

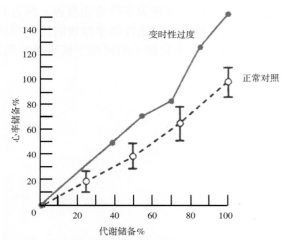

图 1-6-10　房颤伴变时性功能过度的代谢–变时关系曲线

图中虚线与图 1-6-9 相同，实线为房颤伴变时性功能过度者的代谢–变时关系曲线，运动后其最高心率超过了预测最大心率值的 100%

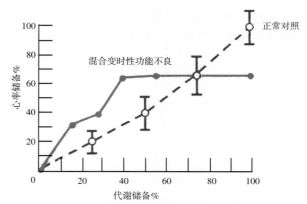

图 1-6-11　房颤伴混合变时性功能不良的代谢–变时关系曲线

图中虚线与图 1-6-9 相同，实线代表运动早期变时性功能过度，运动后期变时性功能低下，形成混合变时性功能不良

心动过缓（图 1-6-11）。

（6）另有 42% 患者仅在运动的某些点有心动过缓。

显然，房颤患者运动时有不适宜性心动过速者，应当给予有负性变时作用的药物。但是服用 β 受体阻滞剂能够改善运动时心动过速，而又能引起休息或睡眠时的心动过缓。另外，运动时心率的下降可使收缩压大幅度下降，氧的摄取下降，使患者的运动耐量下降。相反，对于变时性功能低下的房颤患者应当停用有负性变时作用的药物，例如 β 受体阻滞剂，但停用后能引起患者休息、运动时发生不适宜性心动过速。因此，希望房颤患者休息和运动后心率都能得到适当控制的愿望有时难以达到。

根据临床资料，房颤患者的心脏变时性功能可以分成 4 型：

（1）变时性功能低下型（图 1-6-9）。

（2）变时性功能过度型（图 1-6-10），风湿性心脏瓣膜疾病伴发房颤者多属于此型。

（3）变时性功能过度及低下混合型（图 1-6-11）。

（4）变时性功能正常者（仅占少数）。

窦性心律时变时性功能低下者远比变时性功能过度者多见，而房颤患者的情况相反，变时性功能过度者远多于变时性功能低下者（表 1-6-3）。

表 1-6-3 房颤患者运动期间变时性功能不良

反应类型	运动早期有（%）	运动后期有（%）	仅一期有（%）	两期全有（%）	两期全无（%）
变时性功能低下	21	53	58	16	42
变时性功能过度	74	32	74	32	26
变时性功能正常	5	16	21	0	79
混合型不良	95	84	100	21	0

3. 窦性心律时房室结的变时性功能

窦性心律时房室结的变时性功能研究较少，但在临床中可以见到两种不同类型。一种是休息或睡眠状态下窦性心律的频率较慢时存在房室传导阻滞，而白天活动后窦性心律频率较快的情况下房室却能1∶1下传。这种情况常见于儿童或年龄偏低的患者，可以认为静息时患者的迷走神经作用明显（或房室结对迷走神经的反应敏感），结果使窦性心率较慢，房室结的传导功能也下降，而运动后交感神经活性增高，窦房结的变时性功能正常，因而窦性心率可增快，房室结的变时性也较好，表现为下传功能改善，两者共同的作用使运动后心率提高。另一种是窦性频率较慢时房室结传导功能尚好，而窦性频率增快时房室结递减性传导变得明显，属于快频率依赖性房室传导阻滞，这种房室传导阻滞多数属于阻滞型（病理性）阻滞。这种情况多见于年龄较大，而伴有器质性心脏病的患者。

复极后不应期

早在 1974 年，Gettes 就发现并提出复极后不应期（postrepolarization refractoriness，简称 PRR）这一心脏电生理新概念。近几年，对复极后不应期进行了更为深入广泛的研究，并取得了突破性进展。应当强调，复极后不应期并非是一个纯理论问题，相反，其在很多方面与临床心律失常的药物治疗等有着至关重要的联系，熟悉与掌握复极后不应期的相关知识具有重要临床意义。

定义与概念

一、动作电位持续时间与不应期

对氧供良好、血供良好的心肌，其不应期与动作电位时程同时结束，两者数值相等。因此，动作电位持续的时间值一直被认为就是该心肌组织的不应期值。在单细胞动作电位中，动作电位包括除极与复极两部分，就时间而言相当于 0 ～ 3 相的持续时间。心电图中，心室的动作电位时间相当于 QT 间期，所以，QT 间期值即为心室总不应期值（图 1-7-1）。

心肌兴奋性的变化取决于心肌细胞膜上钠通道的构象改变，形成钠离子通道的激活与失活。钠通道激活时，其构象呈开放状态，使钠离子能快速向细胞内流动，引起心肌细胞的除极并形成动作电位的 0 相，

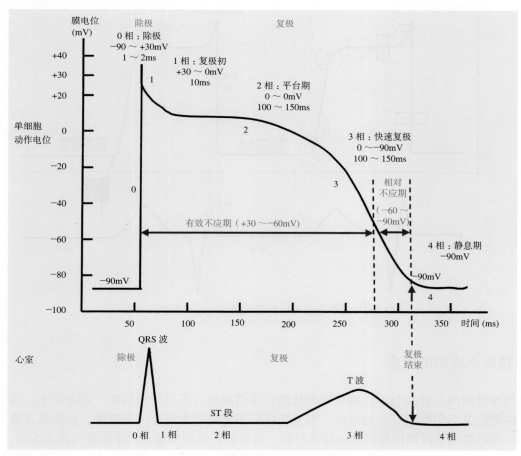

图 1-7-1 心肌细胞除极、复极与不应期示意图

钠通道的激活与开放呈电压依赖性

即超射期。快钠通道的激活与开放呈电压依赖性，心肌细胞膜静息电位的-90mV与钠通道激活开放的最佳电压-80mV十分靠近，这使处于静息膜电位的心肌细胞已具备兴奋性，意味着快钠通道已处于随时能被激活而开放的状态。在快钠通道开放后的1～2ms内，大量钠离子带正电荷迅速流入细胞内，使心肌细胞的跨膜电压迅速上升，除极结束时跨膜电压可升到+30mV（电压>0mV时称为超射）而完成超射期。0相的最大除极速率（dv/dt max）的高低决定着心肌组织的传导能力。

心肌细胞除极结束时快钠通道迅速失活，失活状态将持续整个复极的1相、2相和3相，即复极的全部过程中钠通道一直处于失活状态，心肌组织也因此处于不应期中。当复极结束，膜电位恢复到-90mV时，钠通道将从失活状态再次被激活，使心肌细胞与心肌组织处于随时能再次除极的状态，表明不应期此时已结束，心肌兴奋性已恢复。因此，正常时心肌细胞的复极时间与不应期同时结束，两者数值相等。

不应期包括有效不应期与相对不应期，有效不应期对应的跨膜电位为+30～-60mV，该时段内给予2～4倍的阈刺激尚不能使钠通道再次激活而代表其处于有效不应期内，有效不应期与复极1相、2相及3相的前半部对应。而相对不应期则指跨膜电压-60～-90mV的阶段，此时心肌细胞的兴奋性已从0开始恢复，应用2倍的阈刺激可使钠通道缓慢开放，并缓慢扩布。相对不应期与3相的后半部分对应，相当于体表心电图T波的后半部。

单个心肌细胞或心肌组织的每个心动周期（也称心电周期）都包括静息膜电位（-90mV）和动作电位两部分，而后者又包含除极（去极化）与复极（恢复极化）两个过程。除极时膜电位从-90mV超射到+30mV，复极时膜电位再从+30mV逐渐回降到-90mV。因此，钠通道存在激活、失活、再激活等状态，复极结束时钠通道从失活状态变为再激活状态，相当于心肌细胞从不应期进入兴奋期（图1-7-2）。

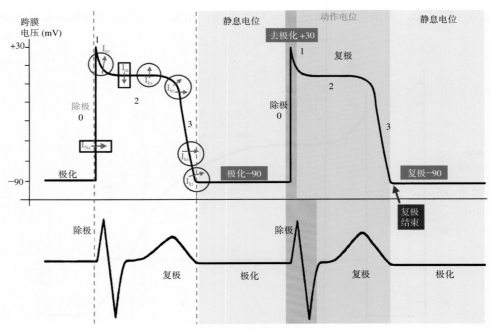

图 1-7-2 动作电位与极化电位组成心电周期的示意图

二、复极后不应期的概念

动作电位持续时间并非总与不应期呈等值状态。所谓复极后不应期是指在一定条件下，复极虽已充分完成，但不应期在其后仍继续存在的现象。引发复极后不应期的常见原因有急性心肌缺血及服用抗心律失常药物等，一旦心肌的不应期值超过复极持续时间，两者的差值则为复极后不应期（图1-7-3）。

从图1-7-3看出，复极后不应期等于有效不应期与APD_{90}的差值，APD_{90}是指从心肌细胞单相动作电位的起始到复极结束总时程的90%，而不应期值则指前次除极动作电位的起点，一直到能再次引起新的动

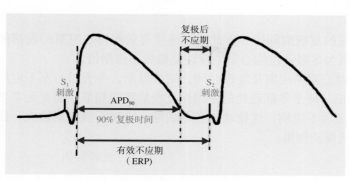

图 1-7-3　复极后不应期的测定

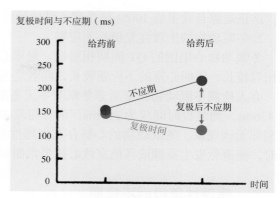

图 1-7-4　抗心律失常药物引起复极后不应期

作电位的最短 S_2 刺激的间期值。显然，在受试动物体上容易测定这两个值，单相动作电位图应用漂浮电极则可记录，而不应期测定时，常使 S_2 刺激的联律间期从 200ms 逐渐缩短，每次缩短 5ms，直到 S_2 刺激不能使心肌有效除极为止。图 1-7-3 有助于理解复极后不应期的概念。

图 1-7-4 是患者给药前后不应期与复极时间的变化，服药前复极时间与不应期呈等值，服药后心肌不应期延长，而复极时间却缩短，因而产生了两者之差，即复极后不应期。复极后不应期值有高有低，其受 S_2 刺激强度的影响，并有频率依赖性、心肌选择性等特征。

目前认为，产生复极后不应期是抗心律失常药物治疗心律失常的重要机制。

复极后不应期的分类

复极后不应期有生理性与病理性两种。

一、生理性复极后不应期

生理性复极后不应期常见于两种情况。

1. 房室结的生理性复极后不应期

心脏特殊传导系统中，房室结的不应期最长，其次为心室肌，而心房肌的不应期最短。正常房室结的不应期值为 250～550ms，平均 >300ms。这意味着，一次室上性激动经房室结下传后，激动能再次通过房室结下传的时间至少间隔 300ms 以上（图 1-7-5）。房室结因不应期较长而能防止过快的室上性激动下传心室，形成房室结"过筛、过滤"的心室保护作用。同时，房室结的复极时间相对要短，使不应期能持续到复极结束后而形成生理性复极后不应期。房室结的生理性复极后不应期还表现在室上性激动下传时，房室结不应期的反应特征与心室肌全然不同。心室肌的不应期与前 RR 间期呈正变规律，即前面的 RR 间期越短，下一个心动周期中心室不应期也越短，而房室结则呈反变规律，即前面的 RR 间期越短，下一个心动周期中房室结的不应期越长。在该变化中，前 RR 间期变短意味着复极时间变短，而不应期此时反而变长，这将增加复极后不应期，而复极后不应期的存在也能阻止较快的室上性激动下传激动心室，进一步体现出房室结对心室的保护作用。此外，腺苷还能增加房室结的复极后不应期

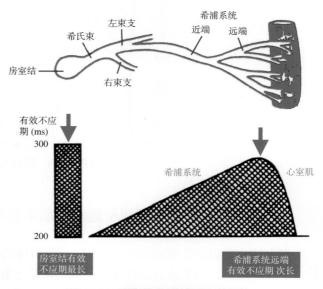

图 1-7-5　房室结生理性不应期最长

值，这正是腺苷几乎能 100% 终止房室结依赖性室上性心动过速（室上速）的机制。

2. 冬眠动物的生理性复极后不应期

冬眠动物心电图的 QT 间期相对短，提示心室的复极时间短，而此时能连续有效起搏心室肌的起搏间期相对较长，说明心室的不应期较长，两者之差则为冬眠动物的心室生理性复极后不应期值。

有人检测冬眠动物在夏天非冬眠与冬天冬眠时心室不应期及复极时间，结果显示，冬天时心室不应期为 436ms，而复极时间仅为 397ms，两者相差 39ms，属于冬眠动物的生理性复极后不应期值，而夏天非冬眠期却无该现象。冬眠动物的心脏存在生理性复极后不应期，这使动物在冬眠期，出现心肌相对缺血、缺氧时，能避免发生室颤或其他室性心律失常而形成保护作用。

二、病理性复极后不应期

病理性复极后不应期相对多见，常出现在急性心肌缺血或服用抗心律失常药物的患者，以及实验条件下的人或动物。

Gettes 最早是在离体的心肌给予高钾溶液充分灌流时发现的复极后不应期。目前认为，复极后不应期多见于心肌缺血、药物、发生室颤等情况。

复极后不应期的发生机制

一、晚钠电流是峰钠电流的残流

快钠通道的激活与开放持续 1 ～ 2ms 后迅速失活，但失活并非完全同步，使除极后尚存一个弱而缓慢失活的晚钠电流，其持续时间多为 10 ～ 100ms，而该电流弱、幅度低，只相当于快钠电流的 0.1%。

但病理情况下，如心肌缺血、心力衰竭、心肌肥厚、服用 I_{kr} 阻滞剂，以及钠通道基因出现突变（SCN5A 突变）时，快钠通道激活开放后不能及时失活而使晚钠电流增强，引起动作电位的持续时间延长，甚至引发早后除极、迟后除极、T 波电交替，以及心律失常（图 1-7-6）。

此外，晚钠电流的增强还使钠钙交换活跃，使钙内流持续增加，导致细胞内钙超载及一系列的心脏损害。

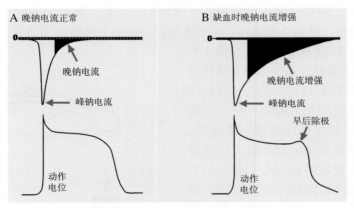

图 1-7-6　晚钠电流增强与早后除极

二、晚钠通道再激活受阻引起复极后不应期

当上述病理因素使晚钠电流增强时，还同时抑制钠通道从失活状态到再激活，使失活状态持续时间延长，不应期延长。当失活状态持续到复极结束后还依然存在时，则必然产生复极后不应期。

总之，任何因素引起不应期与复极时间的比值 >1 时都将产生复极后不应期（图 1-7-7）。

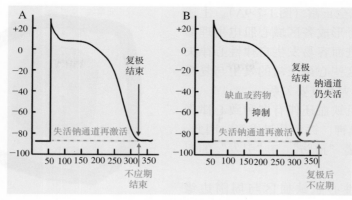

图 1-7-7 复极后不应期

A. 正常时复极时间与不应期同时结束，复极后不应期为零；B. 复极结束时不应期仍持续存在将形成复极后不应期

三、心肌缺血引起的复极后不应期

最初，Gettes 在高钾溶液灌流下的离体动物心肌发现复极后不应期时，他马上设想，急性心肌缺血也存在缺血区心肌细胞的丢钾，也存在细胞外的高钾，因此应存在同样现象，Gettes 的推断很快得到证实。

图 1-7-8 是心外科手术时，心脏发生缺血 3min 内测定的参数。A 图显示：缺血 3min 内组 1、组 2 的动作电位的持续时间均逐渐缩短，B 图显示：缺血 3min 内组 2 的有效不应期逐渐延长，而组 1 的有效不应期测定时，应用的 S_2 刺激强度为阈值的 4 倍，组 2 不应期测定时，应用的 S_2 刺激强度为阈值的 2 倍，C 图是将图 A 与图 B 综合后形成的复极后不应期的变化，即缺血 3min 内，两组的复极后不应期都逐渐升高。急性心肌缺血产生的复极后不应期可随心肌缺血的缓解而消失。

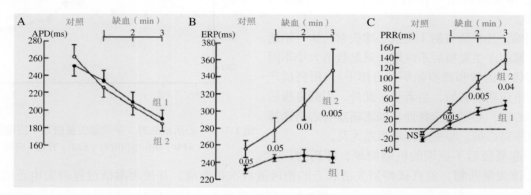

图 1-7-8 急性心肌缺血引起复极后不应期

APD：动作电位时程；ERP：有效不应期；PRR：复极后不应期

在人体或动物体测定心肌不应期的方法相对简单，即常规心脏电生理检查时应用 S_1S_2 刺激法则能测定。而动作电位持续时间可在心肌单向动作电位图上测量，单向动作电位图可经漂浮电极、吸附电极等记录。

至此，一定有人提出质疑，既然急性心肌缺血能产生复极后不应期，理应具有抗心律失常作用，为什么急性心肌缺血时反而容易发生恶性、甚至致命性心律失常呢？

回答该问题时，需了解急性心肌缺血发生时伴有的复杂情况，以及存在的各种影响因素。首先，缺血的不同区域存在显著差异，图 1-7-9 显示，缺血的中央为缺血区，该部位钠通道的功能严重受损，0 相除极速率的下降使传导缓慢，同时细胞内丢钾，细胞外钾浓度升高，最终使动作电位持续时间缩短、振幅变低，形成典型的缺血型动作电位（图 1-7-9B）。而缺血区周围的缺氧区，钾离子浓度正常或轻度增高，使动作电位的振幅高、时限短，形成另一种缺氧型动作电位（图 1-7-9C）。缺氧区的外围则是血供正常的心肌组织，心肌动作电位完全正常（图1-7-9A）。上述三种明显不同的情况，将形成各区域心肌电生理参数的明显差异与离散，进而容易发生自律性心律失常、折返性心律失常，这些心律失常的发生与复极不同步、复极离散度的增大有重要关系。

与此同时，急性心肌缺血还伴有多种致心律失常因素：心肌缺氧、高血钾、钙负荷过重等。因此，心肌缺血对心律失常有着"预防"与"引发"的双刃剑作用。

图1-7-10显示，急性心肌缺血区与周围边缘区复极后不应期的差别与离散度较大。图1-7-10中蓝、红两种颜色分别代表缺血区与边缘区两个部位的测定值，虽然两部位的心肌细胞动作电位时间有着相同反应，但不应期值却在缺血5min时相差超过100ms以上，因而使两部位的复极后不应期的差值也>100ms。心肌缺血时不应期离散度的增大有明显的致心律失常作用。

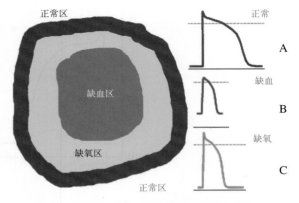

图1-7-9　急性心肌缺血时不同区域心肌细胞的动作电位不同

四、药物引起的复极后不应期

很多药物对心肌细胞膜的离子通道有明显的生物学作用，如抗心律失常药、麻醉药、抗癫痫药、抗抑郁药等。这使药物应用后可以产生复极后不应期，而抗心律失常药集中作用于离子通道，因而对其研究较多。

现已明确，几乎所有的Ⅰ类抗心律失常药物（钠通道阻滞剂）都能产生复极后不应期，只是数值大小不同而已。如普鲁卡因胺和普罗帕酮（心律平），用药后产生的复极后不应期前者短，后者长。此外，引起复极后不应期也有心房、心室的选择性，如雷诺嗪有心房选择性，而心律平对心房、心室的作用相差无几。

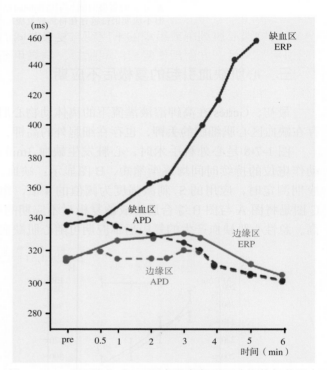

图1-7-10　心肌缺血时，不同部位复极后不应期值相差很大
APD：动作电位时程；ERP：有效不应期

药物引起复极后不应期的机制简单，即药物，尤其Ⅰ类抗心律失常药物，能直接抑制失活状态的钠通道再次被激活，并使再激活过程丧失电压依赖性。换言之，钠通道激活开放的电压依赖性常为-80mV，但药物作用可使复极结束时膜电位已达-90mV时，失活的钠通道仍不能被再激活，仍没有恢复兴奋性，使不应期持续存在而出现复极后不应期。

已有学者把抑制失活钠通道再激活的药物称为晚钠通道抑制剂，雷诺嗪、胺碘酮、利多卡因、中药稳心颗粒等都有明显的晚钠电流抑制作用，能引起明显的复极后不应期。

总之，正常时心肌组织的不应期与复极时程同时结束，因而不存在复极后不应期。但病理情况下，当不应期值>复极时间时，则产生了复极后不应期。

应当了解，不同的抗心律失常药物对不应期与复极时间存在着不同作用，使其产生复极后不应期的机制也不同，见图1-7-11。

1. 药物同时使心肌细胞或组织的不应期延长，也使复极时间延长，但两者延长的程度不同，以前者延长更明显，结果两者延长程度之差形成了复极后不应期，胺碘酮与奎尼丁即为这种机制引起复极后不应期（图1-7-11A）。

2. 药物同时使心肌细胞或组织的不应期与复极时程均缩短，但两者的缩短程度不同，以前者缩短的程度轻，结果两者缩短程度之差形成了复极后不应期，利多卡因产生复极后不应期的机制即为此（图

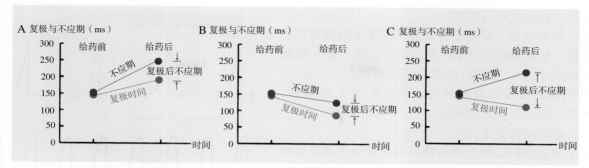

图 1-7-11 抗心律失常药物引起复极后不应期的三种类型

A. 不应期与复极时间均延长，但程度不同，如胺碘酮、奎尼丁等；B. 不应期与复极时间均缩短，但程度不同，不应期缩短得少，如利多卡因；C. 对两者的作用相反：使不应期延长，复极时间缩短，如雷诺嗪、稳心颗粒等

1-7-11B）。

3. 药物对心肌细胞或组织的不应期与复极时间的作用呈分离状态，如图 1-7-11C 所示，一方面药物使不应期延长，另一方面却使复极时间缩短，结果用药后两者差值较大而形成了比较明显的复极后不应期，例如雷诺嗪与抗心律失常中药稳心颗粒产生复极后不应期的机制即为此。显然，第三种机制中，能使不应期延长，并使复极时间缩短的药物有望产生更大的复极后不应期值。

应当说，引起复极后不应期正是药物的抗心律失常作用的机制，而有些药物同时有致心律失常作用，这与急性心肌缺血的双刃剑作用极为相似。

药物治疗心律失常的作用与产生复极后不应期相关，即有效抑制晚钠电流，抑制失活钠通道的再激活。而致心律失常作用常因药物明显减慢了传导，引发了随后的折返性室速。而减慢传导的作用是快钠电流受到药物明显抑制的结果。因此，当药物能抑制晚钠电流，产生明显的复极后不应期，但同时对快钠电流的影响较弱，减慢传导的作用轻微时，才使药物凸显治疗心律失常作用而无致心律失常的不良作用。

复极后不应期的特点

复极后不应期是心肌组织的一种心电现象，具有一定的特征。

频率依赖性

复极后不应期等于不应期与复极时间的差值，而不应期与复极时间本身就有明显的频率依赖性，这使复极后不应期也有明显的频率依赖性。

1. 基础频率的影响

测定复极后不应期时，常用频率不同的 S_1S_1 刺激为基础起搏，当基础刺激频率变化时，测定的复极后不应期也明显不同（图 1-7-12），即刺激频率越快该值越大。图 1-7-12A 中，以 120 次 / 分起搏频率测定时，复极后不应期为 155ms，当刺激频率增加到 200 次 / 分时（图 1-7-12B），复极后不应期升高到 196ms。

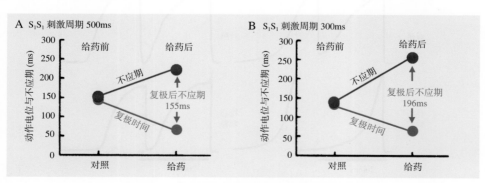

图 1-7-12 复极后不应期具有明显的频率依赖性

2. 期外刺激数量的影响

在动物非缺血心脏测定时发现，利多卡因和奎尼丁都能增加心肌复极时间与不应期之间的差值，而 S_3 刺激后的复极后不应期值比 S_2 刺激后明显增加。研究表明，当期外刺激的数量继续增加时，将在 S_4 或 S_5 刺激后，能得到复极后不应期的最高值。

3. 持续时间的变化

心肌缺血与抗心律失常药物是引起复极后不应期的最常见原因，当引发因素减弱或消失时，复极后不应期也逐步下降直到消失。Antzelevitch 发现，受试的兔心脏在冠状动脉闭塞 5min 后出现复极后不应期，但 2 天后消失。

4. 心肌的选择性

因抗心律失常药物本身就有心肌选择性，这使产生的复极后不应期也有相同的选择性。如雷诺嗪选择性引起心房的复极后不应期，使其抗房颤作用更加明显。而心律平则对心房肌与心室肌均有作用而无明显的选择性。

Antzelevitch 在中药作用机制的研究中发现，稳心颗粒引起的复极后不应期有心房选择性。

（1）选择性延长心房不应期：图 1-7-13 显示，应用稳心颗粒后，心房不应期的延长明显比心室强。

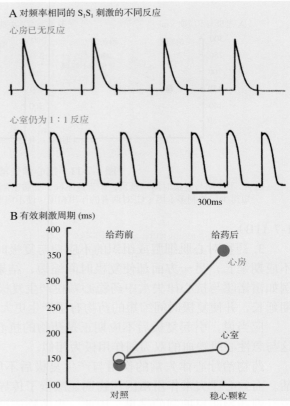

图 1-7-13 稳心颗粒延长心房不应期更明显

图 1-7-13A 中，给予稳心颗粒后，应用 200 次 / 分的 S_1S_1 刺激时，心室仍存在 1 : 1 的除极反应，提示兴奋性仍存在，但心房肌却完全无反应，说明心房肌的不应期此时已明显长于 S_1S_1 刺激的周长，使快速的电刺激均落入心房不应期中。图 1-7-13B 显示，给药后能有效起搏心房的 S_1S_1 刺激周长明显增加，说明心房肌不应期延长明显，而心室肌的不应期几乎未变。

还能应用 S_1S_2 的刺激方式测定心房和心室不应期的变化。图 1-7-14 中应用 S_1S_2 程序刺激测定给药后不应期时，心房不应期明显延长，而心室不应期非但不延长，似乎还有缩短趋势。

图 1-7-14 显示，给药前能引起心房、心室除极的最短 S_2 刺激的联律间期，心房、心室相仿（约 200ms），提示基线状态两者不应期无明显差异。但给予稳心颗粒后，心房不应期明显延长，而心室不应期无延长。

（2）选择性缩短心房动作电位时间：Antzelevitch 发现，稳心颗粒能明显缩短心房肌的复极时间，并强于心室肌，存在明显的心房选择性（图 1-7-15）。

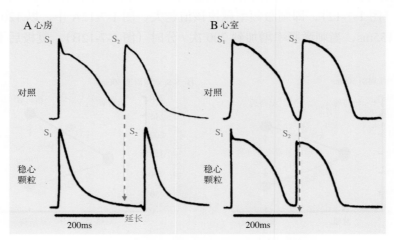

图 1-7-14 稳心颗粒使心房不应期延长更明显

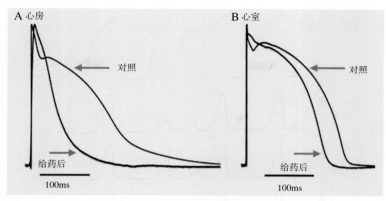

图 1-7-15　稳心颗粒使心房复极时间缩短更明显

（3）复极后不应期的心房选择性：在上述两个明显的心房选择性作用的基础上，稳心颗粒引起复极后不应期的作用也具有明显的心房选择性（图 1-7-16）。

抗心律失常药物引起复极后不应期的心肌选择性，决定着该药治疗心律失常的适应证。Antzelevitch 的研究表明，中药稳心颗粒能有效终止和预防房颤的作用与其心房选择性相关。

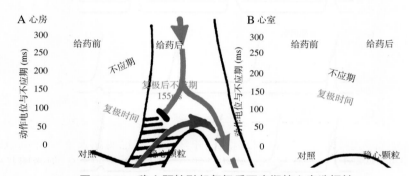

图 1-7-16　稳心颗粒引起复极后不应期的心房选择性

给药前心房、心室均无复极后不应期。A. 给药后心房产生明显的复极后不应期（155ms）；
B. 心室仍无复极后不应期

抗心肌颤动的新型药物

心律失常的发病率高，危害大，并能引起心脏性猝死，严重危害着人体的健康与生命。目前，抗心律失常药物仍是心律失常治疗中应用最广泛、最有效的方法，如急性冠脉综合征患者常伴发恶性室性心律失常，如能及时给予恰当的药物治疗可使患者转危为安。

但长期以来，困扰心律失常药物应用的严重问题是其致心律失常作用，例如Ⅰ类药物奎尼丁应用后能引起晕厥，又如 CAST 试验选用的Ⅰc类药物虽能有效地抑制心肌梗死（心梗）患者频发的室早或短阵室速，却显著增加了患者死亡率，Ⅲ类抗心律失常药物伊布利特虽能有效转复 90 天内新发生的房扑和房颤，而且转复房扑的有效率高达 70% 以上，却因能引发尖端扭转型室速（Tdp）而使应用的推荐指征从Ⅰ类降到Ⅱa类。

几乎所有的Ⅰ类抗心律失常药物都有延长心肌不应期，引起复极后不应期的作用，进而能有效地治疗心律失常，但因药物同时明显抑制快钠电流，而使心脏的传导缓慢，进而能引发折返性室速，所以引起缓慢传导是药物致心律失常作用的关键。

研究证实，凡能引起明显传导缓慢的药物，其致心律失常的作用将更明显，图 1-7-17 显示心肌缺血引发的传导缓慢。

图 1-7-17A 中，最后一次 S_1 刺激引起心室除极刚结束，给予的 S_2 刺激也能引起新的心室除极，仅仅 S_2 刺激后的心室除极波的振幅略低。但发生心肌缺血后，联律间期 180ms 的 S_2 刺激未能马上引起有效的心室除极，而间隔 >100ms 后有效除极才出现（图 1-7-17B），这是心肌缺血产生的复极后不应期所

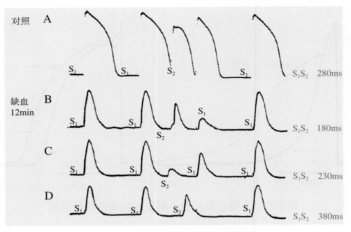

图 1-7-17　心肌缺血引起的缓慢传导

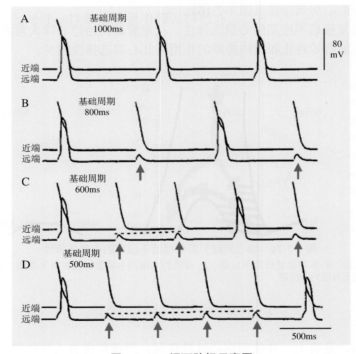

图 1-7-18　阈下除极示意图

A. 近端向远端保持 1：1 的电激动传导；B. 近端电活动频率快时，近端以 2：1 向远端传导，每隔一次出现一次阈下除极（箭头指示）；C. 近端电活动频率进一步增加时，向远端呈 3：1 传导，出现连续的阈下除极（箭头指示）；D. 近端频率再次增加，向远端呈 5：1 传导，其中连续 4 个为阈下除极（箭头指示），可见阈下除极的振幅逐渐增高，直到有效除极发生

致。在 C、D 两条图中，S_2 刺激引发的心室除极波振幅均未达到前面除极波的振幅，也是相对不应期内室内传导缓慢的结果。

Rozanki 通过高钾溶液造成传导束的近端与远端之间出现传导受损区，此时远端的电活动可能以阈下除极的形式存在，直到达到阈值电压时，才引起显性的动作电位，而传导失败则是阈下除极未能穿透阻滞区的结果（图 1-7-18）。

总之，理想的抗心律失常药不但能抑制失活钠通道的再激活，还对快钠通道的抑制作用弱，凡能满足这些特征的药物都能成为抗心肌颤动的新型药物。

1. 雷诺嗪

雷诺嗪是很有希望的抗颤动药物，并有明显的心房选择性，故将成为抗房颤药物的新星，同时还有预防室颤的保护作用。

雷诺嗪于 2006 年获美国食品与药品管理局（FDA）批准治疗慢性心绞痛，研究表明，其抗心绞痛的治疗机制是抑制晚钠电流。晚钠通道被有效抑制时，钠钙交换将被抑制，进而减少心肌细胞的钙负荷而增加心肌的顺应性，增加冠状动脉血流。雷诺嗪抑制晚钠电流的作用使其同时具有抗心律失常及抗心肌颤动的作用。

（1）抑制晚钠电流：雷诺嗪抑制晚钠电流的作用很强，低浓度时就有较强的抑制作用，该作用比抑制峰钠电流的作用强 38 倍。因此，雷诺嗪是一个选择性晚钠电流抑制剂。治疗剂量时能抑制 25% ～ 30% 的晚钠电流。

（2）抑制峰钠电流：其治疗剂量对峰钠电流影响小，使心肌传导减慢不明显。

（3）抑制 I_{kr} 电流：其抑制 I_{kr} 电流，尤其对心外膜 I_{kr} 电流的抑制作用更明显，但对中层 M 细胞因阻断晚钠电流的作用更强，使整体动作电位时间缩短或延长不明显，其净效应使跨室壁复极离散度减小。

综上所述，雷诺嗪具有良好的离子通道和心脏电生理作用，能显著抑制晚钠电流而使复极后不应期稳定延长（图 1-7-19）。同时，雷诺嗪几乎没有致心律失常作用，因为：①抑制峰钠电流的作用弱，克服了 I 类抗心律失常药物的致心律失常作用；②有心房选择性，故对心室肌作用弱，对 QTc 间期延长作用弱；③对 I_{kr} 电流有一定的抑制作用，但不增加 Tp-Te 间期，不增加跨室壁复极离散度，因此，能克服 III 类抗心律失常药物存在的致心律失常作用。

临床应用中发现，雷诺嗪有较强的终止和预防房颤作用，尤其对心肌缺血引发的房颤，同时不引起 Tdp 及其他的恶性室性心律失常。

研究还表明，雷诺嗪能明显抑制 T 波电交替（图 1-7-19），明显抑制早后除极与迟后除极，因此，雷诺嗪能明显减少心脏性猝死的发生（图 1-7-20）。

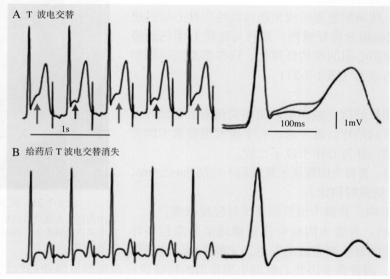

图 1-7-19　雷诺嗪能逆转 T 波电交替
A. 存在明显的 T 波电交替；B. 雷诺嗪给药后 T 波电交替消失

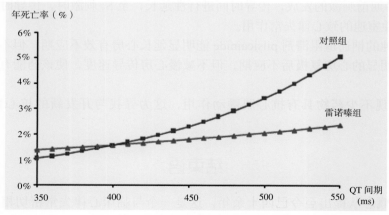

图 1-7-20　雷诺嗪降低心脏性猝死发生率

2. 胺碘酮

胺碘酮也是一个既能治疗房颤，又对致命性室性心律失常有保护作用的药物。与雷诺嗪相似，两药最初上市时都是抗心绞痛药物，而在应用中发现有良好的抗心律失常作用而改变身份。近三十年的资料表明，胺碘酮是房颤及致命性室性心律失常治疗十分有效的药物，其能阻断多种外向及内向离子流及肾上腺受体而成为高疗效药物，但因较多的心外副作用而应用受限。

传统观点认为，胺碘酮的高效抗心律失常作用与延长有效不应期、延长动作电位时程等多种心脏电生理作用有关。应用胺碘酮治疗时，因药物含有两个碘分子而存在心外作用，即药物的类甲减样作用。实际上，该药的高效抗心律失常作用机制仍不完全清楚，甚至还有争论。近年来动物实验证实，胺碘酮延长不应期的作用能持续到复极结束后，即能产生明显的复极后不应期。目前，这一作用已用于解释胺碘酮对房颤和室性心律失常的双重保护作用。

胺碘酮能抑制失活钠通道的再激活，因而引起复极后不应期。同时，其高效抗心律失常作用还与不伴明显的传导减慢的特征相关。研究显示：给兔模型应用胺碘酮 6 周，每天给药剂量达每千克 5mg 时，其能产生心室复极后不应期而不伴明显的传导减慢。

Burashnikov 的研究证实，长期应用胺碘酮时还有潜在的心房选择作用，以每天每千克 40mg 的剂量服用 6 周后，可出现与抑制钠通道相关的心脏电生理参数的变化，在延长动作电位时程、引发复极后不应期等方面，胺碘酮都有一定的心房选择性，这使胺碘酮具有强大的抗房颤作用。

其他研究还证实，胺碘酮能逆转或预防持续性房性心动过速（房速）引起的不应期缩短与传导减慢，逆转与预防 L 型钙通道的下调作用，逆转和预防心肌间质的纤维化，这些都是胺碘酮能高效预防持续性房颤的原因（图 1-7-21）。

3. 普鲁卡因胺

普鲁卡因胺有着明显的抗室颤作用，使相关指南推荐该药可用于恶性室性心律失常的治疗。近年来，有学者发现普鲁卡因胺也能引起复极后不应期，并与心律平做了比较。

（1）复极后不应期：普鲁卡因胺延长复极后不应期 8ms±9ms，该延长作用在 $S_2 \sim S_4$ 刺激时稳定。

（2）传导时间的影响：普鲁卡因胺能使传导轻度减慢。

（3）对室颤的影响：普鲁卡因胺可使室颤阈值升高但不伴折返波长的缩短，故能明显抑制室颤的发生。文献表明，该药可减少 70% 的室颤诱发。因普鲁卡因胺心脏电生理作用的特征也符合新型抗颤动药物的特点，使普鲁卡因胺的抗室颤作用受到重视。

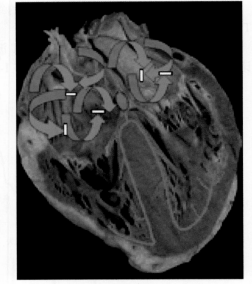

图 1-7-21 抗房颤作用的示意图

图中白色长方块代表药物产生的复极后不应期，其能阻断房内的微折返，同时因传导不减慢而不引起新的微折返

相比之下，心律平引起的复极后不应期值较大（34ms±17ms），但对传导有明显减慢作用（平均21ms），而且随着更多期前刺激的发放，传导时间进行性延长，至 S_5 刺激时，传导时间平均延长了 400%，使心律平有引发单形性室速的致心律失常作用。

此外，另一个单纯的钠通道阻滞剂 pilsicainide 能明显延长心房有效不应期，但不增加动作电位的持续时间。因此，可产生明显的心房复极后不应期，但不减慢心房传导速度，使该药能有效终止和预防房颤而不伴致心律失常作用。

总之，目前已发现不少药物具有抗心肌颤动作用，这为寻找与开发新的抗心律失常药物指出了新方向。

结束语

复极后不应期的概念从提出至今已四十余年，这是一个与临床心律失常密切相关的基础问题，近几年，复极后不应期的研究逐渐升温，成为心律失常领域新的关注热点。

　　深入了解复极后不应期，将能进一步提高临床医生认识心肌缺血的"致"与"治"心律失常的双刃剑作用，也能更深入理解抗心律失常药物的"治"与"致"心律失常的双刃剑作用。除此，对抗心律失常药物的再分类也有潜在意义，即钠通道阻滞剂有可能进一步分成阻滞快钠通道或阻滞晚钠通道的两种亚型。

　　还应了解，抑制晚钠电流的药物可减少早后除极、迟后除极及 T 波电交替而减少恶性室性心律失常的发生，并预防心脏性猝死。

　　此外，新型抗心肌颤动的药物既能明显抑制晚钠通道，减少晚钠电流，产生明显的复极后不应期，同时对快钠通道的阻滞作用弱、减慢心肌传导的作用轻，使其不易诱发折返性室速，降低药物的致心律失常作用。这类药物因有明显的抗心肌颤动的特性，故对房颤、室颤的终止与预防将有独到的作用。

　　复极后不应期的深入研究还能为今后寻找与研发新型抗心律失常药物打造新理念，开拓新道路。

复极储备

比较心室肌细胞除极与复极过程时，除极涉及的离子流种类少，除极时间短，有关因素相对稳定，这些特点使除极异常在心律失常发生中的作用相对有限。相反，复极过程涉及的离子流种类多，复极时间长，影响因素多，稳定性差，因而复极与心律失常的关系更为密切，复极异常越来越受到重视。

复极异常可表现为复极时间的延长和缩短，明显时分别形成长 QT 综合征（LQTS）和短 QT 综合征。近年来认为，跨室壁复极离散度增大作为又一种复极异常，其比单纯复极时间的延长有更重要、更直接的致室性心律失常作用。然而，各种复极异常的发生常和心脏复极储备遭到严重破坏并出现失代偿相关。因此，复极储备这一新概念十分重要。

一、概念与定义

（一）储备功能的一般概念

人体的各种储备功能是指人体在生理情况下，或不良因素对机体产生危害时的一种代偿、保护性的调节和适应性机制。作为功能复杂而完备的人体，其全身、各系统，乃至各器官的功能均有一定的储备或称储备功能，这是人体应对不同的环境因素、突发事件而采取的一种自我调节，通过动用储备功能而防范各种危害的紧急措施。以冠状动脉（冠脉）的储备功能为例，静息时人体心脏对血供的需求低，可将静息状态时的冠脉供血视为"1"，而人体剧烈活动时，随着机体代谢率的迅速升高，心脏的心率增快，收缩力增强，使心脏对冠脉供血的需求升高数倍。为适应和满足剧烈活动时心脏对冠脉血供需求的增高，机体将动用冠脉的储备功能，表现为冠脉明显扩张，冠脉供血的能力迅速增加 4～6 倍，使人体在剧烈活动时并不发生心肌缺血。当冠脉发生粥样硬化、管腔严重狭窄，冠脉储备力 <2.5 时，患者将经常发生劳力性心绞痛。

（二）复极储备

复极储备（repolarization reserve）是 Roden 于 1998 年提出的心脏电生理领域的又一全新概念，其包括心房肌和心室肌各自的复极储备功能，但至今研究和关注较多，与恶性室性心律失常关系密切的是心室复极储备，以下简称复极储备。

溯源历史，早在 1913 年，Mines 就已发现，心电图代表心室总不应期的 QT 间期能随心率的变化而变化，其后被称为心室不应期或 QT 间期的频率自适应性，表现为心率快时 QT 间期短，心率慢时 QT 间期长（图 1-8-1）。他指出，区域邻近的心肌组织不应期的差异是引发心律失常的重要因素，而室早则能增加心室不应期的离散度。直到 1998 年，Roden 才首次总结并提出复极储备的概念。

复极储备也称复极的适应性（repolarization adaptation），这是指心室肌细胞或心肌组织具有复极的代偿功能，属于一种保护机制，表现在心率增快或有延长复极时间的病理因素存在时，该储备功能将被激活，并在一定的范围内提高心室肌的复极速度，保障正常有序、持续时间适合的心室复极，使整体心室的复极时间不发生过度的延长。复极储备正常时，当服用的药物或其他因素抑制某种复极的外向钾电流（I_{kr}）而引起 QT 间期延长时，另外的复极钾电流（I_{ks}、I_{k1}）将出现代偿性的外流增强，使 QT 间期尽可能保持正常或仅轻度延长。正常的复极储备能避免在致病因素的作用下，复极时间过长和复极离散度增大而引发恶性室性心律失常。可以看出，在某种程度上，复极储备与 Mines 当年提出的 QT 间期的频率自适应性十分相似，只是复极储备的新概念能更深层次地解释 QT 间期的频率自适应性这一心电现象的发生机制。

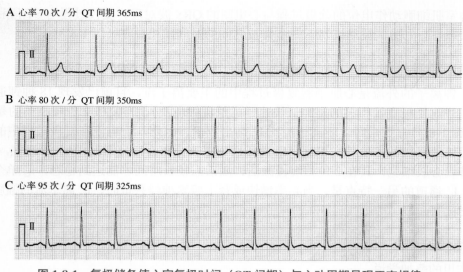

A 心率 70 次 / 分　QT 间期 365ms

B 心率 80 次 / 分　QT 间期 350ms

C 心率 95 次 / 分　QT 间期 325ms

图 1-8-1　复极储备使心室复极时间（QT 间期）与心动周期呈现正变规律

二、发生机制

（一）正常的心室复极

心肌细胞的每个心电周期都由静息电位和动作电位两部分组成，其中动作电位则由除极和复极组成。静息电位时，心肌细胞的跨膜电位约−90mV，处于"内负外正"的极化状态（图 1-8-2A）。随后，在一定条件下发生除极，除极是心肌细胞去极化状态这一过程的简称，即把跨细胞膜的"内负外正"的极化状态转变为"内正外负"的相反状态（图 1-8-2B）。在持续时间仅 1 ～ 3ms 的除极过程中，大量带正电荷的阳离子（Na^+、Ca^{2+}）跨过细胞膜上的离子通道进入细胞内，使心肌细胞跨膜电位的负值变小，最终能够上升为正值而形成 0 位相的超射。因此，除极过程是带正电荷的阳离子在 0 位相迅速进入心肌细胞内的结果，最终达到跨膜电位的"内正外负"。而复极是除极结束后开始恢复极化状态过程的简称。复极时将有很多跨细胞膜的内向和外向离子流，两者之间有时存在一种微弱的平衡，但总的趋势始终是外向电流更强。因此，复极过程可简单看成是带正电荷的阳离子（K^+）持续不断地从细胞内经离子通道流向细胞外，使心肌细胞的跨膜电位重新恢复到−90mV 的"内负外正"的极化状态（图 1-8-2C）。

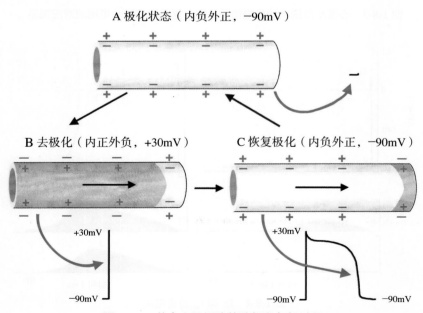

图 1-8-2　单个心肌细胞的除极和复极过程

上述单个心室肌细胞动作电位的除极过程与心电图的 QRS 波对应，复极过程与 ST 段和 T 波对应，心肌细胞的极化状态与心电图 T 波结束到下一个 R 波之间的时间段相对应（图 1-8-3）。

（二）I_{kr} 和 I_{ks} 通道

如上所述，钾离子的外流是心肌细胞复极过程中的主要离子流，目前已发现 18 种钾通道电流。而与心肌细胞 3 位相快速复极直接相关的是 I_{kr}（快速延迟整流钾电流），与复极 2 位相相关的是 I_{ks}（缓慢延迟整流钾电流）（图 1-8-4）。正常时，I_{kr} 离子流比 I_{ks} 高出数倍，因此，I_{kr} 电流在复极过程中的作用最强、最关键，是 3 位相快速复极的主要外向电流。I_{kr} 离子通道主要分布在心室肌的中层 M 细胞，而 I_{ks} 离子通道主要分布在心外膜心肌细胞，其在 2 位相缓慢激活，激活需较长时间才能达到稳态，I_{ks} 单个离子通道的电导电流十分弱。I_{ks} 通道的另一特点是，当心率增快或肾上腺素神经兴奋时，I_{ks} 离子流的幅度可增加，进而形成复极的代偿机制。

（三）复极储备的发生机制

1. I_{ks} 通道作用的叠加学说

在 I_{kr} 和 I_{ks} 两种最重要的复极外向电流中，I_{kr} 通道受到的影响因素多，容易出现通道电流强弱的变化，

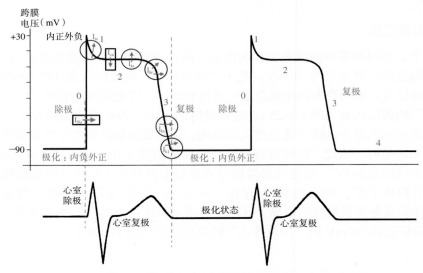

图 1-8-3　心室肌单细胞动作电位的除极、复极与体表心电图的对应关系

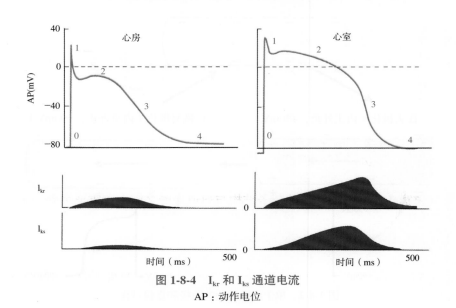

图 1-8-4　I_{kr} 和 I_{ks} 通道电流

AP：动作电位

使 I_{kr} 通道的电流受到抑制的概率高，这种情况发生时，I_{ks} 和 I_{k1} 等钾离子通道可随 I_{kr} 电流的变化出现相应的代偿性改变，形成复极储备功能。

复极储备发生机制中，I_{ks} 通道作用的叠加学说认为：一般心率时，I_{kr} 和 I_{ks} 通道的功能处于正常状态，与其他内向和外向离子流共同形成与心率相适应的 QT 间期。心率增快、RR 间期缩短时，对 I_{kr} 通道的影响小，变化不大，但对 I_{ks} 通道将从几方面产生影响，使之发挥复极的代偿作用。

（1）通道激活数量增加：本来密度较高的 I_{ks} 通道在心率增快时激活开放的数量明显增加，形成更强的复极外向电流，使 QT 间期相应缩短。

（2）作用叠加：因 I_{ks} 通道激活并达到稳态的过程十分缓慢，因此，心率加快时能使 I_{ks} 通道缓慢开放后的作用持续到下一心动周期，并与下一心动周期开放的 I_{ks} 通道的作用叠加，这种叠加的作用可缩短复极的 QT 间期，形成心率增快时 QT 间期的频率自适应性，使 QT 间期与 RR 间期之间呈现正变规律。

（3）激活速度增快：每次复极过程中，I_{ks} 通道失活的过程也缓慢，常需数百毫秒才能完全失活。当心率增快时，前一周期失活过程尚未结束的 I_{ks} 通道在下一周期再次被激活时，该状态下的 I_{ks} 通道激活的时间能够缩短，使 I_{ks} 通道的外向电流增大，复极增快，使动作电位持续的时间缩短，心电图表现为 QT 间期缩短。

刺激交感神经兴奋 β 受体，可使 I_{ks} 通道激活更快，激活的数量增多，进而增加 I_{ks} 电流的幅度。资料显示，$1\mu mol/L$ 的异丙肾上腺素可使 I_{ks} 离子通道的激活数量增加 $250\% \sim 280\%$，β 受体兴奋剂也是 I_{ks} 通道的激活剂。此外，交感神经的兴奋还能使 L 型 Ca^{2+} 通道的活性增强，增加 Ca^{2+} 的内流，后者能间接激活 I_{ks} 通道并增强其复极作用，I_{ks} 通道复极储备功能的增强可避免 QT 间期的过度延长。

2. I_{ks} 通道的两级关闭学说

近年来，Rudy 应用计算机生物学技术研究了复极的分子学机制，其应用离子通道动力学的 Markov 模型研究了 I_{ks} 通道开放与关闭的特点。Markov 模型可以测定各种离子通道在心肌细胞动作电位中的作用。还能测定在动作电位的整个过程中，各种离子通道动力学不同状态之间的门控过渡。在给予各种频率刺激前，要求受检的心肌细胞保持安静状态 10min，使其在起搏前处于稳定的静息状态。

I_{ks} 通道与其他通道一样，具有 4 聚体结构，由 4 组蛋白质分子构成，每个蛋白质分子由 6 个 α 螺旋组成，每个 α 亚单位的 S4 为该离子通道的电位敏感器，当电位变化时，4 个电位敏感器的活动能使通道开放。业已证实，每个电位敏感器在 I_{ks} 通道开放前存在两种关闭状态，分别称为一级和二级关闭状态。二级关闭状态又称缓慢开放的关闭状态，二级关闭的 I_{ks} 通道至少有一个亚单位仍处于静息位置，使其必须经过一次缓慢的初级过渡才能成为一级关闭状态。处于一级关闭状态的 I_{ks} 通道又称能迅速开放的关闭状态，其电位敏感器经过了初级过渡，仅需再次较快的过渡就能真正开放。I_{ks} 通道的这一动力学特点有利于 I_{ks} 通道执行其复极储备功能，调整 QT 间期的长短及频率自适应性。

Ludy 的 I_{ks} 通道研究结果见图 1-8-5。图 1-8-5A 和 B 分别显示起搏周长 1000ms（A）和 300ms（B）时的动作电位图、I_{ks} 通道电流，以及 I_{ks} 通道两级关闭状态的不同比率等。

（1）较快频率起搏时（起搏周长 300ms），I_{ks} 电流能达到更高的幅度（图 1-8-5B 上）。

（2）I_{ks} 电流的增强能使动作电位的持续时间缩短，这一现象实际相当于 QT 间期的频率自适应性。

（3）心率缓慢时除极前的 I_{ks} 通道：60% 处于二级关闭状态，其必须经缓慢的初级过渡才能变为一级关闭状态。另外 40% 的 I_{ks} 通道处于一级关闭状态，其能很快过渡到开放状态（图 1-8-5A 下）。

（4）心率较快时除极前的 I_{ks} 通道：70% 处于一级关闭状态，30% 处于二级关闭状态（图 1-8-5B 下），I_{ks} 通道这两种关闭状态比率的不同，使其在动作电位期间通道开放的数量和速度均不相同。心率快时，一级关闭状态的比率高，I_{ks} 通道能快速、大量地开放而形成该时段的复极储备，有效地缩短了复极时间和动作电位时程。

该学说认为，决定离子通道门控性质的分子结构与通道功能之间有着重要关联，对于电压敏感器两个级别状态的激活过程说明，I_{ks} 通道处于一级关闭状态的数量越多，其能更迅速地过渡到开放状态，而心率慢时，处于二级关闭状态的 I_{ks} 通道因没有足够的时间在下次动作电位之前过渡到一级关闭状态进而开放，使 I_{ks} 通道开放的数量和速率低。I_{ks} 通道的二级关闭学说的新理论经膜片钳技术的研究已获得证实。

因此，I_{ks} 通道具有十分有效的复极储备功能，尤其是 I_{kr} 电流受到药物抑制时。当患者服用 I_{kr} 阻滞剂引起 QT 间期延长时，I_{ks} 通道的复极储备作用可减少药物的致心律失常作用。

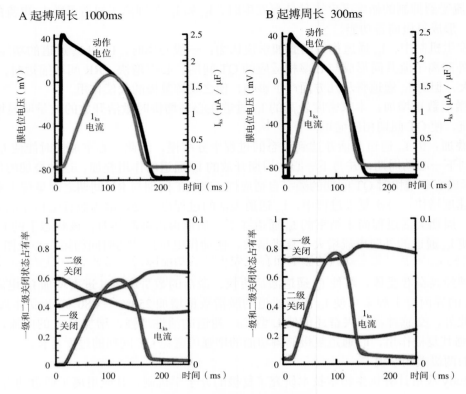

图 1-8-5　I_{ks} 通道的一级和二级关闭学说示意图

此外，当 I_{kr} 和 I_{ks} 通道均处于 100% 开放的正常状态时，QT 间期正常（图 1-8-6A），当 I_{kr} 通道受到抑制时，I_{ks} 通道的复极储备作用可使 QT 间期不明显延长（图 1-8-6B），当 I_{ks} 也受损时，QT 间期将显著延长（图 1-8-6C）。

三、复极储备的心电图表现

如上所述，复极储备功能在心电图上直观地表现为 QT 间期能否随心率的变化发生相应的动态变化。除此，在先天性离子通道疾病或在获得性致病因素的作用下，复极储备功能正常还是异常，也能通过心电图 QT 间期的动态改变而得到证实。

（一）心率增快时复极储备的表现

人体内引起心率变化的因素很多，但心率调整的最后途径仍然是自主神经。具体而言，交感神经是心脏的加速神经，迷走神经是减速神经，当交感神经完成对心率的调整时，其对心室不应期的调整也同时完成。

图 1-8-1 是一位正常女性坐位（A）、直立位（B）和轻微活动时（C）的心电图，三种不同状态的窦性心率从 70 次 / 分增加至 95 次 / 分，QT 间期也从 365ms 缩短至 325ms，提示受检者复极储备功能正常。

受检者窦性心律时如此，起搏心律时也存在相似的心电图表现。图 1-8-7 是一例 AAI 起搏器心电图，当起搏心率从

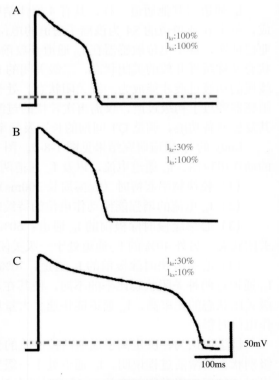

图 1-8-6　I_{ks} 通道的复极储备示意图

A. 正常对照；B. I_{ks} 通道复极储备功能正常时，I_{kr} 通道受到抑制时 QT 间期延长不明显；C. I_{ks} 复极储备明显受损时，QT 间期显著延长

50 次 / 分提高到 80 次 / 分时，QT 间期也从 440ms 缩短到 360ms，说明患者的复极储备功能正常。

（二）复极储备的快速启动与调整

当窦性心率或起搏心率变化时，QT 间期几乎同步出现相应的变化，这说明复极储备功能正常时，对 QT 间期的调整在单次心动周期中即可完成。

图 1-8-8 是一位有晕厥病史的女性患者的心电图，窦性心律的 QT 间期 420ms，而室早的代偿间期后，窦性心律的 QT 间期延长到 480ms，除 QT 间期延长外，T 波的幅度也有改变。该心电图 QT 间期延长的原因与前面室早的代偿间期有关，较长的心动周期可抑制 I_{kr} 通道的开放，使复极的 QT 间期延长，同时长的心动周期对 I_{ks} 通道的作用与心率增快时的作用正好相反，最终导致 QT 间期延长。

（三）LQTS 患者复极储备功能的心电图表现

各型 LQTS 中，以 LQT1 和 LQT2 型最多见，两者的基因突变分别影响了 I_{ks} 和 I_{kr} 通道的功能而引起 QT 间期的延长。

LQT1 患者的 I_{ks} 通道因突变基因的影响而存在先天性的功能障碍，这使患者的复极储备功能也存在一定的障碍，表现在交感神经兴奋性增加、心率增快时，QT 间期的频率自适应性缩短不明显，甚至 QT 间期

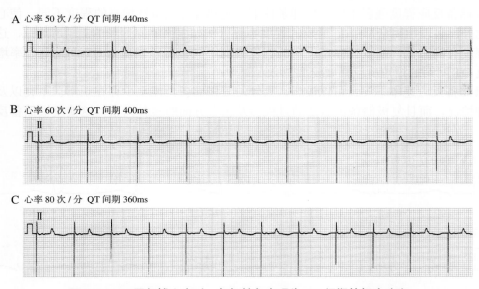

A 心率 50 次 / 分 QT 间期 440ms

B 心率 60 次 / 分 QT 间期 400ms

C 心率 80 次 / 分 QT 间期 360ms

图 1-8-7 不同起搏心率时，复极储备表现为 QT 间期的相应改变

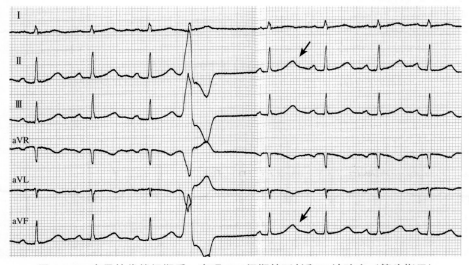

图 1-8-8 室早的代偿间期后，出现 QT 间期的延长和 T 波改变（箭头指示）

反而延长，并能增加患者恶性室性心律失常的发生。因此，复极储备严重受损的 LQT1 患者，心脏性猝死的危险性更大。

而 LQT2 患者的基因突变主要影响 I_{kr} 通道，I_{ks} 通道的功能并无明显障碍。因此，LQT2 患者的 QT 间期虽然延长，但复极储备功能相对要好，心率增快时 QT 间期能有一定程度的适应性缩短，证实复极储备功能的存在（图 1-8-9）。

图 1-8-9 是一位 LQT2 患者的心电图，A 图为坐位、B 图为站立位、C 图为轻度活动后的心电图。图中显示，随着心率增快 QT 间期能相应缩短，提示患者具有一定的复极储备功能。

应当指出，不论是先天性还是获得性 LQTS 患者，其复极储备功能都可能存在不同程度的障碍，障碍越明显最终的 QT 间期就越长。在心电图一次长间期后，这些患者的 QT 间期的延长将更显著，可能还伴 T 波形态的改变、T 波与 U 波的融合等。当 LQTS 患者心电图一次室早后出现 T 波形态明显改变时，可视为 Tdp 发生的预警性心电图表现（图 1-8-10）。

临床实践中，评价复极储备功能最简单的方法是在患者的动态心电图上测量心率变化时 QT 间期的动态改变及特点。评价复极储备功能时需注意以下几点：

（1）复极储备的多通道性：人体心脏有多种钾通道（I_{ks}、I_{k1} 等）具有复极储备功能，这意味着某一通道的复极储备功能受损时，其他通道的这一作用仍然存在。例如，LQT1 患者尽管 I_{ks} 通道功能受损，其他钾通道（I_{k1} 等）仍有复极储备功能，使 LQT1 患者的复极储备功能并未完全丧失。

（2）复极储备反应程度强弱不同：生理条件下，交感神经兴奋性增高的程度不同，使心率增快的程度有大有小。此外，病理性因素抑制 I_{kr} 通道的程度不等（例如服用不同剂量的 I_{kr} 阻滞剂），这些对复极储备功能激活的强度有高有低，使复极储备反应的程度强弱不同，可以表现为 QT 间期随心率增高最终缩短的程度不够，或 QT 间期的缩短反应幅度较低。

（3）复极储备反应速率不等：可以设想，人体的复极储备功能至少存在正常、不良以及完全或几乎完全丧失等三种情况，而且复极储备被激活的过程涉及多个方面的多种因素，这使复极储备反应不是一种简

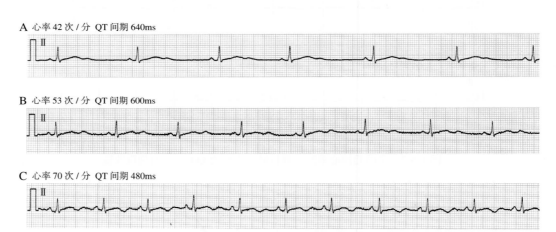

A 心率 42 次 / 分 QT 间期 640ms

B 心率 53 次 / 分 QT 间期 600ms

C 心率 70 次 / 分 QT 间期 480ms

图 1-8-9 LQT2 患者的复极储备
该患者正在服用 β 受体阻滞剂，故基础心率较慢，但初始的 QT 间期仍延长

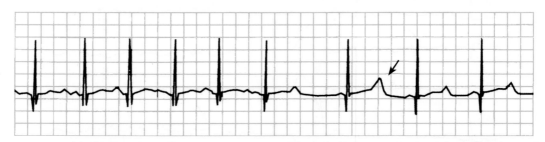

图 1-8-10 LQTS 患者心电图的一次长间期后，QT 间期从 560ms 延长到 640ms，并有 T 波形态与幅度的改变（箭头指示）

单的"全或无"形式，其反应速率也存在着快慢不等，心电图则表现出 QT 间期变化的多态性。①复极储备功能正常者反应速率快，QT 间期的调整可能在一个心动周期就能完成。例如窦性心率 60 次 / 分时，突然发生了 200 次 / 分的阵发性室上速，QT 间期能在紧邻的心动周期就完成调整而明显缩短。②复极储备功能不良者反应的速率可以减慢，可能有相对的滞后或称"温醒现象"，即 QT 间期在心率增快时，在多个心动周期中逐渐缩短，最后达到稳态。③复极储备功能丧失或几乎完全丧失者，随着心率增快或其他因素的出现，QT 间期几乎没有变化，甚至反而延长。

这些在应用心电图评估复极储备功能时都需要深入冷静地考虑。目前尚无复极储备评价的定量标准，因而只能做出粗略的评估。

四、复极储备的影响因素

影响复极储备功能的因素很多，包括先天性、获得性以及退行性因素。有些是生理性因素，有些则属病理性因素。当多种影响因素出现在同一患者时，各因素的影响作用将相加，使患者复极异常的程度加重，引发恶性室性心律失常的危险随之增大。

（一）性别

在心律失常领域，最具性别差异的两个心律失常是：男性更具心肌缺血性心律失常的发生危险和女性更具药物性心律失常的发生危险。对于后者，这一明显性别倾向的原因就是女性复极储备功能较低。

早在一个世纪前，人们就已发现心电图男女之间存在多种差别。QT 间期的性别差异早已熟知，在心率和年龄相仿的男女人群中，女性的 QT 间期长，正常值的上限标准为 440ms，而男性正常值的上限为 420ms，临床诊断 LQTS 的标准为男性 $QT_C \geqslant$ 470ms，女性 $QT_C \geqslant$ 480ms。

临床药物治疗时发现，女性比男性更易发生 Tdp，发生率约是男性的 2 ~ 3 倍。动物研究也证实，雌兔的 I_{kr} 通道比雄兔少。I_{kr} 通道在女性表达低，因而当服用同样剂量的 I_{kr} 阻滞剂时，女性 QT 间期延长的程度将比男性更显著。

为揭示女性 Tdp 发生率明显高于男性的机制，针对性别对心脏电生理特性的影响已有大量的研究。研究结果认为，成年男性的 QT 间期较短，其心脏电生理特点也与女性的明显不同，男性心脏电生理的特点与睾酮有关。睾酮有抑制 L 型钙通道电流、增强钾通道电流、增加复极储备等多种作用。而女性的黄体酮与睾酮有相似的作用，但这些作用被女性雌激素的相反作用抵消。此外，黄体酮的体内含量能随女性月经周期的变化而有一定的波动，因而使 Tdp 发生的敏感性也能有相应变化，临床不少女性患者晕厥的发生与月经周期似乎有关。

总之，睾酮介导的复极储备功能的增加使男性患者发生 Tdp 的风险降低，而女性黄体酮和雌激素之间作用的相互抵消，以及黄体酮水平随月经周期出现的变化等特点都使女性患者更易发生 Tdp（图 1-8-11）。流行病学的资料表明，新生儿和儿童期，以及 50 岁之后，男女 QT 间期的性别差异变小，而青春期、中年女性雌激素水平较高时，Tdp 的发生率比男性明显升高。

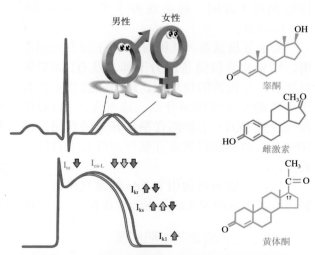

图 1-8-11　不同性别复极储备功能差异的示意图
I_{kr} 和 I_{ks} 电流均是男性强，女性弱

（二）年龄

年龄对复极储备功能也有明显的影响，证据之一是老年人的 QT 间期值相对长，其次是服用同等剂量的同种 I_{kr} 阻滞剂后，老年人 QT 间期的延长更明显，Tdp 发生的概率也增加。因此，老龄本身就是药物引发 Tdp 的一个危险因素。老年人复极储备功能下降的主要原因包括，增龄引起心脏结构和功能发生退行性改变的同时，心肌细胞膜的离子通道也有相应改变，I_{kr} 和 I_{ks} 通

道的数量下调。此外，老年人交感神经元的数量也在减少，靶器官对交感神经调节的反应性下降，这些都使老年人复极储备功能下降。

（三）低钾血症

电解质紊乱是引起和促发心律失常的常见原因，心脏正常时有此现象，病态心肌组织的这一现象更显著。在各种电解质紊乱的致心律失常作用中，低钾血症高居第一，因为低钾血症的发生率高，引起和促发心律失常的作用最强。

1. 低钾血症的发生率

低钾血症是临床常见的电解质紊乱，住院患者中，20% 以上的血钾水平低于 3.6mmol/L，服用噻嗪类利尿剂治疗时，10% ～ 40% 的患者存在低钾血症，而院外室颤复苏成功者中 50% 存在低钾血症。

仅少数的低钾血症患者存在乏力、食欲差等临床症状，容易被发现和诊断，而绝大多数的低钾患者不伴临床症状。此外，仅少数患者存在明显的引起低钾血症的病因和病史，如食欲不振使钾的摄入减少，或有恶心、呕吐使钾的丢失增加，而绝大多数患者没有这些临床诱因，有些患者反复发生低钾血症，但仍然很难找到明显的诱因。有些患者还可能有十分隐蔽的家族发病倾向。总之，很多低钾血症患者因缺乏临床症状而未及时检测血钾，进而漏诊。

2. 低钾血症的心脏电生理不良作用

（1）直接的不良作用：①静息膜电位的负值变小：低钾血症可使静息膜电位的负值变小，形成心肌细胞的极化不全，处于准极化状态的跨膜电位与除极阈电位的差值将减小，使其更易达到阈值而表现为自律性增强。此外，不全极化和准极化状态的心肌细胞与极化完全的心肌细胞之间存在电位差，这一电位差进而能形成 "损伤电流" 性的 ST 段压低。② I_{kr} 电流减弱及复极延长：钾通道电流的高低也受心肌细胞膜内外钾离子浓度差的影响。低钾血症可降低 I_{kr} 电流，而 I_{kr} 电流又是复极 3 位相的主要离子流，故低钾血症时复极将出现延迟，动作电位的时程也将延长。

（2）间接的不良作用：①引起细胞内钙超载：低钾血症能抑制 Na^+-K^+ 交换，使心肌细胞内 Na^+ 的浓度升高，并间接激活 Na^+-Ca^{2+} 交换体使 Ca^{2+} 内流的增加，Ca^{2+} 内流的增多能使心肌细胞内发生 Ca^{2+} 超载，增加延迟后除极的发生。②使 I_{kr} 阻滞剂的作用增强：低钾血症可使 I_{kr} 阻滞剂的作用增强，进而增加心室复极离散度，增加室颤的发生。血钾水平与严重室性心律失常的发生呈负相关。

3. 明显的致心律失常作用

低钾对心脏电生理的作用包括：减慢传导、增加自律性、引起早后除极等。对心电图的影响表现为 ST 段压低和 T 波振幅降低，当 U 波振幅超过 T 波时，提示血钾水平 <3.0mmol/L（图 1-8-12）。

对于复极储备，低钾对 I_{ks} 离子流有抑制作用，结果使复极储备能力下降，及 QT 间期明显延长，复极离散度增大，进而使恶性室性心律失常的发生率明显升高。这对先天性 LQTS 和继发性 LQTS 患者都有举足轻重的作用，而 50% 左右的室颤患者存在低钾血症也支持这一看法。

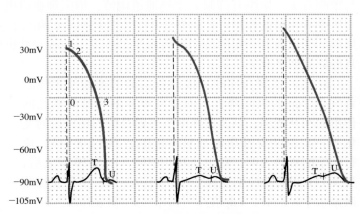

图 1-8-12　低钾血症的心电图改变

低钾血症的心电图主要表现为：QT 间期延长，T 波振幅降低或 T 波与 U 波融合，以及 ST 段下移

低钾已成为药物引发 Tdp 的常见诱因，其显著增加 Tdp 的发生，是先天性或获得性 LQTS 患者发生 Tdp 的危险因素和促发因素。

（四）心力衰竭与心肌肥厚

心力衰竭（心衰）患者心电活动的不稳定是其显著的特征，这造成心衰患者 50% 的死亡形式为猝死，推测都是恶性室性心律失常引起的。衰竭心肌心电不稳定性增加的机制尚不清楚，但缺血心肌的纤维化、坏死心肌的瘢痕都能成为折返性室性心律失常的发生基质，而心肌细胞的钙摄取异常，心肌细胞的电生理特性的改变都有很强的致心律失常作用。

近年的资料表明，衰竭心肌存在着复极重构（remodelling of cardiac repolarization），而复极重构源于心肌细胞离子通道和离子流的重构。肥厚型心肌病和严重心衰患者都存在心肌细胞动作电位持续时间的延长（图 1-8-13），而对离体衰竭心肌的研究表明，动作电位持续时间的延长能代偿性增加 Ca^{2+} 的摄入和心肌收缩力的增强（图 1-8-13），Ca^{2+} 摄入的增加有提高心肌收缩力的代偿意义，但同时也有致心律失常的作用。

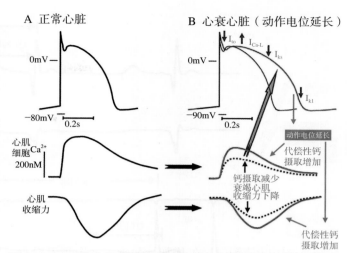

图 1-8-13　心衰心肌细胞动作电位延长、离子通道重构以及心肌收缩力下降

衰竭心肌细胞的离子通道重构有以下两个特点：①晚钠电流增加：晚钠电流的增强是快 Na^+ 通道失活变慢的结果，而增强的晚钠电流容易引起早后除极、迟后除极及 T 波电交替，这些心电异常都能引起触发活动及快速性室性心律失常，包括 Tdp。② I_{ks} 通道下调：对于电压依赖性 K^+ 通道，心衰心肌细胞的离子流重构主要是 I_{to} 和 I_k 电流的减少和下调，尤其是缓慢激活的 I_{ks} 通道。心衰患者 I_{ks} 通道的数量下调多见于右室心肌细胞及其他部位，同时 I_{kr} 电流几乎没有改变。

总之，心衰患者存在严重的复极储备异常。

（五）先天性离子通道病

先天性离子通道病的 LQTS 是指有遗传缺陷的突变基因引起离子通道的功能出现障碍，使患者的复极功能严重受损，进而引起持续性或获得性 QT 间期的延长。临床存在两种形式：①显性 LQTS：患者有基因突变的证据，又伴有 QT 间期的延长和相关的心律失常；②隐匿性或顿挫型 LQTS，即患者确实是突变基因的携带者，但无 LQTS 的其他临床表现，只是对 K^+ 和 Na^+ 通道阻滞剂的作用十分敏感，用药后可引起 QT 间期的显著延长或跨室壁复极离散度明显增加。据统计，药物获得性 LQTS 伴有 Tdp 发作的患者进行遗传学检查时，15% ~ 20% 的患者致病基因的检测结果为阳性。

显性 LQTS 患者的复极储备功能存在先天性减弱或丧失，但部分患者仍然可能存在。顿挫型 LQTS 患者的复极储备也存在这两种不同的情况。复极储备功能是否存在、是否正常，在患者动态心电图记录中尽显无疑，医生常通过动态心电图分析而做出判断。

（六）交感神经的兴奋性

无论内源性或外源性交感胺在体内增多时，都能增加交感神经的兴奋性，交感神经的兴奋性增强时可激活更多的 I_{ks} 通道开放，即激活和启动复极储备功能，使 I_{ks} 离子流增强，QT 间期缩短。需要注意，I_{ks} 通道主要分布在心外膜，交感神经对 I_{ks} 通道的影响实际是缩短了心外膜心肌的复极时间，与此同时，交感神经兴奋性的升高对 I_{kr} 通道的影响小，使中层 M 细胞的复极时间变化不大，结果，对心外膜和中层 M 细胞复极时间的不同影响将使跨室壁复极离散度增大，更易引发 Tdp。

临床用药时，β 受体激动剂能明显增强 I_{ks} 电流的幅度，而普罗帕酮（心律平）、奎尼丁、胺碘酮都是 I_{ks} 的阻滞剂。

（七）短长短现象

早在 Mine 时代就发现室性早搏能引起心室肌复极离散度增大，而短长短现象对心室复极的影响如同拳手打出一套组合拳，使各自多种不良的电生理作用累积在一起，形成"致命性打击"。

具体而言，短长短现象中的第一个室早，可增加心肌不应期的离散度，同时引出随后的代偿期。而室早长代偿期，可使其后的 QT 间期进一步延长，复极离散度增大，以及动作电位中正常存在的震荡电位的幅度升高而容易形成早后除极。而短长短现象中的第二个室早，不论是自发还是早后除极触发面形成，当

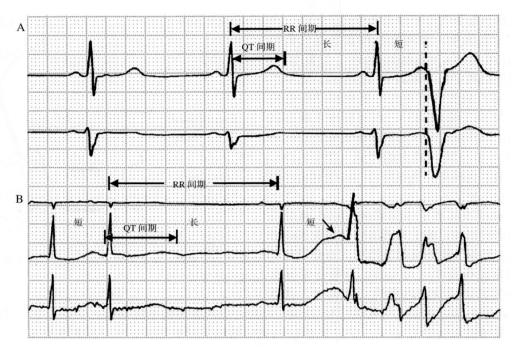

图 1-8-14 短长短现象诱发 Tdp

A. 较长的 RR 间期与随后的室早虽然组成了长短周期现象，但未能诱发室速或 Tdp；B. 短长短现象出现时，该"组合拳"的多种不良作用累积在一起而诱发了 Tdp

第二个室早落入心室的易颤期，或落在了前次心搏的复极离散区时，则可形成折返（图 1-8-14B）。

显然，当室早连续出现时，前后两个室早就能组合成短长短现象。但并非所有的短长短现象都能引发 Tdp，只有当患者心脏的复极储备功能严重受损，或 QT 间期已有延长时，才有机会引发 Tdp。

（八）多种钾通道阻滞剂的联合影响

当一种药物有多种钾离子通道的阻滞作用或多个钾通道阻滞剂联合应用时，其对患者的复极储备将有更大的影响，使 QT 间期出现显著的延长（图 1-8-15，图 1-8-16）。

胺碘酮是最经典的例子，在 Ⅲ 类抗心律失常药物中，伊布利特、多非利特属于 I_{kr} 通道阻滞剂，而胺碘酮是钾通道的非特异性阻滞剂，其对 I_{kr} 和 I_{ks} 通道兼有阻滞作用，阻断 I_{ks} 通道的作用将直接影响复极储备，同时又阻断 I_{kr} 通道，而使 QT 间期更显著延长（图 1-8-16）。

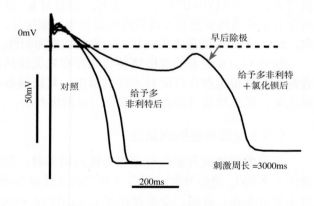

图 1-8-15 阻断不同钾通道的多种药物能显著延长 QT 间期
多非利特：I_{kr} 阻滞剂；氯化钡：I_{k1} 阻滞剂

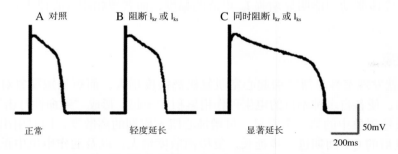

图 1-8-16 阻断多种钾通道后 QT 间期延长更加显著

临床应用胺碘酮时，Tdp 的发生率很低（<0.5%），主要原因：①其同时兼有阻滞 Ca^{2+} 和 Na^+ 通道的作用，能减少早后除极的发生；②其使 QT 间期出现明显的延长，但跨室壁复极离散度却不明显增加，因而不增加室内折返的发生；③其对晚钠电流有明显抑制作用，可降低晚钠电流增强时的致心律失常作用。

五、临床应用与评价

尽管提出复极储备这一新概念的时间不长，但已产生了巨大的影响，从基础研究到临床实践、从心律失常的诊断到治疗、从一般心律失常的发生到心脏性猝死的预警。复极储备的新理念如同推开了一个新窗口，不仅开阔了新视野，还提供了新的思考空间，其涉及与影响的面宽域广，而且这些具有穿透力的影响还在迅速发展。

（一）心电学理论上的突破

心电学临床应用已逾百年，但很多心电现象仍然是雾水，是谜团，临床医生对很多心电学问题常常只知其然，不知其所以然，QT 间期的频率自适应性就是一个典型的例子。Mines 在 1913 年发表的文章中就揭示这一心电现象，但引发该现象的机制就像一个哑谜，持续存在了近百年而无人问津。

Roden 提出的复极储备新理论破解了这一谜团，其从亚细胞的离子通道水平解释了这一现象。其证实，心肌细胞具有一定的复极储备功能，借此而应对不断发生的各种生理与病理情况，而 I_{ks}、I_{k1} 等多种钾离子通道都有这种复极储备的功能。应当说这是一次心电理论上的新突破，其揭示了 QT 间期的生理特性，还证实复极储备的代偿机制遭到破坏或完全丧失时，容易发生各种复极异常。这一理论上的突破，不仅为一个心电现象揭开了谜底，其对心电学的整体理论都将产生影响，其雄辩地再次证实：心电学的各种现象一定都有相关的离子通道水平的发生机制。

（二）提高心律失常药物治疗的水平

抗心律失常药物的致心律失常作用的发生率高达 10%，同时还有一定的致死性。此外，从 CAST 试验开始，多项循证医学研究的结果表明，抗心律失常药物在治疗有效的基础上，却增加了服药者的死亡率，这与药物的致心律失常作用密切相关。这些原因都使抗心律失常药物的应用一直是一个临床难点。

为什么有些药物能引起部分患者发生 Tdp，而服用同一药物的其他患者则不然，这一疑问也一直困扰着临床医生。而复极储备的理论指出，复极储备功能有着年龄、性别上的差异，而病态的心肌、低钾血症等临床情况削弱这一功能，使药物性 Tdp 的发生存在多态性。复极储备的理论还表明，不同抗心律失常药物对各种钾通道有着不同的作用，这些作用受到多种因素的影响，因此，服用有多种钾通道阻滞作用的药物或多种阻滞剂联合应用时，将严重破坏复极储备，使 QT 间期明显延长，增加药物的致心律失常作用。

因此，复极储备概念的提出，将大大提高临床医生对药物致心律失常作用的认识水平，同时也提高了抗心律失常药物的临床应用水平。

（三）合理解读更多的心律失常现象

了解和应用复极储备新概念，能为我们合理解读以前难以理解的心律失常现象提供理论依据。

例如，临床早已发现女性患者容易发生药物性 Tdp 现象，目前可用复极储备的新理论予以解释，其根本原因，就是女性复极储备的功能比男性明显减弱，因为女性的雌激素有明显减弱复极储备的作用。

心衰患者猝死高发的现象早已受到重视，但猝死高发的原因一直令人费解，应用复极储备受损的新理念审视时则该问题迎刃而解。因心衰患者 I_{ks} 通道的水平下调，复极储备功能减弱，使恶性室性心律失常和心脏性猝死的发生率剧增。

（四）复极储备障碍将成为猝死预警的新指标

复极异常与恶性心律失常、心脏性猝死有着密切关系，而很多复极异常是在复极储备功能障碍的基础上发生的，因此，复极储备功能障碍一定会成为猝死预警的新指标。而且复极储备功能可经多种无创心电技术进行评价，例如动态心电图检查、各种运动试验、不同频率的心房调搏等，这些方法都能在受检者心率变化时，测定 QT 间期是否存在相应的变化而评估复极储备功能，据此还能对患者进行猝死的危险分层。显然，复极储备功能良好者，猝死的危险分层低，相反时则危险分层高。

（五）先天性离子通道病诊断中的应用

先天性离子通道病的危害性有逐渐增高的趋势，因此，早期检出、早期诊断有着重要的临床意义，其对降低校园性猝死也有重要意义。近期，根据复极储备的新理论推出不少新的检测与诊断技术。

1. 快速站立试验（筛选隐匿型 LQTS 的新方法）

临床中不少 LQTS 患者表现为亚临床的隐匿型 LQTS。约 4% ～ 6% 先天性 LQTS 患者的心电图 QT 间期一直低于 440ms 而被称为隐匿型 LQTS。另一方面，在获得性 LQTS 伴 Tdp 的患者中，15% ～ 20% 的遗传学检查结果为阳性，称为顿挫型 LQTS。这些人复极储备功能均有不同程度的受损，并对 I_{kr} 阻滞剂十分敏感，一旦这些患者不慎应用了 I_{kr} 阻滞剂治疗，则容易发生 Tdp。因此，及时筛选出这些患者十分重要。

（1）检测方法：先记录患者卧位时的心电图，然后让患者迅速站立，记录心电图并测量站立后心率最快时的 QT 间期。

（2）结果与判定：站立后心率增快时，QT 间期缩短为正常，不变或轻度延长为异常。一组 82 例正常受试者站立后 QT 间期平均缩短 21ms，而 68 例 LQTS 患者站立后 QT 间期平均延长 4ms（图 1-8-17，图 1-8-18）。

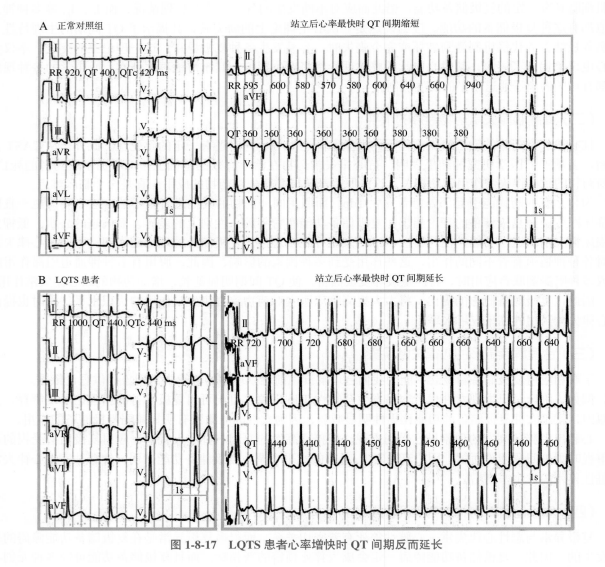

图 1-8-17 LQTS 患者心率增快时 QT 间期反而延长

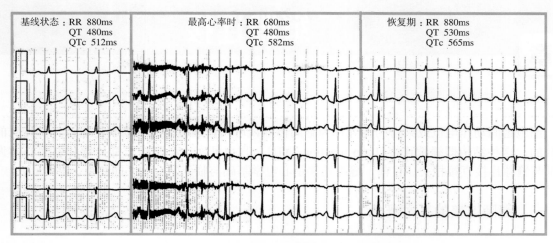

| 基线状态：RR 880ms
QT 480ms
QTc 512ms | 最高心率时：RR 680ms
QT 480ms
QTc 582ms | 恢复期：RR 880ms
QT 530ms
QTc 565ms |

图 1-8-18　LQTS 患者心率增快时 QT 间期不变

图 1-8-18 是 1 例 23 岁、女性 LQTS 患者的心电图。卧位时心率 68 次 / 分，QT 间期 480ms，站立后心率增加到 82 次 / 分，但 QT 间期值不缩短而仍为 480ms。

2. LQTS 诊断与基因分型的无创心电学新方法

应用无创心电技术进行 LQTS 的诊断与基因分型已取得瞩目成就，Zhang 应用心电图 T 波的不同形态进行 LQTS 患者的基因分型，其敏感性已达 61%（LQT1）和 62%（LQT2）。而 Chattha 在复极储备新理论的基础上，最近提出了一种新方法：即通过评价受检者在运动试验后心率恢复期的 QTc 值变化特点进行突变基因的分型诊断。

（1）检测方法：受检者均进行踏车运动试验，运动试验达到症状限制性最高心率时停止，再测定和比较心率恢复期的 QT 和 QTc 值与运动停止时 QT 和 QTc 值的变化及变化的规律。

（2）检测结果：① QT 值：运动后心率恢复期与运动停止时 QT 值的比较，三组（对照组、LQT1 和 LQT2）的 QT 值均随心率的减慢而延长；② QTc 值：运动后心率恢复期的 QTc 值与运动停止时的 QTc 值比较，对照组心率恢复期 QTc 值大致保持不变；LQT1 患者的 QTc 值从长逐渐缩短；LQT2 患者的 QTc 值从短逐渐延长。根据心率恢复期 QTc 值的不同反应，可有效进行 LQT1 和 LQT2 的鉴别与诊断。

（3）检测原理：LQT1 患者的复极储备功能明显受损，LQT2 患者复极储备功能几乎正常，因此运动停止、心率减慢时 QTc 间期有着全然不同的反应。

（4）评价：以遗传基因学的检查结果为金标准进行评价时，这一新方法的诊断敏感性为 82%（LQT1）和 92%（LQT2）。

六、评价与展望

显然，复极储备是具有挑战的新理论和新概念，仅在 10 年内就已显示出巨大的学术价值和广泛应用的潜能。目前展现出的仅是冰山一角，还有更多的问题需要深入思考和研究。例如，是否存在复极储备不良的定量标准，复极储备的最优评价方法，复极储备与复极离散度的关系等，这些都是未来进一步深入研究后需要回答的问题。

序幕刚刚拉开，更精彩、更令人兴奋的内容还将继续。

缝隙连接

　　细胞之间动作电位或兴奋的传导称为胞间传导，可兴奋细胞间的电耦联是通过一种特殊的胞间结构而实现的，这种结构即缝隙连接（gap junction，GJ）。现已证实，心脏的正常传导和引起心律失常的异常传导都与缝隙连接直接相关。目前，缝隙连接是心电学基础与临床研究的共同热点。

一、缝隙连接的基本概念

　　心肌细胞间的连接主要由闰盘（intercalated disk）构成。闰盘由桥粒（desmosome）、黏附膜（fascia adherents）和缝隙连接 3 部分组成。

　　桥粒是紧密贴附在一起的细胞膜，能将各个心肌细胞紧密连接在一起，其功能目前尚不明了，但其电阻很高，离子很难从这里移动和通过。

　　黏附膜占闰盘结构的大部分，是细肌丝的附着部位，又是相邻细胞间机械力的黏合点，承受很高的应力，其电阻也很高。黏附膜和桥粒能把一个细胞的机械能量转移到另一个细胞，起到细胞间机械耦联的作用。

　　缝隙连接（gap junction）是一种特殊的细胞结构，其在两个相邻细胞间的缝隙（2～4mm）中形成一个桥梁，构成一个通道。细胞胞质中的离子和小分子物质可经过这一通道相互沟通，进行细胞间通讯（intercellular communication）。缝隙连接是细胞间无机盐离子、水溶性小分子、代谢物直接而快速交流的高速公路和绿色通道，并提供胞间电和化学的交流。在可兴奋细胞中，以传递电和化学信号为主，在不可兴奋细胞中，以传递化学信号为主，这些对组织和器官的功能调节十分重要（图 1-9-1）。

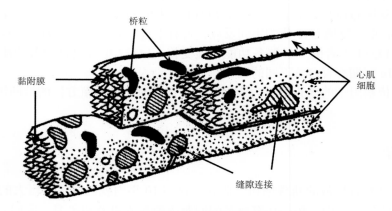

图 1-9-1　心肌细胞间 3 种连接方式的示意图
黏附膜和桥粒形成细胞间的机械耦联，缝隙连接形成电和生化的耦联

二、缝隙连接的结构

　　缝隙连接由两个镜像对称的部分组成，对称的部分为连接子（connexon），又称半通道（hemichannel），分别位于两个相邻细胞的细胞膜上。两个连接子在细胞外区域相互作用，对接在一起形成极窄的缝隙连接。而每个连接子又由 6 个亚单位——连接蛋白（connexins，简称 Cx 或 Cxs）分子组成六聚体（图 1-9-2）。六个相同的连接蛋白亚单位围成外形呈六角形的亲水性管道的一半（图 1-9-3）。两个半截通道连接在一起成为一个完整的细胞间亲水性中央通道（孔道）。其内径约 1.5～2.0nm。细胞间的离子、氨基酸等物

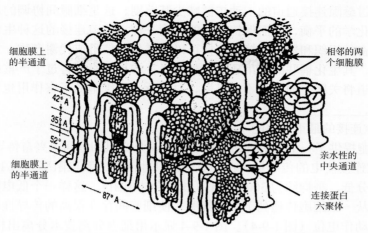

图 1-9-2 基于 X 线衍射研究提出的缝隙连接结构的模型

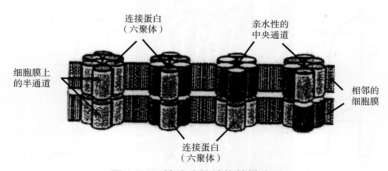

图 1-9-3 缝隙连接结构的模式图

质都通过该通道进行扩散。

缝隙连接的中央通道通常是开放的，当六角形的 6 个连接蛋白处于一定倾斜的角度时，该通道开放，细胞间保持低电阻的电耦联。而在心肌细胞损伤、酸中毒（pH 值下降、H^+ 浓度过高）、细胞内钙离子浓度异常升高等因素的影响下，缝隙连接的通道将闭合，胞间电阻升高，胞间传导和电耦联发生故障，严重影响激动在心脏的传导速度和方向。

如上所述，分别位于两个相邻细胞膜的连接子构成缝隙连接，而每个连接子又由 6 个连接蛋白分子组成。不同连接蛋白（Cxs）的分子量不同，通过 cDNA 编码预测的连接蛋白的多肽分子量为 43000 时，则称其为 Cx43，多肽分子量为 40000 时，则称其为 Cx40。哺乳动物 Cxs 家族中已鉴定的成员有 21 个，而心肌组织中有 3 种 Cx 被认定，分别是 Cx40、Cx43 和 Cx45，其传导速度分别为 200ps、75ps 和 20ps。这三种连接蛋白在心脏的不同部位分布不同。

三、缝隙连接的功能

1. "生化耦联" 是缝隙连接的基本功能

缝隙连接中的亲水性中央孔道，使相邻细胞之间的胞质可以直接相通，提供了相邻细胞之间的生化耦联的通道。

小分子和离子可以通过这一传输通道进行主动扩散，缝隙连接的通道能够通透直径最大为 1.5nm 的分子。通透的选择性由通过的分子和离子的电荷调节。当某单个细胞中一种可以通透的物质如无机盐离子和代谢物的浓度与邻近细胞出现明显差别时，该通道能起到缓冲作用，即在该物质的数量或浓度存在梯度差的相邻细胞间，迅速通过缝隙连接通道的主动扩散减少其差别。这是细胞间协调的最简单方式，使相互连接的多细胞簇趋向生物化学的平衡，进而保持宏观的体内平衡。缝隙连接的这种生化耦联作用是其基本功能之一，尤其对不可兴奋的组织和器官，缝隙连接可以传递化学信号或代谢产物，对该组织的整体功能的协调起重要作用。此外，其生化耦联的作用还有另外意义，如果细胞损害过于严重或某种毒性物质浓度太高时，则缝隙连接的通道将关闭，使毒物不能扩散，对邻近正常细胞的毒害作用也将减轻或中止，这是机体的自我保护机制之一。

2."电耦联"是缝隙连接的最重要功能

缝隙连接给相邻细胞提供了一个低阻抗的电耦联通道，是心肌细胞间电兴奋传导的关键部位。

（1）低阻抗的缝隙连接使电的传导加快：心肌细胞其他部位的膜电阻率约为 $10000\,\Omega/cm^2$（膜电阻），而缝隙连接处的电阻十分低，平均约为 $300\,\Omega/cm^2$（线状导体电阻）。这样一个低电阻的通道可使心肌细胞的动作电位能够快速地从一个细胞传递到下一个细胞，使细胞间存在很高的传导性，刺激任何一个细胞都将迅速产生邻近细胞的动作电位（图 1-9-4）。图 1-9-4 显示用细胞分离技术分离出相邻的 A、B 两个细胞，应用膜片钳微电极记录 2 个细胞间的缝隙传导性（gap junctional conductance），当分别刺激 A、B 两个细胞时，另一个细胞通过缝隙连接的传导而迅速产生动作电位。

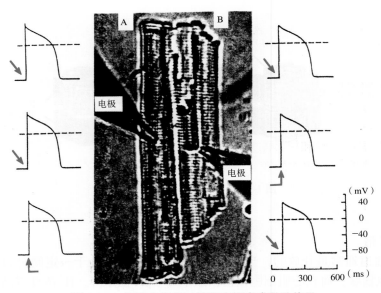

图 1-9-4 细胞之间通过缝隙连接完成激动传导

（2）缝隙电传导的特点：①缝隙传导呈直线关系，作用类似于一个简单的电阻；②传导呈双向性，即传导在两个细胞之间正反方向的传导相同；③与细胞膜上的其他通路不同，电流传导与时间无关，无时间依赖性。

（3）缝隙电传导的基本模式：当心肌细胞某点受到刺激产生动作电位后，其与邻近细胞建立电流动的回路，其包括 4 个必需的成分：①跨膜内向电流 I_{Na}：此时 A 细胞的膜外电位与邻近仍处于极化状态的 B 细胞的膜外电位相比，为负值。A 细胞处称为电穴，又称主动区，相邻的 B 细胞外膜电位为正值，称为电源，电紧张扩布将波及的部位，又称被动区。②轴向电流 I_a：A 细胞内正电荷主要因较高的 K^+ 和 Na^+ 浓度形成，沿电位梯度在胞质中跨缝隙连接通道而移动。③外向电流 I_i 和膜电容电流 I_c：将影响极化区（B 细胞）的细胞膜内外电位。④膜外电流 I_e：B 细胞外液的正电荷流向 A 细胞膜外的负区。

上述 4 种电流成分繁多，但通过图 1-9-5 可对上述情况清晰描述。图 1-9-5 中 A 细胞先除极，Na^+ 的快速内流形成跨膜内向电流（I_{Na}），使 A 细胞处的跨膜电位呈现外负内正。A 细胞内的 Na^+ 形成轴向电流（I_a），在 A 细胞的胞质中流向 B 细胞的胞质，其后在 B 细胞分别形成外向电流 I_i 和膜电容电流（I_c）离开胞质到达细胞外，同时 B 细胞的膜外正电荷向主动区移动。在该闭合的电回路中，可使 B 细胞区电位差降低到阈电位水平，而发生新的动作电位，完成激动的细胞间传导。

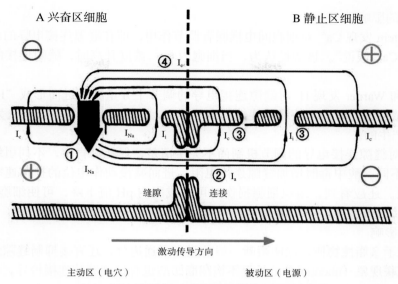

图 1-9-5　激动与兴奋在细胞间传播的示意图

（4）缝隙连接的各种类型：细胞间的缝隙连接在不同方向连接方式不同，常有三种类型：①折扇式（plicate）缝隙连接：位于细胞长轴端，形成细胞间的端端连接。顾名思义，这种缝隙连接较宽，像一把打开的扇子，其电阻较低，有效电导为 0.4μs。②间插式（interplicate）缝隙连接：位于细胞膜的侧向，形成细胞间侧侧连接，这种缝隙连接较窄，平均有效电导 0.33μs。③联合式（combined plicate）缝隙连接：位于闰盘区，电阻较高，有效电导低，平均有效电导 0.062μs。缝隙连接的多种类型形成了心肌各向异性的解剖学基础，显然解剖学的各向异性，必然形成激动传导的各向异性。

（5）激动沿缝隙传导的二维和三维的复杂性：上述细胞间电传导都是在一维空间沿心肌细胞长轴方向的传播，相当于同轴电缆在匀质中的扩布。但实际上心肌纤维互相连接形成二维平面和三维空间，而且心房肌和心室肌又由多层旋转的心肌构成，使三维空间呈多变性，十分复杂。激动和兴奋在这样的三维空间传导，远比在同轴电缆中的传导复杂，并形成心肌中的各向异性传导。主要表现为沿心肌细胞长轴的纵向传导比横向传导快，前者的传导速度约是后者的 2.5 倍。

综上，细胞间的缝隙连接形成了邻近两个细胞间电耦联的绿色通道，但就整个立体的心房肌或心室肌，激动和兴奋的传导多变而复杂。

3. 缝隙连接的其他功能

除构成细胞间的生化和电耦联作用外，缝隙连接还参与细胞的分化、生长和发育，机体局部的保护机制，以及间接参加和形成兴奋与收缩耦联，协调心肌的机械收缩和舒张功能。

四、缝隙连接功能的调节

缝隙连接的通道存在多种功能状态，例如开放与关闭状态，开放时间缩短或延长，开放损伤，通道电导发生改变等。大量的研究表明，很多因素及递质都对缝隙连接的中央通道功能有调节和影响作用，例如神经递质（异丙肾上腺素）、钙调蛋白、生长因子、前列腺素 E 等激素、ATP、蛋白质磷酸化等。此外，第二信使分子或离子包括 Ca^{2+}、环腺苷酸（cAMP）、环鸟苷酸（cGMP）等也能改变或影响缝隙连接通道的功能状态。

缝隙连接功能的主要调节因素如下：

1. 神经介质的调节

交感神经介质（如异丙肾上腺素）能够增加缝隙连接通道的开放速率，增加其传导，而迷走神经介质（如乙酰胆碱）能够降低缝隙连接的传导性。这一调节机制还涉及通道的蛋白结合体磷酸化后通道的开放，β 受体兴奋剂提高细胞 cAMP 而使通道蛋白磷酸化并被激活；相反，乙酰胆碱提高细胞内 cGMP 而使蛋白结合体去磷酸化而关闭。

2. 细胞内液因素的影响

1966 年 Loewenstein 发现 Ca^{2+} 对细胞间电耦联有调节作用，即在缝隙连接电导的调节中，Ca^{2+} 起着关键性作用，形成了"Ca^{2+} 假说"。该假说认为，当细胞内 Ca^{2+} 浓度升高时，缝隙连接的电导随之降低，甚至导致脱耦联。

1977 年，Turin 和 Warner 发现 H^+ 对缝隙连接电导的调节十分重要，进而形成"H^+ 假说"。"H^+ 假说"强调，当细胞内 H^+ 浓度升高时，可使缝隙连接的电导降低，也能导致脱耦联，并认为 Ca^{2+} 对电导的影响是通过 H^+ 的作用而产生的。

目前 Ca^{2+} 和 H^+ 对缝隙连接电导的调节机制尚不完全清楚，但能够肯定，不同组织的各种缝隙连接对 Ca^{2+} 和 H^+ 的敏感性不同。酸中毒时增加缝隙连接电阻，进而减慢动作电位的扩布速率而引起传导延迟或阻滞，碱中毒时相反。还应看到，组织细胞损伤时可造成胞内 pH 值下降，可使细胞间的耦联作用降低，进而限制了损伤在组织中的扩散，从而起到保护作用。

3. 亲脂性物质的影响

脂溶性麻醉药属于亲脂性物质，除能阻断一般的膜离子通道外，还直接抑制缝隙连接通道，阻断其传导，使细胞产生失耦联现象（uncouple）。长链不饱和脂肪酸也有抑制缝隙连接传导，导致细胞间失耦联的作用。而庚醇、烷醇、辛醇等是最早发现的可阻断缝隙电导作用的物质。

4. 其他

近年来，发现了越来越多的影响缝隙连接功能状态的因素。强心苷抑制 Na^+/K^+-ATP 酶，增加 Na^+-Ca^{2+} 交换，使细胞内 Ca^{2+} 增加，降低缝隙连接的电导。血管紧张素也能降低其电导。抗心律失常肽可与细胞膜上的蛋白结合，激活蛋白激酶 $C\alpha$（$PKC\alpha$），导致连接蛋白的磷酸化，增强缝隙连接的功能。

五、缝隙连接在体内的分布

缝隙连接在体内各种组织中都有分布，从间质到上皮，从胚胎到成体，从体内组织到培养的细胞等。无论缝隙连接分布在哪种器官和组织，都将遵循一个规律，即器官和组织中的任何一个细胞都是通过缝隙连接与相邻的数个细胞发生耦联，使组织、整个器官，甚至系统形成内部的连接及功能的密切联系，达到整体功能的完整和协调。自从 1967 年 Revel 应用胶质钳技术在心脏及肝组织上将六角形的晶格点阵具体化，并确定了缝隙连接后，人们陆续在很多组织上发现了缝隙连接的存在，不具有缝隙连接的组织属于极少数，例如循环系统的血细胞之间、成熟的多核骨骼肌细胞之间不存在细胞间的缝隙连接。

不同器官、不同组织连接蛋白（Cx）的种类不同，例如心脏中仅发现了 Cx40、Cx43、Cx45 三种类型的缝隙连接。此外，同一组织或器官的不同部位，各种缝隙连接的数量、密度也不均匀。例如 Cx43 在心肌中高水平地表达，含量最高，广泛分布于心房肌和心室肌细胞。Cx40 构成的通道电导最大，主要分布在心脏特殊传导系统，而 Cx45 的表达量相对较少。

还应提到的是缝隙连接斑，所谓缝隙连接斑就是致密区。即细胞表面的特定区域存在成簇分布的缝隙连接，大约由 40 个左右的缝隙连接通道组合在一起，因电镜下这一结构呈一个小圆斑而得名。在不同细胞、不同组织，这种致密区中通道密度也高低不等，有时呈离散分布，有时呈紧密分布，在一定条件下还可能相互转换。应当说缝隙连接斑由于通道组合在一起，为细胞间功能的调节所需要的电流和化学梯度的产生提供了优势耦联区。但为何其仅在细胞表面特定区域出现的机制尚不清楚。

六、缝隙连接与各向异性传导

各向异性传导是对心脏正常传导的一种新认识，是对心脏传导的经典理论的一种革命性修订，而各向异性理论进展的基础就是对缝隙连接认识的不断深化。

心脏传导的经典理论可概括为各向同性，即认为心肌组织的结构在各个方向均匀一致，可看成一个合胞体，因而心肌中的电活动酷似在均匀一致的介质中传导，在心肌内不同方向的电兴奋传导的性质、强度、速度都一致。Lewis 最早对窦性心律的描述具有代表性。他指出：窦房结如同一块石子，两个心房如同平静的湖面。窦性激动发出后，激动以同心圆的形式在心房中传播。心脏解剖和电活动各向同性的理论认为，折返的发生是心肌细胞膜的性质发生重要改变的结果。

随着对缝隙连接认识的不断深入，心脏传导的经典理论发生了根本性改变，大量资料表明心脏并非是均质体，更不是一个合胞体。

作为激动传导关键环节的缝隙连接在单个心肌细胞的纵向及横向的数量不同、种类不同、密度不同、电导性不同，而在不同的心脏部位也存在着分布不同，种类差异，形成了解剖学的各向异性，进而决定了电激动传导的各向异性。各向异性理论认为生理性条件下就可能发生各种心电现象，包括折返。折返、蝉联等心电现象不再被认为是一种心肌细胞病理改变的结果。根据缝隙连接的分布及心肌结构的其他特征，各向异性可分成均一的各向异性和非均一的各向异性。

所谓均一的各向异性（uniform anisotropy）是指相对均衡的各向异性，常发生在心肌各向异性结构不十分明显的部位，最典型的例证是室间隔的传导特性属于均一的各向异性。该处心肌的特殊传导纤维排列整齐，连接紧密（纵向连接比横向连接更紧密），在这些部位激动和兴奋的波锋在各个方向（纵向和横向）的传播相对规律和平整。只是存在纵向和横向传导速度的不同。

而非均一各向异性（nonuniform anisotropy）是指更为复杂、更为不均衡的各向异性。这种形式的心脏传导常发生在各向异性结构更为明显的部位，右心房下部的心肌结构为典型的例证。该部位由于解剖结构的复杂性，使激动传导在纵向与横向传导速度的差别更大，两者在最明显部位之差异可达 10 倍以上。另外，激动传导速度也存在突然的变化，传导方向也能发生突然的转折，相邻肌束激动的传导形式也能从直线传导变为"之"字形传导等。显然，呈现非均一各向异性的心脏部位更易发生传导的紊乱，右心房下部心律失常发生率高的原因与之相关。此外，肌束的交叉点、分叉处、浦肯野纤维与心室或心房肌的心交界等部位也都呈现非均一的各向异性，也是心律失常的好发部位。

七、缝隙连接与不连续性传导

心脏的不连续性传导（discontinuous conduction）就是传导的不连续性，其可能表现为缓慢传导、不均匀性传导、折返性传导、文氏传导、单向阻滞、双向阻滞等。其与各向异性传导的概念不同，各向异性传导是指发生在正常心脏各向异性解剖结构基础上的传导现象，可以看成是一种正常的、生理范围内的传导。而不连续性传导的含义范围更广，即生理的各向异性结构可以引起不连续性传导，心肌病理性改变，如缺血、炎症等也能引起严重的不连续性传导。

不连续性传导常与传导的安全比（safe ratio）相关。所谓传导的安全比是指细胞除极时产生的最大电流与传导方向的下一个细胞发生除极（由静息膜电位上升到阈电位）所需的电流之比。比值 >1 则能引起下一个细胞除极，激动传导就能发生，比值 <1 激动传导就被阻滞，就能发生明显而严重的不连续性传导。此外，电的传导与其遇到的阻抗有关，一般认为，心肌纤维的纵向阻抗低于横向，因而纵向传导性能优于横向。但就传导的安全比而言，激动沿心肌纤维的纵向传导的安全比要比横向传导低，更易发生不连续传导和传导障碍。这种现象可能与较低的 0 相最大除极速率（V_{max}）和较低的有效轴向阻力形成较大的膜电流负荷，进而又使该方向的激动传导安全比降低有关。

缓慢传导的常见原因包括：①心脏某些区域传导本身缓慢（例如房室结）；②病理因素引起膜电位最大除极速率和幅度降低，使快反应或慢反应传导速度下降；③各向异性传导；④缝隙连接的密度和电导性的变化引起电阻增大等。显然，上述诸因素中都直接或间接地与缝隙连接相关。过去，解释不连续传导的发生机制时，主要认为与不应期相关，处于相对不应期的组织传导缓慢，处于有效不应期的组织激动传导将中断。目前则更为强调缝隙连接的重要作用，即各种病理因素和生理因素首先引起缝隙连接表达和功能的改变，引起电导性能下降，进而引发不连续性传导。因此，不连续性传导最根本、最直接的决定因素是缝隙连接的改变。

八、缝隙连接与临床疾病

1. 缝隙连接与非心血管疾病

现已发现人体多种疾病与缝隙连接的基因突变相关。例如遗传性外周神经疾病患者中已发现有两百余种缝隙连接的基因突变，而且涉及其各个区域。此外，缝隙连接在细胞发育中的作用还与癌症相关，目前发现三十多种缝隙连接通道有缺陷的突变都有致癌性。

2. 缝隙连接与心血管疾病

各种器质性心血管疾病中，心脏中缝隙连接发生改变的报告陆续增多。在慢性心力衰竭发展到一定阶段，心肌中 Cx43 的数量下降 37%；肺动脉高压时，缝隙连接减少 30%；在心肌肥厚或坏死心肌中，缝隙连接减少 30%～40%，而且许多细胞侧壁的缝隙连接斑内陷，不参与细胞间的交流；在人体冬眠心肌或存在可逆性缺血的心室肌中，受累区 Cx43 斑的大小分别减少 33% 和 23%。

病态心肌中，缝隙连接的变化有多种，表现为数量的减少、密度的降低、功能的消失等。目前缝隙连接的变化似乎已成为病态心肌的重要标志。

3. 缝隙连接与心律失常

（1）特殊传导系统的功能特点与缝隙连接相关：窦房结和房室结细胞体积小，缝隙连接的密度低，胞质电阻高，而浦肯野纤维和心室肌细胞的体积大，缝隙连接的密度高，胞质电阻小，因而在浦肯野纤维与心室中激动传导的速度快。缝隙连接的数量和连接方式对传导也有较大影响，房室结内的细胞间联系比较疏散，因而其传导则比排列紧密的希氏束传导速度慢得多。对于老年人，心肌中胶原纤维的数量逐渐增多，使细胞间联系的分散程度增加，可使传导速度下降，老年患者束支传导阻滞和室内阻滞的发生率增高，与缝隙连接数量的相对减少有关。

（2）缝隙连接与房性心律失常：如前所述，Cx40 的表达主要在心房组织和浦肯野纤维中，当 Cx40 表达异常时，不仅使心房、心室的传导速度下降，还出现自发性房性心律失常增多的倾向，应用心房猝发刺激可使 Cx40 表达异常的受试鼠发生快速性房性心律失常。

（3）缝隙连接与室性心律失常：由于心室肌内无 Cx40 的分布，因而 Cx40 不参与心室内局灶性折返。而 Cx43 在心室肌有表达，因而 Cx43 缺陷鼠的心室内传导速度可降低 38%。对缺血及梗死灶周围心室肌的研究发现，缝隙连接分布的紊乱与室速"8"字折返环的共同通道密切相关。

（4）缝隙连接与房颤时的电重构：阵发性房颤表现出明显的连缀现象，即房颤的发生随病史的延长有明显的加重。显然其与心房的解剖学和电重构相关。近年来的研究发现，房颤患者心房电重构与缝隙连接的改变明显相关：①房颤患者的心房肌中 Cx43 的表达不变，而 Cx40 的表达上调；②心房肌中缝隙连接蛋白的分布有改变，即趋向侧边化；③心房肌细胞内 Ca^{2+} 处理存在异常；④ Na^+、Ca^{2+}、K^+ 的功能性通道密度减低，但不影响单个通道的特性。

九、结束语

细胞间的缝隙连接发现已近四十年，随着 1986 年连接蛋白首次被克隆，缝隙连接的研究进展明显加快。目前对缝隙连接蛋白的构成、分类、功能，以及调节已有了较为深入的了解。随之，对心脏的正常传导和异常传导的认识也有了较大幅度的更新。随着缝隙连接研究的进一步深入，将对各种心律失常发生的细胞学机制的认识有根本性提高，并会影响到心律失常的药物治疗。

折返可激动间隙再分区

折返是绝大多数节律规整性心动过速的发生机制，而可激动间隙既是折返环路的一个重要组成部分，又是折返能够维持的必需条件，因而可激动间隙是心脏电生理学一个重要的基础概念。深入理解可激动间隙对临床医生和心电学医生认识和揭示许多心电现象至关重要。

一、折返与可激动间隙

1. 折返发生需具备的要素

折返机制是 Mines 于 1914 年应用切成环状的离体心肌组织反复试验后提出的大胆设想。折返机制从提出到现在已近百年，随着心脏电生理学的进展，至今对折返的认识还在不断加深与完善，但折返形成的要素却一直未变。

（1）折返中央部位的电静止区：折返的中央部位需存在电活动的静止区，这一静止区可能是永久性解剖学的电传导障碍区，也可能是暂时的、功能性的电传导的障碍区。存在电静止区时，电活动则可环绕其进行。

电静止区产生的常见原因：①心脏组织处于死亡状态（如瘢痕、心肌坏死）；②刚刚除极之后，仍然处于不应期的组织；③由于缺血、电解质紊乱等引起心肌组织处于超极化状态，使其静息膜电位比正常时静息膜电位更低而不易被激动；④该组织可以被激动，但折返波的波锋强度不足以激动该心肌组织，只能产生传导阻滞和递减传导。

（2）折返环路中的一支存在单向阻滞：当折返环上两个方向均有前向传导时折返不可能发生（图1-10-1A），当一个传导方向发生单向阻滞时，则可能发生折返（图1-10-1B）。正常时，完整折返环路不同组成部位的不应期有显著差别，当提前的电活动出现时，则会产生不同的反应。多数情况下，单向阻滞多发生在折返环路中不应期最长的区域。引发单向阻滞的常见原因包括：①窦性心率增快；②适时提前的早搏；③起源于心室的室早逆向激动心房；④自主神经的影响；⑤心肌缺血；⑥抗心律失常药物。

（3）缓慢传导区：折返环路某部位的传导明显缓慢时，折返容易发生。以预激综合征为例，当患者房室结的前向性传导时间明显延长时，折返性心动过速则易发生，因为心室激动时，可能旁路和心房肌都已恢复了兴奋性，心室激动则能逆行激动心房，并引发折返性心动过速。缓慢传导区的存在可使折返波的波锋沿折返环路运动时，前方不会遇到处于不应期的组织而使折返终止。

上述3个条件都具备时，折返就能够发生。折返启动常需触发因素，多数情况下，适时单发或多发早搏是触发折返的最常见原因。

2. 可激动间隙与折返的维持

折返发生后的维持条件是折返周长（电激动环绕折返环路运动1周所需的时间）长于折返环路各部分组织的最长不应期，满足了这个条件后，折返激动的波锋在沿折返环路前向运动时，其前方的组织将一直

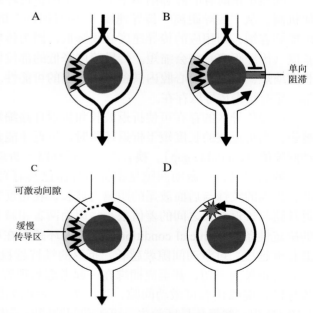

图 1-10-1 折返与可激动间隙

A. 激动沿电静止区的两侧正常下传；B. 适时的早搏下传时，引起单向阻滞及缓慢传导，并引起单次折返；C. 持续性折返的环路存在缓慢传导区及可激动间隙；D. 当缓慢传导区及可激动间隙消失时，折返波的波锋与波尾发生"追尾"

处于兴奋期或相对不应期而能再次被激动。如果波锋前方组织处于有效不应期，波锋的前传将受阻，折返则被终止。

为了维持折返，保证折返波的波锋激动某一点后，沿折返环路传导后再次返回该点时，该处已脱离了上一次激动的不应期，并能被波锋再次激动，则折返环需要的最短长度大得惊人（表 1-10-1）。

表 1-10-1　心脏不同部位形成折返环路的最短长度

	传导速度（cm/s）	动作电位时程（s）	折返环最短长度（cm）
心房	50	0.2	10
房室结	5	0.2	1
心室	50	0.3	15
希氏束及束支	100	0.3	30
浦肯野纤维	500	0.4	200

物理学概念中，传导距离 = 传导速度 × 传导时间。为了计算折返波的波长（即波锋到波尾的长度）（图 1-10-2），需要知晓心肌电传导的速度和传导时间，不同心肌组织电的传导速度已在表 1-10-1 中列出，而传导时间则相当于该心肌动作电位的时程。因为经典折返属于 0 相折返，折返时电的传导是凭借动作电位 0 相除极时形成的超射电位与周围心肌组织或细胞之间存在的电位差而形成的。当动作电位逐渐降低，最终达到静息膜电位时，电位差消失，传导也就停止，因此，波锋传导的持续时间相当于动作电位的时程。从另一角度考虑，动作电位除极开始并形成超射电位时，兴奋的心肌细胞同时进入有效不应期，随后进入相对不应期，最后进入兴奋期。其有效不应期与相对不应期之和为总不应期，总不应期持续的时间与动作电位的时程应当一致，因此，两者可以看成互代品。有了传导速度和传导时间（动作电位时程）后，在该心脏组织中形成的波长则可计算出（表 1-10-1）。折返环路一定要比折返波长更长，所以传导速度与传导时间的乘积只是折返波的长度，也是折返环路应当具有的最短长度。从表 1-10-1 可以看出，心房内发生折返时，折返环路最短的长度为 10cm，心室内为 15cm，浦肯野纤维折返时的环路长度最短需要 200cm。因此，从理论上推导，心脏中除房室结外，其他部位都不可能容下表 1-10-1 列出的折返环路的最短长度。

既然正常时各心腔容纳不下上述长度的折返环路，那么，临床发生折返性心动过速时，一定存在着其他机制。从"传导距离 = 传导速度 × 传导时间"的公式看，为了使折返波长和折返环变小，小到在心腔内能够容纳，则相应的传导速度必须降低，因为传导距离与传导速度呈正比，传导速度降低后，折返波的长度（传导距离）将会缩短。传导速度降低的部位称为缓慢传导区，缓慢传导区的重要作用是使折返波的长度缩短、缩小，使心腔内具备发生折返的可能性。换言之，心腔内某部位发生折返时，在其折返环路上都一定有缓慢传导区存在。

缓慢传导区的存在可使折返波长和折返环路缩短，缓慢传导区传导得越缓慢，折返波的波长就将缩得越短，当折返波的长度短于折返环路时，折返才能真正地维持。折返环路与折返波长之间的差值则为可激动间隙值（excitable gap）。换言之，折返环路 = 折返波长 + 可激动间隙（图 1-10-2）。

顾名思义，可激动间隙是指折返环路已具有兴奋性的部分，其随时能被传导来的波锋再次激动。因此，折返的波锋与后面波尾的距离为波长，在相反方向上，波锋与前方波尾的间距为可激动间隙。由于折返环路与折返波长之间的差值很小，因而两者相减后的差值较小，称其为间隙（gap）。折返的持续与维持的决定性条件（crucial condition）是折返环路存在可激动间隙，折返进行时缓慢传导区的传导速度越慢，波长就越短，可激动间隙就越长，折返的维持越稳定。因此，缓慢传导区与可激动间隙可以看成双胞胎，二者关系极为密切，其至应捆绑在一起考虑和理解。图 1-10-1C 表示折返能够维持，图中的曲线代表缓慢传导区，虚线代表可激动间隙，正因为存在缓慢传导区，可激动间隙才存在，折返才能持续存在。而图 1-10-1D 中，缓慢传导区消失，可激动间隙同时消失，折返波的波锋与波尾发生自我"追尾"，折返和心动过速则自动终止。

总之，可激动间隙越宽则折返越稳定，心动过速就越能持续存在，同时外来刺激进入可激动间隙的机会也越大，折返和心动过速能被电刺激终止的可能性则越大，而且稳定。

二、可激动间隙的分型

可激动间隙是折返环路上可被激动的区域，其具有时间性（temporal）和空间性（spatial），即狭义和广义之分。时间可激动间隙是指心动过速持续时，落入一个短时间段内的 S_2 早搏刺激可引起心动过速的重整，这一短的时间间期称为时间可激动间隙，这也是狭义的可激动间隙的概念。空间可激动间隙是指折返环在任意时间能够被完全或部分激动的部位，因此，空间可激动间隙位于波锋的前方，并沿折返环不断扩布，在不断的扩布中改变其大小和特性，因此其属于广义的可激动间隙，是描述折返环大小和位置的概念。

根据可激动间隙的电生理特性可将其分成 3 种类型。

1. 完全性可激动间隙（fully excitable gap）

处于可激动间隙的所有组织完全恢复了兴奋性，脱离了有效及相对不应期，适时的外来刺激可使其再次激动。在经典折返中，绝大多数可激动间隙属于这一类型（图 1-10-2A）。

2. 不完全性可激动间隙（partially excitable gap）

不完全性可激动间隙又称部分性可激动间隙，是指可激动间隙的组织处于相对不应期，只是部分恢复了兴奋性，适时较强的外来刺激能够再次激动该组织，只是激动的扩布时间将延长，表现在刺激后的回归周期随早搏刺激联律间期的缩短而延长，被重整的折返周期也能发生一定的改变。不完全性可激动间隙主要见于功能性折返（图 1-10-2B）。

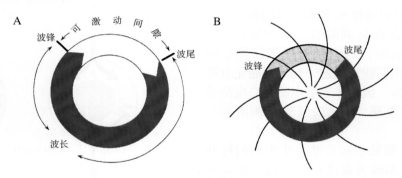

图 1-10-2　不同折返形式的可激动间隙类型也不同

A. 经典的折返：可激动间隙宽而固定；B. 主导环折返：可激动间隙窄而不完全

3. 混合型可激动间隙

可激动间隙既有完全性可激动间隙的部分，也有不完全性可激动间隙的部分，即一部分组织完全脱离了不应期，恢复可兴奋性，而另一部分组织只脱离了有效不应期，处于较长的相对不应期中。其对外来刺激的反应也是混合性的。

三、碰撞与追尾

1. S_2 刺激侵入可激动间隙的表现与结果

可激动间隙是折返赖以持续的基础。外来的 S_2 刺激可以诱发和终止心动过速，还能重整和拖带心动过速。但折返的类型不同对外来刺激的反应也不相同（表 1-10-2）。

表 1-10-2　普通折返与随机折返的比较

	心律失常	发生	终止	刺激的作用
普通折返	窦房折返	突发（可被单次或多次早搏诱发）	突止（常经 1 跳终止）	诱发、重整、拖带、终止
	房室结及房室折返、绝大多数室速及束支折返			
随机折返	房颤	突发	突止	可诱发，但不能重整、拖带和终止
	尖端扭转型室速、室颤			

适时的 S_2 刺激可侵入心动过速周期中的可激动间隙，其直接结果是使局部心肌组织激动产生相应的除极波（图 1-10-3，图 1-10-4），局部心肌的除极波势必对心动过速产生一定的干扰和影响。图 1-10-3 中 A、B 两图显示了 S_2 刺激对心动过速产生的两种不同影响。A 图中，S_2 刺激引起的心室波提前出现，使心动过速的下一次激动到达该部位时，该部位心肌处于有效不应期而不能再次除极，结果下次的心动过速除极波被干扰掉，但 S_2 刺激对再次的心动过速激动无影响，使心动过速的激动按时发放，也就形成了完全性代偿。而 B 图中却不一样，仅凭心电图分析则可看出，S_2 刺激不仅阻止了下次心动过速除极波的出现，还使再次心动过速的除极波提前出现，因而推测 S_2 刺激侵入到心动过速的节律点内部，使未成熟的激动提前除极、复位，并以复位点为起始，以原有的周期积累发放了下一次的激动，即发生了心动过速被 S_2 刺激重整的现象。

一般认为，当含有 S_2 刺激的 R_1R_3 间期比 2 倍的 R_1R_1 间期短 20ms 时，则认为 S_2 刺激已使心动过速发生了重整。但需注意，这一现象不能完全用体表心电图进行判断，因为体表心电图是心电活动综合向量的结果与表现，不代表局部 S_2 刺激部位电活动的节律变化。

图 1-10-3 中 S_2 刺激引起心动过速重整的机制仅为根据体表心电图的表现进行的推断，而 S_2 刺激对折返性心动过速的重整作用可经图 1-10-4 清楚地说明。当 S_2 刺激夺获可激动间隙后（图 1-10-4B），在可激动间隙产生两个不同方向的电活动和传导：①逆向激动和传导：逆向是指与原折返环运动方向相反的方向，S_1 刺激引起的这一方向的电活动与传导必然要与上一次折返激动传导来的波锋相遇，并发生正面"碰撞"，使上一次折返波波锋的传导在此终止（图 1-10-4A）。②顺向激动和传导：顺向是指与原折返波运动方向相同的方向，S_2 刺激引起的顺向电活动及传导与原折返波的波尾发生"追尾"或"不追尾"。不发生"追尾"时，该 S_2 刺激经过缓慢传导区传导，再经过折返环的其他部分传导，并形成新的折返性激动，即发生了心动过速重整，另一种情况是 S_2 激动顺向传导的速度较快并与上次折返波的波尾发生"追尾"事件，"追尾"的结果使 S_2 刺激产生的顺向激动"车毁人亡"，不能形成新的折返激动（图 1-10-4B）。所以，S_2 刺激进入可激动间隙后，可能发生逆向的"碰撞"和顺向的"追尾"两种事件，仅发生逆向"碰撞"的 S_2 刺激将使心动过速发生重整，"碰撞"和"追尾"同时发生时，S_2 刺激将使心动过速终止。

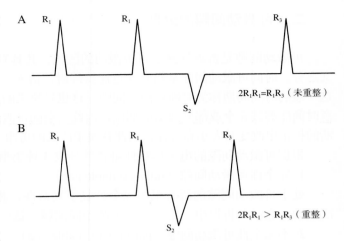

图 1-10-3 S_2 刺激重整心动过速的示意图

A. 心动过速未重整：$R_1R_1 \times 2 = R_1R_3$；B. 心动过速重整：$R_1R_1 \times 2 > R_1R_3$

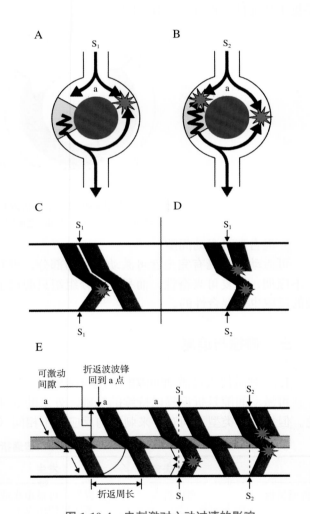

图 1-10-4 电刺激对心动过速的影响

A. S_1 刺激使心动过速重整；B. S_2 刺激使心动过速终止；C. 与 A 图相对应；D. 与 B 图相对应；E. 发放 S_1 及 S_2 刺激，S_1 刺激使心动过速重整，S_2 刺激使心动过速终止

2. 不同类型的可激动间隙对 S₂ 刺激的反应

可激动间隙对 S₂ 刺激存在平台、递增和混合型 3 种不同类型的反应（图 1-10-5，图 1-10-6）。图 1-10-5A 为完全性可激动间隙，当给予不同联律间期的 S₂ 刺激时，回归周期值（间期 190ms，心动过速终止刺激到下一个心动过速激动波的间期值）相等，回归周期的这种反应形式称为平台型。不完全性可激动间隙（图 1-10-5B）的组织处于相对不应期中，而且不同时段的不应性或兴奋性的程度不同，与波尾越靠近的部位，其相对不应期的程度越深（兴奋性恢复的程度轻），间期 190ms，心动过速终止刺激后的回归周期长。反之，当间期 190ms，心动过速终止刺激侵入的部位靠近波锋时，其兴奋性恢复的程度高，相应的回归周期则短。这一特点使节律重整的反应曲线值随 S₂ 刺激联律间期的缩短而递增，表现在间期 190ms，心动过速终止刺激后的回归周期值不断增加。混合型反应（图 1-10-5C）是 A 与 B 两种情况的组合，图 1-10-6 中室速对 S₂ 刺激的反应属于混合型。

上述心动过速重整时 S₂ 刺激引起回归周期的不同表现，也能出现在起搏拖带心动过速时的"起搏后间期"（post pacing interval，PPI）。

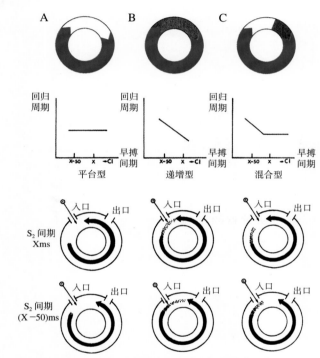

图 1-10-5　不同类型的可激动间隙对 S₂ 刺激的反应
A. 平台型；B. 递增型；C. 混合型

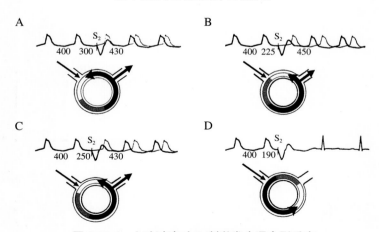

图 1-10-6　心动过速对 S₂ 刺激发生混合型反应
A. S₂ 刺激的联律间期 300ms，回归周期 430ms；B. S₂ 刺激的联律间期 225ms，回归周期 450ms；
C. S₂ 刺激的联律间期 250ms，回归周期 430ms；D. S₂ 刺激的联律间期 190ms，心动过速终止

心电图形新概念

第二篇

对严重或恶性室性心律失常的体表心电图预测指标已有较多的研究，如心室晚电位、心率变异性、QT 间期离散度、复极离散度、长短周期现象、T 波电交替等。相比之下，针对房性心律失常的体表心电图预测指标的研究较少。P 波最大时限（Pmax）常与房内和房间传导阻滞有关，近年来研究较多，是预测房颤价值比较肯定的指标。该指标认为正常时房内传导时间正向或逆向传导时间均在 50ms 左右（图 2-1-1）。当有房内或房间传导阻滞时，体表心电图出现 P 波最大时限增加（>110ms）或 P 波双峰，峰间距离 >40ms。有房内或房间传导阻滞时，激动容易发生折返并引发房性心律失常（图 2-1-2），该指标对预测房性心律失常及房颤发生的敏感度高达 85%。而 P 波离散度（P wave dispersion）是近年发现和提出的预测房性心律失常、阵发性房颤的体表心电图的一个新指标。

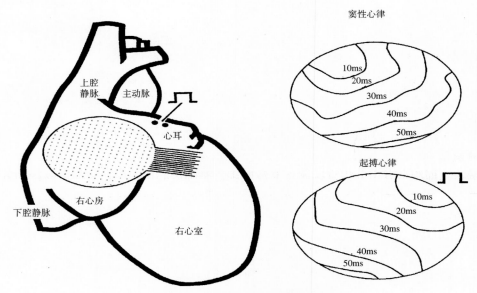

图 2-1-1 房内传导时间的测定

在窦性及起搏心律时，经心房密集多标测点心内电图的记录及计算机处理结果，房内正向或逆向传导时间均为 50ms 左右

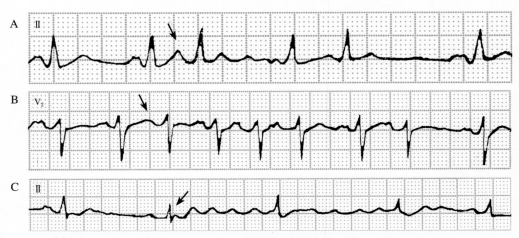

图 2-1-2 房内和房间传导阻滞引起的阵发性房性心律失常

A. 引起阵发性房颤；B. 引起阵发性房速；C. 引起阵发性房扑（箭头指示）

一、P 波离散度的概念

P 波离散度是指同步记录的 12 导联心电图中，在不同导联中测定的 P 波最大时限与 P 波最短时限间的差值。多数人该值 < 40ms，当 >40ms 时，提示心房内不同部位存在非均质性电活动，进而能够引发房性心律失常和房颤，是预测房颤的体表心电图的一个新指标。

二、P 波离散度的测定方法

1. 心电图记录和采样时，患者取仰卧位，自由平稳呼吸，避免讲话，周围环境安静，当患者的呼吸频率、心率、PQ 间期等值都与平时相近时方可采样，避免心电图记录时受自主神经的明显影响。因为交感神经的紧张兴奋度，既影响激动在心房肌中的传导速度，也影响受检者的心率，心率的变化对心房的大小和心房腔内的压力有直接影响。

2. 心电图记录导联接触的体表部位应擦洗干净，减少肌电干扰和伪差，心电图记录和采样需要 12 导联心电图同步记录，记录纸速最好 50mm/s，为提高 P 波测量的精确度，心电图增益可适当提高。

3. 取基线平稳、图形清晰的心动周期进行测量点的采样。测定中最重要的是各导联 P 波起点和终点的确定。可分别测定各导联 P 波时限值，并进行比较。P 波起点与等电位线交点或称结合点处为 P 波测量起点，其终点与等电位线交点为 P 波测量终点。12 导联 P 波值测量后，可找出 P 波最大时限（Pmax）及 P 波最小时限（Pmin），两者差值为 P 波离散度（Pd）。

还可根据多导联采样点的比较，确定 P 波起始线（A 线），最大 P 波时限值的示意线（B 线），以及最小 P 波时限值的示意线（C 线），几条线确定后则可测定 Pmax 值及 Pd 值（图 2-1-3）。

4. 测量方法

与 QT 间期离散度的测定相似，P 波离散度的测量方法有两种：

（1）手工测量法

①直接测量法：即测量者用分规直接测定 P 波时限，是临床心电图中比较简单易行的方法，但测定值随不同测量者有一定差异，准确度即精确性略差；②图形放大手工测量法：为减少测量者人为因素造成的测量值的误差，需测量者多次测定后取均值，或者取不同测量者测量结果的均值。

（2）计算机自动测量法：应用计算机对各导联 P 波时限进行测量计算，这种方法采样标准一致，能避免目测的误差，比手工法更为精确，图 2-1-4 便是采用数字 PC-Based 心电图系统描记、测量、计算的结果。

在 P 波离散度测量中无论采用何种方法，都必须始终用同一测量标准。

三、P 波离散度预测房颤的机制

1. 房颤容易发生的解剖和生理学基础

与室颤相比，房颤的发生率增加了几十倍，房颤容易发生有其特殊的解剖学和生理学基础。

（1）与心室肌相比，心房肌固定的解剖学障碍更多，如上腔静脉、下腔静脉、肺静脉、冠状静脉窦、房室瓣等，这些特殊部位与心房肌连接的区域传导缓慢，是心房存在各向异性传导的重要原因。

（2）与心室肌相比，心房几乎都由单一心房肌细胞组成，缺乏类似心室内相对完整的希浦系统，因此心房肌内传导速度较慢，除极时间长。

（3）室上性激动沿希氏束及左右束支下传后激动左右心室，尽管两者的电活动起始时间相差 5～10ms，但大致可以认为左右心室的除极是同步进行的。而左右心房却不一样，窦房结位于右心房，右心房激动后将电活动传导到左心房，这使左右心房间的电活动存在着生理性不同步。

（4）心房肌的血液供应不丰富，易发生心房肌缺血及不同程度的纤维化。

（5）心房肌壁薄，不同部位心房肌厚度差别较大，同时心房内压力低，容易在病理或生理因素的影响下，发生几何形状的变化、扩张（表面积增大），使其能容纳更多的折返波。

（6）超微结构方面，心房肌细胞的形态学与心室肌细胞不同，其细胞较小，心房肌纤维排列相对紊乱，肌纤维之间侧连接较多，这些解剖学的各向异性决定心房肌电活动的各向异性更为明显，使心房肌

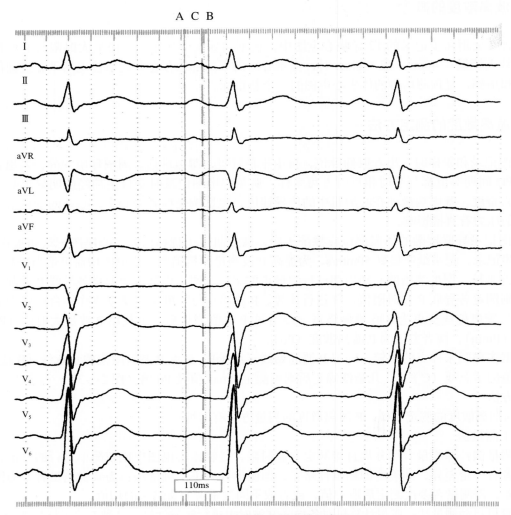

图 2-1-3　P 波离散度测定的示意图

A 线为 P 波起始线；B 线为 P 波最大时限值的示意线（Pmax）；C 线（虚线）为 P 波最小时限值的示意线（Pmin）。图中 A、B 线间的距离为 P 波最大时限值，本例该值为 110ms，C、B 两线距离为 P 波最大时限与 P 波最小时限的差值，即 P 波离散度（Pd），本例该值为 30ms

的电生理特性和激动的空间弥散度更为不均衡。这种电活动的各向异性不仅有部位依从性，如在 Koch 三角的后侧面有生理性缓慢传导区，还有方向依从性，如高右房刺激与低右房刺激后房内传导速度有一定的差别。

（7）心房肌中自主神经的末梢分布更为丰富，因此其电生理特性受自主神经影响更大，交感神经兴奋可使心房肌自律性升高，触发活动增加，引起病态心脏的房性自律性心律失常增加，副交感神经兴奋时容易引起心房电活动发生折返。

2. 病理因素作用

正常心房解剖学和生理学方面的特点，已经具备了发生房性心律失常及房颤的基础，这可解释临床特发性房颤发生率较高的原因。而在病理因素的作用下，如冠心病患者的心肌缺血，高血压患者左室舒张功能不全引起的继发性心房受累，随年龄增长出现的心房肌纤维化的加重，这些使心房肌电活动的各向异性的程度加重，使心房的除极和复极的速度不仅减慢，而且不同心房部位间的自律性和兴奋性的差别加大，使不同部位心房电活动的空间向量及离散度出现显著差异，这些差异反映到 12 导联心电图上，形成了不同导联之间 P 波持续时间较大的差异，造成了 P 波离散度加大。

因此，P 波最大时限的延长是房内或房间传导延缓的标志，而 P 波离散度是心房内存在部位依从性各向异性电活动的标志，是引起房颤的重要电生理学基础。

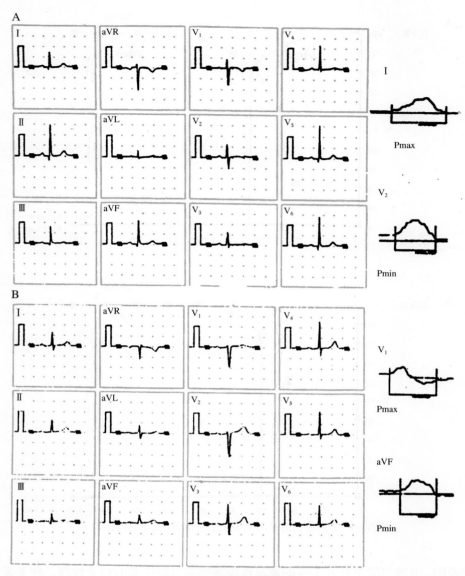

图 2-1-4 P 波离散度的测定

A. P 波最大时限 120ms，P 波离散度 50ms；B. P 波最大时限 100ms，P 波离散度 20ms

四、P 波离散度的评价

临床几个研究结果表明，心电图 P 波离散度是一个可靠的心电图预测房颤或房性心律失常的指标，这一新的无创性心电图指标的测定方法简单易行、实用性强。

1. P 波离散度预测阵发性房颤的价值

应用心电图 P 波离散度能有效地预测患者阵发性房颤发生的概率及危险度，P 波离散度 ≥ 40ms 时，预测房颤的敏感性达 81%，特异性达 80%，阳性预测值达 85%。随访期中，P 波离散度 ≥ 40ms 者，其房颤的复发危险度是对照组的 2 倍。

2. P 波离散度能够提高 P 波最大时限指标预测房颤的价值

资料表明单独应用 P 波最大时限这一心电图指标时，预测房颤的敏感性为 85%，特异性为 72%，阳性预测值为 82%。当其联合应用 P 波离散度指标时，可将房颤预测的敏感性提高到 75%，特异性提高到 90%，阳性预测值提高到 92%（图 2-1-5）。

3. P 波离散度在短期内重复性强

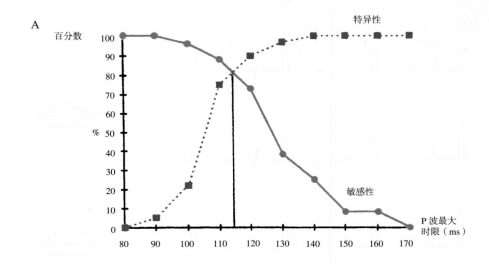

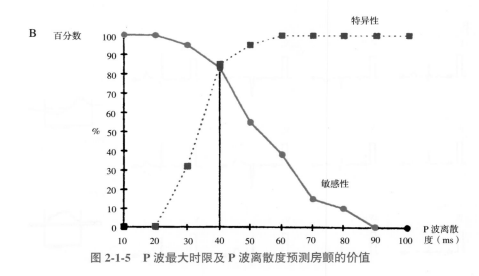

图 2-1-5 P 波最大时限及 P 波离散度预测房颤的价值

　　已有的资料表明，P 波离散度在几天内的重复性预测结果与原结果的相关性高，相关系数可达 0.80，P 波最大时限短期内的重复性预测结果与原结果的相关系数达 0.78。提示 P 波离散度与 P 波最大时限这两项指标可靠性强。

　　4. P 波离散度评价抗心律失常药物的作用

　　P 波离散度还能用于抗房性心律失常药物的筛选和评价，特别是对房颤的疗效及预防作用的评价。用药后的 P 波离散度比用药前降低时，提示其有较好的治疗和预防房颤或其他房性心律失常的作用。

　　应当指出，目前 P 波离散度的临床资料有限，多数是在选择性人群中进行，还需进行更大的前瞻性研究，还需在非选择性的一般人群中进行研究，更为客观地评价其预测房颤和房性心律失常的价值。

五、结束语

　　P 波离散度是近年提出的预测房颤和房性心律失常的体表心电图新的指标，已有的资料表明其预测房颤的发生有较高的敏感性和特异性，其临床应用价值需积累更多的资料进一步验证。

心房扑动 F 波的分期

自 1911 年 Jolly 和 Ritchie 首次描述心房扑动（房扑）以来，对房扑的不断认识已逾百年，但有很长一段时间对房扑的认识与诊治一直处于平台期。近 30 年来，随着心律失常多种标测技术，尤其是三维标测技术的临床应用，对房扑发生机制的认识有了迅速提高，而彻底根治房扑的导管消融治疗依然方兴未艾，这些都大大激发着对房扑的关注与研究热情。本文提出并阐述房扑 F 波的心电图分期。

心房扑动概述

有人将房扑比喻为心律失常领域的一个奇葩，换言之，房扑是一种十分独特的心律失常。

一、右房的心电现象

现已明确，绝大多数的房扑具有三尖瓣峡部依赖性，属于单独发生在右心房的心电现象，其规律的折返环路都位于右房（图 2-2-1），而同时发生的左房除极不影响心房节律，只影响 F 波的图形。

这与心房颤动（房颤）的发生形成对照，目前认为，80%以上的房颤起源于左房肺静脉。

二、发生率高

多数房扑为阵发性，持续几分钟到几个月，甚至更长，这使房扑的发生率很难精确统计。总体评估表明，虽然其发生率低于房颤，但临床并非少见。有人统计在室上性心动过速的总体患者中，房扑占 10%；而心外科患者术后第 1 周，约 30% 的患者发生围术期心律失常，其中 10% 则为房扑。因此，房扑在临床相当常见。

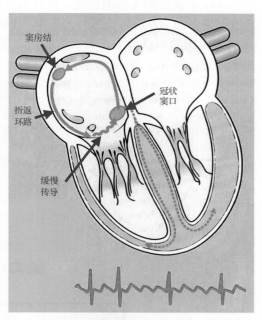

图 2-2-1　绝大多数房扑属于右房心电现象

房扑的发生有明显的性别差异，资料表明，房扑发生的男女性别比为（2～5）∶1，这与房扑伴发的基础心脏病（高血压、冠心病、心肌病、肺心病等）都是男性患病率明显高于女性有关。房扑还明显与年龄有关，随着年龄增长其发病率显著增加，80 岁以上人群的房扑发生率是 50 岁以下人群的 100 倍。

三、常伴器质性心脏病

绝大多数的房扑患者伴有各种器质性心脏病，同时又有心房的病理学改变。Josephson 心脏电生理中心的资料表明，房扑最常伴发的心脏病有高血压、冠心病、心肌病、急慢性肺部疾病、房间隔缺损等先天性心脏病。此外，还见于肺栓塞、心包炎、甲状腺功能亢进，心外科围术期患者。

资料表明，急性心肌梗死患者房扑的发生率为 1%～5%。另有 5% 的房扑发生在房颤服用 I 类钠通道阻滞剂进行复律治疗的过程中。

应当强调，伴有基础心脏病同时又有心房扩大或房间传导阻滞者，房扑的发生率将更高。这说明房扑患者心电图存在房间传导阻滞或 P 波时限延长时，应用药物或其他方法为患者进行复律治疗时将更为困难，而有效转复窦性心律后，窦性心律也较难维持。

　　房扑患者仅少数不伴器质性心脏病，称为特发性或孤立性房扑，文献报告约 2.5% ～ 10% 的房扑患者不伴明显器质性心脏病。

　　另一有趣的现象是，不论房扑伴有哪种器质性心脏病，其 F 波的形态几乎没有差别和不同。因此，房扑患者的 F 波形态，不能提示患者伴有何种基础心脏病。

四、心电图特征

　　应当说，房扑心电图的特征性很强，使大多数房扑患者只经体表 12 导联心电图就能获得诊断。

　　1. 房扑时的 F 波

　　典型 F 波的振幅、时限、形态均一致，称为 F 波的三规整。

　　（1）F 波快而整齐：房扑是一种快而规整的房性快速性心律失常，F 波的频率多为 300 次 / 分（频率范围 280 ～ 330 次 / 分）。

　　（2）双向锯齿波：F 波多为形态一致的双向锯齿波，当房扑伴 2：1 下传时，整齐的心室率常为 150 次 / 分（图 2-2-2）。

　　（3）F 波之间无等电位线：房扑为右房内大折返，心房激动环绕大折返环路运动一圈则形成一个 F 波，F 波时限多为 200ms，使房扑的房率为 300 次 / 分。房扑持续存在时，F 波之间存在着头尾相连的现象，即前次 F 波的结束点与下次 F 波的起始点相连（图 2-2-3）。应用三维标测技术标测时都能清晰地证实这一现

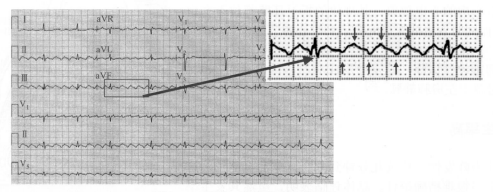

图 2-2-2　房扑 F 波多为双向锯齿波

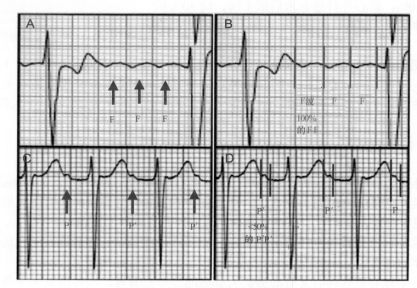

图 2-2-3　F 波头尾相连而无等电位线

A. 心房扑动的 F 波依次相连；B. F 波时限 >50% 的 FF 间期，提示为大折返机制；C. 局灶性房速的 P′ 波时限较短；D. 当 P′ 波时限 <50% 的 P′P′ 间期时称为局灶性房速

象（图 2-2-4）。

（4）F 波的识别：F 波在心电图 Ⅱ、Ⅲ、aVF 和 V₁ 导联最易识别。房扑伴 2∶1 传导时，可能一个 F 波与 QRS 波重叠，另一个 F 波将出现在两个 QRS 波之间，此时可应用 Bix 法则使诊断容易。此外，当 V₁ 导联存在一个低振幅锐利的心房波时将有助于房扑诊断。反复性房扑相对少见，表现为短阵房扑发作中间夹有几次窦性心律（图 2-2-5）。

2. 房扑时的 QRS 波

房扑时快速 F 波对应着规律的 QRS 波，房室下传比例常为 2∶1 或 4∶1，下传比例不规整时可使心室律也不规整。

少数情况下，2∶1 下传的房扑可瞬间变为 1∶1 下传，使心室率骤然增加到 250 ～ 280 次 / 分，随之出现急剧的血流动力学改变，处理不及时可引发晕厥。突然发生房扑 1∶1 下传的原因有可能在房室结发生了超常传导，也可能患者存在可以快速前传的旁路。不少 1∶1 下传的房扑发生在 Ⅰ 类（Ⅰa 或 Ⅰc）抗心律失常药物的治疗过程中，尤其 Ⅰc 类药物，如莫雷西嗪，当服用后 F 波频率下降中，可突发房室 1∶1 下传的紧急危重情况。

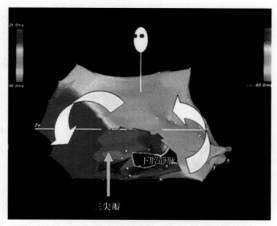

图 2-2-4　三维标测房扑时的右房激动顺序

图中不同颜色代表心房除极的先后，该先后顺序以赤（红）橙黄绿青蓝紫为序。最早除极者显示为红色，最后除极者显示为紫色。图中可见紫色与红色相邻，这提示一次 F 波的最晚除极与下一周期 F 波的最早除极形成头尾相连的特征

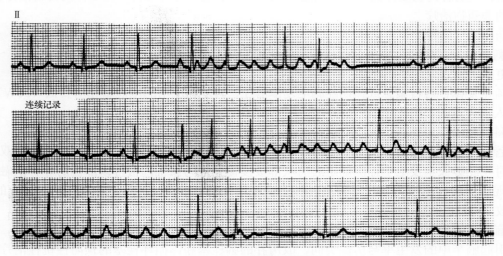

图 2-2-5　反复性心房扑动

患者女，32 岁，不伴器质性心脏病。心电图为患者 Ⅱ 导联的连续描记，可见房扑短阵发作时 F 波的频率略有不等，诊断为反复性房扑

五、房扑的危害

房扑属于病理性、有害的心律失常，有损害心功能、引发缺血性脑卒中等危害。

1. 损害心功能

房扑的血流动力学影响取决于基础心脏病、心室率、房扑持续时间、服用的药物以及患者处于休息还是运动状态。其中最重要的影响因素是心室率，过快的心室率可引起心输出量的急剧下降，心肌缺血、血压下降。

除引起血压下降、先兆晕厥和晕厥外，有时还能引发急性肺血肿、急性心功能不全，尤其伴有基础心脏病或年龄较大而存在舒张功能不全的患者。当伴有心室率较快的房扑长期存在时还能引发心律失常性心肌病。

2. 诱发心肌缺血

无缺血性心脏病的房扑患者主诉胸痛时，常被认为是房扑引起的不适症状误让患者感到胸痛。但应当

了解，当房扑伴快速心室率时，可使冠脉的基础血流量下降至60%：①过快的心室率使心肌耗氧量增加；②平均动脉压的下降可使冠脉灌注压下降；③心室率过快可引起心室舒张期缩短和左室舒张末压升高，使冠脉血流量进一步下降，冠脉灌注时间缩短。如果患者原来就有冠心病，可使心肌缺血急剧加重，并进一步恶化心功能。

3. 增加脑栓塞的发生风险

房扑与快速房颤的血流动力学改变十分相像，可使房内血流缓慢而增加附壁血栓形成的概率。同时，房扑发生时心房肌也存在顿抑现象，一旦窦性心律恢复，心房收缩功能逐渐恢复时，容易使附壁血栓脱落引发脑卒中。房扑的这一危害与房颤几乎等同，使房扑与房颤抗栓治疗的策略完全相同。

六、房扑的治疗

房扑患者的治疗包括心律失常的治疗和脑卒中的预防。与房颤一样，房扑的心律失常治疗包括控制心室率、转复窦性心律和维持窦性心律的治疗。其中包括抗心律失常药物和非药物两种治疗。

1. 房扑的药物治疗

控制房扑快速心室率的治疗最早应用的是洋地黄制剂，随后被β受体阻滞剂和钙通道阻滞剂的治疗所替代。而房扑的药物复律要比房颤更困难，因房扑大折返的可激动间期宽而稳定，使有效转复房扑的药物更少。早期应用的药物有奎尼丁、普鲁卡因胺，近年来，伊布利特和多非利特等新型Ⅲ类抗心律失常药物的问世与应用，使房扑药物复律的有效率高达90%。转复后还要进行维持窦性心律的药物治疗。

2. 房扑的非药物治疗

房扑非药物治疗的种类与方法更多。

（1）电刺激治疗：高频心房电刺激或经食管快速心房刺激有效终止房扑的成功率为80%～100%，且方法无创，更易实施。

（2）直流电复律：可行紧急或择期经胸电复律治疗，转复时应用的电能量相对要低（50W）。

（3）植入永久式的心房复律器治疗。

（4）外科消融治疗房扑。

（5）导管消融房扑：与房颤的导管消融不同，房扑的导管消融主要针对三尖瓣峡部进行双阻滞的消融治疗。治疗时先经影像学及电学标测确定右房峡部缓慢传导区的位置，再行该部位的导管消融，直到峡部的电传导出现双向传导阻滞为止。目前房扑导管消融治疗的成功率为95%～100%，因治疗的成功率高，合并症少，故2003年欧美的相关指南已将房扑的导管消融提升为一线治疗方法。

3. 减少脑栓塞的预防治疗

因房扑引起脑卒中的发生率与房颤类同，故房扑的脑栓塞和体循环栓塞的预防性抗栓治疗策略与房颤相同。

心房扑动的发生机制

一、折返机制的确定

早在90年前就有学者提出房扑的发生机制为折返，1925年英国的心电学大师Lewis及同事通过动物实验的基础研究和人体心电图的分析而确认房扑是房内折返激动的结果。多年后，Rosenblueth等在动物心脏的两个腔静脉之间造成损伤，当损伤扩大到右房游离壁时，引发了房内折返性房扑。随后，在复杂先天性心脏病心外科术后，患者可发生环绕手术切口的折返性房扑。

20世纪50—60年代，应用导管法进行的点式标测进一步证实，房扑是房内折返激动的结果，Puech的研究发现，整个房扑都是右房折返激动的结果。

当心律失常的诊治进入心脏电生理时代后，经过程序性心房电刺激能重复诱发和终止房扑，并能重整与拖带房扑，最终证实了房扑的折返机制。

1. 心房电刺激诱发房扑

Josephson 的经验表明，对有房扑病史的患者，在心房多部位发放 S_1S_1 刺激（600 ～ 300ms）的基础上，再加发 1 ～ 2 个房性期前刺激（S_2），或超速心房 S_1S_1 刺激（≤ 180ms），95% 的病例可诱发房扑。

2. 心房电刺激终止房扑

另有研究表明，应用程序性 S_1S_2 心房刺激或固定频率的心房刺激（S_1S_1）都能有效终止房扑，终止的成功率高达 90% 以上。

3. 房扑的拖带

一般认为，心脏电生理检查时，当某心动过速能被拖带，尤其能被隐匿性拖带时则能确定该心动过速的发生机制为折返。拖带心房扑动是指房扑发生时，在心房不同部位给予比 F 波间期更短的心房电刺激，可使房扑心房率随刺激频率的增加而加快，而刺激停止后，房扑的心房率又能回降到原来频率的现象。而显性与隐匿性拖带房扑的区别是：显性拖带时起搏的心房波表现为融合的房扑波，而隐匿性拖带时起搏的心房波与自发房扑波的图形一致。此外，停止起搏后，房扑的频率回降为原来心房率的过程中，还要测定 PPI 间期（起搏后间期，postpacing interval）与 F 波间期的差值，当 PPI 间期与 F 波间期差值 >10ms 时为显性拖带，而 PPI 间期等于 F 波间期或差值 <10ms 时为隐匿性拖带，存在隐匿性拖带时可确定该房扑为折返机制引起（图 2-2-6）。

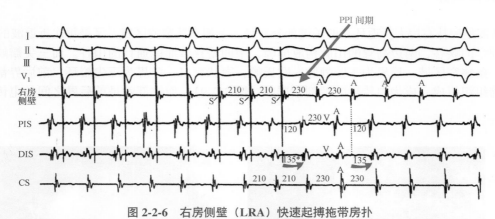

图 2-2-6　右房侧壁（LRA）快速起搏拖带房扑

图中自身房扑间期 230ms，应用间期 210ms 的心房起搏刺激可拖带房扑，而停止心房起搏后的 PPI（起搏后间期）为 230ms，与房扑的基础间期相等，又因起搏的心房波与房扑波的形态完全相同，故其为隐匿性拖带，充分证实房扑的发生机制为折返

二、房扑的折返环

随着心房激动顺序的三维标测技术的应用，现已确定房扑为环绕右房解剖或电传导功能屏障区发生的大折返。

最初将房扑归为单纯的功能性折返，又称主导环折返，即环绕右房的大折返环路为主环（leading circle），而中间区域存在许多小折返，称为子折返（daugther circle），这些子环折返不断使邻近的心房肌除极而处于不应期，成为大折返激动向周围组织传导的功能性屏障区，而使主导环折返只能沿固定的大折返环路做环形激动，结果 F 波的形态、幅度、频率都处于稳定状态（图 2-2-7）。

绝大多数房扑大折返的环形激动从三尖瓣峡部出口开始，先沿三尖瓣环的间隔部自下而上传导到达右房顶部及终末嵴。终末嵴是激动传导的功能性屏障，但该屏障区内存在着传导可穿透的裂隙区（GAP），使环形折返的激动可穿过终末嵴的裂隙区后再绕过上腔静脉根部而到达右房前侧壁（位于终末嵴的外侧）。此后激动沿右房前侧壁发生自上而下的传导，到达三尖瓣环的游离侧壁并进入峡部入口，再通过峡部的缓慢传导后到达峡部出口，并开始下一周期的折返（图 2-2-8）。

可以看出，右房后壁未参加该折返，而围绕大折返环路的环形激动一直沿解剖学和传导功能性的障碍区进行，其中上 / 下腔静脉、欧氏嵴、冠状窦口都是解剖学障碍，而终末嵴为传导的功能性障碍区。

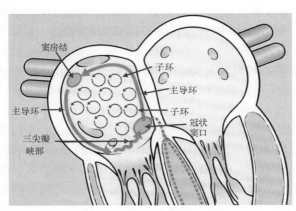

图 2-2-7　房扑为主导环折返

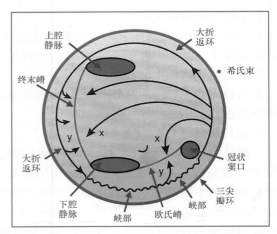

图 2-2-8　三尖瓣峡部依赖性房扑折返环路的示意图

x、y 分别为终末嵴和欧氏嵴部位可记录的双电位

三、三尖瓣峡部

三尖瓣峡部是房扑右房大折返环路的关键部分，是一个相对狭窄的区域，又是每次折返波的必经之路。

如同地理学的峡谷，两边高耸的山脉构成屏障，中间是狭窄而能通行的山谷。而三尖瓣峡部则是位于右房下部的一条狭窄区域，后界为下腔静脉、欧氏嵴、冠状窦口，前界为三尖瓣环，前后界都由无传导功能的致密结缔组织组成，成为电传导的解剖学屏障（图 2-2-9）。而峡部就是前后界之间的电传导缓慢的细长区域。

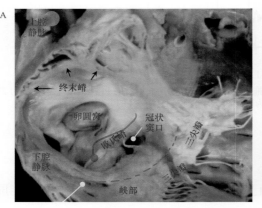
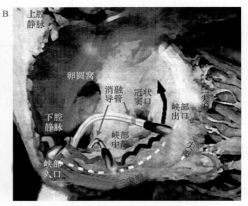

图 2-2-9　右房下部的三尖瓣峡部

此外，在欧氏嵴和终末嵴部位还能记录到心房除极的双电位（图 2-2-8 中的 x、y），证实传导障碍区的两侧都有心房除极波存在，而房扑折波就在两侧解剖学和功能学传导屏障区中间传导。

与房扑折返环的其他部位相比，三尖瓣峡部的电传导速度十分缓慢，电传导经峡部所需时间约为整个房扑间期的 1/3。当 F 波频率 300 次 / 分，即整个 FF 间期为 200ms 时，经峡部的传导时间约为 70ms。

引起峡部缓慢传导的原因很多，首先是该部位解剖学的变异大，右房游离壁的梳状肌已延伸到峡部，其走向各异，肌束的厚薄不均，使电传导速度变得缓慢。此外，峡部肌束的走行存在明显的各向异性，不应期的离散也使峡部容易发生单向传导阻滞。但要强调，峡部存在的缓慢传导对房扑大折返的维持与稳定十分重要。

另外，房扑折返中还存在宽约 30ms 的可激动间隙，这也大大提高了房扑折返的稳定性。

四、三尖瓣峡部依赖性房扑的分型

早在 1979 年，Wells 等就将房扑分成了Ⅰ型（普通）和Ⅱ型（快速），并详细阐述了两个亚型的各自特点。随着对三尖瓣峡部依赖性房扑的深入研究与认识，目前把右房内大折返性房扑分成逆钟向和顺钟向两种类型（图 2-2-10）。

逆钟向和顺钟向两种房扑经过的折返环路为同一个，只是在该环路上两种环形运动的方向相反。绝大多数为逆钟向折返（>90%），即逆钟向房扑，环形激动的过程和顺序与上文所述相同。而顺钟向折返为少数（10%），即顺钟向房扑，其折返方向恰好相反。

因折返方向的不同，使心电图 F 波的极向和形态均不同。逆钟向折返的 F 波，在下壁导联为负向，V_1导联直立，V_6导联负向。而发生率较低的顺钟向房扑发生时，F 波在下壁导联直立，V_1导联为负向，V_5导联为正向（图 2-2-11）。

2015 年美国 AHA、ACC、HRS 三大学会的专家共识中，将房扑分为三种类型（表 2-2-1）。

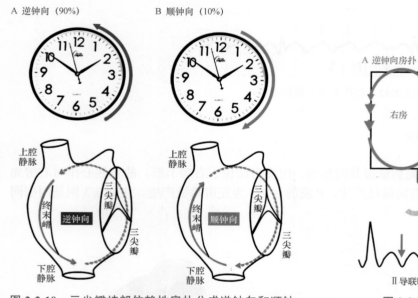

图 2-2-10　三尖瓣峡部依赖性房扑分成逆钟向和顺钟向两种

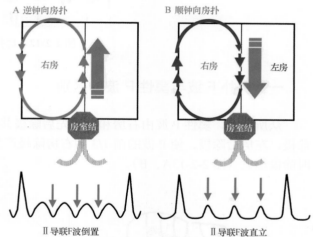

图 2-2-11　逆钟向和顺钟向两种房扑 F 波的特征

表 2-2-1　2015 年美国 AHA、ACC、HRS 三大学会专家共识对房扑的分型

	类型		心电图表现
一	逆钟向三尖瓣峡部依赖性房扑	常见	Ⅱ、Ⅲ、aVF 导联 F 波负向（倒置），V_1导联的 F 波直立
二	顺钟向三尖瓣峡部依赖性房扑	少见	Ⅱ、Ⅲ、aVF 导联 F 波直立，V_1导联的 F 波负向
三	非三尖瓣峡部依赖性房扑	少见	不典型房扑

AHA，美国心脏协会；ACC，美国心脏病学会；HRS，美国心律学会

心房扑动 F 波的分期

准确迅速地识别 F 波对房扑的诊断至关重要，而精准辨别 F 波的极向对房扑分型诊断有着决定性意义。一般认为，房扑 F 波都为双向锯齿波，这使 F 波极向的判定常遇到困难（图 2-2-12）。

因此，为提高心电图对房扑及其亚型的诊断能力，本文提出将 F 波再分成 A 波和 B 波两部分的新观点，旨在提高临床和心电图医生对房扑及分型的诊断能力。

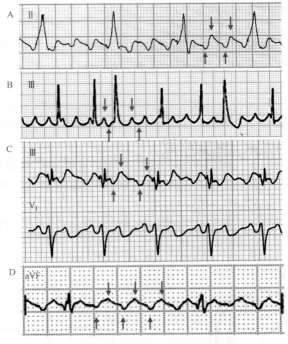

图 2-2-12 房扑 F 波为双向锯齿波

一、房扑 F 波与窦性 P 波的区别

众所周知，窦性 P 波由右房和左房先后除极共同形成，因窦房结位于右房上部，故窦性心律时右房先除极，左房后除极，使 P 波的前 1/3 为右房除极产生，P 波的后 1/3 为左房除极产生，中间 1/3 则是两房同时除极形成（图 2-2-13A、B）。

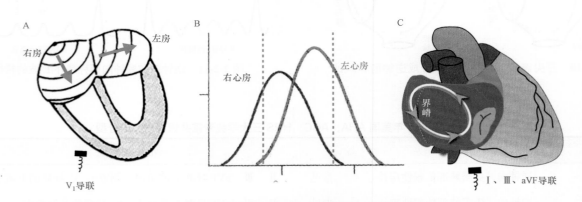

图 2-2-13 窦性 P 波与房扑 F 波形成的比较

图中 A、B 显示右房先除极，左房后除极而形成窦性 P 波；图 C 显示房扑 F 波是右房的心电现象，左房除极仅影响 F 波形态

而房扑的 F 波却不同，其为局限在右心房的心电现象，属于三尖瓣峡部依赖性房扑，整个 F 波持续存在右房除极，而同时发生的左房除极仅影响了 F 波图形，因此 F 波是右房和左房同时除极形成的融合波，不存在右房先除极、左房后除极的情况。

二、右房电激动向左房传导的三个突破口

右房与左房经房间隔相邻，右房的电激动可经房间隔向左房传导和扩布，而经房间隔将右房电激动

传给左房的作用并非均匀一致，其中有三个优势传导部位或称向左房传导的三个突破口（breaking out）。根据突破口的位置不同，分别称为上突破口（经 Bachmann 束），下突破口（经冠状窦口），中突破口（经卵圆窝）（图 2-2-14）。这三个突破口对房扑 F 波的分期作用很大。

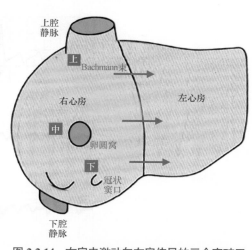

图 2-2-14　右房电激动向左房传导的三个突破口

三、三尖瓣峡部依赖性房扑 F 波的分期

（一）步骤与方法

1. 确定每个 F 波的起点与终点

先确定每个 F 波的起始和结束点（图 2-2-15），图 2-2-15A 的每两条蓝色竖线之间为一个完整的 F 波，可见每个 F 波的振幅高低、时限宽窄、形态均一致。

2. 心房快速除极波：A 波

从 F 波起点到第一个锐利波的结束为 A 波（图 2-2-15B），A 波是时限短、振幅高的一个锐利波，其为该时左、右心房同时、同向的除极波融合形成，A 波时限常 <50% 的 F 波总时限。

3. 心房缓慢除极波：B 波

从 F 波的 A 波结束点到整个 F 波结束点之间为 B 波，B 波的形成是该时右、左心房的除极方向相反或成一定角度而发生了相互抵消的结果。B 波的特点是平坦而缓慢，除极方向与 A 波相反（图 2-2-15C）。

从图 2-2-15C 看出，B 波除方向与 A 波相反外，其振幅较低，时限较长（>50% 的 F 波总时限），但这部分的图形绝不是等电位线，只是右、左心房肌的除极方向不一致，使房内和房间的除极向量相互抵消的结果。

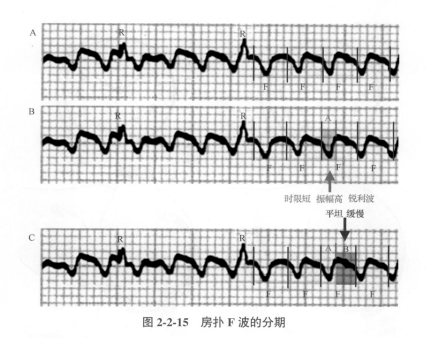

图 2-2-15　房扑 F 波的分期

F 波的 A、B 两波的分期适用于每例典型房扑波的分期。图 2-2-16 是 3 例房扑患者的心电图。可以看出，一旦进行了这种分期，可使心电图阅图者对 F 波产生入木三分的更深刻认识。

4. F 波的极向

F 波经过 A、B 两波分期后，最终将以振幅高、时限短、锐利的 A 波方向作为整个 F 波的极向，进而做出房扑分类或称分型的诊断。

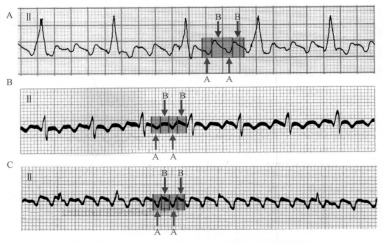

图 2-2-16   房扑不同病例 F 波的 A、B 波分期

（二）房扑A、B两波的形成机制

1. 逆钟向房扑

现已明确，90% 的三尖瓣峡部依赖性房扑为逆钟向折返，逆钟向折返最早除极的右房肌位于峡部出口（冠状窦口附近），该部位右房除极时，将同时经冠状窦口向左房突破与传导，该时的右房除极将沿房间隔发生自下而上的除极，而被突破的左房正是左房下部，随后左房的除极方向也是自下而上，故右房与左房的除极方向此时完全相同而形成合力，其除极方向背离下壁导联而形成负向的时限短、振幅高、锐利的 A 波。随后右、左心房继续除极，该时右、左心房肌的除极方向或相反、或成一定角度，进而相互抵消而形成缓慢平坦的 B 波（图 2-2-17）。

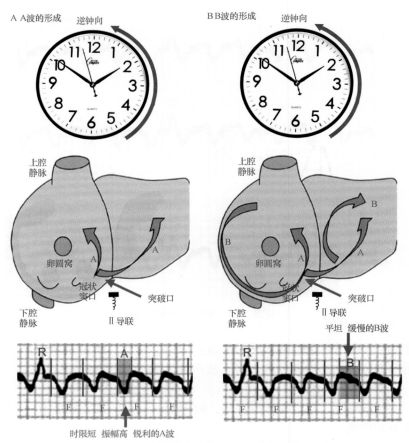

图 2-2-17   逆钟向房扑 F 波的 A、B 两波的形成机制

2. 顺钟向房扑

顺钟向房扑的折返环路与逆钟向房扑相同，只是环形运动的方向与钟表时钟的方向一致而称为顺钟向。如图 2-2-18A 所示，顺钟向房扑的右房电激动是经上突破口 Bachmann 束向左房突破和传导。此时的右房正沿房间隔自上而下除极，而左房除极也从左房的顶部发生自上而下的除极，该时两房的除极方向相同而形成合力，其除极方向面对心电图下壁导联而形成直立的 A 波（图 2-2-18A），随后右房的除极经过缓慢传导的峡部继续进行，而左房随后的除极方向也相对分散，使左、右心房的除极方向相反或呈一定角度而相互抵消（图 2-2-18B），形成平坦而缓慢的 B 波。

不论逆钟向还是顺钟向房扑，经过右房三维激动顺序的标测都能证实两种房扑均为三尖瓣峡部依赖性的大折返（图 2-2-19）。

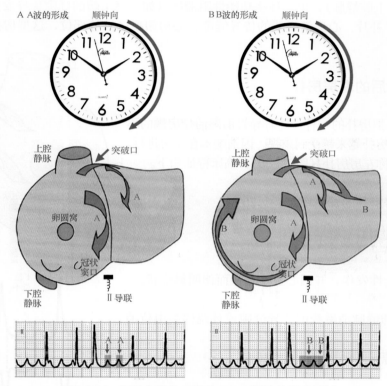

图 2-2-18　顺钟向房扑 F 波的 A、B 两波的形成机制

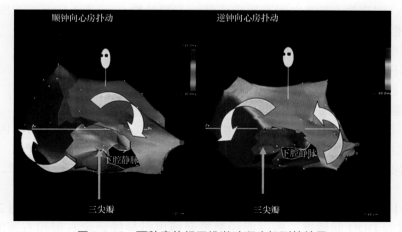

图 2-2-19　两种房扑经三维激动顺序标测的结果

图中不同颜色的意义与图 2-2-4 相同

非典型房扑

非典型房扑也称非三尖瓣峡部依赖性房扑。

一、非典型房扑概述

非典型房扑的发生率低，多数为环绕右房或左房外科术后手术切口或瘢痕形成的折返，以及环绕房颤左房消融线发生的折返。

其也属于房内大折返，称其为大折返的原因主要是针对局灶性房速而言。该大折返环不需要三尖瓣环及下腔静脉、峡部等参与。而且折返环路有着多样性，可以环绕固定的解剖学结构（卵圆窝、肺静脉开口、二尖瓣峡部、上/下腔静脉），也能环绕功能性阻滞区（如经终末嵴的缝隙传导发生的折返）或医源性传导屏障（心房切口、补片、心房消融线的传导缝隙、心房瘢痕区）等部位，这型房扑经导管消融治疗的成功率低。

二、房颤消融术后的左房房扑

左房房扑属于非典型房扑的一种。随着导管消融治疗房颤的不断推广，术后新发生的房扑越来越受到重视。因消融术在左房进行，故术后新发生的房扑也称左房房扑（图 2-2-20），临床特征如下。

1. 发生率

房颤消融术后左房房扑的发生率 2%～20%。

2. 药物治疗

抗心律失常药物治疗的效果不佳。

3. 发作

常呈持续或无休止性发作，并因心室率过快而伴明显症状。

4. 机制

（1）折返：经环肺静脉消融线的传导缝隙或环绕碎裂电位消融后瘢痕区的折返。

（2）局灶性：起源于左房房内局灶性病变。

5. 治疗

再次导管消融。

6. 心电图特点

（1）F 波振幅低、时限短，F 波之间有等电位线，与局灶性房速的心电图特征相似。

（2）不易被心房电刺激终止。

（3）F 波间期可不等（涉及多个折返环路）。

（4）下壁导联 F 波振幅低平。

为提高对房颤消融术后发生的左房房扑的认识，下面列举一例典型病例。

患者女、54 岁，因阵发性房颤两次行导管消融治疗，第二次导管消融术后，因心动过缓植入双腔 DDD 起搏器，第二次消融术后一年半，患者再次发生心悸就诊。

图 2-2-21 为患者心悸再次发作时的心电图，心电图存在完全性右束支传导阻滞，心动过速的心率为 142 次/分。

进一步分析可见 I 和 II 导联的每个 RR 之间存在 2 个振幅低、时限短的心房波（图 2-2-21 中箭头指示）。

因患者已植入双腔 DDD 起搏器，所以能经两根起搏电极导线记录右房和右室的腔内电图（图 2-2-22）。从腔内电图看出，患者的心房率 284 次/分，心室率 142 次/分，房室为 2∶1 传导，根据心电图的上述特征再结合病史，最终本例诊断为房颤导管消融术后的左房扑动。

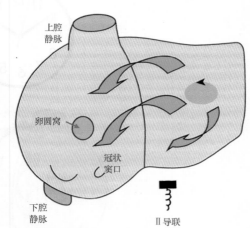

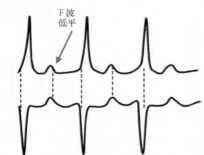

图 2-2-20　左房房扑 F 波的形成机制

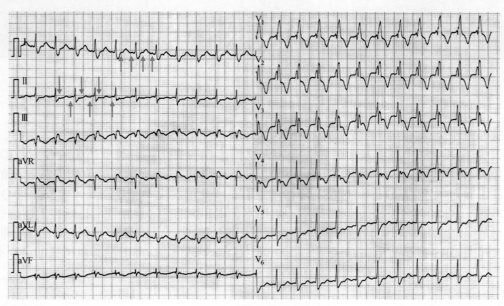

图 2-2-21　患者心悸时心电图

图中心动过速的心室率为 142 次 / 分伴完全性右束支传导阻滞，Ⅰ、Ⅱ 导联上的箭头标出了规律、振幅低、时限短的房扑波

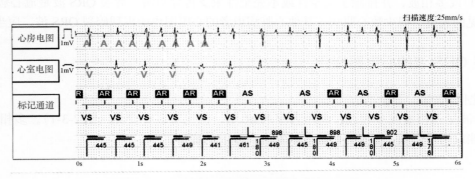

图 2-2-22　腔内电图进一步证实患者房扑的诊断

结束语

本文提出并阐述了三尖瓣峡部依赖性房扑 F 波的分期（A、B 两波），这种分期能明显提高临床和心电图医生对房扑及各亚型的诊断能力，还有益于患者治疗的选择。

结合心电图 F 波的分期，本文对房扑以及三尖瓣峡部依赖性房扑的电生理特征进行了概述，对逆钟向和顺钟向两种大折返房扑也做了详细介绍。

第三章

碎裂 QRS 波

冠心病急性冠脉综合征治疗的新模式，包括更有效的溶栓治疗和更早期的冠脉介入治疗，使患者急性期的死亡率大为下降，临床病程及预后显著改善。这种治疗新模式还引起下述相应改变：① Q 波型心肌梗死的发生率从原来的 66.6% 下降到 37.5%；② Q 波型心肌梗死患者 Q 波的消失率从过去的 6% 上升到 25% ～ 63%；③非 Q 波型心肌梗死和非 ST 段抬高型心肌梗死的发生率相应增加；④发生过 Q 波或非 Q 波型心肌梗死的患者中，高达 2/3 的人经 12 导联心电图不能得到陈旧性心肌梗死的诊断。上述这些变化使心电图病理性 Q 波在陈旧性心肌梗死诊断中的敏感性显著下降。因此，需要寻求更多的陈旧性心肌梗死的心电图诊断指标。碎裂 QRS 波是心电图领域又一个等位性 Q 波改变，其对陈旧性心肌梗死的诊断有重要作用。

一、碎裂 QRS 波的定义

碎裂 QRS 波（fragmented QRS complex）是指冠心病心肌梗死患者心电图新出现或已经存在 QRS 波的三相波（RSR′型）或多相波，并排除了完全性或不完全性束支传导阻滞。碎裂 QRS 波是冠心病心肌梗死心电图一个并非少见的表现，但少数心肌病等其他心脏病患者的心电图也能出现碎裂 QRS 波，应当注意鉴别。

二、碎裂 QRS 波的心电图特征

1. 心电图图形特点

（1）QRS 波呈三相波或多相波：典型者呈 RSR′型，但也有多种变异（图 2-3-1）。多相波常由 R 波或 S 波的多个顿挫或切迹形成，S 波的切迹多数发生在 S 波的底部。

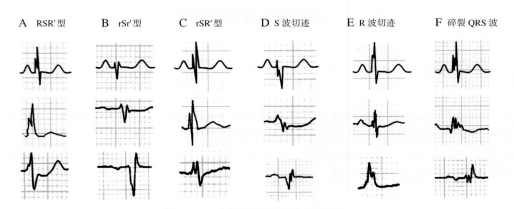

图 2-3-1　各种形态的碎裂 QRS 波

（2）伴有或不伴有 Q 波：Q 波可能存在单个或多个切迹或顿挫，可形成 QR 或 Qr 型 QRS 波。

（3）QRS 波的时限多数 <120ms。

（4）除外完全性或不完全性束支传导阻滞及室内阻滞：当 RSR′型 QRS 波出现在右胸前 V₁ 和 V₂ 导联时诊断为不完全性右束支传导阻滞（<100ms）或完全性右束支传导阻滞（>120ms），而 RSR′型 QRS 波出现在左胸前 V₅ 和 V₆ 导联时诊断为不完全性或完全性左束支传导阻滞。

（5）三相或多相碎裂 QRS 波常出现在冠状动脉供血区域对应的 2 个或 2 个以上导联。

（6）同一患者同次心电图的不同导联，碎裂 QRS 波可表现为不同形态（图 2-3-2）。

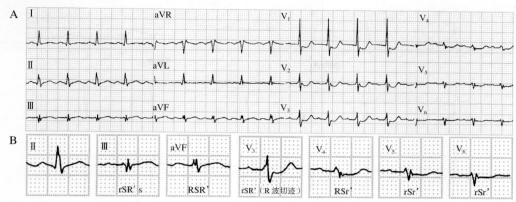

图 2-3-2 不同形态的碎裂 QRS 波

本例患者存在下壁、前壁、正后壁等多部位陈旧性心肌梗死，不同导联的碎裂 QRS 波形态不同。B 图是 A 图部分导联的放大图

2. 碎裂 QRS 波的发生率

碎裂 QRS 波在心肌梗死患者心电图中的发生率尚无详尽统计，目前已有的资料表明，心肌梗死时碎裂 QRS 波的发生率明显高于病理性 Q 波，而前壁、侧壁、下壁等不同部位的心肌梗死患者中，下壁心肌梗死时出现碎裂 QRS 波最多。

一组 479 例患者中，不同心肌梗死部位碎裂 QRS 波的发生率：前壁 9.6%（46 例），侧壁 7%（33 例），下壁 35.9%（172 例）。而 Q 波发生率比其低：前壁 2.1%（10 例），侧壁 1.3%（6 例），下壁 12.3%（59 例）。

资料表明，碎裂 QRS 波在女性伴不典型心绞痛的患者、伴糖尿病和老年痴呆患者中的发生率较高。

3. 碎裂 QRS 波出现的时间与演变

就碎裂 QRS 波的病理生理学意义而言，可将其视为等位性 Q 波，并与胚胎性 r 波的发生机制和临床意义相仿，因此，碎裂 QRS 波兼具病理性 Q 波和胚胎性 r 波的共同特征。

急性缺血或急性冠脉综合征发生时，碎裂 QRS 波出现的时间晚于超急期 T 波及损伤性 ST 段改变的出现时间，多数在心肌缺血发生后的几小时或十几小时出现（Q 波出现的时间 6 ～ 14h，平均 9h），与胚胎性 r 波相似，碎裂 QRS 波还可能在急性心肌缺血发生后几天内出现。

碎裂 QRS 波的演变存在三种情况：①从无到有，并稳定存在，当碎裂 QRS 波长期稳定存在时，提示该部位心肌存在陈旧性心肌梗死；②从无到有，进展为 Q 波：即碎裂 QRS 波出现后，可随心肌缺血的加重进展为病理性 Q 波；③从无到有，再消失：碎裂 QRS 波在急性心肌梗死发展过程中一过性出现，并随心肌缺血的改善或病程的进展而消失（图 2-3-3）。

4. 碎裂 QRS 波跨越冠脉供血区域相对应的导联分布

碎裂 QRS 波的多种形态，可在不同导联出现，多数情况下，其按照冠脉主支向心肌供血区域相对应的导联分布，在 V₁ ～ V₅ 导联出现时提示前壁心肌梗死，在 I、aVL、V₆ 导联出现时提示侧壁心肌梗死，在 II、III、aVF 导联出现时提示下壁心肌梗死。但部分病例，碎裂 QRS 波出现的导联存在"混乱"的情况，即出现跨越冠脉心肌供血区域对应导联的分布情况。

为直观观察冠脉闭塞对不同部位心肌缺血程度的不同影响，常依据心脏左室的 4 个扇形区和 3 个不同层面将左室心肌分成 12 个区域段（图 2-3-4）。多数情况下，某冠脉病变主要影响该冠脉供血的心肌。但不同个体能够存在多种个体化因素，包括：①冠脉解剖的变异：不同个体，心脏在胸腔的相对位置存在较大变异，或冠脉在心脏胚胎发育中出现了数量或位置的异常，这些变异均由先天因素引起；②冠脉供血区的重叠：不同部位的心肌多数由两支冠脉双重供血，形成心肌供血的重叠区；③侧支循环：当某冠脉发生严重狭窄甚至闭塞时，其他冠脉的主支对该部位的心肌常形成侧支循环，一旦发出侧支循环的冠脉闭塞时，将引起其供血的心肌和侧支循环供血的心肌同时发生缺血，使缺血心电图出现的导联发生分布"混乱"。这些因素能够形成不同冠脉与心肌供血、缺血错综复杂的交叉关系。因此，发生急性心肌缺血时，能引起碎裂 QRS 波在体表心电图分布混乱，但仔细分析后仍能确定"罪犯冠脉"。

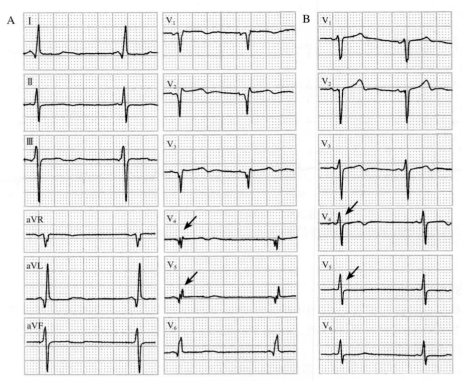

图 2-3-3 碎裂 QRS 波的演变

A 图中 V₄、V₅ 导联可见碎裂 QRS 波（箭头指示），但几天后记录的 B 图中，V₄、V₅ 导联的碎裂 QRS 波消失

A 冠脉在 12 个区域段心肌的供血

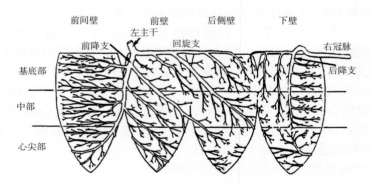

B 冠脉闭塞时 12 个区域段心肌缺血的不同程度

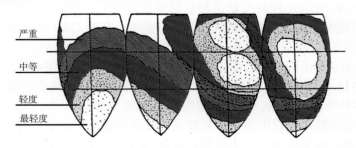

C 相应心电图导联

图 2-3-4 心肌的冠脉供血与缺血

三、碎裂 QRS 波的诊断

单纯碎裂 QRS 波的诊断只凭其三相或多相波的形态特征就可做出。但进一步通过碎裂 QRS 波进行陈旧性心肌梗死的诊断时需具备更多的条件。

（1）有急性心肌缺血或心肌梗死的病史。

（2）对于无症状性心肌梗死，需要其他影像学检查证实存在心肌瘢痕或心肌运动的异常区。

（3）病史不确定，但有系列心电图做对比，证实原来的心电图并无碎裂 QRS 波。

（4）心电图 2 个或 2 个以上的导联存在碎裂 QRS 波，并按冠脉供血对应的导联区域分布。

（5）除外束支传导阻滞。

根据上述标准，心肌梗死伴发碎裂 QRS 波的诊断并不困难。

QRS 波发生的碎裂与多相顿挫，常使碎裂 QRS 波出现"低电压"改变，因此，心电图 R 波振幅过低时，对碎裂 QRS 波的诊断也有提示作用（表 2-3-1）。

表 2-3-1　R 波振幅过低的标准

肢体导联	R 波振幅过低的异常标准	胸前导联	R 波振幅过低的异常标准
I	R 波幅度 ≤ 0.20mV	V_1	无
II	无	V_2	R 波幅度 ≤ 0.10mV
III	无	V_3	R 波幅度 ≤ 0.20mV
aVR	无	V_4	R 波幅度 ≤ 0.70mV 或 ≤ Q 波幅度
aVL	R 波幅度 ≤ Q 波幅度	V_5	R 波幅度 ≤ 0.70mV 或 ≤ 2 倍 Q 波幅度
aVF	R 波幅度 ≤ 2 倍 Q 波幅度	V_6	R 波幅度 ≤ 0.70mV 或 ≤ 3 倍 Q 波幅度

表 2-3-1 中的数值有重要的临床意义，除碎裂 QRS 波容易出现 R 波振幅过低外，实际上，无异常 Q 波时，QRS 波背离心肌梗死区域的偏移就能出现 R 波的振幅过低，因此，心电图 R 波振幅的单纯过低，能提示心肌梗死的存在。

除此之外，绝大多数的碎裂 QRS 波是心肌梗死伴发的心电图表现，但少数情况，晚期扩张型心肌病伴严重心力衰竭患者心电图也能出现碎裂 QRS 波，因此，碎裂 QRS 波并非心肌梗死特异性的心电图表现，诊断时需进行相应的鉴别。

四、碎裂 QRS 波的发生机制

冠心病心肌梗死患者碎裂 QRS 波一直是临床与心电图领域讨论与关注的问题，其发生机制也有多种学说。

1. 梗死区内阻滞

梗死区内阻滞的理论最早由 Wilson（1935 年）及 Barker 和 Wallace（1952 年）提出，1959 年 Cabrera 将之命名为梗死区内阻滞，与此同时，1958 年 Bruch 在尸检研究中证实和描述了心肌梗死区的这种存活的岛状组织，Durrer 对此做了深入的生理学研究。

该理论认为，如果心肌梗死区的组织坏死均匀，即坏死区内没有残存的岛状心肌组织，这将在面对坏死区表面的导联记录到 Q 波或 QS 波，而且波形光滑而规整，没有任何切迹或顿挫，这种光滑的 Q 波或 QS 波是坏死区存在没有遮挡的开窗效应的结果。开窗效应（window effect）是指透壁性心肌梗死的坏死区不存在任何电活动，仅能起到电导作用，如同在心室壁开了一扇窗。

当心肌梗死区内有岛状的存活心肌组织时，存活的心肌将发生延迟和缓慢除极，并在病理性 Q 波或 QS 波中形成振幅较低、时限较窄的正相波，结果形成 S 波的切迹或顿挫，形成形态不规整的碎裂 QRS 波

（图 2-3-5）。

2. 梗死区周围阻滞

由 First 于 1950 年最早提出梗死区周围阻滞的理论，Grant 系列深入的研究促成了梗死区周围阻滞概念的确立。该理论认为，当心肌梗死主要位于心内膜下时，梗死心肌上方覆盖着相对正常的心肌组织，这些组织存在一定程度的心肌缺血，只能进行缓慢延迟的除极活动。结果，该部位的心肌除极不能按正常时从心内膜至心外膜的方向进行，心肌除极波将沿迂回的途径，环绕心肌坏死区，并以切线或倾斜方向覆盖在其表面相对正常的心外膜下心肌组织。这种异常的除极方向使面对这一区域的心电图探查电极记录到晚发的 R 波，形成 QR 波（图 2-3-6，图 2-3-7）或 QRS 波后半部出现多相或单相的 R 波（图 2-3-1）。

Grant 的研究认为，碎裂 QRS 波的初始可存在病理性 Q 波，其是坏死心肌本身丧失除极能力的结果，并认为梗死区周围阻滞形成碎裂 QRS 波时，其除极的总时限并不延长，仅有 10% 的病例存在 QRS 波时限的延长。

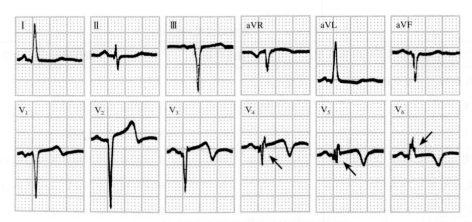

图 2-3-5　前侧壁及下壁心肌梗死心电图
V₄ ～ V₆ 导联可见明显的碎裂 QRS 波（箭头指示）

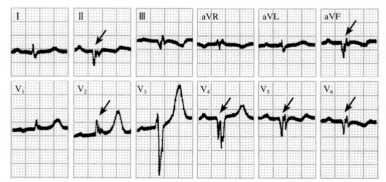

图 2-3-6　陈旧性下壁、前壁和正后壁心肌梗死
V₅、V₆ 导联的 Q 波后可见明显的 R 波

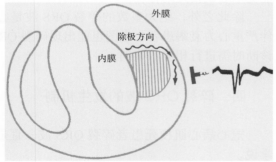

图 2-3-7　心肌梗死周围阻滞时心肌除极示意图

3. 多灶性梗死

多灶性梗死见于冠脉严重病变者冠脉近端的闭塞，也见于小血管疾病，如糖尿病、免疫性血管炎、冠脉小血管的闭塞。这些患者发生心肌梗死时可能每块梗死心肌的面积小，但梗死区的数量多，其相应的心电图改变取决于每块心肌坏死的程度和大小（与多发性腔隙性脑梗死的情况类似）。当梗死弥漫交错（病变与正常组织间隙 <0.5mm）时，其与该区域发生均匀心肌坏死一样。当每块梗死面积很小而数量不多时，除引起心室除极的 QRS 波电压降低外，很少产生可以识别的心电图改变。当个别的心肌梗死灶较大

（2～3mm）并存在多灶性梗死时，QRS 波将出现显著的高频顿挫和 QRS 波的碎裂。因此，当心电图对应导联出现多个 R 波顿挫或小 q 波时，应当考虑多灶性梗死。多灶性梗死理论适合解释 R 波有多个顿挫的碎裂 QRS 波。

4. 局部心肌瘢痕理论

近年来，应用心肌核素灌注显像新技术，对心肌梗死及心肌梗死伴左室室壁瘤的患者进行了深入研究，结果发现，核素检查能敏感而可靠地确定陈旧性心肌梗死的瘢痕区域，其对应导联的 QRS 波出现的多相波改变，甚至碎片状改变，都是心肌坏死瘢痕区引起的。因此，碎裂 QRS 波是陈旧性心肌梗死患者常有的心电图改变，其与梗死心肌的局部瘢痕相关。

该理论认为，缺血性心肌坏死的形成过程中，如果缺血持续而严重，心肌坏死的进展将快速而彻底，当累及室壁厚度 >50% 时将发生透壁性梗死，心电图出现病理性 Q 波。如果心肌缺血的程度较轻时，心肌缺血性坏死的进展缓慢，或发病后能及时得到再灌注治疗而使心肌缺血很快缓解时，则出现非透壁性心肌梗死或散在的梗死区，其电活动障碍的除极延迟、不完全，动作电位 0 相峰值降低，传导能力下降，心电图不仅表现出心室除极的 QRS 波振幅降低，还因心肌坏死的瘢痕完全丧失了电功能，使心室内的除极方向不断变化，使面向梗死区的心电图电极记录到振幅及时限不等的多个 R′波或 S 波的顿挫，进而形成碎裂 QRS 波。

不同形态的碎裂 QRS 波代表心肌内存在多个方向的除极过程，其决定于左室心肌内大小不等、部位不同的坏死瘢痕组织，心肌瘢痕是引起心室肌非同源性除极的主要原因，进而引起 QRS 波终末传导的延缓或碎裂波。心肌核素显像技术证实，存在碎裂 QRS 波的导联面对的心肌存在着心肌运动障碍。

5. 细胞间阻抗的变化

业已证实，心肌细胞间阻抗的变化能引起心肌激动传导的改变，进而产生碎裂 QRS 波。应用共聚焦显微镜和免疫荧光染色的方法对心肌细胞缝隙连接的研究表明，心肌梗死后，心肌坏死区及邻近组织心肌细胞间缝隙连接的数量、位置及功能均能发生一定程度的改变，并影响激动的传导。

6. 心内电生理的研究结果

心内电生理检查时，诊断心室碎裂电位的标准是心室电位的振幅（mV）与持续时间（ms）的比值 <0.005，如果其出现在 QRS 波的终末时，则称晚发的心室碎裂电位。

研究证实，这些异常的碎裂电位仅在心肌梗死或室壁运动明显异常的区域出现，注意寻找时，在这些局部区域心肌中均能发现异常电位或晚电位。另一有趣的现象是，心肌梗死后早期的室速，周期偏短，心室率偏快，血流动力学影响大，这时可能正处于心肌瘢痕的形成过程中，当瘢痕完全形成后，其传导的异常可使室速的心率变得相对缓慢。

心内电生理与病理解剖的联合研究表明，心室的碎裂电位与一些存活的心肌纤维常被周围的结缔组织包绕、分割并引起一种特殊的病理状况有关，这些被包绕与分割的心肌纤维的运动可能正常或异常，但都具有活动。动作电位正常或接近正常时，心室碎裂电位区域的缓慢电传导与相对正常心肌纤维的动作电位有关。心肌局部区域电位的振幅与记录部位下方存活的心肌纤维数量密切相关。

因此，碎裂 QRS 波有着多种形态和多种组合，解释这些心电图改变的机制也存在着多元性。

五、碎裂 QRS 波的临床意义

碎裂 QRS 波的概念近几年重新提出，其与冠心病溶栓与冠脉成形术治疗时代引起的各种新情况、新变化有关，也与近年对碎裂 QRS 波的深入研究密切相关。

碎裂 QRS 波重要的临床意义主要是提高陈旧性心肌梗死的诊断与心肌梗死高危患者的预警作用。

1. 碎裂 QRS 波在陈旧性心梗的诊断中优于病理性 Q 波

心电图病理性 Q 波一直是陈旧性心肌梗死最重要的诊断指标，但相当比例的患者随心肌梗死发生时间的延长，病理性 Q 波将减小或消失，尤其在溶栓及冠脉成形术治疗的时代，心肌梗死后病理性 Q 波的消失率已从原来的 6% 上升到 25%～63%，这使病理性 Q 波在陈旧性心肌梗死诊断中的作用逐渐下降。

而非 ST 段抬高型和非 Q 波型心肌梗死的患者，在其陈旧期根本没有心电图特征性的诊断指标，而在溶栓及冠脉成形术治疗的时代，这些类型的心肌梗死发生率明显增加。上述诸多原因使原来有 Q 波或非 Q

波型心肌梗死的患者，高达 2/3 的人在陈旧期不能经心电图诊断其心肌梗死瘢痕组织的部位，也无法确定心肌梗死的诊断及发生的部位。

因此，对陈旧性心肌梗死患者急需寻找诊断意义更强的心电图指标。最近的资料证实碎裂 QRS 波能明显提高陈旧性心肌梗死的诊断率（图 2-3-8）。

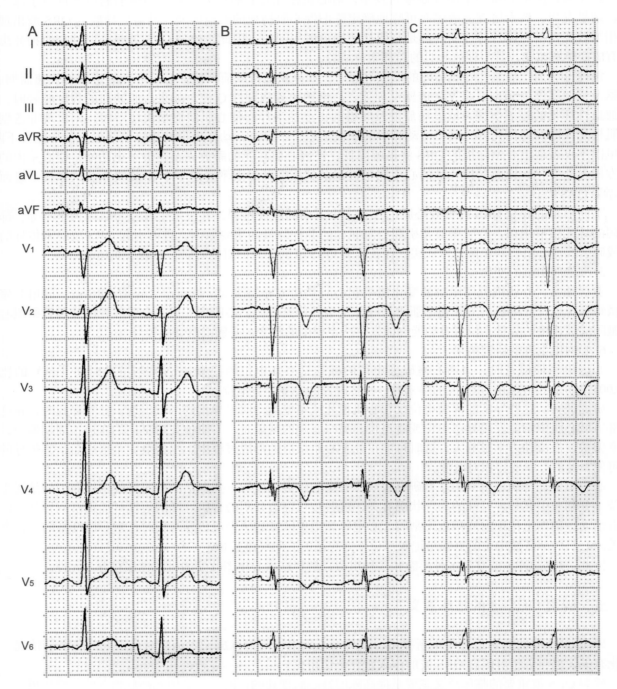

图 2-3-8　广泛前壁心肌梗死遗留胚胎 R 波及碎裂波

患者男，60 岁，有高血压、高脂血症，糖尿病史。急性心肌梗死时左前降支闭塞，右冠脉中段狭窄 50% ～ 70%，回旋支狭窄、有不规则斑块。行 PCI 治疗于左前降支植入支架 1 枚。

A. 发生心肌梗死前 10 天体检心电图，窦性心律 85 次 / 分；B. 心肌梗死后 3 个月心电图，窦性心律 73 次 / 分，广泛前壁心肌梗死，V$_1$、V$_2$ 导联病理性 Q 波，V$_3$ ～ V$_6$ 导联碎裂 QRS 波；C. 心肌梗死后 10 个月心电图，窦性心律 75 次 / 分，V$_1$、V$_2$ 导联 QS 波，V$_3$ ～ V$_6$ 导联碎裂 QRS 波

　　如上所述，心肌核素灌注显像和单光子发射断层心肌灌注显像的运动负荷试验等检查可敏感而特异地分辨和检测灌注不良的心肌、无灌注的心肌瘢痕组织等，是目前判断病变心肌存活性的准确可靠的无创性检测方法。近年来，以这些先进敏感技术的检测结果为对照，对碎裂 QRS 波在陈旧性心肌梗死的诊断方面的作用做了大量研究。

　　2006 年 Mithilesh K 等的研究中，通过 479 例陈旧性心肌梗死患者的心肌核素与心电图分析，评价了碎裂 QRS 波和病理性 Q 波的临床诊断价值。

　　（1）心肌梗死后心肌瘢痕组织相关的心电图指标的发生率：全组 479 例陈旧性心肌梗死患者，心电图存在病理性 Q 波者 71 例，存在碎裂 QRS 波者 191 例，有病理性 Q 波和（或）碎裂 QRS 波者 203 例。

　　碎裂 QRS 波及病理性 Q 波在左室前壁、侧壁和下壁心肌梗死患者中的发生率见表 2-3-2。

表 2-3-2　两种心电图指标在不同部位心肌梗死患者中的发生率

	前壁	侧壁	下壁
病理性 Q 波	2.1%（10）	1.3%（6）	12.3%（59）
碎裂 QRS 波	9.6%（46）	7.0%（33）	35.9%（172）
病理性 Q 波和（或）碎裂 QRS 波	10.9%（52）	7.5%（35）	38.6%（182）

　　（2）两种心电图指标诊断不同部位陈旧性心肌梗死的敏感性：对部位不同的陈旧性心肌梗死的诊断敏感性中，碎裂 QRS 波为 85.6%，病理性 Q 波为 36.3%，而病理性 Q 波与碎裂 QRS 波联合标准的敏感性最高，见图 2-3-9A 及表 2-3-3。

　　（3）两种心电图指标诊断不同部位陈旧性心肌梗死的特异性：对部位不同的陈旧性心肌梗死的诊断特异性，病理性 Q 波平均为 99.2%，碎裂 QRS 波平均为 89.0%，见图 2-3-9B 及表 2-3-4、表 2-3-5。

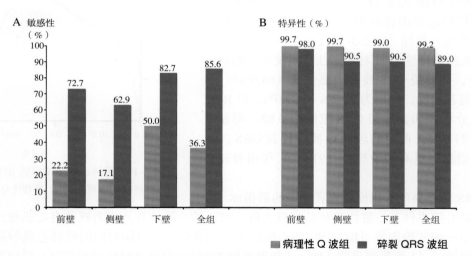

图 2-3-9　两种心电图指标在不同部位陈旧性心肌梗死诊断中的比较

表 2-3-3　两种心电图指标在不同部位陈旧性心肌梗死诊断中的敏感性

	前壁	侧壁	下壁
病理性 Q 波	22.2%	17.1%	50.0%
碎裂 QRS 波	72.7%	62.9%	82.7%
病理性 Q 波和（或）碎裂 QRS 波	76.4%	68.6%	90.5%

表 2-3-4　两种心电图指标在不同部位陈旧性心肌梗死诊断中的特异性

	前壁	侧壁	下壁
病理性 Q 波	99.7%	99.7%	99.0%
碎裂 QRS 波	98.0%	90.5%	90.5%
病理性 Q 波和（或）碎裂 QRS 波	97.5%		91.0%

表 2-3-5　两种心电图指标诊断陈旧性心肌梗死时的特点

	病理性 Q 波	碎裂 QRS 波	病理性 Q 波和（或）碎裂 QRS 波
敏感性	36.3%	84.6%	91.4%
特异性	99.2%	89.0%	89.0%
阳性预测值	95.7%	83.7%	84.2%
阴性预测值	70.0%	87.6%	94.2%

（4）两种心电图诊断指标的 ROC 曲线：ROC 曲线的纵坐标为真阳性率，横坐标为假阳性率，该曲线能反映连续变量敏感性和特异性的综合指标，而 ROC 曲线下面积（AUC）值能评价不同指标的诊断效率，尤其当两项诊断指标的敏感性和特异性各有所长时，通过 ROC 曲线下面积的比较进行不同诊断指标的诊断效率时更有应用价值。

对陈旧性心肌梗死引起的心肌瘢痕组织的诊断中，碎裂 QRS 波和病理性 Q 波的 ROC 曲线下面积：碎裂 QRS 波 0.82，而病理性 Q 波 0.65（P＜0.001）。这充分说明，在陈旧性心肌梗死的心电图诊断中，碎裂 QRS 波诊断指标优于病理性 Q 波这一指标（图 2-3-10）。

总之，传统的病理性 Q 波对陈旧性心肌梗死诊断的敏感性低（36%），而碎裂 QRS 波的敏感性高（84.6%），而诊断的特异性两者相反，分别为 99.2% 和 89.0%。但 ROC 曲线下面积的分析表明，碎裂 QRS 波的值 0.82，明显高于病理性 Q 波的 0.65。而将病理性 Q 波与碎裂 QRS 波联合应用时，有望获得更高的敏感性（91.4%）和相对较高的特异性。

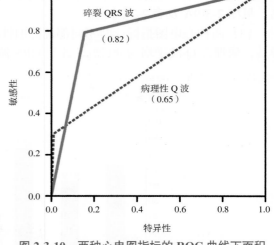

图 2-3-10　两种心电图指标的 ROC 曲线下面积
碎裂 QRS 波为 0.82，病理性 Q 波为 0.65

2. 碎裂 QRS 波是高危心肌梗死患者预警的新指标

心肌梗死是心脏事件及心脏性猝死的高危人群，75% 的心脏性猝死患者既往有心肌梗死病史，而心肌梗死病史作为单一的危险因素可增加 5% 的心脏性猝死的危险，而且随时间的推移心肌梗死患者心脏事件及死亡率均明显增加（1 年猝死风险 14%，3 年升高到 38%），因此及时检出和识别心肌梗死后猝死的高危患者并给予相应的治疗与预防，一直是临床研究的热点。

（1）对全因死亡率的预警：晚近的资料表明，碎裂 QRS 波是高危心肌梗死患者预警的心电图新指标，Mithilesh K 的一组资料中，对 998 例冠心病心肌梗死患者进行了长达 5.5 年的随访，结果表明，对于全因死亡率，碎裂 QRS 波组死亡 93 人，发生率 34.1%，而无碎裂 QRS 波组死亡 188 人，发生率 25.9%。两者相比，有碎裂 QRS 波比无碎裂 QRS 波对全因死亡更具高危性，其绝对值高出 8.2%，相对值高出 39.7%（图 2-3-11）。

该项研究认为，心电图有碎裂 QRS 波者心肌冠脉血流灌注异常的情况显著升高，其对心脏性死亡的预测与病理性 Q 波相同，但明显高于无碎裂 QRS 波的亚组。此外，其对高危患者的预警作用也明显比运动试验时出现心电图复极异常、ST-T 改变、U 波改变等指标要大。

（2）对心脏事件的预警：心肌梗死患者的心脏事件包括再次心肌梗死，需做冠脉成形术以及心脏性猝死等。Mithilesh 的资料表明，5.5 年的随访期中，碎裂 QRS 波组发生心脏事件 135 人，占该亚组的 49.5%，而无碎裂 QRS 波组发生心脏事件 200 人，占该亚组的 27.6%，前者发生心脏事件的概率明显增高。

Kaplan-Meier 生存曲线是连续的阶梯形曲线，常用于简单的描述性分析，可直接用概率乘法原理估计生存率，概率乘法计算的生存率等于时间段内生存率的乘积。

而经 Kaplan-Meier 生存曲线分析，碎裂 QRS 波组心脏事件的发生率明显比无碎裂 QRS 波组高（图 2-3-12）。

多变量因素的分析结果表明，碎裂 QRS 波是心脏事件独立预测性较强的因子。

上述多项及亚组结果的分析表明，碎裂 QRS 波与病理性 Q 波对高危心肌梗死患者的预警作用无差别。

（3）碎裂 QRS 波组给予强度更高的治疗可能减少了该亚组的死亡率：Mithilesh 等认为，其研究的亚组结果进一步分析表明，在碎裂 QRS 波组应用他汀类降脂药物治疗的人数明显高于无碎裂 QRS 波组的患者（63.7% *vs.* 53%，*P*=0.002）。另外，两个亚组应用埋藏式心脏复律除颤器（ICD）治疗和血管成形术治疗的人数也存在上述相似的差别（35.2% *vs.* 16.1%，*P* <0.001）。这些资料说明，碎裂 QRS 波组最初发病时临床情况相对严重，因此，临床给予了强度更高的治疗。可以推测，这些加强的治疗都能不同程度地降低该组的死亡率和心脏事件的发生率，去除这些因素的影响后，预计碎裂 QRS 波组的心脏事件及全因死亡率可能更高。

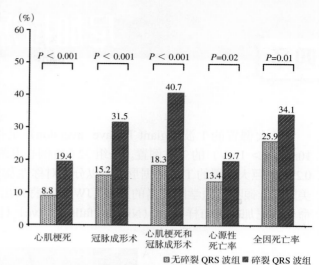

图 2-3-11　心脏事件和死亡率在碎裂 QRS 波组与无碎裂 QRS 波组之间的比较

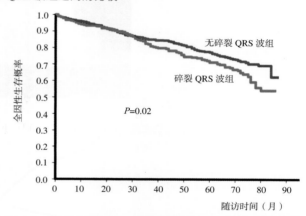

图 2-3-12　有碎裂 QRS 波和无碎裂 QRS 波的两组患者全因性生存概率的 Kaplan-Meier 生存曲线分析

六、结束语

近年来，冠心病心肌梗死的治疗模式发生了重要变化，随之，已引起心肌梗死的临床发病及诊断等多方面出现了相应变化。这种情况下，通过深入的研究，碎裂 QRS 波这一心电图指标已显露出在陈旧性心肌梗死的诊断及高危心肌梗死患者的预警方面有重要作用。

第四章

尼加拉瀑布样 T 波

巨大倒置的 T 波（giant T wave inversion）是指体表常规导联心电图中，3 个以上的导联出现振幅＞10mm（＞1mV）的 T 波倒置。一组 32 000 例心电图流行病学的普查中，有 82 例存在巨大倒置 T 波，发生率 0.22%。巨大倒置的 T 波根据形态可以分成对称性及非对称性，根据病因又可分成原发性及继发性等。2001 年美国波士顿哈佛医学院著名的 Hurst JW 教授将常出现在脑血管意外患者、形态特异的一种巨大倒置的 T 波命名为尼加拉瀑布样 T 波（Niagara falls T wave）（图 2-4-1）。本文介绍 Niagara 瀑布样 T 波的特点及诊断。

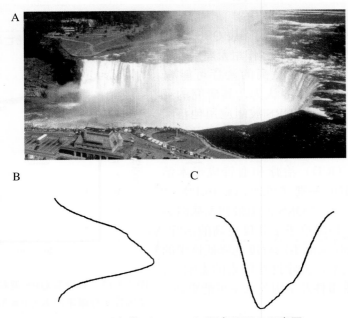

图 2-4-1　尼加拉（Niagara）瀑布及开口示意图
A. Niagara 瀑布远眺；B、C 两个线条图是 Niagara 瀑布开口处的示意图：B 为横观开口处的示意图，C 为纵观开口处的示意图

一、Niagara 瀑布样 T 波的命名

早在 1954 年，Burch 报告了脑血管意外患者形态特殊的巨大倒置 T 波等心电图表现，其常见于颅内出血，尤其是蛛网膜下腔出血的患者，以及颅内损伤、急性脑梗死、大脑静脉血栓、脑外科手术、垂体冷凝破坏术后等患者。

以后 Millar 的研究发现，脑血管意外伴发典型的巨大倒置的 T 波等异常仅仅发生在部分患者，而更多出现的是 T 波低平、顿挫等轻度复极异常，除此还可能伴有 QTc 间期的延长和 ST 段下移等表现。

有学者认为，脑血管意外的巨大倒置的 T 波，还可出现在各种原因引起的阿斯综合征发生之后，出现在交感神经兴奋性异常增高的急腹症患者，因此认为这种特殊的巨大倒置的 T 波是交感神经兴奋性过度增高引起的，故称之为"交感神经介导性巨大倒置的 T 波"。

最近，Hurst JW 教授在 2001 年出版的《心电图解析》（*Interpreting Electrocardiogram*）一书中认为，当体内发生了儿茶酚胺风暴时，交感神经的强烈而广泛的刺激能引起心肌细胞的直接损伤，并可引起心外膜冠状动脉的痉挛。引发广泛普遍的心外膜缺血，同时引起心电图这种形态特殊的巨大倒置 T 波。由于这种形态特异的 T 波酷似美国与加拿大边界上世界最大的瀑布之一 Niagara 瀑布，故 Hurst JW 将这种巨大倒置的 T 波命名为 Niagara 瀑布样 T 波。Niagara 瀑布由 3 个独立的瀑布组成，包括马蹄形瀑布、美国瀑布、新娘面纱瀑布，以马蹄形瀑布为代表。因瀑布外形基底部宽，酷似马蹄而命名，为加深读者的印象和理解，图 2-4-1 展示了 Niagara 瀑布，下面的两个线条图是瀑布开口处示意图，可以看出其开口的外形与临床心电图的某些巨大倒置 T 波几乎一样。

因此，Niagara 瀑布样 T 波是指脑血管意外等患者出现的一种形态特殊的巨大倒置 T 波，与文献中交感神经介导性 T 波是同义词。

二、Niagara 瀑布样 T 波的心电图特点

（1）巨大 T 波倒置：倒置 T 波的振幅多数 > 1.0mV，部分可达 2.0mV 以上（图 2-4-2）。倒置 T 波常出现在胸前导联，集中在中胸及左胸 $V_4 \sim V_6$ 导联，也可出现在肢体导联。而在 aVR、V_1、Ⅲ 等导联可能存在宽而直立的 T 波。

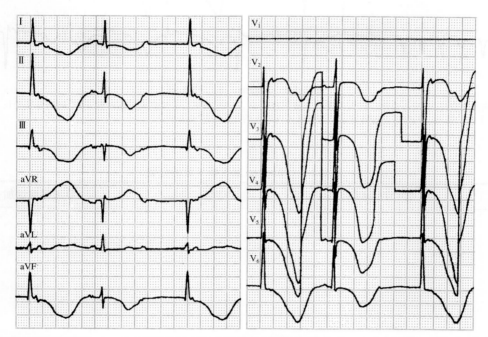

图 2-4-2　典型的 Niagara 瀑布样 T 波

患者女，81 岁，脑出血第 2 天。心电图各导联均出现巨大倒置的 T 波，T 波宽大而不对称，伴显著的 QT 间期延长（0.84s）。因电极脱位，V_1 导联心电图未能同步记录

（2）T 波的演变：与其他巨大倒置的 T 波不同，Niagara 瀑布样 T 波的演变迅速，可持续数日后，自行消失。

（3）T 波宽大畸形：异常宽大 T 波的形成与 T 波前支和 ST 段融合、T 波后支和隐匿、倒置的 U 波融合有关。T 波的开口及顶部都增宽，T 波最低点常呈钝圆形（图 2-4-3）。

（4）不伴有 ST 段的偏移及病理性 Q 波。

（5）QTc 间期显著延长是重要的特征，常延长 20% 或更多，最长可达 0.7 ～ 0.95s。

（6）U 波幅度常 > 0.15mV。

（7）常伴有快速性室性心律失常（图 2-4-3）。

根据是否伴发 QTc 间期的延长以及 T 波、U 波的幅度等特点，可将 Niagara 瀑布样 T 波分成 5 个亚型（表 2-4-1）。5 个亚型中以 Ⅰ 型最多见，约占 80%。

三、Niagara 瀑布样 T 波的发生机制

1. 自主神经与心电图

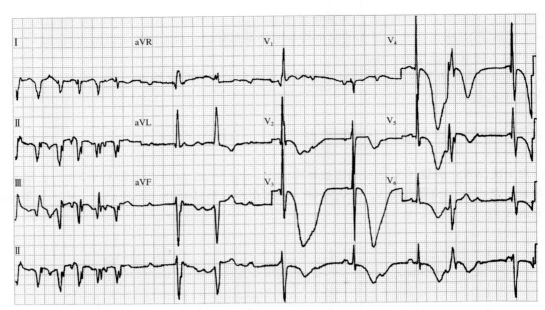

图 2-4-3　Niagara 瀑布样 T 波

患者男，66 岁，脑血管意外 4h 后心电图。巨大倒置的 T 波出现在 V$_2$～V$_6$ 导联，T 波宽大且不对称，QT 间期显著延长（0.88s），完全符合 Niagara 瀑布样 T 波的特点，同时可见短阵室速，与患者体内发生的儿茶酚胺风暴相关

表 2-4-1　Niagara 瀑布样 T 波的分型

分型	QTc 间期延长	T 波幅度增加	U 波幅度增加
I	+	+	
II	+		+
III	+		
IV		+	+
V	+	+	+

　　自主神经的功能改变对心电图的显著影响早已被认识和肯定。激动、紧张、运动时交感神经兴奋可使 T 波振幅降低，甚至倒置，迷走神经兴奋时，T 波振幅增高。自主神经功能引起心电图改变的发生率高达 20%～40%。自主神经功能紊乱有多种临床表现，包括头痛、头昏、焦虑、恐惧、烦恼、睡眠差、多梦、记忆力减退、血压波动和过度通气等，引起心电图的改变多数是 T 波及 ST 段的改变。

　　交感神经紧张型（sympathicotonia）心电图改变常表现为：① 心率增快；② P 波振幅增高；③ PR 间期缩短；④ QRS 波时限缩短；⑤ T 波振幅降低，甚至倒置；⑥ ST 段轻度下移。T 波的前支与压低的 ST 段相连，可形成一种特殊的 ST-T 改变。β 受体过敏综合征患者常有这些心电图改变。

　　迷走神经紧张型（vagotonia）心电图改变可表现为：① 心率减慢；② P 波振幅降低；③ PR 间期延长；④ QRS 波时限增宽（与心率相关）；⑤ T 波增高；⑥ ST 段轻度抬高。迷走神经张力过高引起的早复极综合征常有上述心电图改变。

　　2. 儿茶酚胺风暴与巨大倒置 T 波

　　越来越多的资料支持 Niagara 瀑布样 T 波的发生机制与交感神经的过度兴奋有关。

　　（1）动物实验资料：右侧交感神经支配左室前壁，左侧交感神经支配左室后壁，当刺激或电灼下丘脑一侧的交感星状神经节时，能造成交感传出神经对心肌支配的不均衡，引起 T 波的明显改变。同样，左或右侧交感星状神经切除术或给予强刺激时，都可引起巨大倒置的 T 波，刺激停止一段时间后，巨大倒置的

T 波可恢复成正常直立的 T 波。

（2）临床资料：临床资料表明，交感神经过度兴奋的多种情况可引起巨大倒置的 T 波。最典型的情况是脑血管意外（尤其是蛛网膜下腔出血）、各种脑血管疾病、各种原因引起的持续时间较长的阿斯综合征之后，均可出现持续数日的巨大倒置的 T 波。这些涉及颅脑自主神经损伤的疾病常伴有交感神经的过度兴奋，以及大量的交感胺释放入血，进而形成体内的儿茶酚胺风暴。过量的儿茶酚胺能刺激下丘脑星状交感神经节，引起 T 波的改变及 QT 间期的显著延长，过量的儿茶酚胺还可直接作用于心室肌，使心肌复极过程明显受到影响。

（3）急腹症：部分胃溃疡患者进行迷走神经干切除术后，可出现 Niagara 瀑布样 T 波改变，包括巨大倒置 T 波、QTc 间期的明显延长等。业已证明，这些心电图改变是自主神经中枢兴奋后，产生儿茶酚胺大量释放入血的结果。

（4）过度通气：可引发心电图暂时性 T 波倒置，这种 T 波倒置与交感神经早期兴奋时引起心室复极延长、复极不同步相关，事先服用肾上腺素能阻滞剂可以预防过度通气引起的 T 波倒置。

（5）脑血管意外伴有心电图巨大倒置 T 波的患者，死后尸检未能发现有明显的心肌损伤。进而认为这种 T 波的变化可能是中枢介导的交感神经张力的功能性改变，引起心肌持续较长时间的电功能障碍，类似于心肌缺血后的心肌顿抑现象，心肌顿抑现象逆转后，可以不遗留器质性的心肌损伤，同时 T 波变为直立，恢复正常。

正常心肌的电活动包括方向相反的除极与复极两个过程，除极自心内膜向心外膜方向进行，复极从心外膜向心内膜方向进行。因此心内膜心肌除极后，距复极的时程长，激动持续及停留的时间长，心外膜心肌相反，心肌除极后马上复极，激动停留的时间短。不同部位心肌激动的强度和时程都不相同，这一差别称为心室梯度（ventricular gradient），T 波代表复极过程中未被抵消的心室复极电位差。心室梯度是复极时程不均匀，心室不同部位的动作电位时程不同所致。正常时心室梯度的方向由激动时间较长的部位（心内膜）指向激动时程较短的部位（心外膜），因此正常时 T 波直立。有人把 T 波比喻成心室不同部位复极变化的特异性指示器，T 波的改变是某些部位心室肌复极时程变化的结果。

影响不同部位心室肌复极时程变化的主要因素有两种，一是心肌因素，例如心肌炎、心肌病、心肌肥厚；二是外周因素，包括自主神经的分布、兴奋性的变化，血液温度的影响等。当中枢性或其他原因介导的交感神经兴奋性增高时，过多的儿茶酚胺直接作用在心室肌，形成儿茶酚胺性心肌损害，当引起左室游离壁心外膜复极时程显著延长时，心室复极综合方向则从左室心外膜指向心内膜，使中胸或左胸导联原来直立的 T 波变为倒置，儿茶酚胺的增多形成风暴时，上述作用进一步增大，可引起巨大倒置的 T 波。Hurst JW 认为儿茶酚胺风暴还能促发心外膜的冠脉痉挛，造成左室透壁性缺血，缺血是造成心外膜复极时程延长的又一原因。

四、Niagara 瀑布样 T 波的临床谱

（1）各种颅脑病变：包括脑血管意外（脑出血、蛛网膜下腔出血、脑血栓形成）、脑梗死、脑肿瘤、脑损伤等，心电图均可能出现 Niagara 瀑布样 T 波。以蛛网膜下腔出血为例，发病后数分钟至 2 天可能出现巨大倒置的 T 波，伴 QT 间期延长，U 波增大，T、U 波融合等，倒置的 T 波数日内可继续加深，以后逐渐变浅。持续 1～2 周，少数长达 1 个月后，心电图 T 波逐渐恢复正常。

（2）完全性房室传导阻滞或多束支传导阻滞的患者发生恶性室性心律失常时，常引起急性脑缺血及阿斯综合征，发作后常出现 Niagara 瀑布样 T 波（图 2-4-4）。

（3）伴发交感神经过度兴奋的其他疾病，包括各种急腹症、神经外科手术后、心动过速后、肺动脉栓塞、二尖瓣脱垂等临床病症都可能出现 Niagara 瀑布样 T 波。

存在 Niagara 瀑布样 T 波患者的尸检中，少数可见到心内膜下心肌缺血，小面积的坏死等，提示心肌发生功能性改变的同时，有可能伴不同程度的心肌组织的器质性损害。这些患者长期随访后发现，巨大倒置 T 波患者的死亡率比对照组增加 22%，而轻度 T 波异常患者的死亡率增加 16%。

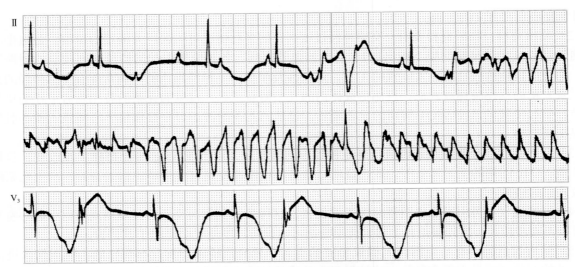

图 2-4-4　高度房室传导阻滞患者晕厥后巨大倒置的 T 波

患者女，56 岁，冠心病。基本心律为高度房室传导阻滞，落在 T 波上的一次室早诱发了心室扑动、颤动及晕厥。晕厥后记录的 V₃ 导联心电图中 T 波宽大深倒，前支有明显顿挫，QT 间期（0.84s）极度延长，但不伴 ST 段改变，无病理性 Q 波，完全符合 Niagara 瀑布样 T 波的心电图特征

五、Niagara 瀑布样 T 波的鉴别诊断

心电图巨大倒置的 T 波还常出现在冠心病心肌缺血后，以及心尖肥厚型心肌病患者，但这些情况时的巨大倒置 T 波的形态与 Niagara 瀑布样 T 波迥然不同，结合临床其他特点，容易鉴别。

（一）缺血性巨大倒置 T 波

1. 冠心病心肌缺血引发的巨大倒置 T 波见于两种情况。

（1）急性 Q 波型心肌梗死的衍变过程中：急性心肌梗死后 1 周左右，体表心电图心肌梗死的相应导联可出现深而倒置的 T 波，持续数日或更长一段时间后倒置 T 波逐渐变浅、低平、直立，少数病例深而倒置的 T 波可持续数月或更长。Q 波型急性心肌梗死出现的巨大倒置 T 波呈现冠状 T 波的特点，同时常有同导联的病理性 Q 波。

（2）非 Q 波型急性心肌梗死的衍变过程中：非 Q 波型心肌梗死时巨大倒置 T 波可能是其唯一的心电图表现，不伴发病理性 Q 波等其他心电图改变。

2. 缺血性巨大倒置 T 波的特点

（1）T 波振幅：缺血使 T 波振幅增大。

（2）T 波方向：缺血使 T 波向量背离缺血面，面对缺血面的导联 T 波倒置。

（3）T 波形态：①双支对称：T 波双支对称的原因是 T 波的起始角度从钝变为锐，使该角度与 T 波后支和 ST 段间形成的终末角近似，因此表现为 T 波对称；② T 波波形变窄；③ T 波顶端变锐，内角变小，这些特点使冠状 T 波变为振幅高而倒置的箭头状（图 2-4-5）。

缺血性 T 波的这些特点与 Niagara 瀑布样 T 波的基底宽，双支明显不对称，伴显著 QT 间期延长等特点形成鲜明对照而容易鉴别。

（二）心尖肥厚型心肌病巨大倒置 T 波

心尖肥厚型心肌病是肥厚型心肌病的一种，与血流动力学负荷不相符合的心肌肥厚出现在心尖部。欧美资料中，心尖肥厚型心肌病约占肥厚型心肌病的 3%，但在日本这一亚型约占肥厚型心肌病的 25% ~ 50%，中国人心尖肥厚型心肌病的发病率与日本相近。

心尖肥厚型心肌病患者的心电图绝大多数有巨大倒置 T 波，其心电图特点包括以下几点。

（1）巨大倒置 T 波出现在 $V_4 \sim V_6$ 导联，倒置的 T 波电压异常升高，呈 $T_{V_4} > T_{V_5}$，T 波双支略不对称，基底部变窄（图 2-4-6）。

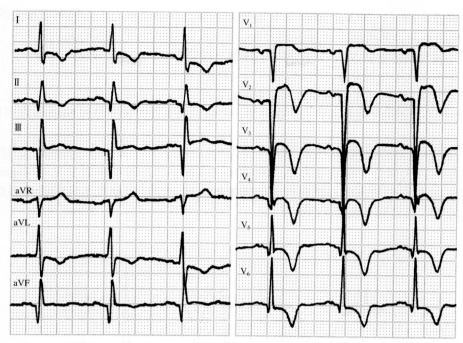

图 2-4-5　缺血性巨大倒置 T 波

患者男，77 岁，冠心病下壁梗死 6 年，急性前壁梗死第 3 天。除病理性 Q 波外，胸前导联可见巨大倒置 T 波，T 波形态呈冠状 T 波特点，伴同导联的病理性 Q 波及 ST 段抬高

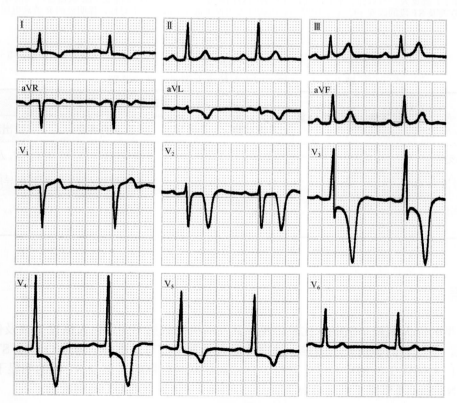

图 2-4-6　心尖肥厚型心肌病巨大倒置 T 波

患者男，50 岁，经超声心动图证实有心尖肥厚型心肌病，$V_2 \sim V_4$ 导联有巨大倒置 T 波，T 波较窄，酷似对称（实际不对称），深倒 T 波的振幅 > 2.0mV（V_3 导联），伴高振幅的 R 波及明显的 ST 段下移，T 波无动态变化

（2）伴有中胸及左胸（$V_4 \sim V_6$）导联的 R 波振幅升高，这是肥厚心肌除极向量增大的结果。但与一般左室肥厚的心电图不同，其增高的 R 波表现为 $R_{V_4} > R_{V_5} > R_{V_6}$。

（3）伴有胸导联及肢体导联 ST 段十分明显的压低（图 2-4-6）。

（4）上述特征在多次心电图记录中无动态变化，或仅有轻微变化。

（5）心电图无异常 Q 波，QT 间期正常，心电轴正常等。

可以看出，根据心电图的上述特点，心尖肥厚型心肌病巨大倒置 T 波容易和 Niagara 瀑布样 T 波鉴别。

（三）三种常见巨大倒置 T 波的鉴别要点

临床心电图中，巨大倒置 T 波有很多类型和临床疾病谱，但三种类型最常见：Niagara 瀑布样 T 波，缺血性巨大倒置 T 波和心尖肥厚型心肌病巨大倒置 T 波。这三型巨大倒置 T 波的特点迥然不同（图 2-4-7），抓住各自的特点容易鉴别（表 2-4-2）。

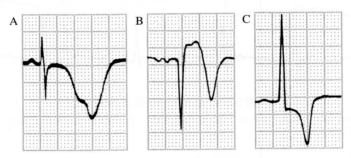

图 2-4-7 三种类型巨大倒置 T 波的比较

A. Niagara 瀑布样 T 波：T 波宽大、不对称、常有切迹，伴显著的 QT 间期延长，不伴 ST 段改变；B. 缺血性巨大倒置 T 波：T 波呈冠状 T 波特点，常伴病理性 Q 波及 ST 段的改变；C. 心尖肥厚型心肌病巨大倒置 T 波：T 波窄、不对称，伴明显的 R 波高电压及 ST 段压低，心电图无演变

表 2-4-2 三种不同类型的巨大倒置 T 波的鉴别

	ST 段压低	病理性 Q 波	T 波改变			
			T 波对称	T 波窄	T 波的演变	出现的导联
Niagara 瀑布样 T 波	-	-	-	-	演变较快	$V_3 \sim V_6$ 及肢体导联
缺血性巨大倒置 T 波	+	+	+	+	中速演变	梗死区导联
心尖肥厚型心肌病巨大倒置 T 波	+	-	-	-	无演变	$V_4 \sim V_6$，以 V_4 导联明显

六、结束语

上述三种类型的巨大倒置 T 波临床比较多见，其发病机制截然不同，巨大倒置 T 波及伴发的其他心电图改变迥然不同，使三者的鉴别并不困难。缺血性巨大倒置 T 波有对称性，可伴 Q 波及 ST 段的改变。心尖肥厚型心肌病巨大倒置 T 波深而轻度不对称，常伴同导联高振幅的 R 波及 ST 段的明显下移，ST-T 的改变无动态演变。Niagara 瀑布样 T 波十分宽大而且不对称，并伴显著的 QT 间期延长。

缺血性 J 波

自 1938 年 Tomashewski 首次发现并报告低温性 J 波至今已经 83 年了，目前已发现十多种明确的病因可引起 J 波。1994 年 Bjerregarrd 和日本的 Aizawa 分别报告心电图伴有 J 波者可发生特发性室颤后，J 波开始受到临床的高度重视。随后，有价值的研究结果相继面世：证实伴有 J 波者的特发性室颤系 2 相折返机制引起；证实 Brugada 综合征心电图的类右束支传导阻滞的 r′ 波就是 J 波，并与患者猝死的发生相关。

近年来，又提出缺血性 J 波的概念，并立即受到临床的高度重视，本文将介绍缺血性 J 波。

一、缺血性 J 波的定义

冠状动脉因阻塞性病变或功能性痉挛引起严重的急性心肌缺血事件发生时，心电图可以新出现 J 波或原来存在的 J 波振幅增高或时限延长时，称为缺血性 J 波。缺血性 J 波是心肌严重缺血时伴发的一种超急期的心电图改变。

二、缺血性 J 波的临床类型

已经证实伴有急性心肌缺血的多种临床情况可引起缺血性 J 波。

（一）变异型心绞痛时的缺血性 J 波

目前较多的资料证实，冠状动脉痉挛而发生变异型心绞痛发作时，心电图可出现缺血性 J 波。

变异型心绞痛是在神经体液因素的作用下，大的冠状动脉强烈地收缩或痉挛，引发冠脉功能性"闭塞"，进而引起严重的透壁性心肌缺血。可以认为变异型心绞痛实际是一次流产的"急性心肌梗死"，变异型心绞痛的诊断在某种意义上属于回顾性诊断。

1.冠脉痉挛发生时的特点

（1）多数发生痉挛的冠脉已存在器质性病变，即已有不同程度的固定性狭窄，少数痉挛发生在正常冠脉。

（2）冠脉痉挛分为闭塞性和非闭塞性两种。闭塞性冠脉痉挛引起透壁性心肌缺血伴 ST 段抬高，ST 段抬高的程度与冠脉狭窄的程度平行；非闭塞性冠脉痉挛引起心内膜下心肌缺血伴 ST 段下移。

（3）冠脉痉挛多数发生在一支冠脉的主支，也可发生在分支，此外还可能单支冠脉多个阶段同时痉挛，而多支冠脉同时痉挛的情况较少发生。

（4）冠脉痉挛的发生率从高到低依次为：前降支、右冠脉、回旋支、对角支和后降支。但无器质性病变的冠脉痉挛，以右冠脉最多见，其次为前降支。

（5）冠脉痉挛常伴心电图 ST 段的抬高，一般认为 ST 段抬高的导联与冠脉供血部位的相应导联对应。当 ST 段实际抬高的导联数低于常规出现 ST 段抬高的导联数目时，可能是冠脉分支痉挛的结果。

（6）冠脉痉挛的发作过程中，心电图改变的初期 ST 段逐渐升高，随后抬高的 ST 段逐渐下降。一般情况下，ST 段逐渐抬高的阶段为缺血期，ST 段逐渐下降的阶段为再灌注期。

2.冠脉痉挛引起变异型心绞痛时的心电图改变

（1）ST 段：发作时 ST 段暂时性抬高，伴对应导联的 ST 段下移，缓解时 ST 段迅速恢复正常。

（2）T 波：常在 ST 段明显抬高前出现 T 波幅度的增加，有时发作较轻者仅有 T 波高尖。

（3）QRS 波：发作时 R 波幅度相应增高或时限增宽，S 波的幅度变小。

（4）心律失常：可发生各种心律失常。

3.冠脉痉挛引起变异型心绞痛时的缺血性 J 波

冠脉痉挛引起的变异型心绞痛中，缺血性 J 波的发生率并不低。

（1）缺血性 J 波伴 ST 段下移

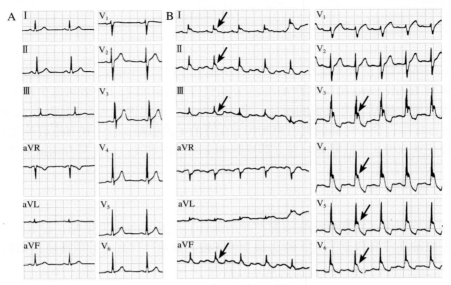

图 2-5-1 缺血性 J 波伴 ST 段压低

图 2-5-1 为 1 例 52 岁男性的心电图，患者有反复发生冠脉痉挛的病史。本次冠脉痉挛发生时伴发 2 次室颤。图 2-5-1A 的心电图基本正常；图 2-5-1B 系冠脉痉挛发生时的心电图。可以看出，在心脏的下壁、侧壁导联出现明显的 J 波（箭头指示），同时这些导联的 ST 段伴有明显下移。记录图 2-5-1B 20min 后，患者发生了室颤，随后患者进行了冠状动脉造影，证实其存在回旋支的痉挛。按一般规律推测，本例患者回旋支发生的痉挛属于非闭塞性痉挛，因而心电图伴 ST 段的下移。

（2）缺血性 J 波伴 ST 段抬高：冠脉痉挛引起严重心肌缺血时，缺血性 J 波多数伴 ST 段抬高。

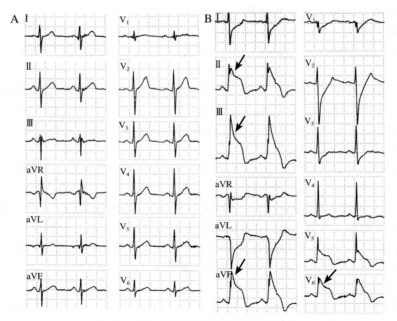

图 2-5-2 缺血性 J 波伴 ST 段抬高

图 2-5-2 为 1 例 75 岁女性的心电图，患者频发心绞痛 3 年，本图为患者进行 12 导联动态心电图检查时记录的心电图。图 2-5-2A 为无胸痛发作时的 12 导联心电图；图 2-5-2B 为冠脉痉挛引起剧烈胸痛时的心

电图。图中可见下壁导联与左室侧壁（V$_5$、V$_6$）导联出现明显的 ST 段抬高及 T 波倒置。此外在 Ⅱ、Ⅲ、aVF、V$_5$、V$_6$ 导联还存在 R 波振幅的增高，S 波振幅的减小，甚至消失。上述改变都符合冠脉痉挛时心电图的各项特点。患者痉挛的冠脉为回旋支。

应当注意，仔细同步观察与测量后能够发现，在 ST 段抬高之前，存在着明显的 J 波，尤其在 V$_6$、Ⅱ、Ⅲ、aVF 导联较明显（箭头指示）。此外下面的图 2-5-3 至图 2-5-5 与图 2-5-2 是同一患者的心电图，图 2-5-3 更能证实确实存在着 J 波。由于图中 J 波是冠脉痉挛引起的，因此属于缺血性 J 波。

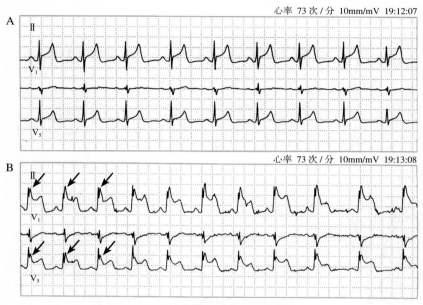

图 2-5-3 缺血性 J 波伴 ST 段抬高

图 2-5-3 是三导联（Ⅱ、V$_1$、V$_5$）同步记录的动态心电图。图 2-5-3A 可以看成是对照图，记录时间 19:12:07，B 图中 Ⅱ、V$_5$ 导联的 ST 段已有明显的弓背向下的抬高，抬高幅度 0.7 ～ 0.8mV，B 图记录时间为 19:13:08，与 A 图仅差 1min，但与 A 图相比，除 ST-T 改变外，图 B 中 V$_5$ 导联出现明显的 J 波（箭头指示），在 Ⅱ 导联也一样。因此，冠脉痉挛发生后，ST-T 改变的同时出现了缺血性 J 波。

本例说明，缺血性 J 波在严重缺血后很快就可能出现。图 2-5-4、图 2-5-5 还提示缺血性 J 波可能是心脏电功能极不稳定的敏感指标，图 2-5-5 与图 2-5-3 记录时间相差不到 3min，但患者已发生了室颤及阿斯综合征。

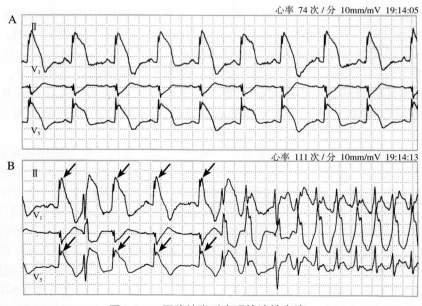

图 2-5-4 冠脉扩张时出现快速性室速

我们继续分析图 2-5-4 和图 2-5-5，两图是图 2-5-3 的后续记录。图 2-5-4 与图 2-5-5 相差 1min，图 2-5-4A 中，ST 段继续抬高，并形成单向曲线或称"墓碑样"改变，但在 V$_5$ 导联依然能看到明显的 J 波。图 2-5-4B 与图 2-5-4A 是连续记录，但在图 2-5-4B 中，ST 段开始下降，同时出现了室性早搏（第 2 个 QRS 波），随后发生了多形性室速，心率达 150～160 次/分。应当注意 II、V$_5$ 导联的图形，此图中 J 波依然存在，而且不同心动周期中 J 波的形态和持续时间存在逐搏的变化，直到室速发生。本图提示 J 波是心电极不稳定的标志性表现，而 J 波的不稳定则更是心脏电功能极不稳定的敏感标志。

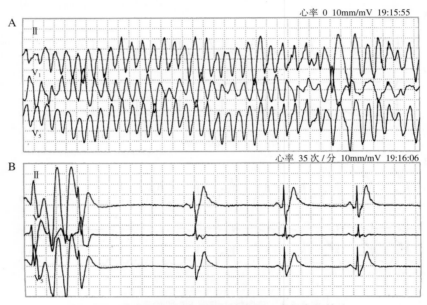

图 2-5-5 患者发生室颤及阿斯综合征，室颤自行终止

图 2-5-5 于 19:15:55 时记录，距图 2-5-3 仅相差不到 3min，距图 2-5-4 仅差 1min。图 2-5-5A 中已发生室颤伴阿斯综合征；图 2-5-5B 中，室颤自行终止，出现缓慢的窦性心律，缺血性 J 波和 ST-T 的改变同时消失

（二）冠脉造影与经皮冠状动脉成形术（PCI）中的缺血性 J 波

近年来，冠脉造影日趋普及，病例数呈指数级递增，同时 PCI 的介入治疗也与冠脉造影病例呈平行的同步增长。冠脉造影与 PCI 的广泛开展使临床医生对冠脉病变的认识，对冠心病心电图的诊断与解释起到巨大的推动作用。

但在这些操作与介入治疗术中，难免对冠脉血流、冠脉的组织结构产生不良影响，甚至明显的损伤。这些影响与损伤势必能影响心肌的功能及相应的心电图改变。例如，大量资料表明，结果阴性患者的冠脉造影中，右冠脉造影时发生室颤最多见。有学者提出，这是正常右冠脉容易发生痉挛的结果。又例如，在 PCI 球囊扩张时，扩张的球囊将冠脉闭塞后，能发生一系列的心电图改变，其中有些心电图十分不好解释。这些不好解释的心电图还可能因置入的支架过长而压迫一些分支的开口，或因治疗的需要，为了扩张大的冠脉而牺牲一些冠脉小分支的灌注与血运，这些情况都可能伴发一些不易解释的心电图改变。

下面我们分析和讨论图 2-5-6 的病例。患者男，66 岁，2001 年因下壁心肌梗死在右冠脉的近端置入一枚支架，术后患者情况稳定。但近期患者反复出现劳力性心前区疼痛，住院后再次行冠脉造影及 PCI。

本次造影结果表明，患者左冠脉系统仍然正常，右冠脉近端置入的支架内出现明显的狭窄，因此在原支架内准备置入新的支架。新支架置入后再次造影发现，支架贴壁不良，需要用高压球囊再次扩张。图 2-5-6A 是再次扩张前的心电图，用高压球囊再次扩张时，12 导联心电图发生了显著的改变（图 2-5-6B），发生显著改变的是 V$_1$～V$_4$ 导联，不注意时，很可能把该心电图的改变误解读为仅有显著的 ST 段抬高，进而判断为冠脉痉挛或其他原因引起的严重心肌缺血。术者看到该心电图，怀疑左冠脉系统发生了痉挛，立即进行左冠脉的再次造影。结果左主干、前降支、回旋支未见痉挛及狭窄（图 2-5-7A），此时心电图的改变仍在持续。术者再回到右冠脉仔细观察时，发现右冠脉圆锥支的血流明显减弱（图 2-5-7B），右冠脉

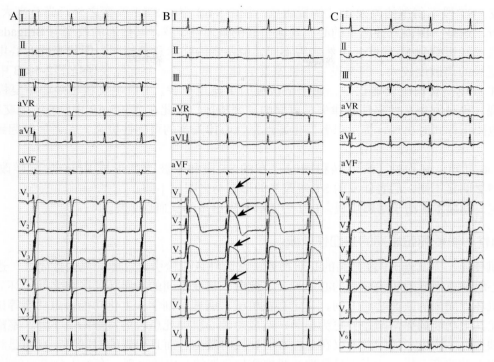

图 2-5-6　PCI 患者术中心电图明显改变

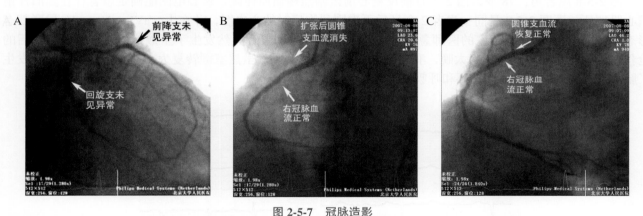

图 2-5-7　冠脉造影

A. 左主干、前降支、回旋支未见狭窄与痉挛；B. 圆锥支消失；C. 圆锥支恢复

近端用高压球囊扩张支架时影响了圆锥支的血流。大约几分钟后，图 2-5-6B 的心电图改变消失，并恢复正常（图 2-5-6C），再进行右冠脉造影时发现，圆锥支的血流基本恢复（图 2-5-7C）。手术前后资料表明，引起图 2-5-6B 心电图改变的直接原因与圆锥支血流的急性锐减有关，心电图改变的本质是心肌严重缺血时引起了缺血性 J 波。

正常时，右冠脉的圆锥支是其第一分支，在右冠脉起源后数毫米处发出，其向前、向上围绕着肺动脉圆锥走行。与之十分靠近的右冠脉的另一分支为窦房结动脉，其向后、向上走行，沿右房外缘到达窦房结，为窦房结与大部分心房肌供血。由于这两个分支从右冠脉分出的部位邻近，两个分支又是一个向前、一个向后，因此在 X 线影像上表现为"八字胡"样。此外，圆锥支还可以由左冠脉发出，或同时由左、右冠脉发出。圆锥支供血范围与圆锥支的大小有关，较大的圆锥支除给肺动脉圆锥供血外，还给部分室间隔供血。左主干病变引起的心电图改变除广泛侧壁、左胸前导联的 ST 段下移外，还有 aVR 和 V₁ 导联的 ST 段抬高。当 aVR 导联 ST 段抬高的幅度 ＞V₁ 导联 ST 段抬高的幅度时，常诊断左主干病变，其敏感性及特异性都在 80% 以上，此时的圆锥支可能起源于左冠脉。

仔细分析图 2-5-6B 时还能发现心电图的另外两个重要问题。一个是心电图在右胸导联的改变几乎与 I 型 Brugada 波完全一样，出现的导联也大致相同。众所周知，Brugada 波是右胸导联出现的心电图三联征，由高大的 J 波、ST 段下斜型抬高及 T 波倒置组成。图 2-5-6B 中除 ST-T 改变之外，尚有高大的 J 波存在。根据上文分析，这是一例因急性严重的心肌缺血引起的缺血性 J 波，其图形的改变与 Brugada 波一样，只是出现的导联已经影响到 V₄ 导联。虽然病因不同，但两者的临床意义相同，即代表此时心电活动十分不稳定，心肌复极的离散度较大，容易发生恶性室性心律失常。另一个重要表现是图 2-5-6B 中存在 T 波电交替，而且 T 波电交替肉眼就能识别，属于毫伏级的 T 波电交替。T 波电交替也是心室复极十分不均衡的心电图表现，也是发生恶性室性心律失常可靠的预测指标。因此在图 2-5-6B 中，T 波电交替与缺血性 J 波这两个心电图指标同时出现，提示患者发生恶性室性心律失常的可能性极高，二者能够起到相互印证的作用。

从图 2-5-6 可知，缺血性 J 波可以和同时存在的 ST 段和 T 波改变形成 Brugada 波样改变，这与图 2-5-1 和图 2-5-2 明显不同，后者伴发的 ST 段改变的形态与之明显不同。

可以肯定，如果术者给予足够重视，PCI 中能够发现更多的缺血性 J 波。

（三）急性心肌梗死超急期的缺血性 J 波

急性心肌梗死，尤其伴 ST 段抬高的心肌梗死，常因红色血栓引起冠脉的完全性闭塞，进而引起长时间、严重的心肌缺血而导致较大面积的心肌梗死。此时，程度不同的心肌坏死区域之间、坏死区与正常心肌，以及心肌坏死周围的缺血心肌之间，肯定存在机械、病理解剖学、生化功能、电功能等诸多方面的差异及离散，尤其电功能的异常与差异更为显著，造成急性心肌梗死患者的室颤阈值下降，室颤的发生率高达 10%。而缺血性 J 波也一样，其不仅在急性心肌梗死时发生，而且出现的时间早，目前已和急性心肌梗死时的超急期 T 波改变一样，两者都是急性心肌梗死超急期的心电图表现，有着十分重要的临床价值。

图 2-5-8 患者男、78 岁，因 2 个月前反复心前区剧烈疼痛而住院，该心电图能确定患者存在陈旧性前壁心肌梗死。而图 2-5-9 是同一患者 2 个月后再次剧烈胸痛时的心电图，并在 Ⅰ、aVL、V₂～V₄ 导联都有形态怪异的 QRS 波。急诊室的医师急请心内科医生会诊时，患者突然发生了室颤伴阿斯综合征，随后的抢救过程中，由于除颤器到位太晚，有效电击的时间拖后太久，虽然室颤转复为窦性心律，但患者却发生了脑死亡，几日后患者死于循环和呼吸衰竭。

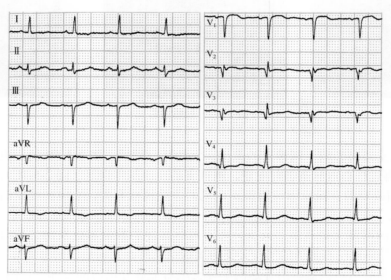

图 2-5-8 1 例剧烈胸痛男性患者住院时的心电图

痛定思痛，让我们讨论和分析图 2-5-9 出现的心电图改变。显然图 2-5-9 中 V₂～V₄ 导联的改变与前几例心电图改变有相似之处，但又不完全相同。可以肯定这些心电图改变中，除 ST-T 改变外尚有缺血性 J 波的出现，与图 2-5-8 相应导联比较后，可以肯定图 2-5-9 的 Ⅰ、aVL、V₅、V₆ 导联肯定出现了缺血性 J 波，而 V₂～V₄ 导联除 ST 段下斜型抬高外，也同时出现高大的缺血性 J 波，这些代表心电极其不稳定的缺血性 J 波出现后，引起患者随后发生室颤，造成脑死亡和最终的死亡。患者心肌坏死生

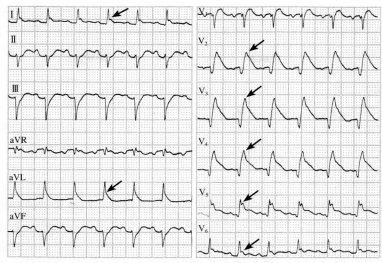

图 2-5-9　与图 2-5-8 同一患者 2 个月后再次剧烈胸痛时的心电图
箭头指示缺血性 J 波

化标志物的检测结果表明，患者本次确实发生了一次新的心肌梗死，图 2-5-9 中缺血性 J 波是本次急性心肌梗死时的超急期心电图改变。

　　从图 2-5-9 能够看出，出现缺血性 J 波的心电图导联可以十分广泛，图形的变化程度也很大，有的导联单纯出现 J 波，有的导联伴有 ST-T 改变，进而构成 Brugada 波样的改变。如能结合病史，仔细分析和测量 12 导联心电图 QRS 波，尤其与对照心电图仔细比较，缺血性 J 波的诊断并不困难，重要的是医生要有清晰的诊断意识。

　　我们再来分析一下图 2-5-10，该患者男、28 岁，因剧烈胸痛 3h 住院。图 2-5-10A 中除了 I 和 aVL 导联有明显的 J 波外，没有更多的心电图异常。患者因怀疑存在冠心病心肌缺血而住院，住院后 4h（图 2-5-10B）和 12h 心电图并无改变，只是上述缺血性 J 波变低而不明显。24h 后的心电图（图 2-5-10C）中，胸前 $V_1 \sim V_6$ 导联 QRS 波的振幅及形态发生了典型的改变，同时心肌生化标志物测定的结果及超声心动图的检查结果都证实发生了正后壁及下壁心肌梗死，左室射血分数仅 40%，回旋支发出第 1 钝缘支后完全闭塞，随后做了 PCI，患者病情得到很好的控制和恢复。

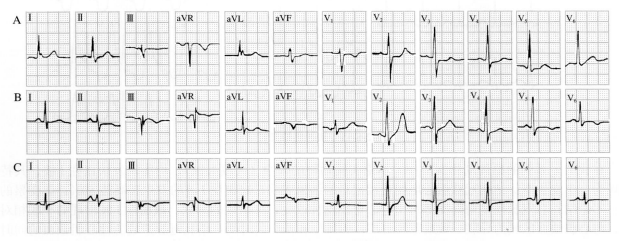

图 2-5-10　同一患者胸痛发作时不同情况下的心电图
　　A 图中出现缺血性 J 波，随后其变低，甚至消失，但在当时除心电图有缺血性 J 波的表现外，直到图 C 才出现了典型的正后壁和下壁心肌梗死的心电图表现。缺血性 J 波在 B 和 C 两条中几乎消失，图中可见广泛的 ST-T 改变

　　从本例讨论可知，缺血性 J 波可以在急性心肌梗死时单独出现，不伴有 ST-T 的改变，而且有可能是心肌梗死早期的唯一心电图改变。图 2-5-10 的缺血性 J 波相当局限，只在 I 和 aVL 导联 J 波明显，这可能与

闭塞发生于回旋支发出第 1 钝缘支后有关。因此,缺血性 J 波有时对急性心肌梗死的早期诊断也有重要价值。

综上所述,缺血性 J 波的心电图改变可在多种临床情况出现,包括急性冠脉综合征的急性心肌梗死、变异型心绞痛以及冠脉 PCI 中,可以推断急性心肌梗死时,心电图这一改变的发生率不会太低。

三、实验性缺血性 J 波

临床资料表明,缺血性 J 波是心肌缺血的超急期心电图改变。同时,动物实验的结果表明,实验性心肌缺血也能引发缺血性 J 波。

(一)整体动物的缺血性 J 波

图 2-5-11 是实验犬发生急性心肌缺血前后的心电图。A 图是犬心肌缺血前的对照心电图。将犬开胸充分暴露心脏后,应用滑线将心脏冠脉的前降支近端(第 1 对角支发出前)结扎,使冠脉前降支血流在近端中断进而制造急性心肌缺血的动物模型。B 图是冠脉前降支近端刚被结扎时记录的心电图,箭头指向心电图新出现的 J 波,其位于 QRS 波之后,该 J 波在各个胸导联均可见到。C 图记录的时间比 B 图仅晚 1min,两图相比,C 图中缺血性 J 波虽然变小但仍然可见,而令人瞩目的是 ST 段出现明显的抬高。图 2-5-11 三份心电图的动态改变证实,缺血性 J 波这种心肌缺血时超急期的心电图改变,其持续时间较短,而 ST 段抬高可能紧随其后而来,使不显著的缺血性 J 波不被注意而被掩盖。

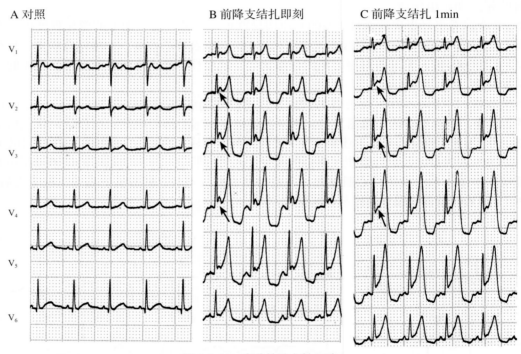

图 2-5-11 实验性缺血性 J 波

在我们一系列的整体动物实验中,不论实验动物的大小(犬或大鼠),均能诱发缺血性 J 波,其特点表现为:①发生率:结扎冠脉后心电图连续记录的结果表明,缺血性 J 波的发生率高达 50%;②受累的冠脉:不论结扎右冠脉还是前降支都可引起心电图这种改变;③出现的导联:缺血性 J 波出现的导联相对广泛,与心肌缺血区域的导联一致或范围更广;④发生和持续的时间:结扎冠脉造成急性心肌缺血的同时或紧接其后就能出现缺血性 J 波,也有出现时间稍晚者,缺血性 J 波可能持续很短时间就明显变窄、幅度变低甚至消失;⑤部分实验性缺血性 J 波出现后很快实验动物就发生致命性室颤而导致猝死。

(二)离体心肌的缺血性 J 波

(1)离体心肌的急性缺血:1995 年,我国旅美科学家严干新在研究心肌中层 M 细胞电生理特征时,开创性地制成了带有灌流动脉的犬心室肌楔形组织块的电生理模型（图 2-5-12）。该模型中，持续的组织灌注使心肌块在一定的时间内良好生存，漂浮式玻璃微电极可同时记录心肌外膜、中层及内膜心肌细胞的动作电位，还能记录心外膜不同部位心肌细胞的动作电位，以及心室内膜与外膜之间的跨室壁心电图。借此模型，可以全面、同步观察不同部位心肌细胞动作电位及相关的心电图 QRS 波、J 波、ST 段的形成及变化，为研究体表心电图的细胞电生理机制提供了全新手段。

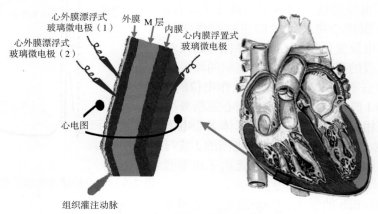

图 2-5-12　犬心室肌楔形组织块电生理模型

在离体的、有动脉血供的犬心室肌楔形组织块上，制成区域性心肌缺血的模型十分容易，缺血发生后，在不同的时间，能记录到不同层次、不同部位心肌细胞的动作电位和跨室壁的同步心电图。

（2）急性心肌缺血与缺血性 J 波：①实验性心肌缺血发生后，在透壁性心肌缺血组，全部犬 I_{to} 电流介导的心外膜心肌细胞动作电位 2 相的穹顶丢失（图 2-5-13A）；②约 50% 的动物（7/15）缺血发生 3 ～ 9min 时诱发了室颤，并伴显著的 ST 段抬高；③缺血严重部位心肌细胞（出现 R on T 室早的部位）动作电位的 1 相幅度和 I_{to} 电流的密度显著升高；④犬的急性区域性心肌缺血：在缺血区 I_{to} 电流增强，其介导的穹顶丢失形成缺血部位跨室壁的心内膜、心外膜动作电位的显著不同；⑤心外膜不同部位动作电位时程存在明显的差别（图 2-5-13B），造成心外膜的不同部位存在 2 相电位差，这是发生 2 相折返及室颤的基质。

（3）离体心肌急性缺血实验证实：心肌缺血可引起超急期缺血性 J 波的出现，其与心外膜心肌细胞 I_{to} 电流的增强和动作电位 1 相切迹的增大相平行，这是跨室壁复极电位差增大的结果，同时心外膜不同部位之间也存在电位差。

总之，整体动物和离体心肌的实验都证实，急性心肌缺血可引起缺血性 J 波。

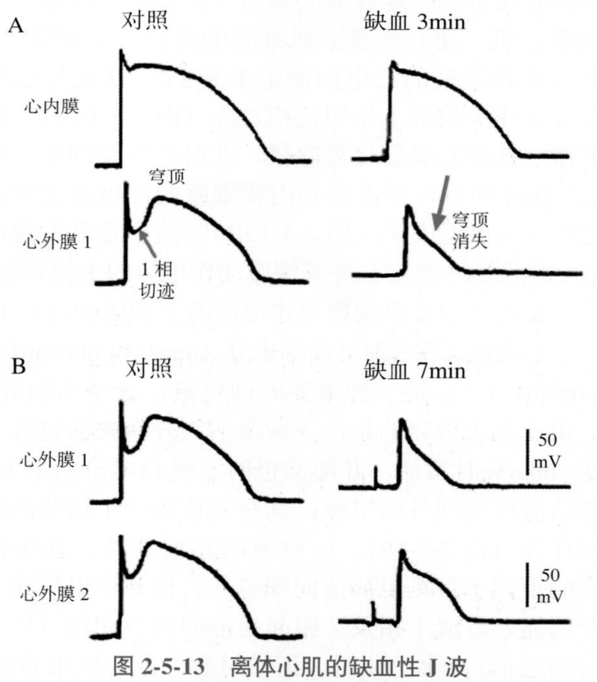

图 2-5-13　离体心肌的缺血性 J 波

A. 缺血 3min 时，心外膜心肌细胞动作电位的 2 相穹顶消失，而心内膜细胞的 2 相却无变化；B. 缺血 7min 时，心外膜的不同部位复极出现了差异

四、缺血性 J 波的发生机制

心电图 QRS 波与 ST 段的连接点称为 J 点（Joint point），J 点从基线向上偏移的幅度 ≥ 0.1mV，时限 ≥ 20ms 时，可形成 QRS 波后的 J 波。早在 1920 年，Krars 就报告了高钙血症时的 J 波。

J 波的发生机制至今不明，先后提出多种假说，包括："心室提前出现的复极波假说""部分心室肌缓慢除极假说""自主神经调节异常假说"等，这些假说都没有心肌细胞的电生理证据，因而未能得到公认。

直到 20 世纪 80 年代后期，Litovsky 与 Antzelevitch 在研究犬心室跨壁电生理特性时，发现右室心外膜心肌细胞的动作电位与左室、右室心内膜心肌细胞的动作电位明显不同，其动作电位 1 相和 2 相起始有一显著的切迹，而其他部位的心肌细胞动作电位的这一切迹很小或几乎没有。Litovsky 与 Antzelevitch 根据心电图产生的生物物理学原理，认为任何心电图的电位变化都是心脏内存在与之相对应的电位梯度不同在体表的表现。正常时心室肌的除极从心内膜传到心外膜，而右室心外膜心肌细胞动作电位的 1 相切迹时间与心电图的 J 波相对应，进而推测心室肌外膜与内膜细胞的跨室壁 1 相复极的电压差形成了体表心电图的 J 波（图 2-5-14）。这一工作首次将体表心电图的 J 波与心肌细胞的电生理联系起来，但这一推论缺乏离子和细胞学的直接证据。

此后，作为 Antzelevitch 的学生，严干新在一系列开创性的研究中逐步证实心电图 J 波的细胞学及分子学发生机制。

1. J 波与心外膜心肌细胞动作电位的 1 相切迹直接对应

一次偶然机会，严干新意外地发现了产生 J 波的细胞学的直接证据。他在犬心室肌楔形组织块模型上先刺激心内膜心肌，使心外膜心肌细胞的除极与复极晚于心内膜，此时在跨室壁的心电图能记录到 J 波，J 波与心外膜心肌细胞动作电位的 1 相切迹相对应（图 2-5-15A）。随后，再刺激心外膜心肌使之先除极，此时心外膜细胞动作电位的 1 相切迹则融合湮没在心内膜细胞的除极波之中，同时心电图 J 波也消失了（图 2-5-15B）。这个意外发现说明，体表心电图的 J 波与心外膜细胞动作电位的 1 相切迹相关。

2. 心外膜心肌细胞动作电位的 1 相切迹与 I_{to} 电流相关

I_{to} 电流又称瞬时外向钾电流（transient outward potassium current，I_{to}），是一种重要的钾电流，分子结构尚不清楚。I_{to} 电流在去极化的条件下被激活，并有失活过程，常在电压 $-60mV$ 时激活，并随除极时去极化电位的增大而增强，激活后形成钾外向电流，其对动作电位 1 相的形成起到重要作用（图 2-5-16）。I_{to} 电流明显增强时，意味着将有较多的钾离子带正电荷流向细胞外，使动作电位在 1 相时下降明显，形成 1 相及 2 相起始部的向下切迹（位于 2 相平台期之前）。业已证明，正常时心外膜心肌细胞的 I_{to} 电流较强，并形成较深的 1 相切迹，而且右室心外膜心肌细胞的 I_{to} 电流更强。应当注意，这一差异男性比女性更显著，使男性的 I_{to} 电流较强。此外，I_{to} 电流通道作为一种类型的钾通道，自然也存在其阻滞剂，如临床常用的抗心律失常药物奎尼丁就是其非选择性阻滞剂。

为证实动作电位 1 相切迹与 I_{to} 电流的关系，严干新进行了另一项研究。在已制备的犬右室肌楔形组织块中，应

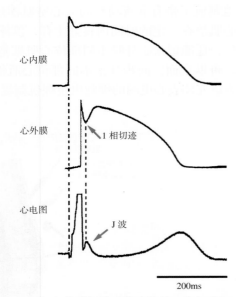

图 2-5-14 心外膜细胞动作电位的 1 相切迹与 J 波一致

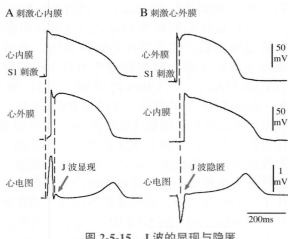

图 2-5-15 J 波的显现与隐匿

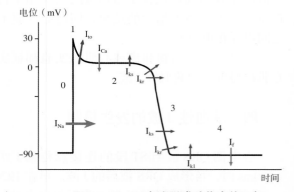

图 2-5-16 I_{to} 电流形成动作电位 1 相

用浓度为 5mmol/L 的 I_{to} 通道阻滞剂 4-AP 灌注 10min 后出现：①心外膜心肌细胞动作电位的 1 相切迹明显降低，甚至消失；②心电图原有的 J 波幅度同步变低，甚至消失（图 2-5-17B）。这一实验结果直接证实 1 相切迹形成的离子机制是 I_{to} 电流，证实心电图 J 波形成的离子基础为 I_{to} 电流。

3. J 波变化的特点呈 I_{to} 电流依赖性

实验证明，J 波变化的特征与 I_{to} 电流的变化特征一致。

（1）低温性 J 波：早在 1938 年，Tomashewski 报道了低温患者心电图出现 J 波。实验证明，将犬心室肌楔形组织块灌流液的温度由正常 36℃降低至 29℃时，心外膜心肌细胞动作电位的 1 相切迹更加突出，同时心电图的 J 波明显增高、增宽（图 2-5-18B），随后将灌注液温度升至 34℃时，1 相切迹和 J 波又恢复原来形态（图 2-5-18C）。

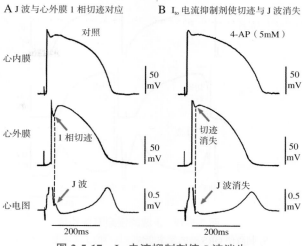

图 2-5-17　I_{to} 电流抑制剂使 J 波消失

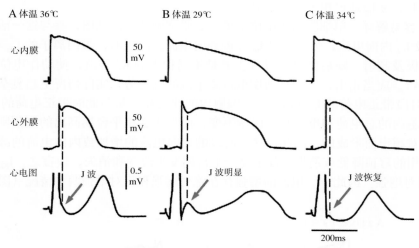

图 2-5-18　实验低温性 J 波

细胞电生理的研究表明，组织温度降低时，I_{to} 电流、I_{Na} 电流和 I_{Ca} 电流都将减弱，但相比之下，I_{to} 电流减弱较轻，这使低温引起的最终净效应是 I_{to} 电流相对增强。此外，I_{to} 电流本身激活较慢，最终引起"切迹"增大、增宽，J 波随之增高、加宽，而变得更为明显。

（2）J 波的慢频率依赖性：临床医师十分熟悉早复极综合征患者心电图 J 波与心率间的关系，即频率增快时，J 波变小，反之，J 波变大。J 波的这种慢频率依赖性与 I_{to} 电流强弱的慢频率依赖性完全平行（图 2-5-19）。

4. 单纯心外膜心肌除极时 J 波更加明显

在犬右室肌楔形组织块的模型中证实，除极从心内膜开始时，J 波幅度低、时限短，这是心外膜心肌细胞动作电位的 1 相切迹融合在心内膜心肌细胞除极波中的结果（图 2-5-20A）。如果将心内膜心肌切除后再同样记录，原来被融合的切迹得到充分显露，并使整个跨室壁激动传导的时间缩短，使心电图的 J 波增高、增宽而变得明显。

总之，通过一系列卓有成效的基础研究，J 波的发生机制最终得到确认，即 J 波形成的分子学机制是 I_{to} 电流增强的结果。其细胞学电生理机制是各种因素（生理及病理性）使跨室壁的电压梯度、复极的异质性及离散度加大而最终形成 J 波。

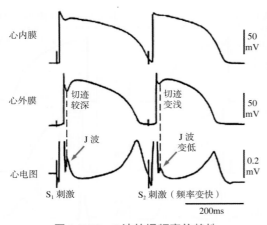

图 2-5-19　J 波的慢频率依赖性

S$_2$ 刺激使 QRS 波的频率变快，其后的 J 波幅度明显变低

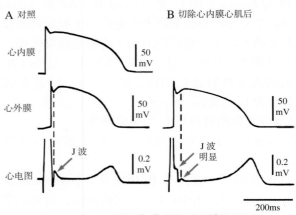

图 2-5-20　切除心内膜心肌后 J 波更明显

5. 其他学者的不同观点和疑问

对上述 J 波的发生机制部分学者仍有不同意见，甚至持反对观点。Martini 提出：Brugada 综合征患者的心电图都有明确而显著的 J 波，如果该 J 波确实与 I$_{to}$ 电流相关，那么为什么已发现的 Brugada 综合征多个致病基因中没有 1 个与 I$_{to}$ 通道相关的基因突变。

Martini 的疑问容易解释。单细胞动作电位是单个心肌细胞的电激动图，参与这一活动的离子流主要有两类：一类是 I$_{Na}$ 及 I$_{Ca}$ 内向电流，另一类是 I$_{to}$ 等钾外向电流。除极时，带阳离子的 I$_{Na}$ 和 I$_{Ca}$ 大量进入细胞内，形成 0 相的除极及超射，随后的复极过程主要是不同种类的 K$^+$ 外流，使动作电位 1 ～ 4 相的电压逐渐下降（图 2-5-21A）。应当指出，这只是动作电位离子流的总趋势，实际情况更趋复杂。例如动作电位的 2 相平台期就是该时段带正电荷的 I$_{Na}$ 和 I$_{Ca}$ 进入细胞内的速度和数量与此时带正电荷的 I$_K$ 外流的速度与数量相对平衡，使细胞内的总电荷和电压基本保持不变，而形成 2 相平台期高出的穹顶则是该时 I$_{Na}$ 和 I$_{Ca}$ 进入细胞内的数量相对超出而形成的。因此，这一时段的外向电流的增加或内向电流的减少都能使心外膜心肌细胞动作电位 2 相的穹顶降低或消失，甚至整个平台期发生改变和消失。换言之，I$_{Na}$ 和 I$_{Ca}$ 内流的减少，可造成 I$_{to}$ 电流的相对增强。因此，I$_{to}$ 电流的增强存在绝对增强和相对增强两种情况（图 2-5-21B）。

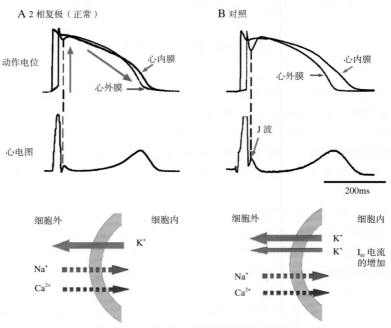

图 2-5-21　I$_{to}$ 电流增强形成 J 波的示意图

Brugada 综合征的 J 波形成是 I$_{Na}$ 减少、I$_{to}$ 相对增强的结果

6. 各种生理及病理因素在 J 波形成中的作用

生理状态下，心室肌不同部位的 I_{to} 电流不一致，表现在右室心肌的 I_{to} 电流比左室明显，右室心外膜心肌细胞的 I_{to} 电流明显比心内膜的 I_{to} 电流强。因此，正常心脏就存在一定程度的跨室壁复极电位差及离散度，只是程度轻微而无关大局，同时心外膜心肌细胞动作电位的 1 相切迹浅而窄，最终隐匿在 QRS 波之中而不显露。

在某些生理因素，如体温、心率、运动、饮酒、药物、自主神经调节功能的变化，以及某些病理因素，如心肌缺血、高钙血症、电解质紊乱等的作用下，可使原来部分或全部隐匿于 QRS 波中的 J 波变高、变宽而最终显露。总之，多种因素可使 I_{to} 电流增强或使 I_{Na}、I_{Ca} 电流减弱导致 I_{to} 电流的相对增强，最终使 J 波形成。

五、缺血性 J 波的心电图特点

缺血性 J 波，可在临床多种心肌缺血病征时出现，并具有多种特点。

1. J 波出现的时间

可在心肌急性缺血发生的同时出现，也可能稍有间隔后出现。

2. J 波的极向

除 aVR 导联外，J 波在其他导联都为直立，因心外膜与心内膜之间的跨室壁电位差的方向指向心外膜，指向位于心外膜的心电图记录电极，因此 J 波直立。

3. J 波出现的导联

缺血性 J 波出现的导联与心肌缺血的部位基本一致，有时出现导联的范围大于心肌缺血心电图改变的范围。

4. J 波持续的时间

与急性缺血时超急期 T 波改变一样，缺血性 J 波持续时间可以很短，有时 1min 内就有较大的变化，J 波振幅从高变低或变窄。由于持续时间较短，常引起诊断的疏漏。但部分病例的缺血性 J 波能持续存在几个小时，甚至更长。

5. J 波的心电图类型

在不同个体、不同的临床病征，缺血性 J 波有多种类型的心电图表现。

（1）单独出现：单纯缺血性 J 波是指心肌缺血发生时，心电图某些导联仅出现 J 波，这种情况容易识别与诊断，尤其有前后心电图对照时更是如此（图 2-5-22A）。

（2）与 ST 段抬高同时出现：心肌缺血发生后，缺血性 J 波常和 ST 段抬高先后出现，伴发的 ST 段抬

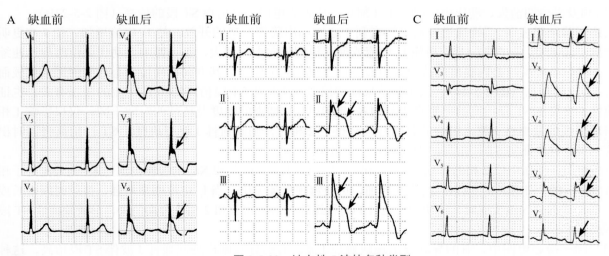

图 2-5-22　缺血性 J 波的多种类型

A. 单纯缺血性 J 波；B. 缺血性 J 波伴 ST 段抬高；C. 分别存在 A、B 两种表现：I 和 V_6 导联出现单纯缺血性 J 波，而 $V_3 \sim V_5$ 导联出现缺血性 J 波伴 ST 段抬高

高可呈多种形态，使两者的组合也出现多种类型。当伴发的 ST 段呈下斜型抬高时，两者组合后就形成了类似 Brugada 波样的心电图改变，此外，还可能形成墓碑样改变等（图 2-5-22B）。

（3）与其他心电图改变同时出现：缺血性 J 波还能与 T 波电交替同时出现，由于这两种心电图改变均提示患者存在着心电不稳定，因而发生恶性室性心律失常甚至猝死的概率大大增加。

6. 缺血性 J 波与缺血性 ST 段抬高的发生机制

缺血性 J 波可以单独出现（图 2-5-22A），也可能与 ST 段抬高同时出现（图 2-5-22B）；心电图这两种表现能够发生在同一患者不同次的心电图，也能发生在患者同次心电图的不同导联中；两者的发生机制有一定的差别（图 2-5-22C）。

（1）单纯性 J 波：单纯性 J 波是心外膜心肌细胞动作电位 1 相切迹形成的，并与 I_{to} 电流的增强相关。即正常时心外膜心肌细胞的 I_{to} 电流强于心内膜而形成两者间 1 相的电位差。正常时该电位差很低，而且心外膜心肌细胞除极在后，使该 1 相切迹隐匿在 QRS 波中而不显露。但在一定条件下，例如心肌缺血，右室心外膜心肌细胞对缺血比心内膜细胞更敏感，产生了更强的 I_{to} 电流，电流密度的增大使动作电位的 1 相切迹加深、加宽，使振幅增高，持续时间延长，结果在 QRS 波后显露出 J 波。

因此，J 波是在一定因素的作用下，心室心外膜 I_{to} 电流在 1 相局限性增强的结果。

（2）ST 段抬高的细胞与离子学机制：经典理论用"损伤电流"学说解释 ST 段的抬高。该理论认为：急性缺血时，缺血心肌细胞存在着除极受阻及复极不全，使复极时电位较高而未能完全极化（极化状态呈内负外正），结果与非缺血部位心肌细胞的完全极化状态之间出现电位差，缺血部位的电位高于非缺血部位，而电流方向却规定为电子流动方向，因此，心肌缺血引起损伤电流的方向总是从正常心肌指向缺血心肌，心肌发生透壁性缺血时，记录电极位于心外膜而记录到 ST 段的抬高（图 2-5-23A）。这种经典的损伤电流学说缺乏细胞及离子学证据，并难以解释其他情况时 ST 段抬高的改变。

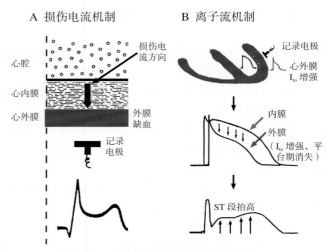

图 2-5-23 ST 段抬高的发生机制

A. 损伤电流机制；B. 离子流机制

而严干新在犬心室肌楔形组织块的动物模型实验中揭示了 ST 段抬高的离子学机制。在心室肌楔形组织块模型制备后，应用浓度 3mmol/L 的钾通道开放剂 pinacidil 液进行心肌灌注。灌注后，心外膜心肌细胞动作电位 1 相切迹加大，使心电图的 J 波变得明显，灌注液的作用进一步扩大时，部分心肌细胞动作电位 2 相的穹顶及平台期消失，动作电位时程迅速缩短，体表心电图同时出现 ST 段的抬高（图 2-5-23B）。

上述实验结果表明，"钾通道开放剂"有利于心肌细胞膜钾通道的开放，使 I_{to} 电流增加，使 J 波更明显。此后，pinacidil 液的进一步作用使 I_{to} 电流或使其他钾外向电流增大，这一影响使动作电位时程迅速缩短，使 2 相时心外膜与心内膜出现持续时间长、程度较大的电位差，其方向指向位于心外膜的记录电极而表现为 ST 段的抬高（图 2-5-24）。该实验结果证实缺血性 J 波及 ST 段抬高均和 I_{to} 电流的增强有关，也证实单纯性 J 波与伴 ST 段抬高的差别在于外向 K^+ 电流（I_{to}）增强的幅度及持续的时间不同，仅仅影响 1 相时则出现单纯的缺血性 J 波，影响的时间持续到整个 2 相时，则缺血性 J 波与缺血性 ST 段抬高将同时出现。这一实验首次证实 ST 段抬高的细胞和分子学机制。

应当指出，动作电位 2 相的穹顶及平台期的形成是该时段中 Ca^{2+} 和 Na^+ 的缓慢内流与 K^+ 的外流处于相对平衡而形成的。如果 Ca^{2+} 或 Na^+ 的内流增加，可使穹顶更加突出。当 I_{to} 电流明显增强，持续时间较长或同时伴 Ca^{2+} 或 Na^+ 内流变弱时，能使动作电位的时程迅速缩短，穹顶和 2 相平台期消失，形成缺血性 ST 段的抬高。

（3）同一份心电图中，有的导联仅出现缺血性 J 波，有的导联则出现缺血性 J 波伴 ST 段抬高，这种情况的发生原因是同一因素对不同部位心肌细胞作用的程度及持续时间不同而引起心电图的不同改变。

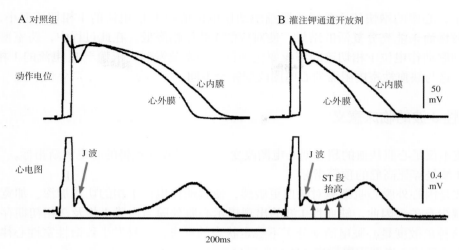

图 2-5-24　钾通道开放剂诱发缺血性 J 波伴 ST 段抬高

六、缺血性 J 波的诊断与鉴别诊断

单纯缺血性 J 波的心电图诊断容易、简单，要点如下。

1. 急性心肌缺血的发作

缺血性 J 波是严重缺血引起心肌 I_{to} 电流增强的结果，如果没有心肌急性缺血的病史，缺血性 J 波的发生与诊断无从谈起。但需注意，临床可能发生无症状性心肌缺血，这将使缺血性 J 波的诊断遇到困难。

2. 多次心电图的动态分析

随着心肌缺血的发生、缓解与消失，伴发的缺血性 J 波可在多次、连续的心电图记录中发生动态变化，或者从无到有、从低到高，或者振幅从高到低、从有到无。缺血性 J 波的这种动态变化有利于心电图的诊断。

应当强调，缺血性 J 波与 ST 段抬高常相继出现，而 ST 段的抬高有多种形态，这使两者组合后的图形也呈现多形性，给诊断带来一定的困难。因此，伴发心肌缺血症状而又出现心电图类 Brugada 波时，应当及时做出缺血性 J 波的诊断。诊断有疑问时需做一系列心电图进行比较，以及同一份心电图中不同导联的比较，因 ST 段的抬高并非在每个导联都存在，不同导联 ST 段抬高的程度也不同，在 ST 段抬高不明显的导联，识别缺血性 J 波相对容易。

3. 与缺血性室内阻滞的鉴别

因缺血性 J 波和缺血性室内阻滞都由心肌缺血引发，出现的部位都在 QRS 波的终末部，因而需要鉴别，两者最重要的鉴别是对快速心率的反应。

（1）缺血性室内阻滞：缺血性室内阻滞是心肌缺血引起心脏的希浦系统传导功能下降的结果，其特点是随基础心率的增加，传导功能障碍加重。当通过药物、运动及心房调搏等方法使心率加快时，缺血性室内阻滞的改变将加重或不变。

（2）缺血性 J 波：与上述相反，缺血性 J 波对基础心率增快的反应是 J 波随之变小，而心率减慢时缺血性 J 波随之增大，这一特征称为缺血性 J 波的慢频率依赖性（图 2-5-19，图 2-5-25）。

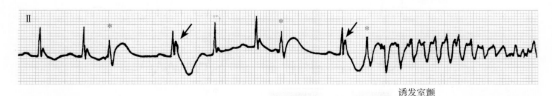

图 2-5-25　R on T 室性早搏引起室颤及猝死

Ⅱ 导联心电图可见明显的 J 波，并显示 J 波的慢频率依赖性，使第 4、8 个 QRS 波后 J 波更明显（箭头指示）。此前的 RR 间期较长。图中可见频发的 R on T 室早（＊），最后 1 次诱发了室颤

一般情况下，心率的增快使心外膜心肌细胞动作电位依赖于 I_{to} 电流的 1 相切迹变小，这是外向 I_{to} 电流失活后恢复较慢而未能充分复活的结果，使对应的 J 波振幅降低。在此过程中，跨室壁记录的 J 波幅度与心外膜心肌细胞动作电位 1 相切迹的深浅变化平行。心率减慢时，依赖于 I_{to} 电流的 1 相切迹变大，J 波幅度随之升高，这与缺血性室内阻滞的心电图改变完全不同。

七、缺血性 J 波的临床意义

缺血性 J 波不仅是心肌缺血的超急期心电图改变，而且是猝死预警的心电图新指标。

1. 缺血性 J 波是猝死高危的预警指标

缺血性 J 波是因心外膜心肌细胞对缺血更敏感，使其动作电位 1 相的切迹加深、加宽而引起的，也可能与 I_{Na} 和 I_{Ca} 减少有关。因此，缺血性 J 波的出现提示心肌外膜与内膜 1 相及 2 相初期存在明显的复极电位差，复极的这种离散度是心脏电活动处于不稳定状态的标志，容易发生致命性室性心律失常。因此，缺血性 J 波是猝死高危的心电图预警标志。

2. 缺血性 J 波伴 ST 段抬高是猝死更高危的预警指标

当心肌缺血引起 I_{to} 电流增强不仅影响了 1 相电位，同时持续贯穿整个 2 相时，则能出现缺血性 ST 段抬高，动物实验及临床资料都证实了这种情况。

美国的资料表明，每年 100 万急性心肌梗死的患者中，20% ～ 25% 的患者死于缺血早期的室颤。动物实验表明，急性 ST 段抬高型心肌缺血发生 2 ～ 10min 时，室颤常发生在心外膜心肌缺血区的边缘，触发室颤的室早联律间期短，伴 R on T 现象，室早本身也常伴有 ST 段的抬高。而在非缺血性 ST 段抬高时，也有相似的情况发生，即 R on T 的室早可诱发室颤。但这些观察都缺乏细胞学机制的证实。

严干新在心肌缺血的动物实验证实了这些临床观察。

（1）非缺血的自身对照组：右室心外膜心肌细胞存在动作电位 2 相的穹顶，1 相的振幅（27.8mV±1.0mV）与其他部位心肌细胞无显著差异。

（2）透壁性缺血组：①缺血 6min 后全部犬的心外膜心肌细胞动作电位的穹顶消失；②发生显著的 ST 段抬高；③在 15 个心肌组织块中，缺血发生 3 ～ 9min 内，7 块诱发了室颤；④缺血区心外膜动作电位穹顶丢失的部位与非缺血区心外膜细胞 2 相穹顶未丢失的区域之间存在明显的电位差，存在着 R on T 的室早（图 2-5-26）。

动物实验的结果与临床观察结果完全符合。二者均证实：① I_{to} 电流的显著增加，不仅能使心外膜心肌细胞动作电位的 1 相切迹增大，还能使 2 相的穹顶和平台期消失，使动作电位时程缩短 40% ～ 70%；②穹顶和平台期的消失在心电图表现为 ST 段的抬高，后者是室颤发生与维持的基质；③横跨心肌缺血区的不

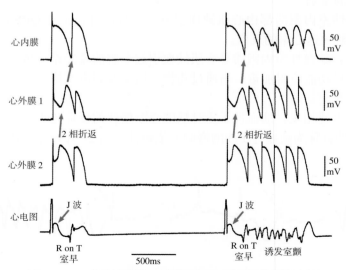

图 2-5-26　实验缺血性 J 波伴 2 相折返性室性早搏及室颤

在犬心室肌楔形组织块模型诱发了缺血性 J 波，并出现 2 相折返性 R on T 室早及心室颤动，与图 2-5-25 的临床病例几乎完全相同

同部位的心肌细胞存在 2 相穹顶正常与消失共存的情况，可形成心外膜不同部位之间的电位差，结果电激动能从心外膜不同部位传向另一部位，进而容易发生 2 相折返；④ 2 相折返能表现为联律间期很短的 R on T 室早，也可形成室颤。

　　总之，急性缺血引起的心室外膜心肌细胞 I_{to} 电流的增强可产生两种心电图表现：① 1 相的跨室壁电位差形成缺血性 J 波；② 2 相持续的跨室壁电位差表现为 ST 段抬高，同时还能引起心外膜不同部位心肌细胞之间形成 2 相折返，心电图表现为 R on T 室早，并容易触发室颤。

　　3. 缺血性 J 波、ST 段抬高与 T 波电交替三者共存是猝死最强的预警指标

　　大量的资料证实，T 波电交替就是心脏性猝死敏感性极高的心电图指标，微伏级和毫伏级的 T 波电交替都是如此。在心肌缺血的早期，缺血性 J 波、ST 段抬高及 T 波电交替三联心电图表现同时出现时，是室颤及猝死的最强预警指标（图 2-5-27）。

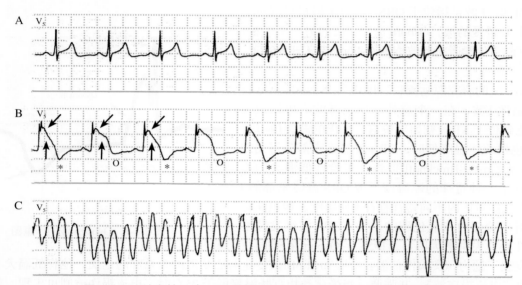

图 2-5-27　缺血性 J 波、ST 段抬高及 T 波电交替同时出现伴发室颤

图中 A、B、C 三图均为 V_5 导联心电图，三条心电图记录时间相差 1min。B 图显示冠脉痉挛引起了缺血性 J 波、缺血性 ST 段抬高及微伏级 T 波电交替三种心电图改变同时出现，随后立即发生了室颤（C 图）

　　因此，缺血性 J 波不论单独出现，还是与其他心电图指标复合出现，都可以是猝死的心电图预警指标。

八、结束语

　　缺血性 J 波是近年提出的一种心肌缺血超急期的心电图表现，及时诊断和识别可使心肌严重缺血得到更早的诊断及干预，其离子学机制是缺血引起心外膜 I_{to} 电流增强的结果，这种电位差必然形成不同部位心肌复极离散度的增大。这种心电不稳定存在时，容易引发室颤及猝死。因此，提高缺血性 J 波的认识水平有着重要的临床意义。

第六章

Osborn 波

近年来，随着 Brugada 综合征的提出，特发性室颤作为一个独立的临床疾病而被重视，心电图 Osborn 波及其存在的新的临床意义也备受关注。

一、Osborn 波和 J 波

众所周知，J 波是指位于 QRS 波与 ST 段最早部位之间的一个十分缓慢的波，Osborn 波是 J 波的另一个名称，近年来越来越多的学者将此波称为 Osborn 波（图 2-6-1）。

1. J 波的研究史

心电图 J 波的研究源远流长。1938 年 Tomashewski 首次报告低温性 J 波，在一个意外冻伤患者的心电图记录中，他注意到位于 ST 段初始部位这一缓慢的波。1940 年 Kassmann 也发现体温降低时，QRS 波的终末部分可出现 J 波。1943 年 Grosse-Brockhoff 报告，实验性低温犬的心室传导出现了一种特殊的障碍而形成 QRS 波终末部的 J 波，并提出低温对体内不同器官有着不同影响。他也注意到，低温时随着体内二氧化碳的增加，QRS 波继发性增宽及室上性心律失常更为明显。1953 年 Osborn 在美国生

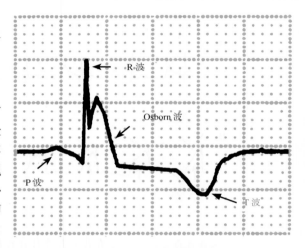

图 2-6-1　Osborn 波的示意图

理学杂志发表了题为《实验性低温：呼吸和血 pH 值变化与心功能的关系》的论文，他将低温犬心电图出现的 J 波称为"电流损伤波"，并强调，当受试动物直肠温度低于 25℃时，电流损伤波则可出现。他发现，电流损伤性 J 波与酸中毒相关。1958 年 Emslie-Smith 发现，低温产生心电图 J 波时，在心外膜导联比心内膜导联更明显。1959 年 West 证实，低温动物心外膜动作电位的尖峰圆顶形切迹呈频率依赖性，即心率增加时切迹（J 波）消失。1991 年，Brugada 兄弟报告 Brugada 综合征患者心电图可间歇出现 J 波等心电图改变。1994 年 Bierregarrd 和日本学者 Aizawa 分别报告，特发性室颤患者体表心电图可有 J 波，并称之为特发性 J 波。

2. J 波（Osborn 波）的各种名称

J 波有过多种不同的名称：包括驼峰征（camel-hump sign）、晚发 δ 波（late delta wave）、J 点波、电流损伤波、低温波、Osborn 波等。在这些众多的名称中 J 波和 Osborn 波两个名称应用最多、最普遍，而近年来 Osborn 波名称的应用逐渐增多。

二、J 点和 J 波（Osborn 波）

临床心电图应用中，稍不注意就容易把 J 点和 J 波混为一谈，但有时又难以确立两者的界限。

1. J 点

J 点是指心电图 QRS 波与 ST 段的交点或称结合点（junction point），是心室除极的 QRS 波终末突然转化为 ST 段的转折点，其标志着心室除极结束、复极开始（图 2-6-2）。正常情况下，心室肌除极方向是从心内膜面辐射状地向心外膜除极，由于压力、温度等因素的影响，复极方向与除极方向相反，由心外膜面向心内膜复极。结果，后除极的心肌反而先复极，最后除极和最早复极在某个区域可能同时发生，除极与复极的重叠区大约 10ms，J 点是否明显取决于重叠区的宽窄（图 2-6-3）。在早复极综合征，复极提前，重叠区增宽，J 点就明显，甚至形成 J 波。

J 点在临床心电图学中十分重要，例如 PJ 间期，是从 P 波开始到 J 点，代表心房除极到心室除极结束

之间的间期，正常值小于 270ms。当发生室内阻滞、束支传导阻滞时，心室除极时间延迟，PJ 间期便会大于 270ms。早复极综合征时，中胸导联（V_3、V_4）可以出现 J 点后 ST 段凹面向上的抬高，洋地黄作用或中毒时，心电图可出现 J 点后 ST 段下移等。J 点偏离基线的情况还见于心包疾患、心肌炎急性期、心肌缺血、束支传导阻滞、心室肥厚等情况。

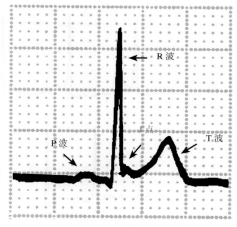

图 2-6-2　J 点的示意图

2. J 波（Osborn 波）

当心电图 J 点从基线明显偏移后，形成一定的幅度和持续一定的时间，并呈圆顶状（dome）或驼峰状（camel-hump）等特殊形态时，称为 J 波或 Osborn 波。但 J 波的振幅、持续时间仍无明确的规定和标准。J（Osborn）波有以下几个特点。

（1）J 波常起始于 QRS 波的 R 波降支部分，其前面的 R 波与其特有的顶部圆钝的波形成了尖峰 - 圆顶状（spike and dome wave）。

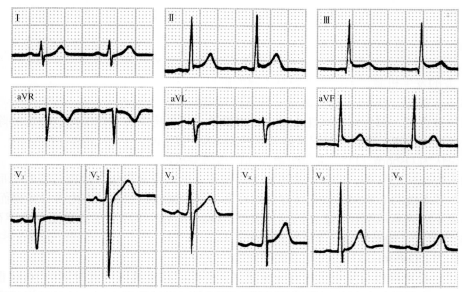

图 2-6-3　早复极综合征患者心电图
Ⅱ、Ⅲ、aVF 导联 J 点后 ST 段抬高

（2）J 波形态呈多样化，不同的发生机制可引起 J 波的形态、幅度、持续时间等诸方面变化。

（3）J 波呈频率依赖性，心率慢时 J 波明显，心率增快时，J 波可以消失。以早复极综合征为例，运动后原来明显的 J 波可以变低或消失（图 2-6-4）。

（4）J 波受多种因素的影响，例如受体温的影响：温度越低 J 波越明显；并受体内 pH 值影响：体液呈酸性时 J 波可能明显，由酸性转为正常时 J 波可能消失。

（5）J 波大多出现在心电图胸前导联，有时其他导联也可出现明显的 J 波。

（6）J 波的幅度变异较大，高时可达数毫伏。

（7）V_1 导联常为 rS 波，当明显直立的 J 波出现在 V_1 导联时，可能形成类似不完全性右束支传导阻滞的 r 波，易误诊为不完全性右束支传导阻滞。

3. 特发性 J 波

特发性室颤患者的心电图可以出现明显的 J 波，当无引起 J 波的其他原因存在时，称为特发性 J 波。特发性 J 波与一般 J 波的形态、特点无差异，只是有特发性 J 波的患者常伴有反复发作的原因不明的室速、室颤，甚至猝死。患者平素常有迷走神经张力增高的表现，有慢频率依赖性室内阻滞等特点，而发生的原因不明。

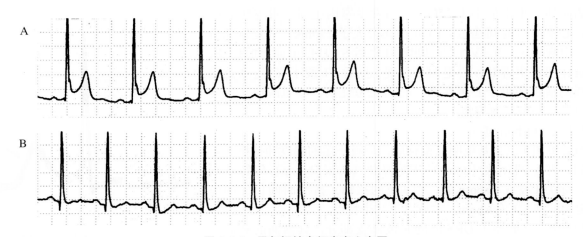

图 2-6-4 早复极综合征患者心电图

A. R 波降支可见明显的 J 波，J 波后 ST 段抬高；B. 运动后心率增快时 J 波消失，ST 段抬高消失

三、Osborn（J）波的发生机制

Osborn（J）波的发生机制，不同学者曾有不同的解释。

1. 1955 年 Siems 提出，Osborn（J）波是心房复极形成的波

这种解释很快被否定，因为在交界性心律、心房颤动、三度房室传导阻滞时，心房的除极及复极波已与 QRS 波无关，但这时 QRS 波后仍能记录到明显的 Osborn（J）波。

2. 另一种学说认为 Osborn（J）波是部分心室肌的缓慢除极波

持此观点的人提出，心室某一部分能被不同方向传导来的兴奋而除极，除极过慢时可形成该波。还有人提出，当特殊传导系统与心肌间的兴奋传导突然在某一部位减慢，引起了室内传导障碍而出现了 Osborn（J）波。这种学说不能满意地解释心电图的其他改变。Osborn（J）波明显的心电图中常伴有 QT 间期的缩短，ST 段的缩短或消失，如果是心室除极延迟产生了 Osborn（J）波，不应当同时出现这些变化。

3. 更多的人认为，Osborn（J）波是心室提前发生的复极波

正如上文所述，心室除极与复极过程有一重叠区，正常时该重叠区持续时间约 10ms 形成 J 点。但在某些因素的作用下心室肌除极与复极过程速度减慢，但两者减慢的程度不同，除极减慢程度重，复极减慢程度轻，结果使更多的心肌在全部心肌除极尚未完成时就已复极，较多部位的心肌提前复极使除极与复极的重叠区增宽，形成了 Osborn（J）波。复极提前形成 Osborn（J）波的理论已被广泛接受、承认和应用。

心室提前复极形成 Osborn（J）波的细胞学基础包括以下几方面。

一切有生命的组织或器官，在静止或活动状态下都存在着生物电，将心脏的生物电放大并记录时就描记出心电图。生物电的基础是细胞内外的电位差，其产生的基本条件是：①细胞膜内外离子分布的不均衡；②膜对离子有选择的通透性。

正常心肌细胞膜内外的离子浓度存在着很大的差别，Na^+ 在细胞膜外的浓度是膜内浓度的 7 ~ 12 倍，K^+ 在细胞膜内的浓度是膜外浓度的 20 ~ 40 倍，而 Ca^{2+} 在细胞膜外的浓度是膜内浓度的 1 万倍。离子跨膜的转运有两种形式：①被动转运：是指离子从高浓度的一侧向低浓度一侧的移动过程，离子顺浓度梯度差的扩散过程不耗能；②主动转运：是指离子由浓度低的细胞膜一侧跨膜转运到浓度高的一侧，是一种耗能的主动转运。

心肌细胞（组织）受到刺激时，膜对离子的通透性发生变化，形成除极及复极的电位，心肌除极过程称为 0 期，膜内电位从 −90mV 上升到 + 30mV，主要是 Na^+ 内流产生，除极过程仅持续 1 ~ 2ms。复极过程分成 4 期。1 期为复极初期，约持续 10ms，系 K^+ 外流产生。2 期为缓慢复极期，持续时间约 100ms，由 Ca^{2+} 缓慢内流，少量 Na^+ 内流和少量 K^+ 外流而形成，这些离子方向相反的流动可相互抵消，使跨膜电位水平保持在 0 电位水平，2 期形成了心电图上的 ST 段。3 期为快速复极期，是 K^+ 外流使膜内电位较快下降而形成的，相当于心电图的 T 波。4 期称为静息期，是少量 Na^+、Ca^{2+} 内流和 K^+ 外流而产生的。

Osborn 波明显时，多数伴有 ST 段的缩短和抬高，QT 间期的缩短，而 T 波多数正常存在，因此 QT 间期缩短。ST 段的缩短或缺失显然与缓慢 2 期复极期提前和缩短有关（1 期持续时间短，影响较小）。

如上所述，2 期缓慢复极期的离子转运主要是 Ca^{2+} 的内流，Ca^{2+} 在细胞静息时不能通过细胞膜，当膜去极化电位达$-55mV$ 以上时，膜的钙通道激活而开放，该通道激活、失活缓慢故称慢通道。平台期形成的主要原因是 Ca^{2+} 内流，从某种意义上说，缓慢复极期可看成 Ca^{2+} 内流的复极相。

当某种原因使细胞内 Ca^{2+} 增多时，细胞膜内的电位升高，可使平坦的 ST 段形成一个向上的 Osborn 波。应当指出，不同临床病症引起复极提前，引起 2 期细胞内 Ca^{2+} 增多的机制不同。一种是 Ca^{2+} 跨膜进入细胞内增多，以高钙血症为典型代表；一种是细胞内肌浆网从胞质中重新摄取 Ca^{2+} 的速度减慢，以低体温为典型代表。从心肌细胞的离子机制推导，Osborn 波可以看成是细胞内 Ca^{2+} 在 2 相积聚过多的结果。

四、伴有明显 Osborn 波的临床病症

1. 低温性 Osborn 波

Wilson 和 Finch 的研究发现，饮用冰水后可使心电图直立的 T 波变为倒置。因此不难推测，强烈的全身性低温可以减慢、延迟左室心肌的除极，并可影响到复极。早期的研究已证实，实验性低温动物或意外长时间暴露于寒冷环境的患者，心电图可出现特异性 Osborn 波（图 2-6-5）。低温性 Osborn 波有以下特点。

（1）不管主波方向如何，Osborn（J）波均直立（aVR 导联除外）。

（2）低温 J 波的振幅、持续时间、出现 J 波的导联范围与低温程度相关。

（3）低温伴有酸中毒时，Osborn（J）波更易出现，过度通气使 pH 值转为正常后 Osborn（J）波可消失。

（4）低温性 J 波常伴有窦性心动过缓（窦缓），QT 间期延长，QRS 波增宽，传导阻滞等。

（5）恶性室性心律失常，包括室颤的发生率高。

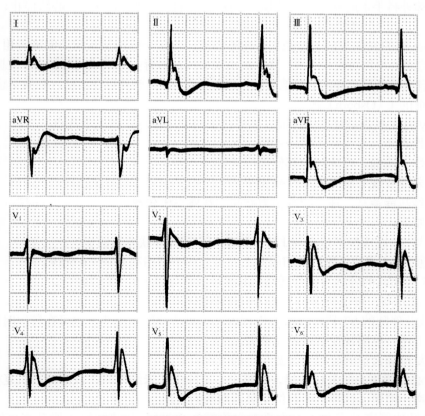

图 2-6-5　患者长时间暴露于低温后的心电图

心电图记录时体温 36.5℃，除窦性心动过缓外，可见明显的 Osborn 波

（6）低温性 Osborn（J）波和心室率相关，心率加快时 Osborn（J）波可消失。

（7）低温性 Osborn（J）波主要发生在左胸导联，平均向量向左、向后，偶然向前，提示左室左前部位的心肌对低温更敏感。除此，心外膜下心肌细胞比心内膜下心肌细胞对低温更敏感。

细胞膜的 Ca^{2+} 通道与其他离子通道一样，开放和关闭的交换频率明显受到温度的影响。实验表明，温度下降 10℃，可使整个 Ca^{2+} 峰值下降 $1/6 \sim 1/3$，从这一效应看，低温可使细胞外 Ca^{2+} 进入细胞内的数量减少。但是低温对细胞内离子浓度的耦联体同时有明显的影响，与 Ca^{2+} 浓度相关的重要耦联体为肌浆网。当细胞内 Ca^{2+} 浓度经跨膜 Ca^{2+} 内流小幅度升高后，则触发肌浆网中 Ca^{2+} 的大量释放，这一过程称为"Ca^{2+} 诱发 Ca^{2+} 释放"，这使细胞内 Ca^{2+} 浓度迅速升高，并与肌钙蛋白结合，引起心肌收缩，形成"兴奋 - 收缩"耦联反应。舒张期肌钙蛋白解离出的 Ca^{2+} 重新集中在胞质中，肌浆网重新摄取 Ca^{2+} 并使 Ca^{2+} 浓度下降，这是 ATP 水解时提供能量的主动过程。低温时，Ca^{2+}-ATP 酶活性下降，ATP 水解作用下降，肌浆网摄取 Ca^{2+} 的能力下降，引起胞质内 Ca^{2+} 浓度上升，造成细胞内 Ca^{2+} 的积聚。

低温除直接影响心脏的代谢及功能外，还可明显地损伤心外膜下的交感神经纤维，引起交感传入系统的抑制，破坏了交感与迷走神经的平衡，而心内膜下的交感神经纤维受低温影响相对低，损伤小。交感神经功能障碍对 Osborn 波的形成及恶性心律失常的发生起重要作用。

2. 高钙性 Osborn 波

1920 年 Kraus 在对实验犬造成高钙血症后，心电图出现了特异性很强的 J 波样改变，证实高钙血症时心电图可出现 Osborn 波。1984 年 Dauglas 等在高钙血症患者的心电图上发现了 J 波或 J 点抬高的心电图变化。高钙血症的 J 波呈尖峰或驼峰状，而无圆顶形状，同时 QT 间期缩短，这两点与低温 Osborn 波不同。

正常时细胞外 Ca^{2+} 浓度是细胞内的 1 万倍，当细胞外 Ca^{2+} 浓度升高时，使复极 2 期的 Ca^{2+} 内流加快，2 相平台期缩短，复极加速，有效不应期和动作电位时间缩短，心电图相应出现明显 J 波，ST 段缩短，T 波增高，QT 间期缩短。

3. 神经源性 Osborn 波

很多中枢或周围神经障碍可引发心电图 Osborn 波的出现，这些疾病包括：①颅脑损伤；②蛛网膜下腔出血；③右颈根部外科手术时交感神经的损伤；④过量麻醉药物引起呼吸、心跳停止，而又成功复苏者；⑤脑死亡等。

神经源性 Osborn 波的发生与自主神经兴奋性不均衡，或与交感神经系统功能障碍相关。支持这一结论的事实有：①脑死亡者心电图可出现 J 波；② J 波出现后经注射肾上腺素或间羟胺后 J 波振幅能降低或消失；③这些患者常伴有自主神经系统异常的其他表现；④ J 点或 J 波样改变可在活动（刺激交感神经）后消失。

4. 早复极综合征的 J（Osborn）波

1936 年 Shiplay 首次报告早复极综合征，该综合征的临床特点包括以下几点。

（1）多见于男性青年，发生率 $1.5\% \sim 9\%$。

（2）常伴有心悸、胸痛，疼痛可向其他部位放射。

（3）各种检查未能发现心脏有器质性病变。

（4）有自主神经功能紊乱，迷走神经张力增高的其他临床表现。

其心电图特点如下。

（1）R 波降支与 ST 段连接部位出现 J 波，胸前 $V_3 \sim V_5$ 导联尤其明显。

（2）ST 段缩短，在 J 点或 J 波后呈凹面向上、弓背向下型抬高 $0.1 \sim 0.6mV$。

（3）T 波在 ST 段抬高的导联对称性增高，T 波升支常与缩短的 ST 段融合。

（4）胸导联 R 波升高，可误认为左室高电压或肥厚。

（5）J 点或 J 波及伴随的 ST 段抬高等心电图表现，可持续数年不变，也可在较短时间内明显变化。运动后心率增快时，上述心电图表现可减轻或消失。

目前认为，早复极综合征的心电图改变与下列因素有关。

（1）左室前壁心外膜下心肌复极较早，在整个心室除极还未结束时，该部位心肌复极已开始，使其动作电位 2 期（平台期）缩短，这是不同部位复极不均衡的表现。

（2）与自主神经功能紊乱有关，因为患者常伴有心动过缓，睡眠时 ST 段升高更明显，可能与迷走神经兴奋性升高、交感神经的作用减弱有关。多数学者认为，早复极综合征的这些心电图表现属于正常变异。

5. 特发性 Osborn 波

1994 年 Bierregarrd 和日本的 Aizawa 分别报告特发性室颤患者心电图可有 Osborn 波，认为这些患者反复发生的室速、室颤，甚至猝死与这种特发性 J 波相关。

其临床特点如下。

（1）反复发作室速、室颤、晕厥，甚至猝死。

（2）心电图可证实室颤发生。

（3）没有引起与室颤相关的心脏或其他系统的病因学根据。

心电图特点如下。

（1）QRS 波可有明显的 Osborn 波。

（2）Osborn 波在长间歇后的 QRS 波中更明显。

（3）Osborn 波常出现在胸导联。

（4）可出现右束支传导阻滞的心电图其他表现。

（5）心内电生理检查有 HV 间期的延长。

（6）心率变异性（HRV）的分析表明，HRV 白天升高，迷走神经张力增高；夜间 HRV 下降，交感神经张力占优势。

目前认为，特发性 J 波与心外膜层和 M 层心肌细胞关系密切，心外膜层及 M 层心肌细胞有时可表现为"全或无"的复极形式，可使动作电位的平台期抑制或消失。3 相快速复极波提前出现，这种"早复极"可使动作电位的时程缩短 40% ~ 70%，引起相应部位 ST 段的抬高。结果，动作电位平台期的丢失区和正常区之间存在电功能的各向异性，不同区域心室肌细胞间复极的差异和离散，导致了折返性室性心律失常的发生。多部位的室内微折返可引起室颤。

6. 其他

还有一些临床病因可引起心电图 Osborn 波的出现，如心包疾病、心肌缺血、束支传导阻滞等。

五、Osborn 波的临床意义

1. Osborn 波与恶性室性心律失常

Osborn 波与恶性室性心律失常的关系早已引起关注。早年的动物实验资料表明，绝大多数低温受试动物都发生室颤而死亡，临床有低温性 J 波的患者也有相当比例发生室速、室颤。近年提出的特发性 J 波进一步证实 Osborn 波与室颤、猝死的关系。过去一直认为早复极综合征属于良性心电图改变，不提示任何险情，但近期国内已发现并报告家族性早复极综合征者的猝死，该家族 3 例青年男性成员发生了夜间猝死，患者及亲属中有早复极综合征的心电图表现，J 点或 Osborn 波明显，这说明一小部分早复极综合征的 J 波可能属于特发性 J 波范畴，预示有发生室颤的倾向。

2. Osborn 波与触发活动

触发机制是近年提出的心律失常发生的一种机制。正常时跨膜动作电位上存在着高频低幅的振荡电位，在一些病理因素的作用下，这些振荡电位的幅度异常增高，达到阈电位时则触发一次新的除极活动。这些病理因素包括：洋地黄中毒、低钾血症、高钙血症、运动或激动等，导致触发活动发生的基本因素是细胞内 Ca^{2+} 超载。因触发活动发生在正常除极之后，又称为早后除极和迟后除极。早后除极的触发发生在动作电位 2 期和 3 期初期，心电图表现为联律间期极短（< 300ms）的室早或尖端扭转型室速，并能转为室颤。如上所述，Osborn 波的发生基础是细胞内 Ca^{2+} 积聚过多形成，与触发和早后除极有共同的病理基础。

3. Osborn 波与 2 相折返

1993 年，Antzelevitch 提出 2 相折返的新概念。该理论认为，心外膜和 M 层心肌细胞的复极过程中，2 相平台期缩短或消失，使复极提前，动作电位平台期的丢失区和正常区出现显著的复极差，或称复极离散，易形成折返和恶性室性心律失常，因为与 2 相复极期相关，故称 2 相折返。兴奋迷走神经和 Ⅰ 类抗心律失常药物可引起或加重相应部位 ST 段的缩短和抬高，并诱发 2 相折返。Osborn 波的发生基础是一部分心室肌 2 相复极提前，甚至消失，与 2 相折返的发生相似。因此除触发机制之外，有明显 Osborn 波时伴发的恶性室性心律失常与 2 相折返相关。

4. 提高对 Osborn 波细胞学基础的认识

临床有多种情况可引发 Osborn（J）波，这些临床情况对细胞膜钙通道的影响有时又是相反的。举例而言，交感神经能够增加跨膜 Ca^{2+} 内流，而迷走神经相反，低温使钙通道活性下降，而高钙血症又使跨膜 Ca^{2+} 内流增加，但为什么这些作用截然相反的情况都能引发 Osborn（J）波。因为，决定心肌细胞内 Ca^{2+} 浓度的因素中除跨膜 Ca^{2+} 内流外，还包括肌浆网的 Ca^{2+} 重摄入的速度和程度，因此，这些临床情况最终都使 2 相细胞内 Ca^{2+} 浓度升高，复极提前，Osborn（J）波出现。

5. 提高对心电图 Osborn 波的认识能力

Osborn 波与恶性室性心律失常有一定的关系，有重要的临床价值，因而提高对心电图 Osborn 波的诊断和观察能力格外重要。

（1）注意 J 点和 Osborn 波的诊断与鉴别：心电图 QRS 波末 J 点明显时，尤其伴有 J 点后 ST 段凹面向上型抬高时，诊断比较容易。但 J 点更为提前，落在 R 波降支，表现为 R 波顿挫时，诊断易被忽视。除此，需持续多少毫秒才能诊断 Osborn（J）波尚无定论，需要医生不断积累自己的经验。

（2）注意 Osborn 波的多变性：不同病因引起的 Osborn（J）波形态有差异，比较图 2-6-4 及图 2-6-5 可以看出，低温性 Osborn（J）波振幅高、时限长、呈尖顶型，易被诊断，神经源性 Osborn（J）波与之相像。早复极综合征的 Osborn（J）波振幅低、时限短，常与 R 波融合，形态多变。应当注意，有时 Osborn（J）波仅出现在右胸导联，在 S 波后表现为一个振幅不高的直立波，容易误诊为右束支传导阻滞时的 r' 波。

（3）注意与 Osborn（J）波相关的变化：诊断前或诊断后都需注意 Osborn（J）波相关的变化，如 ST 段的抬高幅度，ST 段缩短的程度，T 波的变化，QT 间期的长短。还需注意 Osborn（J）波对心血管药物的反应，Osborn（J）波的频率依赖性，即慢频率时或在长间歇后 Osborn（J）波更为明显。

（4）注意自主神经功能紊乱的其他临床表现：产生 Osborn（J）波的患者多数伴有自主神经功能紊乱的其他临床表现，这些患者常有明显的窦性心动过缓、血压偏低等迷走神经张力增高的表现，甚至有心悸、头晕等症状。有些学者认为这种交感神经功能障碍、迷走神经占优势的原因是患者心脏内交感神经网络的成熟有缺陷。

（5）Osborn（J）波伴发的恶性室性心律失常：可用钙通道阻滞剂进行治疗和预防。β 受体阻滞剂的效果不肯定，Brugada 最近报告，β 受体阻滞剂不能预防 Brugada 综合征患者的猝死，从发生机制的角度推导应用 β 受体阻滞剂也有相悖之处。

（6）名称问题：J 波与 Osborn 波是同义语，国外将 J 波称为 Osborn 波较多。Osborn JJ 是美国心脏病领域最早的著名学者之一，其在 1953 年撰写的精彩论文，深刻精辟地论述了 J 波的相关问题，日后使 J 波冠名为 Osborn 波。本文认为 J 波与 J 点有较多相关性，J 波名称简单、直率、易于读写，国内应倡导用之。

恶性室性心律失常严重威胁着人类的健康和生命，是 20 世纪，并持续到 21 世纪的医学领域最大的挑战之一。无创性心电学为解决这个问题做出了巨大的努力，并出现了几个不同时期。40 年前，动态心电图技术的问世为其诊断提供了有用的方法。20 世纪 80 年代，晚电位的概念对其病理生理的研究提出了新看法。20 世纪 90 年代，心率变异性技术对解释自主神经与其关系起了推动作用。现在对这一问题研究的热点已转移到复极异常、QT 间期离散度、T 波电交替、Osborn（J）波等问题，其已成为无创性心电学研究新的热门题目。

Osborn（J）波的诊断与临床意义已受到相当的重视，但还有许多相关问题需进一步研究和探讨。还应当强调，在重视 Osborn（J）波临床意义的同时还需避免"草木皆兵"，避免扩大特发性 Osborn（J）波的范围，避免给患者造成医源性疾病。

Epsilon 波

Epsilon 波（Epsilon wave）是 Fontaine G 在致心律失常性右室发育不良（ARVC）患者的心电图上发现并命名的一个波。该波位于 QRS 波之后，振幅很低，但能持续几十毫秒，是部分右室心肌细胞除极较晚而形成的（图 2-7-1）。

Fontaine 将该波命名为 Epsilon 波恰到好处，希腊字母中 Δ（δ）为第 4 个字母，E（ε）为第 5 个字母（表 2-7-1），预激综合征中 δ 波代表旁路下传预先激动的心室波，而 Epsilon 波代表部分右室延迟的激动波。除此，在数学符号中，E（Epsilon）表示小的意思，而 Epsilon 波也确实很小。

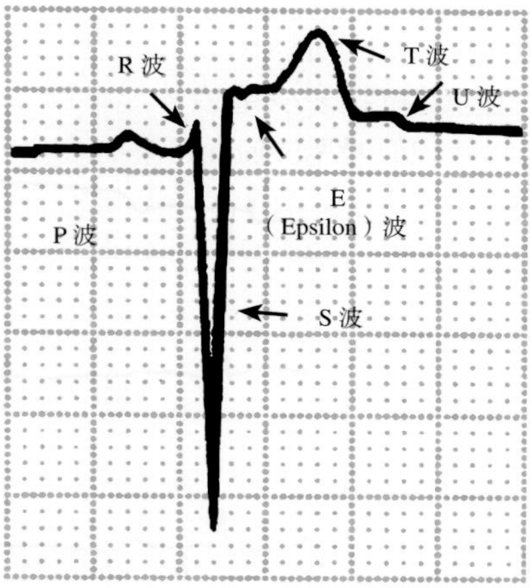

表 2-7-1　**希腊文前五位字母表**

大写	小写	名称	读音
A	α	alpha	［ælf□］
B	β	beta	［ˊbi:t□；ˊbeit□］
Γ	γ	gamma	［ˊgæm□］
Δ	δ	delta	［ˊdelt□］
E	ε	epsilon	［epˊsail□n；ˊepsil□n］

图 2-7-1　Epsilon 波示意图

一、Epsilon 波的特点

1. Epsilon 波可以经常规体表心电图、心外科手术时心外膜电极、胸前双极导联、信号平均叠加等方法记录到。

2. 常规心电图记录 Epsilon 波时，在 V_1 和 V_2 导联 QRS 波末（ST 段初）最清楚，也可能出现在 V_3、V_4 导联。当 $V_1 \sim V_4$ 导联均可记录到 Epsilon 波时，V_1 和 V_2 导联的该波持续时间比 V_3 及 V_4 导联长。

3. Epsilon 波是紧跟 QRS 波的一种低幅的棘波或振荡波（small wiggle），在致心律失常性右室发育不良的患者中，约 30% 可记录到该波（图 2-7-2），Epsilon 波可使 QRS 波的时限增宽到 110ms 以上（敏感性 55%，特异性 100%）。

4. 记录到 Epsilon 波的患者可能同时合并不完全性或完全性右束支传导阻滞，但这不是右束支本身病变的结果，而是右室部分心肌传导阻滞造成的。

二、Epsilon 波的记录

Epsilon 波除经常规体表心电图可记录到外，经 Fontaine 双极胸导联更容易记录到。

Fontaine 导联是 Fontaine 率先提出的 Epsilon 波的记录导联，该导联系统应用常规导联系统的肢体导联线，红色肢体导联线的电极放在胸骨柄处作为阴极，黄色肢体导联线的电极放在剑突处作为阳极，绿色肢体导联线的电极放在原胸导联的 V_4 部位为阳极。上述 3 个电极组成 3 对双极胸导联，分别称 F_I、F_{II} 和 F_{III} 导联。导联电极放好后，将心电图机的记录设置在 I、II、III 导联的位置，则可分别记录出 F_I、F_{II} 和 F_{III} 导联的心电图。

Fontaine 导联能够更特异性地记录到右室部分心肌延迟除极产生的电位。将心电图机信号增益提高 2 倍后，可使记录的 Epsilon 波更为清楚（图 2-7-3）。

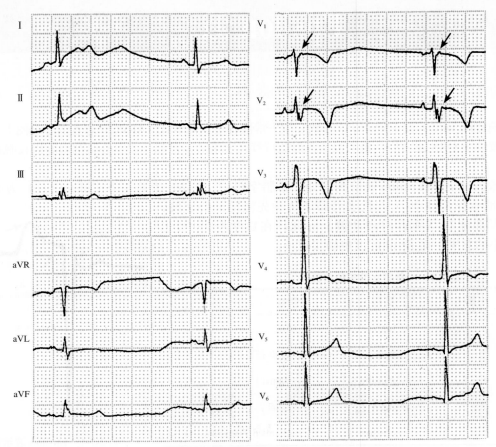

图 2-7-2 典型的致心律失常性右室发育不良患者的心电图

$V_1 \sim V_3$ 导联的 T 波倒置，在 V_1、V_2 导联的 QRS 波后可见一个小的向上波，即 Epsilon 波（箭头指示）

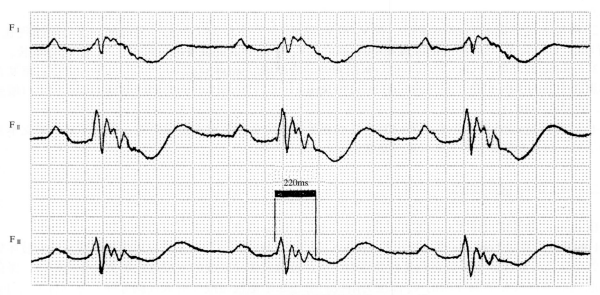

图 2-7-3 Fontaine 双极胸导联记录的 Epsilon 波

患者有弥漫性致心律失常性右室发育不良，心电图的 QRS 波时限达 220ms，并有多个电位形成 Epsilon 波

可以看出，含有 Epsilon 波的心室除极波明显增宽，与常规心电图记录 Epsilon 波相比，Fontaine 双极胸导联系统记录 Epsilon 波的敏感性提高了 2 ～ 3 倍。

三、Epsilon 波的发生机制

应用信号平均法及心外膜标测心电图也能记录到 Epsilon 波。

最初，Fontaine 给一位致心律失常性右室发育不良并伴持续性室速的患者做心外科手术时进行心外膜标测，标测中在整个心室除极之后记录到延迟而来的电位，经过详细的记录及对照研究，Fontaine 证实，这些晚来的激动波是患者右室游离壁延迟除极产生的，这是首次记录到 Epsilon 波（图 2-7-4）。

正常情况下，左右心室的心肌细胞除极迅速而几乎同步，除极产生的 QRS 波时限持续 60 ～ 100ms。某些病理性情况时，右室的部分心肌细胞萎缩、退化，被纤维或脂肪组织替代，产生了脂肪组织包绕的岛样存活心肌细胞，形成脂肪瘤样改变，使右室部分心肌细胞延迟除极，在左室及右室大部分心肌除极后才出现，延迟的除极波出现在 QRS 波后、ST 段的初始部分。因是右室心肌细胞除极产生的，所以 Epsilon 波在 V_1、V_2 导联记录得最清楚。

Epsilon 波又称后激电位（post excitation potential）或右室晚电位（right ventricular later potential）。应当注意其与左室晚电位的区别，左室晚电位是左室部分缺血的心室肌细胞延迟除极产生的，但其数量较少，形成的电位微弱并淹没在同级的噪声之中，常规体表心电图记录不到，需用信号平均法或心内膜、心外膜标测后方可记录到该电位。

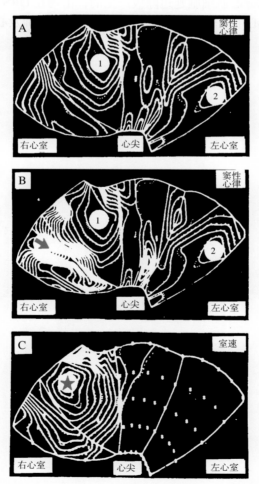

图 2-7-4　致心律失常性右室发育不良患者心外膜标测图

A. 窦性周期初始的标测图，图中：①表示右室前游离壁；②表示左室膈面处；B. 窦性周期后期的标测图，箭头指示处为最后除极部位，位于右室边缘部位，Epsilon 波为该部位心肌延迟激动形成的；C. 同一患者室速发作时的心外膜标测，图中星号代表右室游离壁，其处于窦性心律时延迟激动部位的边缘，该部位的心室肌部分切除后，长期反复性室速得到根治（等电位标测图中，每相邻的 2 条线时间相差 5ms）

四、Epsilon 波的临床特点

（1）致心律失常性右室发育不良于 1977 年由 Fontaine 正式报告并命名。最初他报告了 6 例均有持续性室速、药物治疗效果差、无明显器质性心脏病的患者，其中 3 例外科手术中发现右室存在明显的扩张，有室壁矛盾运动，右室游离壁脂肪化，揭示了这种室速不是特发性，而是右室发育不良引起的。

现已熟知，致心律失常性右室发育不良的诊断主要靠超声心动图，可见右室弥漫性扩张，或局部瘤样扩张，受累右室壁的运动减弱，室壁变薄、变形，肌小梁排列紊乱，右室调制束异常、肥大、功能下降等。但对某些病例，这些超声心动图征象不典型，使患者被误诊为特发性室颤。心脏磁共振检查在致心律失常性右室发育不良的诊断中起到重要作用。

（2）Epsilon 波由 Fontaine 发现并命名，是致心律失常性右室发育不良患者心电图一个特征性较强的表现，仅用常规心电图则有 30% 的患者可记录到该波，如用 Fontaine 双极胸导联记录，敏感性还能明显提高。因此，Epsilon 波是诊断该病的一个重要心电图指标，当患者有反复室速、室颤发生时，该心电图表现有重要的病因学诊断价值。

（3）Fontaine 双极胸导联记录系统是为记录 Epsilon 波提出的，但该记录系统也能将心房电位（P 波）放大，使 P 波更易发现，房室分离的情况更易诊断，可用于室性心动过速的心电图诊断，也可用于其他房性心律失常的诊断及鉴别诊断。

（4）Epsilon 波除见于致心律失常性右室发育不良患者的心电图外，在后壁、右室心肌梗死以及其他右室受累的疾病中，也能记录到。

总之，Epsilon 波是由右室部分心肌细胞延迟除极产生的，出现在 QRS 波后、ST 段初始的一个小棘波，是致心律失常性右室发育不良的心电图较为特异的指标之一，临床医师及心电图医师应当熟悉之。

Lambda 波

尽管埋藏式心脏复律除颤器（ICD）的发明和应用有效地预防了植入者的猝死，是人类征服猝死迈出的关键性一步，但是很多原发性心电疾病患者的首发症状就是不可逆的恶性室性心律失常和猝死，这些人根本没有机会得到 ICD 的治疗。因此，医学科学家一直都在不遗余力地寻找能够预测发生猝死的高危因素和心电图标志。已被熟知的心电图特征包括长 QT 综合征、引起室速和室颤的特发性 J 波、Epsilon 波、Brugada 波、短 QT 综合征等。而心电图 Lambda（λ）波是最近被认识和提出的与心脏性猝死相关的一个心电图波。

一、心电图 Lambda（λ）波的特点

Lambda（λ）波是最近认识和提出的一个心室除极与复极均有异常的心电图波，过去部分病例曾被归为不典型 Brugada 综合征，但近期报告的病例，无论心电图表现及临床特征，还是分子生物学的检查结果都表明其有明确的不同于 Brugada 综合征的独立特征，因而 λ 波已被定为一个独立的识别猝死高危患者的心电图标志。

（1）Lambda（λ）波表现为下壁（Ⅱ、Ⅲ、aVF）导联出现 ST 段下斜型抬高（图 2-8-1）；近似于非缺血性"单细胞动作电位样"改变或不典型的"墓碑样"QRS-ST 的复合波，这种特殊形态的复合波由 ST 段的缓慢下降，以及其后伴随的 T 波倒置组成。

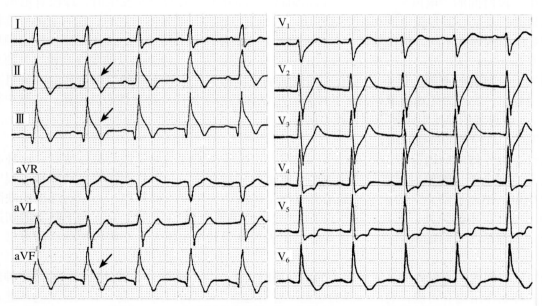

图 2-8-1　下壁导联特征性的 Lambda（λ）波（箭头指示）

（2）形态特别的 QRS-ST 复合波的另一个显著特点是上升支的终末部及降支均有切迹，并与下斜型的 ST 段抬高及倒置的 T 波组合在一起，十分类似希腊字母 λ（Lambda）形态，并因此得名（图 2-8-1）。

（3）左胸前导联存在镜像性改变，表现为 ST 段水平型压低，服用硝酸甘油对上述心电图改变无影响。

（4）可合并恶性室性心律失常、短阵室颤及心脏停搏（图 2-8-2）。

上述心电图特征性改变仅出现在下壁导联，而右胸导联无 Brugada 综合征的心电图表现。

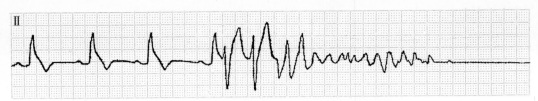

图 2-8-2 伴有 Lambda（λ）波的患者突然发生心脏停搏

二、心电图存在 Lambda（λ）波患者的临床特征

与 Brugada 综合征的临床特点十分相似，具有以下特点。

（1）常见于年轻的男性患者。

（2）有晕厥史。

（3）有晕厥或猝死的家族史。

（4）各种相关检查证实不伴有器质性心脏病。

（5）有恶性室性心律失常的发生及心电图记录。

（6）猝死常突然发生在夜间，死于原发性心电疾病。

三、Lambda（λ）波和患者猝死的发生机制

1. 原发性心脏停搏

死亡是生命不可避免的结局，心脏停搏是心脏电活动终结的必然结果。一般情况下，心脏停搏之前总有一段极不规则的电活动，如尖端扭转型室速、室颤等。即使是代谢耗竭的临终期死亡，在心脏完全停搏前也会发生一段时间的"电风暴"。但伴有 Lambda 波的部分年轻人的猝死发生时，却没有电风暴的发生过程，而是突然发生心脏各级电活动的全部停止，这种突发事件几乎是不可逆的，这与室颤持续相当一段时间而猝死的形式迥然不同。确切地说，患者发生的是心脏停搏和心搏骤停，而不是原发性室颤后的猝死形式。伴发 Lambda（λ）波的一位患者猝死时的动态心电图证实，从原来正常的窦性心律发生两次室性早搏，并引发十分短暂的室颤，仅 4s 之后心脏的电活动完全消失。这种无明确原因引起的心脏自主电活动突发性完全停止，表现为无逸搏节律的窦性停搏，可以称其为原发性或特发性心脏停搏。文献中报告的伴 Lambda（λ）波患者的猝死形式属于原发性心脏停搏。

2. 原发性心脏停搏的可能病因

原发性心脏停搏的病因很多，但同时有原发性心电疾病又表现为原发性心脏停搏时，这种心脏自主电活动突发性完全停止的原因可能与遗传性离子通道的异常有关。心脏自律细胞自动除极过程中钠通道起着重要作用，钠通道动力学的原发性缺陷有可能是电活动突然停止的原因，当然钙通道的缺陷引起心脏停搏的可能性也不能除外。此外，这些患者 12 导联心电图中 QRS 波的上升支和下降支的切迹可能分别和钠通道的激活与失活的缺陷有关，这些心电图表现也为其发生原发性心脏停搏的原因提供了一定的旁证。

在极短的时间内，心脏内的多级节律点的活动同时丧失，也不能除外心脏外机制。心迷走神经对心脏发生强烈的抑制作用也有可能，突然强烈的迷走反射引起意想不到的心脏抑制，有人称其为"迷走风暴"。而心律失常性猝死中，20% 属于过缓性心律失常及心脏停搏，而 80% 属于恶性快速性室性心律失常。前者与迷走神经张力过度增强有关，后者与交感风暴有关。

3. Lambda（λ）波发生的原因

Potet 等最近证实，SCN5A 基因上 G752R 位点发生突变时，可引起 Ⅱ、Ⅲ、aVF 导联 ST 段的抬高和明显的 J 波，因此，Lambda（λ）波的形成可能与 SCN5A 基因突变有关。

四、Lambda（λ）波与 Brugada 综合征

1. Brugada 波分成 3 型

（1）下斜型 ST 段抬高（coved ST segment elevation）：又称 1 型 Brugada 波，其表现为 J 波和 ST 段的抬高≥ 2mm，或峰值 >0.2mV，其逐渐下降到呈负向的 T 波，中间极少或无等电位线（图 2-8-3A）。

（2）马鞍型 ST 段抬高（saddle back ST segment elevation）：又称 2 型 Brugada 波，其 J 波≥ 2mm（基线上方的幅度≥ 1mm），其后的 T 波正向或双向，形成马鞍型（图 2-8-3B）。

（3）混合型（低马鞍型）ST 段抬高：又称 3 型 Brugada 波，其右胸前导联的 ST 段抬高≤ 1mm，表现为低马鞍型的 ST 段抬高（图 2-8-3C）。

Brugada 波的 3 型心电图表现的特征见表 2-8-1，这些特征可以单独出现，也能混合出现，混合出现时，常在 V_1、V_2 导联表现为 1 型改变，而在 V_3 导联表现为 2 型改变，即弓背向上的马鞍型抬高。文献认为下斜型 ST 段抬高与心电活动的不稳定密切相关，可能是发生致命性心律失常的一个预警信号，而马鞍型 ST 段改变可能仅是疾病的一个慢性过程。

Brugada 综合征的这些心电图特征性改变具有间歇性、隐匿性、多变性。出现的导联局限在右胸前导联，绝不可能单独出现在下壁导联，而 Lambda（λ）波则特征性地出现在下壁导联。

2. Brugada 综合征与 SCN5A 基因

分子生物学的研究发现，Brugada 综合征的发生与心脏钠通道 SCN5A 的基因突变有关，迄今为止已发现的 Brugada 综合征相关基因突变的位点有 28 个（图 2-8-4），都位于 SCN5A 基因上，其通过影响钠通道的功能导致 Brugada 综合征。应用基因突变的分析方法，例如通过单链构象多态性、DNA 测序等方法发现 Brugada 综合征患者在 SCN5A 第 21 号、28 号、26 号等外显子上编号不同的碱基位点被其他氨基酸取代，形成错义突变，约 15%～ 20% 的 Brugada 患者存在 SCN5A 基因突变。

3. SCN5A 基因与心脏钠通道

人体 SCN5A 基因是钠通道的电压门控基因家族的一员，位于染色体 3p21，编码有 2016 个氨基酸的电压门控钠通道的 α 亚基，可分为 28 个外显子，每个外显子含 53 ～ 3257 个碱基，不同外显子含的碱基数量差值很大。

表 2-8-1　3 型 Brugada 波的心电图特征

	1 型	2 型	3 型
J 波及幅度	≥ 2mm	≥ 2mm	≥ 2mm
T 波	倒置	直立或双向	直立
ST 段形状	下斜型	马鞍型	低马鞍型
ST 段抬高	逐渐下降	抬高≥ 1mm	抬高 <1mm

电压门控钠通道是一类镶嵌在细胞膜的糖蛋白，由 α 和 β 亚基组成，α 亚基是功能性单位（图 2-8-5），只在人体心脏组织表达，其由 4 个同源结构域组成并经细胞内环相连，每个结构域含 S_1 ～ S_6 的 6 个跨膜片段，S_5 和 S_6 跨膜片段间的连接环构成通道的孔壁（pore），决定着通道的离子选择性，S_4 片段是钠通道的电压感受器，细胞膜的去极化可使 S_4 片段发生跨膜移动并激活钠通道。

SCN5A 的基因突变对钠通道的影响：①钠通道动力学特征变化：失活加速或提前，激活减慢，使 I_{to} 电流在 1 相末占优势；②钠通道的表达或细胞内转运过程障碍，使细胞膜功能性钠通道的数量减少；③钠通道的功能改变：通透性遭到破坏而失去正常功能；④混合型：既有动力学障碍，又有蛋白表达的下降。

4. 钠通道障碍与 Brugada 综合征

Brugada 综合征的心电图异常是局部心肌细胞动作电位 2 相缺失的结果，而致命性心律失常是 2 相电流的缺失造成的 2 相折返所引起的。

人体心肌细胞动作电位 2 相的平台期由缓慢持续的内向钙电流（I_{Ca}）、内向钠电流（I_{Na}）及短暂锐减

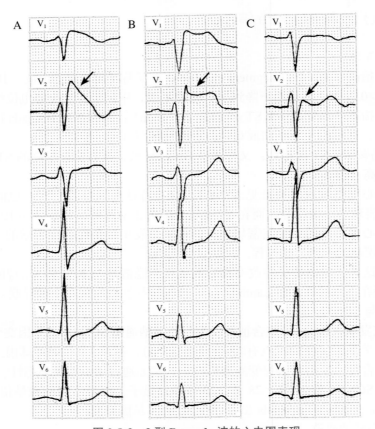

图 2-8-3　3 型 Brugada 波的心电图表现

A. 下斜型 ST 段抬高；B. 马鞍型 ST 段抬高；C. 混合型（低马鞍型）
ST 段抬高

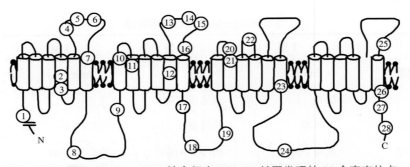

图 2-8-4　Brugada 综合征在 SCN5A 基因发现的 28 个突变位点

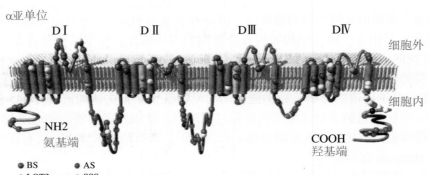

图 2-8-5　钠通道的 α 亚单位由 4 个同源结构域组成

的钾电流（I_{to}）共同组成。正常时 3 种电流在 2 相达到平衡，甚至内向电流还占一定的优势而形成 2 相平台期。当 SCN5A 基因突变使钠通道发生改变时，内向 Na^+ 电流减少。平衡被破坏，使 1 相末和 2 相的 I_{to} 电流占优势，导致复极加速，形成早复极，使动作电位的平台期消失。而 I_{to} 在心外膜比心内膜更明显，结果心外膜 2 相的复极比心内膜快，形成跨室壁的电位差。研究表明，右室心外膜 I_{to} 密度高于左室心肌，尤其是右室流出道的外膜。因此，上述的跨室壁的电压梯度常在右胸导联明显。临床钠通道或钙通道阻滞剂能使 Brugada 综合征的心电图改变程度加重的事实也支持这一理论。而 I 类抗心律失常药物的致心律失常作用是否与此相关，还需进一步的研究。

2 相平台期复极的不均衡构成了 2 相折返的基础，进而导致室速、室颤的发生。

五、Lambda（λ）波与不典型的 Brugada 综合征

近年来，陆续有文献报告不典型或称变异型 Brugada 综合征，其临床特征酷似 Brugada 综合征；多见于中青年男性，无明显器质性心脏病，有猝死发生史及家族史，有室速及室颤史（图 2-8-6，图 2-8-7），猝死常发生在夜间或凌晨，而心电图的表现不典型，即 J 波及 ST 段的抬高不是发生在右胸前导联，而是下壁导联或者右胸前导联及下壁导联均有（图 2-8-6）。

Lambda（λ）波与不典型 Brugada 综合征的关系尚不清楚，有学者认为这种仅出现在下壁导联的 J 波及 ST 段抬高的心电图改变与 Brugada 综合征属于同一类型的心电疾病，只是 J 波及 ST 段改变的程度和发

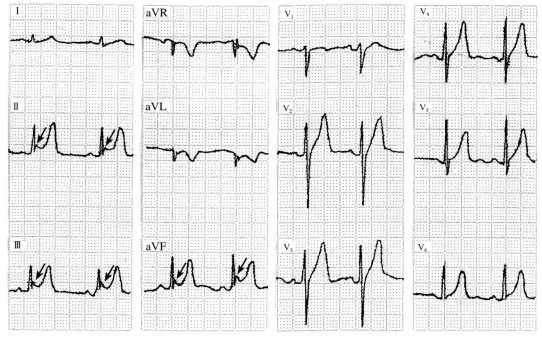

图 2-8-6　变异型 Brugada 综合征的心电图表现

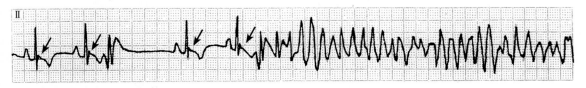

图 2-8-7　变异型 Brugada 综合征患者发生室颤

生的导联不同而已。也有学者认为，下壁导联存在的 Lambda（λ）波可能是猝死高危者一个新的心电图标志，代表了一个新的临床范畴，或新的致心律失常综合征，猝死的这一新的心电图识别标志的提出将会引起医学界更高程度的重视。

六、Lambda（λ）波的评价

（1）与 Epsilon 波、Brugada 波、T 波电交替或短 QT 综合征等心电图表现一样，Lambda（λ）波有可能成为心脏性猝死的一个心电图新标志，有可能成为识别心脏性猝死高危患者的一个重要诊断指标。

（2）Potet 最近证实 SCN5A 基因上 G752R 的突变可以引起下壁（Ⅱ、Ⅲ、aVF）导联的 ST 段抬高和明显的 J 波，这些心电图改变发生的机制存在几种假设：①左室下壁的迷走神经末梢较多；②某种轻度的器质性疾病不能经常规检查技术发现和诊断，但已引起了左室下壁心肌的纤维化或心肌炎；③不明原因引起左室下壁 I_{to} 电流的密度增大，超过了心脏的其他部分，超过了右室，因而单独表现在下壁导联。目前认为，其有可能成为目前提出的 SCN5A 疾病群中的一个新成员。

（3）与 Brugada 综合征不同，有 Lambda 波的患者大多同时存在心室除极和复极的异常，这与 Brugada 综合征及其他 SCN5A 基因突变相关性疾病都不同。

（4）伴有心电图 Lambda（λ）波的患者发生的猝死，部分病例属于原发性心脏停搏，而不像 Brugada 综合征患者主要死于室颤。

（5）诊断明确后，猝死的高危患者应植入 ICD 治疗。

TAD 标准

由法国学者 Fontain 发现并提出致心律失常性右室发育不良（ARVC）已经 40 余年了，但 ARVC 诊断与治疗的进展仍方兴未艾。近年来，在广义 Epsilon 波这一新概念提出后，又一个心电图定量指标被强调，即 TAD 延长标准（表 2-9-1）。

表 2-9-1　2019 年 ARVC 诊断的心电图标准

项目	主要标准		次要标准
除极	Epsilon 波	1	TAD 标准阳性
		2	晚电位（应用减少）
复极	T 波倒置（无 Rbbb，无 QRS>120ms）	1	T 波倒置
心律失常	右室心尖部或游离壁室速［左束支传导阻滞型室速，持续或非持续（Ⅱ、Ⅲ、aVF 导联负向，aVL 导联正向），电轴左偏］	1	右室流出道室速［左束支传导阻滞型室速，持续或非持续（Ⅱ、Ⅲ、aVF 导联正向，aVL 导联负向），电轴右偏］
		2	室早 >500/24h

表 2-9-1 列举了 2019 年专家共识中有关 ARVC 诊断的心电图三个主要标准和五个次要标准，而 TAD 标准则为五个次要标准之一。

1. TAD 定义

TAD 标准即为终末激动时间（terminal activation duration，TAD）标准，该标准是指患者在无右束支传导阻滞时，$V_1 \sim V_3$ 的任一导联存在 TAD 延长时为阳性，属于 ARVC 的一个次要标准。

2. TAD 测量方法

（1）在患者窦性心律时测定。

（2）测量导联为 $V_1 \sim V_3$ 导联。

（3）测量方法：从 $V_1 \sim V_3$ 导联的 S 波最低点到 QRS 波结束（图 2-9-1）。

3. TAD 阳性标准

TAD ≥ 55ms 为 TAD 标准阳性（图 2-9-2）。

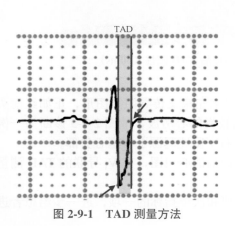

图 2-9-1　TAD 测量方法

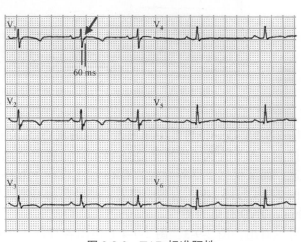

图 2-9-2　TAD 标准阳性

需要指出，当患者无完全性右束支传导阻滞，但 QRS 波存在 R′波时，TAD 时间应包括 R′波的时限在内。TAD 与完全性右束支传导阻滞的终末除极延缓不同，后者是在 I 和 V₆ 导联识别是否存在终末除极延缓。

4. TAD 延长的发生机制

与 ARVC 患者的 Epsilon 波的形成机制相似，是患者右室游离壁和流出道心肌发生了广泛、严重基础病变，进而引起心室严重的除极与传导延缓的结果。

应当注意，ARVC 患者的 TAD 延长与完全或不完全性右束支传导阻滞不同。完全性右束支传导阻滞时，心室终末除极延缓主要表现在 I 和 V₆ 导联。此外，TAD 延长还要与运动员心脏、V₁ 和 V₂ 导联电极位置不当、右室肥大、左室预激、高钙血症等情况相鉴别。

5. 临床意义

（1）TAD 延长是诊断 ARVC 的一项心电图次要标准：TAD ≥ 55ms 呈阳性时，有助于 ARVC 的诊断。

（2）ARVC 室速的鉴别：TAD 延长有助于 ARVC 室速与特发性右室室速的鉴别，即 TAD 阳性时，更支持该室速为 ARVC 患者伴发的室速。一组 42 例 ARVC 室速的患者中有 30 例 TAD 延长，而特发性右室流出道室速的患者，27 例中仅有 1 例 TAD 延长（图 2-9-3，图 2-9-4）。

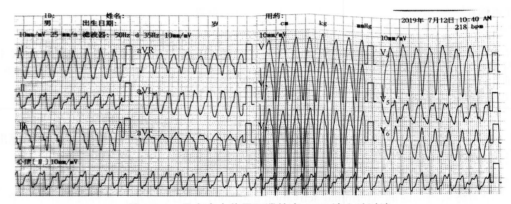

图 2-9-3   呈左束支传导阻滞的宽 QRS 波心动过速

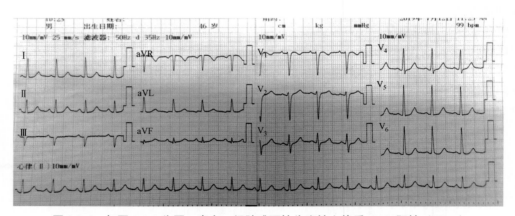

图 2-9-4   与图 2-9-3 为同一患者，经胺碘酮转为窦性心律后 TAD 阳性（60ms）

图 2-9-3A 是一位男性中年患者发生的宽 QRS 波心动过速，呈类左束支传导阻滞图形，正如红箭头的标识提示，与 218 次 / 分的宽 QRS 波心动过速而分离存在着一组较慢的心房波，故图 2-9-3 诊断为一例右室室速，而又根据下壁等导联的 QRS 波主波向下等特点而推断该右室室速起源于右室心尖部。

图 2-9-4 与图 2-9-3 为同一患者，是经药物将室速转为窦性心律后的心电图，在 V₁ 导联的 TAD 测量值为 60ms，TAD 标准为阳性。

可以看出，图 2-9-3、图 2-9-4 心电图各符合 ARVC 心电图主要和次要指标的一项，进一步给患者进行心脏影像学（MRI）检查时，证实存在明显的右室病变而最终诊断为 ARVC（图 2-9-3、图 2-9-4 为余萍教授提供，致谢）。

（3）识别"危险家系成员"：对于确诊的 ARVC 患者的家系成员基因阳性者进行评估时（一组 7 例家系成员中 4 例存在 TAD 延长），当家系成员心电图 TAD 标准阳性时，可起到早期识别危险个体的作用。

心电现象新概念

第三篇

第一章

钩拢现象

钩拢现象（acchrochage phenomenon）是一种特殊的心电图干扰现象，临床心电图中并不少见。钩拢现象连续发生时可引起等频心律（isorhythmic）、等频脱节，两种心律的同步现象（synchronization phenomenon）等，应当注意它们之间的联系与区别。

一、钩拢现象的概念

各自独立的不同心肌或心腔彼此接触靠放在一起时，通过相互之间的机械作用、电的作用或两者兼而有之的作用，使原来各自不同频率的心电活动，出现暂时的同步化。据此，Segers 最早提出钩拢现象的概念。

一般情况下，心脏内存在两个节律点时可发生干扰现象，干扰现象通常表现为暂时出现的副节律点对一直存在的主节律点的负性变时作用、负性传导作用，使主导节律点的自律性下降，传导减慢。例如，早搏后的超代偿间期、干扰性传导阻滞等。钩拢现象与此相反，其表现为暂时出现的副节律点对主导节律点产生了正性变时作用的干扰，使其出现频率增快的现象，甚至在一段时间内，主导节律点的频率与副节律点较快的频率接近或同步化。因而钩拢现象是一种少见的、正性变时作用的干扰现象。

二、临床心电图中几种常见的钩拢现象

1. 三度房室传导阻滞时的钩拢现象

三度或高度房室传导阻滞时，心房在窦房结控制下频率较快，约 70 ～ 80 次 / 分，心室在室内自搏性节律点控制下频率较慢，约 40 ～ 50 次 / 分。但是心房、心室的两个频率不同的节律点间可发生明显的正性变时性干扰，即心室激动发出时可使窦性心律的频率暂时增加，产生窦性心律不齐，心电图表现为含有 QRS 波的 PP 间期比不含 QRS 波的 PP 间期短，发生在 QRS 波后的 P 波常来得稍早。过去有人将此现象称为时相性窦性心律不齐，实际这种正性变时性作用属于钩拢现象（图 3-1-1）。

三度房室传导阻滞时，约 42% 的心室波可使随后的窦性 P 波明显提前，54.5% 的心室波使其后的 P 波轻度或不恒定地提前，只有 3.5% 的心室波可使其后的 P 波推迟出现。以 PP 间期为纵坐标，RP 间期为横坐标描记的曲线可以清楚地证实两者的变时性关系。Rosenbaum 的研究表明，最明显的正性变时作用常发生在 QRS 波后 0.3 ～ 0.4s 出现的 P 波，此时曲线处于最低水平，产生的 PP 间期最短。而心室波后 0.6 ～ 1.0s 出现的窦性 P 波常被推后，使 PP 间期反而延长。

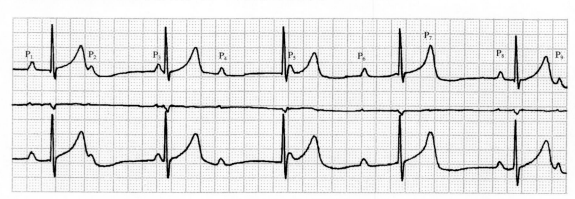

图 3-1-1 三度房室传导阻滞时的钩拢现象

本图为三度房室传导阻滞患者的动态心电图记录，其中 P_1P_2、P_3P_4、P_6P_7、P_8P_9 间期中都含有 QRS 波，其 PP 间期为 800 ～ 840ms，而不含 QRS 波的 P_2P_3、P_5P_6、P_7P_8 间期为 920 ～ 1000ms，前者 PP 间期明显缩短，系发生的钩拢现象所致。而图中 P_5 与前一 QRS 波重叠，即还未产生正性变时性作用时，窦性 P 波已发出，其间期未受影响

2. 室性早搏时的钩拢现象

绝大多数的室性早搏在房室结逆传方向上发生隐匿性传导，使随后的窦性 P 波下传到房室结时发生阻滞而不能下传，结果引起完全性代偿间期。但部分室性早搏对其后的窦性 P 波产生正性变时作用，使其稍提前出现（图 3-1-2）而发生钩拢现象。做出这种诊断时，一定要确定室早后的 P 波是窦性 P 波，而不是室早引起的逆传 P' 波。因室早后的 P 波常与 T 波有不同程度的融合，使 P 波极向的判断有时困难。

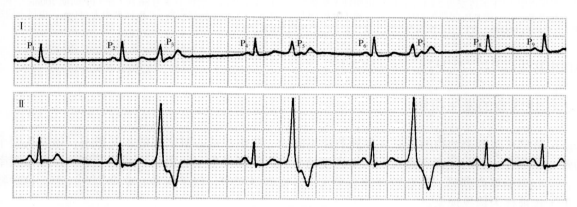

图 3-1-2　室性早搏引起的钩拢现象

本图为 I 和 II 导联同步记录的心电图，第 1 个室早后的 P_3 为直立 P 波，P_2P_3 间期为 640ms，明显短于 P_1P_2 间期（1000ms），系室早引起的钩拢现象，此后的第 2、第 3 个室早均引起了同样现象，而 P_7P_8、P_8P_9 间期都缩短到 660ms，窦性心率的增快是正性变时性作用的结果

3. 非阵发性房室交界性心动过速时的钩拢现象

非阵发性房室交界性心动过速是房室交界区自律性异常升高引起的，发生时的频率常在 50～130 次/分。心动过速发生时，该节律点的电活动，以及下传后引起的心室机械收缩都可能对窦房结产生正性变时性作用，使窦性心率增快，甚至发生等频心律或等频脱节（图 3-1-3）。

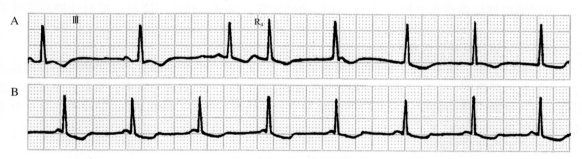

图 3-1-3　交界性心动过速引起的钩拢现象

A、B 为连续记录。窦性心率起始为 55～60 次/分，R_4 为交界性早搏，并引起交界性心动过速，心率为 75～80 次/分，交界性心动过速发生后，对窦性心率的正性变时性作用使窦性心率提高到 75～80 次/分，并形成等频脱节

非阵发性房室交界性心动过速伴有钩拢现象在临床心电图中相对常见，诊断时应当注意：①心电图应当有钩拢现象发生前的窦性心律的心电图表现（一般频率较慢）；②有非阵发性房室交界性心动过速发生时的心电图记录；③心动过速发生后，经过正性变时性作用，有窦性频率变快的心电图变化；④心动过速发生后出现的 P 波是窦性心率变快的直立 P 波，而不是交界性心律引起的逆传 P' 波。图 3-1-3 具备上述几个特点，诊断比较可靠。

4. 心室起搏时的钩拢现象

三度房室传导阻滞心室起搏时，当心室起搏率稍高于窦性频率时，可产生房室同步现象，即窦性频率被动性提高，接近或等于心室起搏率。没有心脏阻滞的患者，心室起搏时也可能发生钩拢现象，窦性频率可随心室起搏率的增高而提高。这种正性变时性作用与拖带现象的概念迥然不同，不能混淆。

5. 其他

钩拢现象最常见于房室双腔心律时（图 3-1-4），此时两种心律之间的影响是心电和机械两种作用的共同结果。有学者报告单腔内的两种心律间也可以发生钩拢现象，例如房内钩拢现象、室内钩拢现象等，临

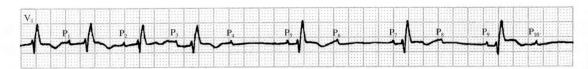

图 3-1-4 二度房室传导阻滞时的钩拢现象

本图记录 1 例从房室 1∶1 下传变为 2∶1 下传的心电图动态变化过程。1∶1 下传时，窦性心率为 86 次/分（PP 间期 700ms），P₄ 后发生 2∶1 房室传导阻滞，此后的 P₅P₆ 间期为 660ms，明显短于 P₆P₇ 间期（740ms），发生了钩拢现象。P₇P₈ 间期也为 660ms，也属于钩拢现象，P₈P₉、P₉P₁₀ 间期均为 660ms，此时因正性变时性作用窦性心率已提高到 90 次/分

床心电图中这些情况较为少见。

三、钩拢现象的发生机制

Segers 最早在两栖类动物的心脏观察到节律不同的心肌组织或心脏之间的相互影响，他发现两个心率不同的蛙心贴靠在一起时，没有真正解剖学连接的心脏之间却发生了心电频率的相互影响，原来频率较慢的蛙心，其心率能提高到另一蛙心较高的心率水平。在此过程中，似乎两种心率牵钩在一起，这种特殊形式的心电干扰被称为钩拢现象。

如上所述，绝大多数钩拢现象发生在双腔心律之间，主要是心室腔的电活动通过电和机械的双重作用对窦性心律产生正性变时性作用。这种正性变时性作用的产生与窦房结"伺服机构"的性质密切相关。

有人将窦房结比喻为伺服机构，所谓伺服机构（servomechanism）是指自动控制系统应用反馈来的信息控制另一系统的偏差。窦房结作为一个伺服机构体现在以下几个方面。

1. 神经系统和血液循环对窦房结的影响

心脏的每一次收缩和舒张，血管内压力高低的变化，都通过颈动脉窦、主动脉弓和心腔内存在的压力感受器，经迷走神经传入纤维将信息输入中枢神经系统，大脑立即经传出神经纤维将调节冲动传回给窦房结，窦房结根据反馈信息立即调整下一次激动的发放。例如，血压下降时，反射性提高窦性心律的频率。

2. 血流动力学和其他物理因素的影响

窦房结动脉位于窦房结中央，窦房结动脉内的搏动压力、搏动的频率都能产生节律性的物理运动，牵拉窦房结内的胶原纤维网，产生协调性作用，影响窦房结内自律细胞的放电频率。除此，窦房结动脉距主动脉很近，对主动脉内压力的变化及其舒缩活动是十分精确和敏感的"晴雨表"，使反馈信息十分及时地变为再控制的信息。

3. 房室结对窦房结的影响

房室结的电活动对窦房结有明显的影响，影响的机制不清楚，有人将房室结和窦房结称为耦合弛张振荡器（coupled relaxation oscillators）。

从以上窦房结的"伺服机构"的性质和特点可以解释钩拢现象的发生机制。窦房结发放的电脉冲影响着心房的电活动和机械活动，而心房的电活动和机械活动影响着心室每搏量及压力。主动脉内压力作为反馈信息传到窦房结，窦房结进行及时的调整，进而控制已出现的偏差。以室早为例，室早时心室未充分充盈，收缩后使动脉血压比正常低，结果作用于窦房结，使其频率提高，借此可以提高心房对心室的充盈，起到纠正和控制主动脉压力变低的偏差。从这个角度分析，钩拢现象实际上是体内生理调节的一个结果，有重要的生理意义。

四、钩拢现象与等频心律

心电图中的等频心律或等频现象，是指任何原因引起的窦性心律频率与另一种异位心律频率，或两种异位心律频率出现相等的情况。因此，心电图上出现的两种心律频率相等时，则可诊断为等频心律或等频现象。根据持续的时间又分成 3 种。短暂性：等频现象持续时间小于 3s；较长性：持续时间大于 3s；持久性：一次心电图记录中一直存在着等频现象。等频心律间互相形成的干扰性或阻滞性脱节称为等频性脱节。

钩拢现象与等频现象不同，它是频率不同的两种心律之间形成的正性变时性作用。钩拢现象的发生常需要几个条件：①两种共存节律的频率不同，但又需要有一定程度的相近，以三度房室传导阻滞的心室起搏为例，只有当起搏频率略高于窦性心率时，钩拢现象才出现；②两种节律所在的心腔靠近在一起，使一个心腔的电和机械活动可影响到另一心腔，已经证明，机械性牵张可以影响自律性组织的自律性；③两种节律所在的心腔有压力的差别、压力的波动，当两个心腔的血压恢复到一个相对恒定的水平时，钩拢现象可以消失。

钩拢现象持续时，同时存在的两种心律有可能形成等频心律，但并不意味着钩拢现象的发生一定会出现等频心律。

第二章

蝉联现象

蝉联现象（linking phenomenon）是临床心电图学常见的一种心电现象，自 1947 年 Gouaux 和 Ashman 首次报告至今已有五十余年。近年来的研究表明，蝉联现象的类型趋向增多，发生率明显增加，应当引起足够重视。

一、蝉联现象的经典概念

1947 年 Gouaux 和 Ashman 在《美国心脏病学杂志》发表了题为《心房颤动伴差异性传导伪似室性心动过速》的文章，首次提出房颤心律中出现的连续宽大畸形的 QRS 波可以是室内差异性传导（差传）造成的，而不一定是室速。Gouaux 和 Ashman 认为，这种连续性差传可能是室上性激动经房室结下传到束支时，一侧束支因不应期长或其他原因发生功能性阻滞不能下传，激动沿另一侧束支下传的同时发生了跨室间隔向对侧束支的隐匿性传导。当随后的室上性激动再次下传到束支时，依然沿着前次能够下传的束支下传，而对侧束支此时仍然处于前一次激动跨室间隔隐匿性传导后的不应期中，继续出现功能性传导阻滞。以此类推，可以解释连续出现的宽大畸形的 QRS 波的发生机制（图 3-2-1）。

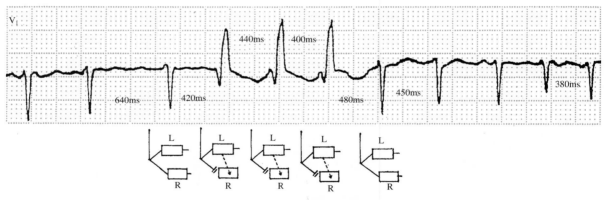

图 3-2-1　心房颤动时的蝉联现象

V₁ 导联心电图中，第 2 和第 3 个心动周期的 RR 间期分别为 640ms 和 420ms，符合产生 Ashman 现象的条件，引起了第 4 个 QRS 波的右束支传导阻滞型室内差异性传导。当激动沿左束支下传时向右束支发生隐匿性传导，引起右束支再次出现功能性阻滞，即发生了蝉联现象。第 6 个心动周期延长到 480ms，蝉联现象自行终止。第 10 个心动周期长 380ms，短于蝉联现象发生时的心动周期值，证实第 5、6 个宽 QRS 波是蝉联现象引起的。示意图中 L 代表左束支，R 代表右束支

1965 年 Moe 在犬的电生理研究中证实了 Gouaux 和 Ashman 提出的观点，1969 年 Cohen 在人体电生理检查中也发现和证实了上述现象。应用电生理检查的方法，给予适时的心房刺激，激动经房室结、希氏束下传到束支时，可遇到一侧束支处于不应期而不下传，激动沿对侧束支下传，引起宽大畸形的 QRS 波群，激动下传的同时可经室间隔向另一侧束支发生隐匿性传导，逆行激动该侧束支，该侧束支逆行激动后还可向上逆行激动希氏束，甚至心房，心内电图可以记录到逆行激动的希氏束波和心房回波，使早前最初的推想得到证实。连续心房刺激可使这种现象持续出现，Moe 等的心内电图资料验证了 Gouaux 此前的假说。

1972 年，Rosenbaum 首次将束支间连续的跨室间隔发生的隐匿性传导，并引起一侧束支持续的功能性阻滞的心电现象命名为蝉联现象。在很长一段时间内蝉联现象的研究一直局限在左右束支之间。束支间蝉联现象可分成两型：①左束支下传型：即蝉联现象发生时 QRS 波呈右束支传导阻滞型（图 3-2-1）；②右束支下传型：即蝉联现象发生时 QRS 波呈左束支传导阻滞型（图 3-2-2A）。两型中，左束支下传型多见，约占 70%；右束支下传型少见，约占 30%。

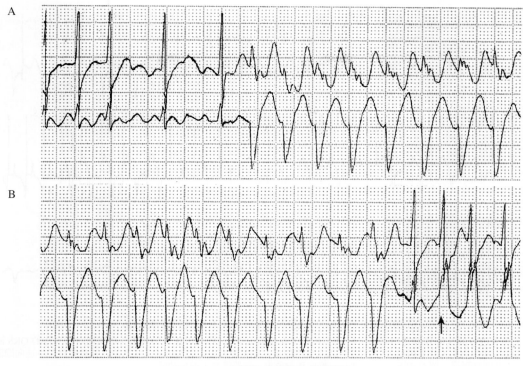

图 3-2-2 心房扑动伴发的蝉联现象

A. 心房扑动伴 2：1 或 3：1 下传，第 5 个心动周期中，房扑下传比例从 3：1 变为 2：1 时，下传的 QRS 波呈左束支传导阻滞并持续存在，这是因下传的 F 波沿右束支下传时，发生向左束支的跨室间隔隐匿传导，发生束支间蝉联现象；B. 蝉联现象持续过程中，QRS 波突然变窄 1 次，随后转变为右束支传导阻滞的图形，系蝉联现象发生了转向，从原来的右束支下传型变为左束支下传型

二、蝉联现象的现代概念

随着心脏电生理检查的广泛开展，对蝉联现象的认识不断深化和拓宽。

1. 蝉联现象的现代概念

目前认为，在激动传导的方向上出现两条传导径路时都可能发生蝉联现象，传导的两条径路可以是解剖学或是功能性的。蝉联现象常见于左右束支之间、房室结慢快径路之间、预激旁路与房室传导系统之间。不同部位发生的蝉联现象机制相同，即激动前传时，一条径路处于不应期而发生前传的功能性阻滞，激动沿另一条径路下传，激动下传的同时向阻滞的径路产生隐匿性传导，引起该径路在下次激动到达时再次发生功能性阻滞，当心电图出现这种一侧传导径路下传并向对侧径路连续隐匿性传导，使之发生持续性功能性阻滞时，蝉联现象的诊断即可确立。

蝉联现象发生的条件中需两条传导径路间的不应期或传导速度相差 40～60ms 以上，房室结的慢快径路间，预激旁路与房室传导系统之间不应期及传导速度有较大的差别（多数＞40～60ms），因此比左右束支更易发生蝉联现象，这与临床心电图所见一致。

2. 预激综合征的蝉联现象

1985 年，Lehmann 应用心内电生理检查的方法首次证实，预激综合征的旁路与正常房室传导系统之间可发生蝉联现象。

预激综合征的蝉联现象有两型。

（1）房室传导系统下传型：此型中旁路的不应期比房室传导系统的不应期长，较快的窦性或房性激动下传时旁路处于有效不应期而不能前传，发生旁路前传的功能性阻滞，则激动沿房室传导系统下传，原来旁路下传的室性融合波消失，正常时限的 QRS 波取而代之。激动沿房室传导系统下传心室的同时，又向旁路产生逆向隐匿性传导，这种连续的隐匿性传导，可产生旁路持续性的功能性阻滞（图 3-2-3）。

（2）旁路下传型：此型中房室传导系统的有效不应期长，而旁路的不应期短，当较快的心房激动下传时，遇到房室传导系统的有效不应期而出现房室传导系统功能性阻滞，激动沿旁路下传，并产生更加宽大

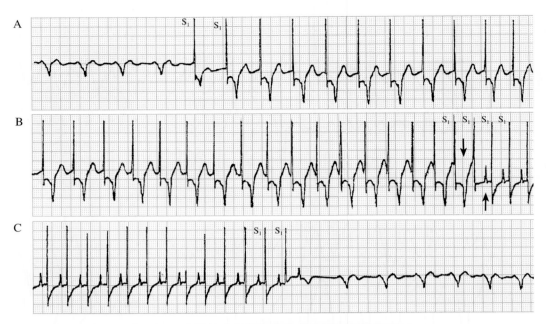

图 3-2-3　预激综合征房室传导系统下传时的蝉联现象

图为预激综合征患者进行的 S_1S_1 连续递增刺激（A、B、C 三条为连续记录），进行到 B 条倒数第 3 个周期时，下传的 QRS 波突然由宽变窄，主波方向从向下变为向上（箭头指示），系旁路进入有效不应期，S_1 刺激沿正常房室传导系统下传，并对旁路产生逆向隐匿性传导，使其一直处于持续性功能性阻滞。图 C 中 S_1 刺激停止后，蝉联现象消失，旁路恢复了前传功能

畸形的完全性预激的 QRS 波，下传的同时向房室传导系统产生逆向隐匿性传导，引起房室传导系统持续性功能性阻滞。此型蝉联现象发生时，原来就已宽大畸形的 QRS 波突然增宽并持续，这是因原来的室性融合波变为只经旁路下传时心室发生完全性预激而引起的。由于体表心电图很难判定 QRS 波是两条传导径路共同下传引起的室性融合波，还是仅由旁路下传引起的完全性预激图形，因此这型蝉联现象只能经心内电图得以证实（图 3-2-4）。

应当指出，隐匿性预激综合征的旁路无正向传导功能，仅有逆传功能，因此不存在旁路与房室传导系统之间的蝉联现象。

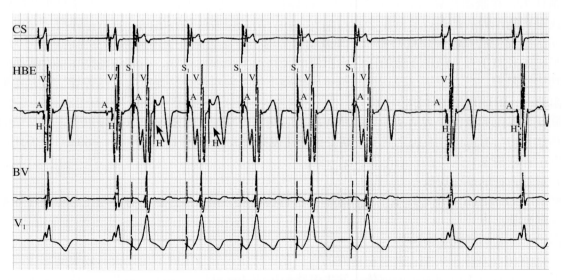

图 3-2-4　预激综合征旁路下传时的蝉联现象

患者为 A 型预激综合征，旁路位于左侧。图中第 1、2、8、9 个心搏为窦性心律，激动沿旁路与房室传导系统同时下传形成室性融合波，希氏束（HBE）记录可见 AH 间期正常，H 波与 V 波融合。第 3～5 个心搏为高右房 S_1S_1 刺激引起，在 V_1 导联心电图可见 PR 间期更短，下传的 QRS 波时限 0.20s 以上，图形与窦性下传的 QRS 波不一致，经希氏束电图证实 S_1 刺激经旁路下传激动心室而变为完全性预激，同时经房室结下传激动希氏束引起 H 波，但 H 波已位于 QRS 波之后（箭头指示）。第 3～5 个心搏均一样，说明由旁路下传的激动向房室传导系统逆向连续隐匿性传导使第 5～7 个心房激动只沿旁路下传，正常房室传导系统处于持续性功能性阻滞即发生了蝉联现象。CS：冠状窦；BV：心室电位

3.房室结慢快径路间的蝉联现象

房室结双径路是指房室结内存在传导速度及不应期截然不同的两条传导径路。房室结双径路存在时，心房激动经房室结下传时容易发生慢快径路间的蝉联现象。房室结双径路间的蝉联现象也分成两型。

（1）慢径路下传型：此型中快径路传导速度快而不应期长，容易先进入有效不应期，慢径路传导速度慢但不应期短。适时的心房激动常可遇到快径路前传的有效不应期发生功能性阻滞，激动沿慢径路下传，使心电图 PR 间期突然跳跃式延长，慢径路下传的同时还向快径路产生连续的隐匿性传导，使之出现持续性的功能性阻滞（图 3-2-5，图 3-2-6）。

（2）快径路下传型：此型中慢径路传导速度慢、有效不应期长，快径路传导速度快、有效不应期短。

三、发生蝉联现象的基本条件

（1）激动传导方向上出现传导速度与不应期不均衡的两条径路。
（2）在原来基础上基础心率常有突然增快的现象或发生早搏。

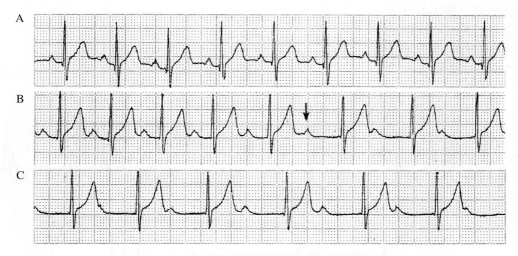

图 3-2-5　房室结双径路慢径路下传时的蝉联现象

A. 窦性激动沿房室结快径路下传；B. 快径路下传出现了快径路文氏型延缓并阻滞，在箭头处变为慢径路下传；此后慢径路连续下传，其连续下传的同时向快径路发生连续性隐匿性传导，使快径路出现持续性功能性阻滞，即发生了蝉联现象

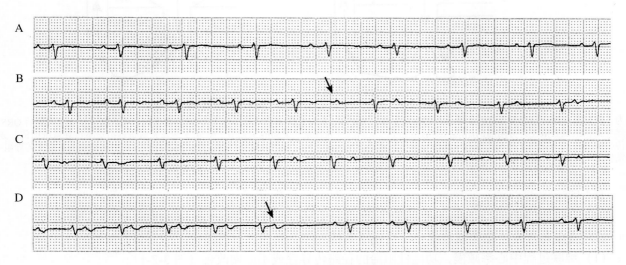

图 3-2-6　房室结双径路慢径路下传时的蝉联现象

A. 窦性激动沿快径路下传；B. 快径路出现了轻度递减传导，并在箭头处发生阻滞变为慢径路下传；C. 此后快径路传导处于持续性功能性阻滞，激动沿慢径路下传系蝉联现象所致；D. 因发生了一次慢径路的阻滞（箭头指示）蝉联现象自行终止

（3）基础心率增快或早搏发生时，一条径路的有效不应期长，提前的室上性激动下传时遇到其有效不应期而发生功能性阻滞或两条径路的不应期与传导速度相差 40～60ms 以上，激动通过两条径路传导的时间相差 40～60ms 以上，心电图则可出现一条径路功能性阻滞的表现。

（4）室上性激动沿不应期短的径路下传时，同时还存在向对侧传导径路发生连续的隐匿性传导，使之处于持续的功能性阻滞状态。

不同部位、不同类型的蝉联现象都需具备以上基本条件才可能发生。

四、可能发生蝉联现象的心律

理论上各种室上性心律都可能引起前传的蝉联现象。

（1）窦性心律伴有心率突然增快或变化时（图 3-2-5，图 3-2-6）。

（2）房性心律及心动过速（包括自律性房性心动过速、折返性房性心动过速、窦房折返性心动过速）。

（3）交界性心律和心动过速。

（4）心房扑动（图 3-2-2）。

（5）心房颤动（图 3-2-1）。

（6）房室结折返性心动过速。

（7）房室折返性心动过速（图 3-2-7）。

（8）电生理检查时诱发。

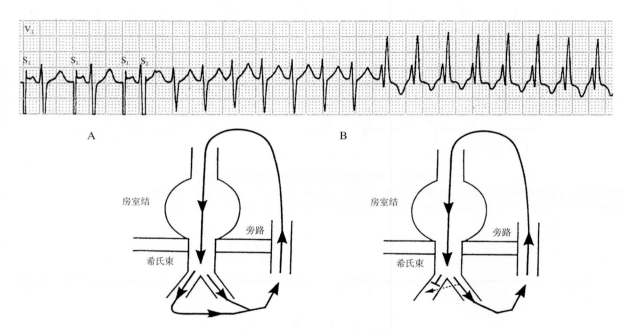

图 3-2-7　房室折返性心动过速时的束支蝉联现象

图为 1 例预激左侧旁路患者食管电生理检查诱发室上速时的记录。S_1S_2 程序刺激诱发了窄 QRS 波的室上速，在连续 8 个心动周期后 QRS 波突然变宽，出现右束支传导阻滞的图形，提示发生了束支间的蝉联现象。下面的示意图：A. 室上速发生时折返沿房室传导系统前传，旁路逆传；B. 房室传导系统下传时出现右束支传导阻滞，激动沿左束支下传，并向右束支产生连续的隐匿性传导，引起持续的右束支传导阻滞，即发生了束支间的蝉联现象

五、蝉联现象的终止

蝉联现象每次发生都伴随着终止，出现下列情况时，其能够自行终止。

（1）蝉联过程中心率减慢，功能性阻滞的径路传导性或不应期改善（图 3-2-1）。

（2）蝉联过程中因心率的变化（加快或减慢）或早搏等原因使两条径路的传导速度或有效不应期的差值减小（＜ 40ms）时，蝉联现象可能终止（图 3-2-8）。

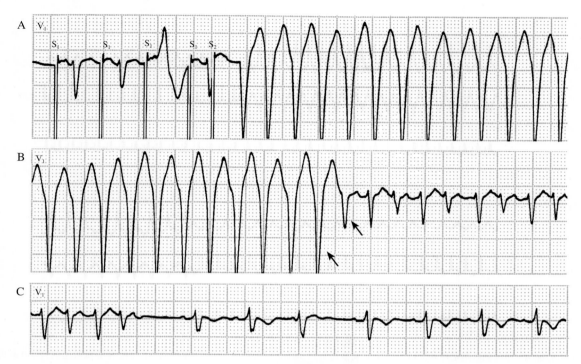

图 3-2-8　蝉联现象的发生和终止

预激综合征伴房室结双径路患者在食管电生理检查中诱发室上速时的心电图，A、B、C 为连续记录。应用 S_1S_2 刺激诱发了室上性心动过速，QRS 波呈左束支传导阻滞图形，发生了右束支下传的蝉联现象。B 图中，持续性左束支功能性阻滞情况发生改善时，左束支功能性阻滞逐渐减轻（箭头指示）并与右束支传导发生同步化，蝉联现象终止，QRS 波由宽变窄

（3）蝉联过程中，下传的径路出现递减传导或进入有效不应期，使一次室上性激动被阻滞（图 3-2-6）。

（4）蝉联过程中阻滞的径路因意外传导使传导阻滞得到改善，此机制也可逆转蝉联方向（图 3-2-2）。

（5）蝉联过程中，发生二度房室传导阻滞或二度同步的双束支传导阻滞（图 3-2-6）。

（6）影响传导径路不应期的因素繁多，包括各种生理因素，如咳嗽、刺激迷走神经的方法等都能终止蝉联现象。

（7）药物或心脏电刺激等非药物方法。

六、蝉联窗口

1. 蝉联窗口的概念

1991 年由 Gonzalez 首次提出。他应用右心房 S_1S_1 递增 - 递减刺激研究预激综合征电生理特点时发现，当 S_1S_1 刺激频率逐渐增高时（即 S_1S_1 周期逐渐缩短），旁路可能突然进入有效不应期发生前向传导功能性阻滞，刺激沿正常房室传导系统下传，同时发生蝉联现象。此时将右心房 S_1S_1 刺激频率逐渐减慢（即 S_1S_1 刺激不终止，刺激周期逐渐延长），当延长到一定程度时，蝉联现象终止，旁路重新恢复前向传导功能（图 3-2-9），Gonzalez 将这种递增 - 递减性刺激过程中蝉联现象持续存在的时间段称为蝉联窗口，从图 3-2-9 可以看出该例预激综合征患者的蝉联窗口宽 110ms。

所谓蝉联窗口，是指能够引发蝉联现象并使之维持存在的不同心动周期间的最大差值。有人报告，蝉联窗口平均范围为 185ms±68ms。

2. 测定方法

应用右心房 S_1S_1 递增 - 递减刺激的方法测定，或直接测量蝉联发生时的心动周期值，如房颤伴发蝉联现象时，最长的 RR 间期与最短的 RR 间期差值可视为蝉联窗口值。

3. 影响因素

影响蝉联现象的因素很多，同样影响蝉联窗口值和测量的因素也很多，例如心房刺激部位不同，测定的蝉联窗口值不同。

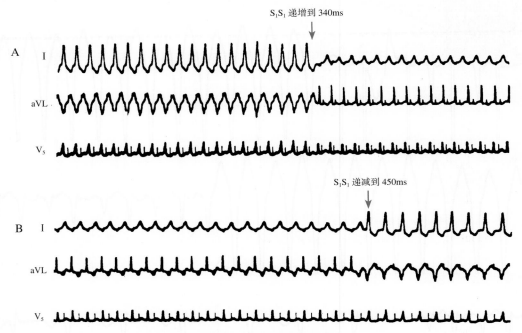

S_1S_1 递增到 340ms

S_1S_1 递减到 450ms

图 3-2-9　**蝉联窗口的测定**

应用右房 S_1S_1 递增 - 递减刺激测定蝉联窗口。A. S_1S_1 刺激递增到 340ms 时旁路前传阻滞（箭头指示）；B. S_1S_1 刺激递减到 450ms 时旁路前传功能恢复（箭头指示）。蝉联现象持续的窗口为 110ms（450～340ms）（记录纸速 10mm/s）

七、鉴别诊断

1. 房颤伴发的束支间蝉联现象需与连发的室早或室速鉴别

这不仅与诊断有关，还影响着对治疗和预后的估计。室早或室速的 QRS 波在 V_1 导联 94% 以上呈单相（R）或双相（qR、RS 或 QR），在 V_6 导联 85% 的 QRS 波有深 S 波。除此，室早或室速后有类代偿间期，有室性融合波等特点。房颤伴束支间蝉联现象时，出现持续性功能性阻滞时 85% 为右束支传导阻滞，右束支下传型，这与右束支有效不应期比左束支不应期长有关，也与右室内膜开始激动的时间正常时就比左室内膜晚 5～10ms 的生理现象有关。右束支功能性阻滞时，在 V_1 导联 QRS 波 70% 显示为三相波（rsR'、rSR、RsR'），仅 30% 的 QRS 波为单相或双相波，其向量与激动正常下传时 QRS 波的初始向量相同。而连发的室早、室速的 QRS 波的初始向量 96% 与房室传导系统正常下传的 QRS 波起始向量不同。除心电图鉴别外，有时还需结合临床，房颤伴心衰患者，洋地黄过量时容易发生连发室早或室速，洋地黄不足时易发生蝉联现象。

2. 房颤时发生的蝉联现象需与一般性单侧束支持续性功能性阻滞鉴别

一般性单侧束支持续性功能性阻滞是因过快的激动下传时连续遇到其有效不应期而发生的，其不伴跨室间隔的束支间隐匿性传导。鉴别时可用连续发生束支传导阻滞的最短 RR 间期与较长时间记录中的正常形态的最短 RR 间期比较，前者比后者长时则可能为蝉联现象，相反时，有可能是不伴隐匿性传导的连续的束支功能性阻滞（图 3-2-1）。

3. 阵发性心动过速伴有束支间蝉联现象时，QRS 波宽大畸形而整齐，须与阵发性室速鉴别。

八、结束语

总之，蝉联现象在临床心电图中较为常见，其影响因素多，变化大，可能使心电图复杂化。而且每次的发生都伴一次终止，不同的原因可诱发蝉联现象，也可使蝉联现象终止，一定会在仔细分析蝉联现象发生或终止的心电图表现中找到答案。

连缀现象

心律失常有许多独具的特性。近年来，心律失常的自限性和"连缀"的特征已引起广泛关注。所谓自限性，是指某种心律失常发生后处于极不稳定状态，结果仅持续很短的时间而自行终止。自限性是指心律失常有自我限制而终止的倾向。心律失常的连缀现象与其相反，该现象曾称为促进作用（promotive effect），例如心房颤动促进心房颤动的发生（atrial fibrillation promotes atrial fibrillation），近年将这种促进作用改称为连缀作用，或称连缀现象。例如窦律连缀窦律，房颤连缀房颤（sinus rhythm begets sinus rhythm，atrial fibrillation begets fibrillation），这是指心律失常发生后，可为其持续稳定的存在提供条件。

一、连缀现象的定义

连缀现象（beget phenomenon）是指一种心律失常发生的同时，已为其再次、反复发生，持续稳定的存在，或演化成慢性型提供重要条件。判断连缀现象时，应排除心律失常的这种逐渐进展与器质性心脏病的发展及其他因素的作用有关。

英文 beget 原意为生、产生、派生等意思，国内不同学者有各种译法。戚文航教授首先将之译为"连缀"，由于这种译法十分贴切及形象，故被学术界接受和采用。

二、临床几种常见的心律失常连缀现象

心律失常的连缀现象并非少见。

1. 心电图二联律法则中的连缀现象

心电图因窦性心动过缓、窦性静止、窦房传导阻滞、房颤时的长 RR 间期等原因引起长的心动周期时，则易引起房性、室性或房室交界性早搏，这些早搏后长的代偿间期又易于下一个早搏的出现，如此重复可形成各种早搏二联律（图 3-3-1）。可以看出，二联律法则中蕴含着连缀现象。

2. 心室颤动时的连缀现象

室颤是致命性恶性室性心律失常，室颤发生时心输出量几乎为零，与心脏停搏的临床意义相同，应当分秒必争地进行抢救。室颤引起的严重的血流动力学障碍，可使心肌进一步缺血、损伤，还能引起心室肌电生理特性的急剧恶化，使室颤可能持续下去而难以复律，或使复律所需的电击除颤的功率越来越高，复律需要的药物剂量越来越大，复律的成功率却越来越低。总之，室颤发生后，其持续时间的长短与其恢复窦律的可能性成反比。说明室颤发生后，本身为其持续存在提供了一定的条件，属于室颤的连缀作用。

含有连缀现象的心律失常相当多见，蝉联现象中的连缀作用也十分明显。近年来提及最多、研究最深的是心房颤动的连缀现象。

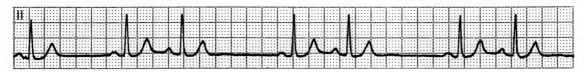

图 3-3-1　房早二联律

本图为标准 Ⅱ 导联心电图，当窦性心律缓慢伴 PP 间期较长时，引起了第一个房早，房早后的代偿间期相对较长，又引发了下一次房早，并形成了房早二联律

三、心房颤动的连缀现象

（一）心房颤动时连缀现象的提出与证实

人们早已注意到房颤的发生与房颤的持续有密切关系。

（1）临床资料发现，相当数量的阵发性房颤的患者，随着病程的迁延房颤发作的次数逐渐增加，最终发展成持续性或慢性房颤。这些人中，一部分患者房颤发作的加重与其基础心脏病的进展相关。但相当一部分与心脏病无关。在无器质性心脏病的特发性房颤患者中，约18%的患者阵发性房颤将发展为慢性房颤，明显高于一般人群中慢性房颤的发生率。

（2）早在20世纪70年代的临床研究表明，阵发性房颤的持续时间直接影响房颤病程的进展。Peter等分析了1822例阵发性房颤患者的资料后证实，阵发性房颤持续时间越短，越容易自动复律，相反则易发展成持续性房颤。Godtfredsen的资料表明，房颤持续时间短于2天时，31%的人转为慢性房颤，房颤持续时间超过2天时，46%的患者转为慢性房颤。

（3）房颤的药物及电转复的资料证实，房颤持续的时间越长，转复成功率越低，转复后维持窦律越困难。静注胺碘酮对房颤持续时间不到1年者转复成功率85%，而房颤长于1年者转复成功率仅5%。

（4）根据大量的观察资料，Allessie等率先提出房颤引发房颤的假说。认为房颤的发生可导致心房肌及其电生理学的特性变化，可引起心房肌的电重构，使慢性房颤更容易发生。

（5）人们在长期临床实践中观察到房颤的自然病程的倾向，Allessie的这个假说终于在1994年被Wijffels的动物实验首次证实。

（二）房颤发生率较高的基质

临床中房颤比室颤的发生率增多了数十倍，房颤发生率较高有其特殊的解剖学和电生理学的基础。

1. 心房肌的解剖学特点

（1）心房内解剖学障碍多：与心室肌相比，心房肌固定的解剖学障碍更多，例如上腔静脉、下腔静脉、肺静脉、房室瓣、冠状静脉窦等，这些特殊部位的传导延缓，是引起心房肌非均质性传导的原因，也是心房肌的各向异性比心室肌表现更明显的原因之一。

（2）心房内缺乏完整的传导系统：与心室肌相比，心房内主要是单一的心房肌细胞，心房内的纵行传导缺乏类似心室内完整的希-浦传导系统。因此，心房内激动的传导速度缓慢，除极时间较长，使体表心电图中P波时限比QRS波时限更长，这使心房肌除极及复极的同步性降低。

（3）心房肌壁薄：心房肌不但壁薄，而且不同部位心房肌的厚度亦相差较多。心房内压力低，易在病理或生理因素的影响下发生几何形状的改变、心房腔的扩张及表面积的增大，使心房可以同时容纳更多的子波。

（4）心房肌血供差：心房肌的血液供应不丰富，心房肌发生缺血时容易引起心房肌的纤维化加重。

（5）心房超微结构的各向异性结构明显：在超微结构方面，心房肌细胞的形态学与心室肌细胞不同，心房肌细胞较小，心房肌纤维排列相对混乱，心肌纤维间侧侧连接较多，使心房超微结构的各向异性明显。

2. 心房肌的电生理学特点

（1）心房内传导速度相对较慢：心房内无完整的特殊传导系统，因此房内传导速度缓慢是心房肌的电生理学特性之一。这种传导速度缓慢具有部位依赖性，即不同部位传导速度明显不同。例如Koch三角后方的心房肌传导速度十分缓慢而称为右心房生理性缓慢传导区，该部位的缓慢传导具有方向依从性，即高右房刺激时传导缓慢明显，低位右房（冠状窦口）刺激时稍差。

（2）心房肌不应期较短：与心室肌不应期相比，心房肌不应期较短，不同部位心房肌的不应期也不同。应用100次/分的心房刺激时，高右房的不应期比冠状窦口处的心房肌不应期长。除此，心房肌的不应期还有频率自适应性，即随着刺激频率的增加不应期缩短，反之亦然。在一些病理因素作用下，心房肌不应期的频率自适应性可能下降或反向变化，表现为低频率刺激时，心房肌不应期反而更短。

（3）心房肌静息膜电位在一些病理因素作用下明显降低，使除极容易达到阈电位而表现出心房肌的自律性增强，有利于折返形成及自律性激动的发生。

（4）心房肌细胞的除极复极动力学差异大：在一定的病理因素影响下，心房肌除极与复极均延长，使除极复极不全的细胞增多。有人统计：房颤时部分除极或复极的心房细胞占93%，非房颤者这种细胞仅占23%。这使心房肌不应期的离散度增大，为多灶性子波的形成创造条件。

（5）心房肌的各向异性更为明显：心房肌的解剖组织学的各向异性明显，使其电生理特性也具有明显的各向异性，表现在激动沿心房肌纤维的长轴传导速度快，并有递减传导；沿心房肌纤维短轴的传导速度慢、传导强度大，传导的安全系数高。激动沿长轴传导时，被阻滞的激动可沿短轴方向缓慢传导，再沿长轴反向传导而形成折返。

（6）自主神经的影响：心房肌中自主神经的末梢分布十分丰富，使心房肌的电生理特性受自主神经影响很大。交感神经兴奋使心房肌自律性升高，触发活动增加，易引起病变心肌的自律性增强。副交感神经兴奋时，可明显缩短心房有效不应期，缩短房内折返波的波长，利于健康心脏中折返的形成。

（三）房颤发生后的维持

房颤是心房肌内同时存在多灶性、杂乱无序的微折返的结果。这种情况下为什么能在一瞬间微折返可同时停止使房颤律马上转复为窦律，而变为窦律之前房颤又靠哪些因素维持其持续存在呢？

1959年，Moe等提出"多子波"学说，认为是多个独立的激动波在心房内形成房颤，并以这种方式使房颤稳定地持续。如果心房内同时存在的子波数目太少，这些子波被同时停止的可能性就高，房颤则不能持续。1985年Allessie在离体灌注的犬心脏上用乙酰胆碱诱发房颤后进行心房电活动的标测，证实了Moe的假说，并提出房颤存在的维持条件需同时在心房内存在4～6个折返性子波。

能否在心房内同时存在数量充足的子波，取决于心房的大小及子波的波长。房颤的维持需在心房内同时存在4～6个以上的子波，对这一概念可以做这样比喻，为了使房颤能够维持，需要有足够大的篮子（心房）装有一定数量的鸡蛋（子波），这一目的可以通过加大篮子的容积（心房扩张）或减少鸡蛋的体积（子波波长变短）而实现。

（1）心房的容积：哺乳动物心房表面积的大小决定房内可容纳子波的数量，兔、人、马、象、鲸的心房表面积分别为3cm²、60cm²、300cm²、1000cm²、3000cm²，其可容纳子波的数目分别为3个、6个、10个、30个及45个。可以看出，子波的大小（波长）并不与心房的大小成比例的增大。因此，心脏越大的动物（马、象、鲸鱼）房颤越易诱发，越易维持。相反，动物中的兔和婴幼儿不易发生房颤也是这个道理。成人心房的表面积可同时容纳6个左右的子波，使房颤可以发生和维持，当心房扩张时，房颤则更易发生和更易维持。

（2）波长：房颤时子波的折返波长与一般的折返波相同（图3-3-2），折返的路径长于折返波长，折返周径＝折返波长＋可激动间隙。波长是指波锋（wave front）与波尾（wave tail）之间相隔的距离。波长即折返波的长度（或折返子波的长度）大致等于传导速度（cm/s）× 不应期（s），或者约等于动作电位时程（APD）× 不应期。这一粗略的计算公式可以这样理解：传导的距离＝传导速度 × 传导时间。这里的距离为折返波长，相当于图3-3-2中的黑色部分，而图3-3-2中激动波的传导时间可理解为心肌组织不应期的持续时间，因而可推导出折返波长大致等于传导速度 × 不应期的公式。从上面公式可知，不应期长短与传导速度的快慢都与波长成正比，较长的波长不利于房颤的诱发与维持，而较短的波长则有利于房颤的诱发和维持。临床资料表明，刺激迷走神经或注射乙酰胆

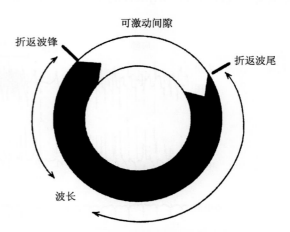

图 3-3-2 折返波长计算的示意图

图中黑色部分代表折返波的波锋与波尾间的波长，又代表折返环路上心肌有效不应期的持续时间。有效不应期时间内折返激动传导距离（即传导速度 × 有效不应期）为实际波长。从图中还可看出：折返周长＝折返波长＋可激动间隙

碱、腺苷等药物都能缩短心房肌的不应期，可诱发房颤，而阿托品、奎尼丁、索他洛尔都有延长心房不应期的作用，因而有抗心房颤动作用。普罗帕酮、利多卡因等药物延长心房不应期的同时，又减慢房内传导速度，最终使折返波长变化不大，因而不是最理想的心房颤动的治疗药物。应当指出，波长是诱发心律失常（包括房颤）的最敏感指标（88%～100%），也是最特异的指标（80%～96%）。

综上，可以得出这样的结论，房颤发生后能否维持取决于心房内同时存在的子波数量，子波数量与心房大小及子波波长直接相关。子波波长越短时、心房越大，房颤越易维持，也就是说，心房不应期越短，房内传导速度越慢，房颤越稳定而容易维持。相反，当用强心、利尿剂将心房容积减小，或用抗心律失常药物将心房不应期延长时，房内同时存在的子波数量将减少，使折返的子波同时停止的可能性增大，房颤变为不稳定而能被终止。

（四）房颤发生后的连缀作用

房颤发生后，使房颤能进一步持续存在的连缀作用表现在心房形态学重构和心房肌的电重构两方面。

（1）心房形态学的重构：在人和动物实验中都已证实，房颤发生后，原来规律而有节律的心房收缩被不规则、混乱的心房纤维性颤动替代，心房的收缩质量下降，心房对心输出量的辅助泵作用消失，结果心房排空下降，心房腔内压力升高，心房扩张。Sanfilippo研究了15例阵发性、孤立性房颤患者，房颤发生20.6个月后，左房和右房的直径增加10%～15%，而右房和左房的容量分别增加35%和42%。这些结果说明房颤的发生能引起心房的明显扩张，扩张的心房可容纳更多数量的子波，有利于房颤的稳定存在。

除此，反复发生的房颤还能引起房内压的升高，心房肌血供的减少，心房肌纤维化的程度加重。心房纤维化程度的加重可引起一系列继发作用，可能波及窦房结，使窦房结功能下降。长期反复房颤的患者易合并病窦综合征就是这一连锁反应的结果。病窦综合征时缓慢的心率可使房颤发生机会增多，心房纤维化的加重必然降低房内传导性能，使子波波长变短，还使心房激动传导过程中容易发生碎裂而形成微折返，触发房颤。

（2）心房肌的电重构：Wijffels著名的山羊心房颤动的动物模型建立时，首先经外科手术将多个标测电极及刺激电极固定缝合在心房不同部位。2～3周后，经体外心房颤动刺激器发放舒张期阈值4倍强度的50Hz的电刺激反复诱发房颤。体外心房颤动刺激器除发放电刺激外，还可连续记录心房电图，并鉴别受试山羊的基本心律。当心房电图出现明显平段时则认为房颤已停止而窦律恢复，需再次发放电刺激诱发房颤（图3-3-3）。

应用上述山羊房颤的模型，Wijffels发现，心房颤动刺激器诱发短时间的房颤后，房颤总在10s内自动终止而恢复窦律。诱发房颤持续1日后，停止刺激后房颤平均持续约1min；诱发房颤持续2日后，房颤持续时间超过1h；诱发房颤持续7日后，停止刺激后房颤可持续24h以上；诱发房颤持续3周后，绝大多数房颤变成慢性房颤。Wijffels的山羊试验首次证实了房颤本身有促进房颤的持续和稳定的连缀作用。

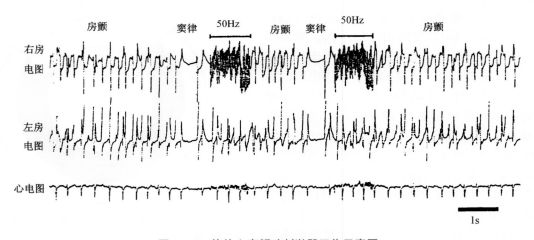

图3-3-3 体外心房颤动刺激器工作示意图

图为同步记录的右房、左房及体表心电图。刺激器发放50Hz的电刺激，每阵刺激持续1s后停止。窦律一旦恢复，刺激器再次发放1s的电刺激

（五）房颤连缀作用的电生理机制

Wijffels 的动物实验及随后的临床研究探讨了房颤连缀作用的电生理机制。

（1）房颤可引起心房肌不应期明显缩短：文献报告房颤发生后的 2 天可使心房肌不应期缩短 31%～45%，刺激间期与缩短率相关。根据前述波长的计算公式，如果房内传导速度不发生重要变化时，则意味着房颤持续 2 日后，折返子波的波长将短缩 31%～45%。这对扩张或不扩张的心房来说，都大大有利于同时存在 4～6 个子波，使房颤稳定而持续下去。

图 3-3-4 显示，受试山羊窦性心律时心房不应期 165ms，房颤持续 24h 及 48h 后心房不应期分别缩短到 120ms 及 110ms。当心房刺激间期 200ms 时（图 3-3-5），窦律时心房不应期 132ms，房颤持续 24h 及 48h 后，心房不应期缩短到 129ms 及 116ms。Dauod 对 20 例心脏电生理检查或射频消融术后患者进行了观察，经快速起搏诱发房颤持续（7.3±1.9）日后，心房不应期分别从（206±23）ms 缩短到（175±30）ms，或从（216±17）ms 缩短到（191±30）ms。

心房不应期的明显缩短可使心房肌的自律性增高，使房早容易发生并进一步触发房颤。房颤发生后，心房不应期的缩短可使子波波长缩短，有利于心房内稳定存在一定数目的子波。

（2）心房不应期频率自适应性下降、消失或反向变化：心房不应期的自适应性是指心房不应期随心率、随心动周期长短的变化而变化。心率较快、心动周期较短时，心房不应期随之缩短。反之，心房不应期延长。但在房颤发生和持续时，不仅使心房不应期明显缩短，而且使心房不应期的频率自适应性下降、消失或发生反向改变。

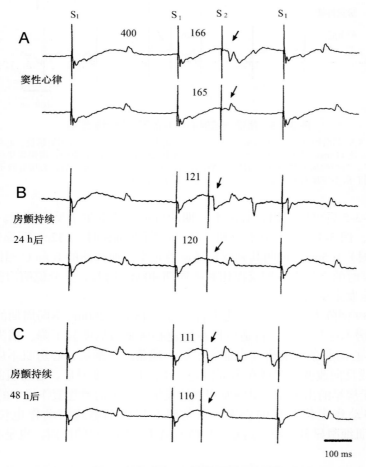

图 3-3-4　房颤持续后心房有效不应期明显缩短

如图所示，S_1S_1 刺激周期 400ms 时，应用联律间期不同的 S_2 刺激测定心房有效不应期。A. 对照组心房有效不应期 165ms；B. 房颤持续 24h 恢复窦律后测定的心房不应期缩短到 120ms；C. 房颤持续 48h 后心房有效不应期缩短到 110ms。显然，随着房颤持续时间的延长，心房有效不应期明显缩短

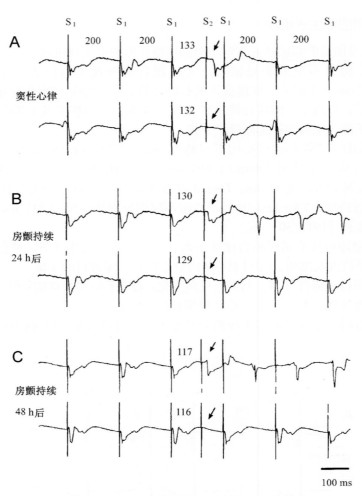

图 3-3-5　房颤持续时心房有效不应期明显缩短

本图与图 3-3-4 基本相同，只是 S_1S_1 刺激周期缩短为 200ms。与图 3-3-4 相同，随着房颤持续时间的延长，心房不应期进行性缩短，从窦律时的对照值 132ms 缩短到 129ms 及 116ms。与图 3-3-4 相比，可以看到本图 200ms 周期的刺激中，房颤发生后的同等条件下，心房不应期的频率自适应性出现了反向转变。当刺激周期从 400ms 缩短到 200ms 时，房颤持续 24h 和 48h 后，心房有效不应期却从 120ms 和 110ms 分别延长到 129ms 和 116ms，说明心房不应期对频率变化的正常自适应性发生反向变化

　　比较图 3-3-4 与图 3-3-5 后可以看出，心房不应期的自适应性发生了反向转变。两图中的 A 条分别显示窦律时的心房不应期，图 3-3-5 中心房不应期（刺激周期 200ms 时）132ms 明显短于图 3-3-4 中心房不应期（刺激周期 400ms 时）165ms，说明其频率自适应性正常。而两图的 B 和 C 相比，当房颤持续 24h 或 48h 后，刺激周期 200ms 时的心房不应期反而比刺激周期 400ms 时长，充分说明房颤可使心房不应期的频率自适应性被破坏，甚至发生反向变化。

　　1982 年，Attuel 对 39 例阵发性房颤、房速患者进行了 150～280ms 不同周期的心房刺激后再测定心房不应期，结果发现心房不应期的频率自适应性在快速心房刺激后明显下降、消失，甚至反向变化。随后，Boutjdir 在人的离体心房肌条上的研究也证实了这一现象。房颤后，心房肌不应期的明显缩短以及频率自适应性能力的下降或反向改变可表现在房颤转复窦律，心房率变慢后，心房肌的不应期仍处于明显缩短的状态中，这将有助于房早的出现及房早触发房颤的发生，这是房颤连缀作用中的关键因素。

　　（3）对心房肌细胞动作电位时程的影响：正常时心房肌细胞跨膜动作电位时程（action potential duration，APD）比心室肌细胞显著缩短，这是心房肌有效不应期较短的原因，也是心房肌能够长期接受快频率激动的重要条件。

　　Olsson 等测定了房颤转复为窦律后右心房肌的单向动作电位时程（相当于一群心房肌细胞的动作电位时程）的变化，结果：①房颤的持续可使该值明显缩短；②缩短程度与房颤再次复发的趋势相关。Cotoi 的资料证实，房颤转为窦律后的动作电位时程与窦律维持时间明显相关。Kamalvand 研究了慢性房颤患者心

房肌单向动作电位时程的变化，证实单向动作电位时程在房颤发生后明显缩短。Boutjdri 应用微电极技术的研究发现，慢性房颤时右心耳心房肌细胞的动作电位时程明显缩短外，还发生了频率自适应性的下降，表现为动作电位时程不因心房率的减慢而延长。可以看出，房颤的持续对心房肌细胞动作电位时程有明显的影响，与对心房肌有效不应期的影响平行、一致。

（4）对房内传导速度的影响：传导速度与兴奋性是心肌两个不同的生理特性，但两者又密切相关。激动在处于兴奋期的心肌中扩布的传导速度正常，在处于相对不应期的心肌中传导时，传导速度下降，在处于有效不应期的心肌中传导时，表现为传导中断。从理论上推导，房颤持续而心房肌不应期明显缩短意味着对心房内的激动传导速度应当有加快的影响。但是，文献中不同的研究存在不同的结果。Buxton 应用心房 S_2 刺激的电生理研究发现，阵发性房颤患者房内传导速度显著下降。Elvan 的研究证实，对实验犬进行 2～6 周的快速心房刺激后，房内传导时间延长。Rania 的研究中，将刺激电极固定在狗的右心耳，并以 400 次 / 分的快速频率进行心房刺激，6 周后房内传导速度明显减慢。但 Wijffels 的研究结果与上述不同，Wijffels 的实验中，记录电极沿右房至左房的 Bachmann 束排列，两端电极距离 7.8cm，刺激电极位于右心耳，距最近的记录电极 6mm。心房刺激的频率 150 次 / 分（图 3-3-6）和 300 次 / 分时（图 3-3-7），分别测定窦律、房颤持续 24h 和 48h 后的房内传导速度。结果发现，150 次 / 分的心房刺激时（图 3-3-6），房内传导速度 110cm/s，300 次 / 分心房刺激时，传导速度下降到 103cm/s（图 3-3-7），房颤持续 24h 和 48h 后，传导速度都表现为轻度加快，但无统计学差异。

上述房颤对房内传导速度影响的结果与他人的矛盾，能否这样解释，Wijffels 的结果是急性实验的结果，是房颤对房内传导速度的直接作用，而其他研究者的结果是慢性结果，是房颤对房内传导速度的直接与间接作用的综合结果，包括长时间房颤引起的心房肌纤维化的加重，进而间接使房内传导速度减慢。这

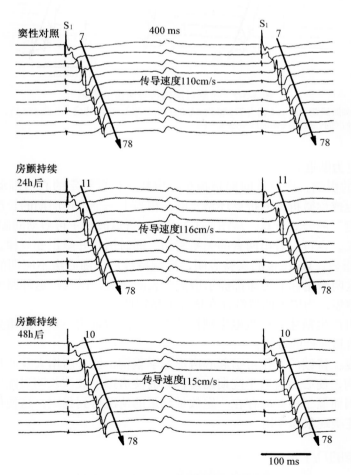

图 3-3-6 房颤对房内传导速度的影响

本图 S_1S_1 刺激周期 400ms（相当于 150 次 / 分的刺激），记录电极沿 Bachmann 束走向排列，并记录心房内激动传导的时间。窦性心律对照的房内传导速度 110cm/s，房颤持续 24h 及 48h 后，房内传导速度分别增快到 116cm/s 和 115cm/s，这种传导速度轻度增快无统计学意义

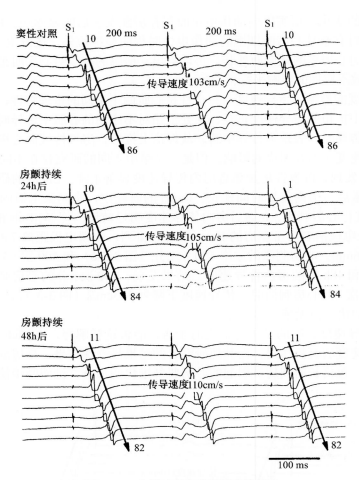

图 3-3-7　房颤对房内传导速度的影响

本图与图 3-3-6 相同,只是 S_1S_1 刺激周期 200ms(相当于 300 次 / 分的心房刺激),房颤持续 24h 及 48h 后,房内传导时间从 103cm/s 分别增快到 105cm/s 和 110cm/s,传导速度的轻度增快无统计学意义

种解释可能与临床所见更为贴近。

(5)对房颤波间期的影响:房颤波间期是指在心房某一位置测定的心房颤动波的间期长度。该长度大致代表房颤在局部折返或称微折返的折返环路长度,相当于一个折返周期的长度。折返环路的长度可用"房颤波间期 × 传导速度"的公式计算。从图 3-3-2 看出,折返波长 + 可激动间隙相当于折返环路的长度,该长度肯定大于折返波长。也可以看出两者的关系密切,同时消长并呈正变规律。一般认为,房颤波的间期可作为心房不应期的指数。Wijffels 的实验表明,房颤持续后,随心房不应期的缩短,房颤波的间期也明显缩短(图 3-3-8),这两个指标的缩短都提示房颤波长的缩短,以及折返环路的缩短。与心房不应期一样,房颤波间期的明显缩短,为房颤的持续存在增加了稳定性。

总之,房颤的持续可产生前述心房肌电生理特性 5 个方面的重构,其中最重要的是心房不应期的明显缩短、心房不应期频率自适应性的改变。

综上所述,房颤反复、持续的发作可引起心房形态学重构,使心房增大及心房肌纤维化加重,可引起心房肌的电生理特性重构,使心房有效不应期缩短,进而使房颤子波波长明显缩短。如同前面的比喻,因篮子加大,鸡蛋变小,因而篮子中同时存在一定数量鸡蛋的情况得到稳定,这使房颤进一步持续稳定地存在,表现出房颤明显的连缀现象和作用。

(六)房颤连缀现象的几个特点

(1)房颤连缀作用出现的时间:房颤的连缀作用中,以心房有效不应期显著缩短最重要,房颤开始几分钟后,这一作用就可出现,而房颤发作几分钟停止后,应用心脏程序刺激就比以前更易诱发房颤。Rania

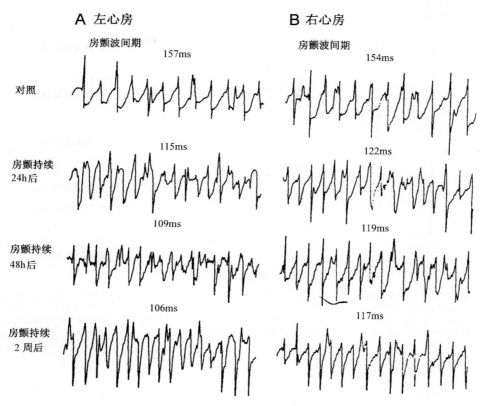

图 3-3-8　房颤持续后对房颤波间期的影响

图中 A、B 分别为左心耳及右心耳记录的单极左心房和右心房电图，房颤持续 24h、48h 和 2 周后，左右心房的房颤波间期均比对照值明显缩短

的研究认为，心房不应期的缩短程度随房颤的持续时间而进行性加重。持续 7 日时，心房不应期的缩短可达到最大程度。但房颤持续 42 日后，再次诱发房颤并能持续的比例（100%）明显高于房颤持续 7 日后的诱发率（67%），提示房颤的持续过程中，其他的连缀作用也在加重，使房颤更易诱发和持续。

（2）房颤连缀作用的离子机制：目前认为，房颤持续时使心房不应期缩短的机制是心房快速电活动对心房肌细胞的直接影响。主要作用在细胞膜的钙离子通道，使大量的钙离子内流并在细胞内堆积。支持这一结论的根据包括：①高钙血症可加重房颤的连缀作用；②钙通道阻滞剂维拉帕米能够减轻、逆转房颤引起的心房电重构作用；③快速心房起搏后，电镜检查发现的线粒体肿胀与细胞内钙负荷过重时的变化一样。其他因素，如自主神经系统、细胞膜的钾通道、心房利钠因子等对房颤引起的心房不应期缩短都无明显作用。

（3）房颤连缀作用的逆转：房颤连缀作用出现后，能够持续多长时间，什么情况下这种连缀作用属于可逆而逐渐消失，什么情况下属于不可逆而持续存在，这些问题目前尚未完全清楚。但在一定程度内，房颤连缀作用的持续时间似乎与连缀作用发生的时间相平行。引发的时间长，其持续存在的时间相对延长，这一特点与心脏的 T 波记忆现象雷同。

图 3-3-9 与图 3-3-10 说明了房颤或快速心房起搏产生的连缀作用的逆转情况。图 3-3-9 中，与对照曲线相比，房颤持续 4 日的心房不应期特点：①不应期明显缩短；②其频率自适应性反向变化，表现为起搏周期越短，心房不应期反而延长。窦律恢复 6h 后上述两个特点无变化，在窦律恢复 24h 和 48h 的曲线中，心房不应期的频率自适应性部分恢复，在较快频率段已出现与对照曲线相同的反应，同时心房不应期值也逐渐恢复。窦律恢复 1 周后，心房不应期曲线与对照曲线完全一致，说明房颤引起的连缀作用已被全部逆转。这一特点可解释临床中部分阵发性房颤患者发作不频繁时，转为慢性房颤的概率低的情况。

（4）房颤连缀现象中各因素的相互作用：房颤能引起心房形态学重构及心房肌电生理特性的重构，两

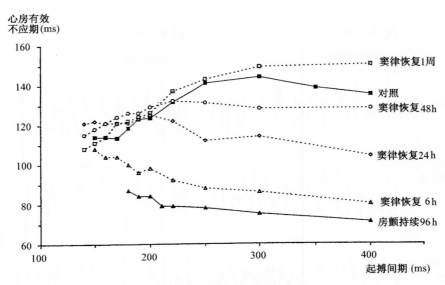

图 3-3-9 房颤连缀作用的逆转

本图中对照曲线表示心房不应期在不同起搏周期时的不同值，以及正常的生理性频率自适应性引起的相应改变。房颤持续 96h 后，心房不应期值均明显缩短，频率自适应性出现反向改变，当起搏周期变短时心房不应期反而延长。窦律恢复 6h 后该情况无明显变化，窦律恢复 24h 及 48h 后，缩短的心房不应期值明显恢复，心房不应期对较快频率刺激的自适应性已恢复，但对较慢频率刺激的自适应性恢复较差。窦律恢复 1 周后，房颤持续 96h 引起的连缀现象的改变被完全逆转，全部恢复到对照情况

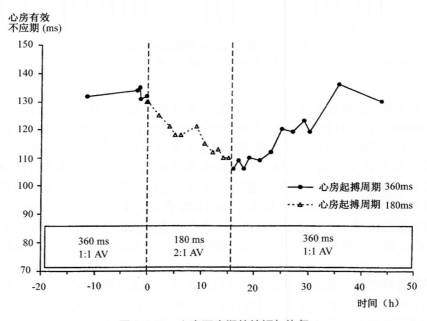

图 3-3-10 心房不应期的缩短与恢复

图中用虚线分成的 3 个阶段的心房起搏周期分别为 360ms、180ms 和 360ms。心房起搏周期从 360ms 突然缩短到 180ms 时，心房不应期每小时缩短 1～2ms，起搏 16h 后心房不应期已明显缩短。此后，心房起搏周期变回 360ms，35～45h 后缩短的心房不应期值逐渐恢复到对照值

者间的相互促进作用十分重要。房颤发生时，快速的心房活动使心房肌的血供需求增加 2～3 倍，心脏无充足的代偿能力时，心房缺血就会发生，心房收缩功能下降，心房纤维化加重，这使房内折返更易发生，使房颤趋向持续。在房颤持续中，心房不应期与频率自适应性发生的进行性变化，也会增加房颤的稳定性，又可使形态学重构加重。这种恶性循环的结果最终使房颤变为慢性而永久存在。

（5）晚近资料证实，其他快速性房性心律失常，如房速或房扑也能引起类似房颤的连缀作用，随着病程进展，也能使房颤更易发生，促进慢性房颤的出现。

结束语

　　总之，心律失常的连缀现象十分常见，尤以房颤明显，研究最多。房颤的连缀现象包括形态学重构及心房肌电生理特性重构两部分。这两种连缀作用的结果使心房扩张、心房纤维化加重，又使心房肌有效不应期明显缩短及频率自适应性下降，甚至反向变化。这些改变在房颤发生几分钟后就会产生，可使房颤容易再次发生并持续，形成恶性循环，最终使房颤永久存在，而不断损害人体的健康甚至危及生命。连缀作用在一定程度上可以逆转。房颤的连缀现象理论有助于临床和心电图医师对房颤患者自然病程的认识和发展特点的理解，有助于对房颤患者心电图及其变化的认识，也有助于对房颤和其他心律失常患者实施积极有效的干预与治疗。

第四章

拖带现象

1977 年 Waldo 首次提出拖带现象（entrainment phenomenon）的概念，他是心外科开胸手术的一位患者，应用快速心房起搏拖带和终止了典型的 I 型心房扑动。但在当时对这一现象的认识还不十分清楚。随后在心房扑动、室性心动过速、旁路参与的房室折返性心动过速、房室结折返性心动过速、房内折返性心动过速等系列研究中，对拖带现象的发生机制有了不断深入的理解和认识，并提出了 3 种假设。目前已得到这样一个共识，能够被拖带的心动过速是折返机制引起的，并存在着可激动间隙。晚近 Waldo 又提出了拖带现象的 4 条诊断标准，使拖带的研究又迈进了一步。目前拖带现象已成为心律失常诊断与治疗领域中的一个重要线索，是现代临床心脏电生理检查和射频消融术治疗中十分重要的基本概念和基础理论。而且，重整与拖带现象还是不断深化、不断完善和发展的理论。

一、拖带现象的定义

拖带现象又称心动过速的暂时性拖带现象，是指心动过速发生时，用高于心动过速的频率进行超速起搏，心动过速不存在保护性传入阻滞时，心动过速的频率将升高到起搏频率，当超速起搏停止或起搏频率降低到原心动过速频率以下时，心动过速的频率将回降到原来频率的现象（图 3-4-1）。

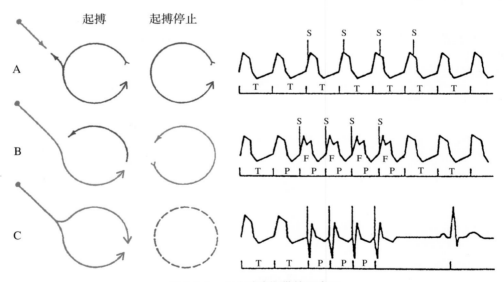

图 3-4-1　心动过速拖带的示意图

A. 起搏频率低于心动过速频率时，起搏刺激未能进入折返环，因此，心动过速保持不变；B. 心动过速的频率跟随较高的起搏频率而提高，起搏停止后回降到初始频率；C. 心动过速的频率跟随更高的起搏频率，但起搏停止后心动过速终止

根据上述定义我们可以分析图 3-4-1 出现的 3 种情况，这 3 种情况都是在心动过速发生的过程中，给予较高的频率起搏或刺激，A 条中起搏频率低于心动过速频率，对心动过速无影响；B、C 条中起搏频率高于心动过速频率，起搏后心动过速的频率提高到起搏频率，起搏停止后 C 条中的心动过速也随之终止；B 条中起搏停止后心动过速还在发作，并且心动过速的频率回降到原来频率。因此，图 3-4-1 中仅 B 条发生了拖带现象。

拖带现象是折返性心动过速特有的心电现象。折返性心动过速的特征是存在一个解剖学或功能学的折返环路，折返环路有入口和出口，循环激动经过出口传出可引起折返环之外的心肌组织除极并产生相应的除极波。心动过速持续发作时，无其他激动从入口进入折返环时，折返激动则在折返环内循环不止，并通过出口传出引起心肌激动。进行超速起搏时，快速刺激经入口连续进入折返环，并夺获折返环，进而通过出口激动环外的心肌组织，心电图表现为心动过速的频率提高到起搏频率。起搏停止后，原来折返环中的折返激动恢复原状，心动过速的频率也就回降到原来的频率（图 3-4-2）。

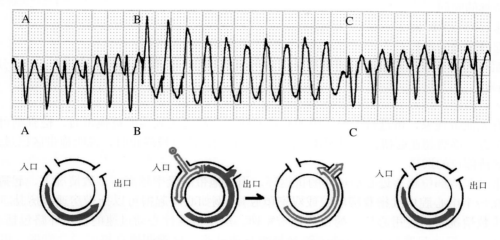

图 3-4-2 心动过速拖带时心率的变化

心电图中：A. 室速发作；B. 心室超速起搏时室速的频率增快；C. 起搏停止后室速频率回降到原来的频率。下图分别为 A、B、C 三种情况的示意图

因此，拖带现象发生时，需要存在超速起搏刺激（overdrive pacing）以及一个正在发生的折返性心动过速和其依赖的折返环路。

二、心动过速拖带的方法

应用连续超速起搏的方法可以进行心动过速的拖带，并能测定拖带区。

1. 起搏的频率

选择起搏频率时，有选择起搏间期或起搏频率两种方法。

（1）选择起搏间期：先确定心动过速的间期，再选择比心动过速间期短 10ms 的起搏间期起搏，起搏后观察能否拖带心动过速，然后将起搏间期再减 10ms 进行起搏（图 3-4-3）。

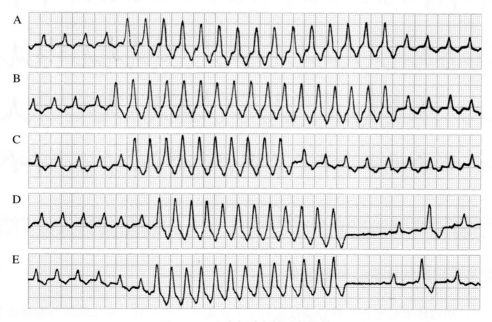

图 3-4-3 心室超速起搏时的拖带

预激综合征患者伴发房室折返性心动过速的频率 150 次 / 分，心动过速周期 400ms。A、B、C 分别用 340ms、320ms、310ms 的起搏间期起搏心室并拖带心动过速，D、E 分别用 300ms、290ms 的起搏间期起搏心室，起搏停止后心动过速终止

（2）选择起搏频率：心动过速频率确定后，选择比心动过速频率高5次/分的频率作为起搏频率，起搏后观察有无拖带，有效拖带后可把起搏频率再提高5次/分进行起搏。

2. 起搏持续的时间

每级超速起搏持续时间2～60s。

3. 每级起搏递增的步长

当一级超速起搏有效拖带后，起搏频率升级后可再次拖带，升级的步长常选用+5次/分，或-10ms（起搏间期递减）。

4. 拖带区的测定

为证实有无拖带现象，可进行1～2级的超速起搏，心动过速确实能被拖带时，检查则可终止。测定拖带区时，应进行逐级超速起搏，直到超速起搏停止后心动过速也被终止时，说明拖带区已过。

5. 超速起搏部位的选择

进行拖带的起搏部位越靠近心动过速的折返环，引发拖带的概率越高。多数情况下，起搏部位与折返环路的部位在一个电心腔中（指双房单腔或双室单腔）。例如心房起搏可以拖带房速、房扑，心室起搏可拖带室速。少数情况下，应用心房起搏也可拖带室速。房室折返性心动过速的折返环路包括心房及心室，因此，心房或心室超速起搏均可能拖带旁路参与的心动过速。食管调搏直接刺激食管壁，可间接起搏左房，因此，折返性房速、房扑、房室折返性心动过速均可经食管调搏拖带。房室结双径路引发的房室结折返性心动过速的拖带有些特殊，其折返环位于房室结，心房肌和心室肌都不是折返的必需成分，但折返环有心房逆向传导路径，或心室顺向传导路径，因此，经心房或心室均能拖带心动过速。

对于同一折返性心动过速，不同起搏部位拖带心动过速时，除拖带形成的融合波形态不同以外，停止拖带时的最后拖带间期（last entrained interval）等多方面也有不同（图3-4-4）。

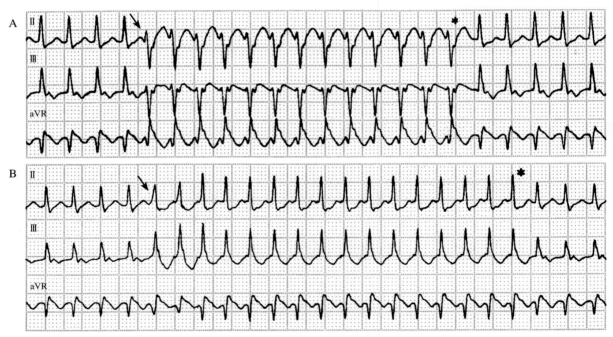

图 3-4-4　起搏部位对拖带的影响

本图为预激综合征患者伴发的房室折返性心动过速，应用相同的起搏频率（230次/分）在左室不同部位进行拖带时的心电图。A. 起搏部位位于左室心尖部；B.起搏部位位于左室心底部，靠近二尖瓣环处，A与B比较，拖带时形成的融合波及最后拖带间期（＊指示）均不相同

三、确定拖带现象的体表心电图标准

多数情况下，通过体表心电图观察心动过速的频率在超速起搏时有无变化就能判断是否发生了拖带现象。但是仅凭心率的变化有时很难除外超速起搏夺获了心房或心室，与折返环路中的折返激动呈完全分离的情况。为此，Waldo在1986年提出了诊断拖带的4个标准，对拖带现象的确诊有一定的帮助。其中3条

与体表心电图直接相关。

（1）同一部位应用同一频率超速起搏对心动过速进行拖带时，形成体表心电图的融合波。仅仅最后一次起搏夺获折返环并从出口传出引起的心肌除极波不是融合波，但其仍在被拖带。为理解这一标准，首先需理解拖带过程中融合波产生的机制。

在折返环路附近的一次适时的起搏刺激能够通过入口进入折返激动的可激动间隙，并夺获折返激动，产生第 1 次拖带。在其进入折返环入口前，先要夺获起搏部位邻近的心肌组织，使之除极并扩布。与此同时从折返环路出口处传出的心动过速的最后 1 次激动也会使环外心肌除极并扩布。结果两者在除极与扩布的过程中相遇，形成第 1 次融合波。这次的融合波是由拖带前心动过速的最后 1 个激动与第 1 次起搏刺激引发的起搏部位邻近心肌除极波两者共同形成的（图 3-4-5A）。此后第 1 个起搏刺激从入口进入折返环并经折返环路到出口传出，使环外心肌除极并扩布，这一除极及扩布波将与第 2 个起搏刺激引起起搏部位邻近的心肌除极并扩布的激动形成第 2 个融合波，以此类推，则形成了拖带过程中恒定的融合波（图 3-4-5B）。

对于最后 1 次起搏刺激，其开始先使起搏周围的心肌除极及扩布，与前 1 个起搏刺激夺获折返环路并经折返环路出口传出后引起的环外心肌除极与扩布形成最后 1 个融合波（图 3-4-5C）。随后经入口再次进入折返环路，经过传导从出口传出，引起心肌除极并扩布。由于这是最后 1 个起搏刺激，因而没有另外的起搏刺激引发起搏部位的邻近心肌除极与扩布，因此该波不是融合波，而与原心动过速从折返出口传出引起的心肌除极及扩布完全相同，因此该除极波的心电图表现与心动过速时的除极波一致，但距起搏信号的间期却与起搏周期一致或略有延长，因为该波是最后 1 次起搏夺获折返环路并夺获心脏而形成的（图 3-4-5D）。

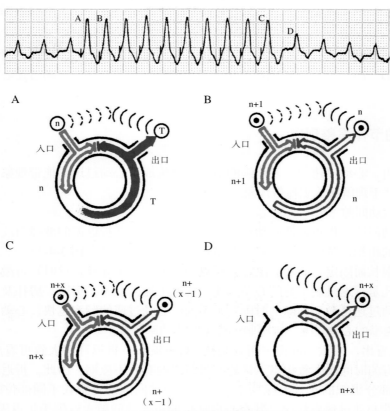

图 3-4-5　心动过速拖带时融合波形成机制示意图

A. 发生拖带的第 1 个起搏刺激（n）使起搏部位邻近的心肌除极并扩布，并与最后 1 次心动过速（T）从出口传出的激动产生的环外心肌除极波相遇形成第 1 个融合波；B. 发生拖带的第 1 个起搏刺激（n）首次夺获折返环，并沿折返环路的出口传出产生环外心肌除极波，几乎同时，有效拖带的第 2 个起搏刺激（n＋1）使起搏部位邻近的心肌除极并扩布，两者相遇形成第 2 个融合波，以此类推形成相同频率拖带时恒定的融合波；C. 发生拖带的最后 1 个起搏刺激（n＋x）夺获周围心肌并引起除极波和扩布，与前次起搏刺激 n+（x−1）夺获折返环并从出口传出引起的环外心肌除极波形成最后 1 次融合波；D. 最后 1 个起搏刺激（n＋x）从入口进入并夺获折返环后，沿出口传出时引起环外心肌除极及扩布。这次环外心肌除极没有遇到起搏刺激引起的心肌除极波与之融合，因此形成与心动过速除极波形态相同的除极波。上条心电图中标出 A ～ D 的 4 种 QRS 波，与示意图相对应

（2）在同一部位用不同超速起搏频率拖带心动过速时，所形成的融合波形态不同，起搏频率越快，形成的融合波程度越大，这一现象称为拖带时的进行性融合。因为起搏频率加快时，起搏夺获邻近部位心肌的面积越大，占融合波的比例越高，形成进行性融合波（图 3-4-6）。

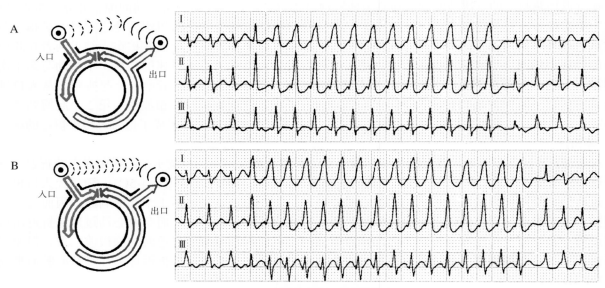

图 3-4-6　拖带时的进行性融合波

同一部位进行不同起搏频率拖带时（A：230 次 / 分；B：260 次 / 分）可形成不同形态的融合波，起搏频率较快时融合波的形态更明显，与起搏部位邻近心肌除极所占融合波的比例增大或局部差传成分增大有关

（3）当超速起搏频率增加到一定程度时，可以进入心动过速的终止区，表现为超速起搏停止后心动过速也被终止（图 3-4-3D、E）。心动过速能被终止的现象能反证起搏心律与心动过速心律不呈分离状态，而是互相影响。

四、心动过速的节律重整现象

不少作者明确指出，心动过速的反复连续的节律重整构成了心动过速的拖带现象。因此，深入理解心动过速的重整现象有助于理解和认识拖带现象。

1. 心动过速的可激动间隙

顾名思义，可激动间隙是指折返性心动过速的环形运动中，在折返波的波锋与波尾之间有一个总处于兴奋期或相对不应期的组织，其随时可以接受刺激而发生除极和激动（图 3-4-7）。在经典的解剖决定性折返中，可激动间隙时限长而固定，而功能决定性折返中（尤其在主导环折返时）可激动间隙较窄，或处于相对不应期。因此，凡是折返机制引起的心动过速，如室上速、室速、房速、房扑及房颤都存在着可激动间隙，只是不同的心动过速可激动间隙的时限宽窄不同。心动过速的频率越快，心动周期越短，可激动间隙越窄。可激动间隙越窄的心动过速，被电刺激终止的成功率越低。

从图 3-4-7A 可以看出，可激动间隙 = 折返环路 - 折返波长。折返环路大致可看成心动过速周期的长度，而折返的波长占有的时间段大致相当于该处心肌组织的有效不应期。因此，折返激动经过不同部位的心肌组织时，由于各部分组织的有效不应期不一致，可激动间隙的宽窄在不同部位的心肌组织中也不相同。例如，房室折返性心动过速发作时，其在心房部位的可激动间隙大致等于折返周期 - 心房不应期（图3-4-8A）。而心室部位的可激动间隙 = 折返周期 - 心室不应期（图 3-4-8B）。多数情况下，心房不应期比心室不应期短，因此，同一心动过速的心房肌部位可激动间隙更宽，外来心房激动相对容易打入折返环而终止心动过速。相反，在心室肌部位可激动间隙相对较窄。

可激动间隙总位于折返波波锋的前方，使折返激动的波锋不断地促使前方组织激动，折返才能维持下去。如果可激动间隙被某些刺激提前侵入，使可激动间隙部位的心肌除极后进入有效不应期，进而使波锋

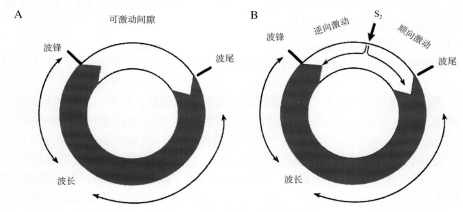

图 3-4-7 可激动间隙示意图

A. 整个圆环代表折返环路，黑色部分代表折返的波长，波长两头分别称波锋和波尾，波锋、波尾之间的白色部分代表可激动间隙；B. 侵入可激动间隙的 S_2 刺激产生了逆传和顺传两个方向的激动

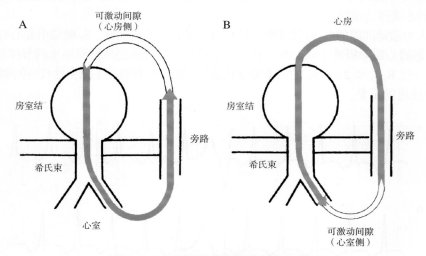

图 3-4-8 不同部位的可激动间隙示意图

房室折返性心动过速的折返环经过心房肌及心室肌，二者具有宽窄不同的可激动间隙，因此来源于心房侧或心室侧的 S_2 刺激均可拖带或终止心动过速

前向运动遇到心肌的有效不应期而使心动过速和折返激动均停止。

2. 可激动间隙的分型

根据可激动间隙部位心肌的电生理特点，可激动间隙分成 3 种类型：①可激动间隙均处于兴奋期（图 3-4-9A）；②可激动间隙均处于相对不应期（图 3-4-9B）；③两者兼有（图 3-4-9C）。但不论上述哪一型，可激动间隙大致都可以再分成 2 部分：a 区和 b 区。a 区距波尾近，b 区距波锋近。对体表心电图而言，a 区距前次心动过速的除极波远，落入该区的早搏刺激（S_2）的联律间期相对较短，相当于下文涉及的心动

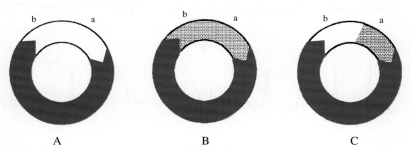

图 3-4-9 可激动间隙的不同类型

3 型可激动间隙：A. 均处于兴奋期；B. 均处于相对不应期；C. 部分处于兴奋期，部分处于相对不应期。3 型可激动间隙又可分成 2 个亚区：a. 心动过速终止区；b. 心动过速重整区

过速终止区。相反，b区距前次心动过速的除极波远，落入该区的早搏刺激（S_2）的联律间期较长，相当于下面将阐述的心动过速重整区（图3-4-10）。

3. S_2刺激进入可激动间隙的反应

适时的S_2早搏刺激可以侵入折返性心动过速的可激动间隙，然后可沿折返环产生2个传导方向相反的激动（图3-4-7）。

（1）逆向激动：激动的该传导方向与心动过速的折返传导方向相反，结果，逆向传导的激动传导时必将与折返波的波锋发生碰撞，使两个不同方向的传导同时停止在碰撞点，原心动过速的折返激动在碰撞部位停止。

（2）顺向激动：S_2刺激在可激动间隙还可产生一个顺向激动，顺向激动的传导方向与心动过速的折返传导方向相同，顺向激动实际是尾随折返波的波尾而运动。当顺向激动距前面折返波的尾部较近时，容易追上波尾而发生追尾，即发生同一方向的碰撞，使顺向激动被"阻滞"。这时，激动的双向传导都被阻滞，心电图表现为S_2刺激后心动过速终止（图3-4-10C、D）。当顺向激动距波尾较远时，其可尾随波尾一直沿折返环路顺向传导，形成以S_2刺激为起点的心动过速的节律重整（图3-4-10A、B）。这一重整现象又称顺向重整（orthodromic resetting）。

因此，S_2刺激进入可激动间隙后可产生两种反应：心动过速被终止或心动过速被重整（图3-4-10）。

4. S_2刺激引起的心动过速重整

如上所述，进入可激动间隙的S_2刺激可能引起心动过速的终止或重整。S_2刺激引起心动过速重整时，心电图表现为S_2刺激引起的心肌除极波形成一次早搏，该早搏后心动过速仍然按照原来的节律和频率持续（图3-4-11）。S_2刺激形成了一次$R_1R_3 < 2 \times R_1R_1$的"不完全代偿"。如果S_2刺激产生完全性代偿间期时，则可初步排除S_2刺激引起了心动过速的重整。

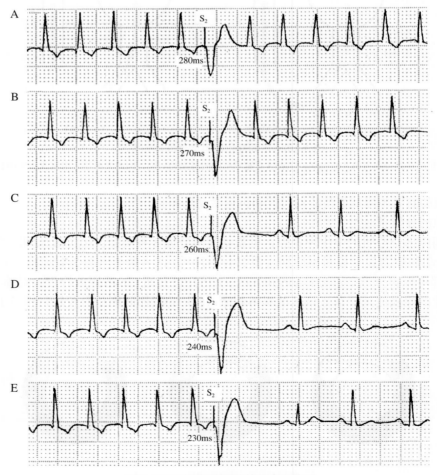

图 3-4-10　可激动间隙的两个反应区

心动过速发作过程中，适时的S_2刺激侵入心动过速的可激动间隙。A～E中S_2刺激的联律间期逐渐递减。A、B两条中S_2刺激引起心动过速的重整，是S_2刺激落入心动过速重整区的结果，C～E中S_2刺激使心动过速终止，即S_2刺激落入心动过速的终止区

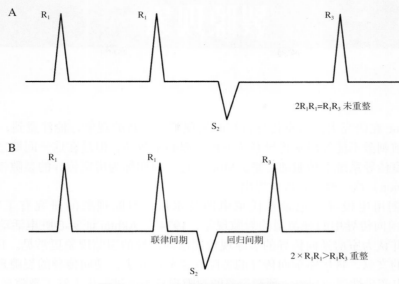

图 3-4-11 心动过速重整的心电图示意图

心动过速时，发放单个 S_2 刺激。A. 当 S_2 刺激之前心动过速的最后 1 个波与 S_2 刺激后的第 1 个回波之间的间期等于心动过速间期 2 倍时，这种回归间期提示 S_2 刺激未引起心动过速重整；B. 当 S_2 刺激后的回归间期较短时，形成 $R_1R_3 < 2 \times R_1R_1$ 时，这种回归间期证实 S_2 刺激已引起心动过速的重整

体表心电图中 S_2 刺激引起心动过速节律重整时，可出现以下几个间期。

（1）S_2 刺激的联律间期：心动过速最后一个室波（或房波）与 S_2 刺激间的间期称为 S_2 刺激的联律间期，或称 S_2 刺激的配对间期等。应用心动过速的周长减去 S_2 期前刺激的联律间期称为 S_2 刺激的期前程度。

（2）回归间期：引起心动过速发生节律重整的电刺激（S_2 或 S_3 刺激）与此后心动过速第 1 个心室（心房）波间的距离称为回归间期（return cycle），又称第 1 个起搏后间期（the first postpacing interval）。回归间期包含以下几个时间：①期前刺激（S_2 或 S_3）从刺激部位到心动过速折返环入口处的传导时间；②进入折返环后在入口与出口间的传导时间；③自折返环出口到刺激部位的传导时间。回归间期可以等于，也可以长于心动过速的周长。

（3）S_2 刺激的代偿间期：S_2 刺激的联律间期与回归间期之和称为 S_2 刺激的代偿间期，当代偿间期值比 2 倍的心动过速的周期值短 20ms 以上时，则可诊断发生了心动过速的重整。心动过速重整后的第 1 个心室（心房）波的图形与原心动过速的图形应当一致。

5. 是否加用 S_3 期前刺激

应当了解，大约 60% 的折返性心动过速能被 S_2 刺激重整。能被 S_2 期前刺激重整的心动过速周期相对较长，可激动间隙相对较宽。相比之下，频率较快、可激动间隙较窄的心动过速有时难以被 S_2 期前刺激重整。为了提高心动过速重整的成功率，可应用连发的 S_2、S_3 两个期前刺激诱发心动过速的重整。选用两个期前刺激时，S_2 期前刺激的联律间期不宜设置过短，设置的原则是其不会影响心动过速，但能改变其电生理参数，可能产生不应期回剥（peeling back），为 S_3 期前刺激进入折返环的可激动间隙提供有利条件，并使 S_3 期前刺激引发心动过速的重整。选用 S_2 或 S_3 两个期前刺激能使心动过速的节律重整发生率从单用 S_2 期前刺激的 60% 提高到 85%。选用 S_2 和 S_3 两个期前刺激诱发心动过速重整时，心电图的 $R_1R_3 < 2 \times R_1R_1$ 时，则可判定已诱发了心动过速的节律重整现象。

第五章

裂隙现象

早在 1965 年，Moe 在研究犬的房室传导特征时发现了一个新的现象，他注意到，在心动周期的某一段间期中，心房的期前刺激不能经房室传导系统下传引起心室激动。但是在这一间期之前或之后的心房期前刺激，却都能经房室传导系统下传激动心室。Moe 将这一间期称为房室传导的裂隙带，心脏电活动的裂隙现象（gap phenomenon）这一概念首次被提出。

1969 年 Scherlag 创用电极导管记录希氏束电图技术后，裂隙现象的研究有了较大发展，1973 年 Gallagher 确定了房室前向传导中两种类型的裂隙现象，1974 年 Akhtai 证实心脏电活动在室房逆向传导时也可发生裂隙现象，并认为室房逆向传导的裂隙现象比前向传导的裂隙现象更常见。1976 年 Damato 归纳总结了有关裂隙现象的文献，将房室前向传导的裂隙现象分成 6 类，逆向传导的裂隙现象分成 2 类。1987 年本书作者发现并提出变异性裂隙现象、预激旁路的裂隙现象等，进一步丰富了裂隙现象的研究成果。

一、裂隙现象的定义

在激动或兴奋传导的方向上（前向或逆向），心脏特殊传导系统存在着不应期及传导性显著不同的水平面，当传导的远端水平面的有效不应期长，而近端水平面的相对不应期较长时，激动传导就可能出现一种伪似超常传导的裂隙现象。

二、裂隙现象形成的三要素

裂隙现象需具有 3 个基本条件才能形成。

（1）心脏特殊传导系统沿激动传导的方向存在不应期或传导性显著不均衡的两个水平面，这与折返现象截然不同，折返现象的发生是因激动传导方向上特殊传导系统存在着纵向传导路径不应期或传导性不均衡的情况。

（2）激动传导时，远端水平面的有效不应期比近端水平面的有效不应期长，因而在此平面较早地出现传导阻滞，使传导中断。

（3）近端水平面的相对不应期较长，在远端水平面进入有效不应期并发生传导阻滞，近端水平面进入了相对不应期，表现为传导发生延缓，近端水平面发生的传导延缓"浪费的时间"如果能够改善远端水平面阻滞的情况，则可发生裂隙现象，表现为传导可再次恢复，裂隙现象形成的三要素能够解释其发生的机制。

三、心电图和电生理检查中的裂隙现象

作为一种异常的心电现象，临床心电图和电生理检查中均可发生裂隙现象，提高对其认识的水平有利于及时做出诊断。

为了更好地理解相关心电图，需要复习心脏的不应性和传导性。心肌组织和细胞对外来刺激和周围传导来的激动能够发生兴奋反应的生理特性称为兴奋性。兴奋之后，心肌组织或细胞立即进入不应期，表现在一段时间内全部（有效不应期）或部分（相对不应期）丧失了兴奋性，这一特性称为不应性，不应性所持续的时间称为不应期。传导性是指心肌组织能对周围的激动或兴奋发生扩布性传导的特性。不应性和传导性是心肌组织的两大电生理特性，但两者又有一定关系，心肌组织处在兴奋期内其传导表现为正常，处在相对不应期内其传导表现为延缓，处在有效不应期内则表现为传导中断。医生做心电图和电生理检查时，常通过观察传导情况推测该组织处于兴奋期或不应期中。

1. 心电图裂隙现象

图 3-5-1 是一幅频发房早的心电图，图中 3 个房性早搏的联律间期分别为 560ms、500ms、320ms，第 1 个房早正常下传，下传的 QRS 波存在差异性传导。第 2 个房早的联律间期短于第 1 个房早的联律间期，结果遇到房室传导系统的有效不应期而不能下传，属于正常现象。第 3 个房早的联律间期 320ms，明显短于第 2 个房早的联律间期，一般情况时，这个来得更早的房早更应当落入房室传导系统的有效不应期而不能下传，但这个房早却出乎意料地下传了，这种传导得到意外改善的现象在临床心电图上称为超常传导，此处似乎发生了一次超常的传导。

图 3-5-2 是图 3-5-1 心电图裂隙现象发生机制的示意图，图 3-5-2A 显示第 1 个来得较晚的房早（联律间期 560ms），激动下传时房室传导系统均在兴奋期内正常下传。图 3-5-2B 表示图 3-5-1 的第 2 个房早，该房早来得较早（联律间期 500ms），下传到房室结远端时，因其有效不应期长使该房早在此处阻滞而未能下传。图 3-5-2C 表示图 3-5-1 的第 3 个房早，该房早来得更早（联律间期 320ms），其下传至房室结近端时，近端已进入相对不应期使传导明显延缓，房早延缓传导后到达房室结远端时，远端已脱离了上一次激动后的有效不应期，结果反而能够下传。图 3-5-1 的第 3 个房早出现的 PR 间期延长正是房室结近端缓慢传导所致。从图 3-5-1、图 3-5-2 可以看出，第 3 个房早的意外下传不是真正的远端阻滞部位发生了超常传导的结果，房室结远端阻滞的情况并未发生意外改善，而是近端的传导延缓使激动延迟到达远端水平面的结果，显然这是一种伪超常传导，是心电图记录的裂隙现象。

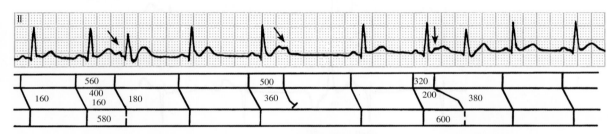

图 3-5-1 心电图中的裂隙现象

图中数字单位为 ms

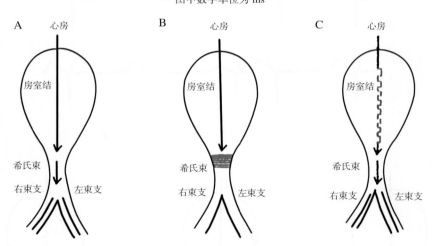

图 3-5-2 裂隙现象发生机制的示意图

2. 心脏电生理检查时的裂隙现象

图 3-5-3 为心脏电生理检查中记录的心电图，该程序是在患者窦性心律的基础上，加发 1 个心房期前刺激 S_2，观察 S_2 期前刺激后的反应，每条心电图的第 1 个数字表示 S_2 刺激的联律间期，图 A、B 两条联律间期分别为 600ms 和 300ms，心房 S_2 刺激都正常下传，下传的 QRS 波也正常。C、D 两条中 S_2 刺激的联律间期分别为 280ms、240ms，S_2 刺激及心房波下传后，遇到右束支的有效不应期而不能沿右束支下传，使 QRS 波出现了完全性右束支传导阻滞的图形。E、F 两条中，S_2 刺激的联律间期分别为 170ms 和 140ms，S_2 刺激更加提前，下传时更应当遇到右束支的有效不应期而使下传的 QRS 波图形表现为右束支传导阻滞，但是这两条

中的 S₂ 刺激下传的 QRS 波反而正常，右束支完全阻滞的情况反常地消失，似乎在右束支水平发生了超常传导。

　　图 3-5-4 是图 3-5-3 裂隙现象发生机制的示意图。图 3-5-4A 表示图 3-5-3A、B 两条的 S₂ 刺激正常下传，图 3-5-4B 表示图 3-5-3C、D 两条的 S₂ 刺激在右束支遇到其有效不应期而不能下传，图 3-5-4C 表示图 3-5-3 的 E、F 两条，这两条中 S₂ 刺激更加提前，并遇到了房室结的相对不应期使传导明显延缓，激动较晚到达右束支，激动传到右束支时其已脱离了上一次激动后的有效不应期，使该激动能经右束支正常下传，显然在右束支发生了裂隙现象，属于一种伪超常传导。

　　图 3-5-1 和图 3-5-3 都属于裂隙现象，只是不应期出现不均衡的水平面不同而已。

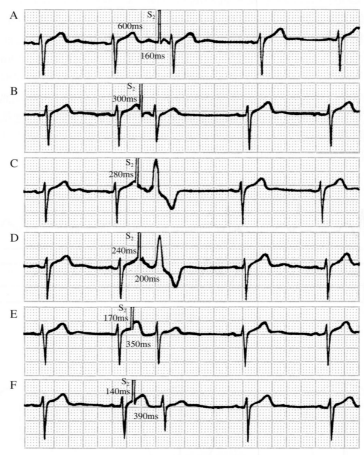

图 3-5-3　心脏电生理检查时的裂隙现象

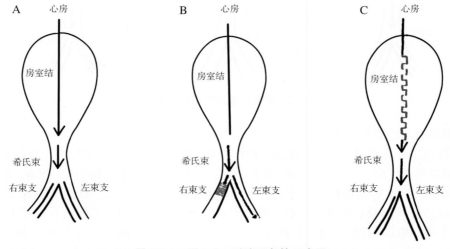

图 3-5-4　图 3-5-3 裂隙现象的示意图

四、裂隙现象的分型

1976 年 Damato 总结大量文献后，提出了裂隙现象的分类法（表 3-5-1）。

表 3-5-1　裂隙现象的分类

	近端传导延迟部位	远端传导阻滞部位
房室传导		
1	房室结	希浦系统
2	希浦系统（近端）	希浦系统（远端）
3	希氏束	希浦系统
4	心房	希浦系统或房室结
5	房室结近端	房室结远端
6	真正超常传导	希浦系统
室房传导		
1	希浦系统	房室结
2	希浦系统（远端）	希浦系统（近端）

五、裂隙现象的诊断要点

临床心电图和电生理检查诊断裂隙现象时有几点需注意。

（1）心电图中心脏特殊传导系统的某一部分在某一时间段出现了传导中断，但在这一时间间期之前，该处传导阻滞出现了意外的改善，传导阻滞消失而再次传导时，应注意是否有裂隙现象。

（2）诊断裂隙现象时，心电图一定会有近端水平进入相对不应期后缓慢传导的心电图表现，如图 3-5-1 的第 3 个房早的 PR 间期延长，图 3-5-3E、F 条中的 S_2R 间期的明显延长，没有这种心电图表现，裂隙现象则不能诊断。

（3）注意与假性裂隙现象的鉴别。

六、裂隙现象的临床意义

（1）裂隙现象是一种少见而非罕见的异常心电现象，裂隙现象的概念提出使过去大部分心电图中超常传导现象都归为裂隙现象的范畴，应用裂隙现象可使某些心电图和心脏电生理检查结果得到更好的解释和诊断。

（2）裂隙现象受多种因素的影响：①心动周期的长短：心动周期长时容易发生裂隙现象，短时则不易发生；②药物：服用洋地黄、β 受体阻滞剂可促进裂隙现象的发生，服用阿托品使裂隙现象不易发生；③神经体液因素。

总之，裂隙现象是一种异常的心电现象，受到多种因素的影响，对同一病例来说裂隙现象可以从无到有，或从有到无，时而出现，时而消失，因此，需紧密结合临床才能确定其实际意义。

魏登斯基现象

魏登斯基现象（Wedensky phenomenon）虽然少见，却是心电图最经典的概念之一，常与超常传导一起被讨论，最初认为其是一种特殊类型的超常传导，但在魏登斯基现象发生机制的研究中，近年来的观点与之相悖，使这一心电现象重新成为研究与讨论的热点。

一、魏登斯基现象的研究历史

1887 年，Wedensky 在蛙神经肌肉标本进行的实验中发现，对神经或肌肉给予强刺激后的一段时间内，其兴奋性异常增强，可出现阈值的暂时降低，表现为原来不能引起应激反应的阈下刺激，此时能够激动该神经或肌肉组织，引发的激动能够扩布传导。随后有人将这一现象称为魏登斯基效应（Wedensky effect）。1903 年，Wedensky 在另一项刺激神经组织的研究中发现，给予神经组织一次强刺激后（用电击或刺激一块神经肌肉柱体），不仅使该神经标本的同侧传导功能加强，还可使对侧的阈下刺激变为能传导的阈上刺激，这种强刺激能促进对侧激动传导的现象称为魏登斯基的易化作用（Wedensky facilitation），魏登斯基先后发现的强刺激促进传导的这两种作用合称魏登斯基现象。

1933 年，首次发现人体心脏组织对强刺激也存在魏登斯基现象。直到 1966 年，Castellanos 应用特殊的电极导管对 7 例三度房室传导阻滞患者进行右室起搏及刺激的研究中，发现 2 例在强刺激（刺激强度为阈强度的 7 倍或 15 倍）后，房室传导功能出现了一过性改善，发生了魏登斯基现象，这是第一次在人体心肌组织证实这一现象。1969 年 Schamroth 和 Friedberg 首次报告人体心电图上的魏登斯基现象。

对魏登斯基现象发生机制的解释众说纷纭，不少假说先后提出，包括超常传导学说、激动的总合学说、心肌组织不应期回剥学说、4 相阻滞学说等，目前多数学者赞同后两种学说的观点。

二、魏登斯基现象的概念

魏登斯基现象是一种特殊的促进传导的干扰现象。当心脏同时存在两个节律点时，两者之间能够发生多种干扰。多数的干扰表现为负性频率和负性传导作用。负性频率作用是指一个频率较高的节律点通过超速抑制，可使另一个节律点的自律性受到抑制，频率下降或变为隐匿性。但在少数情况下，一个节律点对另一个节律点频率干扰表现为正性频率作用，这是指频率较快的节律点，能使同时存在的另一个节律点的频率暂时或持续一段时间增快，这种少见的正性频率的干扰作用称为钩拢现象。

对心脏组织的传导功能也存在两种截然不同的干扰作用。多数情况下，一个节律点发放的激动与传导，可使另一个同时存在的节律点发放的激动传导性降低，表现为传导时间发生干扰性延长（图 3-6-1），这种干扰称为负性传导作用。同样，在少数情况下，这种对传导功能的干扰作用也有例外，表现为促进传导的作用，即一个激动及其传导时，对另一个节律点激动的传导产生正性（加速或加强）传导的干扰现象，使其传导时间缩短或传导阻滞改善，这种少见的促进传导的干扰作用即为魏登斯基现象（图 3-6-2）。因此，魏登斯基现象是两个节律点之间一种少见的正性传导的干扰现象。

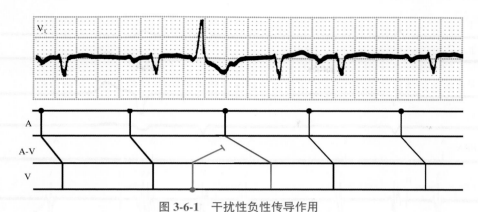

图 3-6-1　干扰性负性传导作用

室性早搏产生的负性传导作用使随后的 PR 间期干扰性延长

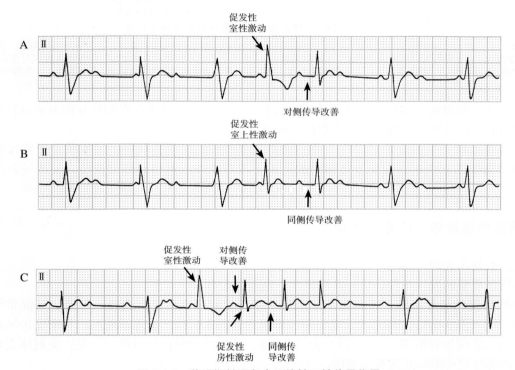

图 3-6-2　魏登斯基现象中干扰性正性传导作用

三度房室传导阻滞时，A. 心室早搏的隐匿性传导作用使随后的窦性 P 波意外下传，室早的这种促进传导改善的作用又称为干扰性正性传导作用，促进对侧传导改善的现象称为魏登斯基易化作用；B. 一次室上性早搏（位于阻滞区近端），引起随后的窦性 P 波意外下传，该房室传导阻滞部位推测为希浦系统，促发性激动这种促进同侧传导改善的作用称为魏登斯基效应；C. 一次室早先后出现促进对侧和同侧传导改善的作用形成混合型魏登斯基易化作用及效应

三、魏登斯基现象的发生条件

1. 传导阻滞

魏登斯基现象一般发生在器质性心脏病患者，其心脏传导系统的某部分存在程度不同的传导阻滞，传导阻滞可以发生在房室结、希浦系统、束支、分支以及窦房之间。

2. 促发性激动

在主导节律存在传导阻滞的基础上，需要出现一次有促发传导改善引发魏登斯基现象的激动（简称促发性激动），该激动可以是一次早搏，也可以是一次逸搏，促发性激动经过传导进入传导阻滞区，引起一次未穿透的隐匿性传导，随后促发魏登斯基现象。促发性激动可以起源于传导阻滞部位的远端或近端（图 3-6-2）。

3. 传导改善

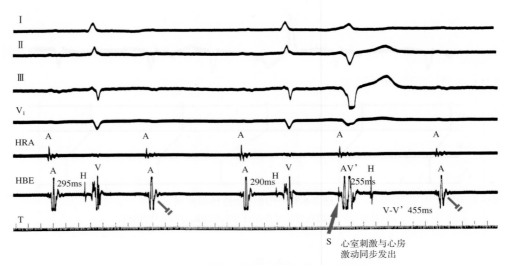

图 3-6-3　室性早搏刺激引起的干扰性正性传导作用

本图为心电图 Ⅰ、Ⅱ、Ⅲ、V₁导联及腔内高右房（HRA）、希氏束电图（HBE）的同步记录。该患者有 2∶1 房室传导阻滞，下传的 AH 间期延长为 290 ～ 295ms，未下传的 A 波阻滞在房室结（A 波后无 H 波），第 4 个 A 波本应阻滞在房室结，但与该 A 波同时发放一次心室刺激（S），该心室激动引起了对侧传导的改善，不仅使 A 波意外下传，而且下传时的 AH 间期缩短为 255ms，证实发生了一次魏登斯基易化作用

　　促发性激动（早搏或逸搏）发生隐匿性传导后的一段时间内，原来存在的传导阻滞可以暂时减轻或消失，传导阻滞的这种意外改善现象酷似超常传导现象（图 3-6-3）。

　　上述 3 条既是魏登斯基现象的发生条件，又是心电图必然出现的表现。其本质是患者存在的传导阻滞中部分由功能性因素引起，在促发性激动的作用下该功能性因素得到部分逆转，使传导阻滞得到暂时性改善。

四、魏登斯基现象的心电图表现

1. 心电图的基本表现

与魏登斯基现象的发生条件一致，其特征性心电图表现有 3 个方面。

（1）不同程度的传导阻滞：传导阻滞是魏登斯基现象的心电图基本表现，阻滞的部位和程度因人而异，可以是二度（图 3-6-3）、高度或三度房室传导阻滞（图 3-6-2），也可以是左、右束支传导阻滞或分支阻滞，还可以是窦房传导阻滞、预激旁路的传导阻滞，其中以房室传导阻滞更常见，通过体表心电图只能推测其阻滞的部位是房室结还是希浦系统。

（2）不同种类的促发性激动：除少数研究中促发性激动是起搏或电生理检查的刺激外，临床心电图中引发魏登斯基现象的常是早搏或逸搏性激动，可以是室性早搏、室性逸搏或是交界性早搏、交界性逸搏（图 3-6-4）。

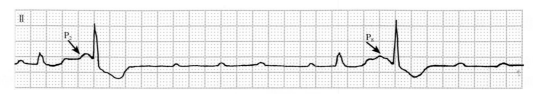

图 3-6-4　魏登斯基易化作用

本图为三度房室传导阻滞，室性逸搏（R₁、R₃）后可见窦性 P 波（P₂、P₈）的意外下传，这是魏登斯基易化作用的结果

　　（3）随后的传导改善：在促发性激动后的一定时间，心电图可出现传导阻滞的改善，原来被阻滞的激动此时意外下传。

　　在魏登斯基易化作用（即促进对侧传导改善作用）中，传导改善的发生时间常为促发性激动后的

300～1000ms（RP间期），促发性激动是交界性早搏或逸搏时，常在其后370～700ms时发生。原被阻滞的窦性P波或心房激动常在这些时间段发生意外下传，而此间期（RP间期）之外更早或更晚的窦性P波却不发生传导改善。

魏登斯基效应发生时，同侧传导的改善常在促发性激动后360～1000ms时出现，同样落在该间期之外的激动传导不发生传导改善的现象。

另外，传导功能的改善可以是传导阻滞的完全消失或传导阻滞的程度减轻。总之，魏登斯基现象特征性心电图三联征表现为：不同程度的传导阻滞、来自不同部位的促发性激动、传导阻滞的随后改善，上述心电图3个基本表现缺一不可。

2.魏登斯基现象发生的部位

魏登斯基现象多发生在有传导阻滞的器质性心脏病患者，它的出现提示传导系统有病理性改变。就传导系统而言，该现象最常发生在房室结、希浦系统，还可能发生在束支、分支、窦房区域以及预激综合征的房室旁路。发生的部位不同，心电图的相应表现也将不同，例如：双侧束支传导阻滞伴左束支魏登斯基现象，三分支阻滞伴左后分支魏登斯基现象等。

五、魏登斯基现象的分类

1.根据促发性激动与传导阻滞部位的分类

（1）促进对侧传导改善型（魏登斯基易化作用）：促发性激动与传导发生改善的激动分别位于传导阻滞区的两侧，促发性激动从一侧进入传导阻滞区并使对侧激动的传导阻滞发生意外改善。例如，一次室性早搏可引起三度房室传导阻滞暂时消失，表现为室早后适时的窦性P波出现意外下传，引发魏登斯基易化作用（图3-6-2A，图3-6-5A）。

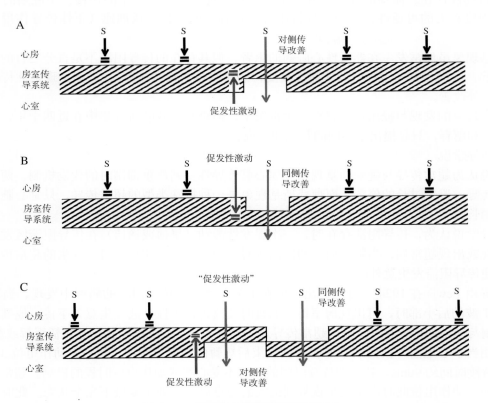

图 3-6-5　魏登斯基现象发生的示意图

A.促进对侧传导改善型：促发性激动在阻滞区的隐匿性传导使对侧激动的传导功能暂时改善而下传；B.促进同侧传导改善型：促发性激动在阻滞区隐匿性传导的作用，使同侧激动的传导改善并下传；C.混合型：A与B的组合，常是魏登斯基易化作用发生在先，继而引发魏登斯基效应

（2）促进同侧传导改善型（魏登斯基效应）：促发性激动与传导发生改善的激动都位于传导阻滞区的同侧，促发性激动在阻滞区隐匿性传导的作用使同侧激动的传导阻滞发生暂时性改善。例如：交界性早搏引起房室传导阻滞暂时性改善（图 3-6-2B，图 3-6-5B），使其后的窦性 P 波意外下传。这种促进同侧传导改善的作用也称魏登斯基效应，这一效应有时在几个心动周期连续发生。

（3）混合型：混合型是指魏登斯基易化作用与魏登斯基效应组合发生，常是易化作用在前，先发生促进对侧传导的改善，发生传导改善的激动又成为一次新的促发性激动，并使随后的同侧激动再次下传，形成促进同侧传导改善的魏登斯基效应，两者组合后形成混合型（图 3-6-2C，图 3-6-5C）。

2. 根据传导阻滞部位的分类

根据传导阻滞的部位可分成窦房传导阻滞、房室传导阻滞和束支传导阻滞的魏登斯基现象。临床心电图中房室传导阻滞的魏登斯基现象最多见，束支传导阻滞的魏登斯基现象少见，窦房传导阻滞时该现象更少见。

六、魏登斯基现象的发生机制

如前所述，魏登斯基现象是一个节律点对另一个节律点激动的传导产生正性传导的干扰现象，那么该节律点如何对已有的传导阻滞产生促进传导改善的作用呢？

心脏特殊传导系统任何部位的传导性都由两部分因素决定，一个是固有传导功能，是由其组织结构、电的传导特性以及病理改变等因素共同决定的，另一个是功能性传导功能，后者受多种生理因素、心脏节律以及频率等因素的调节和影响。如同窦房结的自律性功能一样，其包括窦房结的固有心率和结外因素的影响。窦性心律快慢的最终显露是这两部分功能相互作用的综合结果。传导性中固有传导功能的异常属于"器质性"改变，逆转困难，例如：先天性三度房室传导阻滞、室间隔修补术后的三度房室传导阻滞都将永久持续性存在。而功能性传导异常主要受自主神经活性、心率的快慢、不应期的长短等因素的影响，存在程度较大的可逆性，可使传导性出现一定程度的变化，或加速（正性传导作用）或减慢（负性传导作用）。

魏登斯基现象虽然常发生在器质性心脏病的患者，但其存在的传导阻滞不是百分之百的由固有传导功能的异常引起，其内含有一定程度的功能性改变，后者有可能被"缓解"，进而出现正性传导作用，引起传导阻滞的意外改善。

魏登斯基现象的发现与提出已经整整一个世纪了，但卓有成效的研究集中在近四十年，截至目前，尚无最终的答案和解释，只是提出了不同的观点和学说。

1. 超常传导学说

这种学说认为超常传导与魏登斯基现象同属心脏传导性受到严重抑制时的代偿机制，两者都能暂时性改善心脏的传导，避免过长的停歇。而魏登斯基现象是一种特殊类型的超常传导，只是心脏传导改善的持续时间可能稍长。

超常传导学说认为，传导阻滞存在时，一次促发性激动（早搏或逸搏）在传导阻滞区发生隐匿性传导的过程中存在或出现超常期，当随后而来的同侧或对侧激动落入该超常期时，发生的超常传导能够使其穿透阻滞区，使传导阻滞发生意外改善。

超常传导由 Lewis 在 1924 年首先提出，他在 1 例三度房室传导阻滞的病例中发现，当窦性 P 波落在自主心室波 T 波的后半部时，可出现房室传导的暂时性改善，窦性 P 波发生意外下传，他推断窦性 P 波此时下传的机制与超常期传导有关，他用超常传导这一术语表示传导的抑制状态被短暂缓解或意外改善。

超常期相当于心电图 T 波的后半部和 T 波结束后短暂的等电位间期，相当于动作电位 3 相的后部和 4 相的初始，持续时间约 90ms，超常期持续时间的长短不受心率或动作电位时程的影响。超常期处于动作电位的复极末期，动作电位此时尚未完全恢复到最大的静息电位，处于复极不完全状态。此时跨膜电位处于最大的极化电位与发生兴奋和传导的阈电位水平之间，其与阈电位的距离比最大的极化电位更近，更容易达到阈电位水平而引发新的除极和兴奋的传导（图 3-6-6）。此时一个较弱的阈下刺激落入该区时，该阈下刺激可以变为阈上刺激，并引发新的除极活动和超常传导（图 3-6-7）。

用这一理论解释魏登斯基现象时认为：由于传导系统某部分的传导功能下降，相当于传导阈值的升高，

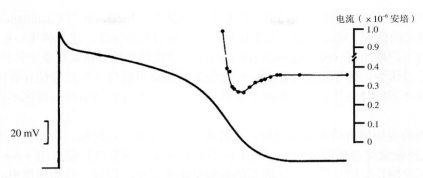

图 3-6-6　超常期及测定

心肌组织的超常期从动作电位 3 相的后半部起始，落入超常期的阈下刺激可引起一次新的除极和传导。右上图是与动作电位相对应的不同时间发放的能引起新的除极所需要的刺激强度。超常期内兴奋的阈值大约下降 17%

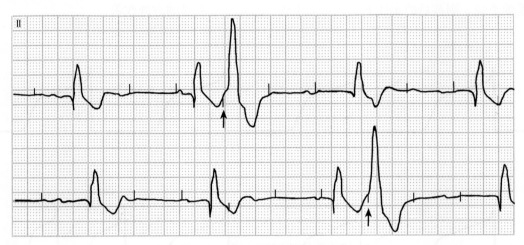

图 3-6-7　落入超常期的起搏脉冲夺获心室

本图为三度房室传导阻滞患者植入 VVI 起搏器的心电图，可见规律发生的起搏脉冲（100 次 / 分），多数未能有效夺获心室而成为阈下刺激，当脉冲刺激落入 T 波结束时的超常期时（箭头指示），阈下刺激引起了心室的扩布反应

使平素能够下传的激动此时变为阈下刺激而不能传导，出现传导阻滞。促发性激动的出现以及产生的超常期，使随后而至的阈下激动落入超常期而变为阈上刺激，并发生超常期的意外传导。在心电图则表现为三度房室传导阻滞时一次室性早搏引起其后的窦性 P 波突然下传，发生魏登斯基现象。

1966 年，Castellanos 等在三度房室传导阻滞患者，应用心内程序刺激的方法证实超常期及魏登斯基效应在人体心脏各自独立存在。全组 7 例患者均有三度房室传导阻滞，他将 1 支刺激电极导管放在右室，并测定有效起搏阈值。超常期是指应用阈下刺激能夺获心室的时间段。在患者自主心室节律时，一旦出现阈下刺激夺获心室，则用 7 倍或 15 倍的强刺激发放人工室早。应用这种方法证实 4 例患者的超常期为 160 ～ 195ms，全组只有 2 例在右室刺激过程中出现魏登斯基现象，1 例在促发性激动后 160 ～ 260ms，相当于 T 波结束后，另 1 例出现在 T 波后 260ms，该研究中应用的强刺激相当于阈刺激强度的 15 倍，作者认为这种强刺激之后发生的激动与传导不是折返的结果，而是与超常传导相关的心电活动。

超常传导学说认为，"强刺激"产生了隐匿性传导及超常期，使紧随其后的 P 波发生超常期传导。但是，应用 8 ～ 15 倍的强刺激诱发的这些现象显然与心电图中魏登斯基现象的自然发生条件不一致。此外，魏登斯基现象中，传导发生改善的时间常不在超常期，而多数发生在超常期之后。因此，魏登斯基现象发生机制的超常传导学说一直受到质疑。

2. 不应期回剥学说

1968 年 Moe 等在动物体应用标准强度的程序刺激复制出魏登斯基现象。当一次心房或心室的刺激不能引起房室或室房传导时，可在刺激发放前在传导阻滞的对侧给予一般强度的刺激夺获心室，其后再发放心房刺激或心室刺激时，原来不能前传或逆传的心房或心室激动此时能够下传或逆传，出现了明显的促传

导作用。Moe 的实验与 1878 年魏登斯基的实验方法及结果十分相似，而与 Castellanos 的研究不同，两者最重要的区别是刺激的强度，Moe 应用的是 2 倍舒张期阈值的刺激强度，这与临床心电图出现的情况类似。

Moe 主张应用不应期回剥（peeling back refractories）学说解释魏登斯基现象中传导的意外改善。

不应期回剥学说认为：传导阻滞存在时，一次促发性激动可通过多种途径使存在阻滞的心肌不应期缩短，并使随后的激动下传时避开了不应期而发生意外传导。促发性激动引起阻滞区不应期回剥和缩短的机制有以下几种。

（1）心动周期的变短使有效不应期缩短：一般情况下，心脏的心房肌、心室肌、不同的特殊传导系统（房室结除外）以及预激综合征的旁路等，其不应期具有频率自适应性特征（图 3-6-8），即每一个心动周期中上述组织的不应期长短均与前一心动周期的长短呈正变规律。例如：心动周期中心房肌的不应期值与前面的 PP 间期值呈正变规律，前者随后者变长或变短。心室肌和希浦系统的不应期也有同样特点，这一特性称为不应期的频率自适应性。显然，魏登斯基现象发生时，当促发性激动是一次早搏时，室早或交界性早搏都将缩短 RR 间期，使下一个心动周期中心室肌及希浦系统的有效不应期缩短，如果原来传导阻滞就发生在希浦系统，则其后的窦性 P 波就可能下传，出现传导阻滞的意外改善。

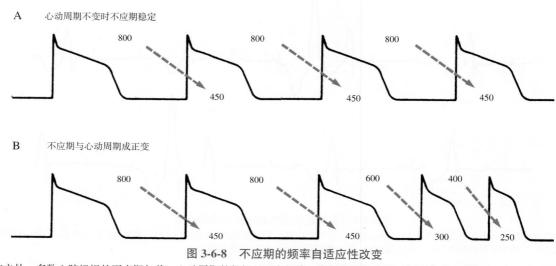

图 3-6-8 不应期的频率自适应性改变

除房室结之外，多数心脏组织的不应期与前一心动周期的长短呈正变规律，当促发性激动是一次早搏时，可使下一个心动周期的心脏组织的不应期缩短，使传导发生意外改善。图中上排数字：心动周期值（ms），下排数字：不应期值（ms）

这种理论可以解释希浦系统、心室肌、心房肌等不应期过长引起的传导阻滞及阻滞的暂时消失，但不适合房室结不应期过长引起的房室传导阻滞及阻滞的暂时消失，因房室结不应期的频率自适应性与其他心肌组织相反，其有效不应期与前一心动周期呈反变规律。当促发性激动是一次早搏时，随着心动周期的缩短，房室结在下一个心动周期中的有效不应期将延长，结果原有的传导阻滞不仅不减轻反而会加重。

（2）促发性激动使不应期提前结束：当促发性激动是一次早搏时，其可使邻近的心肌组织提前除极，不应期也随之提前开始并提前结束。当传导阻滞就位于这些心肌组织时，该不应期的提前结束，将使原来被阻滞的激动能够下传（图 3-6-9）。图 3-6-9 中房室传导阻滞的部位靠近心室，心室发放的刺激能使邻近心室肌提前除极，不应期提前结束。在上述过程中，阻滞区的有效不应期（ERP）并未缩短，但提前开始及提前结束的结果，使原来不能下传的心房激动 P_2 能够下传。这一现象容易在临床电生理检查中复制和证实。

（3）阻滞区两侧同时被激动的总合作用缩短不应期：心脏电生理的研究表明，在阻滞区两侧同时给予刺激时，两个刺激（或激动）在阻滞区发生对向传导，并可能发生碰撞而产生总合（summation）作用，使阻滞区的不应期缩短，使原有的传导阻滞出现暂时性改善（图 3-6-10）。图 3-6-10 中，心房、心室发放的激动同时传入房室传导系统，使不应期明显缩短而提前结束，原被阻滞的心房激动 P_2 此时发生意外下传。

Josephson 的研究清楚地证实了这种情况（图 3-6-3），该患者存在 2∶1 房室传导阻滞，A 波下传的周期中 AH 间期 290ms，提示房室结传导阻滞与延长并存。在第 4 个 A 波出现的同时发放了一次心室刺激，

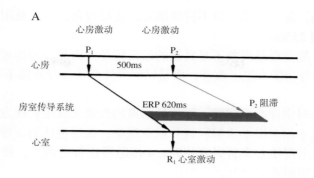

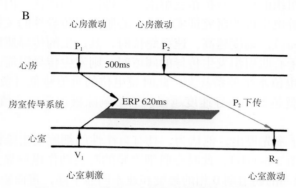

图 3-6-9 阻滞区不应期提前结束的示意图

A. 房室之间存在的传导阻滞区邻近心室侧，心房激动 P_1 到达并激动阻滞区的时间较晚，因阻滞区的有效不应期（ERP）较长，使再次的心房激动 P_2 被阻滞；B. 心房激动 P_1 发出时，立即发放心室刺激 V_1，其距阻滞区较近使阻滞区提前除极，不应期提前开始并提前结束，这使再次的心房激动 P_2 能够意外下传，形成魏登斯基易化作用

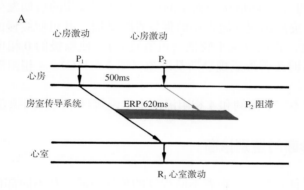

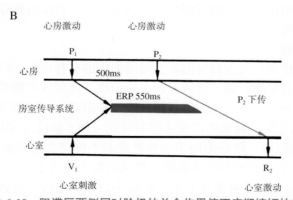

图 3-6-10 阻滞区两侧同时除极的总合作用使不应期缩短的示意图

A. 与图 3-6-9A 相同，心房激动 P_2 被阻滞，但其阻滞区不偏向心室而居中；B. 与图 3-6-9B 相似，只是心房激动 P_1 与心室刺激 V_1 从正向和逆向传入阻滞区，阻滞区双向除极的总合作用使其不应期缩短而提前结束，使心房激动 P_2 能够下传，形成了魏登斯基易化作用。ERP：有效不应期

两者从两侧同时激动房室结，使房室结有效不应期缩短，传导改善。本应被阻滞的心房波此时却下传，而且下传时间从290ms缩短到255ms。

不应期回剥学说认为，魏登斯基现象不是真正的超常传导，而是一种伪超常传导，因为该现象的发生不是传导阻滞部位本身的传导功能发生了改善，而是以促发性激动为介质使不应期缩短的结果。

3. 4相阻滞学说

鉴于魏登斯基现象发生时常伴心率缓慢，而传导阻滞的改善又发生在促发性激动之后心率缓慢暂时消失时，因此，不少学者应用4相阻滞学说解释魏登斯基现象。该学说认为，伴心率缓慢的传导阻滞多数为4相阻滞。当促发性激动的出现使心率暂时变快时，4相阻滞也暂时消失，使原来因4相阻滞而不能下传的激动得以下传，传导阻滞得到暂时改善。

一般认为，激动在心脏组织的传导与扩布受解剖、生理性、病理性等因素的影响，而传导阻滞也是多种因素相互作用的结果。心脏电生理的研究证实：决定心脏组织传导性的关键性因素是动作电位0相上升的速率（dv/dt）和幅度（Vmax）。幅度越高、速率越快时，其产生的传导速度则越快，反之，传导速度将减慢。当0相除极的幅度低于心肌组织发生传导的阈值时，则发生传导阻滞。决定0相除极幅度的因素很多，其中与0相超射前的膜电位水平关系甚大，此时膜电位的负值越低（负值越小），钠通道的失活越严重，兴奋时0相除极的幅度就越低，传导速度越慢。而影响除极前膜电位值的原因很多，包括复极不全、部分除极、4相后的除极等。

4相阻滞的概念由Singer率先提出，他认为，具有自律性的细胞发生除极时，如果正恰落在前次激动的动作电位4相的后期时（图3-6-11B），此时心肌细胞膜的跨膜动作电位显然比复极刚结束时要高（膜电位的负值减小），这使下次激动的超射期0相的幅度和速率明显下降，进而影响该次激动的传导。

正常时，除极前的静息膜电位为−75～−70mV，具有很好的传导性，当膜电位为−70～−65mV时，可出现明显的传导障碍，当膜电位为−65～−60mV时，将发生传导阻滞（图3-6-11B）。当激动起始于前次激动的4相后期并发生传导阻滞时，称为4相阻滞。4相阻滞常在心率缓慢时发生，因而又称慢频率依赖性4相阻滞。第一次4相阻滞发生后，随后缓慢而至的除极仍然在4相的后期发生时，可使4相阻滞持续存在。在4相阻滞持续存在时，突然出现一次提前的促发性激动时，其可使缓慢的心率暂时变快，并使随后的除极在该次4相的初期发生，膜电位水平较低（负值较大），使除极的0相电位幅度增加，原来的4相阻滞将消失，传导功能得到暂时改善形成魏登斯基现象（图3-6-11C）。4相阻滞学说能解释部分病例魏登斯基现象的发生机制。

目前，多数学说主张应用不应期回剥和4相阻滞两个学说解释不同病例魏登斯基现象的发生机制。

七、魏登斯基现象的诊断与鉴别诊断

魏登斯基现象心电图三联征包括：存在着不同程度的传导阻滞、从不同部位起源的促发性激动、传导阻滞的随后改善。虽然上述心电图三联征的特征性强，容易识别，但诊断魏登斯基现象时，需要注意与阵发性传导阻滞和超常传导相鉴别。

1. 与阵发性传导阻滞的鉴别

阵发性传导阻滞的心电图中可以发生传导阻滞及阻滞消失的交替出现，阻滞消失可自然发生，也可能夹杂早搏，一旦阻滞消失时存在早搏，则二者的鉴别十分困难。确定魏登斯基现象的诊断前应当有一个反向思维的过程，即要反问自己为什么该心电图不是阵发性传导阻滞，如何排除阵发性传导阻滞等。当确切排除了阵发性传导阻滞后，魏登斯基现象的诊断才相对可靠（图3-6-12）。图3-6-12中，如果先肯定患者存在持续不变的三度房室传导阻滞，则心电图中窦性P波的下传就会被错误地认为发生了传导的意外改善。如果认为患者本来就是一个二度房室传导阻滞，可以间断表现为2∶1房室下传，又能在瞬间变为高度或几乎完全性阻滞时，则2∶1阻滞时窦性P波下传就不会认为是传导改善的结果了。因此，图3-6-12诊断为二度房室传导阻滞更为合理。

2. 与超常传导的鉴别

如上所述，魏登斯基现象中，促发性激动可以是早搏，也可能是逸搏。当主导节律之外的一次早搏促发了传导改善时，魏登斯基现象的诊断相对容易，因为该传导的改善与早搏激动的出现有关，这种心电图

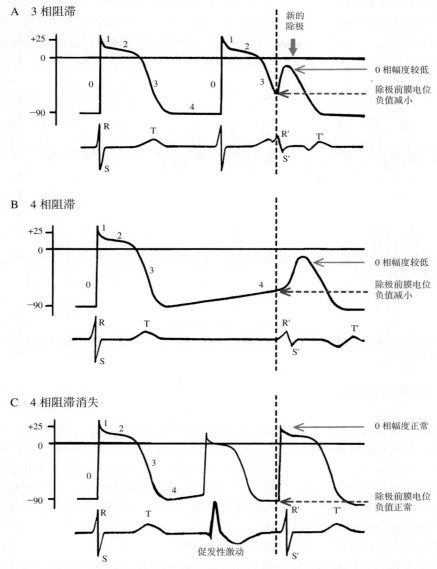

图 3-6-11　3 相与 4 相阻滞发生的示意图

A. 心率较快，一次新的除极发生在第 2 个 QRS 波后的 3 相，此时膜电位负值减小，0 相电位幅度较低而发生 3 相阻滞；B. 心率缓慢，一次新的除极在前次激动后 4 相的后期发生，此时膜电位负值减小，0 相的电位幅度较低而发生 4 相阻滞；C. 4 相阻滞持续存在时，出现了一次促发性激动，使新的除极在促发性激动 4 相的初期发生，此时膜电位的负值正常，0 相电位幅度较高，4 相阻滞消失，传导改善而发生魏登斯基现象

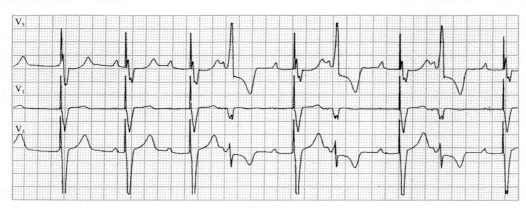

图 3-6-12　错误诊断的魏登斯基现象

患者因三度房室传导阻滞植入 VVI 起搏器 1 年时的动态心电图记录。前 3 个心动周期中 P 波与 VVI 的心室起搏呈分离状态，第 4、6、8 个 QRS 波为窦性 P 波下传的自身心室除极，稍不注意可将其诊断为魏登斯基现象。但实际上这是三度房室传导阻滞时的 2∶1 房室传导阻滞，前几个周期为高度房室传导阻滞

表现容易和超常传导鉴别，因为超常传导的发生不需要促发性激动作为介导。但如果魏登斯基现象的促发性激动就是规律的主导节律的逸搏时，两者鉴别十分困难，此时需要判定传导改善发生的时间点，其位于超常期内还是超常期之外。一般认为，超常期持续的时间较短（图3-6-13）。而魏登斯基现象发生传导改善的时间范围较宽。

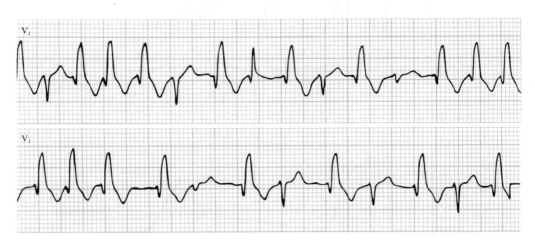

图 3-6-13　右束支的超常传导

本图基本心律为心房颤动，RR 间期 260～520ms。当 RR 间期为 320～360ms 时，发生右束支超常期传导，使 QRS 波变为正常

八、魏登斯基现象的临床意义

深刻认识魏登斯基现象的心电图特征与发生机制有着重要的临床意义。

1. 有助于复杂心电现象的诊断与解释

发生在房室结、左右束支、分支、预激旁路的传导阻滞突然发生改善的情况并非少见，这可能包括了真性超常传导、裂隙现象、不应期回剥、间歇性传导阻滞、传导的总合现象、魏登斯基现象等。情况简单时心电图的诊断及鉴别诊断相对容易，当多种情况并存时，诊断将变得十分困难，对魏登斯基现象的清晰认识与了解有助于解析复杂心电图能力的提高。

2. 魏登斯基现象是心脏严重传导阻滞时的一种代偿机制

传导阻滞可能发生在心脏的不同部位，对于高度或三度房室传导阻滞的患者，魏登斯基现象是防止发生心脏停搏的重要代偿机制之一。高度和三度房室传导阻滞时，防止心脏过长停搏的第一个代偿机制是逸搏心律，这是紧靠阻滞部位以下的自律性节律点发放逸搏性激动的结果。逸搏节律点自律性的高低取决于逸搏点的部位。严重房室传导阻滞时，最常出现的是房室交界区和心室水平的逸搏心律，而魏登斯基易化作用和魏登斯基效应可视为防止心脏过长停搏的又一个代偿机制（图3-6-4）。

3. 影响魏登斯基现象发生的因素

并非具备了上述情况就一定能发生代偿性魏登斯基现象，因该现象的发生受多种因素的影响。其中重要的因素包括逸搏心律对阻滞区隐匿性传导的深度及强度，促发性激动的强度越高，引发传导改善的可能性越大。此外还要看逸搏心律后究竟间隔多长时间才出现下一次激动，当主导节律适时出现时才可能出现传导的改善，此外，还要看传导阻滞中固有传导功能与功能性因素的比例等。

九、结束语

魏登斯基现象诊断明确的心电图实属少见，尽管其心电图三联征的表现特征性强，容易识别，但与超常传导、阵发性传导阻滞的鉴别常遇困难。国内魏登斯基现象的病例报告较多，其中部分病例存在诊断依据不足或诊断错误的情况，应当引起注意。

早在 1955 年，Langendorf 注意到心房颤动患者间歇性室早二联律的出现与室早前心动周期的长短密切相关，室性早搏仅出现在超过 600ms 的心动周期之后，此后这一现象被称为二联律法则（rule of bigeminy）。

二联律法则是指某些（房性、房室交界性、室性）期前收缩容易出现于长的心动周期后，这些早搏引起的长代偿间期又易于下一个期前收缩出现，如此重复下去可形成期前收缩二联律（图 3-7-1）。造成较长心动周期的原因很多，包括显著的窦性心律不齐、心房颤动时的长 RR 间期、窦房传导阻滞、房室传导阻滞、原发性早搏引起的代偿间期等。

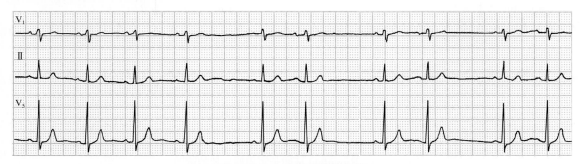

图 3-7-1　心电图二联律法则

本图为 V₁、Ⅱ、V₅ 三个导联心电图的同步记录，窦性心率在第 4 个周期变慢，随后出现了第 1 个房早，房早长的代偿间期引起了下一个房早，并形成房早二联律

二联律法则形成的机制可从两方面考虑。长心动周期的出现意味着主导节律点的自律性下降，频率减慢，其对心脏同时存在的其他节律点的超速抑制作用减弱，使早搏容易出现。除此，长的心动周期可使下一周期中的心房或心室的不应期延长，以及延长后不同部位的心肌不应期可能出现离散，容易形成折返性早搏或触发性早搏。因此，缓慢心律后第一个早搏的发生可以由多种机制引起。第一个早搏后的代偿间期可引起上述的等同作用，进而形成二联律。

一、心室水平的长短周期现象

近年来临床与电生理资料发现，某些恶性室性心律失常的发生也与"二联律法则"密切相关（图 3-7-2），称为长短周期现象（long-cycle-short-cycle phenomenon）。

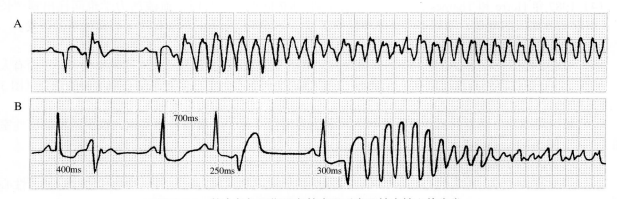

图 3-7-2　符合长短周期现象的室早诱发恶性室性心律失常

A. 1 个室早的代偿间期形成了长的心动周期，其后的再次室早诱发了心室颤动；B. 3 个室早的联律间期分别为 400ms、250ms、300ms，结果联律间期为 300ms 的室早诱发了心室颤动，因其前面的心动周期最长

1985 年，Denker 首先应用动物实验的方法证实了长短周期现象在室速发生中的作用，当 S_1 刺激的基础起搏周期长度从 400ms 延长到 600ms 时，用期前刺激诱发室速的阳性率提高了。Rosenfeld 进一步在人体的试验也证实了这一结论，他给一位心肌梗死伴慢性房颤的患者用联律间期固定为 310ms 的心室 S_2 刺激进行诱发，患者的 RR 间期因房颤而绝对不等，结果表明，持续性或非持续性多形性室速只在大于 700ms 的心动周期后被诱发（图 3-7-3）。

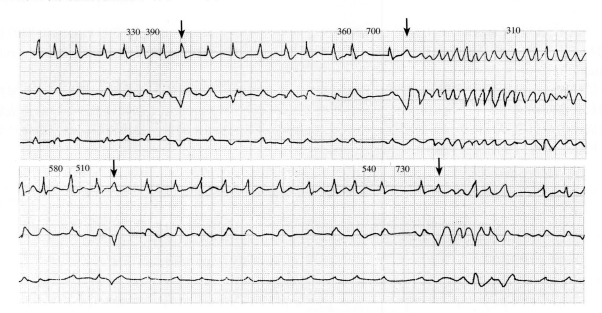

图 3-7-3 Rosenfeld 证明长短周期现象的试验

受试者为一位心肌梗死伴慢性心房颤动的患者，发放的心室 S_2 刺激（箭头指示）与前面 QRS 波的联律间期固定为 310ms，因基本心律为房颤，故 RR 间期不等，可以看出，当 S_2 刺激的前一心动周期超过 700ms 时，则可诱发持续性或非持续性多形性室速，符合长短周期现象。图中数字单位为 ms

临床心电图中由长短周期现象引发恶性室性心律失常的现象十分常见（图 3-7-4，图 3-7-5）。

1. 心室水平长短周期现象的发生机制

长短周期现象的发生机制仍不肯定，但与下列因素有关：

（1）心动周期延长时，对不同部位的心室肌纤维的电生理特性影响不同，并随心动周期长度的增加这种离散度也相应增加，这种心室肌除极的不同步及复极离散度的增加是折返性心律失常的促发因素。

（2）浦肯野纤维与心室肌不应期的长短均受心动周期的明显影响，但两者相比心动周期对浦肯野纤维的影响更大，结果造成了局部组织之间不应期的离散，易于折返和心律失常的形成。

（3）心动周期延长时，心肌细胞舒张期自动除极的时间延长，膜电位可降低到临界水平，易引起单向阻滞和传导障碍，为折返的形成提供了条件。

（4）1987 年 Herre 和 Thames 提出，当心动周期（RR 间期）延长时，血流动力学也同样出现"长间歇"，引起动脉血压的降低，增加了心交感神经的活性，交感神经张力的增加促进了心律失常的诱发。

2. 心室水平长短周期现象的临床意义

（1）动态心电图及临床心脏电生理的资料表明，室速与室颤的发生常与长短周期现象相关。进而有人推论一半以上的心脏性猝死与该现象有关。除此，在长短周期现象发生前，常有平均心率增快的现象（图 3-7-6，图 3-7-7）。

（2）长短周期现象诱发的恶性室性心律失常多为多形性室速、尖端扭转型室速，很少诱发单形性室速（图 3-7-4 至图 3-7-6，图 3-7-8）。

（3）运动诱发的室速与此现象有关。

（4）起搏器治疗时，稍快的心室起搏可以消除这种长短周期现象，因而可以预防和治疗这种恶性心律失常。

（5）心房颤动引发恶性心律失常的机制与长短周期现象相关。美国的研究者对植入 ICD 的患者发生室

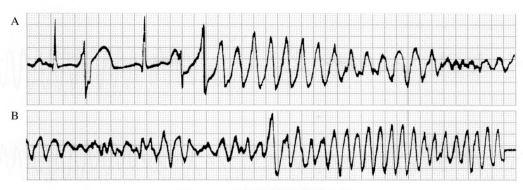

图 3-7-4 长短周期现象诱发室颤

图 A、B 为连续记录。图 A 中窦性搏动后出现第 1 个室早，间隔 1 次窦性心律后，再次的室早诱发了尖端扭转型室速，随后又蜕变为室颤。图 A 中第 1 个室早后的代偿间期与第 2 个室早的联律间期形成长短周期现象

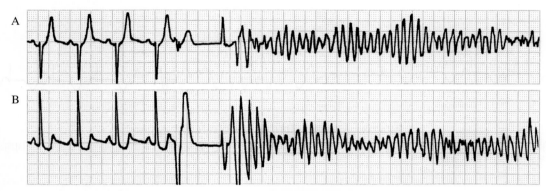

图 3-7-5 长短周期现象诱发室颤

图 A、B 为同步记录，4 个窦性周期后，发生第 1 个室早，其较长的代偿间期后出现室性逸搏，逸搏后再次室早诱发了室颤

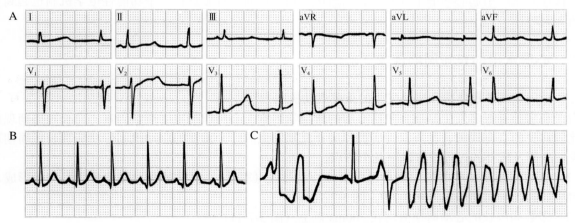

图 3-7-6 窦性心率加快后长短周期现象诱发室速

A. 窦性心律的 12 导联心电图，心率 60 次 / 分伴 QT 间期延长（540ms）；B. 窦性心率加快到 100 次 / 分；C. 长短周期现象诱发尖端扭转型室速

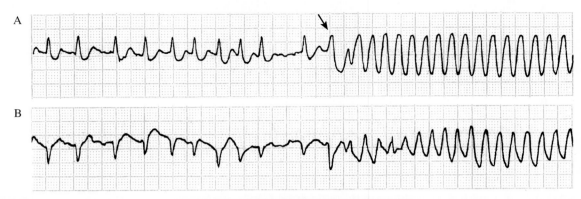

图 3-7-7　心房颤动时长短周期现象诱发室速

图 A、B 为同步记录，基础心律为心房颤动，伴 RR 间期不规整及心室率较快。在较长的 RR 间期后，室早诱发多形性室速（箭头指示）

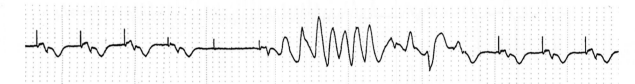

图 3-7-8　起搏阈值测试中长短周期现象诱发室速

VVI 起搏器植入术中测试起搏阈值，起搏电压逐渐下降的过程中出现阈下刺激，因起搏脉冲未能夺获心室而造成长 RR 间期，随后一次室早诱发短阵多形性室速

速、室颤的诱因做过调查与分析。结果发现，ICD 患者 18% 的室颤及 3% 的室速因心房颤动引起，尤其多见于快速房颤者。快速房颤引发室速、室颤的原因可能与患者的交感神经兴奋性突然增高有关，也可能与房颤伴快速心室率引起心功能下降有关。应当认识到长短周期现象这样一个功能性电学机制也起到重要作用（图 3-7-7）。

二、心房水平的长短周期现象

1. 长短周期现象是房颤和房扑发生的重要启动机制

房颤和房扑有很多发生基质，包括心房的解剖学因素、心房肌的电生理学因素，而长短周期现象作为一个比较常见的心电现象，是阵发性房颤和房扑反复发生的一个重要的启动机制。功能性长短周期现象引发阵发性房颤及房扑的过程中有以下几个特点。

（1）长短周期现象中的长周期可以由窦性心动过缓（窦缓）、窦性静止、窦房传导阻滞等形成，也可能由房早后的代偿间期形成（图 3-7-9，图 3-7-10）。

（2）多数病例长的心动周期值均在 700ms 以上（图 3-7-11）。

（3）电生理检查结果表明，长短周期现象与房颤、房扑发生的关系可以复制（图 3-7-12），此外，S_1S_1 基础刺激周期较长时，房颤、房扑的诱发率也较高。

（4）长短周期现象启动房颤及房扑的频度，与患者同时存在的房早频度、心动过缓、病窦综合征的程度密切相关。

（5）长短周期现象对于慢快型病窦综合征的患者有更重要的意义（图 3-7-13）。

2. 长短周期现象引发房颤、房扑的机制

心房肌的不应期具有生理性频率自适应性，这个特性表现为心房肌每个周期的不应期值与前一个心动周期的长短呈正变规律，换言之，前一个心动周期长则其后一个周期中心房不应期也长，反之亦然。长短周期现象中前一个心动周期长，决定了后面心动周期中心房不应期较长，心房不应期延长时，可能出现以

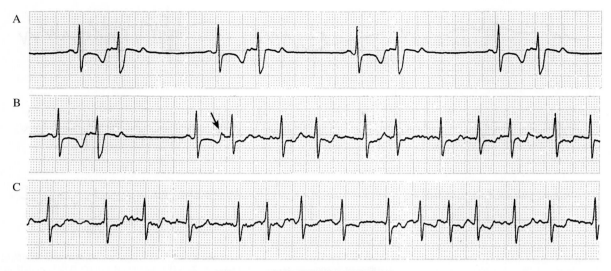

图 3-7-9 长短周期现象诱发房颤

本图为监测导联心电图，A、B、C 为连续记录，A、B 中可见房早二联律，图 B 中箭头指示一次联律间期更短的房早与前面房早的代偿间期形成了长短周期现象并诱发了房颤

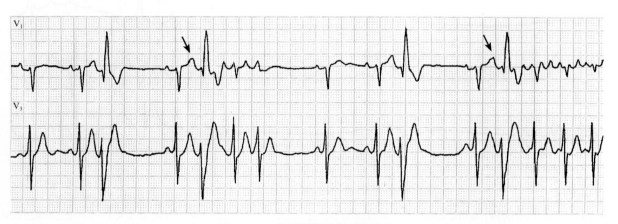

图 3-7-10 长短周期现象诱发房扑

本图为 V₁、V₃ 导联同步记录的动态心电图，在窦性心律的基础上有 4 次房早，箭头指示的第 2、4 次房早先后诱发房扑，其前面长的 PP 间期是前一次房早形成的代偿间期，而第 1、3 次房早未诱发房扑

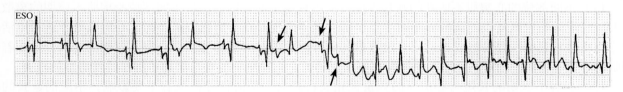

图 3-7-11 长短周期现象诱发房颤

本图为食管心电图（ESO），图中前 2 个箭头指示房早后的代偿间期形成了长的 PP 间期，并与第 3 个箭头指示的房早形成长短周期现象，该房早诱发了房颤

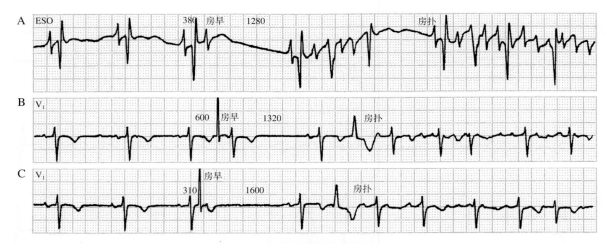

图 3-7-12　长短周期现象诱发的房扑

A. 食管心电图（ESO）记录到长短周期现象诱发房扑，第 1 个自身房早的代偿间期与其后的另一次房早形成长短周期现象并诱发短阵房扑；
B、C 为 V_1 导联心电图，人工的心房 S_2 刺激的联律间期分别为 600ms、310ms，其后引起的不全代偿间期与其后的自身房早组成长短周期现象并诱发房扑（图中数字单位为 ms）

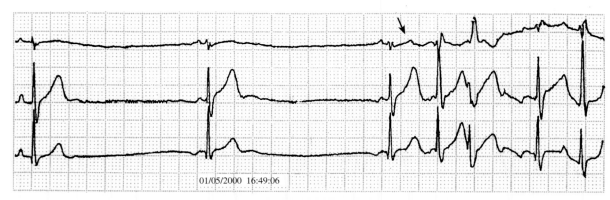

图 3-7-13　房颤发生时的动态心电图记录

本图为动态心电图记录，是典型的慢快综合征发作时的心电图。图的初始为十分缓慢的心率，此后箭头指示的一次房早诱发了房颤。缓慢心率可引起血流动力学的障碍，也引起心房肌电生理参数的改变，使一次房早触发了房颤（快速房性心律失常）。本图也能形象地说明心房起搏治疗和预防房颤的机制，如果前面两个长周期的缓慢心率由 80 ～ 90 次 / 分的心房起搏替代，可能箭头所指的房早不会出现或出现时也不能诱发房颤

下几种情况。

（1）不同部位的心房肌不应期的延长程度可能出现不平衡，因而出现不同部位心房肌不应期的离散度增大，表现为心房肌复极的离散和不同步。当房性早搏出现并在心房肌中扩布时，心房肌处于这种电活动的非均质性状态中，容易形成折返或一定数量的微折返而诱发房颤和房扑。心房不应期的延长，意味着心房肌的有效不应期、相对不应期、易损期都要相应延长，而易颤期的延长增加了房早诱发房颤的机会。

（2）心房不应期的长短与心房肌的兴奋性相关，其对心房的传导性也有重要影响，不应期延长的同时传导性也相应下降，心房肌传导性下降时容易发生传导延缓和单向阻滞，也增加了房颤和房扑的发生机会。

长短周期现象中的短周期是指房性早搏的联律间期，该间期较短时，说明房早来得较早，因而易落入心房肌的易颤期而诱发房颤或房扑。

3. 心房起搏可以治疗和预防长短周期现象诱发的房颤

显而易见，频率较快的心房起搏可以逆转患者出现的长短周期现象，以图 3-7-13 为例，如果频率 80 次 / 分的心房起搏替代缓慢的心房律时，将引起良性血流动力学结果及电生理作用，使其后的房早可能不会发生，或者出现了同样的房早也不能构成长短周期现象，因而不诱发房颤。

　　心房起搏治疗和预防这种房颤或房扑时应当注意：①心房起搏频率宜高不宜低，常需程控在 80 次 / 分以上，而用 80 次 / 分以下频率起搏时疗效下降。起搏率快时患者可能不适应，但医生给予恰当解释后，患者依从性则会提高。②患者植入起搏器后房颤还可能复发，为减少房颤发生后引起较快的心室起搏，最好选择具有起搏模式自动转换功能的起搏器。③起搏器植入后，可明显减少阵发性房颤及房扑的发作，如仍有发作并影响患者生活质量，还需同时服用抗心律失常药物治疗。

心率震荡现象

心肌梗死患者是发生猝死的高危人群，尤其在心肌梗死后第 1 年猝死的发生率最高。为提高心肌梗死后患者的生存时间及存活率，临床研究一直在寻求心肌梗死后猝死高危患者的检测方法和指标，并根据这些有效的高危预测指标为患者进行危险度分层，并给予有效的干预性治疗。目前临床应用最多的心肌梗死后患者的高危预测指标包括：左室射血分数、室性早搏的频度、非持续性室速、心室晚电位、心率变异性（HRV）、平均心率等。

本文介绍一种新的心肌梗死后患者的高危预测指标，称为室性早搏后的窦性心率震荡现象（heart rate turbulence），这是预测价值较高的新方法。

一、窦性心率震荡现象的提出

早在 1909 年，Erlanger 和 Blackman 在受试的动物体发现，一次室性搏动可以引起其后的窦性心律频率的短暂加速，并称其为室相性窦性心律不齐（ventriculophasic sinus arrhythmia）。1914 年，Hecht 首次报告 1 例阿斯综合征患儿存在室相性窦性心律不齐。室相性窦性心律不齐多见于二度、高度或三度房室传导阻滞时，含有 QRS 波的两个窦性 P 波的间期短于不含 QRS 波的两个窦性 P 波的间期。室相性窦性心律不齐也可见于室性早搏或交界性早搏后，心电图表现为含有室性早搏或交界性早搏的窦性 P 波间期短于不含上述早搏的窦性心律间期。近年来发现，在植入 VVI 起搏器的患者中也存在室相性窦性心律不齐现象。室相性窦性心律不齐、神经性窦性心律不齐、窦性节律重整后的窦性心律不齐并列为继发性窦性心律不齐的 3 种常见原因。此后，将单次或多次室性心搏、心室起搏、交界性心律使窦性心律加速的现象称为钩拢现象，钩拢现象最早由 Segers 在实验的蛙心上观察到，随后在人体也观察到室性或其他共存的心律对窦性心律的正性频率干扰作用。

近年的研究表明，一次室性早搏对窦性心律不仅有加速作用，还可表现为加速及减速的多重作用，这种多重作用曾经称为窦性心律的涨落现象（fluctuation sinus rhythm cycle length）。晚近，德国慕尼黑流行病和医学技术学院以及英国圣乔治医学院的学者对室性早搏后窦性心律的双向变时性变化进行了深入研究，并认为这是一项心肌梗死后猝死高危患者可靠的检测方法，有关窦性心率震荡现象或窦性心率震荡检测的论文于 1999 年首次在著名的《柳叶刀（Lancet）》杂志上发表，随后这一方法在临床中的应用逐渐增多。

二、窦性心率震荡的检测方法

一次室性早搏对随后的窦性心律存在两种不同的作用。一种是特征性的窦性心律双向涨落式的变化，即室性早搏后，窦性心律先加速，随后发生窦性心律减速，这种典型的双向涨落式的变化称为窦性心率震荡现象，见于正常人及心肌梗死后猝死的低危患者（图 3-8-1A）。另一种是室性早搏后窦性心率震荡现象较弱或消失，见于心肌梗死后猝死的高危患者（图 3-8-1B），表现为室性早搏前后窦性心律的 RR 间期无明显变化。

1. 震荡初始（turbulence onset，TO）

震荡初始表现为室早后窦性心律出现加速，计算公式中用室性早搏代偿间期后的前 2 个窦性心律的 RR 间期的均值，减去室性早搏偶联间期前的 2 个窦性心律的 RR 间期的均值，两者之差再除以后者，所得结果称为 TO 值（图 3-8-2），计算公式如下：

$$TO = [(RR_1 + RR_2) - (RR_{-1} + RR_{-2})] / (RR_{-1} + RR_{-2})$$

应用 TO 计算公式及概念时应当注意以下几点。

（1）1次室性早搏可以计算出1次TO值，当一位患者心电图或动态心电图有数次室性早搏，则可计算出多次TO值及平均值。平均值代表患者室性早搏后初始阶段窦性心律的变化。TO的中性值为0，TO值大于0时，表示室性早搏后初始窦性心律降速，TO值小于0时，表示室性早搏后初始窦性心律加速。

（2）引起窦性心律变化的触发因素一定是室性早搏，而不是人工伪差、T波或其他相似因素。也只有室性早搏触发的计算结果才有实际意义。

（3）室性早搏的前后一定是窦性心律，而不是心律紊乱、人工伪差、QRS波的错误分类（false

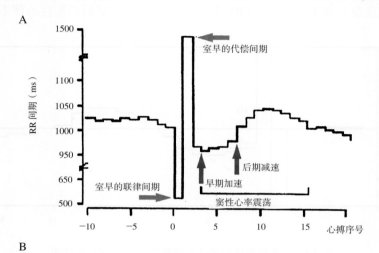

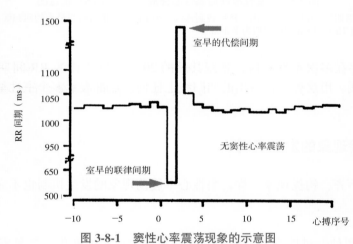

图 3-8-1 窦性心率震荡现象的示意图

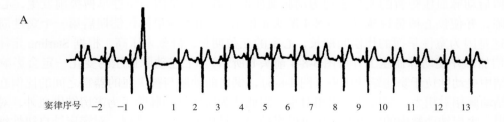

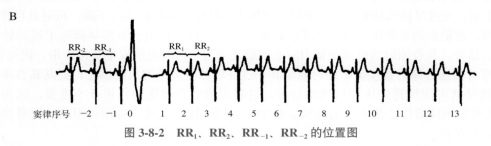

图 3-8-2 RR_1、RR_2、RR_{-1}、RR_{-2} 的位置图

classification of QRS complexes）等情况。

2. 震荡斜率（turbulence slope，TS）

窦性心率震荡斜率是定量分析室性早搏后是否存在窦性心律的减速现象。首先测定室性早搏后的前 20 个窦性心律的 RR 间期值，并以 RR 间期值为纵坐标，以 RR 间期的序号为横坐标，绘制 RR 间期值的分布图（图 3-8-3），再用任意连续 5 个序号的窦性心律的 RR 值计算并做出回归线，其中正向的最大斜率为 TS 的结果。TS 值以每个 RR 间期的毫秒变化值表示，TS 的中性值为 2.5ms/RR 间期，当 TS ＞ 2.5ms/RR 间期时，窦性心律存在减速现象，而 TS ≤ 2.5ms/RR 间期时，表示室性早搏后窦性心律不存在减速。

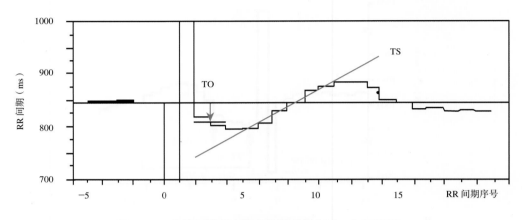

图 3-8-3　室性早搏后窦性心律震荡斜率（TS）示意图

先将室性早搏后的前 20 个窦性周期的 RR 间期值标出，然后找到连续 5 个 RR 间期正向斜率最大的回归线为震荡斜率（TS）线。正常时，该斜率应当 ＞2.5ms/RR 间期；而 TS ≤ 2.5ms/RR 间期为不正常

与 TO 相同，患者存在多次室性早搏，紧跟其后的 20 个窦性心律的 RR 间期值也会不同，因此，需求得均值后再做出回归线。用这种方法得出的回归线上任何一点都表示多个室性早搏后该序号的窦性心律 RR 间期的平均值。

三、窦性心率震荡现象的发生机制

与室相性窦性心律不齐、钩拢现象一样，窦性心率震荡现象的发生机制也不完全清楚。目前主要有两种学说。

1. 室性早搏的直接作用

室性早搏可以引起两种一过性影响及作用。一是动脉内血压的变化，二是室性早搏的机械性牵张作用。室性早搏后动脉血压短暂的变化表现为动脉血压的下降，这是因为室性早搏提前发生，心室收缩时室内充盈量下降，并使该心搏量锐减（图 3-8-4 箭头 a 指示）。而室性早搏代偿期后第一个窦性周期的动脉血压将上升，这是因为室性早搏的代偿间期长，心室的充盈期长，舒张末压高，根据 Starling 定律，其后的心搏出量也会增加，并使动脉血压上升（图 3-8-4 箭头 b 所示）。上述动脉血压的变化一定会影响窦房结中央动脉。窦房结中央动脉位于窦房结的中央（图 3-8-5），供血的动脉与被供血的器官之间的比例在窦房结很特殊，即窦房结动脉相对粗大，窦房结体积相对小，因此认为窦房结动脉除了为窦房结供血外，对窦房结的自律性也有作用，窦房结动脉内的压力及变化可以牵拉窦房结内的胶原纤维网，对窦房结自律性细胞的放电频率产生重要影响，室性早搏后动脉血压的下降，可使窦房结中央动脉的压力下降，可对其自律性产生直接的正性频率作用，而随后的动脉压升高，也能引起相反的负性频率作用。室性早搏除了经动脉压力的变化直接作用于窦房结外，其收缩时的机械牵张力对心房肌及窦房结区域也能发生直接作用，提高其自律性。

室性早搏对窦性心律的直接影响还可能是其一过性增加窦房结的血液供应，提高其自律性的结果。应当指出，室性早搏可能经逆向传导后激动心房，这时窦房结自律性的作用并不重要，因为早在 1909 年，Erlanger 等做的室相性窦性心律不齐的动物实验中，受试动物已造成室房逆传阻滞，但室性早搏对窦房结的变时作用依然存在。

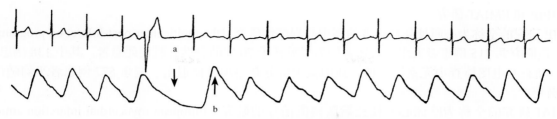

图 3-8-4　室性早搏引起动脉内压力的变化

本图是心电图与动脉压力曲线的同步记录，室性早搏后引起动脉压力下降（箭头 a 指示）以及随后动脉压的上升（箭头 b 指示），动脉压力的变化可能成为触发压力反射的内源性因素

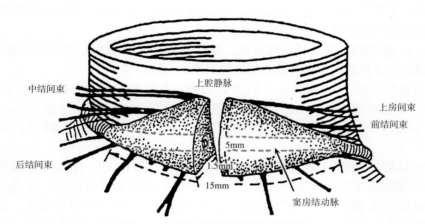

图 3-8-5　窦房结及窦房结动脉示意图

窦房结动脉与窦房结大小的比例超过体内任何一个器官或组织与其供血动脉的比例，推测窦房结动脉除有供血作用外，对窦房结的自律性也有重要作用

2. 室性早搏的反射性作用

除直接作用外，室性早搏引起的动脉血压变化，还可通过对压力感受器的影响、通过压力反射的间接作用影响窦房结，使其节律发生明显改变。也就是说，室性早搏后动脉血压的下降可引起颈动脉窦、主动脉弓及其他大动脉外膜下的压力感受器兴奋（抑制性），压力感受器的兴奋经传入神经到达延髓，引起迷走中枢的兴奋性抑制，交感中枢的兴奋性增高，进而使心脏交感神经的兴奋性增高，心迷走神经的兴奋性下降，使窦性心率暂时增加。上述动脉血压的降低与升高可转变为自主神经中枢兴奋性的变化，并反射性引起窦性心率的变化过程称为压力反射。压力反射与心率的关系呈双向性，即压力反射能够影响心率，同时心律失常也能引起压力反射，当心律失常影响了血压则会发生压力反射。

还应当了解，动脉血压的变化与心率变化之间的间隔时间很短。动物实验显示，刺激迷走神经与其引起变时性反应的延迟时间很短（约 150ms），这是因为自律细胞的细胞膜上毒蕈碱受体与乙酰胆碱调控的钾离子通道偶联在一起，对于健康青年，动脉血压的变化与窦性心律反射性变化的时间间期大约相差450ms，因此神经对自主心律反射性调节不到 1 个心动周期即可完成。压力反射是发生窦性心率震荡现象的最重要机制。

当室性早搏的上述直接和反射性作用均处于正常时，室性早搏后的窦性心率震荡现象则正常存在，如果患者心脏的器质性病变严重或心肌梗死后存在坏死和低灌注区时，心脏搏动的几何形状发生变化，感受器末端变形，交感神经和迷走神经传入的紧张性冲动远远超过正常，这种交感神经的激活状态可能造成压力反射的迟钝，使部分心肌梗死患者室性早搏后窦性心率震荡现象减弱或消失。

四、窦性心率震荡检测的应用与评价

几个多中心的临床试验结果相继证实了窦性心率震荡检测技术在临床应用中的重要价值。

1. MPIP 和 EMIAT 研究

MPIP 研究的全称为心肌梗死后患者的多中心程序性研究（the multicenter post-infarction program study, MPIP）。该研究共 715 例患者入组，入选者均为年龄低于 70 岁的急性心肌梗死患者，其中 138 例患者因心房颤动、动态心电图检查中无室性早搏，或因缺少部分观察项目而退出。剩余 577 例患者平均随访 22 个月，75 例死亡。

EMIAT 研究的全称为欧洲心肌梗死后胺碘酮治疗的研究（European myocardial infarction amiodarone trail, EMIAT）。该研究共 743 例急性心肌梗死患者入组，年龄 ≤ 75 岁，无心动过缓及胺碘酮治疗的禁忌证。其中 129 人因心房颤动、动态心电图检查无室性早搏以及其他技术问题而退出，剩余 614 例患者平均随访 21 个月，87 例死亡。

上述两个研究相比，EMIAT 研究对象的心功能更差（入选时左室射血分数 ≤ 40%），接受心肌梗死后干预治疗的人数更多，干预性治疗包括冠脉溶栓、β 受体阻滞剂、血管紧张素转化酶抑制剂等治疗。

2. MPIP 和 EMIAT 研究的结果

对 MPIP 和 EMIAT 研究的入选者长期随访中，进行了 TO 和 TS 指标以及传统的猝死预测指标的单变量和多变量分析，观察和评价这些指标对猝死相对危险度的预测价值。

应用的常规变量包括年龄：≥ 65 岁或 < 65 岁；病史：心肌梗死病史 ≥ 1 次；左室射血分数（LVEF）值 ≥ 30% 或 < 30%；室性早搏 1 ～ 10 次 / 小时，平均心率 > 75 次 / 分或 ≤ 75 次 / 分，心率变异性三角指数（HRV triangular index）> 20μ 或 ≤ 20μ。而新的变量 TO 值：≥ 0 或 < 0，TS 值：≤ 2.5ms/RR 间期或 > 2.5ms/RR 间期。

（1）单变量分析结果：MPIP 资料的单变量分析结果表明，LVEF 值、HRV 三角指数、TS 等 3 项指标对总死亡的相对危险度的预测有最显著的意义，其中 LVEF 值的预测价值最高，TS 值其次。EMIAT 资料的单变量分析结果表明，TS 指标对总死亡的相对危险度的预测有最显著统计学意义。而 TO 和 TS 两项指标均异常时，对 MPIP 研究的死亡相对危险度预测值为 5.0（95% 的可信区间为 2.8 ～ 8.8），而对 EMIAT 研究的死亡相对危险度的预测值为 4.4（95% 的可信区间为 2.6 ～ 7.5）（表 3-8-1）。

表 3-8-1　单因素分析中与总死亡率相关的相对危险度值

	MPIP 研究		EMIAT 研究	
	相对危险度 （95%CI）	P	相对危险度 （95%CI）	P
年龄 >65 岁	1.8（1.13 ～ 3.0）	0.02	1.6（1.1 ～ 2.5）	0.02
陈旧性心肌梗死	1.9（1.2 ～ 3.0）	0.008	1.9（1.2 ～ 2.8）	0.004
平均 RR 间期 <800ms	1.5（0.9 ～ 2.3）	0.1	2.6（1.7 ～ 4.1）	<0.0001
HRV 三角指数 ≤ 20μ	2.4（1.5 ～ 3.8）	0.0002	2.5（1.7 ～ 3.9）	<0.0001
动态心电图记录的心律失常	2.2（1.4 ～ 3.5）	0.0008	2.2（1.4 ～ 3.4）	0.0003
LVEF<30%	4.0（2.5 ～ 6.4）	<0.0001	2.2（1.4 ～ 3.5）	0.0004
TO ≥ 0	2.1（1.3 ～ 3.4）	0.002	2.4（1.5 ～ 3.6）	0.0001
TS ≤ 2.5ms/RR 间期	3.5（2.2 ～ 5.5）	<0.0001	2.7（1.8 ～ 4.2）	<0.0001
TO 与 TS 结合 *	5.0（2.8 ～ 8.8）	<0.0001	4.4（2.6 ～ 7.5）	<0.0001

HRV：心率变异性；LVEF：左室射血分数；TO：窦性心率震荡初始；TS：窦性心率震荡斜率；CI：可信区间；MPIP：心肌梗死后患者的多中心程序性研究；EMIAT：欧洲心肌梗死后胺碘酮治疗的研究
* TO ≥ 0 和 TS ≤ 2.5ms/RR 间期与 TO<0 和 TS>2.5ms/RR 间期的比较

（2）与死亡率的关系：TO 和 TS 指标与 MPIP 和 EMIAT 研究总死亡率的相关性结果：MPIP 研究的 2 年随访期的死亡率分别为 9%（TO < 0 和 TS ≥ 2.5ms，均正常）、15%（TO ≥ 0 或 TS ≤ 2.5，一项异常）

和 32%（TO ≥ 0 及或 TS ≤ 2.5，均异常），EMIAT 研究的 2 年随访期存活率分别为 9%、18% 和 34%。上述资料表明，TO 和 TS 两项指标对急性心肌梗死患者的死亡高危患者的检出有重要价值，TO 和 TS 均异常时其阳性预测值分别为 33%（MPIP 研究）和 31%（EMIAT 研究），该值高于常规的其他预测指标，同时阴性预测值达到 90% 左右。

（3）多变量分析的结果：对死亡率的相对危险度的多变量预测分析表明，在 MPIP 及 EMIAT 两项研究中，TO 和 TS 值均异常是死亡最敏感的预测指标，在 MPIP 研究中只有 LVEF 值和 TO/TS 均异常这两项指标在多变量分析中有独立预测死亡的重要价值，两者的相对危险度分别为 2.9 和 3.2。在 EMIAT 中有 4 个变量对死亡具有独立的预测价值，包括病史、LVEF 值、平均心率、TO 与 TS 值均异常（表 3-8-2）。

表 3-8-2　多因素分析中每个变量的相对风险

	MPIP 研究人群		EMIAT 研究人群	
	相对危险度（95%CI）	P	相对危险度（95%CI）	P
年龄 >65 岁	–	–	–	–
陈旧性 MI	–	–	1.8（1.2 ～ 2.7）	0.01
平均 RR 间期 <800ms	–	–	1.8（1.1 ～ 2.9）	0.01
HRV 三角指数 ≤ 20μ	–	–	–	–
Holter 记录的心律失常	–	–	–	–
LVEF<30%	2.9（1.8 ～ 4.9）	0.0001	1.7（1.1 ～ 2.7）	0.03
TO 与 TS 值均不正常	3.2（1.7 ～ 6.0）	0.0002	3.2（1.8 ～ 5.6）	<0.0001

注：MI：心肌梗死；HRV：心率变异性；LVEF：左室射血分数；TO：窦性心率震荡初始；TS：窦性心率震荡斜率；CI：可信区间；MPIP：心肌梗死后患者的多中心程序性研究；EMIAT：欧洲心肌梗死后胺碘酮治疗的研究

3. ATRAMI 研究的结果

Malik 等在 ATRAMI（the autonomic tone and reflexes after myocardial infarction study）研究中，也进行了窦性心率震荡与其他死亡预测指标的比较研究。该研究包括 1212 例心肌梗死患者，平均随访 20.3 个月。结果表明，TS 值是预测死亡的最强的单变量指标。在敏感性为 40% 时，与 HRV 和 LVEF 等相比，TS 指标的阳性预测值最高（表 3-8-3）。

4. 窦性心率震荡检出技术的临床评价

（1）TO 和 TS 指标对死亡的高危患者预测作用稳定而可靠：在心肌梗死低危组患者中，几乎都存在着正常窦性心率震荡现象，而缺乏窦性心率震荡现象的患者，死亡的危险度明显增加。MPIP 和 EMIAT 研究中两组患者在心功能及干预治疗方面存在着不同，但 TO/TS 指标最终预测结果均一样，说明 TO/TS 指标在预测猝死高危患者方面不受心功能、β 受体阻滞剂、室性早搏的多少等因素的影响。

表 3-8-3　敏感性 40% 时各种危险预测因子的阳性预测值

变量	PPA
TS	12.5%
BRS	7.8%
LVEF	10.9%
平均心率	10.4%
HRV 指数	9.9%

注：PPA：阳性预测值；TS：窦性心率震荡斜率；BRS：压力反射敏感性；LVEF：左室射血分数；HRV：心率变异性

（2）资料表明，室性早搏后窦性心律出现的变时性反应中，初始加速的持续时间短，约为 1～3 个周期，而随后的减速最常出现在室性早搏代偿间期后的第 3～7 个窦性周期，而最长的 RR 间期多数出现在第 10 个窦性周期。

（3）HRV 和 TO/TS 指标的检测都可能对心脏自主神经状态进行一定程度的评估。但 HRV 更偏向于外环境及体外刺激而引起的系列生理性反射的变异。相反，TO/TS 指标只是对 1 次室性早搏的反应，是极弱的内源性刺激而触发的反射性调节的结果，因此更加器官化和系统化，特异性更强。这可解释为什么窦性心率震荡现象对猝死高危患者的预测价值强于 HRV 指标。

（4）迷走神经有抗心律失常的作用，构成了自主神经系统的抗心律失常的保护作用，窦性心率震荡现象正常存在时提示这种保护性机制完整。而丧失了室性早搏后的窦性心率震荡现象可能提示这种保护性机制已被破坏。自主神经平衡的破坏与心脏性猝死肯定有一定的内在连锁关系，而且室性早搏本身就有致心律失常的潜在作用，而此后的保护机制又受到不同程度的破坏，预示猝死的危险度将会增加。

（5）已有研究者开始应用 TO/TS 指标预测慢性心衰患者的预后和猝死的危险度。因为慢性充血性心衰与急性心肌梗死患者都存在着交感系统的激活，都存在着心率变异性的下降，存在压力反射敏感性下降，因此，心衰患者存在室性早搏时，也可应用 TO/TS 指标估测预后及猝死的危险度。

（6）在窦性心率震荡检测的研究中，尚无对室性早搏伴或不伴室房逆传是否存在影响的资料，对 TO 或 TS 指标的检测中，究竟计算多少次室性早搏后的 RR 间期的平均值为佳还需进一步研究。

无人区电轴

心电图诊断中，心电轴是一个重要的参考指标。而无人区心电轴（no man's land）是近几年在阵发性心动过速鉴别诊断中出现的一个新概念、新指标，有重要的临床应用价值，同时也提高了临床医师和心电图医师对心电轴应用的重视。

一、心电轴的相关概念

（一）心电轴的基本概念

心房、心室在除极和复极的过程中，每一瞬间都会形成和产生电流方向及电压大小瞬时变化的电动力或称瞬时心电向量，代表瞬间电动力或心电向量的轴心线称为瞬间心电轴。将无数个瞬时电动力或心电向量连接起来则分别形成心房除极的 P 波向量环、心室除极的 QRS 波向量环、心室复极的 T 波向量环。同时还可将无数个瞬时电动力、瞬时心电向量进行综合、计算，得到整个除极或复极过程的平均心电轴，其代表除极或复极过程电动力（或称心电向量）的总趋势、总体方向，或称平均方向。

平均心电轴简称心电轴，包括 P 波电轴、QRS 波电轴、T 波电轴等。只是 P 波电轴和 T 波电轴的测量不如 QRS 波电轴重要，仅在特殊需要时，做特殊说明后才进行测量。目前心电图学中的心电轴与 QRS 波的平均心电轴几乎已成同义语。

应当看到，心电轴用最简单的方式表现整个心脏电活动全过程的总趋势、方向及强度，只有在重大因素的影响下，例如室内阻滞、心肌梗死、心腔肥大，这一总趋势才可能发生明显变化，并提醒临床及心电图医师寻找引起心电轴偏移的原因。因此，心电轴是评价心电图的一项重要指标，是心电图报告中的一项重要内容，绝不能忽视和偏废。

（二）额面心电轴

心脏每个心动周期的电活动都在心脏三维立体空间中形成和传导。这一立体扩布的电活动分别在心脏的额面、水平面及侧面有各自的投影，形成不同面上的向量环及平均心电轴。其中额面及水平面心电轴临床最常用。

1. 额面 Bailey 六轴系统

肢体导联反映人体额面的心电活动，包括三个双极肢体导联及三个单极加压肢体导联。在额面，aVR 导联从右房，Ⅰ 和 aVL 导联从左室侧面，Ⅱ、Ⅲ、aVF 从左室下面探测心脏的电活动（图 3-9-1）。这六个肢体导联的导联轴以 Einthoven 三角的中心点 0 为中心，组成了 Bailey 六轴系统（图 3-9-2）。六个肢体导联之间均有特殊的角度，其中 Ⅰ 与 aVF、Ⅱ 与 aVL、Ⅲ 与 aVR 导联轴构成直角而相互垂直，并相互形成 0 电位（R=S）的电轴线。因 Einthoven 定律推算的 Bailey 六轴系统间的关系与实际情况尚有不符，为此出现了 Burger 和 Frank 校正的六轴系统，因多种原因，目前临床心电图中仍沿用 Bailey 六轴系统分析、观测和解释心电图。

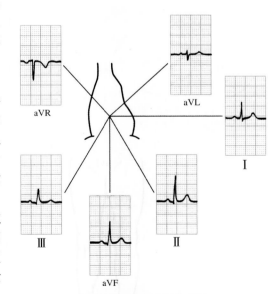

图 3-9-1　额面肢体导联记录心电活动的部位

2. 额面心电轴值

额面几乎与心室间隔平行，因而肢体导联记录的心电活动与房室传导系统几乎呈平行关系，总体方向从心底指向心尖，相当于心室长轴的电活动。正常的心室除极的总方向从右上指向左下，用时钟描述时，可比喻为从 11 点指向 4 点或从 10 点指向 5 点（图 3-9-3）。成年人心电轴的平均值 +60°。心电轴正常时，在 Ⅰ、Ⅱ、Ⅲ 三个导联都形成以 R 波为主波的 QRS 波，其中 $R_Ⅱ > R_Ⅰ$、$R_Ⅱ > R_Ⅲ$（图 3-9-4）。

表 3-9-1　国内与国际心电轴分类标准的比较

	国内	国际
心电轴正常	0° ～ +90°	−30° ～ +90°
心电轴左偏	+30° ～−90°	−30° ～−90°
轻	+30° ～ 0°	
中	0° ～−30°	
重	−30° ～−90°	
心电轴右偏	+90° ～ +270°	+90° ～ +180°
轻、中	+90° ～ +120°	
显著	+120° ～ +180°	
重度	+180° ～ +270°	
心电轴不确定	−90° ～ ±180°	

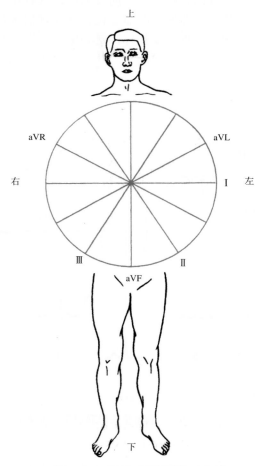

图 3-9-2　Bailey 六轴系统示意图

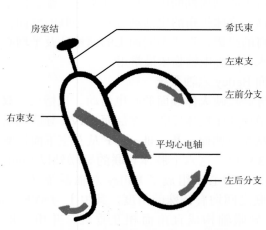

图 3-9-3　正常的平均心电轴示意图

额面心电轴的正常与异常的分类及名称国内外尚有差别。表 3-9-1 对国内目前惯用的与 1985 年世界卫生组织和国际心脏联盟推荐的心电轴分类标准（图 3-9-5）进行了比较。

相比之下，国际标准简明。国内惯用的标准是否实用，是否优于国际标准，两者能否接轨，还需进一步研究和讨论。

3. 额面心电轴的测定

额面心电轴测定的方法有 3 种。

（1）面积法：计算 I、III 导联的向上 R 波，向下 Q 波、S 波的面积，并算出其代数和后，应用求出值做 I、III 导联轴的垂直线，两线的交点与中心 0 点的连线则为心电轴，并测定与 I 导联轴线间的角度为最后结果。因方法费时费力，结果常不准确，目前面积法已被振幅法替代。

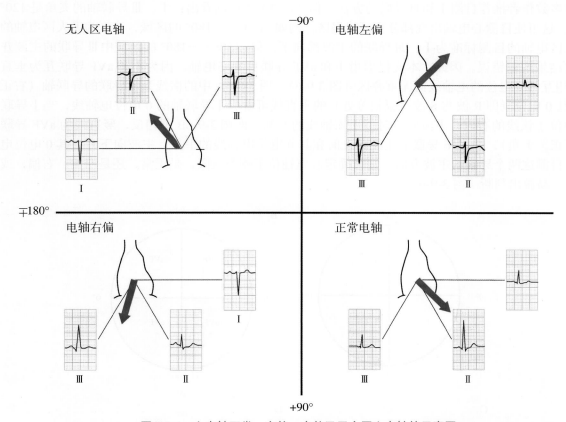

图 3-9-4　心电轴正常、左偏、右偏及无人区心电轴的示意图

图中无人区心电轴方向与正常相反，心电轴位于该区时可能存在 3S 综合征，而心电轴正常区存在 3R 征

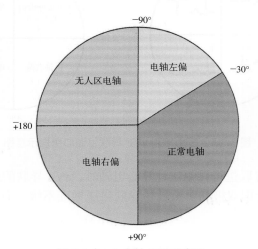

图 3-9-5　心电轴分类示意图

（2）振幅法：计算Ⅰ、Ⅲ导联 QRS 波各波振幅值的代数和，根据结果直接查表求得心电轴值。或用代数和的结果在导联轴上的位点分别做Ⅰ、Ⅲ导联轴的垂直线，两线交点与中心 0 点的连线为心电轴，并测量其角度为最后结果。

QRS 波各波振幅值的代数和有两种计算方式：一种是计算 QRS 波所有向上和向下各波振幅的代数和为最后结果，例如：R+R'+Q+S；另一种是计算正向波中振幅最高与负向波最深波的代数和为最后结果，例如：R'+S。这两种方法测定的心电轴结果与额面 QRS 环的主体向量比较后，发现第 2 种计算方法更为精确。

（3）目测法：临床心电图数量很大，并非每例都需要测定心电轴值，而目测法方法简单，结果可靠，可作为心电轴判定的初筛方法。

目前多数作者推荐目测Ⅰ和Ⅲ导联的方法。但从图 3-9-2 可以看出：Ⅰ、Ⅲ导联轴的夹角是 120°，而不是 90°。这可使目测心电轴出现部分盲区或误区，例如−150°～−180° 的区域，该区为无人区电轴的一部分，无人区电轴的目测标准为Ⅰ、Ⅲ导联的主波都向下，但−150°～−180° 的区域中Ⅲ导联的主波并非向下，导致结果判定错误。因此，本文提倡用Ⅰ和 aVF 导联目测心电轴，因为Ⅰ和 aVF 导联互为垂直、夹角 90°，相互为 0 电位的电轴线而无重叠区（图 3-9-6）。图 3-9-6A 中的横线为Ⅰ导联的导联轴（右正、左负），而其 0 电位（即 R 波与 S 波振幅相等处）的垂直线可看成Ⅰ导联轴的 0 电位电轴线，当Ⅰ导联的主波向上时位于该线的右侧，主波向下时位于该轴线的左侧。而图 3-9-6B 则相反，竖直线为 aVF 导联的导联轴（下正、上负），当 aVF 导联的主波向上时在其 0 电位电轴线的下方，主波向下时在其 0 电位电轴线的上方。目测这两个导联的主波方向，则可确定心电轴位于哪个象限，是正常，还是左偏、右偏，或无人区，十分容易做出判断（图 3-9-6）。

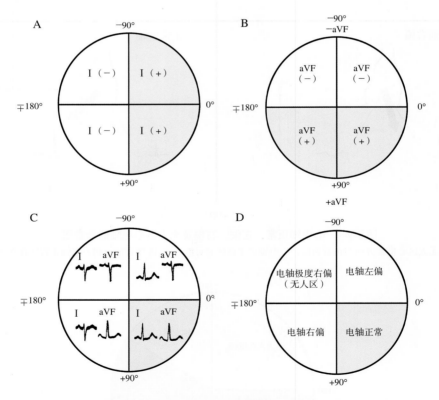

图 3-9-6　应用Ⅰ和 aVF 导联目测心电轴示意图

需要指出，应用Ⅰ和 aVF 导联进行振幅法计算心电轴时，aVF 导联的最后值需乘以 1.15 后才能与Ⅰ导联的值匹配，未做此校正时，会因双极和单极肢体导联电压标准不统一而影响结果。应用Ⅰ和Ⅲ导联计算心电轴时不存在这一问题。

4. 额面心电轴结果的判定

评价额面心电轴结果时需考虑两方面因素。

（1）生理因素的影响：①年龄：心电轴受年龄的影响明显，6个月以下的婴儿因右室负荷较重，出生后右室仍暂时占优势，故多数表现为心电轴右偏，少数可达 +130°，1 岁后心电轴逐渐左移，青少年平均 +67°，而成年人平均 +60°；②受体型及心脏在胸腔内位置的影响：瘦、高无力型体型时，心脏近似悬垂心者可表现为电轴右偏；相反，肥胖体型，矮的超力型体型者（包括妊娠妇女），多表现为心电轴左偏。

（2）病理因素的影响：①心室肥大的影响：右室肥大时常有心电轴右偏，如先天性心脏病、肺源性心脏病等；而左室肥大时常有心电轴左偏，例如高血压心脏病、肥厚型心肌病等；②室内传导障碍的影响：左束支两个分支的阻滞对心电轴影响明显，左前分支阻滞时引起心电轴左偏，左后分支阻滞可引起心电轴右偏（图 3-9-4）。

病理因素中，心室肥大和传导障碍对额面心电轴的影响中，后者大于前者，如前所述心脏的额面几乎与心室内传导系统"平行"。但是对水平面心电轴的影响中，前者大于后者，因为水平面和左右心室"平行"。

心电轴轻度右偏时，需考虑生理因素的影响，临床意义小，当超过 +110° 时多提示心脏不正常；同样心电轴轻度左偏仅提示有心脏异常的可能，而小于−30° 时，多数是心脏存在异常的肯定证据。而无人区心电轴属于心电轴重度右偏或左偏，更应当视为心电图的病理性表现。

（三）水平面心电轴

在心脏每一个心动周期中，虽然心室除极形成的三维立体向量环只有一个，但其在额面、水平面及侧面都同时有投影，形成各个面的心室除极完整的心电向量环以及相应的平均心电轴。因此，心室除极的 QRS 波存在水平面的平均心电轴，只是心电学中提到这一名词较少，或者用心电位替代了其部分内容。

常规 12 导联中，$V_1 \sim V_6$ 的 6 个导联为水平面导联，其中 V_1、V_2 导联面向右心室，V_5、V_6 导联面向左心室，V_3、V_4 导联面向室间隔（图 3-9-7）。应当看到，在解剖学上，$V_1 \sim V_6$ 导联并非在心脏的同一个

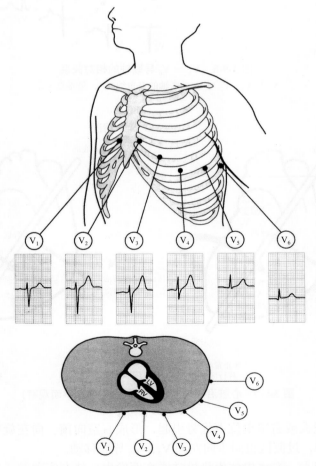

图 3-9-7　水平面胸前导联与左右心室的相对位置

LV：左室；RV：右室

水平面，但从心脏在水平面的投影看，可近似看成在同一个平面。另外，V₁～V₆导联是从左右心室的横面探测心脏的电活动，相当于心室的短轴，其反映的主要是前后、左右的心电活动。

从V₁～V₆导联，QRS波有逐步移行的规律，即R波逐渐高、S波逐渐浅（图3-9-7）。R/S=1的导联称为过渡区导联，过渡区导联的导联轴与水平面心电轴垂直。胸导联的过渡区通常位于V₃、V₄导联。图3-9-7中胸导联心电图的过渡区为V₄导联。图3-9-8显示了V₁～V₆各导联的相对位置及角度，可以看出，V₁与V₅、V₂与V₆导联轴间的角度约为90°，相互垂直，对应的QRS波图形也有一定的对应关系。从图3-9-8可以看出，如果设V₆导联轴为0°，过渡区的导联轴大致位于+60°～+75°的范围。与额面心电轴不同，水平面导联中，主要观察过渡区导联轴的位置及变化，间接反映水平面心电轴的变化。当过渡区导联移到V₂、V₁导联，甚至V₁导联以远（即V₁导联的R>S时），说明过渡区角度变大。相反移到V₅、V₆导联，甚至V₆导联以远（即V₆导联的R<S时），则说明过渡区角度变小。当过渡区移到V₅、V₆导联时，从水平面沿心脏长轴观察，V₃、V₄导联在前，V₅和V₆导联在后，则发生了顺钟向转位，相反，过渡区移到V₁、V₂导联时，则发生了逆钟向转位（图3-9-9）。

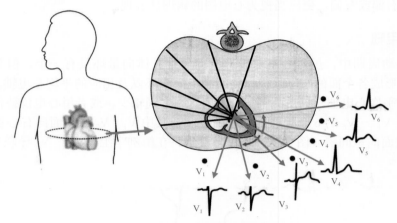

图 3-9-8　V₁～V₆导联轴的相对关系

V₁与V₅、V₂与V₆导联轴的夹角约90°，呈垂直关系

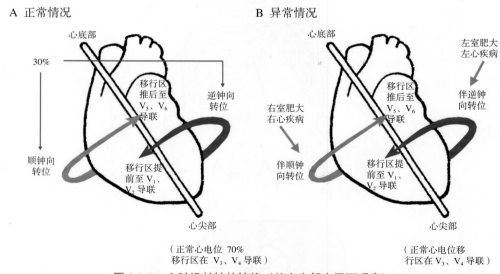

图 3-9-9　心脏沿长轴的转位（从心尖部水平面观察）

顺钟向转位常因右室肥大或右室电位占优势引起，形成右室向前、向左旋转，使心前区大部分被右室占据，使右室波形向左延伸，过渡区也同步向左侧V₅、V₆导联移动。

逆钟向转位常因左室肥大，左室电位优势异常增高而发生，使左室向前、向右转动，心前区大部分被左室占据，使左室波形比正常时向右延伸，此时过渡区也同步向右侧移动。

总之，QRS 波的水平面心电轴及变化间接由过渡区导联的位置反映，当其由 V_3、V_4 导联向 V_5、V_6 导联移动时，是右室向前、向左顺钟向移动的结果，提示右室肥大或右室电位增大。相反，过渡区导联由 V_3、V_4 导联向 V_1、V_2 导联移动时，是左室向前、向右逆钟向移动的结果，提示左室肥大或左室电位增大。因此，水平面过渡区位置及变化能够反映心室除极在水平面的总趋势。心电图医师阅读一份 12 导联心电图时，在观察、考虑心电轴时，虽然以观察额面心电轴为主，但对于水平面过渡区导联位置变化的观察不能偏废。

（四）额面与水平面心电轴的关系

心电图额面导联由 6 个肢体导联组成，其反映了沿心室长轴除极的总趋向，异常时出现左偏和右偏，反映了室内传导的障碍或心室的肥厚。心电图水平面导联由 6 个胸前导联组成，其反映沿心室短轴除极的总趋势，异常时出现顺钟向和逆钟向转位，也与心室肥大或传导障碍相对应。额面与水平面相互垂直，呈 90° 关系（图 3-9-10）。额面心电轴右偏时，常与水平面的顺钟向转位同时发生。而左偏时常与逆钟向转位同时出现。

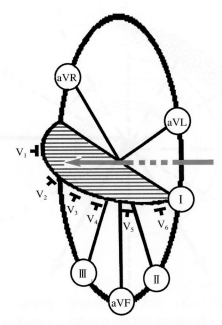

图 3-9-10　额面与水平面各导联的关系

二、无人区心电轴

（一）名称及概念

当 QRS 波的额面平均心电轴位于 $-90°\sim\pm180°$ 之间时，称为无人区心电轴（no man's land）。这一区域的其他名称还有：不确定性电轴（indeterminate），西北象限电轴（northwest quadrant），极度左偏或右偏电轴（meaning extreme left or extreme right）等。这些不同的名称都暗含两重意思：落入该区的心电轴属少数，该区心电轴是左偏还是右偏确定困难。

（二）无人区心电轴的形成

心室除极波的平均心电轴落入 $-90°\sim\pm180°$ 区域时，意味着 QRS 波的平均方向，或其除极的总趋势与正常相反。正常时，心室除极方向从右上开始，指向左下。而无人区心电轴的心室除极的平均方向与之相反，是从左下指向右上。当心电轴位于无人区时，除了极少数人可能为正常变异外，95% 以上属于病理性心电图表现，即这种心电轴几乎都出现在心脏有明显疾病及病理学改变的患者，如冠心病心肌梗死、先天性心脏病（先心病）、肺源性心脏病（肺心病）、心肌病等。整个心室的除极类似于心尖部起源的室早或室速，形成了心室除极的总趋势指向心底，指向时钟 9～12 点之间的区域。

（三）确定无人区心电轴的目测方法

经过上述多种方法可以确定患者平均心电轴是否位于无人区，但目测法更为实用。

当Ⅰ、aVF导联的QRS波主波都向下时，则可确定其心电轴位于无人区（图3-9-6C），即-90°～±180°。

可以进一步将无人区分成两部分：①-90°～-150°：这部分的心电图特征为aVF、Ⅰ、Ⅱ和Ⅲ导联的QRS波主波均向下（即S>R）；②-150°～±180°：该部分心电图特征为aVF、Ⅰ、Ⅱ导联的QRS波主波向下，Ⅲ导联QRS波的主波向上（图3-9-11）。

无人区心电轴的目测法对于临床医师和心电图医师十分重要，其能敏感、快速地发现和诊断无人区心电轴。

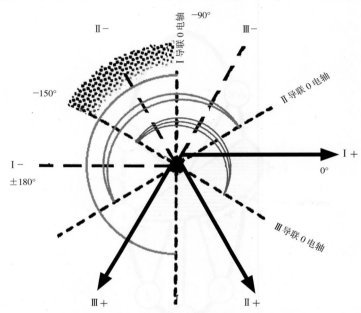

图 3-9-11 无人区心电轴的进一步分区

本图显示Ⅰ、Ⅱ、Ⅲ导联的导联轴，其分别垂直于跨0点的各导联的0位电轴线，并用绿色线、红色线、蓝色线分别显现Ⅰ、Ⅱ、Ⅲ导联主波向下的区域。可以看出，在-90°～-150°区域时三个导联的主波均向下，而-150°～±180°区域则Ⅰ、Ⅱ导联的主波向下，Ⅲ导联主波向上

（四）无人区心电轴的临床应用价值

1. 存在无人区心电轴时高度提示心电图异常

因无人区心电轴几乎不在正常心电图中出现，因此，存在无人区心电轴的心电图应视为不正常。

2. 窦性心律伴无人区心电轴

发生原因主要有两种：①左心病变：患者常有冠心病、心肌梗死，并有临床及心电图的其他表现；②右心病变：常因右室肥厚、右室内传导延迟、右室电位优势等情况引起，主要见于肺心病及先心病。

3. 宽QRS波心动过速伴无人区心电轴

存在无人区心电轴时，可确定该心动过速是室速而不是室上速伴差传或预激。应用无人区心电轴鉴别宽QRS波心动过速的方法简单、特异性高，约有45%的左室室速心电轴位于无人区，说明这种情况并非少见。

4. 心房颤动伴宽QRS波

房颤时，当某个宽QRS波的电轴位于无人区时，可确定其为室早而不是室内差异性传导。

总之，无人区电轴的概念简单易懂，易学易用，而且用途广泛、特异性强，具有重要的临床应用价值，应当熟练掌握。

三、无人区心电轴与心电图 S_ⅠS_ⅡS_Ⅲ综合征

心电图 $S_Ⅰ S_Ⅱ S_Ⅲ$ 综合征又称 3S 综合征，因标准Ⅰ、Ⅱ、Ⅲ导联的 QRS 波同时存在明显的 S 波（S 波 >0.3mV）而得名。3S 综合征中 S 波的特点除其振幅 >0.3mV 外，还需具备 $S_Ⅱ > S_Ⅲ$。目前认为心电图 $S_Ⅰ S_Ⅱ S_Ⅲ$ 综合征中 96% 有器质性心脏病，2.5% 为非心血管病引起，1.5% 发生在健康人。3S 综合征患者中部分患者的心电轴位于无人区，故需在此讨论。

（一）$S_Ⅰ S_Ⅱ S_Ⅲ$ 综合征的心电图特点

（1）Ⅰ、Ⅱ、Ⅲ导联的 QRS 波中均有明显的 S 波。

（2）S 波振幅 >0.3mV。

（3）$S_Ⅱ > S_Ⅲ$。

（4）上述心电图特征一旦出现，常持续存在。

（二）$S_Ⅰ S_Ⅱ S_Ⅲ$ 综合征的发生原因

1. 正常变异

少数无器质性心脏病、无临床及心电图其他异常的正常人的心电图可有 $S_Ⅰ S_Ⅱ S_Ⅲ$ 综合征的表现（图 3-9-12），在瘦长无力体型的人群中更多见。其发生率及发生机制不清楚，可能是婴儿期右室流出道生理性优势的情况延续存在的结果，有人提出右室传导延缓的作用比前者更重要。正常变异的 3S 综合征心电图Ⅰ、Ⅱ、Ⅲ导联的 S 波振幅多数情况下小于 R 波振幅，故其心电轴不会进入无人区。

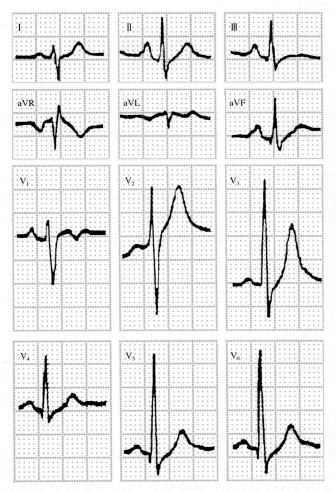

图 3-9-12 发生在正常人体的 3S 综合征

本图为一位青年男性的心电图，有 3S 综合征的心电图表现，电轴 +80°，属于正常变异

2. 心肌梗死

各部位的心肌梗死，包括单部位或多部位的心肌梗死，均可发生 $S_I S_{II} S_{III}$ 综合征（图 3-9-13），尤其心尖部梗死时更易出现典型的 3S 综合征心电图表现，并在相应导联同时出现病理性 Q 波，伴有 ST 段及 T 波的改变。

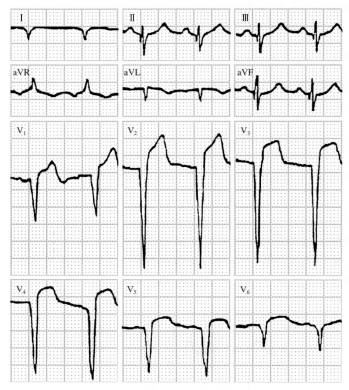

图 3-9-13　广泛前壁心肌梗死伴 3S 综合征

患者男，44 岁，急性广泛前壁心肌梗死 5 天时的心电图。除心肌梗死心电图表现外，有典型的 3S 综合征，心电轴位于−90°～−150°的区域，其 I、II、III 及 aVF 导联的 S 波 >R 波

3. 右室肥厚

1963 年，Schamroth 提出心电图 $S_I S_{II} S_{III}$ 综合征易发生于各种病因引起的严重右室肥厚的患者（如复杂严重的先心病、晚期肺心病、风湿性心脏病等），特别是右室漏斗部和右室流出道肥厚出现右室电优势时，易出现 $S_I S_{II} S_{III}$ 综合征（图 3-9-14），其发生机制可以归纳为：右室受累的器质性心脏病引发右室肥厚→发生右室电优势→右室传导延缓→$S_I S_{II} S_{III}$ 综合征。

（三）无人区电轴与 $S_I S_{II} S_{III}$ 综合征

$S_I S_{II} S_{III}$ 综合征的心电轴范围很宽，包括无人区电轴的范围（−90°～±180°），同时，无人区电轴几乎都同时是 $S_I S_{II} S_{III}$ 综合征，因而二者关系密切。

从心电轴的角度分析 $S_I S_{II} S_{III}$ 综合征时，其存在 3 种情况：

（1）心电轴位于无人区之外：即心电轴在 0°～−90°，0°～+180°。

（2）心电轴位于无人区的−90°～−150°：当心电轴位于这个十分特殊的区域时，I、II、III 导联的 QRS 波均以 S 波为主波，从图 3-9-11 容易理解其发生原因。

（3）心电轴位于无人区的−150°～−180°。

国内不少心电图书籍中认为心电图 $S_I S_{II} S_{III}$ 综合征的心电轴一定位于−90°～−150°，这是片面的，而且不是该综合征的必备条件，也就是说，三个双极肢体导联可以出现 S 波 >R 波，但不是必需条件。还应看到，多数 S 波的幅度 >0.3mV，但对于部分心肌梗死或部分肢体导联低电压患者，S 波振幅并非一定要达到此值，只是其 S 波 >R 波或比例相对大。也就是说，对于心尖部或其他部位的心肌梗死、肺心病或先心病者，其心电轴可以位于多种部位，其中部分患者的心电轴位于无人区，甚至位于−90°～−150° 区。

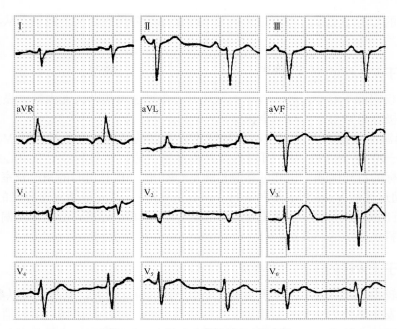

图 3-9-14　肺心病患者伴 3S 综合征

患者女，54 岁，慢性支气管炎 20 年，临床诊断肺心病。心电图除存在明显的 3S 综合征外，还有重度顺钟向转位、右室肥大，心电轴−100°。应用目测法，因Ⅰ、Ⅱ、Ⅲ及 aVF 导联的 S 波 >R 波，故心电轴位于−90°～−150°区域

3S 综合征时，$S_Ⅱ>S_Ⅲ$ 只是常见到的一个现象，但不是必需条件。左前分支阻滞时，心电图常存在 $S_Ⅲ>S_Ⅱ$，而出现 $S_Ⅱ>S_Ⅲ$ 时说明与典型的左前分支阻滞不同，可视为左前分支阻滞的变异型。

四、无人区心电轴与阵发性心动过速

阵发性宽 QRS 波心动过速主要见于室速和室上速合并束支功能性或器质性传导阻滞，二者的临床及心电图特征十分相像，使鉴别诊断有时困难。心电图鉴别的主要方法包括：① QRS 波的宽度；②房室分离；③室上性夺获；④室性融合波；⑤心房刺激能否诱发或终止等 5 个方面。除此，根据心动过速发作时 QRS 波形态的特点进行鉴别：如"Rs 兔耳征"，胸前导联 QRS 波的同向性，V_1 导联 r 波肥胖征等。

无人区心电轴是近年来用于宽 QRS 波心动过速鉴别中的新方法、新标准，其心电图特征性强，诊断的特异性几乎达 100%。

（一）室上性心动过速合并宽 QRS 波的机制

1. 合并病理性或功能性束支传导阻滞

这种情况多见于房室结折返性心动过速、房室顺向型心动过速合并左束支、右束支、左前分支、左后分支、多分支或其他室内阻滞。一旦出现了上述传导障碍，其 QRS 波总的激动或除极方向可能发生改变，但心室的总趋势仍然是从上向下，其额面电轴可能发生改变，但绝不会指向无人区。一般情况下，右束支传导阻滞时心电轴不超过−90°，左束支传导阻滞时不超过 +180°，左前分支阻滞时心电轴−30°～−90°；左后分支阻滞时心电轴为 + 110°～ + 150°。除非心动过速前患者窦性心律时的心电轴已处于无人区，否则这一类型的室上速伴宽 QRS 波的心电轴不会落入无人区。

2. 预激综合征合并房室逆向型心动过速

该型心动过速占预激综合征室上速的 5%。不论是左侧或右侧房室旁路（Kent 束），逆向型心动过速发作时，旁路心室插入端的心室肌总是先激动，然后向其他部位的心室肌传导，整个心室都是由心室最早除极点传导来的激动控制。这种心动过速的心室内激动与起源于心室的室速的室内激动顺序可以一样。但其能否和某些室速一样，心电轴位于无人区呢？从理论上讲，可以存在，这需要旁路的心室插入部位更接近心尖部位，使心室除极的总趋势（平均心电轴）由 5 点指向 11 点。但 Kent 束的长度一般都短，其仅仅跨

过房室环而连接相邻的心房心室端，心动过速时心室除极总趋势仍然是从上向下，从心底向着心尖，而不会出现无人区心电轴。

（二）心电轴位于无人区的室速

一般情况下，仅仅起源于左心室特定部位的室速，心电轴才可能落入无人区。显然左室心尖部起源的室速更易造成心室除极总趋势与正常时完全相反。

左室多个部位起源的室速均可能发生心电轴位于无人区的情况。当心动过速 V_1 导联 QRS 波宽而直立，并且心电轴位于 $-90° \sim \pm180°$ 时，可以肯定其不是室上速，而是起源于左室心尖部或其他部位的左室室速，这一诊断指标的特异性强，能够可靠地鉴别宽 QRS 波心动过速时的室速及室上速伴差传。

当宽 QRS 波心动过速的 V_1 导联主波向下时（即右室室速），其有诊断室速意义的心电轴是电轴左偏。1969 年 Rosenbaum 首次提出，对 V_1 导联主波向下的宽 QRS 波心动过速，心电轴左偏是确定室速的又一个指标。Akhtar 等的资料也支持这一看法。

（三）心电轴位于无人区的室速临床情况

目前相关的资料较少，北京大学人民医院做过一组室速的临床研究，有几点可以参考：①左室室速时，心电轴位于无人区的发生率约为 45%；心电轴多数集中在 $-90° \sim -150°$ 区域；射频消融治疗成功的有效靶点多位于心室标测分区的 3 区或 4 区（图 3-9-15，图 3-9-16）。②右室室速未见伴有无人区电轴的病例。

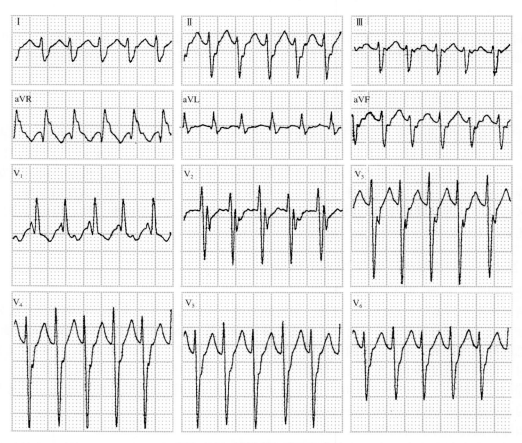

图 3-9-15　室速伴无人区心电轴

患者男，28 岁，心动过速 5 年。心电图示宽 QRS 波心动过速，心率 190 次 / 分。经心内电生理检查证实为室速，射频消融术成功。因心动过速时心电轴位于无人区而符合室速的诊断

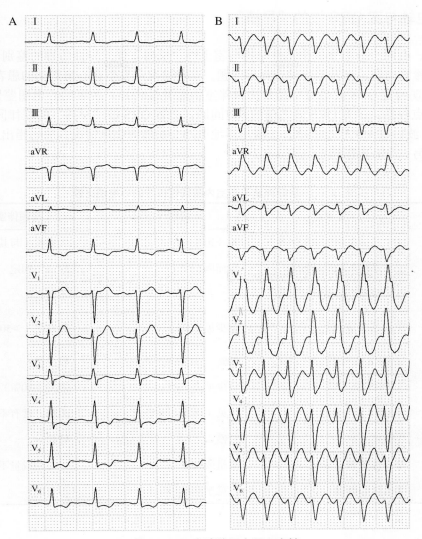

图 3-9-16　室速伴无人区心电轴

患者男，47 岁，A. 窦性心律；B. 宽 QRS 波心动过速，V₁ 导联主波向上，Ⅰ、Ⅱ、Ⅲ、aVF 导联的主波均向下（S 波 >R 波），因其心电轴位于无人区而诊断室速。室速经射频消融得到根治

五、无人区电轴与宽 QRS 波的"早搏"

临床心电图中，有时十分需要做出室性早搏与室上性"早搏"伴差异性传导的鉴别诊断。因为这涉及某些心血管急症的诊断问题，涉及治疗的选择等问题。这种情况常发生在心房颤动的患者。

心房颤动时出现的宽 QRS 波是室早还是房颤伴室内差异性传导，两者的心电图鉴别方法很多，但特异性较差。鉴别要点包括：①宽 QRS 波之前的 RR 间期；②宽 QRS 波"早搏"的联律间期；③宽 QRS 波的形态；④宽 QRS 波后有无类代偿间歇；⑤服用洋地黄及心功能等临床情况。应当指出，无人区心电轴也可作为两者鉴别的另一个心电图指标（表 3-9-2）。

表 3-9-2　房颤伴室早与室内差异性传导的心电图比较

鉴别点		房颤伴室早	房颤伴室内差异性传导
RR 间期	①"早搏"前的 RR 间期	不一定长	大多长（与其他的 RR 间期相比）
	②"早搏"的联律间期	短而固定	短而不固定
	③"早搏"后类代偿间期	长	不延长
QRS 波形态（V$_1$ 导联）	①起始向量 r 波	极少见（5%）	较常见（>50%）
	②QRS 波双相	92%	较少见
	③QRS 波三相	较少见	多见（70%）
	④QRS 波易变化	少见（除非多源性）	多见，常有不同程度的变异
其他	①整体心室率	较慢	较快
	②洋地黄服用情况	足量或过量	没有用或量不足
心电轴	无人区心电轴	仅见于室早	不可能

（一）鉴别方法

窦性心律或心房颤动时有宽 QRS 波"提前"出现，当其心电轴位于无人区时，则能肯定该"早搏"为室早，而不是室上性激动伴差异性传导（图 3-9-17，图 3-9-18），但诊断的前提是窦性心律或心房颤动的 QRS 波电轴正常。

（二）鉴别机制

与无人区电轴在宽 QRS 波心动过速中的鉴别机制一样，室上性激动伴差异性传导时，不可能出现心室除极总趋势由心尖指向心底（5 点指向 11 点）的情况，即心电轴不可能位于无人区。相反，"提前"出现的宽 QRS 波存在无人区心电轴时，其只可能是起源于心室的室早。因此，这是一个特异性强、有重要临床价值的鉴别诊断指标。如上文所述，部分预激患者发生房室逆向型折返性心动过速时，其可能存在无人区电轴，鉴别时应当注意排除这种情况。

图 3-9-18 引自国内一本心电图巨著，对图中连续出现的宽 QRS 波原来诊断为房颤伴 3 位相右束支传导阻滞形成连续的宽 QRS 波。但目测宽 QRS 波的电轴后可以确定，其位于 $-90°$ ～$-150°$ 之间（Ⅰ、Ⅱ、Ⅲ、aVF 导联的主波向下），这一心电轴只能发生在起源于心室的激动，因此，本例心电图应当诊断为房颤伴短阵室速。本例心电图的心室率较慢，V$_1$ 导联 QRS 波的形态也都支持宽 QRS 波是起源于心室的激动。

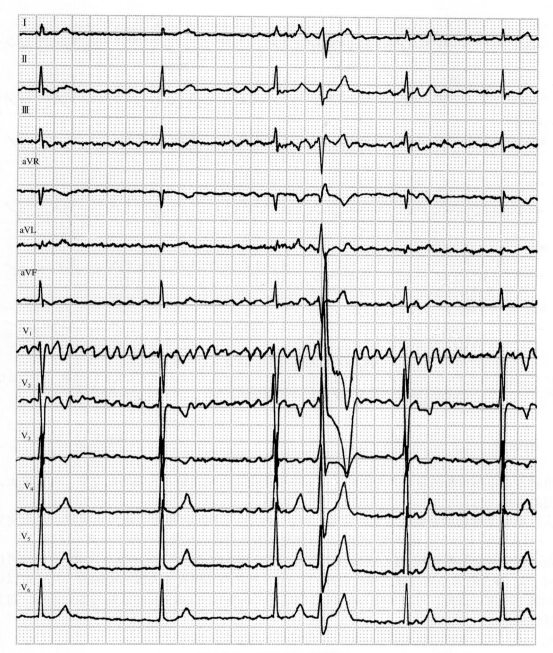

图 3-9-17　室早伴无人区电轴

患者男，40 岁，风湿性心脏病，心房颤动时心电图出现一次宽 QRS 波。因宽 QRS 波的心电轴位于无人区而确定其为室早。其他特征包括心室率较慢，V_1 导联的单相 QRS 波等心电图特征也都支持室早的诊断

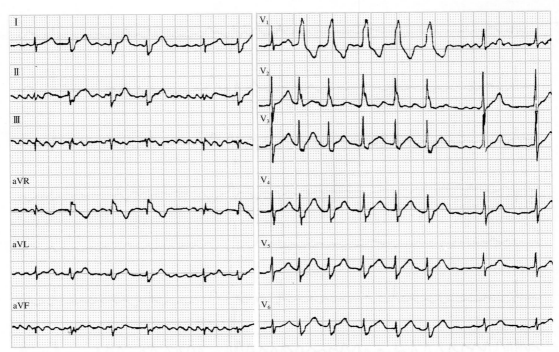

图 3-9-18   室早、室速伴无人区心电轴

患者男，47 岁，冠心病伴心律失常，引自国内一部大型心电图专著，原心电图诊断为房颤伴 3 位相右束支传导阻滞。但图中宽 QRS 波电轴位于无人区-90°～-150°，心电轴位于这一区域的 QRS 波不可能是室上性激动伴差传，而应当诊断为连发室早及短阵室速

六、结束语

心电轴是心电图诊断的重要参考指标，过去主要应用心电轴左偏或右偏协助左室、右室肥大，室内阻滞等方面的诊断。

无人区电轴又称极度左偏或右偏心电轴，位于-90°～±180°，根据心电图不同特点，本文又将之分成-90°～-150°及-150°～-180°两个区，应用目测法容易识别心电轴是否位于这两个区域。

除左心疾病（心肌梗死），右心疾病（先心病、肺心病）的患者窦性心律时的 QRS 波电轴可位于无人区外，对于宽 QRS 波的心动过速及单次出现的宽 QRS 波，当其伴有无人区心电轴时，几乎可以确定该心室激动起源于心室。借此，可用于宽 QRS 波心动过速及房颤伴宽 QRS 波的诊断与鉴别诊断，而且方法简单，特异性强。

可见，无人区心电轴的概念不仅重要，而且有重大的临床应用价值。

近年来，随着全社会对健康关注程度与认知水平的提高，越来越多的流行病学资料的涌现以及大量循证医学研究结果的面世，目前已认识到慢性心率增快能明显损害健康和缩短寿命，认识到心率增快能提高心血管疾病的发病率和死亡率，进而控制慢性心率增快已逐渐成为临床医生，甚至是患者越来越强的意识与愿望。

一、慢性心率增快的概念

所谓慢性心率增快是指人体的平均心率经常或长期达到或高于 80 次 / 分的情况。从上述定义可以看出，一次心电图、一次心率计数、运动后心率暂时高于 80 次 / 分的情况都不能视为慢性心率增快。因为这些情况记录的心率增快是暂时的、短时间的心率。而最客观的平均心率则为动态心电图检查报告的结果。动态心电图检查报告中，除最低和最高心率外，一定要报告平均心率，这是客观的 24h 范围内，包括白天与夜间，包括静息与活动时心率的均值。因此，临床医生阅读患者动态心电图检查报告时应当注意该值。

显然慢性心率增快与窦性心动过速的概念不同，后者的心率是指 >100 次 / 分的心率，这种心率增快不管是生理性还是病理性，多因患者伴有明显的症状，相应的病因，而容易被发现、能被及时诊断和治疗。而慢性心率增快与其不同，增快但不甚快的心率常不被注意和发现，使其造成的危害可长期隐匿存在。

二、慢性心率增快危害的流行病学

早在 1945 年，著名学者 Levy 就在《JAMA 杂志》发表的文章中指出：心率增快与死亡率危险的增加高度相关，他发现，心率 >100 次 / 分者的死亡率远远高于心率较低者，遗憾的是，Levy 的观点并未引起重视，长期以来，这是一个一直被忽视的死角，认为心率增快对人体健康和心血管疾病的预后无关紧要，医学教育领域大大低估了慢性心率增高的意义，教科书中很少提到心率增快与心血管疾病发病率和死亡率的关系。

Levy 报告的 40 年后，Framingham 发表了更具说服力的资料，这项前瞻性的研究随访了 26 年，观察对象为 35 ～ 84 岁的人群，并将入组人群的心率分成 5 个级别：分别为 <65 岁，66 ～ 73 岁，74 ～ 79 岁，80 ～ 87 岁，>88 岁。研究结果表明，观察组的死亡率随心率分级级别的升高呈大幅度的上升趋势，而该趋势，男性人群比女性更为明显（图 3-10-1）。心率控制的重要性由此开始引起关注。

实际，心率增快与健康和寿命的关系早有直观的事实，对于哺乳动物，心率与寿命呈明显的负相关，例如心率达 500 次 / 分老鼠的寿命仅 2 年，而心率仅为 6 次 / 分的龟的寿命长达 200 年。人体也一样，一组 4530 例健康中年男性，随访 5 ～ 36 年的观察结果表明，随访期心率 >84 次 / 分者，死亡率与心率增快的相关性变得明显，而心率 >90 次 / 分者比 <60 次 / 分者的随访期死亡率高出 3 倍。对于老年人群而言，随着心率每增加 5 次 / 分，其心梗与猝死的危险性则增加 14%。因

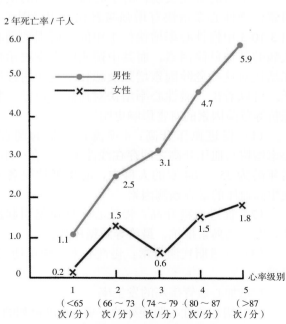

图 3-10-1 心率与死亡率关系：Framingham 的资料

此，有人曾风趣地比喻，人一生的总心率是一个相对固定值，平素用的越节省寿命则长，越浪费，寿命则越短。

近期有人提出，心率与人的心血管事件的发生率与死亡率呈 U 型曲线关系，中间心率的死亡率呈平台状，而两侧死亡率上升的两个拐点为：心率 >80 次 / 分和心率 <50 次 / 分（图 3-10-2）。

总之，大量普通人群及各种心血管疾病的患者人群的流行病学资料都已证实，慢性心率增快是一个暗藏杀机的人类健康与寿命的杀手。

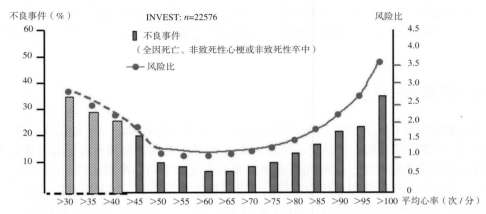

图 3-10-2　平均心率与死亡率的 U 型曲线

三、慢性心率增快的危害

大量资料证实，慢性心率增快能以多种形式、对多种心血管疾病、在疾病的不同阶段造成明显的危害。

1. 心血管疾病的第二位危险因素

近年来，流行病和循证医学的资料证实，慢性心率增快是心血管疾病的独立危险因素，而且仅次于吸烟，是高居第二位的危险因素。慢性心率增快是人体交感神经长期激活的标志和表现。

2. 增强及恶化心血管疾病的其他危险因素

近年来的研究发现，对于心血管疾病的众多危险因素，慢性心率增快有增强与恶化作用（图 3-10-3）。图 3-10-3 中慢性心率增快位于中间，周围列满心血管疾病的其他危险因素，而其中箭头的多少表示慢性心率增快对这些危险因素增强及恶化不良作用程度的高低，可以看出，慢性心率增快对血压、血糖、胰岛素抵抗等危险因素的有害影响更明显。

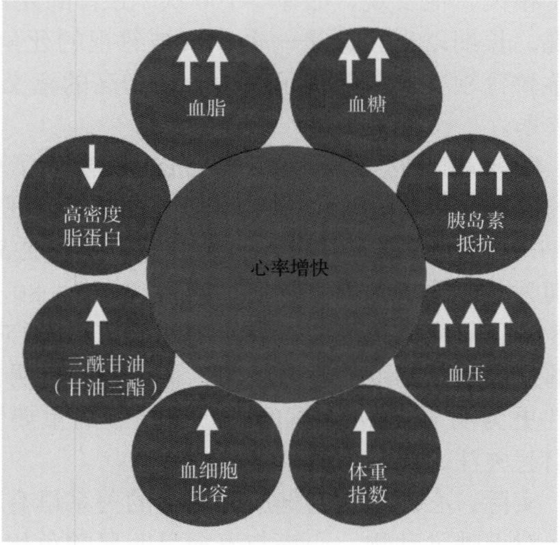

（1）促进血压升高：4 项流行病学的调查发现，心率增快与血压升高之间存在线性关系，在一组 3.5 万名年龄为 25 ～ 64 岁的人群中，心率增快是各年龄段发生高血压的最强预测因素。

图 3-10-3　慢性心率增快增强与恶化心血管病其他危险因素

（2）促进血糖升高：慢性心率增快能引起血糖升高，发生胰岛素抵抗，最终导致糖尿病。

（3）促进脂代谢异常：慢性心率增快可使三酰甘油（甘油三酯）升高，胆固醇升高，最终导致脂代谢异常。

3. 增加心血管疾病的发生率

（1）增加急性心肌梗死的发病率：以色列的一份资料表明，对 1 万例男性公务员随访 5 年的结果表明，慢性心率增快可使急性心肌梗死的发生率明显升高（图 3-10-4），尤其心率 >90 次 / 分后，急性心肌梗死的发生率骤然升高。

（2）增加高血压的发病率：研究发现，当心率为40～100次/分时，血压升高与心率增快几乎呈线性关系，不论男性还是女性情况都一致，其中以收缩压的升高比舒张压更明显。

（3）增加严重心力衰竭（心衰）的发病率：资料表明，各种病因引起的心衰患者中，当患者的心率>90次/分时，其发生严重心衰概率比心率<90次/分者高出10倍，而严重心衰患者的预后相当恶劣。

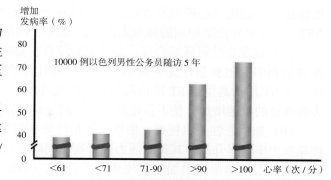

图 3-10-4　慢性心率增快明显增加急性心梗的发病率

4. 增加心血管疾病患者的死亡率

慢性心率增快是各种心血管疾病预后不良的标志物，增加其死亡率。

（1）冠心病死亡率：对冠心病患者，慢性心率增快的危害显而易见，明显增加其死亡率，是心血管疾病患者死亡和猝死的独立危险因素。心肌梗死患者心率>100次/分者比<70次/分者死亡率增加4～6倍。一份 meta 分析结果表明，11 项研究的 16800 例患者中，心率每减少 10 次/分，死亡率将下降 15%～20%。

（2）高血压死亡率：慢性心率增快对高血压患者的死亡率也有同样作用，一项 4530 例高血压患者随访结果表明，心率>85次/分的死亡率比平均心率<65次/分者高 2 倍。

（3）心衰死亡率：慢性心率增快>90次/分者比<90次/分者严重心衰发生率高出 10 倍，而>90次/分者比<70次/分者死亡率高出 2～3 倍。

5. 慢性心率增快对冠心病疾病链的严重危害

慢性心率增快对多种心血管疾病均有危害作用，但对冠心病患者更为显著，危害更为明显，这不仅与冠心病发病率较高相关，更重要的是慢性心率增快直接增加心肌氧耗、减少氧供，直接加重或造成心肌缺血，进而对冠心病的危害表现在每个临床亚型，以及疾病链上的每个环节。

（1）加重及恶化冠心病其他危险因素：慢性心肌缺血对冠心病其他危险因素的恶化作用十分明显，具体见图 3-10-3。

（2）增加粥样斑块的形成：心率增快时伴有交感神经激活及外周血管阻力增加，同时内皮释放 NO 增加，使内皮功能受损及通透性增加，结果脂质在内皮的沉着增加，使粥样斑块容易形成。Perski 报告一组 160 例年轻心肌梗死患者，其中心率高于 85 次/分的患者发生心肌梗死的概率增加了 3 倍。

（3）增加粥样斑块的破裂：心率增快引起血管阻力增大时，易使脆弱的粥样斑块破裂，进而产生冠脉血栓并引起缺血及坏死（图 3-10-5）。Heidland 报告了 106 例患者心率增快与斑块破裂的关系，6 个月后冠脉造影的结果显示，心率>80次/分者粥样斑块的破裂明显增加。

（4）加重慢性心肌缺血综合征：慢性心肌缺血综合征临床包括：稳定型心绞痛、无症状性心肌缺血、X 综合征、缺血性心肌病四种类型，而心率增快能够使之恶化。以稳定型心绞痛为例，其心绞痛是否发作取决于心肌血液供需之间是否平衡。心率增快，心肌收缩力增强，左室负荷均增加时，心肌氧耗明显增加，因为心率增快意味着每分钟的心脏收缩次数增加，氧耗增加，同时心率增快还意味着心动周期缩短，而心动周期由收缩期和舒张期组成，但后者所占比例大（45% vs. 55%），进而造成其缩短的程度大。而冠脉给心肌供血时间主要在舒张期，舒张期缩短时则供血减少，供氧减少，心肌缺血更易发生。

Pratt 报告无症状性心肌缺血中，心率>80次/分者比<70次/分者的发作次数增加 2 倍。同时，心率

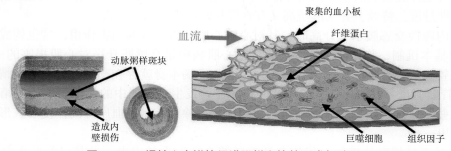

图 3-10-5　慢性心率增快促进粥样斑块的形成与破裂

增快还恶化稳定型心绞痛患者的预后。Diag 于 2005 年报告 20913 例患者，随访 14.7 年的结果表明，心率 >83 次 / 分是死亡率增加的强预测因素，而且心率增快使患者全因和心血管死亡率增加。

（5）促发急性冠脉综合征：急性冠脉综合征是指一定因素的作用下，稳定的粥样斑块变为不稳定，进而破裂和引起冠脉急性完全或不完全性闭塞性血栓，导致严重的心肌缺血综合征，其包括不稳定型心绞痛，非 ST 段抬高型或 ST 段抬高型心肌梗死及猝死。当心率增快，交感神经兴奋性增加时，可使心肌收缩力和血管的收缩增加，使不稳定斑块容易破裂而引发急性冠脉综合征。

（6）加重急性心肌梗死：慢性心率增快能够增加心肌梗死的发生率，文献表明 >84 次 / 分者急性心肌梗死发生率明显升高，其预测能力强于高胆固醇血症。

慢性心率增快还增加心肌梗死的死亡率，Hjalmanson 报告一组 1806 例急性心肌梗死患者，其中心率 >90 次 / 分者的死亡率是 <70 次 / 分者的 3 倍。除此，慢性心率增快还能增加再次心肌梗死的发生率，增加心肌梗死发生时梗死心肌的面积，暗示其可增加心肌梗死患者的死亡率和猝死率。

总之，在冠心病的整个疾病链中的每个环节，慢性心率增快都能起到不良作用（图 3-10-6）。

因此，慢性心率增快对于冠心病患者，应当像血压对于高血压患者、像体重对于心衰患者一样得到足够的重视。

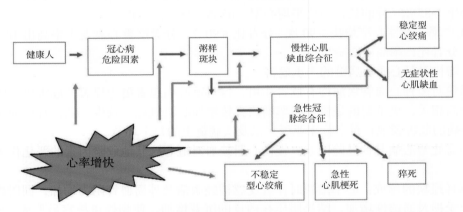

图 3-10-6　慢性心率增快对冠心病各个环节的危害（红箭头表示有损害）

四、慢性心率增快危害的机制

慢性心率增快对人体危害的机制有多个方面。

1. 增加心肌缺血

如上所述，心率是心肌耗氧量最重要的决定因素，心率增快时可以增加心肌耗氧量，同时常与心率增快伴发的心肌收缩力增强也能增加心肌氧耗。而且心肌缺血加重时，可以降低室颤阈值，诱发恶性的室性心律失常。

2. 自主神经功能的平衡被破坏

自主神经功能的平衡是维持生命及心血管正常功能的重要保证，心率增快是交感神经长期慢性激活的标志，这可破坏自主神经功能的平衡，破坏体内内环境的稳定，增加心血管事件的发生危险。

交感神经活性过度、持续、异常的增高又有直接和间接的心血管损害。

首先是体内内源性交感胺水平升高时，其对心脏心肌有着直接的损害作用，这也构成了交感神经活性增高引起危害的基本机制，临床发生的心尖应激性心肌病则是交感胺升高对心肌损害的一个旁证。其次，常见的临床心血管疾病，包括高血压、心肌梗死、心力衰竭本身就存在交感过度激活的情况，而且这种激活早于肾素-血管紧张素系统（RAS）的激活，在心血管发生、发展中的作用始终处于第一位。而慢性交感激活可成为这些心血管疾病恶性循环加重的重要因素。除此，其使血压升高，使心脏形态和功能的重构都能加剧这一作用。

有人认为，对于易损斑块破裂，促使急性冠脉综合征发生的患者，尤其已经发生急性心肌梗死的患者，其在入院时最重要的预后指标不是 ST 段的偏移程度，不是 Q 波的范围，而是心率异常增快的程度。

五、慢性心率增快的干预策略

1. 干预的适应证

慢性心率增快本身就是一个独立的治疗指征，在冠心病相关指南中，降低心率的治疗已被列为Ⅱa 类适应证，对冠心病患者如此，对高血压和心衰患者亦可依照这一推荐考虑治疗。

2. 干预治疗的标准

目前认为干预治疗的心率标准有两项。

（1）静息心率：慢性心率增快 >80 次 / 分应当考虑治疗，>85 次 / 分时一定要治疗。

（2）运动后心率：中等量运动后心率比运动前增加 >20 次 / 分时需要治疗。

3. 干预治疗的药物选择

慢性心率增快治疗可选择 β 受体阻滞剂和钙通道阻滞剂进行干预性治疗。Teo 进行的 meta 分析中，应用 β 受体阻滞剂治疗 5.3 万例心率增快患者，应用钙通道阻滞剂治疗 2 万例心率增快患者，结果表明，两种药物对心率增快的治疗均有效、有益。

应当了解，如果以降低总死亡率为终点时，β 受体阻滞剂能降低静息和运动状态时窦房结的自律性外，还能有效降低其变时性，即有效降低运动后心率的过度增加，而钙通道阻滞剂仅对静息心率的降低有明显作用。

还应指出，不同的钙通道阻滞剂治疗的结果不同，其中二氢吡啶类药物有增加死亡率的趋势，而应用非二氢吡啶类的药物如地尔硫䓬、维拉帕米等，在降低心率的同时，有轻微降低死亡率作用，故临床应用中以选择非二氢吡啶类的钙通道阻滞剂更佳。

4. 干预治疗的目标心率

在慢性心率增快的药物治疗时，治疗的目标心率有三个标准。

（1）静息心率的降低：当治疗后静息心率已降到 50 ～ 60 次 / 分，对伴有心衰患者降到 55 ～ 60 次 / 分时，提示患者体内的 β 受体已充分阻滞。

（2）运动后心率：治疗后再进行中等量的活动时，心率较运动前增加 <20 次 / 分时为治疗的目标心率。

（3）降低心率的幅度：治疗后平均心率降低的幅度以降低 >8 次 / 分为宜，当 >14 次 / 分时，将使死亡率显著降低。

总之，慢性心率增快是一个心血管疾病独立的危险因素，一个独立的增加发病率和死亡率的指标。因此，慢性心率增快是一个独立的治疗指征和独立的预后指标。提高对慢性心率增快的认识，提高对慢性心率增快的治疗水平具有重要的临床意义。

心电定律

第四篇

节律重整（rhythm reset）是临床心电图最常见的心电现象之一，也是心电图诊断中应用最多的法则。近年来，心电图的节律重整理论备受重视，使一些疑难心电图得以恰当诊断和解释。

一、节律重整的概念

心脏内常同时存在两个节律点发放激动，没有传入保护机制时，频率较高或占主导地位的节律点（重整节律点）的电活动能被另一节律点（干扰节律点）发放的激动侵入，触发无效除极（隐匿性激动）并复位，即发生干扰现象。重整节律点规律的电活动被干扰的同时，又以该干扰点为起始，以原有的节律间期重新安排自己的节律活动，这种心电现象称为节律重整。重整节律点常为窦性心律、起搏器心律、各种心动过速等。

二、发生节律重整的条件

1. 干扰节律点的激动提前出现

心内同时存在重整节律点和干扰节律点时，重整节律的频率常比较快，占主导地位，而干扰节律的频率较慢，占辅助位置。当某个心电周期中，干扰节律点的激动比重整节律点的激动提前出现时，重整节律点的下一个激动还未积聚成熟，则被干扰节律点的电活动侵入，触发无效除极，提前复位。该侵入的时间点就是无效除极和提前复位的时间点，即为两个节律点之间的干扰点。以干扰点为起点，重整节律点又重新酝酿积聚激动，经过4相自动除极等过程，激动成熟后再次发放。因干扰点到下一次激动发放的间期与其原来的节律间期相等，因而称为节律重整现象（图4-1-1）。

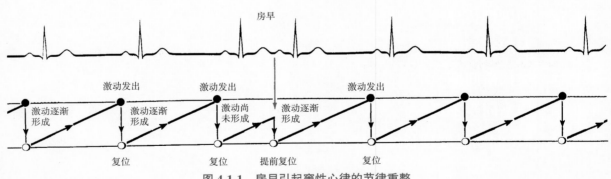

图 4-1-1 房早引起窦性心律的节律重整

窦性激动经积聚、成熟后发出并同时复位，房性早搏的侵入使窦房结未成熟的激动提前无效除极和复位，并重新开始积聚下一次激动，成熟后再次发出，形成1次窦性心律的节律重整

一般认为，干扰节律点提前发放的激动愈早，侵入重整节律点的机会愈多，发生节律重整的可能性愈大。但提前发放的激动适时性也十分重要，较晚到来的干扰节律点的激动发放并传导到重整节律点时，重整节律点的激动可能已经成熟和发放，因而不再被侵入、触发无效除极、提前复位及发生节律重整。而干扰节律点发放过早的激动到达重整节律点时，可能遇到重整节律点处于前次激动后的有效不应期，出现功能性的传入阻滞，因而未引发干扰和节律重整（图4-1-2）。

2. 重整节律点和干扰节律点相互邻近

一般情况下，两个节律点常在心脏的同一个"双房单腔"或同一"双室单腔"中。如果节律点不在同

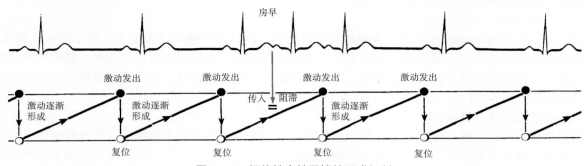

图 4-1-2　间位性房性早搏的形成机制

过早的房性早搏传到窦房结时，窦性激动可能处于前次激动后的有效不应期中而发生传入阻滞，正在积聚的窦房结激动未受影响而正常发出，形成间位性房早。间位性房早不引发窦性节律的重整

一单腔时，也是干扰节律点的电激动经传导到达了重整节律点的单腔中。两个节律点的电活动位于同一单腔时，干扰节律点的激动侵入对方的机会更多。例如，房早易引起窦性心律的节律重整，因为两者都在同一个"双房单腔"中，而室早几乎不能引起窦性心律的节律重整，因为两者位于电活动的"两腔"中。

3. 重整节律点没有完全性传入保护机制

完全性传入保护机制是指该节律点在其心动周期中，均处于传入保护状态，不可能被其他节律点侵入和干扰。如果重整节律点具有完全性传入保护机制，则干扰节律点的激动根本不能侵入，节律重整现象肯定不会发生。当两个节律点处于电的"双腔"时，则易出现完全性传入保护，例如三度房室传导阻滞，窦性激动根本不能穿过房室结侵入室性自搏性节律点，因此，两者总处于"并行节律"状态。此时，房室结传导的完全中断形成了室性自搏性节律点的完全性传入保护机制。而高度房室传导阻滞时，房室结传导阻滞尚不完全，因而室性自搏性节律点的传入保护机制也不完全，节律重整则可出现（图 4-1-3）。

上述条件中，第 1、3 两条是产生节律重整的必需条件，第 2 条是重要条件。

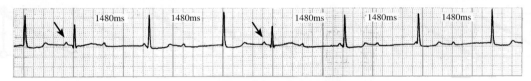

图 4-1-3　高度房室传导阻滞时的节律重整

图为高度房室传导阻滞心电图，偶有窦性 P 波下传（箭头指示）夺获心室。夺获的 QRS 波距下一个 QRS 波间期与基本心动周期相等，因而出现等周期代偿间歇，诊断节律重整

三、窦性心律的节律重整

心电图节律重整现象最常涉及窦性心律。一方面其作为干扰节律点，不断发出频率较快的激动，使心内其他潜在的节律点成为重整节律点，持续发生节律重整现象，使潜在节律点的电活动处于隐匿状态而保持统一的窦性心律。除此，窦性心律还可作为重整节律点，被心内同时存在的其他节律点（干扰节律点）干扰而发生重整。能使窦性心律发生重整的其他心律包括窦性早搏、房性早搏、房性心动过速及其他心动过速等，其中房性早搏最为常见。

从节律重整的角度分析，窦房结对不同联律间期的单次房性早搏可有 3 种反应。

1. 窦房结周干扰区（Ⅰ区）

当房性早搏发放较晚，联律间期较长时，其传导到窦房结时，窦性激动已积聚成熟并发出，两者在窦房结周围相遇并发生干扰现象。结果该次窦性激动未能有效地使心房肌除极，只是窦性激动点本身除极并复位。复位的窦性激动将重新积聚，发放下一次激动。心电图则表现为该房早引起完全性代偿间期（代偿间期＝房早联律间期＋代偿间期），完全性代偿间期提示该次正常的窦性激动因干扰未能激动心房而成为"隐匿性激动"，但并未发生节律重整。应当指出，有些房早出现并不晚，但距窦房结较远或房内传导缓慢，使其传导到窦房结时也能发生窦房结周干扰。

2. 窦房结内干扰区（Ⅱ区）

适时的、联律间期短的房早可能较早地到达窦房结，此时窦性激动还未成熟，房早则侵入窦房结内，使未成熟的窦性激动发生无效除极并提前复位。提前复位的窦性心律将再次积聚激动，激动成熟后发放下次窦性激动，即发生窦性心律的节律重整。此区又称窦房结节律重整区。其心电图的特点是房早引起不完全性代偿间期（图 4-1-1）。

3. 窦房结不应区（Ⅲ区）

当房早发生过早并到达窦房结时，窦房结仍处于上次激动后的有效不应期中，形成暂时性、功能性传入保护机制，使之不被房早干扰，未被干扰的窦性激动成熟后正常发出下一次激动，形成两次窦性心律之间的间位房早（图 4-1-2）。

上述Ⅰ区和Ⅲ区均为窦房结非重整区，但落入窦房结不应区的房早对窦房结根本未发生干扰现象，因此不可能发生节律重整，而落入窦房结周干扰区的房早对窦性心律发生了干扰，但其发生在窦房结周，此时正常窦性激动已发出，只是未能引起心房除极，也未出现节律重整。窦房结对房早的另一种反应为窦房折返，称为Ⅳ区反应，也归于窦性心律的非重整区。可以理解，部分患者的窦房结不应期可能很短，因此窦房结出现功能性传入保护机制的机会少，因而在心房程序刺激中，不出现窦房结不应区（Ⅲ区）反应。

连续的房早或房性心动过速可使窦性心律出现连续的干扰和节律重整，直到最后一次房早发放后，才表现出完整的节律重整现象（图 4-1-4）。频率较快的室上性心动过速发生时，窦性心律也常处于连续的节律重整的抑制中。

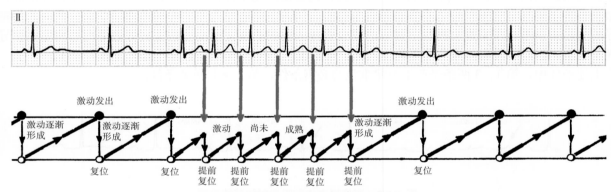

图 4-1-4 短阵房速引起窦性心律的节律重整

与图 4-1-1 相同，第 1 个房早出现时，未成熟的窦性激动提前复位，发生节律重整，在下次窦性心律激动积聚过程中，第 2 次房早使之流产，再次将未成熟的窦性激动提前除极复位，以此类推，使连续 4 个窦房结节律重整未完成。第 5 个房性激动使窦性激动提前复位并重整，因无房性心律干扰，本次节律重整最终完成

四、按需型起搏器的节律重整

1958 年在瑞典斯德哥尔摩植入第 1 例全埋藏式起搏器时，起搏器只有起搏功能，没有感知功能，称为固律（率）型起搏器。这种起搏器植入后不管自主心律如何，一直以自己固有频率发放起搏脉冲，与患者自主心律形成并行心律。因无感知功能，使起搏器节律具有完全性传入保护机制，这型起搏器永远不会出现起搏节律的重整。由于并行心律之间可能出现竞争，并可诱发恶性室性心律失常而引起严重后果，此型起搏器不久就被按需型起搏器取代。

按需型起搏器具有起搏与感知双重功能，新增加的感知功能实际是将原来完全性传入保护机制去掉，使起搏心律具备发生节律重整的基本条件。当患者自主心率较慢时，起搏器则以设置的起搏间期积聚激动，发放起搏脉冲。如在两次起搏间期中出现了患者的自主心电活动则被感知，并传送回起搏器，相当于侵入起搏节律点，使尚未成熟的起搏脉冲发生无效除极而提前复位。复位后的起搏节律重新积聚激动，并以原起搏间期发放下一次起搏脉冲，因而发生了起搏心律的节律重整。自主心律相当于干扰节律点，起搏心律为重整节律点（图 4-1-5）。此时心电图特点相当于一次早搏引起不完全性代偿间期。

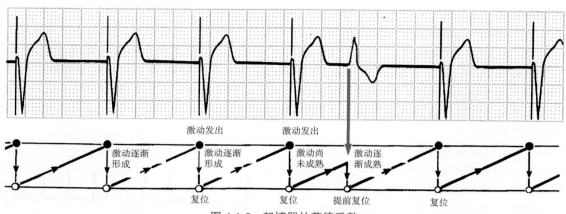

图 4-1-5 起搏器的节律重整

图示起搏器激动逐渐积聚形成，成熟后发出，并同时复位。图中自主的室性激动发出后，侵入起搏器使其未成熟的激动提前除极复位，并发生起搏节律的重整

如果自主心律在两次起搏心律间发放较晚，传导到起搏器时，起搏节律新的激动脉冲已经成熟并发放激动了心脏，此时可形成真性融合波。如果自主心律到达起搏器更早，抢在起搏器发出脉冲刺激激动心脏前，则可形成假性融合波。发生真性或假性融合波时都未发生起搏节律的重整，如将此次自主心律视为"早搏"，则该"早搏"引起了起搏心律的完全性代偿间期。理解和熟悉按需型起搏器的节律重整对判断起搏器按需功能正常与否十分重要。

五、心动过速的节律重整

不论是室性或室上性，不论是自律性，还是折返性心动过速，在其发生的同时，心内肯定还存在着其他节律点，如果心动过速节律不存在完全性传入保护机制，其他节律点的激动就可侵入心动过速，发生干扰及节律重整。此时，心动过速为重整节律点，其他的节律为干扰节律点。根据心动过速发生机制不同，可将心动过速的节律重整分为两种。

1. 自律性心动过速的节律重整

自律性心动过速十分常见，如非阵发性交界性心动过速、非阵发性室性心动过速等。以非阵发性交界性心动过速为例，当交界区节律点的自律性明显增高并高于窦性心律时，则与窦性 P 波形成干扰性房室分离（图 4-1-6）。这种干扰性房室分离是在交界性自律性心动过速与频率较慢的窦性 P 波之间形成的。如果交界性心动过速不存在传入性保护机制，则能被窦性 P 波侵入，侵入的窦性 P 波可使未成熟的交界性激动无效除极并提前复位，然后以原心动过速间期重整发放下一次激动。窦性 P 波穿过房室结夺获心室（图 4-1-6 中第 4、8、12、16 个 QRS 波），使该 QRS 波提前出现，窦性 P 波夺获的 QRS 波与下一次 QRS 波的间期等于心动过速的间期，形成不完全性干扰性房室分离，从本质看是频率较慢的窦性心律为干扰节律点，使交界性心动过速发生了一次节律重整，心电图上 QRS 波是结区电活动下传的结果，间接反映其电活动情况。可以看出，完全性与不完全性干扰性房室分离的区别在于后者发生节律重整，而前者无。产生

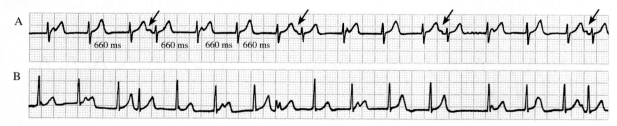

图 4-1-6 不完全性干扰性房室分离的节律重整

AB 两条图为非阵发性交界性心动过速（90 次/分）形成的干扰性房室分离，箭头指示窦性 P 波下传夺获心室，形成不完全性房室分离，窦性 P 波夺获下传的 QRS 波相对提前发出，夺获心室的同时侵入交界性心动过速的节律点，干扰并引发其节律重整

这种差别的根本原因是前者可能频率快，形成或本身就具有传入保护机制。

三度房室传导阻滞与高度房室传导阻滞的区别在于后者的窦性 P 波偶尔可通过房室传导系统下传，夺获心室，形成"早搏"，并能够侵入室性或交界性自主节律点，使其未成熟的激动提前无效除极和复位，并发生节律重整现象，心电图表现为窦性 P 波夺获的、提前出现的 QRS 波与下一次室性或交界性自律性节律的 QRS 波之间的间期与其他间期相等（图 4-1-3）。三度房室传导阻滞时，房室传导系统的传导完全中断，形成室性或交界性自主性节律点的传入保护机制，不发生窦性 P 波夺获心室，也不发生室性或交界性自主心律的节律重整。

2. 折返性心动过速的节律重整

一个完整、闭合的折返环路是折返性心动过速发生的基础，激动沿折返环路周而复始地做环形运动形成心动过速。折返环路可位于心腔的局部，如房内折返、室内折返，也可涉及心腔的多部位，如预激综合征患者发生的房室折返性心动过速的折返环包括心房、房室传导系统、心室、预激旁路。

折返性心动过速的节律重整机制与自律性心动过速节律重整迥然不同。折返性心动过速发生时，折返环路总存在可激动间隙（excitable gap），其他节律点的激动可以进入折返环使该间隙提前除极，除极后形成一个短时间内失去兴奋性的有效不应期，下次环形运动的波锋到达时被阻滞，环形运动终止，心动过速也终止（图 4-1-7）。

当一定联律间期的激动进入可激动间隙时，除了在环形运动的前方形成有效不应期阻滞波锋通过、终止心动过速外，在相反的方向，侵入的激动还可随环形激动的尾部形成新的除极波（如心室 QRS 波），并沿原环路形成频率与前频率相同的折返性心动过速。进入可激动间隙的激动为早搏，其后又引发等周期的代偿间期，因此可看成一次折返性心动过速的节律重整（图 4-1-7A、B）。可以看出，自律性心动过速被干扰节律终止后，经节律重整后又恢复了原心动过速，而折返性心动过速的节律重整是在干扰点发生了一次原心动过速的终止，此后又以

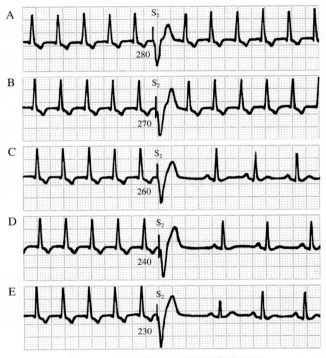

图 4-1-7　室上性心动过速的节律重整

本图为预激综合征患者伴发的房室折返性心动过速，C、D、E 中的心室刺激均有效地夺获心室，进入折返环的可激动间隙，并终止了室上速而恢复窦性心律。在 A、B 中，联律间期为 280ms，270ms 的 S₂ 刺激不仅使原室上速终止，而且以 S₂ 刺激后的 QRS 波为起始点，重新引发新的室上速。A、B 图出现了"早搏＋等周期代偿间期"，证实 S₂ 刺激引发了室上速的节律重整

该干扰点为起始，循原折返环路形成新的折返性心动过速。实际是发生了单次"拖带"现象。心电图则表现为规律的心动过速记录中，提前出现了一次心电激动，该激动使原心动过速终止，同时，其距下一次心动过速的除极波间期与心动过速的周期相等或略长，提示心动过速又重新开始（图 4-1-7，图 4-1-8）。

各种折返性心动过速均可发生节律重整，图 4-1-8 显示一例室性心动过速被室上性激动侵入后发生的室速节律重整。提前出现的 QRS 波（箭头指示）为一窄 QRS 波，属于室上性夺获，夺获的、提前的 QRS 波与下一个 QRS 波的间期与原心动过速间期相等或略长，证实发生了室速的节律重整。心电图诊断室速

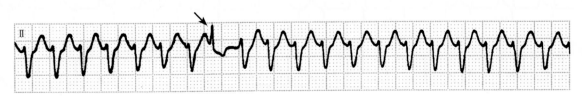

图 4-1-8　室上性夺获引起室速的节律重整

本图为节律整齐的宽 QRS 波的室速心电图（190 次/分），箭头指示为一个窄 QRS 波，系室上性激动下传引起的 QRS 波，该波距下一个 QRS 波的间期等于室速的基本心律间期，这种"早搏＋等周期代偿间期"的心电图表现提示发生了心动过速的节律重整

的标准包括室上性夺获，室速发生室上性夺获需具备以下几个条件：①房室结有正常前传功能，窦性激动可以下传；②房室传导系统没有逆传功能，心室激动不干扰和抑制窦性 P 波的出现；③室速的频率相对较慢（140 次 / 分以下），使窦性 P 波有机会下传夺获心室，并发生室速的节律重整。

　　诊断室速的心电图标准还包括室速发生时出现室性融合波，与节律重整的概念有根本的不同。图 4-1-9 为 1 例室速心电图，B 条中箭头指示的 QRS 波与其他 QRS 波形态明显不同，时限略短，但其距离前后 QRS 波的间期相等，显然是室上性激动下传夺获心室并与室速的心室波形成了室性融合波。测量后可知本图中略窄的 QRS 波并未提前，未能引起室速的节律重整，室速一直在持续。

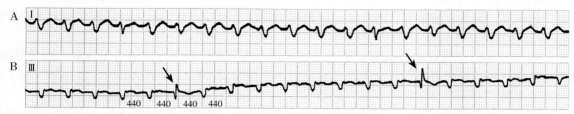

图 4-1-9　室速时的室性融合波

本图为 1 例室速发作时心电图，箭头指示 2 个形态不同，略有变窄的 QRS 波，按发生时间恰是室速的 QRS 波发生时间，因此可以推测是室性 QRS 波与室上性激动下传的 QRS 波形成的室性融合波。其发生前后的 RR 间期相等，属于完全性代偿间期，提示未发生节律重整。图中数字单位为 ms

六、节律重整的心电图特征与诊断

　　（1）心电图上可以确定心脏同时存在两种心律，两种心律位于双房或双室电活动的"单腔"内，或在心房和心室电活动的"双腔"内。后者发生节律重整时需借助较好的房室传导系统的前传或逆传功能。

　　（2）在重整节律点规则的心电周期活动中，某个周期突然出现提前的干扰节律点的电活动，并对重整节律点发生干扰，使其未成熟的激动发生无效除极和提前复位。

　　（3）提前复位的重整节律点重新积聚激动，并以等周期代偿间期发放下一次激动。所谓等周期代偿间期是指早搏后间期与重整心律的基本周期相等。因此，心电图早搏（提前发出的激动）＋等周期代偿间期的出现，几乎可以立即诊断发生了节律重整现象。

　　（4）当早搏后代偿间期比重整节律的基本节律周期略长，同时其形成的代偿间期短于两个基本心动周期，称为早搏后的不完全性代偿间期。此时是否发生了节律重整需要考虑以下几个问题：①重整节律的基本心动周期是否整齐，是否存在心律不齐；②重整节律的自律性是否稳定，提前激动能否对其产生一定程度的抑制；③提前激动的传导时间有无延缓；④不完全性代偿间期值是否能够重复。一般认为，能够重复的不完全性代偿间期的出现多数由节律重整现象引起。

　　（5）早搏伴完全性代偿间期发生时可以排除节律重整的发生。凡提前激动（早搏）的联律间期与代偿间期之和等于基本心动周期的两倍时，称为完全性代偿间期，其说明基本心律的起搏点具有传入保护机制，不受早搏的影响，没有发生节律重整。

　　可以看出，节律重整（包括心动过速节律重整）的心电图表现特征性强，诊断容易。

七、节律重整的临床意义

　　（1）理解和认识频率优势控制规律：所谓频率优势控制规律是指在没有保护机制的情况下，心脏频率占优势的起搏点发出的心律控制心电活动，形成单一心律，如窦性心律。窦性心律的自律性电活动频率高，其发出后，使潜在的、较慢的心房、房室结、心室的节律点持续不断地发生隐匿性节律重整，使还未成熟的激动不断"流产"。

　　（2）心脏两种节律同时存在时，干扰作用的发生是双方的、相互的，节律重整也是相互的。对于某一电活动心腔，如双房或双室中，频率较快的心律对频率较慢的心律通过单一快频率优势控制规律产生抑制，此时频率较慢的心律发生持续不断的节律重整是潜在的、隐匿的。而频率较慢的心律对频率较快的心律引起的节律重整是"显性"的，表现在心电图上一目了然。

（3）节律重整的发生和存在，意味着某起搏点缺乏保护机制。相反，可以发生但又未能发生节律重整时提示传入保护机制的存在，应进一步分析，探索保护机制的部位、原因等，以明确双重心律的诊断。

（4）节律重整时表现的不完全性代偿间期或等周期代偿间期，对早搏的鉴别诊断有一定的辅助价值，窦性早搏引起窦性心律重整时一定出现等周期代偿间期，房性早搏常引起窦性心律的不完全性代偿间期，而短阵房速可能引起连续、隐匿性节律重整，房速停止时表现出完全的节律重整。

（5）房颤时的类代偿间期：心房颤动伴发室早时，室早后可见到较长的代偿间期。因为房颤下传的 RR 间期本身长短不一，因此不像窦性心律那样，可以用窦性周期作标准判断代偿间期是否完全，代偿间期是否是等周期性，为此，房颤发生的室早后间期称为类代偿间期，有无类代偿间期常用于鉴别房颤时出现的宽 QRS 波是室早，还是室上性激动伴差传。

类代偿间期的本质是提前出现的室早隐匿性逆行侵入房室传导系统，使经房室传导系统传导的激动、隐匿性激动等统统提前除极并复位，并干扰此后的若干个房颤波不能经房室结下传，即室早引起了房室传导系统的节律重整。

（6）少见的节律重整的出现，尤其是心动过速的节律重整，常使心电图复杂化。准确识别节律重整有助于复杂心电图的分析和诊断。图 4-1-10 是一个典型病例。根据 A 条心电图房性心动过速可以诊断，但在 B、C、D 三条中出现了房性心动过速之外的一个心房波（箭头指示），该种心房波提前出现，而且未能经房室传导系统下传，其与下一个心房波的间期与心动过速间期相等，根据上述"早搏＋等周期代偿间期"即可诊断节律重整，本图比较容易地诊断为房性心动过速并发另一个心房节律点侵入干扰，发生了房性心动过速的节律重整。推测该房速（160 次 / 分）由折返机制引起，但根据本图不能完全排除自律性增高性房速。除此，另一种单次出现的心房波发生机制可能是：①窦性 P 波；②房性早搏；③经房室结逆行激动引起的房波。根据图形及频率的特点，推断该波为窦性 P 波的可能性大。

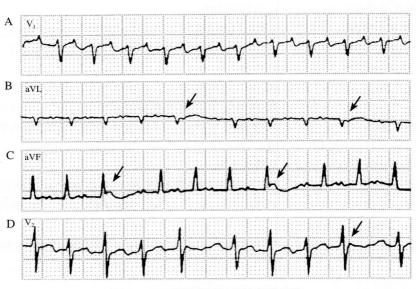

图 4-1-10　房性心动过速的节律重整

A. 患者房速时的心电图；B、C、D 中的箭头指示为另一组 P 波，其形态、发生时间与房速的图形截然不同，该房波未能下传，因其符合"早搏＋等周期代偿间期"的心电图特点，证实本图的房速发生了心动过速的节律重整现象

反复搏动

1906 年，Wenckebach 首次记录并报告了反复搏动的现象，至今已整整 100 年。100 年来，众多学者都垂青于这个迷人的课题，给予了极大的热情和深入的研究，大大丰富和推进了对反复搏动的认知水平。但它也像一支棘手的玫瑰，随着新的诊断技术不断问世，心律失常的诊断和认识水平不断提高，人们发现，过去曾经认为的最卓越的见识也存在不足，甚至是错误的推断。反复搏动至今仍然是这样一个混合体，一方面其有独立与独特的内涵，对其全面、正确的认识能极大提高复杂心律失常和心电图的诊断能力，另一方面，又必须将混杂在反复搏动的传统认识中不妥当、甚至错误的观点给予澄清或拨正，建立起对反复搏动认识的现代观点。用一句简单的话概括，即反复搏动是一种特殊形式的折返，但与普通折返的概念又截然不同。

一、溯源与定义

最早发现并提出反复搏动概念的是荷兰心电学大师 Wenckebach，他用同步记录的血管搏动图（polygram）为一位 12 岁的风心病患儿在体表记录到反复搏动（reciprocal beat）的现象。1913 年，Mines 倡议将这种心电现象称为"反复搏动"。1914 年，Gallavardin 应用心电图记录到反复搏动，但将其误认为室上性搏动，而且未能理解这些图形的真正意义。1916 年，White 给一位 37 岁心房扑动的患者记录心电图，当其心房扑动转为房室交界性心律时，记录到交界性反复搏动。该反复搏动是给予洋地黄和迷走神经刺激时，室房逆向传导的 RP' 间期延长后引发的，随后应用阿托品或运动使 RP' 间期缩短时反复搏动的心电现象随之消失，但发生这一现象的本质 White 并未真正识破，而是将其解释为房室交界性心律伴二联律。1924 年，Drary 在室房逆向传导时间延长并引发阵发性心动过速中观察到单次的反复搏动。1926 年，Scherf 和 Schookhoff 将反复搏动称为"返回的期外收缩"（return extrasystoles）。1943 年，Decherd 和 Ruskin 积累了 22 个病例，并对反复搏动进行了深入的评述。同年，Barker、Wilson 和 Johnston 提出：阵发性房速可由传导径路中的循环激动引起，该径路可能包括窦房结和房室结。1956 年，Katz 和 Pick 在其所著的心电图教科书中指出，在检测的 5000 份心电图中 40 份存在反复搏动。1959 年，Kistin 应用食管导联心电图证实，很多间位性室早的实质是室性反复搏动，并指出室早发生时，房室结可能同时存在多条逆传径路，这些径路是发生室性反复搏动的基础。1960 年，Kistin 应用人工心脏早搏刺激进行心脏电生理检查时，诱发了各种反复搏动。可以看出，对反复搏动的研究已经持续了将近 1 个世纪，也可以看出，人们对这一心电现象的认识不断深化与扩展，同时也不断纠正着对该现象的一些误解，正如 Wolff-Parkinson-White 最初将预激综合征的心电图误认为束支传导阻滞一样，这丝毫未能削弱他们敏锐的洞察力和思考对科学所做出的贡献。20 世纪 60 年代后，心脏电生理作为一个独立学科开始建立、发展和成熟。20 世纪 80 年代后，射频消融术治疗心律失常的时代开始，其使越来越多的心律失常得到根治，极大刺激了心脏电生理学的发展，这些划时代的进展使我们现在有能力重新评价反复搏动及其临床意义。

反复搏动（reciprocal beat）又称反复心律（reciprocal rhythm），是指心脏某一心腔发放的激动使该心腔除极后，激动经过传导进而激动对侧心腔，与此同时，激动的传导方向可能发生突然回折而反向传导，并使原激动起源的心腔再次激动的一种心电现象（图 4-2-1）。

与反复搏动最初的概念相比，上述定义的范围已大大扩展。经典

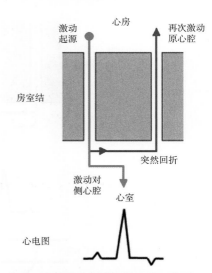

图 4-2-1 经典反复搏动的示意图

反复搏动时心脏激动过程可形成三部曲。首先，激动使激动起源的心腔除极；其次，激动跨房室结传导并激动对侧心腔，最后，激动传导过程中发生激动的回折，使激动起源的心腔再次除极

反复搏动的定义强调：起源于心脏任何部位的激动，当正向或逆向经房室交界区传导时，可能发生反复搏动，而反复搏动的现代概念认为，无房室交界区的参与，反复搏动依旧能够发生。

除此，反复搏动发生过程中，心脏某心腔被重复激动的次数仅1次，而不是反复多次地被重复激动，这暗示出反复搏动与普通折返的区别，仅表现为"单次折返"的反复搏动，属于一种特殊形式的折返。

二、反复搏动的发生率

反复搏动发生率的相关资料甚少，但根据实际工作的观察可以肯定反复搏动并非少见，只是以各种类型分别被计数，并有很多反复搏动的心电现象混杂在复杂的心电图中，未被识别，未得到诊断。

Katz和Pick在1956年出版的心电图专著中指出，在其一组5000份的心电图资料中，发现40份存在反复搏动，该资料表明，反复搏动的检出率或发生率约0.8%。

此外，现代反复搏动的概念中，包括发生在窦房之间的窦性回波现象。而常规的心脏电生理检查中，窦性回波的发生率高达10%～15%，并且重复性强。这说明反复搏动的心电现象在临床常见，只是很长一段时间内，这一概念混杂或淹没在折返的一般概念中而被忽略。

三、反复搏动的分类

1. 根据反复搏动激动起源部位分类

根据反复搏动时激动的起源部位可分为窦性、房性、房室交界区及室性4种反复搏动，其发生的示意图见图4-2-1及图4-2-2。

由于窦性与房性反复搏动的实质完全一样，只是激动点的起源部位和P波的形态略有不同，因此图4-2-2仅列出3种反复搏动的示意图。

2. 根据反复搏动在房室交界区的传导分类

根据反复搏动在房室交界区的不同传导，可分为完全性与不全性反复搏动。

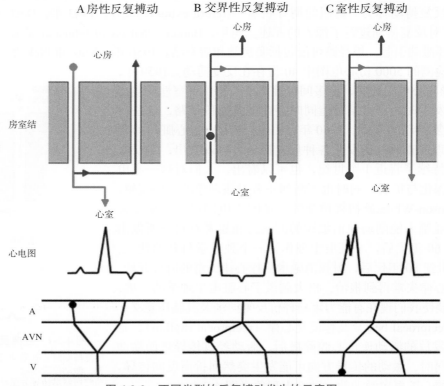

图 4-2-2　不同类型的反复搏动发生的示意图

A：房；AVN：房室结；V：室

（1）完全性反复搏动：完全性反复搏动时，心脏的激动过程分三部曲：①激动起源的心腔最先除极；②激动经房室交界区正向或逆向传导后，使对侧的心腔除极；③激动在房室交界区传导并激动对侧心腔的同时，传导方向在房室交界区发生回折使激动起源的心腔再次激动与除极。与上述心脏激动三部曲一一对应的心电图酷似"三明治"，两边是激动起源心腔首次和再次除极的心电图，中间夹着对侧心腔除极的心电图（图4-2-2）。

（2）不全性反复搏动：在反复搏动心脏激动的三部曲之中，当第二步骤未完成时，称为不全性反复搏动，显然这是激动在房室交界区向对侧心腔传导时发生阻滞的结果（图4-2-3）。与之相对应的心电图表现为："三明治"中间夹着的对侧心腔除极的心电图波消失，结果只剩激动起源心腔先后两次的除极波。反复搏动的心电图诊断有时更加困难。

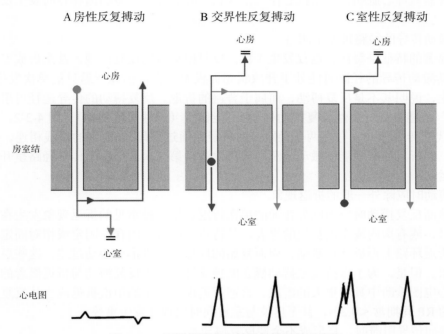

图 4-2-3 不同类型不全性反复搏动的示意图

与完全性反复搏动相比，不全性反复搏动只是激动的三部曲中第二步骤发生阻滞而未能激动对侧心腔，使原来的心电图"三明治"失去了夹心

3. 根据发生反复搏动的部位分类

发生反复搏动的最常见部位是房室交界区，但反复搏动也能发生在心房内（如窦性回波）或心室内（如心室内室性反复搏动）。据此，反复搏动分成房室交界区内、心房内、心室内3种类型，经典的反复搏动仅指上述第1种，即房室交界区内的反复搏动。

四、反复搏动的发生机制

反复搏动确切的发生机制仍不完全清楚，多数学者认为其属于一种特殊形式的单次折返现象。

1. 发生反复搏动的基本条件

与折返发生的三要素一样，反复搏动的发生也需要同样的三要素。

（1）激动传导方向存在双径路：折返发生时的双径路可以是解剖学的，例如左束支与右束支共同形成窦性激动传导方向上的双径路，又例如预激综合征中的旁路与正常的房室结可形成房室之间传导的双径路。发生折返的双径路也可以是功能性的，例如心肌缺血或心肌炎造成部分心肌的传导功能降低甚至消失，迫使激动传导时将环绕病变心肌发生折返。反复搏动的双径路多数为功能性的，即在一定条件存在时，激动传导方向上的心脏组织发生功能性的纵向分离，出现前传两条或多条径路，其中一条充当激动的前传支，另一条充当逆传支而使折返发生。

（2）双径路中一条径路出现前传阻滞：当功能性纵向分离的两条径路同时都有前传功能时，激动仍然只有前传径路而无折返的回路，只有当一条径路存在前传阻滞却能作为折返的回传支时，折返才能发生。

（3）另一条径路前传速度需缓慢到一定程度：另一条传导径路的缓慢传导也十分重要，这在房性反复搏动时表现为 PR 间期的延长，在室性反复搏动时，表现为 RP 间期的明显延长，即 > 0.20s 或 0.24s。

2. 发生反复搏动的临床原因

心电图反复搏动有 2 个特征：①短时间内的心电图中，该现象可以重复或反复发生，说明反复搏动时的传导径路相对稳定，能被反复应用；②间隔一定时间后，该现象可以自动消失而使其远期重复性差，说明反复搏动的出现具有条件依赖性，该条件存在时发生，该条件去除后消失。这与普通的折返现象截然不同。普通的折返现象常固定存在，或终身存在。引起反复搏动的常见病因有洋地黄中毒、风湿性心脏病、电解质紊乱、各种器质性心脏病、服用抗心律失常药物、心衰等，这些病因存在时发生反复搏动的概率明显增加。

3. 反复搏动激动传导的径路可能不闭合

反复搏动最显著的特征是每次折返仅发生 1 次。反复搏动可以反复出现，甚至形成二联律，但很少持续发生。因此，其激动传导的径路可能处于开放状态而没有闭合，因此折返只能单次发生，而不能连续。一旦折返连续发生，说明其不是反复搏动，而属于普遍的折返。反复搏动的传导途径可用小写的英文字母"h"来比喻，"h"可能直立（室性反复搏动），也可能倒置（房性反复搏动）（图 4-2-2，图 4-2-3）。字母"h"的两条竖线代表传导方向上存在两条径路，两条径路通过字母"h"中的横线相连，使激动前向传导过程中突然回折。回折后的激动能使激动起源心腔再次激动第二次，但由于传导径路呈开放状态，故不能形成持续的环形运动。

4. 诊断反复搏动时应除外一般的折返现象

需要强调，诊断反复搏动时应当除外普通的单次折返。临床最常见的折返现象发生在预激综合征及房室结双径路的患者，或有房内或室内折返的患者，其特点是患者心内存在固定或相对固定的折返环路，激动容易在闭合的折返环路上形成环形激动，周而复始的环形运动将形成心动过速，这些患者的心电图也能存在单次折返现象。但是，为了保持反复搏动概念的独立性，避免反复搏动与折返概念的重叠性，为使反复搏动的概念在心电图诊断中具有更大的潜能，普通折返现象发生的单次折返应当从反复搏动的诊断中除外。普通折返时的 RP 间期常 <0.20s，甚至房波与室波同时出现并发生重叠。

5. 存在激动前向传导阻滞时，将形成不全性反复搏动

如上所述，反复搏动的传导可呈"h"形，较长的竖道代表前传，短的竖道代表回传，横线代表两条传导径路的连接支。当激动前传发生阻滞时，则可形成不全性反复搏动，不全性反复搏动相对少见。有人报告三度房室传导阻滞的患者仍能发生房性反复搏动，可以肯定该反复搏动属于不全性，不全性反复搏动时的传导酷似英文字母中小写的"n"字，如同字母"h"的长竖道被切掉一样。

总之，在一定致病性或功能性因素的影响下，反复搏动发生的三要素具备齐全后，反复搏动就有可能发生。引发的激动可能是早搏，也可能是心动过速。

五、常见反复搏动类型的心电图特征及诊断

反复搏动的心电图单独存在，而且图形简单、清晰、典型时，诊断比较容易。但与复杂心电图合并存在时，可使诊断面临一定的困难。诊断发生困难的原因很多，因为反复搏动有完全性与不全性两种，不全性反复搏动与房内和室内普通折返的鉴别十分困难。此外，反复搏动可视为单次折返，需要与普通的单次折返相区别，这要求临床或心电图医师还要充分熟悉普通折返的各种心电图特征。

（一）几个相关概念

1. 房室结依赖

经典反复搏动的发生依赖房室结，完全性反复搏动中，激动需要穿透房室结而夺获对侧的心腔，因而其传导时间 PR 或 RP' 间期多数 > 0.20s，当患者原本房室结就有传导延缓时，反复搏动则更易发生。而普通折返时（预激综合征或房室结双径路），室房逆传时间多数明显短于 0.20s。鉴别心电图的单次折返现象

是反复搏动，还是普通的折返，观察这一指标十分重要。即比较折返时的 RP 间期与窦性周期的 PR 间期，当比窦性心律的 PR 间期长时，多考虑为反复搏动，明显短时，则可能是普通折返引起。

2. 反复时间

反复搏动中，再次搏动与前次心搏之间的间期（PP' 或 RR'）称为反复时间（reciprocal time），也称配对间期。一般情况下，反复时间多在 0.5s 左右，比房室结传导时间长出 2 ～ 3 倍，说明反复搏动时房室结前传及逆传的时间都有一定程度的延缓。这也是反复搏动形成的重要基础。

3. 逆行 P' 波

心房逆行激动时产生逆向 P' 波，逆向 P' 波孤立存在时的极向容易判定，在 Ⅱ、Ⅲ、aVF 导联倒置，aVR 导联直立。但反复搏动的"反复时间"较短，逆行 P' 波常受前次 T 波的严重干扰，存在的 T、P' 重叠使 P' 波极向的判断相对困难，而 P' 波极向的判断十分重要，是鉴别反复搏动与伪反复搏动的决定性条件。在完全性反复搏动时，每组心电图中都应含有逆向 P' 波，而不全性反复搏动则不尽然。

4. P 波与 QRS 波群的间期

在完全性反复搏动的每组心电图中，都含有跨房室结传导后夺获的心室波或心房波，以及传导回折后再次激动的心房波或心室波，因此，每组反复搏动的心电图中都一定存在 P' 波与 QRS 波的组合。应当指出，不论 P' 波在前，还是 QRS 波在前，2 个波是同一激动向两个方向（心房、心室侧）分别传导的结果。因此该 P' 波与 QRS 波处于分离状态，两者之间没有传导与被传导的关系。两者组成的 P'R 或 RP' 间期只代表两个心腔最早激动的时间差，该间期可长可短（图 4-2-4）。

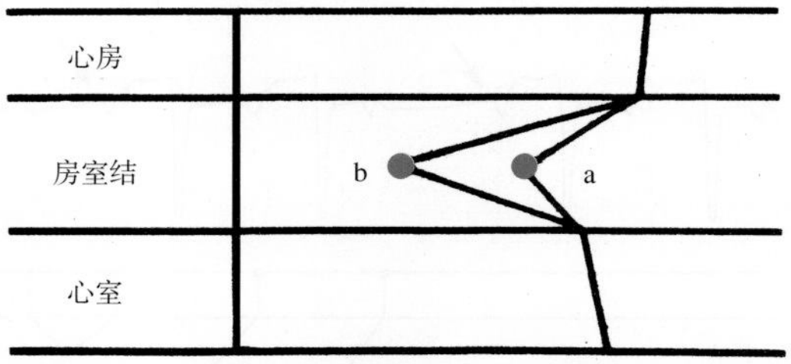

图 4-2-4 交界区激动引起的心房波（P' 波）和心室波（QRS 波）之间的间期，只代表同一激动分别使心房和心室除极起始的时间差，而 P' 波和 QRS 波处于分离状态，两者间没有传导与被传导的关系

5. 代偿间歇

反复搏动后的长间期称为代偿间歇，代偿间歇常与基础心动周期的时间相等。

（二）几种常见类型反复搏动的心电图特点

1. 房室结依赖的反复搏动

房性反复搏动

（1）定义：心房激动的 P 波经房室交界区下传引起 QRS 波的同时，回折传导并再次激动心房的现象称为房性反复搏动。房性早搏常可引起房性反复搏动，使房性反复搏动相对常见，多发生于房室传导阻滞伴明显的 PR 间期延长后，或房性早搏、房性逸搏伴 PR 间期延长之后。房性反复搏动的逆行 P' 波与房早的鉴别常依靠前面的 PR 间期是否有延长，房性反复搏动常伴 PR 间期的延长。

（2）心电图特征：①不全性房性反复搏动：心电图的组合为房性 P 波→逆行 P' 波，其中心房 P 波未能下传心室（图 4-2-5）；②完全性房性反复搏动：心电图的组合为房性 P 波→ QRS 波→逆行 P' 波，其中 P'R 间期长于或短于 RP' 间期（图 4-2-6）。

室性反复搏动

（1）定义：心室激动经房室结逆传夺获心房的同时，回折传导再次激动心室的现象，称为室性反复搏动。引发室性反复搏动的心室激动包括室早、室速、室性逸搏、室性并行心律等。

（2）心电图特征：①不全性室性反复搏动：心电图的组合为室性宽 QRS 波→室上性窄 QRS 波，室性宽 QRS 波前无相关的心房波，而室上性窄 QRS 波的时限一般正常，当伴有室内差传或束支传导阻滞时该 QRS 波也可增宽；②完全性室性反复搏动：心电图的组合为室性宽 QRS 波→逆行 P' 波→室上性窄 QRS 波，其中 RP' 间期常比 PR 间期长，合并束支传导阻滞时，室上性窄 QRS 波也可能变宽（图 4-2-7）。室性反复搏动时的 RR' 间期比正常窦性心律时的 RR 间期短。

交界性反复搏动

（1）定义：起源于房室交界区的激动经房室交界区前传或逆传引起 QRS 波或 P' 波的同时，回折传导并再次激动心房或心室的心电现象称为交界性反复搏动。

（2）心电图特征：由于起源点位于房室交界区的部位不同，其向心房或心室侧的传导速度也不同，能产生 4 种心电图的组合：①不全性交界性反复搏动：激动点向心房或心室侧的传导存在阻滞，因此形成两种心电图组合：第一种组合：交界区逆传引起的 P 波→逆行 P' 波（此时激动的前传均被阻滞），两个逆行 P' 波之间无交界性 QRS 波；第二种组合：交界性 QRS 波→交界性 QRS 波（向心房侧的逆传均被阻滞），两个交界性 QRS 波之间无逆行 P' 波；②完全性交界性反复搏动：心电图也形成两种组合：第一种组合为逆行 P 波→交界性 QRS 波→逆行 P' 波，图中 P'R 间期可以正常或延长；第二种组合为交界区 QRS 波→逆行 P' 波→交界性 QRS 波，同样，RP' 间期可以正常或延长，长于或短于 P'R 间期（图 4-2-8）。

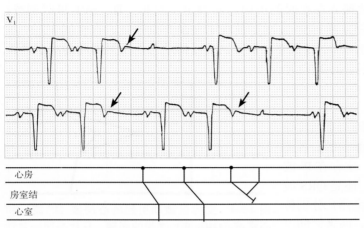

图 4-2-5 不全性房性反复搏动

图中基本心律为窦性心律，伴有 PR 间期逐渐延长及 QRS 波的脱落，窦性 P 波与前一 T 波重叠时形态受到干扰而多变；图中第 1、3 个窦性 P 波未能下传时（箭头指示），在间隔 500ms 处出现逆行 P' 波，如同梯形图的解释，此时发生了不全性房性反复搏动

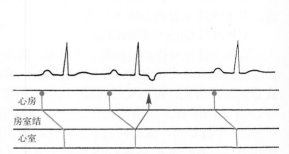

图 4-2-6 完全性房性反复搏动

图中基本心律为窦性心律，第 2 个窦性心搏的 PR 间期略有延长，下传引起 QRS 波的同时，激动在房室交界区发生回折，并使心房再次除极

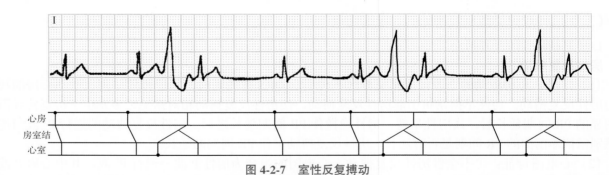

图 4-2-7 室性反复搏动

图中基本心律为窦性心律伴室性早搏，室性激动经房室结逆传引起逆行 P' 波的同时，激动传导在房室交界区发生回折，并使心室再次除极形成室性反复搏动。本图稍不注意容易误认为间位性室性早搏，但本图中心室再次激动的 QRS 波明显提前，支持是室性反复搏动的诊断

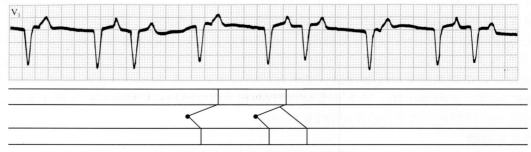

图 4-2-8 完全性交界性反复搏动

图中基本心律为房室交界区心律，因伴有左束支传导阻滞使 QRS 波呈完全性左束支传导阻滞的图形。每次交界区的激动下传激动心室并引起 QRS 波时又能逆传产生逆行 P' 波。第 2 个交界区激动发出后，其向心房侧的逆传更加缓慢，RP' 间期延长，这使激动回折时，该传导径路已脱离了不应期而前向传导并再次激动心室形成交界性反复搏动。这一现象可重复，使该图中存在 3 组同样的心电图

（3）交界性反复搏动的其他心电图特征：①多数 RP' 间期 >0.2s；② P'R 间期（逆行 P' 波到第 2 个 QRS 波）常延长；③反复搏动的两个 QRS 波中，第 1 个 QRS 波与患者基础的 QRS 波相同，第 2 个 QRS 波可能因 RR' 间期太短而出现差传，交界性反复搏动的 RR' 间期常 ≤ 0.5s；④ RP' 间期与 PR 间期成反向关系，当 RP' 逆传或 PR 前传存在传导延缓时，可使上述 RR' 间期 ≥ 0.5s，甚至可达 0.7s 或更长。

2. 非房室结依赖的反复搏动

窦性回波

（1）定义：联律间期适时的房早经房室结下传激动心室的同时，房内传导在窦房结区域发生了一次回折并再次激动心房的现象称为窦性回波。由于回波多数情况下仅发生 1 次，因此将这种发生在窦房区域的单次折返归为反复搏动（图 4-2-9）。

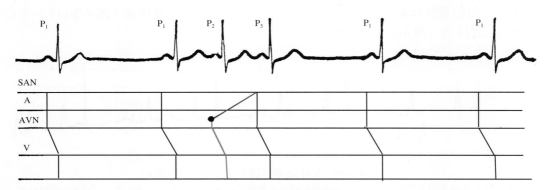

图 4-2-9　窦性回波

图示窦性心律（P₁-P₁）时，适时的房早 P₂ 下传引起 QRS 波群的同时，在窦房区域发生单次折返，产生窦性回波 P₃，P₃ 的形态与 P₁ 的形态极为相似，P₁-P₃ 间期短于 P₁-P₁ 窦性间期更支持窦性回波的诊断，而不是一次间位性房早

（2）发生机制：窦性回波属于 1 次房早在窦房结区域发生的一种特殊折返，在常规心脏电生理检查时的发生率常高达 10% ～ 15%。其发生机制是适时的房早在窦房区域传导时，正遇部分区域处于有效不应期而发生前向传导阻滞，激动则在处于兴奋期或相对不应期的窦房区域缓慢传导，并再次激动已恢复兴奋性的心房肌。由于这一折返途径并未闭合而呈开放状态，因而只发生一次窦性回波，只反复搏动一次，且不形成连续的折返。Hoffman 和 Granefield 明确指出，窦房区域的特殊折返是窦性回波的原因，认为窦房结及周围区域与房室结一样可以发生功能性的纵向分离。Strauss 证实，在窦房结和右心房界嵴之间的窦房区域，是窦性激动进出并发生传导延迟的部位。近年，Ogawa 证实，Bachman 束能发生功能性的纵向分离，并能引起特殊形式的折返。

（3）心电图特征：①适时的房性早搏常来源于左房或低位右房，因而 P' 波倒置；② P' 波下传引起 QRS 波的同时，在窦房区域发生回折，经过传导再次激动和夺获心房。心电图表现为：一次窦性周期后，出现异位的 P' 波；其下传时在窦房区域形成折返，并再次激动心房形成 P' 波，图 4-2-9 心电图中 P₁-P₃ 的间期 < 1 个窦性的 P-P 间期；再次形成的 P' 波形态与窦性 P 波的形态相似或略有差异（图 4-2-9）。

应当强调，只有发生单次窦性回波而不发生窦房折返性心动过速时才做出反复搏动的诊断，提示这种单次折返属于一种特殊的折返现象，而有单次窦性回波患者一旦发生持续的窦房折返性心动过速，则将原来的单次窦性回波归入普通的窦房折返。

2. 室内的室性反复搏动

Damato 在动物实验中，应用心室刺激进行全心室周期的扫描时，证实心室 S₂ 刺激可引起两种室性反复搏动，一种经房室结折返引起，而更为常见的是经希浦系统的折返，详述如下。

（1）定义：起源于心室的激动引起心室除极的同时，在希浦系统内发生了单次折返，并使心室再次激动的现象称为心室内的室性反复搏动。常由室性早搏、心室起搏、室速等引发这种反复搏动。

（2）心电图特征：心电图的组合为①室性 QRS 波或心室起搏的 QRS 波→室性 QRS 波。显然，心电图出现的连发性室性早搏中，部分病例则属于心室内的室性反复搏动。

（三）起搏心律时的反复搏动

人工心脏起搏器包括单腔（心房或心室）及双腔起搏器。起搏心律作为独立的心脏节律点与室早、房早一样能引发反复搏动。

1. 定义

人工心脏起搏器发出的刺激脉冲引起心房或心室除极的同时，可引起经房室结折返的反复搏动（房性或室性），也可引起经希浦系统折返的心室内的反复搏动。与双腔起搏器引起的环形折返（PMT）不同，起搏器心律的反复搏动仅为单次折返。

2. 分类

（1）AAI 起搏时的房性反复搏动（图 4-2-10）。

（2）VVI 起搏时的室性反复搏动：①心室起搏经房室结折返的反复搏动（图 4-2-11）；②心室起搏经希浦系统折返的反复搏动（图 4-2-12）。

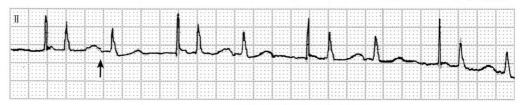

图 4-2-10 AAI 起搏引起完全性房性反复搏动

患者植入 AAI 单腔起搏器，每次心房刺激脉冲都有效起搏心房并下传心室引起 QRS 波。激动下传的同时发生回折，再次逆向传导并再次激动心房，引起心房逆行 P' 波（箭头所示），形成完全性房性反复搏动

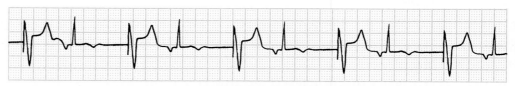

图 4-2-11 VVI 起搏引起完全性室性反复搏动

心室 VVI 起搏引起 QRS 波，并逆传夺获心房产生逆行 P' 波，同时激动传导发生回折再次激动心室。由于该心室回波是激动经房室结下传后激动心室引起的，因此该 QRS 波为室上性图形

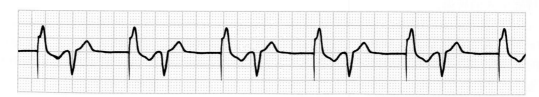

图 4-2-12 VVI 起搏引起室内的室性反复搏动

心室 VVI 起搏脉冲使心室除极后，相隔约 400ms 引发一个主波向下的宽 QRS 波，这一现象反复出现形成二联律。起搏的 QRS 波与心室回波之间未发现逆行 P' 波，因此认为，心室首次起搏除极后，激动在希浦系统传导并发生室内的单次折返，形成了形态迥然不同的 QRS 波

3. 心电图特征

（1）心房起搏性反复搏动：心电图的组合为①起搏的心房 P 波→室上性 QRS 波→逆行 P' 波（完全性）（图 4-2-10）；②起搏的心房 P 波→逆行 P' 波（不全性）。

（2）心室起搏性反复搏动：心电图的组合为①心室起搏经房室结折返的反复搏动：心室起搏的 QRS 波→逆行 P' 波→室上性 QRS 波（完全性）（图 4-2-11）；或心室起搏的 QRS 波→室上性 QRS 波（不全性）；②心室起搏经希浦系统折返的反复搏动：心室起搏的 QRS 波→室性 QRS 波（图 4-2-12）。

图 4-2-13 显示 1 例心房起搏时，下传的 QRS 波发生希浦系统的心室单次折返。应当指出，心室起搏性反复搏动临床常见，表现为 1 次心室起搏的 QRS 波后，继以室上性 QRS 波或室性 QRS 波，这种反复搏动常在某一起搏频率时发生，当心室起搏频率改变后消失。认识心室起搏性反复搏动对提高起搏心电图的诊断水平及起搏器的程控水平均有重要意义。

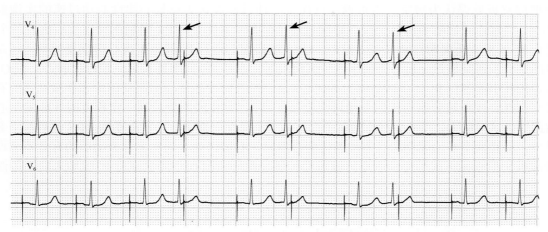

图 4-2-13　AAI 起搏形成心室内的室性反复搏动

AAI 起搏的心房波下传引起 QRS 波，间隔约 560ms 时发生了室内希浦系统折返，引发了第 2 个形态略有不同的 QRS 波（箭头所示），该 QRS 波之后的钉样信号是 AAI 起搏器的心房起搏脉冲，该起搏脉冲的如期发放间接证明前面的 T 波中无融合的 P 波，如果有异位 P 波融合，该起搏脉冲应当被抑制。本例心电图诊断为室内的室性反复搏动，室性反复搏动后心房起搏未能下传引起 QRS 波，系房室传导系统干扰的结果

六、反复心律性心动过速是否存在

经典概念认为，反复搏动是指一次基本心搏引起的 1 次或 2 次反复搏动，当一次基本心搏引起了一系列（3 次以上）连续发生的反复搏动时，称为反复心律。而由一系列连续反复搏动组成的快速心律称为反复心律性心动过速。这一经典概念已存在多年，但应用心电学的现代观点深入分析时能发现，反复心律性心动过速是否真的存在仍需探讨。

表 4-2-1 列出了反复搏动与普通折返的区别。

反复搏动是一个客观存在的心电现象，具有独立的特征，在一份心电图中可重复出现，并有独立的诊断标准。但也应当看到，由于种种认识上的误区与理论束缚，使心电图文献中常将反复搏动与普通单次折返混淆在一起，进而将普通的多次折返误认为反复搏动的连续折返。

Coumel 是法国一位著名的心脏病学和心律失常学专家，致力于心脏电生理与心律失常的研究达 30 年，一生贡献颇多，例如，他提出的 Coumel 定律。Coumel 于 1967 年报告了一种特殊的心动过速，多见于儿童，QRS 波形态正常，具有持续不断、无休止发作的特点。Coumel 将其称为持续性交界性反复性心动过速（permanent junctional reciprocating tachycardia，PJRT）。顾名思义，他认为这种心动过速的本质是连续的交界性反复搏动，心动过速时 RP' 间期很长，传导的延迟出现在房室传导系统的逆向传导。但目前

表 4-2-1　反复搏动与普通折返的区别

	反复搏动	普通折返
发生折返的径路	开放（呈 h 形）	闭合（呈环形）
发生折返的次数	单次	多次、持续或单次
折返径路的稳定性	不稳定，在一定条件下一过性出现和存在	稳定，几乎一直持续存在
患者临床原因	多数伴有器质性心脏病或其他原因	多数不伴器质性心脏病

已经澄清，其不是交界性反复搏动，过长的 RP' 间期也不是房室传导系统逆向传导的延迟，而是患者房室之间存在一种特殊的慢旁路，其传导速度慢，并有递减传导，这种旁路的电生理特点与房室结十分相似，因此才引起这种误会（图 4-2-14）。目前，经过旁路的射频消融，根治这种心动过速已十分容易。并认为将其称为 PJRT 的观点是错误的，此外，文献中列举的反复心律性心动过速几乎都是其他机制引起的心动过速。

　　这种把房室折返误认为房室结内折返，进而将心动过速误认为反复心律性心动过速的实例很多。图 4-2-15 中的心动过速被诊断为房性反复性心动过速，A 图中窦性心律 PR 间期逐渐延长后出现一个逆行 P' 波，该逆行 P' 波把文氏周期打断并使之流产。QRS 波后面的逆行 P' 波是 1 次心房反复搏动，还是 1 次经房室旁路的逆传？答案显然是后者，临床这种病例很多，当其 PR 间期延长到一定程度时，心室 QRS 波则能经旁路逆传并引起逆行 P' 波，这是因为 PR 间期足够延长时才能使心房肌从前次窦性激动后的有效不应期中恢复兴奋性，才能被旁路逆传的激动再次除极，只有当 PR 间期延长到一定程度时才能发生心房逆向激动。因此应当这样认为，图 4-2-15A 的第 1 个、第 2 个窦性周期中，心室激动的 QRS 波后都沿旁路发生了室房逆传，但在两个心动周期中当激动逆传到心房时，心房仍处于前次窦性激动后的有效不应期而未能发生心房除极，形成了 1 次经旁路的室房隐匿性传导。此外，图 A 中 4 次逆行 P' 波均未能下传激动心室

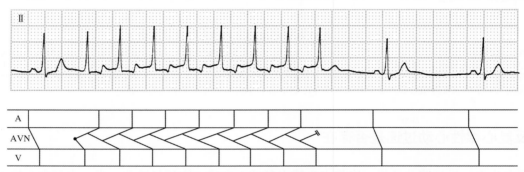

图 4-2-14　PJRT 的短阵发作与终止

Coumel 将 PJRT 错误解释为反复、连续发生在房室交界区的反复心律性心动过速，实际这是房室之间存在的慢旁路引发的顺向型房室折返性心动过速，而不是交界性反复心律性心动过速。A：心房；AVN：房室结；V：心室

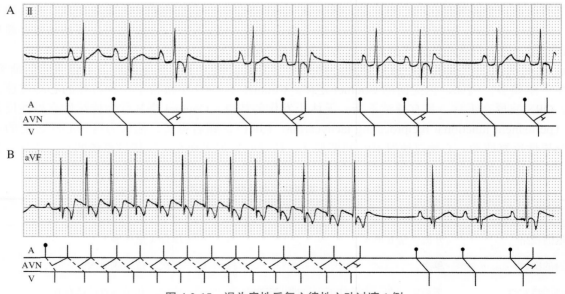

图 4-2-15　误为房性反复心律性心动过速 1 例

A 图中的逆行 P' 波被误诊为单次的房性反复搏动，B 图进一步将心动过速解释为房性反复心律性心动过速。但上图中的逆行 P' 波实际是经旁路逆传引起的，B 图是预激综合征伴发的顺向型房室折返性心动过速，而不是房性反复心律性心动过速。A：心房；AVN：房室结；V：心室

的原因是逆行 P' 波在经房室结前传时发生阻滞。这种病例经过旁路消融容易根治。因此，图 4-2-15A 的诊断应当纠正为房室单次折返引起逆行 P' 波，而不是房性反复搏动。进而 B 图的房性反复性心动过速的诊断也不成立，而应诊断为房室折返性心动过速（顺向型房室折返性心动过速），该心动过速终止在房室传导系统的前传。

综上，本文认为，反复心律性心动过速实际并不存在，因其不符合反复搏动时折返径路处于开放的特点。相反，当 1 份心电图中存在单次折返的反复搏动，又同时存在持续折返的心动过速时，应当否定该单次折返是反复搏动所致。

七、心电图反复搏动的临床意义

反复搏动心电图在临床并非少见，可见于正常人，但更多发生在伴有心脏病的患者，例如：洋地黄过量、电解质紊乱、服用抗心律失常药物的患者。反复搏动发生后不需进行针对性治疗，因为反复搏动相当于单发或连发的早搏，对血流动力学的影响甚微；而且反复搏动虽然在短时间可以重复，但间隔较长时间后，这种心电现象常可自行消失，因此不需针对性治疗。

八、结束语

反复搏动心电图最重要的临床意义是其能使心电图及心律失常的诊断变得更加复杂，甚至发生诊断的困难和误诊。例如室性心动过速合并反复搏动时，其可能使室速的 QRS 波变得多形和不规整，进而使单形性室速的诊断受到质疑。其次，应当对反复搏动与普通折返进行准确的鉴别，这可使更多的快速性心律失常患者尽早得到正确的诊断与治疗。因此，提高反复搏动心电图的诊断水平，对提高临床心电图及心律失常的诊断与治疗水平都有重要意义。

第三章

脉搏短绌区

"脉搏短绌"是诊断学的相关术语，又在临床心律失常，尤其在心房颤动（房颤）诊断与治疗中反复出现。众所周知，房颤时心室律绝对不整，室率越快脉搏短绌越明显，经治疗心室率减慢后，脉搏短绌的现象也随之改善。

本文提出并阐述"心电图脉搏短绌区"的新概念，通过讨论，期望读者能对脉搏短绌的发生机制、临床危害等方面能有更系统、更深度的认知。而深入理解脉搏短绌区这一概念，可使该现象的诊断变得容易。

第一节　脉搏短绌的定义

正常时，每次窦性 P 波下传的 QRS 波，经过兴奋与收缩耦联间期 50ms 后必将触发心室收缩，进而冲开主动脉瓣完成向主动脉的射血，使大动脉和周围动脉有效充盈，同时形成了桡动脉的搏动（图 4-3-1），这使心率与脉搏次数完全一致。

因此，心电图每个 QRS 波触发的心室有效收缩、主动脉和周围动脉的充盈，以及周围动脉的搏动，依次形成 1 对 1 的关系。但有些心律失常发生时，心室 QRS 波触发的心室收缩却变为无效收缩，不能使大动脉和周围动脉有效充盈，进而使桡动脉的搏动丢失一次，导致心率与脉搏次数失去 1:1 的关系。

所以，脉搏短绌是指一些心律失常发生时，能使患者的脉搏次数低于心率次数，这种现象称为脉搏短绌（图 4-3-2）。有时，还要计算每分钟脉搏短绌的总数，房颤患者的心室率越快，每分钟脉搏短绌的总数越高，例如心室率超过 130 次 / 分时，每分钟脉搏短绌的总数可达 20 ～ 30 次。而经药物治疗心室率降低后，脉搏短绌的总数也会大幅度下降。因此，每分钟脉搏短绌的计数还有评价临床治疗效果的意义。

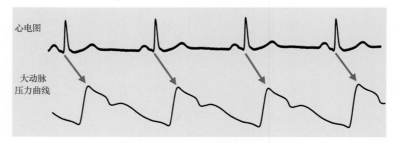

图 4-3-1　正常时心率与脉搏次数一致

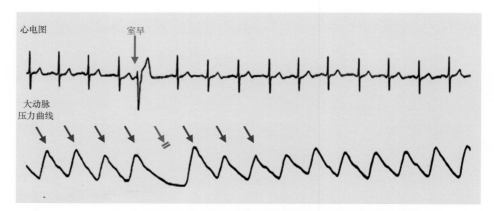

图 4-3-2　室早未使大动脉充盈并引起一次脉搏短绌

图 4-3-2 是一位患者心电图与大动脉压力曲线的同步记录。可以看出，每次窦律的 QRS 波经过一定时间都要触发心室收缩，使主动脉充盈及大动脉压力曲线迅速升高（箭头指示），进而周围动脉充盈并形成脉搏搏动。但有时室早触发的心室收缩未能使大动脉有效充盈及压力曲线升高，进而可使周围动脉的桡动脉也同样未能有效充盈而丢失一次搏动，引起一次脉搏短绌。

第二节　发生机制

一、心室收缩期的分期

为深入理解脉搏短绌的发生机制，需要了解心室收缩期几个亚期的特点。

心电图每个 RR 间期既是心脏电活动的一个周期，也是心室收缩与舒张机械活动的一个周期。QRS 波的起点代表心室电活动的开始，经过 50ms 兴奋与收缩的耦联间期将触发心室收缩。有人简单地将 QRS 波的 R 波顶点视为心室收缩的起点。心室收缩时心室肌细胞的肌动蛋白和肌凝蛋白发生一次横桥滑动，使肌节缩短 10%，进而使整个心室腔明显缩小，室内压增高，当左室内压超过主动脉压力时，将推开主动脉瓣开始射血（图 4-3-3）。

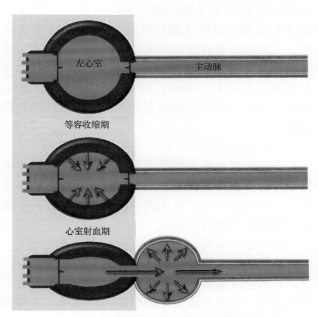

图 4-3-3　左室等容收缩期和快速射血期

1. 等容收缩期

应当了解，心室肌的收缩十分强烈，可使室内压迅速升高。升高过程中，左室内压最先超过左房压，使左室血流沿压力阶差向上推动二尖瓣关闭，使收缩期室内血液不会倒流心房。当左室内压继续升高并超过主动脉压时开始射血。实际上，心室开始射血前还有一个时间段：即主动脉瓣处于关闭状态，二尖瓣同时也在关闭状态，此时称为等容收缩期。该时段仅有心室收缩力的改变而无心室腔容积的变化，等容收缩期持续约 60ms。

因此可知，从 QRS 波起点到心室射血起始约 110ms，其包括兴奋收缩耦联间期的 50ms，心室等容收缩期的 60ms，两者之和（110ms）比正常的 QRS 波时限略长。

2. 快速射血期

等容收缩期后，心室的继续收缩使室内压进一步上升，当左室内压超过主动脉压时将推开主动脉瓣迅速射血，快速射血期仅占整个收缩期的 1/3（110ms），这使左室容积迅速缩小，主动脉快速充盈。快速射血期与心电图 QT 间期的 ST 段相对应。

3. 减慢射血期

快速射血期结束后，心室收缩力和室内压开始下降，射血速度也迅速减慢，使心室容积变为最小，该期持续约 140ms，随后心室开始舒张。减慢射血期与心电图 QT 间期的 T 波相对应。

综上，心室收缩期历经三个亚期：等容收缩期、快速射血期、减慢射血期。三个亚期分别与心电图 QRS 波的后半部、ST 段和 T 波相对应。在 RR 间期为 800ms 的心动周期中，心室收缩期约 350ms，三个亚期所占时间分别为：60ms、110ms 和 140ms，再加上初始兴奋收缩耦联间期的 50ms，总计 350ms 左右（图 4-3-4）。

人体右室容量平均 137ml，左室容量平均 120ml，人体安静时心室每搏量约 60 ~ 80ms。而交感神经兴奋或运动时，心肌收缩力增强，每搏量相应增多。正常时，左室收缩期的每搏量约为左室容量的 2/3（即左室射血分数的 65%），而残留血约为左室容量的 1/3（图 4-3-5）。

二、心室舒张期的分期

心电图 T 波终点是心室收缩期结束及心室舒张期开始的标志（图 4-3-4），心室舒张期分为 4 期。

1. 等容舒张期

等容舒张期是舒张期的第 1 阶段，但实际此前还有主动脉瓣关闭前期（又称舒张前期），其指心室的主动舒张使室内压下降，当左室内压低于主动脉压时主动脉瓣关闭，舒张前期持续约 30ms。此时主动脉瓣关闭，二尖瓣尚未打开，形成左室内压不断下降，但心室容积未发生改变而称为等容舒张期（约 60ms）。因此，上述两期持续约 100ms。因左室收缩期的射血分数为 55% ~ 65%，故左室收缩期后的等容舒张期仍有部分残留血液。

2. 快速充盈期

当左室舒张压下降并低于左房平均压时，左房血流将冲开二尖瓣充盈左室，形成快速充盈期。换言之，心室的主动舒张兼有"负压回抽吸"作用，有利于左室充盈，快速充盈期约 110ms。

3. 缓慢充盈期

心室的快速充盈使跨二尖瓣的压力阶差变小，使左室的充盈速度减慢，并形成持续时间约 200ms 的心室缓慢充盈期。快速与缓慢充盈期共同形成跨二尖瓣血流图的 E 峰，左室在 E 峰时的充盈量约 2/3。

4. 房缩期

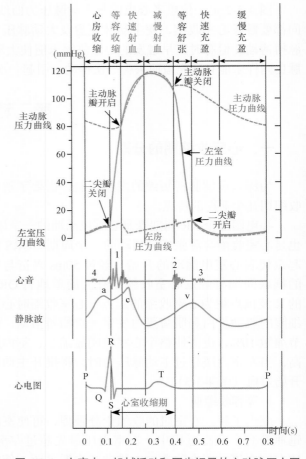

图 4-3-4 左室电、机械活动和同步记录的主动脉压力图

心室舒张晚期，心室的主动舒张使左室充盈的作用结束，此时，跨二尖瓣的压力阶差趋向为零。但在舒张晚期窦性 P 波出现，其触发的心房收缩将再次加大跨二尖瓣的压力阶差，再次出现跨二尖瓣的血流并形成 A 峰。房缩期持续约 100ms，其引起左室的充盈量约为左室充盈总量的 1/3。

因此，整个舒张期与心电图 T 波终点到 R 波起点的间期相对应，上述 1 ~ 3 期相当于心电图的 TP 间期，而房缩期可粗略视为与心电图 PR 间期相对应。

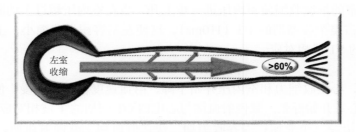

图 4-3-5 心室收缩期每搏量约 80ml

三、收缩期与舒张期的血流测定

如上所述，心电图一个完整的 RR 周期将包括心室收缩期和心室舒张期（图 4-3-6）。

1. 收缩期的跨主动脉瓣血流

心室收缩期与心电图 QT 间期相对应，左室向主动脉的射血将形成跨主动脉瓣血流图（图 4-3-7）。应

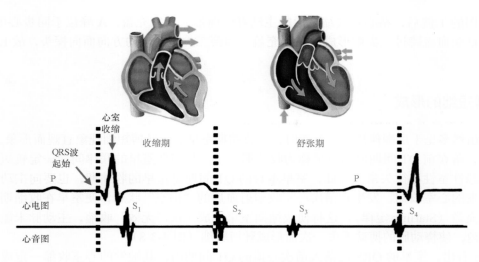

图 4-3-6 心室收缩期与舒张期血流

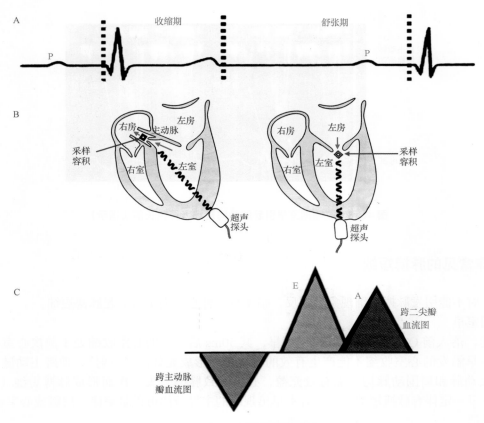

图 4-3-7 心脏电、机械活动及推动的血流
A. 心脏电活动；B. 心脏机械活动；C. 推动的血流

用脉冲多普勒技术记录该血流时，取样容积放在主动脉瓣的开口，而脉冲多普勒的探头放在心尖部。假设主动脉瓣口的面积固定不变时，记录的血流图大致能代表心室收缩期的"每搏量"。从图 4-3-7 看出，跨主动脉瓣血流形成了一个负向波。

2. 心室舒张期的跨二尖瓣血流图

心室舒张期与心电图 T 波终点到下一个 R 波起点相对应，因舒张期左室的主动舒张及左房的收缩，使左房血流不断跨过二尖瓣充盈左室。应用脉冲多普勒技术记录跨二尖瓣血流时，取样容积放在二尖瓣开口部位，探头放在心尖部，则可记录到跨二尖瓣血流图（图 4-3-7）。跨二尖瓣血流图中有 E、A 两峰，E 峰位于同步心电图的 T 波后，系心室收缩之后的主动舒张而形成左室充盈，A 峰位于同步心电图的 P 波后，系心房收缩并推动血流跨过二尖瓣形成的左室充盈。因跨二尖瓣血流的方向面向探头，故 E、A 两峰均为向上的波。

四、脉搏短绌的形成

脉搏短绌虽然多见于房颤伴快速心室率时，但收缩期室早后的脉搏短绌现象直观而形象。

顾名思义，落在前 QT 间期内的室早称为收缩期室早。收缩期室早的联律间期一定较短，提前指数更小，容易引发恶性室性心律失常。除此，室早本身的 QT 间期是室早的收缩期，也要向主动脉射血，但因收缩期室早触发的心室收缩，发生在前次心室收缩射血后的"排空"状态，使室早在收缩期几乎无血流射入主动脉使其充盈（Starling 定律），这将使收缩期室早变成一次"无效"收缩，主动脉未能有效充盈，周围动脉未能充盈，使桡动脉的搏动丢失一次而形成脉搏短绌（图 4-3-8）。

从图 4-3-8 看出，室早的 QRS 波落入前次心搏的 QT 间期内，其触发的心室收缩一定成为无效的一次"空射"，并引起一次脉搏短绌。

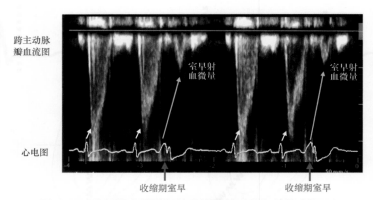

图 4-3-8　收缩期室早引起的脉搏短绌（黄色长箭头指示）

五、临床常见的脉搏短绌

心律正常时不能引发脉搏短绌现象，相反，临床有三种心律失常可引起脉搏短绌。

1. 收缩期室早

如上所述，落入前 QT 间期内的收缩期室早，其 50ms 后触发的心室收缩处于前次心室收缩后的排空期，进而使室早触发的心室收缩不能产生有效的每搏量而形成无效的"空射"，使跨主动脉瓣血流锐减或几乎为零，大动脉和周围动脉均不能有效充盈，必将导致脉搏丢失一次而形成脉搏短绌（图 4-3-8）。因此，收缩期室早一定伴有脉搏短绌。而患者室早出现时的主导节律可以是窦律、房颤或心室起搏等。

2. 房性早搏

房性早搏也能引起脉搏短绌，且临床并非少见。能引起脉搏短绌的房早一定来得较早，使其下传的 QRS 波落在前 QT 间期内，形成一次收缩期内的 QRS 波，或认为该 QRS 波类似于一次"收缩期室早"进而引起脉搏短绌。房早下传的 QRS 波时限可以正常，也可能增宽（伴室内差传），但都将引起脉搏短绌（图 4-3-9）。

3. 心房颤动

房颤是引起脉搏短绌最常见的心律失常。房颤的 RR 间期绝对不等，当患者心室率较快时，心电图一定存在短 RR 间期，当紧邻的第 2 个 QRS 波落入前 QT 间期内时，该 QRS 波则成为收缩期 QRS 波，也可认为该 QRS 波类似于一次"收缩期室早"，其触发的心室收缩一定是无效收缩而产生脉搏短绌（图 4-3-10，图 4-3-11）。

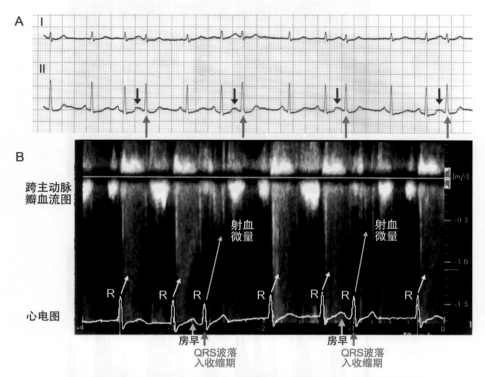

图 4-3-9 房早下传的 QRS 波引起的脉搏短绌（黄色长箭头指示）
A. 房早三联律下传的 QRS 波落在前 QT 间期中；B. 收缩期 QRS 波引起了脉搏短绌

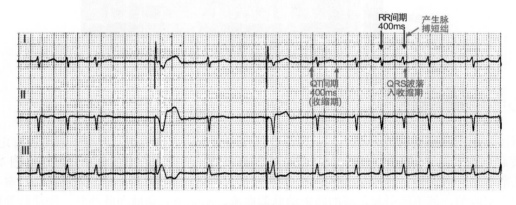

图 4-3-10 房颤时过短的 RR 间期将引起脉搏短绌

　　图 4-3-11 是房颤心电图与跨主动脉瓣血流图的同步记录。当房颤出现短 RR 间期时，紧邻的第 2 个 QRS 波落入前 QT 间期内，这种类似于"收缩期室早"的 QRS 波，进而使跨主动脉瓣血流锐减或消失（黄色长箭头指示），并产生脉搏短绌。

　　还应注意，当房颤心室率更快时，可连续出现 2 个或多个短 RR 间期，进而产生连续的脉搏短绌现象（图 4-3-12）。

　　除上述三种心律失常外，临床还有其他能引起脉搏短绌的心律失常，例如交界性早搏落入前 QT 间期时也一定引起脉搏短绌。

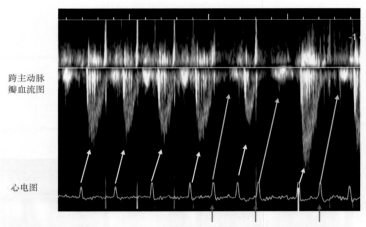

图 4-3-11　房颤伴短 RR 间期产生的脉搏短绌（黄色长箭头指示）

跨主动脉
瓣血流图

心电图

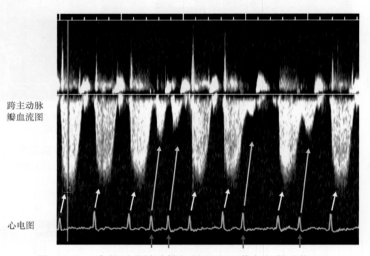

跨主动脉
瓣血流图

心电图

图 4-3-12　房颤时连续脉搏短绌现象（黄色长箭头指示）

六、心电图脉搏短绌区

如前所述，心室收缩期与舒张期的各亚期都有各自的血流动力学特点，但有一点可以肯定，从前 QT 间期的 T 波起点到 T 波终点后的一段时间（包括等容舒张期）都属于心电图脉搏短绌区（图 4-3-13）。其意味着，凡落在这一时间段（脉搏短绌区）的 QRS 波都可称为收缩期 QRS 波，其触发的心室收缩都将是一次无效的心室收缩，都不能引起足够的跨主动脉瓣血流，不能使大动脉和肱动脉、桡动脉等周围动脉有效充盈，结果必然引起一次脉搏丢失和脉搏短绌。所以，心电图的这一区间可视为"脉搏短绌区"。

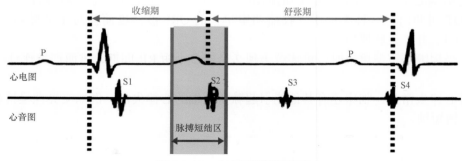

图 4-3-13　心电图脉搏短绌区

图中两条实线之间的黄色区域为脉搏短绌区，凡落入该区的心室 QRS 波一定会引发脉搏短绌现象

应当说明，前 QT 间期的 ST 段尚处于前次心室除极（QRS 波）后的有效不应期，因此从理论上可推导：前 ST 段内不会出现新的 QRS 波，故无更早的收缩期 QRS 波。

七、临床意义

建立"脉搏短绌区"概念，深入理解脉搏短绌现象能大大提高对心律失常血流动力学危害的认识。

1. 室早性心肌病的发生

频发室早（＞1 万次 /24 小时）的患者仅少数伴发心室扩大，心功能下降而诊断为室早性心肌病，而绝大多数频发室早的患者并不发生室早性心肌病。室早患者是否发生室早性心肌病虽然受多种因素的影响，但与不同类型室早的血流动力学影响密切相关。

下面用两个实例说明这一问题。

例 1：患者男、13 岁。频发的收缩期室早形成二联律或三联律（图 4-3-14A），Holter 显示患者平均心率 70 次 / 分，室早总数 3.5 万次，室早负荷达 31%。超声心动图显示：患者的左室舒张末径 6.1cm，左室已明显增大。跨主动脉瓣血流图显示：患者的收缩期室早仅产生微量的跨主动脉血流（图 4-3-14B），成为无效心搏而引起脉搏短绌。随后，室早经射频消融治疗得到根治（图 4-3-14C）。5 天后再次超声心动图显示：左室扩大已逆转为正常（55mm）。从本例室早有效消融治疗后迅速使心室扩大得到逆转，进一步证实患者室早性心肌病的诊断正确。

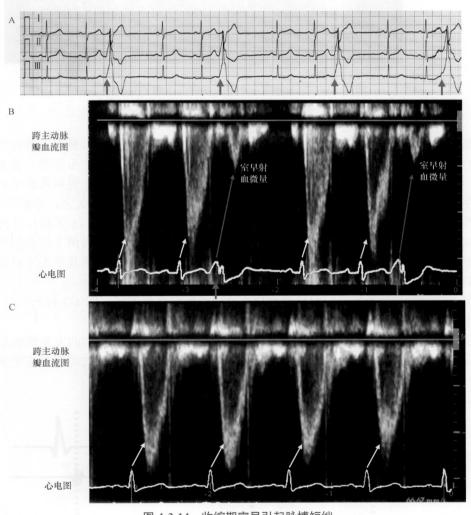

图 4-3-14　收缩期室早引起脉搏短绌

A. 收缩期室早形成三联律；B. 收缩期室早引起脉搏短绌；C. 室早有效消融后脉搏短绌消失

例2：患者男、17岁。24 h频发室早总数高达45628次，室早负荷45.8%。心电图证实患者的室早为舒张期室早（图4-3-15A）。但连续随访该患者5年，其超声心动图一直正常，说明患者心脏的形态与功能均未受频发室早的影响，未发生心肌病。图4-3-15A是患者频发舒张期室早形成二联律的心电图，图4-3-15B是患者的跨主动脉瓣血流图，显示患者频发舒张期室早的"每搏量"几乎不受影响。

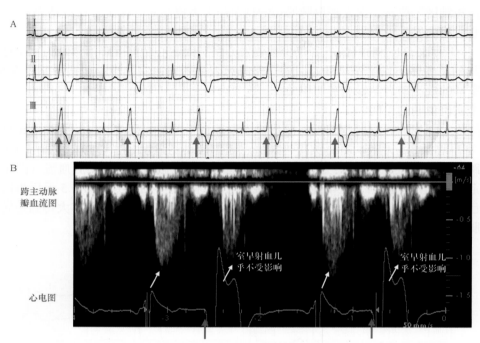

图4-3-15　舒张期室早的跨主动脉血流图不受影响

A.频发的舒张期室早；B.室早的"每搏量"几乎正常

　　上述两例都是有频发室早的年轻患者，但例1室早为收缩期室早，这些大量无效的收缩期室早引起了脉搏短绌，成为无效心搏。当用患者的平均心率70次/分减去无效（占31%）室早后，患者全天平均窦率仅48.7次/分，属于严重的窦缓。对于中老年人，这种窦缓可能无太大影响，但对正在生长发育、日常活动较多的中学生，其每分钟的心输出量远远不能满足机体代谢的需求。时间久之，心脏将对"严重窦缓"发生左室代偿性扩大并引发继发性心肌病。而患者室早被有效消融后，很快（5天后）这种室早引起的继发性心室扩大就得到逆转，良好的治疗效果进一步证实原来诊断的可靠性。而例2患者虽然室早的总数与负荷更大，但室早都是舒张期室早，其血流动力学影响极小，对患者的心功能几乎无不良影响，因此，尽管大量室早长期存在也不影响心脏形态与心功能。

　　因此，临床中收缩期与舒张期室早对患者的血流动力学影响截然不同（图4-3-16）。

2. 并行心律的脉搏短绌

　　并行心律包括并行性室早、房早、交界性早搏等三种情况。这些心律失常的发生机制是患者心脏内存在着自律性增高的异位兴奋灶而不断发放早搏，同时，自律性异常增高病灶的周围存在完全性传入阻滞使

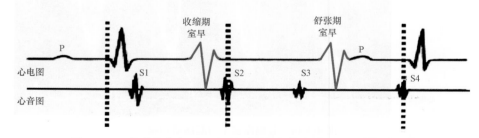

图4-3-16　收缩期与舒张期室早对患者血流动力学的影响截然不同

早搏受到保护而持续、稳定存在。同时，在异位灶周围还存在间歇性传出阻滞，使各种早搏能规律、间歇性发放并显露。其心电图表现除早搏的联律间期不等之外（相差 >80ms），早搏之间的间期存在着最小公倍数而规律出现。

应当了解，患者的并行性早搏也能引起脉搏短绌。图 4-3-17 是一位频发并行性室早患者的心电图（图 4-3-17A）及跨主动脉瓣血流图（图 4-3-17B、C）。显然，落入脉搏短绌区的室早成为了无效室早（图 4-3-17B），而落入此区之外的舒张期室早未引起明显的血流动力学影响（图 4-3-17C）。

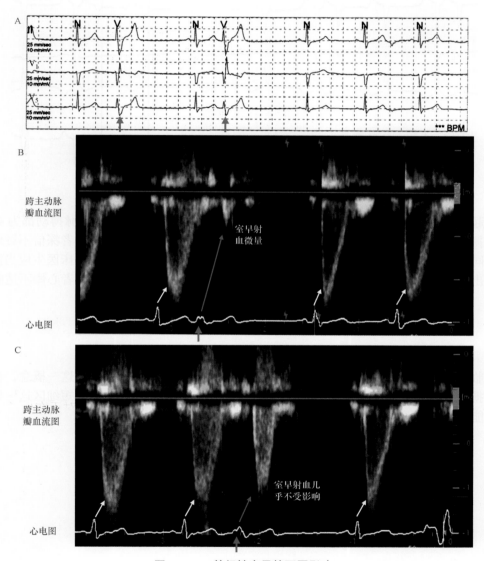

图 4-3-17　并行性室早的不同影响

A. 心电图存在收缩期室早和舒张期室早；B. 跨主动脉瓣血流图显示收缩期室早将引起脉搏短绌；C. 舒张性室早的血流动力学影响不大

3. 家用血压计检查时的"脉搏短绌"

家用血压计在测量血压的同时，还有脉搏计数的功能。但应当了解，血压计通常在肱动脉进行脉搏计数，其与桡动脉一样都属于周围动脉，当充盈不足时都能产生脉搏短绌。

图 4-3-18 是一例 DDD 起搏器患者的心电图，患者女、52 岁。近时因明显心悸不适就诊。主诉自测脉搏 40 次 / 分，经血压计检测的脉搏也是 40 次 / 分。但患者知晓医生给起搏器程控的基础起搏率 60 次 / 分，这使她怀疑起搏器发生了功能障碍。但从图 4-3-18 可清晰看出，患者是在心室起搏为主导心律的基础上出现频发室早并形成三联律，并且室早的联律间期短，落入了心电图的脉搏短绌区（即收缩期室早），而收

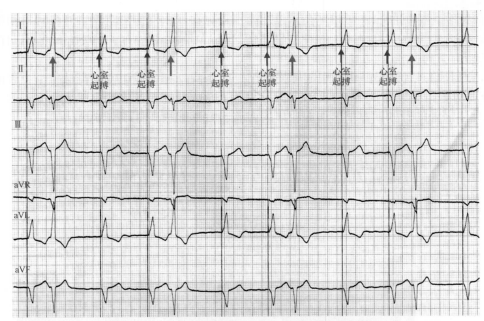

图 4-3-18 DDD 起搏器患者的收缩期室早引起脉搏短绌

缩期室早又引起脉搏短绌。这使患者自己检测的桡动脉搏动和血压计检测的肱动脉搏动都为 40 次 / 分，实际两者都将脉搏短绌漏记了。因血压计检测的脉搏值和自己检测结果一致，使患者深信不疑地认为起搏器出现了故障。同时 40 次 / 分的有效心率也使患者不适，并给患者造成了恐慌。临床医生应当清晰了解这一现象，及时做出解释而消除患者的担忧。当应用抗心律失常药物控制室早后，患者心悸不适的现象可完全消失。

结束语

脉搏短绌临床常见，其可因多种心律失常引发。本文提出心电图脉搏短绌区这一概念，使临床和心电图医生能对脉搏短绌现象建立更直观的认识和诊断。因此，深入理解和认识脉搏短绌区这一概念有着重要临床意义，并能提高心电图医生对心电图异常而伴发的不同危害产生更深的认识。

Coumel 定律

第四章

一、Coumel 定律

Coumel 定律又称 Coumel-Slama 定律，由 Coumel 于 1973 年首先提出。Coumel 定律认为：

（1）预激综合征患者不论旁路位于左侧还是右侧，常发生顺向型房室折返性心动过速，心动过速的折返环路中房室传导系统为前传支，旁路为室房之间的逆传支，心房、心室均参加折返。

（2）顺向型房室折返性心动过速发生时，心室除极顺序正常，因此 QRS 波群时限 < 0.11s，属于窄 QRS 波的心动过速。当心动过速发作合并功能性束支传导阻滞时，激动沿未发生阻滞的束支下传，心室除极顺序异常，QRS 波时限 ≥ 0.12s，属于宽 QRS 波的心动过速，可以分别出现完全性左束支或完全性右束支传导阻滞的图形。

（3）当预激综合征的旁路所在部位的同侧束支在心动过速时发生功能性束支传导阻滞时，心动过速的折返路径将延长，可使心动过速的周期长度（RR 间期）比不合并束支传导阻滞时心动过速的周期长度延长 35ms 以上（图 4-4-1，图 4-4-2）。

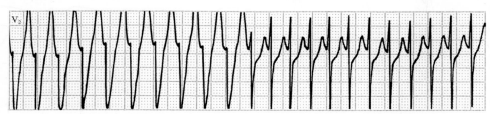

图 4-4-1　预激综合征患者的旁路位于左侧游离壁（射频消融术证实）

心动过速发作合并同侧束支（左束支）功能性阻滞时，心电图呈完全性左束支传导阻滞图形，RR 间期 360ms，此后束支传导阻滞消失，QRS 波变为正常，此时心动过速的 RR 间期 280ms。两者相比，心动过速的心动周期值相差 80ms，符合 Coumel 定律

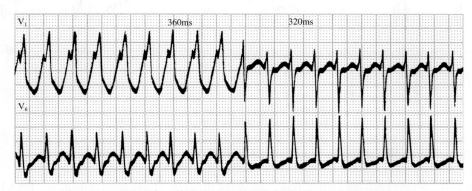

图 4-4-2　预激综合征的旁路位于右侧游离壁（射频消融术证实）

心动过速发作合并旁路的同侧束支（右束支）功能性阻滞时，QRS 波宽大畸形 > 0.12s，此时的 RR 间期 360ms，当束支传导阻滞消失，QRS 波变为正常时，心动过速的 RR 间期 320ms。两者相比差值 40ms，符合 Coumel 定律

（4）当预激综合征的旁路所在部位的对侧束支在心动过速时发生功能性束支传导阻滞时，其折返环路的长度未变，因此，心动过速的周期长度与不合并束支传导阻滞时心动周期长度相比没有改变（图 4-4-3）。

（5）顺向型房室折返性心动过速的心动周期可以看成 2 个间期之和：

1）AV 间期：代表房内传导时间与房室传导系统传导时间之和，即前向传导时间。

2）VA 间期：代表室内传导时间与旁路逆传时间之和，即逆向传导时间。

体表心电图中，由于逆 P' 波常重叠在 ST 段及 T 波中不好辨认，因而不同情况下 AV 间期与 VA 间期

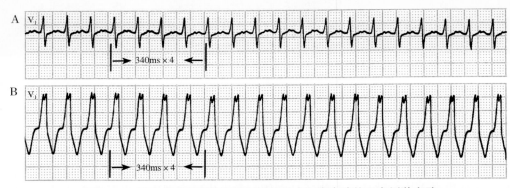

图 4-4-3   经心内电生理检查及射频消融术证实旁路位于左侧游离壁

A. 心动过速发作，可见明显的逆 P' 波，VA 间期约 160ms；B. 心动过速发作时合并右束支传导阻滞，阻滞的束支位于旁路所在部位的对侧，心动过速的周期不变，符合 Coumel 定律

的变化不易观察和测定。但心内电图的记录则一目了然，伴有旁路同侧束支传导阻滞的心动过速发作时，明显变化的是 VA 间期，而 AV 间期基本不变（图 4-4-4）。

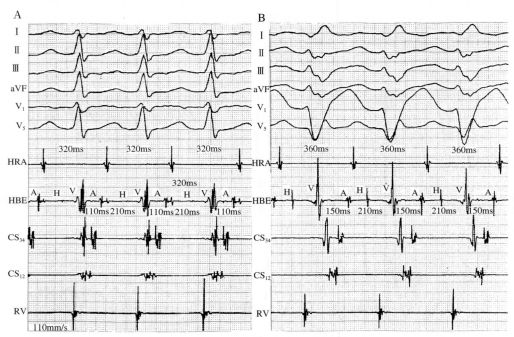

图 4-4-4   心内电图证实 Coumel 定律的机制

心动过速周期从 320ms（A）延长到 360ms（B）的本质，是 VA 间期从 110ms（A）延长到 150ms（B），而 AV 间期不变，详见正文（记录纸速 100mm/s）。HRA：高右房；HBE：希氏束；CS：冠状窦；RV：右室

在图 4-4-4A 中，心动过速的周期值 320ms，最早的心房激动（early atrial activation，EAA）出现在 CS$_{12}$ 通道，心房逆向激动明显左偏，证实为左侧旁路。图 4-4-4B 中，心动过速合并左束支传导阻滞（束支传导阻滞出现在旁路的同侧），心动周期值延长 40ms（大于 35ms）而变为 360ms。测量结果标注在高右房（HRA）和希氏束（HBE）通道。可以看出，A、B 两图中 AV 间期均为 210ms 没有变化，而变化的是 VA 间期，其从 A 图的 110ms 变为 B 图的 150ms。Coumel 定律的本质是旁路伴同侧束支传导阻滞时，心动过速周期值的延长是 VA 间期延长的结果。

（6）旁路伴同侧束支传导阻滞时，心动过速周期值延长的原因是 VA 间期的延长，而 VA 间期是心室内传导时间及旁路逆传时间之和，心动过速合并束支传导阻滞与不合并束支传导阻滞相比，旁路逆传时间没有变化，只是心动过速的折返环路在心室肌内明显变长，传导时间因而延长，因此，VA 间期延长的本质是室内传导时间延长，表现为 QRS 波的时限增宽。

图 4-4-5 进一步说明了 VA 间期延长的本质是室内传导时间延长所致。图 4-4-5A 中的折返环路变化成图 5B 中的折返环路时，室内传导径路明显延长，从其心电图可以看出，心动过速发生时，QRS 终点到逆 P' 波的间期没有变化，只是 B 图中室内传导时间 (QRS 波时限) 明显延长。如果测定两个不同的心动周期中 QRS 终点到下一个 QRS 波起点间的间期，结果应当相等，经图 4-4-4 及图 4-4-5 的测量可证实这一结论。

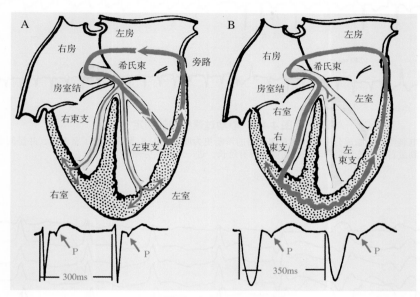

图 4-4-5　Coumel 定律示意图

B 与 A 相比，发生了旁路 (左侧) 同侧的束支传导阻滞 (左束支)。心动过速的整个折返环路在室内部分明显延长，使心动周期延长量超过 35ms

Coumel 定律认为预激综合征患者旁路位于游离壁时，当同侧束支在心动过速发生后出现功能性阻滞时，其心动周期的延长量（与无束支传导阻滞时心动过速的周期值相比）将超过 35ms，心动周期值延长的本质为折返在室内传导径路及传导时间的延长。

旁路对侧的束支传导阻滞时，折返环路没有变化，因此尽管 QRS 波由窄变宽或由宽变窄，心动周期的长度不变（图 4-4-3，图 4-4-6）。

二、Coumel 定律在心电图及电生理检查中的价值

1. 预激旁路心电图的定位诊断

心电图对显性预激的旁路有较大的定位意义，但对隐匿性旁路却 "无能为力"。当隐匿性预激患者心动过速发生后出现 2 种心室图形（正常 QRS 波及束支传导阻滞的 QRS 波），并且心动周期值相差超过 35ms 时，则可以确定该患者室上速的机制为预激综合征引起，进一步还能根据 Coumel 定律为隐匿性旁路定位。

当心动周期长度没有变化时，不能确定室上速发生的机制是旁路还是房室结双径路。

2. 预激综合征患者心动过速发生机制的判定作用

预激综合征可以存在双旁路，或同时合并房室结双径路，当心动过速出现不同图形时，Coumel 定律可以对心动过速是单机制还是多机制有进一步明确诊断的价值（图 4-4-6）。

图 4-4-6A 已提示患者有右侧旁路，在 B 条中 S₂ 刺激诱发了心动过速，并呈右束支传导阻滞及无束支传导阻滞两种图形，经测量右束支传导阻滞时的心动周期无变化，也提示患者的旁路在左侧，进一步确定该患者可能只存在一条旁路。

3. 心内电生理检查及射频消融术中的作用

在心脏电生理检查及射频消融术中，熟练地应用 Coumel 定律对于明确心动过速的发生机制、旁路的定位有很大帮助。以图 4-4-7 为例，根据心内电图标测似乎 EAA 位于 CS 通道，旁路位于左侧，但根据

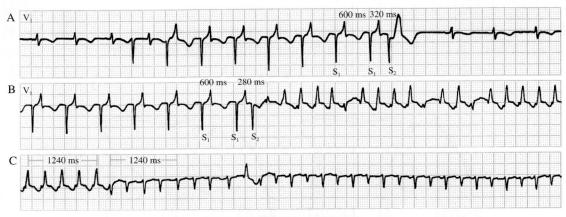

图 4-4-6   心动过速机制的判定

A. V₁ 导联 QRS 波在食管电刺激后预激成分变大，使左侧旁路的诊断更为明确；B. S₂ 刺激诱发了室上速，并呈间歇性右束支传导阻滞；C. C 与 B 为连续描记，经过测量右束支传导阻滞时的心动周期没有延长，进一步证实旁路位于左侧

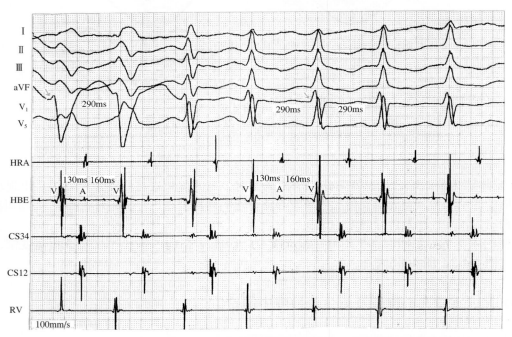

图 4-4-7   经心内标测及射频消融术证实为右后侧壁旁路

心动过速发作合并旁路的对侧束支传导阻滞（左侧）时，心动周期 290ms，与无束支传导阻滞时心动周期值相同。HRA：高右房；HBE：希氏束；CS：冠状窦；RV：右室

Coumel 定律判断，旁路却位于右侧，经过大头电极导管在三尖瓣环的进一步标测证实旁路确实位于右后侧壁，并被成功消融。

总之，Coumel 定律是一个重要的心电学定律，在临床心电图及电生理检查中有较大的应用价值。

隐匿性传导

隐匿性传导可在心脏的任何部位发生，心电图的表现形式十分广泛，既可发生于正常的心脏，也可发生于有器质性心脏病的心脏。因此，临床上复杂的心律失常心电图，多数有隐匿性传导的参与，容易造成错误解释，应引起注意。

一、定义

隐匿性传导（concealed conduction）是指窦性或异位激动在心脏特殊传导系统中传导时，已经传导到一定的深处，但未能"走毕全程"的一种传导受阻现象。这种传导未穿透的电激动不能引起远端心肌组织的除极，但它可以影响下一次激动的传导或次一级起搏激动的形成，从而能通过对下一激动的分析而获得间接的诊断依据。隐匿性传导最易发生在心脏组织的有效不应期和相对不应期过渡的极短时间内。

二、历史回顾

早在 1894 年 Engelman 和 1905 年 Erlanger 就已提出对这种心电现象的推测。Engelman 在悬挂的心脏标本中发现："每一次有效的心房收缩，即使不引起相应的心室收缩，也将使下一激动的房室间期延长"，并观察到了隐匿性传导的两个基本特征：①电激动的不完全传导；②激动的不完全传导可引起下一激动的传导异常。

1925 年 Lewis 和 Master 在动物实验中观察到前一次被阻滞的激动对下一次房室传导的影响。1948 年 Langendorf 发表《隐匿性传导：受阻滞激动对随后冲动的形成与传导的影响》一文，列举了隐匿性传导的多种心电图表现，并首先提倡用这一名称。这些推测性的分析，陆续在微电极的研究和临床电生理检查中得到证实。

此后，Ashman、Lewis 和 Master、Durry 等对这一现象进行了详细的动物实验，证实冲动在传导组织中的传导可能不完全穿透传导组织而到达目的地——心房或心室，这种部分传导（即隐匿性传导）只能通过其对下一冲动的后效应而从体表心电图上间接推测后而获得诊断。Langendorf 和 Mehlman 于 1947 年首次提出发生在房室交界区的隐匿性传导可导致假性一度房室传导阻滞或二度房室传导阻滞，1949 年 Lins 用微电极标测直接证实了隐匿性传导的存在，1950 年 Soderstrom 等证实，房颤中不规则的心室率与隐匿性传导密切相关。而后 Katz 等（1956 年）详细概括了隐匿性传导的发生机制。1961 年，Hoffman 在离体的房室结 - 希氏束标本中用微电极记录结合电刺激，发现隐匿性传导的实质是递减传导，而非动作电位时限变化所致。1965 年 Langendorf 在一例安装心脏起搏器的患者中发现，168 次 / 分心房起搏时，房室呈 2 : 1 传导，PR 间期为 0.24s，心房起搏频率为 84 次 / 分时，房室呈 1 : 1 传导，PR 间期 0.19s，其认为 2 : 1 传导时 PR 间期的延长是被阻滞的心房激动在房室传导系统发生了隐匿下传引起的，首次用实验的方法证实了人类房室传导系统的隐匿性传导。

三、隐匿性传导的发生机制

隐匿性传导的本质是心脏特殊传导组织中的传导阻滞，而阻滞前的隐匿性传导产生的影响是认识隐匿性传导的基础。隐匿性传导所产生的影响是通过干扰、折返、重整、超常传导、魏金斯基现象来实现的。虽然阻滞前激动的传导并未能使心房或心室除极（未产生 P 波和 QRS 波），但由于特殊传导系统已被除极，其后产生了新的不应期；或冲动在进入特殊传导系统的起搏点后，使该起搏点发生节律重整而改变了原来的节奏。这次心电图未显露的激动产生的不应期改变和起搏点的重整，可以对下一次冲动的传导和形成造成影响，使心电图出现各种反常现象，本应出现的搏动并未按时出现，按常理本应能够传导的激动却不能传导。根据这些影响带来的心电图改变，可以推断发生了隐匿性传导。

四、隐匿性传导的心电图表现

隐匿性传导可发生于多种心律失常中，广义来说，大部分隐匿性传导常不能从心电图中反映出来。本文中所介绍的隐匿性传导是指其中能造成下次冲动形成或传导改变的一部分。隐匿性传导使各种心律失常变得更加复杂：规则的自律性被打乱；轻度的传导阻滞突然变成严重的传导阻滞；产生与不应期规律不符的室内差异性传导；持续的差异性传导；超常传导现象；以及造成不典型文氏现象和并行心律等。因此认识隐匿性传导，对分析复杂的心律失常有很大的帮助。

隐匿性传导的主要心电图表现见表4-5-1。

房室交界区是隐匿性传导最常见的部位，但也可发生于窦房交界区、左右束支、浦肯野纤维或房室旁路等处。造成隐匿性传导的激动可来自于窦房结，也可来自于各种异位激动；受隐匿性传导影响的激动可与造成隐匿性传导的激动来源相同，也可以不同。隐匿性传导的方向与正常窦性激动传导方向相同者，称为前向性隐匿性传导；与正常传导方向相反者，称为逆向性隐匿性传导；先前向、后逆向，或先逆向、后前向者，称为折返性隐匿性传导。隐匿性传导如连续发生，则可导致蝉联现象。

表 4-5-1　隐匿性传导的主要心电图表现

| A 对随后激动传导的影响 |
| 1. 延缓 |
| 2. 阻滞 |
| 3. 重复的隐匿性传导 |
| 4. 易化作用 |
| 5. 显性折返或隐匿性折返 |
| B 对随后激动形成的影响 |
| 使主导或次极起搏点除极（节律重整） |
| C 对随后激动的传导和形成的联合影响 |
| A 与 B 的不同组合 |

五、房室交界区隐匿性传导

房室交界区隐匿性传导影响下一次冲动的传导，可以使其延迟、阻断或加速；也可影响下一次冲动的形成。

为方便临床应用，下面主要按照在不同心律状态下房室交界区隐匿性传导产生的影响进行阐述。

（一）对随后激动传导的影响

1. 室性早搏在房室交界区的隐匿性传导

室性早搏后窦性 P 波不能下传，造成完全性代偿间歇；插入性室性早搏后的窦性 PR 间期延长，这些都是临床常见的室性早搏在房室交界区的隐匿性传导的表现。室性早搏逆行上传，冲动在房室交界区重整不应期，其后的室上性冲动下传时，如恰遇到房室交界区的有效不应期，则室上性冲动不能下传，造成完全性代偿间歇；如果房室交界区已经度过了有效不应期，而正处于相对不应期，则室上性冲动下传减慢，PR 间期延长。少数情况下，这种传导减慢可以持续至后面数次，但程度可逐渐减轻，形成反文氏现象（图 4-5-1）。

2. 房性早搏在房室交界区的隐匿性传导

在一次未下传的房性早搏后，如紧接另一个房性冲动（少数情况下也可为窦性，例如较晚的房性早搏之后），后者会因房早在交界区的隐匿性传导，使其下传缓慢或者不能下传。发生机制与上述室性早搏在房室交界区的隐匿性传导相仿，只是隐匿性传导发生的方向相反，室性早搏是在房室交界区内自下而上发生隐匿性传导，与下一次室上性激动方向相反；而房性早搏是自上而下，与下一次室上性激动方向相同。

3. 房性心动过速、心房扑动在房室交界区的隐匿性传导

房性心动过速、心房扑动时，同样会在房室交界区产生类似的隐匿性传导。

（1）房性心动过速在房室交界区的隐匿性传导，可导致连续数个异位房性冲动不能下传，或阻滞的 P 波之后的第一个 P'R 间期意外地延长（图 4-5-2）。

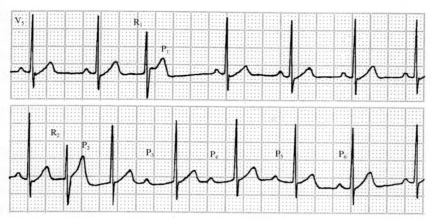

图 4-5-1　插入性室性早搏的隐匿性传导

图系模拟 V_5 导联连续记录，早搏（R_1、R_2）的 QRS 波与窦性明显不同，QRS 波时限比窦性稍宽，但仅 0.08s，无逆传能力。此类早搏称高位室性早搏，如来自分支，称为分支型室性早搏。R_1 发生较晚，其逆行隐匿传导使落在 ST 段上的窦性 P_1 不能下传，造成完全性代偿。R_2 发生较早，其逆行隐匿性传导使落在 T 波顶端的窦性 P_2 下传十分缓慢，PR 间期达 0.34s，而且使其后 4 个窦性（P_3、P_4、P_5、P_6）PR 间期也长于正常，但这种影响逐步减轻，形成 PR 间期逐搏缩短的反文氏现象。一次 PR 间期延长，要如此久才能恢复，提示房室结传导功能有隐性障碍。本例也可能被解释为房室交界区早搏间期伴非相性室内差异性传导，此后的反文氏现象可解释为隐匿性交界区早搏二联律，但是①如此配对间期不同的早搏，隐匿性传导怎能产生如此有规则的反文氏现象；②PR 间期逐搏缩短最多能持续十次心搏，使这种可能性变得很小

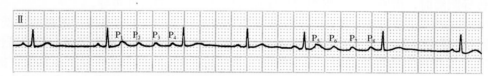

图 4-5-2　阵发性房性心动过速伴前向性隐匿性传导

窦性心律，有两次各由 4 个异位 P 波（$P_1 \sim P_4$，$P_5 \sim P_8$）组成的心动过速，仅最后一个 P 波（P_4、P_8）能下传。第 3 个 P 波（P_3、P_7）距离其前的 QRS 波已相当远，RP' 间期已达 0.62s，大于一些正常下传的窦性搏动的 RP' 间期（0.58s）。提示可能第 2 个异位 P 波（P_2、P_6）在房室交界区产生了隐匿性前向传导，所以第 3 个 P 波（P_3、P_7）便不能下传

（2）如果房性心动过速或心房扑动时，房室传导比例呈 2：1 与 4：1 交替，常常提示 4：1 下传时在房室交界区发生了隐匿性传导（图 4-5-3）。

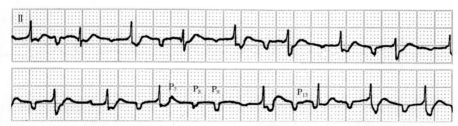

图 4-5-3　多源性房性心动过速伴房室前向性隐匿性传导

上下两行为连续记录，P 波形态多样，频率快而不齐，平均 190 次 / 分，为多源性房性心动过速，伴不规则房室传导，基本为 2：1，下传的 PR 间期长短不一，最短者也大于 0.20s，最长者大于心房周期，造成被越过式 P 波（P_{13}）。偶然出现 4：1 房室传导。P_8 的 RP 间期为 0.40s，比前面下传者的还长，但不能下传，可能系 P_7 隐匿性传导所致，但也可能是不应期不稳定造成的，其后的 P_9，RP 间期长达 0.64s，远大于前面下传的 RP 间期，但仍不能下传，说明 P_8 一定是在房室交界区发生了前向性隐匿性传导，使 P_9 不能下传

（3）房性心动过速和房扑时伴交替性文氏现象，提示在房室交界区发生了双层阻滞并伴隐匿性传导，也是隐匿性传导的一种表现。阻滞于远端的冲动必然已经在近端造成不应期，从而影响了其后冲动的传导。

4. 心房颤动在房室交界区的隐匿性传导

心房颤动时的心房率高达 350 ～ 600 次 / 分，快速的房性冲动以高达每分钟数百次的频率下传，必然有很多次下传激动落入房室交界区的相对不应期，表现为干扰性房室传导阻滞，因此，心房颤动时在房室交界区发生隐匿性传导的机会非常之多。因为房室交界区的传导能力有一定的限度，正常时心室率一般不超过 180 ～ 200 次 / 分，但房颤时心室反应不可能达到这一水平，在多数情况下心室率只是在 100 ～ 200 次 / 分左右，其原因就在于隐匿性传导。

快速的房性冲动有的进入房室交界区，有的被完全阻滞，也有少数得以通过交界区到达心室引起心室激动，产生 QRS 波。进入交界区的冲动，贯穿房室结的程度不等，但都在交界区产生一个新的不应期，其后的冲动因而受到延缓或阻滞，这就是隐匿性传导。后者显著降低了交界区传导冲动的能力，其结果是通过交界区的房性冲动减少，仅有少数冲动得以兴奋心室，而且，从颤动的心房进入交界区的冲动愈多，交界区的隐匿性传导也愈多，心室率愈慢。

（1）心房颤动时的心室律极不规则，固然与心房律不规则有关，但房室交界区内产生的不同程度和频繁的隐匿性传导，也起着一定的作用。

（2）当心房扑动突然转变为心房颤动时，心室率反而减慢，这是由于转为心房颤动时心房率几乎增快了一倍多，在房室交界区连续发生多次隐匿性传导，使随后的冲动连续不能下传所致。

（3）心房颤动时室性早搏之后的类代偿间歇，提示此室早冲动有可能逆行进入房室交界区产生不应期，使其后较长时间内的房颤波不能下传，此为在房室交界区内逆向型隐匿性传导，当然同时也有房室交界区内前向型隐匿性传导的协同作用。

（4）在心房颤动伴有房室交界区或室性逸搏心律时，有时可出现比逸搏周期更长的 RR 间期，这是由于隐匿性传导使逸搏点发生了周期重整，使逸搏推迟出现所引起的。

（5）心房颤动时出现与正常不应期规律不相符合的室内差异性传导，也常提示发生了隐匿性传导。

5. 二度房室传导阻滞时房室交界区的隐匿性传导

二度房室传导阻滞时，房室交界区组织的传导障碍也易于造成隐匿性传导。

（1）传导比例的改变：如 2:1 房室传导阻滞突然变为 3:1 或 4:1 房室传导阻滞或更低的传导比例，或 3:2 房室传导阻滞变为 3:1 或 4:1 房室传导阻滞，提示在房室交界区发生了前向性隐匿性传导。

（2）在文氏型二度房室传导阻滞时，心室脱漏之 P 波后的 PR 间期未能恢复至正常值，提示此心室脱漏的 P 波虽未下传至心室，但已隐匿地传导至房室交界区深部，使其不应期发生改变，因此下一个心动周期的 PR 间期延长。

（3）同理，在 2:1 房室传导阻滞时，下传的 PR 间期长短交替，可能是由于长 PR 间期之前被阻滞的冲动在房室交界区产生了隐匿性传导。

（4）二度房室传导阻滞合并室性早搏（或逸搏）时，室性早搏（逸搏）产生的逆向激动可在房室交界区产生隐匿性传导，使房室传导比例下降或传导时间延长（图 4-5-4，图 4-5-5）。

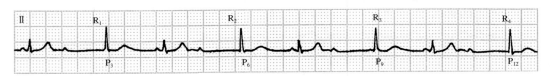

图 4-5-4　室性逸搏隐匿性传导使房室传导比被低估

图为二度房室传导阻滞，在 P 波阻滞后的长间歇中出现室性逸搏（R₁、R₂、R₃、R₄），室性逸搏的逆行隐匿性传导使落在室性逸搏中的 P 波（P₃、P₆、P₉、P₁₂）再次不能下传，似乎连续脱漏了 2 个 P 波而呈 3:1 阻滞，但后一个 P 波脱漏实际是干扰现象。如果逸搏不出现，该 P 波估计能正常下传，实际房室传导阻滞的程度仍为 2:1。因为下传的 RP 间期为 0.62s，而该 P 波的 RP 间期已长达 0.96s，应该能够下传

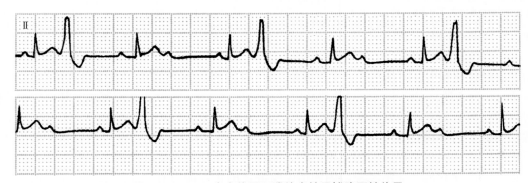

图 4-5-5　2:1 房室传导阻滞伴室性早搏隐匿性传导

图为 Ⅱ 导联连续描记。在 2:1 房室传导阻滞的基础上，发生室性早搏形成三联律，早搏与脱漏的 P 波重叠。无室早时 PR 间期为 0.14s，有室早者其后的 PR 间期延长为 0.20s，形成下传的窦性 PR 间期的长短交替，是由室性早搏在房室交界区发生了逆向性隐匿性传导所致

6. 房室交界区早搏在房室交界区的隐匿性传导

交界性早搏如同时存在前向性和逆向性传导阻滞，由于早搏冲动既未传至心室产生 QRS 波，又未逆传至心房产生逆行性 P 波，故心电图上难以做出明确诊断，但由于该早搏在交界区处发生前向和（或）逆向隐匿性传导，使随后的窦性 P 波不能下传心室或以缓慢的速度传到心室，前者产生假性房室传导阻滞，后者产生突然的 PR 间期延长，据此推断发生了房室交界区早搏，因此也称为隐匿性房室交界区早搏。这一情况只有在同时伴有显性房室交界区早搏时或应用心内电生理检查时才能明确诊断（图 4-5-6，图 4-5-7）。

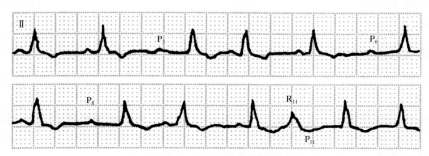

图 4-5-6　隐匿性交界性早搏

下图后半部分可见一次交界性早搏（R₁₁）下传心室，呈束支传导阻滞型，并引起其后窦性激动（P₁₁）的 PR 间期延长，从而推断，上图中 P₃、P₆ 及下图 P₈ 延长的 PR 间期及长的心室周期是由隐匿性交界性早搏所致

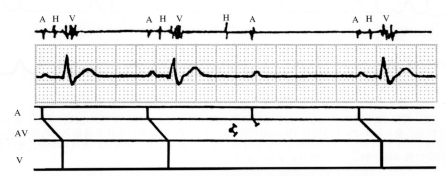

图 4-5-7　隐匿性交界区早搏使其后的窦性 P 波下传受阻

在心内电生理检查中，证实隐匿性交界区早搏能使其后的窦性 P 波下传受阻，酷似莫氏 Ⅱ 型二度房室传导阻滞。
A：心房；AV：房室；V：心室

尽管 Langendorf 在 1947 年即已描述了这种可能性，但直到 1975 年才由 Narula 等应用希氏束电图予以证实。倘若隐匿性交界性早搏呈二联律，PR 间期可逐渐延长直至漏搏，呈假性文氏周期，极易被误认为文氏型二度房室传导阻滞。倘若单个的隐匿性早搏突然阻滞了窦性冲动下传，或者早搏隐匿性贯穿入近端的希浦系统，就可以产生酷似二度 Ⅱ 型房室传导阻滞的心电图表现。

临床上隐匿性早搏值得重视，一则它的出现本身就是交界区存在病变的征兆，二则它可使心律失常的心电图表现更加复杂，并可误诊为二度 Ⅰ 型或 Ⅱ 型房室传导阻滞。误诊为二度 Ⅰ 型房室传导阻滞并无特殊临床意义，如与 Ⅱ 型房室传导阻滞相混淆，有可能导致治疗上的失误。因为二度 Ⅱ 型房室传导阻滞大多为交界区以下的低位阻滞，临床上认为是永久起搏的适应证。

7. 房室结双径路的房室交界区隐匿性传导

在房室结双径路患者，窦性激动沿快径下传，快径下传后逆向隐匿性传导至慢径，故慢径被掩盖，这类隐匿性传导称为隐匿性折返，心电图上并未表现出来。一旦快径传导中断，冲动仍可沿慢径缓慢下传，PR 间期突然延长，但不会出现心室脱漏。快径路经过一次休息后，理应恢复传导，下一个 PR 间期应该缩短，但实际上其后的 PR 间期常会保持多次延长，原因在于冲动沿慢径下传时，到达共同通路后一方面下传心室，一方面同时也向快径路逆向传导，在快径路连续产生逆向性隐匿性传导，使快径路不能恢复传导而出现慢径路连续下传，实际已构成了隐匿性传导的蝉联现象。

由于在自然状态下 PR 间期突然延长，并可持续数个心动周期，且 PR 间期恒定，临床上有时易误诊为一过性一度房室传导阻滞，此时一定要注意除外房室结双径路。

8.房室传导的魏金斯基现象

少数情况下，隐匿性传导也可使原本不能下传的冲动传导能力加强，即隐匿性传导促进了随后激动的传导，这实际上是隐匿性传导在房室交界区引起超常传导的缘故，例如高度房室传导阻滞时的魏金斯基易化作用，以及在阵发性房室传导阻滞时，逸搏的隐匿性传导使房室恢复 1：1 传导。

9.单向性房室传导阻滞

窦性冲动虽然不能下传到心室，但在房室交界区发生的前向性隐匿性传导，可间歇地阻碍房室交界区或室性冲动逆传心房。

（二）对随后激动形成的影响

主要是由于隐匿性传导经过并进入了房室交界区的异位起搏点，使之除极并重建其发放周期，即发生了节律重整。

（1）在高度房室传导阻滞时，P 波的隐匿性传导可使房室交界区逸搏节律点在 4 相自动除极到达起搏阈值之前再次除极，即重新开始 4 相自动除极，这种情况称为逸搏周期重整，因此，交界区逸搏并未能按时发生，而代之以室性逸搏，或造成较长时间的心室停搏（图 4-5-8）。

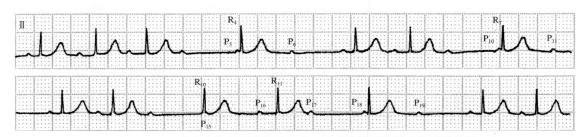

图 4-5-8　二度房室传导阻滞文氏现象，房室交界区逸搏及隐匿性传导

上下两行为 Ⅱ 导联连续记录。可见 PR 间期逐搏延长，直至心室出现脱漏。脱漏后出现房室交界区逸搏，干扰了 R 波上的 P 波使其再次脱漏。脱漏的 P_{15} 的隐匿性传导，使其后的 P_{16} 下传时伴 PR 间期延长；P_5、P_{10}、P_{18} 则使其后本该下传的 P_6、P_{11}、P_{19} 均未下传，提示隐匿性传导较深。同时，这些 P 波的隐匿性传导已经到达房室交界区的逸搏节律点，使其发生周期重整，逸搏向后移，所以 1.20s 的长间歇后也未出现交界性逸搏。本例隐匿性传导既影响了冲动的传导，又影响了冲动的形成

（2）在不完全性房室分离时，偶尔心房冲动仅能夺获交界区逸搏点，引起逸搏周期重整，而不能夺获心室，逸搏便会延迟发生，该前向性房室交界区隐匿性传导，被称为隐匿性心室夺获，还可以成为等律性房室分离的一种机制。

（3）完全性或二度房室传导阻滞时，心房冲动可前向性隐匿传导进入阻滞区远端逸搏点，使其重新安排周期而延迟发生。

（4）完全性房室传导阻滞并发室性早搏时，如代偿间歇不完全，提示室性早搏已逆向性隐匿地传入交界区逸搏节律点，使其发生节律重整（图 4-5-9）。

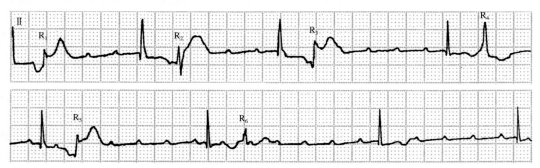

图 4-5-9　完全性房室传导阻滞时室性早搏的隐匿性传导

完全性房室传导阻滞时，房室交界区逸搏心律的频率非常缓慢，基本逸搏周长 1.68s，伴有频发的室性早搏（R_1～R_6），早搏形态多样但配对间期相等，故为多形性室早。R_1、R_2、R_4 未能逆传进入交界区，表现为插入性室早，R_3、R_5、R_6 逆行隐匿性传导至房室交界区，使逸搏周期发生重整，故早搏距下一次交界区逸搏的间期恰等于房室交界区的逸搏周长

（5）室性心动过速伴干扰性房室分离时，P波可隐匿地进入心动过速节律点，造成隐匿性夺获。

（6）房室分离伴房室交界区逸搏时，发生于交界区内的隐匿性折返，可使交界区逸搏延迟发生，或呈长短交替，同时干扰了心室夺获的发生，使房室分离容易为完全性。

（7）并行心律节奏点内的隐匿性折返，可使并行心律异位搏动间距失去倍数关系，而发现部分间距有一个等长的余数。

（8）少数情况下隐匿性传导也可使交界区逸搏提早出现（图4-5-10）。

由于隐匿性传导对其后激动的影响，可使心律失常心电图异常复杂，比如在较短的长间歇末是次级起搏点的逸搏，而在相对较长的长间歇末却反而是窦性激动的下传。

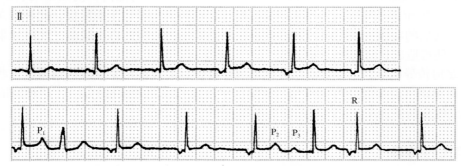

图4-5-10　隐匿性传导使房室交界区逸搏"提早出现"

上下两行为连续记录。可见心律逐步由窦性心律过渡到逸搏心律。房早P₁落在前一心动周期的T波顶上，下传的PR间期延长，为0.23s；后段连发2次房性早搏（P₂、P₃）P₂未下传，P₃虽然已经远离前一心动周期的T波，下传的PR间期（0.25s）反比P₁延长，提示是由于P₂在房室交界区产生了前向性隐匿性传导所致。另可见P₃下传之后的交界区逸搏（R）提早出现，这也是隐匿性传导造成的，因为P₂深入交界区，使逸搏周期重整，同时又在起搏点周围造成了不应期，使P₃不能进入起搏点，表现为房室交界区逸搏"提早出现"

（三）同时影响随后冲动的传导和形成

这种情况可以在同一幅心电图上先后发生，也可以为同一次隐匿性传导同时产生的两种作用（图4-5-9，图4-5-10）。因此可使心律失常更为复杂，但经仔细分析后，仍可推断出这种隐匿性传导的发生。

在房室交界区的隐匿性传导，可以引起多次房性冲动不能下传，称为重复的隐匿性传导。有些是生理性的，例如心房颤动时，重复的隐匿性传导可以引起长的RR间歇。有些是病理性的，例如文氏型二度房室传导阻滞时，心室脱漏之P波隐匿性传导至交界区深部，使其后的窦性P波不下传，甚至第2个不下传的P波再次隐匿性传导至交界区深部，干扰其后的窦性P波的下传，造成长的心室停搏。甚至一次室性早搏可因重复的隐匿性传导引起假性房室传导阻滞。

隐匿性传导可引起显性折返或隐匿性折返，因此也是心动过速的诱发因素之一。最常见的例子是，由于室性早搏或交界区早搏的隐匿性逆向传导，使随后一个窦性激动传导延缓，从而发生了房室折返或房室结折返。

综上所述，房室交界区内的隐匿性传导是颇为常见的，其产生的影响也是复杂多样的，因此，在分析疑难心律失常心电图时，如遇以下情况，应考虑隐匿性传导的存在：①两个或多个P波连续在交界区内被阻滞；②过早搏动后，第一个窦性P波的房室传导时间延长，第二个窦性P波被阻滞；③不典型的文氏现象，例如心室漏搏后的第一个心搏PR间期不缩短、多个P波连续被阻滞，以及文氏周期中最后一个心搏的PR间期增量最大；④高度房室传导阻滞时，交界区逸搏的周期突然延长；⑤心房颤动心律时，突然出现长的间歇，或室性早搏后出现的类代偿间歇；⑥心房扑动时连续多个房扑波被阻滞；⑦折返性阵发性室上性心动过速时的心室节律突然不规整，或出现较长的心房或心室间歇；⑧高度房室传导阻滞时，或阵发性房室传导阻滞时，在室性逸搏后，突然出现房室传导的改善。

六、窦房交界区隐匿性传导

窦房结与心房之间的传导组织——窦房结周组织也可产生类似于房室交界区的前向性与逆向性隐匿性

传导，而引起类似的各种心电图表现。

（1）最常见的是房性早搏或房室交界区早搏逆行隐匿性传导至窦房结，使窦房结发生节律重整，形成不完全性代偿间歇。如房性早搏来得稍晚，逆行隐匿性传导至窦房结周组织，使窦性冲动未能下传心房，但又未能使窦房结重整周期，则可形成完全性代偿间歇。插入性房早之后的窦性 P 波可暂时延迟发生，称不完全插入性房早，是由于房性早搏冲动逆行传入窦房结周组织一定的深度，没有侵入窦房结，但该次隐匿性传导使其后的一次窦性冲动传到心房的时间延长，引起 P 波的暂时延迟发生。大多数的房性早搏均能逆向传入窦房结，使窦性周期重整，这种窦性周期重整在心电图上没有波形可见，但通过随后窦性心律节奏的改变，可以察觉逆向传导的存在。有时并无传导的受阻，是一种特殊类型的隐匿性传导。

（2）二度窦房传导阻滞时窦房传导比例突然改变，出现连续心房漏搏，例如 4∶3、3∶2 下传比例突然变成 3∶1、4∶1，提示部分窦性冲动虽未传到心房，但已使窦房结周组织除极，此种前向隐匿性传导产生了新的不应期，随后的窦性冲动可因落入有效不应期不能下传心房而再次脱漏。此时如果潜在起搏点不能及时发出逸搏，便可造成长时间的心脏停搏。

（3）在高度窦房传导阻滞时，如伴有房性逸搏或伴有逆行 P 波的房室交界区逸搏，这些异位冲动可以逆行传入窦房结周组织（但不能传入窦房结，故窦房结的原始周期并未被打乱），这种隐匿性传导可以在窦房结周组织造成魏金斯基现象，使随后适时的冲动能够传入心房。

七、室内隐匿性传导

室内隐匿性传导包括发生于希氏束、束支及其分支的隐匿性传导。主要表现为受阻的下行激动，造成其后的室上性冲动下传的 QRS 波呈束支或分支阻滞图形。双束支同等程度的隐匿性传导对 QRS 波形无影响，而表现为 PR 间期延长，但这种情况很少见。束支或分支内隐匿性传导产生的超常期，可使其后室上性激动产生意料之外的差异性传导，或使原来的传导阻滞得以改善或消失。

1. 前向性束支内隐匿性传导

在心房颤动时，由于室内前向性隐匿性传导进入束支或分支，使在长短周期规律时本应出现的室内差异性传导未能出现，或不符合长短周期规律出现室内差异性传导。此外，心房颤动时长心动周期末的 QRS 波群异形，也可能与心房颤动时的前向性隐匿性传导进入该侧束支有关。

束支间的隐匿性传导可使房性早搏交替呈现正常传导与室内差异性传导（图 4-5-11），或交替出现左、右束支型室内差异性传导（图 4-5-12）。房性心动过速伴文氏型传导也可以出现类似现象（图 4-5-13）。

2. 逆向性束支内隐匿性传导

在室上性心动过速时，可因频率依赖性的束支传导阻滞而产生宽 QRS 波心动过速，这时如出现一个

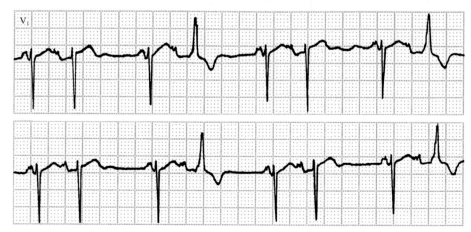

图 4-5-11 房性早搏二联律伴交替性室内差异性传导

房性早搏二联律，房早有相等的配对间期和 PR 间期，但下传的 QRS 波却呈正常与右束支传导阻滞交替。其机制为：当一个房早沿两侧束支下传，右束支恢复时间较长，窦性 P 波传导正常，第二个房早虽然提前程度不变，但因为右束支前周期长，根据 Ashman 现象，窦性 P 波下传时形成的不应期长，该房早便遇到右束支不应期而不能下传，经左束支下传的冲动可以逆行从右束支远端进入，产生隐匿性传导，因为这次隐匿性传导是推迟的，故可使下次房早的前周期缩短，进而恢复正常传导

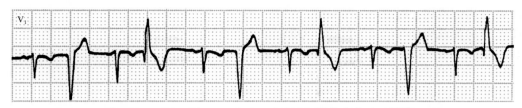

图 4-5-12 房性早搏二联律伴左右束支交替性室内差异性传导

房性早搏具有相同的形态和联律间期，提示为单源性。但下传则呈左、右束支传导阻滞型交替，其机制可能系左束支传导阻滞后，发生了右束支经室间隔向左束支的逆向隐匿性传导，造成下次房早的左束支前周期缩短，使左束支传导恢复正常，从而出现右束支传导阻滞。这时又发生了左束支向右束支的隐匿性传导，使第 3 个房早右束支前周期缩短，左束支前周期延长，从而再次出现左束支型室内差异性传导，如此周而复始，形成房性早搏二联律伴左右束支交替性室内差异性传导

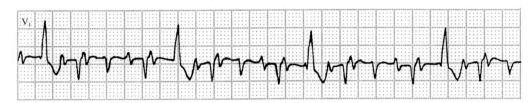

图 4-5-13 房性心动过速伴 3∶2 房室传导及交替性室内阻滞

图示房性心动过速伴 3∶2 房室传导，造成 QRS 波的长短交替而形成二联律，提前的 QRS 波虽然联律间期相等，但下传也呈右束支差异性传导与正常交替，与图 4-5-11 类似

室早，则可能终止室内差异性传导而恢复窄 QRS 波心动过速。这是因为室性早搏在室上性激动下传之前，提前隐匿性逆向传导至双侧束支，由于双侧束支的反应性不同，逆传进入健侧较深，结果使双侧束支的不应期趋于一致，室上性激动可同时沿双侧束支下传，室内传导恢复正常。也可能该侧为单向阻滞，室性早搏的逆向隐匿性传导隐匿地经过了阻滞区，产生易化作用，使随后的室上性激动得以沿双束支下传。

3. 室内差异性传导蝉联现象

在一侧束支传导受阻后，冲动可沿另一侧束支逆向进入受阻侧的束支从而产生隐匿性传导，使下一次冲动更容易在受阻侧束支内受阻。当这种隐匿性传导连续发生时，即使心率减慢（这时本不应出现差异性传导），也会连续出现受阻侧的差异性传导，称为"蝉联现象"。房颤时的蝉联现象使室内差异性传导酷似室性心动过速。

房颤、房扑或室上性心动过速中产生与不应期规律相矛盾的室内差异性传导，提示束支或分支内存在隐匿传导。例如室内差异性传导的"蝉联现象"（linking phenomenon）。蝉联现象是指当冲动从一条径路下传，而在另一条径路受阻时，下传的冲动可以逆行传入原来受阻的径路，产生一个推迟的不应期，使第二次冲动更容易在受阻的径路再次受阻，但逆行隐匿性传导可照常发生，使受阻持续，因此，称为蝉联现象。其本质是重复性逆向隐匿性传导。只有当下传的径路发生前向阻滞或者冲动极晚到达，隐匿性传导的不应期已过，蝉联现象才能结束。

蝉联现象最常出现在左、右束支之间，产生持续的一侧束支传导阻滞或室内差异性传导。另外尚可发生于房室结双径路之间或发生于房室结与 Kent 束之间。

八、房室旁路的隐匿性传导

以往认为房室旁路的传导呈"全或无"现象，临床上常用房室旁路的隐匿性传导来解释预激综合征合并房颤时 RR 间期的不规则。1974 年 Zipes 用早搏刺激揭示了房室旁路的逆向隐匿性传导，随着临床心脏电生理学的进展，对房室旁路前向及逆向隐匿性传导的刺激方法更趋完善。房室旁路前向隐匿性传导可应用 $A_1A_2A_3$ 刺激、$A_1V_2V_3$ 刺激等方法，房室旁路逆向隐匿性传导可应用 $A_1A_2A_3$ 刺激、$V_1V_2A_3$ 刺激、$V_1V_2V_3$ 刺激等方法进行检查。以上方法对单房室旁路隐匿性传导的检测效果较好，对多房室旁路及非房室旁路的预激旁路的隐匿性传导观察尚缺乏较理想的方法。

房室旁路隐匿性传导的体表心电图表现主要包括：

（1）WPW 并房颤或房扑时 RR 间期不整。

（2）WPW 并房颤或房扑时出现连续的窄 QRS 波。

（3）未经旁路下传的房早其后的窦性心律 QRS 波正常。

（4）室早后，室上性激动引起的心室除极无预激波。

（5）上述情况如发生反复隐匿传导即为房室旁路的蝉联现象（图 4-5-14）。

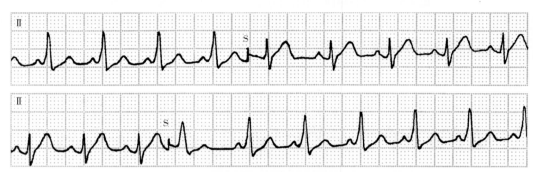

图 4-5-14 房室旁路的隐匿性传导、蝉联现象及超常传导

食管心房调搏中记录的体表心电图。上幅为显性预激，单次心房早搏刺激（S）使预激波消失，QRS 波恢复正常。下幅给予一个同样的心房早搏刺激，又使正常的 QRS 波转为预激波形。这是因为提前的心房刺激遇到了房室旁路的不应期，冲动只能从正常房室传导系统下传，产生一个正常 QRS 波，再从心室端逆向进入房室旁路，但未逆传到心房端，即发生了一次隐匿性传导，使旁路的前向传导不应期延长，因此其后的窦性心律激动又会遇到房室旁路的不应期而连续不能下传，预激波从此消失。此即房室旁路的隐匿性传导蝉联现象。下幅图中的心房早搏刺激（S）更加提早，正好落入隐匿性传导的超常传导期，但遇到房室结前传的不应期，冲动完全由房室旁路下传，预激波更加明显，但代偿间歇后又恢复正常通路与旁路同时下传，表现为显性预激

九、其他部位的隐匿性传导

心房或心室内各种异位起搏点与心肌之间的交界部均可发生隐匿性传导，其发生方式及心电图表现与窦房结周组织隐匿性传导相仿，为传出阻滞中的隐匿性传导，使传出阻滞突然成倍加重，从 2∶1 变成 4∶1，从 1∶1 变成 3∶1 或 4∶1 等。

十、临床意义

隐匿性传导发生在各种各样的心律失常中，无心律失常便无隐匿性传导。由于隐匿性传导使各种心律失常变得更加复杂，规则的自律性被打乱，轻度的传导阻滞突然变成严重的传导阻滞，产生与不应期规律不符的室内差异性传导、持续的差异性传导、超常传导现象及造成不典型文氏现象和并行节律。因此对隐匿性传导的认识，可以帮助分析复杂的心律失常。

从病因方面分析：①干扰现象中隐匿性传导不一定与器质性心脏病直接相关，在正常人中亦不少见；②器质性心脏病患者发生隐匿性传导可能是传导系统器质性损害，也可能系功能性变化；③药物作用，特别是洋地黄中毒时隐匿性传导相当多见；④隐匿性传导也常由电解质紊乱引起。

隐匿性传导在临床上可有两种迥然不同的影响：①生理性代偿作用，对人体有利，如房颤时，使心室率不致过速，维护心功能；②可能产生病理生理变化，对人体有害，如使逸搏延迟出现，心率突然减慢引起晕厥，甚至发生阿斯综合征。

（1）隐匿性传导是许多心律失常中的常见现象，是造成复杂心律失常的重要原因之一。

（2）隐匿性传导可以发生于心脏传导组织的任何部位，包括窦房结周组织、房室交界区、束支及其分支、浦肯野纤维以及房室间的各种附加束，但最常发生于房室交界区。

（3）窦性以及各种异位（房性、交界性、室性）心搏和心律（如逸搏、早搏、扑动、颤动）等自律性异常均可引起隐匿性传导。

（4）隐匿性传导可以是前向性或逆向性的。前向性是指窦性、房性或交界性激动通过房室交界区或束支系统下传时所形成的隐匿性传导。逆向性则是指室性激动逆行上传时形成的隐匿性传导。

（5）隐匿性传导亦可发生在激动从一侧束支传至另一侧束支的过程中，是左束支并分支传导阻滞以及蝉联现象的基本电生理机制之一。

（6）某些超常传导常常也是前一激动隐匿性传导的结果。

（7）隐匿性传导最易发生于有效不应期与相对不应期的过渡时期中，生理干扰导致的传导延缓或中断以及病理性阻滞所产生的传导延缓或中断是形成隐匿性传导的电生理基础，干扰现象尤为多见。

（8）从本质上看，隐匿性传导是一种递减性传导，是传导组织发生传导阻滞的一种特殊表现形式，其阻滞程度介于传导时间延长和传导完全阻滞之间。它引起下一次心脏激动的干扰性或阻滞性传导障碍，或引起另一异位起搏点的节律重整。它可以是传导系统功能性变化的一种表现，也可以是传导系统器质性损害的一种反映。

（9）隐匿性传导的原因是传导组织不应性的不均一。

总之，隐匿性传导可发生于心脏的任何部位，心电图表现形式十分广泛，既可发生于正常的心脏，也可发生于有器质性心脏病的心脏。隐匿性传导本身并不引起症状或体征，但因可使心室率减慢和引起长时间的心室停搏，有时可造成严重的后果，影响治疗与预后。此外，洋地黄中毒也可引起隐匿性传导，应予以注意。

一般临床上复杂的心律失常心电图多有隐匿性传导参与其中，易造成错误解释。因此，对隐匿性传导的认识，对于分析复杂的心律失常有极大的帮助。

第六章

左房室间期

心脏同步是保障良好心功能的重要因素，包括房室同步和心室同步，但以房室同步更重要，相关的研究更多。房室同步的心电图表现为心房 P 波与心室 QRS 波之间保持着良好的 1∶1 传导关系及适宜的传导间期，房室之间这种电功能的良好同步性能转化为机械功能的良好同步性，最终将能充分发挥心房在心室舒张期的机械性辅助泵作用。

临床常根据 PR 间期（房室间期）判断房室的同步性。心脏实际存在着右心的房室间期及同步和左心的房室间期及同步，而左房和左室的同步性是重中之重，其决定着心脏最重要的功能。本文重点讨论左房室间期及其同步性这一容易被临床医生忽视的问题。

一、左房室间期的形成

正常时，位于右房和上腔静脉交界处窦房结发放的电激动，引起右房心肌除极的同时，主要通过心房顶部的 Bachmann 束将激动传至左房，也能通过卵圆窝和冠状静脉窦的心肌组织将电激动向左房传导，这三个途径称为右房电激动向左房传导的三个突破点（break through）。一旦窦房结发放的激动传到左房，左房将按一定的顺序先后激动左房后壁、左心耳及肺静脉等。右房到左房的房间传导时间仅比右房房内的传导时间略长。现代心电技术测定的结果表明：右房房内的传导时间约 50ms，而右、左心房之间的传导时间约 60 ~ 70ms（图 4-6-1）。

窦性激动从右房沿 Bachmann 束向左房传导的同时，右房同时经房内的结间束将激动传到房室结，进而下传激动心室。房室结和希氏束无传导阻滞时，电激动经希氏束向位于室间隔的左右束支传导过程中，室间隔中部的左室面和右室面几乎同时激动，也有学者认为室间隔的左室面（左束支的中间支部位）略微领先 5 ~ 10ms 激动，并形成自左上向右下的间隔除极的心室第一向量（图 4-6-2）。

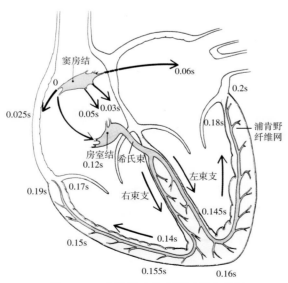

图 4-6-1　窦性激动的房间及房室传导

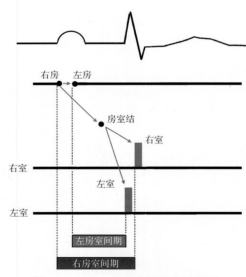

图 4-6-2　左、右房室间期的示意图

图 4-6-2 直观显示出窦性激动在房间与房室之间的传导过程，从中可以看出：

1. 右房室间期

该间期从心房 P 波的起始到右室激动的起始，在没有室内阻滞时，体表心电图的 PR 间期几乎等于右房室间期。显然，这一间期是电激动从右房向右室的传导时间，即右房室间期也是右房至右室的电传导间期。

2. 左房室间期

窦性激动从右房向左房及心室分别传导时，左房除极波（P 波的一部分）和左室除极波（QRS 波的一部分）是窦性激动沿这两个方向分别传导的结果，是电活动在不同方向传导的终点。左房和左室电活动的关系酷似物理学电路中的并联电器，是同一次激动使两者分别被激动的结果，而两者之间没有相互电的传导与被传导关系（A 型预激存在左侧房室旁路的情况例外）。就解剖学而言，左房与左室被左侧的房室瓣环（二尖瓣环）分开，该致密的结缔组织环使左房与左室之间处于电绝缘状态。窦性心律的电传导中，只是左房与左室被激动的时间前后不同。多数情况下，房间传导的时间短，使左房先激动，而右房与左室间的传导经过房室结的缓慢传导，使左室的激动在后，左房和左室的前后激动形成了图 4-6-2 中的左房室间期。应当强调，与右房室间期不同，左房与左室之间只存在间期，没有电激动的传导关系。窦性激动的传导过程，即右房向左房和左室之间的这种二维或三维的电传导关系用普通心电图的线性（一维）图形表示时，容易将左房和左室之间的关系错误理解为存在着传导与被传导的关系。总之，左房室间期是独立存在的，但左房与左室之间不存在电的传导关系。心腔内电图的记录可以看成是心脏电活动的二维记录，使人更容易理解这一关系（图 4-6-3）。

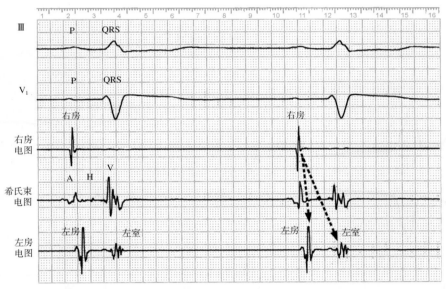

图 4-6-3　心腔内电图显示右房向左房、左室的电传导

二、左房室间期的计算与影响因素

1. 左房室间期的计算

左房室间期因左房、左室前后除极时间的不同而形成。从图 4-6-2 和图 4-6-3 可以看出，该间期值 =（右房向左室传导的间期值）-（右房向左房传导的间期值）。这一计算公式中，左室激动的起始时间在没有室内传导障碍时可粗略用 QRS 波的起点代表，而左房激动的起始时间在心腔内电图容易识别，但在体表心电图中确切辨认可能存在困难。同步记录食管心电图有时能有帮助。从理论上，无室内传导阻滞时，左房室间期 =PR 间期-PA（A 代表左房除极波起点，PA 则指右房向左房的房间传导）间期，这一简单公式更易理解、记忆，更易接受。所以，左房室间期值的大小取决于上述两个传导间期值之差。没有房间传导阻滞时，右左房室间期值相差仅 60～70ms，存在房间传导阻滞时，PA 值加大，两者的差值则缩小。多数情况下，因右房向左室经过房室结的缓慢传导而使右房左室传导间期延长，而 PA（房间传导）间期短，故两者的差为正值。但如果房间传导存在严重阻滞而使房间传导间期明显延长时，有可能右房向左房的传导间期值等于、甚至大于右房向左室的传导间期值，使左房室间期值最终等于零，甚至为负值。

2. 左房室间期过短

临床引起左房室间期过短的主要原因包括：房间传导阻滞、A 型预激综合征、单纯的短 PR 间期及右心房起搏等。

（1）房间传导阻滞：房间传导时间正常时约 60 ～ 70ms，当传导间期 >100ms 时诊断为房间传导阻滞，体表心电图则表现为 P 波增宽、P 波时限 ≥ 120ms 或 P 波有明显切迹，形成的 P 波双峰间 >40ms（图 4-6-4），PA（房间传导）间期值的增加将使左房室间期缩短。

（2）A 型预激综合征：A 型预激综合征是指房室之间先天性的预激旁路位于左房和左室之间，该旁路横跨左房室沟而形成左房心肌与左室心肌之间的肌桥和短路，使心电图 PR 间期 <0.12s，有 δ 波、QRS 波宽大畸形。应当注意，窦性激动传到左房后，可沿先天性的房室旁路下传提前激动左室，旁路的传导时间为 30 ～ 40ms 或更短，这使局部的左房波与左室波的间期十分短，甚至两者发生前后的融合。应当认识到，此时的左房与左室之间存在着经旁路的传导与被传导关系。此外，窦性激动也同时沿房室结下传激动心室，可在心室形成心室融合波，A 型预激综合征的左房室间期显著缩短（图 4-6-5）。

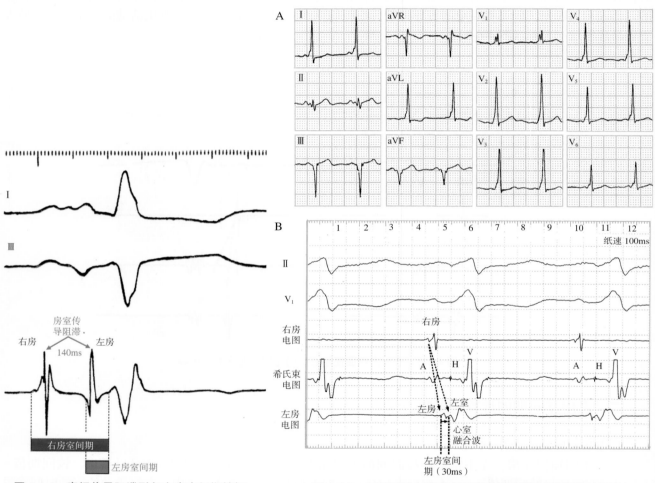

图 4-6-4　房间传导阻滞引起左房室间期缩短

图 4-6-5　A 型预激左侧房室旁路引起左房室间期明显缩短
A. 患者体表心电图；B. 患者的心腔内心电图

（3）单纯的短 PR 间期：临床少数患者心电图的 PR 间期长期 <0.12s，但又不伴阵发性室上速而不能归于传统的短 PR 间期综合征。这些患者的 PR 间期长期缩短的机制不清，可能属于小房室结或房室结的传导加速等，这些机制将使右房向左室的传导间期缩短，进而与右房向左房的房间传导间期的差值缩小，造成左房室间期缩短（图 4-6-6）。

（4）右心房起搏：目前，临床应用最普遍的右房起搏部位为右心耳，该处有丰富的梳状肌，有利于心房电极导线的被动固定。但与正常心脏的窦房结相比，有两点明显不同：①右心耳与左房之间，电激动的传导路径比窦房结与左房之间更长，所需的传导时间增加；②右心耳起搏发放的心房刺激脉冲向外扩布时，不像窦性激动在心房扩布时沿传导速度较快的结间束和房间束传导，其主要经过传导速度缓慢的心房肌传导。上述两点使右心耳起搏时的房间传导时间明显延长（图 4-6-7），这一延长可使原来没有房间传导阻滞患者的房间传导间期延长，也使原来就有房间传导阻滞者，房间传导阻滞更为严重。

Claude 的资料表明，房间传导阻滞患者的房间传导时间常为 120～180ms（平均 150ms），而患者右房起搏时该传导时间将延长到 150～240ms，平均为 200ms，而且起搏频率越高，传导延缓的程度越明显。其他文献也报告了类似现象（表 4-6-1）。

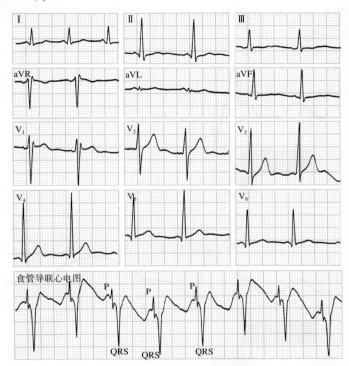

图 4-6-6　房室结传导加速引起的短 PR 间期可使左房室间期缩短

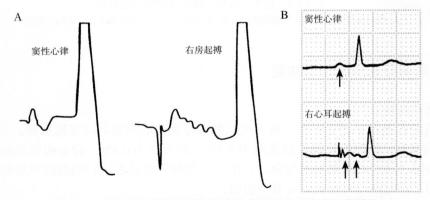

图 4-6-7　右心房起搏引起房间传导时间延长和左房室间期缩短

表 4-6-1　房间传导时间与心房起搏频率的关系

	窦性心律		心房起搏			
频率（次 / 分）	65	80	100	120	140	160
房间传导时间（ms）	95	115	118	120	122	122

右心房起搏时，房间传导时间的延长将带来两方面的危害，一是增加了房间传导时间，增加了两侧心房电活动的不同步，双房电活动离散度的增加使快速性房性心律失常的发生率大为增加；另一方面，房间传导

时间的延长将大大缩小其与右房向左室传导间期的差值，最终使左房室间期缩短或严重缩短（图 4-6-7）。

3. 左房室间期过长

左房室间期过度延长常发生在显著的一度房室传导阻滞、房室结双径路伴持续性慢径路下传、隐匿性长 PR 间期综合征等情况。其中显著的一度房室传导阻滞（PR 间期 >350ms）或经慢径路持续下传都使房室结传导时间延长，右房与左室间传导间期的延长将使左房室间期延长。而隐匿性 PR 间期延长综合征是指患者体表心电图的 PR 间期正常或略有延长，但患者同时存在左束支传导阻滞，显著的室内阻滞使心室除极的 QRS 波显著增宽，甚至宽度在 200ms 以上。此时右束支下传的激动，先激动右室后再经心室肌之间的传导而激动左室，结果左室除极波的显著推后将引起一定程度的右房左室传导时间的延长，进而使左房室间期也发生延长（图 4-6-8）。

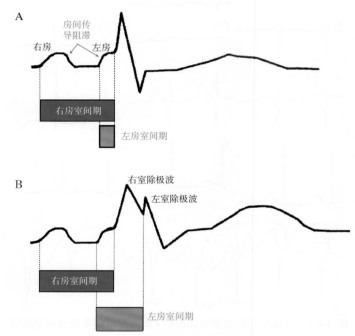

图 4-6-8　左束支传导阻滞使左房室间期延长
A. 房间传导阻滞使左房室间期缩短；B. 伴发的左束支传导阻滞使左房室间期延长

三、左房室间期与左房辅助泵功能

1. 心房机械活动的特点

正常时，心肌的收缩期比舒张期短，而心房肌的收缩期比心室肌的收缩期更短。当心率 75 次 / 分时，每一心动周期平均 0.8s，此时心室的收缩期约为 0.35s，舒张期为 0.45s，而心房收缩期约为 0.1s，舒张期为 0.7s。心率增快时，每一心动周期将缩短，其中舒张期缩短更显著，收缩期的缩短相对要轻。因此，心率增快时，心肌的工作时间相对延长，耗氧量增加。

与心室肌相比，心房肌较薄，收缩时间短。因此，在心室舒张末期的心房收缩期，心房肌的收缩将房内血液射入心室的量仅占较小的比例，约占心室舒张期总充盈量的 30%，而大部分的心室充盈发生在心室舒张的早中期，即二尖瓣叶刚刚打开，左房、左室之间存在较大的跨二尖瓣压力阶差时，形成快速充盈期（0.11s）。快速充盈期与随后的缓慢充盈期（0.2s）分别形成跨二尖瓣血流 E 峰的前支和后支，而心房收缩期的跨二尖瓣血流形成的是 A 峰（心室舒张期的跨二尖瓣血流，在超声心动图的记录中表现为 E 峰和 A 峰）。正常时，E 峰 >A 峰。因此，心室的收缩和舒张作用是推动血液循环的主要力量，形成心脏的主泵作用，而心房的收缩作用仅处于辅助地位，称为辅助泵。

2. 左房收缩期与舒张期的压力曲线

心房的收缩期简称房缩期，发生在心室舒张末期 P 波起始 50ms 后，这是因心房肌的电与机械收缩偶联间期为50ms。心房收缩时，房内容积变小，房内压升高，增加了跨二尖瓣的左房平均压与左室舒张压之间的压差，此时二尖瓣仍处于开放状态，进而形成心室舒张期跨二尖瓣血流的第二个高峰，即A峰。心房收缩可使心房内更多的血液回流到左室，使舒张期心室有更多的血液充盈。房缩期持续时间约100～110ms，此时房内压的升高形成左房压力曲线的A波（图4-6-9）。随后心房肌进入长达0.7s的舒张期，心房舒张使心房容积增大，房内压下降，左房内压力一直较低，但在左房压力曲线上除A波之外还有两个正向的C波和V波（图4-6-9）。

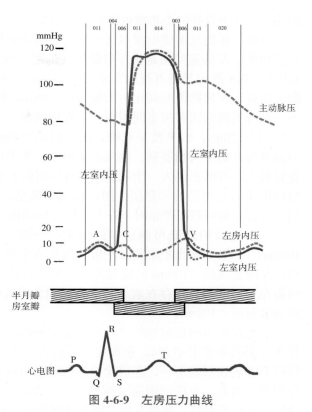

图 4-6-9 左房压力曲线

房缩期后，心房舒张而房内压下降，随后心室的收缩使二尖瓣关闭，关闭时房室瓣向左房凸出，使房内的容积变小，房内压一时变高而形成压力曲线的C波（该作用不显著时C波可以缺如）。此后心房舒张压继续下降，这时心室向主动脉射血时室内容积缩小，室底部向下移动，使心房容积扩大，房内压下降。此后左房压力曲线逐渐上升，并出现直立的V波，这是由于舒张期肺静脉血不断回流到心房，心房容量不断增加，房内压逐渐升高而形成的。

在同一心动周期，心房压力波动的幅度较小，成年人安静卧位时，左房压力的变化幅度为2～12mmHg，而右房仅为0～5mmHg。

3. 左房室间期与左房辅助泵作用

可以看出，左房的辅助泵作用表现在心室舒张末期的房缩期，左房的收缩加大了该时左房平均压与左室舒张压的差值，使左房血回流到左室并形成A峰。正常时A峰持续时间与心房收缩期相当，应当持续100ms。换言之，如果左房肌、左室肌各自的电机械收缩偶联间期都为50ms时，则左房P波起始50ms后左房收缩，左室除极波（QRS波的一部分）起始50ms后左室收缩，要想保证左房有充分的收缩（100ms）而完成其辅助泵作用，则左房室间期应当大于100ms，唯此才能确保心房收缩100ms，形成的A峰也将持续100ms。收缩期后，左室电活动（QRS波的一部分）触发的左室收缩随即开始，其使二尖瓣关闭，心室向主动脉射血开始。当左房室间期小于100ms时，就可能发生左房收缩射血还未充分完成，左室收缩已开始，二尖瓣将提前关闭，使左房收缩期的射血中断，造成A峰被切尾，引起左房辅助泵作用的下降。左房室间期越短，A峰切尾的现象越严重，左房辅助泵作用的受损程度也越严重，十分严重时该功能可以降为零。

所以，左房室间期至少不能短于100ms，否则左房100ms的收缩射血期将不能保证，使左房左室的机械同步性下降。

根据以上的分析与推理，可以对很多临床情况进行重新评估与认识。例如，房间阻滞过去仅被认为是单纯心电图领域的诊断，临床意义仅仅是增加了快速房性心律失常的发生率。实际上，就心功能而言，严重的房间阻滞可使左房室间期显著缩短，并降低左房辅助泵的作用而影响心功能。同样，A型预激综合征患者也存在显著的左房室间期缩短，进而使左房辅助泵的作用受到影响。

四、左室间期缩短

通过前文的阐述能清晰地建立这样的理念，房室同步就是要充分发挥发生在心室舒张晚期的心房辅助泵的作用。而良好的房室同步需要两个条件，即P波和QRS波有着一前一后的顺序，以及P波和QRS波之间有0.12～0.20s这样一个适宜的间期。就心脏的电功能而言，房室间期是指心房除极的P波，再沿房室结、希氏束及左右束支传导并激动心室的电传导间期。从心脏的机械功能考虑，房室间期则是心房收缩到心室收缩之间的间期，或直接看成是心房收缩期。适当的房室间期能保证房室之间良好的电和机械活动的同步，并为良好的心功能提供重要的前提。

除此，还能从前述中深刻认识到，左房室间期及其同步不仅影响着左心功能，而且决定和影响着整体心脏功能。左房室间期是指左房除极波的起点到左室除极波的起点之间的间期，在无室内阻滞的前提下，心电图 QRS 波的起点可视为左室除极的起点，而在体表心电图判定左房除极波的起点则十分困难。无房间阻滞时，左房除极时间比右房晚 60～70ms，使该除极的起点融在 P 波之中而不能辨认。绝大多数情况下，左房室间期比右房室间期短。存在房间阻滞时，左房除极波的起点将推后，使心电图的 P 波增宽，持续时间 >120ms，或 P 波呈双峰，两峰间距 >40ms。心电图存在这些表现时，房间阻滞的诊断相对容易，但需要与左房肥大相鉴别。临床心电图中，很多房间阻滞的心电图并不典型，左房 P 波的振幅、持续时间变异很大，有时表现为一个低振幅、持续时间较短的矮小 P 波，容易被"视而不见"而漏诊。图 4-6-10 是房间阻滞的心电图的示意图，图形都属于典型者，不典型时，低矮的左房 P 波甚至可以延伸到 QRS 波中间或其后。房间阻滞严重时，左右心房之间的传导间期可在 200ms 以上而大于房室间期。

从前述我们还能得到这样的结论：一般心率时，左房室间期应当 >100ms，这是正常心房收缩期 100ms 的下限，唯此才能确保左房辅助泵的作用能充分发挥，而最佳左房室间期应在 150ms。临床心电图中，左房室间期 <100ms 的情况并非少见，有时为显性，例如左房室旁路存在时，其整个 PR 间期 <0.12s，因而左房室间期肯定存在着缩短。有时则为隐匿性，即体表心电图的 PR 间期并不缩短，但左房室间期却明显缩短而 <100ms。

引起左房室间期缩短的主要原因是房间阻滞（图 4-6-10），正常人群中房间阻滞的发生率约 1%，心血管疾病患者中发生率 2%，永久起搏器植入者中 10%，而病窦伴慢快综合征的患者中发生率高达 30%。房间阻滞的表现形式不一，左房除极波的时限与振幅变异很大，这使左房除极波及起点经体表心电图确定十分困难，因此，有房间阻滞又被及时诊断者远远低于实际的发生率。除房间阻滞外，原发性短 PR 间期综合征、右心耳起搏、预激左侧旁路等情况均可引起左房室间期的缩短。

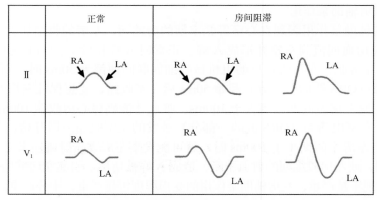

图 4-6-10　房间阻滞的典型心电图表现

左房室间期明显缩短时，因左房辅助泵的功能不能充分发挥，使左室舒张功能下降，严重者发生左房扩大、肺静脉淤血、心悸、活动后气短、活动耐量下降等左房功能低效综合征的系列表现。

临床医生常能遇到这样的病例，患者因初发型房颤伴不适就诊，但患者的各项检查除超声心动图可见左房略大外，其他实验室检查均无异常。面对这种病例，房颤与左房增大谁是鸡谁是蛋，谁是因谁是果的问题一定会被考虑。但对本例的判定并不困难，因为患者的房颤为初发，持续时间不长，因此，一次房颤就能引起心房解剖与电重构，并引起左房增大的可能性几乎没有。因此，本例房颤可能是患者左房增大的结果。进而需要考虑，何种原因引起左房增大呢？是心房肌病毒性感染后造成的心房扩大，还是因年龄大、高血压等引起心室舒张功能不全并继发性引起左房增大，而本例患者没有心肌炎的病史，也无舒张功能不全的基础病因及相关的临床表现，左房增大的原因还需进一步探究。

在分析这种患者心电图时，千万不能忽略可能存在的明显的房间阻滞（图 4-6-11），以及超声心动图中的 A 峰切尾（图 4-6-12）。结合图 4-6-11 与图 4-6-12，本例可如下解释其病理生理机制：房间阻滞使左房室间期明显缩短，使左房辅助泵的作用受损，左房收缩时产生的 A 峰被二尖瓣的提前关闭而切尾，使左

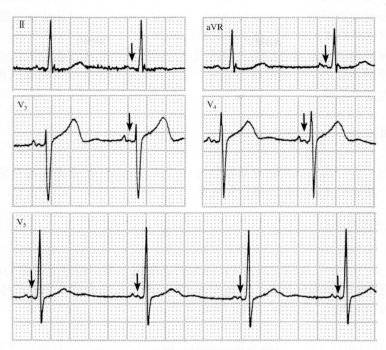

图 4-6-11　典型的房间阻滞心电图

患者男、53 岁，P 波呈双峰（峰距 >40ms），房间阻滞明显，但无室内阻滞，左房室间期仅 80ms，伴有初发型心房颤动

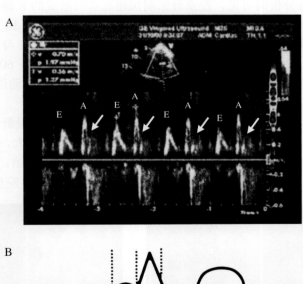

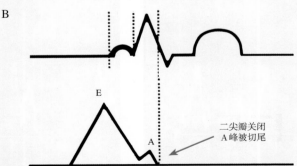

二尖瓣关闭
A峰被切尾

图 4-6-12　A 峰切尾的超声心动图及示意图

A 图为图 4-6-11 患者的超声心动图，可见明显的 A 峰切尾现象

房血流向左房两侧"分流"或向肺静脉反流，进而产生左房扩张，而左房的扩大和房室传导阻滞都能引起左右心房不应期与传导的离散度增大，进而促使房颤的发生。可见，一旦临床医生提高了房间阻滞诊断意识与水平，就能提高对这些患者的病理生理学机制的认识。

因此，强调左房室间期的缩短与心功能之间的关系，则能提高临床及心电图医师对心电图房间阻滞的重视并及时、正确地诊断。总之，房间阻滞不是一个孤立而无关紧要的心电现象，其与房性快速性心律失常的发生及心功能有着重要关系。

五、左房室间期延长

与房室间期的缩短一样，房室间期的延长能损害心功能，都属于房室同步不良的范畴。左房室间期延长在临床上并非少见，其能损害心功能，使心衰加重。

（一）PR 间期延长综合征

1. 定义

正常 PR 间期的上限为 0.20s，而 0.23s 是 PR 间期的上限临界值，超过此值将引起一定的功能性改变。而 PR 间期 >0.35s 属于 PR 间期显著延长，常能引起 PR 间期延长综合征，出现心悸、气短、活动耐量下降等症状。长期存在可引起左房、左室扩大及心功能不全。

2. 病因

PR 间期延长综合征可由显著的一度房室传导阻滞、房室结双径路持续性慢径路下传等多种原因引起。

3. 血流动力学危害

（1）左室舒张功能受损：当 PR 间期显著延长而窦性心动周期无明显变化时，即 RR 间期相对固定，PR 间期的显著延长将使 P 波与前面的 T 波靠近，部分融合，甚至完全融合。在对同步记录的心电图与超声心动图跨二尖瓣血流图进行分析时可见，左室舒张期快速充盈时形成的 E 峰与 P 波后的 A 峰靠近，部分重叠或完全融合（图 4-6-13）。这种情况对左室舒张功能的损害显而易见，因为 E 峰与 A 峰的持续时间代表二尖瓣正在开放，并有持续的血流从左房跨过二尖瓣进入左室。因此，E 与 A 两峰持续时间又称左室有效舒张期。正常时，有效舒张期（E 峰 +A 峰）应占整个心动周期的 50% ～ 60%。当 A 峰与 E 峰部分或完全融合时，左室的有效舒张期缩短，心室的舒张功能部分受损，当短于心动周期的 40% ～ 45% 时，左室的舒张功能将明显受损。

（2）舒张期二尖瓣反流：PR 间期显著延长的另一个血流动力学损害是舒张晚期发生二尖瓣反流，正常时，左房收缩期持续约 0.1s 后进入长达 0.7s 的舒张期，此时左房容积扩大，房内压下降，有利于二尖瓣的关闭，PR 间期正常者，左房开始舒张时，左室的等容收缩期几乎同时开始，结果，左室收缩产生的强大压力使二尖瓣关闭。PR 间期过度延长者，心房舒张期引起房内压下降时，左房仍处于舒张期（无 QRS 波

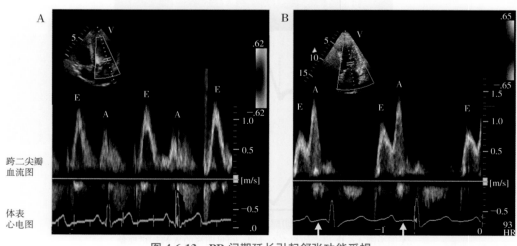

图 4-6-13　PR 间期延长引起舒张功能受损

A. PR 间期与 E 峰 +A 峰的持续时间均正常；B. PR 间期的延长（箭头指示）使 E 峰和 A 峰融合，两者的持续时间缩短

触发心室收缩），当左室舒张末压高于左房平均压时，血流将从压力高的左室跨二尖瓣反流到左房，形成舒张期二尖瓣的反流（图4-6-14），同时，因二尖瓣关闭时的跨二尖瓣反向压力阶差较低，因此，该关闭属于漂浮式关闭而常伴关闭不全，并引起舒张期二尖瓣的反流（图4-6-14）。

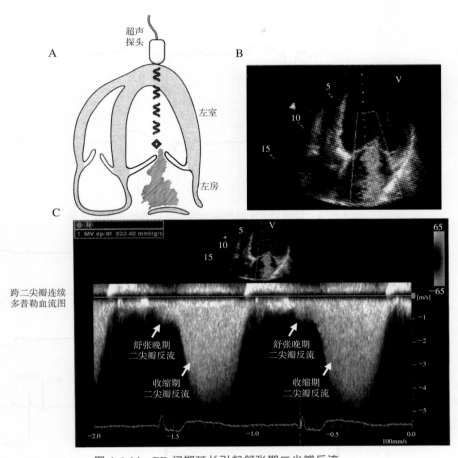

图4-6-14　PR间期延长引起舒张期二尖瓣反流
A.超声检查的示意图；B.实际超声检查图；C.连续跨二尖瓣多普勒血流图中可见舒张晚期的二尖瓣反流

（3）收缩期二尖瓣反流：上述舒张期二尖瓣反流持续到QRS波后的左室收缩期时，左室较强的收缩使左室内压骤然升高，使二尖瓣叶关闭，但因舒张末期二尖瓣的关闭不全发生在前，有可能使二尖瓣的关闭不全持续存在，形成双期二尖瓣反流。

上述情况的长期存在，可引起左房、左室的扩张，甚至严重的功能障碍，最终发展为心律失常性心肌病，而其根本原因是显著的一度房室传导阻滞。因此，近年来的起搏器植入指南把引起心功能不全的一度房室传导阻滞列入起搏器植入的适应证。

（二）隐匿性PR间期延长综合征

除房间阻滞外，室内阻滞也能影响左房室间期，只是前者引起左房室间期的缩短，后者引起左房室间期的延长，严重的室内阻滞还能引起隐匿性PR间期延长综合征。该综合征是指体表心电图并无PR间期的延长，但因存在明显的室内阻滞，尤其存在完全性左束支传导阻滞，可使左室的除极时间严重推迟，左房室间期明显延长。而器质性心脏病患者出现心衰时，左束支传导阻滞及室内阻滞的发生率高达20%～40%。过长的左房室间期能发生与上述显性PR间期延长时相同的病理生理改变，即左室舒张功能受损，舒张期跨二尖瓣反流、心功能下降等。这些病理生理改变对已有心力衰竭的患者无疑是雪上加霜，可使心衰加重。

图4-6-15和图4-6-16是隐匿性PR间期延长综合征的实例。图4-6-15是1例扩张型心肌病患者的体表

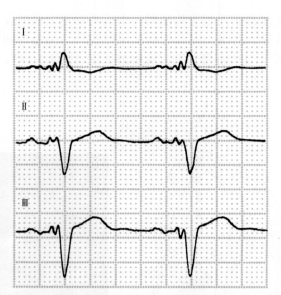

图 4-6-15　隐匿性 PR 间期延长综合征患者的体表心电图

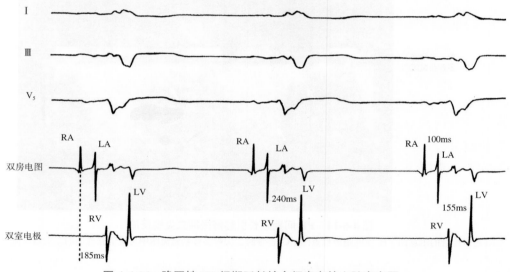

图 4-6-16　隐匿性 PR 间期延长综合征患者的心腔内电图

本图与图 4-6-15 为同一扩张型心肌病患者。LA：左房；RA：右房；LV：左室；RV：右室

心电图，图中 P 波持续时间 130ms，提示患者存在着房间阻滞或心房扩张，QRS 波呈左束支传导阻滞图形，时限 200ms，该图中 PR 间期 180ms 属于正常。图 4-6-16 是其心腔内电图，在同步记录的双房和双室电图中可以看出，患者的房间传导时间 100ms，证实图 4-6-15 中 P 波的增宽是房间阻滞引起的。图中右房室间期 185ms，而左房室间期长达 240ms，形成了隐匿性左房室间期的延长，其引起的病理生理改变能逐渐加重心力衰竭。临床医生往往不能及时识别或忽视这些病理生理机制，实际这种情况一旦被识破，则可通过植入 DDD 或心脏再同步治疗（CRT）起搏器，并设置较短的 AV 间期而使问题得到解决（图 4-6-15，图 4-6-16）。

总之，与左房室间期的缩短一样，左房室间期的延长或隐匿性延长都能严重损害心功能。

六、心脏起搏器与左房室间期

起搏器医生应当充分了解左房室间期与心功能的密切关系，这对起搏器的随访与参数设置水平的提高有重要作用。

起搏器患者的心内增加了一个起搏器节律点，其与心脏自主的节律点共存，当起搏心律持续存在或与自主心律交替出现时，起搏心律将对心脏电活动的自律性、传导性、兴奋性都有一定的影响，对左房室间期同样也有影响，并影响心功能。

应当强调，起搏器患者的基础情况不同，这使起搏心律对不同患者有不同的影响。例如，双腔起搏器的心室起搏，其起搏右室时将使左室的除极时间推迟，这一推迟可能使原来就存在的左房室间期缩短反而变为正常，也能使左房室间期原来已处于临界值或有延长者进一步延长，进而引起左房室间期延长综合征的系列临床表现。因此，起搏心律对不同患者的影响具有双向性，与患者的基础情况密切相关。因此，起搏器程控前仔细分析患者个体化的基础情况十分重要，医生进行个体化分析后实施的"分而治之"，将能大大提高起搏器治疗的临床效果。

近年来的资料表明，随着临床检测技术的提高，VVI 起搏器及其他多种起搏模式都能引起起搏器综合征，只是有时起搏器模式对患者的影响处于亚临床状态而不被发现。当深入了解左房室间期这一概念后，对这些情况的识别将更加容易。

起搏器对左房室间期的影响有 4 方面：

（1）右心房（耳）起搏：延长房间传导时间，缩短左房室间期。

（2）右室起搏：推迟左室除极的起始时间，延长左房室间期。

（3）双腔同时起搏：右房、右室均起搏时，左房室间期的改变取决于上述两项改变后的差值和净效应，最终左房室间期可能延长、缩短或基本不变。

（4）AV 间期的设置：双腔起搏器设置的 AV 间期值直接改变左房室间期。

（一）AAI 工作模式

（1）AAI 模式：见于单腔 AAI 起搏器及双腔（DDD）起搏器伴自主房室结下传功能良好者。

（2）对左房室间期的影响：右心房（耳）起搏将使原来的房间传导时间至少延长 50ms，原来就有房间阻滞时的延长量将更大。房间传导时间的延长将使左房室间期缩短，严重者可引起左房功能低效综合征的临床表现。

（3）诊断：部分病例可经体表心电图获得诊断，因食管心电图记录的左房 P 波更为清晰，必要时可经食管电图进行房间阻滞的诊断及左房室间期的测定（图 4-6-17）。

（4）临床后果：可引起 AAI 起搏器综合征。

（5）相应措施：①双房起搏可缩短房间传导时间，并延长左房室间期（图 4-6-18）；②尽量应用起搏器内设的窦房结优先功能，减少右心房起搏的比例。

（二）VAT 工作模式

（1）VAT 工作模式：系 DDD 起搏器工作模式的一种，即心房感知心室起搏的工作模式。

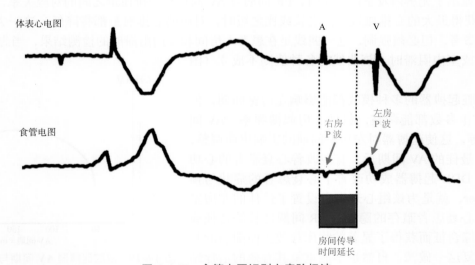

图 4-6-17　食管电图识别左房除极波

本图为双腔起搏器患者体表心电图与食管电图的同步记录，体表心电图可见心房和心室的起搏脉冲信号，心房起搏脉冲后心电图为一平段，但食管电图中可见清晰的左房 P 波，证实右房起搏后存在明显的房间传导时间的延长

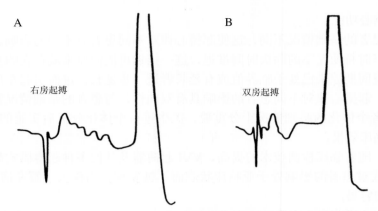

图 4-6-18　双房起搏（B）能纠正右房起搏引起的房间阻滞加重（A）

（2）对左房室间期的影响：右室心尖部起搏能引起室内传导延迟，使左室除极起始时间推后，左房室间期延长。

（3）诊断：经体表心电图或食管电图测定左房除极波与左室除极波的间期后诊断，或经心腔内电图诊断。

（4）临床后果：左房室间期的明显延长，可引起 PR 间期延长综合征的临床表现。

（5）应对措施：将 AV 间期的程控值缩短或行 CRT 起搏。

（三）DDD 工作模式

（1）DDD 工作模式：该工作模式为心房、心室均起搏。主要见于窦房结与房室结双结功能均有减退而植入双腔起搏器的患者。

（2）对左房室间期的影响：起搏器对左房室间期的三种影响并存：①心房起搏推迟左房除极时间；②右室起搏推迟左室除极时间；③设定的 AV 间期值直接影响左房室间期，对左房室间期的最终影响是三种影响的净效应。

（3）诊断：因对左房室间期的影响是上述三种作用的净效应。一般情况下，右室起搏推迟左室除极的作用幅度大、推迟的时间长，使三种作用的净效应常表现为左房室间期的延长。但原来房间阻滞就已显著者，有可能出现结果相反的净效应。总之，个体化结果存在明显的不同。

（4）临床结果：右室起搏本身引起的双室不同步就对心功能产生了不良影响，进而，DDD 工作模式引起明显的左房室间期过长时，则能引起一系列的临床表现，最终可发生 DDD 起搏器综合征。

（5）应对措施：改为 CRT 起搏或程控最佳 AV 间期值。

图 4-6-19 显示了无房内及室内阻滞时，PR 间期与 AV 间期和心排血量之间的对应关系，当 AV 间期为 150ms 时，可获得最大的心排血量，比之长或比之短时，对应的心排血量都将降低，这一 AV 间期值可供起搏器程控时参考。但必须强调，这一曲线是在患者无房间和室内阻滞时的检测结果，当患者存在不同程度的房间阻滞或室内阻滞时，该曲线的各种值则不成立（图4-6-19）。

总之，心脏起搏器的多种模式都能影响左房室间期，但起搏器的各工作参数都能调整，包括心房起搏频率、AV 间期、VV 间期等，这使起搏器对左房室间期的影响也能调整，当程控并获得最佳的 AV 间期后，有望改善心衰患者的心功能。最早应用 DDD 起搏器成功改善了心衰患者的症状与预后的 Hechleitner，就是为该组心衰患者设置了最佳的左房室间期，纠正了心衰患者暗存的隐匿性 PR 间期延长综合征或左房功能低效综合征而获得了显著的临床疗效。而随后的其他作者未能重复这一做法，自然也不能重复其有效的治疗结果。此外，疗效还与入选病例的选择和程控数值的不同有关，而 Hechleitner 以他杰出的工作开创了起搏治疗心衰的先河。

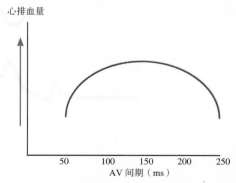

图 4-6-19　双腔起搏器 AV 间期与心排血量的关系
患者无房间阻滞及室内阻滞时，AV 间期设置为 150ms 可获得最大的心排血量，大于或小于 150ms 时，心排血量都将降低

相反，为了治疗病窦或房室传导阻滞而植入普通 DDD 起搏器时，如果未能设置理想的 AV 间期值，则会损害患者的心功能，引起起搏器综合征，甚至起搏性心肌病。

七、CRT 起搏与左房室间期

CRT 起搏是心衰患者的重要治疗方法，其能改善心衰患者的各种功能性指标，逆转已经出现的心脏不良重构，降低全因及心血管死亡率。接受 CRT 治疗的心衰患者中约 70% 能从该治疗中获益。

CRT 有效治疗心衰的机制很多，对情况不同患者的有效机制侧重也有不同，其中之一是将左室起搏电极导线放置在特定位置而纠正该部位（或邻近部位）的收缩延迟或在心室舒张期的矛盾性收缩（图 4-6-20）。另一个重要机制是通过设定最佳 AV 和 VV 间期使患者的房室及双室达到再同步化，提高心脏的每搏量和每分心排血量，使心衰患者的心功能得到改善（图 4-6-21）。

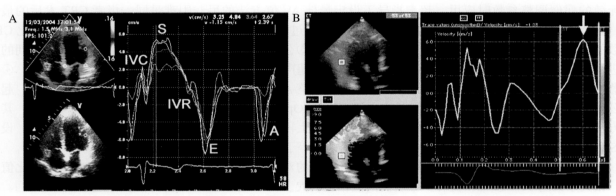

图 4-6-20　左室局部心肌发生舒张期收缩

A. 正常时，采样点的心室肌超声组织多普勒显像图（TDI），图中可见收缩期向上的 S 波，舒张期（T 波之后）的负向 E 波与 A 波；B. 心衰患者心室内存在运动的不同步，采样点的心室肌在舒张晚期出现向上的收缩期波（箭头指示），CRT 治疗时，可将左室起搏电极导线放置于该部位，可使心室舒张期该部位的异常收缩得以纠正

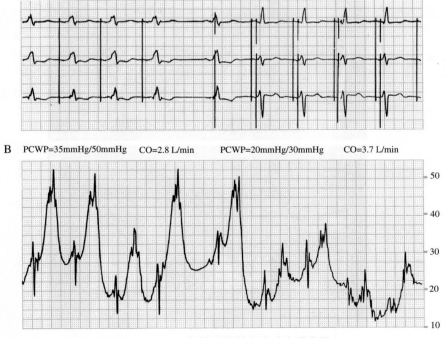

图 4-6-21　CRT 起搏时急性血流动力学作用

患者为特发性扩张型心肌病、心功能Ⅲ级。图为心电图及肺毛细血管楔压（PCWP）的同步记录，A 图左侧为 AAI 起搏，随后改为 CRT 起搏。B 图 CRT 起搏后，PCWP 的峰值下降 20mmHg，平均压下降 15 mmHg，心排血量（CO）从 2.8L/min 上升到 3.7L/min

　　与普通的双腔起搏器相比，CRT 起搏的优势是右房与左室、右房与右室之间的 AV 间期能分别程控，这意味着 CRT 起搏时，左室除极的时间准确可知，而在普通的双腔起搏器，只能粗略地估计左室除极的起点。当患者存在室内或左束支传导阻滞时左室的除极时间将显著推后。

　　与前文观点一致，CRT 起搏时左房室间期不能短于 100ms，而最佳的 AV 间期约为 150ms，唯此才能确保心房有足够的收缩时间将心房血液打入左室，充分发挥心房辅助泵的作用。

　　对心衰患者植入的 CRT 起搏器参数进行程控时，AV 间期值的优化至关重要，最佳优化该值后，CRT 起搏治疗的有效率就能提高（图 4-6-22，图 4-6-23）。因为，最佳的 AV 间期值还能间接影响 VV 间期值。临床实践中，最佳 AV 间期值的确定有 4 种方法：①经验值：AV 间期最佳的经验值常为 50～100ms 或等于 PR 间期 ×（25%～75%）。显然这些 AV 间期的经验值只适于无房间阻滞的患者，如患者原来存在明显的房间阻滞时，该值肯定过短。②超声心动图指导下的 AV 间期优化，优化时，逐步调整 AV 间期值，以获得最大心排血量为最佳值，这一方法能可靠地获得最佳 AV 间期值，但致命的缺点是十分费时，有经验的超声医生完成一例 CRT 患者的优化需要 1～3h，所以，临床工作中只能针对 CRT 患者疗效欠佳或几乎无效的病例调整参数时应用。超声指导下设定最佳 AV 值方法的另一困难是同一患者 CRT 术后的最佳AV 值呈动态变化，需要间隔一定的时间重复上述优化过程（图 4-6-24）。因此，超声指导下反复优化 CRT 参数的做法不切合实际，不能满足临床随访的要求。③公式法：根据一些专家推导出的最佳 AV 间期的算式进行计算，但这些计算公式常十分复杂，仍然需要超声心动图测定一些数值，目前临床较少应用。④起搏器自动、快速设置 AV 间期值：鉴于超声指导下调整 AV 间期的方法十分费时，为满足临床需要，起搏器公司推出了自动、快速设定 AV 间期的方法（QuickOpt 功能）。该功能算式的示意图见图 4-6-25。其基本方法是先测定 P 波宽度的均值，然后在均值的基础上再加一个固定 δ 值，当 P 波间期 >100ms 时，设置的 SAV 间期等于均值加 60ms，而设置的 PAV 间期值等于均值加 110ms（图 4-6-25）。

　　QuickOpt 功能算法的最佳 AV 间期与超声法结果的对比研究表明，两种方法得到的 AV 间期优化值相近，相关系数达 97% 以上，但有少数病例两值相差较大。

　　总之，CRT 起搏治疗心衰时，左房室优化值对疗效的影响甚大，而优化时必须考虑两个因素：房间阻

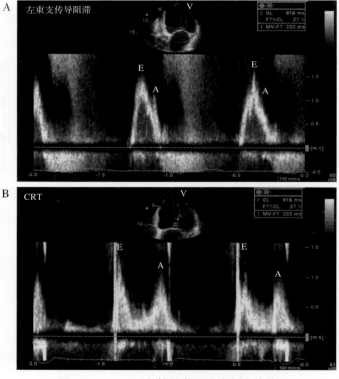

图 4-6-22　CRT 起搏改善了心室舒张功能

A. CRT 治疗前，左束支传导阻滞伴 E 峰与 A 峰的融合，使心室舒张期的有效充盈时间仅为心动周期的 27%；B. CRT 治疗后，经 AV 间期的优化，心室有效充盈时间达到心动周期的 44% 而接近正常

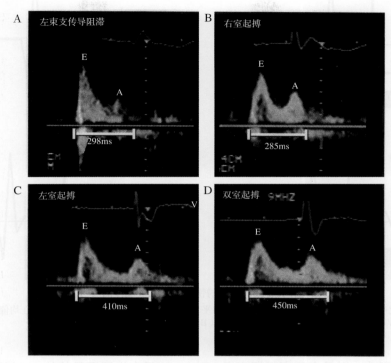

图 4-6-23 不同部位起搏时的左室有效舒张期

A. CRT 治疗前，左束支传导阻滞，E 峰 +A 峰持续时间仅 298ms；B. 单纯右室起搏时，该值降为 285ms；C. 左室起搏时，该值骤然升到 410ms；D. CRT 起搏时，该值达到 450ms

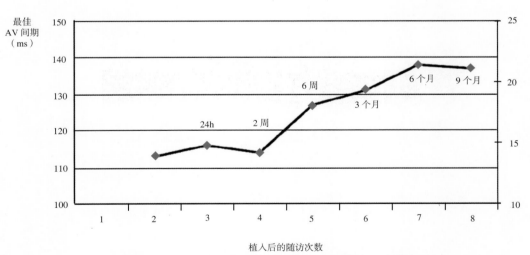

图 4-6-24 患者植入 CRT 后不同时间的最佳 AV 间期

多数 CRT 患者的最佳 AV 间期在植入后的不同时间数值不同，并有逐渐增加的趋势

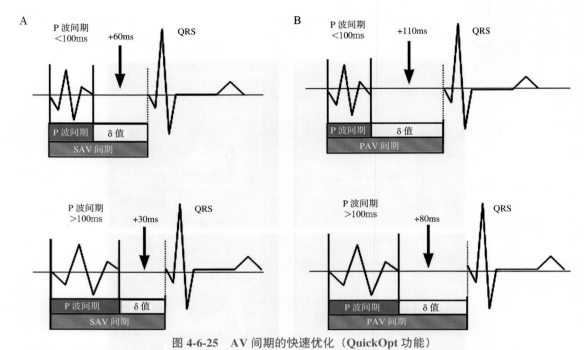

图 4-6-25　AV 间期的快速优化（QuickOpt 功能）

AV 间期快速优化时，先经心内电图计算出 P 波间期的平均值，随后优化的 SAV 间期值分别在均值上加 60ms 和 30ms（A），优化的 PAV 间期分别在均值上加 110ms 和 80ms（B）

滞对左房除极时间的影响，以及左房室间期应当 >100ms。只有设置了最佳的 AV 间期值（左房室间期值）后，才能充分发挥左房辅助泵的作用，这对于临床 CRT 治疗能够获得满意的疗效至关重要。

与一般早搏的代偿间期不同，室早的类代偿间期是指心房颤动伴发室早时的一种特殊的心电现象，其对心房颤动伴发的宽 QRS 波的心电图诊断与快速心室率房颤的治疗有着重要意义。

一、早搏代偿间期的基本概念

1. 概念

早搏的代偿间期是指早搏（房早、室早、交界区早搏）出现时，对主导节律（窦性心律）的干扰作用引起的相应心电图表现，这种干扰作用包括引发主导节律的重整或非重整两种。

2. 分类

（1）完全性代偿：心电图上插入早搏的前后两个窦性 P 波（或 RR）间期 =2 倍的 PP（或 RR）间期时为完全性代偿。

（2）不完全性代偿：插入早搏的前后两个窦性 P 波（或 RR）间期 <2 倍的 PP（或 RR）间期时称为不完全性代偿。而插入性早搏不伴代偿期，其心电图表现为插入早搏的前后两个窦性 P 波（RR）间期等于或略长于 PP（RR）间期。

3. 不同代偿间期的发生机制

虽然房早与室早都能引起不完全或完全性代偿，但两者的发生机制不完全相同。

（1）房早的代偿间期：①不完全性代偿：适时的房早激动经传导侵入窦房结内，引起尚未成熟的窦性激动发生提前而无效的除极，除极复位后，以复位点为起点，以原有的间期重新积累下一次的激动，实际该房早引发了一次窦性心律的节律重整（图 4-7-1D、E），其又称窦房结对早搏发生的 II 区反应。②完全性代偿：适时房早扩布时，未能侵入窦房结内，仅在窦房结周围区域对已成熟的窦性激动的发放产生了结周干扰（使随后的一次窦性激动未能发放出），这一干扰过程仅仅使一次窦性激动被干扰而未能传出激动心房肌。除此，对窦性心律的固有节律未产生任何影响，其又称窦房结对房早的 I 区反应（图 4-7-1B、C）。

（2）室早的代偿间期：①不完全性代偿：多数情况下室早的代偿间期完全，仅少数室早可产生不完全性代偿。产生不完全性代偿的室早发放后，心室激动沿房室传导系统或预激旁路逆向传导并夺获心房产生了逆行 P 波，该逆向激动的 P 波实际相当于一次房早，其在心房内传导时，侵入了窦房结内形成窦房结结内干扰，使窦性心律发生了一次节律重整（图 4-7-2A）。应当指出，当某患者存在频发的室早，而室早后均伴有逆传的 P 波，且 RP 间期相等并引起不完全性代偿时，应当怀疑该患者可能存在预激的房室旁路（图 4-7-3）。②完全性代偿：室早的完全性代偿是室早在房室传导系统发生逆传时，其对正向下传的窦性激动产生一次房室传导系统内的干扰，心电图上表现为窦性 P 波未能下传，并出现完全性代偿间期。应当注意，心电图上可以看到未下传的窦性 P 波，窦性 P 波也可能融在 QRS 波和 T 波之中而未能明显表露，同步多导联心电图记录时能有更多的机会识别出未能下传的窦性 P 波（图 4-7-2B），但室早伴完全性代偿间期时，几乎能肯定其中隐藏着一次窦性 P 波。

二、室早的类代偿间期

1. 定义

心房颤动时窦性 P 波消失，其被快速而间期与振幅极不规整的 f 波所替代。此外，房颤时的 RR 间期也绝对不整，这是穿透性传导和非穿透性传导的房颤 f 波在房室传导系统（主要是房室结）相互干扰的结果，即未穿透的 f 波在房室传导系统传导时可产生程度不同的隐匿性传导，而穿透性 f 波在前引起一次 QRS 波的同时，也在房室传导系统引发一次新的不应期，f 波的这些不同传导都将对随后而至的其他房颤 f

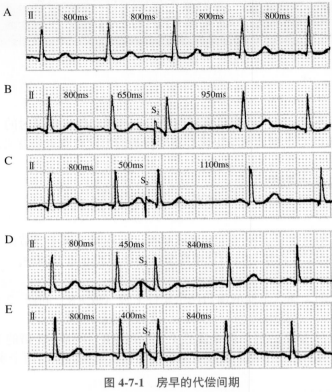

图 4-7-1 房早的代偿间期

B.C 为完全性代偿；D.E 为不完全性代偿

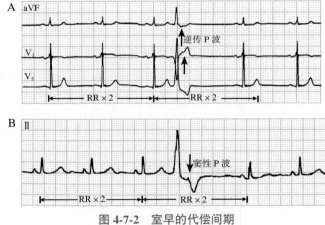

图 4-7-2 室早的代偿间期

A. 不完全性代偿；B. 完全性代偿

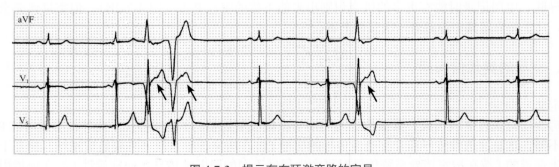

图 4-7-3 提示存在预激旁路的室早

当反复出现的室早均伴联律间期相等的逆传 P 波，又伴不完全性代偿时，提示患者存在预激旁路

波能否经房室传导系统下传产生影响，进而引起 RR 间期的绝对不整（图 4-7-4）。除此，心房颤动时伴发的每次室性早搏（宽大畸形的 QRS 波），与紧随其后的下一个 QRS 波之间形成的 RR 间期多数相对长而固定，形成室早后的"代偿间期"，由于此时不是窦性心律而是房颤心律，故室早 QRS 波后的长而相对固定的 RR 间期称为类代偿间期。

2. 发生机制

房颤时室早的类代偿间期的发生机制简单而容易理解，即上述穿透性与非穿透性的 f 波分别在房室传导系统不断出现时，均对随后而至的 f 波传导产生干扰和影响。在此基础上，室早发生时，无形中又增加了室早从反方向沿房室传导系统的逆向传导，必然对随后正向传导的 f 波产生新的干扰作用，该作用与上述两种作用整合在一起时，一定会产生干扰的叠加作用，即在房室传导系统产生更大的干扰作用，并使随后能够发生穿透性传导的 f 波减少，使其之后的 RR 间期较长而更为延迟出现（图 4-7-5）。总之，房颤时在室早后产生的长而相对固定的类代偿间期是上述三个不同的干扰作用协同叠加的结果。

三、室早的类代偿间期在心电图诊断中的应用

心房颤动时常能出现宽大畸形的 QRS 波，其可以是房颤伴发的室早，也可能是房颤波下传激动心室时发生了室内功能性传导阻滞，或称发生了差异性传导的结果。心电图两者鉴别诊断的方法与标准很多，但鉴别方法的敏感性不强或特异性不够，使得对于宽 QRS 波性质的最后判定发生困难。应当指出，进行上述心电图鉴别诊断时，可能存在的室早类代偿间期现象简单、直观、一目了然，是一个易用、易记而鉴别诊断价值较高的指标，即伴有长而相对固定的 RR 间期的宽 QRS 波为室早的可能性大（表 4-7-1）。显然，室早的类代偿间期这一概念为房颤时宽 QRS 波的鉴别诊断提供了一个简单而实用的方法。

四、室早的类代偿间期在房颤治疗中的应用

1. 房颤血流动力学的危害

房颤作为一种常见的心律失常，对人体有着多种危害：①房颤可增加总死亡率 2 倍；②增加栓塞而致残率较对照组高出 4 ~ 18 倍；③增加房颤患者猝死的概率，ICD 患者 18% 的室颤由房颤介导，其形成了房颤 - 室颤 - 猝死的新疾病链，该疾病链可发生在伴有或不伴有器质性心脏病的患者；④严重损害心功能。

2. 房颤损害心功能机制的新认识

众所周知，房颤一旦发生则进入房室失同步状态，即窦性心律时房室处于同步，心房电活动 P 波将触发心房的机械收缩，并使心房的血流跨过二尖瓣向左室充盈，舒张期的这一充盈作用称为心房的辅助泵作

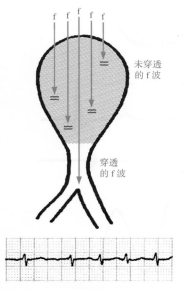

图 4-7-4　房颤时 RR 间期绝对不整发生机制示意图

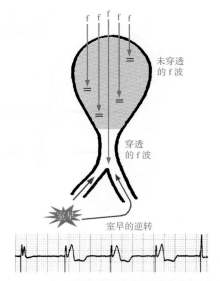

图 4-7-5　室早的类代偿间期发生机制示意图

表 4-7-1   房颤时室早与室内差异性传导的鉴别

	评价内容	房颤伴室早	房颤伴室内差异性传导
RR 间期	宽 QRS 波前的 RR 间期	不一定长	多数长（与其他 RR 间期相比）
	宽 QRS 波的联律间期	短而固定	短而不固定
	宽 QRS 波后的类代偿间期	长而固定	不一定
V_1 导联的 QRS 波	起始为 r 波	极少见（5%）	较常见（>50%）
	双相 QRS 波	92%	较少见
	三相 QRS 波	较少见	多见（70%）
	QRS 波的形态多变	少见（除非多源性）	多见，常有不同程度的变异
其他	整体心室率	较慢	较快
	服用洋地黄	量足或过量	没有应用或量不足
电轴	无人区电轴	可有	无

用。心房辅助泵的作用约占舒张期心室充盈的三分之一，进而对人体心功能的维持有重要作用，尤其对心衰患者更加重要。而房颤时的 P 波消失，使心房原来的节律性收缩消失，使心房辅助泵的作用丧失，这将明显损害心功能。除此之外，房颤时 RR 间期绝对不整，尤其当心室率较快时，快而短的 RR 间期将进一步严重损害心功能，使心室的收缩与舒张功能严重受损。

图 4-7-6 显示了心室电活动与机械功能之间的对应关系，应当了解，心电图的 QT 间期相当于心室肌的总不应期，其和心室的收缩期相对应。而 T 波结束到下一个 R 波之间为心室的舒张期，此期有持续的心房血流跨过房室瓣回流到心室腔，正常时心脏的舒张期远比收缩期更长。当把图 4-7-6 阐明的内容透彻理解和记忆后，则能进一步发现，伴快速心室率的房颤后，不仅心房辅助泵的功能受损而影响心功能，快而短的 RR 间期也将明显损害心室的舒张与收缩功能。图 4-7-7 与图 4-7-8 中用箭头标出的 QRS 波都位于前一个心动周期的 T 波结束前或刚刚结束时，此时心室的舒张期尚未开始或刚刚开始，尚无舒张期的血液充盈心室。因而，这些 QRS 波耦联的心室收缩期的射血量十分有限，很可能是"空穴来风"，形成一次完全无效的"零射血"，当射出到主动脉的血流量很少或几乎为零时，将形成房颤时的"脉搏短绌"。因此，这种快而不整齐的 RR 间期能严重损害心功能。临床医生应当加强对这种心电图临床意义的认识（图 4-7-8，

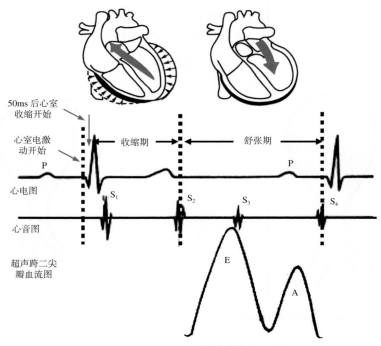

图 4-7-6   心室电与机械功能的对应关系

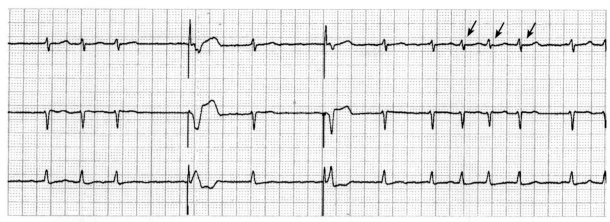

图 4-7-7　房颤患者植入 VVI 起搏器的心室率平滑稳定（VRS）功能开启之前，箭头指示的几个 QRS 波均落在 T 波结束前或刚刚结束时，使其舒张功能及收缩功能受损，并能发生"脉搏短绌"

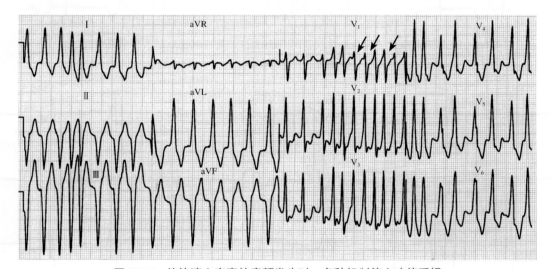

图 4-7-8　伴快速心室率的房颤发生时，多种机制使心功能受损

图 4-7-9），并给予患者积极有效的治疗。

　　不仅房颤如此，就连快速的房速发生时都能发生"零射血"，发生脉搏短绌，影响心功能（图 4-7-9）。这也能大大提高我们对房颤血流动力学受损的新认识。

　　3. 心脏起搏器心室率平滑稳定（VRS）功能对房颤患者 RR 间期的调整

　　资料显示，有相当比例的植入心脏起搏器的患者植入起搏器前后反复发生阵发性房颤，其中有些就是伴快速心室率的阵发性房颤。为改善患者发生这种情况时的血流动力学影响，进而改善心功能和缩短房颤持续的时间，很多厂家生产的双腔起搏器或 VVI 单腔起搏器内设了 VRS 功能。VRS 功能是在房颤发生后，起搏器能起到心室率平滑稳定功能，VRS 功能应用室早伴类代偿间期的心电原理，当房颤伴心室率较快时，则心室起搏频率能自动增快形成更多的心室起搏性"室早"，进而使快而不规整的 RR 间期变成慢而相对整齐的 RR 间期，大大改善房颤患者的心功能，并使阵发性房颤持续的时间缩短，有望更早地恢复窦性心律（图 4-7-10）。

　　图 4-7-10 与图 4-7-7 为同一患者，VRS 功能开启后，借用室早类代偿间期的心电原理，当心室起搏比例上升后，原来快而不齐的心室率（图 4-7-7）变为本图的"慢而整齐"的心室率。

　　（1）VRS 功能的启动：当患者发生快速性房性心律失常时，VRS 功能自动被激活。

　　（2）VRS 的工作方式：① VRS 功能启动后，当起搏器心室感知器感知到一次患者自身心室除极的 QRS 波后，心室的起搏频率将自动增加 2 次 / 分。因此，伴心室率较快的房颤发生后，心室起搏频率自动逐步升高。②发生的每次心室起搏都相当于房颤心律时发生的室早，都能引起一次类代偿间期，累积结果

08:59:59　房性心动过速

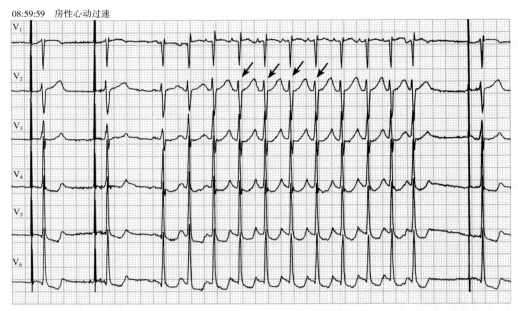

图 4-7-9　DDD 起搏器患者发生短阵房速时，QRS 波都落在舒张早期，使舒张功能明显受损

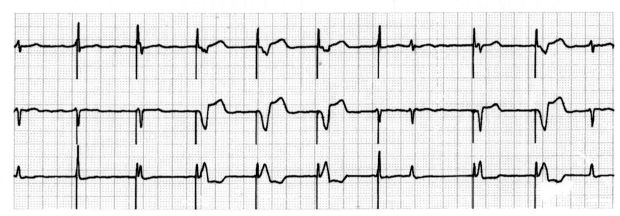

图 4-7-10　植入的起搏器 VRS 功能开启后

则使快而不规整的 RR 间期变为相对慢而整齐的 RR 间期（图 4-7-7，图 4-7-10）。

（3）VRS 功能的治疗作用：VRS 功能启动后，心室起搏频率将自动升高，使患者的心室起搏的比例升高，当占总心律的比率越高时 RR 间期值将越稳定。循证医学的资料表明，在 RR 间期的调整过程中，总体平均心率最多增加 2%，而心室率的不规整性却降低了近 3 倍（图 4-7-7 至图 4-7-12）。有人发现，总心律中心室起搏占 60% 时常为最佳状态。

（4）VRS 功能的关闭：当起搏器检测到快速房性心律失常结束后，VRS 功能则自动关闭。此外，VRS 功能还可通过体外程控器手动关闭。

（5）评价：①通过血流动力学的分析，VRS 功能可明显改善伴快速心室率房颤患者的心功能，缩短房颤的持续时间；②对普通的 VVI 或 DDD 起搏器，VRS 功能将增加不良的右室起搏，损害双室同步化。但无论如何，起搏器的 VRS 功能可以帮助我们更深一层地了解和认识室早的类代偿间期这一心电现象的概念及实际意义。

五、结束语

室早的类代偿间期这一心电概念十分重要，在心律失常的诊断与治疗中有着重要意义。此外，能帮助我们对房颤时血流动力学的影响有更进一步的认识，以及提高对起搏器 VRS 功能的认识及合理使用。

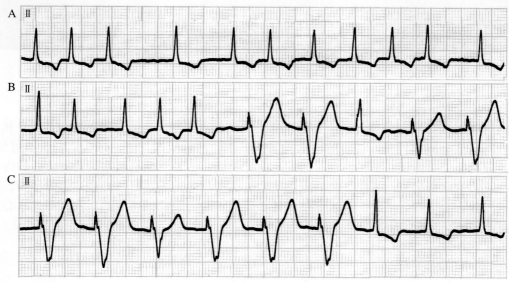

图 4-7-11　起搏器 VRS 功能图示

A. VRS 开启前，房颤的心室率较快；B. VVI 起搏器 VRS 功能开启，心室率变得慢而匀齐

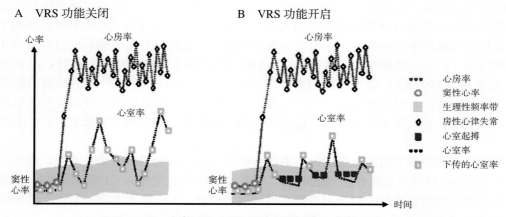

图 4-7-12　起搏器 VRS 功能开启前后的心室率变化

心电图的房室同步与房室分离是一个有近百年历史的经典概念，主要涉及心房（P 波）和心室（QRS 波）电活动的同步或分离。但是，心脏的电活动与机械活动前后依次发生，密切耦联而不可分割。此外，心脏在人体的泵功能最终体现在机械作功，因此，由此及彼、由表及里地洞察两者实质性的内在关系十分重要。现代心脏病学已将房室同步与分离的概念从心脏的电功能扩展到心脏机械功能的范畴，这使临床及心电图医生通过分析心电图，进而能深入评估各种心律失常对心脏机械功能的影响。本文从心脏电和机械功能两个方面阐述房室同步、房室分离及同步不良等问题。

一、房室同步的相关概念

1. 心脏的电机械耦联

心房肌和心室肌都存在着电活动与机械活动的耦联，即心房肌和心室肌每次的电激动都要转化为机械活动。心脏的电激动丧失一次或发生急剧紊乱时，机械活动将随之停止一次或瞬间发生急剧紊乱，甚至心排血量立即骤降为零。电活动触发机械活动的关系称为耦联，心脏电与机械功能耦联的间期平均为 50ms，Ca^{2+} 在耦联过程中因起到至关重要的作用而被称为耦联因子。心脏电与机械耦联的过程分成 4 步：① Ca^{2+} 跨心肌细胞膜内流（产生心肌细胞的电活动）；②内流的 Ca^{2+} 触发肌浆网释放大量的 Ca^{2+} 到胞质（使胞质的游离 Ca^{2+} 数量升高 100 倍）；③去除肌钙蛋白的"位阻效应"（游离的 Ca^{2+} 与肌钙蛋白形成复合物，并使后者移位，使肌凝蛋白与肌动蛋白在相邻点接触）；④肌凝蛋白的横桥发生滑动并牵动肌动蛋白向肌节中央运动，使心肌细胞的肌节缩短 10% 而产生收缩。收缩结束后，肌浆网重新摄取 Ca^{2+}，心肌随之进入舒张期。

心脏的电和机械两种基本功能分别能经心电图和超声心动图进行同步记录和评价，通常，心房肌和心室肌电激动开始 50ms 后将触发机械活动的收缩，两者的对应情况见图 4-8-1 至图 4-8-3。心电图 QT 间期对应的是心室机械活动的收缩期，同步出现跨主动脉瓣的血流。T 波结束说明心室进入舒张期，舒张期先后出现心室快速充盈期的 E 峰和心房收缩期左室充盈的 A 峰。左室快速充盈过程中，左房平均压与左室舒张压的压差变小，使 E 峰的后支出现减速，此后，心电图 P 波在舒张晚期出现，心房的电活动将触发心房的机械性收缩，使左房平均压与左室舒张压的压差再次增大，并引起左室充盈的又一高峰 A 峰。从图

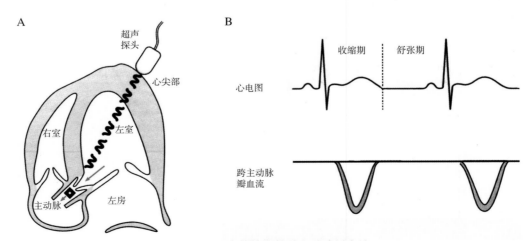

图 4-8-1　心室收缩期的跨主动脉瓣血流

A. 心室电活动（QRS 波）起始 50ms 时，触发心室收缩，血流冲开主动脉瓣射血；B. 心室射入主动脉的血流方向背离位于心尖部的超声探头，使记录的跨主动脉瓣血流的方向向下

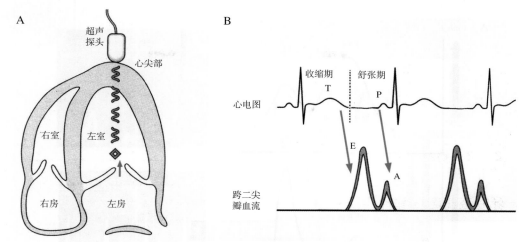

图 4-8-2 心室舒张期的跨二尖瓣血流

A.舒张期左房平均压超过左室舒张压,血流冲开二尖瓣向左室充盈;B.舒张期跨二尖瓣血流的方向面向位于心尖部的超声探头,使记录的跨二尖瓣血流形成的 E 峰、A 峰方向向上,T 波后对应 E 峰,P 波后对应 A 峰

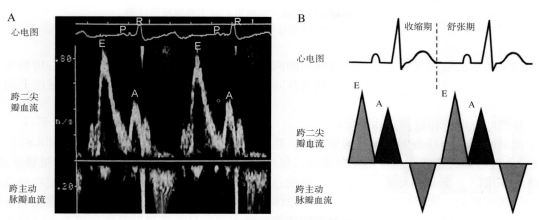

图 4-8-3 心室收缩期与舒张期血流

A.与心电图同步记录跨主动脉瓣和跨二尖瓣血流图时,可见收缩期方向向下的跨主动脉瓣血流及舒张期方向向上的跨二尖瓣血流;B.示意图

4-8-1 至图 4-8-3 可以看出:收缩期跨主动脉瓣血流紧跟同步心电图的 QRS 波之后,因左室向主动脉射出的血流方向背向位于心尖部的探头,使其方向向下,而舒张期跨二尖瓣血流的 E 峰紧跟同步心电图的 T 波之后,方向向上,A 峰紧跟同步心电图的 P 波之后,方向向上,记住这些基本关系十分重要(图 4-8-1 至图 4-8-3)。

2.房室同步的本质是要充分发挥心房辅助泵的作用

单纯房室电活动的同步性通过心电图容易识别和判断,其包含:① P 波和 QRS 波前后依次发生;②两者前后的最佳间期 0.12 ~ 0.20s。保持房室同步的重要意义就是充分发挥心房辅助泵的作用。心房辅助泵的作用约占心脏总体泵功能的 15% ~ 45%,不同个体这一比例不同。年轻人左室功能好,心房辅助泵的作用所占比例低,老年人左室舒张功能及收缩功能存在生理性减退,心房辅助泵所占比例将代偿性增加(图 4-8-4,图 4-8-5)。心房辅助泵的作用直接表现在心房电活动(P 波)后引起的跨二尖瓣血流 A 峰,其提高了左室舒张期的充盈血量,进而使其后 QRS 波触发的心室收缩能将更多的血流射入主动脉。

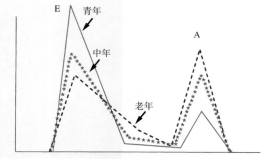

图 4-8-4 年龄对左室舒张功能的影响

年龄不同,舒张期跨二尖瓣血流形成的 E 峰、A 峰不同。E 峰为左室快速充盈波,代表左室心肌本身的舒张功能,A 峰为心房收缩时的心室充盈,代表心房辅助泵的作用。年轻人的心室舒张功能多数正常,E 峰:A 峰 >1.5;中年人的 E 峰:A 峰 >1.0;而老年人左室舒张功能减退时 E 峰:A 峰 <1.0

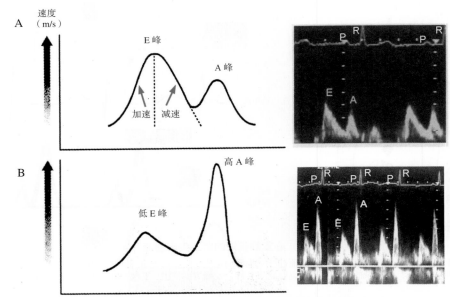

图 4-8-5 左室舒张功能减退时超声心动图表现及示意图
A. 舒张功能正常；B. 舒张功能减退

因此，房室同步的更深层意义在于机械活动的两者同步。房室的机械活动协调时，心房将充分完成辅助泵的作用，心室将充分完成主泵的作用，两者共同完成心脏的总体泵功能，而房室机械活动同步的前提是两者电活动的同步。

3. 房室分离的心电图和超声心动图特征

房室电活动的同步一旦丧失将出现房室分离，临床主要见于三度房室传导阻滞（图 4-8-6）、心房颤动（图 4-8-7）、室性心动过速、干扰性房室分离等。显然，房室电活动的分离直接引起两者机械活动的分离，心房辅助泵的作用随之全部或大部分丧失，心脏的总体泵功能此时均由心室承担。当心室功能尚好，对心房辅助泵的依赖性低时，房室机械活动的分离对总体泵功能的影响则小；如果患者本身存在心衰或有器质性心脏病，功能已经下降的心室对心房辅助泵的依赖性增大，一旦心房辅助泵的作用丧失，患者心功能将急剧下降，心衰程度立即增加，临床症状及血流动力学也随之恶化。

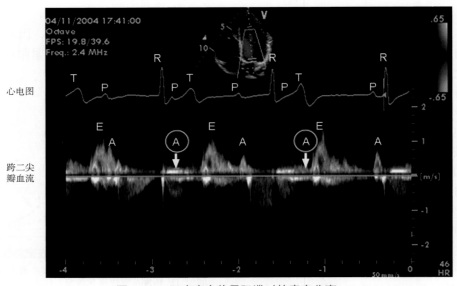

图 4-8-6 三度房室传导阻滞时的房室分离

心电图三度房室传导阻滞诊断容易，从同步记录的跨二尖瓣血流图看出，此时 E 峰与 A 峰呈分离状态，当心房 P 波落在心室收缩期时（第 2、4 个 P 波），由于二尖瓣此时处于关闭状态，心房的收缩不可能引起跨二尖瓣的血流，因此，P 波后对应的 A 峰消失（箭头指示）

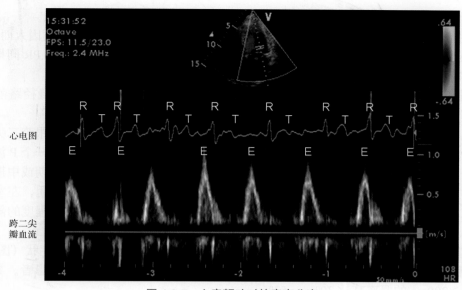

图 4-8-7　心房颤动时的房室分离

心房颤动时，心房 P 波被杂乱无章、快速的 f 波替代，此时心房肌丧失了节律性机械收缩，因此，跨二尖瓣血流图中仅剩单纯的 E 峰，而 A 峰全部消失，心房辅助泵的作用此时不复存在

心室的舒张期包括等容舒张期、快速心室充盈期（E 峰）、缓慢心室充盈期、心房收缩期（A 峰）。而左室的有效舒张期是指二尖瓣已经打开，左房的平均压超过左室舒张压，血流持续性从左房流向左室完成心室舒张期充盈的时间。因此，心室的有效舒张期等于 E 峰 +A 峰的总持续时间，任何因素使两者持续时间的缩短都将损害心室的舒张功能，进而影响收缩功能及心脏总体的泵功能。当超声心动图中 A 峰消失、A 峰与 E 峰融合时，E 峰 +A 峰的总持续时间肯定将缩短。

二、房室同步不良概述

心电图经典概念中，房室之间存在同步与失同步（即房室分离）两种状态。而现代观点认为两者之间还存在第三种状态，即房室同步不良。

房室同步不良这一新概念包含两重意义：首先是房室之间仍然保持着同步性，即两者依然保持心房电活动在前、心室电活动在后的顺序，但这种同步性的质量较差，存在一定程度的同步不良，这种同步不良的结果将使心房辅助泵的作用不像房室分离时的全部丧失，而仅仅是部分丧失。有多种因素能引起房室同步不良，包括不同程度的房内阻滞、房间阻滞、房室传导阻滞、室内阻滞等，这些因素最终能使房室 PR 间期显著偏离 0.12 ～ 0.20s 这一最佳间期，房室电活动间期的偏离将引起机械活动同步性的偏差，使心房辅助泵的作用不能如愿发挥，E 峰 +A 峰的持续时间将缩短，心室充盈时间的缩短使心室的舒张与收缩功能都受到损伤，严重时引起心功能下降，甚至心衰。

有时，单从心电图的表现很难直接看出房室之间是否存在机械活动的同步不良，但通过同步记录的超声心动图分析，就能发现同步不良的存在及对心功能的危害。

房室同步不良常包括以下五种：① PR 间期延长综合征；② PR 间期过短综合征；③间歇性房室同步不良；④隐匿性 PR 间期延长综合征；⑤隐匿性 PR 间期过短综合征。

三、临床常见的几种房室同步不良

1. PR 间期延长综合征

PR 间期的延长，尤其过度延长（>350ms）常可引起明显的房室同步不良，包括严重的二尖瓣舒张期及收缩期反流，心功能下降，甚至发生心衰。严重的 PR 间期延长综合征可经植入 DDD 起搏器并设置较短的 AV 间期而纠正伴发的血流动力学障碍。因此，PR 间期过度延长综合征已成为 DDD 起搏器治疗的新适应证。

（1）心电图特征：顾名思义，患者心电图肯定存在 PR 间期的延长，但延长程度因人而异。一般而言，PR 间期 >200ms 为延长，>250ms 时为明显延长，>350ms 为过度延长。文献报告，PR 间期 >250ms 就有可能出现 PR 间期延长综合征的表现。

PR 间期延长临床见于一度房室传导阻滞（图 4-8-8）、房室结双径路发生持续慢径路前传、窦性心率加快伴发的频率依赖性 PR 间期延长等。

（2）超声心动图特征：与心电图同步记录的超声心动图中，心电图 T 波之后紧跟跨二尖瓣血流的左室充盈 E 峰，而 P 波之后紧跟跨二尖瓣血流的 A 峰。PR 间期显著延长时，T 波将与下一个 P 波靠近，甚至融合（图 4-8-8），这将引起超声心动图 E 峰与 A 峰的融合（图 4-8-9），左室充盈的早期或中期过早出现的左房收缩将导致左房对左室充盈作用的部分丧失。左房的过早收缩可使二尖瓣过早关闭，左室有效充盈时间缩短。而这种二尖瓣的过早关闭常不完全，因而伴有舒张期二尖瓣的再开放及不同程度的舒张晚期二尖瓣反流。

（3）临床危害：PR 间期延长综合征引起的血流动力学异常可引起轻至重度症状（图 4-8-9，图 4-8-10），临床中这种 PR 间期过度延长可见于无器质性心脏病者，但更多发生在心衰的患者。文献报告，心衰患者伴 PR 间期 >200ms 的概率高达 30% ～ 53%。

（4）治疗：慢径路持续前传者，可经射频消融阻断慢径路的前传而被根治，除此还可植入 DDD 起搏器并设置较短的 AV 间期进行治疗。

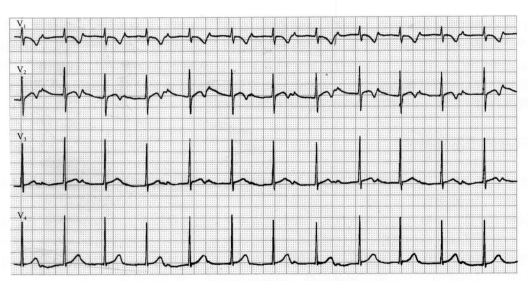

图 4-8-8　一度房室传导阻滞引起 PR 间期延长

患者女、9 岁，诉心悸，活动后明显。心电图可见明显的一度房室传导阻滞引起 PR 间期的延长，图中 P 波与 T 波部分或全部融合

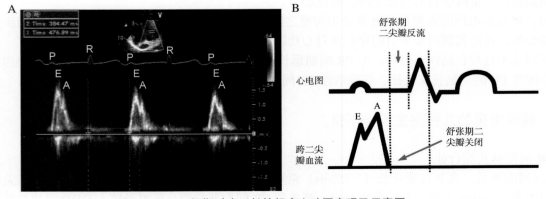

图 4-8-9　PR 间期过度延长的超声心动图表现及示意图

A. 患者的超声心动图检查，可见 E 峰与 A 峰融合；B. E 峰与 A 峰融合的示意图

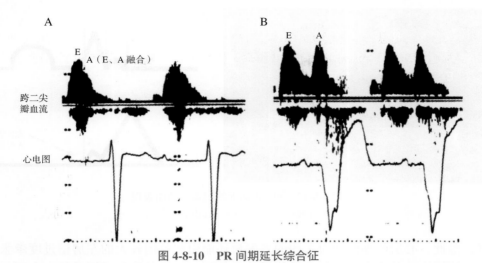

图 4-8-10　PR 间期延长综合征

A. 患者 PR 间期 400ms，窦性心律时舒张期跨二尖瓣血流的 E 峰、A 峰融合成单峰；B. 双腔起搏
以 VAT 模式工作，设置的 AV 间期 150ms，跨二尖瓣血流恢复 E、A 双峰

2. PR 间期过短综合征

PR 间期过短时能引起患者心悸不适等症状，当患者同时伴有阵发性室上速时，短的 PR 间期则属于 LGL 综合征的表现，但临床大多数这种患者不伴发室上速，因而用心律失常不能解释患者的临床症状，过去我们把 PR 间期过短综合征称为"左房低效收缩综合征"，其属于另一种形式的房室同步不良。

（1）心电图特征：心电图的 PR 间期过短（<0.12s，甚至 <0.08s），短 PR 间期可以是原发性的，也可能由存在 Kent 预激旁路前传而引起（图 4-8-11）。

（2）超声心动图特征：PR 间期过短时，由于 P 波的起始代表右房的电活动，左房的电活动肯定位于其后，当患者同时伴有房间阻滞时，左房的电活动甚至能落在 QRS 波之后。结果 QRS 波触发的左室机械收缩将使二尖瓣关闭，P 波触发的左房收缩将面对关闭的二尖瓣。因此，延迟而至的左房电活动后心房收缩期的 A 峰将被二尖瓣的提前关闭而"切尾"，左房对左室的充盈作用部分丧失，并使 E 峰 +A 峰的总持续时间缩短（图 4-8-12）。

（3）临床危害：A 峰的切尾不仅使左房的辅助泵作用部分丧失，同时还能引起左房向肺静脉的反流，产生不同程度的肺静脉压增高和肺淤血。肺血的增多或淤血可引起患者活动后心悸症状加重，运动

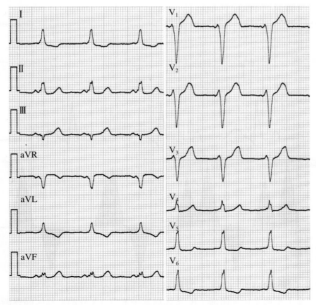

图 4-8-11　预激综合征引起的短 PR 间期

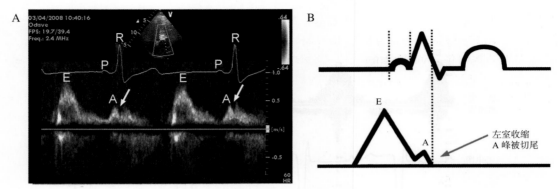

图 4-8-12　短 PR 间期的超声心动图表现

A. A 峰被切尾；B. A 峰被切尾的示意图

耐量明显下降。除此，心房收缩时面对关闭的二尖瓣还能引起范围较大的左房壁过度牵张，反射性激活神经体液机制。临床中这种患者常主诉心悸伴活动后加剧，而症状发生时记录的心电图却看不到心律失常，使患者的临床症状难以解释，结合患者心电图存在 PR 间期过短最终诊断并不困难。

（4）治疗：如因预激 Kent 旁路前传引起 PR 间期过短时，可经射频消融术根治；如存在原发性 PR 间期缩短综合征，可服用 β 受体阻滞剂或钙通道阻滞剂治疗。PR 间期延长后，患者临床症状将明显好转。

3. 间歇性房室同步不良

间歇性房室同步不良多数见于二度 I 型或 II 型房室传导阻滞患者。二度 I 型房室传导阻滞患者因存在窦性 P 波的脱落而出现长 RR 间期，临床医生常用出现的长 RR 间期解释患者的临床症状。实际在心电图文氏周期 PR 间期逐渐延长的过程中，出现的间歇性房室同步不良也可能是患者出现临床症状的原因（图 4-8-13）。

（1）心电图特征：二度 I 型房室传导阻滞时，心电图 PR 间期逐渐延长直到一次窦性 P 波脱落，患者心电图可表现为 3∶2、4∶3、5∶4 等不同比例的房室传导。文氏现象发生时，不同心动周期的 PR

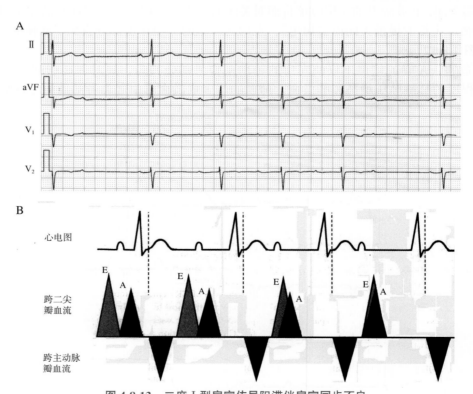

图 4-8-13　二度 I 型房室传导阻滞伴房室同步不良

A. 心电图存在二度 I 型房室传导阻滞；B. 文氏周期中 E 峰 +A 峰的持续时间逐渐缩短，房室同步不良逐渐加重

间期值范围跨度大，不少 PR 间期超过 250ms，甚至超过 350ms，这样长的 PR 间期能引起 PR 间期延长综合征的各种临床及房室同步不良的表现（图 4-8-13）。

（2）超声心动图特征：心电图 PR 间期的逐渐延长将引起对应的 E 峰 +A 峰的总持续时间发生动态改变，PR 间期短时可伴 A 峰被切尾，PR 间期过长时可发生 E 峰与 A 峰的融合，心室有效舒张期的缩短必将引起舒张功能的不稳定。同时 PR 间期的逐渐延长还伴 RR 间期的逐渐缩短，使舒张期的缩短加剧。

（3）临床危害：二度房室传导阻滞存在不同的程度，高二度房室传导阻滞或几乎完全性房室传导阻滞时，其房室分离的比例或血流动力学的影响已接近三度房室传导阻滞，临床医生常将这种情况视为"三度房室传导阻滞"。而二度 I 型房室传导阻滞的患者多数不伴器质性心脏病，因此其血流动力学的不良影响常被忽视，实际这种患者也存在着间歇性房室同步不良。此外，二度 II 型房室传导阻滞的患者也可能存在间歇性房室同步不良（图 4-8-14）。

（4）治疗：针对房室传导阻滞的病因治疗，轻者不治疗。

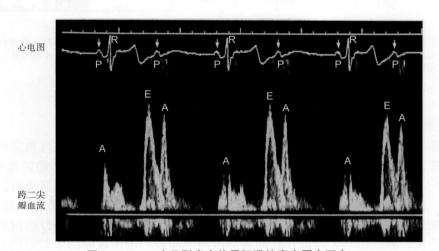

图 4-8-14　二度 II 型房室传导阻滞伴房室同步不良

心电图可见明显的 2∶1 房室传导阻滞，同步记录的跨二尖瓣血流出现 E 峰和 A 峰部分融合，与 PR 间期过度延长时舒张功能受损的情况十分相似

4. 隐匿性 PR 间期延长综合征

Nishomura、Scanu 等几位学者先后证实，心衰患者 PR 间期正常或略有延长时，可出现与 PR 间期过度延长综合征患者相同的血流动力学异常，对于这种矛盾现象的解释，可能是严重的室内阻滞使患者左室的电活动和机械收缩与舒张向后延迟，进而引起左房、左室间的同步不良。由于其心电图 PR 间期正常，故称为隐匿性 PR 间期延长综合征。

（1）心电图特征：心电图 PR 间期正常或略有延长，但同时伴有明显的室内阻滞时，将引起左房、左室电活动间期的延长，左房、左室间期的延长是发生隐匿性 PR 间期延长综合征的主要机制。同时，心衰时，交感神经的过度激活可使窦性心率增快，使 T 波与 P 波靠近，心室舒张期的 E 峰和 A 峰融合（图 4-8-15）。

（2）超声心动图特征：室内的传导障碍使左房、左室之间的间期相对延长，此时心率的增快能使 T 波和 P 波更加靠近，最终使 E 峰和 A 波融合成单峰。严重的舒张功能受损时，左室的有效舒张期甚至不到 200ms，这种情况可经植入双腔起搏器后设置较短的 AV 间期而纠正。可以看出，隐匿性 PR 间期延长综合征对心脏舒张功能的损害与 PR 间期延长综合征完全相同（包括舒张期的二尖瓣反流）。

（3）临床危害：近 80% 的扩张型心肌病心衰的患者存在明显的室内传导障碍，65% 的患者有进行性 QRS 波时限的延长，其中 38% 的患者有完全性束支传导阻滞，包括左束支传导阻滞 29%，右束支传导阻滞 9%（相对少见）。存在室内传导障碍的心衰患者常伴有功能性二尖瓣反流，资料表明，QRS 波的时限越宽，左室的收缩功能越差，收缩时间延长，等容舒张时间延长，这些将导致心室有效舒张期的缩短，严重时可短于 200ms，这些血流动力学的异常常与房室同步不良有关。

（4）治疗：隐匿性 PR 间期延长综合征的治疗可通过植入 DDD 起搏器并设置较短的 AV 间期解

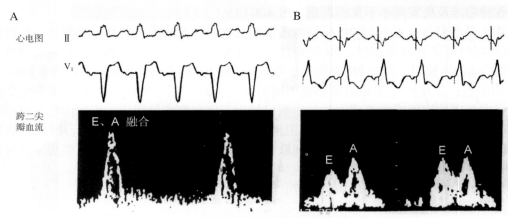

图 4-8-15　隐匿性 PR 间期延长综合征

患者有扩张型心肌病，心功能Ⅳ级。A. PR 间期 220ms，同步记录的超声心动图显示 E 峰和 A 峰融合，E 峰 +A 峰的总持续时间仅为 200ms；B. 植入双腔起搏器后，AV 间期设置为 50ms 时，E 峰和 A 峰分开，两者总持续时间增加到 400ms

决（图 4-8-15）。

5. 隐匿性 PR 间期过短综合征

现已明确，影响左房与左室同步性的因素很多，包括 PR 间期的变化、房内和房间阻滞、房室传导阻滞、室内阻滞等，这些影响因素在不同的患者能以不同的方式和程度组合。隐匿性 PR 间期过短综合征是指心电图 PR 间期正常，但患者存在的房间传导阻滞能使左房的电激动明显推后，进而使左房与左室间的间期过短，甚至左房的电激动落在左室电激动之后，形成隐匿性 PR 间期过短综合征。

（1）心电图特征：心电图 PR 间期正常，但房间阻滞明显或隐匿存在。部分病例的房间阻滞在心电图并无明显表现造成诊断的困难，隐匿存在的房间阻滞不能经心电图诊断的多数原因是左房除极波的振幅过低，或左房电激动发生显著延迟而融合在 QRS 波之中或其后而不易辨认。

（2）超声心动图特征：心电图 PR 间期只代表右房到心室的激动间期，并不代表左房到左室的激动间期。存在严重的房间阻滞，而 PR 间期又在正常范围时，患者左房到左室的时间间期肯定缩短，甚至左房激动出现在左室 QRS 波之后而使该值成为负数，这使左房对左室的充盈作用（心房辅助泵）完全消失，使舒张功能严重受损、心脏总体泵功能下降，超声心动图表现为 A 峰切尾或 A 峰全部消失。

（3）临床危害：临床中房间阻滞十分常见，在器质性心脏病患者中的发生率更高，阻滞的程度更加严重（图 4-8-16），这将导致较多的心衰患者发生隐匿性 PR 间期过短综合征及房室同步不良，进而影响心功能。应当看到，隐匿性 PR 间期过短综合征的患者依靠心电图有时不能确定诊断，只能经详细的超声心动图检查才能确诊。

（4）治疗：严重者可经植入双腔起搏器并设置适当的 AV 间期而解决，必要时需进行左房起搏治疗。

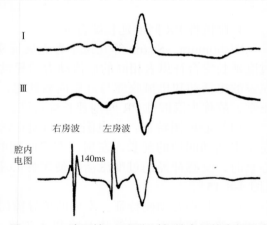

图 4-8-16　隐匿性 PR 间期过短综合征的房间阻滞

本图同步记录体表及腔内心电图，右房波与左房波的间期 140ms，存在明显的房间阻滞，其使左房波与左室波的间期缩短，进而引起隐匿性 PR 间期过短综合征

四、结束语

本文阐述了心脏电与机械功能的耦联，这种耦联关系使心脏电活动的房室同步和分离与机械活动的房室同步和分离几乎成了同义语，并强调良好的房室同步对心脏总体泵功能十分重要。与房室的心电同步性相比，房室机械活动的同步性更为重要。房室的同步性在临床上分为房室同步、房室分离、房室同

步不良三种。

　　产生和影响房室同步不良的因素很多，包括 PR 间期、房内传导时间、房间传导时间以及室内传导时间等。这些心电异常在老年人、器质性心脏病和心衰患者中更多见。因此，老年人、心脏病患者、心衰患者是房室同步不良的高危人群。房室同步不良可以单凭心电图而获得诊断，复杂时需要经超声心动图的仔细检查才能确定。

第九章

PR 间期过度延长综合征

PR 间期过度延长综合征是近年发现并提出的一个新病症，其属于心脏的电和机械活动匹配不良或同步不良，进而导致心功能不全的临床综合征，属于电与机械活动耦联紊乱性疾病。

一、PR 间期过度延长综合征的概念

因 PR 间期过度延长，引起心脏异常的舒张相以及左室充盈期显著缩短，使心功能受到严重损害，进而引起心功能下降或心力衰竭的各种临床表现，在除外其他原因引起的心功能不全后，PR 间期过度延长综合征则可诊断。

二、PR 间期过度延长综合征的发生机制

1. 心室异常的舒张相

正常心室的舒张期分为等容舒张期、快速充盈期、缓慢充盈期、心房收缩期。心室舒张期相当于同步心电图的 T 波结束到 QRS 波开始后 40～60ms 处（图 4-9-1）。在等容舒张期，二尖瓣与主动脉瓣均处于关闭状态，随着心室舒张，心室腔扩张，左室内压下降，当左房平均压高于左室舒张压时，二尖瓣叶开放，大量血流顺压差从左房流入左室，使心室容积迅速扩大，形成左室快速充盈期。快速充盈期后，心室充盈的血流增多，左室内压升高，左房平均压与左室内压的压差减小，左房血液流入左室的速度自然减慢，形成缓慢充盈期。等容舒张期约持续 0.06s，快速充盈期约持续 0.11s，缓慢充盈期约持续 0.20s，快速和缓慢充盈期是心室的被动舒张。此后的心房收缩期是心室主动舒张的过程，左房收缩可使左房压升高，增加了与左室舒张末压的压差而使左室进一步充盈，这一作用又称心房的辅助泵作用，约占心室充盈量的 15%～45%。在整个舒张期，左房的平均压均高于左室内压，因此，二尖瓣一直保持开放状态，血流持续从左房流向左室，直到等容收缩期。

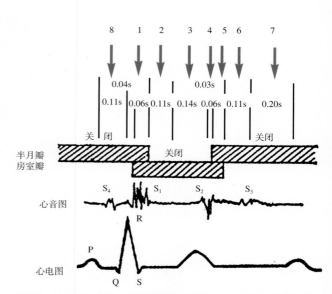

图 4-9-1　心电图与心动周期机械活动 8 个时期的对应关系

1. 等容收缩期；2. 快速射血期；3. 缓慢射血期；4. 舒张前期；5. 等容舒张期；6. 快速充盈期；7. 缓慢充盈期；8. 心房收缩期。S_1、S_2、S_3、S_4 分别代表第一、二、三、四心音

心脏的电活动和机械活动先后相差约 40～60ms，称为兴奋收缩耦联的间期，即在心脏电活动 40～60ms 后，相应的心脏或组织将开始其机械活动。心房电活动产生的 P 波的前半部为右房电活动，后半部为左房电活动，在右房和左房电活动的 40～60ms 后开始各自相应的机械活动，进入心房收缩期，这恰好位于心室的舒张末期。心房收缩期持续到 QRS 波开始后 40～60ms，即心室等容收缩期开始前。PR 间期是心室舒张的重要影响因素。

发生 PR 间期过度延长时，其后果将是心房收缩期距 QRS 波较远。因此，当心房收缩一定的时间后开始舒张，左房的扩张使心房平均压明显下降，当左房内平均压下降到低于左室舒张压时，可造成舒张期跨二尖瓣的压差方向发生变化，即左室舒张末压高于左房平均压，二尖瓣跨瓣压差的这种反向变化，可使二尖瓣发生缓慢的、漂浮式的舒张期提前关闭，但反向跨瓣压差相对低，二尖瓣关闭的力量弱，出现舒张期

二尖瓣关闭不全，并发生舒张期左室血流向左房的反流。PR 间期过度延长引起的这一情况称为异常的左室舒张相（图 4-9-2A、B、C）。不仅如此，舒张期的反流还可引起：①随后的等容收缩期延长（压力上升速度减慢），使左室的收缩功能和质量下降；②二尖瓣提前而效果欠佳的关闭还可持续到收缩期，引起收缩期二尖瓣反流。当舒张期和收缩期二尖瓣的反流量较大时，可能引起心功能下降，甚至心力衰竭（图 4-9-3）。

2. 左室充盈期显著缩短，明显影响心功能

左室快速及缓慢充盈期持续约 0.31s，形成二尖瓣多普勒血流图中的 E 峰（图 4-9-2A），随后的心房收缩期持续约 0.11s，形成 A 峰。E、A 两峰持续的时间相当于左室有效充盈期，正常时此值 300～400ms。PR 间期过度延长时，相当于 QRS 波向后推移，使心室收缩期和舒张期在整个心动周期中依次向后推移，快速和缓慢充盈期形成的 E 峰在整个 PR 间期中向后推移，而心房收缩期引起的 A 峰时间和时限不受影响，仍然发生在 P 波之后，结果推迟而来的 E 峰与位置未变的 A 峰发生融合（图 4-9-2B）。发生融合的 E、A 两峰持续时间比对照的 E、A 两峰时间明显缩短，可能下降到 200～250ms，左室有效充盈期的缩短使左室前负荷下降，心功能明显受损，而引发或加重心功能不全。

心室的异常舒张相及有效充盈期的显著缩短是 PR 间期过度延长综合征患者发生心功能不全的最重要机制。

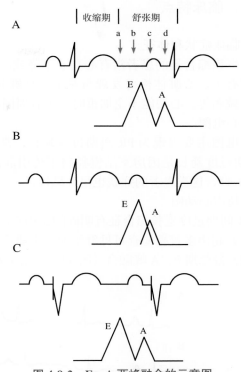

图 4-9-2 E、A 两峰融合的示意图

A. 舒张期 4 个时期与心电图及多普勒二尖瓣血流图中 E 峰、A 峰的对应关系；B. 发生 PR 间期过度延长时，相当于将 QRS 波推后，舒张期的 E 峰同时推后，而窦性 P 波位置相对未变，A 峰位置未变，引发 E 峰、A 峰融合；C. 植入双腔心脏起搏器并将 AV 间期程控较短时，可使 E 峰提前，并与 A 峰重新分开，使心室充盈时间延长

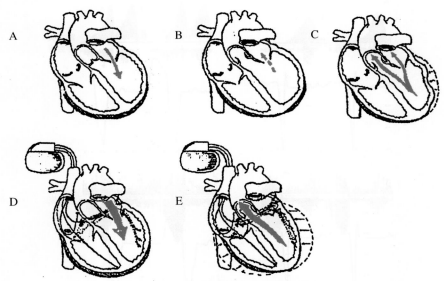

图 4-9-3 心室异常舒张相的示意图

A. 心室舒张期，左房平均压高于左室舒张压，血流从左房流向左室；B. PR 间期过度延长综合征时，左房在左室舒张末期舒张，左房平均压下降，可能出现左室舒张压高于左房平均压，使二尖瓣在舒张期提前关闭并关闭不全，引起舒张期二尖瓣反流；C. 左室收缩时，二尖瓣关闭不全可继续存在，在左室向主动脉射血的同时，有收缩期二尖瓣反流；D、E. 双室同步的三腔起搏器（CRT）植入后，可将 AV 间期程控较短，使 PR 间期过度延长得以纠正，二尖瓣反流可明显减少或消失，心功能得到改善

三、临床特点

1. 临床症状和体征

发生该综合征的患者常有心功能下降或心功能不全症状，劳累后症状加重，症状的轻重和 PR 间期延长程度有关。心脏体检可发现与左室异常舒张相有关的体征，包括舒张末期及收缩期二尖瓣的反流性杂音，S_1 减弱等。心功能不全加重时，可有周围水肿、肝大等相关体征。

2. 心电图

心电图主要表现为 PR 间期过度延长，常 >350ms。症状轻重和 PR 间期延长程度有关，有些患者的 PR 间期过度延长是因房室结慢径路下传引起的，可间歇性出现，心电图表现为间歇性 PR 间期过度延长（图 4-9-4），这类患者的症状也呈间歇性。

3. 超声心动图

PR 间期过度延长综合征有明确的超声心动图表现。

（1）超声多普勒检查可见舒张期二尖瓣反流及收缩期二尖瓣反流，反流多数呈中、重度。

（2）舒张期 E、A 峰融合（图 4-9-5，图 4-9-6），融合后的 E、A 峰持续时间明显缩短，约 200～250ms。

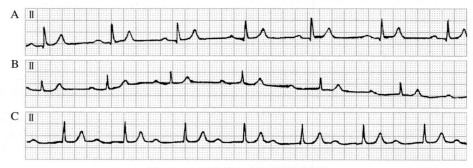

图 4-9-4 间歇性一度房室传导阻滞

本例患者有房室结双径路，快慢径路交替下传，快径路下传时 PR 间期 260ms，慢径路下传时 PR 间期 500ms，慢径路下传时出现 PR 间期过度延长，患者出现相应的心悸、气短症状

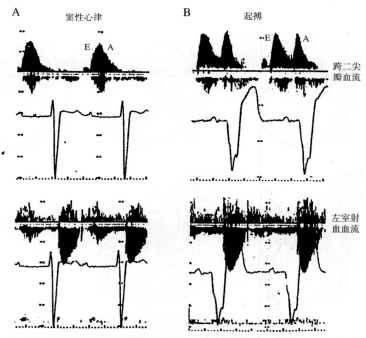

图 4-9-5 不同 PR 间期对跨二尖瓣血流的影响

A. 患者原有一度房室传导阻滞，过长的 PR 间期达 400ms，二尖瓣多普勒血流图中 E、A 两峰融合；B. 双腔起搏器植入后，AV 间期程控为 150ms，结果 E、A 两峰分开，心室充盈时间延长，左室射血量增多

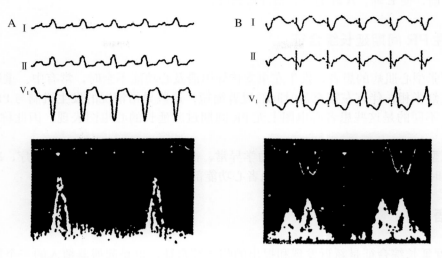

窦性心率 92 次 / 分，PR 间期 220ms　　　　　　　VDD 起搏，AV 间期 50ms

图 4-9-6　隐匿性 PR 间期延长综合征

本图为 1 例扩张型心肌病患者心电图及二尖瓣多普勒血流图。A. 患者窦性心律时 PR 间期 220ms，接近正常，二尖瓣多普勒血流图 E、A 两峰融合，心室充盈时间 200ms；B. 双腔起搏后，AV 间期程控为 50ms 并使 E、A 两峰分开，左室充盈时间延长到 400ms，心功能改善

（3）左房、左室扩大。

4. PR 间期过度延长常见的临床谱

（1）心电图有固定、严重的一度房室传导阻滞，PR 间期显著延长（常 >350ms）。

（2）房室结双径路的慢径路下传。

（3）扩张型心肌病患者的隐匿性 PR 间期延长。

四、PR 间期过度延长综合征的诊断

临床医师一旦建立和重视 PR 间期过度延长综合征的概念与意识，诊断并不困难。诊断要点可概括为：心电图长 PR 间期 + 非其他原因引发的心功能不全。具体诊断条件如下。

（1）心电图 PR 间期过度延长（常 >350ms）。

（2）心功能不全的临床表现及二尖瓣反流的体征。

（3）超声心动图相应所见。

（4）没有心功能不全的其他原因存在。

五、治疗

治疗的原则十分明确：消除 PR 间期的过度延长。

1. 对于房室结双径路慢径路下传患者的治疗

用射频消融术阻断慢径路的传导，随着 PR 间期过度延长的根治，症状也将消失。我们遇到 1 例典型的 PR 间期过度延长综合征患者，女性，50 岁，因反复心悸、胸闷及气短，劳累后加重入院。心电图可见间歇性 PR 间期过度延长，PR 间期延长时达 500ms。诊断为房室结双径路，经射频消融术消融慢径路后，PR 间期恢复正常，随之心悸、气短的临床症状也消失（图 4-9-4）。

2. 一度房室传导阻滞伴心功能不全的治疗

慢性一度房室传导阻滞伴 PR 间期过度延长时，可引发心功能不全，其发病机制如前所述。治疗时，患者需植入人工心脏双腔起搏器，并将 AV 间期设定较短，在超声心动图的指导下，逐步程控 AV 间期直到二尖瓣反流减少或消失，E 峰与 A 峰重新呈双峰（图 4-9-5，图 4-9-6）。一般认为，AV 间期每缩短 50ms，心室充盈时间（E、A 峰持续时间）可延长 35ms。随着 AV 间期的缩短（即 PR 间期的缩短），E 峰

的位置将相应提前，使 E 峰、A 峰的重叠情况得到改善。

六、隐匿性 PR 间期延长综合征

对于严重扩张型心肌病的患者，发生左束支传导阻滞及心功能不全时，常有中、重度二尖瓣反流，并伴有异常的左室舒张相，伴有左室充盈时间的显著缩短，这些异常情况的发生机制与 PR 间期过度延长综合征极为相似，不同的是这些患者心电图上无 PR 间期过度延长的心电图表现，因此称为"隐匿性 PR 间期延长综合征"。

为纠正扩张型心肌病患者上述的血流动力学异常，需要进行双心室同步起搏治疗，减少或消除二尖瓣反流及左室充盈时间过短的异常情况，达到患者心功能部分改善的治疗目的。

七、结束语

PR 间期过度延长综合征是新近发现和提出的临床综合征，也是起搏器植入的一个新的适应证，其发病机制属于心脏电与机械活动之间耦联关系不匹配的病理性结果，该临床病例并非罕见，诊断容易，诊断确定后可植入心脏起搏器治疗。

心电新技术

第五篇

第一章

室速积分法

宽 QRS 波心动过速是指 QRS 波时限 ≥ 120ms，心率 >100 次 / 分的心动过速，约 80% 为室性心动过速（室速），尤其伴有器质性心脏病的室速居多。而 15% ～ 20% 为室上速伴快频率依赖性室内差异性传导（差传），另有 1% ～ 6% 为少见的预激性心动过速，包括逆向型房室折返性心动过速或房性快速性心律失常（房速、房扑、房颤）、房室结折返性心动过速等伴旁路前传的室上速。此外，室上速或窦速伴有室内传导障碍、服用抗心律失常药物或高钾血症等，也能引起 QRS 波增宽，以及心室起搏节律（尤其起搏脉冲不明显时）都能形成宽 QRS 波心动过速（图 5-1-1）。

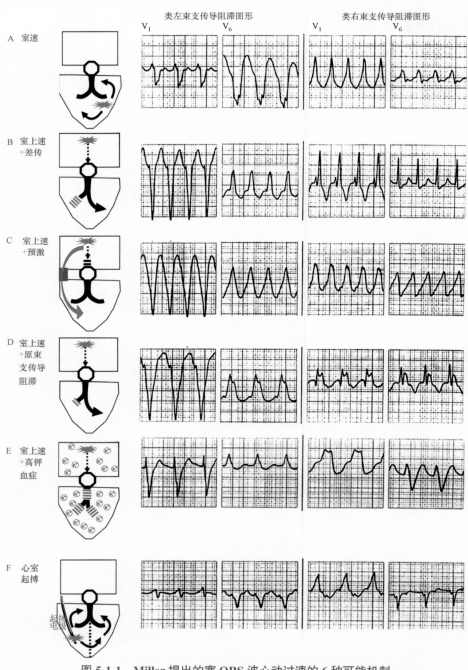

图 5-1-1　Miller 提出的宽 QRS 波心动过速的 6 种可能机制

宽 QRS 波心动过速鉴别诊断存在的问题

众所周知，任何疾病的诊治过程，都遵循着正确的治疗来自正确的诊断，尤其对快速性心律失常更是如此。因为机制不同的宽 QRS 波心动过速引起的血流动力学改变可以截然不同，而且室速、机制不同的室上速、其他情况引起的宽 QRS 波心动过速的药物与非药物治疗的理念均显著不同，这使宽 QRS 波心动过速的鉴别诊断十分重要，成为长期以来临床和心电学探讨与关注的热点。

宽 QRS 波心动过速的鉴别诊断标准与鉴别流程，近 50 年来不断被提出，宽 QRS 波心动过速的最早鉴别标准于 1965 年由 Sandler 和 Marriott 提出，其后又有多位学者提出不同的鉴别诊断标准和流程。有人统计，几乎每隔 10 年就有一种新方法被提出（表 5-1-1）。

虽然目前鉴别诊断标准与流程较多，但经过头对头的队列研究后可发现，这些标准与流程均存在一定的问题。

表 5-1-1　宽 QRS 波心动过速的鉴别诊断标准和流程的提出

作者	发表的杂志与时间	入选例数	涉及的标准
Sandler & Marriott	Circulation 1965	$n=200$	V_1 导联类右束支传导阻滞时的几个新标准
Swanick & Marriott	Am J Cardiol 1972	$n=184$	V_1 导联 1 个左束支传导阻滞的新标准
Wellens	Am J Med. 1978	$n=140$	提出 3 个新标准
Kindwall	Am J Cardiol 1988	$n=118$	V_1 导联类左束支传导阻滞时的 2 个新标准
Brugada	Circulation 1991	$n=544$	4 个流程含 15 个标准（2 个新标准）
	Lancet 1994	$n=102$	2 个流程含 5 个标准
Lau（Bayesian）	PACE 2000	$n=244$	含 21 个标准
Vereckei（aVR1）	Eur Heart Jour 2007	$n=453$	4 步流程含 10 个标准（2 个新标准）
Vereckei（aVR2）	Heart Rhythm 2008	$n=483$	4 步流程含 4 个新标准
Pava（Lead II RWPT）	Heart Rhythm 2010	$n=163$	提出 1 个新标准
Jastrzebski 室速积分法	Europace 2015	$n=786$	共 7 个标准

一、敏感性、特异性、准确性低

表 5-1-1 列举了各种鉴别诊断标准与流程，包括影响较大的 Brugada 流程，平均诊断准确性均较低（69% ～ 78%）（表 5-1-2）。这意味着临床医生应用这些标准与流程进行宽 QRS 波心动过速鉴别诊断时，每 4 个患者中则有一个诊断是错的，这种诊断准确率较低的情况，使临床医生很难广泛应用这些方法，同时，这些标准与流程的敏感性和特异性也不很高。

二、特殊人群未能充分涵盖

在宽 QRS 波心动过速的鉴别诊断中，某些特殊人群的心电图有其特殊意义，甚至某些特殊人群的室上速（例如预激性心动过速）与室速的鉴别尚属盲区或称死角，而以往不少研究中根本未能包括或仅包括比例很小的这些特殊人群（表 5-1-3）。这些特殊人群还包括患者窦律时就有束支传导阻滞，或伴有的旁路前传引起的宽 QRS 波心动过速。这种患者发生心动过速时，因旁路的前传使其附着部位的心室肌先激动，因而与室速的鉴别极为困难。此外特发性室速也有其特殊性，因患者不伴器质性心脏病，故室速时心室除

表 5-1-2 各种鉴别诊断流程的准确性、特异性、敏感性

	Brugada	Griffith	Bayesian	Lead aVR	Lead Ⅱ RWPT	P
准确性（%）	77.5 （71.8～82.5）	73.1 （67.2～78.5）	74.7 （68.9～79.9）	71.9 （66.0～77.4）	68.8 （62.7～7.44）	0.04
特异性（%）	59.2 （48.8～69.0）	39.8 （30.0～50.2）	52.0 （41.7～62.2）	48.0 （37.8～58.3）	82.7 （73.7～89.6）	<0.001
敏感性（%）	89.0 （83.0～93.5）	94.2 （89.3～97.3）	89.0 （83.0～93.5）	87.1 （80.8～91.9）	0.60 （0.52；0.68）	<0.001
似然比（+）	2.18 （1.71～2.78）	1.56 （1.33～1.85）	1.86 （1.50～2.30）	1.67 （1.37～2.04）	3.46 （2.20～5.43）	—
似然比（-）	0.18 （0.11～0.30）	0.15 （0.07～0.29）	0.21 （0.13～0.34）	0.27 （0.17～0.42）	0.48 （0.39～0.60）	—

表 5-1-3 各鉴别诊断流程包括的特殊人群［人数（百分比）］

	原有束支阻滞	预激性心动过速	特发性室速	服用药物者
Wellens et al	0	0	—	0
Kindwall et al	15（12.7%）	0	5（4.2%）	12（10.1%）；0 伴 SVT
Brugada et al	—	—	—	0
Griffith et al	—	—	≥5（≥4.9%）	
Lau et al	—	0（8.2%）	10（4.1%）	—
Vereckei et al	144（29.8%）	20（4.1%）	38（7.9%）	158（32.7%）
Pava et al	—	仅 1 例	6（2.7%）	—
Jastrzebski et al	169（28.8%）	38（6.5%）	58（9.9%）	74（12.6%）

极速度较快而 QRS 波相对较窄。其他特殊人群还包括正在口服抗心律失常药物的患者，药物可使室内传导延缓，甚至阻滞，使心动过速的 QRS 波增宽而难以鉴别。在既往宽 QRS 波心动过速的研究中，上述特殊人群的比例较低或根本未能包括，使宽 QRS 波心动过速的既往鉴别诊断流程未能充分考虑，使流程诊断的敏感性和特异性受到影响。从表 5-1-3 可看出，只有 Jastrzebski 和 Vereckei 的研究充分涵盖或纳入了这些特殊人群。

三、流程评价时存在的问题

以往对宽 QRS 波心动过速的各种鉴别诊断标准或流程进行验证或评估时，不少情况下，会采用两种极为特殊的人群进行验证。

（1）大面积心肌梗死而伴有典型室速的患者。

（2）心脏健康而在心脏电生理检查时诱发的室上速伴室内差传者。这两种患者的室速和室上速的心电图特征十分典型，容易被诊断为室速或室上速，鉴别相对容易，故对鉴别诊断和诊断流程的敏感性和特异性有过高评价的情况。有些作者还将部分预激性心动过速误诊为室速的结果计为诊断正确，更使这些流程的诊断准确率人为性升高。

鉴于上述情况，Jastrzebski 等学者提出了新的"宽 QRS 波心动过速的鉴别诊断流程：室速积分法"。

室速积分法遴选标准的原则

在遴选室速积分法采用的标准时，作者希望能在以往应用的大量标准中筛查出最佳标准，筛选标准的原则如下。

一、诊断室速特异性强的指标

房室分离这一标准的入选则属这种情况。众所周知，在宽 QRS 波心动过速的鉴别诊断中，房室分离阳性诊断室速的敏感性虽然仅 30% ～ 40%，但该标准诊断室速的特异性接近 100%。因此该标准本次被遴选入围。

二、诊断室速准确率高的指标

在 Vereckei 宽 QRS 波心动过速机制的 4 步诊断流程中，应用的 4 项标准的准确率都很高，使该流程诊断室速的平均准确率提升到 83.5%（图 5-1-2）。而再进一步比较 4 步流程后可发现，其诊断室速准确率最高者为第一步，诊断室速的准确性高达 98.6%，最终该标准入选。

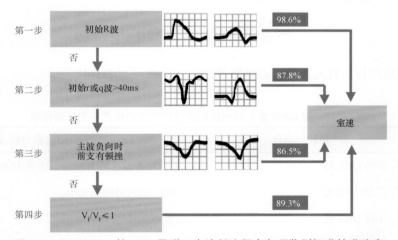

图 5-1-2　Vereckei 的 aVR 导联 4 步诊断流程中各项鉴别标准的准确率

三、遴选已十分熟知的标准，易用易记

在室速积分法中，入选了 4 个胸前导联诊断室速的心电图标准。其中 3 个为室速时胸前 V_1 或 V_2 导联心电图的特征性改变（图 5-1-3）。这些鉴别标准的基本点则是室速时 QRS 波的起始向量不同，而室上速伴差传却相反。这些标准已被心电图和临床医生熟知。

当宽 QRS 波心动过速心电图呈类左束支传导阻滞时有两个标准，一个是 V_1 导联 QRS 波的初始 r 波时限 >40ms，另一个是 V_1 导联 QRS 波为负向波时有明显的切迹（图 5-1-3 中红箭头指示）。当宽 QRS 波心动过速心电图呈类右束支传导阻滞时有一个标准，即 V_1 导联的 QRS 波初始为 R 波（图 5-1-3 中蓝箭头指示）。

四、遴选的标准各自独立

与某些宽 QRS 波心动过速的鉴别诊断流程不同，室速积分法入选的这些标准各自独立地进行室速的积分，相互之间不影响，也无前后顺序及逻辑关系。因此，当用某一标准检测患者心电图时，如果患者的心电图图形不够典型，使结果判定发生困难时，则可跳过该标准继续进行下一标准的分析与判断，这种做

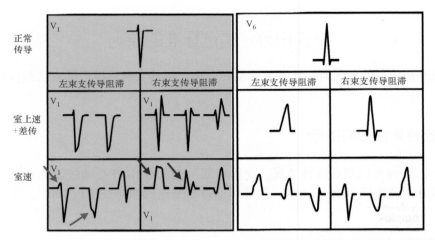

图 5-1-3   宽 QRS 波心动过速时胸前 V₁ 导联 QRS 波的初始向量发生改变时诊断室速

此时，主要看 V₁ 导联的图形，V₆ 导联的图形特征不重要

法使积分法更易操作而不影响总积分。而某些鉴别诊断流程的标准有明显的前后顺序及循序渐进的关系，当某一标准的图形不够典型时，判断存在的困难将影响随后标准的判读。

根据上述遴选原则，室速积分法共入选 7 个心电图标准。

室速积分法的 7 个标准

经反复推敲，室速积分法共入选 7 个心电图鉴别诊断标准（表 5-1-4）。

表 5-1-4   宽 QRS 波心动过速的室速积分法心电图鉴别诊断标准

	导联与项目	阳性积分标准
1	V₁ 导联 QRS 波	起始为 R 波、伴 R>S 的 RS 波和 Rsr 波
2	V₁ 或 V₂ 导联 QRS 波	起始 r 波的时限 >40ms
3	V₁ 导联 QRS 波	S 波有切迹
4	V₁ ～ V₆ 导联 QRS 波	无 RS 图形
5	aVR 导联 QRS 波	起始为 R 波
6	Ⅱ 导联 R 波达峰时间	≥ 50ms
7	房室分离	包括室性融合波和室上性夺获

一、V₁ 导联 QRS 波有明显 R 波

宽 QRS 波心动过速呈类右束支传导阻滞图形时，当 V₁ 导联 QRS 波的起始为明显 R 波时可积 1 分，其包括单相 R 波（图 5-1-4 的 A1 ～ A6)或伴 R>S 的 RS 波（图 5-1-4 的 A7 ～ A9）。单相 R 波可伴或不伴切迹，但切迹不能发生在 R 波升支，尤其在 R 波升支较低部位不能出现切迹（可形成 rsR 型的室上速 QRS 波形）。该标准由 Miller 最早提出，随后得到 Wellens 的认可与证实（图 5-1-4）。

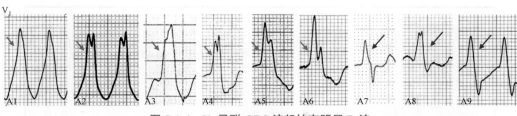

图 5-1-4　V$_1$ 导联 QRS 波起始有明显 R 波

二、V$_1$ 或 V$_2$ 导联 QRS 波的 r 波时限 >40ms

宽 QRS 波心动过速呈类左束支传导阻滞图形时，当 V$_1$ 或 V$_2$ 导联 QRS 波呈 rS 形，且起始 r 波时限 >40ms 时可积 1 分（图 5-1-5）。

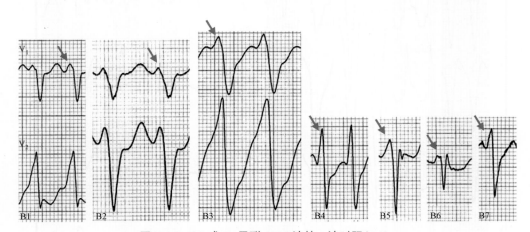

图 5-1-5　V$_1$ 或 V$_2$ 导联 QRS 波的 r 波时限 >40ms

三、V$_1$ 导联 QRS 波的 S 波有切迹

宽 QRS 波心动过速呈类左束支传导阻滞图形时，当 V$_1$ 导联 S 波的前支有切迹（图 5-1-6 C1 ～ C3），或其顶部（图 5-1-6 C4 ～ C7）或 S 波的起始部有切迹时（图 5-1-6 C8 ～ C9）可积 1 分（后者更易被遗漏）。

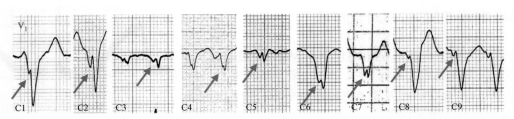

图 5-1-6　V$_1$ 导联 QRS 波的 S 波有切迹

四、V$_1$ ～ V$_6$ 导联 QRS 波无 RS 图形

V$_1$ ～ V$_6$ 导联 QRS 波无 RS 图形时，其 QRS 波可能存在多种图形（图 5-1-7），但没有 RS、rS 或 Rs 形态的 QRS 波。该标准由 Brugada 最早提出，并被 Marriott 和 Coumel 等认同。当 V$_1$ ～ V$_6$ 导联 QRS 波主波存在正向或负向同向性时，肯定也属这种情况而积 1 分。应当指出，这一标准的特异性强，判断较快，误诊的可能性小。

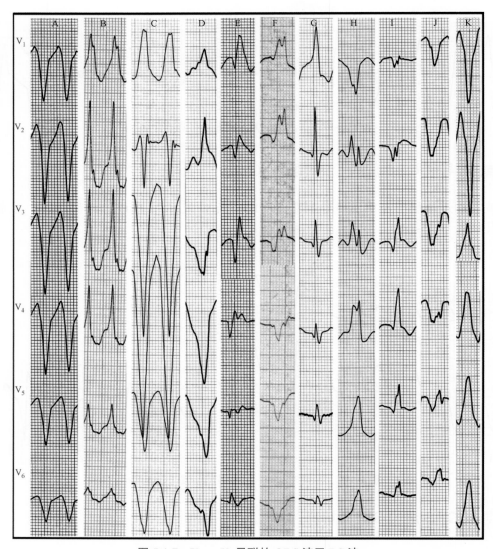

图 5-1-7 V₁ ~ V₆ 导联的 QRS 波无 RS 波

V₁ ~ V₆ 导联 QRS 波主波可呈负向或直立同向性，还可能呈 qR、QR、R 和 rSr' 等不同形态，但无 RS 波

五、aVR 导联 QRS 波初始为 R 波

QRS 波初始为 R 波而提示室速的观点由 Marriott 最早提出，V₁ 导联该心电图表现已成为本室速积分法的第一条标准。其后 Vereckei 提出的 aVR 导联初始为 R 波也应诊断室速的意见成为室速积分法的又一标准（图 5-1-8）。

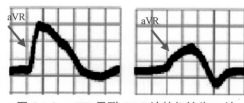

图 5-1-8 aVR 导联 QRS 波的初始为 R 波

六、Ⅱ 导联 R 波达峰时间 ≥ 50ms

R 波达峰时间（RWPT）是指从 QRS 波起始到第一个波方向改变时的间期。因此，QRS 波的主波可以是 R 波，也可以是 S 波，其达峰时间 <50ms 时提示为室上速，≥ 50ms 时提示为室速（图 5-1-9）。

临床中，心电图 Ⅱ 导联的 QRS 波室速时常

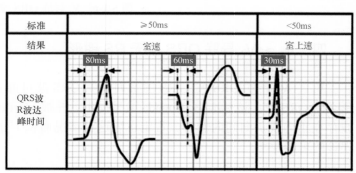

图 5-1-9 Ⅱ 导联 R 波达峰时间 ≥ 50ms

表现为单相 R 波，或 rS 波、R/r 波伴有缓慢上升支或 S 波的缓慢下降支，而室上速时 RWPT 值 <50ms（图 5-1-10）。

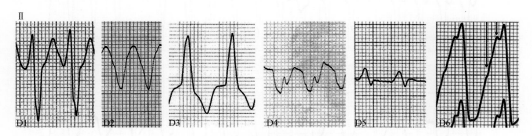

图 5-1-10　Ⅱ导联 R 波达峰时间 ≥ 50ms

此时 QRS 波可以为单相 R 波（D3、D6），也可能呈 rS 型（D1、D5），或 S 波前支有缓慢下降（D2、D4）

七、房室分离

宽 QRS 波心动过速时一旦发现较快的心室除极 QRS 波并不是心房除极波下传引起时，则认为心电图存在着房室分离。

心电图可经多种心电现象诊断完全性或不全性房室分离。此时，需要仔细观察图中有无窦性或逆传 P 波，且 P 波频率 < 心室率。此外，心室融合波和室上性夺获的心电图表现与房室分离的诊断意义相同，故被称为等位心电图表现。

因房室分离阳性这一指标诊断室速的特异性强，故在室速积分法中，该标准阳性时积 2 分（图 5-1-11）。有人提出当存在房室分离时可积 3 分，但 Jastrzebski 等并不赞同：因房室分离诊断室速的特异性并非 100%。在一个心电数据库中，大约 1000 例宽 QRS 波心动过速中就有 2 例室上速伴有房室分离。一例是房室结折返性心动过速，另一例为房室交界区自律性心动过速伴有房室分离。此外心房扑动时也能存在房室分离的心电现象。

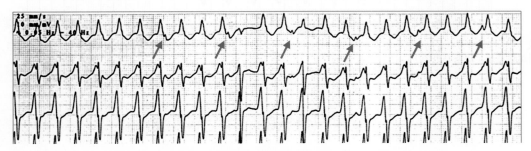

图 5-1-11　伴有房室分离的室速（箭头指示分离的 P 波）

图 5-1-12 显示宽 QRS 波心动过速时，当存在室上性夺获和室性融合波等心电图表现时，这些可视为心电图房室分离的等位心电现象，也具有诊断室速的作用，并增加了房室分离诊断室速的敏感性。

需要注意，当宽 QRS 波心动过速心室率较快或 QRS 波较宽时，可使分离的 P 波更难辨认。而连续心电监测中，一旦发现有室性融合波或室上性夺获时，即可确定室速的诊断（图 5-1-13）。

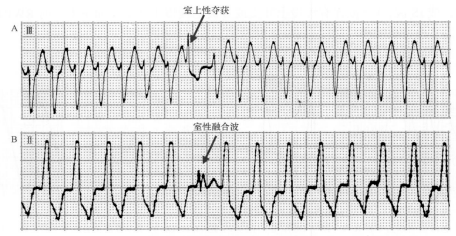

图 5-1-12　室上性夺获与室性融合波是房室分离的等位心电图表现

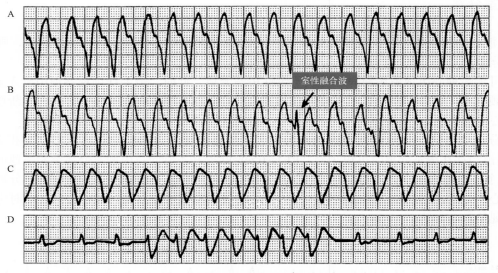

图 5-1-13　室性融合波的出现可确定室速的诊断

图中 A、B、C 三条心电图为患者的连续心电图记录，一次室性融合波的出现则使室速得到确诊。确诊后给予相应药物治疗后，原来持续性室速变为非持续性室速（D 条心电图）

室速积分法的应用与评价

一、积分方法

在上述 7 项积分标准中，除房室分离阳性积 2 分外，其他 6 项标准阳性时各积 1 分，因此经室速积分法评定后，每位宽 QRS 波心动过速患者可能获 0 ～ 8 分的积分。

二、全组患者的积分结果

应用上述室速积分法，对 587 例患者的 786 份宽 QRS 波心动过速的心电图进行了评价，其包含各种特殊人群的比例见表 5-1-3。

1. 确定室速区

全组 786 份宽 QRS 波心动过速中，274 例为室上速伴宽 QRS 波，512 例为室速，其室速积分结果见

表 5-1-5。

从表 5-1-5 可以看出：凡室速积分 >3 分时都能做出室速的肯定诊断，此时，诊断室速的特异性高达 100%，而积分≥ 3 分时，诊断特异性达 99.6%，仅 1 例室上速被误诊为室速。

表 5-1-5　786 例宽 QRS 波心动过速的积分结果

	积分结果					
	0	1	2	3	4	≥5
室上速（274 例次）	174	70	29	1	0	0
室速（512 例次）	32	84	102	127	97	70
各积分的室速比（%）	15.5	54.5	77.9	99.2	100	100

注：0 分：室上速诊断区；1 分：诊断室速灰色区；2 分：室速诊断区；≥ 3 分：确定室速区

2. 室速诊断区

经室速积分法积≥ 2 分时，可诊断为室速，此时室速诊断的特异性为 89%，准确性是 81.4%。30 例的室上速被误诊为室速。

3. 室速诊断的灰色区

经室速积分法积 1 分时，此时，室速（54.5%）和室上速（45.5%）占有的百分率相似，故称其为室速诊断的灰色区（gray zone），落入此区的室速或室上速患者，一定仅仅存在室速积分法中的一个心电图特征。

4. 室上速诊断区

经室速积分法评价后积 0 分者应诊断为室上速。表 5-1-5 积 0 分者共 206 例，包括 174 例（84.5%）的室上速及 32 例（15.5%）的室速。应当看到，全组仅 32 例次室速的心电图不具备室速积分法的任何室速的心电图特征而积 0 分，这些室速心电图（6%）将被误诊为室上速。

5. 经图例对室速积分法的整体认识

分析图 5-1-14 中的宽 QRS 波心动过速后，可迅速判得 3 分积分：

（1）V_1 导联 r 波时限 >40ms。

（2）aVR 导联初始为明显 R 波。

（3）II 导联 R 波达峰时间≥ 50ms。

因此，本例宽 QRS 波心动过速心电图积 3 分，则可确定诊断为室速。而图 5-1-14 经过 Brugada 和 Pava 鉴别诊断流程也能被诊断为室速。但是这几种方法发生错误诊断的可能性可高达 20% ～ 30%，而应用室速积分法积 3 分诊断室速时仅存在 0.3% 的错误率（积 3 分及以上者正确诊断室速的比例为 99.7%）。

6. 室速积分法的几个亮点

（1）室速积分法标准易记易用：室速积分法的 7 个标准都是众所周知的 7 个室速鉴别诊断标准，因而容易记忆、容易应用。

（2）确定室速的准确诊断率高：本室速积分法诊断确定室速时，其诊断室速的准确比例在积 3 分时为 99.2%，>3 分时高达 99.7%，其明显高于以往的各种鉴别诊断方法。

（3）可做出不同级别的室速诊断。

（4）首次证实，宽 QRS 波心动过速的心电图鉴别诊断存在灰色区，遇此情况时还需进一步依据心内电生理等方法鉴别。

7. 结论

鉴于上述情况，最终认为：室速积分法在宽 QRS 波心动过速的鉴别诊断中明显优于以往的任何一种方法，临床医生应当积极使用与推广。

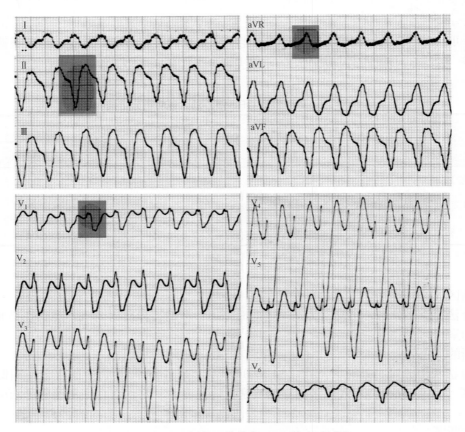

图 5-1-14　一例积 3 分的宽 QRS 波心动过速

迷走积分法

心电图迷走积分法（vagal score）是近年心电学领域的一项重要进展，其最早提出的目的是为鉴别不同类型的阵发性房室传导阻滞（paroxysmal atrioventricular block，P-AVB），主要是迷走性 P-AVB 与原发性 P-AVB 的鉴别。而在心电学的临床实践中，迷走积分法的理念、各项指标与判断，也能借用于发生机制不同的间歇性房室传导阻滞（intermittent atrioventricular block）的鉴别。因此，学好心电图迷走积分法有着重要而广泛的意义。本文介绍 Komatsu 最早提出的心电图迷走积分法的基本内容，如与此前文章内容有出入时则以本文为准。

阵发性房室传导阻滞概述

迷走积分法用于不同类型 P-AVB 的鉴别，故首先要对 P-AVB 有充分认识。

一、迷走积分法的提出

心电图迷走积分法系 Komatsu 于 2017 年在《心律杂志》（*Journal of Arrhythmia*）发表的文章中提出。提出该积分法的目的：P-AVB 是引发晕厥的明确原因，近年来发生率有增加趋势。而不同类型的 P-AVB 有时难以区分，发生机制不同者的临床治疗又明显不同，例如迷走性 P-AVB 虽然发生率高，但多为良性，多数人有自愈趋势而不需植入心脏起搏器治疗。而原发性 P-AVB 却不然，一旦诊断明确应尽早行起搏器治疗。因此，为更好鉴别不同机制的 P-AVB，心电图迷走积分法应运而生。

二、P-AVB 的定义与分类

1. 定义

当患者心律从显著正常的房室 1：1 下传突然变为三度房室传导阻滞时，则诊断为 P-AVB。此时，因心室率十分缓慢而能引起先兆晕厥、晕厥或阿斯综合征，甚至心脏性猝死。显然，P-AVB 的定义与间歇性房室传导阻滞全然不同。

还应指出，在 Komatsu 提出本积分法的文章中，将 P-AVB 定义为患者心电图突发完全性房室传导阻滞伴 ≥ 2 个 P 波未下传及心室停搏 >3s。应当说，该定义中不能完全除外高度房室传导阻滞。

2. 分类

P-AVB 分三种类型。

（1）原发性 P-AVB：本文称其为原发性 P-AVB，是为与下述两种 P-AVB 相区别。

（2）迷走性 P-AVB：迷走神经兴奋性增强引起的 P-AVB。

（3）特发性 P-AVB：不明原因的 P-AVB。

三种类型 P-AVB 的临床特征、发生机制、诊断与处理明显不同，心电图迷走积分法主要用于迷走性 P-AVB 与原发性 P-AVB 的鉴别。

三、心电图迷走积分法的基本原理

迷走性 P-AVB 和原发性 P-AVB 的发生机制全然不同。

1. 迷走性 P-AVB 的发生机制

众所周知，人体出现精神与躯体应激时，体内将伴有程度不同的交感刺激，而发生急性或慢性交感神经的兴奋与激活，甚至能引发交感风暴。此时内源性儿茶酚胺可增加几百倍，甚至上千倍，进而能引起各种早搏和快速性心律失常，包括室速、多形性室速、室颤甚至猝死。

同样，人体还能发生程度不同的迷走神经的兴奋与激活，甚至引发迷走风暴。相应的内源性乙酰胆碱也会显著升高，使心率下降（包括心搏骤停、房室传导阻滞），使血管扩张及血压下降。这两种作用的叠加可引起心源性晕厥及猝死。因此，迷走神经功能性的心律失常及晕厥已受到重视。其中迷走性 P-AVB 可能发生在颈动脉窦按摩（颈动脉窦是人体另一个心脏抑制中心）（图 5-2-1，图 5-2-2）、瓦氏动作（Valsalva maneuver）、直立倾斜试验中（图 5-2-3，图 5-2-4）或自发迷走性 P-AVB。其发生机制包括直接或间接的交感刺激反射性引起迷走神经张力升高所致。而自发迷走性 P-AVB 发作时，患者多在日常生活中，受到各种交感刺激而引起升压反射（窦率略增加，血压略升高），对此人体将针对性做出生理性调节，引起相应的减压反射而维持机体循环系统的稳定。减压反射时，迷走神经的兴奋可使窦性心率略下降（10 次 / 分左

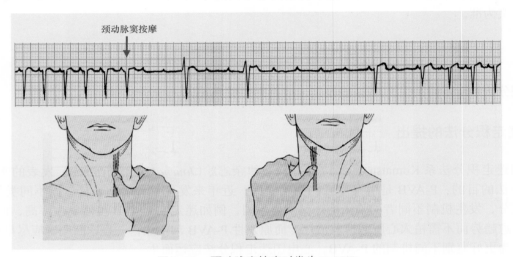

图 5-2-1　颈动脉窦按摩时发生 P-AVB

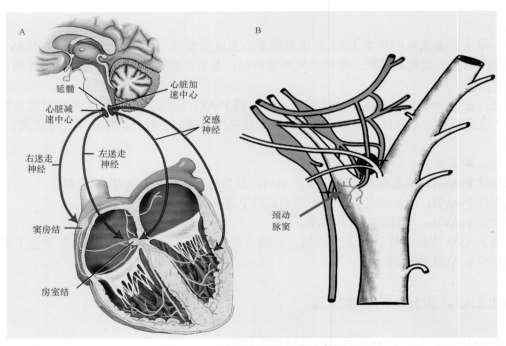

图 5-2-2　人体的两个心脏抑制中心

A. 位于丘脑的心脏抑制中心；B. 位于颈动脉窦的心脏抑制中心。颈动脉窦位于颈内动脉分叉的膨出部位，其外膜和内膜均有丰富的感觉神经末梢，因对压力敏感而称压力感受器。当动脉压升高，压力感受器兴奋，可引发减压反射而抑制心脏

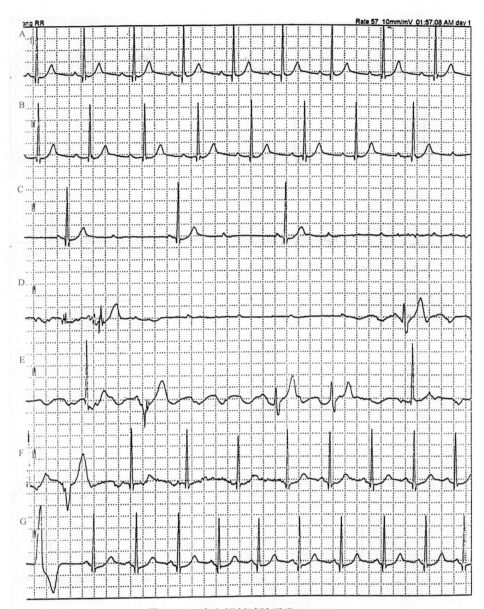

图 5-2-3　直立倾斜试验诱发 P-AVB

患者女、40 岁，因晕厥行直立倾斜试验时诱发了 P-AVB，心脏停搏达 5.16s（图 A～G 为连续记录）

右），血管扩张及血压略回降（10～20mmHg）。经过生理性减压反射的调节，可使人体循环系统达到新的平衡。但有特殊因素影响时，可使上述适度的减压反射变成过度，甚至成为病理性的减压反射，出现心率骤降（窦性心率下降 ≥ 30 次 / 分，各种房室传导阻滞：包括三度房室传导阻滞）及血压骤降。这种减压反射不仅未使体内循环系统恢复平衡，反而严重破坏了其稳定性，明显的血压下降可致大脑血流灌注不良，功能障碍，发生短暂意识丧失及晕厥。

据统计，全社会 30%～40% 的人都发生过迷走性晕厥，而迷走性晕厥的种类与比例，以直立倾斜试验引发晕厥的结果推测：心脏和血管均受抑制的混合型占 60%，以血管抑制为主者占 25%，以心脏抑制为主者占 15%。虽然迷走性 P-AVB 的发生率低，但其人群的基数大，使临床迷走性 P-AVB 并非少见。此外，又因窦房结对迷走神经的作用比房室结更为敏感而使部分患者首先发生窦性停搏，窦性 P 波的消失可掩盖迷走性 P-AVB 的发生（图 5-2-4）。

2. 原发性 P-AVB 的发生机制

本文提及的原发性 P-AVB 在此前文章分类中为阵发性 P-AVB。其临床危害大，发病率高。发病机制

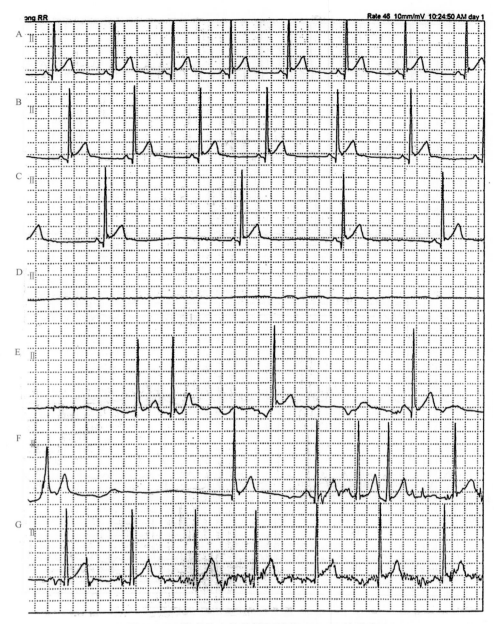

图 5-2-4　发生的窦性停搏可掩盖 P-AVB 的发生

患者男、40 岁。直立倾斜试验中发生窦性停搏 >10s 伴交界性逸搏，其可掩盖 P-AVB 的发生

主要是患者自身心脏传导系统的远端（希浦系）存在病变，同时又发生了慢频率依赖性 4 相阻滞。故当患者的房早、室早、希氏束等早搏伴有长的代偿间歇时，此时有病变的希浦系细胞的钠通道仍处于失活状态（inactive），而未进入复活状态，故不能再次被激活并发生有效除极，心脏连续发生的 4 相阻滞可表现为 P-AVB。在单个心肌细胞电活动的动作电位上，表现为 4 相静息电位一直处于过度极化状态而不能达到除极的阈电位，故不能发生新的除极（图 5-2-5）。

四、三种类型 P-AVB 的特征

1. 原发性 P-AVB

顾名思义，原发性 P-AVB 是患者本身心脏特殊传导系统的远端存在病变，进而发生了 P-AVB，其临床存在"四有"特征。

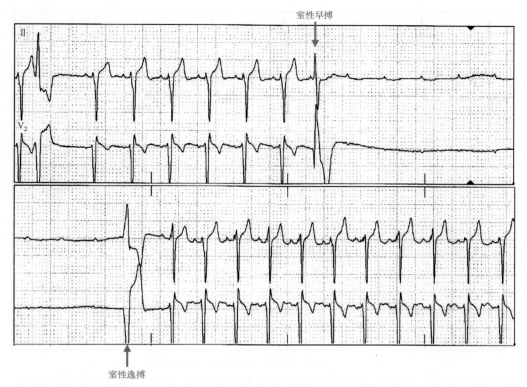

图 5-2-5　1 例原发性 P-AVB 发生时的心电图

图中一次室早诱发了 P-AVB。而室早是体内"交感神经兴奋"引起心室肌自律性升高的结果，室早的代偿间歇形成了"慢频率"，在病变的传导系统远端发生了慢频率依赖性 4 相房室传导阻滞。随后 P-AVB 又被一次室性逸搏终止

（1）多数有器质性心脏病。

（2）多数有心脏传导系统远端病变。

（3）多数有传导系统远端病变的心电图表现（左束支、右束支或室内阻滞）。

（4）发生 P-AVB 时多数伴其他心律失常。

该"四有"特征易理解、易记忆、易应用。

2. 特发性 P-AVB

与原发性 P-AVB 相反，特发性 P-AVB 患者存在"四无"特征。

（1）无器质性心脏病。

（2）无心脏传导系统病变。

（3）平素心电图无异常。

（4）P-AVB 发生时不伴其他心律失常。

显然，因患者平时心脏正常，P-AVB 发生时不伴其他心律失常，P-AVB 及晕厥后又不遗留任何心电图异常，故易被诊断为不明原因的晕厥，又被称为孤立性 P-AVB（图 5-2-6）。

3. 迷走性 P-AVB

与前两者不同，迷走性 P-AVB 患者存在"二无二有"的特征。

"二无"特征为：

（1）常无器质性心脏病。

（2）平素心电图常无异常。

"二有"特征为：

（1）P-AVB 发生时，有迷走神经作用过强的全身症状，即迷走神经兴奋性增强引起的特征性症状，包括腹部不适、面色苍白、恶心、头晕、出冷汗等。

（2）P-AVB 发生时，有迷走神经作用的其他心电图改变，证实其对窦房结自律性、房室结传导性同时有抑制作用。

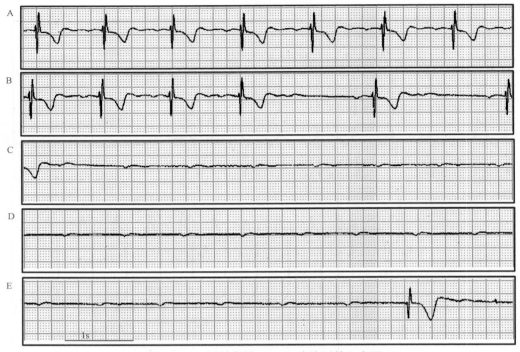

图 5-2-6　1 例特发性 P-AVB 发生时的心电图

P-AVB 发生时不伴其他心律失常。其发生机制是患者平素腺苷水平较低，当体内腺苷水平突然升高时，其作用在房室结而引发 P-AVB

图 5-2-7 为 1 例迷走性 P-AVB 发生时的心电图，其平素心电图虽有异常，但本次发作却为一次典型的迷走性 P-AVB。

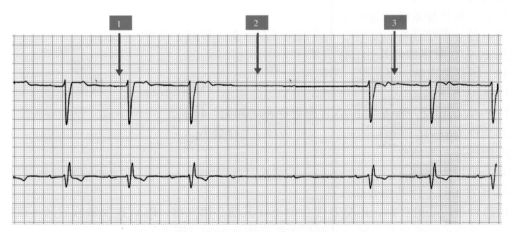

图 5-2-7　迷走性 P-AVB 发作时的心电图

患者男、72 岁伴眩晕。基础心电图有三分支阻滞、一度房室传导阻滞及完全性右束支传导阻滞（CRBBB）。P-AVB 发作前出现 PR 间期延长，心室停搏时 PP 间期延长，P-AVB 终止后 PP 间期缩短。这些都符合典型迷走性 P-AVB 的发作特点

心电图迷走积分法

临床心电图中，提示为迷走性和原发性 P-AVB 的心电图表现很多，但 Komatsu 提出心电图迷走积分法时只选择了 8 条标准。其中 6 条心电图表现提示为迷走性 P-AVB，阳性时各积 +1 分。另 2 条心电图特点提示发生了原发性 P-AVB，符合患者自身存在传导系统病变（intrinsic conduction disease），该心电图特点阳性时各积 −1 分。

一、心电图迷走积分法的 8 条标准

（一）各积+1分的6条标准

1. 患者平素心电图无房室传导阻滞或室内阻滞

这条标准完全符合迷走性 P-AVB 的"二无"特征之一，即患者平素心电图无传导异常的表现。但是该标准未满足时仅属于不积分，而不是就此而否定迷走性 P-AVB 的存在。如图 5-2-7 所示，该患者平时心电图存在房室传导阻滞和室内阻滞，但仍可能发生典型的迷走性 P-AVB。

2. P-AVB 发生前有 PR 间期延长

这条标准说明，迷走性 P-AVB 的发生标志着迷走神经对房室结传导功能的抑制作用已达极致，但该作用是逐渐加重而形成的。因此，在迷走性 P-AVB 发生前的心电图可能存在 PR 间期延长。

应当指出，本条标准只说明 P-AVB 发生前存在 PR 间期延长，并未指出发生的房室传导阻滞程度。一般情况下，PR 间期的延长是指比平素 PR 间期相对延长但仍在正常范围内或略超正常值而形成一度房室传导阻滞。但 Komatsu 在文章中补充指出：迷走神经的作用是抑制窦房结自律性和房室结的传导性，而对传导系统的远端（希浦系）传导无抑制作用。对房室结传导产生的抑制作用中，可引起心电图 PR 间期的延长和文氏现象。该补充说明使这条心电图积分标准的范围扩大了，即迷走性 P-AVB 发生前，心电图存在一度和二度房室传导阻滞时都视为阳性可积 +1 分。但这与 P-AVB 的传统概念相悖。经典定义认为，P-AVB 是指房室从显著的 1:1 传导突然变为三度房室传导阻滞，并不经二度房室传导阻滞的过渡。

如果心电图迷走积分法中，P-AVB 发生前房室传导出现二度文氏下传也能积 +1 分时，那心电图存在的 2:1 房室传导也应当积 +1 分。因为 2:1 传导可以是文氏下传也可能为莫氏下传（图 5-2-8）。

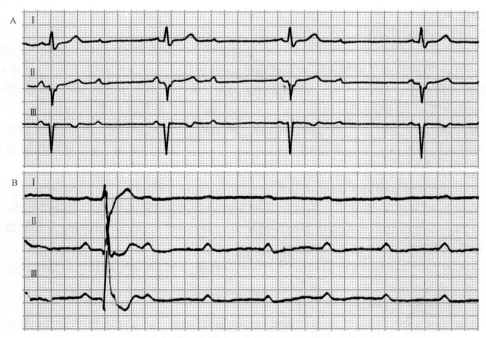

图 5-2-8　颈动脉窦按摩时发生 2:1 AVB 并进展为 P-AVB

本图为 1 例晕厥患者进行颈动脉窦按摩时，PR 间期最初为 160ms，随后出现短暂的房室 2:1 阻滞并随即发生了 P-AVB 及晕厥

此外，在 P-AVB 终止后恢复房室 1:1 下传时，存在着 PP 间期的缩短也提示为迷走性 P-AVB。

3. P-AVB 发生前有 PP 间期延长

当迷走神经兴奋引起 P-AVB 时，其同时对窦房结的自律性也能有抑制作用，心电图表现为 PP 间期的延长（图 5-2-9 中标为 1）。文献提出，当 PP 间期较前延长 50ms 以上时就能诊断 PP 间期有延长。

但要注意，窦房结和房室结都受迷走神经的抑制，而两者相比窦房结对这种抑制作用更敏感，抑制作

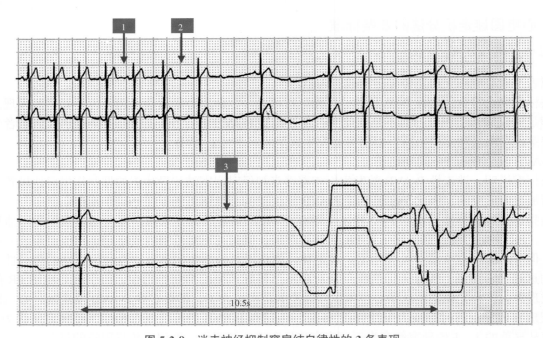

图 5-2-9　迷走神经抑制窦房结自律性的 3 条表现

迷走神经兴奋引起 P-AVB 的同时，对窦房结自律性的抑制表现为图中 PP 间期的 3 种延长（纸速 12.5mm/s）

用在心电图的表现更广泛，这体现在心电图迷走积分法中，PP 间期的延长存在于 3 条标准中，而 PR 间期的延长仅为其中的 1 条标准（图 5-2-9）。

4. PP 间期延长"诱发"P-AVB

这是患者迷走神经抑制窦房结自律性的又一心电图表现。虽然都是 PP 间期的延长，但第 3 条 PP 间期延长出现在 P-AVB 发生前的若干周期，而本条仅指 P-AVB 发生之前的 PP 间期（图 5-2-9 中标为 2），即在前面 PP 间期延长的基础上，最后一个心动周期的 PP 间期又发生了另外的延长，提示迷走神经对窦房结的抑制作用又有加重。因该 PP 间期延长后马上发生了 P-AVB，似乎是其诱发了 P-AVB。

图 5-2-9 中，P-AVB 发生前已有 PP 间期的延长，而最后一个心动周期中 PP 间期更加延长。尽管图中该周期 PR 间期的延长也推迟了下一个 QRS 波的出现，但去除这一因素外，RR 间期仍明显延长，这是该心动周期中 PP 间期另有延长的结果。

5. P-AVB 发生过程中 PP 间期延长

这条标准是指 P-AVB 发生过程中，依次出现的窦性 P 波间的 PP 间期仍有延长（图 5-2-9 中标为 3）。换言之，P-AVB 的发生是因迷走神经对房室结传导功能强力抑制的结果，与此同时，其对窦房结自律性持续的抑制作用在心电图表现为 PP 间期的继续延长。

综上，心电图迷走积分法积 +1 分的指标中，有 3 项表现为 PP 间期的延长，只是出现在心电图的不同时段。

6. P-AVB 终止时伴 PP 间期缩短

迷走性 P-AVB 发生时，缓慢的逸搏性心室率可引起血压下降，而血压下降又能引起升压反射，使窦性心率略升高，PP 间期缩短。在 P-AVB 终止后，该现象阳性时也积 +1 分。

（二）提示原发性P-AVB积−1分的2条标准

前文已述，原发性 P-AVB 的患者存在"四有"特征，包括平素心电图常有传导系统远端病变的心电图表现（左、右束支传导阻滞，室内阻滞）。除这些心电图特征外，心电图迷走积分法入选了另两条心电图标准，即这两个心电图特征存在时，不支持该 P-AVB 为迷走性，故阳性时积−1 分。

1. 各种早搏或心动过速诱发 P-AVB

当心电图 P-AVB 由房早、室早、房速等心律失常引发时，提示房早等起源部位的心肌自律性升高，属于交感神经作用的结果，心肌自律性的增高引发了房早、室早等。这些早搏后存在的代偿间歇又形成"慢频率"，并能引发慢频率依赖性的 4 相阻滞，心电图表现为 P-AVB 的发生。该心电现象阳性时积−1 分（图 5-2-10）。

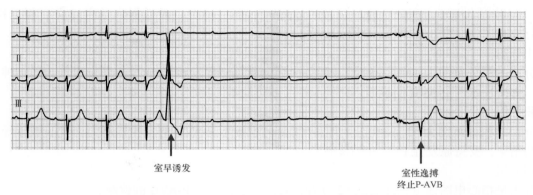

室早诱发　　　　　　　　　　　　　室性逸搏
　　　　　　　　　　　　　　　　　终止P-AVB

图 5-2-10　心电图迷走积分法积−1 分的 2 条标准

2. 逸搏心律终止 P-AVB

P-AVB 发生后，当一次逸搏或其他心律失常能终止 P-AVB 时，也提示患者存在交感神经兴奋性增强，使心脏的低位起搏点的自律性增高而发生了逸搏，进而打破了慢频率依赖性 4 相阻滞而恢复了正常传导。这条心电图标准阳性时也积−1 分（表 5-2-1）。

表 5-2-1　心电图迷走积分法标准

积 +1 分的心电图表现	积分
1. 患者平素心电图无房室传导阻滞或室内阻滞	1
2. P-AVB 发作前有 PR 间期延长	1
3. P-AVB 发作前有 PP 间期延长	1
4. PP 间期延长"诱发"P-AVB	1
5. P-AVB 发生过程（心室停搏）中 PP 间期延长	1
6. P-AVB 终止时伴 PP 间期缩短	1
积−1 分的心电图表现	
1. 各种早搏或心动过速诱发 P-AVB	−1
2. 逸搏心律终止 P-AVB	−1

应当指出，除上述 2 条积−1 分的心电图标准外，有些提示为原发性 P-AVB 的心电图表现尚未入选积分法，例如 P-AVB 发生及心室停搏时，存在窦性心律的加速却不影响 P-AVB，也是交感神经兴奋的心电图表现。

除此，还要注意室性逸搏终止 P-AVB 时，当其存在室房逆传，并能重整或终止 P-AVB 时，也是希浦系统远端阻滞而伴前向单向阻滞的特点。而房室结三度传导阻滞时常表现为双向阻滞，不会出现室早后的室房逆传。这些心电图表现虽未进入积分法标准，但临床病例存在这些特点时，也有助于原发性 P-AVB 的诊断。

二、迷走积分法结果的判定

综上，心电图迷走积分法标准包括积 +1 分的 6 条和积−1 分的 2 条。而最终积分结果为积分的代数和。

因此，应用心电图迷走积分法时，患者的最高积分可达 +6 分，最低积分可达−2 分。根据积分结果，又进一步分成高、中、低 3 组。

1. 高积分组

高积分组的积分范围为 +3 ~ +5 分，即 ≥ +3 分时就强烈提示该 P-AVB 的发生机制为迷走神经兴奋性增高引起，支持迷走性 P-AVB 的诊断。

2. 低积分组

低积分组的积分范围为−2 ~ +1 分，即 ≤ +1 分时就提示 P-AVB 的发生机制为患者心脏传导系统远端存在病变的结果，支持原发性 P-AVB 的诊断。

3. 中积分组

中积分组是指心电图迷走积分法积 +2 分者，其倾向于特发性 P-AVB 的诊断。

应当指出，不同类型 P-AVB 之间的积分存在一定的重叠。

三、心电图迷走积分法的临床意义

1. 鉴别不同类型的 P-AVB

可以看出，心电图迷走积分法对发生机制不同、类型不同的 P-AVB 鉴别有重要意义。高积分时（≥ 3 分）强烈提示为迷走性 P-AVB；低积分时（≤ 1 分）提示为原发性 P-AVB；中积分时（2 分）提示为特发性 P-AVB。

2. 不同类型 P-AVB 的积分有重叠

因心电图迷走积分法的 8 条标准中，有的标准特异性差，故能造成不同类型 P-AVB 患者的积分结果有重叠。因此，积分法结果的最后判断还要紧密结合患者的临床特征进行综合性分析，将更利于鉴别诊断。这也提示，心电图迷走积分法存在一定的局限性。

3. 混合型 P-AVB 的诊断

如上所述，同一患者可能同时存在多种机制的 P-AVB 而形成混合型。例如患者平素存在传导系统的远端病变，一定条件下可发生原发性 P-AVB，而其他条件存在时又能发生迷走性 P-AVB。

4. 特发性 P-AVB 的心电图积分

尽管心电图迷走积分法主要用于迷走性 P-AVB 与原发性 P-AVB 的鉴别，但对新近提出的特发性 P-AVB 也有一定的诊断价值。

（1）提示特发性 P-AVB 的其他心电图特征：除"四无"特点外，患者的 P-AVB 发生前后，PR 间期稳定，P-AVB 发生前无 PP 间期延长或仅有很小的延长，以及不经心率增加或心率减低而诱发 P-AVB 等心电图表现也提示为特发性 P-AVB（图 5-2-11）。

（2）ATP 敏感性：这些患者发生 P-AVB 的机制为平素血浆腺苷水平低，所以又称为低腺苷性晕厥，而一旦患者体内腺苷水平升高时（包括给予药物 ATP），则能阻滞房室结传导而发生 P-AVB，故也称为 ATP 敏感性 P-AVB。

（3）茶碱治疗有效：这种对腺苷敏感而发生晕厥的患者，起搏器治疗有效。但近年研究表明，茶碱是腺苷受体的非特异性拮抗剂，也能有效拮抗体内腺苷增多时引起的特发性 P-AVB 及晕厥，其疗效与心脏起搏器几乎相同，并可替代起搏器的治疗（图 5-2-12）。

（4）心电图迷走积分法积 +2 分时支持特发性 P-AVB 的诊断：积 +2 分时位于高、低积分之间，积 +2 分时多怀疑为特发性 P-AVB。但有些研究中未能检测血浆腺苷水平，也未做 ATP 试验而无法明确其临床诊断，进而也不能明确积分法对其诊断的敏感性和特异性。

总之，心电图迷走积分法在临床应用中还需进一步深入研究，并需不断补充新的积分标准，进而提高

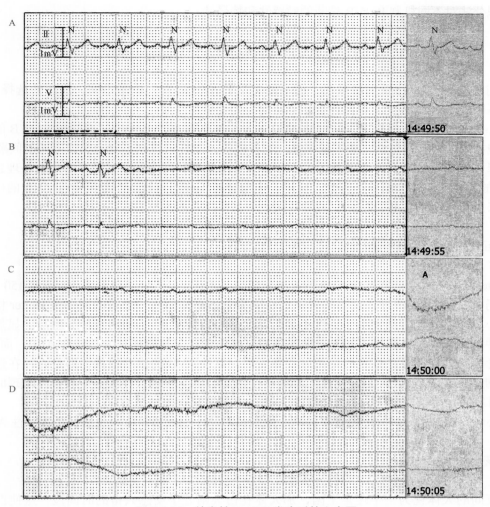

图 5-2-11　特发性 P-AVB 发生时的心电图

图 A ～ D 为连续监测心电图的记录。图 B ～ D 中突发 P-AVB 时不伴其他心律失常，心脏停搏长达 30s

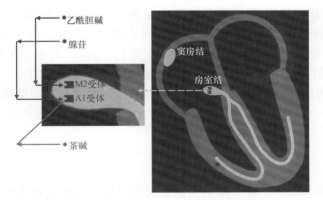

图 5-2-12　茶碱治疗特发性 P-AVB 的机制

图中腺苷和乙酰胆碱是种类不同、受体不同的两种具有生物学活性的介质，分别作用在房室结部位的 A1 受体和 M2 受体，和受体结合后两者的最终作用却一致，减慢甚至阻断房室结传导。当体内腺苷增多，引起特发性 P-AVB 及晕厥时，又称为腺苷性晕厥。而茶碱是非特异性腺苷受体拮抗剂，能减弱腺苷作用治疗特发性 P-AVB

心电图迷走积分法对不同机制 P-AVB 诊断的敏感性和特异性。

间歇性 AVB 中迷走积分法的应用

近年来对 P-AVB 的关注越来越重视，因不同类型 P-AVB 的发生机制不同，治疗的选择也明显不同，这使能鉴别不同机制 P-AVB 的心电图迷走积分法的重要性更加凸显。

但临床心电图及 Holter 检查中，间歇性 AVB 的发生率远远高于 P-AVB，而间歇性 AVB 的发生机制也存在多种：包括原发性、迷走性、频率依赖性、特发性等。同样，机制不同、类型不同的间歇性 AVB，临床治疗的选择也有显著区别。而心电图迷走积分法的基本原理、判定标准、结果的判断等理念都能借用于间歇性 AVB 的评价与鉴别诊断中。因此，应用心电图迷走积分法审视与判断间歇性 AVB 的机制与类型也有重要的临床意义。

一、夜间间歇性 AVB

临床 Holter 检查中，夜间间歇性 AVB 的发生率较高。尤其年轻人，其白天活动心率达 150～200 次/分时，房室结仍能保持 1:1 传导，说明其房室结功能完全正常。但同一患者的同一份 Holter 检查中，在夜间，当窦性心率相对较低时却发生了二度 I 型、二度 II 型，甚至 2:1 的房室传导阻滞。显然，解释房室结功能的这种矛盾现象，只能用夜间迷走神经张力过高而解释，并能视其为功能性 AVB。面对这种情况，除用上述理念推导外，还要注意在心电图寻找和发现间歇性 AVB 的诊断根据，即是否存在迷走神经对窦房结（PP 间期）及房室结传导（PR 间期）有抑制作用的心电图表现。存在这些心电图表现时可使诊断更具合理性及可靠性，而且，一旦诊断为功能性 AVB，可选用观察与姑息治疗。

因此，心电图迷走积分法的应用有望提高心电图及 Holter 的应用价值，也有助于器质性 AVB 的检出。

二、白天间歇性 AVB

如果把夜间的人体视为一个迷走王国，那人体在白天则处于交感兴奋的时间段，这使白天的平均窦性心率快，各种自律性增高的早搏也相对多见，这些都是交感神经兴奋性较高的结果。尤其凌晨的几个小时，正是人体从迷走神经的兴奋期转为交感神经兴奋期的过渡期，这一时间段的血压明显增高，心脏性猝死率明显增加。

当患者间歇性 AVB 发生在白天，特别因窦性心率增快或早搏诱发时，几乎能排除迷走间歇性 AVB，进而要考虑交感间歇性 AVB 或原发性 AVB 的诊断。尤其老年伴晕厥患者，一旦诊断为原发间歇性 AVB 时，也应尽快给予心脏起搏器治疗，可降低患者晕厥及心脏性猝死的发生。而诊断原发间歇性 AVB 时，心电图特点与原发性 P-AVB 几乎一致（低积分，≤ +1 分）。因此，对 Holter 检查中出现的间歇性 AVB，可借用心电图迷走积分法进行综合分析，这一做法十分重要，也十分有效。

同样，迷走积分法也能用在直立倾斜试验、颈动脉窦按摩时出现的间歇性 AVB 发生机制与类型的诊断（图 5-2-13）。

结束语

本文在此前发表的文章基础上，进一步翔实而系统地介绍了心电图迷走积分法，包括应用的目的、8 条标准、结果的判断等。并认为该积分法对 P-AVB 不同发生机制的判断以及患者治疗的选择都有重要意义。此外，本文认为，心电图迷走积分法也能借用到间歇性 AVB 的评价与诊断，进而为这些患者治疗的选择提供依据。

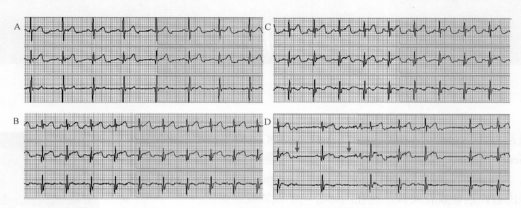

图 5-2-13　直立倾斜试验时发生迷走间歇性 AVB

患者女、9 岁。因反复晕厥做直立倾斜试验，试验中发生了 2∶1 房室传导阻滞，符合间歇性 AVB（D）。应用心电图迷走积分法对其评价时，其心电图特点包括：①平素心电图无异常（A）；② PR 间期从 131ms 延长到 240ms（B）；③ PP 间期延长（C）。故心电图迷走积分可积 +3 分，诊断该间歇性 AVB 的发生机制为迷走性

第三章

心率减速力

心率减速力（deceleration capacity of heart rate，DC）检测技术是德国慕尼黑心脏中心 Georg Schmidt 教授近年发现并提出的一种检测自主神经张力的新技术（图 5-3-1）。Schmidt 教授也是窦性心率震荡（heart rate turbulence，HRT）技术的发现与提出者，这些成就使其迅速在国际心电学领域脱颖而出。

图 5-3-1　Schmidt 教授

一、概念与定义

人体窦性心率的快慢与高低受两方面因素的影响与调节：一是窦房结固有心率的影响，即窦房结本身自律性水平的高低，自律性高时心率快，低时心率慢；二是窦房结之外的多种因素的影响与调节，例如机体代谢率的高低、体温等都能引起心率的变化。这些诸多因素对心率产生影响的渠道和最后通路是自主神经及其介导的各种生理反射性调节，这一作用被形象地称为心率调节的"最后公路"。因此，窦性心率的快慢很大程度上是自主神经直接与反射性两种调节的结果。自主神经中的交感神经是心脏的加速神经，其兴奋性增加或张力增高时心率变快，心率加速力（acceleration capacity of heart rate，AC）增强。相反，迷走神经是心脏的减速神经，其兴奋性增加时心率变慢，心率减速力增强。心率减速力的检测是通过 24h 心率的整体趋向性分析和减速能力的测定，定量评估受检者迷走神经张力的高低，进而筛选和预警猝死高危患者的一种新的无创心电技术。减速力降低时提示迷走神经的兴奋性降低，相应之下，其对人体的保护性作用下降，使患者猝死的危险性增加，反之，心率减速力正常时，提示迷走神经对人体的保护性较强，受检者属于猝死的低危者。

二、检测方法与技术

检测技术分成以下几步。

1. 24h 动态心电图记录

受检者记录全天 24h 的动态心电图（图 5-3-2）。

2. 确定减速周期和加速周期并做标志（anchor）

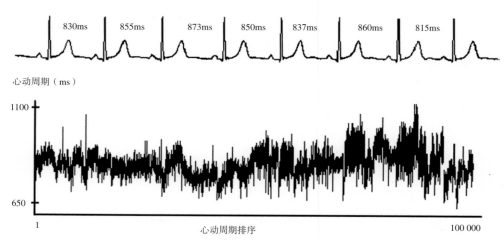

图 5-3-2　将 24h 动态心电图转化成以 RR 间期为纵坐标的全序列图

将 24h 的动态心电图经 120Hz 数字化自动处理系统转化为以心动周期 RR 值为纵坐标的序列图（图 5-3-2）。随后，将每一个心动周期的 RR 值与前一心动周期比较，确定该周期属于心率减速或加速的心动周期，再用不同的符号做出标志。比前一个心动周期延长者，称为减速周期，可标注为黑点，相反，比前一个心动周期缩短者为加速周期，可标注为白点（图 5-3-3）。为减少人工伪差造成的误差，当实测的 RR 值比前一个心动周期值延长或缩短超过 5% 时，该周期则自动被剔除。因此，24h 记录的 10 万左右的心动周期，约有 4 万个周期被标注上减速周期或加速周期的各自标志，并予编号。

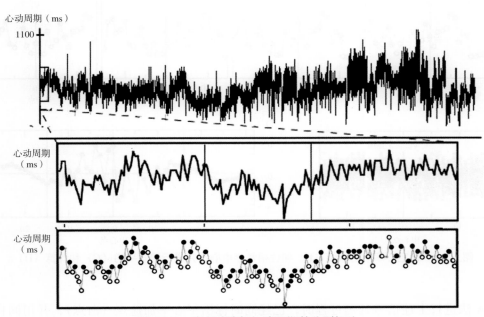

图 5-3-3 确定减速与加速周期并分别标注

3. 确定心率段的长短值（segment）

位相整序时应用的心率段是指以每一个减速点或加速点为心率段中心时，位于其两侧的心动周期依次各取多少，即左右各取多少周期的具体数值需参考最低心率而定。当心率段数值确定为 30 个间期时，则意味着以选定的减速点为中心时，其左右依次各取 15 个心动周期组成一个心率段（图 5-3-4B），图 5-3-4B 清楚地显示，邻近的心率段之间入选的心动周期肯定有重叠。

4. 各心率段的位相整序（phase rectification）

以入选的减速点或加速点为中心，进行不同心率段的有序排列（aligned）（图 5-3-4C）。

5. 对应序号的周期进行信号平均（phase rectified signal averaging，PRSA）

经位相整序后，分别计算对应周期的平均值（图 5-3-4C）：① X（0）：系所有中心点的 RR 间期的平均值；② X（1）：中心点右侧紧邻的第一个心动周期的平均值；③ X（-1）：中心点左侧紧邻的第一个心动周期的平均值；④ X（-2）：中心点左侧相邻的第二个心动周期的平均值（图 5-3-4D）。

6. 计算各值

分别计算 X（0）、X（1）、X（-1）、X（-2）的均值后，再将结果代入公式进行计算。

上述 6 步的检测流程汇总于图 5-3-5。

三、结果判定

1. 心率减速力的计算公式

DC（心率减速力）=[X(0)+X(1)－X(－1)－X(－2)]×1/4，计算结果的单位为 ms，例如结果为 5.4ms 时，表示该患者 24h 的心率调节中，迷走神经对较快的心动周期的调节减速力为 5.4ms。

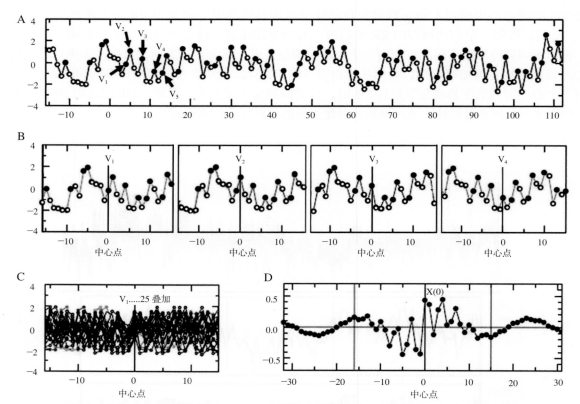

图 5-3-4　确定心率段的数值（B）和位相整序中心点并进行信号平均（C）和计算（D）

应用 PRSA 法进行上述信号处理过程时，已经同时标出了心率加速点（白点），并用同样流程可以计算出心率加速力 AC 相关的 X（0）、X（1）、X（-1）、X（-2）4 个均值，并经同样的公式计算 AC 值：AC=[X(0)+X(1)-X(-1)-X(-2)]×1/4，计算出受检者的心率加速力（AC）值，该结果的单位仍为 ms，但为负值，表示交感神经对较慢心动周期进行调节时，能使下一个心动周期缩短的程度。

2. 心率减速力（DC）与加速力（AC）的比较

患者经上述方法计算的 DC 值和 AC 值十分相近，只是 AC 结果为负值，同时两者的图形呈反像（图 5-3-6 中的 A 与 B，C 与 D）。

图 5-3-6 中 A 和 B 图为随访期存活的一位心梗患者的 DC 和 AC 值，两者的结果几乎相同，而图形呈反像。同样，C 和 D 图是随访期死亡的一位心梗患者的 DC 和 AC 值，其 DC 值和 AC 值也十分相近，图形也呈反像，但与图 5-3-6A 和 B 患者的结果不同，其 DC 和 AC 值明显较低。图 5-3-6 中 E 和 F 图为随访期死亡的另一位心梗患者的 DC 和 AC 值，其 DC 值明显较低，但 AC 值不低，两者呈分离状态。DC 值和 AC 值在同一患者出现这种分离情况的发生率约为 15%，循证医学的资料表明，较低的 DC 值与较低的 AC 值相比，前者与患者死亡的相关性更明显。

3. DC 值检测结果临床意义的判定

资料表明，心肌梗死随访期中存活者心率减速力的平均值为 5.3～5.9ms，而随访期死亡者，该值为 2.8～3.4ms（$P<0.0001$）（表 5-3-1），而随访期存活与死亡者心率加速力测定的均值，分别为-8.0ms 和-7.4ms，P 值为 0.0005。

根据相应的临床随访结果 DC 值分为三种：

（1）低危值：DC 值 >4.5ms 为低危值，提示患者迷走神经使心率减速的能力强。

（2）中危值：DC 值 2.6～4.5ms 为中危值，提示患者迷走神经调节心率减速力的能力下降，患者属于猝死的中危者。

（3）高危值：DC 值 ≤ 2.5ms 为高危值，提示患者迷走神经的张力过低，对心率调节的减速力显著下降，结果对心脏的保护作用显著下降，使患者属于猝死的高危者。

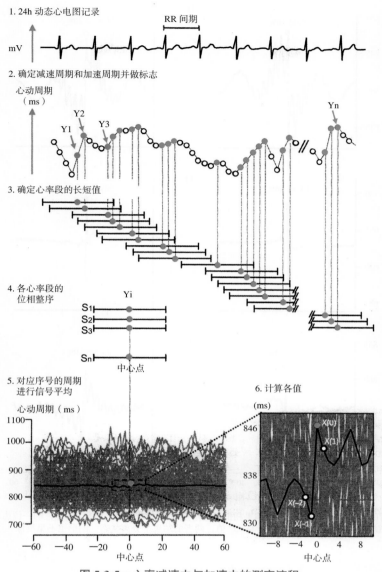

图 5-3-5 心率减速力与加速力的测定流程

四、心率减速力的测试机制

1. 自主神经对心脏调节的特点

迷走神经和交感神经共同支配心脏，两者分别从相反的方向调节心脏进而满足和适应机体的需要。心脏自主神经的双重支配作用强度并不对等，在清醒的人体和动物都以迷走神经的调节作用占优势，运动时心率的增快主要是迷走神经紧张性的减弱，而不是交感神经兴奋性的增强，而传统的概念常错误地强调运动后心率的增快是交感神经兴奋性增强的结果，这在一定程度上是一个误区。即使在离体的心脏标本也是乙酰胆碱（Ach）的心率减速作用比去甲肾上腺素（NE）的心率加速作用更明显。迷走神经调节心率的优势不仅表现在直接刺激迷走神经及 Ach 的作用，还表现在自主神经反射性的调节中。例如血管迷走性晕厥在一般人群的发生率高达 30%～50%，这些人遇到的精神、寒冷、体位变化对机体产生刺激时，引起迷走神经的减压反射作用远远强于交感神经兴奋时引起的升压反射作用，使最终的净效应表现为过度的血管和心脏抑制，使血压明显下降而引发晕厥，在人体和动物实验中都能证明这一现象和结论。此外，人体发生的窦性心动过速（窦速），主要是迷走神经兴奋性降低的结果，而发生严重的致命性室性心律失常的本质可能是迷走神经受到强烈抑制的结果，而外观表现则类似"交感风暴"。因此，在猝死的防治研究中，研究心脏自主神经调节作用占优的迷走神经更为重要。过去认为猝死的发生均与交感兴奋性的增高相关，但

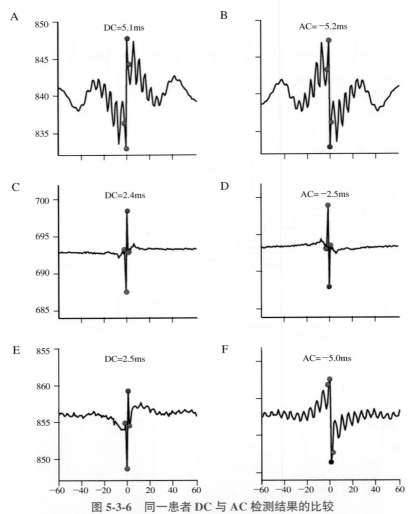

图 5-3-6 同一患者 DC 与 AC 检测结果的比较

图 A、B 为一位随访期存活患者的 DC 与 AC 值，两者的结果相似，图形呈反像；图 C、D 为随访期死亡的一位患者的 DC 与 AC 值，两者相似，图形呈反像；图 E、F 为随访期死亡的一位患者的 DC 与 AC 值，两者的结果呈分离状态，图形也不呈反像，这种情况的发生率约 15%

表 5-3-1 队列研究中 DC 值与死亡率的关系

	德国组		英国组		芬兰组	
	存活（1385）	死亡（70）	存活（590）	死亡（66）	存活（523）	死亡（77）
DC（ms）	5.9（4.0）	2.8（4.6）	5.9（2.9）	3.3（3.1）	5.3(2.6)	3.4（2.3）
AC（ms）	−8.0（4.5）	−7.4（6.1）				
EF（%）	54.7（12.5）	43.5（16.0）	48.1（14.2）	38.8（18.1）	45.9(8.8)	41.1（11.0）
SDNN（ms）	100（16）	78（32）	95（35）	77（44）	99(32)	83（27）

注：括号中数值为标准差。DC：心率减速力；AC：心率加速力；EF：射血分数；SDNN：全部窦性心搏 RR 间期（NN 间期）标准差

其本质很大程度上是迷走神经保护作用下降的结果，尤其对不伴器质性心脏病的患者更是如此。

2. 对迷走神经调节作用的定量分析

猝死的研究中，一直十分重视自主神经的作用，因自主神经调节功能的变化，交感与迷走神经作用平衡的破坏都与猝死的各种基质和触发因素直接相关。目前，自主神经功能的几种检测方法存在一些问题：

（1）多数检测的是间接调节作用：目前，临床检测自主神经功能时，多数是检测其反射性调节作用，是自主神经通过升压或减压反射的间接调节，例如心率变异性（HRV）和窦性心率震荡（HRT）的检测，其检测和分析的指标是自主神经对血压与心率的间接调节作用，对自主神经直接作用的检测技术几乎没有。

（2）两种作用的混杂检测：交感与迷走神经在体内的作用常混杂在一起，很难严格区分，因此，对自主神经调节作用的评价也是对两者混合作用同时评估。当心脏出现加速现象时常完全归为交感神经张力的过高，反之亦然，尚没有能力将两者的作用分别评价。

（3）检测时常需附加条件：交感与迷走神经作用的评价与检测时，常需患者出现一些生理或病理性变化，引发自主神经对这些变化做出针对性调节时进行测定，例如 HRT 的检测需要出现室性早搏才能进行。自主神经的这些针对性调节常受多种因素的影响和限制，至今，尚缺乏完全在生理条件下的检测技术。

3. 迷走神经对心率调节作用的检测

正常时，自主神经对心率的调节作用细微而迅速，这与自主神经对心肌不应期的调整作用几乎一样。当一个心动周期结束时，自主神经对下一周期中心房肌、心室肌、房室结不应期的调整作用也已完成，并能确定各自的具体数值。自主神经这种细微的调节作用体现在每一个心动周期中。使每一个心动周期中都蕴含着自主神经细微而迅速的调节痕迹。而 DC 或 AC 的检测技术就是通过位相整序信号平均技术（PRSA）对这些调节痕迹进行提取与检测。一般情况下，很多自然发生的周期性信号能在不同的时间出现，这是其控制系统内部固有的闭环调节的结果。在生物学和生理学领域，多种生理现象均属于这种情况，例如心律、走路时肢体的节律性运动、肌肉的收缩、调节机体生长与代谢的激素节律性释放、基因表达的周期性、膜电位震荡、神经信号的震荡等。而来自临床与动物的相关资料都证明 PRSA 这种信号处理技术能对人体长时间记录的心率，这种类周期性信号进行有效的检测并揭示其重要的临床意义，最终能反映自主神经系统对心率的直接调节作用。因此，通过 DC 与 AC 的测定能对迷走和交感神经的作用分别进行定量分析。资料证实，DC 检测的结果与临床循证医学的结果十分符合，因而能把其作为定量检测迷走神经单独调节作用的一种新技术。

该技术的设想及方法学经过临床循证医学的验证，证实其有较强的检出与预测猝死高危者的能力。

五、心率减速力检测的临床应用

1. 一组队列研究的结果

2006 年，Bauer 和 Schmidt 首次报告了心率减速力检测技术的临床应用结果，这项队列研究分别在德国、英国和芬兰进行，各亚组的观察病例较多（德国 1455 例、英国 656 例、芬兰 600 例），因此，该项研究几乎可以看成是三个独立的循证医学研究。

（1）入组标准：年龄 <75 岁的急性心梗患者，入组第二周进行 24h 动态心电图检查，并用 PRSA 技术对记录的 RR 间期进行位相整序信号平均技术的处理。

（2）研究方法：①所有患者均进行 DC 检测，并得到有效结果；②随访时间平均 2 ～ 3 年；③患者的临床转归与 DC 检测结果对研究人员与临床医生都采取单盲法，即医生只知晓临床随访结果，研究人员只知晓 DC 检测结果；④分别与 LVEF（经超声、核素、左室造影法测定）和 HRV 结果（Holter 法）进行猝死预警作用的比较；⑤一级终点：全因死亡率。

（3）结果：①该队列研究中，随访期死亡人数分别为德国组 70 例、英国组 66 例、芬兰组 77 例；②不同 DC 检测值与随访期患者死亡率的关系有统计学的显著差异，$P<0.0001$（图 5-3-7）。

DC 值不同的患者（EF 值 ≤ 30% 或 >30% 两个亚组人群）与随访期实际死亡率的关系见图 5-3-8，在 EF 值 >30% 的亚组，DC 值不同的患者其死亡率之间均有统计学显著差异（图 5-3-8A），$P<0.0001$。在 EF 值 ≤ 30% 的亚组，德国组两者关系的 P 值为

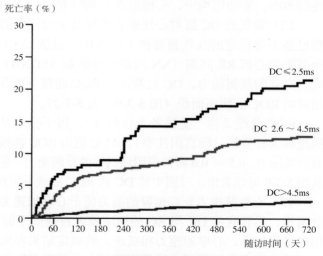

图 5-3-7　DC 值不同者死亡率的 Kaplan-Meier 曲线

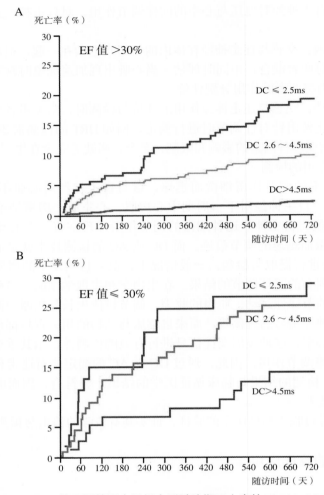

图 5-3-8　DC 值不同的两个亚组人群随访期死亡率的 Kaplan-Meier 曲线

0.166，芬兰组为 0.180，英国组为 0.056，但三组的总 *P* 值为 0.025（图 5-3-8B）。

2. 该队列研究的结论

（1）较低的 DC 值是心梗患者猝死与全因死亡的较强预测指标：研究结果充分说明，心率减速力较好（>4.5ms）的心梗患者，全因死亡的危险性十分低，相反，心率减速力较低时（≤ 2.5ms），即使左室 EF 值尚可（>30%）也有较高的死亡危险，危险程度几乎高出 2 倍（图 5-3-7，图 5-3-8），其预警死亡的敏感性约 80%，即随访期中，心梗患者中 80% 的死亡者可经较低的 DC 值得到预警。

（2）较低的 DC 值对心梗患者猝死及全因死亡的预测能力优于其他指标：该研究比较了 DC 检测与其他已经十分肯定的高危预测技术的作用，包括 LVEF 值及经 Holter 法测定的心率变异性指标：平均心率、全部窦性心搏 RR 间期（NN 间期）标准差（SDNN）、心率变异性指数等。结果表明，对心梗患者随访期死亡高危的预测能力，DC 检测法的 ROC 曲线下面积（AUC）值高于左室 EF 值、心率变异性以及两者合用时的 ROC 曲线下面积（图 5-3-9，表 5-3-2）。

ROC 曲线又称"受试者工作曲线"，用于描述某些检测指标的诊断能力，该曲线的横坐标为敏感性，纵坐标为特异性（即真阴性率）。AUC 值为 ROC 曲线下面积，正常值为 0.5 ～ 1.0，<0.5 时提示该指标不具有诊断能力，0.5 ～ 0.6 时，说明该指标的诊断能力一般，0.6 ～ 0.8 时，其诊断能力较强，>0.8 诊断能力强。从图 5-3-9 可以看出，三图中的 DC 法 ROC 曲线下面积都明显大于其他两种方法的 ROC 曲线下面积。

（3）心率减速力死亡预警的能力优于心率加速力：迷走神经和交感神经对心脏调节作用的单独评价十分困难，尽管应用 DC 与 AC 的检测技术目前尚不能完全肯定能有效区分二者各自作用的强度，但临床应用的结果显示，心率加速力和减速力的测定结果在患者死亡高危评估与预警能力上有较大的不同，两者的生理学机制也全然不同。结果表明，心率减速力测定结果的病理学意义远比心率加速力的结果更具临床重

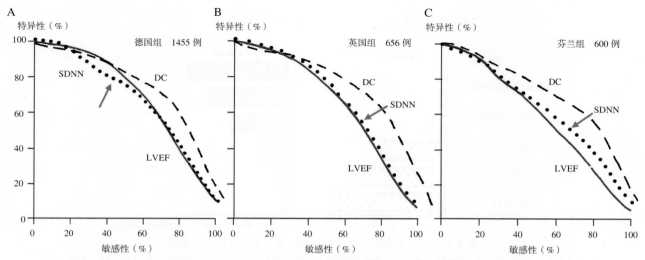

图 5-3-9 三种猝死预测方法预测总死亡率的 ROC 曲线

敏感性是指预测为高危者的死亡比例，特异性是指预测为低危者的存活比例。SDNN：全部窦性心搏 RR 间期（NN 间期）标准差；DC：心率减速力；LVEF：左室射血分数

表 5-3-2 **心率减速力预测高危死亡率与其他方法的比较**

	德国组	英国组	芬兰组
DC	0.77（0.03）	0.80（0.03）	0.74（0.03）
AC	0.61（0.04）		
LVEF	0.7（0.03）	0.67（0.04）	0.06（0.04）
SDNN+LVEF	0.75（0.03）	0.72（0.03）	0.70（0.03）
DC+LVEF	0.80（0.03）	0.83（0.02）	0.77（0.03）

DC：心率减速力；AC：心率加速力；LVEF：左室射血分数；SDNN：全部窦性心搏 RR 间期（NN 间期）标准差

要性。在一定的人群，心率加速力正常而心率减速力降低的患者预后差。

（4）心率减速力的测定结果可用于猝死低危与高危者的双向判定：心率减速力检测技术除敏感性较高外，其检测结果的特异性稳定而一致，这一特性优于 LVEF 和 SDNN 的检测。因此，其为低危值时能十分准确地识别心梗后患者猝死的低危者，适合从猝死高危人群中筛选低危者，从而不需对这些人群进行进一步花费较高的其他检查与评价，能大大节省医疗保险公司及个人的医药负担。另一方面，当检测值较低，<2.4ms 时，提示其为心梗后死亡的高危者，这一结果对 LVEF 值 ≤ 30% 和 >30% 患者的预警都有重要作用，这意味着被其他危险预警技术（例如 LVEF）漏掉的高危者，可经心率减速力的检测而被发现。

六、心率减速力检测新技术的评价

1. 猝死流行病学的新趋势不能忽视

猝死的流行病学近年来出现了一些新情况，首先是不同人群随着猝死危险因素的增多，猝死的发生率比一般人群进行性增加 10 倍或 10 倍以上（图 5-3-10A）。但这些高危人群的亚组基数仍然很大，实施更广泛的干预性措施不仅存在总体费用的问题，还存在风险效益比的不确定性，这些实际问题迫切需要推出更精确的危险分层技术，进而能从高危人群中筛选出更特异的高危亚组而给予有效的干预和预防。其次是危险因素越多的亚组虽然猝死发生的比例升高，但与图 5-3-10B 进行对应性分析后可发现，这些高危亚组的人群基数远远低于中危和低危人群。因此，不同亚组发生猝死的总人数在一般人群中更高，说明在一般人群中尚有人数相当多的猝死者尚无更好的检测和预警方法识别之。新的猝死流行病学资料表明，冠心病所致的猝死人群中，仅 1/3 者生前被归为猝死的高危人群，而 1/3 者被归为冠心病伴中危或低危者，还有

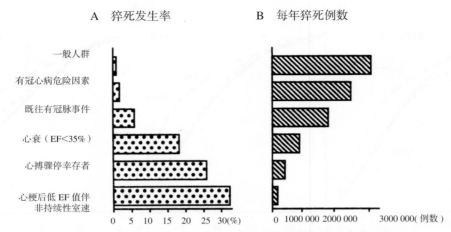

图 5-3-10　不同亚组人群猝死的相对发生率与绝对发生例数
A.猝死的发生率随亚组危险因素数目的增多而增加 10 倍以上；B.每年猝死的绝对例数却呈进行性减少。EF：射血分数

1/3 的猝死为其首发的临床事件，这些人生前属于无危险因素的人群（图 5-3-11）。这是猝死流行病学提出的新挑战，即目前医学科学技术水平对猝死的认识远远不够，对高危人群的筛选及危险分层技术距实际情况的需求还相差甚远，征服与控制猝死的征程仍然任重道远。猝死流行病学的新趋势迫切呼唤更好的筛选与预警技术问世。

　　猝死人群中，1/3 生前已被归为猝死高危者，1/3 生前被归为猝死的中低危者，还有 1/3 的猝死是患者首发的临床事件，生前属于无猝死危险的人群。

　　2. 目前几种猝死高危者筛选技术存在的问题

　　35 岁以上的人群每年猝死率约 1‰～ 2‰，这些猝死者生前仅仅一小部分被归为高危人群，而相当比例的猝死者生前被划入"无猝死危险因素"的人群。这意味着必须对整个社会人群进行有效的干预，才能如愿以偿地降低全

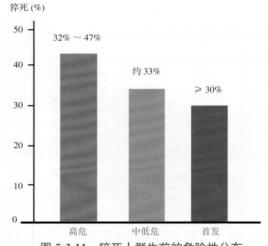

图 5-3-11　猝死人群生前的危险性分布

社会的总体猝死人数，而对总体社会人群的监控与预防耗资巨大而不可想象。

　　应用各种危险分层技术进行猝死高危患者的识别和预警工作临床应用已有几十年了，这是一个被广为接受的做法，该领域中新技术、新方法还在不断涌现。这些猝死危险分层的技术大致分成两种：一种是心功能的检测，这是针对患有器质性心脏病伴心功能较差的患者进行猝死高危的筛选与预警的检测。换言之，冠心病、扩张型心肌病等患者伴有明显的心功能下降，甚至存在心力衰竭时，经过检测其 LVEF ≤ 40% 时为猝死高危者，>40% 者为非高危者；当然，还可以进一步以 LVEF ≤ 30% 和 >30% 分成猝死的更高危与非更高危者。另一种是电功能及自主神经功能的检测，这是针对不伴或伴有器质性心脏病，但存在明显的电功能或自主神经功能障碍患者的猝死高危的筛选与预警，临床有多种检测心脏的电功能与自主神经功能障碍的方法。

　　应当承认，左室 EF 值作为心脏性猝死的预警指标在临床应用广泛。EF 值 ≤ 40% 是识别高危者的分界线，而 ≤ 30% 则是敏感性更强的指标。即使近年来心梗治疗已出现了溶栓、冠状动脉成形术、β 受体阻滞剂治疗等新的进展，但 EF 值较低与猝死之间仍存在显著的相关性，而且 EF 值的测定方法简单，检测结果容易看懂。因此，该指标在临床一直被广泛应用。循证医学的资料也表明，EF 值越低与猝死的发生率及 ICD 干预治疗有效的相关性越高。

　　但还要看到，临床通过放射性核素、心室造影及超声心动图等方法测定 EF 值的重复性、准确性仍受检测人员的技术水平、检测时机等多种因素的影响。另一方面，其敏感性还存在一定的问题，即绝大部分的心脏性死亡发生在 EF 值相对较高的患者（图 5-3-12A）。

这一结论来自 ISAR 研究的结果，ISAR 研究入选了 1996 年 1 月至 2005 年 3 月急性心梗 4 周内，年龄 <76 岁伴窦性心律的 2343 例患者，平均随访 4.9 年，研究的一级终点为全因死亡，二级终点为心脏性死亡和心脏性猝死。在随访的平均 5 年中，左室 EF 值 ≤ 30% 的死亡者仅占全因死亡人数的 21.5%（图 5-3-12），其猝死阳性预测的准确性为 32.5%（39/120），在该研究中，EF 值不同的亚组的临床特征见表 5-3-3 及表 5-3-4。

ISAR 研究结果充分表明，LVEF 值 ≤ 30% 的亚组在 5 年随访期中死亡率 32.5%，明显高于 LVEF 值 >30% 者在随访期的死亡率 6.4%（142/2223），但其死亡人数占总死亡人数的比例却较小（图 5-3-12A）。这与近几年急性心梗的溶栓、经皮冠状动脉介入治疗（PCI）、β 受体阻滞剂等多方面治疗措施的提高，使急性心梗后患者 EF 值 >30% 人数的比例大大升高有关。LVEF 值 >30% 的亚组患者 5 年内死亡率虽然低，但其基数庞大而死亡的总体人数（142 例）明显高于 EF ≤ 30% 的亚组死亡人数（39 例）。这是新形势下出现的新问题，即单独应用 EF 值 ≤ 30% 进行心梗后猝死高危人群的筛选和预警时仍存在敏感性较低的实际问题。

相比之下，依靠自主神经功能异常作为猝死预警的作用则大大提高，换言之，对 LVEF 值 >30% 者需要用更敏感的自主神经功能异常的检测技术进行进一步的筛选与评估。

目前，临床检测自主神经功能的技术多数检测的是自主神经反射性调节功能，即通过升压或减压反射进行的心率和血压的调节，对 HRV（心率变异性）和 HRT（窦性心率震荡）的反射性调节，实际是受检者出现生理性或病理性因素后自主神经的针对性调节作用，而这种调节受多种因素的影响。当前，直接检测自主神经张力的方法几乎没有，在这种情况下，测定自主神经张力的心率减速力技术应运而生。

3. 自主神经功能检测技术的当前状况

目前，检测心脏电功能与自主神经功能障碍的方法包括：①电激动传导减慢：QRS 波宽度的测定、心室晚电位；②心室复极的不均一：检测 QT 间期、QT 离散度、T 波电交替、Tp-Te 间期；③自主神经张力失衡：检测心率变异性、窦性心率震荡、运动后心率恢复、压力感受器敏感性；④其他：心脏电生理检查、运动心电图监测等。

这些不同的方法都存在一定的问题，其中最重要的是多数检测只能定性不能定量，其次，检测结果是正常生理性因素影响的结果，还是病理性作用的结果不易区分，二者作用的重叠性大，三是部分检测需要一定的附加条件才能实施，四是检测时只能将交感神经与迷走神经的作用混合在一起检测，而不能分别检测。从这一角度考虑，临床十分需要自主神经功能检测新技术的问世。

4. 心率减速力检测技术的优势

心率减速力检测技术刚用于临床，即在猝死高危者检出与预警方面显示出很大优势。

（1）方法简单易行：DC 检测技术和 Holter 检查同时进行，方法简单易行，而且记录时间短，24h 则能完成检测。检测时不需附加另外的条件。

（2）定量分析：该技术属于一种定量测定迷走神经和交感神经作用强度的新技术，交感与迷走神经作用的单独检测有着重要的临床意义。

（3）检测结果可靠：队列研究的结果表明：DC 检测的低、中、高危值的预警作用与随访期结果的相关性强，结果可靠。

（4）检测的敏感性高：资料表明，DC 检测的敏感性高达 80%，即随访期中 80% 的死亡者都能从 DC 结果中得到预警，尤其对 EF 值 >30% 的猝死高危者的检出更有意义。

（5）检测的特异性强：DC 结果为低危值时，其随访期中发生死亡的人数很低，真阴性率高，更适合一般人群中低危者的筛查与识别。

（6）联合预警时作用更强：资料表明，DC 技术与 LVEF 值或 HRV、HRT 等测定技术联合应用时，能够进一步提高猝死高危者的检出与预警。

PRSA 技术在检测人体长程心率记录中的类周期性信息方面明显优于其他传统的方法。被检出心率的这些类周期性信息反映了心脏自主神经系统的调节功能，并与临床有较高的相关性。PRSA 技术能从复杂的时间系列信号中提取周期性信号，应当了解，这些复杂信号中混杂着非固定性信号、噪声和人工伪差以及周期性心电信号。经过 PRSA 技术的处理，上述非周期性的成分能被去除，并具有较强的抗人工伪差及早搏影响的能力，而且不需要进行更多的其他处理。DC 检测结果的影响因素少，尤其与 LVEF 检测结合作为联合指标时，能进一步提高猝死高危者检出的敏感性（图 5-3-12B）。同时对 LVEF>30% 的患者，该检查结果有着同样的敏感性和特异性。

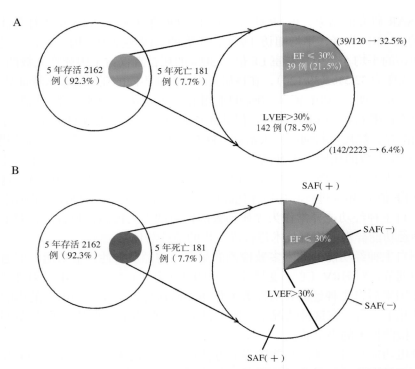

图 5-3-12 ISAR 研究中，EF 值与 SAF 预测心梗患者 5 年全因死亡的结果

SAF 为严重的自主神经功能衰竭（severe autonomic failure），其阳性者是指 HRT 和 DC 两项检查结果都异常，从 B 图可以看出，DC 和 HRT 检测与 LVEF 检测技术联合应用时，可提高心梗患者猝死及全因死亡预警的敏感性

表 5-3-3 ISAR 研究中 EF 值高危亚组的临床特征

	EF 值≤30%	EF 值>30% 及 SAF	*P* 值
年龄（年）	60±10	66±8	<0.0001
女性（%）	11	31	<0.0001
糖尿病（%）	21	31	<0.05
陈旧性心肌梗死（%）	30	17	<0.05
磷酸激酶峰值（u/L）	3392±3335	2061±2387	<0.01
EF 值（%）	24±5	48±11	<0.0001
室早（h）	5.0	6.6	n. s
非持续性 VT（%）	20	15	n. s
急性冠脉综合征（%）	33	32	n. s

表 5-3-4 EF 值不同的亚组 5 年随访期的死亡人数

	EF 值>30%	EF 值≤30%	总计
全因死亡	143	42	185
心脏性死亡	74	31	105
心脏性猝死	43	13	56
非心脏性死亡	55	8	63
死亡形式无特异	14	3	17

七、结束语

　　心率减速力的测定是进行猝死高危人群筛选与预警的一项最新无创心电技术，其能定量、单独分析和测定迷走神经作用的强度。循证医学的结果证实，这项新技术有着较强的优势，敏感性高，特异性强，应当在临床积极应用与推广。

第四章

体表三维标测

Einthoven 发明的心电图技术于 1903 年应用于临床，110 年来心电图久盛不衰。在其漫长的应用与发展中，里程碑式的新技术接踵而来，包括动态心电图、心脏电生理检查、射频消融术、腔内三维标测等。显然，这些具有划时代意义的新技术不断为心电学领域注入了新活力，丰富了其学术内涵，提高了心电学的临床应用价值。近 10 年，新被提出并逐渐完善的体表三维标测技术，又是该领域一项里程碑式的创新技术，其学术价值和应用前景让人再次震撼与兴奋。

腔内三维标测

直流电与射频消融术 1980 年用于临床，随之，种类越来越多的心律失常得到根治，这大大激发了心律失常检测技术的发展。相应之下，体表心电图及传统的腔内二维标测技术已不能满足治疗上的需求，新的腔内三维标测技术的问世已成必然。

一、腔内三维标测概述

1995 年，Insite 3000 三维标测系统最早用于临床，1996 年，Carto 标测系统也在临床开始应用。两者的工作原理相似，并标志着心律失常诊断技术又跨入一个新时代。

1. 广泛采集心内膜心电信号

心内膜心电标测时，最终要构建心内膜心电活动的标测图，因此，需要广泛采集这些部位的心电信号，需要用接触式或非接触式心内膜标测电极经周围血管进入体内，通过推送最终放置在特定心腔进行心内膜心电活动的采样（图 5-4-1），采集的多为心内膜单极导联电图。

2. 构建三维电解剖模型

对于各标测电极采集到的密集心内膜心电位，经自动处理把各采集点自动连成线，再经两点构线及三点构面的原理，使更多的点组成更多的面，再用融合充填技术进行充填，最终得到需要标测的心腔相对精确的电解剖三维模型（图 5-4-2）。

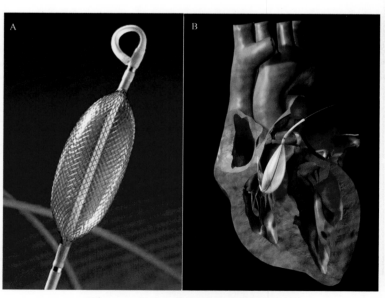

图 5-4-1　腔内三维标测应用的球囊电极

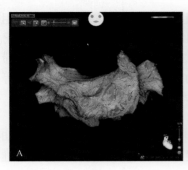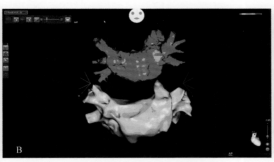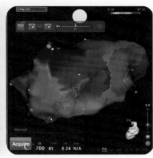

图 5-4-2　三维标测系统的影像建模功能

A. 连续在心内膜多点采样并构建电三维模型，黄点为实际采样位点，灰区是处理系统根据分辨率自动填充的区域；B. 上方为 CT 建立的左房三维解剖学图像，下方为构建的左房结构三维模型；C. 心电信息投影在已构建的左房电解剖三维模型上，成为电激动顺序标测图

3. 最终完成供诊断应用的各种标测图

心腔三维电解剖模型构建后，对采集的患者各种心律除极时各标测点的单极导联电图，再经相关程序进行进一步处理。因不同位点采集的单极导联电图的形态、振幅、相对时间均不同，最终能得到意义不同、观察内容不同的各种标测图，包括等时线标测图、电压标测图、激动顺序标测图、碎裂电位、阻抗标测图等。

二、腔内三维标测图的临床应用

各种心律失常患者在三维心电标测过程中，腔内标测电极经采样、信号后处理而得到不同类型的三维标测图供分析，进而能判断其心律失常的发生机制是局灶性还是折返性，最早激动点的所在部位，激动传导的方向与路径，缓慢传导区部位，心电活动的低电压区、瘢痕区部位与特点等，最终对心律失常做出直视而精确的"立体三维诊断"，并指导消融治疗。

1. 揭示室内电激动的顺序

不同类型的心律失常，在心肌病变不同时，心室内存在着不同的激动模式及顺序，其对心室肌的机械功能有着直接影响。三维标测图能提供直观的心室电活动顺序的图像，进而能了解各种病理性电激动的临床意义（图 5-4-3）。

图 5-4-3A 是一帧单极等电位激动顺序标测图，显示了左室的除极波锋（wave front）围绕着左室心尖部旋转，最后激动左室侧壁的过程。图中白色代表激动的波锋，紫色代表心肌尚处于未被激动的静息状

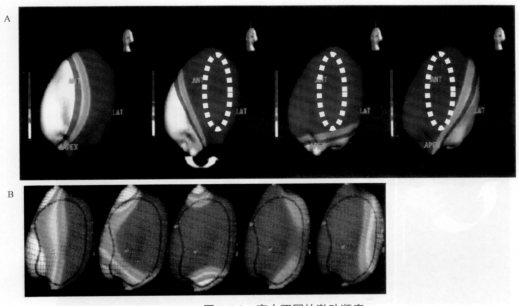

图 5-4-3　室内不同的激动顺序

A. 左束支传导阻滞时的心室激动过程；B. 心衰伴室内传导阻滞时的心室激动顺序

态，两者之间的其他颜色代表激动正在扩布与传导中。而紫色区域中白点组成的圆圈代表左束支传导的阻滞区，其使整个左室的激动过程形成 U 字型。这是一例心衰伴左束支传导阻滞患者的心室激动顺序与特征。

图 5-4-3B 中也有一个类似的传导阻滞区并用黑圈表示，从图看出，左室激动的波锋遇到传导阻滞区时，分裂成两个激动波，分别围绕心室的基底部、心尖部旋转，最终激动又汇合在左室侧壁。可见，等电位激动顺序标测图能直观显示心衰患者伴室内传导阻滞时，左室整体电激动的不同步性。

2. 确定心律失常的局灶性机制

激动顺序标测图常用于房性心动过速、心房扑动、室早、室速等心律失常发生机制的判断。标测时，需确定心动过速或心律失常是局灶性还是折返性。在传统二维标测图上很难直观地鉴别两者，但在三维标测图上则一目了然。

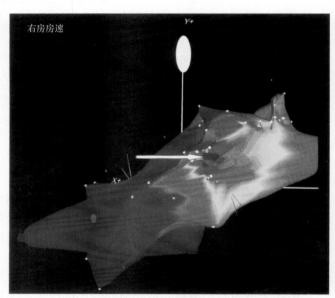

先在标测图上设定时间零点：可选择冠状窦电极记录的 A 波起点为零点，或以体表心电图 QRS 波的起点为零点，或以心室起搏的钉样信号为零点。零点设定后，再依次分析邻近及周围位点的心电信号，并与零点比较，再转换成代表先后不同时间的各种颜色。红色代表最早激动部位，即激动的起源点，紫色代表最晚激动点，其他中间颜色越靠近红色代表激动时间早，越靠近紫色代表除极较晚而靠后。

在构建的心脏激动顺序标测图中，如果红色部位到紫色区域的电活动形成同心圆式的扩布、辐射状传导（图 5-4-4），而且标测的时间段 < 心动过速周长的 50% 时，则提示该心律失常为局灶机制引起。

图 5-4-4 为一帧电解剖三维标测图，图中红色区域位于中间，代表最早激动部位，然后外圈为黄圈，再外是绿圈，最外的紫圈代表激动最晚的部位。因此，该图的特点是一个起源于红色区域的局灶性激

图 5-4-4 局灶性右房房速

动，并向外逐渐扩布与传导。图 5-4-4 的标测部位为上腔静脉和右房后侧壁，在红色区域中还有一个灰区，代表低电压的瘢痕区。本例最终诊断为右房瘢痕性、局灶性房速。图中红棕色的圆点为该房速成功消融的靶点。

3. 确定心动过速的大折返机制

图 5-4-5 有两帧心房激动标测的三维图，图中红色代表最早电激动部位，紫色代表最晚激动部位，而

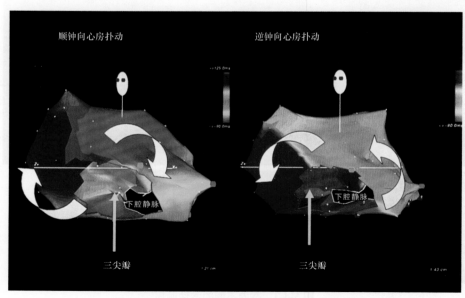

图 5-4-5 右房峡部依赖性房扑的电解剖标测图

红、紫两色在其中一个部位紧紧相邻而代表电活动的首尾相连。其他方向两者之间的各种颜色，代表前后不同时间的激动区域。正像图中白箭头的指示：A图是一帧顺钟向大折返的心房扑动，B图为逆钟向大折返的心房扑动。两种不同类型的折返都环绕着三尖瓣，最终诊断为典型的右房峡部依赖性房扑，这两种不同的激动方式在图5-4-5都以电解剖的方式显示，心房内的激动传导沿红色-橙色-黄色-绿色-蓝色-最终传到紫色，随后再从紫色区传到红色区而形成房内大折返。最晚激动的紫色与下一周期最早激动的红色区域的连接处用暗红色表示。这些激动标测图用5ms的等时线标注，并清晰显示了两种环形大折返。

4.局部折返性房速

三维标测除了能揭示像图5-4-5心房扑动这样的大折返外，对房内发生的小折返也能一眼识破。图5-4-6是1例局部房内小折返引起左房房速的三维标测图，其不仅是右房和左房的电解剖标测图，还用5ms的等时线标记。激动最早点仍用红色表示，激动最晚点用紫色表示，最晚和下一周期最早激动的交汇处用暗红色表示。白箭头显示局部的房内折返环位于二尖瓣环之间，消融靶点定位后仅一次放电就将房速终止，且不再被诱发。如果本例最初仅做了右房三维标测，很可能将其误诊为间隔起源的局灶性房速，并能导致消融失败而损伤房室传导系统。

5.证实特殊的8字折返

三维标测作为心脏电活动的现代检测技术，还能揭示或证实很多心电现象，验证心脏电生理领域的一些假说或理论。

多年前，史蒂文森就提出，在心梗患者的心脏，在存活心肌与坏死心肌混杂区域内，电活动可围绕心肌坏死区发生8字折返，这是由两个经典的面包圈样的环形折返环组合成8字折返，其有共同的缓慢传导区，有共同的折返传出口，同时因存在折返的内环与外环，故患者的室速十分顽固。

图5-4-7是1例下后壁陈旧心梗患者的等时线电位图，经左室激动顺序标测后，证实室速起源于下侧壁。而彩色等时线图分析可清晰显示室速的折返环。红色区代表最早激动点，随后依次传导到黄区、绿区、蓝区和紫区。紫区是折返环的最晚激动区，紫区与红区之间的深红色区是最晚激动与下一心动周期最早激动的混合区。正如箭头指示，心室发生了内环、外环同时运行的8字折返。

6.揭示器质性心脏病心电功能的病理性改变

三维心电标测还能间接证实心血管疾病的病理改变程度。以致心律失常性右室发育不良（ARVC）为例，这种特殊的心肌病，是心室肌，尤其是右室心肌出现了进行性被脂肪与纤维组织替代的病理学改变，而新出现的非心肌组织不仅无收缩功能，还存在异常的低电压区，最终发展成极薄的"羊皮纸样心"，右室扩张肥大，合并心功能不全及室速、室颤等。在三维标测图上能直接看到心电活动不同程度的功能改变，而其背后是心肌组织的病理学改变。

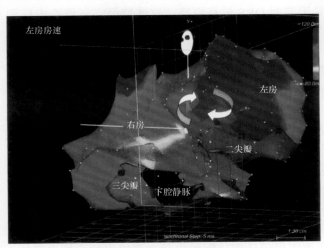

图5-4-6　局灶折返性左房房速

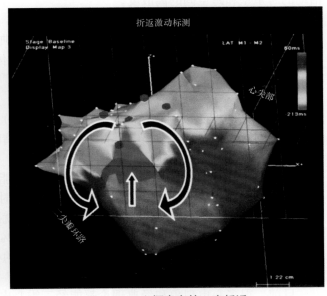

图5-4-7　心梗患者的8字折返

　　图 5-4-8 为一例 35 岁的男性 ARVC 患者。图 5-4-8A、B 两图都是该患者的三维电压标测图，红色区域代表被纤维脂肪组织替代心肌后的异常低电压区，紫色区域代表正常心肌组织及电压正常的电活动区。注意心尖部、游离壁的基底部及流出道等区域存在广泛的电压异常区，提示该患者的心肌病变广泛。此外，还存在右室室壁瘤及运动障碍。患者临床表现为多种形态、反复发生的持续性室速。

　　总之，腔内三维电标测技术在临床应用广泛而有着重要诊断价值。

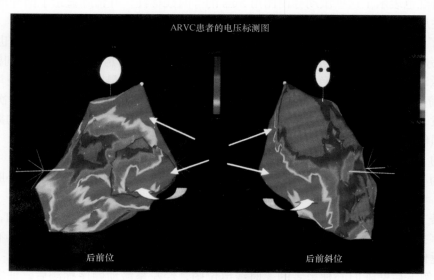

图 5-4-8　ARVC 患者的电压标测图

三、腔内三维标测技术的评价

　　三维标测技术临床应用已 20 年，尽管这一技术仍处于快速发展中，仅目前在心律失常诊治中的重要作用已使学术界刮目相看。

　　1. 从三维水平认识心电现象

　　心脏的电活动，包括各种心律失常的起源与传导，实际都在整体心脏的三维空间进行。但过去受技术限制，使临床医生习惯把一个点的线性运动视为心电活动的基本模式，或在一个平面上观察和研究心脏的电活动。而三维标测则让医生以三维的视角洞察和考虑立体心电现象的发生与传导，这能充分考虑心脏电活动的跨室壁和跨空间的离散度。

　　2. 心律失常的诊断与鉴别诊断

　　临床心律失常的诊断常存在误区，比如依据经典定义诊断的完全性左束支传导阻滞患者中，就有相当比例的患者左束支仍残存传导功能，而真性左束支传导阻滞时 QRS 波将更宽，这些特征在三维心电标测图上都能客观直视。

　　3. 心律失常发生机制的鉴别

　　心律失常的发生机制有局灶性（触发或自律性）及折返性两种，而折返又存在大折返和局部小折返。这些不同的发生机制在三维心电标测图上都能各自清晰地显示，进而指导消融治疗。

　　4. 显示患者心律失常的发生基础

　　以 ARVC 患者为例，这是一种心室肌进行性被脂肪与纤维组织替代的心肌病，患者常发生室速及心脏性猝死，原因何在呢？在 ARVC 患者进行电压标测时，可清晰看到患者右室心肌存在着广泛而弥漫的低电压区及瘢痕区，这些直视下的心电功能损伤和障碍就是患者发生恶性心律失常的基础。

　　有学者给特发性室速患者做三维标测，结果 70% 的患者有潜在的低电压区，甚至瘢痕区。在该区域进行的心肌活检证实，患者室速的发生是由程度不同的心肌炎或其他心肌病变引起的。

　　5. 证实心电理论及心电现象

　　目前，很多心电现象和经典理论都能经三维心电标测图得到证实，例如史蒂文森提出的心梗患者的 8

字折返现象，心房扑动的大折返现象等。

总之，腔内三维标测技术为心律失常的诊治提供了极有价值的信息与资料。

<h1 style="text-align:center">体表三维标测的基本技术与方法</h1>

尽管腔内三维标测为心律失常的诊治与研究提供了其他方法所不能替代的作用，但这一技术仍存在重要的缺憾需要解决。其属有创检查，存在一定的合并症，检查所需仪器昂贵，术中需要的标测电极导管都为一次性使用，使检查费用更高。另外，每次的腔内标测只能在单心腔进行，标测结果仍属于心脏局部电活动的记录和分析，而且受标测电极导管的限制，有些心腔暂不能进行三维标测。

为弥补和解决腔内三维标测存在的问题，近 10 年，体表三维标测技术逐渐崛起，从设想到实践，从最初的尝试到技术的提高与完善，历经 10 年，这项技术已日臻完善，并越来越广泛地用于临床。

一、体表三维标测的基本技术

1.高密度的电极背心

体表三维标测时，受检者须穿戴一个数量多、密度高的电极背心，该背心大小容易调整，可适应身材不同的患者，使背心上的众多电极能紧贴受检者的胸廓，减少心电图记录时的伪差。研究中心不同，体表三维标测所用的电极数目略有不同，从 224 个到 256 个电极数量不等，但每个电极片均有单独的编号及 CT 标记。电极背心穿戴后，可依次记录各个电极的单极导联电图（图 5-4-9）。

2.构建心脏电解剖模型

记录所有电极的单极导联电图后，患者将穿戴着电极背心进行分辨率为 3mm 的非增强性胸部 CT 扫描（图 5-4-10A），确定每个电极导联与 CT 扫描获得的心外膜几何形态的相对位置，通过 CT 图像确定每个电极的空间部位及两者间的对应关系（图 5-4-10B）。最终将体表电极记录的心电信号与 CT 获得的心脏解剖几何图形的信息整合，并构建包含 1500 个心外膜心电信号的三维电解剖模型（图 5-4-10C）。

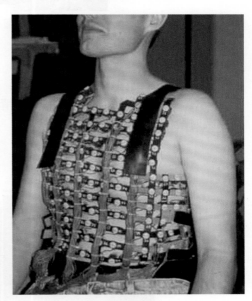

图 5-4-9　电极背心

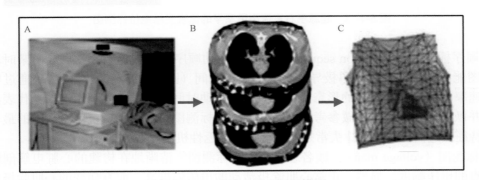

图 5-4-10　构建心脏电解剖模型

A.先进行高分辨率的 CT 扫描；B.确定每个体表电极导联与 CT 心外膜解剖学的对应关系；C.构建心脏心外膜三维模型

3.完成心脏电活动的各种标测图

CT 检查并构建心脏电解剖模型后，患者穿戴着电极背心继续活动，体表电极阵将以 1 ~ 2KHz 的采样率连续记录每次心搏时的电位变化，并通过无创体表三维标测系统进行图形处理，最终合成各种参数特征不同的三维标测图（图 5-4-11），其中最重要的是电位标测图、激动顺序标测图、等时线标测图等。

图 5-4-11　完成各种体表三维标测图

4. 常用的体表三维标测图

（1）电位标测图（potential map）：电位标测图是一种动态心电标测图，可显示起源于最早除极点的波锋（wave front）在整个心外膜的传导情况，即检测到的最早 QS 波为除极波锋，最终显示电激动在心动周期中某时段的情况（图 5-4-12）。

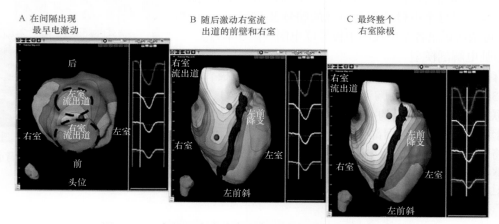

图 5-4-12　起源于右室流出道室早的体表三维电位标测图

（2）激动顺序标测图（activation sequence map）：激动顺序标测图显示心动周期中某时段电激动顺序的静态图。该图能标测出心外膜各单极导联电图的激动时间（图 5-4-13）。激动顺序是通过电脑对最大负向电位变化的速率与邻近部位信号的形态计算后获得。激动时间用多种颜色表示，红色代表激动早，紫色代表激动晚，并以最早的除极电位做参考。通过激动顺序标测图容易识别一次电激动中的最早激动点、激动传导方向及特征，进而能鉴别心律失常是局灶性还是折返性机制。

（3）电压标测图（voltage map）：顾名思义，电压标测图能清晰地在构建的心脏电解剖模型上显示心外膜每个标测点的电压幅度。显然，正常心肌除极活动的电压幅度高，而有病变的心肌除极电压降低，形成低电压区，更低者形成瘢痕区。在电压标测图中，各采样点除极的峰值电压将以不同颜色表示，红色为振幅最低，紫色为振幅最高，灰色为瘢痕区（峰值电压 <0.5mV）。在电压三维标测图上可直视不同部位的心电活动幅度，识别低电压区、瘢痕区，进而了解病变心肌的分布。

（4）等时线标测图（isochronal map）：等时线标测图是局部激动顺序标测图派生的一种体表三维标测图。其首先得到各标测点局部激动的时间这一参数，并用不同颜色表示，红色代表最早激动部位，紫色代表最晚激动部位，其他的黄色区、绿色区位于红色与紫色之间，代表激动在两者之间的传导过程。在上述电激动顺序标测图的基础上，将激动的传导过程用时间标记线标记出，将电活动的传导过程给予时间量化

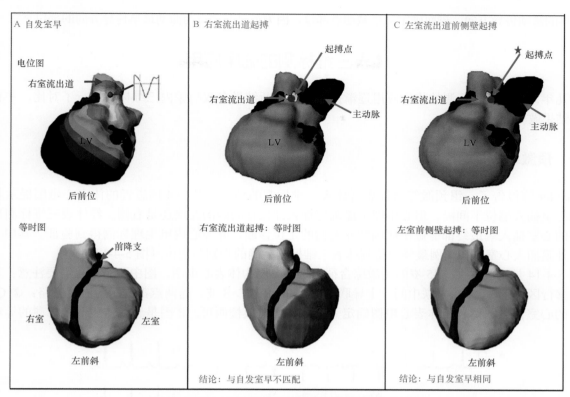

图 5-4-13 流出道室早起源部位的起搏定位标测

则成为等时线图。在等时线标测图上可定量测量电激动的传导时间，确定哪些部位传导缓慢，哪些部位存在传导阻滞区。

二、体表三维标测图的诊断理念与术语

1. 最早激动点

可在等时线标测图确定最早激动点（激动顺序标测图上也能确定），而在心外膜电位标测图上可确定心外膜局部的最早激动部位。

2. 心外膜起源的激动

起源于心外膜的室早、室速是指在体表标测图上单极导联电图呈 QS 形，又与邻近所有电图相比为激动的最早部位。

3. 心内膜起源的激动

体表三维标测图上，最早激动点的单极导联电图呈 rS 形时提示激动起源于心内膜。

4. 缓慢传导

在等时线标测图上，时线密集的部位代表传导缓慢。

5. 传导阻滞

在邻近的组织区域，心电活动的时间间期 >50ms 时，则诊断该局部的电活动存在传导阻滞。

6. 局灶性机制

激动顺序标测图上，最早与最晚电激动部位之间有解剖学分隔（电传导呈辐射状），当最早与最晚激动的时间间期 < 心动过速周长的 60% 时为局灶性机制。

7. 折返机制

在三维激动顺序标测图上，最早与最晚部位电活动的传导时间 >90% 的心动过速周期时为折返机制。

8. 间隔的最早激动点

因室间隔壁薄，有时体表三维标测图上不易识别室间隔部位的最早激动点位于左室侧还是右室侧时，可

参考最早的激动传导方向，进而确定最早激动点部位，因为最早激动点与激动最早传导方向的部位常常一致。

体表三维标测的临床应用

近几年，体表三维标测的临床应用逐渐拓宽，其诊断结果多数与腔内三维标测进行了对比，并有射频消融的结果做验证。

一、预激综合征的应用

Cakuler 等报告了一组预激综合征患者体表三维标测的结果，其中 4 例患者的体表心电图提示其房室旁路的心室插入端位于间隔，但心电图不能确定插入部位在间隔的左侧还是右侧。经体表三维标测后，房室旁路的心室插入端最终都能做出明确的左右侧的定位诊断，并经心内电生理标测得到验证。其中 1 例旁路从心外膜插入心室，该病例最终也得到体表三维标测精确的识别与定位（图 5-4-14）。

图 5-4-14 是 1 例男性、35 岁的预激综合征患者，A 图为体表心电图，图中两个特点需要注意：①胸前导联的移行区位于 V_1、V_2 导联中间，Ⅰ 导联 QRS 波的 R 波 >S 波，这两点都提示为右侧旁路；② QRS 波无充分的心室预激图形，使体表心电图确定旁路所在部位模棱两可。B 图是患者体表三维标测的等电位线

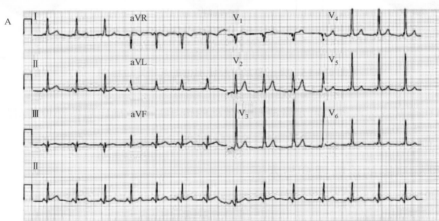

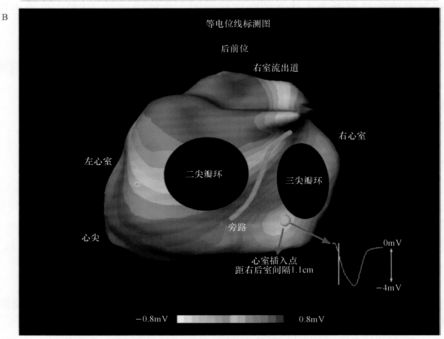

图 5-4-14　预激综合征房室旁路经体表三维标测确定其插入心室部位距右后室间隔 1.1cm

标测图，显示心室最早激动点或称旁路的心室插入部位距右后室间隔 1.1cm，心室的该最早激动点就是随后射频消融有效的靶点。

二、房速与房扑

晚近，有学者为一组快速性房性心动过速患者行体表三维标测检查。结果证实，体表三维标测能很好地确定房性心动过速起源于左房还是右房。10 例中经体表三维标测诊断 5 例为左房房速（图 5-4-15，图 5-4-16）。

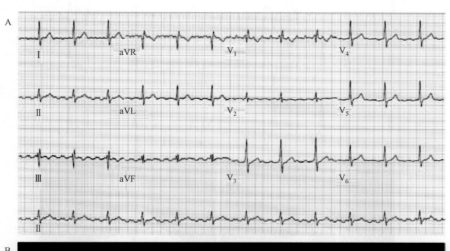

图 5-4-15　左房房速经体表三维标测定位

患者男、72 岁，因特发性肺纤维化做了肺移植，术后发生了无休止性房性心动过速，多种药物治疗无效。体表心电图 P 波形态不能提示房速的起源部位，P 波之间无等电位线而提示为折返机制；B 图的左图为体表三维等时线标测图，提示该左房房速起源于左房后壁，最早激动点靠近左房顶部及左肺移植术的切口处，右图的腔内三维标测也证实房速起源于该部位，放电消融后顽固性房速得到根治

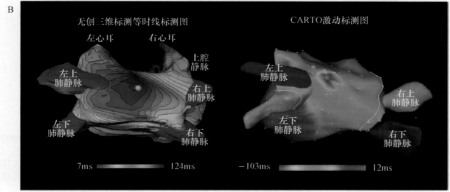

图 5-4-16　峡部依赖性房速的体表三维标测

患者男、67 岁，左房黏液瘤切除术后。心电图显示患者房速在 V₁ 导联的 P 波呈正负双向而类似正常窦性心律，下壁导联 P 波直立，提示该房速可能起源于左房或右房，也可能是局灶性或折返性，B 图为患者的体表三维等时线标测图，证实本例为顺钟向围绕三尖瓣大折返引起的房扑。三维标测图上折返波锋距折返波尾的时间约为房扑周期的 90%。图中最早与最晚激动部位有相连情况，即头尾相连现象十分清晰。图中彩色点（紫色和黄色点）代表 2 次记录的电位，随后经有创电生理检查证实本例为三尖瓣峡部依赖的房速并消融成功

三、室性早搏

一组 10 例室早患者进行了体表三维标测检查并证实：6 例起源于右室或左室流出道。其中 4 例室早的起源及最早激动部位得到证实。

图 5-4-17、图 5-4-18 为 2 例典型病例，图 5-4-17 是一例心外膜起源的室早患者，经体表三维标测确定该室早起源于心外膜，即激动最早起源点的单极电图呈 QS 形态，而且激动明显提前。

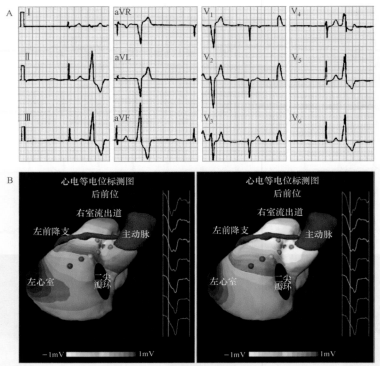

图 5-4-17 心外膜室早的体表三维标测

患者男、44 岁，既往室早在右室流出道消融治疗失败。体表心电图显示，胸前导联 QRS 波移行区较晚（V_3 和 V_4 导联之间）（A 图），肢导联的电轴下偏，在 I 导联 QRS 波直立，aVR 导联负向，提示室早位于右室流出道，而不在室间隔或后位室间隔处。因 QRS 波移行区较晚而不支持室早起源于左室流出道。但在体表三维标测中（B 图），两个等电位线标测图证实其除极波的传导方向，左图显示，其最早激动点位于左前降支近端邻近部位的室间隔左侧，该最早激动点用白色点显示，在右侧的标测图中，最早激动点位于心外膜（该部位的单极导联电图表现为 QS 波），且周围没有尖锐的负向波，更支持其为最早激动点，随后在该部位消融成功

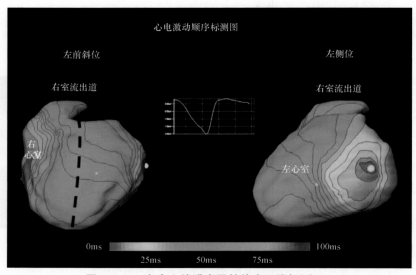

图 5-4-18 左室心外膜室早的体表三维标测

在患者心电激动顺序标测图中，证实室早起源于左室心外膜，室早的最早激动点用黄色点代表，心电图在呈典型 QS 波的位点记录

有趣的是，该患者有两个同时出现的心外膜激动突破点，该突破与窦律的正常心外膜突破点一致，这支持该室早起源于希浦系统，而且左室、右室都受累。图 5-4-18 为该例的标测图，其应用常规心内膜标测图检测与诊断时都遇困难，但经体表三维标测获得诊断。

另有一例持续性室速患者，运动时室速可复发，因多次发生非持续性室速而做了体表三维标测，并精确诊断其室速起源于左室流出道，后在右和左冠状窦之间消融成功，该心动过速被准确诊断为局灶起源机制。此外，还有两例室早源于左室游离壁，经体表三维标测精准标出了其激动最早起源点的部位（图 5-4-19）。

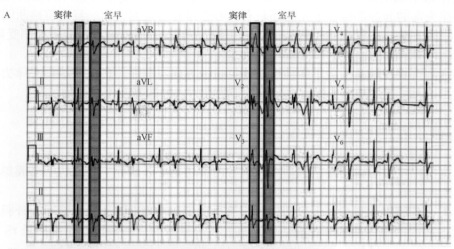

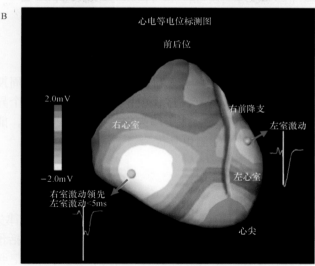

图 5-4-19　双灶性室早的体表三维标测

患者女、22 岁，频发的多源室早，既往消融治疗失败，本次经体表三维标测证实为左、右心室的双灶性室早

体表三维标测技术的评价

体表三维标测技术正处在快速发展期，其临床应用范围正在不断扩展，技术优势越来越凸显，就已有的资料对其评价如下。

一、适用的心律失常范围大

正如上文所述，体表三维标测技术已用于多种心律失常的诊断。就发生机制而言：包括自律性、折返性、触发性心律失常；就心律失常种类而言：包括各种房性和室性心律失常；就心律失常发生特点而言：

包括频繁、无休止性或偶发的心律失常均可应用。对于种类如此多的心律失常，其能提供比体表心电图诊断更准确、内容更丰富、更利于诊断与治疗的大量信息。

二、诊断信息广泛而丰富

1. 可诊断心律失常的起源部位

明确心律失常最早激动点所在部位有着重要价值，消融局灶性心律失常时就是消融最早激动点。此外，不少病例心律失常的起源部位位于左侧还是右侧心腔常存有疑问，而一旦定位诊断明确后，则能帮助医生深入认识该心律失常，且利于制订电生理检查和治疗方法，节省时间，可集中标测受累心腔。

2. 可确定激动传导的方向、顺序和特征

经体表三维标测可直视激动从最早激动点向外扩布的方向与顺序，借此能确定心律失常发生的机制是折返，还是触发，是大折返还是小折返，进而有益于治疗方式的选择及疗效评价。

三、诊断起源于心外膜的心律失常

体表三维标测能确定某心律的最早激动点位于心内膜还是心外膜，主要分析心外膜单极导联电图，当某标测点能记录到纯粹的 QS 图形时，提示为起源于该部位的心外膜心律失常。

以前被确诊的心外膜室速很少，但应用体表三维标测能以 100% 的准确率诊断心外膜起源的室速。此外，诊断心室壁内起源的室速准确率也能达到 88%，当最早激动点的单极心室电图呈 rS 图形时支持室速起源于心室壁内。

四、逐跳则能完成标测

有些心律失常偶尔发生，使其难以捕捉和标测。但体表三维标测技术经单个心动周期即能完成标测的整个过程，进而分析与识别其发生机制及确定诊断。即标测过程中，只要能捕捉到一个异常的心动周期就能得到其电活动的全过程，这对那些不规律发生或非持续性心律失常的诊断更具优势，能大大缩短标测所用的时间。因此，对那些偶发的心律失常，体表三维标测更具优势。

五、与腔内有创标测结果符合率高

尽管目前有创与无创三维标测的对比研究尚少，但已有的资料表明，两者对复杂心律失常的诊断符合率很高。Cakuley 于 2012 年报告应用无创与有创先后标测的 27 例各种心律失常患者，包括预激综合征、室性早搏、室速、房速和房扑，最终两种诊断结果完全一致，而且无创三维标测确定的消融靶点也十分精确。

Jamil-Copley 于 2014 年在 *Heart Rhythm* 杂志发表了 24 例流出道室早的体表和腔内三维标测结果，证实体表三维标测对右室或左室流出道室早的准确定位率高达 100%，依据其标测结果指导的射频消融治疗的成功率也达 100%。

六、明显优于体表心电图

体表 12 导联心电图在临床心律失常诊断中应用最多，但受到很多技术条件的限制，使不少心律失常的诊断模棱两可。而体表三维标测则凸显优势：例如在预激综合征患者旁路的定位中，尤其当左房、右房初始激动或室间隔初始激动部位位于左或右侧存在疑问时，体表三维标测的诊断则凸显优势。此外，在确认室早起源部位方面也有优势，尤其当室早起源于心室流出道的间隔时，体表三维标测能精准诊断该室早起源的心腔。

此外，每个心动周期的电激动在腔内的传导方向与顺序都在不断变化，12 导联心电图对这种细微变化仅能大致估计。因心脏解剖与运动方向在胸腔内不断发生着动态变化，使各胸前导联的心电图图形有微细变化与重叠，并使房室旁路引起的心室预激程度也有变化，而多条前传旁路同时存在时更能影响诊断的可靠性。因此，为使诊断更明确，不少预激患者需要做体表三维标测。

七、比有创三维标测也具优势

有创腔内心电标测技术十分重要，其为多种心律失常的诊治提供了大量重要信息。近年来，这一技术应用广泛，迅速推广，目前国内多数医院已有这一设备。但该技术也有一定的局限性，而体表三维标测技术却能克服这些局限性。

1. 其为无创检查

体表三维标测能经 CT 扫描获得精确的电解剖学图像而替代有创性构建电解剖壳，而且同样能提供十分精细的解剖激动顺序图，解释心律失常的特征与机制。

2. 明确诊断心电与相关病理学改变的关系

体表三维标测应用结果表明，其可精确定位解剖学与瘢痕相关的低电压区以及心室激动的碎裂波、碎裂电位、心室晚电位区域等。因此，体表三维标测也是器质性心脏病患者心脏病变部位与程度的间接诊断工具，可对心律失常的发生原因提供重要信息。

八、体表三维标测的局限性

1. 心外膜激动顺序标测的价值还待验证

体表三维标测的一个弱点是其标测系统的诊断仍然依赖标测术中构建的心外膜电解剖标测图，虽然资料表明，很多心律失常的心内膜激动顺序与心外膜有良好的相关性，但有些心律失常主要累及心内膜，很可能心内膜激动顺序与心外膜激动顺序不太一致。因此，两者诊断的符合率还待积累更多病例。

2. 标测的盲点

该技术通过相关心房、心室的标测可得到电活动的最早激动点、激动的传导方向与激动顺序等信息，进而为诊断提供重要依据。但有些心律失常发生时，其心房激动的 P 波融在心室除极波中，不能进行分别标测，并做各自独立分析，而且两者之间能形成较大干扰，使诊断与鉴别诊断出现困难。

3. 精确定位诊断有时困难

心律失常的诊断常与最早电激动点部位的确定密切相关，但有时最早激动点的确认存在困难，尤其最早激动点位于解剖部位靠近但又截然不同的区域时，精确的定位诊断可能出现困难。例如最早激动点位于室间隔的左侧还是右侧有时难以判断。有学者提出，为确定最早激动点位于室间隔的右侧或左侧时，可寻找激动的最早传导部位，因最早的激动传导部位总是位于最早激动点的同侧。

4. 放射线损害

体表三维标测时，患者需做胸部 CT 扫描并重建电解剖图，尽管 CT 的 X 线辐射量小，但该过程仍有一定的放射线辐射，未来的体表三维标测可能用心脏 MRI 替代 CT 扫描，则能降低放射线辐射的潜在损害。

5. 特殊情况的标测

体表三维标测能否用于房性心律失常肺静脉隔离术后患者的评价，还在深入研究中。

体表三维标测与无创消融术

鉴于体表三维标测技术的不断完善，2017 年 6 月美国 FDA 正式批准了名为 CardoInsght 3D 型体表标测系统投入临床应用，这是心电学史上一个标志性、具有里程碑意义的事件。据此半年后，2017 年 12 月 Cuculich 等就在新英格兰医学杂志报道，应用体表三维标测技术，与心脏影像学技术结合，形成了三维电解剖构建的模型，随后再应用放射治疗技术，对一组顽固性 5 例室速进行了无创、无导管的放射消融治疗，获得了临床满意的疗效。

实际这同肿瘤患者接受 γ 射线无创切除肿瘤技术相似，即对于室速患者应用体表整合心电图技术为室速的起源部位进行精确的三维定位，随后对准该部位发射氢离子流，进行局部心脏组织的破坏，给予室速的根治性治疗（图 5-4-20）。

一、放射消融术过程

1. 无创心脏显像

应用 MRI、CT、单光子发射 CT（SPECT）或多种方法对患者心室瘢痕进行无创显像（图 5-4-20A）。

2. 无创三维标测

应用心电三维标测技术对患者室速起源点进行定位（图 5-4-20B）。

3. 确定放射治疗部位

将激动的前 10ms 作为出口部位结合定位的心室瘢痕共同确定为消融靶点（图 5-4-20C、D）。

4. 放射性治疗

患者进入放射治疗室，并通过图像为引导进行立体定向放射性消融（图 5-4-20E）。

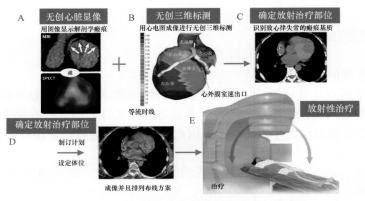

图 5-4-20　无创性体外放射消融术治疗心律失常

二、放射消融结果

1. 2017 年报告

2017 年报告了第一组 5 例难治性室速患者，经无创放射消融术治疗后，室速的发生与放射消融前相比减少 99.9%。具体而言，治疗前 3 个月，5 位患者共发作室速 6577 阵。而消融后 6 周的"空白期"（消融后炎症可能引起心律失常），共发生 680 阵室速。空白期后的 12 个月中仅有 4 阵室速发作，与基线相比减少 99.9%。平均射血分数无下降，3 个月时邻近肺组织有轻度炎症改变，1 年后消退。

2. 2018 年报告

2018 年 10 月，Clifford G 和 Cuculich 报告了无创放射消融治疗 19 名难治性室速的单中心前瞻性研究结果，治疗后室速的发作减少 94%，不良反应以乏力、低血压、无症状性轻中度心包积液、放射性肺炎等为主，2 例放射性心包炎和心衰患者经治疗后均好转，未观察到严重不良反应。

3. 结论与评价

无创放射消融治疗效果显著，不良反应少。这项研究具有里程碑式的历史意义，标志着心律失常的根治性治疗已从有创导管消融进入到体表无创治疗的时代。

结束语

体表三维标测技术近十年迅速发展、不断完善，适用范围也逐渐扩大。该技术不仅属无创性、操作简单、易行，而且对心脏电激动的标测准确性高，与腔内三维标测系统相比存在一定的优势。

其临床应用价值体现在多方面。

1. 心律失常的治疗

其作为心律失常消融术前的标测技术，为消融治疗提供重要的依据。

2. 心律失常的研究与诊断

当体表心电图诊断某一心律失常存在困难或模棱两可时，可应用体表三维标测给予明确诊断。

总之，体表三维标测技术历经 10 年已成熟完善，并显示了临床应用的巨大空间与潜力。可以肯定，体表三维标测技术的问世是心电学史上的又一里程碑。

第五章

交感神经重构

已有大量的资料证实，自主神经参与了人体致命性心律失常的发生，并在其中起着关键性作用。近年来发现，随着心肌的缺血、损伤、坏死和重构，同一区域的心脏自主神经，尤其是交感神经也随之发生一定程度的损伤、坏死和重构。心脏交感神经出现的形态学和功能学两种类型的重构也与致命性室性心律失常的发生有重要关系。

一、心脏的自主神经

心脏具有精细完备的自主神经解剖学及功能学的网络，该网络对心脏具有独立的局部调节与控制作用。熟知心脏自主神经系统及功能的特征对了解这一作用十分重要。

1. 心脏的自主神经支配

心脏接受来自大脑、脑干或脊髓低级中枢发出的交感神经支配，解剖学称其为第一级神经元，又称节前神经元，这些神经元位于脑干和脊髓的胸 4 或胸 5 段，发出的支配心脏的神经称为节前交感神经，其穿过白交通支进入交感神经干，终止在第二级周围交感神经节内的神经元，后者又称节后神经元，其位于颈上、颈中神经节和星状神经节内。节后神经元发出的节后交感神经与心迷走神经组成心脏神经丛。心底部的神经丛有 7 个亚丛，1 个支配右室，3 个支配左室，3 个支配心房，神经丛含有神经元约 800 个，节后交感神经在心脏神经丛再发出分支进入心脏（图 5-5-1）。到达心脏的交感神经广泛分布在心外膜表层，并伴随冠脉进入心肌内部，沿心肌细胞的长轴定向分布，最后终止于心内膜。

支配心脏的副交感神经特点是节前纤维长，节后纤维短。迷走神经的心脏支是节前神经纤维，到达心脏神经丛或心内神经节后，与这些部位的神经元形成突触连接，并发出节后神经纤维，节后神经纤维再沿

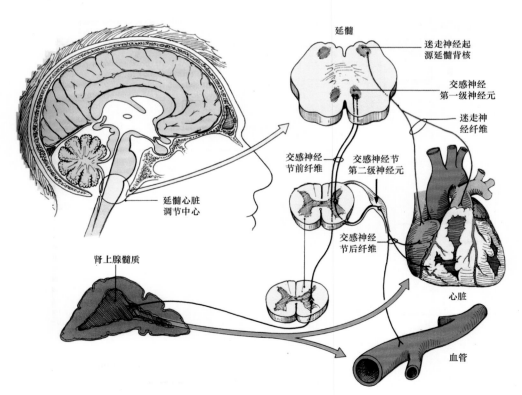

图 5-5-1　心脏自主神经的示意图

心脏表面穿过心室肌到达心内膜。

应当了解，交感神经与迷走神经分布的特征明显不同：迷走神经末梢在窦房结和房室结分布最多，心室分布较少，因此其作用的强弱存在明显部位的依赖性，而交感神经分布的差异小，相对均匀。

心脏自主神经受年龄的明显影响，随年龄增长，儿童的心外膜神经丛含有的神经元细胞，到了成人将减少50%。

2. 心脏的脂肪垫与自主神经

近年来，Randall、Ardell以及Zipes等对心脏脂肪垫解剖与功能的研究成果是心脏自主神经领域具有里程碑意义的进展。他们发现在分散的脂肪垫中存在着大量的神经丛、神经节和神经纤维，心脏脂肪垫对心脏的潜在调节功能令人吃惊，并具有重要的临床意义。

顾名思义，心脏脂肪垫是指分布在心外膜上较为集中的脂肪结缔组织，过去狭义地将心脏脂肪垫的功能理解为缓冲或减少心脏受到的震动。近年来发现，心脏自主神经在心外膜形成的神经丛主要分布在脂肪垫内。其内部含有大量相互交织的心脏自主神经纤维，在此再发出神经纤维或分支到心脏的外膜、中膜和内膜，支配心肌及传导系统，同时还围绕着冠脉分布在血管壁平滑肌，调节冠脉血流。

人体心脏主要的脂肪垫包括：①上腔静脉脂肪垫（图5-5-2A）；②右肺静脉脂肪垫（图5-5-2B）；③下腔静脉脂肪垫（图5-5-2C），其发出的交感神经分支分别支配窦房结和心房肌、房室结和结周心房肌等，支配心房的大部分神经纤维穿行在上腔静脉脂肪垫中，因而又称其为心脏神经的门户，十分重要。

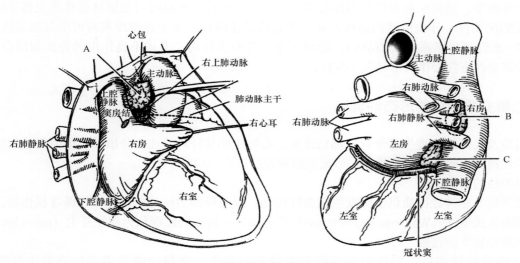

图5-5-2　心脏三个主要脂肪垫所在部位
A. 上腔静脉脂肪垫；B. 右肺静脉脂肪垫；C. 下腔静脉脂肪垫

3. 心脏自主神经的调节功能

心脏自主神经中，交感神经是心脏的加速神经，兴奋时表现为正性频率、正性传导和正性肌力的"三正"作用。而迷走神经兴奋时表现为相反的"三负"作用，两者对心脏的作用正恰相反。自主神经对心脏独立的局部调节作用中，两者既对立又统一，十分协调地发挥作用，该过程中以迷走神经的调节占优势。除对心脏有直接调节作用外，自主神经还充当了体内各种机制对心脏发挥调节作用时的"最后公路"。因此，自主神经的稳定与平衡对维持机体内环境的稳定十分重要。

在心脏的调节过程中，迷走神经兴奋时释放乙酰胆碱的速度快，反应时间短（150ms），交感神经兴奋时释放去甲肾上腺素的速度慢，使交感神经冲动发出1～2s后心率才能做出反应，刺激30～60s时才能达到稳定状态。除此，心脏自主神经支配心脏的部位侧重不同，右侧迷走神经主要支配右心房及窦房结，左侧迷走神经主要支配房室结，而右侧交感神经支配右心房及左心室前壁，左侧交感神经主要支配左心房及心室后壁。

交感神经的兴奋性出现病理性增高时，可引起致命性心律失常（图5-5-3），引发的主要机制包括：①内源性儿茶酚胺的增高可降低心脏室颤的阈值；②交感神经的递质去甲肾上腺素能增加钙内流，使心肌细胞

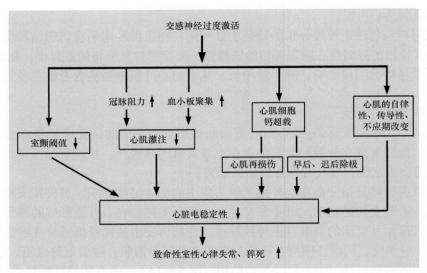

图 5-5-3　交感神经过度激活引发致命性心律失常及猝死的机制

发生"钙超载"，进而加速心肌细胞的坏死，也能促发早后除极和迟后除极的发生；③引起心脏传导和不应期不均一性改变，进而引起室性折返性心律失常；④交感神经兴奋时可使冠脉粥样斑块易于破裂，并能改变血小板的聚集性，导致冠脉内血栓形成，使心肌灌注降低；⑤交感神经兴奋可引起继发性低钾血症；⑥激活肾素-血管紧张素系统（RAAS），能出现继发性有害作用。上述不良作用的叠加与组合将能触发、启动和维持致命性室性心律失常（图 5-5-3）。

二、心脏交感神经的形态学重构

动物实验及人体的病理生理学资料都已证实，心脏交感神经对缺血十分敏感，因而极易发生缺血性损伤，交感神经损伤后的修复十分活跃，形成交感神经的形态与功能学重构。

1. 交感神经的新生

中枢及外周交感神经因血供受阻发生缺血性损伤，以及局部的压迫、压碎、切断等损伤后，能发生神经纤维远端的瓦氏变性（Wallerian tegeneratioll）和近端轴突再生的过程称为神经芽生（nerve sprouting）。

2. 交感神经新生的过程

心脏交感神经损伤后，损伤的近端将发生轴突的新生，而损伤的远离部位将发生瓦氏变性（图 5-5-4）。

轴突再生后分出许多细带可延伸到变性的神经残余的施万管，轴突芽在神经再生的早期才存在，其可能完全被施万细胞的质膜包绕，但再生过程中，只有与受体或效应器末梢发生突触联系的轴突芽才能保留下来，而无联系又无功能的轴突芽将在一段时间后消失。

轴突再生的速度因损伤的类型、患者的年龄不同而有差异。一般情况下，最初的再生速度缓慢，随后逐渐加速，损伤后约第 3 天神经再生变为恒速。交感神经新生可持续 30 个月，有人在冠状动脉痉挛引起的变异型心绞痛患者中发现，I^{131} 间位碘苄胍的摄取减少在 85% 的患者中持续 2 个月，而 32% 的患者可持续 6 个月。I^{131} 间位碘苄胍扫描技术是检测交感神经再生的一种方法，I^{131} 间位碘苄胍是一种去甲肾上腺素的类似物，可被交感神经的末梢摄取，心肌梗死后损伤和坏死的交感神经纤维再生时，可引起这种物质摄取的增加。

神经纤维轴突再生的机制尚不清楚．但神经纤维损伤部位周围的非神经组织中，神经营养因子的上调是启动轴突再生的重要机制，这一机制也能参与和启动邻近未受损伤神经侧支的新生。

动物实验的结果表明，受试犬制成心肌梗死和完全性左束支传导阻滞模型后，再向左侧星状神经节内注射神经生长因子，注射后很快出现交感神经纤维的新生。用神经生长因子诱导的交感神经新生，可在受损的心肌区域表现出交感神经高支配现象。有人测量了心脏性猝死犬模型心肌组织中交感神经的密度为

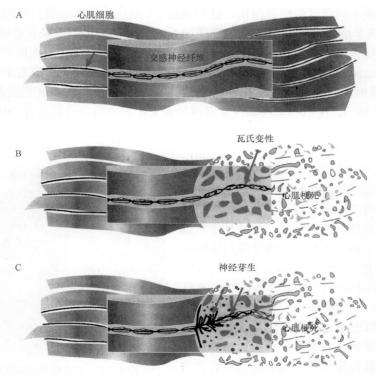

图 5-5-4 心肌梗死后交感神经的再生

A. 血管周围及心肌细胞间的交感神经（箭头指示）；B. 心梗后损伤的交感神经远端的残干发生了瓦氏变性（箭头指示）；C. 交感神经损伤的近端有神经纤维的轴突再生（神经芽生）（箭头指示）

（33.2±12.1）根／平方毫米，这与室性心律失常猝死患者心肌组织交感神经的密度（19.6±11.2）根／平方毫米相近。

资料表明，无外源性神经生长因子存在时，心肌梗死后也能发生交感神经的新生。而动物模型中，注射神经生长因子后引起交感神经的新生与受试动物室速和心脏性猝死的高发率有明显的因果关系，这些资料说明区域性交感神经的新生与高支配是心肌梗死后室性心律失常高发的重要机制。近年，还有学者应用电生理的方法刺激左侧星状神经节后诱导出交感神经的新生。

最近，Liu 等家兔实验的结果表明，当受试动物伴有高胆固醇血症时，其可促进交感神经的新生及电生理特征的重构。这种重构具有高度的致心律失常性，并与离子流（包括 $I_{Ca^{2+}}$）的重复变化有关。

三、心脏交感神经的功能重构

心脏交感神经在某些病理因素的作用下，发生形态学重构后，必然要引起相应的功能重构，而且自主神经的功能在正常时"易变性"就很强。

业已证实，在多种病理因素的作用下，交感神经可以发生形态及功能学的重构。其对缺血十分敏感，因此，冠心病患者存在冠脉慢性供血不足时，冠脉痉挛引起的急性心肌缺血、冠脉闭塞引起的心肌持续而严重的缺血性坏死，都能引起交感神经的损伤、坏死、再生及重构。除心肌缺血外，扩张型心肌病（扩心病）和心衰患者，在纤维化的心肌内部也有不同程度的交感神经重构。在心脏移植患者的心脏，供体的心脏移植后处于去神经化状态，必然要引起交感神经十分活跃的再生与重构。

1. 交感神经去支配

在体心脏的交感神经可通过 I^{131} 间位碘苄胍扫描而显示。I^{131} 间位碘苄胍是一种能被交感神经末梢摄取的去甲肾上腺素的类似物，当心肌细胞出现交感神经去支配状态时，则表现为心肌局部该物质摄取的减少，相反，当心肌局部出现交感神经受损后的新生或高支配时，可在心肌局部出现该物质摄取量的增加。

下面以心肌梗死为例阐明交感神经损伤后的新生及重构。心肌梗死发生时，在梗死区域将同步发生室内交感神经纤维的坏死或不同程度的严重损伤，此时通过 I^{131} 间位碘苄胍心肌扫描时，在局部梗死中心区，心室肌可出现 I^{131} 间位碘苄胍摄取的减少，称为交感神经去支配现象，该现象在心肌梗死后将持续很长一段时间。同时用一定的技术和方法还能发现该交感神经去支配区域有纤维化组织的增多。

其他研究显示，Brugada 综合征、致心律失常性右室心肌病、特发性室速或右室流出道室速的患者中，进行 I^{131} 间位碘苄胍扫描时也常存在上述的 I^{131} 间位碘苄胍摄取的减少现象。这些患者中，交感神经去支配现象的发生率为 33% ～ 88%，提示心肌区域性交感神经去支配现象与患者致命性心律失常的发生存在着因果关系。

2. 交感神经高支配

心肌梗死后，梗死中心区常发生交感神经的去支配现象，但心肌梗死周围区域的心肌却常出现活跃的交感神经再生，大量明显的"神经芽生"使这些区域交感神经的密度增加几倍，并且交感神经的"神经芽生"远比迷走神经纤维更丰富，应用 I^{131} 间位碘苄胍扫描时可出现该物质摄取量的增加，提示交感神经的再生活跃，证实在心肌梗死中心区的周围已出现交感神经高支配（hyperinnervation）现象（图 5-5-5）。

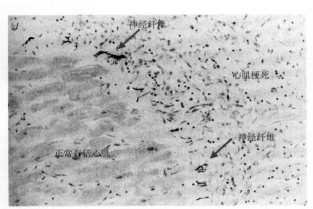

图 5-5-5 心肌梗死周围区域交感神经的高支配

箭头指示的交感神经纤维在梗死周围区最丰富，相比之下，心肌坏死区及纤维化区的交感神经纤维缺失，这使该区域的心肌交感神经呈不均一性分布

Cao 等发现心脏移植者也存在交感神经的高支配现象，并与患者发生的室速或心脏性猝死明显相关。其将心脏移植伴室速、心脏性猝死者和无心律失常者分为 2 组，结果发现，前组患者心室肌交感神经的密度明显高于后组，其心肌组织的纤维化与正常心肌细胞混合存在，同时还伴有大量纤维组织的分布。无疑这组患者存在交感神经的高支配现象，而这一现象与患者的室速、心脏性猝死的发生有肯定的因果关系。

心肌梗死后，梗死中心区的心肌将出现交感神经去支配现象，而梗死周围区的心肌将出现交感神经高支配现象，因而很容易推导及想象出在心肌梗死区域存在着交感神经密度与功能的显著性差异与离散，这将引起系列的继发性改变，包括心肌电生理特征的不均一改变及显著的复极离散，进而容易发生致命性的室速及室颤。

3. 交感神经的其他功能重构

除上述交感神经去支配和高支配的形态学和功能学的差异外，交感神经还存在着其他形式的功能学重构，包括：①交感神经的芽生现象明显强于迷走神经的芽生，这能使局部交感神经的调节作用从弱变强；②交感神经高支配现象出现时，其所支配的心肌组织对儿茶酚胺的敏感性也将增强；③交感神经高支配现象存在不对称性，即左侧交感神经高支配现象发生时，QTc 间期增加更明显，2 相折返引起的室速及心脏性猝死更加高发，而右侧交感神经出现高支配现象时与其不同。交感神经系统这些功能的重构都有促致命性室性心律失常的作用。

四、交感（神经）重构性心律失常

随着自主神经及交感神经重构新理念的提出，临床相应出现了交感重构性心律失常的新概念。

1. 定义

顾名思义，任何病理性因素引起心肌和交感神经损伤后，将出现损伤中心区交感神经去支配和损伤周围区交感神经离支配的形态学及伴发的功能学重构，与交感神经上述重构现象相关的心律失常称为交感重构性心律失常。

2. 临床常见病因

经 I^{131} 间位碘苄胍心肌扫描及其他方法，已经证实存在几种引发交感重构性心律失常的临床病因。

（1）心肌缺血：交感神经对缺血极为敏感而容易损伤，临床多种形式的心脏缺血都可引起交感重构性心律失常，包括心肌梗死、变异型心绞痛及稳定的慢性心肌缺血等。

（2）心力衰竭：心力衰竭时存在交感神经的过度激活及儿茶酚胺性心肌损伤。严重心衰患者的心肌中，心肌损伤灶周围常有十分密集的交感神经再生，还能存在交感神经的去支配现象，而这些心衰患者室速及心脏性猝死的绝对和相对发生率均高于对照组 6～9 倍，这与患者存在的交感神经重构密切相关。

（3）心脏移植：移植的心脏处于一种去自主神经状态，即迷走神经及交感神经均遭到完全切断的最严重损伤。这必然要引起交感神经活跃的再生与重构，这也是心脏移植患者容易发生致命性心律失常的原因。

（4）交感神经去支配的其他病因：研究表明，很多 Brugada 综合征、致心律失常性右室心肌病及室速患者都存在心室肌区域性的交感神经去支配现象，这种交感神经的重构与患者恶性室性心律失常的发生明显有关。

3. 分类

根据交感重构性心律失常的发生部位将其分成两种类型。

（1）交感重构性室性心律失常：这一类型临床常见，心肌及交感神经的损伤可因多种病理学因素引起，包括缺血、心肌纤维化、心肌病变等。

（2）交感重构性房性心律失常：近年来发现，交感神经的高支配可引起持续性房颤，应用快速的右心房起搏可诱发实验犬的持续性房颤，在这些房颤动物的心脏可以证实房内交感神经的支配有不均匀性增加，也能证实其心房组织交感神经的密度可增加 3～5 倍。

4. 发生机制

交感神经形态及功能学的重构包括交感神经去支配和高支配两种，其能造成局部心肌组织之间交感神经密度较大的差别，形成心律失常发生的基质。同时，交感神经功能学的重构也起到进一步的作用，包括交感神经的芽生程度大大超过迷走神经纤维，造成局部交感神经与迷走神经之间的失衡。除此，交感神经高支配现象发生后，可诱导局部心肌对儿茶酚胺产生超敏现象，使不同区域的心肌交感兴奋性的离散度增加，以及交感神经高支配现象伴发的不对称性等，这些都能构成触发、启动，甚至维持恶性室性心律失常的重要因素。

5. 治疗

（1）药物治疗：治疗交感重构性心律失常时，可给予 β 受体阻滞剂、ACEI、RAAS 阻滞剂，他汀类降脂药物等。这些药物可调节自主神经的功能，降低交感神经的张力，减少心肌梗死的危险，显著降低死亡率。

（2）介入治疗：交感重构性心律失常的患者都存在交感神经张力的增加及迷走神经支配的减弱。针对这一病理生理情况，临床可给予阻断交感神经作用的介入治疗，包括左侧星状神经节切除术。资料显示，左侧星状神经节切除术能切断或减少交感神经对心脏的支配作用，可呈现明显的预防和治疗患者室性心律失常的作用，可预防心肌梗死患者心脏性猝死的发生等。一组临床资料表明：给予上述药物及介入治疗后，能将心梗后早期反复室颤患者 1 周和 1 年的死亡率从 82% 和 95% 分别降到 22% 和 33%，说明药物或介入治疗阻断交感神经的方法可降低心梗后反复室颤的发生率和死亡率。

结束语

近年来发现和提出的"神经芽生"和"交感神经重构"的新理论认为，心脏自主神经损伤后，交感神经形态和功能学发生了不均一性重构，产生的心脏不良作用能增加发生致命性心律失常的危险。交感神经这种不均一性重构导致了自发性室速、室颤及心脏性猝死的高发，成为慢性心肌梗死后发生室速和心脏性死亡的关键性因素，也形成了心脏性猝死的神经芽生新学说。

同时，这一新理念也为阻断交感神经高支配的药物及介入治疗提供了理论根据。

第六章

三维心率变异性

心率变异性是检测体内心脏自主神经功能的一种无创技术。众所周知，人体内环境的不稳定是心血管事件、心脏性猝死发生的重要原因，而自主神经功能的平衡又是人体内环境稳定的最重要因素。这使心率变异性检测对一般人群的健康保健，对不同特殊人群各种情况的评估，以及对心血管疾病患者的预后判断与心脏性猝死的预警都是一项重要的检查技术。

心率变异性（heart rate variability，HRV）的最早研发与应用始于 1965 年，那年，妇产科医生 Hon 和 Lee 应用 HRV 技术监测处于产程中的胎儿，一旦发现胎儿心脏的 HRV 指标降低则预警胎儿已存在宫内窘迫，应迅速实施助产。1978 年 Woll 首次用 HRV 检测结果预警心肌梗死患者的死亡率，1984 年，Ewing 的研究发现，正常人的 HRV 指标有昼夜变化规律，且变化规律与自主神经张力的昼夜变化相吻合，证实人体的 HRV 受体内自主神经的调节。此后，HRV 检测技术逐渐广泛用于心血管疾病的评价与心脏性猝死的危险分层中（图 5-6-1）。

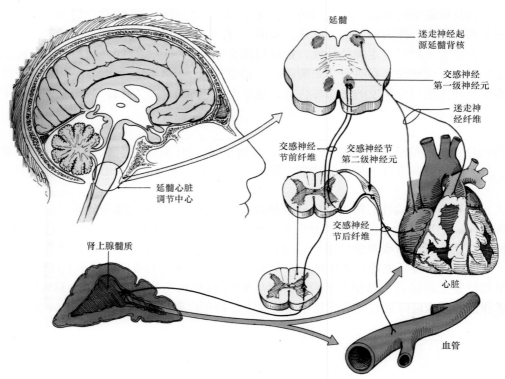

图 5-6-1 心脏和血管的自主神经支配

一、心率变异性

（一）定义

HRV 是指受检者窦性心率逐跳的快慢变化与差异，其以受检者连续心搏的 RR 间期为分析目标，计算患者窦性心率时每个 RR 间期的差别。而这种心率（RR 间期）的逐跳差异反映了体内自主神经对心脏的调节功能，进而能评估患者体内心脏自主神经的兴奋性水平。

应当了解，体内自主神经的调节是全身性的，同一时间对多个器官都有调节作用，HRV 的各种指标反映的只是冰山一角，而体内交感神经的兴奋呈级联式瀑布反应，广泛而连锁，使调节和影响的范围广泛（图 5-6-2）。

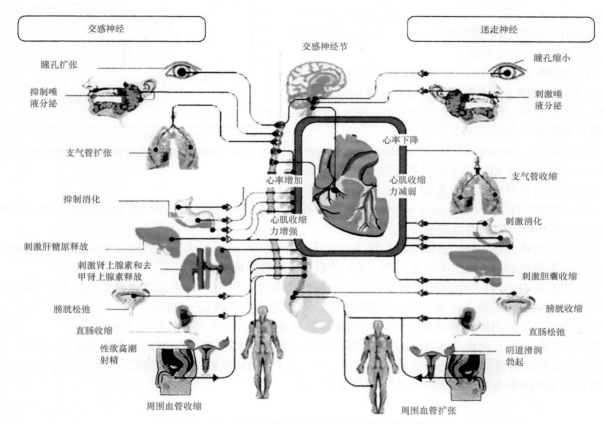

图 5-6-2　体内交感与迷走神经对各器官的调节

（二）检测方法

HRV 检测分为时域法和频域法两种，此外还有图解法、非线性分析法等。而晚近由 Schmidt 提出的窦性心率震荡（heart rate turbulence，HRT）检测技术也被归为 HRV 检测技术中的一种。

时域法又分成统计法与图解法，其涉及多项指标，这些众多指标都用定量方法对受检者窦律连续的心搏间期（RR 间期或称 NN 间期）及差值进行分析（24h 属长程，5min 为短程等）与计算而获得，但有些指标的意义相同且重复，有些指标的定义尚不够明确或计算复杂。

（三）时域法常用的指标

（1）SDNN（standard deviation of all normal to normal RR intervals）：SDNN 是正常窦律 RR 间期的标准差，是临床最常用和最易理解的 HRV 检测指标。SD 是英文标准差的缩写，SDNN 则是分析时间段内的全部窦律（NN）RR 间期的标准差。其可以是各种不同时间段内 RR 间期的标准差，包括从 5min 至 24h 长短不等的时间段。SDNN 值越小（<50ms）越提示患者体内交感神经的调节作用占优，患者的全因死亡率、心脏性猝死率高，预后差。SDNN 值>100ms 时提示患者体内心脏迷走神经的调节占优，预后相对要好（图 5-6-3，图 5-6-4）。

（2）SDANN（standard deviation of all 5-minute RR

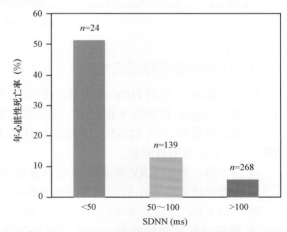

图 5-6-3　SDNN 不同值的患者年心脏性死亡率明显不同

intervals）：这是以 5min 为统计与分析单位的所有 RR 间期平均值的标准差。

（3）SDNN 指数［SDNN index，mean of the standard deviation of all NN intervals for all 5-min segment（288）of 24 hours］：其指 24h 的全程记录中，每 5min NN 间期标准差（288 个）的平均值。

（4）NN50（the number of that the difference between adjacent normal RR intervals is greater than 50ms）：是指 24h 的全程记录中，相邻的 RR 间期差值 >50ms 的数量绝对值；该值越大表明心率变异性愈大。

（5）PNN50（percent of NN50 in the total number of NN intervals）：是指相邻的 RR 间期差值 >50ms 者占分析总心搏数量的百分比；其意义和 NN50 相同。

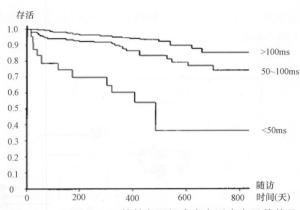

图 5-6-4   不同 SDNN 值的各亚组患者存活率有显著差异

（6）rMSSD（root mean square of the successive differences between adjacent RR intervals）：是指全程相邻的 RR 间期连续差异的均方根值。

（7）SDAAM（standard deviation of the 5-min median atrial-to-atrial depolarization intervals）：是指心律植入装置检测到的心房 - 心房的除极间期（AA 间期）中位数的标准差。

上述诸多的 HRV 检测指标对患者体内自主神经的调节作用与预后的评价均有意义，而多个 HRV 检测指标中，SDNN 值应用最多，也是最易理解的指标。其正常值为 149ms±39ms。

需要注意，上述 HRV 各指标的计算中，NN 间期与 RR 间期的概念有所不同（图 5-6-5）。

图 5-6-5 为一例心梗患者的 Holter 心电图，用来说明"NN 间期"与"RR 间期"的概念不同。每个 NN 间期均被自动测量（以秒为单位）并做标记，其是各种 HRV 指标计算的基础。本帧心电图中有一次室性早搏，使 NN 间期与 RR 间期的数量计算出现了不同。

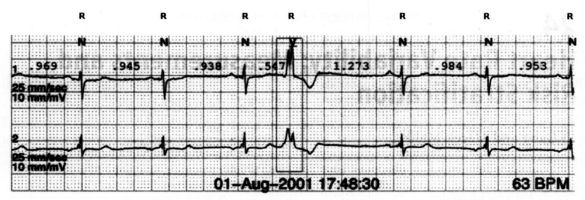

图 5-6-5   NN 间期与 RR 间期概念的不同

（四）HRV各指标的正常值

目前，临床应用的 HRV 各指标的正常值尚未统一，这与缺乏大规模健康人群的 HRV 研究有关。表 5-6-1 列举了 Bigger 于 1995 年提供的一组正常参考值，主要涉及 HRV 时域法指标的正常值。

上述正常值中，当 SDNN<100ms 为中度降低，<50ms 为明显降低。此外，HRV 三角指数 <20μ 为中度降低，<15μ 为明显降低。

应当了解，影响 HRV 各指标值的因素很多，例如受性别与年龄的影响、受每天检测时间不同的影响，以及受被检者活动量大小的影响等（图 5-6-6）。

年龄对 HRV 指标的影响十分明显，对于老年人，尤其老年女性，时域法和频域法的测量值都较低。HRV 各指标受性别影响明显，健康女性比健康男性的 HRV 值显著降低，而且这种差别在去除了其他变量

表 5-6-1 HRV 检测指标的正常参考值

变量	单位	正常值（均数 ± 标准差）
1. SDNN	ms	141±39
2. SDANN	ms	127±35
3. RMSSD	ms	27±35
4. HRV 三角指数	μ	37±15

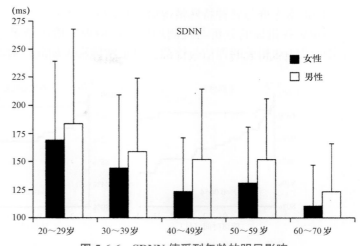

图 5-6-6 SDNN 值受到年龄的明显影响

（包括血压、心率、吸烟、饮酒、心理学积分等）的影响后仍明显存在。在一项男女受检者各 10 例的肾上腺素浓度测定中，发现男性血液肾上腺素的浓度是女性的 2～6 倍。但有趣的是在心血管疾病的患者中（例如心衰患者），这种年龄的影响则消失。

近年的研究结果显示，HRV 各指标存在着明显的昼夜变化规律（图 5-6-7），且与体内自主神经兴奋性的昼夜变化规律一致。这说明，HRV 与自主神经的功能水平密切相关。

实际，人体多数的心血管活动也有昼夜变化规律，例如心电图的各参数，心脏的不应期和传导性，起搏和除颤阈值，心率的变化，QT 离散度，T 波电交替等，当这种变化规律出现异常或丧失这种规律时，提示患者存在着一定的病理改变。Kleiger 研究了 20～55 岁健康人 RR 间期的昼夜变化，结果发现，健康人的 SDNN 值每天都有细微变化，但相对稳定。而心脏病患者、尤其是严重的心脏病患者，SDNN 每天的变化比健康人更稳定。

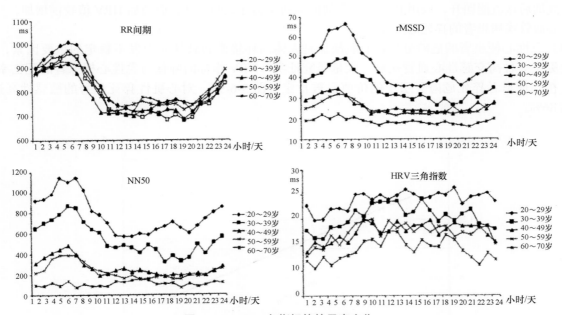

图 5-6-7 HRV 各指标值的昼夜变化

本图资料为 166 位志愿者的 Holter 检测结果

（五）HRV检测技术的临床应用

HRV 检测已在临床广泛应用。

1. 正常人群与各种特殊情况时的检测

HRV 各指标的分析与检测均属无创检查、检测结果稳定、重复性强。因此，HRV 检测已用于各种与自主神经活动相关的评估与检测。对正常健康人如此，对心肌梗死、心衰患者也如此（图 5-6-8）。

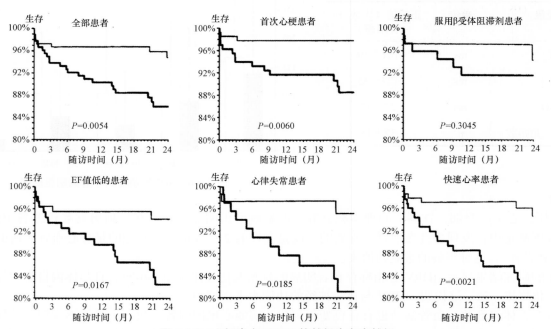

图 5-6-8 心梗患者 SDNN 值越低生存率越低

本图显示 EMIAT 研究中，心梗患者伴 SDNN 值越低者的生存率较低。图中粗线为未干预组；细线为药物干预组

目前，已用 HRV 检测评估健康人体内环境的平衡与稳定性。研究发现，健康老年人坚持体育锻炼可使 HRV 值增加，绝经期妇女的 HRV 值降低、减肥者的 HRV 值相对增加，重度吸烟者的 HRV 值显著降低，但戒烟后该值能回升，服用 β 受体阻滞剂能抑制交感神经的活性，服药后 HRV 值较前增加。

2. 心血管疾病患者的猝死危险分层

（1）急性心梗患者的危险分层：心肌缺血是人体内环境遭到破坏并引发不稳定的重要因素，尤其急性心梗更是一种高交感性心血管疾病。大量研究证实，HRV 指标的降低与急性心梗患者的死亡率增加有关，其在心梗患者猝死危险分层中的价值已被肯定（图 5-6-9），对心脏性猝死预警的敏感性高达 40%，特异性 86%。

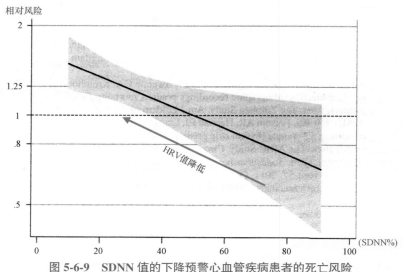

图 5-6-9 SDNN 值的下降预警心血管疾病患者的死亡风险

资料显示，SDNN 值每增加 1%，患者心血管疾病发生风险将降低 1%

（2）冠心病患者的动态观察：除急性心梗外，其他类型冠心病的病情不稳定也与患者体内交感神经活性及张力相关，对这些患者可进行短程 HRV 指标的测定并做动态观察。急性冠脉综合征患者 HRV 的时域法与频域法指标都明显下降（$P<0.001$）。对于不稳定型心绞痛患者，当存在胸痛及心电图 ST-T 有一过性改变时，其 HRV 指标也将进一步降低。在对一组 2501 例社区人群 3.5 年的随访中发现，SDNN 值的递减与新发心血管事件呈正相关，其风险度为 1.47。对于心绞痛患者与绝经后妇女，HRV 指标的降低预示心血管事件的发生率与死亡率将增加，甚至有人发现 HRV 指标中 SDNN 值所居比例每增加 1%，其致死性或非致死性心血管疾病的风险将降低 1%（图 5-6-9）。

（3）心衰患者 HRV 指标的评估：心衰患者明显存在体内交感神经的过度激活，晚近资料表明，HRV 指标的下降是心衰患者死亡危险的独立预测因子。即 SDNN 值降低者可视为死亡的高危险人群，其心脏性猝死的发生率和全因死亡率均显著增高。

（4）快速室性心律失常患者的 HRV 评估：近期资料表明，对于室性心律失常患者，每次发作前均有 HRV 指标的下降，提示室性心律失常的发生与交感神经兴奋性的增高有关。此外还表明，对于这组人群，HRV 指标的降低与心脏性猝死的增加相关。而在 >65 岁的人群中，HRV 指标的降低也是心脏性猝死发生风险的独立预测因子。

（5）其他心血管疾病的 HRV 评估：冠状动脉旁路移植（搭桥）的围术期患者房颤的发生与预后直接相关，而经 HRV 检测可证明：这类人群的 HRV 值明显降低，提示房颤的发生与交感神经兴奋性的增加相关。糖尿病患者 HRV 检测结果证实，与正常人相比，这些患者的 HRV 值明显降低，提示患者有体内交感神经兴奋性增强的倾向，有人用 HRV 指标分析和判断了患者周围神经病变的程度与发展趋向（图 5-6-10）。

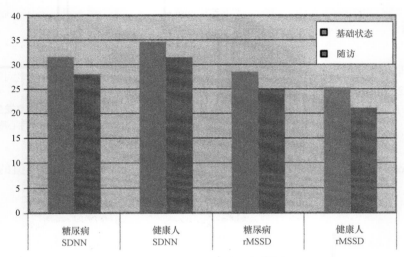

图 5-6-10　糖尿病患者的 HRV 指标异常

此外，有人还用 HRV 检测评价酒精性神经病变、甲亢、高血压等患者的神经病变等。

（6）药物疗效的 HRV 评估：很多有心血管活性作用的药物对患者体内自主神经的兴奋性有明显影响，经 HRV 检测可对这种影响做定性或定量评价。此外，通过 HRV 检测还能增加与提高临床医生对很多心血管疾病的病理、生理现象的认识，药品活性与疾病发生机制的认识，还有望揭示平素完全健康者突发心脏病猝死的机制，即一过性体内内环境的不稳定在心脏性猝死的发生中可能起到触发与维持基质的双重作用。

二、窦性心率震荡

1999 年，德国慕尼黑心脏中心的 Georg Schmidt 在 *Lancet* 杂志发表的文章中提出一种新的检测自主神经兴奋性的"窦性心率震荡"（heart rate turbulene，HRT）技术，新的检测技术虽不属于经典的 HRV 检测技术，但其应用了与 HRV 检测相似的生理学原理与计算方法，因此，目前也被归为 HRV 检测的范畴。

（一）基本原理

HRT 技术是检测受检者的窦性心率对体内自发的室性期前收缩（室早）的反应。

室性早搏是一次提前出现的心室除极的电活动，并将在其起始 50ms 后触发一次相应的心室机械收缩，室早后还紧跟着 RR 间期较长的完全性代偿间期。室早与代偿间期组成了短与长的 RR 间期变化，并产生微弱的血流动力学改变：即室早后血压轻度下降，紧接其后血压轻度上升。这种血压的轻度变化实际上是体内先后发生了升压与减压的生理性心血管反射，而随着这种生理性升压与减压反射，窦性心率也随之出现先增快后减慢的反应。窦性心率对单次室性早搏出现的这种反射性心率变化称为窦性心率震荡。当体内自主神经功能正常时这种震荡现象明显存在（图 5-6-11A），而自主神经功能受损或存在障碍时，这种窦性心率震荡的现象将减弱或消失（图 5-6-11B）。

（二）检测方法

1. 震荡初始

在连续记录的室早前后心电图中，各个 RR 间期的序号见图 5-6-12，而震荡初始（turbulence onset，TO）是指室早后窦性心率的暂短加快现象。具体计算公式为：TO= [（RR1+RR2）−（RR-1+RR-2）]/（RR-1−RR-2）。单次室早的 TO 值计算后，再将患者心电图或 Holter 中多个室早的 TO 值分别计算，再进一步计算出多个 TO 值的均值作为最后结果（图 5-6-12）。

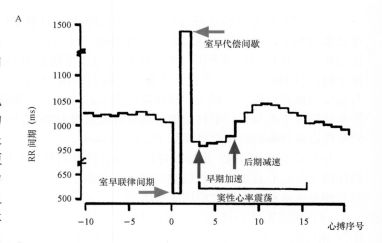

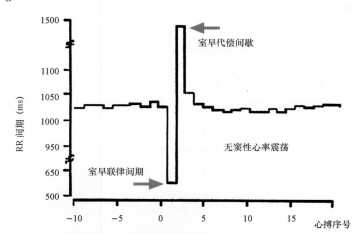

图 5-6-11 窦性心率震荡现象发生的示意图
A. 存在窦性心率震荡现象；B. 窦性心率震荡现象消失

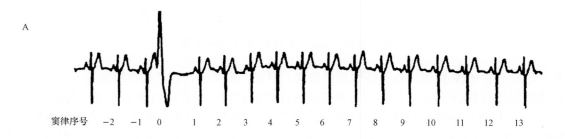

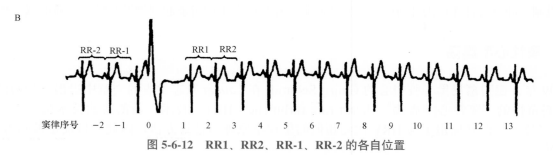

图 5-6-12 RR1、RR2、RR-1、RR-2 的各自位置

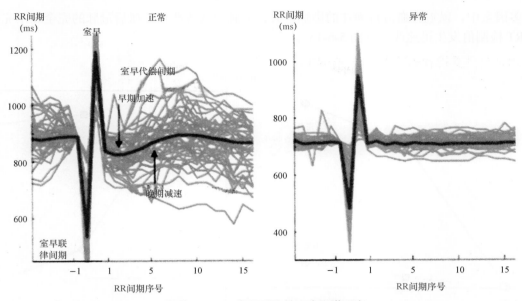

图 5-6-13　室早后窦性心率震荡现象

结果判断：TO 值 <0 为阴性（正常），TO 值 >0 为阳性（震荡初始现象消失），见图 5-6-13。

2. 震荡斜率（turbulence slope，TS）：是检测室早发生后，窦性心率早期短暂加快后是否仍存在窦性心率的短暂减慢现象。检测中用室早后的每个 RR 间期值为各点的纵坐标，以各 RR 间期的序号为相应的横坐标，做出连续各点的分布图（图 5-6-14），再用任意序号连续的 5 个窦性心率的 RR 值计算并做出回归线，取其中最大的正向斜率值为 TS 值。

结果判定：TS 值 >2.5ms/RR 间期时为阴性（正常），TS 值 <2.5ms/RR 间期时为阳性（异常），阳性者提示患者无室早后晚期短暂窦性心率的减速情况。

（三）检测结果的判定

直接记录 TO、TS 值，当 TO、TS 检测结果均为阴性时为正常，结果为一阴一阳时检测结果为不正常，两者均为阳性时为明显不正常（图 5-6-14）。

（四）HRT检测的影响因素

影响 HRT 检测结果的因素很多（表 5-6-2）。

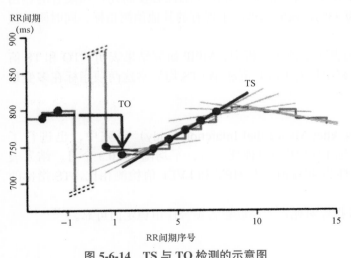

图 5-6-14　TS 与 TO 检测的示意图

表 5-6-2　HRT 值的影响因素

影响因素	作用
性别	无
年龄增长	下降
心率增快	下降
室早部位	无
β 受体阻滞剂	无
ACEI	增加
阿托品	下降
胺碘酮	不清楚
冠脉再灌注	TS 增加，TO 下降

上述诸多因素中，以冠脉血流再灌注的影响最大，冠脉闭塞或严重缺血后冠脉的完全和不完全性再灌注，可使 HRT 检测值发生迅速改变（图 5-6-15）。

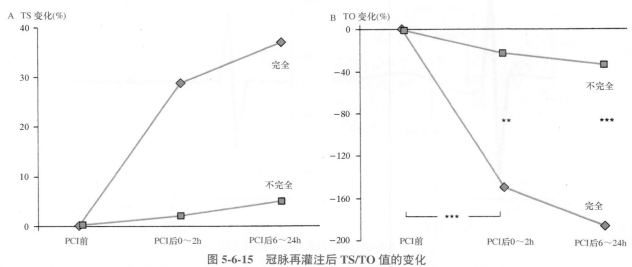

图 5-6-15　冠脉再灌注后 TS/TO 值的变化

急性严重心肌缺血后，冠脉完全或不完全性再灌注将迅速使 TS 值增加，TO 值下降，进而使患者的 HRT 检测结果迅速改善

（五）HRT的应用与评价

几项多中心、大病例组的临床研究结果相继证实 HRT 检测技术的可靠性及临床的重要价值。

1. MPIP 研究

MPIP 研究（心梗后患者的多中心研究）共入组 715 例患者，入组者为年龄 <70 岁的急性心梗患者，全组平均随访 22 个月，随访期中 75 例死亡。

MPIP 研究进行了 TO 和 TS 指标以及传统的心脏性猝死预测指标的单变量和多变量分析。传统的单变量包括年龄：≥ 65 岁或 <65 岁；病史：心梗病史 ≥ 1 次；LVEF 值：≥ 30% 或 <30%；室性早搏：1 ~ 10 次 / 小时，平均心率：>75 次 / 分或 ≤ 75 次 / 分，HRV 三角指数：>20μ 或 ≤ 20μ。而新的变量 TO 值：≥ 0 或 <0，TS 值：≤ 2.5ms/RR 间期或 >2.5ms/RR 间期。

（1）单变量分析结果：MPIP 研究的单变量分析结果表明，LVEF 值、HRV 三角指数、TS 等三项指标对总死亡的相对危险度预测有最显著意义，其中 LVEF 值的预测价值最高，TS 值其次。

（2）TO 和 TS 值与 MPIP 研究中总死亡率的相关性：研究的 2 年随访期中死亡率分别为 9%（TO<0 和 TS ≥ 2.5ms/RR，两项均正常）、15%（TO ≥ 0 或 TS ≤ 2.5ms/RR，一项异常，一项正常）和 32%（TO ≥ 0 和 TS ≤ 2.5ms/RR，两项均异常）。结果证实，TO 和 TS 两项指标均异常对急性心梗高死亡风险者的检出有重要价值，TO 和 TS 均异常的阳性预测精确度为 33%，该值远远高于现有的其他预测指标，同时阴性预测精确度达 90% 左右。

（3）多变量分析结果：对死亡率相对危险度的多变量预测分析中，MPIP 研究结果表明，TO 和 TS 值均异常是死亡危险的最敏感预测值指标，MPIP 研究中只有 LVEF 值和 TO/TS 均异常这两项指标在多变量分析中有独立而重要的死亡预测价值。

2. ATRAMI 研究

在 ATRAMI（The Autonomic Tone and Reflexes After Myocardial Infarction Study）研究中，也进行了 HRT 与其他死亡预测指标的比较研究。该研究入选 1212 例心肌梗死患者，平均随访 20.3 个月。结果表明，TS 值是预测死亡的最强单变量指标。在敏感性为 40% 时，与 HRV 和 LVEF 值检测相比，TS 指标的阳性预测精确度最高。

上述多项临床大型研究结果都证实：TO 和 TS 指标对死亡的高危患者预警作用稳定而可靠。

三、三维心率变异性

HRV 检测在心血管疾病患者的心脏性猝死、全因死亡率危险分层中的作用毋庸置疑。随之，HRV 的检测结果已作为动态心电图检查结果附在每位受检者的 Holter 报告单中，供临床医生参考（图 5-6-16）。此外，在 HRV 检测领域中的进展，除先后推出了"窦性心率震荡"（HRT），心率减速力测定及连续心率减速力测定等新的检测技术外，三维心率变异性检测技术已成为具有里程碑意义的最新进展。

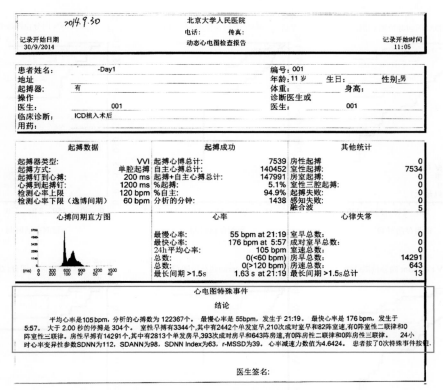

图 5-6-16　正式 Holter 报告中均有 HRV 值的陈述

1. 技术与方法

三维 HRV 图像的横坐标为每分钟心率值（单位为 bpm，次 / 分），纵坐标为心率变异性值（单位为 ms）。在上述二维指标的基础上，第三维指标为某心率时 HRV 值分布不同的频率色带，其通过色带的不同颜色显示该 HRV 值在相应心率时出现的频度。当同一点（一定心率时的 HRV 值）被多次扫描记录时，该点的颜色将逐渐加深。整体彩图中，浅颜色代表该点低频出现，深颜色代表该点高频出现。

2. 结果判定

（1）平均心率及心率分布：三维 HRV 图像可显示患者的平均心率及心率的分布范围。平均心率值越高，心率分布的范围越窄时，提示受检者体内交感神经的张力高，兴奋性强，使窦性平均心率增快。而治疗后再复查三维 HRV 图像时，当平均心率值下降，心率分布范围增宽时，则说明治疗使患者体内交感神经的兴奋性有所下降，心脏性猝死的风险也随之下降。

（2）HRV 值及分布：三维 HRV 图像的纵坐标显示患者 HRV 检测值的分布范围。纵坐标值越低、分布范围越窄时，提示患者 HRV 检测值低，体内交感神经兴奋性增强，死亡风险增加。而治疗后纵坐标的 HRV 值较前升高及分布范围增宽时，提示患者的 HRV 检测值有所改善，死亡风险将随之下降。

（3）三维 HRV 图像的整体面积：三维 HRV 图像的面积一目了然、十分直观。一般情况下，该面积值较大，则其相应的心率及 HRV 值的范围相对较宽，提示患者的交感神经兴奋性低。

（4）色带范围：在患者三维 HRV 图像中，当同样心率与相应的 HRV 值频繁出现时，该点的颜色将加深，色带也增宽。因此，色带范围较宽部位对应的心率及 HRV 值代表受检者的主流 HRV。

3. 结果分析

解释与评价每帧三维 HRV 图像时，可从图像涉及的各指标的绝对与相对改变进行分析。

（1）单次图像的分析：分析患者单次三维 HRV 图像时，要分析该图像在横、竖两轴的投影，进而确定受检者的心率平均值及心率分布范围，还要分析 HRV 检测值及分布范围。除此，通过图像色带宽窄分布的分析，可评估患者不同三维 HRV 指标值出现的频率，分析受检者 HRV 值的总趋势，以及与正常者相比偏高还是较低，最终判断受检者交感神经的兴奋性及死亡风险的高低（图 5-6-17）。

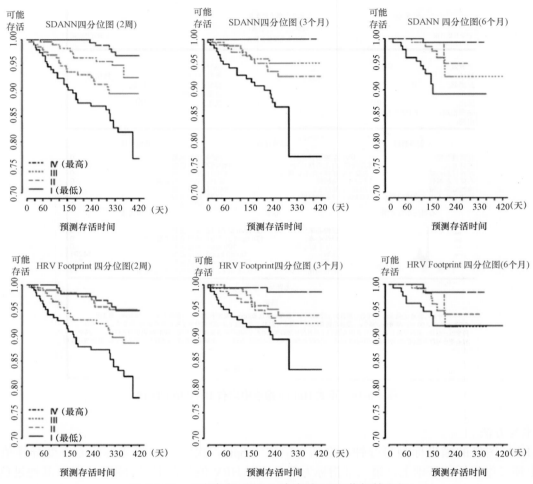

图 5-6-17　心衰患者 CRT-D 治疗后 HRV 指标的变化

心衰患者 CRT-D 治疗 2 周、3 个月、6 个月时的 HRV 指标均有改善。上下两组图分别观察 SDANN 和 HRV Footprint（三维 HRV）两项 HRV 指标的变化，可见随着 CRT-D 治疗时间的延长，心衰患者的 HRV 值均有增高，使患者心脏性死亡的风险降低

（2）三维 HRV 图像的对比分析：同一心衰患者治疗时可有多次三维 HRV 图像，医生凭此可进行治疗前后的对比分析，这对临床治疗疗效的评价十分重要，尤其对心衰、心梗患者，因这两类患者都存在交感神经的过度激活。随着药物与非药物治疗，患者体内交感神经的激活状态将随心衰的缓解有相应改变，这些变化经 HRV 值的先后变化而能客观评估。在三维 HRV 图像的前后对比分析中，要注意心率值范围及心率平均值的变化，HRV 值及范围、均值的变化，不同色带范围的变化，三维 HRV 图像总体面积的变化等。

4. 临床应用

三维 HRV 图像技术目前还未在临床普遍应用，仅在体内心律失常植入装置中配备使用。

三维 HRV 图像技术在多个心衰患者的药物与非药物疗效方面的观察与评价作用已得到充分肯定。

（1）HF-HRV 的研究结果：HF-HRV 研究是一项前瞻性研究，1413 名心衰患者均有 CRT-D 植入适应证而入组，在患者 CRT-D 植入后的 2 周、3 个月、6 个月进行了随访，做了多项 HRV 检测，即通过植入的

CRT-D 自动获得多项 HRV 指标数据：包括 SDANN 和 HRV Footprint 检测值（三维 HRV），24h 平均、最慢、最快心率值，进而评价高、中、低危各亚组的变化。从图 5-6-17 可以看出，CRT-D 对这些心衰患者不仅有改善心功能的治疗作用，还改善了 HRV 各指标值，稳定了心衰患者的内环境，降低了患者的猝死风险。

（2）心衰患者 CRT-D 疗效的评估：心衰是医学面临的一项巨大挑战，有效控制心衰在很长一段时间内都将是临床医学肩负的重要任务。心衰的有效治疗能改善患者的心功能和生活质量，还能改善患者的 HRV 值及降低心脏性猝死的风险。

图 5-6-18 是一例男性 59 岁心肌病患者的三维 HRV 图像。其心电图 QRS 波时限为 184ms，EF 值 20%，心功能 Ⅲ～Ⅳ 级，经 Holter 检测证实其伴有症状性的非持续室速，正在服用 β 受体阻滞剂、ACEI、利尿剂和螺内酯。其体内植入的 CRT-D 能自动绘制患者的三维 HRV 图像。该图左边的上图为 CRT-D 植入后的基线图，下图为植入 3 个月时的随访图。图 5-6-18 的右侧三个图分别为心率、HRV Footprint、SDANN 等值的动态变化。患者经一年的 CRT-D 治疗，平均心率和心功能都得到满意控制，6min 步行试验较前提高 223m，峰值氧耗（Peak VO2）提高了 6.5ml/（kg·min），生活质量积分为−31。HRV 的各值也有明显改善，平均心率从 75 次 / 分降为 58 次 / 分，HRV Footprint 指标增加了 62%，SDANN 值从 35ms 增加了 133ms。

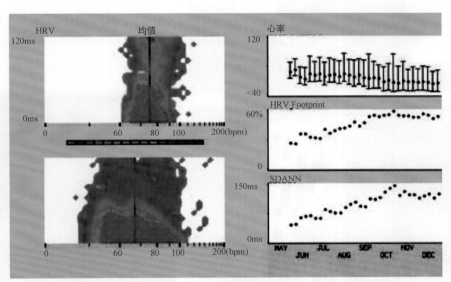

图 5-6-18　心衰患者 CRT-D 治疗后三维 HRV 图像及各值的变化
图的左侧上、下两图为 CRT-D 植入时及 3 个月的三维 HRV 图像，图的右侧为 HRV 各值的动态变化

从图 5-6-18 看出，该例患者 CRT-D 治疗 3 个月疗效明显，并使三维 HRV 图像及 HRV 各值明显改善，对三维 HRV 图像进行比较时，平均心率明显下降，心率分布范围增宽，高频 HRV 值比例增大，图像总面积增大，都提示 HRV 检测结果明显改善。图 5-6-18 也提示三维 HRV 图像技术稳定而重复性强。

图 5-6-19 是另一例心衰患者 CRT-D 植入 3 个月和 1 年时的三维 HRV 图像，对比分析后能看出患者在治疗期间 HRV 指标出现了逐渐改善，一年时的三维 HRV 图像平均心率下降，心率分布范围扩大，HRV 值已经正常，三维 HRV 图像面积显著增加。同时间拍摄的 X 线胸片也有一致改善。

图 5-6-20 也是一例心衰患者 CRT-D 植入后的随访结果。CRT-D 植入时平均心率 82 次 / 分，心率范围为 68～110 次 / 分，HRV 值范围为 0～70ms，半年随访时，平均心率已降到 65 次 / 分，心率分布范围扩大到 40～150 次 / 分，而 HRV 值升高到 100ms。三维 HRV 图像的 HRV 值分布范围为 50～120ms，这些指标的改善与患者心衰症状的改善完全一致。

5. 临床评价

三维 HRV 图像的应用结果表明，该项技术稳定，重复性强，与患者临床症状的改善、X 线胸片的复查结果高度一致。说明三维 HRV 图像技术可靠，能为心衰患者 CRT-D 治疗的评价提供直观可靠的证据。

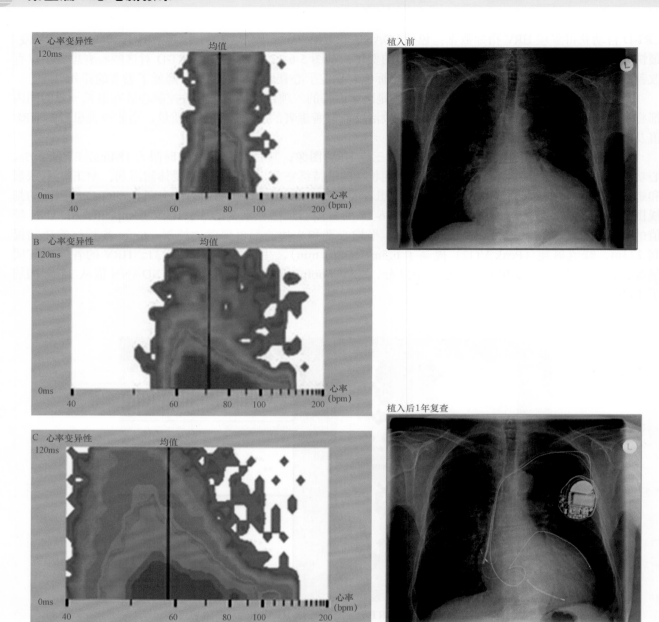

图 5-6-19　CRT-D 患者治疗 1 年时的随访结果

图左侧的 A、B、C 三图为患者的 CRT-D 植入前、植入 3 个月和 1 年的三维 HRV 图像。可见治疗期间 HRV 指标逐渐改善，图中右侧为 CRT-D 植入前与 1 年时的 X 线胸片

　　毫无疑义，三维 HRV 新技术一定能在临床进一步推广和普及应用，其必然能对各种人群体内交感神经的活性做出定性、定量的评估，进而也将在心脏性猝死的防治中产生划时代的影响。

结束语

　　人体存在着心脏性猝死的"百慕大三角"，其分别为器质性心脏病及心功能障碍，心脏电活动的紊乱与致命性心律失常，以及人体内环境的不稳定。这三大因素的单独存在能引发猝死，而两个或三个因素同时存在时，患者心脏性猝死的概率一定会明显增加。

　　人体内内环境的稳定性主要涉及自主神经的稳定性和电解质正常，而检查自主神经的平衡与稳定性的方法中，HRV 检测技术简单易行、结果可靠，是心脏性猝死危险分层的重要指标。

　　HRV 检测包括多种方法与指标，其可用于一般人群的健康保健评估，能用于高交感性心血管疾病患者

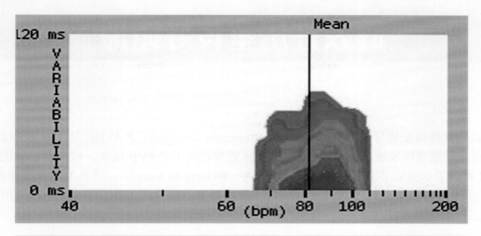

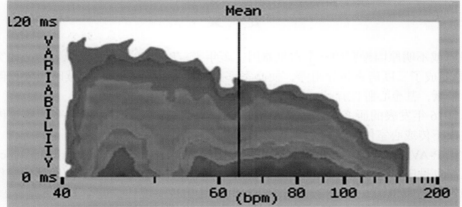

图 5-6-20 又一例心衰患者植入 CRT-D 前与半年时的三维 HRV 图像对比

图 5-6-20 中,植入半年(B)与植入时(A)相比,患者平均心率(Mean)明显下降,心率分布范围增宽,HRV 各值已正常化,三维 HRV 图像的面积也明显增大

的猝死危险分层。目前,传统的 HRV 检测技术已在临床广泛应用。多年来,HRV 技术还在不断发展中,新近用于临床的三维 HRV 图像技术有着巨大的应用潜能和重要性。

第七章

阵发性房室传导阻滞

顾名思义，阵发性房室传导阻滞（paroxysmal atrioventricular block，P-AVB）是一种非持续、非永久性房室传导阻滞，而呈间歇或阵发性发作。1933 年，Sachs 首次记述了 P-AVB 现象。1971 年，法国著名的心电生理学家 Coumel 报告了 2 例房早诱发的 P-AVB。2009 年，Wellens 和 Josephson 对 P-AVB 做了全面详尽的阐述。

P-AVB 有三种临床类型，其各自的发生机制、诱发因素、临床与心电图特征、相应的治疗全然不同。本文将阐述这三种类型 P-AVB 的特征、发生机制、诊断与处理原则。

定 义

P-AVB 是晕厥或不明原因晕厥的一个常见原因。多年来，P-AVB 被定义为患者的心律突然从明显正常的房室 1∶1 传导变成了三度房室传导阻滞，使心室率突然减慢。当 P-AVB 持续时间较长伴室率缓慢时可引起先兆晕厥、晕厥，甚至心脏性猝死。

Komatsu 在 2016 年发表的研究中，将 P-AVB 的定义描述为：突然发生的完全性房室传导阻滞，伴有 ≥ 2 个连续 P 波未下传或心室停搏 >3s 时则可诊断。

在诊断及讨论 P-AVB 时，需要与间歇性房室传导阻滞（intermittent atrioventricular block）相区别。间歇性房室传导阻滞也是房室传导阻滞呈间歇或阵发性发生，但与 P-AVB 不同。间歇性房室传导阻滞的发生率更高，其指患者在房室正常 1∶1 传导的情况下，间歇性出现一度、二度 I 型或 II 型、2∶1 等房室传导阻滞，持续时间可长可短，多数不引起患者明显的血流动力学障碍。

阵发性房室传导阻滞的分类

尽管三种类型的 P-AVB 发作均呈阵发性，心电图表现相同，也都能引起晕厥、先兆晕厥，但不同类型 P-AVB 的发生机制、患者的临床背景、基础心电图以及治疗均明显不同，故临床和心电图医生深入探讨 P-AVB 的各型特点十分重要。

一、阵发性房室传导阻滞的分型

P-AVB 常分为三种类型。

1. 阵发性房室传导阻滞（paroxysmal atrioventricular block，P-AVB）

这型患者的年龄偏高，其本身存在心脏特殊传导系统的病变，患者平素心电图可能存在右束支、左束支、室内传导阻滞等提示心脏传导系统远端有病变的表现。P-AVB 引起的晕厥称为"心源性晕厥"。有文献将这型 P-AVB 又称为内源性 P-AVB（intrinsic paroxysmal atrioventricular block），意指房室传导阻滞的发生是因自身存在房室传导系统病变而引起。

2. 迷走性阵发性房室传导阻滞（vagal paroxysmal atrioventricular block，迷走性 P-AVB）

显然，这型患者发生的 P-AVB 与迷走神经的过度兴奋相关。患者常相对年轻，发作时常伴有一些容易识别的诱发因素，包括情绪波动、长时间站立等，而迷走神经在循环系统的效应器官为心脏和血管。心脏伴发的反应多为窦性心率减慢、窦性静止和房室结传导减慢或阻滞。因此，在其阵发性发作时，常有明显的迷走神经激活的临床和心电图表现，包括腹部不适、恶心呕吐、出冷汗等。而心电图表现则为窦性心率减慢、静止和房室传导阻滞。

该型房室传导阻滞引起的晕厥称为"迷走神经反射性晕厥"，多为其中的心脏抑制型或混合型。引发晕厥前，先兆晕厥的时间较长，使患者可做出防范摔倒的反应。

有学者称这型 P-AVB 为外源性迷走性 P-AVB（extrinsic vagal paroxysmal atrioventricular block），意指患者不存在自身房室传导系统病变，引起房室传导阻滞的原因是心脏之外的迷走神经兴奋性过强。这型患者的晕厥病史往往较长，但多数不进展为持续性或慢性房室传导阻滞。

3. 特发性阵发性房室传导阻滞（idiopathic paroxysmal atrioventricular block，特发性 P-AVB）

这是一种特殊的 P-AVB，患者无房室传导系统病变，无基础心脏病，平素心电图无异常改变。文献报道，在无结构性心脏病晕厥患者中，8% 为此型 P-AVB，而晕厥又有心电图记录到 P-AVB 的患者中，约15% 为特发性 P-AVB。

特发性 P-AVB 患者的晕厥，属于哪种晕厥目前尚无明确结论。但研究发现，这型患者的体内腺苷含量明显低于对照组，故认为，当患者体内内源性腺苷突然增加时则能引发房室传导阻滞及晕厥，故又称其为"低腺苷性晕厥"。

同样，有文献称这型 P-AVB 为"外源性特发性阵发性房室传导阻滞"（extrinsic idiopathic paroxysmal atrioventricular block），是指心脏之外的因素引起了该原因不明的 P-AVB。患者的特征为晕厥反复发作，病史较长。又因两次发作的间隔较长，患者无结构性心脏病和心电图异常等，故容易长期诊断为不明原因的晕厥。此外，患者的发作常无先兆晕厥，突然发作时不需早搏、心动过速等心律失常诱发，多数不进展为持续性或慢性房室传导阻滞。

总之，三种类型 P-AVB 的特点各异，鉴别诊断并不很难，但有时同一患者的晕厥存在多型混合的情况，例如某患者既可发生 P-AVB，同时又存在迷走性 P-AVB，这时的诊断与鉴别诊断需格外小心。

二、三种类型 P-AVB 的其他特点

上述三种类型 P-AVB 的临床及心电图特征见表 5-7-1。

表 5-7-1　三种类型阵发性房室传导阻滞的比较

特征	P-AVB	迷走性 P-AVB	特发性 P-AVB
心电图			
平素心电图	常有束支传导阻滞	常无束支传导阻滞	窄 QRS 波
P-AVB 发作前	常由房早、室早诱发 PR 间期不变	PP 间期延长 常有 PR 间期逐渐延长	窦性心率不变 PR 间期不变
P-AVB 发作中	窦性心率增快	窦性心率减慢	窦性心率不变
P-AVB 终止	房早或室早终止	窦性心率增快	窦性心率不变
随访	常进展为持续性 AVB	不进展为持续性 AVB	不进展为持续性 AVB
晕厥			
晕厥病史	短（多数 <1 年）	长（自年轻时起）	短（平均 2 年）
先兆晕厥	无或 ≤ 5s	有，常持续 >10s	无或 ≤ 5s
结构性心脏病	多数有	无	无
发病年龄	老年	任何年龄	任何年龄（多数 >40 岁）
起搏器治疗	有效	部分有效	有效
茶碱治疗	无效	部分有效	有效
检查			
血浆腺苷水平	正常	高	低或很低
腺苷试验	常阴性	可能阳性	常阳性
直立倾斜试验	常阴性	常阳性	常阴性
电生理检查	常阳性	阴性	阴性
颈动脉窦按摩	常阴性	常阳性	常阴性

阵发性房室传导阻滞

阵发性房室传导阻滞（P-AVB）引起的晕厥为"心源性晕厥"，P-AVB 患者也能因急性病因（例如急性心肌梗死）引起。P-AVB 的发生呈突发性、阵发性，且发生率高，危害性大，需高度重视。

一、定义

患者心律从明显正常的 1：1 房室传导突然变为完全性房室传导阻滞，伴长短不等的心脏停搏或缓慢的心室逸搏，进而引起心源性晕厥，甚至心脏性猝死。

应当注意，这型患者本身就存在房室传导系统的病变，而且多为希浦系统病变。P-AVB 常由房早、室早、希氏束早搏、心动过速等诱发，引发了有病变的希浦系统发生 4 相阻滞。临床最常见的诱发因素是室早（图 5-7-1）或房早（图 5-7-2），而患者自身常有完全性右束支传导阻滞（CRBBB）等，提示自身房室传导系统的远端已有病变。

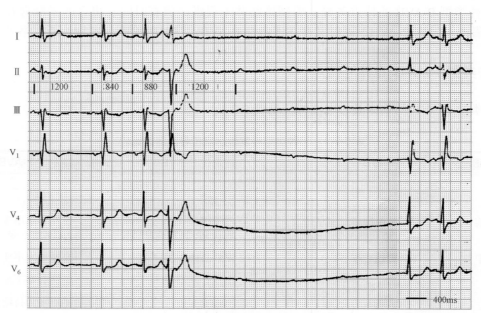

图 5-7-1　室早诱发的 P-AVB

患者 69 岁，心电图有 CRBBB，本次为一次室早伴室房逆传诱发了 P-AVB，注意室早后在左束支诱发了 4 相阻滞。图中数值单位为 ms

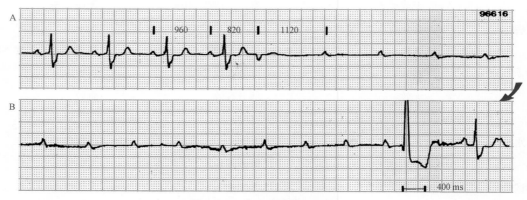

图 5-7-2　房早诱发的 P-AVB

本图 A、B 为连续记录，患者 74 岁，伴 CRBBB，P-AVB 由单次房早诱发，P-AVB 发作中，窦性心率的加快未能终止 P-AVB，最后由一次适时的室性逸搏终止了 P-AVB。图中数值单位为 ms

该类型 P-AVB 的及时诊断十分重要，因植入心脏起搏器可以治疗和预防发作。

二、发生率

P-AVB 的发生率很难精确评估，与几方面原因有关。首先临床和心电图医生可能对其认知能力有限而未及时诊断，也使文献资料未能充分报告。其次，P-AVB 的发生不可预测，两次发作之间可能无明显症状而被遗漏。此外，P-AVB 一直无明确定义，即使 JACC 的相关指南也未给予强调，使不少 P-AVB 未能诊断。

但可以肯定，三种类型 P-AVB 中，单纯的 P-AVB 发生率高，其更多发生在老年患者，年龄范围26 ～ 99 岁，72% 的患者年龄 ≥ 60 岁，但 P-AVB 也能见于儿童患者。

三、临床与心电图特征

1. 常有传导系统的远端病变

CRBBB 是患者最常见的心电图表现。新近发表的 30 例和荷兰 Maastricht 的 38 例（共 68 例）患者资料见表 5-7-2。其中 31 例（45%）有基础 CRBBB，10 例（15%）有基础 CLBBB（完全性左束支传导阻滞），8 例（12%）有室内传导阻滞，仅 19 例患者（28%）平素心电图正常。

表 5-7-2　68 例 P-AVB 患者临床及心电图资料一览表

	新近 30 例	全组 68 例
性别 / 例数（百分比）		
男	19（63%）	39（58%）
女	11（37%）	29（42%）
平均年龄 / 岁（范围）	69（30 ～ 99）	67（26 ～ 99）
心电图正常 / 例数（百分比）	8（27%）	19（28%）
QRS 波时限 / ms	123.5±32	N/A
≤ 120ms / 例数（百分比）	12（40%）	19（28%）
>120ms / 例数（百分比）	18（60%）	49（72%）
右束支传导阻滞 / 例数（百分比）	16（53%）	31（45%）
仅右束支传导阻滞	5	14
右束支 + 左前分支阻滞	9	19
双束支阻滞 +PR 间期延长	2	N/A
左束支传导阻滞 / 例数（百分比）	1（3%）	10（15%）
室内传导阻滞 / 例数（百分比）	4（13%）	8（12%）
PR 间期 / ms	183.7±48	N/A
左室射血分数 / %	55.3±11	N/A
<35% / 例数（百分比）	3（10%）	
心室停搏时间 / s（范围）	9.8±4.9（4 ～ 20）	8.4±6.2（2.1 ～ 36）

相反，在有 CRBBB 或 CLBBB 的患者中，发生 P-AVB 的概率大大升高。一组 52 例有不完全或完全性 CRBBB 伴晕厥的患者中，心电生理检查（EPS）阴性者，再经"植入式 Holter"检查证实，25%（13/52）的患者发生过 P-AVB，38%（5/13）的 P-AVB 经房早或室早引发，其余 8 例无该情况。

2. 常有明显诱因

一组 30 例的 P-AVB，由房早诱发 9 例（30%），室早诱发 7 例（3%），希氏束早搏诱发 3 例（10%），其他 11 例（37%）因其他情况诱发，包括室上速（图 5-7-3）、颈动脉窦按摩、Valsalva 动作和自发性窦性心率减慢引起。诱发因素还有急性心肌缺血（ACS）等。

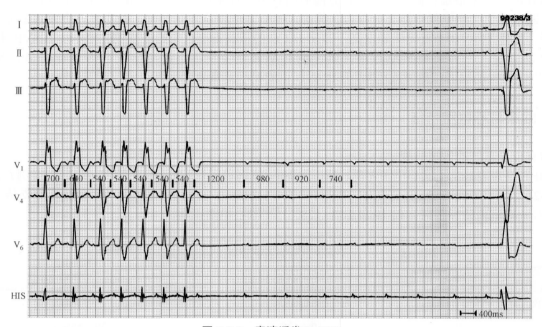

图 5-7-3 房速诱发 P-AVB

患者 7 岁，有右束支及左前分支阻滞，图中房速诱发了 P-AVB，随后 P-AVB 经一次起搏终止。图中数值单位为 ms

3. 伴发晕厥多

P-AVB 发生时，晕厥或先兆晕厥常见，但发生阿斯综合征及心脏性猝死的流行病学尚不清楚。很可能，临床实际发生的数量远多于目前的报告。P-AVB 还能被误诊为迷走性 P-AVB，进而有延误起搏器治疗的可能。

另一组报告表明，在成人，尤其是老年人，P-AVB 发生时的先兆晕厥、晕厥或心脏性猝死常见。一组 20 例成人病例显示：晕厥占 75%（15/20），先兆晕厥占 20%（4/20），其中 1 例女性患者还有多形性室速。

4. 儿童患者发生的 P-AVB

P-AVB 也能发生在儿童患者，发作时的症状包括：剧烈哭叫、恶心、头痛、视物模糊和晕厥。但不知这些病例是否属于迷走性 P-AVB，发作常因窦性心率加速后改善。

5. P-AVB 的性别分布

P-AVB 人群多无性别差异，也有男性多见的报告。

6. 提示发生 P-AVB 的心电图表现

（1）平素心电图不正常：常有右、左束支传导阻滞或室内传导阻滞等提示房室传导系统远端有病变。

（2）P-AVB 常由房早或室早诱发（图 5-7-4）。

（3）各种逸搏可终止 P-AVB 发作（图 5-7-4）。

四、发生机制

显然，窦房结细胞不断发放的 4 相自动化除极，是正常心电现象，属于心脏特殊传导系统的自律性。

缓慢心律依赖性 4 相阻滞，是指前次 4 相的室上性或室性激动（例如早搏）传导到有病变的希浦系时，其钠通道仍处于失活（inactive）状态，使激动不能引起病变组织发生除极而导致心室停搏。P-AVB 属于存在病变的希浦系统发生了 4 相阻滞（图 5-7-5）。

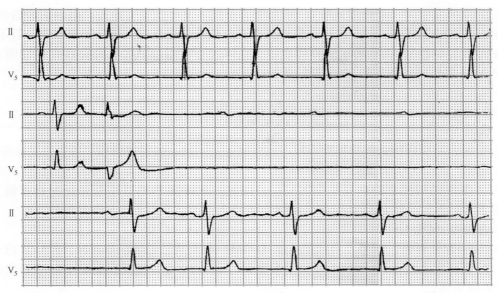

图 5-7-4　室早诱发 P-AVB

患者女、62 岁伴眩晕。一次室早诱发了 P-AVB，基础心电图存在一度房室传导阻滞 +CRBBB 及电轴左偏

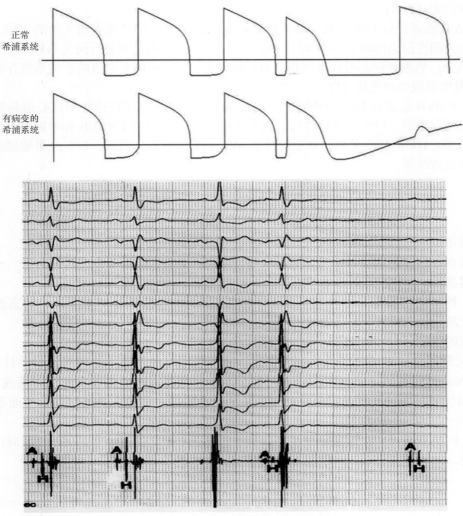

图 5-7-5　病变希浦系统发生 4 相阻滞

腔内电图显示，一次房早引发了 P-AVB

在一次长的停搏发生时（舒张期延长），病态希浦系统本来可以发生除极，但因钠通道仍处于失活状态，造成对随后激动的无反应。一旦这种临界舒张期膜电位持续存在时则传导不再发生，且不伴适时的逸搏或早搏（窦性或异位性），而后者可重整膜电位。在体表心电图，一次延长的 H-H 间期则表现为 PP 间期延长，而 P-AVB 发作前未观察到 PP 间期的延长。

五、诊断

P-AVB 发生时，不少病例未能捕捉到心电图而诊断无法明确，故需进行相关检查协助诊断。

1. 体表心电图

P-AVB 患者多伴结构性心脏病及心电图异常。因此，凡怀疑 P-AVB 引起晕厥时均要做 12 导联心电图，但心电图正常时不能除外 P-AVB 引起的晕厥。

2. 颈动脉窦按摩（CSM）

怀疑 P-AVB 引起晕厥时，床边颈动脉窦按摩（CSM）在无禁忌证时应当实施。P-AVB 患者 CSM 的阳性结果包括：P-AVB 发生前有 PP 间期的延长但不伴 PR 间期的改变。相反，迷走性 P-AVB 发生时，P-AVB 发生前常有 PR 间期延长。

3. 植入式 Holter

"植入式 Holter"检查对 P-AVB 的诊断很有价值。有时，P-AVB 患者直立倾斜试验呈阳性，但其特异性低，且不能重复时无法确诊。

4. 心电生理检查（EPS）

对怀疑 P-AVB 患者进行 EPS 的意义尚不肯定，而且 P-AVB 的高危患者也无预测指标。因此，当非侵入性检查结果均为阴性但仍怀疑 P-AVB 时，才推荐做 EPS。EPS 时还可进行阿义马林（缓脉灵）和普卡胺等药物的激发试验。当患者存在希氏束远端或 HV 间期延长时，可确定患者的希浦系统存在病变，但对确认有 P-AVB 的发生危险尚缺乏特异性。

应当了解，P-AVB 患者行 EPS 检查时能经心房或心室刺激，以及快速心室或心房刺激进行诱发。但 EPS 结果有一定的局限性。EPS 结果阴性时，尚有 10% 的患者（伴有 CRBBB 和晕厥患者）在 3 年随访中再发 P-AVB。另外，HV 间期正常时，不能除外 P-AVB 的发生危险。因此，EPS 结果敏感性低，应用时需结合临床及其他检查结果。

六、治疗

1. 胸前区捶击

P-AVB 发作时，可试用胸前区捶击，捶击可能转化为一次室性逸搏而终止 P-AVB。

2. 植入起搏器

十分明确，P-AVB 的发生是患者希浦系统存在病变的标志，且 P-AVB 发生时，心室逸搏情况又不能预测，故一旦诊断明确应植入心脏起搏器治疗。

3. 急性病因的治疗

P-AVB 的突然发生，有可能因急性病因引起，且该病因常能逆转，这时应针对急性病因给予治疗，而不需马上植入心脏起搏器。例如，P-AVB 因急性冠脉综合征引起，患者发生了下壁或前壁急性心梗。此时，患者远端传导系统的受损是因急性缺血发生了 4 相阻滞。当给予 PCI 治疗后可能不需要永久起搏器治疗。

应当强调，P-AVB 的及时诊断十分重要，因其可经永久心脏起搏器治疗，而未能及时诊断与治疗的患者可能发生猝死。

迷走性阵发性房室传导阻滞

迷走性阵发性房室传导阻滞（迷走性 P-AVB）是一种功能性房室传导阻滞，可引起先兆性晕厥、晕厥，甚至心脏性猝死，但与另两种 P-AVB 相比，其相对为良性，有随年龄增长有病情缓解或自愈等特点。

一、定义

迷走性 P-AVB 是因患者迷走神经过度兴奋而反射性引起 P-AVB（图 5-7-6）。其与迷走神经过度兴奋时对房室结功能的抑制作用有关，该晕厥属于"血管迷走神经反射性晕厥"。诊断迷走性 P-AVB 时，要与迷走反射性房室传导阻滞区别，后者常引起一度、二度 I 型和二度 II 型、2：1 房室传导阻滞等情况。这时，只诊断患者发生了血管迷走性的房室传导阻滞，而不能诊断迷走性 P-AVB。

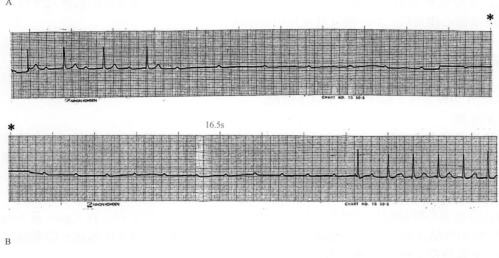

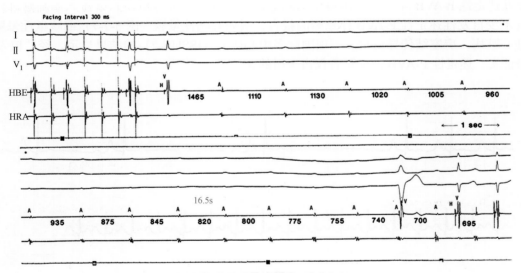

图 5-7-6　迷走性 P-AVB

A. P-AVB 发生前有一度房室传导阻滞，发作时心室停搏 16.5s，P-AVB 发生前还有窦性心率的减慢；B. EPS 诱发了 P-AVB，P-AVB 发生前 AH 间期明显延长（330ms），但 HV 间期正常（45ms），给予每分钟 200 次的快速心房起搏可诱发 P-AVB，心室停搏 16.5s，心室停搏中可见 PP 间期缩短，且 P-AVB 经一次室性逸搏可被终止。图中黑色数值单位为 ms

二、发生率

迷走性 P-AVB 确切的发生率很难确定。但应注意，人体发生迷走反应时，心脏窦房结的敏感性远远超过房室结，使该发生过程中严重窦性心动过缓、窦性停搏的发生率高，而这时可能无心房电活动，使识别同时发生的房室传导阻滞出现困难。

在直立倾斜试验中，Zysko 等发现：约一半的患者房室传导阻滞发生前或发生后存在窦性停搏，试验中房室传导阻滞的发生率仅 5%。Brignole 的研究也能重复该现象。直立倾斜试验时，发生窦房结功能的抑制是发生房室结阻滞的 4 倍，这是因窦房结对迷走神经的作用更敏感，而窦性停搏的发生将明显影响房室传导阻滞的检出。

此外，迷走性 P-AVB 发生在夜间比白天多见，Castellanos 报告的 21 例患者中，75% 的房室结阻滞发生在夜间，25% 发生在白天。发生晕厥者的心室停搏时间较长，但在患者无症状发作中，心室停搏很少超过 3s。

Bottiol 报告的 1714 例无症状迷走介导的房室传导阻滞患者中，PR 间期、AH 间期、HV 间期可有轻度延长。随访 2 年中，心脏症状不再发生。因此迷走介导的房室传导阻滞常有自然消失的倾向。所以，有学者主张，这一临床症候属于良性。

还应说明，迷走性 P-AVB 的阻滞部位在房室结，迷走性 P-AVB 介导死亡的病例几乎没有，但能引起继发性、快速性室性心律失常，其还能反复发作引起晕厥。

三、临床发作形式

迷走性 P-AVB 为阵发性，临床多见于以下情况。

1. 颈动脉窦按摩

按压房室结功能正常者的颈动脉窦时，可引发迷走性 P-AVB，尤其按摩左侧颈动脉窦诱发窦性停搏多于诱发房室传导阻滞，而有自发性迷走性 P-AVB 者很少经按摩颈动脉窦重复诱发。而且，按摩颈动脉窦引发房室传导阻滞的敏感性和特异性尚不清楚。

2. 直立倾斜试验

直立倾斜试验诱发心脏抑制型晕厥阳性的患者中，多数系心脏停搏引起。在 Zysko 及 Brignole 的各自研究中，仅 5% 的阳性结果因房室传导阻滞引起。解释这一现象的机制与上述相同，即窦房结对迷走神经的作用更敏感，更容易发生窦性停搏，进而掩盖了房室传导阻滞的发生。

3. 自发性迷走性 P-AVB

临床有不少自发性迷走性 P-AVB 伴晕厥的报告，例如吞咽性晕厥（图 5-7-7）或咳嗽性晕厥。这些患者无结构性心脏病，房室结传导正常。一项国际多中心研究（ISSUE-2）的结果显示，经"植入式 Holter"检查的记录证实，迷走性 P-AVB 及晕厥者仅占全组的 8%。

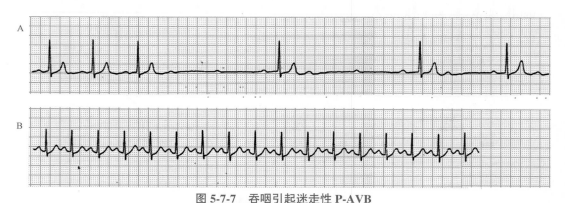

图 5-7-7　吞咽引起迷走性 P-AVB

患者男、78 岁。A. 吞咽固体食物时发生了 P-AVB ；B. 静注阿托品后，再次吞咽无 P-AVB 发生

四、发生机制

迷走性 P-AVB 的发生机制上文已有介绍，系患者体内迷走神经系统的过度兴奋，作用在房室结而引发 P-AVB 的结果。

近年来，Brignole 提出了一种新的特发性 P-AVB，患者常无房室结功能异常，无结构性心脏病，但患者又能突发 P-AVB 而不伴窦律改变，显然与迷走神经的过度兴奋无关。其发生机制系患者平素存在低腺苷，而患者对腺苷作用敏感。因此，当患者体内腺苷水平突然增高时可发生腺苷引起的房室传导阻滞，此型 P-AVB 与迷走性 P-AVB 的鉴别容易。

目前，临床应用的腺苷试验是快速推注 6～12mg 的腺苷，阳性时可出现一过性二度或三度房室传导阻滞伴心率突然减慢。腺苷与迷走神经的递质乙酰胆碱相比，尽管两者的受体不同，但有着相同作用。而且，乙酰胆碱和腺苷还有协同作用，即抵抗交感神经的递质肾上腺素和去甲肾上腺素的作用，并通过影响腺苷酸环化酶而产生心脏作用。因此，肾上腺素、胆碱能和嘌呤受体效应可经耦联系统得到整合，最终引起的心脏作用是其兴奋与抑制作用的总和。

目前认为，腺苷试验对于不明原因的晕厥鉴别无特异性。腺苷试验诱发出来的房室传导阻滞并不能预测患者在自发晕厥中的心电图表现。

因此，腺苷的一个可能作用是与迷走神经的超活性或房室结对腺苷的高敏感性产生协同作用。但截至目前，这一学说尚未在迷走性 P-AVB 患者中得到证实。

五、临床与心电图特征

1. 迷走性 P-AVB 的临床特点

迷走性 P-AVB 发生时，常有容易识别的诱发因素：①中枢性：情绪波动、精神或躯体应激；②外周因素：较长时间的站立。

除诱发因素外，临床症状中常表现出迷走神经系统激活的特征性症状（感觉温暖，腹部不适，以及头晕，面色苍白，恶心和出冷汗）。

2. 发作时的心电图特点

多为迷走神经过度兴奋的效应，包括窦性心率逐渐减慢，PP 间期延长（图 5-7-8）和房室传导时间的延迟及阻滞（PR 间期延长或出现文氏传导），进而引发窦性停搏或完全性房室传导阻滞。因此，该型 P-AVB 患者先兆晕厥的持续时间常比其他类型的 P-AVB 要长。此外，患者常有较长的晕厥病史，中年发病。多数迷走性 P-AVB 不进展为慢性房室传导阻滞，因患者的房室传导系统本身无病变。

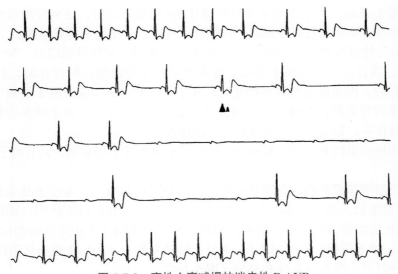

图 5-7-8　窦性心率减慢的迷走性 P-AVB

本图前 4 条为"植入式 Holter"的连续心电图记录。从图看出，逐渐严重的窦性心动过缓引发了 P-AVB，心室停搏长达 14s 和 6s，是一例典型的迷走性 P-AVB

六、诊断

迷走性 P-AVB 有特殊的临床与心电图特征，因此对多数病例与另两型 P-AVB 的鉴别并非困难。但仍有少数病例的鉴别有困难，故深入了解三种类型 P-AVB 的各自特征、发生机制十分重要。

1. 与特发性 P-AVB 的鉴别

新近提出的特发性 P-AVB 常发生在无器质性心脏病，基础心电图正常的患者，P-AVB 常突然发生而不伴其他心电图异常。而迷走性 P-AVB 发生时，常有窦房结及房室结功能同时受到抑制的表现，鉴别尚属容易。

2. 与 P-AVB 的鉴别

比较而言，与 P-AVB 的鉴别相对困难，两者鉴别要点见表 5-7-3。

从表 5-7-3 看出，两种 P-AVB 的诱发条件、P-AVB 的发生与终止时的心电图特点都截然不同。

发作时的心电图存在窦房结和房室结功能同时受到抑制表现时，提示该 P-AVB 发生机制不是传导系统的内在病变引起，而是属于迷走性 P-AVB，因两个结的功能都与迷走神经的作用相关。因此，当两结功能同时受抑制的心电图出现时，几乎可排除 P-AVB。还要说明，发作心电图中仅有 PP 间期轻度延长时，鉴别将困难。但有学者认为当 PP 间期延长量达 40ms 时，就能证实窦性心率存在减慢，系迷走神经作用所致。

表 5-7-3 迷走性 P-AVB 与 P-AVB 的比较

	迷走性 P-AVB	P-AVB
宽 QRS 波	不常存在	几乎总存在
室早或房早诱发	否	是
PR 间期延长	存在	不存在
心室停搏时	窦性心率减慢	窦性心率不变或加快
终止 P-AVB	窦性心率加速	常为室早、少数房早

一些单纯的 P-AVB 可呈心动过速或心动过缓依赖性。当存在心动过速依赖性时，与迷走性 P-AVB 正恰相反，使两者鉴别相对容易。而存在心动过缓依赖性时，鉴别相对困难。但心电图存在束支传导阻滞，双束支阻滞时，90% 的概率为 P-AVB。另外，P-AVB 伴心动过缓依赖性几乎总由早搏诱发，进而引起停搏，而不是经心动过速诱发，后者可抑制房室前传而引起 PR 间期延长。

表 5-7-3 中鉴别两者的心电图标准十分有用，心动过缓依赖性 P-AVB 的阻滞部位多为希浦系统。虽然尚无相关的前瞻性研究，但心动过速引起的 P-AVB 有威胁患者生命的可能。当心电图鉴别两者困难时，可进行心电生理检查，以确定病变是否位于希浦系统。

此外还有真性与假性二度 Ⅱ 型 AVB 的鉴别诊断问题，因为一旦确定存在二度 Ⅱ 型房室传导阻滞时，阻滞的部位一定位于希浦系统。当二度房室传导阻滞伴 PR 间期固定时，还要仔细观察此时是否伴有窦性心率的减慢，一旦有窦性心率减慢同时存在时，可除外真性二度 Ⅱ 型房室传导阻滞。

当"植入式 Holter"检查发现患者同时存在二度 Ⅰ 型和 Ⅱ 型房室传导阻滞时，50%～100% 为假性二度 Ⅱ 型房室传导阻滞。换言之，当二度 Ⅰ 型和二度 Ⅱ 型房室传导阻滞同时存在时，几乎能排除真性二度 Ⅱ 型房室传导阻滞的存在。因希浦系统存在病变时，几乎不可能同时引起二度 Ⅰ 型和二度 Ⅱ 型房室传导阻滞。真性二度 Ⅱ 型房室传导阻滞诊断时，应当确认同一情况可重复发生，且不伴窦性心率的减慢及二度 Ⅰ 型房室传导阻滞的同时存在，如有疑问，应做心电生理检查。

近期，为鉴别这两种类型的 P-AVB，Komatsu 提出了心电图迷走积分法，其有利于迷走性 P-AVB 的及时诊断。

该迷走积分法的机制简单而明确，意思是如果存在迷走性 P-AVB 时，那患者迷走神经的兴奋作用能使窦性心率减慢，PP 间期延长，还能作用在房室结，使房室结传导时间（PR 间期）延长，当心电图伴有这些表现时均提示 P-AVB 的类型为迷走性。目前已归纳出 9 项心电图迷走积分法的指标，包括 6 项积 +1 分和 3 项积 -1 分的指标。前 6 项指标阳性时各积 +1 分，最多可积 6 分，后 3 项指标阳性时各积 -1 分。当 9 项积分的代数和 ≥ 3 分时可诊断为迷走性 P-AVB（图 5-7-9）。

前 6 项积分指标如下：

（1）平素基础心电图正常。

（2）PR 间期延长"诱发"P-AVB。

（3）P-AVB 发生前存在 PR 间期延长。

（4）PP 间期延长可"诱发"P-AVB。

（5）P-AVB 发生前存在 PP 间期延长。

（6）P-AVB 发生中仍有窦性心率减慢。

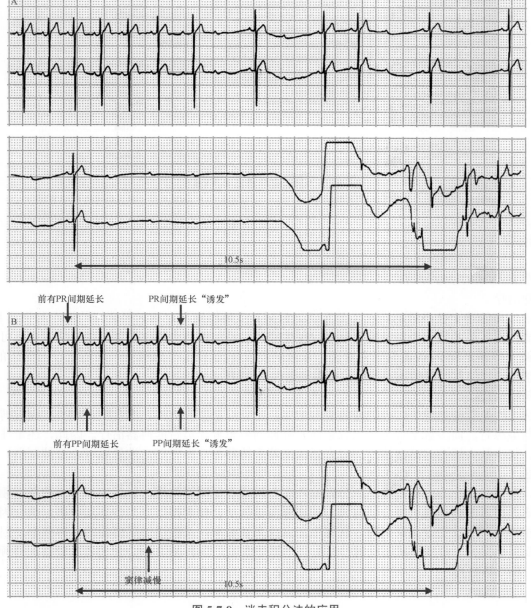

图 5-7-9　迷走积分法的应用

A. 患者男、25 岁，直立倾斜试验中发生 P-AVB 的心电图；B. 经心电图迷走积分法对 A 图评价后共积 6 分，包括：①基础心电图正常；②P-AVB 发生前存在 PR 间期延长；③PR 间期延长"诱发"P-AVB；④P-AVB 发生前存在 PP 间期延长；⑤PP 间期延长"诱发"P-AVB；⑥P-AVB（心室停搏）发生中仍有窦性心率减慢。因积分 ≥ 3 分，故该患者的 P-AVB 类型诊断为迷走性 P-AVB

　　心电图迷走积分法的后 3 项指标阳性时各积 -1 分：①平素心电图存在心脏传导系统远端有病变的表现，包括左、右束支传导阻滞，室内传导阻滞等；②P-AVB 由室早或房早等诱发；③P-AVB 由室性或交界性逸搏或窦性心率加快而终止（图 5-7-10）。

　　图 5-7-10 经过迷走积分法评价：患者积分为 -3 分：①平素心电图存在心脏传导系统远端有病变的表现；②室早诱发 P-AVB；③室性逸搏终止 P-AVB。故诊断该患者发生了 P-AVB。

　　需要说明，文献中还有学者提出心电图迷走积分法的其他指标，将来有可能也都会纳入心电图迷走积分法中。

　　P-AVB 发生时，当伴有心率减慢时，可能错误判断为迷走性 P-AVB。相反，迷走性 P-AVB 也能误诊为 P-AVB。因此，属于良性或房室传导阻滞诱因可逆转的迷走性 P-AVB 与 P-AVB 的鉴别十分重要。因以前的研究未能证实迷走性 P-AVB 患者可经心脏起搏器的治疗而获益。

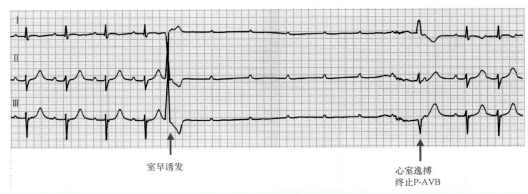

室早诱发

心室逸搏
终止P-AVB

图 5-7-10　室早诱发 P-AVB

如文中所述，经心电图迷走积分法的评价积−3 分，故该患者的 P-AVB 类型诊断为单纯的 P-AVB 型

七、治疗

迷走性 P-AVB 的治疗分药物和非药物两种。

1. 药物治疗

目前治疗血管迷走性晕厥的药物十分宽泛，包括 β 受体阻滞剂在内，可选择的治疗药物达 8 种以上。但指南未能列出各药的推荐级别及推荐顺序，医生需凭借经验进行个体化处理。也有学者主张可用茶碱治疗，但茶碱治疗迷走性 P-AVB 的研究发现，晕厥的复发率为 12%～22%。一项随机设对照组的研究中，与未接受茶碱治疗的对照组相比，茶碱治疗对迷走性 P-AVB 无效。

2. 非药物治疗

血管迷走性晕厥的患者中，心脏抑制型占 15%，血管抑制型占 20%，混合型占 65%。而起搏器仅能治疗心脏抑制型患者。而多数学者主张只有恶性心脏抑制型患者才适合起搏器治疗。因此，迷走性心脏抑制型患者中，仅少数人适合起搏器治疗。过去指南推荐起搏器治疗血管迷走性晕厥（心脏抑制型）的级别一直为Ⅱb 类。

目前，起搏器治疗心脏抑制型晕厥患者的理念与模式有了明显改进，包括应用了一种新型频率应答式起搏器，该起搏器的传感器可经心肌收缩力的增强而被激活，使起搏器变为传感器频率起搏。因此，当患者遇到交感神经刺激发生升压反射时，既能增加自身窦性心率，又能增加起搏器的起搏频率。因此一旦患者在升压反射后发生了过度的减压反射，发生心率骤降或迷走性 P-AVB 时，传感器的较快起搏频率可预防发生晕厥（图 5-7-11）。

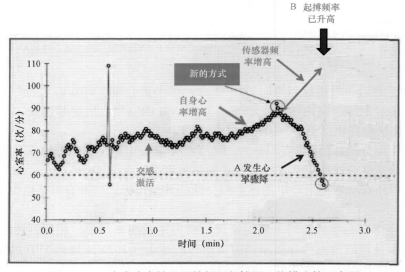

图 5-7-11　治疗迷走性晕厥的新型起搏器工作模式的示意图

应用闭环刺激这一新型传感器的工作模式，已完成了几项临床的随机、多中心、双盲或单盲，设对照组的研究。这些更客观、规格较高的研究结果（Spian 和 Invasy 研究）表明，起搏器治疗能有效预防 50%以上的迷走性晕厥（心脏抑制型）的发生，甚至可使随访期中晕厥患者全部得到有效预防。

在新的临床研究结果的支持下，欧洲心脏学会（ESC）在 2018 年的指南中，已将起搏器预防和治疗心脏抑制型迷走性晕厥（包括迷走性 P-AVB）的推荐级别从 Ⅱb 类升为 Ⅱa 类（图 5-7-12），这是一项重要的治疗进展。

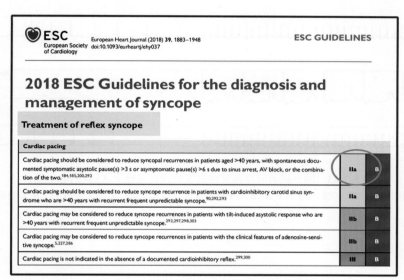

图 5-7-12　ESC 2018 年指南中新的推荐意见

特发性阵发性房室传导阻滞

特发性阵发性房室传导阻滞（特发性 P-AVB）与 P-AVB 和迷走性 P-AVB 的临床与心电图特点有明显不同，故认为这是一种新的疾病类型。

一、定义

特发性 P-AVB 是一种病史较长、晕厥反复发作，常无先兆晕厥的一种特殊的 P-AVB 类型。顾名思义，特发性是指患者的心脏正常（表 5-7-4），心电图正常。其 P-AVB 常突然发生，但发生前和持续期间都不伴发其他心律失常（图 5-7-13），并很少进展为慢性房室传导阻滞。

表 5-7-4 是 Brignole 报告的 18 例特发性 P-AVB 患者临床及心电图特点的一览表。其中患者的平均年龄为中年，男女性别无差别，且临床基础情况和心电图均正常，故冠为特发性。由于晕厥时出现三度房室传导阻滞，且两次发作之间临床与心电图可能均正常，没有任何可供诊断的蛛丝马迹，多数发作又记录不到发作时心电图，故患者常被诊断为原因不明的晕厥。

更要注意，特发性 P-AVB 发作前与发作中，无其他心电图改变，属于一种孤立性三度房室传导阻

表 5-7-4　18 例特发性阵发性房室传导阻滞患者特点一览表

特征	18 例
年龄 / 岁	55
性别男 / 例数（百分比） 性别女 / 例数（百分比）	9（50） 9（50）
QRS 波时限（ms）≤ 120 / 例数（百分比） QRS 波时限（ms）>120	18（100） —
右束支传导阻滞	0
右束支传导阻滞	
双分支阻滞（RBBB+LAH）	
左束支传导阻滞	0
室内传导阻滞	0
PR 间期	—
心室停搏时间（s）	9±7
左室 EF 值 <35%	0
房室传导阻滞突然发生 / 例数（百分比）	12（66）

滞，这提示，引发特发性 P-AVB 的发病因素只影响了房室传导，而对其他心肌或组织无明显作用（图5-7-13）。

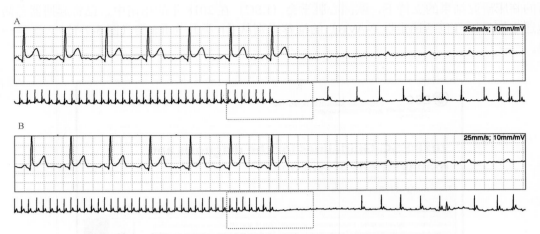

图 5-7-13   同一患者间隔数分钟发生两次特发性 P-AVB 的心电图
A、B 两图相似，都为突然发作的 P-AVB，PP 间期在发作前无变化。A. 心室停搏 7s；B. 心室停搏 11s

二、发生率

P-AVB 的精确发生率尚不确定。但文献认为，在所有 P-AVB 患者中，特发性 P-AVB 约占 30%，而不明原因晕厥的一项国际研究中，入组患者均植入了"植入式 Holter"，结果经"植入式 Holter"检查结果证实：晕厥患者中的 15% 为特发性 P-AVB。因此，特发性 P-AVB 的发生率并不低。

三、发生机制

与另两型 P-AVB 不同，特发性 P-AVB 的发生机制仍不清楚，但血浆低腺苷水平的学说已得到几项研究结果的支持。

Brignole 认为，低血浆腺苷可解释特发性 P-AVB 的发生，他对 18 例诊断特发性 P-AVB 的患者进行了各种检查，发现患者唯一共同的致病因素就是血浆腺苷水平比 81 名健康对照组要低（0.33μmol/L *vs.* 0.49μmol/L）。而静脉注射腺苷三磷酸（18～20mg）后（即腺苷试验），88% 的患者出现明显的窦性停搏（3.3～25s）。鉴于这些结果，Brignole 提出了一个涉及腺苷受体高亲和力的假说，即正常时 A2 受体在人体房室结大量存在，因此，当患者内源性腺苷呈短暂性增加时可使基础血浆腺苷水平低的患者发生房室传导阻滞。

Carrega 在一组反复发作且直立倾斜试验阳性患者中检测腺苷受体水平，发现与健康人相比，该组患者的受体数量增加。Saadjian 等研究了一组 27 例的相似人群，确定了编码 A2 受体基因的多态性，这种基因多态性在该组不明原因晕厥的患者中比 121 名健康对照组更常见。该结果认为这些受体在特发性 P-AVB 患者的发病中有潜在作用。

上述研究结果支持，特发性 P-AVB 患者基础状态时存在血浆低腺苷，腺苷对房室结 A2 受体有着高亲和性。当患者体内血浆腺苷水平突然增高时有可能引发特发性 P-AVB。因此，特发性 P-AVB 患者的晕厥又称"低腺苷性晕厥"。

四、诊断

目前尚无特发性 P-AVB 的特异性诊断方法，因此，对所有不明原因的晕厥或突发心搏骤停的患者都需考虑有无特发性 P-AVB 的存在。

1.排他性诊断

因尚无明确原因引发患者的特发性 P-AVB，因此，诊断时需排除各种常见的病因。

（1）排除药物治疗引起：尤其要除外 β 受体阻滞剂或钙通道阻滞剂等药物治疗。

（2）排除存在各种结构性心脏病。

（3）老年患者需排除存在系统退化或退行性心脏瓣膜疾病。

（4）排除患者发生了下壁或前壁心肌梗死。

（5）排除引发房室传导阻滞的其他不常见原因，包括免疫性疾病和感染等：如急性风湿热和细菌性心内膜炎伴心肌脓肿、先天性缺陷、手术、结节病等。

2.各种辅助检查

（1）直立倾斜试验：该试验常用于评估血管迷走性晕厥，而不适合用于反复发生的房室传导阻滞患者，特发性 P-AVB 患者在做此项检查时可有非特异性反应。

（2）心电生理检查：EPS 在检测房室传导功能方面的特异性和敏感性有限。Brignole 等对 18 例符合特发性 P-AVB 患者进行了该项检查，并进行了缓脉灵药物激发试验，结果受试的 15 例患者中 12 例结果正常。这些结果不支持对可疑特发性 P-AVB 患者，将 EPS 列为常规检查。

（3）植入式 Holter："植入式 Holter"检查有利于特发性 P-AVB 的检出。

图 5-7-14 为 1 例不明原因的晕厥患者，因高度怀疑存在特发性 P-AVB 而植入了"植入式 Holter"。

图 5-7-15 为调出患者再发晕厥时"植入式 Holter"

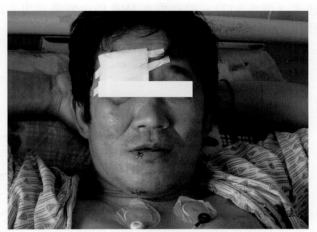

图 5-7-14 不明原因的晕厥患者，高度怀疑为特发性 P-AVB

患者男、45 岁，反复晕厥 3 年，平素或住院时的各项检查（包括直立倾斜试验）结果均为阴性，故诊断为不明原因的晕厥。随后给患者植入"植入式 Holter"，植入 11 个月后再发晕厥，摔伤的额头缝合了 14 针

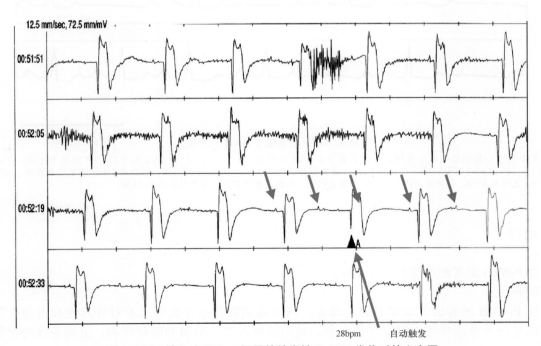

图 5-7-15 植入式 Holter 记录的特发性 P-AVB 发作时的心电图

本图为图 5-7-14 患者再发晕厥时"植入式 Holter"检查的资料，其从 1：1 房室传导突发完全性房室传导阻滞，心室率仅 28 次 / 分而引发晕厥。但发作前心电图无任何其他改变，提示为特发性 P-AVB

的检查资料，证实患者发生 P-AVB 时，心室率骤降到
28 次 / 分而引发了晕厥。又因患者无器质性心脏病和
平素心电图异常，进而诊断为特发性 P-AVB。

经"植入式 Holter"检查明确为特发性 P-AVB
后，及时给患者植入了双腔心脏起搏器（图 5-7-16），
图 5-7-16 中可见"植入式 Holter"尚未取出（箭头指
示）。

3. 注意复合性 P-AVB 的诊断

如上所述，多种类型的 P-AVB 可同时出现在同一
患者（图 5-7-17），混合型 P-AVB 的诊断将对患者的
预后评估、治疗选择都有重要作用。

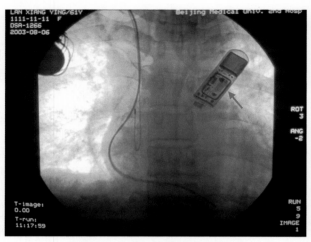

图 5-7-16 同一患者的 X 线胸片

图 5-7-15 的患者诊断明确后植入双腔心脏起搏器治疗，此后晕厥
未再发生，图中右侧为"植入式 Holter"（箭头指示）

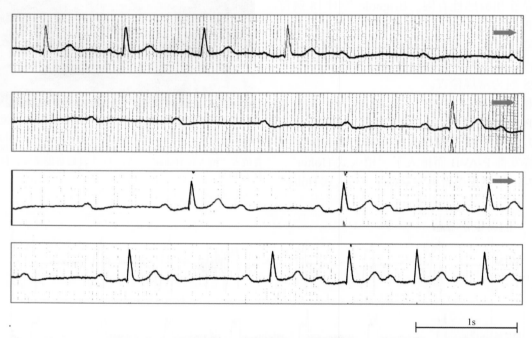

图 5-7-17 混合型 P-AVB 的发生

本图为 1 例无器质性心脏病且平素心电图正常患者发生 P-AVB 时的连续心电图记录。P-AVB 发生时，PP 间期无变化，提示为特发性
P-AVB，而心室停搏前 PR 间期从 0.20s 延长到 0.28s。并在停搏后发生了 2 : 1 房室传导阻滞，第 2 个 PR 间期延长到 0.36s。这种 PR 间期
的延长提示为迷走性 P-AVB。经查患者内源性腺苷浓度又较低，因此，本例最终诊断为混合型 P-AVB

五、治疗

特发性 P-AVB 患者的治疗有其特殊性。

1. 茶碱治疗

特发性 P-AVB 患者属于血浆低腺苷患者，这使血浆腺苷水平低的患者对外源性和内源性腺苷高度
敏感。茶碱是一种非选择性腺苷受体拮抗剂，可阻断患者突然增加的腺苷作用，进而有预防晕厥复发的
作用。

在近年发表的两项小型观察性研究中，对确诊特发性 P-AVB 的患者，平均随访 16 个月和 17 个月，口
服茶碱有效。对于某些患者，甚至可作为永久性心脏起搏器治疗的替代治疗方案。

2. 起搏器治疗

特发性 P-AVB 患者起搏器治疗的结果显示：植入起搏器治疗后的长期随访中，永久性心脏起搏器能有效预防特发性 P-AVB 患者晕厥的复发。

结束语

P-AVB 在临床并非少见，而近年又有学者提出了一种新类型的 P-AVB：特发性 P-AVB，使 P-AVB 共有三种临床类型。三种类型 P-AVB 的发病机制、基础心脏病、基础心电图表现、临床特征、治疗等都有明显不同。因此，不同类型 P-AVB 的及时识别与诊断十分重要。更有意思的是目前三种类型的 P-AVB 引起的晕厥种类均不同，即三型 P-AVB（P-AVB、迷走性 P-AVB、特发性 P-AVB）引起的晕厥分别为三种不同类型的晕厥：心脏性晕厥、血管迷走性晕厥、低腺苷性晕厥。

第八章

分规试验

近年来，心律失常领域的一个重要变化就是心房颤动（房颤）的发生率呈直线上升。流行病学的资料提示，全世界房颤发病人数每 25 年则将翻番。欧洲房颤的资料表明，全社会人口中房颤的发生率 >2%，而在心血管疾病，尤其伴有心衰的人群中，房颤的发生率 >50%。除发生率迅速升高外，其对人体的危害性也不断增大，房颤使患者死亡率增加 2 倍，心脏性猝死率增高 2 ~ 3 倍，脑卒中的发生率提高 5 倍以上，对心脏功能也有明显的损害。因此，房颤的诊治已成为心血管疾病的重中之重。

房性快速性心律失常包括房颤、心房扑动（房扑）、房性心动过速（房速）。而房颤的发生 90% 起源于左房，发生机制为房内发生了杂乱无章的微折返，替代窦性 P 波的 f 波频率为 350 ~ 600 次 / 分，且 f 波的振幅、时限、形态三不规整，其经房室结下传激动的心室波也绝对不整（图 5-8-1A）。而房扑却不同，其 90% 发生在右房，是发生在右房的一个逆钟向或顺钟向的房内大折返，而房扑（f 波）的频率为 250 ~ 350 次 / 分，且 F 波的振幅、时限、形态三规整，其经房室结下传激动的心室波（R 波）相对规律。临床医生与心电图医生常根据快速心房波的三不规整（f 波）和三规整（F 波），再结合心室律的绝对不整和相对规律，很容易做出两者的鉴别诊断（图 5-8-2）。

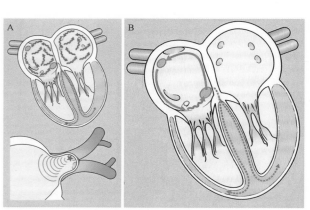

图 5-8-1 房颤、房扑发生机制

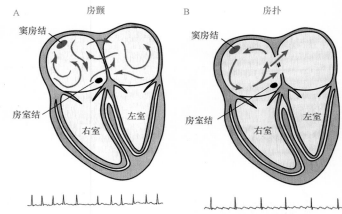

图 5-8-2 房颤与房扑的心电图鉴别

但临床心电图常有一些变异和不典型情况的存在，尤其当快速心房波振幅较高，心房波的规律性似有似无时，可使鉴别诊断出现一定的问题，并造成心电图医生的诊断与射频消融术医生的最终诊断相悖的情况。

图 5-8-3 是国外一本心电图专著中列举的两例患者 V_1 导联的心电图，并告之：两例中一例为房扑，另一例为房颤，请你做出各自的诊断。

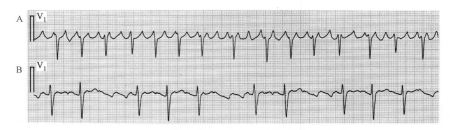

图 5-8-3 房扑与房颤两例患者的 V_1 导联心电图

初步查看图 5-8-3 后，几乎临床医生和心电图医生都毫无悬念地迅速做出诊断，图 5-8-3A 为房扑，图 5-8-3B 为房颤。

随后该书作者介绍了简单易行的分规试验（图 5-8-4）。

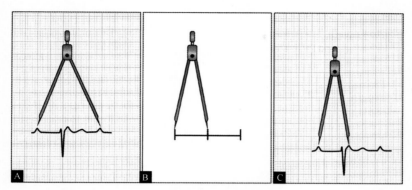

图 5-8-4　分规试验

具体方法是将分规的一脚落在一个清楚可见的房波处，另一个脚落在另一个同样清楚的房波处，再将分规两个角的间距固定，此时不用计算两脚之间含几个房波，而是沿心电图移动分规。当移动的分规第一个脚落在清楚可见的房波时，另一脚的落点能够精准重复落在另一个清楚的房波者为房扑，不能精准重复者为房颤。

图 5-8-5 是图 5-8-3A 的分规试验结果，可以看到，分规另一脚的落点不能精准重复，诊断为房颤。

而图 5-8-6 是图 5-8-3B 的分规试验结果，可以看到，分规另一脚的落点可以精准重复，诊断为房扑。

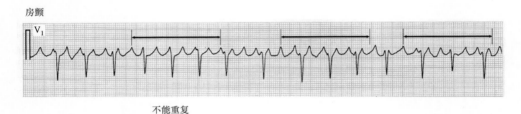

图 5-8-5　分规落点不能重复

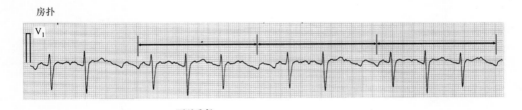

图 5-8-6　分规落点精准重复，诊断为房扑

可以看出，分规试验的方法简单易行，但鉴别与鉴别诊断的意义很大。图 5-8-5、图 5-8-6 经分规试验的诊断结果与最初对图 5-8-3 的诊断恰恰相反。因此，简单的分规试验能提高心电图医生对房颤与房扑的鉴别诊断能力。

心动过速新进展

第六篇

第一章

窦房折返性心动过速

窦房折返性心动过速（sinoatrial reentrant tachycardia）临床并非罕见，并有其独立的临床及心电图特点，有明确的心脏电生理诊断标准，又有较好的治疗方法，因此提高对窦房折返性心动过速的认识水平十分重要。

一、窦房折返性心动过速的概念

窦房折返是指在窦房结与邻近的心房组织间发生的激动折返，因窦房结是折返环的一部分，所以引发的心房 P 波与窦性 P 波形态完全或几乎完全相同。当窦房折返连续出现 3 次或 3 次以上，折返的周期 < 600ms 时，则构成了一次窦房折返性心动过速（图 6-1-1）。

二、窦房折返性心动过速的临床特点

1. 发病率

窦房折返是较常见的折返现象，心脏电生理检查中约 10% ～ 15% 的患者发生 1 ～ 2 次窦房折返，而窦房折返性心动过速相对少见，约占全部室上速患者的 3% ～ 4%。

2. 发病年龄

可见于任何年龄，好发年龄 40 ～ 60 岁，中老年人中男性多见，约占 60%。

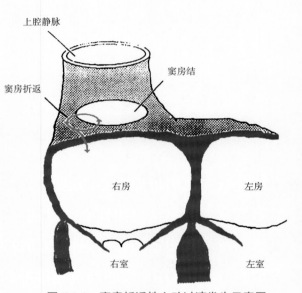

图 6-1-1　窦房折返性心动过速发生示意图

3. 症状

发作呈阵发性，即突然发生、突然终止，每次发作持续时间不等，通常为几秒钟到几小时。发作时心率范围 100 ～ 200 次 / 分，多数心率 100 ～ 130 次 / 分，平均心率 130 次 / 分。发作时的症状取决于发作时心率、持续时间及伴有的基础心脏病的情况。多数伴有心悸、气短、胸痛、头晕，仅少数病例心动过速时伴明显的血流动力学改变。

4. 诱因

常因情绪激动、紧张、运动等诱发心动过速，部分病例无明显诱因。发作频度可逐年增加，发作的持续时间随病程有逐渐延长的趋势。

5. 伴发的基础心脏病

与其他阵发性室上速不同，几乎所有窦房折返性心动过速的患者均有器质性心脏病，常伴发心脏瓣膜疾病、冠心病、高血压性心脏病、先心病等。

三、窦房折返性心动过速的心电图特点

1. P 波的形态

心动过速发作时，P 波形态与窦性 P 波形态相同，也可能有轻微差异（图 6-1-2），系折返在心房的传出部位与窦性激动的心房传出部位不同。P 波的除极顺序由高至低，由右向左，这可经心内电图证实。

2. 心动过速的频率

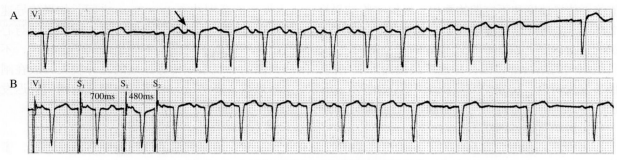

图 6-1-2　窦房折返性心动过速的自发与诱发

A. 窦性心律时 1 次房早诱发心动过速（箭头指示）；B. 同一患者经食管调搏 S_1S_2 刺激诱发心动过速，心动过速频率 115 次 / 分，P 波形态与窦性 P 波略有差异，心动过速有明显的自限性，可自行终止

与自律性窦性心动过速频率相近，常在 100 ～ 150 次 / 分之间，而又比其他类型的室上速的频率慢，平均 130 次 / 分，心动过速频率慢时诊断较易，心率快时 P 波可能与前面的 T 波融合，使 P 波形态难以辨认。

3. 温醒现象

窦房折返性心动过速发生时，常伴温醒现象（warm up），即在前 3 ～ 5 个心动周期中，心律可不规整，心率常逐渐增快而趋于稳定。在心动过速终止时有冷却现象（cool down），即在最后 3 ～ 5 个心动周期中心率逐渐减慢后心动过速终止。

4. 心动过速的自限性

窦房折返性心动过速持续时间一般较短，因本身的自限性所致。自限性是指心动过速自动终止的特点。心动过速终止至恢复窦性心律之前的时间间期可能与对照窦性周期长度相等，但多数情况比之要长。因为折返停止时的最后一次搏动如同一次窦性期前收缩，其作用与房性期前收缩一样，产生窦房结的侵入和节律重整，使停止后的时间长于窦性周期。

5. 心动过速可由适时的房早、窦性早搏诱发和终止（图 6-1-2）

因心率太快伴房室传导阻滞时，不影响心动过速的发生。

6. 兴奋和刺激迷走神经时，可使心率减慢或使心动过速突然终止

应当指出，不少窦房折返性心动过速依靠心电图诊断困难。可能与下列情况有关：

（1）当窦性回波与 P 波形态略有差异，有可能是窦性回波传出部位略有不同，或是有频率依赖性心房内差异性传导，此时心电图很难将这种情况与折返性房性心动过速相鉴别。

（2）伴窦性心律显著不齐时的窦房折返。

（3）窦性 P 波及窦性回波的振幅较低时。

（4）窦性回波重叠在前一心动周期的 T 波中，其形态常难以辨认。这些情况出现时需心内电生理检查才能获得可靠的诊断。

四、窦房折返性心动过速的发生机制

1. 折返机制

临床表现及心脏程序刺激可以重复地诱发和终止等特点都表明这种突发突止的心动过速发生机制为折返。

2. 窦房结参与了折返

Aleessie 和 Bonke 在离体的兔心上进行了卓有成效的窦房折返途径的验证实验，他们将窦房结分出 130 条纤维，并记录这种心动过速发生时的激动顺序，此后引入一个适时的房早诱发心动过速并记录窦房结纤维的激动过程，结果清楚地显示，折返经过了窦房结，窦房结本身是这种折返性心动过速发生的重要部位。

3. 心房也参与了折返

根据折返波长的计算公式，可计算出折返波波锋（wave front）与折返波波尾（wave tail）之间的长度，

该值等于传导速度和不应期的乘积。根据实验结果推论折返发生的范围约在 1 ～ 2mm 之间,如果传导速度为 2.5mm/s,则折返范围涉及窦房结周围的心房组织。这与基础的电生理研究结果一致,即窦房结与心房组织的连接区是心脏组织激动传导的三个闸门之一,闸门位于不应期不均衡的不同组织间的连接区,不同心肌组织间的结合部位因传导速度最慢而形成闸门,闸门两侧的心肌组织传导速度的差异较大,故在闸门处最易发生折返。房室结与周围组织组成的闸门折返发生率最高,窦房结与心房组织组成的闸门折返发生率位居第二,浦肯野纤维与心室肌组织连接部位的闸门也经常发生折返。

4. 窦房结折返区与窦房折返

心房程序刺激时,窦房结对不同的房性期前收缩有 4 种反应,房早刺激的联律间期逐渐变短时,窦房结的 4 种反应分别为窦房结结周干扰区、窦房结结内干扰区、窦房结不应区和窦房结折返区(图 6-1-6)。显然Ⅲ区与Ⅳ区的顺序似乎有矛盾,即Ⅲ区的房性期前刺激已进入了窦房结的不应期,而比之更早的房早刺激却能引起窦房结的折返。目前有 2 种理论解释这种现象。

(1)裂隙现象学说:当窦房结不应期长于心房不应期,一定联律间期(Ⅲ区内)的房性期前收缩逆传到窦房结,可遇到窦房结的不应期,表现为Ⅲ区反应。但比之来得更早的心房刺激(S_2)在心房扩布逆传时,遇到心房的相对不应期,使房内传导变得缓慢,激动在房内缓慢传导到达窦房结时,窦房结已脱离了有效不应期而对 S_2 刺激发生反应,并与心房组织共同引发折返。这种观点强调了裂隙现象是窦房折返的始动原因。

(2)双径路学说:认为窦房结与邻近的心房组织间存在不应期及传导速度不同的两条径路,快径路传导速度快,不应期相对长,一定联律间期的房性期前收缩在房内扩布时沿快径路向窦房结逆传,可引出Ⅲ区反应。此后,联律间期更短的房早在房内扩布时遇到快径路有效不应期而改为慢径路向窦房结逆传,激动从慢径路的方向传入窦房结,在其内部缓慢、迂回传导。传导缓慢进行的过程中,心房的兴奋性逐渐恢复,使窦房结迂回传出的激动再次传入心房,形成窦性回波。

可以看出,裂隙现象和双径路学说都能解释窦房结Ⅳ区反应发生的原因和机制,而有Ⅳ区反应时,窦房折返现象必然出现。窦房结动脉供血区域有过梗死或窦房结及结周组织因种种原因发生了纤维化或存在瘢痕组织等,都可使传导变得更为缓慢,引发折返。

五、窦房折返性心动过速的电生理诊断

早在 1943 年 Barker 就提出了窦房折返性心动过速的概念,直到 1974 年才由 Narula 应用临床电生理检查方法证实和解释了其发生的可能机制,并总结了电生理的诊断标准。窦房折返性心动过速的电生理诊断有以下几个特点。

1. 适时的心房刺激可诱发和终止(图 6-1-3 至图 6-1-6)。

2. 可有明显的、较宽的诱发窗口(图 6-1-7)。

3. 可反复重复诱发和终止。

4. 迷走神经刺激可终止心动过速。

5. 心动过速的诱发与房室传导延缓、房内传导延缓无关。

我们认为窦房折返性心动过速的诊断程序可归纳为以下几点。

(1)若有突发突止的发作特点,结合发作时的典型心电图表现,则可确诊。困难在于心动过速发作的持续时间常短暂,体表心电图很难捕获,而发作频繁者可依靠动态心电图检查证实。

(2)发生上述诊断困难时,可进行无创性食管电生理检查,检查时可经 S_1S_2 或 RS_2 程序刺激诱发和终止心动过速,诱发能够反复重复,并能测定诱发窗口。诱发后的症状与平素症状相同,心率相近。可能遇到的困难是心房 P 波形态不好辨认或变异明显,需要进行心内电生理检查。

(3)心内电生理检查有确定诊断的价值,主要观察和测定心动过速诱发后心房激动的顺序,当顺序符合由上向下、由右向左,并与窦性心律的心房激动顺序完全一致时,则可确诊(图 6-1-8)。

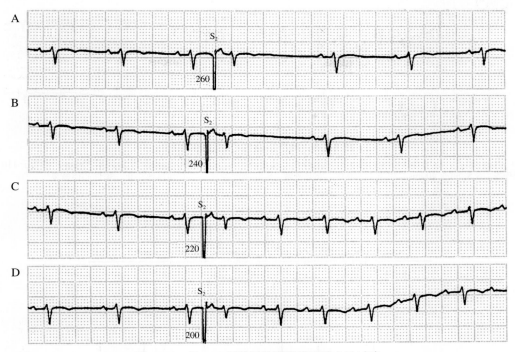

图 6-1-3 经 RS₂ 刺激诱发窦房折返性心动过速

本图为食管心房调搏 RS₂ 程序刺激诱发窦房折返性心动过速。当 S₂ 刺激的联律间期为 220ms 和 200ms 时心动过速被诱发，心率 105 次 / 分，P 波形态与窦性 P 波相同，PR 间期略有延长。图中数字单位为 ms

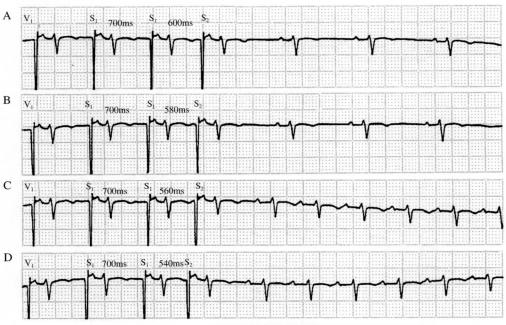

图 6-1-4 S₁S₂ 刺激诱发窦房折返性心动过速

本图与图 6-1-3 为同一患者，应用 S₁S₂ 程序刺激诱发心动过速，当 S₁S₂ 联律间期分别为 560ms、540ms 时，心动过速被诱发，心动过速的特点同图 6-1-3

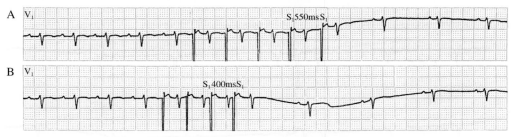

图 6-1-5 窦房折返性心动过速的终止

本图与图 6-1-4 为同一患者，应用食管心房调搏 S_1S_1 刺激终止心动过速。A. 5 个 S_1 刺激连发，S_1S_1 间期 550ms，相当于 110 次 / 分的刺激；B. 4 个 S_1 刺激连发，S_1S_1 间期 400ms，相当于 150 次 / 分的刺激。S_1S_1 刺激发放后，心动过速终止，窦性心律恢复

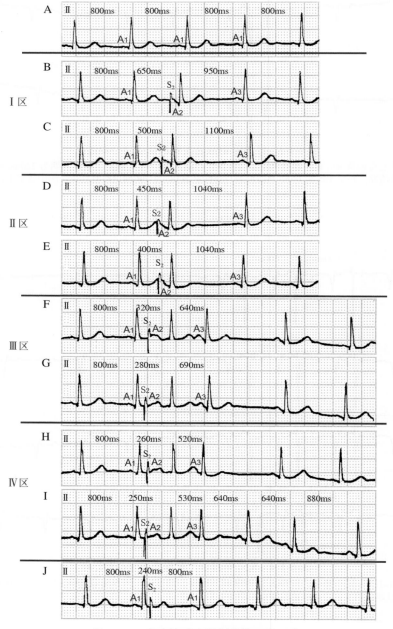

图 6-1-6 窦房结对房早刺激的四区反应

Ⅰ区反应：窦房结周干扰区：其特点为 S_2 刺激引起完全性代偿间期，使 $A_1A_3 = 2A_1A_1$(B、C)
Ⅱ区反应：窦房结内干扰区：其特点为 S_2 刺激引起不完全性代偿间期，使 $A_1A_3 < 2A_1A_1$(D、E)
Ⅲ区反应：窦房结不应区：S_2 刺激进一步提前，引起插入性房早，使 $A_1A_3 = A_1A_1$(F、G)
Ⅳ区反应：窦房折返区：S_2 刺激引起窦房折返，使 $A_1A_3 < A_1A_1$(H、I)

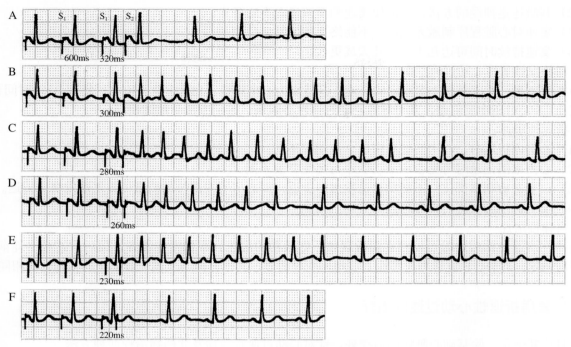

图 6-1-7　窦房折返窗口的测定

本图为 1 例经心内电生理检查证实的窦房折返性心动过速患者，应用食管心房调搏测定其折返窗口。图 B ～ E 中，经 S_1S_2 刺激均能诱发短阵的心动过速，折返窗口宽 70ms。心动过速发作时心率 150 次 / 分左右，略有心律不齐。由于 P 波与 T 波融合，易把融合后的 T、P 波误以为 T 波而混淆诊断

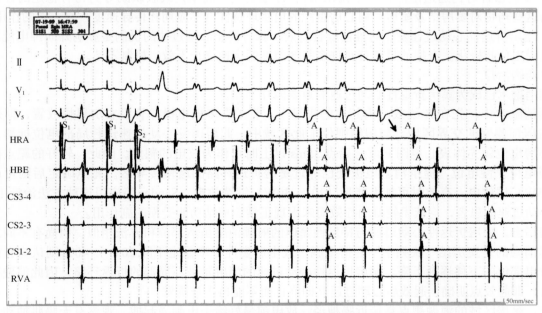

图 6-1-8　心内电生理检查诱发窦房折返性心动过速

本图为心内高右房 S_1S_2 刺激诱发窦房折返性心动过速。上半部为 I 、II 、V_1、V_5 导联心电图，下半部为心内电图记录。$S_1S_1$500ms，$S_1S_2$300ms，S_2 刺激诱发出心动过速，并在箭头指示部位终止。心动过速发作时有 T、P 波融合，使体表心电图中 P 波难以辨认。但从心内电图可以看出心动过速和窦性心律时，心房的激动顺序一致，表现为由上向下、由右向左，证实了心动过速发生机制为窦房折返。HRA：高右房；HBE：希氏束；CS：冠状窦；RVA：右室心尖部

六、窦房折返性心动过速的鉴别诊断

1. 与自律性增强的一般性窦性心动过速鉴别

（1）窦速常逐渐发生，逐渐停止，无突发突止特点。

（2）刺激迷走神经的方法，只能使窦速频率减慢而不能终止。

（3）窦速对心脏程序刺激无反应，不能终止和诱发。

（4）窦速持续时间可达几小时、几天或更长。

2. 与特发性窦性心动过速鉴别

特发性窦速可看成是严重而顽固的窦速，其特点为心率更快（白天多＞140 次/分），持续时间长（几个月或几年），对药物反应差，常可导致心动过速性心肌病，鉴别方法与前述相同。

3. 折返性房速

（1）心房内折返时，心房回波与窦性 P 波明显不同。

（2）心内电图记录时可见心房激动顺序与窦性 P 波不同。

（3）改变右房刺激部位常不能重复诱发房内折返，而心房不同部位的刺激可重复诱发窦房折返。

（4）窦房折返时无房内传导延迟的其他所见。

4. 自律性房速

自律性房速发作起始时可以存在温醒现象，即最初的房速频率稍慢伴不齐，随后房速频率逐渐加快，频率最后稳定。此外，P 波形态与窦性 P 波相比变异明显，其他方面与上述一般窦速的鉴别方法相同。

七、窦房折返性心动过速的治疗

一旦诊断确定，除基础心脏病的治疗外，针对心动过速有药物及非药物治疗两种方法。

1. 药物治疗

（1）一部分患者对 β 受体阻滞剂有较好的治疗反应，服用后能够预防发作，但治疗一段时间后需增加药物剂量才能维持原来疗效。

（2）多数患者对钙通道阻滞剂（维拉帕米）、洋地黄（地高辛）或胺碘酮等药物有稳定的疗效，其机制可能为这些药物对窦房结及窦房结周心房组织的电生理特性（不应期和传导速度）有一定的作用。

（3）窦房折返性心动过速发作时推注腺苷有效，腺苷终止心动过速的机制是影响外向钾电流，使局部组织静息膜电位超极化。有趣的是腺苷对许多其他类型的房速终止无效，机制不清。

2. 非药物治疗

射频消融术已成为窦房折返性心动过速的重要治疗手段。

射频消融术中，先在 X 线或心内超声的指导下，将 1 支多极电极导管沿右房界嵴放置，即放在上腔静脉与右房前侧壁的交界区域，窦房结则位于此区域中。此后诱发心动过速进行局部电位标测，当标测到局部心房电位领先体表心电图 P 波起始点 35ms 以上时可作为放电的靶点。除此，较好的靶点区常可记录到碎裂电位、慢电位，提示消融电极处已邻近窦房折返环路的缓慢传导区。靶点确定后则可用低能量（10 ～ 15W）试放电，有效时可加大能量（20 ～ 30W）继续放电。Sander 等应用这种方法治疗 10 例窦房折返性心动过速的患者，均获得较好的疗效而未出现正常窦房结功能受损的副作用。

应当指出，窦房折返性心动过速与特发性窦速的射频消融虽然部位和方法相似，但尚有不同之处。特发性窦速消融的是窦房结"快频率"起搏细胞，放电后窦性心率稳定下降20% ～ 40% 则认为有效，而且心率随放电部位的下移逐渐下降。窦房折返性心动过速的消融是破坏局部的折返环路，因此消融有效时呈开关现象，即起效点明确，起效后心动过速立即终止而不能再次被诱发。

除此，窦房区域的消融靶点常接近膈神经，放电前最好给予电刺激起搏，观察有无膈肌抽动，避免消融过程中损伤膈神经引起膈肌麻痹。

总之，窦房折返性心动过速在临床并不少见，并有其特有的临床和心电图表现，多数病例经食管心脏电生理检查可以确诊。症状明显、发作频繁时应给予药物治疗或射频消融术根治。

房室结自律性心动过速

房室结自律性心动过速（junctional ectopic tachycardia）又称希氏束自律性心动过速（His bundle tachycardia）。近年来，随着临床心脏电生理学的发展，临床病例报告逐年增多，而且部分病例经射频消融根治。因此，房室结自律性心动过速重新受到心电图及临床医师的关注和重视。

一、名称与定义

1976 年，Coumel 首次报告并描述了房室结自律性心动过速的临床特点，该患儿诊断时年龄不足 6 个月。此后，Brechenmacher、Batisse、Garson、Gillette 等相继报告了相似病例。这些资料说明，发生在婴幼儿的房室结自律性心动过速的自然病程转归不良，经过药物、外科、导管消融等治疗死亡率仍然颇高，50% 的患儿有明确的家族史。Villain E 报告的一组 26 例病例中，62% 有不同程度的心力衰竭。因此，婴幼儿的房室结自律性心动过速并非罕见，属于一种无休止性心动过速，预后较差。

房室结自律性心动过速，又称先天性房室交界性无休止性心动过速（congenital ectopic junctional incessant tachycardia），以及希氏束自律性心动过速等。顾名思义，这是一种起源于房室交界区的自律性心动过速，有反复、持续发作、无休止性趋势。其与房室结折返性心动过速、非阵发性房室交界性心动过速三者共同组成房室交界性心动过速。

二、发病机制

1. 遗传机制

最初的房室结自律性心动过速的病例集中在婴幼儿，相当数量的病例有明确的家族史。Villain E 等于 1990 年报告的一组 26 例病例中，高达 50% 的患者有家族遗传史，Hamdam M 报告的 14 例儿童患者中 4 例有明显的家族史。可以看出，婴幼儿患者有明显的遗传缺陷，属于常染色体显性遗传性疾病。

2. 自律性机制

心电图包括动态心电图记录及电生理检查结果都支持房室结自律性心动过速的发生机制不是折返性，而属于自律性异常增高机制。心动过速对儿茶酚胺比较敏感，颈动脉窦按摩及注射腺苷可终止其发作。心脏程序性电刺激常不能诱发或终止这种心动过速。相反，心动过速发生时有温醒现象，部分病例经快速心室起搏可以诱发心动过速，腺苷可终止心动过速等，提示触发性机制不能完全排除。而从广义概念出发，触发机制也属于自律性机制。

3. 心动过速的起源部位

房室结自律性心动过速的起源点可能来自组成房室交界区的 3 部分组织：即心房插入端，移行细胞区或希氏束近端。本型多数心动过速患者伴有室房逆传阻滞，这不支持心动过速起源点位于房室结的心房插入端。最初的电生理资料证实心动过速的每个 QRS 波前均有 H 波，因而曾认为心动过速源于希氏束或其周围，或希浦系统，故曾称其为希氏束自律性心动过速，但直到目前仍缺乏有力的证据。

目前，越来越多的资料表明，该心动过速起源于房室结及结周的移行细胞。因为心动过速发生时，自然状态或服用 β 受体阻滞剂时，常伴有前向（AV）传导阻滞或逆向（VA）传导阻滞，提示激动从起源点发出后，前传或逆传都需要穿越结区组织。除此，P 波与 QRS 波的关系也有助于确定该心动过速的起源部位。1969 年，Damato 证实，犬实验性房室结自律性心动过速时，P 波位于 QRS 之后，而房室结区上部心律时，P 波位于 QRS 波之前或重叠于其中。另一个说明起源点位于房室结结周的依据是，射频消融能成功地消除心动过速异位节律点，却不影响房室结的传导（图 6-2-1）。

近年来的电生理资料及详尽的标测结果说明，心动过速的起源点可能位于 Koch 三角的下后、前上等

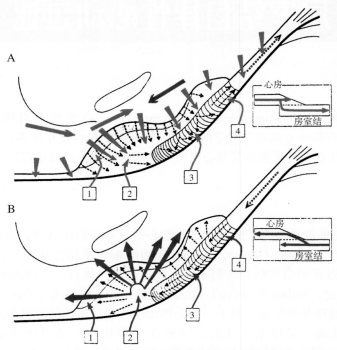

图 6-2-1 房室交界区前传及逆传示意图

A. 房室结前传：激动以房结区 1 → 2 → 3 区的顺序传导到希氏束（4）；B. 房室结逆传：激动从希氏束（4）向房室结 3 → 2 → 1 区的反向传导。房室结自律性心动过速的起源点可能为结区（2）的移行细胞，占房室结区细胞总数的 95%，分布在结区的周围

不同部位。

4. 损伤机制

房室结自律性心动过速可发生在先心病外科手术后的患者，心外科手术相关性房室结自律性心动过速的发生与室间隔缺损（室缺）修补术有关，单纯性室缺与复杂性室缺手术后，房室结自律性心动过速的发生率都很高，可能因手术中房室结结周组织的损伤，促发了术后房室结自律性心动过速的发生。

三、房室结自律性心动过速的分型

根据心动过速的发病年龄及发作特点，房室结自律性心动过速分为 3 型。

1. 儿童型

此型患儿常自幼发病，心动过速的平均心率高达 230 次 / 分（140 ～ 370 次 / 分），多数呈无休止性发作，存在明显的家族遗传倾向，自然病程预后较差，对药物及非药物治疗反应差，易发生心律失常性心肌病，死亡率高。

2. 成人型

成年发病，发作时心率相对较慢，约 90 ～ 150 次 / 分，抗心律失常药物治疗反应尚可，射频消融术有一定的成功率，预后相对良性。

3. 先心病外科手术型

发病于心外科手术后，尤其是室缺修补术后、Fontan 术后、房间隔缺损（房缺）修补术后等，术后发病似乎与患者年龄偏小、手术费时、术后用药较多有关。与儿童型不同的是，此型常为一过性，术后多持续 1 ～ 4 天后停止。

四、临床特点

1. 发病年龄及发生率

儿童型发病年龄低,可在出生后获得诊断。部分较大儿童心动过速可在偶然机会中发现,也可因其他心脏病而被诊断,本型心动过速约占儿童心动过速总数的1%。与儿童型相比,成人病例更为少见,但近几年成人病例有增多趋向。成人型发病年龄也偏低,Ruder报告的病例发病年龄为13～23岁,平均19岁,先心病外科手术型近年来发病减少,这与手术时间缩短等措施有关。

2. 心动过速的频率

心动过速发作时的频率与发病年龄有关,与是否同时伴有前传与逆传阻滞有关。儿童型房室结自律性心动过速频率平均230次/分,心率愈快,症状及不良影响愈明显。成人型心动过速的频率相对缓慢,约为90～150次/分,不伴传出阻滞时心率偏快,相反心率较慢。因前传及逆传阻滞常为间歇性,故心率变化范围较大。

3. 症状

多数患者有心悸、胸痛、头晕等症状,症状严重程度取决于心动过速的频率、持续时间以及伴有的器质性心脏病。显然,心率越快、持续时间越长者越容易发生心律失常性心肌病,因此无休止性房室结自律性心动过速合并心衰及死亡的比率较高,心脏中等增大的患者60%将发生心衰。除心衰外,还可发生晕厥或先兆晕厥。

4. 基础心脏病

多数患者(尤其是儿童型)伴有器质性心脏病,主要为先天性心脏病。部分病例不伴有明显的器质性心脏病,但心动过速诊断后,常常回顾性诊断其病因为病毒性心肌炎后遗症。成人型房室结自律性心动过速可能发生在心脏完全正常的患者,而称为特发性。

5. 病程及预后

发病年龄越小、伴有的心脏病越复杂、心动过速的心率越快,自然病程进展则越快,预后极差,很多病例在诊断后数年因治疗无效而死亡。成人型自然病程预后相对良好,对药物治疗有较好的反应。

五、心电图特点

1. 窄QRS波心动过速

房室结自律性心动过速发作时的QRS波为室上性,属于窄QRS波心动过速。心率多为110～250次/分。心动过速的QRS波与同时存在的窦性心律的QRS波完全相同。外科手术引起束支传导阻滞时,可出现宽QRS波心动过速。

2. 伴有间歇性室房传导阻滞

伴有室房传导阻滞是其心电图的最大特点,室房传导阻滞可使同时存在的窦性P波规律出现,并可夺获心室,而室房传导阻滞多数呈间歇性,即心动过速的QRS波有时伴逆行P'波,有时不伴逆行P'波。房室结自律性增高的节律点的频率也不一致。这些都造成了心电图上心室律十分不规整(图6-2-2,图6-2-3)。

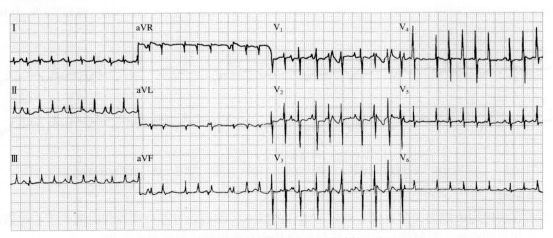

图6-2-2　典型的房室结自律性心动过速的心电图

图中可见窄而不规律的QRS波,窦性P波频率较慢并与其脱节,并有心室夺获而使QRS波不规整

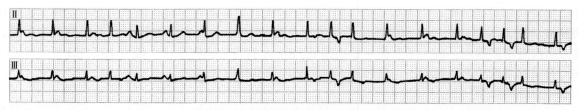

图 6-2-3 房室结自律性心动过速时心室律不规整的心电图

图为 Ⅱ、Ⅲ 导联的同步记录，窦性心律比交界性心律的频率慢，伴有心室夺获，造成心室律不规整。除此，心动过速的节律点有间歇性室房逆传

3. 间歇性心室律规整

部分病例有或间歇存在室房逆传，逆传的 P' 波可对窦性心律干扰及抑制，窦性 P 波常不出现，此时心律表现为单纯性交界性心动过速，节律十分整齐规律，逆传 P' 波常明显位于 QRS 波之后，或与 QRS 波重叠而不易区分。有持续性室房逆传时，心电图表现与房室结折返性心动过速十分相似，两者不易区分（图 6-2-4，图 6-2-5）。

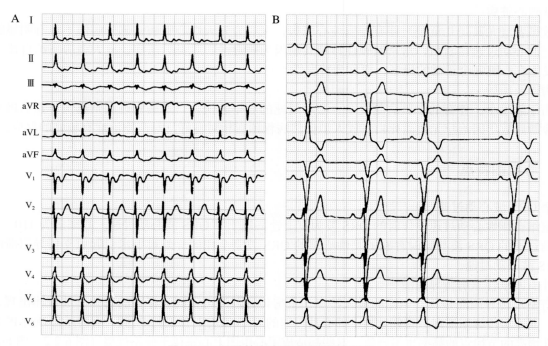

图 6-2-4 持续的室房逆传使心室律规整

A. 心动过速发作时有持续的室房逆传，抑制了窦性 P 波，且心室律规整；B. 射频消融成功后恢复窦性心律，PR 间期正常，伴有左束支传导阻滞

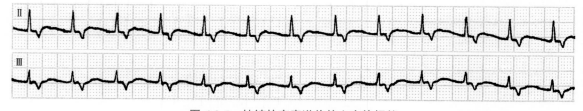

图 6-2-5 持续的室房逆传使心室律规整

图为 Ⅱ、Ⅲ 导联的同步描记，持续室房逆传的 P' 波抑制了窦性 P 波，使心室律规整

4. 发作类型

几乎所有病例均表现为无休止性心动过速发作的特点，即心动过速持续发作时间大于心电监测总时间的 50%。发作呈间歇性、反复性，每阵发作仅间隔几个心动周期后即可再次发作。

5. 其他

心动过速发作时也可表现为心室律极不规整，又无明显窦性 P 波，容易误诊为房颤或多源性房速。为获得正确诊断，识别一过性窦性夺获至关重要。当 QRS 波较宽，存在房室分离时，心电图表现与室速相似，需注意鉴别。此外，当房室结自律性心动过速合并房室结折返性心动过速、病窦综合征时，心电图可出现各种表现而使诊断遇到困难。

六、电生理检查特点

（1）心动过速发作时 QRS 波时限＜ 110ms，每个 QRS 波前均有 H 波，HV 间期正常＜ 45ms，并与窦性 P 波下传的 HV 间期相同（图 6-2-6，图 6-2-7）。

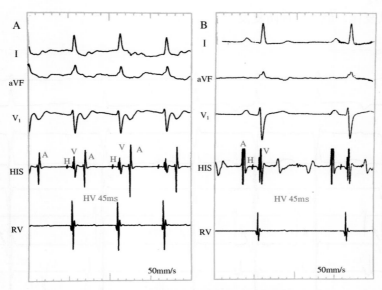

图 6-2-6　心动过速与窦性心律的 HV 间期相同

A. 心动过速时的心内电图，HV 间期 45ms；B. 窦性心律时的心内电图，HV 间期仍为 45ms。HIS：希氏束；RV：右室

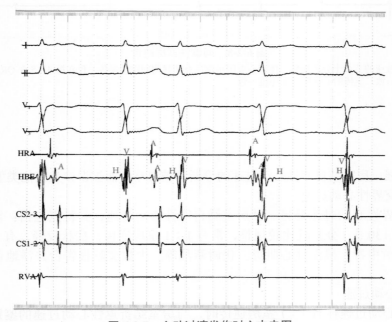

图 6-2-7　心动过速发作时心内电图

图中可见窦性 P 波与心动过速的 QRS 波呈分离状态，后者前均有 H 波及正常的 HV 间期，图中第 2 个窦性 P 波夺获心室时，形成的 HV 间期与前相同。HRA：高右房；HBE：希氏束；CS：冠状窦；RVA：右室心尖部

（2）心动过速多数自发，并自行终止，心室快速起搏及给予异丙肾上腺素有助于心动过速的诱发。腺苷可终止42%的心动过速，而颈动脉窦按压常常无效。

（3）心房起搏时，房室结传导正常，并可影响心房的逆向激动形成房室分离。适时的房早可使心动过速重整。心房程序刺激常不能诱发和终止心动过速，但快频率的心房起搏可暂时抑制心动过速。

（4）一般认为程序性心室起搏不能诱发和终止心动过速，少数病例室早可终止心动过速，快速心室起搏可使心动过速重整或终止。

（5）心动过速发作时常伴有温醒现象。

（6）80%的患者心动过速发作时存在室房逆传，但多数呈逆传不恒定，因此室房分离成为其最重要特征。室房逆传时，最早心房逆向激动点可位于前间隔、中间隔，极少数位于后间隔。逆传的P'波也能融合在QRS波中（图6-2-8）。

（7）电转复可使其复律，但不能预防复发。

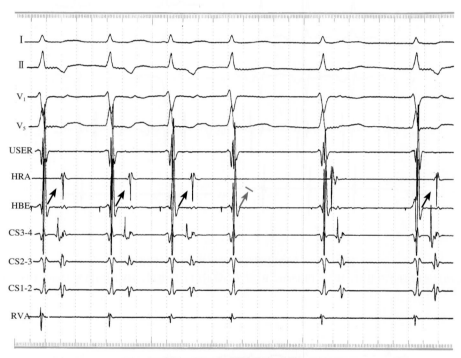

图 6-2-8　间歇性室房逆传

图中可见房室结自律性心动过速的节律十分不规整，体表心电图示室房有明显的间歇性逆传，仅在第4、5个QRS波无室房逆传，同步心内电图证实，逆传的VA间期一致，逆传的心房激动顺序也一致

七、鉴别诊断

由于诊断意识不强，房室结自律性心动过速的诊断常被忽略，而被误诊为其他类型的心动过速。

1. 非阵发性房室交界性心动过速

非阵发性房室交界性心动过速是另一种房室结自律性心动过速，其特点包括：发病相对多见，发作时心室率偏慢（80～130次/分）且比较规整，常有1∶1室房逆传，症状较轻，有一过性病因，如心肌缺血、肺心病、洋地黄中毒、风湿性心肌炎、代谢紊乱等。少数文献报告合并洋地黄中毒时也可伴有室房逆传阻滞。

2. 房室结折返性心动过速

当房室结自律性心动过速伴有1∶1室房逆传时，与房室结折返性心动过速的鉴别十分困难。鉴别时可给予心房程序刺激，房室结双径路时，心房刺激可夺获心房，也能诱发心动过速。

3. 顺向型房室折返性心动过速

预激旁路参与的房室折返性心动过速也属于窄 QRS 波心动过速，需要鉴别。预激旁路参与的折返可由房早或室早刺激诱发心动过速，心房起搏可使预激成分更为明显，束支传导阻滞可影响心动过速的周长。但根据发病年龄及病史以及辅助检查的结果，房室结自律性心动过速的诊断不难。

八、药物治疗

儿童型患者药物治疗的反应一般较差，难以控制的心动过速常导致患者死亡。Villian E 总结的 26 例病例组中，患者总死亡率 35%，全组患者地高辛治疗无明显疗效。16 例服用普萘洛尔（心得安）的亚组人群中，仅 2 例有效。胺碘酮疗效相对较好，14 例患者中 8 例有效。但服药期间可因发生房室传导阻滞而使患者突然死亡，少数患者的尸检中发现希氏束有退行性病变，因此不少学者主张服用胺碘酮的同时应植入永久起搏器。

成人型患者对药物治疗的反应较好，所有患者对 β 受体阻滞剂的治疗均有效。Perry 的研究表明，静脉应用胺碘酮治疗的有效率为 84%。

九、非药物治疗

药物治疗无效时有以下几种非药物治疗。

1. 房室交界区消融并植入永久性心脏起搏器

对于药物难治性房室结自律性心动过速者，临床症状严重时可采用射频消融术打断房室传导并植入永久性起搏器治疗。

2. 选择性房室交界性心动过速起搏点消融而保留房室传导功能

近期资料表明，射频消融术有可能对心动过速起源点进行消融但不影响房室传导。Ehert 用射频消融治愈 1 例 12 岁女孩的心动过速，随访 7 个月心动过速未再发生。Young 应用射频消融术为 1 例 5 岁患儿根治心动过速，其放电部位系导管机械操作能终止心动过速的部位。Wu 应用低能量射频消融时，能量较低的放电可使心动过速的频率加快，增加能量时频率减慢，最后得以根治。Hamdan M 应用射频消融治疗了 12 例房室结自律性心动过速，11 例获根治，1 例出现了房室传导阻滞，另外 10 例保持了房室传导功能。其消融靶点选用逆向心房最早激动点，结果 5 例位于前间隔，3 例位于中间隔，3 例位于后间隔，中间隔消融中的 1 例发生完全性房室传导阻滞。

消融术中，标测或消融导管有时可机械性压停心动过速，提示心动过速起源点靠近心内膜，压停点也常是有效消融的靶点。有效的消融靶点常为最早心房逆向激动点，放电时能量宜从低逐渐增高。

3. 外科导管冷冻消融

晚近应用冷冻消融方法，在心脏切开后直视下进行消融，消融的有效率高达 71%，是一种有前景的新方法。

十、结束语

房室结自律性心动过速是一种少见的室上性心动过速，药物治疗效果不佳。选择性消融心动过速起源点是一种成功率较高且较为理想的方法。然而完全性房室传导阻滞是其严重的并发症，因此，该方法仅可用于药物治疗无效的病例。胺碘酮或冷冻消融疗法治疗心外科手术后房室结自律性心动过速可能有效。

双房室结非折返性心动过速

现已明确，呈网状结构的房室交界区，其解剖或功能容易发生分离。当发生纵向分离时，将出现传导速度与不应期长短不同的快、慢双径路，甚至多径路。其为房室结折返性心动过速（AV nodal reentrant tachycardia，AVNRT）发生的解剖学基础。

1975 年，Wu D 最早描述了与房室结双径路相关的另一种新的室上速，称为双房室结非折返性心动过速（dual AV nodal non-reentrant tachycardia，DAVNNRT）。与 AVNRT 相比，DAVNNRT 更趋良性而发生率低。

一、定义

DAVNNRT 是指患者的房室交界区存在不应期和传导速度均不相同的快、慢两条径路。在一定的条件下，一次窦性 P 波可经快、慢双径路分别下传，并先后激动心室引起两个 QRS 波，这种一次窦性 P 波紧跟两个 QRS 波的情况称为心电图"一带二"心电现象（图 6-3-1）

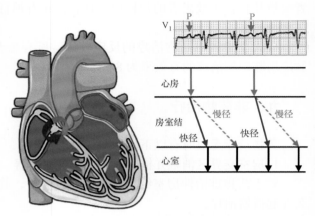

图 6-3-1 "一带二"心电现象

二、心电图表现

DAVNNRT 患者的心电图表现繁简不一，简单者一眼看穿即获诊断，复杂病例则分析困难。有文献认为，早期认识不足时，DAVNNRT 患者就诊第一年内约 77% 的患者得不到正确诊断而贻误治疗。

1. 规律的心电图"一带二"

规律的心电图"一带二"心电现象诊断容易（图 6-3-2）。

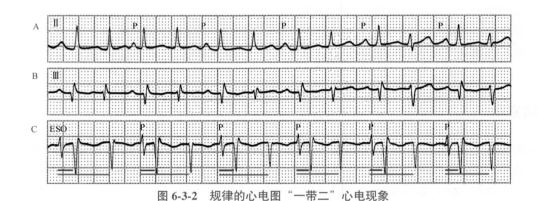

图 6-3-2 规律的心电图"一带二"心电现象

腔内电图可证实，一次窦性 P 波先后两次经房室结与希氏束下传（图 6-3-3）

2. 快或慢径路间歇性阻滞

当快和慢径路存在间歇性阻滞时，可使心电图变得复杂化，图 6-3-4 为快径路间歇性阻滞，图 6-3-5 为慢径路间歇性阻滞。

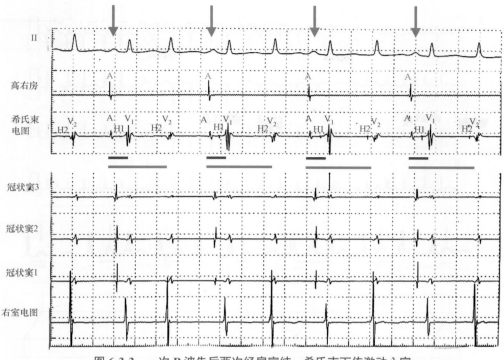

图 6-3-3　一次 P 波先后两次经房室结、希氏束下传激动心室

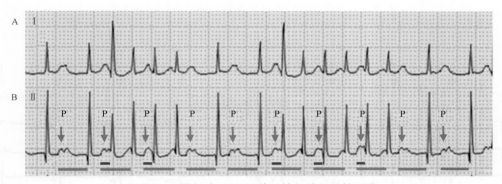

图 6-3-4　慢径路 1：1 下传，快径路间歇性阻滞

3. 经食管心房刺激可终止及诱发 DAVNNRT

DAVNNRT 可经食管心房刺激（S_1S_1）终止（图 6-3-6）。

经食管心房 S_1S_1 刺激可诱发心电图"一带二"心电现象（图 6-3-7）。图中发放 4 次连续的心房 S_1S_1 刺激，每个 S_1 刺激都能有效起搏心房并引发"一带二"心电现象。

三、发生机制

虽然 AVNRT 和 DAVNNRT 患者的房室交界区都存在双径路，但两者双径路的电生理特点不同，引发心动过速的类型与机制不相同，使体表心电图的表现也全然不同。

DAVNNRT 发生的三大电生理机制分述如下。

1. 双径路同时下传的重叠区

（1）正常人的房室结传导曲线：正常人连续而圆滑的房室结传导曲线见图 6-3-8A。

图 A 的横坐标为 PP 间期，代表窦性心率（或房性心率）的快慢，从左至右代表心房率越来越慢，从右向左代表心房率越来越快。图中纵坐标代表心房波下传时的 PR 间期值，越靠上值越大。该连续而光滑

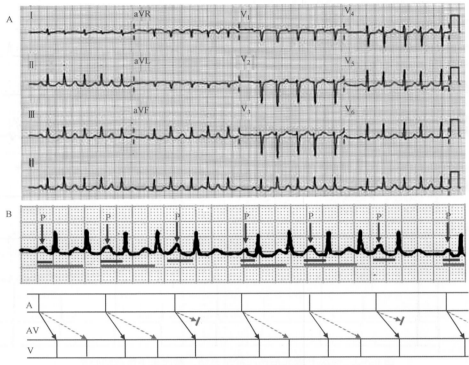

图 6-3-5 快径路 1∶1 下传，慢径路间歇性阻滞

A. 患者 12 导联心电图；B. A 图 Ⅱ 导联的放大图并配有梯形图

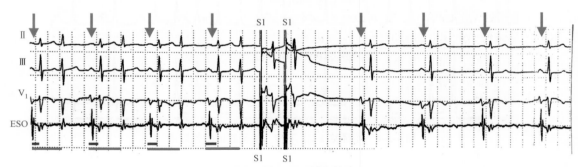

图 6-3-6 经食管心房 S1S1 刺激终止 DAVNNRT

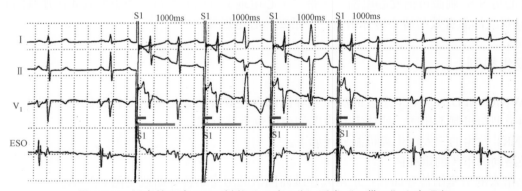

图 6-3-7 经食管心房 S1S1 刺激（60 次 / 分）诱发"一带二"心电现象

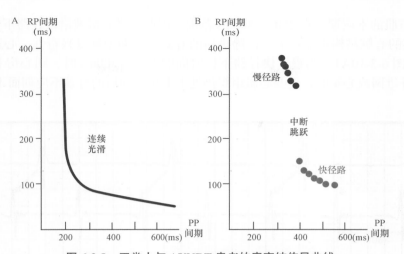

图 6-3-8　正常人与 AVNRT 患者的房室结传导曲线
A. 正常人该曲线连续而光滑；B. AVNRT 患者该曲线存在中断与跳跃

的曲线代表随着窦性心率（或房性心率）的增快，房室结下传时间将生理性逐渐延长，直到阻滞，其充分体现了房室结生理性递减传导的特征。而这一特性使过快的心房波下传时部分落入房室结的不应期而被阻断在房室结。正常情况下窦性心率 >150 次 / 分时，房室结可出现文氏阻滞，窦性心率 ≥ 180 次 / 分时，可发生 2∶1 阻滞，都属于房室结的正常生理功能。

（2）跳跃与中断的传导曲线：AVNRT 患者的房室交界区存在快、慢双径路，多数情况时，窦性 P 波经快径路 1∶1 下传，引起短 PR 后的 QRS 波。当窦性 P 波增加到一定程度时将落入快径路的不应期，改为沿不应期较短的慢径路下传引起长 PR 间期后的 QRS 波，这使 AVNRT 患者的房室传导曲线发生中断和跳跃（图 6-3-8B）。应当注意，发生中断与跳跃的该传导曲线中不存在快、慢径路同时下传的可能。

此外，慢径路下传时，因快径路存在逆传，故能发生慢径路前传，快径路逆传的慢快型 AVNRT，而少数患者快径路的不应期短，当较快的心房激动经房室结下传时，先遇到慢径路不应期而改为快径路前传，再经慢径路逆传而形成快慢型 AVNRT。

（3）快、慢径路同时传导的重叠区：DAVNNRT 患者双径路的电生理特征与 AVNRT 患者有相似之处，即房室结传导曲线都存在中断和跳跃现象（图 6-3-9A）。但 DAVNNRT 患者传导曲线的中断与跳跃不是一个点，而存在一个重叠区。两条径路的不应期值在这个区域内重叠，使一个窦性 P 波可同时沿双径路下传，引起"一带二"心电现象（图 6-3-9B 的灰色区域）。重叠区之前、之后的心房波只能沿快径路或慢径路下传（图 6-3-9B）。重叠区是 DAVNNRT 患者发生"一带二"心电现象的最重要电生理学基础。

2. 快、慢径路下传时间的差值大

DAVNNRT 患者快、慢径路下传的差值（ΔPR 值）需要很大，两者平均值常相差 >300ms（甚至 >350ms）。如图 6-3-10 显示，当窦性（房性）P 波沿快径路下传引起短 PR 间期后 QRS 波时，房室结远端的共同通路、希氏束、浦肯野纤维网和心室肌立即进入有效不应期，使随后的一段时间不再接受传导来的兴奋或电刺激而发生新的除极。人体房室结远端的共同通路、希氏束、

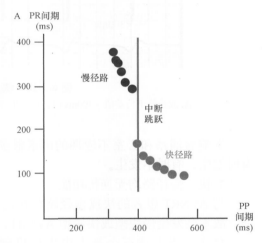

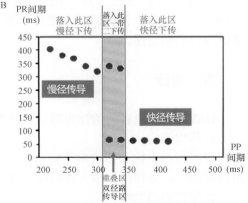

图 6-3-9　DAVNNRT 患者房室结传导曲线的重叠区

浦肯野纤维网和心室肌的不应期多在 250～300ms 范围。因此，当心房波沿慢径路下传到达心室时，如果差值 >300ms，上述的心脏结构则能从上一次除极后的有效不应期中恢复兴奋性，心室才能再次除极并引发第 2 个 QRS 波（图 6-3-10A）。当慢、快径路下传时间的差值 <300ms 时，则心房 P 波沿慢径路下传到达希氏束、浦肯野纤维网或心室时，这些心肌组织仍处于上次激动后的有效不应期而不能再次激动。

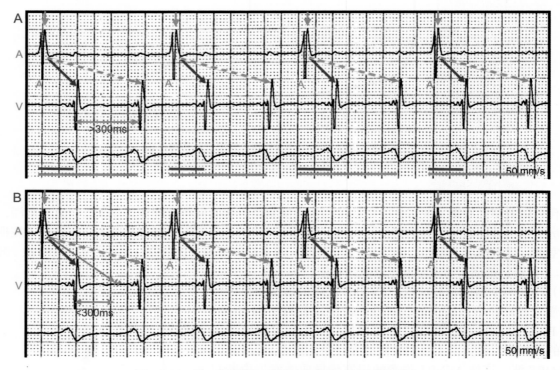

图 6-3-10 快、慢径路下传激动心室的时间差值及意义
A. 双径路下传差值 >300ms 时，可发生"一带二"心电现象；B. 差值 <300ms 时，不能发生"一带二"心电现象

影响希浦系和心室不应期的因素很多，这能解释 DAVNNRT 患者在等同情况下，"一带二"心电现象有时发生，有时不发生。

3. 快、慢径路均无逆传功能

与 AVNRT 患者的快或慢径路存在逆传不同，DAVNNRT 患者的快、慢径路只有前传功能而无逆传功能，故不会发生慢快型或快慢型 AVNRT，只能发生"一带二"的非折返性心动过速（图 6-3-11）。

总之，当上述三个基本电生理机制：双径路同时下传的重叠区，快、慢径路下传时间的差值大（>300ms）及快、慢径路均无逆传功能等条件都具备时，DAVNNRT 患者才能发生"一带二"心电现象和非折返性心动过速。

四、治疗

DAVNNRT 患者的治疗包括抗心律失常药物和导管消融两种。

1. 药物治疗

应当指出，抗心律失常药物的治疗效果不尽如人意，适合在没有条件行导管消融治疗的前提下，可试用药物治疗，多种抗心律失常药物均可试用。

2. 导管消融治疗

随着导管消融技术的问世及近年来该技术与器械的改进，导管消融已成为 DAVNNRT 的重要治疗方法。

消融靶点与 AVNRT 患者的导管消融一样，主要进行慢径消融。

近年文献报告了 DAVNNRT 大病例组的治疗。均以慢径路消融为最常用方法，慢径路消融的即刻成功率

>95%，术中引起房室传导阻滞的合并症发生率<1%。资料证实，慢径路消融不仅成功率高，还能使其得到根治（图 6-3-12）。

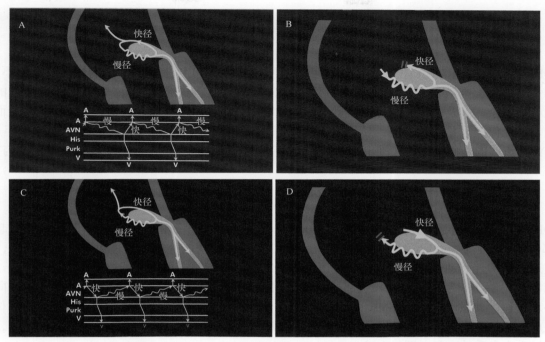

图 6-3-11　DAVNNRT 患者的快、慢径路无逆传功能

A. AVNRT 患者发生慢快型 AVNRT；B. DAVNNRT 患者的快径路无逆传功能，不能发生慢快型 AVNRT；C. AVNRT 患者发生的快慢型 AVNRT；D. DAVNNRT 患者的慢径路无逆传功能，不能发生快慢型 AVNRT

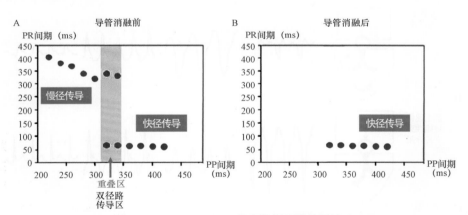

图 6-3-12　DAVNNRT 患者的慢径路消融治疗

A. 导管消融前；B. 慢径路消融后患者心动过速得到根治

结束语

　　DAVNNRT 是一种特殊类型的室上速，多数情况下其心电图规律而诊断容易。少数情况下，因快慢径路存在间歇性阻滞使心电图变得复杂，而易混淆并误诊为其他心律失常。DAVNNRT 患者虽然也是房室交界区的纵向分离后出现了前传的快慢径路，但由于特殊的电生理特征使其只能发生非折返性室上速。

　　深入了解 DAVNNRT，有望提高临床和心电图医生的心电图诊断与鉴别诊断的能力。

第四章

宽 QRS 波心动过速诊断新流程

宽 QRS 波心动过速的快而准确的鉴别诊断有着重要意义，30 年来鉴别诊断的标准及流程不断推新，但应用了所有的标准与流程，也仅有 90% 的宽 QRS 波心动过速能获准确诊断。目前，临床应用的鉴别标准与流程相对复杂，涉及的导联和标准繁多，明显影响着临床应用与推广。因此，推出一种快捷而准确的鉴别流程，使之简捷、易行、省时、易记，十分适合急诊应用，已成为临床的迫切需要。2008 年 Vereckei 在其原有诊断流程的基础上，再次推出 aVR 单导联鉴别宽 QRS 波心动过速的新流程，颇受关注与重视。

一、宽 QRS 波心动过速鉴别诊断概况

宽 QRS 波心动过速是指 QRS 波时限 ≥ 120ms，心率 >100 次 / 分的心动过速。其包括：①起源于心室不同部位的室速，约占总病例的 80%；②室上性心动过速伴功能性或固定性束支、分支阻滞，而室上性心动过速包括房性心动过速、窦性心动过速、房室结折返性和顺向型房室折返性心动过速，因（Ⅰ类或Ⅲ类）药物或电解质紊乱（高血钾）引起的 QRS 波增宽等，约占 15%；③预激性心动过速即逆向型房室折返性心动过速，其激动折返环路中，旁路为前传支，房室结为逆传支，预激性心动过速约占总体病例的 5%。宽 QRS 波心动过速是心血管疾病常见的重症和急症，需要紧急做出诊断并给予有效的治疗，是急诊心电图领域重中之重的内容（图 6-4-1）。

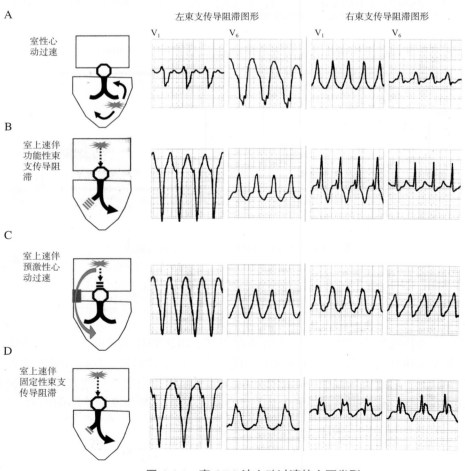

图 6-4-1　宽 QRS 波心动过速的主要类型

宽 QRS 波心动过速的诊断与其他疾病一样，主要依据病史、体检及辅助检查三方面的资料全面综合分析后得到诊断。但三者中，辅助检查的 12 导联心电图至今仍是宽 QRS 波心动过速鉴别诊断的基石。

心电图鉴别宽 QRS 波心动过速常用的方法和标准：①心律的特征：主要指室速存在房室分离，而室上速几乎不可能有房室分离；② QRS 波图形特征：虽然 QRS 波时限在多种情况下都能增宽，但室上速伴发的室内差传主要发生在束支或分支，少数情况下发生在分支以下，因此，伴功能性阻滞的宽 QRS 波的图形总与阻滞部位相对应，使其 QRS 波显示出很强的图形特征，当心电图宽 QRS 波的图形不具备这些规律和特征时，则认为其起源于心室。

房室分离诊断室速的特异性高达 100%，但敏感性差，因为仅有 50% 的室速存在房室分离，而另 50% 存在着 1∶1 室房逆传（30%）和室房文氏或 2∶1 逆传（20%）。此外，室速存在的房室分离能否在心电图上显露，还需看心动过速时室率与房率的快慢和比率，房波与室波的幅度、时限及两者的比例，心室 QRS 波与心房 P 波的时限与比例。因此，通过体表心电图检出室速伴房室分离的阳性率仅为 20%～40%，食管心电图能提高这一检出率，但需要一定的操作和时间。

依靠心电图的图形特征进行鉴别有着多种标准，简单而常用的标准包括无人区电轴和胸前导联 QRS 波的同向性。无人区电轴是指心室除极的额面电轴落入了第 3 象限，即 Ⅰ 和 aVF 导联 QRS 波的主波均为负向，使额面电轴位于 −90°～ ±180° 之间。正常时，窦性心律的心电轴多为 0°～110°，合并左束支传导阻滞时可能引起电轴左偏，但左偏程度常不超过 −90°，而合并右束支传导阻滞时可引起电轴右偏，但右偏的程度常达不到 +180° 以上。因此，当 QRS 波额面电轴落入 −90°～ ±180° 时，其只能起源于心室而不是室上性激动合并束支传导阻滞。伴有无人区电轴时诊断室速的特异性几乎为 100%，但该标准对右室室速无效，对于左室室速也仅 67% 的患者会出现，33% 的左室室速不伴有无人区电轴。

胸前导联 QRS 波同向性是指心动过速发生时，12 导联心电图 V_1～ V_6 导联的 QRS 主波均直立或均为负向。用该标准诊断室速时，负向同向性的特异性和敏感性高于正向同向性，后者需要和 A 型预激综合征及心肌梗死合并室上速进行鉴别（图 6-4-2）。

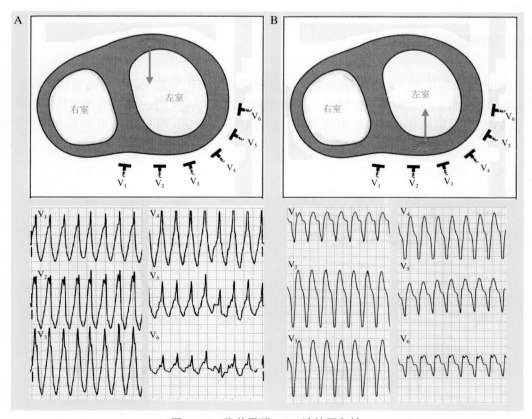

图 6-4-2　胸前导联 QRS 波的同向性

A. 左室后壁起源的室速可引起 QRS 波的正向同向性；B. 左室前壁起源的室速可引起 QRS 波的负向同向性

其他心电图标准主要依靠右胸和左胸导联 QRS 波图形特点，左室室速心电图表现为类右束支传导阻滞图形时，存在着"右 3 左 1"的特征（图 6-4-3A），所谓"右 3"特征是指右胸 V₁ 导联出现 R 波、兔耳征 R 波或 qR 波可诊断室速，其中兔耳征特指左耳大的兔耳征；而"左 1"特征是指左胸 V₆ 导联的 S 波 >R 波（即 R/S<1）时可诊断室速。而右室室速心电图表现为类左束支传导阻滞时，也可存在着"右 3 左 1"的特征，此时的"右 3"特征是指右胸 V₁、V₂ 导联出现 r 波时限 >30ms，S 波有顿挫，以及 RS 间期 >60ms 时诊断室速，而"左 1"特征是指左胸 V₆ 导联 QRS 波凡有 q 波或 Q 波时均为室速（图 6-4-3B）。

以上心电图的鉴别条目多而复杂，难记而不实用。从上世纪 70 年代起，宽 QRS 波心动过速的心电图鉴别诊断标准开始演变为诊断流程而相继推出。

1. Wellens 流程（1978 年）

Wellens 流程有 4 条心电图标准，专用于左室室速的诊断：① QRS 波时限 >140ms；② 电轴左偏；③ V₁ 导联：RS 或 RSr'（兔耳征）型 QRS 波，V₆ 导联：QR 或 QS 型 QRS 波；④房室分离及心室夺获。

2. Kindwall 流程（1988 年）

Kindwall 流程由 5 条标准组成，专用于右室室速的诊断：① V₁、V₂ 导联的 r 波时限 >30ms；② V₁、V₂ 导联 S 波降支有切迹；③ V₁、V₂ 导联的 RS 间期 >60ms；④ V₆ 导联有 q 波或 Q 波；⑤ QRS 波时限 ≥ 160ms。

3. Brugada 流程（1991 年）

Brugada 室速诊断 4 步流程包括：①胸前导联无 RS 型 QRS 波；② RS 间期 >100ms；③房室分离；④具有室速 QRS 波的图形特征。为进一步鉴别预激性心动过速与室速，又在上述 4 步流程的基础上补充了另外 3 步法：① V₄～V₆ 导联以负向波为主；② V₄～V₆ 导联有 qR 波；③房室分离。

4. Vereckei 流程（2007 年）

Vereckei 室速诊断 4 步流程包括：①房室分离；② aVR 导联 QRS 波起始为 R 波；③ QRS 波无右束支传导阻滞或左束支传导阻滞图形；④ Vi/Vt 值 ≤ 1。

上述多种流程都包括房室分离和左、右室速时的图形标准（与合并典型左、右束支传导阻滞的室上速图形不符合），仅在 Vereckei 流程中提出了 Vi/Vt 值 ≤ 1 的新概念。上述标准与流程多数组合复杂，不利于广泛应用与推广。

二、aVR 导联的特点

传统心电图的临床应用中，aVR 导联未能受到足够重视，误认为其无关紧要而常被旷置。近年来先后发现 aVR 导联在肺栓塞、心包炎、心肌缺血、冠脉罪犯血管、心律失常的诊断中有着其他导联不能替代的重要作用，使 aVR 导联突然变为临床应用价值极高的导联，这些变化与 aVR 导联的几个特点密切相关。

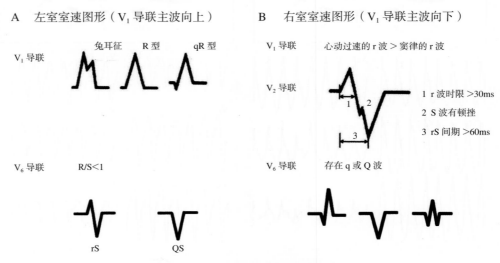

图 6-4-3　诊断室速的 QRS 波图形特征
A. 左室室速；B. 右室室速，当 V₁、V₂ 和 V₆ 导联有一个阳性表现则诊断室速

1. aVR 导联轴

aVR 导联的探查电极位于右手腕，在额面六轴系统中，其记录的正极位于心脏右上方−150°，而负极为无干电极。Wilson 于 1932 年最早提出单极肢体导联概念时，其将右臂、左臂、左腿分别采集的心电信号相加而形成"0"电位，又称"中心电端"或"无干电极"，实际起到电流回路中的负极作用。该导联系统中，右上腕的阳极记录的心电图波反映探查电极下心肌的局部电活动，使记录的图形振幅低而不易发现和观察图形的动态变化，进而临床应用受到很大限制。但应当看到，1934 年 Wilson 最后确定的单极导联系统的理论，是在 Einthoven 双极导联系统基础上的一次革命（图 6-4-4A）。为解决单极肢体导联心电图图形振幅偏低这一实际问题，Wilson 曾设想增加一个放大器可将采集的心电信号进一步放大，但二次世界大战的爆发中断了 Wilson 的研究。而单极肢体导联的改进工作于 1945 年由 Emanual Goldberger 完成。Goldberger 在单极肢体导联无干电极的联接中，切断了与右手腕的连线，而应用左上肢与左下肢电极采集的电位平均值为"0"电位，形成了至今仍在沿用的单极肢体加压导联。这一极为简单的改进就使记录的心电图振幅增加了一倍，并与双极肢体导联系统（Ⅰ、Ⅱ、Ⅲ导联）的图形之间有了稳定的数学关系，使其在临床逐渐被推广使用（图 6-4-4B）。

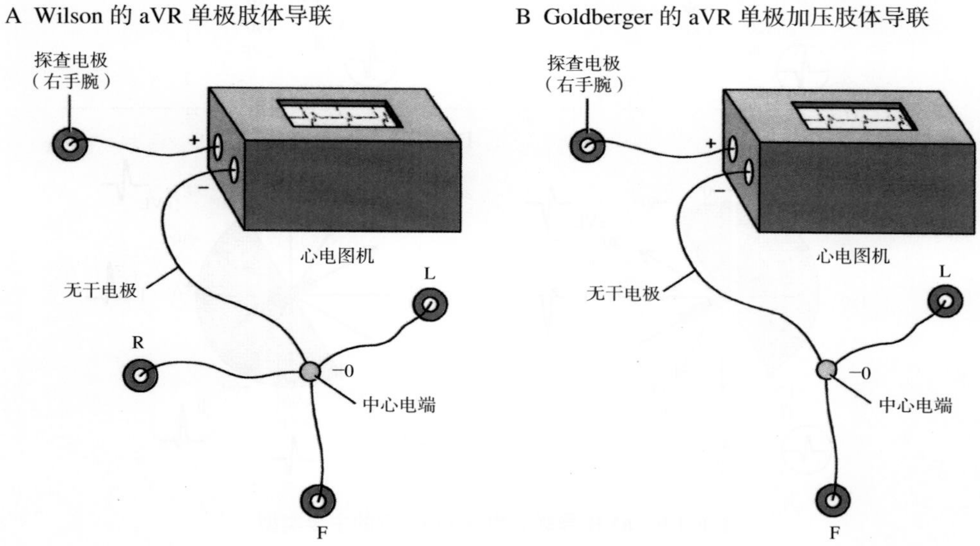

A Wilson 的 aVR 单极肢体导联 **B Goldberger 的 aVR 单极加压肢体导联**

探查电极（右手腕） ＋ − 心电图机 L 无干电极 R −0 中心电端 F

探查电极（右手腕） ＋ − 心电图机 L 无干电极 −0 中心电端 F

图 6-4-4 不同系统的单极肢体导联（aVR）

Goldberger 的单极加压肢体导联能使心电图振幅增高的机制十分简单，因为不同导联记录的心电图是该导联正负极两点之间的电位差形成的（系心电活动投影到体表后形成的），正负两极的间距越大电位差将愈大。Goldberger 系统中，aVR 导联的正极与"中心电端"间的间距显然增大，使相应心电图图形的振幅明显增加。额面六轴系统中，aVR 导联的记录正极位于右上方−150°，负极位于左下方 +30° 的位置。

2. 与左室除极的综合向量几乎平行

aVR 导联轴的方向从右上−150° 到左下 +30°，窦性心律时，该导联轴与窦性 P 波和心室除极的 QRS 波综合除极向量近似平行。众所周知，人体窦房结位于心脏的右上方，其发放的窦性脉冲激动右、左心房肌的同时，穿过房室结，沿希浦系统迅速在心室肌中传播。心室激动整个过程中，不同时间可形成方向不同、强弱不等的心室除极向量：最初的间隔除极向量从左上指向右下，随后是心尖部心肌除极向量，指向左下方，随后是第 3、4 除极向量，分别为心室侧壁与心底部心肌除极向量（图 6-4-5）。上述 4 个心室除极向量的综合平均向

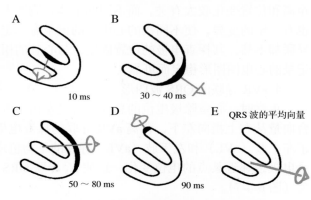

图 6-4-5 心室不同时间的 4 个除极向量

量从右上指向左下，其与 aVR 导联轴方向接近或几乎平行。

体表心电图图形的振幅主要与三个因素有关：①与探查电极面对的心肌细胞数量呈正比，面对的心肌细胞数量越大，其汇合而成的除极向量幅度则愈高；②与探查电极和心肌之间距离的平方成反比；③与探查电极方位或记录导联轴和心肌除极综合向量之间构成的夹角有关，夹角越大，心电位在导联轴上的投影愈小，记录的电位弱而图形振幅愈低。如上所述，心室除极的综合向量与 aVR 导联轴之间的夹角小，故 aVR 导联记录的心电图 QRS 波的振幅相对较高，只是该除极的主体向量正常时背离 aVR 导联的探查电极，使 QRS 波的主波向下，以 QS 波更多见（图 6-4-6）。

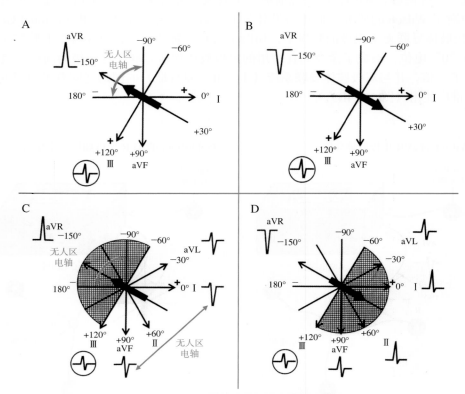

图 6-4-6　aVR 导联心电图 QRS 波的主要类型

该特点使 aVR 导联鉴别宽 QRS 波心动过速时，比其他导联更敏感。

3. 记录的图形稳定

心脏在胸腔内不断跳动着，有多种原因能引起心脏转位，例如膈肌的抬高或降低，心脏顺钟向或逆钟向转位的减弱或增强，都能影响心脏在胸腔中的相对位置，这些变化对心电图图形及心电轴都能产生很大的影响，使图形及振幅发生改变。

另外，与肢体导联相比，胸前导联心电图的图形受到的影响更大，这与呼吸时心脏与探查电极的相对距离和位置变化较大有关。而不同的个体，胸腔大小、胸壁的厚度明显不同。同时，探查电极放置的部位也有一定的变异，使不同次的心电图的记录有一定的变化，影响着胸前导联心电图图形的稳定性。而肢体导联却不然，其探查电极的位置固定，与心脏的相对位置相对固定。aVR 导联作为单极加压肢体导联，其记录的心电图图形稳定而可靠。

4. aVR 导联的 QRS 波图形

正常时，心室除极电位的总体趋势是左前下方的场强较强，右后上方的场强弱，即心室除极的平均综合向量从右上指向左下，背离 aVR 导联的探查电极，使该导联 QRS 波常以负向波形式出现，其实质反映了左上肢（aVL）和左下肢（aVF）导联的平均值或中间点的电位变化，这一中间点大概相当于 V$_6$ 导联记录电极或邻近某点的电位变化，这使 V$_6$ 导联 QRS 波的形态与 aVR 导联的 QRS 波几乎相同，只是极向相反（图 6-4-7）。

正常时，aVR 导联的 QRS 波多数以 Q 波开始，表现为 Qr 型、Qs 型或 qr 型，这是因心室除极的 QRS

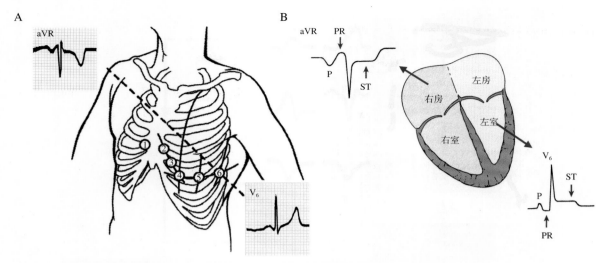

图 6-4-7 aVR 导联与 V₆ 导联的心电图图形相似，但极性相反

波主体环位于左下方，或平均综合向量指向左下方而在 aVR 导联形成向下的 Q 波。当患者存在下壁心肌梗死时，左室下壁的除极电位消失，使早期心室的除极向量指向上方，使 QRS 波起始向量变为向上而投影到 aVR 导联的正侧并形成 r 波，使 aVR 导联出现 rS 型 QRS 波。

临床心电图中少数正常变异时，在 aVR 导联 QRS 波的起始存在 r 波，也使 QRS 波呈 rS 型（但 R/S<1）。rS 型的 QRS 波在 aVR 导联比较少见，因为 QRS 波的起始除极向量小，在 aVR 导联轴正侧的投影为零或太低而表现出不同的 r 波。

上述几个 aVR 导联的特点是其重要作用近年来逐渐凸显的基础。例如：aVR 导联轴与心房除极 P 波的综合向量几乎平行，因此，aVR 导联的负向 P 波是判断窦性心律心电图标准的新趋向，即窦性心律时，必然存在 aVR 导联的 P 波倒置，而 V₅、V₆ 导联的 P 波直立也是窦性心律诊断的重要条件，所以 P 波在 aVR 导联倒置，在 V₅、V₆ 导联直立是诊断窦性心律的可靠指标。

三、aVR 单导联诊断宽 QRS 波心动过速的 4 步新流程

在 2007 年诊断流程的基础上，2008 年 Vereckei 进一步大胆创新，提出了 aVR 单导联诊断宽 QRS 波心动过速的 4 步新流程（简称 aVR 新流程），aVR 新流程创新性强，具有理念上的突破与拓展。

1. aVR 新流程

aVR 单导联诊断宽 QRS 波心动过速的 4 步新流程内容简单、易记：① QRS 波起始为 R 波时诊断室速，否则进入第二步；②起始 r 波或 q 波时限 >40ms 为室速，否则进入第三步；③以 QS 波为主波（主波负向）时，起始部分（前支）有顿挫为室速，否则进入第四步；④ Vi/Vt 比值 ≤ 1 时为室速，Vi/Vt 比值 >1 时为室上速（图 6-4-8）。

2. aVR 新流程的新理念

（1）省略了房室分离及室速特有的图形标准：房室分离诊断室速的特异性达 100%，使该指标无一例外地应用于各个鉴别诊断流程。但 Vereckei 发现，省去房室分离这一标准并不影响 aVR 新流程的敏感性和准确性。研究中，如将房室分离加在 aVR 4 步新流程之前而组成 5 步流程时，其在全组 482 例宽 QRS 波心动过速中能正确诊断 442 例（442/482），仅比 aVR 4 步新流程（441 例）高出 1 例。而 Vereckei 认为 5 步流程也能在临床应用，但无形中多了一步，使其未能明显提高敏感性却增加了流程的繁琐性。此外，室速特有的图形标准也在 aVR 新流程中省去，因为，多数室速及室上速患者发生宽 QRS 波心动过速时，aVR 导联记录的图形与 aVR 新流程的总体框架完全一致。故应用复杂的室速心电图图形标准无更多的意义，将其省略并不影响 aVR 新流程的诊断能力。

（2）仅用 aVR 单导联进行诊断：aVR 新流程仅选择了 aVR 一个导联进行宽 QRS 波心动过速的鉴别，这和 aVR 导联轴与 QRS 波除极的综合向量几乎平行有关，其能敏感地反映室内除极的总体向量的变化。最

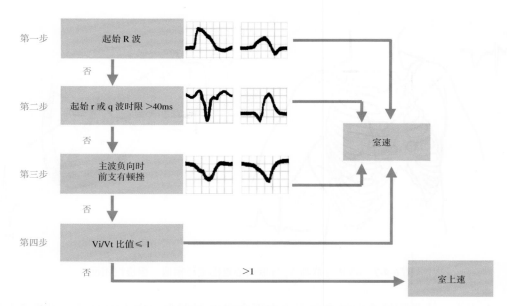

图 6-4-8　aVR 单导联诊断宽 QRS 波心动过速的 4 步新流程

新文献提出 aVR 导联可视为 6 个肢体导联的指数，是指单个 aVR 导联几乎能反映出整个肢体导联的变化总趋势。

（3）室速在 aVR 导联可分成两种类型：室速在 aVR 导联可分成：①起始 R 波型室速：这是指起源于心尖部或左室下壁的室速，QRS 波除极的起始或总体向量面对 aVR 导联的探查电极，故形成 QRS 波的起始 R 波；②起始为非 R 波型室速：这是起源于其他部位的室速，使 aVR 导联 QRS 波起始不是大 R 波而表现为 r、q 或 Q 波三种图形，起始为 r 及 q 波的室速，因起始除极缓慢而使 r 或 q 波时限 >40ms，表现为 QS 波者，起始的缓慢除极表现为 QRS 波起始图形的顿挫。

上述三个理念构成了 aVR 导联新流程的基本构架和机制，即鉴别宽 QRS 波心动过速主要依据 aVR 导联 QRS 波起始除极向量的方向，以及起始和终末除极间的速度之差而鉴别。

3. aVR 新流程的 4 步诊断具体内容

Vereckei 在 2008 年提出 aVR 新流程，步步精彩。

第一步 QRS 波起始为 R 波

（1）心电图诊断标准：当宽 QRS 波起始为 R 波时，诊断为室速，否则进入流程的第二步（图 6-4-9）。

（2）机制与意义：正常时，aVR 导联的 QRS 波多数以 Q 波起始，形成 QS、Qr 型 QRS 波，其心室除极的主体向量背向 aVR 的探查电极而指向左下方（心电轴 0°～+90°）。因此，正常窦性心律或者室上性激动合并束支传导阻滞时，aVR 导联不会出现起始的大 R 波，借此可鉴别室上速和室速。当 aVR 导联 QRS 波起始为 R 波时，提示其初始向量除极指向右上方，面对探查电极而形成 R 波，该类型的心室激动多数起源于左室心尖部、左室下壁或基底侧壁（图 6-4-9，图 6-4-10）。

除此，从图 6-4-6 还能看出，当 aVR 导联 QRS 主波指向右上方时，将有 50% 以上的机会落入额面无人区电轴，形成两者的重叠。这意味着室速心电图可能存在 aVR 导联的起始 R 波，同时还能存在 I 导联和 aVF 导联主波均为 S 波的无人区电轴（图 6-4-6）。这两种心电图表现都是诊断宽 QRS 波心动过速的机制，是心室而不是室上速合并束支传导阻滞的常用标准。文献报道，无人区电轴诊断室速的敏感性为 54%，特异性为 95%。

（3）临床评价：应用本标准对 482 例宽 QRS 波心动过速进行诊断（370 例室速和 112 例室上速），结果 146 例存在 QRS 波的起始 R 波，包括 144 例室速，2 例室上速。研究结果表明，aVR 新流程的第一步诊断标准对室速检出的敏感性为 38.9%，特异性为 98.2%，正确诊断率为 98.6%。

第二步起始 r 波或 q 波时限＞40ms

（1）心电图诊断标准：当 QRS 波起始不是 R 波而是 r 或 q 波时，则形成 rS、qr 或 qR 型 QRS 波，此时 r 或 q 波时限 >40ms 时为室速，否则需进入第三步流程（图 6-4-11，图 6-4-12）。

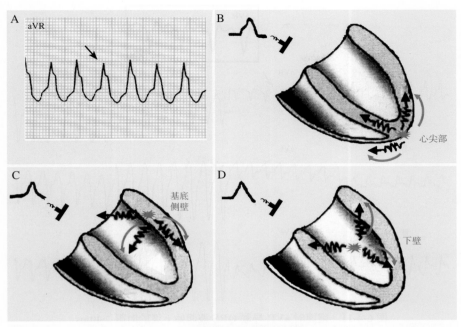

图 6-4-9　aVR 导联起始 R 波型室性心动过速

该型室速的心室激动多数起源于心尖部、左室下壁和基底侧壁

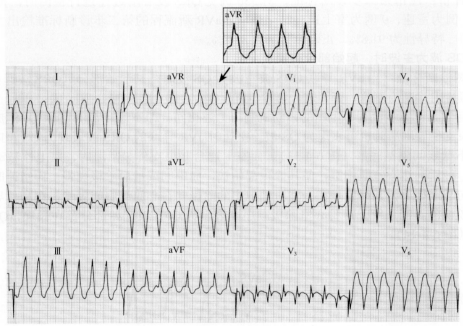

图 6-4-10　aVR 导联起始 R 波型室性心动过速

本图符合 Vereckei 提出的 aVR 新流程第一步室速诊断标准

（2）机制与意义：如上所述，多数情况下 aVR 导联的 QRS 波起始除极向量背向探查电极，仅在少数正常变异或伴下壁心肌梗死时，aVR 导联可见起始小 r 波而形成 rS 波，但室上速合并室内差传时，尽管 QRS 波时限增宽，但该起始除极向量的时限 <40ms。相反，当 QRS 波起始 r 或 q 波时限 >40ms 时，说明该心室的起始除极的速度缓慢，使起始 40ms 时的心室除极如同汽车（激动）从边远的农村公路起始并缓慢行驶，使 40ms 内行走的路程缓慢而呈现为宽的 r 或 q 波，形成室速 QRS 波的起始特征，这种情况与从特殊传导系统（高速公路）起始并行驶很快的室上速情况截然相反，后者的起始除极速度快，而中间或终末的除极缓慢是其 QRS 波增宽的根本原因。

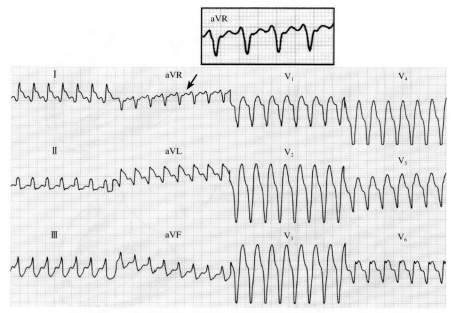

图 6-4-11 室速时 aVR 导联 QRS 波起始 r 波的时限 >40ms

本图同时存在的胸前导联 QRS 波负向同向性也支持室速的诊断（本图符合 Vereckei 提出的 aVR 新流程第二步室速诊断标准）

（3）临床评价：应用第二步诊断标准，对 336 例宽 QRS 波心动过速进行检测时，符合诊断标准者 74 例，其中 65 例为室速，9 例为室上速。结果表明，aVR 新流程的第二步诊断标准检出室速的敏感性为 28.8%（65/226），特异性为 91.8%，正确诊断率为 87.8%。

第三步以 QS 波为主波时，起始部分有顿挫

（1）心电图诊断标准：当 aVR 导联 QRS 波主波为 QS 波时，其起始部分（QRS 波起始到 QS 波最低点之间）存在顿挫时诊断为室速，否则进入第四步流程。

（2）机制与意义：本步流程心电图的诊断机制与上述相同，即室速时 aVR 导联 QRS 波可表现 QS 型，而室上速合并束支传导阻滞时也可表现为 QS 波。室速时 aVR 导联的 QRS 波表现为 QS 型时，室速常起源于右室、左室下壁或间隔基底部（图 6-4-13）。而室上速合并束支传导阻滞时，室上性激动先经希氏束及希浦系统传导，最后到达心室肌细胞，使其除极起始快，而中间或最后除极缓慢。而室速时，心室除极的起始和扩布方向与上相反，其起始是在心室肌细胞中的除极并在心肌细胞间缓慢扩布和传导，然后才逆行进入传导速度较快的希浦系统，这种心室除极顺序则表现为 QRS 波起始部分存在顿挫，QRS 除极波的速率起始时缓慢（图 6-4-14）。

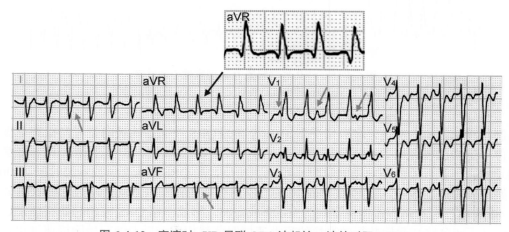

图 6-4-12 室速时 aVR 导联 QRS 波起始 q 波的时限 >40ms

本图符合 Vereckei 提出的 aVR 新流程第二步室速诊断标准，同时存在的房室分离和无人区电轴都支持室速的诊断

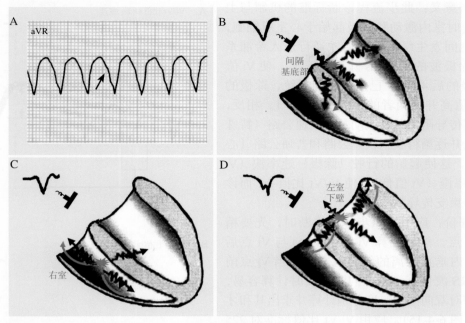

图 6-4-13　aVR 导联起始非 R 波型室性心动过速

这种类型的室速多数起源于间隔基底部、右室以及左室下壁

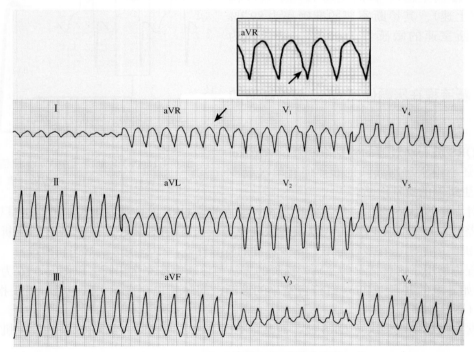

图 6-4-14　aVR 导联 QS 型 QRS 波的前支有顿挫

本图符合 Vereckei 提出的 aVR 新流程第三步室速诊断标准

（3）临床评价：应用本标准对 262 例宽 QRS 波心动过速进行检测，结果阳性者 37 例，包括 32 例室速，5 例室上速，应用本标准诊断室速的敏感性为 19.9%，特异性为 95%，正确诊断率为 86.5%。

第四步　Vi/Vt 比值≤ 1

（1）心电图诊断标准：第四步流程需分别计算 Vi 和 Vt 值，再进行两者值的比较。当 QRS 波初始 40ms 的激动速率（Vi 值）≤ QRS 波终末 40ms 的除极速率（Vt 值）时为阳性，即 Vi/Vt 比值≤ 1 时诊断为室速，而 Vi/Vt 比值 >1 时诊断为室上速（图 6-4-8，图 6-4-15）。

（2）机制与意义：此步流程诊断标准的机制与上述相同，即室速时室内激动和除极起始于心室肌细胞，并在心室肌细胞间发生缓慢传导后才逆行进入希浦系统。这使心室除极波的前 40ms 除极速率慢，使 Vi 值低，而心室除极的后 40ms，已进入希浦系统，除极的速率快，使 Vt 值高并使两者的比值 Vi/Vt ≤ 1。相反，室上速合并束支传导阻滞时，激动是从高速公路（特殊传导系统）起始并逐渐行驶到快速公路和普通公路（心室肌细胞中间），这使起始的行驶（除极）速率快（Vi 值高），最后速率慢（Vt 值低），使 Vi/Vt 比值 >1 而诊断为室上速合并束支传导阻滞。

（3）临床评价：应用第四步标准诊断时，先要精确确定 Vi 和 Vt 点，然后计算 Vi 点前 40ms 与 Vt 点后 40ms 的 QRS 波内垂直距离的绝对值之和。当 Vi 点前和 Vt 点后的 QRS 波仅有一个方向除极波时计算容易，当为双向波时需对双向波的幅度分别计算并求出其和才是 Vi 或 Vt 值（图 6-4-15）。应用 Vi/Vt 比值标准对 225 例宽 QRS 波心动过速进行检测，结果诊断室上速 96 例（84 例室上速，12 例室速），诊断室速 129 例（117 例室速和 12 例室上速），其诊断室速的准确率为 89.3%（201/225），诊断室速的敏感性为 90.7%，特异性为 95%。

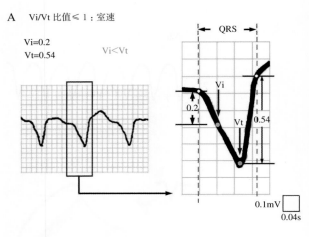

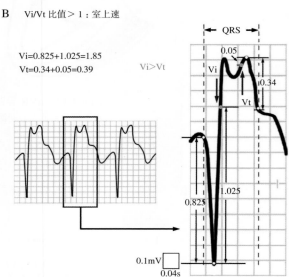

图 6-4-15 aVR 新流程中 Vi/Vt 比值标准示意图
A.Vi/Vt 比值 ≤ 1，诊断为室速；B.Vi/Vt 比值 >1，诊断为室上速

四、aVR 新流程在房颤伴宽 QRS 波诊断时的应用

除用于宽 QRS 波心动过速的鉴别诊断外，Vereckei 的 aVR 新流程还能用于房颤或其他心律伴有单次或多次宽 QRS 波发生机制的鉴别诊断。

房颤时绝对不整的 QRS 波中，经常能出现宽大畸形的宽 QRS 波，其发生机制可能是室早，短阵室速，也可能是室内差传、连续性室内差传，以及蝉联现象等。与宽 QRS 波心动过速的鉴别诊断一样，房颤伴宽 QRS 波发生机制的鉴别也有多种标准，不少标准的特异性差，使鉴别诊断常遇到困难。

aVR 新流程也能用于这种情况的鉴别，流程的方法与诊断标准完全相同。以图 6-4-16 为例，aVR 导联的宽 QRS 波起始 q 波的时限 >40ms 而符合室早的诊断，同时其也存在无人区电轴（箭头指示），同样支持室早的诊断（图 6-4-16）。

其他心律发生的单次或多次宽 QRS 波，而其前有无 P 波不明确时，宽 QRS 波的发生机制也能用本流程鉴别。

五、aVR 新流程的评价

1. aVR 新流程的诊断优势

（1）诊断的正确率高：在 482 例宽 QRS 波心动过速的鉴别诊断中，421 例获最终正确诊断，正确诊断率达 91.5%，室速诊断的敏感性为 96.5%，特异性为 75%。aVR 新流程中四步的正确诊断率分别为 98.6%、87.7%、86.5%、89.3%。

（2）诊断准确率高于 Brugada 流程：aVR 新流程与 Vereckei 流程（2007 年）相比，诊断的准确率无差异，后者诊断准确率为 90.7%（437/482），而两者的准确诊断率都明显高于 Brugada 流程，后者的诊断准确率为 85.5%（412/482）。

（3）更适合急诊应用：aVR 新流程去除了心电图传统的鉴别宽 QRS 波心动过速的所有标准，尤其去除了复杂而难记的室速图形鉴别法，并创新性采用了新理念下的新方法、新标准（图 6-4-17）。这使整个诊断流程简明清晰，仅分析 aVR 单导联的 QRS 波就能快捷而可靠判断，使新流程更简单、准确、省时，更加适合急诊宽 QRS 波心动过速的鉴别诊断。

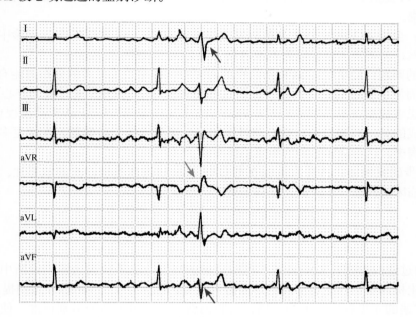

图 6-4-16　心房颤动时伴有宽 QRS 波的鉴别

aVR 导联宽 QRS 波的起始 q 波时限 >40ms(红箭头指示) 及无人区电轴（蓝箭头指示）均支持室早的诊断

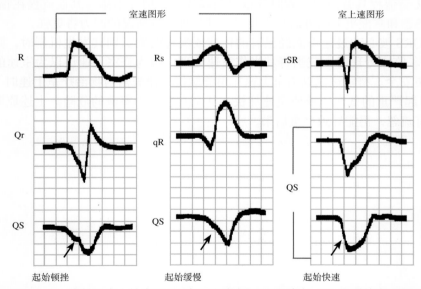

图 6-4-17　室性及室上性宽 QRS 波心动过速时 QRS 波在 aVR 导联的常见图形

2. aVR 新流程存在的问题

（1）流程的盲区：一组研究中有 1 例（0.2%）患者发生宽 QRS 波心动过速时，aVR 导联的 QRS 波振幅极低近似等电位而不能应用本流程，属于本流程的盲区。

（2）预激性心动过速仍不能鉴别：预激性心动过速是指旁路前传、房室结逆传的房室折返性心动过速。从某种意义上说，其心室激动的模式与真正室速几乎无差别，因此一直是各种鉴别诊断流程的盲区。对于新流程也存在同样问题，这部分患者约占宽 QRS 波心动过速的 4%，数量和影响相对小。

（3）Vi/Vt 比值的局限性：很多因素能影响 Vi 和 Vt 比值，使二者的比值出现相反的结果。例如：①前间隔心肌梗死合并室上速时，可使起始的 r 波消失，形成的 QS 波起始可有缓慢传导，使 Vi 值减小而误以为室速；②心室激动较早的部位存在瘢痕和除极缓慢，当患者发生室上速时其 Vi 值也可减小；③束支和分支折返性室速，室速的折返出口靠近希浦系统时，其心室起始除极则在希浦系统内，使这些室速的 Vi 值可能较大，引起 Vi/Vt 比值的判断出现错误。这些情况也是其他流程鉴别诊断的难点，当不存在房室分离时，诊断将更加困难。

（4）误诊分析：全组 482 例经 aVR 新流程发生误诊者 40 例，误诊率 8.3%。误诊中将室上速误以为室速者居多数，约 70%，而将室上速误以为室速者仅 30%。

（5）样本人群的问题：最早验证 aVR 新流程的研究中，样本组成患者的分布可能有一定的偏差，例如不伴结构性心脏病而发生室速的患者数量少，而这些患者室速时的 QRS 波时限比有心肌病者室速的 QRS 波时限更短，这组患者应用各种诊断流程时都容易与室上速相混淆，应用 aVR 新流程也能遇到同样问题。除此，样本人群组成的另一问题是预激性心动过速和室上速患者的年龄偏低，女性更多，几乎没有患者有心肌梗死或扩心病病史，这与室速患者的组成明显不同。

（6）有待进一步研究验证：aVR 新流程在宽 QRS 波心动过速鉴别诊断的敏感性、特异性、准确诊断率方面尚需更多的临床研究进一步验证，以利于更广泛地推广。

六、结束语

宽 QRS 波心动过速的鉴别诊断一直是心电图领域的热点，这不仅因为鉴别诊断中存在着很多难点与挑战，同时对其发生机制做出快捷而准确的诊断有着重要的临床意义。Vereckei 近期提出的 aVR 单导联诊断宽 QRS 波心动过速的 4 步新流程不拘一格，大胆创新，其采用了新的鉴别标准，使室速诊断的整体准确性、阴性预测值都超过了既往流程，使这一鉴别诊断更为快捷、简单而准确，把这一难点的探讨推向新高度、新水平，同时也使 aVR 导联的临床应用价值得到进一步提高。

应当指出，aVR 新流程具备简单、省时等很多明显优势，但并不排斥其他流程在临床的进一步应用，临床及心电图医师熟悉和掌握更多的方法与工具时，其处理疑难情况的能力将更强。

还应指出，宽 QRS 波心动过速不能经已有的标准或流程明确识别其发生机制时，则属于不明机制的宽 QRS 波心动过速。临床处理时，应当将其当作室速处理，因为将室上速误以为室速的治疗比把室速误以为室上速的治疗更安全。将室速误以为室上速并用静脉抗心律失常药物治疗室上速时［例如推注维拉帕米（异搏定）］可引起严重的低血压或使室速加快，甚至有恶化为室颤的危险。上述原则虽然已成为临床医师的共识，但稍有疏忽，仍能导致严重后果。

早在 1936 年，Shipley 和 Hallaran 就描述了心电图的早复极波，认为这是一种正常的心电图变异。80 年来，学术界对早复极波的认识与评价一直争论不休，这使早复极波就像未被打开的黑匣子。2013 年国际三大心律学会制定的专家共识首次将早复极综合征归入原发性遗传性心律失常的范畴，并对早复极波进行了正式的阐述与定义。该专家共识给了学术界这样一个信息，早复极波这一黑匣子即将要被打开。

本章介绍早复极波与早复极综合征的最新认识，以及早复极波患者的危险分层。

早复极波的新进展

一、定义

早复极波在临床与心电图领域的讨论已旷持 80 年了，80 年来，尽管心电图早复极波这一专业名称与术语未变，但在同一个医学名词和术语之下，其内在含义已悄然改变。

早复极波到底包括心电图的哪些改变，图 6-5-1 中的 QRS 波与 T 波之间标出了 A、B 两部分心电图改变，那么心电图早复极波的改变是指 A 还是 B 部分的改变，还是 A 和 B 两部分改变都在其内呢？该问题的正确答案是：在早复极波的传统概念中，其心电图改变包括图 1 中的 A+B 两部分，即早复极波的心电图表现为 J 波或抬高的 J 点后，ST 段呈弓背向下的抬高。此外，传统概念还认为，早复极波的心电图改变还可能伴有 R 波的高耸与切迹，T 波的高尖等系列改变。在那一时期，临床与心电图关注的焦点是早复极波中的 ST 段抬高，以及 ST 段的抬高如何与缺血性 ST 段改变相鉴别等问题。因为不少有早复极波的患者因剧烈胸痛而被诊断为急性冠脉综合征并给予溶栓治疗；或被送入心脏重症监护治疗病房，甚至进行支架植入治疗。

但早复极波的现代概念认为，其心电图改变仅限于图 6-5-1 中 A 部分。2013 年国际专家共识对早复极波所给出的定义是：标准 12 导联心电图中，有 ≥ 2 个连续导联（下壁或侧壁导联）J 点抬高 ≥ 1mm 时，则诊断早复极波，该定义中未涉及 ST 段的抬高。

除了对心电图改变特征有不同看法外，对早复极波出现的导联也发生了根本性改变，传统概念认为早复极波主要出现在中胸 V₃、V₄ 导联上，而现代观点认为早复极波出现在下壁（Ⅱ、Ⅲ、aVF）和侧壁（V₄ ～ V₆、Ⅰ、aVL）导联。

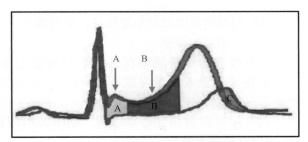

图 6-5-1　早复极心电图改变的示意图

此外，对早复极波的认识和临床意义也有重大改变，传统概念认为早复极波多见于男性青壮年、运动员及黑人人群，因此，其属于心电图的正常变异，是心电图的一种良性表现。而现代观点却认为，与心电图无早复极波的人群相比，有早复极波者的心脏性猝死发生风险增加了 3 ～ 10 倍，属于一种可能有不良预后的心电图表现。

应当指出，对于现代早复极波及早复极综合征，从 2008 年起，法国的 Haissaguerre 就做了大量的研究工作，并提出了很多重要的学术观点，故当今不少欧洲学者将现代概念的早复极综合征称为 Haissaguerre 综合征。

二、流行病学

1. 普通人群

现代早复极波在普通人群中的检出率为 1% ～ 13%，检出率的跨度在不同文献中仍然很大。

2. 特发性室颤人群

在该特殊人群中，心电图早复极波的检出率高达 15% ～ 70%。

3. Brugada 综合征患者

约 10% ～ 15% 的 Brugada 综合征患者中，共存心电图早复极波的改变，提示两者可重叠存在。

4. 与年龄关系

儿科患者心电图早复极波更多见，但从成年后的早期到中年，早复极波的检出率逐渐降低，该现象提示激素对早复极波存在一定的影响。

5. 性别差异

心电图早复极波的检出有明显的性别差异，约 70% 有早复极波者为男性，30% 为女性。

三、遗传学检查

1. 早复极波

早复极波的心电图表现存在高度的遗传性，多数为不明确的单基因遗传，而基因片段仍不明确。

2. 早复极综合征

其为常染色体显性遗传，只是外显率不完全，家族遗传性的特征不明确。

3. 候选基因

（1）KCNJ8 突变：KCNJ8 参与了编码 ATP 敏感钾通道的孔亚区单位。

（2）L 型钙通道的基因突变：包括 CACNAIC、CACNB2B，以及 SCN5A 功能丧失型突变。

（3）KCND3 基因的 SNP3 突变：其负责编码外向钾通道的 Ito 电流。

四、诊断

诊断包括早复极波和早复极综合征两部分。

1. 早复极波的诊断

早复极波的诊断简单容易：即 12 导联心电图中有 ≥ 2 个连续下壁或侧壁导联 J 点抬高 ≥ 1mm 时，即可诊断。

（1）早复极波常伴心动过缓，QRS 波时限的延长，QT 缩短及左室肥厚。

（2）运动试验：为确定早复极波是否存在，可让患者做各种运动试验，因 Ito 电流及早复极波均有长间歇（或称慢频率）依赖性，当患者运动心率加快后，早复极波的消失则能确定诊断（图 6-5-2）。

（3）Holter 检查：为确定早复极波是否伴有慢频率依赖性，应给患者进行 Holter 检查。一旦抓住自身房早、室早时，需观察早搏后代偿期形成的长 RR 间期后 J 波幅度的变化，当 J 波幅度明显增加时，有助于确诊及预后的判断。

（4）激发试验：目前尚无成熟的早复极波的激发试验，有人建议可用 Valsalva 动作用力吸气或呼气后屏气

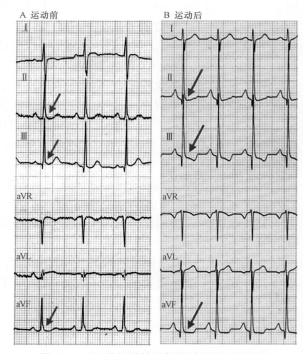

图 6-5-2　下壁导联的早复极波于运动后消失

使心率减慢，有助于发现潜在的早复极波。

（5）提高心率法：位于 QRS 波终末部位的早复极波多表现为顿挫或切迹波，这些早复极波的图形有时很难与 QRS 碎裂波相区别。近时日本学者 Aizawa 提出应用早搏法或心率提高法，观察该波在快频率时振幅的变化，进而进行两者的鉴别。

具体方法为：在自然状态下，当患者出现自身的房早并下传激动心室（下传的 QRS 波与窦律 QRS 波相同）时可进行鉴别（图 6-5-3），还能用心脏电生理的方法在受试犬的心房发放 S2 期外刺激，造成一次人工房早夺获心房并下传心室（形成的 QRS 波与窦律一样），最终使一次 QRS 波提前出现形成暂时性"快频率"，进而观察该波对快频率（短 RR 间期）的反应而鉴别（图 6-5-4）。除"早搏法"外，还能用快频率的连续刺激起搏心房，观察频率加快时 QRS 波终末部位的波形改变（图 6-5-5）。

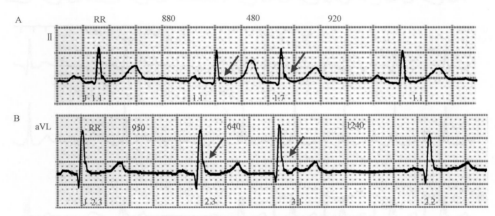

图 6-5-3　自身房早引起心率加快伴 J 波幅度增加

本例在窦律时自身房早下传心室，形成短 RR 间期伴 J 波振幅增加（2.3mm 增加到 3.1mm），而代偿的长 RR 间期后 J 波振幅无增加，提示该 J 波为传导延迟形成的 QRS 碎裂波。图中数值单位为 ms

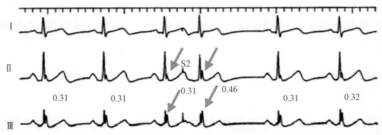

图 6-5-4　人工房早引起心率加快伴 J 波幅度增加

本例在窦律基础上，给予心房 S2 期前刺激夺获心房并下传心室，形成心室率暂时加快而伴 J 波幅度增加，而代偿的长 RR 间期后 J 波振幅不增加，证实该 J 波为 QRS 碎裂波。图中数值单位为 s

用上述三种方法鉴别时，均要仔细观察和测量心率增快时的"J"波幅度，并与自身窦律时该波振幅相比较，同时还要观察代偿期（即长间歇）后该波幅度的变化。研究发现，随频率增快而出现该波幅度增加，而代偿期后该波幅度又无变化者，属于快频率依赖性 J 波。J 波幅度存在快频率依赖性增加时，提示该"J"波实际是 QRS 终末部的碎裂波，其为心室除极 QRS 波的一部分，代表室内传导延缓的结果。

就早复极综合征而言，这些患者属于无心电图早复极波的患者，因此，谈不上发生早复极综合征及室速、室颤的危险，属于"良性"的 QRS 碎裂波。

2. 早复极综合征的诊断

两种情况可诊断为早复极综合征

（1）有明确的早复极波，又有不能解释的室颤或多形性室速的发生，则可确诊。

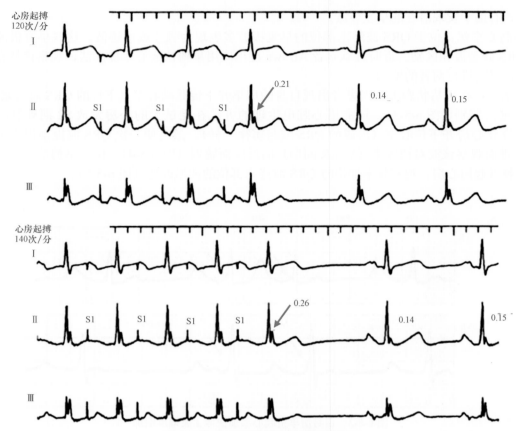

图 6-5-5　快频率依赖性 J 波幅度增加

本例给予快频率的连续心房起搏（120 次 / 分和 140 次 / 分），并保持房室 1∶1 传导。结果形成心室 QRS 波的频率增快伴 J 波幅度增加。停止起搏窦性心率变慢时，J 波幅度明显降低，证实该 J 波幅度有快频率依赖性增加，诊断为 QRS 碎裂波

（2）已发生心脏性猝死，尸检结果阴性，也无既往药物服用史，而生前 12 导联心电图存在明显的早复极波时，也可诊断。

五、治疗

早复极波和早复极综合征的治疗与处理截然不同，如上所述，绝大多数的早复极波属于良性心电图表现，仅少数患者可发生室颤，与无早复极波的患者相比，其发生室颤的风险增加了 3 ～ 10 倍。

1. 早复极波患者的治疗

不治疗或根据猝死危险分层的结果给予相应治疗。

2. 早复极综合征患者的治疗

（1）非药物治疗：ICD（Ⅰ类推荐）。

（2）药物治疗：异丙肾上腺素或奎尼丁（Ⅱa 类推荐）。异丙肾上腺素主要抑制或终止早复极综合征患者伴发的电风暴。

发生电风暴时的急性期治疗，静滴异丙肾上腺素，初始剂量为 1.0μg/min，目标是将患者心率提高 20% 或使心室率 ≥ 90 次 / 分（图 6-5-6），直到电风暴被有效控制。

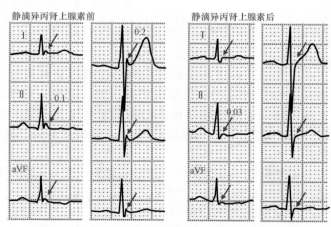

图 6-5-6　静滴异丙肾上腺素后，J 波振幅明显降低

奎尼丁常可单独服用，其有抑制 Ito 电流的作用，故长期服用可使患者早复极波的图形减弱或消失。同时还能与 ICD 联合治疗，进行心脏性猝死的二级预防（图 6-5-7）。

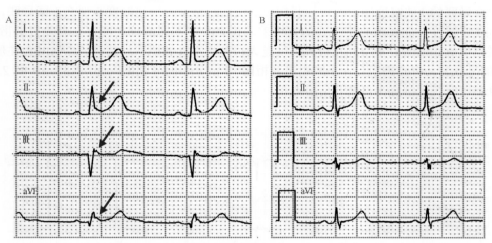

图 6-5-7　口服奎尼丁后 J 波从存在（A）到消失（B）

早复极波患者的危险分层

对明确有心电图早复极波的患者，发生室颤及心脏性猝死的风险高于一般人群，但真正发生者仍为极少数，故对有早复极波患者的危险分层目前受到极大的关注与挑战。

早复极波患者心脏性猝死的高危因素包括家族史、个人史及早复极波的心电图特征。家族史是指家族成员中有意外发生心脏性猝死者，而个人史则指本人有不明原因的晕厥史，两项中一项阳性时就属于猝死高危者。

此外，还能根据早复极波的五个特征进行危险分层。

1. J 波振幅 ≥ 2mm

早复极波的定义是 J 波振幅 ≥ 1mm，越来越多的资料证实，早复极的 J 波幅度越高发生室颤与猝死的风险越高。CASPER 注册研究结果表明，与有明确病因猝死的患者相比，特发性室颤患者心电图 J 波振幅或 J 点抬高的幅度更明显，两组间 J 波幅度分别为：(0.25 ± 0.11) mV vs. (0.13 ± 0.05) mV（$P=0.23$）。目前，J 波幅度 ≥ 2mm 已成为早复极波患者猝死风险较高的一个预警指标。

图 6-5-8 是一位早复极波患者的心电图，其 J 波幅度 3mm，随后发生了室颤。图 6-5-9 是另一位反复室颤患者的心电图，其 J 波幅度高达 7mm（图 6-5-9A），并伴室颤反复发生（图 6-5-9B）。

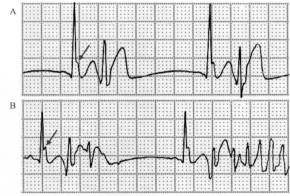

图 6-5-8　反复室颤患者的 J 波振幅达 3mm

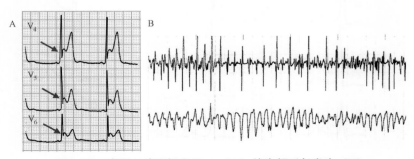

图 6-5-9　患者 J 波振幅高 7mm（A）伴室颤反复发生（B）

从理论推导可以认为：Ito 电流的增强引起了早复极 J 波，J 波幅度越高越提示 Ito 电流更强，患者更易发生恶性室性心律失常。

2. J 波分布导联广泛

如果说单个导联的 J 波幅度能反映该导联相应部位的跨室壁复极离散度，那么不同导联，尤其是部位不同导联之间 J 波幅度差能反映心室空间的复极差，代表心室不同部位之间存在着复极离散度。所以，J 波分布的导联越广泛，说明心室空间复极离散度越大，发生室颤的概率就越高。CASPER 注册研究结果表明，J 波分布的导联数，有室颤组与无室颤组患者相比，J 波分布的导联更广泛：4.3 ± 1.3 vs. 2.8 ± 0.8 导联，两组间 P 值 0.01，有统计学意义（图 6-5-10）。

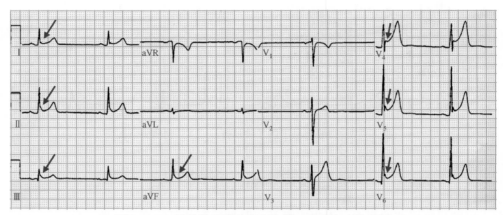

图 6-5-10　特发性室颤患者心电图 J 波分布十分广泛

2010 年，Antzelevitch 在 *Heart Rhythm* 杂志发表文章提出，根据 J 波在 12 导联心电图出现的导联可将早复极波分成 3 型，分布的导联越多室颤发生的风险越高（图 6-5-11）。

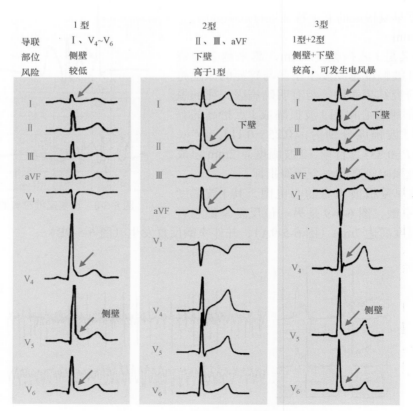

图 6-5-11　Antzelevitch 的早复极波 3 型分型法

还应指出，J 波分布的导联数量在危险分层中有着重要意义，此外，J 波出现的部位也很重要。在 Antzelevitch 提出的分型中，2 型 J 波出现的导联数比 1 型少，但因左室下壁关键而重要，使其危险分层的级别更高。

3. J 波的形态

J 波可有多种形态，据此又可分成多种类型，这在患者的风险分层中也有重要作用。

（1）切迹（notching）型 J 波：其相当于 QRS 波的 R 波降支终末部被打断，并形成另一独立的 J 波。其振幅为新形成的独立波顶点到基线之间的高度（图 6-5-12A）。

（2）顿挫（slurring）型 J 波：其相当于 QRS 波的 R 波降支终末部未被打断，只是 R 波下降的斜率发生了改变，从陡然下降变为缓慢下降（图 6-5-12B）。动物实验表明，这两种形态不同的 J 波有着程度不同的病理学基础（图 6-5-12C、D）。

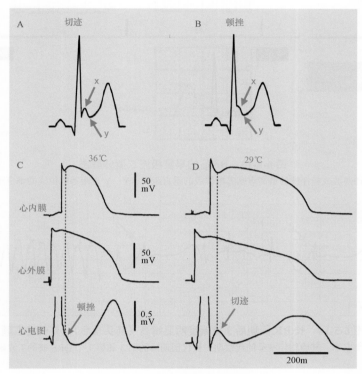

图 6-5-12　病理意义不同的 J 波

根据 J 波的上述形态，又结合早复极波与 ST 段连接的 Y 点距等电位线的高度，Heng 将早复极波（J 波）分为 5 型。5 型的检出率不同，对危险分层的意义也不相同。一般情况下，1 型的危险分层高于 2 型和 3 型，3 型高于 4 型和 5 型（图 6-5-13）。

4. J 波幅度的变化

J 波幅度可随 RR 间期的延长有增高趋势（图 6-5-14），这与 Ito 电流具有慢频率依赖性相关，心率快时 Ito 电流减弱或消失，心率慢时相反。

对早复极波患者的 Holter 研究中发现，67.5% 的患者可出现各种原因引起的长 RR 间期，其中 55.6% 的患者在长 RR 间期后 J 波幅度明显增高，平均由 0.391mV 增加到 0.549mV。应用长 RR 间期后 J 波幅度增高这一指标预警室颤的敏感性 55%，特异性 100%。

5. J 波后 ST 段形态

过去，对早复极波的描述常为抬高的 J 点或 J 波伴 ST 段的抬高，而晚近的研究表明，早复极 J 波后的 ST 段共有 3 种形态，各自对危险分层的意义明显不同（图 6-5-15）。

Tikkanen 在年轻专业运动员心电图的研究中发现，两组运动员（芬兰 62 例，美国 503 例）早复极波

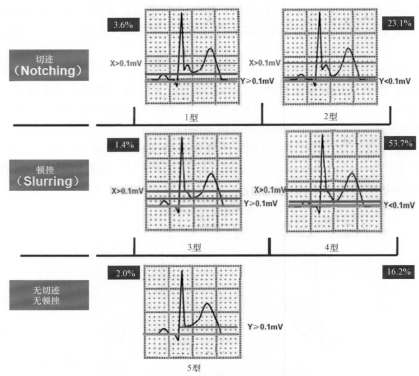

图 6-5-13 Heng 的早复极波 5 型分型法

X：切迹波或顿挫波的最高点到等电位线的垂直距离；Y：Y 点距等电位线的垂直距离

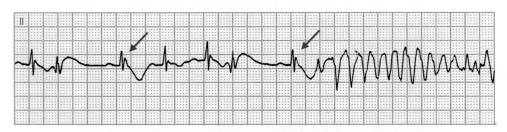

图 6-5-14 长 RR 间期后 J 波幅度明显增高（箭头指示），并引发室颤

本图第 2 和第 6 个 QRS 波为两个室早，其后均伴室早的代偿期，长代偿期后的第 3 和第 7 个 QRS 波的 J 波幅度明显增高（≥ 2mm），随后发生了心室颤动

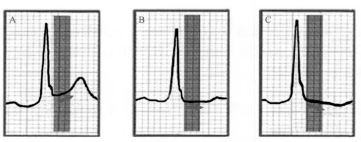

图 6-5-15 J 波后 ST 段的三种形态

A. 上升型；B. 水平型；C. 下斜型

的检出率分别为 44% 和 30%，其中 85% ～ 96% 的 J 波后 ST 段形态呈上升型（图 6-5-16A），有这种 ST 段形态的患者预后较好。两组中仅少数运动员 J 波后 ST 段形态呈水平或下斜型（图 6-5-16B），其发生心脏性猝死的危险大，而 ST 段下降幅度 >0.2mV 者比下降幅度 >0.1mV 者的预后更差。

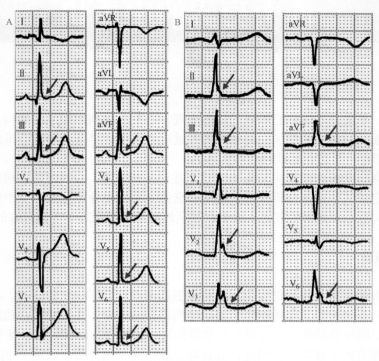

图 6-5-16 早复极波伴不同的 ST 段形态
A. 上升型；B. 水平型或下斜型

　　而 Rosso 的一项研究结果与其一致，即不同形态的 ST 段有着不同的预后意义。在 35～45 岁的人群中，特发性室颤的发生率在无早复极波的亚组中为 3.4/10 万，而有早复极波的亚组中为 11/10 万，在有早复极波并伴 ST 段呈水平型者中为 30.4/10 万（图 6-5-17）。换言之，有早复极波者比无早复极波者室颤的发生风险增加了 3 倍，而有早复极并伴 ST 段呈水平型时室颤发生的风险增加了 10 倍。因此，早复极波伴 ST 段水平或下斜型改变已是其危险分层的重要指标。

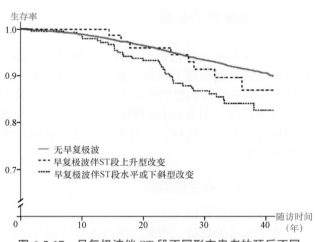

图 6-5-17 早复极波伴 ST 段不同形态患者的预后不同

第六章

心力衰竭的电重构

　　心力衰竭（心衰）是各种器质性心脏病的晚期表现，心衰时解剖形态学的重构直观而重要，这是功能已经受损的心脏面对前、后负荷的增加而发生的各种适应性改变，早期有增加心排血量的代偿作用，晚期却成为心衰血流动力学进一步恶化的病理生理因素。

　　现已证实，在心衰解剖形态学重构发生的同时，甚至在其之前，心脏的电重构就已存在，只是隐匿而不直观，尚无定性、定量的诊断与分析技术，这使心衰的电重构至今未能形成一个完整而独立的概念被认识。但实质上，电重构对心衰患者的危害不亚于，甚至超过了解剖形态学重构带来的危害。

一、电重构的概念

　　各种器质性心脏病的早期与加剧过程中，心肌细胞和组织形态学改变的同时，心脏电功能的损害就已存在。与解剖形态学的重构相似，电功能也会出现早期适应性改变，并对受损心功能的维持有着积极的代偿作用：例如心衰时心肌细胞动作电位时程发生电重构性（适应性）延长，这一延长能使 Ca^{2+} 内流代偿性增加，进而使心肌收缩力代偿性增强。因此，心衰时心脏不同层面：离子通道、细胞、组织、特殊传导系统等出现的适应性电功能的改变，均称为心衰的电重构。电重构起到代偿作用的同时，也将成为各种心律失常发生的基质。

二、电重构的分类

　　对心衰电重构的认识与研究，多数是在尸检、心脏移植时得到的心衰心脏，以及动物实验中获得的。在动物体目前已制成了缺血、起搏、基因、毒素、压力负荷、容量负荷等原因引起的心衰模型，但因种属差异，动物实验所获得的数据有时还不能完全等同地用于人体。

　　目前认为，引发心衰的病因与类型不同（缺血性、遗传性心肌改变、心动过速等），其电重构的类型及特征也有不同。同样，心衰不同阶段电重构的特征与形式也不同，依据这些不同的特征心衰电重构存在多种分类法。

（一）根据发生的层面

　　1. 离子通道重构
　　离子通道的数量、功能、调节蛋白功能的适应性改变。
　　2. 心肌细胞电重构
　　心肌细胞动作电位的时程，除极、复极的变化。
　　3. 心肌组织电重构
　　心肌组织的传导性、不应期、自律性等电生理特征的改变。
　　4. 特殊传导系统电重构
　　包括缓慢传导，折返，早、迟后除极等。

（二）根据发生的特点

　　1. 原发性电重构
　　心衰直接引起心肌细胞和组织电功能的适应性改变，例如心衰心肌细胞动作电位时程适应性（电重构性）延长。
　　2. 继发性电重构

指在心衰的继发性病理生理因素作用下发生电功能的适应性改变，例如交感神经兴奋性增高时固有心率的改变。

（三）根据与机械功能的关系

1. 原发性电重构

与上相同，是指心衰直接引起心脏不同层面发生的电功能适应性改变。

2. 机械电反馈性电重构

是指心衰时心脏机械功能的改变：细胞肿胀，心肌肥厚，心腔扩张，心脏前、后负荷增大等机械性因素，引起机械牵张敏感性离子通道的开放，心肌兴奋性、传导性等发生的电重构改变。

心衰电重构的研究尚处于早期，还需积累更多资料才能提高对其的认识水平，随之，电重构的分类将有进一步发展。

三、电重构的发生

（一）心脏电功能的直接损伤

各种器质性心脏病发展为心衰时，心脏原发的各种病理性因素能直接损害心脏电功能，其与心肌损伤常同时发生，容易被识别和重视。例如急性心肌梗死（心梗）时出现的完全性左束支传导阻滞，这是严重而持续的心肌缺血引起心肌坏死的同时左束支传导功能也受到严重损害的结果。而急性心梗若伴发室速，则因心梗区已坏死的心肌形成电传导的障碍区，激动只能沿其周围的正常或相对正常的心肌发生正常或缓慢传导，传导缓慢时则在体表心电图表现为室内传导阻滞。同时激动还能围绕面积不等的 1 个或几个心肌坏死区发生反复传导，结果形成环形折返、"8 字"折返、"品字"形折返，甚至微折返，表现为室速或室颤发生。此外，急性心梗时内源性儿茶酚胺的急剧增高，使心肌自律性异常升高，容易出现室早，起到推波助澜的作用。上述心肌损害对心脏电功能的这种直接损伤，能引起各种心律失常。

（二）心衰电功能的重构

与心脏电功能的直接损伤全然不同，电重构是指心衰的多种病理生理因素：长期的病理学因素、神经内分泌的过度激活、机械电反馈作用等，能引起电功能出现多种形式的适应性改变，期待这些适应性改变能够代偿和缓解心功能损害，但其起到代偿作用的同时，这种适应性改变将成为新的致心律失常因素，是心衰致心律失常作用的重要基质。有多种因素参与和引起心衰的电重构（图 6-6-1 中外圈）。而电重构也有多种表现形式，包括除极、复极的改变，传导的缓慢，固有心率的下降等（图 6-6-1 中圈）。但殊途同归，这些代偿性的电重构最终导致折返以及早、迟后除极的发生，表现为心衰的致心律失常作用（图 6-6-1 中心）。

1. 病理改变性电重构

心衰时多种病理性因素都能引起电重构。

（1）心肌细胞形态和大小的改变：心肌细胞形态与大小的改变是心衰的基本改变，其能明显影响心肌细胞传导的各向异性。心脏电传导异常多数表现为传导速率的降低和病理性各向异性传导。心肌的传导功能除受 0 相除极振幅和速率影响外，还受细胞耦联、衰减、组织电容性、激动波锋的物理学特征（凸形或凹形）等影响。因此，心脏电传导也受心肌细胞大小、形态、缝隙连接的分布，细胞外基质、纤维走行等诸多因素的影响。当动作电位沿传导轴线扩布时则流畅，沿非传导轴线扩布时则缓慢或中断，这种正常时就存在的情况称为生理性各向异性传导。而心衰时心肌细胞的形态学改变、排列紊乱、缝隙连接位置与表达异常、细胞外连接组织的数量和分布异常，这些因素将导致病理性各向异性传导的发生，引起传导方向的紊乱，传导速率下降和传导的不均一性。心肌细胞的形态学改变涉及细胞膜离子通道的形态、数量、功能、调节蛋白等方面。

（2）心肌纤维化：正常时，心肌纤维化存在着增龄性改变，属于退行性变。而缺血与非缺血性心肌病的心肌纤维化常随病程的发展进行性加重，并逐渐替代正常的心肌细胞（图 6-6-2）。尸检证实，窦性心律的心房纤维化概率为 5%，而阵发性和永久性房颤患者的心房纤维化概率分别为 14% 和 35%。心肌病患者早期微小的纤维化区日后还能融合为较大的纤维区，甚至瘢痕区，这些丧失了传导功能的瘢痕区常是心肌

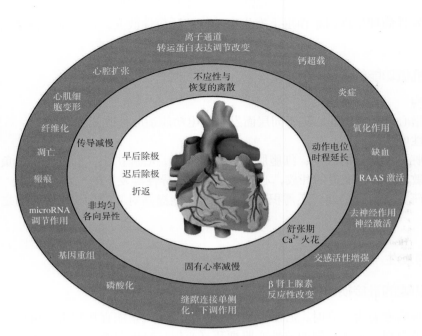

图 6-6-1 心衰时电重构一览图

RAAS：肾素-血管紧张素-醛固酮系统

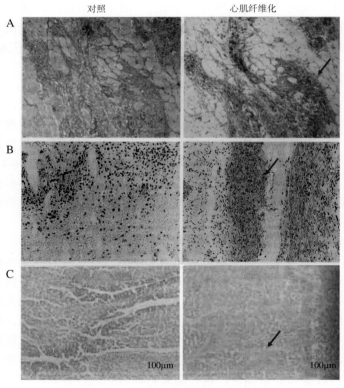

图 6-6-2 各种心脏病的心肌纤维化

A.高血压；B.心肌梗死；C.心衰

病患者心电图上出现病理性 Q 波的原因。

　　心衰时，心脏传导速度的下降与心肌纤维化程度呈正相关，广泛的心肌纤维化可使心室肌除极电位显著降低而形成心衰患者心电图常见的肢体导联低电压改变（图 6-6-3，图 6-6-4）。心肌纤维化除了能使传导减慢外，还能形成传导的阻滞线，而功能性或解剖性阻滞线又是折返发生的基质，严重的室内传导障碍能使心电图 QRS 波发生"分裂"（图 6-6-4）。

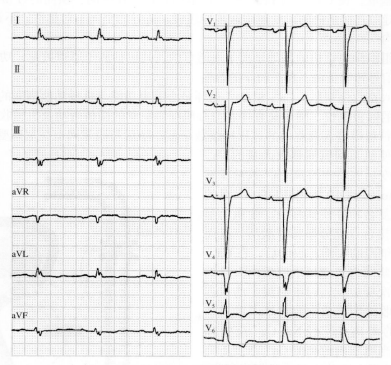

图 6-6-3　心衰患者心电图肢体导联低电压

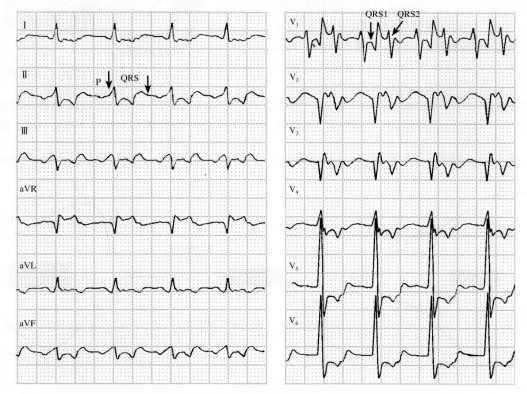

图 6-6-4　心衰患者心电图除肢体导联低电压外，还有 QRS 波的"分裂"

（3）心肌缺血：心肌缺血能引起心肌细胞动作电位时程的延长，Ca^{2+} 摄取异常以及连接蛋白的单侧表达等。此外，缺血细胞的凋亡能引起代偿性心肌肥厚和纤维组织增生。缺血还能引起交感神经的刺激、炎性物质的增加、心肌坏死区自主神经的再生及支配的不均一性，都将成为心律失常的基质。

（4）缝隙连接蛋白的改变：正常心肌细胞的缝隙连接蛋白（Cx43、Cx40、Cx45 等）位于闰盘，在细胞连接处纵向形成化学和电通道，保证均一的各向异性传导。心衰时，缝隙连接蛋白的变化是心衰重要的电重构，其能迅速脱耦联，使 Cx43 蛋白表达减少，单侧表达，在纵向、横向的分布紊乱，使细胞之间的横向分布比例增多。缝隙连接蛋白的改变能引起传导缓慢，传导的空间不对称性，不连续性传导等。

2. 离子通道的重构

心衰时细胞学和组织学电重构的基础是离子通道重构，其包括离子通道数量、功能表达的改变，还包括通道的调节蛋白、信号转导蛋白、相关酶学的改变。

（1）Ca^{2+} 循环与兴奋收缩耦联：Ca^{2+} 和 Ca^{2+} 循环是心脏电功能与机械功能耦联的核心因素，Ca^{2+} 的跨膜内流形成心肌细胞的除极电位，随后又直接参与心肌细胞肌丝的横桥滑动及机械收缩。Ca^{2+} 经心肌细胞膜上电压门控的 L 型钙通道进入细胞内的过程持续数毫秒，随后与肌浆网上兰尼碱受体（RyR）结合并触发"钙制钙"效应，使肌浆网瞬间释放大量的 Ca^{2+} 而形成钙瞬变。钙瞬变后胞质中游离 Ca^{2+} 数量骤然升高 100 倍（10^{-7}mmol/L 到 10^{-5}mmol/L），大量的 Ca^{2+} 与肌钙蛋白生成复合物并使其移位，使肌动蛋白与肌凝蛋白横桥的接合点充分暴露并激活，进而引起横桥滑动和心肌细胞的收缩。收缩后，在 Ca^{2+}-ATP 酶的调节下，肌浆网将快速摄取胞质内大量的 Ca^{2+} 并贮存，准备下次释放。同时细胞膜上的 Na^+-Ca^{2+} 交换体成为移去收缩期胞质中游离 Ca^{2+} 的另一重要通道，约 20% 的游离 Ca^{2+} 经 Na^+-Ca^{2+} 交换体转送到心肌细胞外。当胞质内游离的 Ca^{2+} 浓度下降 100 倍时，横桥滑动的反向运动引起心肌细胞舒张。所以，这种周而复始的心肌收缩与舒张过程实际就是一种 Ca^{2+} 循环（图 6-6-5）。该循环中 Ca^{2+} 的浓度高则激活的横桥滑动数量多，心肌收缩力则强，否则相反。交感神经兴奋时可使 Ca^{2+} 循环量加大，被激活的横桥滑动数量随之增加，心肌收缩力也将增强。

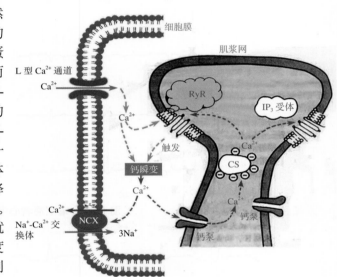

图 6-6-5 正常心肌细胞的 Ca^{2+} 循环

（2）心衰时 Ca^{2+} 循环的重构：Ca^{2+} 通道的重构是心衰时最重要的离子重构，该重构涉及的因素多，过程复杂。① Ca^{2+} 内流代偿性增加：心衰时心肌收缩力下降及 Ca^{2+} 摄取减少（图 6-6-6A、B），此时为了代

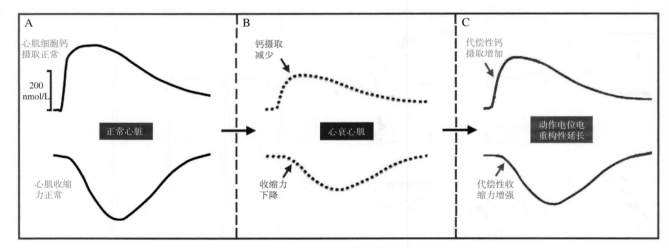

图 6-6-6 心肌细胞动作电位的延长使 Ca^{2+} 摄取增加

偿性增加 Ca^{2+} 的摄取量，在多种因素的作用下动作电位发生适应性或电重构性延长，结果 2 相平台期也随之延长，这使发生在 2 相的电压依赖性 Ca^{2+} 通道的失活明显减慢，Ca^{2+} 内流发生代偿性增加，并使心肌收缩力代偿性增强（图 6-6-6C），心衰时出现的电重构充分起到代偿性作用。心衰的研究证实，心衰的心室肌细胞虽然 L 型 Ca^{2+} 通道数目减少，但剩余通道的功能状态出现代偿性改变，通道的开放概率和经 L 型 Ca^{2+} 通道的总体平均电流增加 2 倍。②钙瞬变减弱：RyR 位于肌浆网表面，是肌浆网发生钙瞬变的 Ca^{2+} 释放通道，其有三种亚型，但主要为 RyR_2 亚型。RyR 的结构和开放特性受调节蛋白 Ca^{2+} 依赖性蛋白激活酶 Ⅱ（CaMK Ⅱ）和蛋白激酶 A（PKA）的影响；心衰时这两种调节蛋白的表达增强，两者的过度磷酸化将引起 RyR 功能的改变，结果使 Ca^{2+} 瞬变的幅度减少，衰减延迟，使收缩期心肌细胞胞质中游离 Ca^{2+} 减少，部分抵消了 L 型 Ca^{2+} 通道适应性内流增加的作用。③肌浆网钙负荷减少：肌浆网钙泵即肌浆网 Ca^{2+}-ATP 酶是肌浆网主动摄取并贮存胞质游离 Ca^{2+} 的一种钙转运蛋白。肌浆网钙泵的功能受到受磷蛋白的调节，正常时其能增加钙泵与 Ca^{2+} 的亲和力，使 Ca^{2+} 摄取速率加快。而心衰时，其表达和活性降低，使钙泵与 Ca^{2+} 的亲和力下降，使肌浆网再摄取胞质中 Ca^{2+} 的数量减少，肌浆网内钙负荷减少，贮存总量下降，同时也使舒张期胞质的 Ca^{2+} 增高和心肌舒张功能下降。④钙外流增加：Na^+-Ca^{2+} 交换体（Na^+/Ca^{2+}exchanger，NCX）是心肌细胞的一种转运蛋白，主要功能是进行跨细胞膜的阳离子交换，即同时携带 3 个 Na^+ 和 1 个 Ca^{2+} 进行跨细胞膜的两侧移动，转运分成正向（Na^+ 进、Ca^{2+} 出）和反向（Na^+ 出、Ca^{2+} 进）两种。心衰时，NCX 表达和活性上调而表现为正向转运，使 Ca^{2+} 的外流增加，其重要的代偿意义是使胞质中因钙泵功能下降引起胞质中 Ca^{2+} 增加的情况得到缓解，有利于钙的稳态，改善心肌舒张功能。但应看到，Ca^{2+} 外流增加能间接加重肌浆网钙负荷的减少，对心肌收缩性产生不良影响。

可以看出，心衰时 Ca^{2+} 通道及 Ca^{2+} 流发生的重要而复杂的重构既有重要的代偿意义，又兼有不利的影响。

（3）其他离子通道的重构：①钠内流（I_{Na}）：心肌细胞的 Na^+ 内流速率与传导功能密切相关，Na^+ 内流减弱能引起传导缓慢和室性心律失常。现已证实，心衰时心肌细胞的快 Na^+（I_{Na}）内流减少，而 Na^+ 通道失活变慢必然使晚 Na^+ 电流（I_{NaL}）明显增加。此外，晚钠内流的增加与 CaMK Ⅱ 明显增加有关。最终使总的 Na^+ 内流增加，是心肌细胞动作电位时程适应性延长的机制之一（图 6-6-7）。②钾通道电流（I_K）：心衰时多种钾通道发生重构，但心衰的病因不同，各种钾通道改变的程度不相同：a：I_{to} 电流：心衰时 I_{to} 电流减弱，I_{to} 电流形成动作电位复极的 1 相，其决定随后平台期的水平。I_{to} 电流与跨室壁复极离散度密切相关，因 I_{to} 在心外膜心肌细胞的密度明显高于内膜。b：I_{kr} 和 I_{ks} 电流：心衰时 I_{kr} 和 I_{ks} 减弱，尤以 I_{ks} 减弱更明显。而 I_{ks} 与心脏复极储备功能密切相关，I_{ks} 的减弱将使心脏复极储备力下降，更易受到抗心律失常药物的不良影响而引发 Tdp 等心律失常。c：I_{k1} 电流：I_{k1}（内向整流 K^+ 电流）维持着心肌细胞静息膜电位和复极终末期，不同病因引起的心衰，I_{k1} 电流减弱的程度不同（表 6-6-1，表 6-6-2）。

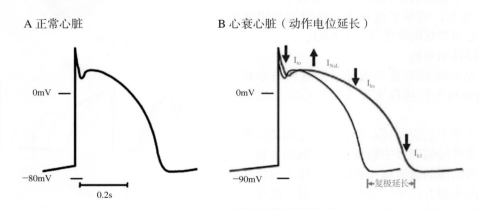

图 6-6-7　心衰时心室肌细胞动作电位时程延长

表 6-6-1 心衰时心肌离子通道的重构

	I_{Na}	I_{Ca-L}	I_{to}	I_{K1}	I_{Kr}
心脏移植时得到的心衰心脏	↑	↓/=	↓	↓	(=)
犬心衰心脏		↓/=	↓	↓	=
兔心衰心脏		↓/=	↓	=	↓
三度房室传导阻滞犬心脏	=	=			
三度房室传导阻滞兔心脏	=	=		↑	↓

表 6-6-2 心衰时心室形态学重构及电重构

	形态学重构	收缩功能重构	电重构
心脏移植时得到的心衰心脏	≈/↑	↓	↑ APD
犬心衰心脏	≈	↓	↑ APD
兔心衰心脏	↑	↓	↑ APD
实验犬心脏	↑	↑	↑↑ APD
三度房室传导阻滞兔心脏	↑	=	↑↑ APD

APD：动作电位时程

上述多种离子流的重构将使心肌细胞动作电位时程发生适应性延长，复极重构过程中伴发的不均一性能增加不应期的离散，容易发生折返性和触发性心律失常。

（4）复极的空间和跨室壁离散度：心衰时离子通道适应性重构的代偿意义体现在 Ca^{2+} 流增加、心肌收缩力增加，最终使心排血量代偿性增加。但这种电重构也将成为心衰致心律失常作用的新基质。因为左、右心室，心室肌的不同部位原来就已存在的生理性复极差，随着离子通道发生重构，不同区域心室肌的这种复极离散度增大，形成左、右心室之间病理性复极空间离散度增大。此外，离子通道的重构还使不同层次心室肌的生理性复极差异变大，结果形成病理性跨室壁复极离散度，并能导致心律失常的发生（图 6-6-8）。

3. 自主神经性电重构

交感神经活性增强和迷走神经活性减弱是心衰的另一特征，这种继发性病理生理改变与心衰的电重构直接相关。

自主神经在多个层面调控心脏，相互之间又高度整合。交感和迷走神经的调节中枢位于下丘脑和延髓，其内部与外部均有精细的通道相互联络而完成心血管功能的调控，调节的主要方式为压力感受器反射。此外，还有心内的自主神经支配，心脏内十分精细的神经网络部分位于心外脂肪垫内，心脏的这些局部调节系统的功能部分与高位脑中枢相对独立，但有重要的临床意义。例如心肌缺血、糖尿病的神经病变损害脂肪垫内神经元功

A 复极的空间离散

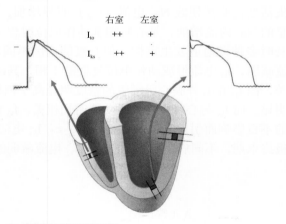

B 复极的跨室壁离散

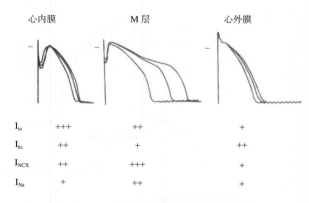

图 6-6-8 心室肌不同类型的复极差异
A. 复极的空间离散；B. 复极的跨室壁离散

能时，可增加心内自主神经兴奋的不均一性和心律失常易感性。在心肌细胞水平，自主神经的感受器及递质的受体通过与细胞膜上 G 蛋白偶联而控制着离子通道、离子泵和离子交换体。

心衰时交感神经活性的增强对电重构有多方面的直接作用。首先是容量负荷和压力负荷的增加可使窦房结环核苷酸门控通道（HCN）的 mRNA 和蛋白表达减少，使 I_f 电流下降，I_f 电流是一种超极化激活的环核苷酸门控通道（HCN），I_f 电流的降低使窦房结自律性细胞的自动化除极减弱、减少，使窦房结的固有心率降低，这可视为对交感神经活性增加的一种保护性反应。

心衰患者体内儿茶酚胺水平可以增加几倍或更高，使运动后心率增加的幅度加大，这是窦性心律变时性过度的结果。过度的变时性使心衰患者运动后心率的增加与代谢的增加不匹配，运动停止后，代谢率下降后心率的恢复也十分缓慢，变时性与固有心率是全然不同的概念。

除对 I_f 影响外，β受体激动剂和肾素–血管紧张素–醛固酮系统（RAAS）的产物对其他通道也有直接影响。包括儿茶酚胺影响 Ca^{2+} 摄取，血管紧张素 Ⅱ 抑制 I_{to} 和延迟整流钾电流，抑制 Na^+-K^+ ATP 酶的活性等。此外，交感兴奋性的增强还使心率变异性（HRV）降低，增加心衰时心律失常的易感性，与心衰患者猝死的高发密切相关。

4. 机械电反馈性电重构

机械电反馈是指心脏的机械功能对心脏电活动产生的影响，临床存在大量的机械电反馈现象：外科医师能用手指弹击心脏的机械力使停跳的心脏复跳（图 6-6-9A），心肺复苏时的胸前区叩击能终止室速，甚至终止早期发生的室颤（图 6-6-9B），而心导管触及心室内膜的机械力可引起室性早搏，心室内的脉冲式容量刺激能引发室早。当机械电反馈的作用持续存在时，可以引起心脏的电重构。现已证实，心室容量以及心脏前、后负荷的改变能在离体和在体的心房和心室、人体和动物心脏引起电重构。

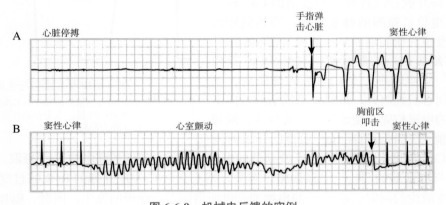

图 6-6-9　机械电反馈的实例

A. 手指的弹击力使心脏复跳；B. 胸前区叩击终止新发生的室颤

心脏是机械敏感性器官，牵张力存在时，心肌细胞的正常和异位自律性均升高。在离子通道水平，机械敏感性离子通道分为牵张激活性和失活性两类，前者更为常见。除此，还有对细胞体积敏感的通道，其可被细胞体积的增大而激活（容积激活性离子通道），而细胞肿胀时 Ca^{2+} 增加、离子流强度减弱。另外，电压或称配体门控的离子通道也有一定的机械敏感性，包括电压依赖性 Ca^{2+} 和 K^+ 通道。牵张和细胞容积可以调控这些通道及转运体，细胞肿胀引起的牵张比纯粹的机械牵张力更复杂，其还能激活 Na^+-H^+ 交换体使细胞内 Na^+ 浓度增加，进而通过 Na^+-Ca^{2+} 交换使细胞内 Ca^{2+} 浓度增加。

资料证实，细胞肿胀和牵张发生 5ms 内就能激活某些酶，也有通道需持续 1min 时才被激活。心衰时的慢性细胞肿胀和机械牵张的增强可使 Ca^{2+} 内流减弱，同时发生的 I_k 减弱和 Na^+-Ca^{2+} 交换体使内向 Ca^{2+} 电流的增加可使前者得到补偿。慢性牵张能引起心肌组织电生理特性发生持续性重构，对心肌传导性的影响是使室间传导速度先增快后降低，最终传导性的减弱使 QRS 波时限和左房激动时间相应延长，严重时发生局部传导阻滞。资料表明，心房壁张力增加 40% 时传导速度下降 25%，心室内压力 30mmHg 时室内和室间传导速度下降 16%。

牵张对心肌兴奋性有增强作用，持续性牵张能使心室肌兴奋的离散度增加、不应期和电负荷增加，同时室壁或腔内压力的升高都能增加早、迟后除极，使心律失常更易发生。

心衰时机械电反馈的作用发生迅速，电重构的程度与心腔容量和压力的变化呈线性关系，而且存在区域性差别，例如左室扩张时，右室的不应期不改变。此外，不同层面的心室肌细胞中，中层 M 细胞的动作电位持续的时间长，受到的影响将更大。因此，心衰时牵张性电重构存在空间差异、跨室壁差异，进而增加电功能离散，为折返和早、迟后除极的发生提供了基质。

四、电重构的危害

心衰电重构的早期有一定的代偿作用，随后，将成为心律失常发生的新基质。而心衰患者心律失常与猝死发生率明显高于非心衰患者，与心衰时发生的电重构，进而增加了心律失常发生的新基质直接相关。此外，电重构有多种形式的危害，或引发新的心律失常，或使原有的心律失常加重，构成心衰致心律失常作用的多样性。

（一）电重构与后除极

心衰时自发和诱发的室性心律失常多数与后除极的触发机制有关。后除极既是心衰时电重构、Ca^{2+} 重构、信号分子重构、超微结构重构的结果，又是心衰致心律失常的重要原因。

后除极有早后除极（EAD）和迟后除极（DAD）两种。早后除极发生在动作电位 2 相或 3 相。心衰的电重构引起动作电位时程的延长，而平台期的同步延长使 EAD 更易发生，因为在"窗流"电压范围内，Ca^{2+} 内流的通道可以重新开放，这种经 L 型通道的 Ca^{2+} 转运异常可使正常膜电位低振幅的棘波增高，当达到除极阈电位时则将引发短联律间期的早后除极（图 6-6-10）。迟后除极发生在复极以后的舒张期，与 Na^+-Ca^{2+} 交换体有关，Na^+-Ca^{2+} 交换体将一个 Ca^{2+} 泵入细胞内，同时将 3 个 Na^+ 泵到心肌细胞外，最终结果能引起内向电流增加。心衰时的电重构除了使动作电位时程延长增加 Ca^{2+} 内流外，还能通过电压门控 Ca^{2+} 通道的开放时间

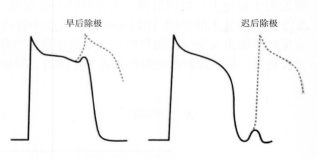

图 6-6-10 早后除极与迟后除极

异常的 Ca^{2+} 转运引起细胞膜膜震荡电位的幅度增高，达到除极电位时将引起一次新的除极。发生在动作电位 2 相和 3 相为早后除极，发生在 4 相为迟后除极

而增加细胞内的 Ca^{2+} 浓度，增强 Na^+-Ca^{2+} 交换体的电化学驱动力而增加细胞的 Ca^{2+} 摄取。

迟后除极还与舒张期的"Ca^{2+} 渗漏现象"有关，即心衰时 CaMK 介导的 RyR 的过度磷酸化，使肌浆网钙负荷、钙瞬变减少的同时引起 Ca^{2+} 漏出增加，进而增加迟后除极的发生。同时，RyR 高表达区的过度磷酸化也是儿茶酚胺敏感型室速的促发因素。

（二）电重构与心衰性心律失常

心衰致心律失常作用是电重构的不良后果。心衰的危害除了心功能不全引起的血流动力学障碍外，还包括心脏电功能的重构、紊乱引发的心律失常。心衰性心律失常能损害和恶化心功能，还能显著提高卒中的发生，增加致残率（图 6-6-11），引发的室性心律失常可导致猝死，增加死亡率。

1. 心衰致室性心律失常作用

心衰患者 60% ～ 100% 存在室早、频发室早及复杂室早，40% ～ 60% 的患者存在非持续性室速。此外，心功能 I、II 级患者持续性室速的发生率为 15% ～ 20%，而心功能 III 级或 IV 级者增加到 50% ～ 70%，因此，心衰患者的室速与左室射血分数（EF）值呈负相关。

2. 心衰致房性心律失常作用

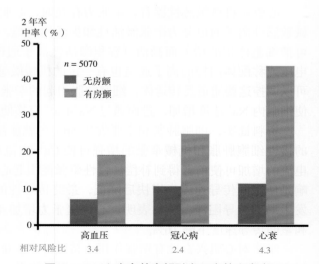

图 6-6-11 心衰合并房颤引发更高的卒中率

心衰伴发房性心律失常率高达 60% ～ 95%，以房颤最常见，发生率高达 40% ～ 50%，这比一般人群和普通心血管患者房颤的发生率高出 10 倍到几十倍。此外，心衰伴房颤者脑卒中发生率的明显增高与其血流动力学特征密切相关，而严重心衰伴房颤能明显增加死亡率。

3. 心衰伴发猝死

十分明确，最强的猝死预警因子是左室 EF 值，伴随左室 EF 值的下降，心衰患者猝死的概率增加（图 6-6-12），这使严重心衰者成为埋藏式心脏复律除颤器（ICD）一级预防的 I 类适应证。需要注意，心功能更为严重者猝死的相对比例低，但猝死的总人数却多（图 6-6-13）。

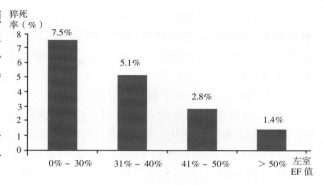

图 6-6-12　心衰的猝死率与左室 EF 值反相关

严重心衰患者猝死的另一特点是因缓慢性心律失常引发的比例增高。一般的心律失常性猝死中，80% 死于快速性心律失常，20% 死于缓慢性心律失常。而晚期心衰患者的猝死，50% ～ 60% 死于严重心动过缓或电机械分离，40% 死于快速性心律失常的室速或室颤。猝死的诱因包括冠脉栓塞、血栓形成、电解质紊乱、肺栓塞或其他。

应当指出，有关 ICD 预防猝死的循证结果与上述结果略有不同，其结果表明，左室 EF 值越低者行 ICD 预防受益越明显，而被 ICD 治疗的都是室速和室颤患者。

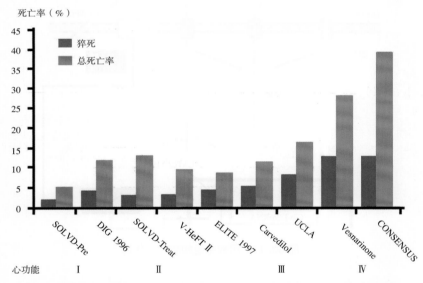

图 6-6-13　服用血管紧张素转化酶抑制剂的心衰患者的死亡率和猝死率

心功能 I ～ III 级者猝死比例为 50%，心功能 IV 级者猝死的相对比例低，但猝死人数却明显较多

（三）电重构和心律失常的加重

心衰时电重构还能使心律失常加重，使其发生更频繁、更持续或进展为慢性，尤以心衰伴发房颤更显著。

1. 房颤的电重构

房颤时电重构可使房颤加重，使早期阵发性、持续时间较短而能自行终止的房颤，逐渐发作频繁、持续时间延长，进展为持续性房颤，最终变为永久性房颤。房颤电重构的理论最早由 Allessie 提出，其发现房颤的持续存在将使心房不应期进行性缩短，f 波间期逐渐变短，而且心房不应期的频率自适应性也遭到破坏，使患者房颤的易感性增加。

2. 房颤电重构的发生

房颤的快速心房率能使经 L 型钙通道的 Ca^{2+} 内流增加，使 Ca^{2+} 与钙调蛋白的结合增加，进而使钙神经素的活性增加。钙神经素是一种 Ca^{2+} 依赖性的磷酸酶，其激活 T 细胞的核因子去磷酸化后进入细胞核，其能下调 L 型 Ca^{2+} 通道 α 亚单位的 mRNA 转录，最终使 L 型 Ca^{2+} 通道亚单位蛋白下调，使跨膜的 Ca^{2+} 内流减少，动作电位时程缩短，起到防止心房率增快引起的细胞内 Ca^{2+} 超载，同时也产生使房颤持续存在的危害（图 6-6-14）。

3. 房颤电重构的离子基础

（1）内向电流的变化：房颤时 I_{Na} 电流密度和 Na^+ 通道 α 亚单位的表达未见异常，但存在电压依赖性 Na^+ 通道失活的正向变化，使 I_{Na} 进行性减弱及房内传导缓慢。而 I_{Ca} 内流减弱约 70%，导致动作电位的平台期消失，L 型 Ca^{2+} 通道表达的下降成为房颤时动作电位时程和不应期缩短的重要原因，L 型 Ca^{2+} 通道表达下降是 α 亚单位的 mRNA 和蛋白表达降低的结果。此外，房颤时心房肌细胞肌浆网 Ca^{2+} 的自发释放及 Ca^{2+} 容量无变化，只是钙瞬变的程度降低，衰减变慢。与 Ca^{2+} 相关的蛋白：如钙调蛋白、磷酸酶等无变化（图 6-6-15）。

（2）外向电流的变化：动物实验表明，房性心律失常发生 24h 内 I_{to} 电流减少，而房颤患者心房肌细胞的电压门控 K^+ 通道的密度和分子构成有变化，I_{to} 电流减弱约 60%。此外，I_{K1} 增强并导致细胞膜超极化，I_{Kr} 和 I_{Ks} 无变化，而超速整流钾通道（I_{Kur}）减弱或无变化。

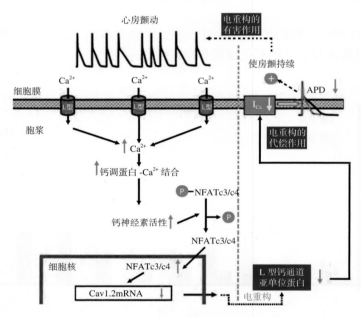

图 6-6-14 房颤电重构的代偿作用

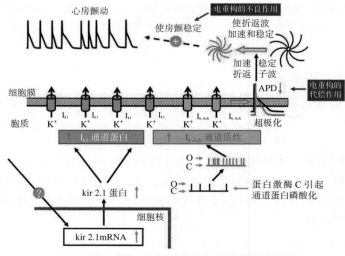

图 6-6-15 房颤时 K^+ 通道重构使房颤更易持续

4. 房颤电重构的危害

房颤时代偿性电重构能防止快速心房率引起细胞内的 Ca^{2+} 超载，但同时能引起 Ca^{2+} 内流减少和心房肌收缩力降低，进而增加血栓形成的风险。

此外，电重构时，Na^+ 内流减弱可使传导速度减慢，使折返波的波长缩短，使房颤更易维持。而电重构中 Ca^{2+} 内流的减少使动作电位及不应期缩短，将使房早或源于肺静脉的异位激动更易诱发房颤，并能增加心房内折返子波的数量而使房颤容易维持。

显然，房颤时电重构在预防细胞内 Ca^{2+} 超载中起到积极代偿作用的同时，也带来多方面危害，充分证实电重构的双刃剑作用。

上述房颤时的电重构使房颤加重，而心衰患者存在房颤时，其心房率可能更快，f 碎裂波更明显，结果使房颤适应性重构及病情加重的作用更明显、程度更重。

五、电重构危害的防治

提高对心衰电重构的认识，除能更清晰地认识心衰致心律失常作用的本质外，还能为防治开拓思路，另辟新径。

（一）抗肾上腺素治疗

β 受体阻滞剂是充血性心衰药物治疗的支柱，其能直接对抗交感神经兴奋性增高的各种有害作用。因此，β 受体阻滞剂不仅有直接或间接的抗心律失常作用，还兼有逆转因交感神经过度兴奋或因机械电反馈作用引起的电重构。β 受体阻滞剂是唯一被证实能降低猝死率的药物，在 CIBIS Ⅱ 和 MERIT-HF 研究中，猝死率分别降低 44% 和 41%，使因心衰引起的死亡率分别降低 49% 和 26%（表 6-6-3）。

表 6-6-3　β 受体阻滞剂临床试验的死亡率分析

	USCP		CIBIS Ⅱ		MERIT-HF	
	安慰剂	卡维地洛	安慰剂	比索洛尔	安慰剂	美托洛尔
	（n=398）	（n=696）	（n=398）	（n=1327）	（n=200）	（n=1990）
全部	31	22	228	156	217	145
心血管（%）	31（100）	20（91）	161（71）	119（76）	203（94）	128（88）
猝死（%）	15（48）	12（55）	83（36）	48（31）	132（61）	79（54）
泵衰竭（%）	13（42）	5（23）	47（12）	36（23）	58（27）	30（21）

（二）电重构的上游治疗

血管紧张素转化酶抑制剂（ACEI）和血管紧张素受体拮抗剂（ARB）等药物有明显拮抗心衰时异常被激活的交感神经和 RAAS 的作用，显著降低心衰患者的猝死率及死亡率。现已证明，ACEI 和 ARB 类药物对心脏的电重构有明显抑制作用，其抗心律失常的作用发现已久。2010 年的欧洲心脏学会（ESC）房颤治疗新指南中，已将 ACEI 和 ARB 正式列为上游治疗的重要药物，其可作为房颤高危患者的一级和二级预防药物。指南的这一新观点也支持这些药物在预防心衰患者房颤、室性心律失常及猝死中的应用，也可视为上游治疗。因此，这些药物也将成为心衰患者预防猝死的上游治疗药物。

（三）左室辅助装置

永久型植入式左室辅助装置正逐渐成为心衰患者的一种长期治疗，左室辅助装置的治疗作用包括：①逆转心衰的解剖形态学重构：逆转心室和心房肌细胞的肥大，心腔的扩张；②逆转收缩功能的重构：增加心肌收缩功能，下调钙调蛋白基因的表达水平，增加 β 受体数量，减少心室利钠肽的表达；③逆转电重构：左室辅助装置植入 1 个月内，即会出现心室率的控制作用，QT 间期恢复和心室肌细胞动作电位时程缩短。可以推测，其对心衰时神经内分泌过度激活的逆转、对心衰解剖形态学重构的逆转，都能转化为对心衰电重构的逆转，进而减少心衰性心律失常的发生及猝死。

（四）开发牵张激活性通道阻滞剂

多种心肌细胞存在牵张激活性通道、细胞容积敏感性通道，而且电压门控的通道也有一定的机械敏感性。因此，这些心肌细胞在心衰时各种继发性病理因素的作用下，容易发生各种电重构，凸现心衰的致心律失常作用。

目前已发现多种物质能抑制牵张激活的膜电流，包括利尿剂阿米洛利、链霉素以及镧系元素钆（Gd^{3+}）。Gd^{3+} 是一种强效的阳离子牵张激活性通道的阻滞剂，可剂量依赖性地缩短该通道的开放时间，以及延长关闭时间。应用短时牵张脉冲刺激制成的离体室性心律失常的模型中，Gd^{3+} 可抑制牵张诱发的除极和期前收缩，而心房压力增加时的后除极也能被 Gd^{3+} 抑制。除 Gd^{3+} 外，已从智利狼蛛的毒液中提取出对牵张激活性通道有阻滞作用的多肽，称为 4KD 肽。研究表明，不论 Gd^{3+} 还是 4KD 肽，均能预防牵张作用引发的房颤，还有延长心房不应期的作用。

此外，牵张激活的 Ca^{2+} 通道阻滞剂也在研究中，其能对抗牵张力对电功能的反馈作用，抑制或预防心律失常。

总之，心衰时电重构发生的代偿作用及有害作用的神秘面纱正逐渐被揭开，心衰本身致心律失常的作用也将同时得到更清晰的认识。其警示医生，心衰患者本身就是各种心律失常的易患者，QTc 间期已有一定程度的延长，这些患者治疗时应慎用可引发尖端扭转型室速的药物，治疗应直接选用作用较强的胺碘酮等药物，对电重构采取的防治措施的进展必然影响着心衰防治。心衰电重构的深入研究，将成为心律失常及心衰防治两大领域的共同热点。

近年来，随着对心房颤动（房颤）的重视与深入研究，对房颤危害性的认识也在不断深化。最初的认识仅着眼于房颤引发各种临床症状的一般性危害，相应之下，这一阶段的治疗则以律率治疗达到缓解症状为主要目的。随后认识到房颤能增加 2～7 倍脑卒中的发生，房颤的这种心外危害能明显增加患者的死亡率，恶化预后。同时，也认识到房颤能增加心血管疾病患者的死亡率，尤其是心肌梗死和心力衰竭患者更是如此。随之，将抗凝治疗提高到治疗策略的首位，使能降低死亡率的这一治疗受到极高的重视。

近几年，对房颤危害的认识又有新突破：发现房颤能增加 3 倍的心脏性猝死的发生风险，使房颤成为心脏性猝死发生的独立危险因素，本文重点讨论相关内容。

一、房颤的高发不容忽视

1. 房颤高发的趋势还在加重

房颤的发病率在世界各国有继续升高趋势，这与房颤检测技术和检测方法的进步、社会人口的老龄化等多种因素有关。目前，各国房颤的发病率多为一般人群的 1%～2%（图 6-7-1）。同时，房颤对人体健康与寿命也有越来越明显的影响。

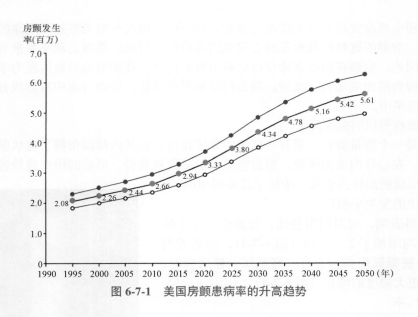

图 6-7-1 美国房颤患病率的升高趋势

2. 房颤的实际发生率更高

在考虑房颤发生率时，还需重视检测方法产生的影响。房颤具有短阵、阵发、无症状发作等特征。这使患者的主诉不可靠，使主诉症状与房颤发生之间的相关性差。一方面，房颤患者 40% 的发作症状并非房颤引起，另一方面，无症状房颤患者约占房颤总体人群的 1/3，这些人的房颤发作有时毫无症状，这使房颤的流行病学调查，或电话随访评价药物或非药物治疗效果存在较大的出入。此外，一般心电图，包括Holter 检查对房颤的检出率均存在一定问题（图 6-7-2）。

早在 10 年前，Israel 等报告了持续性心电监测与常规心电图的房颤检出率差别很大。随访中，心电图只能发现 5%～20% 的无症状房颤，而 Holter 对无症状房颤、阵发性房颤的检出率也十分有限。这一事实，将产生两个低估：对一般人群的房颤发生率及各种治疗后房颤复发率的低估，同样也能产生两个高估，

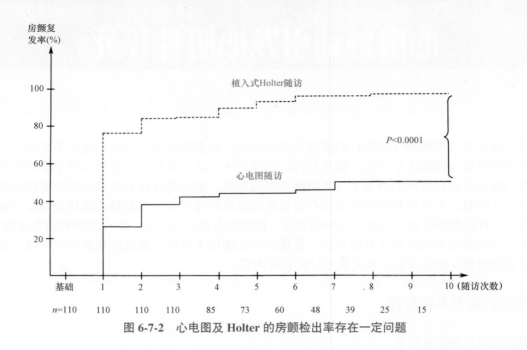

图 6-7-2　心电图及 Holter 的房颤检出率存在一定问题

对治疗后维持窦律、对药物与非药物治疗有效性的高估。

二、卒中是房颤心外死亡率增加的关键

房颤最初的病理生理改变是心房电活动的改变，即心房除极波从原来整齐而规律的窦性 P 波被快而不整齐的房颤波取代。房颤的这种极其紊乱的心房电活动将使心房肌的机械活动从原来有效的收缩变成杂乱无效的心房蠕动。因此，房颤在使心室律变得绝对不整的同时，还使房内的血流动力学发生急剧紊乱，根本无有效收缩的心房内的血流缓慢、淤滞。凝血物质聚积并活化，进而与血中有形成分形成附壁血栓，血栓脱落可引起缺血性卒中。

1. 左心耳附壁血栓形成的概率高

左心耳平常只是一个容量器官，兼有一定的内分泌作用，但其内侧面布满了梳状肌而使心内膜十分不光滑。房颤发生时，左心耳内血流缓慢，凝血物质大量凝聚和黏着，形成的附壁血栓容易脱落。房颤时左心耳附壁血栓脱落形成的血栓占引发卒中栓子总量的 90%。

2. 房颤患者卒中的发生率很高

流行病学的资料表明，与对照组相比，房颤患者发生缺血性卒中的危险平均增加了 2～7 倍（图 6-7-3），当患者同时又伴有老年性心脏瓣膜疾病、心衰、高血压、糖尿病时，卒中的发生率将有更大幅度的增长（图 6-7-4）。

3. 明显增加死亡率

Framingham 的一项长达 25 年的随访资料表明，房颤组与非房颤组比较时，将两组间各种不同因素矫正后，随访期内房颤组死亡率比对照组高出 2 倍（图 6-7-5）。该结果说明，房颤本身能明显增加死亡率，其不是一种良性心律失常。

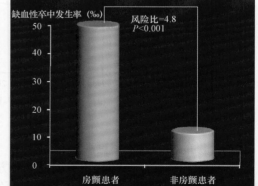

图 6-7-3　房颤患者缺血性卒中发生率是对照组的 2～7 倍

4. 卒中是房颤患者死亡风险增加的重要心外因素

研究表明，房颤引发的卒中是房颤死亡风险增加的最重要心外因素，为改变房颤患者的长期预后，降低患者的远期死亡率，预防和减少卒中是关键性举措。

为此，ESC（欧洲心脏病学会）在 2010 年推出的治疗指南正式提出房颤治疗的新三联策略。

既往房颤的治疗包括房颤的转律（转复窦律）、维持窦律、降低室率的老三联治疗。这些治疗对缓解

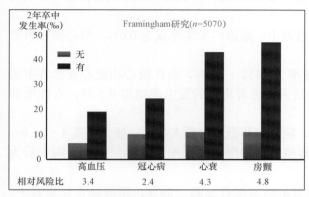

图 6-7-4　房颤伴心血管疾病患者的卒中发生率剧增

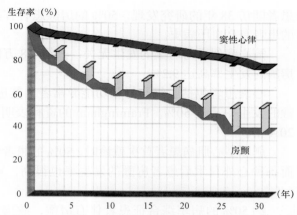

图 6-7-5　房颤组死亡率比对照组（窦性心律组）高 2 倍

患者的临床症状有着积极意义。此外，临床还有多种技术与治疗方法可用于"房颤的老三联治疗"。而且转复窦律或维持窦律的治疗可使患者重新恢复房室同步功能，是改善和提高患者心功能的重要方式，而降低室率治疗的同时还降低心肌氧耗量，使每个心动周期的舒张期延长，增加心脏舒张期的冠状灌流，使心肌血供改善，心功能也同时得到改善。但房颤的老三联治疗属于改善患者症状的姑息治疗，对患者长期死亡率的下降，预后的改善意义有限。

　　为改善房颤患者的长期预后，降低死亡率，ESC 在新推出的《房颤治疗指南》中，对房颤的治疗策略进行了调整，以治疗作用的重要性为序，新三联治疗分别为抗凝治疗、律率治疗（室率控制）、上游治疗。上游治疗是针对引发房颤的危险因素或病因采取的针对性治疗（图 6-7-6）。

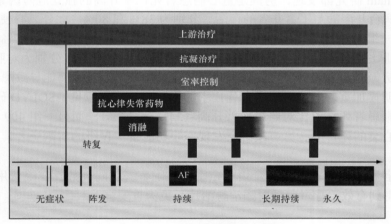

图 6-7-6　ESC 指南的房颤新三联治疗

　　《ESC 指南》中房颤新三联的治疗策略，抗凝治疗和上游治疗有望改善患者的预后，降低患者的死亡率，而室率控制治疗属于姑息性治疗，只能改善患者的症状。

　　房颤治疗策略总体转变的基础是房颤能增加患者的卒中，恶化预后和增加患者的死亡率。无疑，这种把抗凝及预防卒中治疗放在首位的新策略对改变房颤患者的预后有着举足轻重的意义。

三、房颤也能明显增加心血管疾病患者的死亡率

　　房颤对人体的危害，除增加心外因素的致死性外，还明显增加心血管疾病患者的死亡率。
　　需从两方面考虑房颤与心血管疾病的关系。
　　1.各种心血管疾病明显增加房颤的发生率
　　几乎所有的心血管疾病都能使房颤的发生率明显增高，首先是高血压，Framingham 的一项对 4731 例

患者随访 38 年的研究发现，50% 的房颤患者有高血压病史。AFFIRM 研究入选的 4060 例房颤者中，76% 的患者有高血压病史。

冠心病似乎与房颤的发生无关，一组 1.8 万例冠心病患者中，房颤的发生率仅为 0.6%，但心梗后患者房颤的发生率高达 9.2%。

心衰患者包括收缩与舒张功能异常者，其房颤的发生率为 15% ～ 30%，而 Ⅳ 级心功能心衰患者中房颤的发生率高达 50%。Framingham 的资料表明，心衰可使男性患者房颤的发生率增加 8.5 倍，女性增加 20.4 倍。

肥厚型心肌病患者首次就诊时，50% 的患者伴有房颤，随后每年新发房颤人数比一般人群高 4 ～ 6 倍。而各种心外科术后患者房颤的发生率也很高，冠脉旁路移植术后房颤的发生率为 40%，瓣膜疾病术后为 64%。

约 50% 的病窦综合征患者伴有房颤，故房颤已被认为是病窦综合征的一部分。预激综合征患者中，10% ～ 35% 的人伴发房颤，在其房室折返性心动过速发生过程中，15% ～ 35% 的患者会蜕化为房颤。先心病也不例外。19% 的房间隔缺损（房缺）患者伴有房颤，在 60 岁以上的房缺人群中，房颤的发生率高达 61%。

甲状腺功能与房颤的关系更为密切，在房颤总体人群中，10% ～ 30% 的人由甲亢引起。还应了解，这些患者在甲状腺功能得到有效控制的 6 周内，60% 将自发转为窦性心律。

总之，各种心血管疾病患者伴发房颤者占房颤总人群的比例较高，而不合并心血管疾病的孤立性房颤仅占房颤总人数的 5% ～ 30%。

2. 房颤明显增加心血管疾病患者的死亡率

各种心血管疾病患者合并房颤时，与无房颤者相比，都明显恶化了患者心血管疾病的自然病程，显著增加了死亡率。

CASS 及 Framingham 研究都发现，房颤是冠心病患者死亡率升高的独立危险因素。CASS 研究随访 7 年的结果表明，冠心病合并房颤与不合并者的存活率分别为 38% 和 80%。此外，心梗患者伴发房颤时，可使死亡率明显升高，一组 4108 例急性心梗患者的研究中，心梗后房颤发生率为 9.7%，死亡的相对风险为 1.0%。6.4% 的急性冠脉综合征患者伴发房颤，随后 30 天和 6 个月的死亡率分别为对照组的 4.4 倍和 3 倍。

对于心衰患者，房颤时心房辅助泵功能丧失，同时伴发的快速心室率都能导致患者血流动力学的进一步恶化，使心衰症状明显加重，但这对于患者死亡率的影响尚有不同意见。SOLVD 研究随访 6517 例心衰患者达 3 年，发现房颤患者死亡率比对照组显著升高（34% *vs.* 23%）。而另一组 409 例心衰患者的研究结果显示，房颤未增加心衰的死亡率。另一项研究发现，心功能 Ⅲ ～ Ⅳ 级的房颤患者，远期存活率比对照组低（52% *vs.* 71%）。

总之，房颤合并各种心血管病患者的全因死亡率、住院率、住院天数、住院费用都明显高于对照组。因此，这些患者及时得到有效治疗（包括射频消融治疗）更为重要。

四、对房颤危害认识的新纪元：增加心脏性猝死

实际，Framingham 的房颤患者长期随访研究结果公布后，学界已清醒地认识到：能增加 2 倍死亡率的房颤并不是一种良性心律失常。

随后，有学者用房颤增加卒中，进而增加患者死亡率解释这一现象，但相关研究发现，房颤患者的非心脏性原因（卒中）引起的死亡只能解释小部分房颤患者的死亡，而心脏性病因是房颤患者更为多见的死亡模式，房颤伴缺血性心脏病的死亡占 15%，伴心衰的死亡占 16%。而新近研究的证据证实，房颤伴心血管疾病能够增加死亡率，但在心脏完全健康的特发性房颤患者中，房颤也比对照组增加 3 倍室颤发生的风险。随后，两项在一般社区人群中进行的长期随访研究结果先后证实，房颤能独立而明显地增加一般人群心脏性猝死的发生风险，即房颤能通过快速性室性心律失常的发生增加心脏性猝死。

（一）ICD资料的最早揭示

ICD 作为一种体内埋藏式自动除颤器，对有适应证的患者能降低 30% 以上的全因死亡率。除此，ICD

还能记录患者恶性室性心律失常发生的全过程，不仅能记录快速室性心律失常的发生，还能记录该事件发生前的"上游心律"。美国研究人员对 ICD 患者发生室速、室颤引发原因的调查结果证实，在 ICD 诊断并治疗的事件中，18% 的室颤和 3% 的室速发生前的上游心律为房颤，多数为伴快速心室率的房颤。该发现提出了一个新的疾病链。过去认为，大量室早、短阵室速等可引起持续性室速、室颤，直至猝死，并形成了室性心律失常的发生链，而新显示的心律失常发生链则为房颤-室颤-猝死（图 6-7-7）。

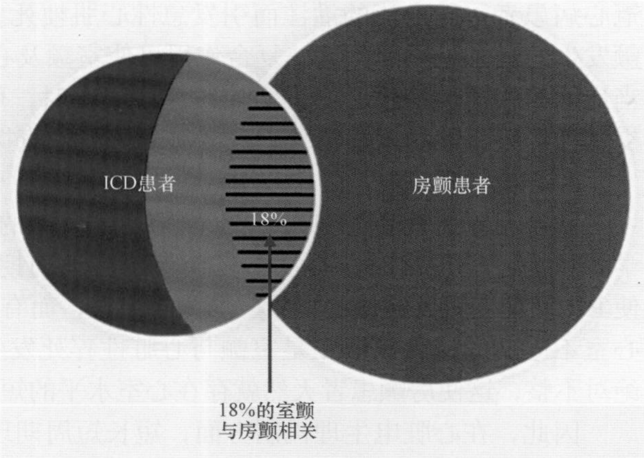

图 6-7-7　18% 的室颤与 3% 的室速发生前的上游心律为房颤

（二）流行病学和临床研究的发现

越来越多的流行病学的资料证实，房颤是增加心脏性猝死危险的独立因素。2004 年发表的《哥本哈根城市心脏研究》最早透露了这一信息，该研究入组了 29310 位社区患者，平均随访了 4.7 年。探讨男女房颤对心血管疾病死亡影响的研究证实，健康而伴有房颤的女性人群，比无房颤对照组的心血管疾病死亡风险增加 6 倍。与男性相比，女性房颤发生卒中的风险增加 4 倍，女性房颤比男性房颤更显著地增加了心血管疾病患者死亡率及全因死亡率。同时证实华法林预防卒中的疗效在女性优于（80%）男性（67%），该研究还发现，房颤与心脏性猝死相关。

2013 年，美国国家健康研究院在 *JAMA* 杂志发表了《美国两个社区人群的房颤能增加心脏性猝死》的研究报告，其中一项为 ARIC 研究，入组了包括黑人在内的 15792 人，另一项为 CHS 研究，包括 687 位黑人在内的 5479 人的随访观察。两项研究中，对随访中发生的心脏性猝死都有确实可靠的资料，包括住院病例的死亡记录、家属和目击者的证词、死亡证明、尸检报告等。对心脏性猝死的定义为：发生在院外或急诊室的突然无脉，推测为快速室性心律失常引起，同时此前患者的情况稳定，无致死性非心脏病原因，未在医院监护。

所有上述猝死的相关资料均递交给研究项目的专家委员会审核，每例心脏性猝死的诊断由两位医生做出，诊断有分歧时再由第三位医生分析。最终诊断分为明确的心律失常性猝死、可能的心律失常性猝死和不能分类的猝死等。

这两项研究结果表明：与无房颤者相比，在校正了年龄、性别和人种等因素的影响后，房颤者的心脏性猝死和非心脏性猝死的发生风险分别高出 2 倍，对男性与女性均一样，而在黑人人群中，房颤与心脏性猝死的关联更强。这两项以普通社区人群包括中老年人在内的研究，首次证实房颤能增加 2 ～ 3 倍的心脏性猝死发生的风险。

紧随其后，Bardai 等于 2014 年在 *Ciculation* 杂志发表了题为《房颤是室颤的一个独立危险因素》的文章。该研究的目的是为证实一般人群的房颤是否也是室颤发生的独立危险因素，以及如果两者确有关联，患者同时存在的其他疾病（心衰、急性心梗）、应用的抗心律失常药物、延长 QT 间期的药物是否起到中介作用。

该研究对每个可能起到中介作用的混杂因素都进行了逐一的亚组分析，即在有无急性心梗的两亚组间，有无应用抗心律失常药物的两亚组间，以及有无应用延长 QT 间期药物的两亚组之间做了比较。结果，无论有无这些因素的存在，房颤的存在都能增加室颤发生的危险。最终结论认为，房颤是使室颤发生风险增加 3 倍的一个独立因素。

可以看出，近年来越来越多的资料证实，房颤是增加心脏性猝死发生风险的独立危险因素。

（三）房颤增加心脏性猝死的机制

1. 病因学基础

房颤能增加心脏性猝死发生危险的观点正在被越来越多的研究证实，但该现象的发生机制仍不清楚。有学者提出该现象的病理生理机制可能包括：①房颤本身增加室颤的危险：两者可能共有同样的遗传学基础，使同一编码的突变基因在心房、心室两个心腔都有表达，这些突变基因在心房易引发房颤，在心室易引发室颤。②房颤可成为引发室颤的其他病理学因素的协同者。有文献报道，房颤伴快速心室率时可减少冠心病患者冠脉血流的灌注而引发急性心肌梗死。因此，房颤能增加急性心肌梗死的危险，而后者又是室颤发生的最常见原因。这一复合作用可使室颤及心脏性猝死发生的风险增大。③交感神经激活并桥接两者：当房颤等快速性房性心律失常伴快速心室率时，可引起相应的血流动力学障碍、增加交感神经的活性，而交感神经兴奋性的增加常是引发心脏性猝死的直接因素。

2. 心电生理机制

截至目前，房颤增加心脏性猝死发生风险的机制探讨中，更多的证据集中在心脏电生理方面。多数学者认为：①正常时，心室不应期与前心动周期的长短呈正变规律，房颤伴快速心室率时，较快的室率使 RR 间期变短，这使心室不应期相对缩短，而有时 RR 间期较长时，后一心动周期心室不应期也相应延长，心室不应期的这种离散正是室颤与心脏性猝死发生的最适宜环境；②房颤的最大特点是心室律（RR 间期）绝对不整，这使房颤患者天然就存在心室水平的短长短周期现象，该现象存在时可使室速、室颤一触即发。

因此，在心脏电生理机制方面，短长短周期现象触发室颤已成为重要的核心问题。

五、房颤时短长短周期现象与室颤

实际，短长短周期现象（short-long-short cycle phenomenon）与室速、室颤间的密切关系已有多年的研究和充分证据。

1. 心室程序刺激诱发室速、室颤

窦性心律时可发生短联律间期的室早，室早后常伴有较长的代偿间期，代偿间期后又到来一个室早时就能组成心室 RR 间期的短长短周期现象，进而容易诱发室速和室颤（图 6-7-8）。

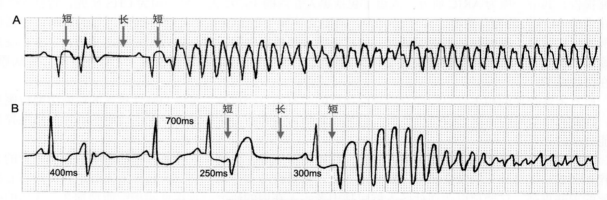

图 6-7-8 短长短周期现象诱发恶性室性心律失常

A. 单个室早后的代偿间期形成了长的 RR 间期，其后的再次室早诱发了室颤；B. 3 个室早的联律间期分别为 400ms、250ms、300ms，结果联律间期为 300ms 的室早诱发了室颤，因其前面的 RR 间期长

早在 1985 年，Denke 就在动物体中证实短长短周期现象在室速、室颤发生中的作用，当 S_1 刺激的周期长度从 400ms 延长为 600ms 时，用 S_2 心室期前刺激诱发室速的阳性率提高了，该原因就是后者更易形成短长短周期现象。

随后，Rosenfeld 在房颤患者的心脏电生理研究中，为房颤可以成为室颤发生的上游心律提供了客观证据。

他给一位心肌梗死伴有房颤的患者，随机发放与患者自身 QRS 波联律间期为 310ms 的心室 S2 刺激。该 S_2 刺激引起一次联律间期为 310ms 的人工室早。这些人工室早后可发生两种情况，一是出现单纯的室早后的"代偿"间期，另一种则是该 S_2 心室刺激引发了持续时间长短不等的多形性室速，其至室颤（图 6-7-9）。

进一步研究发现，S_2 刺激引发多形性室速与室颤的情况与其前的心动周期有关，凡前面 RR 间期大于 700ms 时，加发的 S_2 刺激则容易构成短长短周期现象而引发多形性室速。众所周知，房颤的一个显著特点就是 RR 间期绝对不整，结果在一次长 RR 间期后，再发放一个短联律间期的人工室早就容易引发恶性室性心律失常。

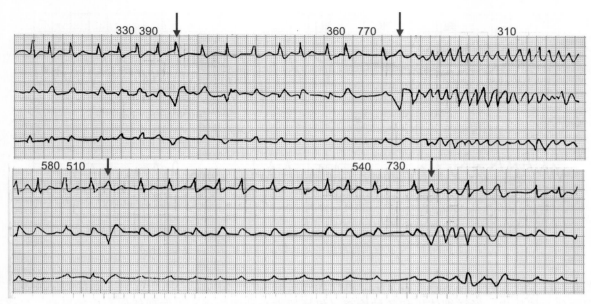

图 6-7-9　Rosenfeld 证实房颤时短长短周期现象引发室速、室颤

受试者是一位心梗后慢性房颤患者，发放心室 S_2 刺激（箭头指示），并与前面 QRS 波的联律间期固定为 310ms，因基础心律为房颤，故 RR 间期不等。可以看出，当发放 S_2 刺激前面的心动周期长度超过 700ms 时，则可诱发持续性或非持续性多形性室速，符合短长短周期诱发室速的现象

Rosenfeld 的进一步研究证实，真实世界中有很大比例的多形性室速、室颤是由短长短周期现象诱发的，这为房颤是增加室颤与猝死发生的独立危险因素提供了充分的理论依据。

最近发表了 Somberg 的动物研究结果，他们在 26 只犬房颤的模型上，应用心室程序刺激诱发了 25 只犬的室速，但用同样方法在窦律犬中未能诱发室速。

2. 真实世界中的病例

其实，临床有不少病例能重复或证实房颤时短长短周期现象与室速、室颤的关系，发生时可以是房颤伴快速心室率直接转化为恶性室性心律失常。图 6-7-10 是一例急性心肌梗死患者发生了交感风暴，进而反复被体外电除颤治疗了 18 次，当分析每次室颤发生前的上游心律时，可以看出，每次都在患者窦性心律的基础上，最初先发生伴快速心室率的房颤，随后很快就蜕化为恶性室性心律失常而给予电除颤治疗。

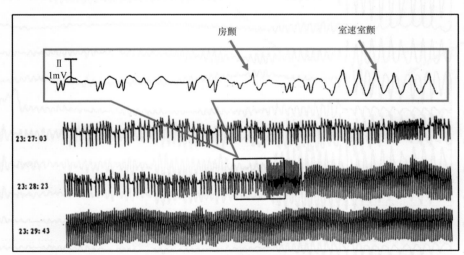

图 6-7-10　急性心肌梗死患者发生恶性室性心律失常前的上游心律为房颤

器质性心脏病患者可以伴发这一现象，心脏明显正常的特发性房颤患者也能发生该情况，并直接引起心脏性猝死

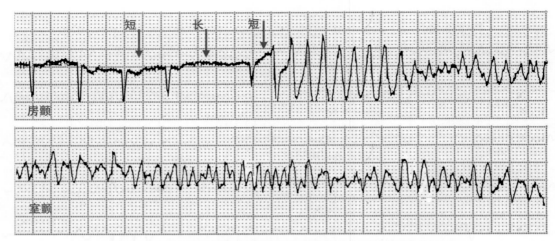

图 6-7-11　特发性房颤患者的短长短周期现象诱发了室颤及猝死

　　图 6-7-11 是一位特发性房颤患者发生心脏性猝死后留下的一份动态心电图资料。患者女、24 岁，有阵发性房颤伴心悸病史，经详细体检和各种检查（包括超声心动图检查）未发现任何心血管异常，最终诊断为特发性房颤。为进一步了解房颤负荷而行 Holter 检查，不幸的是在 Holter 检查中患者发生猝死并留下这份资料。从图 6-7-11 看出，患者室颤与心脏性猝死发生前的上游心律为房颤，并在一次短长短周期现象后引发了恶性室性心律失常而致猝死。

　　实际，临床这样的真实病例不时可以见到，图 6-7-12 则是一例预激综合征患者发生房颤伴极快心室率时，直接蜕化为室颤。该例女性患者有反复晕厥病史，年龄 14 岁，除心电图有预激综合征表现外，未发现有器质性心脏病。平常患者为窦性心律，在心电检查时患者突发房颤伴极快心室率，快房颤持续中突发心室 QRS 波的碎裂，瞬间蜕化为室颤（图 6-7-12A），后经体外有效的电除颤治疗转复为窦律，使患者转危为安（图 6-7-12B）。

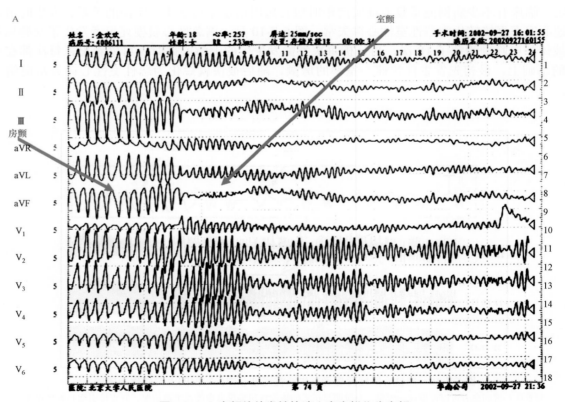

图 6-7-12　房颤伴特发性快速心室率蜕化为室颤

A. 患者发生房颤伴快心室率突然蜕化为室颤（箭头指示）；B. 有效的电除颤将室颤转复为窦律，使患者转危为安

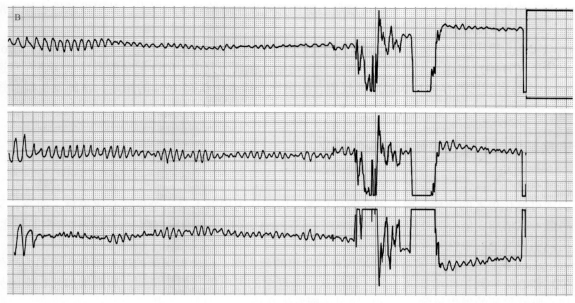

图 6-7-12（续）

　　图 6-7-12B 证实，患者平素反复发生的晕厥实际就是预激综合征伴发快速心室率的房颤，进而蜕化为室颤的结果。

　　应当注意，患者房颤伴有的心室率越快时，发生恶性室性心律失常的概率则越高，这与体内交感神经兴奋性的增高有关。

　　图 6-7-13 是一例特发性房颤患者在心室率变快时，自行出现的短长短周期现象诱发了恶性室性心律失常。

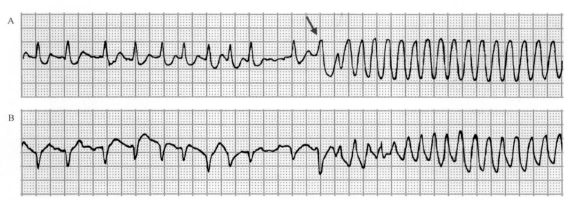

图 6-7-13　特发性房颤患者的短长短周期现象诱发室速

图 A、B 为同步记录，基础心律为房颤伴 RR 间期不规整及心室率较快。在较长的一次 RR 间期后，出现的又一个室早诱发了多形性室速（箭头指示）

　　总之，从上述几个真实病例可以看出，房颤增加的心脏性猝死事件既能发生在有心血管疾病的患者，也能发生在特发性房颤患者。

　　3. 恶性室性心律失常与短长短周期现象的评价

　　（1）动态心电图及临床心电生理资料表明，室速与室颤的发生常与短长短周期现象有关，有学者推论一半以上的心脏性猝死与该现象有关。除此，在短长短周期现象发生前，患者多有平均心室率增快的现象。

　　（2）短长短周期现象诱发的恶性室性心律失常经常为多形性室速、尖端扭转型室速，很少诱发单形性室速。

　　（3）运动诱发的室速与该现象有关。

（4）与无房颤的对照组相比，房颤可增加心脏性猝死发生危险达 3 倍以上，其引发恶性心律失常的机制常与短长短周期现象有关。

（5）与窦性心律相比，房颤患者出现短长短周期现象诱发室速、室颤的现象并不少见。晚近，Gronefeld 报道，房颤是 ICD 治疗室速、室颤的一个独立预测指标。在该研究中，ICD 记录的资料证实，在室速、室颤发生前 50% 的房颤患者存在短长短周期现象，而窦性心律者中仅有 16% 的室速、室颤发生前有短长短周期现象。

六、房颤增加心脏性猝死新理念的意义

1. 房颤不是一个良性心律失常

因房颤可恶化患者的预后，增加患者的死亡率，因而认为房颤不是一个良性心律失常。而今，又进一步发现房颤可以增加 3 倍心脏性猝死发生的风险，这一新认识将更加确定房颤非良性心律失常的理念。

2. 房颤明显增加心脏性猝死的发生风险

Framingham 的研究结果证实房颤可增加患者 2 倍的死亡率，过去把房颤的这种不良作用归为心外死亡率（卒中）和心脏性死亡率增加而引起，目前这一新理念的提出使我们认识到，房颤增加死亡率的另一机制是增加心脏性猝死的发生风险，而这种情况还能发生在特发性房颤患者中。

3. 房颤增加心脏性猝死发生风险的不良作用可以预防

尽管房颤增加心脏性猝死发生风险的机制尚不清楚，但可以肯定，房颤时存在的短长短周期现象起到了关键性作用，而房颤这种增加心脏性猝死发生风险的不良作用是可以预防的。

4. 未来的方向

目前，对房颤增加心脏性猝死的新认识仅仅是开始，将来还有更多的内容需要深入探讨，例如如何对这些患者进行猝死的危险分层，该现象确切的发生机制，具体如何预防等。

总之，房颤增加心脏性猝死发生风险这一新理论的提出，使医学界对房颤的认识、诊断与治疗进入了一个新纪元，也将影响到房颤治疗策略，该发现是近年来房颤领域中又一项具有里程碑意义的进展。

室早性心肌病发生机制的探讨

近几年，室早性心肌病已成为心血管疾病和心律失常领域关注的热点，这与频发室性期前收缩（室早）患者临床多见有关，不少患者还是青少年。此外，还与导管消融的技术迅速发展有关，新的标测技术，新的消融导管不断涌现，使导管消融根治室早的成功率高达70%～100%。与治疗相比，对室早性心肌病发病机制的探讨与研究尚显不足，进展缓慢。

临床与动物实验的资料都已证实，频发的室早能引起继发性心肌病。有研究者给试验犬植入起搏器，将起搏电极导线放置在右室心尖部，并模拟室早而发放心室期前刺激，心室刺激距前一个窦性心律QRS波后一定间期发放，并有效起搏心室，可形成室早负荷高达50%的动物模型。起搏12周时，受试犬的左室EF值可从正常下降到34%，舒张末期内径增加39%，继续起搏时，心脏继续扩大，心功能下降的情况继续存在。而停止室早刺激4周后，受试犬的左室EF值、左室舒张末期内径可恢复正常。显微镜下心肌病理切片可显示心肌纤维化程度、纤维化的百分比、心肌细胞的凋亡指数，以及心肌线粒体的氧化磷酸化方面无显著变化等。上述动物实验为一定的室早负荷能引起心肌病提供了直接在体和病理学证据。

尽管如此，频发室早引发心肌病的发病机制仍然不清，学说很多。本文阐述我们对该发病机制的认识与看法。

一、心律失常性心肌病的当今认识

1. 概念的提出与演化

实际，发现心律失常可引起心肌病的历史已逾百年。早在1913年，Gossage最先报告房颤引发1例患者发生了扩张型心肌病，随后不断有类似文献报道。直到1985年，Gallagher才首次提出心动过速性心肌病的概念，认为患者长期持续存在的心动过速可引起左室功能受损、心脏扩大，而心动过速的心室率一旦控制或转为窦性心律后，受损的心功能和扩大的心脏可以全部或部分逆转。临床中最典型的心动过速性心肌病常因无休止性房性心动过速、无休止性室性心动过速、不良性窦速、长期房颤伴快速心室率等引起（图6-8-1，图6-8-2）。

但近年来，Gallagher提出的心动过速性心肌病的经典概念，已发展为心律失常性心肌病的新概念。新定义认为，各种心律失常，包括心动过速、心动过缓、心室率快而不规整、心室收缩不同步等心律失常都能引起左室功能受损、左室形态与结构的重构，甚至心衰。此后，经心律转复或心室率控制一定时间后，心功能和心脏扩大可全部或部分逆转，这种情况都属于心律失常性心肌病。

2. 心律失常性心肌病的病因

（1）长期持续性心动过速：如无休止性房速、室速、不良性窦速等。

（2）长期持续性心动过缓：严重的病态窦房结综合征、房室传导阻滞等。

（3）长期持续性心律快而不齐：临床最常见的就是房颤伴心室率快而不整齐，其能引起心房心肌病，也能引起心室心肌病。

（4）心室收缩不同步：最多见于长期的右室起搏，完全性左束支传导阻滞等。近年来提出的真性左束支传导阻滞性心肌病则属这种情况，即患者最初无器质性心脏病，但发生特发性完全性左束支传导阻滞后，左右心室收缩的不同步，伴发的室间隔收缩功能减弱将明显影响心功能，长期存在时，最终可引发扩张型心肌病。

应当指出，心律失常性心肌病新概念的提出，已为频发性室早引起心肌病的发病机制提供了重要启发。

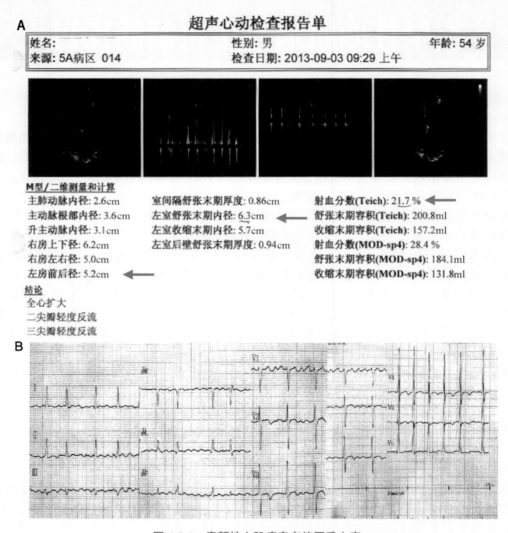

图 6-8-1 房颤性心肌病患者伴严重心衰

患者男、54岁，初为特发性房颤，服用胺碘酮治疗后中断。心衰加重就诊。A. 超声心动图显示：左室舒张末期内径 6.3cm，左房前后径 5.2cm，EF 值 21.7%；B. 快速房颤，心室率 113 次 / 分

二、心动过缓性心肌病

顾名思义，心动过缓性心肌病是指患者长期处于严重的心率过慢，使患者每分心输出量不能满足机体代谢需求时，心脏将发生代偿性的心室扩张或肥厚，以增加每搏量。人体的每分心输出量等于每搏量 × 心率，当心率过慢而又不能有效提升时，只能依靠增加每搏量而增加心输出量，为使每搏量代偿性增加，心脏将发生重构，出现代偿性心室扩张或肥厚。结果，心动过缓性心肌病即会发生。因此，从临床的逻辑推导，心动过缓性心肌病肯定存在。

Invest 的研究结果表明，人体心率与心血管不良事件，包括全因死亡率的关系呈"U"字型，即患者平均心率太快或太慢时均使患者的全因死亡率升高（图 6-8-3），当平均心率低于 50 次 / 分时，全因死亡率将明显上升。临床严重的心动过缓多见于病态窦房结综合征及严重的房室传导阻滞，尤其三度房室传导阻滞造成的心率过缓持续存在时，则能引起患者代偿性心室扩张。

下面讨论两个真实的临床病例

病例 1：患者为 7 岁男童，心电图示三度房室传导阻滞已经 5 年。图 6-8-4 是患儿三度房室传导阻滞的两份心电图。A、B 两图中的心室率分别为 46 次 / 分和 33 次 / 分。Holter 检查结果显示，患儿全天平均心率 45 次 / 分，最慢时心率仅 35 次 / 分（图 6-8-5A），超声心动图检查证实患儿心室舒张末期内径已增大到 4.7cm（图 6-8-5B）。

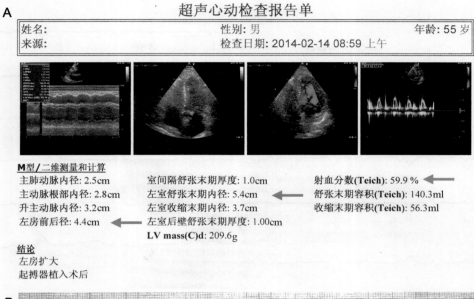

超声心动检查报告单

| 姓名： | 性别：男 | 年龄：55 岁 |
| 来源： | 检查日期：2014-02-14 08:59 上午 | |

M型／二维测量和计算

主肺动脉内径：2.5cm　　　室间隔舒张末期厚度：1.0cm　　　射血分数(Teich)：59.9 %

主动脉根部内径：2.8cm　　左室舒张末期内径：5.4cm　　　舒张末期容积(Teich)：140.3ml

升主动脉内径：3.2cm　　　左室收缩末期内径：3.7cm　　　收缩末期容积(Teich)：56.3ml

左房前后径：4.4cm　　　　左室后壁舒张末期厚度：1.00cm

　　　　　　　　　　　　LV mass(C)d：209.6g

结论

左房扩大

起搏器植入术后

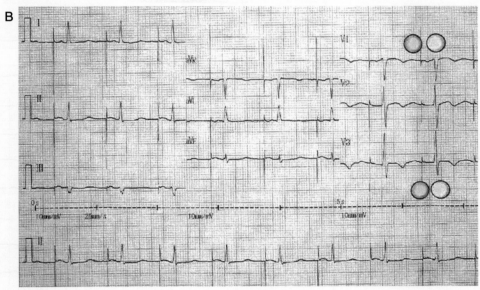

图 6-8-2　房颤性心肌病逆转

本图与图 6-8-1 为同一患者，应用胺碘酮转为窦性心律并维持窦性心律，1 个月后心肌病心衰开始逆转，3 个月明显逆转，6 个月时心功能恢复正常

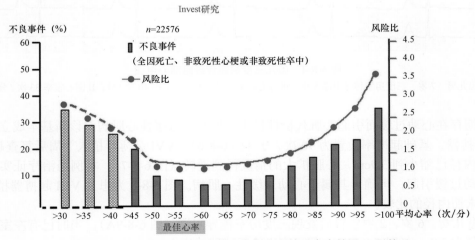

图 6-8-3　Invest 研究证实人体心率与心血管不良事件呈 U 型关系

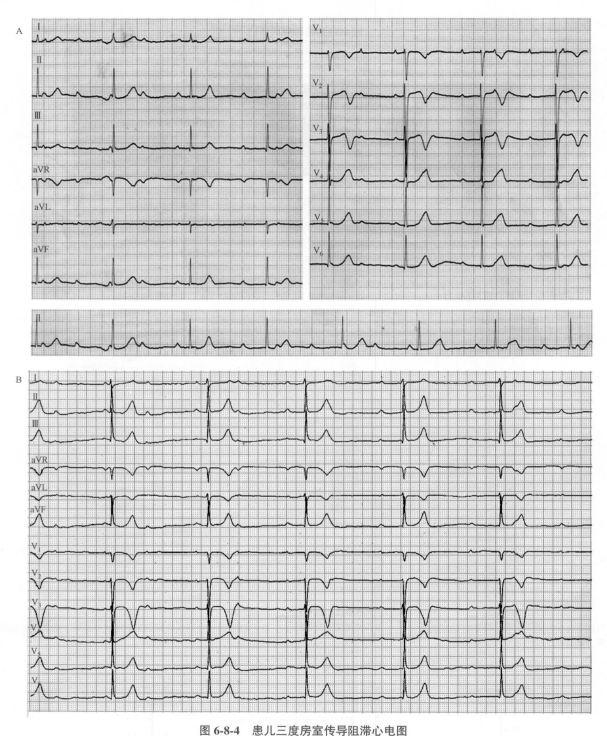

图 6-8-4　患儿三度房室传导阻滞心电图

患儿男、7 岁，三度房室传导阻滞 5 年，近时心室率更慢，A 图心室率 46 次 / 分；B 图心室率 33 次 / 分

　　患儿因长期存在心动过缓而引起心脏代偿性扩张，使心动过缓性心肌病的诊断基本成立，随后给患儿植入了 VVI 起搏器，基础起搏率设置为 90 次 / 分（图 6-8-6）。VVI 起搏器植入 1 周后复查超声心动图时，左室舒张末期内径已缩小到 3.9cm，心脏扩大的情况得到逆转（图 6-8-7）。本例经治疗证实，患儿的心脏扩大系严重心动过缓引起，可确诊其属于心动过缓性心肌病。图 6-8-8 为患儿 VVI 起搏器植入前与植入 1 周后左室舒张末期内径的比较。

　　病例 2：患儿女、6 岁，2 岁感冒后发现三度房室传导阻滞（图 6-8-9A），当时已有左室轻度扩张，左室舒张末期内径为 3.9cm（图 6-8-9B），但一直未给予特殊治疗。

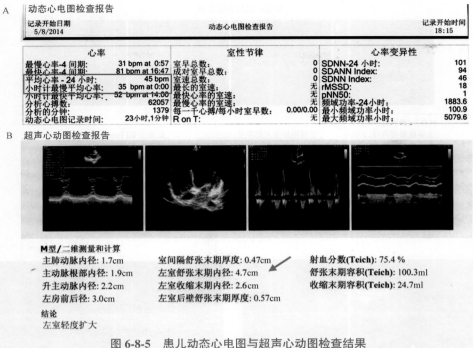

图 6-8-5 患儿动态心电图与超声心动图检查结果
A.动态心电图；B.超声心动图。bpm：次 / 分

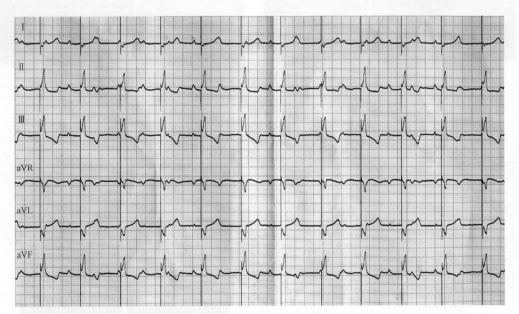

图 6-8-6 植入 VVI 起搏器后（90 次 / 分）的心电图

4 年后，因患儿心率进一步减慢就诊。体检见患儿发育尚可，心率缓慢，为 30 次 / 分（图 6-8-10A），Holter 检查可见 4.8s 的长间歇（图 6-8-10B），患儿的全天平均心率 39 次 / 分，最慢心率为 28 次 / 分，超声心动图检查证实已有左室扩大（图 6-8-11A、B）。

鉴于上述资料，高度怀疑患儿存在心动过缓性心肌病，随后植入 VVI 起搏器，基础起搏率设置为 90 次 / 分，起搏器植入 1 周复查超声心动图时，左室舒张末期内径已缩小到 3.8cm，左室大小恢复正常。本例经治疗进一步证实，患儿为心动过缓性心肌病。

超声心动检查报告单

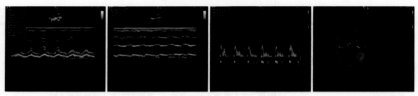

M型/二维测量和计算

主动脉根部内径：2.0cm　　室间隔舒张末期厚度：0.49cm　　射血分数(Teich)：72.7 %
升主动脉内径：2.0cm　　　左室舒张末期内径：3.9cm　　　舒张末期容积(Teich)：65.0ml
左房前后径：2.5cm　　　　左室收缩末期内径：2.3cm　　　收缩末期容积(Teich)：17.8ml
　　　　　　　　　　　　左室后壁舒张末期厚度：0.57cm

结论
心内结构及血流未见明显异常

图 6-8-7　患儿植入起搏器 1 周后心脏大小已恢复正常

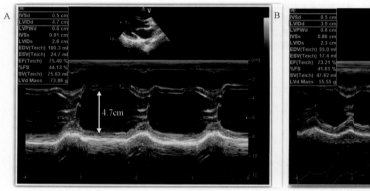

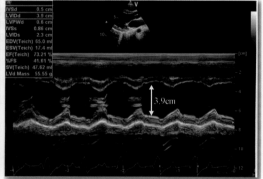

图 6-8-8　患儿植入起搏器前与植入后 1 周左室舒张末期内径的比较
A. 起搏器植入前左室舒张末期内径 4.7cm；B. 植入 1 周后左室舒张末期内径 3.9cm

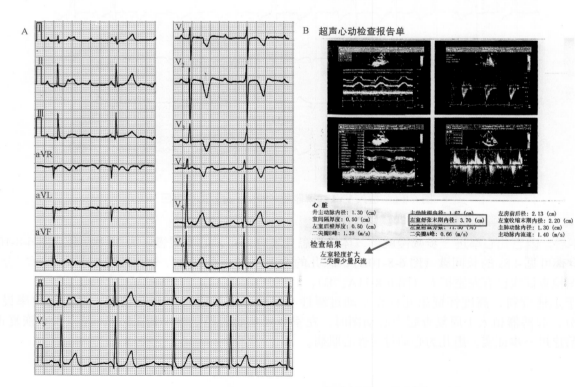

图 6-8-9　患儿 2 岁时心电图（A）及超声心动图检查结果（B）

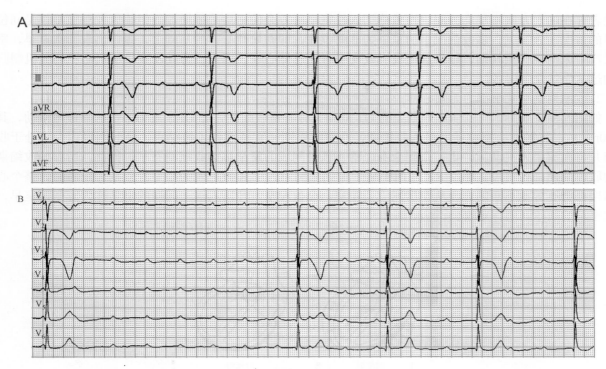

图 6-8-10　患儿 6 岁时心电图

A. 三度房室传导阻滞，心室率 30 次 / 分；B. 可见 4.8s 的停搏

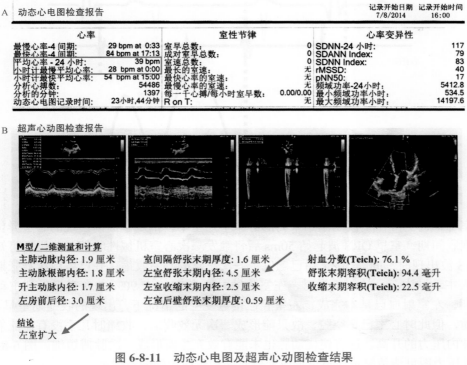

图 6-8-11　动态心电图及超声心动图检查结果

A. 全天平均心率 39 次 / 分；B. 左室扩大。bpm：次 / 分

三、频发室早可造成类似的心动过缓

1. 室早并不增加患者的平均心率

常有人错误地把室早性心肌病看成心动过速性心肌病，其实，频发室早患者的平均心率并不增快，除

非患者存在的上万次室早均为间位性或称插入性室早时方会使平均心率增加。但临床大量室早都是间位性室早的情况十分罕见，多数情况下的室早为非间位性，即在窦性心律的基础上，提前出现一次室早，室早后又产生完全性代偿间期，结果丝毫没有改变患者的总体心率。因此，将频发室早引起心肌病的机制归为心动过速显然是个误区。

2. 收缩期室早几乎都为无效心搏

如图 6-8-12 显示，一个 RR 周期中的 QT 间期又称心室收缩期，即 QRS 波为心室的除极电活动，其起始 50ms 后，将触发心室收缩而进入收缩期，心室收缩期一直持续到 T 波结束。该时间段内左室处于收缩状态并将血流射入主动脉，再扩布到全身。落入该时间段的室早称为收缩期室早，因此，所有的收缩期室早的联律间期都相对短。相反 RR 间期中从 T 波结束到下一个 R 波之间为心室舒张期，正常时，整个心室舒张期都将有源源不断的血流从左房回流到左室，充盈左室，凡落入这一间期的室早称为舒张期室早，舒张期室早的联律间期肯定较长。

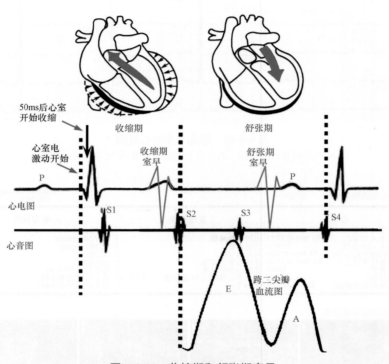

图 6-8-12 收缩期和舒张期室早

凡收缩期室早，其至落在 T 波刚刚结束时的舒张早期室早，都属于提前出现的心室异位电活动，根据兴奋与收缩的耦联间期，室早 QRS 波起始 50ms 后将触发一次心室机械性收缩。分析后可知，收缩期室早之前的窦性 QRS 波出现时，间隔 50ms 后已触发了一次正常的心室收缩，并已将前次舒张期回流到心室的大部分血流射入主动脉内。心功能正常时，左室收缩时要将 70%～ 90% 的血容量射到主动脉中去。当心室处于收缩末期，左室射血已基本完成，左室腔已接近变空的情况下，出现的收缩期室早 50ms 后也将触发一次心室收缩，但此时心室已是空腔，故只能形成一次无效收缩，收缩时几乎没有血流射入主动脉，也不能引起主动脉内压力的升高，这将使桡动脉也未能有效充盈而形成一次脉搏短绌。图 6-8-13 同步记录的心电图及大动脉压力图可清楚显示该室早形成无效收缩和脉搏短绌的情况。

因此，几乎所有的收缩期室早都属于无效心搏。

3. 频发的无效室早可形成严重的"心动过缓"

每次心室收缩期向主动脉射血的情况经超声多普勒技术可以检测，近年来常用组织多普勒技术测定主动脉的速度时间积分（即 VTI）。而心室的每搏量 =VTI× 主动脉瓣口面积（CSA），其中主动脉瓣口的面积（cm^2）=3.14×（主动脉瓣口的直径 /2）^{2}，应用这种方法可以计算左室每搏量（图 6-8-14）。

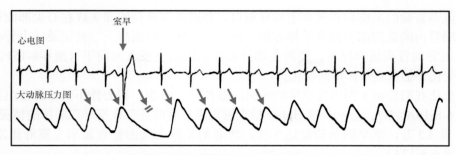

图 6-8-13 收缩期或舒张早期室早未引起主动脉内压力的升高

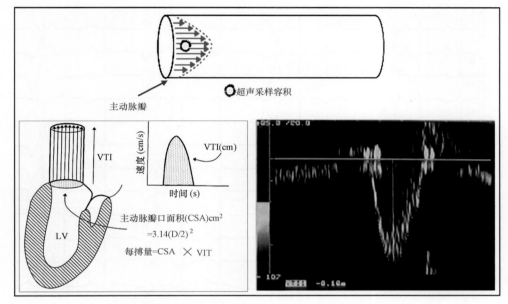

图 6-8-14 组织多普勒技术测量 VTI 及左室每搏量

实际，还能用另一测量方法大致评估心脏的"每搏量"，即用血流多普勒技术测定心室收缩期的跨主动脉瓣血流，测定后假设受试者主动脉瓣口面积保持不变，则通过跨主动脉瓣血流的变化可大致了解左室每搏量的相对变化（图 6-8-15）。

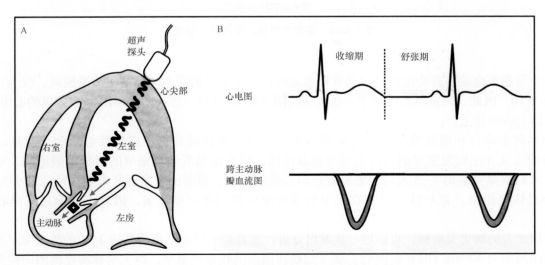

图 6-8-15 血流多普勒测定跨主动脉瓣血流图

测定时将血流多普勒的采样容积放在主动脉瓣口，将血流多普勒的探头放在心尖部面对主动脉瓣，左室收缩期射入主动脉内的血流都要经该采样容积，使跨主动脉瓣的血流一一被记录。由于心室收缩期向主动脉内射血的血流方向背离超声探头，使跨主动脉瓣血流图的主波方向向下（图 6-8-15）。临床可用跨主动脉瓣血流图的变化评估左室每搏量的变化。

应用这种方法让我们分析 1 例频发室早的病例。患者男、13 岁，因心悸不适并经心电图证实有频发室早呈三联律（图 6-8-16A、B）。进一步做 Holter 检查发现患者有时还存在室早二联律的情况（图 6-8-16B），患者全天室早总量 3.5 万，室早的负荷量达 31%。患者的超声心动图检查显示左室舒张末期内径 6.1cm，左室明显增大（图 6-8-17A）。

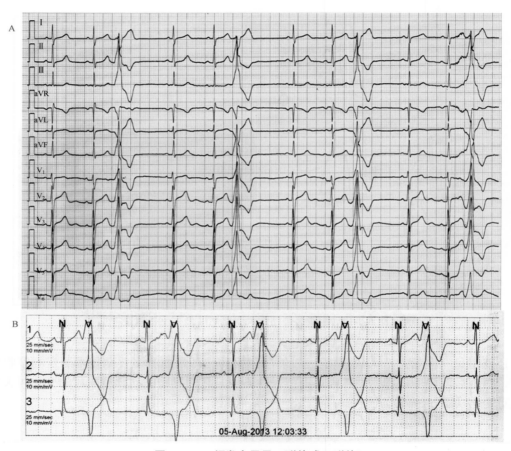

图 6-8-16 频发室早呈二联律或三联律

进一步用超声血流多普勒检查跨主动脉瓣血流时，可见室早的跨主动脉瓣血流量锐减，仅为正常心搏的 1/20 ～ 1/10。因此，该室早实际属于一次无效收缩（图 6-8-18），而从图 6-8-18 同步记录的心电图看出，这些室早均为收缩期室早。

鉴于本例患者存在频发室早而伴左室明显扩大，故高度怀疑其属于室早性心肌病。但是，该患者先有心肌病而又并发频发室早的情况也要考虑及排除。随后给患者做了室早的射频消融治疗，消融术十分成功，术后室早完全消失。5 天后患者复查超声心动图证实，患者的左室舒张末期内径已缩小为 5.5cm，左室大小已恢复正常，室早性心肌病在室早有效消融后得到进一步证实，因有效消除后室早心肌病得到逆转。

从本例患者的病史及资料，可以进一步做出分析：患者是一位室早负荷高达 31% 的频发室早患者，其室早的联律间期为 300ms（图 6-8-19A），属于短联律间期的收缩期室早。跨主动脉瓣血流图的检测结果证实，共占患者总心搏达 31% 的室早均为无效心搏，根本不能计算在有效心搏内，而患者 Holter 检查结果证

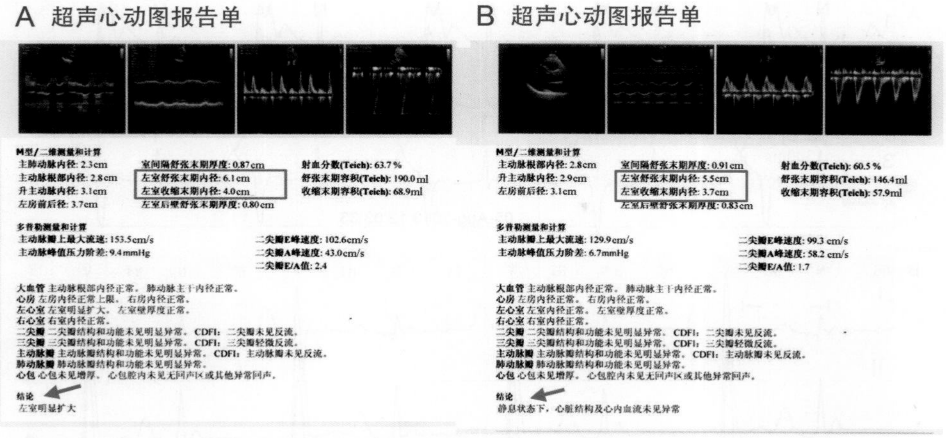

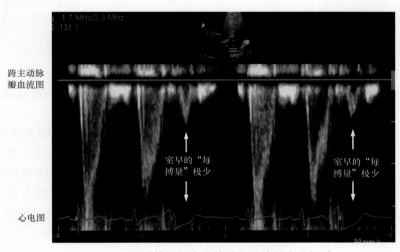

A 超声心动图报告单　　　　　B 超声心动图报告单

图 6-8-17　射频治疗前后患者超声心动图检查结果
A. 射频治疗前左室舒张末期内径 6.1cm；B. 射频治疗 5 天后左室舒张末期内径变为正常

跨主动脉
瓣血流图

室早的"每
搏量"极少

室早的"每
搏量"极少

心电图

图 6-8-18　短联律间期室早的跨主动脉瓣血流锐减

实全天平均心率为 71 次 / 分，用 71 次 / 分乘以 69% 的有效心搏时，患者全天平均有效心搏为 49 次 / 分，属于严重的窦性心动过缓，49 次 / 分的心率对成人还能接受，但对正处于生长发育期的中学生而言，肯定远远不够，根本不能满足机体发育与代谢的生理性需要，进而心脏发生代偿性扩张是必然结果。故本例频发室早引发心肌病的机制属于心动过缓性。

四、舒张期频发室早的患者可能不发生心肌病

临床还常见到联律间期较长的频发室早患者，当频发的室早落在心动周期的舒张期时，其临床转归与预后可能与上述患者完全不同（图 6-8-19B）。

图 6-8-19B 是一位 17 岁患者的心电图，其反复发生心悸伴频发室早已经 4 年，多次心电图及 Holter 检查证实，其频发室早长期持续存在，心电图可见室早二联律，Holter 检查证实全天室早总数高达 4.6 万次，室早负荷量高达 45.8%。但 4 年来反复的超声心动图检查结果显示，患者心脏结构与功能未见异常，证实其多年来持续存在的频发室早未使患者发生室早性心肌病。

根据患者的临床及心电图特征（图 6-8-19B）可做如下分析：患者确实存在大量的室早，使室早的负荷量 >45%，但这些室早的联律间期长达 640ms，均落在 T 波结束后较晚的时间。而 T 波结束后，左室要从收缩期进入舒张期，随着心室舒张与左室容积的扩大，心室的舒张压将迅速明显下降，当左室舒张压降到比左房平均压还要低时，血流就要从压力高的左房冲开二尖瓣回流并充盈左室，该血流则为跨二尖瓣血

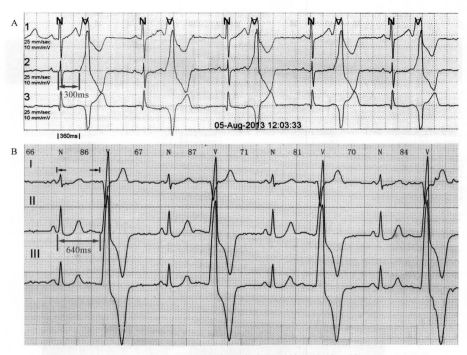

图 6-8-19　两例频发室早患者的联律间期的比较

A. 13 岁患者收缩期室早的联律间期 300ms；B. 17 岁患者舒张期室早的联律间期 640ms

流。在整个心室舒张期均有左房血流向左室回流，包括快速充盈期、缓慢充盈期及房缩期。

而舒张期室早是一次心室的异位电活动，该 QRS 波起始 50ms 后同样要触发一次心室收缩。当该室早触发心室收缩时，此前已有大量的跨二尖瓣血流回到左室（图 6-8-20），使本次室早触发的心室收缩将把已回到左室的血流再次打到主动脉中去（图 6-8-21）。从图 6-8-21 看出，本例患者室早引起左室收缩的跨主动脉瓣血流并不明显减少，属于一次有效心搏。因此，舒张期室早的血流动力学效力基本正常，不会引起无效收缩及相应的血流动力学异常，自然也不会引起室早性心肌病。

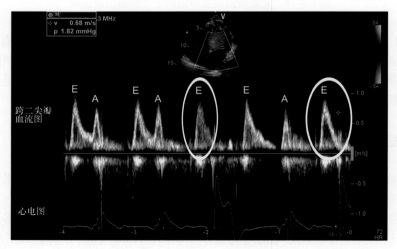

图 6-8-20　舒张期室早触发的心室收缩前，已有大量的跨二尖瓣血流回到左室

五、易患人群

任何疾病的发生都存在疾病的诱发因素及患者的易患性，以及两者间的相互关系。心动过缓性心律失常的患者在临床上并不少见，包括严重的窦性心动过缓和严重的三度房室传导阻滞，但成人发生心动过缓

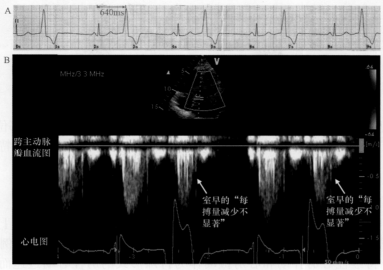

图 6-8-21 舒张期室早的"每搏量"（跨主动脉瓣血流图）几乎正常

性心肌病者临床少见，而青少年及婴幼儿患者相对多见，这里存在着这组人群的"易患性"。

青少年及婴幼儿易患心动过缓性心肌病的因素包括：①儿童的心脏小，心脏正在发育中，心脏的代偿能力相对低，甚至很低；②儿童处于身体发育中，每天正常的活动量及代谢率高于成人，其生理发育加上正常生理代谢需求的总量高，容易发生心脏代偿性解剖与功能的重构；③儿童的正常窦性心率本身偏高，发生三度房室传导阻滞后的实际心室率与其正常值相差的幅度大，对血流动力学的影响也大，进而容易引起心动过缓性心肌病。而成人本身的心率正常时就为 60 次 / 分左右，发生三度房室传导阻滞时心室率的降低幅度也有一定限度，使其实际心率与正常心率的差值小，心脏代偿相对容易，因而不易发生心动过缓性心肌病。总之，对于青少年及婴幼儿心动过缓性心肌病的易患因素需特别重视。

结束语

本文结合真实世界的临床病例对室早性心肌病的发病机制做了分析与探讨，认为大量的频发室早，尤其当室早负荷量 >25% 时，发生室早性心肌病的概率大大提高，其发病机制的本质应属于心动过缓性心肌病，是大量收缩期室早形成的无效心搏使患者长期处于心动过缓，进而发生了代偿性、获得性心肌病。尤其对青少年和婴幼儿患者，其本身存在着心动过缓性心肌病的"易患"因素。

当然，这一发病机制可能还存在其他复合因素，例如伴有的室房逆传、二尖瓣反流、一定的遗传因素等等。因此，还需进行更广泛、更深入的发病机制方面的研究。

第九章

无休止性心动过速

无休止性心动过速（incessant tachycardia）包含了多种发病机制不同、起源部位不同的心动过速，部分病例与心律失常性心肌病直接相关，近年来备受重视，几乎成为一个新的有独立特征的临床病征。

一、定义

在较长时间的心电监测或记录时间内，心动过速占总心搏的50%以上（室上性心动过速）或10%以上（室性心动过速）时，称为无休止性心动过速。实际，对于绝大多数的病例，心动过速所占比例在80%～90%以上。持续性心房扑动和心房颤动作为特殊形式的房性心动过速而未列入无休止性心动过速的范畴。已有的文献中曾用持续性心动过速（persistent tachycardia）或永久性心动过速（permanent tachycardia）等类似名称描述过这种类型的心动过速。

二、无休止性心动过速的类型

根据发作持续的时间，无休止性心动过速分成两种类型。

1. 持续性无休止性心动过速

在较长的时间内心动过速持续存在而不间断。动态心电图检查时，窦性心律持续由心动过速替代，发作表现为真正的无休止性。图6-9-1列举的无休止性房速属于这种类型。在患者10年累积的病历中，所有的心电资料都证实为房速，只是房室1∶1下传时血流动力学改变和临床症状加重时，患者需要住院治疗，抗心律失常药物治疗后，房室变为2∶1下传时，心室率仅80～90次/分，症状缓解。

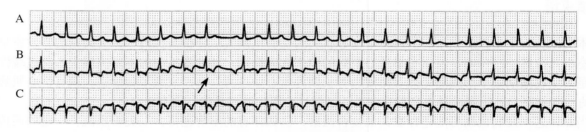

图 6-9-1　无休止性房速

患者女、35岁，持续性无休止性房速15年，心率150次/分。偶有心房波未下传（箭头指示），药物可使房室传导比例变为2∶1，心室率减慢，但房速不能终止。心脏明显扩大，心功能不全。房速经射频消融根治

2. 反复性无休止性心动过速

心动过速发作持续的时间或长或短，与窦性心律交替。每阵窦性心律（窦律）持续的时间长短也不相同，有时仅隔1跳心动过速则再次发作，有时可间隔3～5次窦性心律（图6-9-2）。这种类型的无休止性心动过速在休息或睡眠时正常窦性心律的比例增加，运动或激动时，心动过速持续的时间将延长。典型的持续性交界性反复性心动过速（PJRT）属于这一类型。

三、无休止性心动过速的分类

无休止性心动过速有几种分类方法。

1. 根据心动过速发生的部位与机制分类

（1）无休止性窦性心动过速：又称特发性窦速、不良性窦速、不适宜性窦速等（图6-9-3）。

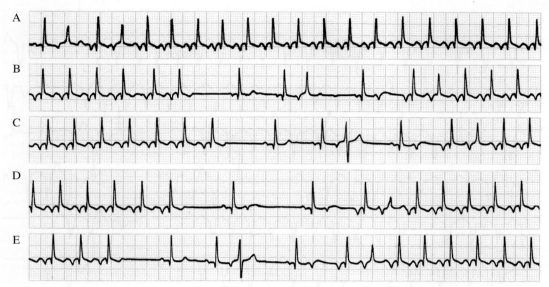

图 6-9-2　PJRT 患者的心电图

患者女、19 岁，心悸 2 年。图 A～E 条为连续Ⅲ导联心电图记录，心动过速为反复发作型，心动过速之间仅隔几个窦性周期。心内电生理检查证实慢旁路位于左侧，经射频消融治疗心动过速得以根治

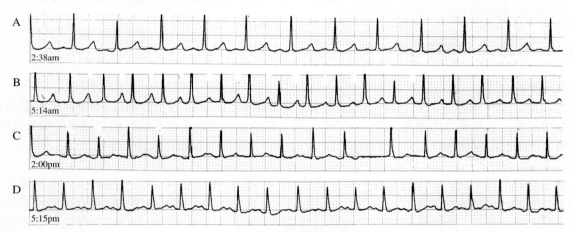

图 6-9-3　无休止性窦速的动态心电图

患者男、14 岁，心悸 10 年，近期心衰明显加重，经各种检查确诊为无休止性窦速。24h 的平均心率＞110 次 / 分，左室舒张末压 65mmHg，LVEF 值 30%，已发生心律失常性心肌病

　　（2）无休止性房性心动过速：根据发生机制又进一步分为：①自律性房性无休止性心动过速；②房内折返性无休止性心动过速；③多灶性（混乱性）房性无休止性心动过速。

　　（3）无休止性交界性心动过速：①持续性反复性交界性心动过速：PJRT（实质为慢旁路参与的房室折返性心动过速）；②无休止性快慢型房室结折返性心动过速：是一种少见的房室结双径路引起的心动过速；③自律性交界性无休止性心动过速：又称希氏束心动过速（His bundle tachycardia）。

　　（4）无休止性室性心动过速（图 6-9-4）。

　　2. 根据病因进行分类

　　（1）原发性无休止性心动过速：多见于婴幼儿，常由先天性、遗传性或解剖学因素造成。

　　（2）继发性无休止性心动过速：常有明确可寻的引起无休止性心动过速的病因。常见病因包括：①先天性或后天获得性心脏病、心肌炎、心包炎等；②药物引起；③心脏手术的瘢痕引起（又称切口性无休止性心动过速）；④射频消融术的损伤引起。

　　射频消融术引起的无休止性心动过速常发生在术后几天或几周，常因消融放电后，原心动过速的折返环路部分受到损伤，传导速度变得更为缓慢，使折返形成的三要素更易满足，不需要心房或心室早搏诱发折返，窦性心律下就可诱发心动过速，因此心动过速则从原来的阵发性变为无休止性。

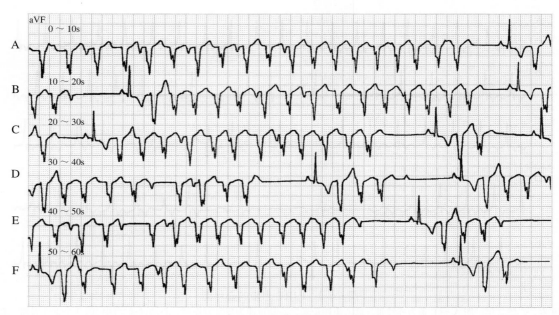

图 6-9-4 无休止性室性心动过速

患者女、16 岁，无休止性室速 2 年。本图为心电图 aVF 导联 1min 的连续记录，每阵室速终止后，仅隔 1 次窦性心律室速将再次发生，室速的第 1 个 QRS 波与前面窦性 QRS 波的联律间期相等

四、无休止性心动过速的临床特点（表 6-9-1）

1. 发病年龄

多为儿童、少年或青年。有时出生时心动过速就已存在。文献认为年龄超过 55 岁的患者很少见到无休止性心动过速，这与两方面因素有关：①部分无休止性心动过速病史呈良性转归，随年龄增长可以自愈；②部分病例伴发的心律失常性心肌病进展较快，短时间内发展为心衰死亡或发生猝死。

2. 心率

心动过速的类型不同，心率快慢也不同，就是同一患者不同时间的心率变化也较大，心率受自主神经影响明显。例如，无休止性室速的患者中，室速可以是非阵发性的，室速率仅比窦性心率稍快或等同，有时室速率仅 60 ～ 70 次 / 分。对于 PJRT，心动过速的频率范围为 130 ～ 260 次 / 分，可见心率变化的幅度相当大。因此无休止性心动过速只根据发作的持续特点而定义，并无心率的规定。但有一点可以肯定，心动过速的频率慢时症状轻，频率快时症状重，发展到心律失常性心肌病的病程短，危害大。

3. 临床症状

部分患者无症状，长期无症状者多数心动过速的频率较慢，心功能长时间处于代偿阶段。心动过速心率较快者多数将发生心脏收缩功能下降，形成扩张型心肌病、心衰，并出现相应的症状。不少患者心衰发生后才首次就诊。与其他类型的扩张型心肌病相似，心律失常性心肌病患者心衰前期的病程较长，心衰症状一旦出现，病情发展迅速。部分患者在短时间内可发展为顽固性心衰，甚至死亡。

应当注意，治疗心动过速应用的抗心律失常药物多数有负性肌力作用，应用剂量偏大时对心衰的发展能起到加重作用。除此，心衰的发生可进一步激活患者交感神经活性，增快心率，使无休止性心动过速更为顽固，后者又能加重心衰，形成恶性循环。

4. 心动过速的病程特点

婴幼儿发病者病程常呈进行性加重，治疗棘手，预后较差。但部分患者的心动过速原来可能呈阵发性，而后才发展成无休止性，这与多种因素有关，如心肌的隐匿性感染、明显或不明显的心包炎、传导系统的退行性病变、药物的致心律失常作用、心外科手术的影响等。为了更好地控制病情，需要及时发现心律失常恶化的可能原因，并设法控制。还应注意，有些无休止性心动过速呈阶段性，即某段时间内心动过速呈无休止性，但经过病因的控制，抗心律失常药物的合理应用，心动过速可以转变为阵发性，或得到根本控制而逆转，停止药物治疗后也不复发。

表 6-9-1　　无休止性窦速的动态心电图结果

时间	最小心率（次/分）	最大心率（次/分）	平均心率（次/分）	节律	SDNN	室性早搏	成对室早	短阵室速	停搏	室上性早搏	室上性心动过速
8:20	130	142	134	窦律	18	0	0	0	0	0	0
9:00	111	142	121	窦律	33	0	0	0	0	0	0
10:00	91	116	102	窦律	46	0	0	0	0	0	0
11:00	93	130	115	窦律	50	0	0	0	0	0	0
12:00	113	130	121	窦律	23	0	0	0	0	0	0
13:00	120	130	125	窦律	14	0	0	0	0	0	0
14:00	126	135	129	窦律	11	0	0	0	0	0	0
15:00	102	132	125	窦律	7	0	0	0	0	0	0
16:00	93	130	116	窦律	21	0	0	0	0	0	0
17:00	97	140	126	窦律	25	0	0	0	0	0	0
18:00	120	135	127	窦律	20	0	0	0	0	0	0
19:00	118	132	125	窦律	19	0	0	0	0	0	0
20:00	107	128	120	窦律	27	0	0	0	0	0	0
21:00	94	132	115	窦律	56	0	0	0	0	0	0
22:00	96	130	107	窦律	45	0	0	0	0	0	0
23:00	87	120	104	窦律	50	0	0	0	0	0	0
0:00	90	126	110	窦律	52	0	0	0	0	0	0
1:00	100	124	111	窦律	37	0	0	0	0	0	0
2:00	91	124	106	窦律	44	0	0	0	0	0	0
3:00	101	132	117	窦律	44	0	0	0	0	0	0
4:00	110	132	126	窦律	25	0	0	0	0	0	0
5:00	110	128	119	窦律	27	0	0	0	0	0	0
6:00	113	132	121	窦律	27	0	0	0	0	0	0
7:00	110	163	133	窦律	34	0	0	0	0	0	0
8:00	128	145	136	窦律	0	0	0	0	0	0	0
总计	87	163	119	N/A	50	0	0	0	0	0	0

注：与图 6-9-3 为同一患者，动态心电图 24h 的平均窦性心率 119 次/分，未见其他心律失常，心率变异性正常。SDNN：全部窦性心搏 RR 间期（NN 间期）的标准差

五、几种无休止性心动过速

PJRT 和无休止性窦速临床相对多见，其各种特点文献介绍较多，限于篇幅，本文不多赘述。下面介绍以下两种无休止性心动过速的特点。

1. 无休止性室速

无休止性室速临床少见。与室上速不同，其持续时间占总心搏的 10% 以上就可诊断。无休止性室速常

有以下特点。

（1）常于婴幼儿或青少年时发病。

（2）室速持续时间常占总心搏的 80% 以上。

（3）外科手术或尸检证实，部分病例室速发生部位的心肌有多种异常，包括肿瘤。

（4）常通过心电图记录到房室分离，或应用药物诱发房室分离后明确诊断。

（5）需要药物治疗时可选用胺碘酮、氟卡胺或两者合用，药物对年龄较小的患者也十分安全。但多数患者对药物治疗的反应差。

（6）部分病例病程进展较快，易发生心律失常性心肌病（图 6-9-4，图 6-9-5）。

（7）射频消融术能够根治的病例报告较少。

（8）必要时需进行外科手术治疗。

应当说明，无休止性室速也包括一些成人型，其室速的频率较慢，属于非阵发性室速的范围，常伴有特发性心肌病，心率不快时不需特殊治疗。

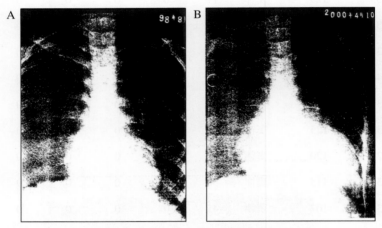

图 6-9-5　无休止性室速引起扩张型心肌病

患者女、16 岁，反复心悸 2 年（与图 6-9-4 为同一患者），经心电图证实为无休止性室速。与 2 年前的心脏 X 线片（A）相比，目前心脏明显扩大（B），心衰症状明显，已发生心律失常性心肌病

2. 自律性交界性无休止性心动过速

自律性交界性无休止性心动过速，也称希氏束心动过速，1976 年 Coumel 首先报告。该型心动过速极为少见，特点如下。

（1）属于自律性心动过速，异位起源点可能位于房室结下部或附近，心率常为 140 ～ 270 次 / 分，部分病例心率较慢。

（2）50% 有家族史，属于先天性，也可见于婴幼儿心脏手术后。发病常见于婴儿，也可见于其他年龄组，偶见于成人。

（3）心电图表现为窄 QRS 波心动过速，伴有房室分离，心动过速常不规则，系心房夺获所引起。

（4）多数患者有不同程度的心衰，临床症状明显。

（5）药物治疗，包括地高辛、维拉帕米（异搏定）、β 受体阻滞剂、Ⅰ 类抗心律失常药物等，药物治疗的效果较差。有报告胺碘酮治疗有效。

（6）心动过速可被超速起搏抑制或电转复而复律。

（7）严重病例可经导管消融或外科手术破坏房室结，阻断房室传导并植入起搏器治疗。

（8）预后较差，死亡率高。

六、无休止性心动过速与心律失常性心肌病

动物实验表明，经过 3 ～ 5 周连续快速心房起搏后，心脏可明显增大，心功能明显受损，心排血量、

每搏量、左室 EF 值明显下降，并造成较重的心衰（图 6-9-6）。快速起搏造成的心肌细胞超微结构和形态学的改变是心律失常性心肌病发病的重要因素（图 6-9-7）。除此，较快心率引起的生化、代谢等方面的改变也在心肌病发病中起到一定作用。

无休止性心动过速的特点是患者心率大部分时间处于较高频率状态，引发心律失常性心肌病的概率增加，无休止性心动过速引起的心律失常性心肌病诊断标准包括以下几项。

（1）常有心慌、气短、下肢水肿等心功能不全的主诉，并有心率增快、心脏扩大、心尖部收缩期杂音等心衰体征。

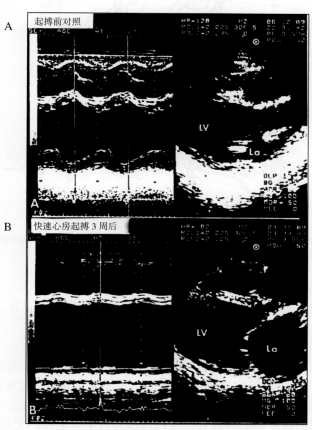

图 6-9-6　实验性无休止性房速引起的心肌病

A.实验前的超声心动图检查结果，左为 M 型超声显像，右为 B 超显像；B.经快速心房连续起搏 3 周后的超声结果，左室扩张、室壁变薄、运动减弱，符合扩张型心肌病合并心衰的超声心动图表现

（2）患者有较长时间的无休止性心动过速的病史及资料。

（3）心电图可检测到无休止性心动过速的发作，超声心动图可发现心脏扩大、室壁变薄、心脏收缩功能减退的证据。

（4）可排除心衰和快速性心律失常由冠心病、高血压、先心病或其他器质性心脏病引起。

（5）快速性心律失常控制后，心力衰竭明显好转，心肌病可部分逆转。

七、无休止性心动过速的诊断与治疗

无休止性心动过速的诊断一般不难。主要依靠多次心电图及动态心电图检测。诊断时要与阵发性心动过速持续发作鉴别。但确定无休止性心动过速的病因以及心动过速发生的机制有时会遇到一些困难。必要时，需进行心电生理检查才能最后确定。

无休止性心动过速的治疗有以下特点。

1. 药物治疗

各类抗心律失常药物都可选择，疗效差时可选择胺碘酮、氟卡胺或两者合用。药物治疗部分患者有

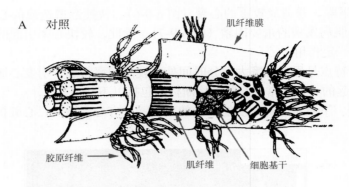

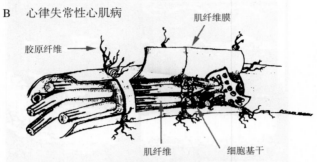

图 6-9-7　心律失常性心肌病的心肌病理改变

实验性心律失常性心肌病发生后，主要病理改变为肌小节的暗区面积减小（收缩功能减退），胶原纤维的交叉汇合明显减少（心腔过度扩张），肌丝断裂（心肌收缩力下降）等

效，部分无效。治疗时，应注意对加重心律失常的其他因素的控制，如心衰、电解质紊乱、内分泌疾病、心肌炎、心肌缺血等。已合并心律失常性心肌病时，心衰的治疗更为重要。

2. 射频消融术治疗

对于某些类型的无休止性心动过速，像 PJRT、折返性房速、无休止性窦速等，射频消融术可以根治，疗效好、副作用少，可以首选。可以说，射频消融术开创了无休止性心动过速治疗的新纪元。

3. 外科手术治疗

对于药物疗效差、射频消融术不能奏效者，可以选择外科手术治疗。尤其是先天性、自律性、合并其他心脏病的患者。文献中已有较多经外科手术治愈无休止性心动过速的报告。心外科手术不仅能切除心律失常病灶，还可同时处理引起心律失常的其他解剖学基质。

无休止性心动过速临床并非少见，多发生于儿童，常很顽固，易发展成心律失常性心肌病，危害性大。诊断主要依靠病史及心电图，治疗有多种选择。诊断一旦确定，应尽早给予有效的干预性治疗。

起搏心电图新概念　第七篇

第一章

起搏心电图概论

一、总论

已植入人工心脏起搏器患者的心电图称为起搏心电图。因此，起搏心电图由患者自主心律与起搏心律共同组成。分析起搏心电图必须首先确定患者自身主导节律、存在的心电图异常及心律紊乱。如果这部分心电图已经相当复杂，无疑合成后的起搏心电图就会更复杂。其次，在分析自主心律的基础上，通过分析起搏心电图判定起搏器的功能是否正常。应当了解，不同类型的起搏器有其特殊的基本工作模式，同一类型起搏器也可程控为不同的工作模式，而同一种工作模式又可设置不同的工作参数。起搏器类型不同、功能不同、参数不同时，会有各自相应的起搏心电图特征，这些构成了起搏心电图的复杂性、多变性。

二、起搏基本概念

1. 起搏系统

起搏系统由脉冲发生器及电极导线组成（图 7-1-1）。脉冲发生器中有电池，有负责各种功能的电路等。尽管脉冲发生器体积很小，但其内部含有几万个元件，组成多种高集成电路，分别负责起搏器的各项功能。脉冲发生器埋植在胸大肌上方的皮下组织中。电极导线的顶部及体部有起搏和感知的金属电极，负

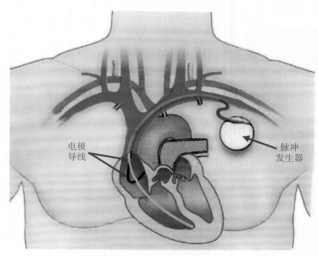

图 7-1-1 起搏系统的组成
起搏系统由脉冲发生器及电极导线组成

责起搏器的起搏和感知功能。电极导线经周围静脉植入，放置在相应的心腔，紧贴心内膜，其尾部与脉冲发生器的连接孔相连。起搏电极导线有单极与双极之分，单极电极导线的顶部电极（－）与脉冲发生器金属壳（＋）构成单极起搏及感知回路，双极电极导线的顶部电极（－）与体部的环状电极（＋）构成双极起搏及感知回路（图 7-1-2）。

2. 起搏器功能特点及分代

自 1958 年 10 月在瑞典斯德哥尔摩植入人类第一例永久性人工心脏起搏器至今已 55 年。五十多年来起搏器技术发展迅速，起搏器功能日趋完善。根据起搏器功能和特点，可将人工心脏起搏器分成四代（表 7-1-1）。

第三代生理性起搏器在起搏与感知基本功能的基础上，又增加了很多生理性功能。例如频率适应性起

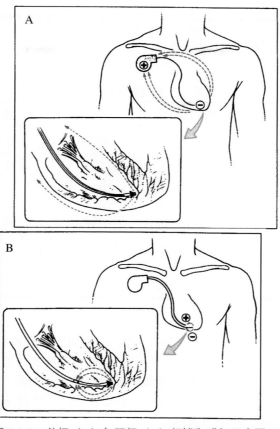

图 7-1-2 单极（A）与双极（B）起搏和感知示意图

表 7-1-1 人工心脏起搏器的分代与功能

	名称	时间	基本功能	缺点
第一代	固律型	1958 年	起搏	起搏竞争性心律失常
第二代	按需型	1967 年	起搏、感知	起搏器综合征
第三代	生理性	1978 年	起搏、感知、各种生理功能	起搏器介导性心动过速
第四代	自动化起搏器	1992 年	起搏、感知、各种生理功能、工作参数的自动化调整	价格较贵

搏功能，这一功能使起搏器的起搏功能更加接近人体正常窦房结。窦房结不仅是人体心脏的最高频率的起搏点，而且还有良好的变时性。在机体代谢率不同时窦性心率则有相应变化，睡眠时窦性心率低，活动时窦性心率快，这种特点称为窦房结的变时性。具有频率适应性起搏功能的生理性起搏器也有这种变时性，其通过脉冲发生器内置的传感器可以感知和了解植入起搏器患者的活动状态，随之起搏频率也将自动调整和变化。

3. 起搏器植入的适应证

最初心脏起搏器植入的适应证为心电衰竭，即患者有严重的过缓性心律失常，包括病窦综合征和二度或三度房室传导阻滞。起搏器植入后，应用较高的起搏频率补充或替代过缓的自身心律，部分恢复心脏正常节律的泵血功能。近年来，通过起搏器已开始治疗心电紊乱：预防和治疗心房颤动，预防和治疗长 QT 综合征的恶性室性心律失常。除此，起搏器还能够辅助治疗非心电性心血管疾病，例如用起搏器治疗梗阻性肥厚型心肌病、神经介导性晕厥、顽固性心力衰竭等。因此，心电衰竭、心电紊乱、部分非心电性心脏病是当今起搏器治疗适应证的三大方面。

4. 起搏器功能及类型

随着起搏器工作方式或类型的不断增加，起搏器的各种功能日趋复杂。为便于医生、技术人员、患者间的各种交流，国际心电图会议和心脏起搏会议制订了起搏器的代码（表7-1-2）。

表 7-1-2 **起搏器代码（1987 年）**

字母序号	第 1 位	第 2 位	第 3 位	第 4 位	第 5 位
字母含义	起搏心腔	感知心腔	感知后反应方式	程控功能	其他
		O 无	O 无	O 无	略
	A 心房	A 心房	I 抑制	P 简单程控	
	V 心室	V 心室	T 触发	M 多项程控	
	D 心房＋心室	D 心房＋心室	D 双重（I＋T）	C 遥测	
	S 心房或心室	S 心房或心室		R 频率调整	

了解和记忆起搏器代码的含义十分重要，例如 VVI 起搏器代表该起搏器起搏的是心室，感知的是自身心室信号，自身心室信号被感知后抑制起搏器发放一次脉冲。DDD 起搏器起搏的是心房及心室，感知的是自身心房及心室信号，自身心房及心室信号被感知后抑制或触发起搏器发放一次脉冲。AAIR 起搏器起搏的是心房，感知的是自身心房信号，自身心房信号被感知后抑制起搏器发放一次脉冲。除此，该起搏器尚有频率适应性起搏功能（第 4 位的 R 字母表示）。

5. 普通起搏器分类

可以根据电极导线植入的部位进行起搏器分类：

（1）单腔起搏器

1）VVI 起搏器：电极导线放置在右室心尖部（图 7-1-3A）。

2）AAI 起搏器：电极导线放置在右心耳（图 7-1-3B）。

（2）双腔起搏器：植入两根电极导线，常分别放在右心耳（心房）和右室心尖部（心室），进行房室顺序起搏（图 7-1-3C）。

（3）三腔起搏器

1）左房＋右房＋右室的三腔起搏（治疗和预防房颤）。

2）右房＋右室＋左室的三腔起搏（治疗顽固性心衰）。

（4）四腔起搏器：双房＋双室（同时治疗心衰和阵发性房颤）。

临床目前应用的起搏器 99% 以上都是单腔或双腔起搏器，其起搏和感知功能示意图及相应心电图见图 7-1-3。

6. 起搏器随访

植入起搏器患者定期到医院检查起搏器功能，调整起搏器工作参数的过程称为随访。随访时需用与起搏器匹配的程控器，并将程控器的程控头放在患者起搏器的上方（图 7-1-4），第一步是对起搏器进行遥测，即通过程控头把起搏器的工作参数及起搏器存储的患者心电资料调出并打印，供医师程控时参考。第二步对起搏器进行程控，仍通过程控头将医师制定的新的参数或其他指令输入起搏器，变更起搏器的工作参数。这两步都在体外进行，统称为起搏器遥测功能。目前所有的起搏器均有遥测功能，因此表示这一功能的第 4 位字母 C 都被省略（即 VVIC 省略为 VVI）。起搏器随访时，必须同步监测或记录心电图，通过详尽的起搏心电图分析，判断随访程控过程中的各种情况，及时发现程控中发生的一些意外情况，包括阿斯综合征及室颤等。

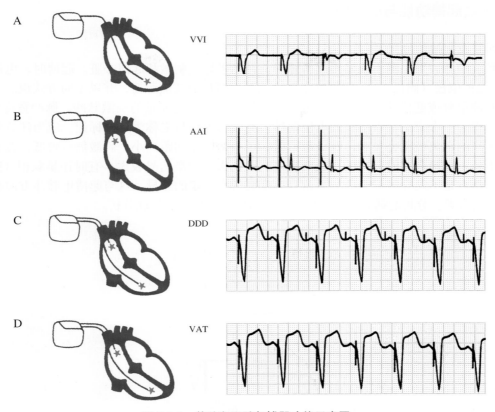

图 7-1-3　单腔和双腔起搏器功能示意图

本图为单腔 (VVI、AAI) 和双腔 (DDD) 起搏器的起搏和感知功能示意图，以及相应的起搏心电图。图中 VAT 是双腔起搏器常表现的一种工作模式，即植入 DDD 起搏器的患者自身心房率 (窦性心律) 正常，房室结传导功能较差时的工作模式。自身心房 P 波被感知，经 DDD 起搏器传导后引起心室起搏

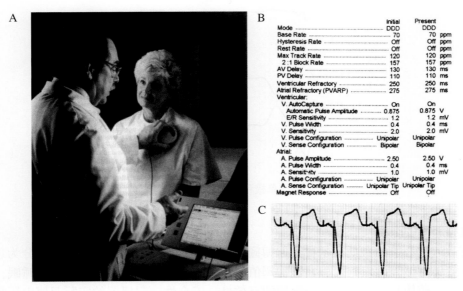

图 7-1-4　起搏器随访示意图

A. 程控；B. 打印的程控结果；C. 程控时记录的心电图

三、起搏器起搏功能与心电图

1. 起搏回路及起搏信号

起搏器系统的脉冲发生器不断发出起搏脉冲，经电极导线刺激和起搏心脏。起搏时，电流由起搏电极（阴极）流向无关电极（阳极）。起搏可以是单极或双极两种形式的起搏，并以不同方式组成起搏回路。刺激信号又称脉冲信号或起搏信号，代表脉冲发生器发放的有一定能量的刺激脉冲，脉冲宽度 0.4 ～ 0.5ms，在心电图上表现为一个直上直下陡直的电位偏转，有人形象地将之称为钉样标记。应当注意刺激信号的幅度与两个电极间的距离成正比关系，双极起搏时，正负两极之间距离小，刺激信号较低，在心电图某些导联上几乎看不到，单极起搏时起搏的正负两极之间距离大，刺激信号较大，有时还呈双相（图 7-1-5）。刺激信号的另一特点是不同导联记录的刺激信号幅度高低有一定的差异。这与起搏电脉冲方向在心电图导联轴上的投影不同有关。分析起搏心电图时应挑选起搏信号振幅高的导联分析。

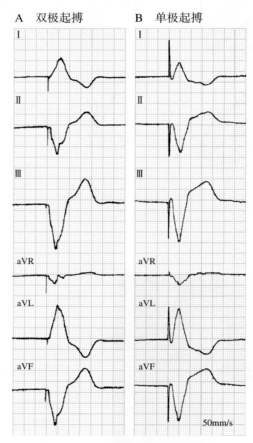

图 7-1-5　单极和双极起搏信号的比较

2. 起搏阈值与起搏安全度

能够持续有效起搏心脏的最低能量称为起搏阈值，其单位为伏或毫安。起搏阈值分为急性（植入术中测定）及慢性（随访时体外测定）两种。影响阈值的因素很多，包括很多生理因素（睡眠、进食）及病理因素（缺血、炎症、药物）等，为了保证起搏的有效性、安全性，起搏器的实际起搏电压常程控为起搏阈值的 2 ～ 3 倍，称为起搏的安全度。

起搏功能正常或有效起搏是指起搏信号后有相应的心脏除极波（心房波或心室波）。因各种原因（电极脱位、电池耗竭）等引起起搏功能障碍时，表现为仅有起搏信号，其后无相应的心脏除极波（图 7-1-6）。应当注意的是，感知功能不良时，起搏信号可在自主的 P 波或 R 波后出现，有可能落在心房或心室刚除极之后的有效不应期中而不能有效夺获，也表现为起搏信号后无相应的心脏除极波。这种情况应认为是

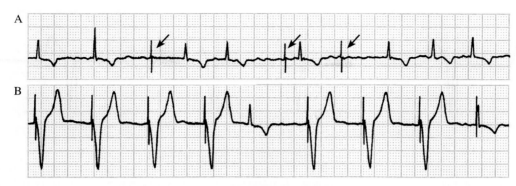

图 7-1-6　VVI 起搏功能障碍心电图

A. 图中箭头指示的起搏信号后无相应的心室除极波，属于起搏功能不良；B. 将起搏电压从 1.5V 调整到 3.5V 后起搏功能恢复正常。A 图中第 3 个起搏信号除未能有效起搏外，感知功能也有问题

感知功能不良，不能认为是起搏功能不良。

3. 起搏间期与起搏逸搏间期

起搏心电图中，自身的心电活动（P 波或 QRS 波）与其后的起搏信号之间的间期称为起搏逸搏间期，两次连续的起搏信号间的间期称为起搏间期（图 7-1-7）。起搏间期与设定的起搏基本频率一致。这与心电图中交界性逸搏间期与交界性心律的频率间期的概念完全一样。多数情况下起搏逸搏间期与起搏间期相等，有滞后功能的起搏器启用了滞后功能时，起搏逸搏间期比起搏间期长（图 7-1-7）。滞后功能的目的是保护和鼓励更多的自主心律下传，并兼有节约电能的意义。

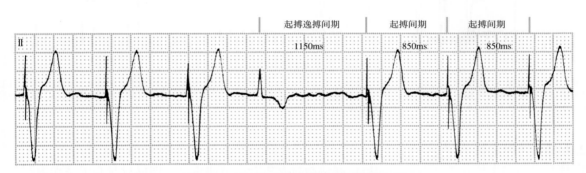

图 7-1-7　起搏间期与起搏逸搏间期示意图

有滞后功能时，起搏逸搏间期比起搏间期长，否则两者相等

四、起搏器感知功能与心电图

感知功能是起搏器的另一个最基本、最重要的功能，起搏心电图的另一个作用就是评价起搏器感知功能是否正常。

1. 感知及感知回路

感知功能由起搏器内含的感知器完成，该功能是指起搏器对一定幅度的自身心电活动能够检测出，并能做出相应的反应。反应的形式有两种，常见的是自身心电信号感知后抑制起搏器发放一次电脉冲，并引起起搏器的节律重整（图 7-1-8）。另一种不常见的是感知自身心电活动后触发起搏器发放一次起搏脉冲，但此起搏脉冲落入心脏自身除极后的有效不应期而变为无效起搏。感知功能使起搏器具有按需性，患者有自身心电活动时，起搏器暂时不工作或起搏脉冲不能夺获心肌。

感知回路的正负极与起搏回路一样，而感知电场的大小或感知天线的空间则相当于感知正负极之间的距离（图 7-1-9）。显然双极感知时的感知电场小，骨骼肌的肌电信号或其他电磁信号不易被误感知，而单极感知的电场大，容易发生肌电的误感知。

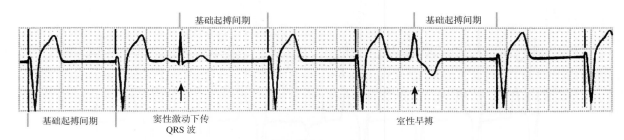

基础起搏间期   基础起搏间期

基础起搏间期   窦性激动下传   室性早搏
QRS 波

图 7-1-8 起搏节律重整：感知正常的标志

自身心电活动（窦性下传的 QRS 波及室早的 QRS 波）被感知器正常感知后，起搏器则以被感知的自身心电活动为起点，以基础起搏间期为间期，安排下一次起搏脉冲的发放，即发生了起搏节律重整。如果起搏器有滞后功能，该起搏器节律的重整间期与起搏逸搏间期或滞后间期相等

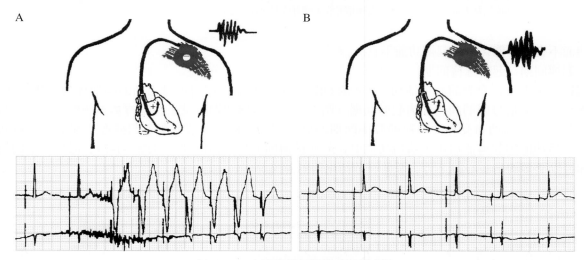

图 7-1-9 心房单极与双极感知示意图

A. 心房单极感知，电极导线顶部电极与脉冲发生器的金属壳组成感知回路，因感知电极两极间的距离大，感知天线的空间大，肌电位等信号易被误感知而引发起搏心电图异常；B. 双极感知，电极导线顶部电极与体部的环状电极组成感知回路，两极间距较小，感知天线的空间小，与 A 图中同样的肌电信号未被感知，起搏心电图正常

2. 起搏器节律重整

自身心电活动出现并被起搏器感知后，起搏器将发生一次节律重整，即以自身心电活动为起点，以原有的起搏间期安排和发放下一次的起搏脉冲，心电图表现为正常的起搏逸搏间期（图 7-1-8）。正确深入理解起搏器节律重整对判断起搏器的感知功能是否正常十分重要，凡是心电图上自身心电活动都能够引起起搏器节律重整时，说明该起搏器的感知功能正常（图 7-1-10B），否则感知功能不正常（图 7-1-10A）。

3. 感知灵敏度和感知安全度

感知灵敏度是指感知器能够感知自身心电活动的最低幅度，常以毫伏（mV）为单位。例如感知灵敏度设为 2mV 时，则 2mV 或 2mV 以上的自身心电活动能被感知器感知。感知灵敏度可以调整和程控。可以看出，感知灵敏度的数值越小，感知灵敏度就越高。自身心电活动幅度的实际值与起搏器感知灵敏度的比值称为感知安全度。例如自身心电活动（P 波或 QRS 波）振幅为 2mV，而感知灵敏度设在 0.5mV，此时感知安全度为（2mV/0.5mV）×100%=400%。一般感知安全度设置在 200% ～ 300% 以上。

4. 感知功能不良与调整

起搏心电图中，每次自身心电活动出现后都能引起起搏节律重整，则可诊断起搏器感知功能正常，反之诊断为感知功能不良。感知功能不良是一个十分严重的情况，常可引起竞争性心脏起搏，引发快速性室性或房性心律失常，严重时可以致命。

感知功能不良能够通过提高感知灵敏度而纠正。提高感知灵敏度实际是将灵敏度的数值下调，例如原来灵敏度为 1.5mV，调整为 1.0mV 或 0.5mV，感知灵敏度提高了，感知功能可恢复正常（图 7-1-10）。

植入起搏器患者的自身心律正常存在，且频率明显高于起搏器基本起搏频率时，起搏节律会因接连而

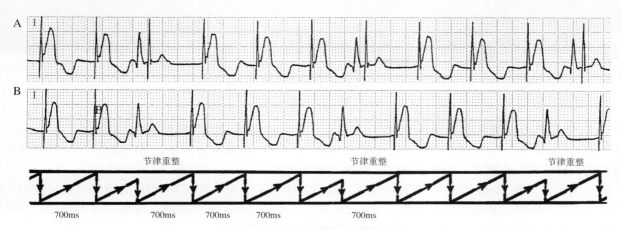

图 7-1-10 感知功能不良的调整

A. 自身 QRS 波出现后不能引起起搏器节律重整，起搏信号照常发放，系感知功能不良引起；B. 将起搏感知灵敏度从 3.5mV 调到 2.0mV，感知灵敏度提高后，感知功能正常，表现为自身 QRS 波出现后，起搏器节律发生重整

来的自身心电活动而发生不断重整，结果心电图只显示自身心电活动，而不出现起搏信号和起搏心律。记录到这种起搏心电图时说明：①自身心电活动频率高于起搏频率，起搏器暂不起搏；②起搏器感知功能正常，此时起搏心电图只能诊断"未见起搏器起搏脉冲信号"，而不能诊断为"未见起搏器工作"，因为起搏器的感知功能一直存在。

DDI 起搏心电图

第二章

　　临床应用的心脏起搏器有单腔（VVI、AAI）、双腔（DDD）和三腔（CRT）等类型，并相应派生 VVI、AAI、DDD 和 CRT 等起搏心电图。目前，临床没有专门的 DDI 起搏器，其只是双腔 DDD 起搏器可以程控的一种特殊工作模式，并具有相应的 DDI 起搏心电图。

　　DDI 工作模式系 Floro 于 1984 年首次描述，随后，DDI 工作模式就成为 DDD 起搏器可以程控的工作模式。多数内科医师，包括起搏专业的医生，对这种工作模式常感陌生与费解，这与 DDI 起搏模式应用较少，起搏专著中介绍较少，以及医生思考与研究不够等多种原因有关。

　　近年来，越来越多的情况需要把患者植入的 DDD 起搏器程控为 DDI 工作模式，这使 DDI 模式的应用逐渐增多。此外，如果对 DDI 工作模式及相关心电图不够熟悉，还可能把正常起搏心电图误诊为起搏功能障碍。因此，深入理解和学好 DDI 起搏心电图是临床工作的紧迫需要。

一、DDI 的基本概念

　　对 DDI 起搏模式的认识，多年来一直在逐步加深、逐渐明确。

　　Floro 最早认为："DDI 起搏模式与 DVI 模式相似，只是增加了心房通道的感知功能"。这从两者的代码中能一目了然：两者的第一位字母都为 D，即都有起搏心房和心室的功能，第二位字母代表感知的心腔，D 代表兼有心房和心室的感知功能，而 V 代表只有感知心室的功能，差别是后者无心房感知功能，第三位字母代表感知后的反应类型，两者感知后都表现为抑制。他还指出："DDI 工作模式中，自身心房 P 波不影响起搏器的计时周期，而且心室通道与自身心房波不同步，这与 DDD 模式全然不同，而与 DVI 相似。DDI 模式时，自身心房 P 波可抑制心房起搏脉冲的发放，因而能避免心房水平发生竞争性心律失常，这比 DVI 模式优越"。

　　随后，世界级起搏器大师 Furman 评述起搏计时周期时指出："DDI 模式中，感知到自身心房 P 波后仅抑制心房起搏脉冲的发放，所以，落入心房通道感知警觉期的 P 波仅抑制心房起搏，但不在 AV 间期结束时触发心室起搏，因而不增加心房 P 波后跟随的心室波数量。相反，感知自身或起搏的心室 QRS 波后，能重整心房起搏间期"。

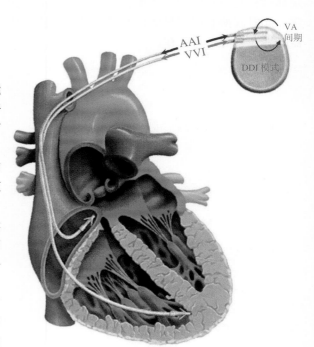

图 7-2-1　DDI 起搏模式示意图

　　因此，DDI 工作模式实际是一种特殊的双腔起搏模式，可粗略将其看成是各自独立运行的心房 AAI 和心室 VVI 起搏模式的一种组合，两套系统具有充分的独立性（图 7-2-1）。DDI 工作模式不具备房室顺序起搏功能，即起搏器发放心房起搏脉冲后，经过 AV 间期不能主动触发心室起搏脉冲的发放。因此，AAI 与 VVI 两个起搏系统之间处于分离状态。但 DDI 模式保留了心房起搏逸搏间期（atrial escape interval），即 VA 间期，这使感知或起搏的心室波能触发心房起搏脉冲的发放。此外，DDI 模式还在一定条件下具有房室同步作用。DDI 起搏模式的主要功能可用图 7-2-2 简单解释。

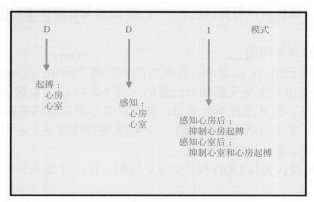

图 7-2-2　DDI 工作模式的主要功能

二、DDI 的基本间期

DDI 工作模式中，最重要的计时周期有 AV 间期、VA 间期、心室后心房不应期（PVARP）和低限频率起搏间期（包括心房和心室的低限起搏间期，简称起搏间期）。

（一）AV 间期

1. AV 间期的概念

DDI 模式的 AV 间期是以心房起搏脉冲为起始的一个计时周期，其相当于 DDD 起搏器的 Ap（心房起搏）到 Vp（心室起搏）的间期。AV 间期中，起搏器等待起搏的心房 P 波经房室结下传引起心室 QRS 波的出现，当 AV 间期内无下传的心室 QRS 波出现时，则在该间期的结束点发放心室起搏脉冲。

2. AV 间期的形成

顾名思义，AV 间期起始于心房起搏脉冲的发放，终止于心室起搏脉冲的发放。与 DDD 工作模式不同，DDI 模式中的 AV 间期的形成机制见图 7-2-3。其以 VA 间期结束时发放心房起搏脉冲为起始，以心室低限频率起搏间期结束时发心室起搏脉冲为终点，前后两个起搏脉冲之间则构成了 AV 间期。因此，AV 间期是两个独立发放的心房和心室起搏脉冲组合而成的间期，两者之间没有触发及被触发的关系。换言之，DDI 工作模式中没有心房跟踪功能，对于三度房室传导阻滞的患者，应用 DDI 模式时，仍然不能起到房室同步的作用。DDI 模式的 AV 间期值等于低限频率起搏间期值与 VA 间期值的差值。

3. AV 间期的设置

如上所述，AV 间期是心房和心室起搏脉冲之间的组合，等于低限频率起搏间期与 VA 间期的差值，理论上，当这两个参数数值确定后，AV 间期值自然产生，但在实际工作中，在 DDI 工作模式的各项参数设置时，VA 间期长短的取舍相对抽象，最佳数值不易选定，而 AV 间期数值的选择与设置简单直观，医生容易根据临床需要而设置。一般情况下，AV 间期选择 150 ~ 200ms，这有望获得最佳的心房辅助泵的血流

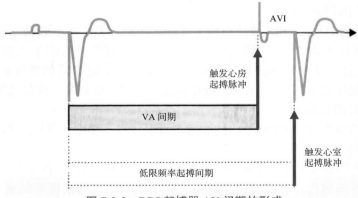

图 7-2-3　DDI 起搏器 AV 间期的形成

动力学效应，有特殊需要时，该值可以设置得更长。当 AV 间期和低限频率起搏间期值设定后，VA 间期值将随之产生。

4. 心房起搏脉冲启动的另两个间期

心房起搏脉冲发放时，除起始 AV 间期外，还同时启动另两个间期：①心房后心室空白期：这是为防止心房起搏脉冲信号在心室通道发生交叉感知而设置的（图 7-2-4）；②心房不应期（ARP）：设置心房不应期的作用是落入该期的自身心房 P 波将不被感知，也不重整心房低限频率起搏间期，此外，在心房不应期之外感知自身心房 P 波时，也将启动心房不应期，该 ARP 将持续到下次心室 QRS 波出现时（图 7-2-5）。但感知自身心房 P 波后不设置心房后心室空白期。

DDI 模式的 AV 间期容易误认为与 DDD 模式的 AV 间期一样，这是一个常见的误区。

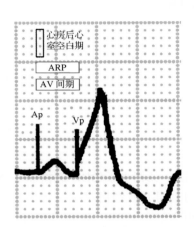

图 7-2-4 DDI 模式时心房起搏脉冲启动的各间期

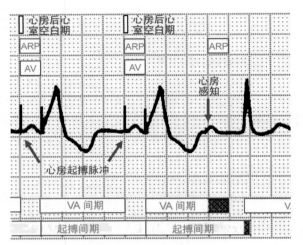

图 7-2-5 心房感知后的心房不应期

心房起搏脉冲启动心房后心室空白期及心房不应期（ARP）

（二）VA 间期

1. VA 间期的概念

DDI 模式中的 VA 间期十分重要，其以感知或起搏的心室 QRS 波为起始，并一直持续到心房起搏脉冲的发放。VA 间期也称心房起搏逸搏间期，是一次心室波后起搏器等待自身心房 P 波出现的最长时间。VA 间期与心室后心房不应期（PVARP）同步起始，但 PVARP 持续时间短，先结束。在 VA 间期内并在 PVARP 之外出现的自身心房 P 波和自身心室波均能使 VA 间期提前结束（图 7-2-6），只是后者同时还要启动一个新的 VA 间期，而心房 P 波却不然。当 VA 间期结束时仍无自身心房 P 波或心室 QRS 波出现时，则在 VA 间期结束时发放心房起搏脉冲（图 7-2-6），而感知的 P 波使 VA 间期提前结束的同时，还抑制随后的心房起搏脉冲的发放。

2. VA 间期中的 VRP 和 PVARP

如上所述，感知和起搏的心室 QRS 波还启动另外两个间期：①心室不应期（VRP）：与其他起搏模式一样，心室不应期的设置是为防止心室通道感知 QRS 波后再次感知其后的 T 波而设置的；②心室后心房不应期（PVARP）：这是起搏或感知 QRS 波后防止心房通道感知紧随其后的逆传 P 波而设置的，同时防止心室 QRS 波在心房通道发生交叉感知，PVARP 后心房通道的感知功能马上恢复（图 7-2-7）。

3. VA 间期对心房事件的反应

落入 VRP 内的心室自身事件和 PVARP 内的心房自身事件都不影响心室低限频率起搏间期和 VA 间期。VA 间期中可能发生的几种情况见图 7-2-8。

VA 间期内的 PVARP 后如无 P 波及 QRS 波被感知（图 7-2-8A、B），将在 VA 间期结束时触发心房起搏脉冲。若在该期间内感知到自身 P 波（图 7-2-8C、D），将使 VA 间期提前结束并抑制随后心房起搏脉冲的发放。

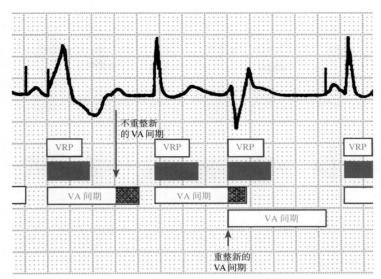

图 7-2-6 室性早搏终止和重整 VA 间期

感知的自身心房波或心室波能提前结束 VA 间期，并抑制心房起搏脉冲的发放。感知心室波时还将启动新的 VA 间期、心室不应期（VRP）和心室后心房不应期（PVARP）

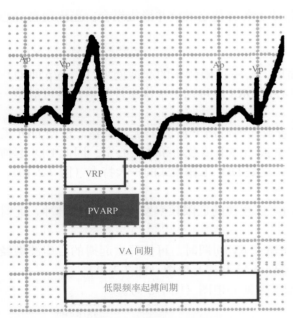

图 7-2-7 感知和起搏心室 QRS 波后的各间期
VRP：心室不应期；PVARP：心室后心房不应期

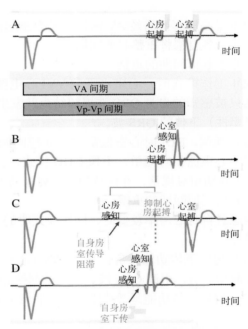

图 7-2-8 VA 间期可能发生的几种情况

（三）低限频率起搏间期

1. 低限频率起搏间期的概念

DDI 模式中，另一个重要的计时周期是心房和心室的低限频率起搏间期，两者各自独立计时，但数值相同。低限起搏频率一旦确定（例如 60 次 / 分），心房和心室的低限频率起搏间期值（Ap-Ap 间期和 Vp-Vp 间期）也相应被确认（例如 1000ms）。

当患者自身心房、心室率比低限起搏频率低，而且自身房室传导时间存在延缓或阻滞时（长于程控的 AV 间期），则将形成规律的低限频率的心房和心室双腔起搏心律。因心房和心室起搏脉冲先后顺序发放，酷似 DDD 起搏模式时的房室顺序起搏，此时两者的体表心电图可以完全一样（图 7-2-9）。但需强调，DDI

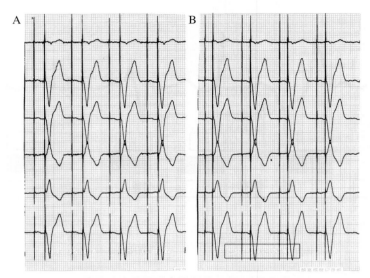

图 7-2-9　外观相似的 DDI 和 DDD 起搏心电图
A. 患者自身心率低，房室传导时间较长，DDI 模式时低限起搏频率 75 次 / 分的起搏心电图；B. 同
一患者程控为 DDD 模式时低限起搏频率为 75 次 / 分的起搏心电图，两者心电图外观完全一样

模式中不是心房起搏后经 AV 间期触发心室起搏，而是两者各自独立发放并形成组合。当出现自身心房和
心室波时，各自都将重整起搏间期。

2. 心室起搏间期的重整

DDI 工作模式时，心室水平的 VVI 心电图相对简单，心室低限频率的起搏间期（Vp-Vp 间期）变化
少，其只被感知的自身 QRS 波提前结束并发生重整，心室 QRS 波可以是单次室性早搏，也可能是一次心
房波（窦性）下传的 QRS 波。

需要强调，DDI 时心室低限频率起搏间期不受自身或起搏心房 P 波的干扰及重整，这使 DDI 模式中
VVI 起搏心电图相对简单，不像 DDD 模式，自主心房 P 波能够下传激动和夺获心室。因此 DDI 起搏模式
中的 RR 间期相对规整，并保持稳定的血流动力学状态，这是 DDI 工作模式的一大特点（图 7-2-10）。

3. 心房起搏间期的重整

当患者自身心房率较低时，DDI 模式时的心房起搏将以规律的低限频率发放心房起搏脉冲，此时存在
两种情况。

（1）房室下传功能正常：当 Ap-Vs（心室感知）间期 < AV 间期时，可使每次起搏的心房波均经房室
结下传激动心室，引起 QRS 波，此时的起搏心电图将酷似 AAI 起搏心电图（图 7-2-11）。

（2）房室下传功能延缓或阻滞时：将形成典型的双腔起搏心电图（图 7-2-9）。

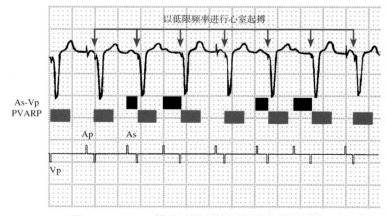

图 7-2-10　DDI 模式时稳定的心室低限频率起搏
在无自身心室 QRS 波干扰及重整时，DDI 的心室低限起搏频率十分稳定。PVARP：心室后心房不应期

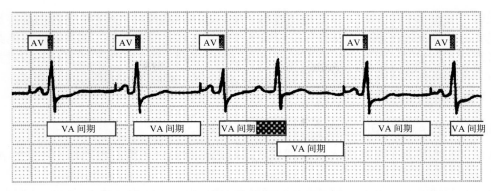

图 7-2-11 DDI 模式时酷似 AAI 起搏的心电图

但规律的心房起搏间期可被感知的心房波（包括室房逆传的心房波）与心室 QRS 波干扰并发生重整。因此，DDI 模式中，心房水平的节律常不规律，实际的心房率常高于程控的低限起搏频率。

（四）心室后心房不应期

心室后心房不应期（PVARP）起始于感知或起搏的心室 QRS 波，其持续时间在起搏器工作参数程控时已被设定。DDI 工作模式中的 PVARP 十分重要，凡落入该区的自主心房 P 波将不被感知，也不影响 VA 间期，进而不抑制 VA 间期结束时心房起搏脉冲的发放。相反，落入 PVARP 期以外的自身心房 P 波被感知时，将提前结束 VA 间期，进而抑制 VA 间期结束时触发的心房起搏脉冲的发放。该 P 波发生后将等待随后的感知或起搏的心室 QRS 波的出现，两者之间在心电图中形成 As-Vp 间期（As：感知的自身心房 P 波），但实际并无此参数。

总之，DDI 起搏模式涉及的计时周期比 DDD 模式相对简单、变化小，各种因素相互干扰的概率少，

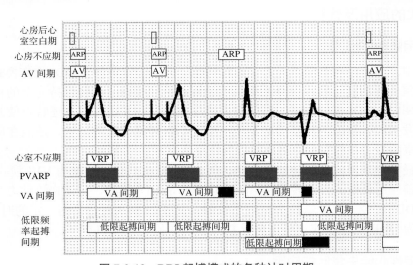

图 7-2-12 DDI 起搏模式的各种计时周期

这也使心电图相对简单。DDI 模式的各种计时周期汇总于图 7-2-12。

三、如何分析 DDI 起搏心电图

多数临床和心电图医生对 DDI 心电图相对生疏，缺乏运用自如的分析经验，需要在不断的实践中反复摸索。

（一）心室水平的 VVI 心电图分析

DDI 起搏模式时不存在房室顺序起搏（但自身心律时房室同步仍然存在），因此，DDI 心电图可按心房 AAI 及心室 VVI 起搏心电图分别分析。

DDI 模式时，心室水平的 VVI 起搏心电图容易分析，起搏器功能正常或存在故障时都容易诊断。但需注意，DDI 模式时，除上述基本间期及各种不应期是各项基本算式的要素外，起搏器还可能共存其他的现代功能，两者混杂在一起时，可能派生出更加复杂的心电图表现，例如，当起搏器已开启对室性早搏的特殊反应功能时，将对室性早搏有着其独特的反应方式，而不像一般的 VVI 起搏心电图那样，一次室性早搏仅提前结束 VV 间期并发生重整。

（二）心房水平的 AAI 心电图分析

DDI 模式时，在心房水平可视为 AAI 起搏模式，但此时的 AAI 起搏心电图却比一般的 AAI 心电图更复杂，更具挑战性，主要原因有两个。

第一，自身和起搏的心房 P 波振幅低，P 波常融在 QRS 波或 T 波中，使 P 波的辨认存在困难。因此，不少时候需要测量和分析前后 P 波的间期并进行推导后才能判断 P 波的有无及位置所在。例如，当某一心动周期中未出现心房起搏脉冲发放时，则能肯定 PVARP 后一定存在被感知的自身心房 P 波。第二，心房 AAI 节律中的影响因素增多，例如 PVARP，单纯的 AAI 心电图中没有 PVARP 的设置与影响，相对简单。除此，DDI 模式时，感知自身心房 P 波和心室 QRS 波都能影响心房起搏心律，而普通的 AAI 心电图中，心房律只受心房 P 波的重整及干扰，相对简单。

所以，DDI 模式中 AAI 起搏心电图的分析是一个难点，需要反复实践、反复探讨后才能应用自如。在各种功能正常时的分析如此，对起搏或感知功能障碍的心电图进行分析时更是如此，分析者既要熟悉已程控的各种参数，还要熟悉各种功能障碍时的心电图表现，这才能为进一步程控和调整起搏器各项工作参数提供依据。

应当说，多数医生初始分析 DDI 起搏心电图时都会感到困难，但熟悉其算式及原理后，DDI 起搏心电图的规律性大，容易做出相应诊断。

四、DDI 模式的应用及优势

（一）阵发性房颤时的应用

DDI 起搏模式中，虽然心房 P 波后无心室跟踪功能，但在一定条件下 DDI 工作模式仍能维持房室顺序收缩，例如自身房室传导功能正常，自身心率高于低限起搏频率时，则将保持完全的自身心律；又如自身心房率低于起搏频率时，DDI 也能维持心脏的房室顺序收缩。DDI 模式的上述特点使其对阵发性房颤患者尤为合适，即房颤发生时，快而不规整的房颤波不引起心室跟踪现象的发生，还能在房颤不发作的间歇期保持一定程度的房室同步，并能在房颤终止时即刻恢复房室顺序收缩。

因此，起搏器最早出现模式自动转换功能时，均由 DDD 模式自动转换为 VVI 模式，但随着对 DDI 模式的深入理解，目前应用该模式自动转化时，更多选择的是 DDI 模式，可使血流动力学效果更佳，因为阵发性房颤终止时，DDI 可经一跳就恢复房室顺序收缩，而 VVI 模式时，还需一定的时间进行识别和诊断，随后才能反向转换为 DDD 工作模式，从这点看 DDI 模式明显优于 VVI 模式。

（二）快速性房性心律失常时的应用

对反复发作的阵发性房速并植入 DDD 起搏器的患者，选择模式自动转换功能时，应当优先选择转化为 DDI 模式，甚至初始就直接程控为 DDI 工作模式，因为单纯的 DDI 模式就能完全满足这些患者的需要，即房速发作的间歇期能保持房室顺序收缩，而房速发生时能防止过快的心房率被快速的心室起搏跟踪。

（三）减少 DDD 模式发生的起搏器介导性心动过速（PMT）

DDD 工作模式时，几种情况都能引发 PMT。如图 7-2-13A 所示，一次室性早搏伴室房逆传引起一次逆传 P 波时，当其落入 PVARP 之外时将被感知，进而能发生心房跟踪，即经 DDD 起搏器下传起搏心室，而该心室起搏可再次逆传引起心房激动，并再次下传起搏心室，结果发生 PMT，PMT 将引起患者的明显不适。当这种情况存在时，可将起搏器从 DDD 模式改为 DDI 模式，PMT 则能避免。因为同样的室早（图 7-2-13B）虽然也将引起逆传 P 波，但因无心房跟踪功能，使该逆传 P 波不能经起搏器下传起搏心室，进

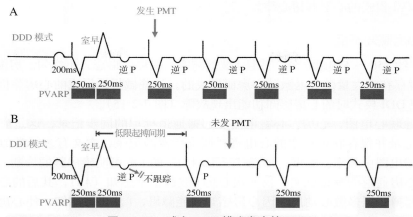

图 7-2-13　减少 DDD 模式发生的 PMT

A. 为 DDD 工作模式，一次室性早搏经室房逆传引起逆传 P 波，该逆传 P 波触发了随后的心室起搏，随后逆传 P 波经房室逆传再次引起逆传 P 波，周而复始则形成 PMT；B. 同一患者，其起搏器的各项参数未变，只将 DDD 模式改为 DDI 模式，当室性早搏发生并经逆传引起逆传 P 波时，该逆传 P 波无心室起搏跟踪，仅有低限频率的心室起搏，故 PMT 的发生能被阻止。PVARP：心室后心房不应期

而不引发 PMT。

　　因此，当 DDD 起搏器患者存在顽固性 PMT 时，可经程控为 DDI 模式而获得解决。

五、DDI 功能障碍心电图

　　DDI 起搏模式工作时，当心房、心室的起搏或感知功能发生障碍时，将出现相应的心电图表现。

（一）DDI 模式介导性心动过速

　　前文所示，DDI 工作模式可减少 DDD 模式时可能发生的 PMT，这与 DDI 模式无心房跟踪功能、心房 P 波不触发心室起搏相关，其使房室之间发生折返所必需的闭式环路不能形成。但不幸的是，少数情况下 DDI 工作模式却能引起"DDI 模式介导性心动过速"（图 7-2-14）。

　　如图 7-2-14 所示，DDI 模式时，当一次室早引起逆传 P 波，而该逆传 P 波又落在 PVARP 后，其将被感知并抑制随后的心房起搏。同时，该室早还能引起低限起搏 Vp-Vp 间期的重整使下次心室起搏脉冲推迟发放，而推迟的心室起搏也能引起逆传 P 波。当这种情况反复出现时将形成以低限频率起搏的类似 VVI 心律伴逆传 P 波，有人称这种心律为"DDI 模式介导性折返性心动过速"。

　　因此 DDI 工作模式时一次室早伴逆传 P 波可将 DDI 模式转变为低限起搏频率的 VVI 心律，但其心率不快，称其为心动过速显然不妥。而且梯形图清楚地显示：每次逆传 P 波并没有触发随后的心室起搏，房室之间没有传导与被传导关系。因此，该心律并不具备折返必需的闭式折返环路，不能发生折返性心动过

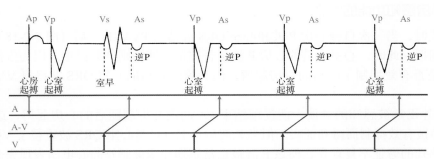

图 7-2-14　DDI 模式介导性心动过速

速，实际其相当于 VVI 模式的心室起搏心律。

（二）房颤伴心房感知不良

房颤 f 波的频率约 350 ～ 550 次 / 分，并且 f 波的频率、幅度、形态三不均匀。房颤的这种快而不整齐的 f 波是心房内同时存在的大量微折返激动心房而形成的。这些微折返形成的心房除极波幅度可能比窦性 P 波的幅度低，能使 DDI 模式时的心房感知功能出现故障（图 7-2-15）。

图 7-2-15 是 I 导联心电图，心房、心室电图及起搏通道标记的同步记录，这是应用起搏器体外程控仪，经胸将起搏器记录并保存在内存中的心电资料调出所做的记录，本文有多幅类似的图都属于这种资料。从图 7-2-15 心房电图中频率、幅度、形态"三不均匀"的 f 波可明确房颤的诊断。此时起搏器程控为 DDI 工作模式，从心房通道的标记证实，仅一次心房 f 波被正常感知（As），其后的心房起搏也同时被抑制而形成心室单腔起搏。但多数心动周期因心房感知功能障碍，f 波未被感知，使心房起搏脉冲照发无误

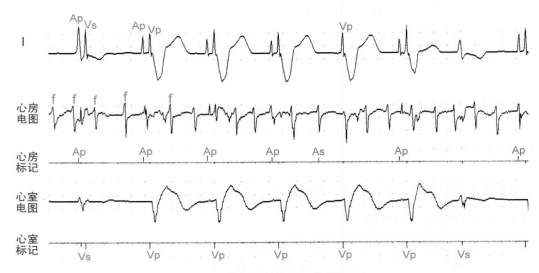

图 7-2-15　房颤伴起搏器心房感知不良

患者女性，60 岁，因肥厚型心肌病植入 DDD 起搏器 5 年，本次因房颤发作就诊。起搏器程控为 DDI 工作模式，基础起搏频率 65 次 / 分，滞后频率 60 次 / 分，AV 间期 100ms。从 I 导联心电图看出，患者为房颤律伴间歇性双腔起搏，仅少数周期为心室单腔起搏（Vp）。心房通道的标记证实，多数 f 波未被感知，使心房起搏（Ap）不断出现。一旦 f 波被正常感知（As），随后的心房起搏也被抑制，只出现心室单腔起搏

而形成 DDI 模式的双腔起搏，起搏频率为程控的 65 次 / 分，提示本例仅存在心房感知不良。

（三）电磁干扰引起长间歇

当存在肌电或电磁波干扰时，DDI 工作模式也能发生误感知，并抑制正常的心房或心室起搏，造成心电图上的长间歇（图 7-2-16，图 7-2-17）。此时同步记录的腔内心房、心室电图和心房、心室通道的标记则能证实干扰的发生以及心电图长间歇发生的确切机制。

（四）判断心房感知功能的困难

DDI 工作模式时，当一次自身心房 P 波和心室 QRS 波落入 PVARP 之后（图 7-2-18），该 QRS 波将重整 VA 和 Vp-Vp 间期。此时，心室波前的心房 P 波是否被正常感知则判断困难，因为依据心电图这时不能判断该心房事件是否有效抑制了随后的心房起搏，因为紧随其后的心室 QRS 波已将 VA 和 Vp-Vp 间期重整（图 7-2-18）。

在 PVARP 之外正常被感知的 P 波，能提前结束 VA 间期并抑制随后的心房起搏，这能根据其后心电图中心房起搏脉冲被有效抑制而得到证实。但当 P 波后马上有自身心室 QRS 波重整了 VA 间期时，这使心电图 P 波被正常感知的旁证不复存在，使该 P 波被正常感知和未被感知的心电图表现完全一样，结果对心

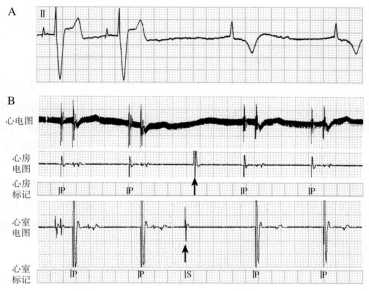

图 7-2-16 干扰引起心房、心室起搏抑制

患者男性，83岁，DDI模式的起搏频率60次/分。A图中前两个心动周期双腔起搏后出现缓慢的交界区逸搏心律；B图为心电图，心房、心室电图及标记通道的同步记录。从心房、心室电图及标记通道记录看出：发生的单次心室及心房的干扰信号（箭头指示）被误感知后抑制了起搏脉冲的发放

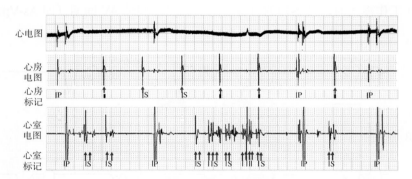

图 7-2-17 电磁干扰引起心电图的长间歇

本例患者植入DDD起搏器4年后，再次因胸闷、黑矇、先兆晕厥而就诊（DDI工作模式、AV间期180ms、PVARP 425ms）。图中一次双腔起搏后出现心电图长间歇伴心室起搏，随后再次出现长间歇及心室逸搏。出现心电图长间歇的原因是电磁波被反复多次误感知后（箭头指示）间歇性抑制了心房、心室起搏

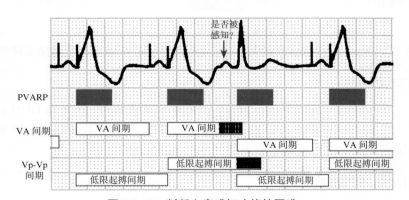

图 7-2-18 判断心房感知功能的困难

DDI模式时，落入PVARP之外的自身心房P波及心室QRS波紧邻出现时，判断该P波是否被正常感知存在困难，因为该P波被正常感知或未被感知的心电图表现完全一样。PVARP：心室后心房不应期

房感知功能的判断出现困难。

六、DDI 与 DDD 工作模式的比较

DDI 和 DDD 工作模式的差别在于第 3 个代码，即 I 与 D 的不同。前者 I 表示起搏器感知自身心房、心室波后将抑制心房和心室起搏脉冲的发放，同时心房波无触发心室起搏的功能，即感知或起搏的心房波虽能启动房室 AV 间期（即 As-Vp 间期或 Ap-Vp 间期），但在 AV 间期（As-Vp 间期或 Ap-Vp 间期）结束时不触发心室起搏（不具备心房跟踪功能）。只有心室起搏或感知自身 QRS 波后，才能以低限起搏的 Vp-Vp 间期触发下次的心室起搏。

DDD 工作模式时，感知自身心房或心室波后，既能抑制心房和心室起搏脉冲的发放，心房波还有触发心室起搏的功能，即感知或起搏的心房 P 波在 AV 间期结束时主动触发心室起搏，形成心房跟踪功能。同时起搏或感知自身心室 QRS 波后也能启动新的 VA 间期。因此，自身 QRS 波被感知时，除重整 Vp-Vp 间期外，还能经过感知或起搏的心房波间接重整心室 QRS 波的间期。

上述特点，使 DDD 与 DDI 两种模式对不同的自身心律有着不同反应。

（一）对房早的不同反应

DDD 工作模式时，被感知的房早将启动 AV 间期，当 AV 间期结束而无自身心室 QRS 波出现时，将触发心室起搏，随后心房和心室的起搏间期均被重整。而对 PVARP 内或心房总不应期内发生的 P 波则不感知，也无相应反应。DDI 工作模式时，被感知的自身心房 P 波虽能启动 AV 间期（即 As-Vp 间期），但不触发心

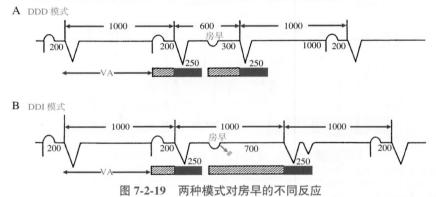

图 7-2-19 两种模式对房早的不同反应

A. DDD 工作模式时的房早可以下传引起心室起搏，下传的 AV 间期等于程控的 PV 间期；B. DDI 模式时的房早不能下传起搏心室，但能抑制随后的心房起搏，并与心室起搏（Vp）形成 As-Vp 间期（▨▨▬▬：心房总不应期）。图中数字单位为 ms

室起搏，只在低限起搏的 Vp-Vp 间期结束仍无自身 QRS 波出现时才触发心室起搏脉冲的发放（图 7-2-19）。

（二）对室早的不同反应

对于单发室早，当其逆向传导的 P 波落在 PVARP 内不被感知时，DDI 和 DDD 两种工作模式对其反应的心电图无差别。当室早的逆传 P 波落在 PVARP 之外时，该逆传 P 波将发生跟踪（DDD）或不跟踪（DDI）两种不同的反应，使心电图表现全然不同（图 7-2-20，图 7-2-21）。

（三）对心房扑动的不同反应

心房感知功能正常时，DDD 和 DDI 对心房扑动的反应明显不同。DDI 模式时，心房起搏均被感知的高频 F 波抑制，心室水平则表现为低限起搏频率的 VVI 起搏心电图（图 7-2-22）。

（四）DDI 的实际起搏频率可能高于低限起搏频率

前文已述，DDI 工作模式只设置低限频率，无高限起搏频率，这与无心房跟踪的特点相关。

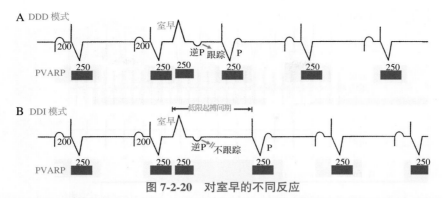

图 7-2-20 对室早的不同反应

当室早的逆传 P 波落在 PVARP 之外，DDD 模式的逆传 P 波将发生跟踪而触发心室起搏，但在 DDD 模式下出现逆传 P 波时无跟踪功能，仅仅是室早使 Vp-Vp 间期发生了重整。图中数字单位为 ms

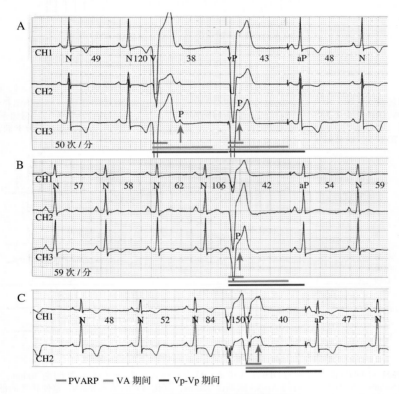

图 7-2-21 DDI 模式对室早的反应

患者男性，47 岁，因肥厚型心肌病伴室颤植入双腔 ICD。起搏器为 DDI 工作模式，低限起搏频率 40 次 / 分（Vp-Vp 间期 1500ms），AV 间期 300ms，PVARP 300ms，VA 间期 1200ms。A、B、C 三图为患者不同次的 Holter 记录，DDI 模式对单次室早、连发室早均有相应反应

　　但要强调，有时患者 DDI 起搏器的实际起搏频率能明显高于程控的低限起搏频率（图 7-2-23）。图 7-2-23 患者的双腔起搏器以 DDI 模式工作，低限起搏频率设置为 70 次 / 分，患者第 2 天出现明显心悸，心电图证实，其实际起搏频率已达 77 次 / 分。

（五）DDI 模式的 As-Vp 间期明显不等

　　DDI 工作模式时，当心房水平有着快而不齐的心房律时，心室仍能保持相对稳定的心室律。另一优势是自身心率与起搏心率相差较大时也能在客观上维持一定程度的房室同步。

　　DDI 工作模式时，当自身心房率快而节律不整齐并高于低限起搏频率时，自身心房 P 波与随后的心室起搏之间的 As-Vp 间期存在明显的长短不等，这在一定程度上也能影响房室的同步性（图 7-2-24，图 7-2-25）。

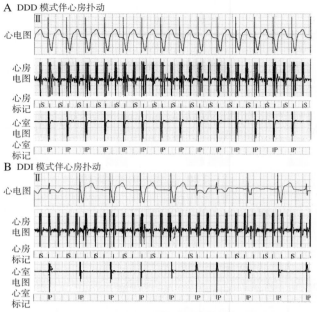

图 7-2-22　DDD 和 DDI 模式对房扑的不同反应

患者男性，75 岁，双腔起搏器植入 3 年，突发心悸 2h 就诊。A. DDD 模式下 230 次 / 分的房扑 F 波一半被感知并下传引起心室起搏（115 次 / 分），另一半的 F 波落入 PVARP 内不被感知，被感知的 F 波仅 115 次 / 分，未能达到模式自动转换的心房频率，结果形成房扑 F 波 2 : 1 下传引起心室起搏；B. DDI 工作模式时房扑 F 波仍为 230 次 / 分，部分 F 波落在 PVARP 内不被感知，部分 F 波落入 PVARP 之外，但这些 F 波无跟踪功能，使心室以 70 次 / 分的低限频率起搏

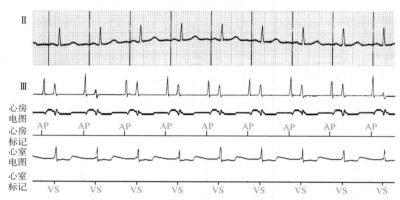

图 7-2-23　实际起搏频率高于低限起搏频率

患者男性，80 岁，为减少 PMT 将 DDD 模式程控为 DDI 工作模式，低限起搏频率 70 次 / 分，AV 间期 300ms，PVARP 为 300ms。起搏器 70 次 / 分的低频起搏间期为 860ms，但因患者自身的 Ap-Vs 间期仅 220ms，其比 AV 间期短 80ms，这使程控的低限起搏间期 860ms 减少到实际起搏间期的 780ms，进而使心房起搏频率提高到 77 次 / 分，引起患者心悸

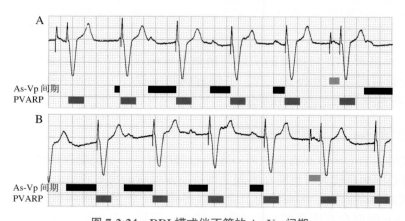

图 7-2-24　DDI 模式伴不等的 As-Vp 间期

图中 As-Vp 间期在不同的心动周期中明显不等，但 PVARP 长短一致

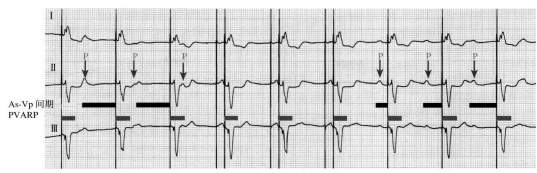

图 7-2-25　DDI 模式显著不等的 As-Vp 间期

患者男性，65 岁，因三度房室传导阻滞植入 DDD 起搏器，起搏器为 DDI 工作模式（低限起搏频率 60 次 / 分；PVARP 250ms，AV 间期 150ms）。图中已标出 PVARP，凡落入该期内的 P 波不被感知，不能抑制随后的心房起搏，而落入 PVARP 以外的心房波则相反，并形成显著不等的 As-Vp 间期

（六）对房室传导阻滞的不同反应

DDD 和 DDI 是双腔起搏器可以程控的两种工作模式，两者最大的区别是 DDD 模式具有心房跟踪功能，而 DDI 模式没有，使心房与心室的电活动处于分离状态。即使有时心电图的表现与 DDD 模式相同，但心房和心室的起搏仍然各自独立存在，仍然是心房起搏依赖 VA 间期控制，心室起搏依赖低限频率起搏间期控制。

DDD 和 DDI 两种工作模式对房室传导阻滞的反应有着明显不同。图 7-2-26 和图 7-2-27 是同一患者分别程控为 DDD 和 DDI 工作模式时的心电图。图 7-2-26 中，不论对自身 P 波、心房起搏，还是房性早搏都有跟随功能，即 AV 间期结束时将触发心室起搏脉冲的发放。

但 DDI 工作模式的心电图全然不同，图 7-2-27A 中规律的自身心房 P 波无一次下传触发心室起搏，使心室以 VVI 起搏模式工作。因此，心电图中 As-Vp 间期不固定，形成室房分离状态。偶尔出现的"双腔"起搏心电图也并非真正意义上的 DDD 模式。只是 P 波落在 PVARP 内，该心房波既不引起心房起搏间期的重整，也不影响 VA 间期，使 VA 间期能够完成并触发心房起搏脉冲如期发放，随后 Vp-Vp 间期结束时，使心室起搏脉冲（Vp）按期发放，两者被动组合成 Ap-Vp 间期。因此，图 7-2-27 中的心房、心室先后起搏的现象，不是房室顺序起搏，而是心房、心室分别起搏，这种心电图表现不代表 DDI 模式存在心房跟随功能。

这种情况时，同步记录的腔内电图（图 7-2-27B）及通道的标志信号，能使起搏器的工作情况一目了然，并十分容易地确定患者的自身心律和起搏心律。从图 7-2-27B 能够看出，心电图无一次 P 波下传触发心室起搏，而形成类似 VVI 起搏。

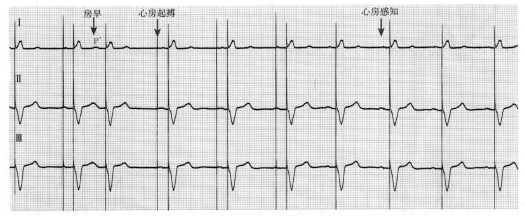

图 7-2-26　DDD 工作模式伴三度房室传导阻滞的心电图

患者因三度房室传导阻滞植入 DDD 起搏器，图中的房性早搏、窦性 P 波和心房起搏后均有跟随的心室起搏脉冲并夺获心室

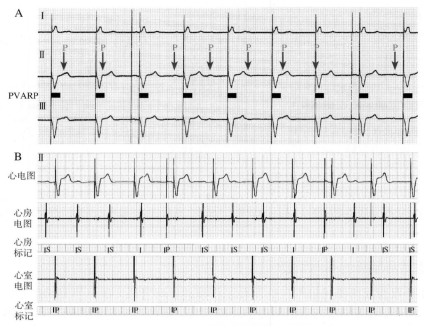

图 7-2-27 DDI 模式伴三度房室传导阻滞的心电图

A 图为 3 个双极肢体导联同步记录的心电图，可见心房 P 波均未下传（箭头指示），心室以低限频率起搏形成类似 VVI 起搏心电图，但落入 PVARP（200ms）以外的 P 波，能重整 VA 间期，并抑制其后的心房起搏脉冲。而落入 PVARP 内的 P 波未能抑制随后心房起搏脉冲的发放

七、DDI 模式的磁频及变时性起搏心电图

（一）DDI 模式的磁频心电图

DDI 工作模式进行磁铁试验时，其工作模式将从 DDI 变为 DOO 模式，起搏器将以非同步的工作模式起搏，以磁铁频率固定发放心房和心室的起搏脉冲。

1. 磁铁频率＞自身心率

当磁铁频率高于自身心率时，起搏心电图相对简单，该时只存在单纯、固律的双腔起搏心律，类似房室顺序起搏，并以磁铁频率起搏心房和心室（图 7-2-28）。

2. 磁铁频率＜自身心率

当磁铁频率＜自身心率时，将表现为自身心律和双腔起搏心律共存，心电图可出现多种心房和心室夺获、干扰性失夺获和心室融合波（图 7-2-29）。分析中，因心房和心室起搏心律与自身心律并行存在，需

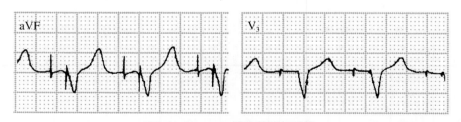

图 7-2-28 DDI 模式的磁频试验

当磁铁频率＞自身心率时，心电图出现单纯、固律的双腔起搏

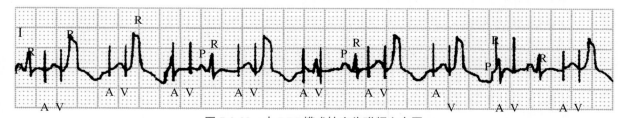

图 7-2-29 由 DDI 模式转变为磁频心电图

当磁铁频率＜自身心率时，心电图相对复杂，使固律的双腔起搏与自身心律共存

要对各种心律进行分析。

（二）DDI 模式的频率适应性起搏

DDI 起搏模式时，当开启频率适应性起搏功能后，工作模式将变为 DDIR 模式。

1. 传感器频率＞自身心率

当患者活动或运动时，起搏器的传感器能被激活并驱动起搏频率逐渐升高，当心房和心室的自身心率低于传感器频率时，患者的基本心律将表现为双腔起搏心律。当 AV 间期内有经房室结下传的自身 QRS 波时，则心室起搏被抑制而仅有心房起搏，形成 AAIR 样的起搏心律（图 7-2-30）。

当患者自身房室传导存在障碍，房室传导时间较长或存在阻滞时，在程控设置的 AV 间期内将不出现自身 QRS 波，其结束时由 V_p-V_p 间期触发心室起搏，使心电图表现为双腔起搏心电图，并类似 DDDR 起搏心电图。目前起搏器进行频率适应性起搏时，AV 间期都有频率适应性自动缩短功能，以保证起搏时有更好的血流动力学效果（图 7-2-31）。

2. 传感器频率＜自身心率

患者活动时机体代谢率的增加使传感器频率逐渐上升，当患者自身心律的变时功能尚好，自身心率也能随运动而升高并高于传感器频率时，起搏器传感器将被自身心律不断抑制和重整。

凡落入 VA 间期 PVARP 之外的自身心房 P 波被感知后，均能使 VA 间期提前结束，同时还抑制随后的心房起搏，而心室通道也无自身 QRS 波出现时，则保持规律的 VVI 起搏心电图。

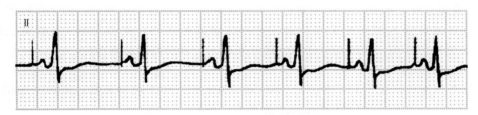

图 7-2-30　AAIR 样起搏心电图

患者活动或运动时，当传感器频率高于自身心房率，且自身房室传导功能正常时，将形成 AAIR 样起搏心电图

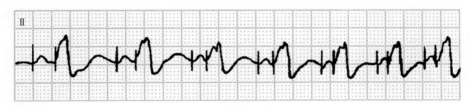

图 7-2-31　DDIR 起搏模式的心电图

患者运动后，传感器频率逐渐上升并高于自身心率，且自身房室传导时间长于起搏器程控的 AV 间期时，则形成 DDIR 样起搏心电图

八、结束语

随着双腔起搏器 DDI 工作模式应用的逐渐增多，临床医生对该工作模式的关注随之提高，相关的观察与研究也逐步加深。此外，对 DDI 工作模式应用的适应证、优势、功能正常与障碍的心电图表现、局限性等正在逐步深入研究。与 DDD 工作模式相比，DDI 工作模式的心电图相对简单、易懂。阅读与诊断时需重点注意 VA 间期的重整与完成，Vp-Vp 间期的重整与完成，以及 PVARP 的长短与变化，这三个要素是引起 DDI 工作模式时心电图多种变化的决定性因素。

除此，现代起搏器都能同步记录与体表心电图类似的心电图，心房、心室的腔内电图以及心房、心室起搏通道的标记，这种同步记录的资料能使难以诊断和解释的起搏心电图得出可靠、准确的答案。希望临床医生能充分利用起搏器的这一现代功能，不断提高起搏心电图的阅读与诊断水平。

第三章

心脏再同步化治疗（CRT）心电图

伴随心脏起搏技术的迅速进展及现代功能的不断推出，起搏心电图的难度也在不断加深。继心室再同步化治疗（cardiac resynchronization therapy，CRT）在临床上用于心衰的治疗，CRT 心电图已成为起搏心电图的难点与重点。应当强调，CRT 心电图的学习十分重要，其意义远远超出了 CRT 领域，能使临床和心电图医师的心电图诊断整体水平得到补益与提高。

一、CRT 心电图总述

CRT 治疗心衰用于临床已 15 年，相应的 CRT 心电图已成为起搏心电图的新领域，因与一般起搏心电图有诸多截然不同的特点，使这一新领域充满了挑战，对已经熟知起搏心电图的临床或心电图医师均如此。

（一）CRT 总述

CRT 治疗心衰是现代心脏病学的一项奇迹，其在 1994 年还是 Ⅲ 类适应证，但十年后的 2005 年，CRT 已一跃将严重心衰患者变为治疗的 Ⅰ 类指征，并与血管紧张素转化酶抑制剂 / 血管紧张素受体拮抗剂（ACEI/ARB）、β 受体阻滞剂、利尿剂等药物一样并列成为心衰患者的基本治疗。

1. 适应证

随着 CRT 技术与循证医学资料的积累，CRT 治疗适应证也在不断变化着，最新欧洲指南中有关 CRT 治疗适应证见表 7-3-1，而美国的 CRT 治疗适应证见表 7-3-2。

表 7-3-1　欧洲 CRT 治疗适应证（2016）

适应证	推荐级别	证据水平
症状性心衰，窦性心律，QRS 波时限≥150ms，形态呈 LBBB 型，最佳药物治疗后仍 LVEF≤35% 时，CRT 可改善症状，降低死亡率	Ⅰ	A
症状性心衰，窦性心律，QRS 波时限≥150ms，形态呈非 LBBB 型，最佳药物治疗后仍 LVEF≤35% 时，CRT 可降低死亡率	Ⅱa	B
症状性心衰，窦性心律，QRS 波时限 130～149ms，形态呈 LBBB 型，最佳药物治疗后仍 LVEF≤35% 时，CRT 可改善症状并降低死亡率	Ⅰ	B
症状性心衰，窦性心律，QRS 波时限 130～149ms，形态呈非 LBBB 型，最佳药物治疗后仍 LVEF≤35% 时，CRT 可改善症状并降低死亡率	Ⅱb	B
HFrEF 患者，高度 AVB 有心室起搏指征，不管 NYHA 分级，均推荐 CRT 而不是右室起搏，可降低心衰发病率。其也适用于慢性房颤患者	Ⅰ	A
心衰患者未经最佳药物治疗，NYHA 为 Ⅲ～Ⅳ级 * 且 LVEF≤35% 时，应考虑 CRT，可改善症状并降低死亡率。如为房颤患者，且 QRS 波时限≥130ms，需确保尽可能多的双室起搏，或转为窦性心律	Ⅱa	B
植入起搏器或 ICD 的 HFrEF 患者，经最佳药物治疗，心衰仍恶化，如右室起搏比例较高可考虑升级为 CRT。但不适合稳定的心衰患者	Ⅱb	B
不建议 QRS 波时限<130ms 的患者行 CRT	Ⅲ	A

* 需区分仅需要保守治疗的终末期心衰患者，还是接受治疗能改善症状或预后的心衰患者。LBBB：完全性左束支传导阻滞；CRT：心脏再同步化治疗；HFrEF：射血分数降低的心衰；LVEF：左室射血分数

表 7-3-2　**美国 CRT 治疗适应证（2012 年）**

适应证类别	Ⅰ 类			Ⅱa 类	
心脏节律	窦性心律	窦性心律	窦性心律	房颤，需要心室起搏，且保证心室起搏率近 100%	预期心室起搏比例＞40%
QRS 波形态	左束支传导阻滞	左束支传导阻滞	左束支传导阻滞	无	无
QRS 波时限	≥150ms	120 ～ 150ms	＞150ms	无	无
NYHA 分级	Ⅱ、Ⅲ级，非卧床Ⅳ级	Ⅱ、Ⅲ级，非卧床Ⅳ级	Ⅲ级，非卧床Ⅳ级	无	无
EF 值	≤35%	≤35%	≤35%	≤35%	≤35%

2. 总体疗效

对有明确适应证的患者，CRT 治疗的有效率为 60% ～ 70%，其中 15% 的患者对 CRT 治疗有超好的反应。对无效患者，经医生的各种努力还将使 10% 的患者能从治疗无反应变为有反应。在治疗无反应的患者中，缺血性心肌病伴心衰者占多数，非缺血性心肌病的比例低。

3. 治疗机制

CRT 是将两根心室起搏导线分别植入右室和左室（图 7-3-1）进行双室再同步化起搏，这使左、右心室的电活动和机械活动失同步的情况得到改善，进而改善心功能（图 7-3-2）。其治疗机制包括：优化房室同步和双室同步，纠正患者的功能性二尖瓣反流和室内分流。

（二）CRT 心电图特征

1. 基本起搏图形的类型多

VVI 与 DDD 心室起搏时，起搏的 QRS 波图形仅一种，而 CRT 心电图却不同，其心室起搏的基本图形包括单纯右室、单纯左室、左室起搏阳极夺获和双室同步起搏四种。

2. 融合波的种类多

心室起搏心电图中常有室性融合波，包括真性与假性两种。CRT 心电图中，几乎都是双室各自起搏的 QRS 波之间形成的室性融合波，而单纯右室、左室和双室起搏也能和自身的 QRS 波分别形成融合波，这使同一份起搏心电图中，心室 QRS 波的图形增加到 7 种或更多（图 7-3-3）。

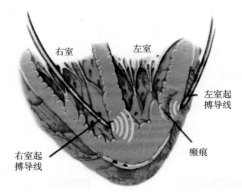

图 7-3-1　双室再同步化起搏

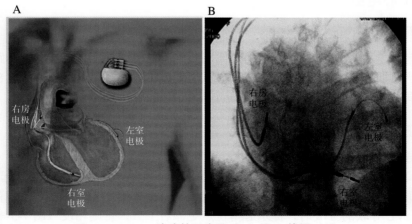

图 7-3-2　**CRT 治疗的示意图（A）及 X 线图（B）**

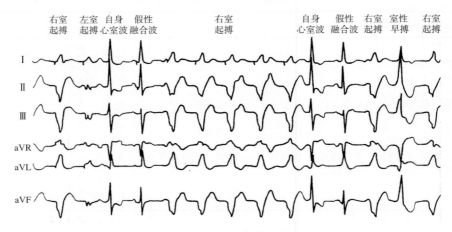

图 7-3-3 CRT 心电图有多种形态的 QRS 波

3. 左室起搏失夺获的概率高

CRT 治疗中的左室起搏为心外膜起搏，起搏导线植入冠状静脉不同的分支而间接起搏左室。冠状静脉内没有固定起搏导线的解剖学结构，使左室起搏电极导线的脱位、微脱位、慢性阈值增高等情况相对多见，也使通过起搏心电图判断起搏功能具有更大的临床意义。

4. 模板心电图的动态变化

CRT 治疗的不同时段，最佳 AV 及 VV 间期有动态改变的特点，这使随访期的模板心电图也存在动态变化。例如前次随访时左室起搏领先右室 +20ms 为最佳 VV 间期，相应之下，形成起搏模板心电图，而本次随访时，最佳 VV 间期可能变为右室领先左室 +80ms，结果起搏模板心电图也随之更新，使 CRT 心电图更显多变而复杂。

5. 心电图临床诊断意义大

CRT 的疗效与心室再同步化起搏的比率关系密切，常要求起搏比率高达总心搏的 90% 或 95% 以上，因此，每次随访都要对此做出评估。当今，CRT 起搏器对有效双室起搏心电图的自动诊断、分类、计数还不完善，并有一定的困难。

6. 多个导联心电图评价

一般起搏器的随访，单导联心电图就能胜任，但 CRT 的随访常要对多个导联心电图进行分析和比较，甚至要对 12 导联心电图进行综合分析后才能做出最终判断。

总之，每位心电图和临床医师都要面对 CRT 心电图的新挑战。

二、正常 CRT 心电图

（一）心电图不同导联的正极

经心电图分析与评价 CRT 起搏相对复杂，而体表心电图双极导联探查电极的空间距离大，仅仅在导联轴的正极被标出。当心肌除极方向面向记录的正极时形成正向 R 波，背离时形成负向 S 波。因此，当某导联起搏心电图为负向 S 波时，提示起搏位点更靠近该导联的正极。

（二）各导联正极的位置

1. 心脏的上方导联（aVR 和 aVL 导联）

aVR 和 aVL 导联位于心脏上方，心尖部起搏时两个导联都为正向 R 波，基底部起搏时均为负向 S 波。两者相比，aVR 导联靠右，aVL 导联靠左，因此，S 波振幅能提示实际的起搏位点更靠左还是更靠右。当 aVR 导联的 S 波＞aVL 导联的 S 波时，提示起搏位点更靠右上方，否则相反（图 7-3-4）。

2. 心脏的下方导联（Ⅱ、Ⅲ、aVF 导联）

Ⅱ、Ⅲ、aVF 导联的正极靠近足端，是心脏的下方导联。当三个导联均为正向 R 波时，提示心室除极自上而下指向足部，相反时为负向 S 波。又因Ⅲ导联和Ⅱ导联分别更靠近右侧和左侧，故Ⅲ导联的 S 波＞Ⅱ导联 S 波时，提示起搏位点位于心脏下部而偏右，相反时偏左。

3. 心脏的左侧导联（Ⅰ、aVL、V_5 和 V_6 导联）

这四个导联均位于心脏左侧，记录到负向波时提示心室的除极背离左室和左侧壁，正向波时提示心室除极从右向左。此外，四者 QRS 波的相互比较有助于判断左室起搏位点位于上部还是下部。四个导联中，aVL 导联最靠上，Ⅰ导联其次，V_5 和 V_6 导联更靠下。因此，右室心尖部起搏时，V_5、V_6 导联将呈明显的负向波，而Ⅰ、aVL 导联却是正向波。分析四个导联心电图，还能确定心室除极是从左到右，还是从右到左。四者图形不一致时，提示起搏部位存在上下的不同，例如左室侧静脉起搏时Ⅰ导联为负向波，靠近左侧基底部起搏时，aVL 导联为负向波，靠近左下部起搏时，V_5 和 V_6 导联为负向波。

4. 心脏的右侧导联（V_1、aVR 和Ⅲ导联）

这三个导联位于心脏右侧，均为负向波时，提示心室除极从右向左，正向波时提示除极从左向右。三个导联中，V_1 导联除靠右侧外，还位于前壁，因右室与左室呈前后关系，故右室起搏时 V_1 导联为负向波，左室起搏时为正向波。aVR 导联比 V_1 导联更靠上，基底部起搏时应为负向波。

5. 心脏的胸前导联（V_4、V_5 和 V_6 导联）

胸前 $V_4 \sim V_6$ 导联的 QRS 波都为负向时，提示起搏位点在左室心尖部，正向波时提示起搏位点靠近基底部（图 7-3-4）。

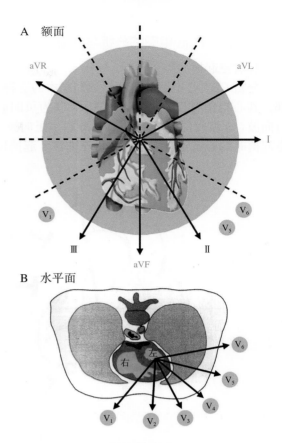

图 7-3-4 心电图不同导联正极的位置

上述资料提示，确定心室起搏的确切位点需审视多个导联心电图。而快速判断时，可主要分析Ⅰ导联、V_1 导联等。

窦性心律，左、右室和双室起搏等不同情况下，心室除极综合向量（总体向量）的特征见图 7-3-5。

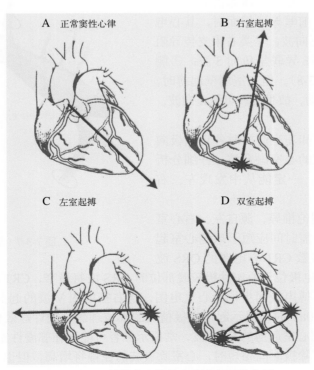

图 7-3-5 四种基本心律的心室除极总体向量

（三）CRT 心电图的分析与判断

1. 右室起搏

分析 CRT 心电图的基石是熟知基本的三种心室起搏心电图的标志性特征。经典的右室起搏部位为心尖部，其心电图有三个特征：① V_1 导联为负向波，呈类左束支传导阻滞图形；②下壁Ⅱ、Ⅲ、aVF 导联呈负向波，S 波较深；③Ⅰ和 aVL 导联呈正向波（图 7-3-6）。因Ⅰ导联能反映大部分右室电活动，并面对右室起搏时的心室除极向量，故呈正向波。起搏位点变化时，心电图也有相应变化。

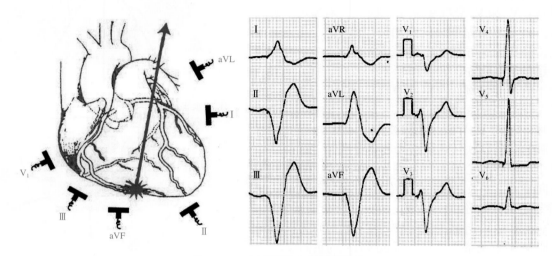

图 7-3-6 右室起搏心电图的特征

2. 左室起搏

冠状静脉的正常分支多达 5 条以上，这些静脉都是左室起搏导线可能植入的部位（图 7-3-7）。显然，不同冠状静脉分支的左室起搏，其心电图的特征也明显不同，最理想的左室起搏部位为左室后侧支。

冠状静脉后侧支起搏时，心室总体除极向量背离后壁、下壁及侧壁导联，与前壁导联相面对，其心电图特点：①前壁 V_1 导联为正向波，呈类右束支传导阻滞图形；②下壁Ⅱ、Ⅲ、aVF 导联呈负向 S 波；③侧壁Ⅰ导联呈负向 S 波（图 7-3-8）。但左室侧壁起搏时，因Ⅲ导联反映的是左室电活动，故Ⅲ导联可呈正向波。

3. 双室起搏

双室起搏心电图是右室和左室起搏时各自除极向量的总和，属于一种新类型的心室融合波，仔细分析双室起搏 12 导联心电图时，一定能从中发现左、右心室起搏的各自成分。

（1）QRS 波时限：从理论推导，源自左、右心室两个不同方向的同步除极所需时间应短于单侧心室起源的心室除极时间，这使多数 CRT 心电图的 QRS 波

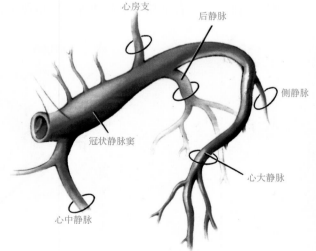

图 7-3-7 冠状静脉的各分支

时限较短，尤其当左室起搏电极位于心室除极较晚部位时 QRS 波将最窄，CRT 的疗效也最佳。因此，CRT 植入术中可经右室及左室起搏电极同步记录心室电图，当右室电图 V 波的起点与左室电图 V 波起点间的时间差＞ 110ms，甚至＞ 140ms 时，提示起搏电极植入的部位理想，预计疗效更佳。但有少数病例，双室起搏的 QRS 波时限宽于单侧心室起搏的 QRS 波，常提示患者可能存在弥漫性室内传导延迟。

（2）QRS 波振幅：心室除极时间缩短时，心室除极波的振幅将增高，但也不全然如此，其与双室起搏

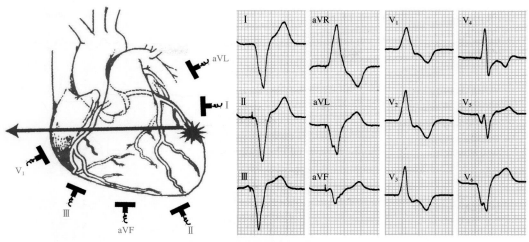

图 7-3-8　左室起搏心电图的特征

电极的相对位置有关，例如，右室心尖部与左室正后壁处于相对应部位，两者起搏的心室除极向量的相互抵消可使 QRS 波振幅变低。

（3）QRS 波形态：双室起搏心电图是右室与左室同步除极形成的室性融合波，右室心尖部与左室某部位同步起搏时，起搏心电图具有的基本特征为：①可见右室心尖部起搏的特征：V_1 导联的 QRS 波呈类左束支传导阻滞图形；②可见左室起搏的特征：Ⅰ 和Ⅲ导联呈负向波（图 7-3-9）；③Ⅰ导联呈双向波时，也提示为双室起搏。当右室起搏部位不在心尖部时，双室起搏心电图将有较多变化。

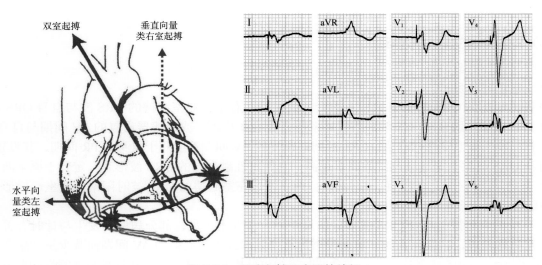

图 7-3-9　双室起搏心电图的特征

（四）VV 间期对 CRT 心电图的影响

CRT 心电图的 QRS 波形态明显受 VV 间期的影响（图 7-3-10）。程控设置的 VV 间期可以是左室起搏领先右室 0 ～ 80ms，也能程控为右室起搏领先左室 0 ～ 80ms，左右心室起搏脉冲发放的时间前后可差 160ms，这样大的跨度必然对两者形成的心室融合波产生显著影响，即左室起搏领先越大时，融合波中左室先除极的比例大，相反右室先除极的成分增大（图 7-3-10）。这提醒医生记录和保存模板心电图时，一定要注明心电图记录时的 VV 间期值，而有利于随访。即刻的 CRT 心电图与模板心电图做对照比较时，一定要核实两者的 VV 间期值是否相同，是否具有可比性，否则将做出错误的判断。

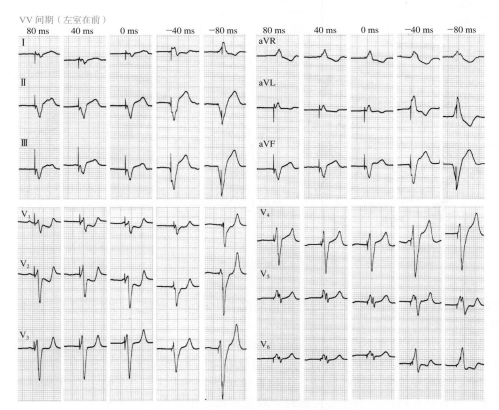

图 7-3-10　不同 VV 间期的双室起搏心电图

（五）真性和假性室性融合波

与一般起搏心电图相同，CRT 心电图也存在真性与假性室性融合波。

1. 真性室性融合波

双室各自起搏的 QRS 波发生的相互融合，或左室、右室、双室起搏的 QRS 波与自身 QRS 波发生的融合都称为真性室性融合波。显然，当起搏率与自身心率相近，或起搏器设置的 AV 间期与自身 PR 间期相近时，容易发生真性室性融合波。CRT 起搏时设置的 AV 间期都应短于自身的 PR 间期，其设置得越长，起搏与自身 QRS 波发生室性融合波的概率越高。真性室性融合波的 QRS 波形态一定介于原来两种或三种 QRS 波形态之间。与一般室性融合波不同，单纯右室或左室起搏的 QRS 波时限常比双室起搏形成的真性室性融合波时限宽，振幅低。

CRT 心电图中起搏与自身 QRS 波形成的真性融合波并不少见，部分病例的发生与计时有关。其偶尔发生时不需特殊处理，持续存在时，可通过增加起搏频率或缩短起搏的 AV 间期而减少室性融合波。诊断自身 QRS 波与起搏 QRS 波形成的真性融合波时需细致分析 QRS 波形态，在这种真性室性融合波前一定要有确切的 P 波及相应的 PR 间期，这样诊断才可靠（图 7-3-11）。

有学者认为，当自身窦性激动沿房室结及希氏束下传激动心室间隔的同时，左、右心室的游离壁也同步被起搏脉冲激动，心室的激动将由三点启动：室间隔和左、右心室的游离壁。以左室为例，这样才能真正使心室处于"球形收缩"状态，产生的血流动力学效果将优于单纯双室游离壁的同步起搏，故推荐将双室起搏的频率及 AV 间期程控为与自身心律的房室间期相似，这种观点尚需更多资料证实。

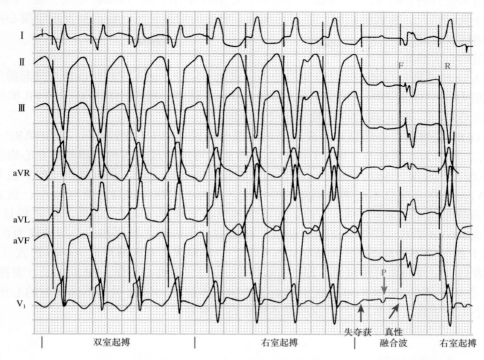

I

II

III

aVR

aVL

aVF

V₁

失夺获 真性
融合波
双室起搏   右室起搏   右室起搏

图 7-3-11　起搏与自身 QRS 波形成的真性室性融合波

2. 假性室性融合波

传统的假性融合波是指心室的起搏脉冲落在患者自身的 QRS 波中，并对该心室除极未起任何作用。因此，当自身 QRS 波中虽有起搏脉冲，但 QRS 波形态与其他自身 QRS 波形态又完全一样时，提示该起搏脉冲对心室除极无效，属于起搏电能的浪费。

假性融合波常因心室感知间期过长引起，即自身心室波的初始电压偏低，需等一定时间后才能达到感知阈值，造成心室起搏脉冲未被及时抑制。CRT 心电图中存在假性融合波时不能证实该起搏脉冲的有效或无效。长期存在的假性融合波可造成起搏能量的不必要浪费，可通过调整起搏频率及 AV 间期而解决。

CRT 心电图还有广义的真性和假性室性融合波，例如左、右心室的再同步化起搏可形成新类型的真性室性融合波。此外，当左、右心室起搏的 VV 间期设置不当时，还能形成 CRT 心电图独有的假性融合波。即单侧心室起搏脉冲发放在前，其激动心室并已形成 QRS 波，而另一侧发放较晚的心室起搏脉冲落入 QRS 波中而未起作用，当该 QRS 波形态与单侧心室起搏完全一样，则能确定为假性室性融合波，临床医师设置 VV 间期时需要考虑这一问题。

三、CRT 故障心电图及心功能

CRT 正常时应为双室再同步化起搏，其与普通 DDD 起搏器的功能有诸多不同，甚至存在概念上的差异，对这些难点倘若理解得不深不透，将影响 CRT 的应用与程控。

（一）CRT 起搏故障心电图

1. 心室失夺获

CRT 心电图中心室失夺获存在两种形式，一种是正常起搏时突然发生双室失夺获，这种起搏功能障碍意味着有同一原因，引起双室起搏同时发生失夺获，这种情况相对少见。心室失夺获的另一种形式是一侧心室此前已不能有效起搏，双室起搏已变为单侧心室起搏，此后又有原因引起该侧心室起搏失夺获，将表现为 CRT 双室起搏的失夺获（图 7-3-11）。CRT 植入术中一侧心室起搏阈值测试时，随起搏电压的逐渐下降，可发生阈下刺激而使心室起搏失夺获。

实际上，临床提到的CRT心室失夺获常指有效的双室起搏治疗中，因某种原因引起一侧心室（主要是左室）起搏失夺获的情况。患者随访时，经前后模板心电图的对照分析，检出和发现单侧心室的起搏功能障碍，并采取措施及时排除。

2. 不同类型的心房感知

对于单腔AAI起搏器，心房感知只设简单的心房感知不应期，该不应期是以自身或起搏的心房波为开始，持续时间则为程控时设定的一个固定值，例如300ms。该值一般都比自身心律的PR间期长，因而能全部或部分涵盖QRS波，防止高大的R波引起交叉感知。

对于双腔DDD起搏器，心房感知不应期则由两部分组成：AVI（房室间期）及PVARP（心室后心房不应期），两者之和称为心房总不应期（TARP）。起搏患者可能出现的四种心律都存在心房总不应期。其中PVARP可以程控，起搏（Ap）或感知（As）的P波与心室起搏（Vp）的间期值（PAV或SAV）也能程控（图7-3-12A）。凡在心房总不应期内感知的心房波，称为不应期内感知，简写为Ar，该P波虽被感知但只能沿房室传导系统下传激动心室（Vs），而不能触发心室起搏（Vp）。结果，Ar之后只能形成Ar-Vs形式，不能形成Ar-Vp形式（图7-3-12B）。相反，在心房总不应期之外感知的心房波称为正常心房感知，简写为As，该P波既能下传激动心室形成As-Vs形式，也能触发心室起搏形成As-Vp形式（图7-3-12C）。

另外，患者自身窦性心率可快可慢，即PP间期可长可短。窦性心率慢，PP间期长，窦性心率增快时，PP间期缩短。长短不等的PP间期可能长于或短于心房总不应期，进而引起不同类型的心房感知（As或Ar）及相应的心电图表现（图7-3-12）。这些基本概念均很重要。

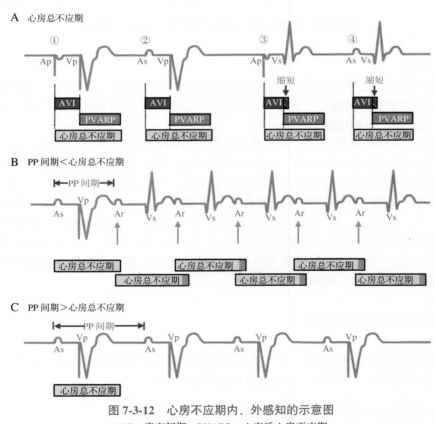

图 7-3-12 心房不应期内、外感知的示意图

AVI：房室间期；PVARP：心室后心房不应期

3. 上限跟踪频率过低将抑制 CRT 起搏

我们结合图 7-3-13 说明上限跟踪频率过低时如何抑制 CRT 心室起搏。该患者因扩张型心肌病伴心衰植入了 CRT 起搏器，术后窦性心率偏快，为 95 次 / 分伴 PR 间期延长（240ms），当时起搏器设置的 PAV 值为 110ms（PA：起搏的心房波，V：心室波），SAV 值为 80ms（SA：感知的心房波）。但术后未见 CRT 起搏（图 7-3-13A）。照理说，既然设置的 SAV 值为 80ms，则意味着起搏器感知自身 P 波后 80ms 内不出现下传的 QRS 波时，则应触发心室起搏，但图 7-3-13A 并非如此。图 7-3-13C 证实当时的上限跟踪频率为 90 次 / 分（箭头指示），而患者的实际窦性心率为 95 次 / 分，已超过上限跟踪频率。按照 DDD 起搏器的通常规律，这时应当出现起搏器下传的文氏现象，但实际却是 CRT 心室起搏完全被抑制。此后，主管医师将上限跟踪频率从 90 次 / 分上调到 120 次 / 分（图 7-3-14C，箭头指示）。程控后，在患者窦性心率毫无变化的情况下，CRT 心室起搏出现了 1∶1 的跟随，跟随的 SAV 间期为 110ms（图 7-3-14A）。

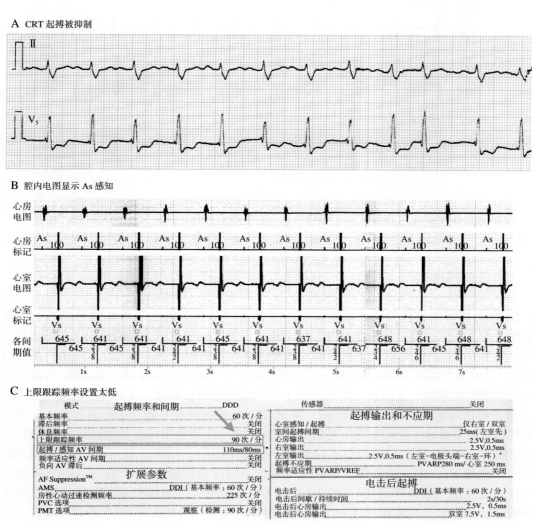

图 7-3-13　上限跟踪频率抑制 CRT 起搏

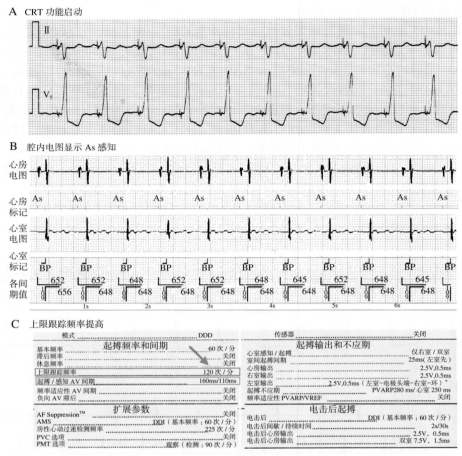

图 7-3-14 上限跟踪频率提高后 CRT 心室起搏功能被启动

（1）DDD 起搏器的文氏传导：众所周知，DDD 起搏器设置的上限跟踪频率相当于快速心房 P 波经起搏器下传时的文氏点，换言之，当自身心房率超过上限跟踪频率时，起搏器的下传将出现文氏传导（图7-3-15A）。图 7-3-15A 清楚地解释了起搏器传导发生文氏阻滞的机制。首先，这些患者的自身房室传导已有严重障碍，P 波只能依赖 DDD 起搏器下传起搏心室，使 P 波后只能跟随心室起搏（Vp）。其次，要对上限频率间期有清晰的理解，上限频率间期起始于感知或起搏的心室波，在其持续的时间内可以出现自身的 QRS 波，但不能出现起搏的 QRS 波（Vp）。在此期间出现的自身 P 波（正常感知的 As）触发的 Vp 一定要等上限频率间期结束时才延迟发生。在图 7-3-15A 的第一个周期中可清楚地看到：①患者自身的 PP 间期＜上限频率间期；② PP 间期＞心房总不应期（SAVI+PVARP）。结果，第一个心室起搏后的 P 波在 SAVI间期结束时未触发 Vp，而一定要等上限频率间期结束时才延迟触发 Vp，这是 As-Vp 间期受到上限频率间期的干扰而发生的"被迫性延长"（图 7-3-15A 中涂黑部分），"被迫性延长"使心房总不应期随之延长（新的 SAVI+PVARP）。上述情况在下一个心动周期再次发生，即 SAVI 又发生被迫性延长，心房总不应期更加延长，最终导致 PP 间期＜心房总不应期，这时该心动周期中必然要发生不应期内心房感知（Ar），其不能触发 Vp，导致起搏器的房室传导中断，形成文氏阻滞。

（2）CRT 起搏的特殊反应：CRT 起搏器对自身心房率超过上限跟踪频率有着十分特殊的反应（图 7-3-15B），其不表现为起搏器下传的文氏阻滞，而是"根本不下传"，使心室起搏不被触发，使 CRT 心室起搏发生严重抑制（图 7-3-15B）。发生这种特殊反应的根本原因是 CRT 患者自身房室传导常常不存在障碍，使正常感知的心房 P 波（As）既能经自身房室传导系统下传引起 QRS 波（Vs），也能经起搏器下传引起起搏的 QRS 波（Vp）。当患者窦性心率增快发生 PP 间期＜上限频率间期时，感知的心房波在 SAVI 结束时未能如期及时触发心室起搏，因其受到上限频率间期的限制，需要等待该间期结束时才能发放心室起搏。但此时因患者的自身房室传导功能正常，在等待上限频率间期结束的过程中，自身 P 波已顺利下传引起自

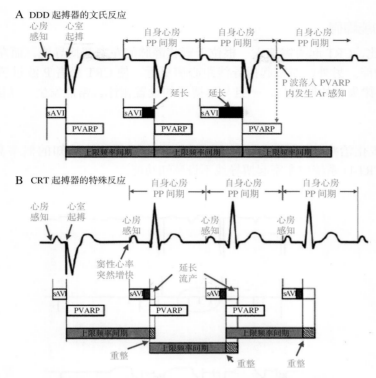

图 7-3-15　DDD 与 CRT 对上限跟踪频率的不同反应

A. DDD 起搏器发生文氏下传；B. CRT 心室起搏发生"模式转换"，使心房后（第 2 个 P 波起）无心室起搏跟随

身 QRS 波，该 QRS 波使上限频率间期提前结束并重整。这一情况反复发生时，则使心房后只有自身 QRS 波跟随，而完全没有心室起搏跟随，如同发生了"起搏模式的转换"：从心房跟随变为心房不跟随。Barold 将这种特殊反应称为"被掩盖的文氏现象"（pre-empted Wenckebach behavior），意指患者的自身房室传导良好，下传的自身 QRS 波抢先出现，掩盖了本应出现的 CRT 文氏传导阻滞，使 CRT 起搏对上限跟踪频率发生"全或无"的特殊反应（图 7-3-15，图 7-3-16）。

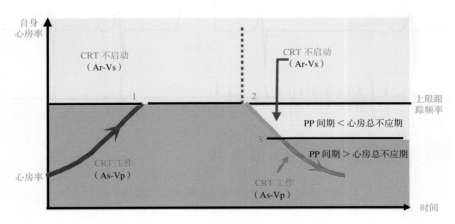

图 7-3-16　CRT 对上限跟踪频率的"特殊"反应

还需对图 7-3-15B 做补充说明，图 7-3-15B 出现第一个 P 波时，其 PP 间期＞上限频率间期，使该 P 波在 SAVI 后触发心室起搏，随后窦性心率突然增快（箭头指示），使 PP 间期＜上限频率间期，才发生上述特殊反应。

需要强调，植入 CRT 的心衰患者容易发生窦性心率增快或窦性心动过速，尤其心功能恶化或活动后。因此，设置 CRT 起搏的上限跟踪频率时宜高不宜低，防止图 7-3-13 情况的发生。专家推荐，CRT 上限跟踪频率的初始设置值常为 140 次 / 分，但设置前应当核实 140 次 / 分的心室起搏不会诱发患者的心肌缺血。

（二）CRT 感知功能障碍

与 DDD 起搏器相比，CRT 起搏需植入一根位于冠状静脉的左室起搏导线，而左室起搏导线的脱位率高，并能影响其感知功能。另外，左室起搏导线距心房更近，使 CRT 患者 P 波过感知的发生率增高。而且，心衰患者伴发的心律失常的概率高，一旦与起搏器的设置相悖，常能发生"功能性"P 波感知不良并影响 CRT 功能。

1. 远场 P 波感知

CRT 或心脏再同步化治疗-除颤器（CRT-D）系统发生远场 P 波感知的概率高（图 7-3-17，图 7-3-18），为避免该问题，CRT-D 系统中左室起搏导线不设感知功能。

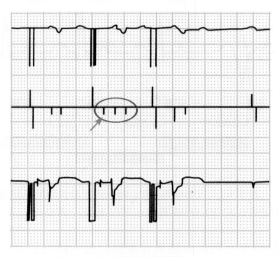

图 7-3-17 远场 P 波感知

本图为心腔内电图，心室标记通道标出的感知结果与同步记录的心室电图不一致，图中蓝圈内有 3 次不应期内心室感知事件（Vr），其中第 2 个为正常的心室感知，第 1 个为远场 P 波过感知（箭头指示）

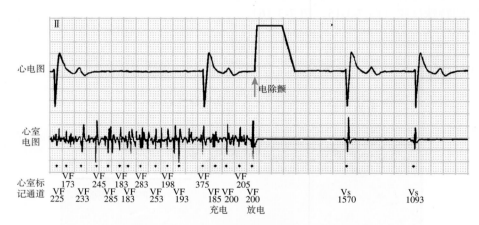

图 7-3-18 远场 P 波感知引发 ICD 误放电

图 7-3-18 显示 1 例 CRT-D 患者发生远场 P 波感知并引发 ICD 误放电。图中心室电图通道可见极快而不齐的心室感知事件，这是患者发生了房颤，快而不齐的心房颤动 f 波被心室起搏导线感知的结果，其不仅抑制了双室起搏脉冲的发放，同时误感知的心室事件已达到 ICD 设置的室颤频率，进而引发 CRT-D 的误除颤治疗。电击后，房颤被意外终止，心房也发生过停搏，心电图出现缓慢的交界区逸搏心律。

发生远场 P 波过感知时存在两个风险：①抑制 CRT 起搏，引发心脏停搏；②发生心室波的双重或多重计数，导致误诊断及 ICD 的误治疗。

因此，应慎重设置 CRT 系统的心室感知灵敏度，避免发生远场 P 波的超感知。

2. P 波功能性感知障碍

P 波感知不良常因心房波振幅过低引起，但也能因自身心律变化，使 PP 间期与起搏器设定的参数不匹配（例如 PVARP 较长）而引起，这能使自身心房 P 波落在不应期内被感知（Ar），Ar 不能触发 CRT 心室起搏，其相当于 P 波功能性感知障碍。

下面结合图 7-3-19 说明这一问题，图 7-3-19 是一位 52 岁男性心衰患者植入 CRT 后的心电图。图 A 显示：患者窦速频率 150 次 / 分伴 PR 间期 260ms，此时 CRT 设置的 PAV 间期 80ms（PA：起搏的心房波），SAV 间期 90ms（SA：感知的心房波）。奇怪的是虽然 SAV 间期（90ms）明显短于自身 PR 间期（260ms），理应在 SAV 间期 90ms 内无自身 QRS 波出现时触发 CRT 心室起搏，但实际情况却非如此，心室起搏一直未出现，将 SAV 间期值程控到更短时也无 CRT 心室起搏跟随。

进一步分析后可知，图 7-3-19A 中 PP 间期 400ms，PR 间期（AVI）260ms，PVARP 设置为 350ms，这意味着心房总不应期（610ms）远远长于 PP 间期（400ms），这使 P 波一定会落在 PVARP 内而发生不应期内感知（Ar），Ar 不能触发心室起搏，使图 7-3-19A 不发生 CRT 心室起搏。为使 PP 间期 > 心房总不应期，可将 PVARP 值程控为更短，当本例 PVARP 下调为 200ms 时（窦性心律的 PP 间期也延长到 500ms），使 PP 间期 > 心房总不应期，随即出现了 CRT 心室起搏（图 7-3-19B）。比较图 7-3-19A、B 两图后，可以肯定处于 B 图时，患者心脏的有效舒张期延长，心功能改善，随后患者窦性心率略降，症状明显缓解。CRT 治疗中发生图 7-3-19 的情况并非少见，其提示 CRT 心衰患者的窦性心率常比较快，使 PP 间期短，故 PVARP 值设置宜短不宜长（多数应 < 250ms），避免出现 PP 间期 < 心房总不应期，避免发生不应期内心房感知，使 CRT 心室起搏受到抑制的发生率大大降低。

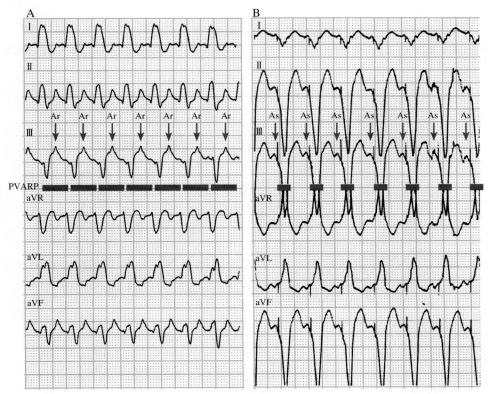

图 7-3-19　PVARP 过长抑制 CRT 起搏

A. CRT 患者窦速伴 PR 间期 260ms（箭头指示），此时起搏器设置的 SAV 间期仅为 90ms，却无 CRT 心室起搏跟随；B. 将 PVARP 从 350ms 降为 200ms 时，CRT 心室起搏启动，患者心衰症状缓解

（三）阳极夺获

起搏器双极起搏时的头端电极称为阴性或负极，而环状电极为回路电极，又称阳极或正极。正常起搏时均为阴极夺获，即阴极发放的起搏脉冲能使周围心肌发生扩布性除极。当起搏脉冲的电压过高时，除阴

极周围的心肌能被夺获外，流经阳极的脉冲电流因强度过高也能使周围的心肌除极，这种情况称为阳极夺获。CRT 起搏时，阳极夺获与单纯阴极起搏时的心电图差别还未引起重视，使 CRT 起搏发生阳极夺获的情况很少被识别。当应用起搏器脉冲发生器的金属外壳充当双极起搏的阳极时，一旦发生阳极夺获将引起胸大肌抽动，形成阳极夺获的显著表现，使阳极夺获的发生易被识别。

CRT-D 系统中，起搏器的金属壳已设置为 ICD 除颤放电的阳极，因而不能再充当左室双极起搏的阳极，此时要想组成复合性左室双极起搏，只能借用右室起搏导线的环状电极充当左室双极起搏的阳极。当左室起搏阈值增高时，阳极夺获容易发生。

发生左室起搏阳极夺获时，原来设置的 VV 间期不变，这使 CRT 左室起搏阳极夺获的心电图与双室起搏相似，但与单纯的左室或右室起搏心电图尚有差别。

CRT 阳极夺获的本质是另一种形式的双室起搏，常在左室起搏阈值测定时发现：即较高电压的左室起搏能发生阳极夺获，形成双室起搏心电图，起搏电压下降后，阳极夺获变为单纯左室起搏，并出现心电图的明显改变，原来的阳极夺获才被回顾性识别（图 7-3-20）。

CRT 左室起搏伴阳极夺获的发生率不低，其心电图与单纯左室起搏心电图也有明显不同，成为需要及时记录和保存的另一种模板心电图，高度重视这一问题能避免发生某些误导（图 7-3-21）。

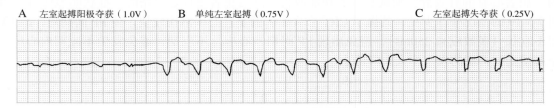

图 7-3-20　左室起搏阳极夺获心电图

图为测试左室起搏阈值时，起搏电压逐渐下降时的心电图记录。A. 起搏电压 1.0V 时发生阳极夺获，形成双室起搏心电图；B. 起搏电压下降时（0.75V），变为左室阴极起搏心电图；C. 起搏电压进一步下降时发生失夺获

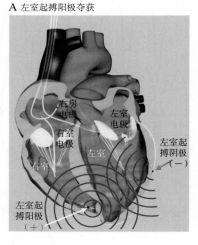
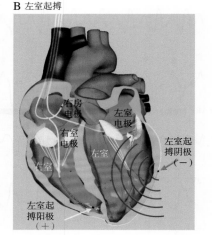
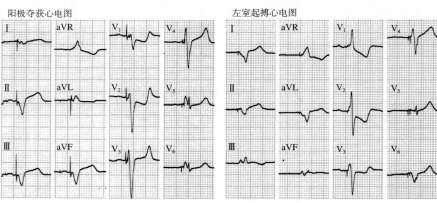

图 7-3-21　左室起搏阳极夺获是另一种形式的双室起搏

（四）起搏延迟夺获

如上所述，CRT 起搏的 QRS 波几乎都是室性融合波，当 QRS 波形态发生细微变化时，在多种可能的引发原因中，起搏延迟夺获为其中之一（图 7-3-22）。

起搏延迟夺获（capture latency）是指心室发出的起搏脉冲，从发放到真正夺获心室之间存在时间上的延长，使该部位的起搏对心室除极作用减弱。

延迟夺获常发生在扩张型心肌病伴心衰的患者，虽然心肌病的基础病因可能不同，但各种病理改变都能使局部心肌发生严重纤维化，形成大小不等的瘢痕组织、一定面积的心肌坏死等，这些病理改变将引起局部心肌的电传导障碍，QRS 波增宽等。当 CRT 左室起搏导线植入在这些部位或邻近部位时，将发生局部的递减性或缓慢性传导，使起搏脉冲有效夺获心室肌的时间推迟。

对照有效的左室、右室和双室起搏时的模板心电图，当双室起搏心电图与单纯右室起搏心电图类似时，提示左室起搏未起到真正有效作用，此时左室起搏位点的局部心肌存在严重传导延迟的情况不能除外。起搏延迟夺获常发生在较高起搏频率时，当怀疑患者存在这一情况时，应进行左室高频起搏的测试。

多数情况下，双室再同步化起搏可使 QRS 波时限变短，使双室机械活动更趋同步化而改善心功能，但起搏延迟夺获现象可使双室同步起搏的作用减弱，甚至变为单纯右室起搏而显著影响 CRT 疗效，一旦发生应及时纠正。植入术中发现这一情况时，应及时更换左室起搏导线的位置，若术后才发现这一问题，可通过调整和设置新的 VV 间期而纠正。当然，诊断起搏延迟夺获时，需要排除其他相关情况。

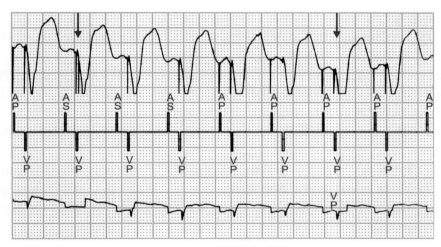

图 7-3-22 起搏延迟夺获
图中 QRS 波形态的细微变化（箭头指示）是间歇性起搏延迟所致

（五）CRT 相关的心律失常

CRT 治疗心衰用于临床后，国内外屡有左室起搏相关心律失常的报道，已引起临床重视。

CRT 相关的心律失常是指无明显诱因（电解质紊乱、心衰加重、情绪突然变化等）的情况下，仅仅双室起搏或左室心外膜起搏引发了新的 R on T 室早、反复的多形性室速或尖端扭转型室速（Tdp），而将起搏方式变成单纯右室心内膜起搏后，该心律失常消失。

CRT 相关心律失常的发生率尚无大病例组的系统观察和统计，最早 2003 年 Medina-Ravell 报告的 29 例 CRT 患者中，有 4 例发生。而 Nayak 在 191 例 CRT 患者中发现 8 例有反复发生的室速。

CRT 起搏引起的心电异常可表现为 QT 间期延长，Medina-Ravell 曾报告 1 例患者左室心外膜起搏使 QT 间期从 485ms 延长为 580ms，并引发了 R on T 室早及 Tdp（图 7-3-23）。除引起 QT 间期延长外，CRT 相关的心律失常还包括频发室早、R on T 室早、连发室早、Tdp、短阵室速，甚至室颤等。

广义的左室起搏相关的心律失常还包括左室起搏导线植入术中发生的心律失常，这与手术操作、疼痛刺激、患者紧张、心功能恶化等有关。而狭义的左室起搏相关的心律失常特指左室心外膜起搏时相关的心律失常，其发生常与三个因素相关。

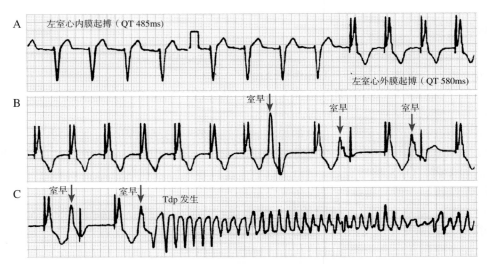

图 7-3-23　左室心外膜起搏引起 QT 间期延长及 Tdp

（1）心室肌复极顺序的改变：正常心室肌的心内膜最早除极，心外膜最后除极，但晚除极的心外膜却最先复极。而 CRT 的左室起搏部位为心外膜，这使心室肌的除极和复极顺序发生颠覆性改变，必将引起复极顺序紊乱。

（2）心室肌复极时间的改变：研究表明，心外膜与深层心肌之间存在阻抗屏障，使心外膜激动向中层 M 细胞的传导时间比心内膜激动向中层 M 细胞传导的时间长。因此，心外膜起搏必将导致除极及复极时间的延长，表现为 QT 间期延长等。

（3）跨室壁复极离散度（TDR）增加：上述心外膜起搏引起心室肌复极时间及顺序的改变能增加不同层心室肌之间电的异质性，导致各层心肌复极的离散度增加，而心电图的 Tp-Te 间期可以代表跨室壁复极离散度，资料表明，心外膜起搏可使 Tp-Te 间期明显增加（图 7-3-24）。

诊断左室起搏相关的心律失常相对容易：① CRT 治疗时发生，单纯右室起搏时不发生；②排除引发心律失常的其他原因。

左室起搏相关心律失常的治疗包括：①药物：胺碘酮及利多卡因等药物对部分病例有效，但容易复发；②射频消融：左室起搏相关的室速可经射频消融术治疗，消融有效后再行左室起搏时，相关室速不再发生；③关闭左室起搏：当药物及非药物治疗的疗效不佳，且室速顽固存在时，需停止左室起搏；④将 CRT 改为 CRT-D：为减少 CRT 左室起搏给心衰患者可能带来的不良影响和危害，部分病例需将 CRT 升级为 CRT-D。

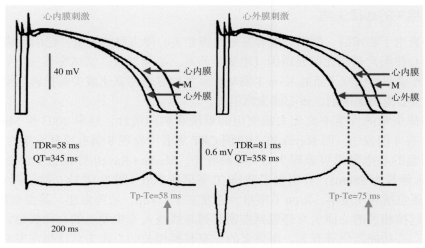

图 7-3-24　心外膜刺激使跨室壁复极离散度增加

四、CRT 随访心电图

CRT 患者的术后随访要比普通起搏器患者的随访更重要、更复杂、次数更多。随访时，首先要判断 CRT 起搏功能是否正常，主要判断左室起搏的有效性。

（一）Ⅰ导联快速判断法

肢体Ⅰ导联轴水平性从左（负极）到右（正极），图 7-3-25 显示了三种起搏心律时心室除极的主导向量在Ⅰ导联轴上投影的不同特征。

右室起搏时心室除极向量从下指向上，与Ⅰ导联轴几乎垂直，因而在Ⅰ导联将形成正向波或正负双向波，少数呈等电位线波（略朝上或朝下）。单纯左室起搏的心室除极从左指向右，在Ⅰ导联轴形成明显的负向 S 波。CRT 双室起搏的心室除极向量从下指向上、右，在Ⅰ导联轴形成负向波或等电位线（图 7-3-25）。CRT 患者随访时，判断Ⅰ导联模板心电图有无变化则能迅速判断 CRT 起搏是否正常。

从图 7-3-25 看出，右室起搏、双室起搏、左室起搏在Ⅰ导联轴上的投影各具特色，双室起搏恰好位于左、右室起搏的中间，即右室起搏比双室起搏有更高的 R 波，左室起搏比双室起搏有更深的 S 波。当Ⅰ导联心电图从负向 S 波变为正向 R 波时，提示左室起搏发生障碍，原来的双室起搏已变为单纯的右室起搏（图 7-3-25A）。同样，Ⅰ导联起搏心电图的 S 波变得更深、更宽时，提示右室起搏发生障碍，原来有效的双室起搏已变为单纯的左室起搏（图 7-3-25B）。

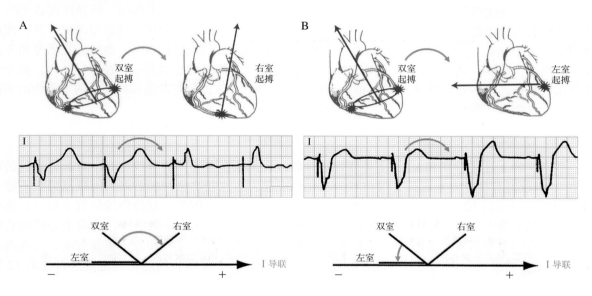

图 7-3-25　经Ⅰ导联快速判断法评价 CRT 起搏是否正常

（二）V₁～Ⅰ导联快速诊断流程

CRT 患者随访时，V_1～Ⅰ导联快速诊断流程是准确判断 CRT 起搏是否正常的另一种行之有效的快速诊断法。V_1～Ⅰ导联快速诊断流程主要观察 V_1 和Ⅰ导联 R 波与 S 波的比值，具体流程见图 7-3-26。

该诊断流程的依据是左室起搏时心室主导除极向量面对 V_1 导联，尽管双室起搏时 V_1 导联的 QRS 波很少见到典型的右束支传导阻滞图形，但 QRS 波存在 R/S ≥ 1 时，提示左室起搏正常。

当 V_1 导联 QRS 波以负向波为主时，需进一步分析额面Ⅰ导联的 QRS 波，因左室起搏成分存在时，其心室除极方向将背离Ⅰ导联，故Ⅰ导联的 QRS 波存在 R/S ≤ 1。

图 7-3-27 解释了这一诊断流程的机制，当在类似 V_6 导联部位进行左室起搏时，其除极方向将从左后指向右前，在水平面将面对 V_1 导联，使 V_1 导联形成大 R 波，相对小的除极向量背离 V_1 导联而形成小 S 波，结果 V_1 导联的 R/S 比值 ≥ 1，提示左室起搏成分的存在。如 V_1 导联的 R/S 比值 <1 时，需进一步分析额面Ⅰ导联的 QRS 波形态。如图 7-3-27 显示，左室起搏成分存在时，心室除极的总趋势在额面表现为

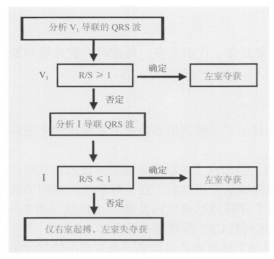

图 7-3-26 V₁～Ⅰ导联快速诊断流程

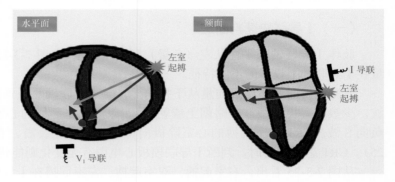

图 7-3-27 V₁～Ⅰ导联快速诊断流程的机制

背离Ⅰ导联，该向量分解出的水平向量在Ⅰ导联形成 S 波，另一个分向量面对Ⅰ导联而形成 R 波，使 R/S 比值≤ 1。结果相反时，则提示左室起搏无效，仅存在右室起搏（图 7-3-26）。

V₁～Ⅰ导联快速诊断流程对于检测 CRT 左室起搏是否存在的敏感性高达 94%，特异性高达 93%。而针对不同左室起搏位点的检测结果表明，当左室起搏导线植入在冠状静脉对角支（左室前壁）时，该流程的正确识别率为 100%，左室起搏导线植入在心中静脉时的正确识别率也为 100%，而植入在后壁和左侧缘支的正确检出率为 90%，此时检测正确率相对低的原因是后壁、侧壁的心肌部分存在传导延迟，使左室起搏的作用相对减弱。但不管 CRT 起搏导线植入在哪支冠状静脉，该流程对左室起搏夺获的正确检出率都高于 90%，充分说明该诊断流程的敏感性高、特异性强。

（三）经 12 导联心电图的随访

应当强调，经上述Ⅰ导联和 V₁～Ⅰ导联快速诊断流程判断左室起搏的有效性时，对部分病例仍可能存在困难 ，多数因右室或左室起搏导线位置的变化而引起。当这些快速判断法遇到困难或判断不能完全肯定时，则要通过前后 12 导联心电图的精细比较与分析才能确定。因为，起搏导线位置不同时，能引起起搏心电图的特征发生变化，而这些特征在不同导联有不同表现，这使凭借单导联或两个导联的心电图进行判断时，有时存在困难，这时前次与本次 12 导联心电图逐导联的比较和分析更显重要，这也再次提醒 CRT 每次随访后模板心电图记录与保存的重要性。另外，CRT 复杂病例随访时也需进行前后 12 导联心电图的详细比较。

图 7-3-28 为 1 例典型病例，该患者男、55 岁，心悸气短 2 年，近 5 个月下肢水肿、不能平卧而住院。心电图为窦性心律伴完全性左束支传导阻滞，QRS 波时限 180ms（图 7-3-28A）。超声心动图示：左室舒张末期内径 76mm，LVEF 值 26%，诊断为扩张型心肌病伴心衰而行药物及 CRT 治疗。

CRT 植入后的模板心电图显示：①右室起搏心电图（图 7-3-28B）为典型的右室心尖部起搏心电图，心电图存在类左束支传导阻滞图形，Ⅰ、aVL 导联为直立 R 波，下壁Ⅱ、Ⅲ、aVF 导联为负向波；②左室起搏心电图（图 7-3-28C）：Ⅰ、aVL 导联负向 S 波，V₁、V₂ 导联为 rS 波，但 V₁ 导联的 r 波时限增宽到 60ms；③双室起搏心电图（图 7-3-28D）：QRS 波时限明显缩窄为 140ms，该时限短于单纯的左室或右室起搏，QRS 波的形态也介于两者之间。

该患者 CRT 术后心衰症状明显改善，但在 1.5 年随访时又诉活动后心悸、气短、双下肢水肿等症状，经 ARB、强心、利尿等抗心衰药物治疗后症状不缓解，随访心电图见图 7-3-29A。与图 7-3-28 比较后发现，图 7-3-29A 存在下列改变：①心电图已变为单纯右室起搏心电图；② QRS 波时限增宽到 200ms。随访中将左室起搏电压从 3.0V 升高到 5.0V 时（脉宽仍为 0.4ms），起搏的 QRS 波时限再次缩窄为 140ms（图 7-3-29B）。本例随访时经过 12 导联心电图的对照分析，又经相关参数的重新程控，使其恢复了双室再同步化起搏，患者心衰症状得到明显缓解（图 7-3-29B）。

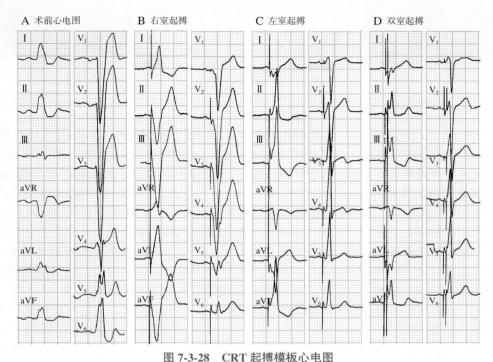

图 7-3-28 CRT 起搏模板心电图

A.窦性心律心电图；B.右室起搏心电图；C.左室起搏心电图；D.双室起搏心电图

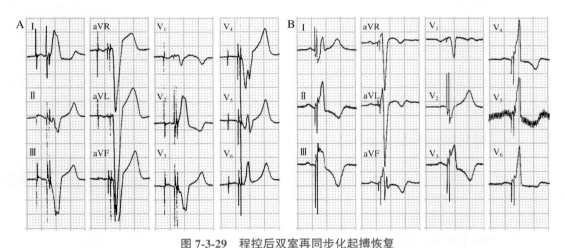

图 7-3-29 程控后双室再同步化起搏恢复

本图患者与图 7-3-28 为同一患者。A.心电图变为单纯右室起搏心电图；B.程控后恢复了双室再同步化起搏

五、结束语

CRT 心电图是一个涉及多种起搏理论及影响因素的心电图新领域，其充满了形态不一的心室除极波、室性融合波等。而 CRT 作为一种新型起搏技术和新型起搏器，已成为心脏起搏领域的一项最前沿技术。因 CRT 技术还处在新技术的迅速发展期，使其不断暴露的新问题正在逐一被解决，新的功能还在不断涌现，这些将使原本已具挑战性的 CRT 心电图更加扑朔迷离，令人感到奥秘无穷。业精于勤，只要坚持不断地深入学习，加深对机制的理解，抓住和总结内在的规律，CRT 心电图一定能被很好地掌握和熟练应用。

第四章

ICD 无痛性治疗

以 ICD 的治疗功能而论，第一代 ICD 的治疗仅有高能量的电击除颤，第二代的 ICD 增加了感知功能，对发生的室性心动过速（室速）能进行同步性低能量或高能量的电转复治疗，直到第三代 ICD，才增设了室速的抗心动过速起搏与一般性抗心动过缓起搏两项功能。换言之，抗心动过速起搏 (antitachycardia pacing，ATP) 终止室速的无痛性治疗技术在第三代 ICD 中才出现。因此，最初的 ICD 是以高能量电击终止室颤或室速为主要治疗方式，因所用能量高，致痛性强，因而属于 ICD 的有痛性治疗时代。

这一时期的 ICD 能够有效地诊断和终止患者的室颤和室速，预防和降低猝死高危者的猝死，但取得这一疗效的同时，也使 ICD 患者焦虑或抑郁症的发生率高达 25%～85%，而有明显症状者约为 15%～40%。这意味着在 ICD 十分有效预防猝死的同时，也大大损害了患者另一方面的健康，明显降低这些患者的生活质量。为使 ICD 能在临床更好地发展及更广泛应用，必须彻底解决这一问题。

科学技术的发展一刻也不会停息，PainFREE Rx II 的研究结果面世了，这是全世界第一个前瞻性、随机的关于 ATP 终止快室速的研究。该结果表明：ATP 终止快室速的有效率为 82%，降低了 ICD 电击率的70%，同时室速加速的发生率仅 1.2%。这一激动人心的结果表明，ATP 治疗能有效地替代 ICD 原来的大部分电击治疗，标志着 ICD 有痛性治疗时代即将结束，ICD 无痛性治疗的时代开始了。

近年来，ICD 在临床的应用愈加广泛，临床医生为更好地应用 ICD 技术为患者服务，深入了解和掌握无痛性 ATP 治疗十分重要，也十分迫切。

一、定义

ICD 的无痛性治疗又称 ATP 治疗，其通过 ICD 发放抗心动过速的快速起搏，即发放比心动过速心率更快的短阵快速起搏终止室速（包括快室速）的方法，是现代 ICD 终止室速的最重要治疗方法。

二、抗心动过速起搏治疗的基本程序与分类

抗心动过速的快速起搏方式有多种，并在不同的 ICD 中名称各不相同，但分析后可知，其最基本的方式有 4 种，各自的名称及特点如下。

1. 猝发式抗心动过速起搏治疗

猝发式 ATP（burst pacing，简称 Burst）治疗是 ATP 终止技术中应用最普遍的程序。

（1）快速起搏的性质：ATP 的快速起搏属于无感知功能的固定频率 VOO 起搏。

（2）每阵起搏脉冲的数目：每阵快速起搏包含的脉冲数目 2～20 个，常用 4～12 个。

（3）每阵起搏间期的特点：起搏间期常为一个相对值，经程控后确定，例如该值可程控为心动过速周期值的 86%，也可以和该阵的联律间期（见下）相同，起搏间期值在猝发式 ATP 治疗的每阵起搏中固定不变。

（4）ATP 每级治疗发放的阵数：常连续发放 3～10 阵，多数为 3～5 阵。

（5）联律间期：联律间期（coupling interval）是指每阵快速起搏时第一个起搏脉冲与心动过速最后一次心搏之间的间期，该间期可固定为一个绝对数值：即在可程控的范围 120～750 ms 中选定，也可能是一个相对匹配值，程控为已发室速间期值的百分率，常程控为 79%～90%。

（6）起搏最短的间期值：为减少 ATP 治疗引起室速的恶化，常限定起搏脉冲的最短间期值，一般不低于 200ms（图 7-4-1）。

猝发式 ATP 治疗的特征可简单归纳为：阵内、阵间两不变。

2. 扫描式抗心动过速起搏治疗

当一阵或多阵猝发式 ATP 起搏（burst pacing）不能终止室速时，过多的重复发放非但无效，反而浪费时间，延误室速治疗的机会，此时可改用扫描式 ATP 治疗（scanning burst pacing，简称 Scan），其特点如下：①第一阵 ATP 起搏与上述猝发式完全相同，例如快速的起搏间期可设定为心动过速间期的 90%；②随后各阵的快速起搏间期值可递减 10ms（可程控的递减值 5 ～ 20ms）；③其他参数，包括每阵中起搏脉冲的数目、共发放多少阵等设置的原则均与上同，最短的起搏间期不能低于 200ms（图 7-4-2）。

扫描式 ATP 治疗的特征可简单归纳为：阵内不变，阵间递减。

3. 递减式起搏间期抗心动过速起搏治疗

递减式起搏间期 ATP 治疗（ramp pacing，简称 Ramp）在其他文章里称为起搏频率递增式 ATP 治疗，是比扫描式 ATP 更强的一种治疗方法，其特征为：阵内递减，阵间不变。即第一个起搏间期设定后（例如室速周期的 86%），随后第二个起搏间期可递减 25ms（5 ～ 35ms），以此类推，而最短的起搏间期仍不能 <200ms，相同的 ATP 治疗可以发放一阵，也可以反复发放多阵（图 7-4-3）。

4. 复合式抗心动过速起搏治疗

复合式 ATP 治疗（Ramp + Scan）是 ATP 治疗中最强的治疗方式，其将递减式与扫描式两种类型的 ATP 治疗结合到一起，起搏间期的特征为阵内、阵间两递减。例如，阵内的起搏间期递减 25ms，每阵之间起搏间期递减 10ms（图 7-4-4）。

以上简述了 ATP 治疗的 4 种类型，多数情况下，ATP 起搏为非同步，即 VOO 方式，但少数 ICD 中 ATP 的治疗为 VVI 方式。但应当注意室速 T 波的振幅较高，心室感知系统发生 T 波的过度感知而对室速

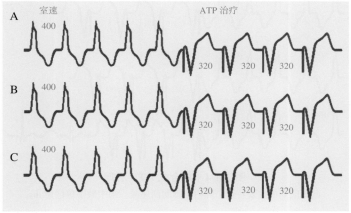

图 7-4-1　猝发式 ATP 治疗

起搏间期的主要特征：阵内、阵间两不变。图中数字单位为 ms

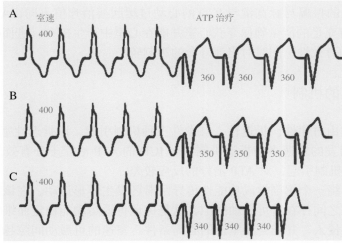

图 7-4-2　扫描式 ATP 治疗

起搏间期的主要特征：阵内不变，阵间递减。图中数字单位为 ms

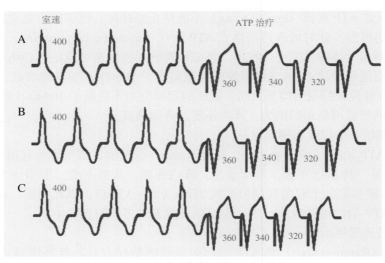

图 7-4-3 递减式起搏间期 ATP 治疗
起搏间期的主要特征：阵内递减，阵间不变。图中数字单位为 ms

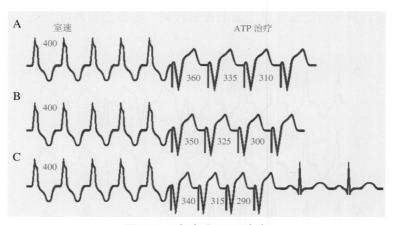

图 7-4-4 复合式 ATP 治疗
起搏间期的主要特征：阵内、阵间两递减。图中数字单位为 ms

发生双倍计数时，与室速心率成一定比例关系的 ATP 起搏频率也可能过快而造成不安全性。除上述 4 种基本 ATP 治疗方式外，有的 ICD 在每阵 ATP 治疗时起搏脉冲的数目还能递增，但这种 ATP 治疗十分少见。

此外，ATP 起搏脉冲的振幅与脉宽常与 ICD 的心动过缓起搏治疗值不同，ATP 起搏脉冲的强度更强，这是为保证 ATP 起搏要有充足的能量确保夺获心室并能在心室中产生扩布，进而能侵入室速折返环的可激动间隙，提高 ATP 治疗的有效性，同时对电池寿命的影响较小。

三、ATP 终止室速的机制

临床遇到的室速多数由自律性、折返性、触发性三种机制引起，以折返性室速的 ATP 治疗最为有效。冠心病患者因心肌缺血引发的室速多为折返机制，对 ICD 的 ATP 治疗十分有效。而非缺血性扩张型心肌病患者的室速多数由触发机制引起，对 ATP 治疗的反应较差。

室速的折返环路常围绕一个解剖或功能性传导阻滞区发生环形运动。在该折返环路中，不停做前向运动的折返波波锋与波尾之间存在着可激动间隙，这是保证折返运动能稳定而维持存在的必需条件，也是 ATP 治疗时起搏脉冲能够侵入，并能终止室速的必需条件。室速的可激动间隙越宽则越稳定，ATP 也越容易终止之，可激动间隙越窄则相反。

对于发作中的室速，ATP 治疗的结果存在终止、无效及恶化三种情况，不同的结果机制也不同。图

7-4-5 显示了这三种不同结果的发生机制。

ATP 无效时，常是发放的起搏脉冲因各种原因未能进入折返性室速的可激动间隙（图 7-4-6A）。而能终止室速的起搏脉冲常能侵入可激动间隙并有效夺获局部的心室肌，随后，激动沿折返的两个方向扩布。与折返方向呈逆向扩布的激动将与折返波的波锋相遇，发生碰撞而终止室速，而与折返方向呈顺向扩布的激动将与折返波的波尾发生"追尾"，结果原来的室速被终止，又未引起新的室速，最终的净效应是室速被终止（图 7-4-6B）。而发生室速重整的情况是 ATP 的起搏脉冲侵入可激动间隙并夺获心室后，与折返方向逆行的扩布激动与波锋发生碰撞，而与折返方向顺向的扩布激动始终未能发生"追尾"，因而又引起了一次新的折返性室速，这一现象的本质是室速发生了重整，使起搏脉冲未能有效终止室速，也表现为 ATP 治疗室速无效。

因此，ICD 发放 ATP 治疗，室速无效时，包含了无效与拖带（重整）两种情况。需要认真鉴别，确实无效时，发放再多阵的 ATP 治疗也将无效，而前几阵无效，但在后几阵 ATP 治疗变为有效时，实际情况是室速能被拖带而伪似无效。因此，ATP 治疗的阵数越多，治疗的强度就越高，起搏脉冲的间期可能越短，最

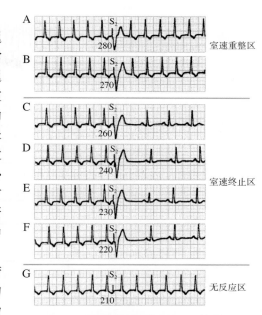

图 7-4-5 室速对单次心室刺激的反应

室速对联律间期不同的单次心室刺激的反应：①无反应（G）；②室速终止（C～F）；③室速重整（A、B）。图中数字单位为 ms

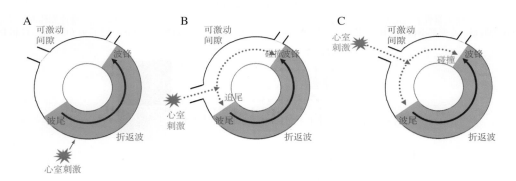

图 7-4-6 室速对心室刺激不同反应的机制

A. 无反应：心室刺激未进入可激动间隙；B. 终止：心室刺激进入可激动间隙，并发生碰撞与追尾的双向反应；C. 重整：进入可激动间隙的心室刺激只发生碰撞而不发生追尾，进而引起室速重整

终可使 ATP 起搏脉冲跨过室速的拖带区而进入室速的终止区，这一点十分重要。应当说明，图 7-4-6C 所示的情况只是一次心室刺激，其作用结果为室速的重整，当给予多次连续的快速起搏而发生反复室速被重整的现象称为室速的拖带。换言之，由多个起搏脉冲组成的一阵 ATP 治疗可以拖带室速，起搏停止后，室速可以从被拖带时的较快频率再回落到拖带前室速的频率。因此，分析 ATP 治疗结果时，仔细分析腔内电图十分重要，这也是 ATP 治疗时需要设置 3～5 阵，甚至 5～7 阵快速起搏的原因（图 7-4-7，图 7-4-8）。

而 ATP 将室速加速或恶化为室颤的机制，则是进入了可激动间隙的起搏脉冲沿折返环顺向扩布时，追尾了前一次室速折返波的波尾，并落入了其易损期，引起了室速的恶化。

四、抗心动过速起搏治疗终止室速的有效性

ATP 终止室速的有效率，不同的文献，有较大的差异，这与 ATP 治疗参数的选择、所选择的室速患者病因不同等有关，但总体有效率为 70%～90%，无效率为 3%～8%，恶化率为 1%～6%。

ICD 临床应用的早期，ATP 终止室速多数限于慢室速的治疗。所谓慢室速是指室速周期 >320ms 者，

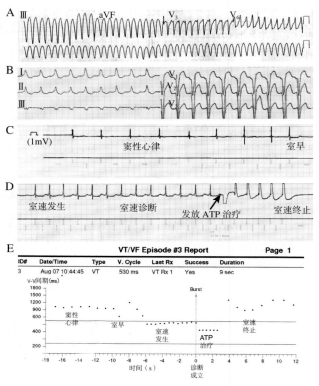

图 7-4-7　室速发作 9s 被 ATP 有效终止

患者男性，34 岁，患致心律失常性右室心肌病，两次射频消融治疗室速无效，服用胺碘酮后仍有室速发作，室速发作时心率高达 279 次 / 分（A）；不同次室速的形态、心率都不相同（B）；ICD 植入后，室速再次发作，从诊断到 ATP 治疗终止只用了 9s（C ～ E，C 和 D 为连续记录）

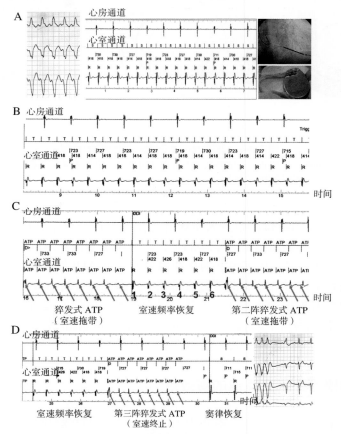

图 7-4-8　ICD 发放的第三阵 ATP 治疗终止室速

患者男性，77 岁，冠心病心衰伴阵发性室速（A、B），室速发生后猝发式 ATP 治疗的起搏间期为室速周期的 85%，第一阵及第二阵 ATP 治疗时，发生了室速的拖带现象（C、D），ATP 起搏脉冲终止后，室速心率再次回降到原室速的心率，第三阵 ATP 治疗后室速被终止（D），从 A ～ D 的计时器可以看出，从室速发作到第三阵猝发式 ATP 治疗终止共用 30s

即心率<190次/分的室速。ATP治疗慢室速的成功率高（图7-4-7），治疗时室速的恶化率低，而心率>190次/分的快室速多数被归为ICD设定的室颤范畴内。这一时期ATP治疗室速疗效最具代表性的是Catazariti的研究结果。Catazariti于1995年报告了一个大病例组ATP治疗室速的结果，该研究入组了1040例ICD患者，随访的42个月中全组发生自发性室速17115例次，其中ATP治疗有效终止了16112例次的室速，有效率为94%，769例次治疗失败，无效率为5%，而有234例次因ATP治疗将室速加速为快室速或室颤，需要给予高能量的电击治疗，该组中室速经ATP治疗的恶化率为1%。

随着ICD临床应用的逐渐增多与普及，具有挑战性的问题暴露得也越来越多。首先是ICD患者发生精神障碍（焦虑、抑郁）的比例直线上升，即ICD患者受到高能量电击治疗后可出现程度不同的精神抑郁，严重者有自杀行为或成功自杀。最初ICD患者精神障碍的发生率仅为30%，以后随着对这一问题认识的加深和ICD病例数的增多，其发生率上升到50%，甚至到90%，其严重影响着ICD患者的健康与生活质量，引起这种不良后果的直接原因就是ICD的有痛性治疗，其高电压、高能量的电击给患者遗留下痛苦的记忆和精神上的恶性刺激。为解决这一问题，必须最大限度地减少有痛性的电击治疗，最大限度地应用无痛性的ATP治疗。

除此，早期ICD使用时，其设定的室颤心率范围内，绝大多数是混杂其中的快室速，而患者发生快室速时，意识仍可正常或稍有减弱，这时给予高能量的电击则会留下不良甚至恶性记忆，这些人在快室速时实际有机会进行无痛性ATP治疗。流行病学的资料表明，在快速性室性心律失常中，仅有3%～10%的比例属于需要直接电击治疗的原发性室颤，而>90%者为室速，可以尝试ATP治疗。但这一理念需要循证医学的验证与支持，PainFREE Rx的研究应运而生。该研究的目的是验证ATP能安全有效地终止快室速（室速间期240～320ms，室速心率为190～250次/分），可降低ICD的电击次数，减轻患者痛苦。PainFREE Rx Ⅰ的研究共入组220例冠心病植入ICD患者，其快室速的定义为室速心率>190次/分而低于250次/分，又能满足12/16（即连续16个RR间期中，12个RR间期达到快室速标准）的诊断标准，诊断成立后给予非随机的经验性ATP治疗，治疗时连续发放8次猝发式ATP起搏，起搏频率为快室速周期的88%。研究结果表明，ATP终止快室速的有效率为89%，治疗中室速的恶化率为4%。随后开始的PainFREE Rx Ⅱ的研究是第一个大规模、随机比较室速的ATP及电击治疗效果的临床研究，入组637例ICD患者随机进入室速电击治疗组或ATP治疗组。快室速的定义仍为室速心率190～250次/分，同时满足18/24（即连续24个RR间期中，18个RR间期达到快室速标准）的诊断条件，ATP快速起搏率为室速周期的88%。该研究结果显示ATP治疗的成功率为82%，与电击治疗组相比电击率降低了71%，ATP治疗中室速加速的发生率仅为1.2%，无1例发生晕厥。因此，PainFREE Rx Ⅱ的研究结果证明：快室速的ATP治疗有效率高达82%，使ICD电击率下降70%，同时不增加室速的恶化危险。PainFREE Rx Ⅱ的研究使ICD进入了ATP无痛性治疗时代。

新的治疗理念使目前ICD室颤的设置心率从过去的>200次/分变为>250次/分的范围，即心率150～190次/分时为一般性室速，190～250次/分时为快室速，而室速心率>250次/分时才属于需要高能电击治疗的室颤。进而又将快室速编入室颤区，两者重叠在室颤区的优势是先将快室速诊断为室颤，再鉴别出快室速并先给予无痛性治疗，结果能够确保ICD不遗漏室颤的诊断，又能给予不同的治疗（图7-4-9）。

为提高ATP无痛性治疗室速的有效率，而又不延误室速恶化时的电击治疗时间，近年来ICD技术又采用了优化电池，优化电池可将启动电击治疗后的充电时间缩短（从7～11s缩短为5.9s），这种新技术的应用确保了ATP无痛性治疗的安全性（图7-4-10）。

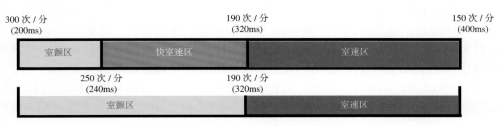

图7-4-9　ICD设置的室速与室颤区
快室速区混杂在室颤区，进入该区后先被诊断为室颤，再进一步经鉴别诊断而确诊为快室速

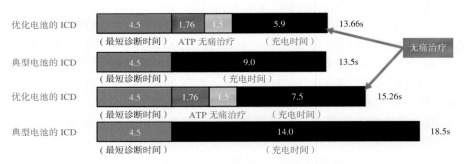

图 7-4-10　优化电池能减少电击除颤的充电时间

五、抗心动过速起搏治疗的优越性及影响因素

当今，ICD 治疗已进入无痛性治疗的时代，换言之，ATP 治疗终止慢、快室速的有效性及优越性已得到公认。

无痛性 ATP 终止室速的优越性如下：

1. 减少患者的痛苦

与 ICD 的高能电击转复与除颤治疗技术相比，ATP 治疗应用的能量低，患者能很好耐受而无不适症状。

一般认为，ICD 低能量转复心律的治疗，应用能量 <0.5J，而中等能量心律转复时的能量范围为 0.5～10J。当电击脉冲的能量 0.03～0.5J 时，多数患者已不能忍受，能量 0.5～1.0J 时，患者则要求镇静，当 >2.0J 时，多数患者主诉十分痛苦。相反，ATP 治疗的起搏脉冲能量极低，电压也低，属于无痛性治疗。

2. 显著减少电击次数，不增加患者的危险性

如上所述，ATP 治疗室速的随机研究结果显示，与对照组相比，ATP 治疗可减少 ICD 患者 70% 的电击治疗，而实施治疗时室速的恶化率仅为 1.2%，说明这种无痛性治疗并不增加患者的危险性，却大大提高了 ICD 治疗的有效性和优越性，提高了患者对治疗的依从性，减少了 ICD 治疗中不良现象的发生。

3. 节省能量，延长 ICD 寿命

ATP 治疗几乎不损耗 ICD 电池的能量，更多的 ATP 治疗替代电击治疗时，将大大减少电击的次数和耗费的电能，明显延长 ICD 的寿命，这是 ICD 患者的又一福音。

应当了解，有多种因素能影响 ATP 治疗的成功率。

（1）与室速相关的影响因素：①频率：室速的频率是影响 ATP 治疗结果的重要影响因素，室速越慢成功率越高，反之亦然；②室速的发生机制：折返性室速的 ATP 治疗成功率高，触发性室速的成功率低，自律性室速的成功率更低；③可激动间隙的宽窄：室速的折返环路中可激动间隙越宽者，ATP 有效终止室速的概率越高；④折返环的部位：折返环越靠近心室电极导线部位，ATP 终止的概率越高，反之亦然。

（2）与 ATP 起搏相关的影响因素：① Burst 起搏的配对间期越短终止的概率越高；②每阵 Burst 起搏的脉冲数量越多终止的概率越高；③起搏脉冲的频率越快终止的概率越高；④起搏部位与室速折返环的距离越近终止率越高。

（3）室速患者的临床因素：①基础心脏病的病因：冠心病患者的室速多为折返性，ATP 治疗的成功率高，而原发性扩心病患者的室速多为触发性，ATP 治疗的成功率低；② ICD 治疗的性质：临床将 ICD 治疗分成猝死的一级预防和二级预防两种，Miracle ICD 的研究结果表明，一级预防患者的室速和室颤的发生率相对低，但室颤所占比例却高于二级预防者，另一特点是一级预防时 ICD 诊断的错误率相对高，误诊时 ICD 发放 ATP 治疗的有效率低，因此，对于一级预防的 ICD 患者应当选择更多的 ATP 治疗；③ ICD 患者的 EF 值：PainFREE Rx Ⅱ 的研究表明，ATP 治疗快室速成功率最强的预测因素为 EF 值，患者 EF 值 <30% 时，其伴发的室速经 ATP 治疗的有效率为 52%，而 EF 值 >30% 患者的室速，ATP 治疗的有效率为 72%（$P = 0.01$）。

而其他的临床因素，包括性别、年龄、心肌梗死史、心功能分级等均与 ATP 终止室速的成功率无关。

六、ATP 治疗恶化室速以及不适宜 ATP 治疗的室速

任何治疗都是双刃剑，都可能有双重的治疗结果。无痛性 ATP 治疗室速时也有同样情况，多数室速可经 ATP 治疗终止，但 1% ~ 6% 的室速在 ATP 治疗时能被加速或蜕化为室颤，需要紧急的电击治疗。

ATP 治疗使室速恶化的机制是其起搏脉冲为固律而不具有感知功能，其起搏心室的除极波有可能落在前次心室激动后的易损期而诱发室颤，或落入能诱发更快室速的窗口而恶化室速。但因 ICD 本身具有及时、高能量的电击终止室速和室颤的治疗功能，而且 ATP 治疗时，室颤区的计数器仍在工作，仍在检测着患者的心室率，一旦达到室颤的诊断标准，ICD 将给予及时的诊断和有效的电击治疗。因此，考虑 ATP 恶化室速这一问题时首先是恶化率低，仅为 1% ~ 6%，其次是恶化后需要紧急治疗时，ICD 能够给予及时有效的治疗，因此，室速的少量恶化几乎没有增加患者的危险性。

一般而言，室速的心室率越快或 ATP 治疗的强度越高，治疗时室速恶化的概率越大，因此，在设置 ATP 治疗的各种参数时，应用温和的 ATP 治疗有效时，切忌给予更强的 ATP 治疗，这是设置 ATP 治疗参数时的重要原则。

从理论上讲，每个患者 ICD 植入术的同时都应进行一次详细的电生理检查，除需要诱发室颤而测试除颤阈值外，还应当用电生理方法诱发室速并确定最佳的 ATP 治疗，以确保 ATP 治疗室速有效而不使其加速。但术中或围术期这种试验的必要性还没有得到很好的证实，而且 ICD 患者的随访资料表明，经电生理检查得到的 ATP 治疗方案与医生根据经验设置的 ATP 治疗方案相比较，在室速的终止成功率及室速加速的发生率方面没有统计学差异。这些资料表明对大多数患者可以不进行常规室速的诱发试验，而应用经验性 ATP 治疗方案是安全有效的。

目前认为，仅在少数情况下需进行室速的诱发试验：①开始或改变抗心律失常药物治疗；② ATP 治疗有反复恶化室速的作用；③ ATP 治疗频繁无效；④除颤或起搏阈值明显改变；⑤患者临床情况改变，例如发生了心肌梗死，伴发的心衰明显恶化等。

目前认为下列两类患者不宜选择 ATP 治疗：①非缺血性扩心病患者的室速：这些患者发生单形性持续性室速的概率低，多数与折返无关，因而 ATP 的疗效差，适宜首选电击治疗；②频发的尖端扭转型室速：尖端扭转型室速属于多形性室速，多数无固定的折返环路，ATP 治疗难以终止之，因此，临床常发生这种情况的患者，如长 QT 综合征及 Brugada 综合征的患者应当首选电击治疗。

七、无痛性 ATP 治疗的程控及其他

随着 ICD 进入无痛性治疗时代，ICD 的 ATP 治疗作用已凸显重要性，而且要想取得最理想的 ATP 治疗效果，必须深入了解和掌握 ATP 治疗的相关内容。唯此才能设置出最佳的经验性 ATP 治疗方案。

1. 设置 ATP 治疗时，需注意以下几点

（1）ATP 的设置程序需依次而行：ICD 治疗的核心理念是由弱到强，分级递增，逐渐增强。ATP 治疗时也需遵循这一原则。在 4 种 ATP 治疗程序中，Burst，Scan，Ramp，Ramp+Scan 的治疗强度逐渐递增，设置时，可向前依次或跳跃性设置，但万不能反向顺序设置。

（2）设置的阵数应充足：每个 ATP 治疗可以设 3 ~ 5 阵，甚至 3 ~ 8 阵，有时前几阵的 ATP 治疗落入室速的拖带区，而后几阵则可能跨过拖带区而进入终止区，使室速能被 ATP 治疗终止。

（3）起搏脉冲的频率要足够：一般情况下，ATP 的起搏频率越快则室速终止率越高，因此，ATP 起搏频率初始值的设置不宜太强，也不宜太弱，设置为室速频率的 90%、86%，还是 82% 对 ATP 治疗的疗效有很大影响，设置时要适当选择。

2. ATP 治疗反复无效时，需及时寻找原因

及时调整 ATP 治疗无效时，常有下列原因：药物对起搏阈值产生影响、室速的发生基础出现了变化、出现了新的室速折返环、起搏脉冲未能侵入折返环、ATP 的参数设置不当等。除结合临床病情进行分析外，还要调出 ICD 植入者的腔内电图进行分析，发现问题，及时调整。

此外，还要除外患者发生的心动过速不是室速而是室上速或窦速，ICD 的 ATP 起搏部位在心室，因此，终止室上速肯定效果差或无效。

3. 不同 ICD 的 ATP 治疗有不同的特点，使用者应充分了解

（1）有些 ICD 对 ATP 治疗有记忆功能，即本次能够有效终止的 ATP 治疗方案，下次再启动 ATP 治疗时优先选用。

（2）自动停止 ATP 治疗的功能，当 ICD 发现 ATP 治疗能加速室速时，可自动停止其后的 ATP 治疗。

（3）每次 ATP 治疗后，ICD 对其治疗的效果要进行再次判断，当心动过速未能有效终止时，还要对心动过速进行再确诊，并启动下一次的 ATP 治疗。应当注意，再确诊室速的标准与首次室速的诊断标准并不相同。

总之，无痛性 ATP 治疗在 ICD 治疗中的重要性越来越高，其包含的相关电生理的知识范围也很广。因此，临床医生要想使用好 ICD 装置的 ATP 治疗技术，需要熟知相关知识，同时还要提高自己的心脏电生理诊断与治疗水平。

穿戴式除颤器

中国有句古谚："道高一尺，魔高一丈"，在猝死肆无忌惮吞噬着人类生命，并逐年增加着对人体健康与生命威慑的当今，人类从未停止过与其顽强抗争。1980 年，第一例 ICD（全自动体内除颤器）植入人体，吹响了人类征服猝死的进军号，1999 年，美国 FDA 批准了 AED（公共全自动体外除颤器）的临床应用，这是人类征服猝死的又一里程碑。2002 年，美国 FDA 又批准了 WCD 技术（全自动穿戴式除颤器）投入临床应用，显然，这是人类征服猝死的又一把利剑。本文专题介绍穿戴式除颤器技术。

一、WCD 的概念与研究

在心脏性猝死的庞大人群中，约 90% 患者发生院外猝死，而多数心脏性猝死的直接原因是致命性室性心律失常，在其救治过程中最关键的技术就是及时除颤。有人统计，首次有效除颤时间每拖延 1min，抢救的成功率则下降 10%，延迟 7 ～ 8min 后，绝大多数猝死者已无成功救治的希望。不能及时有效地除颤，是造成院外猝死的抢救成功率极其低下的直接原因。虽然美国院外猝死的救治成功率很高，但也仅仅为 5% ～ 8%，欧洲位居第二，约为 3% ～ 5%，世界各国平均水平 <1%，我国院外猝死的救治成功率相当于世界平均水平。

几年前，对院外猝死者能迅速及时地进行除颤治疗的技术，包括家庭与社会 AED 和植入体内的 ICD 两种。因多数猝死患者发生在无 ICD 植入指征的人群，因此，猝死高危者个人植入 ICD 的方法对降低全社会猝死的相对值及绝对值的作用都十分有限。而公共除颤器包括社会及救护车车载 AED，其需要猝死发生时有目击者，而且使用 AED 技术的过程中一般都有延长首次有效除颤时间的情况，不能保证院外猝死者的及时应用。

1998 年，德国学者 Auricchio 发明了一种新型的体外自动除颤技术——穿戴式除颤器（wearable cardioverter defibrillator，WCD）。WCD 技术的实质是把心脏电除颤需要的各项设备，装配在一个特殊可穿戴的背心上（图 7-5-1）。凡属于猝死的极高危者，并处于猝死可能发生的活动期内，则需将之穿在身上，当致命性室性心律失常发生并被 WCD 准确识别诊断后，WCD 能及时、自动发放高能量除颤脉冲，使患者在室速 / 室颤事件发生后的 1min 内得到及时治疗，使发生的猝死"流产"而使患者获救。这种高疗效的技术经过临床与实验室的充分验证，美国 FDA 于 2002 年正式批准 WCD 技术投入临床应用。正像 FDA 首席执行代表 Schwetg 教授说的："WCD 技术已在 FDA 迅速获批使用，这是除颤技术的重大进步，使那些不适合或不愿意植入 ICD 治疗的患者可以选择穿戴式除颤器"。目前，WCD 技术的进展十分迅速，临床应用的 WCD 已是第二代产品，截至目前，全世界有几万人接受了这一治疗。

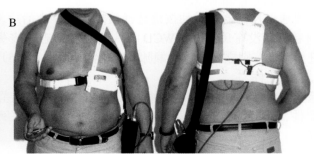

图 7-5-1　穿戴式除颤器

二、WCD 的构造与功能

穿戴式除颤器贴身而穿，外形酷似背心，故又称自动除颤背心，其构成简单，主要分成两部分（图 7-5-2）。

1. 感知与除颤电极

这部分穿在患者的胸部，是由多条宽带编织成的可穿背心部分，WCD 的感知与除颤电极片分布在上面。

（1）除颤电极片：非黏附性除颤电极片共 3 个，两个面积较大的位于背部中央，另一个位于左心前区，三个电极片组成了高压除颤脉冲的发放系统。其功能是发放高能量的除颤脉冲到人体。除颤电极片上有数个小孔，放电前气囊充气加压时，导电糊自动通过这些小孔释放到除颤电极片与对应的皮肤之间（图 7-5-3）。

（2）感知电极片：4 个感知电极，均位于胸部，固定在背心的横带上，也是非黏附性电极，直接与皮肤接触，4 个电极组成两个双极导联的感知系统，在体表检测患者的自主心律及发生的心律失常，并供 WCD 的除颤主机进行心律的检测与识别。

除颤与感知电极片在除颤背心穿好后，通过紧束宽带使其紧紧与体表皮肤相贴。两个双极导联系统进行感知时，如果发现一组导联有干扰或接触不良时，除颤主机可将该导联输入的不稳定信号忽略不计，而应用另一个导联的输入信号决定患者是否发生了心律失常。

2. 除颤器主机

除颤器主机包括除颤器主机和患者控制器两部分，这两部分通过一条结实的宽带挎在患者腰部（图 7-5-2），除颤器主机的这两部分都有电缆或导线与感知和除颤电极相连。

（1）除颤器主机：体积较大，重约 0.7kg（1.6 磅），WCD 技术的核心都在于此，包括电池盒、WCD 诊断与治疗心律失常的控制软件，形成整个装置的中枢部分（图 7-5-4）。

（2）患者控制器：患者手动控制器的体积较小，与除颤器主机相连，其有麦克、患者反应按钮，还有指示心脏接受了一次除颤脉冲的红色指示灯，一个黄灯指示发生了存有疑问的心律失常，另一个闪烁的黄灯指示 WCD 装置有问题需求别人帮助，患者要熟悉和核实各种信号灯亮的原因。当需要治疗的心律失常被检测，除颤器主机通过手动控制器发出报警，此时，患者需要通过控制器的手动按键选择治疗还是停止治疗。当警报器响后患者没有反应时，WCD 将认为患者神志已丧失而无能力进行选择，则立即发放除颤脉冲电击治疗（图 7-5-5）。

3. 其他附件

除上述"穿戴"在身的各种必需结构外，WCD 装置还有一些配件，包括电池充电器、备用电池组件和其他系列备用导线等。

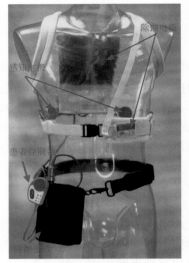

图 7-5-2　穿戴式除颤器的模式图

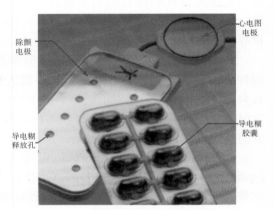

图 7-5-3　干性、舒适的感知与除颤电极片
除颤器主机重 0.7kg（1.6 磅），挎在腰间，高能电池装在其内

图 7-5-4　除颤器主机

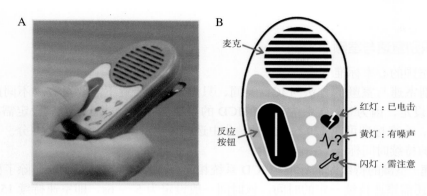

图 7-5-5　患者控制器

三、WCD 的诊断与治疗

WCD 和 ICD 两种装置都要充当心脏性猝死高危患者的"保护神"，即患者发生了致命性快速性室性心律失常时，都要给予迅速而准确的识别与诊断，同时又要及时给予有效的除颤治疗，使患者转危为安。

1. 检测信号的特点不同

ICD 装置完全植入体内，电极导线直接在心腔内与心肌接触，检测到的心电信号振幅高、干扰小，而 WCD 装置位于体外，完全依赖体表探查电极检测心电信号，心电信号振幅低、干扰大。

2. 治疗的策略不同

ICD 应用的除颤能量较低（<30J），除高或低能量除颤治疗外，还设有无痛性 ATP 治疗及心室保护性起搏，多种治疗组合被称为分层治疗。而 WCD 只应用高能量的除颤治疗（75 ～ 150J），没有 ATP 治疗及起搏性保护。

3. 临时废止电击治疗的方式不同

ICD 除颤治疗的指令发出后，在充电过程中需要进一步识别和再确认，当室速 / 室颤突然自行终止时，ICD 可及时停止除颤脉冲的发放。同样情况下，WCD 采用通过患者的意识测试而及时废除不必要的除颤脉冲的发放，即患者意识清醒时则可通过按压反应键终止治疗，使治疗"流产"。鉴于上述几方面的显著不同，WCD 的诊断和治疗功能都有其显著特征。

（一）WCD 的 TruVector 数字信号处理

如上所述，WCD 获得的体表心电信号要比 ICD 获取的心电信号的噪声更大，这给恶性室性心律失常能被及时正确地识别与诊断带来了巨大的威胁。WCD 装置采用了 TruVector 数字信号处理技术，使 WCD 对室颤的敏感性达到了 100%，对室速的敏感性达到 92%，使 WCD 的误治疗率控制在 0.3% 以下，这意味着 TruVector 技术能将 WCD 的误治疗风险降低到最大程度。这项数字处理系统的很多特点是 AED 技术并不具备的。

1. 消除噪声干扰

来自皮肤的干扰可能是电极下的皮肤扭曲、皮肤表面电极的移动、环境中的电磁干扰、人体的非心肌电信号等造成的，TruVector 技术通过几项措施消除噪声的干扰。

（1）接地线：人体生存的环境充满了 50 ～ 60Hz 的电磁干扰，其来自电线、电灯、电视、计算机等交流电装置，但通过接地线可以接受所有电极的输入信号，并在皮肤进行过滤，大大减少或消除干扰。

（2）过滤弱频信号：该处理系统通过特殊方法能过滤掉非心电信号的绝大多数的弱频信号成分。

（3）两个导联系统灵活应用：当一个导联的干扰严重时，其可自动转换应用另一导联采样并分析自主心律，双导联系统因干扰过大改为单导联系统进行心律分析的情况约占 5%，超过 95% 的比例仍是应用双导联系统联合识别和判断各种心律。

2. 精细鉴别干扰和电极接触不良

TruVector 系统能够精细、及时判断某一感知导联存在的干扰及探查电极与皮肤的接触情况，并做出相应处理。

（二）WCD 识别室速与室颤

1. 诊断室速 / 室颤的心率标准

WCD 装置识别室速与室颤的方法与 ICD 类同，只是 WCD 装置不需要对心率不同的室速 / 室颤进行二区或三区的分别设定，因为 WCD 系统不存在 ICD 的分层治疗的功能，所以只设定需要治疗的室速 / 室颤的心率诊断标准，心率标准可在 120 ～ 250 次 / 分中选择，出厂默认值为 150 次 / 分。

2. 室速 / 室颤的持续时间标准

WCD 识别室速 / 室颤的持续时间标准与 ICD 系统相同，即诊断室速 / 室颤时，除了要满足心动过速发生的心率标准外，还需室速持续一定的时间。该时间一般设定为 5 ～ 6s，即室速持续 15 ～ 20 个心动周期后才能满足该标准。

3. 室速 / 室颤的鉴别诊断

室速除了依靠心率和持续时间进行诊断外，还要与各种室上速进行鉴别。例如应用心动过速的突发性标准与窦性心动过速相鉴别，应用 QRS 波的形态学标准与其他室上速相鉴别，即不断将心动过速发生后 QRS 波的形态与静息心律时的模板 QRS 波形态进行比较，观察两者是否匹配，并做进一步判断。

4. 室速 / 室颤的再确认

经上述方法确认了室速 / 室颤发生后，WCD 系统还要进行一次室速 / 室颤的再确认，再确认的时间约 10s，要比最初诊断时室速持续时间的标准还要长。当室速 / 室颤再确认的标准满足后，则立即启动 WCD 的治疗程序。

应当指出，WCD 装置对自主心律的评估，对心动过速 QRS 波的形态学检测（模板匹配）可以通过每一个独立的双极感知系统进行，这可防止一个导联出现较大的噪声干扰或与皮肤接触不良时为诊断造成困难。除此，WCD 使用的两个双极感知系统相当于心电向量图应用的正交导联系统，WCD 的两组双极感知导联系统，一组是由位于胸部的前后电极组成，一组是由位于胸部左右侧的电极组成，将检测与采集的实时 QRS 波与模板 QRS 波随时比较，二者不匹配时提示该 QRS 波属于需要治疗的室速 / 室颤的心室波。

（三）WCD 终止室速与室颤

1. 除颤脉冲的能量

WCD 装置已有两代产品：第一代 WCD 装置相当于 LifVest2000 型，其除颤脉冲为单相波，每次除颤脉冲需要 230 ～ 285J 的高能量（图 7-5-6）。第二代 WCD 装置相当于 LifVest3000 型，其脉冲为双相截距波，第二代 WCD 不仅治疗的成功率高，而且，除颤脉冲的能量明显较低，可在 75 ～ 150J 之间程控选定，出厂时默认值为 150J。

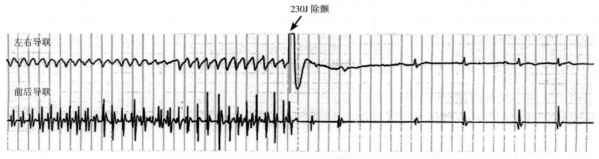

图 7-5-6 第一代 WCD 发放高能量除颤脉冲终止室速 / 室颤

2. 患者的意识测试

识别并已确定需要发放除颤脉冲治疗的室速 / 室颤，WCD 系统不是立即发放高能量的除颤脉冲，而是先进行患者的意识测试。该功能启动后，首先是报警器的灯闪烁，同时，无声响的振动式警报开始并横贯整个意识检测的过程，这些通过视觉和触觉刺激进行患者意识水平的测试，观察患者的反应，期望意识清醒的患者通过按压控制键停止报警及随后的除颤治疗，如 5s 内仍无反应，WCD 开始对患者听觉刺激的测试，最初为一种低音量、双音调的警报声，随后该警报笛声越来越高，音调也逐渐增高，最高达到 100 分贝，能使正在熟睡的患者或周围人惊醒。听觉警告发放后，马上开始语音提示，告诉患者旁边的人 WCD 的高能量除颤马上开始，提醒旁观者不要和患者接触。整个意识测试过程持续约 25s，如果这一期间内没有任何反应，说明患者旁边并无目击者，还说明患者的意识水平很低，应当立即给予除颤治疗（图 7-5-7）。

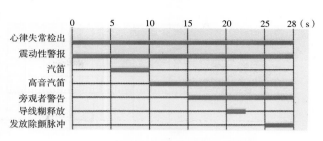

图 7-5-7　患者的意识测试示意图

3. 高能量的除颤电击

除颤脉冲发放的程序启动后，首先是除颤电极背部的气囊自动充气，即像汽车装配的安全气囊带一样，充气后可使除颤电极片与患者的皮肤接触更紧，减少除颤过程中发生皮肤损伤的概率，同时产生的压力也能使除颤电极内自动释放出导电凝胶，减少除颤电极片与皮肤间的阻抗，减少烧伤等不良事件的发生。此后则同步发放双相除颤脉冲，即感知 QRS 波后 60s 内发放除颤脉冲，如果 3s 内无同步感知出现，将立即发放非同步的除颤脉冲（图 7-5-8）。

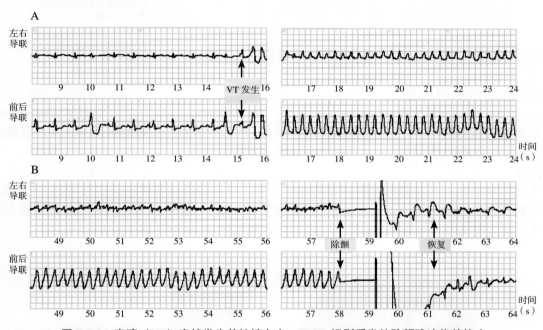

图 7-5-8　室速（VT）突然发生并持续存在，WCD 识别后发放除颤脉冲将其终止

4. 双相除颤波的各自宽度

与单相除颤波相比，双相除颤波提高了治疗的成功率（图 7-5-9A），降低了除颤脉冲对人体组织的损伤，还能明显降低除颤治疗所需能量。应当了解，双相除颤波的各相脉冲时限的不同设定能进一步影响除颤治疗的疗效。放电时双相除颤波各相波的宽度取决于经胸阻抗的测定结果。第二代 WCD 装置中，在除颤充电的同时，需经过检测脉冲进一步测定经胸阻抗。当测定值在 20 ～ 33Ω 时，双相除颤波的时限均固定为 2ms（图 7-5-9B），测定值 33 ～ 50Ω 时，双相除颤波时限相同，但总时限延长（图 7-5-9C），而在 50 ～ 100Ω 时，第一相除颤波时限不固定，而第二相除颤波的时限为 4.5ms（图 7-5-9D）。

5. 反复除颤电击治疗的次数

WCD 装置首次发放电击除颤终止室速 / 室颤的有效成功率高达 98%（图 7-5-8），首次治疗无效时，经过识别，发现需要治疗的室速 / 室颤仍然存在时，可启动 WCD 的第二次放电治疗，反复除颤电击治疗的总次数为 5 次，5 次除颤仍不成功者需立即查询原因，给予其他治疗。

一般情况下，从确认需要治疗的室速 / 室颤时开始计算，患者得到除颤实施的总时间约 50s，即 1min 之内。在室速 / 室颤识别与治疗的整个过程中，WCD 系统能连续记录心律失常事件的发生前、持续中，以

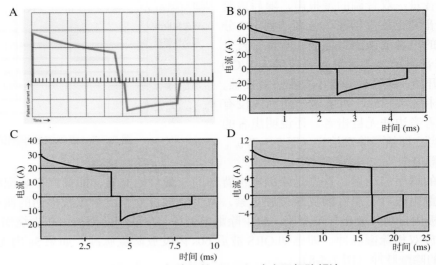

图 7-5-9 经胸阻抗（TTI）决定双相除颤波

A. 示意图；B.TTI 20～33Ω，双相除颤波时限均为2ms；C. TTI 33～50Ω，双相除颤波时限相同但
总时限延长；D. TTI 50～100Ω，第一相除颤波时限变化，第二相除颤波时限固定为 4.5ms

及除颤终止后的全部心电信息，以供医生分析时应用。

四、WCD 技术的适应证

随着临床应用病例的增多，医生经验的积累，WCD 技术的进展、功能的更新与完善，穿戴式除颤器的应用适应证正在逐渐扩大，被越来越多的医生与患者接受。

1.适应证

理论上讲，凡是植入 ICD 进行心脏性猝死的一级和二级预防的所有适应证都是 WCD 技术的适应证。换言之，凡属于 ICD 植入的适应证而患者暂不愿接受，或室速 / 室颤病因短期内可逆者，无能力接受 ICD 治疗者，生存期太短或因其他种种因素暂不能植入 ICD 者都适用 WCD（图 7-5-10）。

图 7-5-10 美国 WCD 适应证（3474 例病例）的分布

（1）因各种临床情况在几小时或几个月内存在心脏性猝死的高风险，或是经危险分层确定患者为心脏性猝死的高危者，预计生存期有限者（<1 年）。

（2）急性心肌梗死或冠脉旁路移植（搭桥）术后的患者：48h 内有室速 / 室颤的发作；术后（3 天内）LVEF ≤ 30%，或 Killip Ⅲ～Ⅳ级，但未接受 ICD 者。

（3）严重的心衰患者等待心脏移植或有着等同心脏情况（NYHA 心功能分级Ⅲ～Ⅳ级），LVEF<30%。

（4）有进展迅速、预后不佳，但预计能够逆转的心肌病者，包括病毒性、化学性、代谢性等原因引起的急性、严重的心肌病。

（5）患者开始服用有致心律失常作用的药物。

2. 禁忌证

临床有多种情况使患者不适宜 WCD 的治疗

（1）已丧失掌握、应用 WCD 系统能力的患者。①有神经系统、视觉、听觉的疾患，而不能使用、控制 WCD 系统的功能；②正在服用相关的药物而严重影响其认知力，严重影响患者操作 WCD 的能力；③患者不接受 WCD 用法，例如需要除洗澡之外一直穿戴除颤背心。

（2）由于解剖或其他不能纠正的原因使患者产生过多的干扰因素，使 WCD 检测系统不能正常运转。

（3）孕期、哺乳期、可能妊娠的女性患者。

（4）<18 岁的患者。

（5）患有进展性疾病而不能恢复者。

3. 已植入起搏器的患者

不少严重的心脏病患者已植入人工心脏起搏器，这些患者应用 WCD 治疗时，两者之间可能存在的相互作用需要注意（图 7-5-11）。

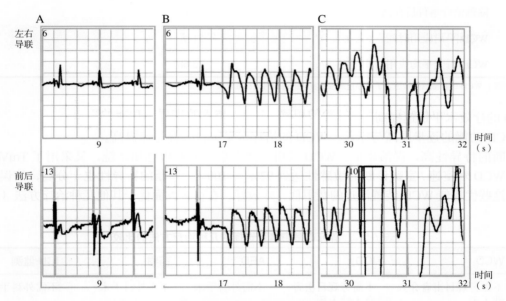

图 7-5-11　起搏器患者佩戴 WCD 时发生了多形性室速

A. 正常起搏心律；B. 多形性室速（280～300 次 / 分）发生；C. 多形性室速持续存在

（1）患者室颤发生时，起搏器可能还在继续工作，起搏脉冲此时将变成优势信号，其被 WCD 感知后，可能被误认为是患者的自律 QRS 波，而对其真正的恶性室性心律失常出现漏诊。这种不良的相互作用曾经发生过。

（2）起搏器以基础频率起搏时，患者自主的 QRS 波与起搏的 QRS 波形态不一而可能被视为异位室性心律而计数，一旦该心率高于 WCD 的室速 / 室颤心率诊断标准时，则将被误诊为需要治疗的室速 / 室颤而启动治疗，此时，患者意识正常，尚有能力按压停止治疗键，则可避免一次错误治疗。

（3）为避免发生这些情况：①人工心脏起搏器的起搏脉冲一定要 >0.5mV，使其在心电图各个导联都能被识别；②将 WCD 识别室速的频率设为 >200 次 / 分。

4. 正常心律被双倍计数的问题

ICD 和其他节律分析装置已发生过患者的正常心律被双倍计数问题，一旦怀疑发生了这种情况，有两种解决方法：①提高 WCD 对室速 / 室颤的诊断频率，进而减少双倍计数时的误诊；②延长患者的意识测试的时间，即治疗的除颤脉冲不是必需发放时，让患者有足够的时间停止这种错误治疗。

五、WCD 的临床疗效

随着 WCD 临床应用病例的增多，WCD 临床疗效及其应用重要性的面纱正在揭开。

1. 显著提高了院外猝死的救治成功率

在美国，公共场合的猝死后救治成功率仅为 6.4%，当穿戴式除颤器被充分应用时，成功复苏率能升高到 75%，明显超过了医疗急救系统原来的救治成功率。2008 年，美国的一个大系列病例组 WCD 的应用报告中，经 WCD 治疗而获救的人数达 184 例（表 7-5-1）。

表 7-5-1　一组 12979 例 WCD 临床应用的结果

相关内容	结果
救治人数	184 人
60s 内得到治疗的比例 *	73%
首次除颤成功率	98%
除颤治疗失败率	<1%
除颤治疗事件后存活率	92%
WCD 平均应用时间	51 天
WCD 每天平均应用时间	22.6h

* 另外 27% 的病例属于 WCD 的除颤治疗被患者手动停止或诊断室速的持续时间标准设置更长

2. WCD 的疗效水平迅速提高

随着 WCD 功能的逐步提高与完善，WCD 的治疗水平也在大幅迅速提高。

（1）诊断的特异性高，误治率低：WCD 采用了两个正交的双极感知系统，又采用了 TruVector 数字处理系统，使 WCD 对室速 / 室颤诊断的敏感性达到 92% ～ 100%，诊断的特异性也十分高，使误治率控制在 0.3% 以下。这些优势使 WCD 装置治疗的费用低，疗效好，在很多方面优于其他几种治疗方法（表 7-5-2）。

表 7-5-2　猝死高危患者可选择的几种治疗方法的比较

	WCD	ICD	AED	药物	ICU 监测
优点	不需旁观目击者介入性干预	不需旁观目击者介入性干预	不需外科手术	不需外科手术	不需外科手术
需要考虑的问题	非侵入	需外科手术及电生理检查	需目击者协助治疗	药物有致心律失常作用	医务人员监测及治疗费用大
	不像药物治疗，无副作用	需要经外科手术更换电极或电极导线	目击者或家属启动治疗	部分患者不能耐受副作用	
	与其他体外方法不同，不依靠目击者	如患者感染则必须移出			不能完全预防致命性心律失常
	住院费用较低	可发生误治疗			

（2）首次除颤有效率高：第二代 WCD 采用了自动调整双相除颤脉冲的各自时限技术，使除颤能量在明显下降的基础上，首次除颤的成功率高达 98%。

（3）终止恶性室性心律失常迅速：WCD 采用了 AED 中尚未应用的 TruVector 数字处理系统，使其识别心律失常的速度加快，使快速性室性心律失常的初次识别及再次识别共只需 15s，患者意识测试时间 25s，充电和自动释放导电糊时间 10s，所以，绝大多数患者从快速性室性心律失常的发生到有效终止共用约 50s，这使 WCD 不仅终止室速 / 室颤的时间短，有效率高，还使患者的预后较好，约 92% 的患者除颤治疗后存活。

3. WCD 治疗正在迅速被接受

WCD 的显著疗效正在显露，有些患者在 WCD 治疗中依然发生了猝死，研究后发现，这些猝死几乎都发生在患者未佩戴 WCD 的间歇期间，还有极少数患者因佩戴 WCD 的方法错误而发生猝死。

第一代 WCD 临床应用时，由于各种原因，约 23% 的患者因不适或副作用而不能耐受 WCD 治疗。第二代 WCD 临床应用时，这一现象已大为改观，WCD 临床应用的大系列病例组的统计表明，每位患者应用的平均时间为 51 天，而每日佩戴的平均时间达 22.6h。

随着 WCD 技术与功能的日趋完臻，其正在逐渐获得更广泛的临床医生与患者的信任，甚至青睐。患者的依从性大大提高，这也是 WCD 疗效大幅度提高的一个重要原因。

当今，应用 WCD 的病例正在迅速扩大，仅美国 2008 年就已超过 2 万人次，更重要的是，美国的各种类型的医疗保险也对这项技术投入了极大的兴趣，并给予了极大的支持（表 7-5-3）。

表 7-5-3　美国医疗保险对 WCD 及 ICD 治疗费用的支付情况

临床情况	支付 WCD	支付 ICD
心梗后	立即	等待 40 天
搭桥术前或 PTCA	涵盖	不涵盖
搭桥术后或 PTCA	立即	等待 90 天
非缺血性心肌病	立即或等待 40 天	等待 90～270 天
NYHA Ⅳ级心衰	涵盖	不涵盖
等待心脏移植	涵盖	不涵盖
存活 <1 年的终末疾病	涵盖	不涵盖

PTCA：经皮腔内冠状动脉成形术

六、评价

随着第二代 WCD 的问世及临床应用，对 WCD 技术的评价迅速提高。

1. 应用方法简单，患者穿戴舒适

如上所述，WCD 系统由两部分组成，一部分是穿戴在身的除颤及感知电极片，另一部分为挎在腰上的除颤主机。除颤及感知电极均为干性而平素无导电糊，又不需黏附，因此，治疗中患者没有额外的负担及皮肤损伤，适合长时间应用。

2. 方法无创，不需目击者

WCD 技术属于纯粹的无创技术，从该角度看其优于 ICD，ICD 属于介入治疗，将对患者及家属均造成一定程度的紧张。WCD 技术几乎为全自动化，不需要旁边的目击者协助，从这一角度看，其优于 AED 技术。因此，WCD 一定会成为猝死高危患者乐意选择的一级或二级预防的方法。

3. 恢复正常生活，患者轻松祥和

当患者原发心脏病情况允许时，佩戴 WCD 进行猝死的一级或二级预防，即能够离开医院，恢复日常活动、工作、旅行、打高尔夫球，或回到家中与亲人团聚。这可使处于猝死高危期的患者与家属有一个祥和的环境与氛围，使患者与家属紧张的情绪变得稳定和轻松。交感神经兴奋性的下降能大大降低猝死发生的概率。同时整个设备很轻 <2.7kg（6 磅），不影响患者日常生活（图 7-5-12）。

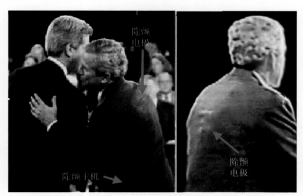

图 7-5-12　WCD 患者可以完全恢复日常生活

4. 除颤脉冲发放前，先测试患者意识

第二代 WCD 治疗程序中，设置了长达 25s 的患者意识测试，其通过多种刺激进行测试，包括触觉、视觉、听觉等。因此，患者意识清楚或身边有旁观者时，都能迅速选择和确定治疗的除颤脉冲是否发放，这使 WCD 的误治率降到最低（<0.3%）。

5. 除颤前自动释放导电糊

WCD 准备发放除颤脉冲前，在很短时间内先后要做 3 件事：①测试经胸阻抗，并根据测试结果确定发放的双向除颤脉冲的各自脉宽（ms）；②除颤电极后的囊袋迅速充气加压，使电极片与皮肤更加贴近，减少阻抗，减少烧伤，提高成功率；③自动释放导电糊，这也起到保护患者、提高疗效的作用。

6. 心律失常的诊断功能

除进行猝死的一级和二级预防外，WCD 技术还是一个心律失常的重要诊断工具，其能长期监测和记录患者的心电活动，并有 75min 的心电图存储能力，可在患者感到不适时，经患者手动或自动启动心电记录，把事件发生前 30s、事件后 15s 的心电信息记录下来，医生通过 WCD 记录的这些心电信息，对患者的病情稳定性、心律失常的稳定性做进一步评价，为进一步治疗的选择提供了充分根据。这是动态心电图、普通心电图不能比拟的，而这种诊断功能酷似植入式"Holter"的功能。

七、结束语

WCD 技术不仅治疗的成功率高，误治疗率极低，又具有多项优势，因此，已成为医生与患者逐渐愿意选择的一项治疗。显然，ICD、AED 和 WCD 这三种有自动除颤功能的技术，特点不同，工作方式与适应证不同，三者共同组建了一个强大的心脏性猝死一级和二级预防相对完整的体系，在临床医学中，显示着越来越重要的作用。

第六章

第四代植入式 Holter

晕厥的发生率之高有时让人难以置信：总体人群中约 40% 的人发生过晕厥，而住院和急诊患者中分别有 1%～6% 和 3% 为晕厥患者。晕厥造成的危害也令人吃惊，老年人发生的跌倒 10% 因晕厥引起，并能造成轻度外伤（29%）和严重致残（6%）。此外，37% 的反复晕厥者需改变工作，73% 的人发生焦虑或抑郁。而心源性晕厥者 6 个月内的死亡率＞10%，使死亡率增加 1 倍，并使心源性晕厥成为猝死的先兆。

除此，多次住院的晕厥患者，经各种详尽检查仍有 30% 诊断为原因不明的晕厥。近年来，不明原因晕厥的发生率有增无减，极大刺激了植入式 Holter 研究与技术的进展，2012 年，第四代植入式 Holter 已在国内用于临床。

一、植入式 Holter 概述

（一）研究发展史

1992 年，加拿大安塔鲁厄大学的心血管医生 GeorgeKlein 将一台心脏起搏器改装为单纯的心电记录器植入人体（图 7-6-1），成为植入式 Holter 的原型而用于临床，植入者为 1 例不明原因晕厥的 78 岁患者，最终证实是长时间的窦性停搏引起其晕厥，随后植入心脏起搏器治疗而晕厥未再发生。

真正第一代植入式 Holter 于 1998 年用于临床（图 7-6-2），从图 7-6-2 看出，当时该系统只有记录器而不配备体外触发器，说明当时心电资料的冻结与存储只能通过系统内部的自动触发而不能经手动触发。

随后历经 10 年，先后历经四代产品而发展为当今应用的新一代产品。

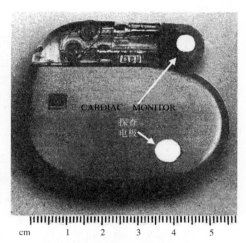

图 7-6-1 世界第一台植入式 Holter

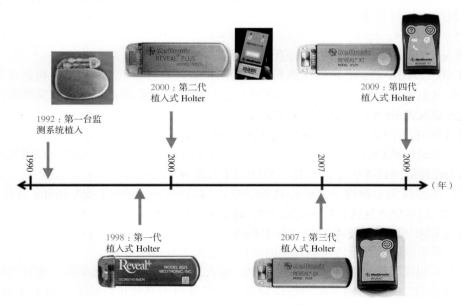

图 7-6-2 植入式 Holter 的发展史

（二）植入式 Holter 的基本组成

1. 心电记录器

"植入式 Holter" 的记录器外观和体积都酷似一块口香糖，重 15g，容积 8ml，使用寿命 3 年。植入时，经创伤很小的手术植入在胸骨左缘 2～4 肋间的皮下，其通过表面相距 3.7cm 的两个探查电极滚筒式、持续记录单导联的"体表心电图"。需要时可经系统内自动或体外手动触发心电资料的冻结和存储，随后再经程控仪将冻结的资料调出并打印，供医生分析诊断时应用（图 7-6-3）。

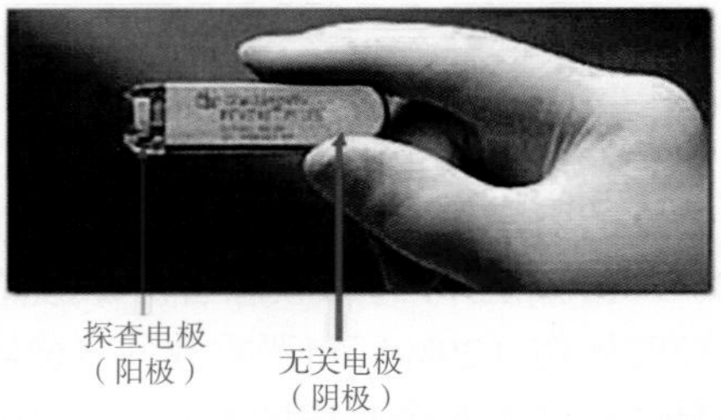

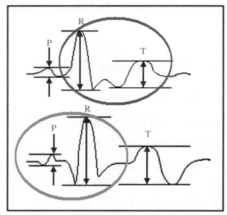

探查电极 无关电极
（阳极） （阴极）

图 7-6-3　心电记录器

2. 手动触发器

手动触发器是患者出现症状时，本人或他人用该系统配备的体外触发器冻结和存储心电资料。第二代产品中，触发器仅有触发功能，而第四代产品的触发器又增加了人机对话的按键。

3. 体外程控器

体外程控器与心电记录器之间可进行记录器各种参数的设置、工作模式等数据的双向输送，还能查询和描记记录器中被冻结的资料供诊断应用，程控器实际就是普通的起搏器程控仪。

4. 记录器的植入

记录器常在门诊植入，植入部位为胸骨左缘 2～4 肋间的皮下，常在局麻后切开皮肤 1～2cm，分离皮肤及皮下组织后做成大小适宜的囊袋，再将记录器放入皮下囊袋后缝合。最佳植入部位是指在该部位植入后记录的心电图中 R 波幅度应高于 T 波、P 波幅度的 2 倍以上（图 7-6-4）。

图 7-6-4　理想植入部位的心电图标准
R 波幅度应高于 T 波和 P 波幅度的 2 倍以上

5. 自动触发心电资料的冻结

植入后，将程控仪的探头放在记录器上方，可设置并输入自动触发心电冻结与存储的相关参数：包括心动过缓的心率标准（低于 30～40 次/分并持续 4 个心动周期），心动过速标准（心率 115～230 次/分，持续一定的时间），心脏停搏（停搏 3～4.5s），房速或房颤的发作等。当患者自身心律达到这些标准时将自动触发心电资料的冻结与存储。

6. 适应证

10 年来，植入式 Holter 的应用适应证一直在不断发展与拓宽。

（1）1999 年 ACC/AHA 动态心电图监测指南中提出：进行动态心电图检查的Ⅰ类适应证包括：①不明原因的晕厥；②先兆晕厥；③发作性头晕；④不明原因反复发作的心悸；⑤癫痫和惊厥发作。这些适应证的推荐级别不代表植入式 Holter 应用的推荐级别。

（2）2003 年 ESC 提出应用植入式 Holter 的适应证推荐级别：

Ⅰ类适应证：①晕厥原因在各种检查后仍不明确；②临床及心电图提示可能为心律失常性晕厥并造成伤害；③心脏电生理检查不排除心源性晕厥，并有心律失常引发的可能。

Ⅱ类适应证：①可能为心源性晕厥，心功能正常，初始检查时选用植入式 Holter 替代其他传统检查；②神经介导性晕厥已造成患者伤害，需要评价心动过缓与晕厥的关系。

（3）2009 年，ESC《心脏植入器械指南》中推荐：

Ⅰ类适应证：不明原因晕厥患者早期诊断时就应用植入式 Holter。

可以看出，在不明原因晕厥患者的诊断检查中，植入式 Holter 不仅检出率高，而且经济实用。临床应用的适应证已从过去的二线变为当今的一线检测技术，即从过去其他传统检查应用后才推荐使用的理念，变为早期诊断中就可应用。

二、第四代植入式 Holter 的新功能

（一）植入部位的选择与确定

植入式 Holter 的记录器植于皮下，其心电探查电极不位于心腔内，使其监测和记录的心电图仍属于"无创体表心电图"的范畴。又因两个探查电极相距 3.7cm，两点间的电位差可能很低，因此，理想植入部位记录的心电图需满足 QRS 波振幅应高于 T 波及 P 波振幅的 2 倍以上，这是为防止发生 T 波或 P 波的超感知，进而引发 QRS 波的双倍计数，引起对自身心律的诊断发生错误。

为方便植入术中理想植入部位的选择，第四代植入式 Holter 增加了记录心电图的中继导线设备（图 7-6-5）。

图 7-6-5A 中，无菌密封的植入式 Holter 配备了外接导线和检测电极。两个探查电极片经"中继导线"与植入式 Holter 的两个探查电极相连。植入术中（图 7-6-5B）将检测电极放在患者胸骨左缘将要选择的方位（第 2～4 肋间），并将程控仪的程控探头放在植入式 Holter 的上方，此时在程控仪的显示屏上将显示心电图的图形及幅度，达到标准时则确定其为理想的植入部位。

植入部位定位的新技术虽然简单，却使植入式 Holter 植入部位的选择更加方便、可靠。临床实践中，植入部位选择的重要性不能低估，一旦重视不够则能发生 R 波的双倍计数，使基本心律的诊断出现错误，最终给患者带来误诊、误治，而患者晕厥的原因仍未解决（图 7-6-6）。

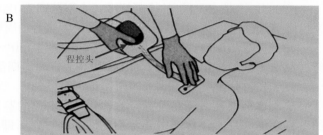

图 7-6-5　选择理想植入部位时的中继导线系统

（二）感知与自动诊断功能

植入式 Holter 既是心电资料的实时、滚筒式的记录器，又是一个多种心律失常的自动诊断装置。为确

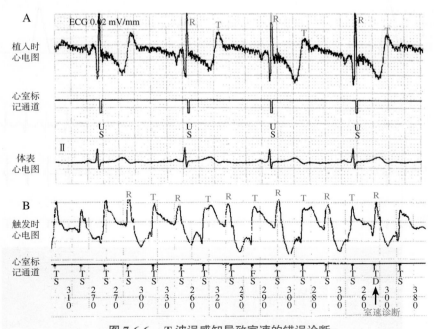

图 7-6-6　T 波误感知导致室速的错误诊断

A. 植入时心电图的 T 波幅度 > 1/2R 波；B. 高大的 T 波被误感知为 R 波，引起 R 波的双倍计数而误诊为室速（箭头指示）

保自动诊断功能的敏感性和特异性，良好的感知功能是其重要前提。

1. 感知灵敏度的自动调整

第四代植入式 Holter 感知阈值的自动化调整更为精细（图 7-6-7）。从图 7-6-7 看出，感知一次 R 波后，其感知灵敏度将有 4 次变化。

（1）最初的 R 波感知灵敏度设定为前 R 波振幅的 65%（图中①点），该感知灵敏度一直持续到图 7-6-7 中的②点（持续 150ms）。

（2）图 7-6-7 中②至③之间的持续时间为 1s，其感知灵敏度将从 R 波的 65% 逐渐降到 30%，并一直保持为 30%。

（3）图 7-6-7 中③点的感知灵敏度直接从 R 波的 30% 降为 20%。

（4）从图 7-6-7 中的③到④点，感知灵敏度将从 20% 降到最低值或感知到下一个 R 波为止。这种更为精细的感知灵敏度的调整模式可进一步减少 T 波超感知的发生，提高感知功能的稳定性。

2. 心率的诊断标准

植入式 Holter 在自身心律的诊断过程中，需要设置各种心律失常的诊断标准。

（1）心动过速的诊断标准：①心率标准；②该心率的持续时间标准。

（2）快室速（FVT）的诊断标准：心率范围为 180 ～ 230 次 / 分，默认值为 200 次 / 分，持续时间的计算采用概率计数器，例如该值设定 12/16，即 16 个心动周期中有 12 个周期值达标时，持续时间的标准则满足。

（3）室速（VT）的诊断标准：心率范围为 150 ～ 180 次 / 分，默认值为 150 次 / 分，持续时间采用连续计数法，例如设定值为 16，即连续 16 个心动周期都达标时则室速的持续时间满足诊断标准。

3. 突发性标准

除心率标准外，还要设置与各种常见室上速的鉴别标准，突发性标准（onset）则为其一。与 ICD 的心律鉴别功能一样，该标准主要鉴别窦性心动过速，即心动过速的诊断一旦成立，则启动突发性标准做进一步鉴别诊断。比较时应用 4 个心动周期的均值与随后 4 个心动周期的均值比较（图 7-6-8），例如突发性值可设定为 91%，则后面 4 个心动周期的均值＜前面均值的 91% 时则满足了突发性标准。突发性标准值的范围为 72% ～ 97%，默认值为 81%。

图 7-6-7 感知灵敏度的自动调整

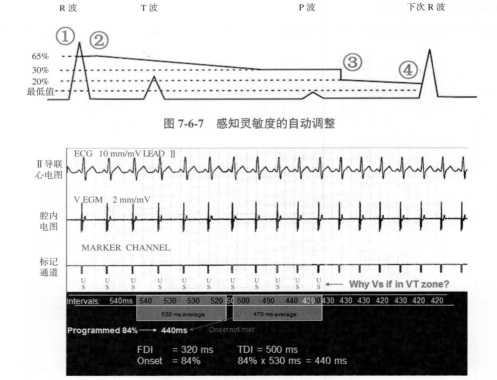

图 7-6-8 突发性标准检测的示意图

本例突发性标准设置为 84%。FDI：快室速的诊断间期；TDI：室速的诊断间期；Onset：突发性

4. 稳定性标准

另一个常要鉴别的室上速是房颤伴快速心室率，因植入式 Holter 的患者可能发生房颤，且心室率也能达到设置的心动过速标准。为更好地进行两者的鉴别，设定了稳定性标准（stability），即心动过速诊断成立时，立即启动稳定性标准的诊断。比较时，当 R 波计数器累积到 3 时，将触发第 4 个 RR 间期值与前面 3 个 RR 值比较，当其中 1 个差值大于设定值时，则未满足该标准，计数器立即复位为零，再进行上述同样的比较，直至 3 个差值均小于设定值时，稳定性标准才得到满足。稳定性值的程控范围为 30 ～ 100ms，默认值为 30ms（图 7-6-9）。

植入式 Holter 诊断室速的发生，一定要先满足心动过速的标准再达到突发性或稳定性标准时，诊断才成立，才能自动触发心电资料的冻结及存储。多项诊断标准的联合应用将能提高植入式 Holter 自动诊断室速的可靠性。

诊断心动过缓和心脏停搏相对容易，只单纯计算心率即可。

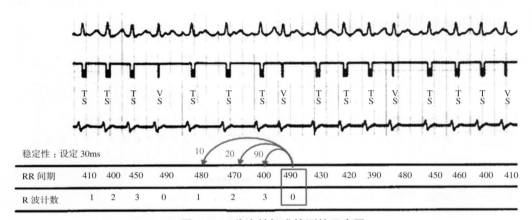

图 7-6-9　稳定性标准检测的示意图

（三）资料的冻结与存储

第三代植入式 Holter 具有两种方式触发资料的冻结和存储，而第四代植入式 Holter 的该功能更趋严格，更能有效防止已存储的有诊断价值资料的丢失，其资料冻结的模式固定而不能程控。

（1）心电资料冻结和存储的空间分配（图 7-6-10）：第四代植入式 Holter 同时可存储 49.5min 的心电

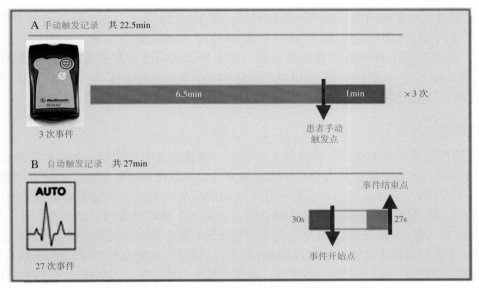

图 7-6-10　心电资料冻结与存储时间的分配

资料，其中手动可触发 3 次，每次冻结心电资料的时间为 7.5min，共 22.5min（图 7-6-10A），每次冻结的资料包括触发点之前的 6.5min 及其后 1min 的心电资料。而自动触发可多达 27 次，每次冻结资料的时间为 1min，共累积 27min（图 7-6-10B）。应当注意，自动触发时冻结的心电资料是事件发生前 30s 及事件结束前 27s 的心电资料。

（2）冻结存储资料的新旧更替：被冻结和存储的资料将按前后顺序入库，当内存资料库的空间已被充满、新资料又需进入时，将采用鱼贯式更新。但自动触发的事件中，同一种心律失常至少在存储库中保留 3 次以上。

医生阅读存储资料时，根据资料的记录特征容易判断该资料是手动还是自动触发的记录（图 7-6-11）。

从图 7-6-11A 看出，该患者晕厥发生时的心率高达 231 次 / 分，而在心律的一览图上（图 7-6-11B），时间轴上有两个零点（斜箭头指示），一个为事件最初发作时的记录，另一个是事件终止前 27s 的记录，凡时间轴上有两个时间零点时都提示是自动触发记录的资料。图中还显示事件发生在 2012 年 1 月 20 日 6 点 54 分，触发记录的事件为室速。同时心律事件的总结也列在图 7-6-11C；该室速持续了 34s，平均室率 231 次 / 分，列出的其他数据是室速及快室速的诊断条件。

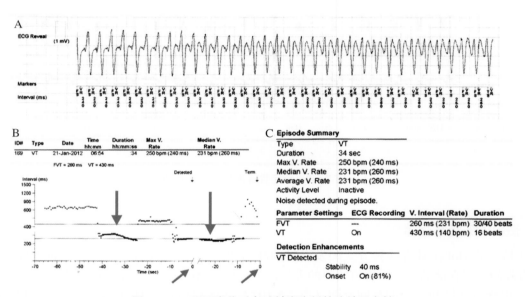

图 7-6-11　晕厥发作时自动触发资料的冻结及存储

图 7-6-12 是患者发生症状时的一次手动触发记录，图 7-6-12B 提示，本次触发资料冻结的类型为症状性手动触发，记录时间为 2011 年 11 月 29 日，在图 7-6-12B 中时间轴上仅有一个零点，记录的总时间为 8min（8×60s），这些都提示是一次手动触发记录。图中数据说明患者最初为 100 次 / 分的窦速，后发生 150 次 / 分左右的心动过速，图 7-6-12A 调出的心电图为 150 次 / 分的窦速（和模板心电图比较），其心率有逐渐增快、逐渐减慢的发作过程。

（四）人机对话

人机对话是第四代植入式 Holter 新功能的又一亮点，这是患者出现症状，并经手动触发冻结和存储心电资料后，其想尽快了解本次症状是否与心律失常相关时，可以按压"触发器"上的询问键（图 7-6-13）。按压后，如仅出现"OK"字样，则告诉患者不适症状与心律失常无关，当按压后在触发器出现"OK"及另一个电话标志时，提示患者发生的症状与心律失常可能有关，建议患者向自己的医生进一步电话询问。

人机对话还能经远程 CareLink 模式进行遥测传递与交流，医生针对可能发生的 8 种情况给予答复：①是否电池电量过低；②手动触发 3 次资料的冻结及储存是否已满；③自动触发的 27 次资料冻结及储存是否已满；④是否发生室速和快室速；⑤是否发生心脏停搏；⑥是否发生心动过缓；⑦房颤、房速的每日负荷；⑧房颤时的心室率（图 7-6-14）。

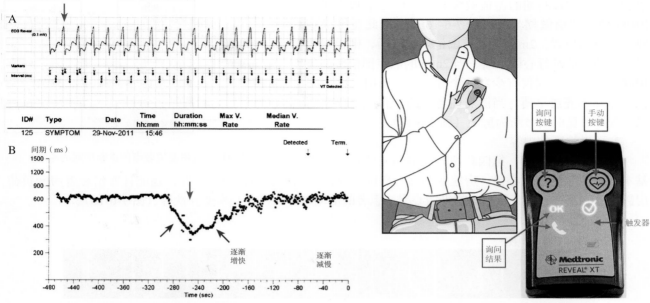

图 7-6-12 手动触发心电资料的冻结与存储

图 7-6-13 人机对话示意图

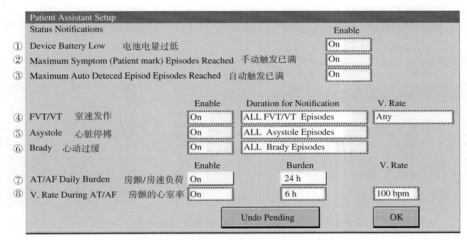

图 7-6-14 人机对话时程控仪上的界面显示

显然，人机对话并通过远程 CareLink 的遥测，能显著方便医生与患者间的沟通，有利于患者更及时获得诊断与治疗。

（五）房颤的检测与评价

房颤的发生率高，危害性大，相当比例的房颤属于无症状性房颤。此外，房颤的射频消融术已成为阵发性房颤有效的治疗方法，但患者治疗前后房颤的负荷、治疗的疗效、复发率等尚无客观评价。为更好检测与评估患者房颤的发病情况，第四代"植入式 Holter"作为一种长程心电监测技术已增加了这一新功能，成为第四代植入式 Holter 另一具有代表性的新功能。

1. 房颤的检测方法及原理

与普通 Holter 一样，植入式 Holter 的感知器只能感知 QRS 波，不能精确感知 P 波和房颤 f 波。因此，其不能凭借检测和计数 f 波而直接诊断房颤。但其能分析患者自身心律的下游心室 R 波的特征而反向推断处于上游的心房律。其能诊断的心房律包括：窦性心律、房颤、房速与房扑等（图 7-6-15）。

检测和评价 RR 间期时，植入式 Holter 应用了信号类聚法中的 Lorenz 差值散点图技术。差值散点图中第一个点的纵坐标（δRR_{n-1}）是检测时房颤的第一和第二个 RR 间期的差值（后 RR 间期减去前 RR 间期的差值），其横坐标（δRR_n）是第二和第三个 RR 间期的差值（图 7-6-16B）。散点图中的第二个点则用第二个和第三个 RR 间期的差值做纵坐标，第三个和第四个 RR 间期的差值做横坐标（图 7-6-16B），以此类推确定随后各点的位置。2min 的散点图记录完成后，则根据信号分布的特征进行心律诊断。当 2min 的散点图信号都集中在一个点，周围仅有少数几个散在点分布时，则为窦性心律伴不齐或早搏，当散点图各点的分布显著分散而又无规律可循时则诊断为房颤（图 7-6-17）。

2. 可以诊断的内容

应用差值散点图，第四代植入式 Holter 能对患者的

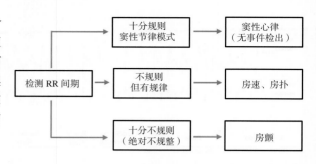

图 7-6-15 应用差值散点图诊断房颤的原理

基本心律，包括窦性心律、房速或房扑、房颤等做出相当准确的诊断。除此，还能计算出患者房颤负荷、房颤时的心室率、白天及夜间的平均心率、患者的活动趋势，以及心率变异性等（图 7-6-18）。

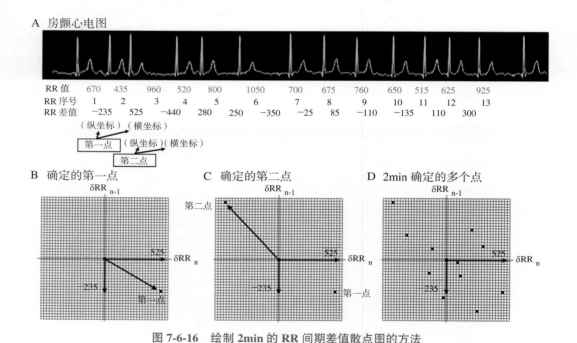

图 7-6-16 绘制 2min 的 RR 间期差值散点图的方法

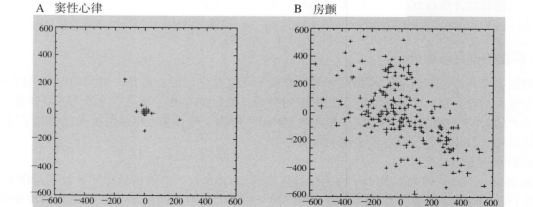

图 7-6-17 根据 2min 的差值散点图特征进行心房律的诊断

1. 房颤时心室率

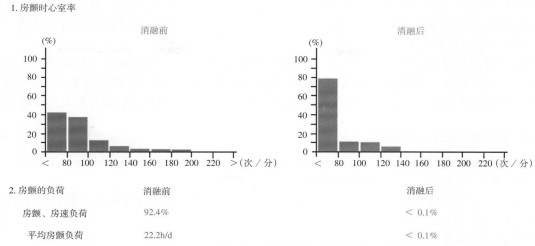

2. 房颤的负荷　　　　消融前　　　　　　　　　　　　　　　　　　消融后

	消融前	消融后
房颤、房速负荷	92.4%	< 0.1%
平均房颤负荷	22.2h/d	< 0.1%

图 7-6-18　房颤消融术前后的检测与评估

3. 评价

在上述二维坐标系中完成 RR 间期差值散点图后，将从不同角度提供 RR 间期值的变化信息。

近期，一项名为 XPECT 的研究结果已发表，其入组了 206 例植入式 Holter 的患者，对比研究了植入式 Holter 与普通 Holter 同步记录和检测的结果，结果表明，植入式 Holter 诊断房颤的敏感性为 96.1%，特异性为 97.4%，诊断房颤负荷的总准确率高达 98.5%。

三、临床应用与评价

（一）晕厥病因的检出率高

植入式 Holter 是一种埋藏式长程动态心电图的记录装置，可视为心电事件的长程监测系统。近 10 年的临床应用表明，这一检测方法已成为心律失常相关晕厥评估的金标准，是不明原因晕厥的病因学诊断技术的突破性进展。

多项循证医学的结果显示，在晕厥原因的多种临床检测方法中，植入式 Holter 的阳性诊断率名列榜首，对晕厥原因的诊断最敏感（表 7-6-1）。

Seidl 报告的 133 例不明原因晕厥患者行植入式 Holter 检查的一年中，83 例（62%）再发晕厥或先兆晕

表 7-6-1　晕厥相关检测方法的病因检出率

检查项目	检出率
心电图	2% ～ 11%
动态心电图	2%
体外式循环记录器	20%
直立倾斜试验	27%
心脏电生理检查	2% ～ 5%
运动试验	0.5%
脑电图	0.3% ～ 0.5%
植入式 Holter	43% ～ 88%

厥，其中 72 例（87%）得到病因确诊。在 Krahn 报告的 85 例反复晕厥患者中，植入式 Holter 检测的一年随访期中，62 例（73%）再发晕厥或先兆晕厥，64% 的晕厥及 25% 的先兆晕厥发作时记录到"罪犯心律失常"，使晕厥的病因得到确定。

对心脏电生理检查结果阴性的晕厥患者，经植入式 Holter 检查，22 例晕厥复发的病例中，17 例为明显的心动过缓（完全性房室传导阻滞），该结果证实，对心脏电生理检查阴性的晕厥患者，仍不能排除患者存在阵发性完全性房室传导阻滞，而植入式 Holter 对这种偶发、间歇性房室传导阻滞有更大的诊断优势。

（二）晕厥患者的治疗效果更优

国际不明原因晕厥病因的研究（international study on syncope of uncertain etiology，ISSUE）是评价植入式 Holter 功能的一项研究。

该研究中，111 例反复晕厥但无器质性心脏病患者（2 年晕厥发作 ≥ 3 次）入组，分别进行植入式 Holter（随访 3 ～ 15 个月）、直立倾斜试验等检查。

该结果得到多项有指导性意义的结论：

（1）晕厥的原因有时具有自限性或因一过性异常引起，因此，晕厥可能在很长一段时间不复发。

（2）不明原因的晕厥患者中，致命性心律失常的发病率较低。无严重左室功能不良，心脏电生理检查阴性者，尽管存在反复晕厥的发作，但预后尚可，应用植入式 Holter 检查时安全、可行。

（3）不明原因晕厥最常见的心律失常为长间歇，主要是窦性停搏，因此，人工心脏起搏器治疗的长期效果好。

（4）在植入式 Holter 检查结果指导下的治疗效果更佳，这些患者在植入式 Holter 结果指导下的治疗与常规检查结果下的治疗进行比较时，每年每位患者发生症状性晕厥的相对危险明显降低，其中起搏器治疗起到很大作用（图 7-6-19）。

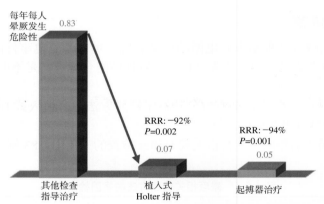

图 7-6-19　植入式 Holter 指导下的治疗可降低晕厥复发的危险性（RRR：relative risk reduction）

（三）降低患者的医疗费用

晕厥随机评估试验（randomized assessment of syncope test，RAST）研究，对比研究了植入式 Holter、直立倾斜试验、心脏电生理检查、普通 Holter 等方法对不明原因晕厥患者病因的诊断率。全组共 60 例，均排除了神经介导性晕厥，左室 EF 值 < 35% 等。60 例患者的平均年龄为 66 岁 ±14 岁，随机进入植入式 Holter 组及常规检查组，如首次进入的检查组未获明确诊断，则进行随后的交叉组。结果表明，常规检查组的第 1 和第 2 阶段的阳性诊断率分别为 20% 和 19%，而植入式 Holter 组分别为 52% 和 62%，两组的总诊断率常规组为 19%，植入式 Holter 组为 55%（P=0.0014）。

RAST 研究首次采用随机、对比的研究方法评估晕厥常用的几项检测技术，并得到多项重要而有意义的结论。

首先证实植入式 Holter 检查的诊断率高，费用低。对不明原因晕厥患者病因的诊断率（55%）明显高于常规组（19%），而耗用的医疗费用相比，植入式 Holter 组比常规检查组降低 26%。

结果还表明，不明原因晕厥患者的最终诊断中，绝大多数为缓慢性心律失常引起，包括窦性停搏和三度房室传导阻滞（图 7-6-20）。

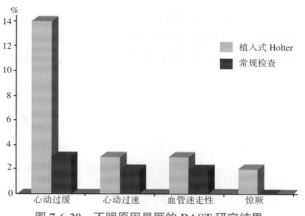

图 7-6-20　不明原因晕厥的 RAST 研究结果

（四）检测和评估房颤技高一筹

XPECT 项目是针对第四代植入式 Holter 检测和评估房颤新功能进行的研究，该研究共 206 例阵发性房颤患者入组，分别用普通的 Holter 检测 2 天，并与植入式 Holter 的结果进行比较。结果表明，后者检出房颤的敏感性为 96.1%，特异性为 97.4%，检出房颤负荷的总有效率为 98.5%，与普通 Holter 检查结果的相关性高达 r=0.976（图 7-6-21）。

（五）使用和随访方便

第四代植入式 Holter 已兼容了 CareLink 遥测技术，使佩戴者能方便地接受远程随访。同时美国 FDA 已批准佩戴植入式 Holter 的患者可接受磁共振检查，此外患者的体外触发器的功能也在不断地改进与开发，这些功能更有利于晕厥病因的检出。

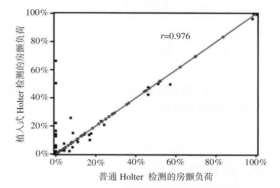

图 7-6-21　普通及植入式 Holter 检测房颤负荷的相关性高

四、典型病例介绍

近年来，北京大学人民医院已植入 50 余台植入式 Holter（包括第四代），随访期患者几乎都有晕厥的再发作，其中心源性晕厥的患者随后都能得到及时的诊断与治疗，下面介绍两例典型病例。

病例 1：患者男性，78 岁，户外活动时晕厥 2 次，住院检查都未获得明确的病因学诊断而接受植入式 Holter 检查。植入后记录的资料证实：患者晕厥发生的原因为室速（图 7-6-22），随即植入 ICD，植入后发生的 14 次室速均经 ICD 的 ATP 治疗有效终止，患者未再发生晕厥。

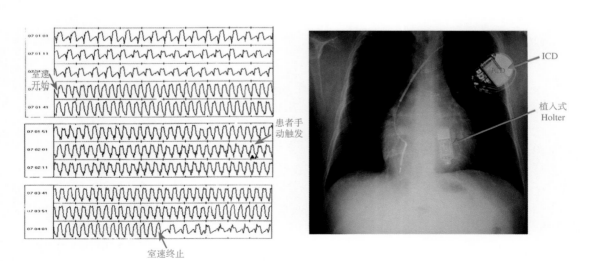

图 7-6-22　植入式 Holter 患者植入 ICD 治疗

病例 2：患者男性，45 岁，反复晕厥 3 年，各项检查（包括直立倾斜试验）均阴性。于 2008 年 10 月接受植入式 Holter 检查。植入 11 个月后再发晕厥，调出的存储资料证实，患者晕厥发生的起因为三度房室传导阻滞，心室率仅 28 次 / 分。植入心脏起搏器治疗后未再发生晕厥（图 7-6-23）。

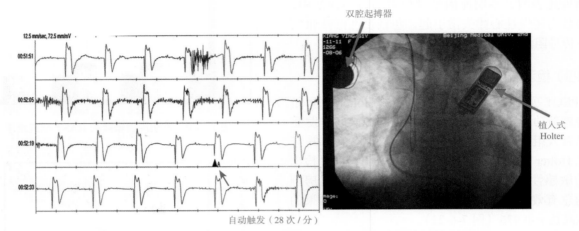

图 7-6-23 植入式 Holter 冻结的资料证实，患者晕厥是一过性三度房室传导阻滞（28 次 / 分）引发，随即植入 DDD 起搏器

五、结束语

检测不明原因晕厥患者的植入式 Holter 已历经四代，临床应用已达 15 年。15 年的应用经验及相关循证医学的结果表明，植入式 Holter 对不明原因晕厥患者病因的总诊断率明显高于传统的各项检查，在其指导下的治疗疗效也明显优于其他检查技术。同时，还能降低患者总医疗费用的 26%。其具有的新功能还在不断开发与推出，使其应用、随访更为方便，诊断率不断提高。有鉴于此，最新指南已把不明原因晕厥患者的初期检查就采用植入式 Holter 列为 I 类适应证，这将大大提高植入式 Holter 的临床应用地位。

第四代植入式 Holter 新增加的房颤检测与评估功能，又拓宽了该技术、系统的临床应用范围，即不仅适用于不明原因的晕厥患者，也适用于房颤患者。

起搏治疗晕厥新概念

晕厥在医学史上已有两千多年的历史，其英文名称 Syncope 源于希腊文 Synkope，有停止的意思。医圣希波克拉底（Hippocrates）于公元前 400 年就指出晕厥患者的预后不良（图 7-7-1）。他说："频繁及严重的晕厥患者常可突然死亡"。尽管晕厥不是一个独立疾病而仅为一个症状，但其发生率高，伴有一定的死亡率，因此晕厥一直受到临床的高度重视。

图 7-7-1　医圣希波克拉底
（公元前 460 ～ 377）

晕厥的概述

一、晕厥的定义

2017 年美国三大学会（ACC/AHA/HRS）发布的晕厥诊断与处理指南认为：晕厥是一种症状，表现为突发的短暂、完全性意识丧失，不能维持体位性张力，意识可迅速自行恢复，发生机制为大脑血流低灌注所致。这不包括其他非晕厥原因引起的意识丧失：例如癫痫、头部外伤或假性晕厥等（貌似意识丧失）。该定义已和欧洲多年来主张的晕厥定义完全一致。

二、晕厥的发病率高

多种疾病都能引起晕厥，使其发生率高。流行病学的资料表明，因晕厥而就诊者可占急诊患者的 3%，占住院患者总数的 1% ～ 2%。

1. 年龄特点

晕厥在年轻人群常见，研究证实约 1/3 的年轻人发生过晕厥，其中大多数因孤立性事件就诊。有数据表明，<18 岁的人群晕厥的发生率 15%，部队官兵（17 ～ 46 岁）晕厥的发生率 20% ～ 25%，而中年人晕厥的发生相对少见。老年人晕厥的年发生率 7%，总发生率可达 23%，与年轻人相仿。>70 岁的老年人晕厥的发生率急剧增加，这与随年龄增长，其血管有一定程度的僵硬，心排血量可减少达 25%，维持血压稳定的各种反射及脑血流的自身调节功能亦有减弱等多种因素有关。反射性晕厥最常见（21%），心源性晕厥占 9%，不明原因的晕厥约 34% ～ 37%。

2. 性别差异

多项资料表明，女性晕厥的发病率更高，女性与男性相比为 22% *vs.* 15%（*P*<0.001）。

3. 不明原因晕厥的比例高

美国每年新发晕厥 50 万例，其中 17 万例呈反复发作，原因明确的晕厥占 53% ～ 62%，而原因不明者占 38% ～ 47%（图 7-7-2）。

三、晕厥的分类

目前，晕厥按病理生理学机制分成三种类型：①神经反射性晕厥（以血管迷走性晕厥为主）；②直立性低血压晕厥；③心源性晕厥。三种类型的各种病因引发晕厥的比例不同（图 7-7-3）。

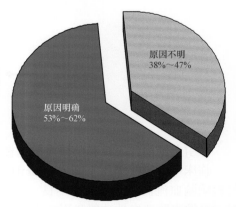

原因不明
38%～47%

原因明确
53%～62%

图 7-7-2　美国晕厥原因明确与原因不明的比例

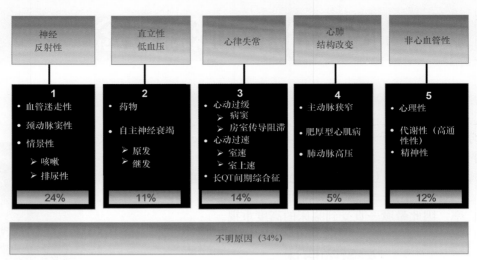

图 7-7-3 晕厥不同病因的比例

四、晕厥的发生机制

当脑血流灌注不足的时间持续 10s 就可能发生晕厥，发生机制常与下述原因有关。

1. 大脑血供丰富

成人大脑约重 1.5kg，仅占全身体重的 2%～3%，但血流量却占全身的 15%～20%，比例很高。而儿童脑血流量所占比例更大，约 40%，氧耗量占全身的 20%～25%。大脑组织的血供来源于两方面：①双侧颈动脉供血 600～800ml/min，占脑血流量的 80%；②椎基底动脉供血约占 20%（延脑）。

2. 脑组织的氧储备极低

脑组织多为有氧供能，而脑组织本身糖原储存很少，供能几乎完全依靠实时血流中的葡萄糖输送。葡萄糖的氧化中，有氧氧化供能占 90%，无氧氧化供能仅占 10%，这使脑组织对缺氧敏感，缺氧的耐受性极低。完全缺氧 6～10s 时可发生黑矇或晕厥，10～20s 时可发生阿斯综合征、抽搐、昏迷、>45s 时脑的电活动停止，人脑耐受缺氧的可逆时间仅 4～6min，脑供血停止后弥散在脑组织或结合在血液中的氧 8～12s 完全耗竭。

3. 脑血流的自动调整能力有限

当发生一定程度的脑动脉灌注压升高或下降时，脑血流在一定范围内可自动调整，使脑血流量重新达到平衡与稳定（图 7-7-4），当脑灌注压 <50～80mmHg 时，脑血流的自动调整发生失代偿，进而引发脑缺血。

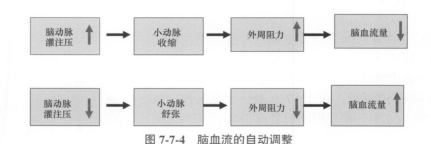

图 7-7-4 脑血流的自动调整

4. 引起脑灌注不良和脑缺血的指标

临床中，当收缩压下降 <80mmHg，心率下降 <45 次 / 分，或有效循环血量突然下降 30% 以上时，都将影响脑血流而引起脑灌注不良。正常时，每 100g 的脑组织每分钟供血量为 50ml，当每分钟供血 <30ml 时，可发生脑缺血性功能障碍，引发晕厥。

因此，脑灌注不良引起的晕厥临床发生率很高。

五、晕厥的危害

1. 晕厥引发的死亡率高

图 7-7-5 显示晕厥引发的死亡率为 8%，而心源性晕厥的致死率高达 8% ~ 25%。

2. 严重影响生活质量

除致死率高之外，晕厥还严重影响患者的生活质量（图 7-7-6）。

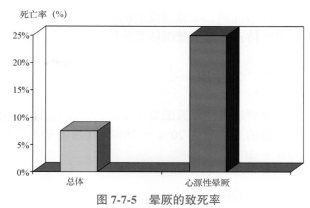

图 7-7-5　晕厥的致死率

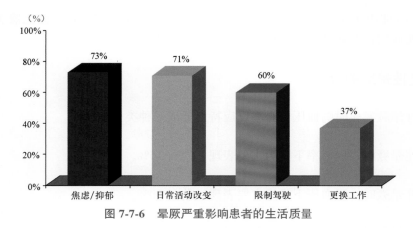

图 7-7-6　晕厥严重影响患者的生活质量

血管迷走性晕厥概述

在各种晕厥中，血管迷走性晕厥（VVS）的发生率最高（约 24%）。

一、定义

血管迷走性晕厥可视为一种过度或病理性减压反射。正常时，减压反射是人体发生最频繁、最重要的维持循环系统稳定的生理性反射。当人体遇交感刺激时，可引起生理性血压增高和心率加快，进而刺激和兴奋心脏与血管上的压力感受器，兴奋再经传入神经到达大脑的心血管调节中枢，刺激及兴奋迷走中枢，抑制交感中枢。随后再经传出神经作用在靶器官（心脏及血管），引起轻度的心率下降（10 次 / 分）及血压下降（10mmHg），达到对生理性血压升高、心率增快的调节，恢复循环系统的平衡稳定状态。这种减压反射与升压反射一样，是人体最重要、发生最频繁的心血管生理调节性反射（图 7-7-7）。

人体在一定因素的影响下，可能发生过度或病理性减压反射，使血压下降幅度 >30mmHg，心率下降幅度 >30 次 / 分，过度的减压反射将破坏人体循环系统的稳定与平衡，并引发脑供血不足，引起血管迷走性晕厥。

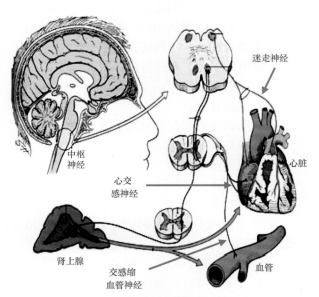

图 7-7-7　减压反射对靶器官的作用

应当强调，①减压反射的感受器为压力感受器，故又称压力感受器反射；②减压反射及反向的升压反射是维持正常血压及循环系统稳定的关键；③过度或病理性的减压反射能破坏人体循环系统的稳定。

二、发生率

血管迷走性晕厥的发生率高：①年轻人的发生率可高达 30% ~ 60%，其中多数人不就医；②全社会总体人群的发生率为 20% ~ 25%；③反复晕厥的发生率达 30% ~ 40%；④恶性血管迷走性晕厥的发生率约 10% ~ 20%。

三、临床特点

血管迷走性晕厥的临床特点包括：①发病率高；②年轻与老年人多见；③常无器质性心脏病；④常有明显诱因；⑤有先兆症状；⑥辅助诊断：直立倾斜试验为诊断的金标准。

四、血管迷走性晕厥的分型

根据血管迷走性晕厥发作时的血压与心率反应特点分成三种类型。

1. 心脏抑制型

出现晕厥或先兆晕厥时，以心率下降为主要表现，约占 15%。

2. 血管抑制型

出现晕厥或先兆晕厥时，以血压下降为主要表现，约占 20%。

3. 混合型

出现晕厥或先兆晕厥时，血压与心率都存在过度下降，该型发生率最高，约占 65%。

五、直立倾斜试验

临床疑似血管迷走性晕厥的患者依据直立倾斜试验结果可做出血管迷走性晕厥及分型的诊断，因此直立倾斜试验是其诊断的金标准。

1. 直立倾斜试验的方法

（1）患者先安静平卧 20 ~ 45min；

（2）调整直立倾斜床的角度达 60° ~ 80°；

（3）倾斜持续时间 30 ~ 40min（图 7-7-8）。

2. 药物激发直立倾斜试验

试验中可加用下列药物进行激发：

（1）异丙肾上腺素；

（2）硝酸甘油；

（3）胆碱酯酶抑制剂（腾喜龙）；

（4）腺苷；

（5）肾上腺素等。

服药后间隔一定时间，重复常规的直立倾斜试验。

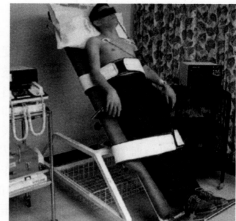

图 7-7-8 直立倾斜试验

3. 结果判定

1998 年国内专家提出的阳性标准认为，患者在倾斜试验过程中出现晕厥或先兆晕厥，同时伴有心率和（或）血压下降：

（1）心率减慢：心率 <50 次 / 分、窦性停搏代以交界性逸搏心率，或二度以上的房室传导阻滞。

（2）血压下降：收缩压 ≤ 80mmHg 和（或）舒张压 ≤ 50mmHg 或平均动脉压下降 ≥ 25%。

（3）可疑阳性：有先兆表现，但心率、血压未达到阳性标准。

2016 年直立倾斜试验标准操作流程中国专家推荐意见如下。

（1）1 型：即混合型。晕厥时心率减慢，但心室率不低于 40 次 / 分或 <40 次 / 分的时间 <10s，伴有或不伴有时间 <3s 的心脏停搏，心率减慢前出现血压下降。

（2）2A 型：无心脏停搏的心脏抑制。心率减慢，心室率 <40 次 / 分，时间 >10s，但无 >3s 的心脏停搏，心率减慢前先出现血压下降。

（3）2B 型：伴心脏停搏的心脏抑制型。心脏停搏 >3s，血压下降在心率减慢前出现或同时出现。

（4）3 型：血管抑制型。收缩压 <60 ～ 80mmHg 或收缩压或平均动脉压降低 20 ～ 30mmHg 以上，晕厥高峰时心率减慢 ≤ 10%。

4. 阳性检出率

阳性率约 30% ～ 74%；药物激发试验的阳性率可达 50% ～ 82%。

5. 三个亚型在不同年龄与性别血管迷走性晕厥患者中的分布

血管迷走性晕厥者直立倾斜试验阳性时的三个亚型分布见图 7-7-9。

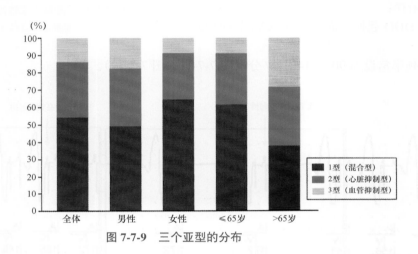

图 7-7-9　三个亚型的分布

6. 血管迷走性晕厥的治疗

（1）药物治疗：① β 受体阻滞剂：降低交感刺激，减少对 C 纤维的刺激；② α 受体激动剂：增加外周阻力和有效血容量；③抗胆碱药：降低迷走神经张力；④盐皮质激素：增加 Na$^+$ 的重吸收，增加血容量；⑤茶碱类：阻断腺苷，增加心率，升高血压。

（2）非药物治疗：①患者的心理宣教；②患者做直立倾斜的体位训练；③外科手术（切除颈动脉窦上神经，可使 75% 的病症减轻或消失）；④植入 DDD 起搏器进行起搏治疗。

预防血管迷走性晕厥的经典起搏模式

在三种类型的血管迷走性晕厥中，心脏起搏器可防治心脏抑制型（cardioinhibitory）晕厥，该型患者遇到交感刺激后，先引起心率与血压的轻度上升，进而引起体内的减压反射，但患者一旦发生了过度或病理性减压反射，将引起心率骤降（短时间内心率骤降 ≥ 30 次 / 分），使心输出量明显下降，当 100g 的脑组织每分钟血供 <30ml 时，将引起脑功能严重障碍而发生晕厥。

心脏起搏器治疗这种过度或称病理性减压反射时，先要迅速、准确地做出心率骤降的诊断，再马上启动干预性高频率（90 ～ 140 次 / 分）起搏治疗。

一、治疗适应证

主要针对恶性心脏抑制型晕厥患者，其特征为发生率低，仅占心脏抑制型晕厥患者的 10% ～ 20%。当其发作频繁，发生时症状重而药物疗效差，常伴 >5s 的心脏停搏或房室传导阻滞者为起搏治疗的适应证。

二、经典的起搏模式

基本工作模式可简单归纳为：①迅速诊断发生了心率骤降；②立即启动干预性高频率 DDD 起搏。

1. 迅速诊断心率骤降

心率骤降的诊断标准：当自身心率突然在短时间内发生骤降 ≥ 30 次 / 分，出现了窦性停搏或严重的房室传导阻滞，且缓慢性心率持续 2 ～ 5 个心动周期时，则诊断为心率骤降（图 7-7-10）。检测窗口常设为 2 ～ 5s，即缓慢心率持续时间常设为 2 ～ 5 跳。

2. 干预性高频率起搏

心率骤降的诊断一旦成立，马上触发或启动起搏器干预性高频率起搏治疗：

（1）要行双腔 DDD 起搏，而 AAI 或 VVI 起搏模式均不适宜。

（2）干预起搏频率常设为 90 ～ 140 次 / 分（图 7-7-11，图 7-7-12）。

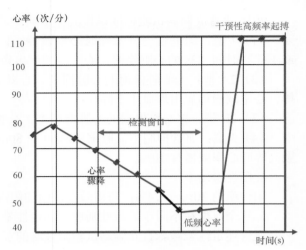

图 7-7-10 自身心率骤降事件的检出
（低频心率连续 3 跳）

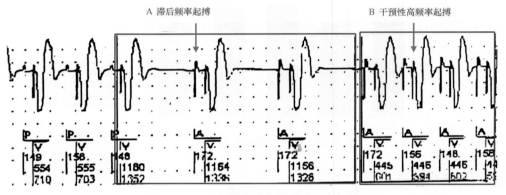

图 7-7-11 心率骤降时出现滞后频率起搏

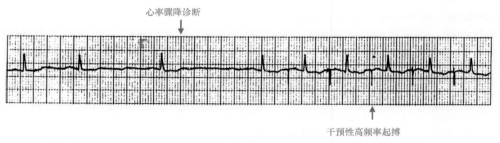

图 7-7-12 心率骤停触发干预性高频率起搏

从图 7-7-11 可以看出，患者突然发生了心率骤降，且骤降后的自身心率低于 DDD 起搏器设置的滞后频率，结果如 A 图显示，出现了滞后频率的起搏，这说明患者已发生了心率骤降。随后马上触发干预性高频率 DDD 起搏，预防心脏抑制型晕厥的发生。

图 7-7-12 显示了另一种情况，即患者发生了心率骤降后自身心率高于 DDD 起搏器设置的滞后起搏频率，此时则表现为自身的缓慢心率，也提示已发生了心率骤降，立即触发干预性高频率起搏治疗。

图 7-7-12 中似乎触发了 AAI 起搏模式，但实际患者的自身房室结下传功能良好，使心电图表现为 AAI 起搏模式。上述起搏器防治心脏抑制型晕厥的过程见图 7-7-13。

分析图 7-7-13 时应当注意，初始患者为正常窦律，植入的 DDD 起搏器也设置了滞后起搏频率，该滞

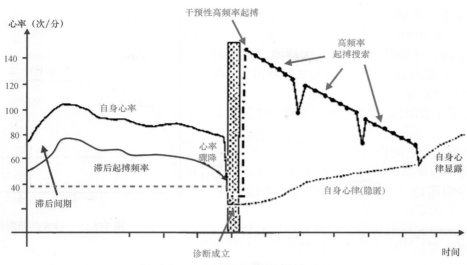

图 7-7-13　起搏器抗晕厥模式的示意图

后频率可以是一个固定频率（例如设置为 35 次 / 分或 40 次 / 分），但也能设置为动态滞后起搏频率，即设定一个滞后间期（例如 150 ～ 750ms），该滞后间期固定，但因患者窦性心率的快慢可能不断变化，使滞后起搏频率也有相应的动态改变。当患者心率骤降的诊断成立后，且下降后的自身心率低于滞后频率时，将出现滞后频率的 DDD 起搏（图 7-7-11）。

此外，还应注意，干预性起搏频率肯定较高，当其有效预防晕厥发生后，临床不适宜持续以这种高频率起搏。因此，持续一定时间后需进行起搏频率的回降搜索，搜索的间隔可设为 3 ～ 5 分（快速搜索）、5 ～ 8 分（中速搜索）或 8 ～ 10 分（慢速搜索），搜索直到自身心律显露为止（图 7-7-13）。

三、起搏防治晕厥的疗效评价

应用上述起搏模式防治心脏抑制型晕厥的疗效已有多项研究进行了评价，但评价方法都为简单的自身症状的对照、自身晕厥次数的对比等，而且入组病例较少，未能进行随机、双盲，设对照组的研究。虽然研究方法尚有欠缺，但研究结果却一致显示，这种起搏模式的疗效明确。

1. 症状改善的研究

观察能否改善晕厥症状的一组 9 例患者的研究，研究结果显示，起搏器植入前大多数患者晕厥发生时伴有严重症状，而起搏干预治疗后，症状明显改善（图 7-7-14）。

2. 北美起搏治疗血管迷走性晕厥的研究（VPS）

（1）研究目的：评价起搏防治频发血管迷走性晕厥的疗效。

（2）入组与方法：①全组 284 例中 54 例有严重血管迷走性晕厥，随机 27 例不植入，27 例植入永久起搏器治疗；②起搏器非植入组患者的平均年龄 40 岁，女性 74%，直立倾斜试验 60% 出现窦性心动过缓，心率 <60 次 / 分；③植入起搏器组患者的平均年龄 46 岁，女性 70%，直立倾斜试验 72% 存在窦性心动过缓，心率 <60 次 / 分。

（3）研究结果：起搏治疗可明显降低晕厥发生的相对风险 85.4%。

（4）研究结论，DDD 起搏器可减少血管迷走性晕厥的发生（图 7-7-15）。

3. 防治血管迷走性晕厥的国际研究（VASIS）

（1）研究目的：DDD 起搏器能否防治血管迷走性晕厥的发生。

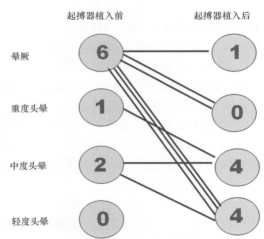

图 7-7-14　起搏治疗后患者症状明显改善

（2）研究方法：欧洲 18 个中心的 42 例患者入选，随机分成起搏治疗组 19 例，非起搏治疗组 23 例。

（3）研究结果：平均随访 3.7 年，起搏治疗组晕厥的再发生率 5%；非起搏治疗组晕厥的再发生率 61%，两组间有明显的统计学差异。

（4）研究结论：DDD 起搏器有明显的防治血管迷走性晕厥的作用。

4. 晕厥症状能否改善的临床研究

另一项改善晕厥症状的研究中，37 例血管迷走性晕厥患者入组，全组随访（50±24）个月，89% 的患者症状改善，27 例患者的症状完全消失。

多年来，临床研究结果显示，起搏治疗能有效防治心脏抑制型晕厥的发生。应用心率骤降检出和干预性高频率起搏，能明显减少或消除心脏抑制型晕厥患者的晕厥次数及症状。

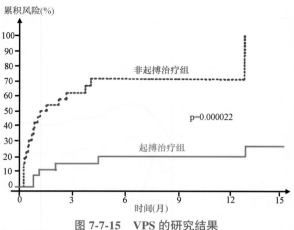

图 7-7-15　VPS 的研究结果

预防血管迷走性晕厥的 CLS 起搏新模式

随着心脏起搏器技术的迅速进展，近年来百多力公司（Biotronic）推出了一种新型 DDDR-CLS 功能起搏器，其 CLS 功能（Closed Loop Stimulation）的中文名称为闭环刺激或闭环起搏功能。临床可应用这种特殊功能防治血管迷走性晕厥（心脏抑制型），本文将 CLS 起搏新模式简称为 CLS 功能，其防治晕厥的机制与传统起搏模式截然不同。简而述之，这种 CLS 功能起搏器装备有交感神经兴奋性增高而激活或驱动的传感器。当人体交感神经兴奋性增高并激活传感器时，起搏器的起搏频率将变为传感器驱动的频率，这种频率较高的起搏能有效增加患者的心输出量（心输出量 = 每搏量 × 心率），可以满足交感神经兴奋性增高时，人体代谢率也随之增高的需求，这种功能与普通频率应答式起搏器相同，只是传感器不同而已。但应当了解，在社会人群中，有少数人在交感神经兴奋性增高时能引发过度或病理性减压反射而发生心率骤降及晕厥，此时起搏器的传感器频率的有效起搏将能防治患者可能发生的晕厥。

一、CLS 传感器特点

目前，绝大多数心脏起搏器均有变时性功能，其需借助不同种类的传感器来实现。当传感器被激活，起搏器的基础起搏频率将自动提高为传感器驱动的频率起搏，称为传感器频率。

目前，心脏起搏器内置的传感器分成两种：分别感知人体的物理学指标或生物学指标的升高变化并被激活。

1. 物理学指标

包括体动压电传感器、体动加速度传感器（水平、垂直）、磁球式等。人体运动时，躯体和肌肉活动的加剧使这些指标值升高，进而激活物理学传感器，使起搏频率提高到传感器频率。

2. 生物学指标

包括每分通气量、经胸阻抗、QT 间期、右室容量、右室压力变化（dp/dt）、血液温度、静脉血氧饱和度、pH 值等。目前临床应用较多的是每分通气量和 QT 间期。这些指标在人体运动后，随着机体代谢率的增加可使这些指标升高而激活生物学传感器，进而将起搏频率提高为传感器频率。而 CLS 传感器属于新型的生物学传感器，其传感器的位置也很特殊，位于起搏器电极导线的顶端（图 7-7-16），紧贴右室心肌，可直接测定心肌阻抗及其变

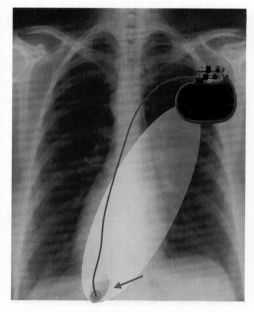

图 7-7-16　CLS 传感器位于电极导线的头端

化，当心肌阻抗升高并超过阈值时则激活传感器，使起搏频率提高为 CLS 传感器频率，故 CLS 传感器又称心肌阻抗传感器。

二、CLS 起搏器直接测定心肌阻抗及变化

CLS 起搏器可直接测定心肌阻抗，测定通过一个闭合电路（图 7-7-17A），测定起搏器外壳与电极导线头端电极之间的电压差，再将测定结果带入欧姆定律，进而计算出心肌阻抗值 [阻抗 = 电压 ÷ 电流（已知）]。

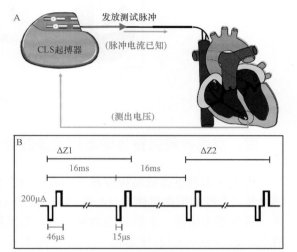

测试时起搏器在每个心室收缩期发放 16 个（8 对）阈下测试脉冲，可测 8 个心肌阻抗值（图 7-7-17B）。心室收缩期相当于心电图的 QT 间期，因发放的阈下测试脉冲落入心室肌不应期，故脉冲不引起心室除极，仅供测量电压差中应用。

当心肌阻抗升高且升高幅度超过阈值时，则激活 CLS 传感器，使起搏器的起搏频率提升为 CLS 传感器驱动的频率，而且心肌阻抗值越大，传感器频率则越高。

在心室收缩期测出 8 个心肌阻抗值及其变化后，进而能绘出心肌阻抗的变化曲线（图 7-7-18），当变化值高出阈值则激活 CLS 传感器。

图 7-7-17　测定心肌阻抗的示意图

三、CLS 传感器可间接感知心肌收缩力变化

心脏生理学研究证实，心肌阻抗与心肌收缩力呈正相关（图 7-7-19）。

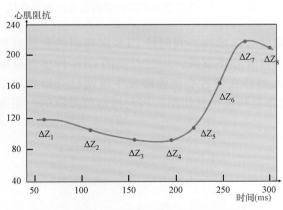

图 7-7-18　一个心室收缩期心肌阻抗的曲线

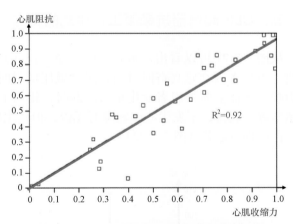

图 7-7-19　心肌阻抗与心肌收缩力呈正相关

心肌阻抗的高低决定于心脏中血液容积和心肌体积的比例。心室收缩时，心室腔内血液分别射入主动脉或肺动脉，使心室的血容量变小，同时收缩期心室肌变厚，使心肌阻抗升高（图 7-7-20）。而心室舒张期，大量静脉血从左房和右房跨过房室瓣充盈到左、右心室，使心室的血容量增加，同时舒张后心室肌变薄，心肌体积变小，心肌阻抗降低。

CLS 起搏器直接测定的是心肌阻抗，心肌阻抗升高时可激活 CLS 感知器。而心肌收缩力和心肌阻抗呈正相关，故也可以认为，心肌收缩力增强时，可间接激活 CLS 传感器。

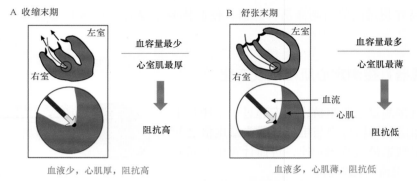

图 7-7-20 　心肌阻抗的变化机制

四、交感神经兴奋性增高可间接激活 CLS 传感器

当人体出现躯体或精神应激或两者同时存在时，交感神经兴奋性的增高可使自身心率增高（窦性心率升高）及心肌收缩力增高。心肌收缩力增强时，心肌阻抗同时增加，进而激活 CLS 传感器，使起搏频率升高为 CLS 传感器频率。因此可推导出这样的结论：交感神经兴奋性增高时可间接激活 CLS 传感器。因此，交感神经兴奋的增高既使窦性心率升高，也使起搏频率升高（图 7-7-21），此时患者到底显露哪种心律取决于哪个心律率更快。最终可以是自身窦性心率，也可能是传感器频率。但有一点可以肯定，此时人体发生过度减压反射使自身心率骤降时，显露出来的一定是起搏器的传感器频率。

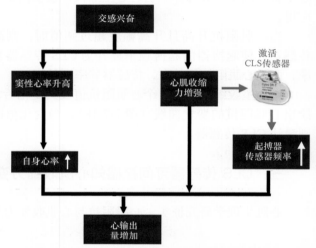

图 7-7-21 　体内交感神经兴奋时引起的系列变化

五、CLS 起搏器抗晕厥工作模式的特点

从图 7-7-21 可以看出，患者交感神经兴奋性升高时窦性心率增快，同时使 CLS 起搏器的起搏频率也增快，当患者因交感兴奋同时引发过度减压反射时，发生自身心率骤降，但已升高的 CLS 传感器频率不受影响，进而能防治患者发生晕厥。此时，相当于 CLS 起搏器在患者心率骤降发生前就已开始显示 CLS 传感器频率起搏，不发生心率骤降时无碍，但发生时肯定会起到抗晕厥作用。因起搏器抗晕厥的作用来得早，作用将更显著（图 7-7-22）。

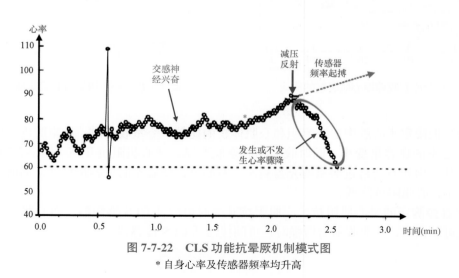

图 7-7-22 　CLS 功能抗晕厥机制模式图
* 自身心率及传感器频率均升高

六、CLS 功能抗晕厥的疗效评价

CLS 起搏器防治心脏抑制型晕厥的疗效，已有多项研究进行了评价，其中两项为前瞻性、随机分组的双盲或设对照组的研究。

（一）SPAIN研究

SPAIN 研究评价了 CLS 功能防治血管迷走性晕厥的疗效。

1. 研究目的

验证 CLS 起搏器能否减少血管迷走性晕厥的发生，该文发表在 2017 年 ACC 杂志上。

2. 研究方法

这是第一个评价 CLS 功能抗晕厥疗效的前瞻、双盲、设对照组的研究。

3. 主要终点

观察血管迷走性晕厥的发作能否减少。

4. 入组

（1）西班牙和加拿大两国的 12 个医学中心，共 54 例 >40 岁的患者入选。

（2）所有患者均植入 DDDR-CLS 起搏器。

（3）入组后随机分为两组：起搏器 CLS 功能打开组和起搏程控为 DDI 工作模式组。

（4）两组患者各观察 12 个月后，再行互换，继续观察 12 个月。任何患者在 1 个月内发生晕厥 ≥ 3 次时，将提前转换到另一组。

（5）患者和医生为双盲。

5. 研究结果

（1）46 例患者随访两年，患者平均年龄 56 岁，48% 为男性。

（2）CLS 功能打开组随访期有 4 例再发晕厥，DDI 模式组有 21 例再发晕厥，两组晕厥复发例数有显著的统计学差异。

（3）CLS 功能打开组的 72.2% 患者，第 1 年晕厥发生次数下降 >50%。第 2 年转换入 DDI 模式组时晕厥复发较多。而 DDI 模式组的患者第 2 年转换入 CLS 功能打开组时，晕厥发作减少 >50%。有 9 例最初进入 DDI 模式组的患者第 1 年达到提前换组的标准而换组。

6. 研究结论

SPAIN 研究是首次对 CLS 功能抗血管迷走性晕厥疗效的前瞻、双盲、设对照组的研究。全组晕厥发作次数减少 >50%，使患者生活质量明显改善，优于传统起搏模式的疗效。

（二）INVASY研究

这是另一项评价 CLS 功能防治血管迷走性晕厥疗效的研究，也是随机、单盲、设对照组的研究，观察 CLS 功能能否有效防治血管迷走性晕厥。

1. 入组

34 例有血管迷走性晕厥伴直立倾斜试验阳性的患者入组。

2. 起搏器植入

全组均植入 DDDR-CLS 功能的起搏器。

3. 结果

全组随访 1 ～ 4 年，34 例中 30 例患者晕厥未再发生。

4. 结论

CLS 功能是当前防治血管迷走性晕厥最有效的起搏治疗。

七、结束语

目前，血管迷走性晕厥的起搏治疗仍为 Ⅱb 类推荐，但当适应证选择得当，并应用 CLS 功能防治时，能更加有效地减少患者晕厥的发生。近期发表的两项随机、多中心、双盲或单盲、设对照组的研究结果表明，CLS 功能可减少 88% 的晕厥发生。

鉴于上述，可以乐观地估计：指南或专家共识对起搏器治疗血管迷走性晕厥（心脏抑制型）的推荐级别有望提高。

心脏震击猝死综合征

猝死是临床医学面临的最严峻的挑战，而心脏震击猝死综合征是近年逐渐被认识，发病逐渐增多的一种猝死类型。与其他类型的猝死不同，其主要累及平素健康的青少年，发病后经救治幸存者很少，因而已引起社会各界的极大关注。

一、定义

心脏震击猝死综合征（commotio cardis 或 cardiac concussion syndrome）是指健康青少年运动时，棒球等撞击物以相对低的能量撞击胸部心前区后引发的猝死。心脏震击猝死综合征的诊断需要有临床或尸检的资料证实患者生前不存在能够引发猝死的器质性心脏异常或其他的急性心肌损伤。

心脏震击猝死综合征最早由 Schlomka 和 Schmitz 在 1932 年首次报告。随后，将心前区胸部震击后发生猝死的情况分成两种：①心脏震击型（commotio cardis）：是指猝死后尸检时没有或很少发现心脏受到损伤的证据；②心脏损伤型（concussion cardis）：是指猝死后尸检能够发现心肌损伤的证据。近年来心脏震击猝死综合征主要指前者。

就名称而言，心脏震击猝死综合征应当注意与心肌震荡综合征（myocardiac concussion syndrome）相区分。后者又称短暂性 Q 波征、一过性 Q 波征等。是指心肌遭受一过性严重缺血后，发生了区域性电活动的静止，进而使心电图出现了一过性 Q 波，这一电静止并不在心肌血供恢复后马上消失，而是经过一定的时间才完全或部分恢复，表现为病理性 Q 波的消失。该 Q 波持续出现的时间较短，也无梗死 Q 波的演变特点。显然，心肌震荡综合征是心肌顿抑的一种表现，即心肌顿抑表现为心脏电功能丧失一段时间后逐渐恢复，心肌震荡综合征与猝死之间没有更多关系。

二、临床特征

1. 易发年龄

发生本综合征的高峰年龄为喜爱运动的青少年时期，年龄范围 2 ～ 38 岁（平均 12 岁），70% 以上的患者 <16 岁。有人推测，青少年运动员人群易发心脏震击猝死综合征的原因是其处于发育中的胸廓更富有弹性，容易将外来的撞击能量传递到心脏。随着年龄的增长，胸廓的骨骼不断发育逐渐成熟，胸壁变得更为坚实，胸廓的坚实使其对突然外来的震击力更多地表现为吸收，而不是直接传送给心脏，使本综合征在成年人中发生较少。

就发生者性别而言，文献报告几乎全部为男性。一组 70 例患者的统计中除 1 例为女性外，余 69 例均为男性患者，发生者包括白人及黑人（占少数）。

2. 易引发本综合征的运动

绝大多数的心脏震击猝死综合征病例发生在棒球运动中（约占 57%），其次为垒球和冰球（各占 10%），还可见于美式足球、英式足球、橄榄球、空手道、曲棍球、拳击等。极少数发生在与运动完全无关的活动中，例如搏斗中（图 7-8-1）。

图 7-8-1 显示一组 70 例心脏震击猝死综合征发生在各种运动的比例，发生在棒球运动中的比例最高，而且多数发生在非正式的比赛、训练及娱乐性棒球运动中。图中其他一项中包括搏斗等非运动情况，约 50% 的病例发生在大学或中学等正式举办的比赛中，部分病例也可能发生在职业运动员（7%），而另 50% 的病例发生在非正式的娱乐性家庭运动，或发生在体育场或学校的训练性运动及活动时。

3. 易引发本综合征的胸部震击部位

尽管心脏震击猝死综合征的发生机制尚不完全清楚，但其发生的共同特征是胸部受到低能量的钝性

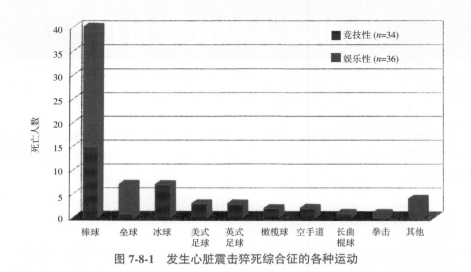

图 7-8-1 发生心脏震击猝死综合征的各种运动

撞击，多数在胸壁不留贯穿伤，胸廓包括肋骨也无明显损伤。胸部被撞击的部位多数位于左侧中胸部，图 7-8-2 显示一组 22 例心脏震击猝死综合征发生时患者胸部遭到撞击的部位。除左侧中胸部是撞击的集中部位外，还可能发生在剑突部以及胸骨上部 Louis 角等部位。胸部的震击部位几乎都是在与心脏解剖位置相关的胸前区。

4. 发生时的症状

患者遭到胸部钝性震击后，可表现为即刻被击倒在地，少数仍能坚持移动数米而倒地，多数患者即刻发生晕厥、昏迷、心脏停搏。部分患者意识丧失前有一短暂的昏迷前期，最初可能还能诉说"头晕"等不适的简单话语，随即迅速发生意识丧失和心脏停搏。

及时的心肺复苏是使患者能够生还的决定性因素。因此现场及时抢救和心肺复苏都是分秒必争地进行，来不及或不允许记录当时的心电图，这使猝死发生即刻的心电图资料几乎没有。复苏成功后记录的心电图有时出现与冠状动脉痉挛心电图完全一致的表现（图 7-8-3），经过治疗这些心电图表现可以消失。此外，还可见到缓慢的室性自搏性节律的心电图及病情进一步恶化时的室颤心电图（图 7-8-4）。

复苏成功后迅速进行超声心动图检查可以发现局部心肌有运动丧失的表现，但无心包积液等其他器质性损伤。

5. 临床经过及预后

心脏震击猝死综合征的病程预后极为凶险，Maron 在 1995 年报告了一组 25 例该综合征的病例，虽然都进行了及时的心肺复苏，但无 1 例幸免，25 例全部罹难猝死。这似乎给人们留下一个印象：这种钝性胸部震击伤产生的心脏停搏有着极强的致死性。近年来，对该综合征的报告逐渐增多，认识水平也不断提高，幸存者的数量有所增加。Maron 报告了 3 例该综合征的幸存者，约占全组的 8.6%。而后，美国心脏震击猝死综合征注册登记处报告了迄今为止数量最多的病例组，该组共 70 例患者，心脏停搏发生后有 11 例患者坚持到被送到医院，其中 4 例入院后未能免于死亡，最终仅有 7 例存活，占全组病例的 10%。幸存者的预后常取决于复苏成功前昏迷持续的时间，患者可遗留程度不同的脑功能障碍，如各种程度的记忆丧失、各种程度的神经源性功能障碍等。随着治疗脑功能障碍能够部分或完全恢复。

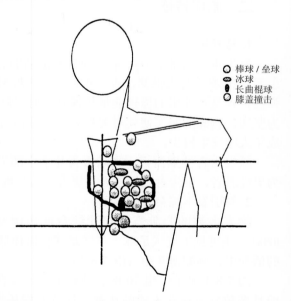

○ 棒球 / 垒球
◐ 冰球
◑ 长曲棍球
◉ 膝盖撞击

图 7-8-2 引发心脏震击猝死综合征的胸部撞击点及撞击物

本图示 22 例死于棒球、垒球等运动时中胸部撞击部位的分布，这些位点集中在左侧中胸部心脏解剖投影的上方

三、发生机制

心脏震击猝死综合征的发生机制至今不清。最初的观点认为：当胸壁遭到低能量、非贯穿性撞击时引发了室颤，同时可能还伴有冠脉痉挛、心肌损伤、电机械分离、神经介导性损害、高迷走神经症、长 QT 综合征等多种因素的参与。随着不断深入的研究，这些经典的观点也在发展和变化。

1. 适位、适时、适力的胸部撞击

人体运动与非运动时，经常发生胸部的撞击，对于成长发育中的青少年，胸部撞击是否引发心脏震击猝死综合征受到 3 个关键性因素的影响。

（1）适位的胸部撞击：适位是指胸部撞击的位置适当，引发猝死的撞击需要直接撞击到左侧胸前区心脏解剖位置的上方。心脏震击猝死综合征的患者中，约 35% 的人被撞击物击中时在胸壁留下损伤程度不同、形态不同的伤痕。这些撞击伤痕的部位（图 7-8-2）绝大多数位于左胸中位心脏解剖投影的上方。因此，适位的撞击可能引发恶性事件，而撞击位置的不同可能与本综合征伴发不同的心律失常相关，因为这一投影区的下方可能邻近右心耳、窦房结、右心室、房室结、左心室等。

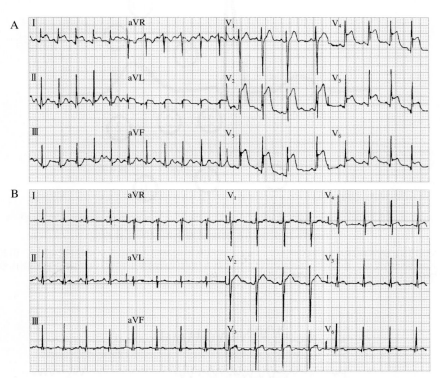

图 7-8-3 1 例心脏震击猝死综合征幸存者的心电图

本图为 1 例 14 岁男性患者，踢足球时，胸前区撞击后发生心脏震击猝死综合征。6min 后的心电图为室颤，3 次除颤后恢复窦性心律，心电图可见与冠脉痉挛伴发的心电图改变一致（A），4 天后心电图中上述改变消失（B）

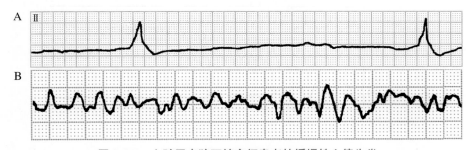

图 7-8-4 心脏震击猝死综合征患者的缓慢性心律失常

患者男，20 岁，被垒球击中胸部后，摇晃行走 10m 后摔倒。约 10min 急救人员赶到，记录的心电图为缓慢的室性自搏心律（A），经抢救患者曾一度变为室颤（B），电击后又变为室性自搏心律，最后发生电机械分离而死亡（记录纸速 50mm/s）

（2）适时的胸部撞击：适时是指撞击的时间适当。动物模拟实验中令人惊讶地发现，应用心电图同步触发的胸部撞击，撞击的时间不同能引发不同的心电表现与相关后果（图 7-8-5）。

当撞击时间点位于 T 波顶点前 15 ~ 30ms 的狭窄区域时，则能立即引发室颤（图 7-8-6），但落入其他时间点的胸部撞击不能引发室颤。当撞击时间点落在除极的 QRS 波当中时，常引起一过性三度房室传导阻滞（图 7-8-7）；落入 QRS 波和 ST 段的撞击能够引起 ST 段的抬高（图 7-8-8）。而落在多个撞击时刻可引发左束支传导阻滞及 ST 段的抬高。

显然，T 波顶点前 15 ~ 30ms 的时间段正是心室易颤期，也称心室电异质区，落入该区的室早又称为 R on T 室早，容易引发室颤。

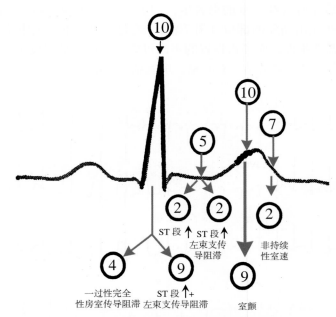

图 7-8-5 不同时间点的胸部撞击引起的各种反应

应用 150g 的木制球形撞击物，约以 13m/s 的速度在不同时间点撞击受试幼猪的胸前区，引起各种不同的反应。心电图上面圆圈内数字代表落在该时间点的撞击次数；心电图下面圆圈内数字代表发生心电图相应改变的幼猪数量

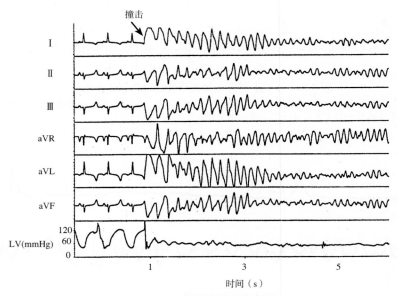

图 7-8-6 胸部撞击引发室颤

受试动物的胸部撞击发生在 T 波顶峰前 15 ~ 35ms，撞击引发室颤，同步记录的左室（LV）压力同时显著下降

　　应用与普通棒球重量（150g）和形态（球形）相似的撞击物，并以 13m/s 的速度，与 QRS 波同步地撞击受试动物的胸部，撞击后心电图的第一跳便出现 ST 段的抬高（图 7-8-8A），而预先服用 K⁺ 通道阻滞剂 glibencalmide 0.5mg/kg 后，重复上述撞击时可以使心电图 ST 段抬高的现象明显减轻（图 7-8-8B）。

　　（3）适力的胸部撞击：引发心脏震击猝死综合征的第三个关键因素是较低能量的撞击。因为胸部撞击引发猝死的危险度在绝大多数情况下与撞击能量呈相反关系，即较低能量的撞击引发心脏性猝死的危险度反而高。这一结论可用下述三个事实证实：①临床绝大多数死于本综合征的病例遭受到的几乎都是不足引起死亡的低能量的胸壁撞击；②死于本综合征的病例很少是因撞击胸部的投掷物速度快于该项运动时的真正速度；③动物实验时能诱发室颤的投掷物速度常约为 13m/s，该速度较慢。此外，发生这一综合征的人群多数是不到 16 岁的青少年，其胸廓正在发育中，胸廓的骨骼较软而易在撞击后发生变形，并将胸壁遭受的机械撞击力传输到心脏，引发室颤。

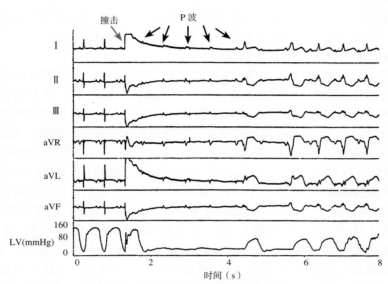

图 7-8-7　胸部撞击引发三度房室传导阻滞

当胸部撞击发生在心脏除极的 QRS 波当中时，能够引发受试动物的三度房室传导阻滞，同步记录的左室（LV）压力显著下降

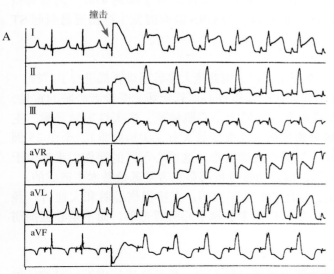
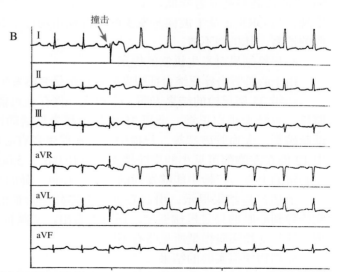

图 7-8-8　胸部撞击引发 ST 段抬高

2. 胸部撞击可引发室早

在人和动物业已证实，不论伴或不伴心脏病，体外机械性的心脏刺激落在心前区时，能够引发和反复引发室性早搏。这一事实提示心脏震击猝死综合征的患者胸部遭受机械性撞击时能够引发一次室早，当该室早正恰落入心室易颤期时，则可将患者原来心脏的电稳定性打破，而引发致命性、反复性心室激动，而形成室颤。

目前认为，给予刚刚发生室颤的患者胸前区一个方向垂直、快速有力的叩击时，有时能够终止室颤，这是因为叩击的机械能量瞬间能转换成约 5～10J 的直流电，进而除颤。相同的原理，这一能量经胸壁传递到心脏时，如落入易颤区则能引发室颤。

发生本综合征时，投掷者与罹难者多数情况下相距 12～14m，少数病例相距达 30～40m 或更远。投掷物在撞击前的运动曲线可以呈抛物弧线，也可能是直线，投掷物的速度多为 10～30m/s。

3. 与冠脉痉挛及心肌缺血可能无关

在发生机制的早期探讨中，曾认为撞击后能引起冠状动脉痉挛和心肌缺血，并在整个综合征发生过程中起重要影响。因为在临床及动物实验中，心脏震击综合征发生或诱发时均可见到与冠脉痉挛引起的特征性心电图相同的改变，经过一定时间后其又可逐渐消失，而冠状动脉的痉挛又常能引发室颤及猝死。

但是近年来越来越多的资料不支持上述观点。

（1）当本综合征患者心电图前壁 V_1～V_3 导联出现 ST 段抬高时，立即进行的冠脉造影结果表明，患者的冠脉造影完全正常，相关的心肌酶学也正常，可以排除急性心肌梗死。ST 段逐渐恢复正常后，也不伴有 Q 波出现。尸检资料表明，患者不存在急性心肌梗死、冠脉血栓、冠脉损伤的病理学证据。动物实验时心电图一旦发生 ST 段的抬高，立即同时做冠脉造影，能够证实不存在冠脉痉挛、栓塞或出血。

（2）动物实验的结果表明，与 QRS 波同步的胸部撞击的即刻，心电图则会出现 ST 段的抬高，在其后 30～60s 中 ST 段逐渐降低和恢复正常。可以设想，因撞击引起冠脉痉挛及相应的心电图改变，两者之间应当有一定的间期。晚近的观点认为，K^+（ATP）通道的激活可能是胸壁撞击引发猝死的机制之一。心肌的 K^+（ATP）通道在正常情况下无激活，这是由于被腺苷三磷酸（ATP）的生理浓度所抑制。当 ATP 的浓度下降，腺苷二磷酸（ADP）的浓度升高时，使心肌细胞 ATP/ADP 的比率下降，这可使该通道开放，K^+ 流向细胞外。相关的动物实验结果表明，急性心肌缺血可以激活 K^+（ATP）通道，引发 ST 段的升高，降低室颤的阈值，增加室颤发生的概率和危险。这一现象与心脏震击猝死综合征有异曲同工之处，后者也有 ST 段的升高，后者也能引发室颤，这促使 Link 等学者提出与上述相似的机制引发本综合征。Link 等认为，胸部的撞击，经传导直接作用在心脏，这一机械力能转化为生物力学作用，促使 K^+（ATP）通道开放，K^+（ATP）通道的开放可引起 ST 段的抬高，并参与引发室颤。Link 等提出的学说已被动物实验的结果证实。当胸部撞击前，静注 K^+（ATP）通道的选择性抑制剂 glibencalmide 0.5mg/kg 后，受试动物撞击后心电图 ST 段的抬高幅度显著降低，室颤的发生率也明显降低（室颤发生率从原来的 33% 下降到 4%）。动物实验发现，与 QRS 波及 T 波同步发生的胸部撞击均能引起 ST 段的抬高，与 QRS 波同时发生撞击更易引起 ST 段的抬高，其机制不清。

4. 尸检结果对发生机制的提示

由于心脏震击猝死综合征引发的死亡常是突然发生的非正常死亡，因此绝大多数罹难者都进行了尸检。

一组 25 例尸检的结果表明，全组无一例存在可能引起猝死的器质性心血管疾病，受检者心脏的重量、厚度、直径大小均正常，全组 25 例尸检都未见活动性或愈合性心肌炎、心肌梗死、先天性冠脉异常、主动脉破裂、大血管破裂等。尸检中也未发现患者有心脏瓣膜疾病（仅极少数人有二尖瓣脱垂）。全组 25 例中 12 例在左胸部可见小的皮肤挫伤，直径 0.6～5.0cm，呈圆形或椭圆形，这些心前区的挫伤似乎都位于左心室的上方，尸检中能够发现的心脏、心包、肺的损伤，以及肋骨骨折都是患者复苏抢救术中造成的。

上述尸检结果提示，引起心脏震击猝死综合征的撞击力并未贯穿胸部，直接损伤心脏和大血管，经胸传导到心脏的只是机械能量。还可以看出，文献报告的临床病例多数属于心脏震击型，而不是心脏损伤型，这与动物实验模型所见略有不同。

5. 动物模拟实验的结果

为探讨心脏震击猝死综合征的发生机制，研究者进行了大量的动物实验，模仿临床病例发生时的各种条件，复制心脏震击猝死综合征的动物模型。

实验动物多数选用幼猪或成年雄犬，麻醉后令其处于坐位（图7-8-9）。撞击物发放系统由两部分组成：一部分是动物位置固定部分，通过各种固定装置，使坐位的受试动物被撞击的胸部位置固定，使胸部撞击实验可以重复，有利于对照比较；第二部分为撞击物的发放和调整部分，由于撞击活塞常垂直面对受试动物的左胸部，撞击物发放的距离、速度、撞击力等参数都可变化和调整。此外，受试动物同时联接心电图，术前插入各种测压导管以记录术中压力的变化。

受试动物幼猪或成年犬呈坐位，木制的撞击物以匀速（速度可调）垂直撞击动物的第4肋骨与胸骨交界区，制造心脏震击猝死综合征的动物模型。

动物胸部受到撞击后，可引发多种快速性和缓慢性心律失常。快速性心律失常包括持续性及非持续性室速，其可自行终止，也可蜕变为室颤。更多见到的是直接引发室颤。室颤发生也有不同形式。室颤可能撞击后即刻发生，这被称为急性室颤，属于最为严重的一种；还可能撞击后间隔一段时间，才从室性或室上性心律失常蜕化为室颤，这称为继发性室颤。

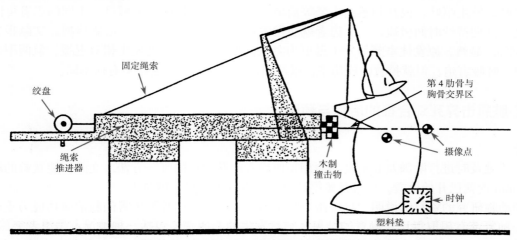

图 7-8-9　心脏震击猝死综合征动物实验示意图

撞击还能引发缓慢性心律失常，包括窦缓、室性自搏性心律、不同程度的房室传导阻滞等，缓慢性心律失常也能蜕化为快速致命性心律失常。

由于撞击引发的心律失常变异度大（图7-8-10），因此难以确定胸部损伤时的生物力学作用和心律紊乱两者的关系。

除心律失常外，在动物实验中还可复制与临床病例十分相似的各种现象，如撞击后心电图ST段的抬高等。

在实验动物心脏尸检时可以发现心脏的各种损伤，包括心肌的挫裂伤、心包的撕裂、肋骨的骨折等。总之，动物实验模仿临床情况制成的模型可引发各种心律失常，包括室速和室颤。但就心脏本身的损伤而言，大部分动物模型撞击后发生的是心脏损伤型，这与临床多数病例属于心脏震击型有着明显的不同。

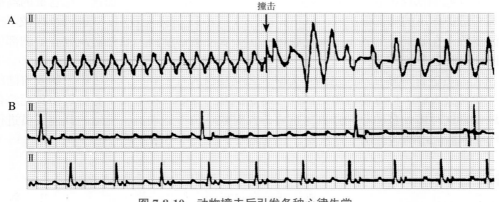

图 7-8-10　动物撞击后引发各种心律失常

A.窦性心律，撞击后发生多形性室速；B.发生三度房室传导阻滞；C.发生二度2：1房室传导阻滞

四、临床分型

心脏震击猝死综合征的预后十分凶险，90% 的病例来不及抢救或救治无效而发生猝死。但随着临床病例报告的增多，存活病例也在增多。根据心脏震击猝死综合征患者的临床经过，可以分为两型。

1. 原发性室颤型

原发性室颤型是指胸部的撞击直接引发心室颤动，因而意识丧失，心脏停搏与胸部撞击同时发生。有人报告，此型约占所有病例的 60%。

2. 继发性室颤型

胸部的撞击直接引发的心律失常不是心室颤动，而可能是室速、缓慢性室性自搏性心律、房室传导阻滞等。然而这些心律失常很快蜕化为室颤，这使胸部的撞击与患者的意识丧失之间有一短暂的间隔。在这短暂的晕厥前期，患者可能捡起或扔出棒球，可能挣扎地站起来，甚至摇晃地再行走几米，或者躺倒后还可以睁开眼睛，发生呕吐，说几句感到头晕等简单的话语，或者惊叫、哭喊等。不同的患者可能有不同的表现。但这一间期持续时间极短，马上患者就会发生意识完全丧失、昏迷、心脏停搏。文献报告的病例中此型约占 40%。显然，原发性室颤型发生得更为突然，继发性室颤型的发生相对迟缓。但两型患者几乎都不发生发绀、呼吸窘迫。但就抢救的成功率，以及预后意义，尚看不出两型有何不同。

五、心脏震击猝死综合征的治疗与预防

1. 治疗

分秒必争地及时进行除颤及心肺复苏治疗是使患者能获幸存的唯一方法。文献中能获救的病例多数在事件发生 1min 内就已开始抢救。抢救开始得越早，患者复苏的机会就越大。

临床和动物研究的资料都说明，尽快给予除颤治疗对心脏震击猝死患者的救治成功极为重要，早期开始除颤和心肺复苏有望取得比较满意的结果。突然发生的心搏骤停包括三种情况：①患者突然发生室颤，约占心搏骤停的 80%；②患者发生的是缓慢性心律失常，例如心脏停搏；③患者发生心脏电和机械分离，后两者约占总数的 20%。但处于紧急情况时，区分上述三种不同情况将会丧失抢救成功的机会，因此应当分秒必争地给予"盲目除颤"。

2. 预防

为减少心脏震击猝死综合征的发生，目前采用几项预防措施。

（1）应用质地较软的训练用球：近年来的资料表明，棒球比赛或训练时应用质地较软的棒球能够减少心脏震击猝死综合征的发生，可明显减少室颤的发生率。在美国为 5 ～ 7 岁儿童训练生产的最柔软的 T 型棒球的坚实度与网球相似。有人发现，8 ～ 10 岁的儿童应用中度软的棒球时，球速 30m/s 的室颤发生率为 22%，球速 40m/s 时室颤发生率为 23%。应用仅比正常比赛用球稍软的棒球，球速 30m/s 时，室颤发生率为 29%，40m/s 时室颤发生率为 20%，而标准用球的球速 30m/s 时，室颤发生率为 35%，球速 40m/s 时，室颤发生率高达 69%。因此，与正常用球相比，在各种投掷速度时，应用较软棒球引发室颤率都明显下降。

（2）运动时穿戴胸部保护衣：为预防心脏震击猝死综合征的发生，参加这一综合征的高危训练和比赛者都应穿戴具有防护作用的胸部保护衣。Maron 报告的一组 25 例猝死者中，7 例已经穿戴了市场提供的这种防护服，但多数人在心脏受到震击前就已脱掉了防护衣使胸部暴露。显然对高危者的胸部保护衣制造应用的材料和设计需做更多的研究。

（3）对相关人员进行除颤技术的培训：为减少公共场合的各种猝死，不少国家的政府陆续在机场等公共场合增设了如同灭火栓一样方便可用的体外自动除颤器。显然，在有发生心脏震击猝死综合征危险的训练和比赛场地设置这种体外自动除颤器更为重要，并对教练员、运动员、场地的其他人员进行基本生命救治和体外自动除颤器应用的训练也十分重要，有望能减少这一猝死综合征的死亡率。

六、临床意义

1. 交通事件中的"心脏震击猝死综合征"现象

随着交通行驶的自动化，汽车的交通事故造成的非正常死亡越来越多见，其中不少高速行驶的汽车发生车祸时，部分死亡者的胸部和心脏发生的是非侵入性撞伤，甚至尸检时并不能发现心脏及大血管有明显的致命性损伤。这些情况提示，车祸发生时罹难者左胸部可能发生一定强度的撞击，其致死的主要原因很可能就是一次"心脏震击猝死综合征"，但因车祸死亡者多数存在复合伤而使这一情况未被认识。

2. 法律事件中的"心脏震击猝死综合征"现象

不少法律事件与对方的猝死相关，这些事件可能发生在两位青少年或两位儿童之间，两位成人的搏击或娱乐性活动中，或者发生在一位成人与一位青少年之间。

在美国的一次法律事件中，一位父亲教训自己 11 岁不听话的儿子时，惩罚性地轻打其胸部两下而致死亡。为此，父亲被判了 18 年监禁。如果法官熟悉和了解"心脏震击猝死综合征"，判决结果可能会轻。

3. 娱乐或体育活动中"心脏震击猝死综合征"现象

心脏震击猝死综合征主要发生在青少年的各种球类活动与比赛中，但也可能发生于普通成人或职业运动员、非球类活动，甚至发生在两个成人或两位青少年身体的碰撞中。显然，这些构成了健康人群猝死的原因之一，临床医师应当给予充分的了解和认识。

4. ST 段的抬高与"心脏震击猝死综合征"现象

动物实验的结果证实，与 T 波和 QRS 波同步发生的心前区胸部撞击可以诱发明显的 ST 段抬高，这是低能量胸部撞击事件中引发猝死的关键因素。现已证实其机制是胸部的撞击激活了 K^+ATP 通道，进而引起 ST 段的抬高，并提高室颤的发生。无疑，这使心电图 ST 段抬高现象增加了一种发生原因及机制。

因此，探讨心脏震击猝死综合征有着多方面的社会实践和临床意义。

特殊心律失常

第八篇

老年性心律失常

老年性心律失常不仅发生率高、危害性大，而且常伴有很多复杂的临床情况，使治疗进退维谷，取舍棘手，甚至让医生产生望而生怯之感，成为心血管疾病和心律失常领域的一个难点。

一、概念与定义

顾名思义，老年患者发生的心律失常称为老年性心律失常。但老年人年龄的界定常不一致。在我国，中华医学会于20世纪80年代确定老年人的年龄标准为60岁，而1956年联合国曾将65岁作为老年人标准，但因发展中国家人口的年龄结构比较年轻，因而在1980年把老年人年龄的下限修订为60岁。因此，正式的定义应当为：60岁以上人群发生的心律失常为老年性心律失常。

人口老龄化已成为全球性趋势，我国从2001年已进入快速老龄化阶段，老年人口的年增长率将超过世界发达国家和经济转型国家。2004年，我国60岁以上的老年人口已达1.43亿，占总人口的11%。专家预计，2020年我国老龄人口将有2.48亿，老龄化水平将达17%，医学与整个社会都面临着人口老龄化的挑战。可以肯定，老年性心律失常的发病人数将会剧增，发病率也将明显提高。

二、分类

与其他年龄组一样，老年性心律失常有多种分类法。

（一）按心率分类

按心律失常发生时心率的快慢，老年性心律失常分为缓慢性和快速性心律失常，而老年人缓慢性心律失常的发生率比年轻人高，尤其是阻滞性心律失常，如窦房阻滞；房内、房间阻滞；室内、室间阻滞；房室传导阻滞等比年轻人更多见。同时，相当比例的老年人还存在潜在性或隐匿性缓慢性心律失常，潜在性或隐匿性传导阻滞，将给药物治疗带来顾虑与困难，使副作用的发生率更高。

（二）按发生部位分类

根据心律失常的起源部位，老年性心律失常分成窦性，心房、房室交界区性，室性心律失常，而老年患者的多部位、多类型心律失常共存的情况更为多见，使药物治疗时，选择广谱抗心律失常药更为适宜。

（三）按发生机制分类

根据心律失常的发生机制，老年人心律失常分成自律性、折返性、触发性三大类。对于老年患者，三种机制共存并相互渗透，相互影响的情况更为多见。例如老年人心肌存在不同程度的纤维化和缺血，使自律性增高的心律失常容易发生，而老年人 Ca^{2+} 的代谢和转运容易发生障碍，使触发机制也易同时出现，这一特点也影响着抗心律失常药物的选择。

（四）按血流动力学的影响分类

根据心律失常对血流动力学的影响，老年性心律失常分成良性、恶性和中间型三种，但三者的发生比例与一般人群明显不同。若将临床所遇的室性心律失常，包括室早、频发室早、短阵室速、持续性室速、心室扑动和颤动都计算在内，在一般人群，60%为良性心律失常，5%为恶性心律失常，35%为中间型（既可能为恶性也可能为良性）心律失常，有人称其为警告性心律失常。一般人群中青年人发生功能性良性室早的比例大。但老年人不同，其良性室性心律失常发生的比例相对要低，而恶性室性心律失常的发生比例相对要高。因此，老年性室性心律失常的治疗应当更加积极。

（五）按是否为退行性变而分类

除上述 4 种分类方法外，因老年人存在着退行性与心脏老化特有的现象和特征，随之产生了另一种分类方法。

心脏老化（presby-cardia）是指心脏随年龄的增长，出现形态结构和功能代谢的系列改变，这是全身衰老进程的一部分，两者相伴而生。心脏老化的发展缓慢，并呈进行性加剧。

根据老年人存在退行性变引起的心律失常，可将老年性心律失常分成三类。

1. 老年退行性心律失常　患者不伴有其他心血管疾病和疾病因素，明显属于因增龄引起的退行性变引起的心律失常。

2. 老年病理性心律失常

老年患者既往已有或新发生的各种心血管疾病或疾病因素引起的心律失常称为老年病理性心律失常。例如 50 岁时已发生心肌梗死，进入 60 岁后心梗仍存在并引起的心律失常即属于此类。

3. 老年特发性心律失常

当老年患者的心律失常既不是退行性变也不是病理性因素引起的，而是病因不明时称为特发性。其可以是进入老年后新发生的，但多数属于心律失常初发年龄较早但未能根治而将其带入老年阶段。例如房室结折返性心动过速（房室结双径路），其年轻时就已存在，并因不伴器质性心脏病而诊断为特发性心律失常，进入老年后其依然存在时则归为本类。

三、老年退行性心律失常

（一）心脏形态结构的退行性改变

1. 心脏增重

尸检资料证实，在 60 岁后心脏重量每年增加 1.0g，直到 90 岁后重量逐渐减轻。心脏重量的增加是心肌细胞体积增大的结果，而细胞的数量没有增加，心肌细胞体积增大引起的室间隔增厚要比游离壁更明显。同时，毛细血管供血的相对不足可引起"心肌细胞缺血样改变"，并使心肌收缩性和顺应性下降，心肌纤维化加剧。

2. 心肌纤维化

老年心脏心肌间质的退行性改变表现为纤维化，即心肌胶原的合成和分泌增多，使间质的胶原纤维过度增生。正常时其含量仅 2%～4%，心脏老化时其能逐渐增加到 8%～12% 或更严重，显著的心肌纤维化将使心肌的僵硬度升高，舒张功能下降。

3. 淀粉样变

60 岁后心脏淀粉样变的发生率明显增加，这是心脏以外组织生成的前蛋白样（淀粉样）物质，经血液循环而沉积到心肌组织的结果。主要发生部位为左心耳（97%）、右心室（94%）、左心房（93%）、左心室（76%）和右心房（34%）。80 岁以上的患者中，心脏淀粉样变的发生率高达 80% 以上。

4. 瓣膜改变

老年瓣膜的退行性变主要发生在二尖瓣和主动脉瓣，表现为瓣叶增厚，瓣环钙化，引发瓣膜的关闭不全或狭窄。

5. 传导系统改变

老年心脏的窦房结将出现纤维化，心外膜下的脂肪可浸入窦房结内。同时，窦房结内起搏细胞的数量下降，体积缩小（图 8-1-1）。这些改变可使窦性心率随增龄而下降，最终发生老年退行性病窦综合征。老年人房室结的纤维和脂肪组织也逐渐增多而最终发生萎缩（图 8-1-2）。希浦系统的退行性变也表现为纤维化和脂肪浸润，但比房室结的程度轻。

6. 心脏纤维支架的退行性变

心脏纤维支架是指围绕在心室底部、房室瓣和主动脉瓣口周围的一套致密结缔组织形成的复合支架（图 8-1-3），如同大型建筑内部的钢筋混凝土制成的框架，心脏的心房肌、心室肌细胞、心脏的瓣膜都

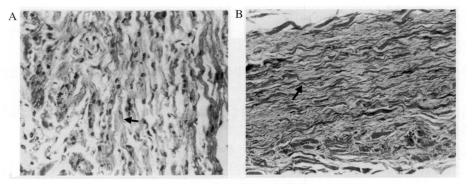

图 8-1-1 窦房结的退行性变

A. 儿童期：起搏 P 细胞（箭头指示）数量多而密集，间质（蓝色）成分少；B. 老年人窦房结：起搏 P 细胞（箭头指示）明显减少，间质（胶原纤维）明显增多，并有脂肪浸润（上下可见）

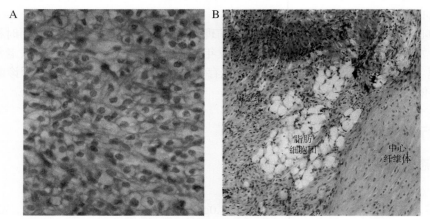

图 8-1-2 房室结的退行性变

A. 儿童的房室结：上下走行的胶原纤维束将细胞分隔成大小不等的细胞团；B. 老年人房室结：可见明显的脂肪浸润

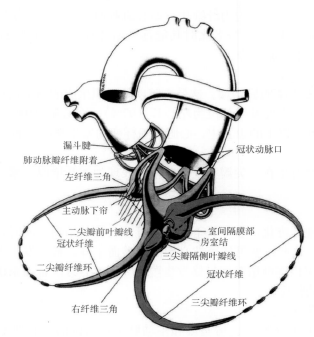

图 8-1-3 心脏纤维支架模式图

附着在心脏纤维支架上。纤维支架将心房与心室的电和机械活动分隔开，起到"绝缘"作用，以及瓣叶固定等作用。因其血供差，承受的压力大，使纤维支架容易发生硬化和钙化，进而引起老年退行性心律失常。

（二）心脏功能代谢的退行性改变

随着全身的衰老进程，心脏形态结构出现退行性变，必将引起心脏功能与代谢出现相应的退行性改变。

1. 收缩功能下降

60 岁后，心肌收缩力每年下降约 1%，这是老年心脏每搏量下降（约 15%）的主要原因。

2. 舒张功能下降

60 岁后，心脏舒张功能明显下降，这与心肌收缩后肌浆网回吸收 Ca^{2+} 的速率下降有关。80 岁时舒张功能仅是 20 岁时的 50%，同时左房将出现代偿性增大。

3. 心排血量下降

收缩与舒张功能的下降，以及窦性心率的下降必将引起心排血量的下降。静息卧位时，60 岁人的心排血量比 25 岁者减少 25%，而坐位时却无明显变化。不少老年人夜间睡眠中可因一定程度的肺淤血而憋醒，经过一定时间的坐位后马上好转的现象与之有关。心脏负荷较高时，70 ~ 80 岁人的心排血量仅为 20 ~ 30 岁时的 40%。

4. 变时功能下降

窦房结变时功能的下降是指运动时随机体代谢率的升高窦性心率不能相应增加的现象，心脏变时功能的下降可使心脏储备力大大下降。变时功能的下降与心脏神经体液调节作用的下降有关，是因老年人神经元数量的减少和老年人对调节的反应减弱而引起的。

5. 心脏电功能的下降及紊乱

（1）自律性：当窦房结的纤维化脂肪组织增多和起搏 P 细胞数量减少到一定程度时，窦性心率下降、窦性停搏、窦房阻滞将发生，严重时导致病窦综合征，同时低位节律点的自律性也明显下降。

（2）传导性：老年心脏电活动在传导系统的不同层面均有传导性的下降，严重时发生窦房、房室传导阻滞，房内、房间、室内和室间传导阻滞，老年患者心脏传导阻滞的发生率比一般人群增加 2 ~ 3 倍。

（3）兴奋性：老年心脏各种心肌组织的不应期均有延长，使心脏的兴奋性下降，同时发生退行性变的心房肌和心室肌的兴奋性增强，能够引发心律失常。

（4）心电图改变：老年人心电图的生理性改变包括 P 波振幅降低，频率变慢，PR 间期轻度或明显延长，甚至发生传导阻滞，QT 间期延长，QRS 波振幅下降，时限增宽，切迹增多，T 波低平，电轴左偏等。

（三）老年退行性心律失常的临床特点

随着心脏形态结构与功能代谢的退行性变程度加剧而引发的心律失常称为老年退行性心律失常。与其他年龄组不同，其为老年人所特有，临床特点见下。

1. 发病年龄高

本病患者的发病年龄较高，多在进入老龄后发病，或中年发病而进入老年后病情明显加剧。应当强调，人体老化的起始年龄、进展速度、严重程度有着明显的个体差异。实际上，从 30 ~ 40 岁起，人体的老化就已开始，只是程度轻而不显露，当随增龄老化逐渐加重到一定程度时则形成退行性疾病。

2. 病情进展缓慢

老年退行性心律失常的病情呈缓慢进展，到一定年龄时，严重的老化或老化明显加剧时可使病情加重。例如"特发性"双束支传导阻滞可持续存在数年，当最终进展为二度或三度房室传导阻滞时，才引起严重的血流动力学后果。

3. 过缓性心律失常更为多见

老年退行性心律失常多为缓慢性心律失常，表现为病窦综合征、Lev 病、特发性双分支或三分支传导阻滞等。少数患者表现为快速性心律失常，例如老年患者存在不明原因的短阵房速。

4. 不伴其他心血管疾病

老年退行性心律失常是一个独立存在的疾病，是指没有或能够排除其他心血管疾病引发的心律失常。

患者的体检及超声心动图检查结果常正常，各种影像学及辅助检查未能发现其他明显病变而被诊断为"特发性心律失常"。因此，诊断前需除外其他疾病和病因，才能确诊为老年退行性心律失常。

5. 伴老年退行性病变的其他证据

临床最常见的老年退行性心血管疾病包括老年退行性心脏瓣膜疾病和老年退行性心脏钙化综合征，当患者已存在这两种疾病时，提示患者确实已存在老年心脏的退行性改变，因而可成为老年退行性心律失常的诊断旁证。

6. 几种老年退行性心律失常

（1）Lev 病：Lev 病又称原发性传导束退化症，因 Lev 于 1964 年最早描述而得名。临床特征包括①存在不明原因的双束支或三分支阻滞；②病程迁延缓慢；③不伴其他心血管疾病（可伴轻度高血压）；④尸检可见心脏纤维支架的硬化、钙化，甚至骨化；⑤经过数年可进展为二度或三度房室传导阻滞。

（2）老年退行性病态窦房结综合征：其临床特征包括①存在明确的病窦综合征；②不伴其他心血管疾病或病因；③存在老年心脏退行性改变的其他旁证。

（四）老年退行性心律失常的治疗

1. 药物治疗

老年退行性心律失常表现为缓慢性心律失常时，尚无更好的药物进行针对性治疗，因为这种退行性病变既无药物可治，又因病程迁延，常不引起明显的血流动力学改变而无需治疗。一旦病情加重影响血流动力学，可给予提高心率的阿托品、异丙肾上腺素、麻黄碱等药物治疗，以及附子汤、生脉饮等中成药治疗。稳定期时，多数患者需要给予使心率变缓慢的替代性非药物治疗，即植入心脏起搏器。当患者同时存在快速性心律失常时（如阵发性房性心动过速），则形成慢快综合征，使单纯的抗快速性心律失常的药物治疗面临困难。当患者表现为单纯快速性心律失常时，可常规给予抗心律失常药物治疗。

2. 非药物治疗

老年退行性心律失常多数表现为过缓性心律失常，非药物治疗主要是心脏起搏器，其不仅治疗自律性心动过缓，还能治疗传导阻滞引起的心动过缓。除此，老年退行性心律失常还包括发生变时不良性病窦综合征和药物性病窦综合征等，这两类病窦也适合起搏器治疗。近年来有学者提出应用消融心脏局部迷走神经节有望提高患者的自主心率或应用生物学方法进行细胞移植治疗缓慢性心律失常，这些技术尚在研究中。

ICD 和射频消融术主要治疗快速性心律失常，虽然治疗没有上限年龄，但老年患者多数体质差，心律失常因退行性、病理性等多种基质引起，使介入治疗时发生合并症的概率相对增加。因此，选用后两种介入性治疗的适应证比其他人群更保守、更慎重。

四、老年病理性心律失常

（一）概念与定义

功能性与病理性常代表疾病发生机制与临床意义全然不同的两种情况。就心律失常而言，不伴病理性改变，而因自主神经功能紊乱引起的心律失常称为功能性心律失常，其几乎都是交感神经兴奋性增强所致。因此，处于自主神经功能不稳定、交感神经兴奋性较强的青年人多见，而老年人虽然也存在自主神经功能的紊乱，但多数是神经元减少，对自主神经调节的反应性下降，或迷走神经兴奋性增高等引起，这种功能紊乱常不引起传统概念中的功能性心律失常。因此，老年功能性心律失常几乎不存在。

相反，因体内存在的心血管疾病引发的心律失常称为病理性心律失常。显然，老年病理性心律失常更为多见，发生率明显高于其他年龄组。老年人与中年人相比室性心律失常的发生率为 90% *vs.* 55%，室上性心律失常的发生率为 93% *vs.* 76%，而各种传导阻滞的发生率为 41% *vs.* 18%。

对于老年病理性心律失常的确诊患者，其老龄存在的退行性变因素将同时起到不同程度的作用，所以，老年病理性心律失常多以伴发的疾病因素为主要的致病因素，同时兼有退行性变因素在内的混合作用所致。

此外，老年病理性心律失常可以是患者进入老年后新发生的心律失常，也包括在中青年甚至儿童期就已存在，因未能根治而延续到老年的情况。例如儿童期就已诊断的长 QT 综合征可以持续存在到老年。

（二）病因学特征

几乎所有的病理学因素都能引起心律失常，老年病理性心律失常也不例外，但临床最常见的病因包括：心肌缺血、心肌感染、心肌病、电解质紊乱、各种药物、心力衰竭、肺心病、内分泌疾病等，而成人先天性心脏病、离子通道病也能成为老年病理性心律失常的病因。

1. 冠心病心肌缺血

冠心病是一个老年性疾病，资料显示，中年后每增龄 1 岁，周围血管的阻力将增加 1%，这将导致各器官的血流灌注减少。有学者报告，60 岁时冠脉血流量较年轻时减少约 35%。心肌缺血，尤其是心肌梗死是病理性心律失常最重要的病因。老年心梗患者的并发症、病死率和再梗死率都随年龄而增高，这与心梗后溶栓治疗较晚、介入治疗偏保守、合并心衰发生率较高有关。老年心梗时心律失常发生率几乎为 100%，尤以室性心律失常更多见，可以是自律性室早或室速，也可以因"8"字折返引起。

2. 充血性心衰

充血性心衰是各种器质性心脏病的晚期表现，80% 的患者伴有室性心律失常，40% 合并心房颤动，而年死亡率可高达 10%～30%。老年充血性心衰患者的交感神经已处于病理性激活状态，而且老年患者大脑皮质的退行性变，使其对下丘脑的自主神经中枢的控制作用明显下降，造成老年人的交感风暴和猝死更易发生。同时，过高的内源性儿茶酚胺对心脏的直接毒性作用更为敏感而严重，老年人发生阿斯综合征后出现的心电图尼加拉样 T 波改变，以及老年女性易发心尖应激性心肌病都源于这种原因。

3. 其他病因

老年病理性心律失常的病因还很多，因为老年人本身就是多种心血管疾病以及代谢和内分泌异常的好发人群（图 8-1-4）。例如老年人高血压、心肌肥厚、甲亢、甲减、低钾血症、低钙血症等发生率更高，引发心律失常的概率更大。以抗心律失常药物的致心律失常作用为例，一般人群的发生率约 10%，而老年患者服药时，不仅缓慢性心律失常的发生率高，同时引发的恶性心律失常也相对多见，使老年患者对某些药物需慎用，适应证更严。

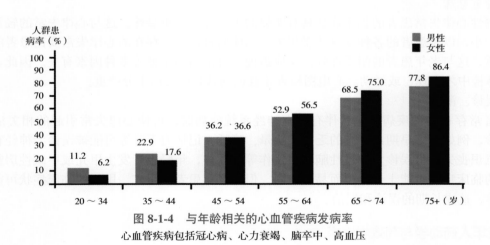

图 8-1-4　与年龄相关的心血管疾病发病率
心血管疾病包括冠心病、心力衰竭、脑卒中、高血压

（三）老年病理性心律失常的临床特点

1. 患有一种或多种心血管疾病

患者常患有一种或多种心血管疾病，并成为心律失常发生的基质、诱因或使原有的心律失常明显加重。例如一位老年心律失常患者不仅有冠心病，还可能同时有高血压，甚至心力衰竭等。对该患者而言，心肌缺血、心衰都能成为心律失常发生的基质，而血压的一时升高，心衰的突然恶化可使原有的心律失常加重。而患有的心血管疾病的种类越多、程度越重引发的心律失常可能更多见、更复杂、更严重。

2. 病理性与退行性两种机制共存

老年病理性心律失常的患者已进入老龄，其常同时存在着心脏老化及心脏退行性变，疾病和老化因素在不同患者中起的作用大小不同，而两种机制各自作用的大小很难定量分析。

3.其他器官的功能下降

老年患者，尤其 >70 ~ 80 岁的患者，全身的老化过程还能引起一个或多个器官的功能障碍，甚至功能衰竭，这将给诊断及治疗带来更大的困难。

4.多种心律失常共存

多数患者同时存在几种心律失常，例如房性和室性心律失常共存，房性心律失常与房室传导阻滞共存等。只是不同患者常以一种血流动力学影响较大的心律失常为主。此外，自律性、折返性、触发性多种发生机制常可能共存，快速性与缓慢性心律失常可能共存（图 8-1-5），这些都将给药物治疗带来困难。

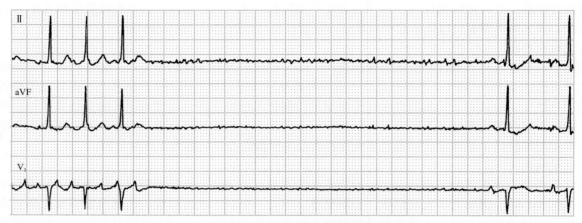

图 8-1-5 老年冠心病患者存在慢快型病窦综合征
本图初始为房扑、房颤，发作停止后出现 5s 的心脏停搏

5.症状轻重悬殊

老年病理性心律失常患者的临床症状具有明显的多态性，轻重悬殊。这与心律失常的轻重、对血流动力学影响的大小，以及患者的各种反应状态相关。总体而言，实际存在的心律失常要比患者的主诉与临床症状更为严重，这与老年患者的耐受性强、反应迟钝、日常活动量低等多种因素有关。因此，不少老年性心律失常在体检中才发现，或经动态心电图检查才意识到其心律失常十分严重。

6.容易误诊、漏诊

老年患者常存在多种疾病，尤其伴有中枢神经系统疾病时，可使心律失常引起的相关症状容易被掩盖，甚至误诊，例如病窦早期常伴有的乏力、头晕、嗜睡、记忆力下降等可能被误诊为神经官能症。对有黑矇、短阵意识丧失者可误诊为一过性脑缺血发作等。同样，年轻患者发生甲亢或甲减性房颤时，原发的甲亢或甲减的临床症状可能十分典型而易被诊断，但对老年患者，甲亢、甲减的临床症状可能不明显、不典型而被漏诊，造成长期的误诊和误治。

（四）老年人药动学与药效学特点

1.药动学特点

老年病理性心律失常的治疗常以药物治疗为主，因此，熟悉和掌握老年人抗心律失常药物的药动学和药效学特点十分重要。

（1）生物利用度下降：口服药物的疗效与生物利用度直接相关，老年患者胃肠功能多有下降，使口服后吸收药物的能力下降，生物利用度下降，进而药效降低。不同老年个体存在的胃肠功能减退也不尽相同，使药物治疗达到最佳个体化存在一定困难。

（2）药物分布下降：抗心律失常药物在体内的分布存在单室、双室、三室开放等多种模式。药物剂型不同、患者年龄不同、体型不同都对药物在体内的分布有影响，例如呈典型三室开放模型的胺碘酮有明显亲脂性，在第三室（脂肪组织）的分布浓度和数量远比心肌及血浆高，这使其在体内达到饱和时的负荷剂量大、累积服药的时间长。这种服药规律对一位瘦弱、皮下脂肪较少的老年患者则不适合。

（3）有效药物浓度增加：药物吸收入血后常以游离或与血浆蛋白结合的两种形式存在，而老年人血浆蛋白与药物的结合率下降，使血浆游离的有效药物浓度增加。

（4）药动学速率减慢：老年患者的循环及代谢率存在生理性减退，这能影响药物在体内的代谢。老年人药物代谢动力学的特点是药物代谢、排泄、解毒功能明显减退，造成药物容易在体内蓄积中毒，尤其患者存在潜在或明显肝肾疾病时，这是因为很多抗心律失常药物经肝肾代谢。再者，很多药物的血药浓度测定十分困难，使老年患者更易发生药物过量及中毒，例如洋地黄中毒多数见于老年人。

（5）药物作用靶点的改变：与全身和心脏退行性变一样，老年人体内很多药物作用靶点的数量与质量有明显的退行性改变，例如自主神经的受体数量和质量下降，使药物的量效比，以及半数有效量和致死量均发生改变，并影响药物的安全性。

（6）药物个体参数的变化：药物在老年人体内的 $T_{1/2}$、达峰时间、稳态浓度等参数的个体差异大，给老年患者的药物治疗也带来困难（表 8-1-1）。

表 8-1-1　**老年人药动学与药效学的改变**

药物代谢和药物效应作用	老年生理性改变
吸收	吸收面积少，内脏血运下降，肠蠕动减少，胃排空延长
分布	脂肪成分增加，总体水分降低，血浆蛋白减少，蛋白结合率下降
代谢	肝功能减退，肝血流减少，微粒体酶的质量下降
排泄	肾血流量降低，肾小球滤过率下降，肾排泄功能下降
药物作用	药物作用位点减少，药物效应的信使功能下降

2. 药动学特点

（1）药物副作用的表现不典型：因老年患者已可能存在某些器官、功能的退行性或亚临床改变，例如甲状腺功能生理性减退、增强或存在亚临床的病理改变，但其临床症状不明显，即使服药后产生了副作用但症状仍然隐匿，使药物的副作用不易发现而遗漏（图 8-1-6，图 8-1-7）。

（2）副作用发生率增加：老年患者可能存在的单器官及多器官退行性变或亚临床的病理改变，可能平素不显露，但服用药物可使其加重而被检出和诊断，这可造成老年患者副作用发生率高，对药物耐受性较低。

（3）稳定性差：上述多种原因，使药物剂量难以掌控，疗效难以预测，治疗的稳定性差。

（4）有效和中毒剂量接近，安全范围小：以利多卡因为例，其是治疗缺血性心律失常的一个重要药物，当推注剂量过大、过快时可引起老年患者出现谵妄、不自主运动等药物中毒表现。

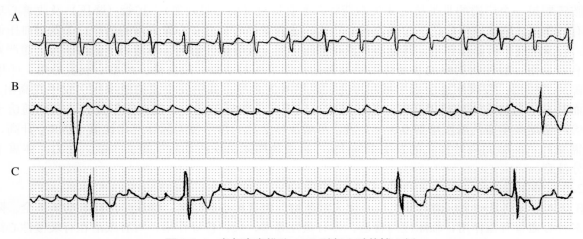

图 8-1-6　**老年患者推注 ATP 引起心脏停搏 1 例**

A. 伴 2∶1 下传的房扑被误诊为一般性室上速；B，C. 为连续描记，推注 20mg ATP 后发生长达 6s 的心脏停搏伴黑矇

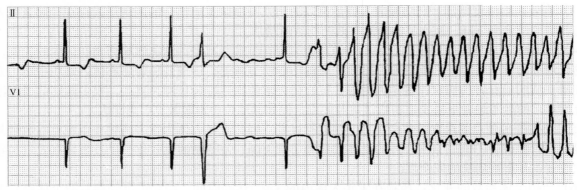

图 8-1-7　老年患者口服索他洛尔引发尖端扭转型室速

（五）老年病理性心律失常的治疗

1. 药物治疗以对因为主

老年病理性心律失常的药物治疗包括治本（对因）和治表（对症）两种，临床上以治本、对因治疗更为重要，而有效的对因治疗常依赖准确无误的病因学诊断。老年患者的临床表现常隐袭而不显露，以冠心病心肌缺血为例，老年人无症状性心肌缺血的发生率很高而容易漏诊。同样，无症状性房颤在老年患者中也更多见，因此，对阵发性房颤的老年患者，窦性心律恢复后不能马上撤除此前的抗凝治疗，因为，患者仍可能存在无症状性房颤，其使脑栓塞的发生率增高。

原发心血管疾病的病理学因素常是老年病理性心律失常发生或加重的直接原因，故治疗时针对病因的有效治疗十分关键，例如心衰和心肌缺血伴发的心律失常一定是在心衰得到控制、心肌缺血得到缓解后，心律失常才能有效地控制。

2. 老年性心律失常药物治疗的几个原则

（1）单一用药：病情允许时，尽量单一用药。

（2）试验用药：可先给小剂量药物进行试验性治疗，观察疗效及反应，再逐渐加大剂量，剂量增加的间隔时间需适当延长。

（3）剂量宜低：药物治疗应以取得最好的疗效同时应用的药物剂量较低为佳。

（4）及时调量：密切、客观地评价疗效及副作用，及时调整用药种类和剂量。

（5）密切随访：密切随访将有利于及时发现各种副作用，并做出相应的反应与调整。

（六）几种抗心律失常药物的应用

1. 胺碘酮

胺碘酮是一个广谱的Ⅲ类抗心律失常药物，兼有扩冠（抗心肌缺血）、扩管（降压）及改善心功能的多种有益作用，临床应用广泛。①能改善心功能，适合老年心衰合并心律失常的治疗；②基础血压偏低者慎用：胺碘酮有扩管降压作用，其助溶剂也有降压作用，故静脉注射剂，不适用于低血压者；③严重或急性心衰者忌用：静注胺碘酮的β受体阻滞及钙拮抗作用相对增强，故急性、严重心衰者忌用；④甲状腺功能障碍者慎用：胺碘酮能引起甲减和甲亢，以甲减为多见，其引发甲减的概率比引发甲亢高出 2 ～ 4 倍，而且发生药物性甲减或甲亢时，临床症状可以不典型而易被漏诊，因此定期复查、密切随访十分重要；⑤可使地高辛血药浓度增加 0.5 ～ 1 倍，可增加华法林的作用使国际标准化比值（INR）升高，故合用时需减药；⑥肺间质纤维化的发生率约 1%，当服药期间出现活动后气短、干咳、乏力、体重下降时需十分注意。

2. β受体阻滞剂

β受体阻滞剂是一个广谱的Ⅱ类抗心律失常药物，兼有抗心肌缺血、降压、治疗心功能不全、降低猝死等多种心血管有益作用，临床应用普遍：①有负性频率，负性传导作用，对有或潜在有缓慢性心律失常的老年人不用或慎用；②伴有急性血流动力学不稳定的心梗患者不用；③已有糖尿病、血脂异常或支气管痉挛病史者，需慎用或忌用；④初始服药量宜小，然后逐渐加量。

3. 普罗帕酮（心律平）

心律平是一个广谱的 I 类抗心律失常药物：①治疗室上性心律失常的有效率为 90%，室早疗效达 80%；②有负性肌力作用，伴心衰者慎用；③口服心律平生物利用度低（20% ~ 30%），对消化道功能降低的老年人注意疗效；④心律平及其代谢产物 5 羟基普罗帕酮均有生物活性，都有抗心律失常作用，但约 10% 的患者先天性缺乏细胞色素 P450 酶而影响其代谢和疗效；⑤可提高地高辛血药浓度，合用时后者服用剂量应减半；⑥有致缓慢性心律失常作用，病窦及房室传导阻滞的老年人慎用或忌用。

4. 利多卡因

利多卡因是 I b 类抗心律失常静脉用药，近年来与胺碘酮进行对照的研究表明，其应用后不增加患者的存活率，心律失常容易复发，有致心脏停搏等不良作用。但其对缺血的心肌和浦肯野纤维存在的心电异常有明显的抑制作用，故仍被强烈推荐应用于急性心肌缺血和心梗伴发的室性心律失常的治疗，此外，其有降低室颤阈值作用，在恶性室性心律失常紧急治疗中可试用，推注后 20s 起效，老年患者宜从小剂量开始，每次推注 50mg，有效后可在短时间内多次重复给药。

5. 莫雷西嗪（乙吗噻嗪）

乙吗噻嗪是广谱的 I 类抗心律失常药物，对室上性及室性心律失常治疗的有效率达 75%。①其能增加心梗患者的死亡率，故老年缺血性心律失常不用此药；②其经肝代谢、经肾清除，肝肾功能不良时，半衰期明显延长，宜减量或慎用；③临床以治疗室性心律失常为主，对阵发性房颤的防治也有效；④病窦及房室传导阻滞者忌用。

6. 美西律

美西律是一个 I b 类抗心律失常药物：①结构与作用和利多卡因类似，可用于利多卡因注射有效后的维持用药；②用于各种室性心律失常的治疗，尤其是心梗、心外科术后；③经肝代谢，肝功能不全者减量或慎用；④有致缓慢性心律失常的作用。

7. 维拉帕米（异搏定）

异搏定为 IV 类抗心律失常药物，兼有抗心肌缺血、降压等作用。①对阵发性室上速的总有效率为 80% ~ 100%，无效时可间隔 20min 重复给药。已明显患有或潜在有病窦综合征、房室传导阻滞、心衰及休克者禁用；②对触发性心律失常如右室流出道室速，急性心梗伴发的室性心律失常有较好疗效。

8. ATP

ATP 作用于腺苷受体，能有效阻滞房室结传导，对终止室上速有特殊作用，国外指南中在室上速终止治疗中将其列为首选药物。每支 20mg 稍加稀释弹丸式推注：①起效快，几秒起效；②作用短，作用持续时间 10 ~ 20s；③可按 0.2mg/kg 剂量给药，无效时可加量到 0.25mg/kg；④有房室传导阻滞或有潜在房室传导障碍者慎用或忌用，有发生心脏停搏的危险（图 8-1-6）。

9. 伊布利特

伊布利特是一种 III 类抗心律失常药物，主要用于新近发生的房颤及房扑的转复治疗。其终止房扑的有效率为 50% ~ 90%，终止房颤的有效率为 30% ~ 70%。国产伊布利特注射剂临床应用已 3 年，其疗效可靠而安全，是目前终止房扑的唯一高疗效药物：①老年患者 1 支（1mg）无效时，应用第 2 支的间隔时间需延长；②有原发性或继发性 QT 间期延长者禁用；③低钾血症者、有缓慢性心律失常者禁用；④高龄女性患者属于用药后容易发生尖端扭转型室速的患者群体，临床应慎用。

10. 异丙肾上腺素

异丙肾上腺素为肾上腺素 β 受体的兴奋剂，有明显的正性肌力、正性频率、正性传导的三正作用，是缓慢性心律失常的有效治疗药物。老年人应用时注意：①用药浓度宜稀不宜浓，常以 1mg 或 0.5mg 溶于 500ml 液体后缓慢静滴为宜；②心室率提高到 40 ~ 50 次 / 分为宜，过度提高心率时容易诱发心肌缺血，对老年冠心病患者、心梗者慎用。

（七）非药物治疗

1. 患者心律失常表现为缓慢性心律失常又符合植入心脏起搏器适应证时，可植入起搏器作为替代治疗。

2. 老年病理性快速性心律失常的射频消融治疗仍在探索中，疗效尚不肯定。

3. 患者如有室速或室颤，符合植入适应证时，应植入 ICD 治疗。

五、老年特发性心律失常

1. 概念和定义

如上所述，老年特发性心律失常的发生原因，既不是增龄相关的心脏退行性变，也不是各种致病因素或心血管疾病。因此，其属于一种不明原因的心律失常，只是发生在老年患者，故取名为老年特发性心律失常。例如2006年的国际指南将特发性房颤定义为：体检与超声心动图未见心血管系统的明显异常，年龄<60岁的患者发生的不明原因房颤为特发性房颤。根据该定义原因不明的房颤发生在年龄<60岁的患者时称为特发性房颤，当这些特发性房颤患者增龄>60岁，仍无病因可寻时，则可归为老年特发性房颤。

应当指出，老年特发性心律失常可以新发生也可能在老年前就已发生和存在，而延续到老年仍存在。但60岁后新发生的原因不明的心律失常，因不能完全排除是人体退行性变所引发，将老年患者新发生的"特发性"心律失常诊断为老年退行性心律失常更贴切、更合理。

2. 临床常见类型

老年特发性心律失常大多是老年期前就有，并延续到老年期仍然存在的心律失常。临床常见的类型包括儿童、青年、中年患者发生的原因不明的特发性心律失常，并带到老年期。包括阵发性室上速（房室结双径路）、特发性右室和左室室速、特发性心房颤动和不良性窦速等。

3. 临床特点

老年前发生的心律失常随着增龄有两个发展趋势，一方面可以逐渐减轻，相关的心律失常可随增龄而呈发作次数减少甚至消失，最终自然治愈。另一方面也可能逐渐加重，甚至变成无休止性心动过速。这种情况多见于折返性快速性心律失常。当患者年龄逐渐增大，退行性改变表现为传导减慢时，更容易形成以传导缓慢为重要形成条件的折返性心动过速。正常时，窦性激动就可诱发，使心动过速变为无休止性心动过速。

4. 老年特发性心律失常的治疗

老年特发性心动过速多由折返机制引起，可应用抗心律失常药物抑制其发作。同时这种老年性特发性心律失常与年轻人的心律失常一样可经射频消融予以根治，只是面对老年患者实施射频消融治疗时，应当格外慎重，防止术中发生严重的合并症：心肌穿孔、心脏压塞等。

当老年特发性心律失常表现为缓慢性心律失常时，可以植入心脏起搏器进行替代性治疗；当其表现为室速或室颤时，则有更充足的理由植入ICD。

运动性心律失常

发生在训练场或竞技场的运动员晕厥与猝死，以及校园或军营内年轻人的晕厥和猝死，绝大多数属于运动性心律失常。因患者年轻而平素健康，又发生在运动中，因此，这种晕厥、猝死的威慑力强、伤害性广、社会影响巨大。当今，运动性心律失常已成为一个严重的社会问题，其诊断、治疗及预防已成为医学面临的一个挑战，引起了多方面的高度关注与重视。

一、定义

顾名思义，运动性心律失常是指在进行一定强度的运动中或运动后发生的心律失常，广义的概念还应包括正处于紧张和应激状态、从事体力劳动、紧张活动时发生的心律失常。轻者可能引发房早、室早、短阵房速或短阵室速等，患者仅伴有心悸不适，而严重者可能发生致命性快速性室性或房性心律失常，伴头晕等较重症状，出现更严重的血流动力学障碍时能引发先兆晕厥、晕厥，甚至猝死（图 8-2-1）。应当指出，少数运动性心律失常表现为缓慢性心律失常，理论上，运动性心律失常的最后确认需要有心电图资料为依据，但多数情况下根本来不及记录心电图，只能结合既往史以及运动伴发突然发生的晕厥或死亡，又排除了其他疾病的可能（例如脑出血、高血压、冠心病等），进而做出推断性诊断。文献认为 80% 以上的这种情况属于恶性心律失常突然发作的恶果。

二、运动性心律失常的分类

运动性心律失常有多种分类法。

图 8-2-1　屡见不鲜的运动性猝死

A. 28 岁的俄罗斯冰坛王子格林科夫比赛时猝死在妻子（左）怀中；B. 美国百米飞人乔伊娜的猝死震惊世界；C. 喀麦隆足球国脚维维安猝死在绿茵场上，其痛苦的面容永远留给了全世界；D. 北京马拉松国际比赛中参赛的运动员一老一少发生猝死

（一）按诱发的心律失常分类

最常见的运动性心律失常为房性或室性早搏，单纯的房早与室早除能引起一些症状外，长期随访的结果表明，运动后诱发的频发室早与随访期死亡率相关，提示其有一定的预后价值。此外，房早和室早可能成为心动过速发生的"扳机"或起到触发作用，进而引起运动性晕厥或猝死。除早搏外，室性快速性心律失常的预后比运动性室上速的预后更差。运动可诱发的心律失常见表 8-2-1。

（二）按发生的人群分类

发生运动性心律失常的人群具有鲜明的特点，并能分成以下几类。

1. 职业运动员

职业运动员是一个特殊群体，以长期处于大的训练强度和竞争激烈的比赛为特征，其中部分运动员可能已存在运动员心脏，使运动性心律失常及猝死的发生概率增高，年轻运动员的猝死率是非运动员猝死率的 2.5 ～ 2.8 倍（图 8-2-1）。本文首次提出和阐述运动性心肌病（继发性心肌病）的概念，这是指部分职业运动员的心脏能发生程度不同的解剖学或电学重构，出现心脏一定程度的形态学和功能学改变，而表现为心电图和超声心动图检测的异常等。这一新概念的提出将使运动员心律失常及猝死的发生更易理解。意大利的资料表明：年龄 ≤ 35 岁运动员的猝死每年为 2.3 例/10 万人（男性），其中男性占绝对优势、男女运动员之比为 10∶1。男性运动员猝死发生率较高的原因与男性运动员基础人数多有关，也与男性运动员伴发心肌病、冠心病等容易发生心脏性猝死疾病的概率较高有关。

2. 校园性猝死

在校学生的年龄几乎都低于 35 岁，低于 35 岁者发生猝死十分少见。一项全美国范围内中学生和大学生运动员相关猝死的研究显示，猝死率为每年 0.4 例/10 万人，明尼苏达州中学竞技运动员中，发生猝死的平均年龄 16 岁，每年猝死率为 0.35 例/10 万人。显然，校园性晕厥或猝死者中，有相当比例的罹难者属于生前未能被诊断的先天性离子通道病。

3. 器质性心脏病患者

患者有明确器质性心脏病，尤其患有冠心病、肥厚型心肌病者，其本身就属于心脏性猝死的高危患者，而在剧烈运动或活动中发生猝死的风险明显增大。

4. 其他

不属于上述三种特殊人群者为其他类型，包括不同性别、不同年龄、不同临床情况的人群，其运动中发生的心律失常，甚至猝死，与引发猝死的各种病因有关，例如发生了严重的心肌缺血、缺氧。

（三）按诱发的心律失常特征分类

运动诱发的心律失常引起的血流动力学改变可以不明显，常被认为是良性、生理性的，例如发生了一般性的房早和室早。但也可能引发明显的症状和血流动力学改变，甚至是致命性的心律失常，如多形性室速、尖端扭转型室速（Tdp）及室颤。显然，运动性心律失常的发生率很难精确统计，尤其是各种"良性"的运动性心律失常。

临床医生常根据引发的心律失常心率的快慢将其分成快速性和缓慢性两种。

运动诱发的缓慢性心律失常包括窦性心动过缓、窦性停搏和房室传导阻滞，其发生机制常不易理解，目前认为与几种因素有关。

表 8-2-1 运动诱发的各种心律失常

室上性快速性心律失常
房性早搏
房性心动过速
心房扑动
心房颤动
房室结折返性心动过速
房室折返性心动过速
室性快速性心律失常
室性早搏
室性心动过速
单形性
多形性
双向性
尖端扭转型
心室颤动（或扑动）
缓慢性心律失常
窦性心动过缓
窦性静止
阵发性房室传导阻滞

（1）原来就存在房室结和希浦系统传导功能的障碍，运动后心率的加快可以诱发快频率依赖性房室传导阻滞。

（2）伴有器质性心脏病如冠心病、肺心病等，运动时心率的加快可引起窦房结缺氧、缺血，进而引起窦缓，或引起特殊传导系统的缺血而发生房室传导阻滞。

（3）晚近资料认为，儿茶酚胺敏感型多形性室速的患者，其兰尼碱受体的基因突变能引起运动性心动过缓。

（4）发生了反射性的运动缓慢性心律失常：这是由于患者运动时交感神经兴奋，心率加快，而运动停止后的恢复期，发生了反射性迷走神经张力的过度增强而诱发严重的心动过缓（图 8-2-2），进而发生运动后的晕厥及猝死。

（四）按心律失常发生的时间分类

显然，运动性心律失常可以发生在运动中或运动后恢复期，也可能两者皆有。运动中和运动后心律失常发生的机制与预后不同。

运动中和运动停止后的体内代谢情况明显不同（图 8-2-3）。运动中交感神经的兴奋性持续升高，而运动后恢复期同时存在交感神经活性的减弱及迷走神经活性的增强。正常时运动后的心率和血压逐渐下降（其通过乙酰胆碱与 M_2 毒蕈碱受体结合，进而与 G 蛋白偶联并抑制腺苷酸环化酶的活性而达到调控作用）。目前认为，持续的交感神经激活和迷走神经张力的瞬时增加是引起运动后房早、房颤等心律失常的主要原因，即交感神经兴奋性增加引起 Ca^{2+} 瞬变的加强与迷走神经张力增加引起的动作电位时程的缩短同时存在，使舒张期心肌细胞内 Ca^{2+} 增加，并通过 Na^+-Ca^{2+} 交换引发早后除极。

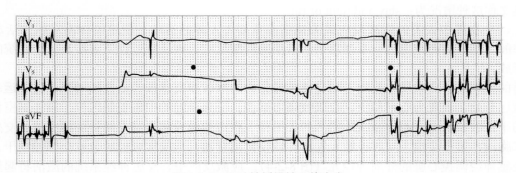

图 8-2-2　运动性缓慢性心律失常

患者男、22 岁，反复发生运动后晕厥。本图为患者运动后心电图的连续记录，可见运动后心律从频率为 150 次 / 分的窦速，突然出现较长时间的窦性静止和传出阻滞（其中仅有几个窦性激动），然后逐渐恢复为窦性心律伴室早二联律

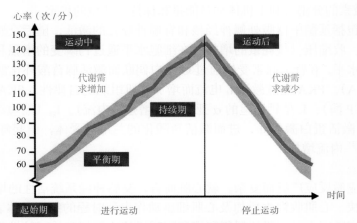

图 8-2-3　运动的不同时期代谢率与心率不同

运动时心率的增快在运动前期就已存在，随后与代谢率呈线性上升，运动后逐渐下降

至于对预后的影响，多数学者认为，运动后出现的频发室早能增加随访期的死亡风险，其比运动中出现的室早的预后价值大。

三、发生机制

（一）运动时正常的应激反应

1. 全身反应

为深入理解运动性心律失常的发生机制，需深入了解人体的应激反射。

应激反应（stress response）是所有生物体对紧张性事件的一种适应性反应，即生物体受到或感知到环境或躯体的突然变化，不管是负面威胁生命的险况，还是正面的积极刺激如受到奖赏，都能引起机体发生相应的行为和生理变化，将立即启动应激反应，应激反应对生物体的生存有着重要意义。

应激反应分成急性和慢性两种，慢性应激反应是指紧张性事件反复、长期存在，例如职业司机和职业运动员，其长期、反复发生的适应性应激反应必将引起机体的适应性改变。而急性应激反应（acute stress response）又称"战斗或逃逸反应"（fight or flight response）。早在 1914 年就有学者发现并描述了生物体的这一现象，直到 1929 年，Walter Bradford Carnon 首次提出急性应激性反应的完整概念，该理论认为动物体对突然发生的疼痛、饥饿、恐惧、激怒等激惹事件引发机体交感神经系统的兴奋、激活及功能释放（general discharge），其又被称为生物的战斗或逃逸反应，急性应激反应是机体适应性综合征的第一阶段。

实际生活中，人们常能看到急性应激反应的典型实例，例如平素温顺的猫遇到来犯的犬时，其马上躬身屈膝，毛发直立，双眼瞪大，怒视来敌，准备战斗。或者在"动物世界"的影片中，当斑马或羚羊发现虎视眈眈准备捕杀自己的狮子时，在被惊吓的瞬间立即原地怔住，随后再判断和选择逃逸的最佳方向，拔腿而逃，英文称这种情况为：stay and fight or run。

实际上，生物界中人类的应激反应最为精细而重要。人体的运动，就是机体面对躯体活动的急剧变化，代谢率的急剧升高而做出的一系列复杂而精细的应激反应，该反应过程主要涉及两个系统的激活，两种激素的释放。

运动时的生理性、应激反应起始于副交感神经张力的减弱和交感神经活性的增强，这在运动开始前的准备阶段就已开始，表现为心率加快，心肌收缩力增强。交感神经的中枢控制区位于第 4 脑室侧面，延髓脑桥背侧的下丘脑和蓝斑。而延髓腹外侧区的去甲肾上腺素神经元和脊髓中间外侧细胞柱的交感神经元构成第一、二胸段，第三腰段，同时神经元发出的轴突背离脊髓，形成椎旁神经节或交感神经干，而星状神经节属于交感神经调控心脏的外周神经元（图 8-2-4）。应激反应中，交感神经系统的激活将起到特殊的生理性作用，其主要依靠肾上腺髓质释放的交感神经递质——肾上腺素和去甲肾上腺素完成，而后者又由节前交感神经释放的乙酰胆碱触发。随着儿茶酚胺浓度的增高将引起心率增快，呼吸增快，血管收缩，骨骼肌紧张性加强等机体反应。同时，应激反应中另一个重要的反应是神经内分泌的改变，即下丘脑-垂体-肾上腺皮质轴（HPA）的激活，该轴的激活将使糖皮质类固醇（GC）的分泌增加，这是应激反应中另一重要的适应性反应，GC 等激素的分泌有利于机体动员能量和保持内环境的稳定。

应激反应的全过程包括延髓中枢腹外侧神经核和脊髓神经元的激活，随后交感神经的兴奋由星状神经节传至心脏，引起心率、收缩压、氧耗量的增加。在细胞水平通过钙瞬变的增强和动作电位时程的缩短增加心肌收缩力。在分子水平，β 肾上腺素受体通过 G 蛋白偶联而激活腺苷酸环化酶，进而 cAMP 生成增多并激活蛋白激酶 A（PKA）。PKA 通过激活 I_f 电流而增加心肌组织的自律性，PKA 磷酸化的关键蛋白如磷蛋白（激活肌浆 Ca^{2+}-ATP 酶）、L 型钙通道的 α 亚单位（增强钙内流）、I_{ks}（缩短动作电位时程）增加。增加的 Ca^{2+} 通过钙调蛋白激活蛋白激酶 II，进而激活磷酸化的兰尼碱受体，引起舒张期 Ca^{2+} 泄漏，再通过 Na^+-Ca^{2+} 交换体引起 Ca^{2+} 内流增加。

2. 器官水平的反应

运动时器官水平的应激反应广泛而复杂。就心脏而言，交感神经系统活性的增强，儿茶酚胺血浓度的增高，必然引起心率增快、心肌收缩力增加及心肌细胞动作电位时程的缩短。体表心电图则表现为 QT 间期缩短。此外，心肌的室壁应力、心肌的耗氧和需氧同时增加。而相应的冠脉扩张、冠脉血流量的增加能使上述反应得到充分保证（图 8-2-4）。

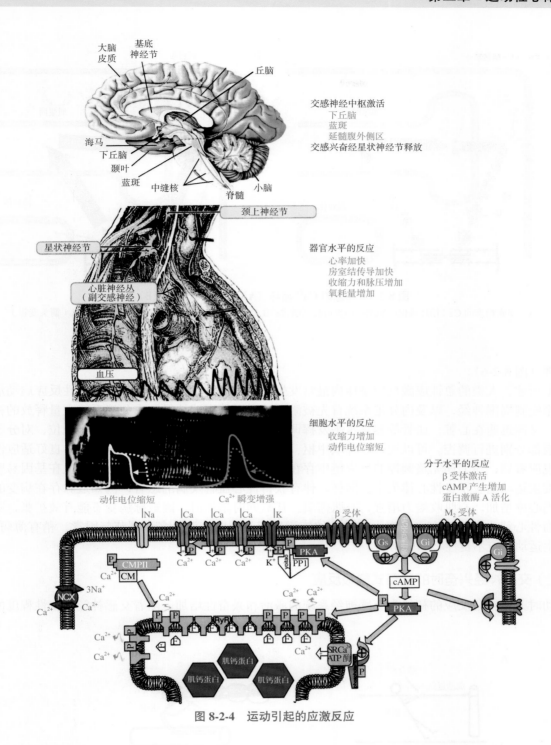

图 8-2-4　运动引起的应激反应

3. 应激反应的分子机制

运动时交感神经对心脏功能的调控主要通过去甲肾上腺素、肾上腺素与心肌细胞膜上的 β 肾上腺素受体结合而完成。β 肾上腺素受体激活后将引起系列的瀑布式级联反应，最终使蛋白激酶 A 的磷酸化加强，影响离子通道的构型和跨膜的离子流改变，例如起搏的 I_f 电流增加能介导 4 相自动化除极功能增强并引发窦性心率加快或其他心律失常。α 肾上腺素受体的激活表现为血管反应，同时又直接作用在肌浆网的 Ca^{2+} 释放，使心肌收缩力增加和外围血管收缩加强。

交感神经系统运动时的激活可使平素处于稳态的 Ca^{2+} 循环得到增强，这是加强心肌细胞兴奋收缩耦联作用的关键（图 8-2-5），而 Ca^{2+} 循环量的增加是心肌收缩力增强的关键因素，因为心肌细胞内游离 Ca^{2+} 的增多可使肌凝蛋白的横桥与肌动蛋白的结合点暴露增加，参与收缩时横桥滑动的数量增加，进而使心肌收

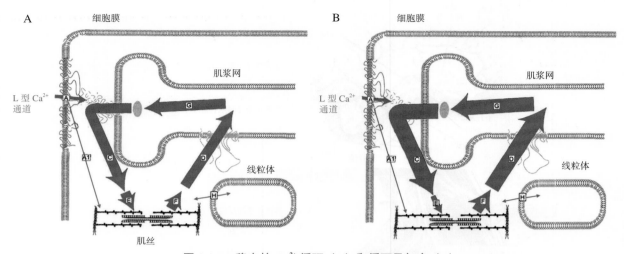

图 8-2-5 稳态的 Ca²⁺ 循环（A）和循环量加大（B）
A. 平素稳态的 Ca²⁺ 循环确保心肌细胞的兴奋收缩耦联；B. 交感神经兴奋时，Ca²⁺ 循环量明显增大（箭头变粗）

缩力增强（图 8-2-6）。

综上所述，人类的急性应激反应是体内最常发生的一种生理性保护反应，该生理性反应启动后，从中枢神经系统到周围神经，以及内分泌系统首先被激活，激活的交感神经及内分泌系统大量释放的神经递质与激素，又能迅速在心脏、血管等器官水平发挥调控作用，同时也对细胞水平的动作电位，对分子水平的离子通道都分别进行调控。可以说，这种从中枢、器官到分子水平调控的一致性是人体良好适应性反应的保障。也应看到，当上述完整调控的反应链中存在某些薄弱环节或病理性因素，或发生在基因易感人群时都可能发生运动适应不良性心律失常。同样，伴有获得性心血管疾病的患者，例如冠脉存在病变的冠心病患者，当心率增加，心肌收缩力增强，心肌需氧、耗氧同时增加时，因冠脉病变不能有效扩张，则能发生运动缺血性心律失常。换言之，在人体运动的应激反应过程中，涉及多种环节与因素，稍有薄弱点存在，即能发生运动适应不良性心律失常。

（二）交感神经兴奋时的瀑布式联级反应

运动时人体应激反应的初始为交感神经系统的激活和兴奋性增加，随着交感神经兴奋性程度的持续升

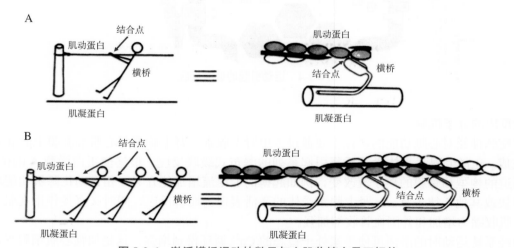

图 8-2-6 激活横桥滑动的数量与心肌收缩力呈正相关
A. 细胞质内的游离 Ca²⁺ 能使横桥与肌动蛋白的结合点暴露并被激活；B. 当细胞质内的游离 Ca²⁺ 增加时，横桥与肌动蛋白的结合点暴露增加，使心肌收缩力增强

高，内源性交感胺的浓度可升高数倍、数十倍，甚至上千倍，进而引发交感风暴。

级联反应最终将引起广泛的 Ca^{2+}、Na^+、K^+ 离子通道构型与离子流的改变；腺苷酸环化酶活化；PKA 蛋白激酶 A 活化；磷酸化加强；$Gs\alpha s\beta\gamma$ 与 G 蛋白偶联。

交感兴奋时瀑布式联级反应的第一步是交感胺与心肌细胞膜上的 α 和 β 肾上腺素受体结合（图 8-2-7）。β 受体激活时，将与心肌细胞膜上的 G 蛋白偶联，使腺苷酸环化酶活化，更多的腺苷三磷酸（ATP）转化为 cAMP，cAMP 进一步使腺苷酸活化酶 A 活化，更多的 ATP 转化为 cAMP，cAMP 可使蛋白激酶 A 活化并使磷酸化加强，进而使细胞膜上的离子通道构型发生改变，使跨细胞膜的 Ca^{2+}、Na^+ 内流增强，K^+ 外流增加（图 8-2-8，图 8-2-9）。同时，α 肾上腺素受体的兴奋也能增加 Ca^{2+} 内流，使 Ca^{2+} 在细胞内的数量和浓度增加，这些跨细胞膜离子通道构型和离子流的改变能引起各种异常的心电现象，例如晚 Na^+ 内流的增加可引发早后除极、迟后除极，Ca^{2+} 内流的增加可引起 Ca^{2+} 泄漏及迟后除极等。最终，心肌细胞跨膜动作电位的明显缩短或持续时间的延长，将使心肌不应期、传导性和自律性发生程度不同的改变。一旦此时出现早后除极或迟后除极电位，各种心律失常即被触发。目前认为，运动性心律失常的发生过程中，自律性、折返性、触发性三种机制都能起不同的作用。

图 8-2-7 显示了交感神经兴奋后的瀑布式级联反应的全景图，包括跨细胞膜的 Ca^{2+} 内流增加后，可使钙制钙的作用被放大和加强，肌浆网 Ca^{2+} 释放的增强将使稳态的 Ca^{2+} 循环量明显提高，使心肌收缩力增强。而图 8-2-8 和图 8-2-9 更直观地显示了运动时瀑布式级联反应的最终结果将引起细胞膜离子通道和离子流的改变，引起 Ca^{2+} 和 Na^+ 内流增加，K^+ 外流增加，如此广泛的离子通道和离子流的改变，必然使心律失常包括恶性心律失常更易发生。

（三）运动性心律失常的发生

内环境的不稳定

人体静息时，体内自主神经的作用被称为"迷走王国"，即迷走神经的调控作用占绝对优势。运动开始后，随着运动量的逐渐增大，心血管系统做出的最初反应为迷走神经张力减低，然后是交感神经活性的增强，上述两者的变化都导致心率的增快（图 8-2-3），心肌收缩力的增强和收缩压的升高，并引起心脏负荷的增加，氧的需求量增加，造成心肌相对缺血，进而又能引发心律失常，尤其是室性心律失常。心肌缺血还能引起室颤阈值降低，使室颤更易发生（图 8-2-10）。

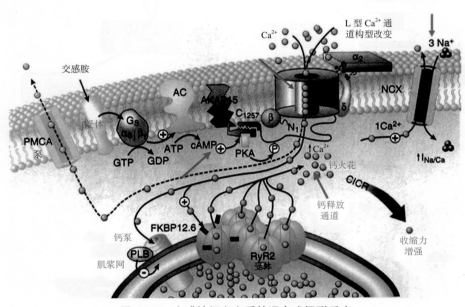

图 8-2-7　交感神经兴奋后的瀑布式级联反应
⊕腺苷酸环化酶活化，PKA 蛋白激酶 A 磷酸化
Ⓟ磷酸化加强，$Gs\alpha s\beta r$ 与 G 蛋白偶联

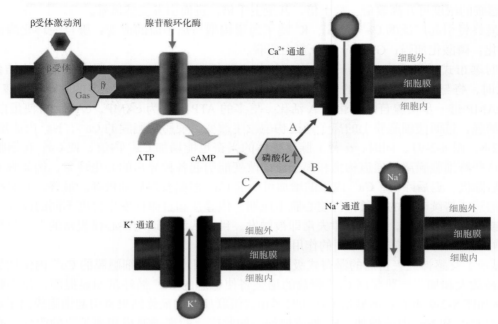

图 8-2-8　交感神经兴奋性的增加将引起广泛的离子通道改变
使 Ca^{2+}、Na^+ 内流和 K^+ 外流增加

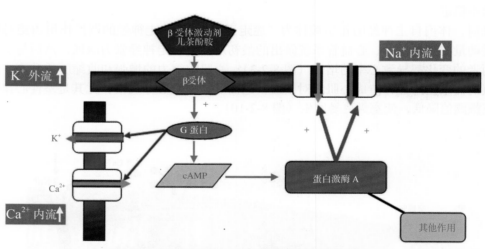

图 8-2-9　交感神经兴奋引起离子通道的广泛改变

β 肾上腺素受体兴奋后,通过与 G 蛋白的偶联,腺苷酸环化酶的活化,磷酸化的增强,使 Ca^{2+}、Na^+、K^+ 通道的构型改变,并引起 Ca^{2+}、Na^+ 内流增加,K^+ 外流增加。

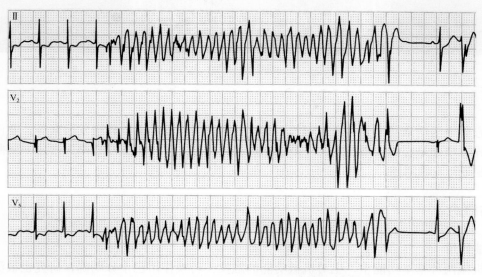

图 8-2-10　运动引起的心肌缺血并诱发多形性室速

交感神经的过度兴奋使人体内环境突然变为不稳定。本图患者男、46 岁，平板运动试验中发生胸闷及多形性室速，室速发生前可见心电图 Ⅱ 和 V₅ 导联的 ST 段压低，冠脉造影证实，回旋支近端有 90% 的狭窄，经冠脉介入治疗后，患者反复进行平板运动试验未再诱发室速

第三章

机械性心律失常

心律失常是心脏电活动紊乱的外在表现形式，其有很多病因、发生机制和触发因素等。业已确定，机械电反馈作用的异常增强是心律失常发生的一个独立机制，相应之下，机械性心律失常这一新概念应运而生。本文就该问题进行专题阐述。

一、定义与概念

1. 机械电反馈作用

心脏的电和机械两种基本功能中，电对机械功能的触发、转换作用已十分明确，研究也很深入。相比之下，机械对电功能反馈作用的认识滞后。其实早在 1920 年，Schott 曾报告胸部捶击使 1 例阿斯综合征的无脉症患者恢复了可以触及的脉搏，这是机械刺激对心律失常作用的最早文献，也是医学史上首次注意到机械力对心脏电活动的重要影响。10 年之后，机械力的抗心律失常作用（1930 年）正式由 Albert Hyman 提出。他发现经胸壁将注射针刺入心脏时可使停搏的心脏复跳，25% 的病例可出现短暂或完全性窦性心律的恢复，对已经停跳的心脏注射肾上腺素、阿托品，甚至葡萄糖都能产生相似的有效结果，这种注射药物之外的治疗作用是注射针刺入心肌时伴发的机械刺激对电功能作用的结果。

1982 年，Lab MJ 最早提出了心脏的机械电反馈（mechano-electric feedback）学说，认为心脏的收缩、心脏受到的应力对心脏自身的电活动具有反作用。换言之，心脏被动或主动的机械活动能影响心肌的电活动。Lab MJ 通过牵张刺激对蛙心室单向动作电位电压曲线影响的分析，提出机械张力引起压力敏感性离子通道通透性变化的平衡电位约 $-40 \sim -10\text{mV}$。

Lab 的机械电反馈学说将心脏两种基本功能之间的关系形成一个完整的闭合回路（图 8-3-1）。该闭合环路中，心脏的电活动将触发或驱动机械活动，表现为动作电位将引起心肌细胞收缩蛋白的收缩，任何电活动及其变化都能直接影响与其耦联的机械活动。同样，心脏的机械活动（环境因素造成的被动及内在自身的主动机械活动）引起的心肌张力和长度的变化都能影响压力敏感性离子通道的通透性、离子的扩散率，进而影响膜电位，最终对心脏整体电活动产生反馈作用及调整。这一完整的调节闭合环路能使心脏处于一种最适合、最稳定的生理状态。当然，机械电反馈的强度超过一定程度时，阈上机械刺激将会引起心脏电活动的紊乱，发生机械性心律失常。

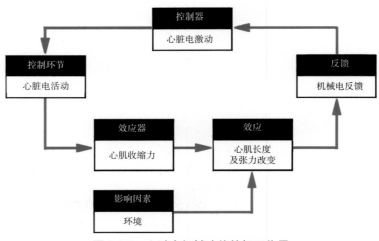

图 8-3-1　心脏电机械功能的相互作用

2. 机械性心律失常

顾名思义，当牵张或其他形式的机械力作用于心脏并引起心脏电活动的节律或频率发生紊乱时称为机械性心律失常。其可由机械刺激直接引起，也可能间接引起。

机械性心律失常临床并非少见，最直观的例子就是医生给患者做心内有创检查与治疗时需应用各种不同类型的心导管，在操作中导管触碰到心脏各腔室心内膜时，能立即引发不同部位的室早、房早、房颤、室速，甚至室颤等机械性心律失常，当导管迅速撤离时心律失常又能马上消失。除此，二尖瓣脱垂时，心室收缩末期，左室乳头肌受到过度牵拉而产生室早；梗死心肌形成的室壁瘤，收缩期膨出，受到过量牵张而引发室性心律失常都在机械性心律失常范畴内。

近年来在细胞、组织器官、整体水平的研究都已证实心脏承受的牵张和机械力变化时都能对心脏的电活动产生反馈作用，该反馈作用达到一定程度时将引起机械性心律失常。

二、心脏与机械力

从胎儿到生命临终，人体心脏一刻不停地做着收缩与舒张的节律性机械运动，这是机械力作用的结果。力是一个物体对另一物体的作用，心脏同时受到腔内血流及负荷产生的力，受到心外的心包膜的力，以及整个胸腔及肺的作用力。这些力对整体心脏及某心腔，对每一条心肌及每个心肌细胞都存在，而且力的大小、方向都随时在变化。

心脏在外力的作用下，还发生着形态、大小的改变，包括心肌纤维长度的变化、心腔形状和心脏体积等改变。心脏这种改变是同时受到外力和内力共同作用的结果，例如心肌受到牵张力（外力）时可发生长度的变化，此时也受到应力（内力）的作用。根据牛顿第三定律，物体间的作用力总是相互成对出现，同生同灭，只是方向相反，而力的大小相等。心脏同时受着多种作用力、反作用力的作用，其名称不同、意义不同。

1. 前负荷和后负荷

心肌凭借节律性的收缩与舒张完成泵血的功能，在该过程中将遇到两种负荷，两种阻力。一个是前负荷，又称容量负荷，是心肌收缩前加在其上的力，在该力的作用下，心肌收缩前被拉长，使其以一定的初长度进入收缩，这种牵拉的外力是静脉回心血流产生的。另一种负荷为后负荷，又称压力负荷，是心肌开始收缩时才能遇到的负荷和阻力，心脏的后负荷就是左右心室收缩时面临的动脉血压。在后负荷这一外力的作用下心肌收缩时，总是张力产生在前，收缩出现在后，而且后负荷愈大，肌肉产生的张力愈大。

可以看出，前后负荷是心脏和心肌在不同状态和不同时间受到的不同外力，前负荷是舒张期被拉长心肌的牵张力，其同时产生的心肌内力称为应力。心脏长期前负荷过大时将出现心肌纤维的拉长而心腔扩大。后负荷是收缩期心肌纤维缩短时受到的阻力，表现为给予心肌的压力，同时产生的心肌内力称为张力。心肌长期后负荷过重时，心肌纤维将增粗，发生心肌肥厚。

2. 应力及张力

应力（stress）是一种心肌内部的力，是心肌受到外部牵张力时产生的反作用力，即心肌在牵张力的作用下被拉长时，其内部就产生了大小相等、方向相反的反作用力（应力）而抵抗这种外力，应力是力图使心肌从被拉长的状态或位置恢复到原来的状态或位置的力。

应当了解，心肌的应力大小及分布的异常始终伴随着心脏的扩大、心肌的肥厚、心力衰竭的发生与发展的全过程，同时心肌病变的程度不同，在不同部位的心肌将出现心肌应力离散度，进而促发机械性心律失常。

张力是心肌收缩时产生的内部拉力变化，这种内部拉力称为张力，其产生依赖于肌节内结构的变化，代表心肌的潜在工作能力，也是心肌一种位能形式的机械能，并可以将之理解为后负荷对心肌压力的反作用力。心肌收缩时张力的产生、大小都与压力负荷相关。

3. 心脏受到的不同类型的机械力

考虑心脏受到的机械力时，还要考虑心脏受到机械力类型的多样化问题，例如在细胞水平，生理条件下承受一定的牵张力及组织应力，而病理条件下心肌细胞肥大、肿胀及缺血均使细胞受到病理性机械力作用。在心肌水平，心肌受到牵张力，但还要承受过度及病理性的牵张力。此外，除受到短暂的机械性扩张刺激外，也可能受到慢性持续性扩张刺激。脉冲性、短暂的机械牵张力刺激可引起自动除极，触发室性早搏，而慢性持续性扩张刺激（肥厚、扩张、心力衰竭）尽管对动作电位的影响相当于短暂的扩张刺激的总和，但其引发早搏的概率很低，只是慢性、持久性的扩张可引起不应期缩短，复极不均一，进而诱发折返性心律失常。

4. 机械异质性

当心肌缺血、梗死、炎症、心肌扩张、肥厚、心力衰竭等病理情况存在时，可以改变心肌张力的分布，形成机械异质性。这些病理情况还能提高心肌对机械刺激的敏感性，使引发心律失常的机械刺激阈值下降，使机械电反馈机制的致心律失常作用加强。

三、机械性心律失常的实验室研究

机械刺激对人体是一种基本刺激，机体内有各种专门的机械感受器，随时接受压力、位置、声音等不同的机械刺激，并不断发生局部或中枢性调节，心脏也不例外。

心脏不仅是一个能机械收缩、舒张的循环系统的压力泵，同时也是一个复杂的应力感受系统，其在分子水平（细胞和离子通道）、组织和器官水平、整体心脏水平都有各种牵张感受器，当心脏承受的应力、牵张力激活这些感受器时，心脏则能发生自身的调节，对心肌收缩力及心脏电活动进行调整，甚至引起基因表达的变化。

1. 细胞水平的研究

众所周知，心脏的前负荷静脉回流血量增加时，在整个心排血量增加的同时，心率也将明显增加。过去将这种正性频率反应的机制全部归于朋氏反射（Bainbridge reflex），但实验证明，在分离的心脏和窦房结组织去神经调节的情况下，牵张仍可使心率增加（图8-3-2）。这一现象说明，牵张引起的正性频率作用已超越了神经反射理论，而心脏固有的机械电反馈调节起到一定作用。

图8-3-2的实验中，肿胀和牵张使窦房结自律性细胞发生应力的变化，细胞的肿胀经低渗溶液灌流引起，结果细胞的直径增加，细胞的面积增加32%（图8-3-2A）。细胞的牵张可用碳纤维技术，使分离的单细胞肌小节被同轴性拉长5%～10%（图8-3-2B），结果窦房结细胞的自律性从282次/分增加到292次/分（图8-3-2C）。实验结果表明，牵张导致窦房结细胞的自律性增加5%，整体动物的心脏在牵张力的作用下心率能增加10%。

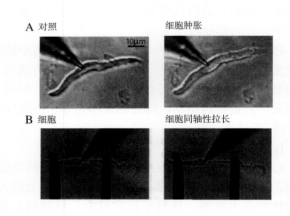

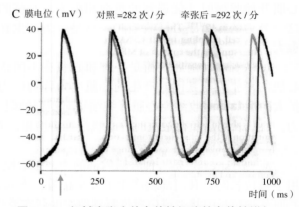

图 8-3-2　机械牵张力使自律性细胞的自律性增加

除此，在分离后的单个心肌细胞，同时应用控制膜电位的膜片钳和能控制跨细胞膜压力的压力钳技术，在给予细胞脉冲性机械刺激的同时，观察细胞膜离子通道开放率的变化规律，以及其他电生理参数。

2. 整体心脏水平的研究

（1）后负荷急剧增加引起的机械性心律失常：在机械性心律失常的动物实验中，常用钳夹法阻断升主动脉造成后负荷增加的动物模型。升主动脉被短暂钳夹时，急剧升高的左室内机械压力能引发一次有效的后除极，心电图则表现为一次期前收缩，其代偿间期后再次发生期前收缩的能力增强（二联律法则），结果使室早二联律重复了多次，直到升主动脉的钳夹解除（图8-3-3）。因此，心脏后负荷的急剧增加并达到阈值时，阈上机械刺激可引发室早和新的除极。

（2）前负荷增加引起的机械性心律失常：制备前负荷增加的动物模型时，先从胸腔取出心脏，作成 Langendorff 工作心脏（生理灌注液灌流），切除左房，将可膨胀的乳胶球囊通过二尖瓣口放置在左室，此后紧缩二尖瓣口使可膨胀的球囊固定在左室。随后应用计算机控制的容量泵进行球囊容量的控制及容量每次递增，使球囊内的压力对心室壁产生程度不同的容量脉冲性刺激，进而研究前负荷增加时牵张力的增加对心脏电活动的作用和影响，实验中同时记录单向动作电位图及左室内压。实验时程序性发放的容量脉冲性刺激的联律间期可程控，容量脉冲性刺激的强度也可程控。图 8-3-4 则是一个实例：实验中球囊的容积递增，使左室容量及压力连续增加，当左室承受的牵张力（机械刺激强度）逐渐增高达到阈值时将引起一次新的除极，而阈值以下的机械刺激只能引起一次振幅较低的电位。当连续的机械刺激强度均达到阈值时，则可连续引发心室激动，换言之，实验动物的心脏被容量脉冲刺激起搏了（图 8-3-4）。

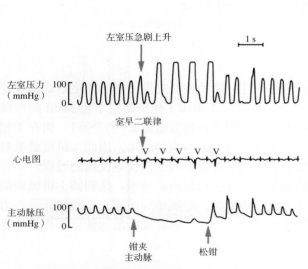

图 8-3-3 心脏后负荷急剧增加引起室早二联律

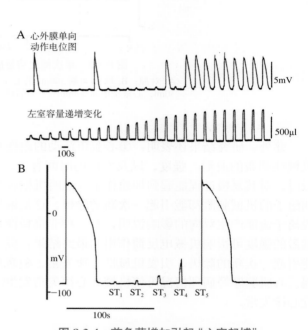

图 8-3-4 前负荷增加引起"心室起搏"

A. 阈上机械刺激将引起一次新的除极（见正文）；B. ST$_1$ 至 ST$_5$ 代表牵张激活的离子通道逐步增加，而 ST$_5$ 则引发了一次新的除极电位

图 8-3-5 也显示，一次达到阈值的机械刺激引发了一次室早，与对照的机械刺激相比，本次容量脉冲刺激的容量从 20ml 增加到 30ml（图 8-3-5B），使心室压增加了 20mmHg 并诱发了一次室早。

整体心脏水平的研究表明，心脏的牵张刺激不论是由前负荷还是后负荷的增加所引起，一旦达到阈值，就可引发一次新的除极和期前收缩，其可称为机械性早搏，而连续达到阈值时则可连续引发新的除极而形成心动过速，其可称为机械性心动过速。

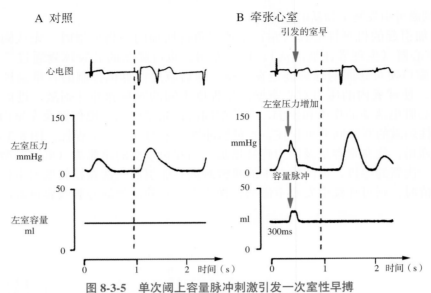

图 8-3-5 单次阈上容量脉冲刺激引发一次室性早搏

A. 对照；B. 联律间期 300ms 的心室容量脉冲刺激，该容量从 20ml 增加到 30ml，心室压增加 20mmHg，其后诱发一次室性早搏

此外，研究结果还表明：①心脏电活动的改变在容量脉冲性刺激发放后立即发生。②电活动的改变与机械性刺激的波形、强度，以及发放的时间有关。在心室动作电位 2 相和 3 相早期给予宽 50ms 的机械刺激时，对其复极过程能起到加速作用（说明机械刺激对电的反馈作用表现为加速 K^+ 的外流），而在 3 相后期给予的机械刺激却能引起一次新的除极，这是增加了跨细胞膜的离子内流的结果。因此，机械刺激对跨膜离子流能产生双向的影响说明，有一种非选择性牵张激活性离子通道参与了机械电反馈的过程。③机械刺激的强度可影响机械电反馈作用的最终结果：强度低的牵张力可引起复极的延缓，达到阈上机械刺激时能引起一次新的除极，引发机械性心律失常。④病理情况如心肌缺血、心脏传导减慢、心肌梗死、心力衰竭、心肌肥厚等病理情况可使机械性心律失常发生的阈值下降，心肌应力离散度的增加使牵张作用更易诱发心律失常。

四、机械性心律失常的发生机制

发生机械性心律失常时，一定存在着机械牵张力的变化，变化的机械力激活机械感受器并引起心肌细胞膜电位的变化，最终引发心律失常。

（一）压力敏感性离子通道

心房肌、心室肌细胞都存在压力敏感性（牵张激活性）离子通道，其通过细胞骨架特殊定位在心肌细胞膜上，细胞骨架能将机械力传导给这些离子通道。目前已发现三类压力敏感性离子通道：①牵张激活的阳离子选择性通道；②牵张激活的钾通道（图 8-3-6）；③肿胀激活的氯离子通道。这些离子通道激活的潜伏期为 50～100ms，半数最大激活压力为 −12mmHg，激活达峰的时间约 400ms，通道的激活与开放呈暴发式，通道的激活作用并不持续，1s 内跨通道的电流幅度将减少，呈现时间依赖性（图 8-3-7）。

这些离子通道的激活因素主要为牵张力，当细胞膜机械牵张力增加时，这些通道则被激活、开放，而细胞膜承受的正压对通道的激活作用远不如负压。细胞容积的增大和肿胀也可激活压力敏感性离子通道，渗透压改变是非常强的刺激信号。除此，受热也是通道开放的刺激因素，温度每升高 10℃，跨通道的电流幅度能增加约 7 倍，挥发性麻醉药也可激活这类通道，细胞内的 pH 值也明显影响通道的激活。作用在细胞膜上的机械力通过细胞骨架向邻近细胞传导，使邻近细胞的压力敏感性离子通道也被激活、开放，改变开放率，使跨膜离子电流的振幅增大，机械电反馈作用迅速放大。

总之，在应力及应力变化时，压力敏感性离子通道的激活与开放，改变了心肌细胞的动作电位、不应期及其他电生理特性，充分体现了机械电反馈的作用。

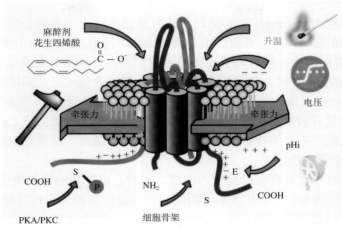

图 8-3-6　压力敏感性钾通道的结构及影响门控的因素
PKA：蛋白激酶 A；PKC：蛋白激酶 C

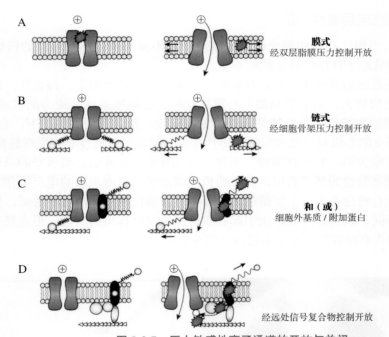

图 8-3-7　压力敏感性离子通道的开放与关闭

（二）心腔内的机械性感受器

1. 压力感受器

心脏内的压力感受器为 C 纤维，其分布在左室下后壁，左室前侧壁也有一定的分布，C 纤维直径 0.2 ～ 1.5μm，对心室内的压力（心脏后负荷）变化敏感。左室压在一定范围内发生变化时（60 ～ 180mmHg）均能兴奋压力感受器，搏动性压力的变化比持续性非搏动性压力的变化作用更强。临床心脏后负荷增加的发生率很高，例如动脉血压的升高、左室流出道的急慢性狭窄与梗阻。

2. 容量感受器

心房、心室和肺循环血管中存在许多容量感受器，也称心肺感受器。这些容量感受器位于循环系统压力较低的部位，也称为"低压力感受器"。当心房、心室或血管压力升高或血容量增大而增加了前负荷时，容量感受器将发生兴奋并引起不应期的变化。应当注意，左室容量负荷的加大只引起左室有效不应期的变化，因右室不应期无变化，将使左右心室的不应期出现离散度，使诱发室速和室颤的概率增加。

（三）机械力对电反馈的作用

心肌或心肌细胞受到应力（stress）及变化时，其可通过多种途径影响心肌的电活动。多数为直接影响，即应力或牵张力作用在细胞膜时，可激活压力敏感性离子通道。增加其开放率、扩散率、通透性，促进细胞内的 K^+ 外流，使复极加快，同时离子通道的开放率还在不断变化，使潜伏期、峰值、衰减与灭活的过程均受到膜应力变化的影响。除直接影响外，还能发生基因表达改变的间接影响。

应当了解，机械对电功能反馈作用的间期很短，几乎立即发生。此外，当牵张刺激持续存在时，压力敏感性离子通道就处于持续开放状态。除此，应力及牵张力的变化还能促进 Ca^{2+} 内流，改变细胞内 Ca^{2+} 的瞬变，间接影响跨膜电流，使收缩期 Ca^{2+} 减少，舒张期 Ca^{2+} 增加，甚至细胞质内游离的 Ca^{2+} 超载，这些与机械性心律失常的发生都密切相关。

心肌受到机械性牵张力并发生机械电反馈作用时，能对心肌细胞的多种电生理参数产生影响，包括：①动作电位的时程缩短（或延长）；②有效不应期缩短；③舒张期静息电位减低（降低自律性）；④动作电位的最大上升幅度减小（改变和减慢传导）；⑤产生局部除极化反应；⑥心室肌细胞受到牵张时，其兴奋的阈值降低；⑦当机械刺激达到阈值时则能引发早搏及其他心律失常；⑧心肌动作电位形态的其他变化。

（四）机械电反馈作用病理性增强

不同的心肌细胞、组织、心腔和整个心脏都在承受着不同类型、不同形式的机械牵张力的作用和刺激，而病理条件与生理状态下作用的特征截然不同。

心肌细胞随时承受着应力及应力变化，在后负荷增加、舒张功能减退、高血压、肥厚型心肌病等病理情况下，这种应力变化将增大，而心肌缺血、心肌坏死时，心肌细胞承受应力的敏感性增加，能力下降，而心力衰竭时，心肌细胞的肿胀又使其持续承受容量性刺激。总之，病理情况下，心肌的机械负荷增大，机械异质性增强，而病变的心肌对机械牵张的敏感性增加，进而使机械性心律失常的发生率增加。

以心肌梗死伴室壁瘤为例，心脏收缩时，正常、坏死及中间过渡的心肌承受的牵张力差异很大，由收缩造成的机械压力可使室壁瘤的部位膨出，离散的机械刺激必然引起离散的电反馈作用，进而能引起严重的室性心律失常。即使心梗患者未发生室壁瘤，也存在不同部位室壁运动的不协调，使收缩期不同部位的心肌承受的机械负荷不同，机械异质性也能引起心肌机械电反馈作用的离散，形成恶性心律失常发生的基质，这使心梗患者心律失常性猝死的发生率很高（图8-3-8）。

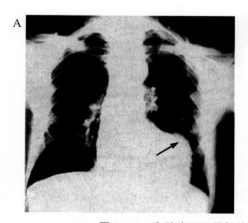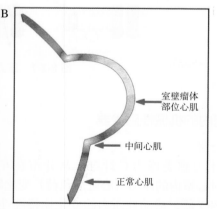

室壁瘤体
部位心肌

中间心肌

正常心肌

图 8-3-8　室壁瘤及不同部位承受的牵张力差异较大
A. 室壁瘤的 X 线；B. 室壁瘤示意图

综上，机械电反馈作用对心脏电功能有多方面的作用：包括不应期、传导性、自律性的作用，其不仅能引起复极的延迟，还能引起类似早后除极和延迟后除极的电活动，这使机械性心律失常出现多样化，可以是自律性、折返性、触发性，而其本质不是电活动的原发异常，而是从机械电反馈的作用继发而来的（图 8-3-9）。

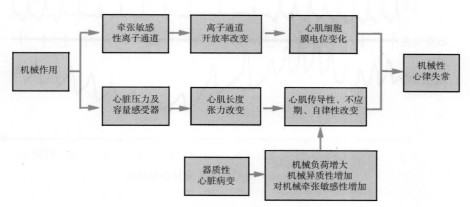

图 8-3-9　机械性心律失常的发生机制

五、机械电反馈作用治疗心律失常

机械电反馈作用对心脏电生理有多方面的影响，包括自律性、不应期、传导性等，达到阈值的机械刺激可使心律正常者引发机械性心律失常。同样，当这种机械电反馈的作用达到一定强度时，也能终止心律失常而恢复窦律。

心动过速可以应用机械性治疗，Befeler 在一组包含 68 例病例的导管检查术中发现，通过导管头部对心房和心室肌的机械刺激，能使 24% 的房速转复，14% 的室速转复，60% 的交界性心动过速转复，此外，该组患者中 27% 的室速经心前区捶击而成功转复为窦律。

1. Valsalva 动作终止室上速

临床应用 Valsalva 动作终止室上性心动过速十分有效（图 8-3-10），Valsalva 动作时，患者用力深吸气后屏气或用力深呼气后紧闭声门用力憋气。此时，胸腔内压力增加，使舒张期心室充盈量减少，容量负荷（前负荷）减少，心脏承受的牵张力的变化使心脏不应期延长，当房室结不应期延长到一定程度时心动过速则可终止（图 8-3-10）。总之，Valsalva 动作时，除了神经反射的作用外，机械电反馈机制也有独立的作用。对于部分室速患者，Valsalva 动作使左室充盈量减少，容量负荷的减少可使室速终止（图 8-3-11）。

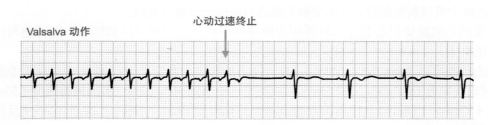

图 8-3-10　室上性心律失常

2. 心前区捶击终止室速、室颤

心前区捶击能使已停搏的心脏重新启动，临床还用心前区捶击终止室速及室颤。捶击方法恰当时，成功率超过 40%（图 8-3-12）。

20 世纪 70 至 80 年代，高级生命支持的相关指南开始推荐心前区捶击治疗心脏停搏、室速和室颤，但不同研究者应用心前区捶击治疗的成功率差别很大。捶击的方法是用紧握拳头的尺侧从 20cm 的高度猛捶胸骨的下半部，并建议动作完成之后收回拳头，强调形成理想的脉冲性机械刺激的重要性。

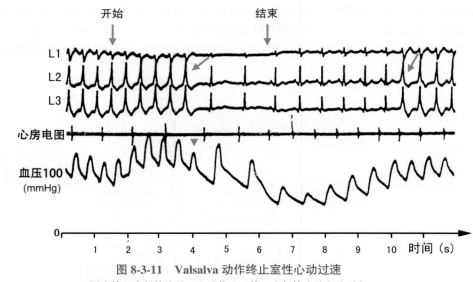

图 8-3-11 Valsalva 动作终止室性心动过速

图中第 1 个斜箭头处，室速停止，第 2 个斜箭头处室速再发

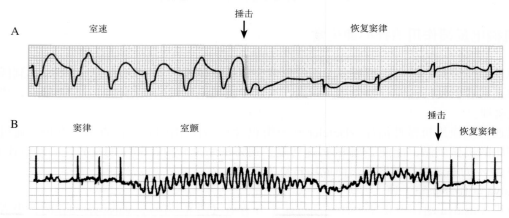

图 8-3-12 心前区捶击终止室速和室颤

A. 终止室速；B. 终止室颤

倡导心前区捶击治疗室速、室颤的理论认为，捶击引发的机械电反馈作用能引起心脏电生理学特征的改变，可引起心室肌新的除极，触发早搏，终止折返性室速等。实验证明，一次阈上机械刺激可诱发单次心肌除极，连续的阈上机械刺激能对灌注的实验心脏进行持续的机械性起搏。

机械力诱发的心肌除极是心肌非选择性压力敏感性阳离子通道被激活的结果，还可能与机械刺激激活了选择性钾通道有关。

心前区捶击的高度以 20cm 为佳（图 8-3-13），捶击的部位为胸骨下 1/2，捶击中应用握拳的尺侧，捶击速度 2.25m/s 时成功率为 18%±3%，>2.25m/s 时成功率可提高到 36%±2%（英国捶击速度 1.55m/s±0.68m/s，美国捶击速度 4.17m/s±1.68m/s），捶击治疗的成功率：英国为 13.3%，美国为 27.7%，不良反应的发生率英国为 0.8%，美国为 0.2%。

六、机械性心律失常与临床

机械电反馈作用是心律失常发生的一个独立机制，其在部分心律失常的发生中起主导作用，部分心律失常的发生中则起参与作用、促发作用、协同作用等。

1. 心脏震击猝死综合征

心脏震击猝死综合征是最典型的机械性心律失常，而且是致命性心律失常。发生时，非穿透性胸壁撞

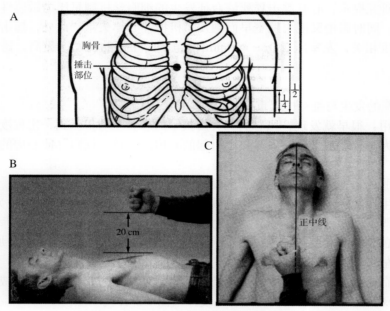

图 8-3-13 心前区捶击治疗的示意图

A. 捶击部位；B. 捶击高度；C. 捶击部位

击引起猝死，但撞击中无肋骨、胸骨及心脏的损伤。该综合征由 Schlomka 于 1934 年首先报告，至今已累计近 200 例报道。

动物实验表明：撞击物体的速度为 17.8m/s 时，诱发室颤的概率为 70%，撞击的时间窗为 T 波上升支顶点前 10～30ms，撞击的物体越硬越易发生室颤，击打力量为自身体重的 1/3 时，受试动物全部死亡，撞击致命的部位为左侧胸壁对应心脏的部位（图 8-3-14）。

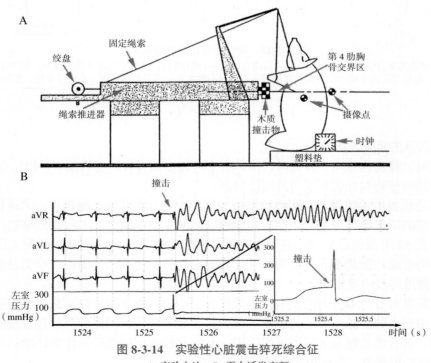

图 8-3-14 实验性心脏震击猝死综合征

A. 实验方法；B. 震击诱发室颤

动物实验和临床研究提示，心脏震击猝死综合征发生的细胞学机制是压力敏感性离子通道的激活，使心脏电功能急剧紊乱，同时震击又能引发室早而触发了机械性心律失常。此外，撞击引起左室压的升高与室颤发生的危险性高度相关，左室压 250～450mmHg 范围时室颤的诱发率最高，诱发的机械性室速和室颤常引发猝死。

2. 心房颤动

1. 机械因素在房颤的发生与维持中起重要作用

（1）心房扩张作用：很早就发现，风心病二尖瓣狭窄的患者左房扩张到一定程度时，房颤的发生率明显增加，而且容易变为持续性房颤。二尖瓣狭窄引起的心房流出道"梗阻"使心房的压力负荷过重，发生心房扩张。

（2）伴有心房扩张的心血管疾病患者的房颤发生率高：高血压、冠心病、心衰、瓣膜病等都伴有心房扩张及较高的房颤发生率。房颤在一般人群中的发生率为 0.4%，心血管疾病患者中为 4%，严重心血管疾病患者中高达 40%，严重心血管疾病患者房颤发生率增加 100 倍的原因就是心房负荷增大，心房肥大。

（3）心房纤维化的作用：80 岁以上的人群，年龄每增加 1 岁房颤的发生率则增加 2%，这与老年人心房纤维化的程度重，左室舒张功能下降，最终使左房负荷加大、左房扩大有关。

（4）降低左房负荷有利于房颤的转复：应用药物或电转复治疗时，为提高转复成功率，常用强心及利尿药将左房容积变小（负荷降低）后，使房颤容易复律（图 8-3-15）。

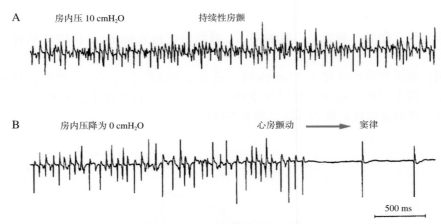

图 8-3-15　降低心房压后房颤转复

A. 持续性房颤伴房内压 10cmH$_2$O；B. 房内压降为 0 cmH$_2$O 后，房颤率逐渐减慢并终止，转为窦律，显然，心房承受的牵张力的增大、容量和压力负荷的增大容易引起心房扩张、心房纤维化，使房颤更易发生

2. 牵张是引起房颤的重要原因

（1）房颤持续时，将房内压从高降低时，房颤心率可逐渐减慢并终止（图 8-3-15）。

（2）房内压升高可使阵发性房颤变为持续性房颤。

（3）心房牵张等机械电反馈作用在房颤的发生与维持中还有其他的重要作用：①动物实验结果表明心房牵张时，压力负荷的明显增加可使心房不应期缩短，尤其左房更明显。不应期的缩短在房颤发生中的作用至关重要。②早在 50 年前就已发现，左房扩大是房颤发生的独立危险因素，是发生房颤唯一有预测性的参数，房颤时心房收缩功能几乎完全消失，这又成为心房扩大的原因。③心房牵张及扩张时，能诱导心房组织的纤维化而促进房颤的发生。

心房受到牵张后除对心房不应期的影响、心房扩大、心房纤维化使房颤容易发生与维持外，机械电反馈作用还能增加左房与上肺静脉连接处的子波形成力和子波的整合，同时肺静脉过分被牵张也是引发肺静脉电位出现的原因，后者也是触发房颤的重要原因。心房部位的机械电反馈作用还能引发心房后除极、延迟除极、折返等异常心电现象，也促进房颤的发生。

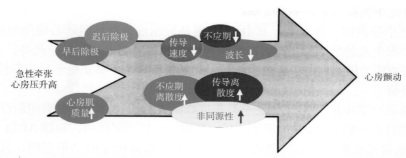

图 8-3-16　急性心房牵张使房内压升高，改变了心肌的电生理特点而促进心房颤动发生

总之，心房颤动的发生与维持在很大程度上与心房的牵张有关，机械性因素起到很大作用（图 8-3-16）。

3. 心力衰竭与机械性心律失常

慢性充血性心衰是各种器质性心脏病的晚期表现，尽管引发的病因不同，但殊途同归，最终都将引起心脏明显的扩张，使其处于一种慢性牵张、慢性机械负荷过重的状态。因此，心衰患者机械性或与机械相关的心律失常发生率明显增高。

慢性充血性心衰患者室性心律失常的发生率高，单发或成对室早的发生率为 87%，非持续性室速发生率为 45%，心脏性猝死占总死亡率的 50% ～ 60%。以心脏性猝死为例，引起充血性心衰的病因很多，但决定心衰患者心脏性猝死的危险性主要是心衰本身而不是与其相关的病因。心衰时，交感神经系统以及体液因素的过度激活在心律失常的发生中起着重要作用，但越来越多的证据表明，机械电反馈也在起重要作用。

（1）心衰时机械负荷过重：心衰时都存在着压力或容量负荷的过重，这些负荷实际都使心肌处于一种长期慢性的牵张负荷过重的状态。这种持续性扩张性刺激，对心脏电活动及动作电位的影响等于不同时刻、容量脉冲性刺激效应的总和，因此，长期慢性的牵张或机械负荷，对心脏电活动有着持续影响。

（2）机械异质性增强：心衰时，显著扩张的心肌承受的张力明显不一致，有些部位承受的张力大，有些部位承受的张力低，形成了心衰心脏的机械异质性。

存在机械异质性的临床情况颇多，心肌梗死形成的室壁瘤则是最典型的例子。此外，冠心病心肌局部缺血的患者，不同部位心室肌的异常室壁运动也将导致心肌应力分布不一致，而形成有临床意义的机械异质性和机械离散度。

（3）病变心肌对急性牵张的敏感性增加：与正常心肌相比，病变及心衰的心肌对急性牵张作用更加敏感，引起机械电反馈的更强作用。

（4）机械负荷改变了心肌电学特性：心室的急慢性扩张能缩短受累心肌的不应期，使之下降 5% ～ 25%（5 ～ 30ms）；心脏负荷的持续增加可减慢心肌传导的速度；而阈上机械刺激可直接引起迟后和早后除极，增加心肌的自律性；此外，心衰时心脏的慢性扩张可使室颤阈值降低，使心脏更易发生室颤。

心脏机械力学上述诸多方面的"病理性改变"，以及继发性电学改变，使心衰时各种心律失常的发生率异常增高，包括恶性室性心律失常。因此，心衰患者面临着两种危险，一是心脏性猝死引起的死亡，其次是心衰引起心功能恶化造成的死亡。

七、机械性心律失常的诊断与治疗

由于体表心电图的局限性，经心电图诊断机械性心律失常尚有困难，诊断时需要同步记录心内血流动力学及腔内压力的变化，才能确定是机械电反馈的作用引发的机械性心律失常。

对机械电反馈作用认识的不断深入，使机械性心律失常的药物治疗进展迅速。

1. 压力敏感性离子通道的特异性阻滞剂

过强的机械电反馈作用可使压力敏感性离子通道过度激活，进而引起机械性心律失常。因此，应用该通道特异性的阻滞剂将能干预和阻断这一发生机制。

目前已从狼蛛毒液中分离出一种多肽，其由35个氨基酸组成，能够阻断心肌细胞的压力敏感性离子通道，能降低因心房扩张引起的房颤发生率，减少快速心房起搏时的迟后除极。此外，三价钆离子（Gd^3）是目前科研中广泛应用的压力敏感性离子通道阻滞剂，此外还有其他一些正处于研究阶段的阻滞剂。

2. 降低心脏机械负荷

近年来，心律失常治疗学中的一大亮点是一类非抗心律失常药物对心律失常的治疗和预防十分有效，这类药物中最瞩目的是肾素-血管紧张素醛固酮系统（RAAS）的抑制药物，包括ACEI（血管紧张素转化酶抑制剂）及ARB（血管紧张素受体拮抗剂）。多项大型临床循证医学的结果表明，其对多种心律失常，包括致命性心律失常均有治疗和预防作用。应用后可降低心衰患者新发生的室速，还能降低心脏性死亡率。对于房颤的治疗与预防也十分有效。

以房颤的治疗与预防为例，ACEI及ARB的治疗能使房颤的发生率显著比安慰剂组低（5.4%*vs.*24%，$P<0.0001$），治疗后使房颤新的发生率降低35%～50%。在互不相关的临床研究中，在不同病因的房颤患者都重复了这一现象，即长期服用RAAS抑制剂能使房颤的新发生或复发概率显著降低。11项有关RAAS抑制房颤的meta分析表明，长期服药能使新发生或复发性房颤减少30%，其中心力衰竭伴发的房颤预防效果最好，减少率达40%。研究认为，其有效治疗和预防各种心律失常的机制很多，除了对抗和降低交感神经的激活外，其在降低心脏机械负荷，改善心脏的解剖学和电重构，减少心房肌和心室肌的间质纤维化，减少细胞内的钙负荷等方面都起到重要作用。此外，此类药物降低血压，使心室肥厚消退等也同时起到间接的抗心律失常作用。总之，这类药物的共同特点是降低心脏的负荷，缓解了机械电反馈机制参与的心律失常的发生。

上述循证医学的结果为心律失常的治疗开辟了一个新思路：即心律失常的发生机制可分成两大类。一类是各种原因引起电学异常性心律失常，其治疗可应用传统的抗心律失常药物，治疗电活动起源或传导异常而达到控制心律失常的目的。另一类心律失常的发生是心脏机械电反馈作用过强引起的心律失常，对于这类心律失常的治疗则需降低心脏机械负荷。治疗时通过降低心脏的前后负荷，恢复心脏正常的机械功能，恢复心脏机械电反馈作用的正常强度，减轻致心律失常的病理性机械电反馈作用，重建心脏正常的机械功能，达到控制机械性心律失常的目的。能够降低心肌收缩的机械强度，减慢心率，降低心脏机械负荷的β受体阻滞剂，也属于这类抗心律失常药物。β受体阻滞剂能有效地预防心脏性猝死便是这一新理念优越性的佐证，也是β受体阻滞剂唯一的能减少心脏性猝死的重要机制。

八、结束语

心脏机械电反馈机制在心律失常发生与治疗中的作用已受到重视，有时其独立起到对心脏电活动的调整作用，有时与自主神经的调整作用混合存在。体表心电图不能反映体内血流动力学的变化，因而不能明确诊断哪些心律失常与该变化相关，属于机械性心律失常。当今，机械性心律失常的研究刚刚起步，深入的基础和临床研究迫在眉睫。

期前收缩（早搏）是临床最常见的心律失常，其发生机制可以是异位节律点自律性增高引起的，也可以由折返或触发机制引起。但在分析和处理心律失常时，临床或心电图医师常把各种心动过速与折返机制相联系，把各种早搏与自律性增高机制相联系，折返性期前收缩的概念常被淡泊或遗忘。近年来，经临床心脏电生理检查及射频消融术证实的折返性期前收缩十分多见，应当给予足够、充分的重视。

一、折返性期前收缩的概念

临床心电图和心电生理学中的折返是指一次激动经过传导，再次激动心脏某一部位的心电现象。由折返机制引起的期前收缩称为折返性期前收缩。多数期前收缩的发生机制为折返。连发3次以上的折返性早搏称为折返性心动过速。除此，折返性期前收缩还可能派生出其他的心律失常。

二、折返性期前收缩的发生机制

与其他折返现象的发生机制一样，折返性期前收缩的发生也必须具备三要素：①激动传导方向上存在传导速度或不应期不均衡的两条径路（图8-4-1），这两条径路可以是解剖学的，如预激综合征患者的旁路；可以是器质性的，如发生在心脏某一部位的心肌梗死或心肌炎；还可以是功能性的，像心动周期的变化、神经体液等因素引起某部分传导系统或局部心肌传导速度或不应期改变而形成双径路。②两条径路中，一条径路发生前传的单向阻滞，结果激动只能沿另一条径路下传，再沿单向阻滞支逆传折回原激动部位。③另一条径路前向传导缓慢，使激动缓慢经前传支、逆传支传导，再次回传到起始部位时，该部位才有可能脱离上一次激动后的不应期而再次被激动形成折返。图8-4-1是折返性期前收缩形成的示意图，在浦肯

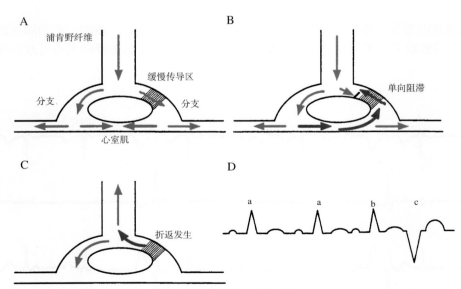

图 8-4-1　折返性室性期前收缩（室早）发生机制的示意图

图为细小的浦肯野纤维及两个分支与心室肌相连接的模式图。其中右侧的分支因炎症、缺血或其他原因存在缓慢传导区（A），当心率变快、变慢、自主神经张力变化时，可使原来缓慢传导区的不应期进一步延长，出现前传的单向阻滞，使激动沿另一分支下传到心室，并反向传导到单向阻滞的分支，逆向缓慢传导通过该区（B），缓慢逆传的激动可再次经正常下传的分支激动心室，形成单次的室内折返（C），心电图表现为1次室性期前收缩，相当于D条心电图中的室早c

野纤维的终末细小分支与心室肌相连处有两个分支，其中一个分支有缓慢传导，一般情况下，不发生折返性期前收缩。但在某些因素的影响下，如缺血、缺氧、炎症、神经因素等，缓慢传导区变为单向阻滞区，激动将沿另一侧分支下传并反向经过单向阻滞区缓慢逆传，勉强通过，使激动折回到原来部位时，该部位已脱离上次激动后不应期而再次被激动，形成单次折返性期前收缩。这一示意图适用于心脏的各个部位，可形成房性、交界性期前收缩等。连续折返2次时形成连发的期前收缩，连续折返3次以上时，形成折返性心动过速。在局部有多条折返径路时，可形成多形性期前收缩或多形性心动过速，甚至是纤维性颤动。

三、折返性期前收缩的心电图特点

（1）期前收缩的联律间期常固定不变，而且期前收缩的形态（房性、室性）常一致（图8-4-2），因为这些早搏都经相同的折返径路形成。

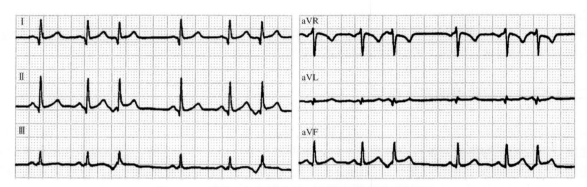

图 8-4-2　频发房性期前收缩（房早）形成房早三联律

患者男性，26岁，无明显诱因阵发性心悸7年，口服心律平等药物无明显好转而停药。图中可见频发的房性期前收缩（房早）形成三联律

（2）期前收缩可以频繁出现，形成期前收缩二联律、三联律。

（3）期前收缩可以连发，形成短阵或较长的心动过速（图8-4-3），而心动过速的图形与期前收缩的图形一致。

（4）折返性期前收缩受多种因素的影响，如情绪、体位、精神激动、运动、心动周期的变化、体液因素等，在这些因素的影响下，折返性早搏可以增多或减少。运动和交感神经的兴奋可改善传导，使折返性早搏减少或增多。

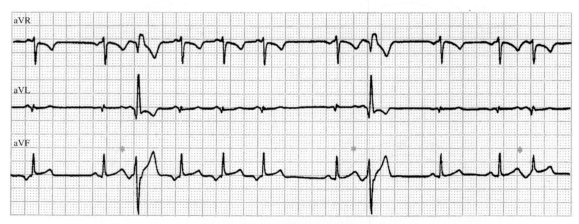

图 8-4-3　连续折返形成短阵折返性心动过速

与图8-4-2为同一患者，除折返性期前收缩外，还可见到连续折返形成的"短阵房速"。本例经心内电图标测及射频消融证实存在后间隔旁路，证实本例的"房性期前收缩"及"短阵房速"均是经旁路逆传、经房室传导系统前传而形成的房室折返机制引起的

（5）期前收缩可经心脏程序刺激诱发。

四、临床意义及评价

1. 折返性早搏可发生于心脏任何部位

一般认为，在 0.3mm³ 大小的空间就可发生折返。因此，心脏各个部位都可能发生折返性期前收缩。应当了解，在心脏不同组织的连接处，因传导性和不应期有显著差异，容易发生折返。例如，窦房结与周围心房组织的连接区，浦肯野纤维与心室肌连接区，房室交接区与周围组织的连接区，过去称为特殊传导系统的三大闸门，是折返最易发生的部位。近年来更加强调心脏内存在许多电活动的天然屏障：如右心的上下腔静脉、右心耳、三尖瓣环、卵圆孔、冠状静脉窦口，左心的左心耳、肺静脉开口、二尖瓣环等，都是折返性期前收缩和心动过速的好发部位。这些部位存在着明显的不同心肌组织的移行，容易出现缓慢传导和折返。

2. 大部分功能性期前收缩为折返性

各向异性的理论认为，心脏本身就是一个各向异性的结构体，天然存在着各种心电功能的各向异性。因此，即使不存在病理学因素也可能发生折返性期前收缩，尤其是各向异性特点最明显的部位，如右心房下部。功能性期前收缩常见于年轻人，因激动、情绪变化、过量饮酒、饱餐、吸烟后发生期前收缩，期前收缩的出现常伴有明显的临床主诉，运动可使期前收缩减少或消失，各种抗心律失常药物的治疗效果差，常不伴有器质性心脏病。特发的、功能性期前收缩很多由折返机制引起。

3. 折返性期前收缩常引发心动过速

折返性期前收缩与折返性心动过速的发生机制相同，因此，折返性期前收缩常可诱发心动过速或其他心律失常。图 8-4-4 患者经常发生心房扑动，经心电图证实，诱发房扑的期前收缩与其他房早一样，都是折返性的，只是房内折返有时引起了一次房早，有时引起了连续而频率极快的心房扑动。图 8-4-5 也说明了这一问题，如果没有 B、C、D 作为旁证，图 8-4-5A 中的期前收缩很难判定为预激旁路折返引起的期前收缩。也就是经过旁路引起的折返性房早又在房内引起房内折返（折返周期 480ms），进而引起其后的房

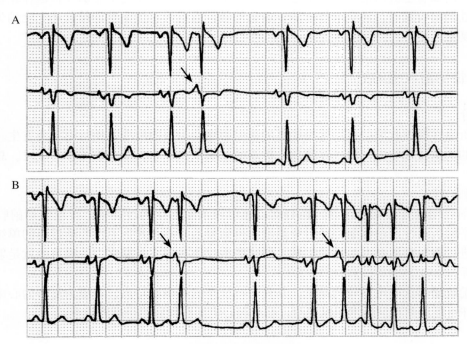

图 8-4-4 折返性房性期前收缩与心房扑动

患者男性，46 岁，反复心悸 5 年。本图为动态心电图记录。A. 可见房早；B. 除房早外，还可见到另 1 次房早后发生房扑（箭头指示）。图中 3 次房早的联律间期均为 440ms，房早的形态也完全一致，其中 1 次引发折返性心房扑动。本例经射频消融根治了心房扑动，房早也随之消失，进一步证实原来的房性期前收缩为折返性

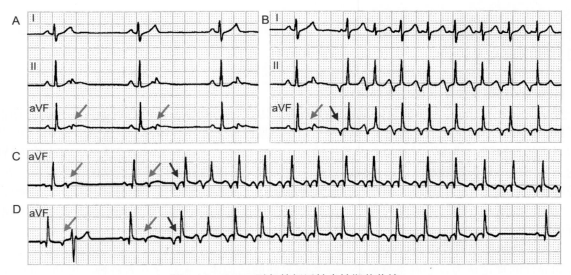

图 8-4-5   PJRT 引起的折返性房性期前收缩

患者女性，20 岁，心悸不适 3 年。A. I、II、aVF 导联同步记录的心电图，可见房性期前收缩二联律未下传；B. I、II、aVF 导联同步记录，可见房性期前收缩未下传，但随后的房性期前收缩诱发了室上速，心动过速时的 RP′ 间期 > P′R 间期，为典型的 PJRT。C、D 两条为 aVF 导联记录，C 中前 2 个房性期前收缩未下传，其后一次房性期前收缩诱发室上速；D. 第 1 个房性期前收缩下传伴差传，第 2 个房性期前收缩未下传，其后的房性期前收缩诱发室上速。图中所有房性期前收缩与前次 QRS 波的 RP′ 间期均为 280ms，这与室上速发作时 RP′ 间期相似（300ms），均由慢旁路逆向传导激动心房产生。只是室上速时旁路递减传导略微明显，使 RP′ 间期稍长。B、C、D 中 3 次室上速发作均由单次逆向 P′ 波引起（箭头指示），其与前一个逆传 P′ 波之间的间期恒定为 480ms，是经旁路逆传的 P′ 波再经房内折返产生其后的 P′ 波并诱发了室上速。以上心电图的推断经心内电生理及射频消融完全证实。PJRT：持续性交界性房室折返性心动过速

内折返性期前收缩（箭头指示），继而诱发了室上速。

4. 折返性期前收缩在射频消融术中的作用

折返性心动过速常伴有单次折返，即伴有与心动过速形态完全一样的折返性期前收缩。应用射频消融术根治这些折返性心动过速时，如果这些折返性期前收缩仍存在，提示折返环路未被彻底打断，还不到有效消融的终点。例如右室流出道室速的消融术中，当多次放电后室速已不能诱发，但存在着单次的右室流出道折返性室性期前收缩时，还应继续标测，放电消融，直到折返性室性期前收缩完全消失。否则，消融术后室速容易复发。

五、折返性期前收缩的治疗

1. 药物治疗

药物治疗折返性期前收缩的机制是将局部的单向阻滞变为双向阻滞，使折返不能发生。为达到这一目的，药物应用的剂量往往较大，而且停药后，折返的基质依然存在，期前收缩容易复发。总之，药物治疗的效果不理想。

2. 射频消融治疗

折返性期前收缩合并心动过速时，在心动过速射频消融治疗的过程中，折返性期前收缩能够同时被根治。本文列举的折返性期前收缩均经射频消融术得到根治。不合并折返性心动过速的单纯折返性期前收缩，临床也在进行着射频消融术治疗的尝试，但这些治疗还在研究与探索中，很可能就是射频消融将要攻克的下一个目标。

折返性期前收缩临床心电图较为常见，并具有特征性的心电图特点，对更为复杂的心电图诊断与鉴别有重要价值，并可能经射频消融术予以根治，临床和心电图医师应给予高度重视。

隐匿性束支传导阻滞

隐匿性束支传导阻滞是一个含义广、种类多、表现不一的心电图概念。随着心电生理学技术的发展和普及，对隐匿性束支传导阻滞的认识不断深化和拓宽。

一、束支的解剖学特点

1. 希氏束及分支

房室结深部迷路样纤维逐渐移行为规整、平行排列的传导纤维而构成希氏束。希氏束的前半部分（穿越部分）穿过中心纤维体（约10mm），后半部分沿室间隔膜部的下缘走行，该段称为非穿越部（约10mm）（图8-5-1）。此后，希氏束在室间隔膜部的左侧、室间隔肌部的上缘分出瀑布状、扁而宽的左束支。左束支的第1条分支分出之前称为希氏束未分叉部，分出左束支后，希氏束末端延续成细而长的右束支，从开始分出左束支的分支到延续为右束支之间称为希氏束分叉部。

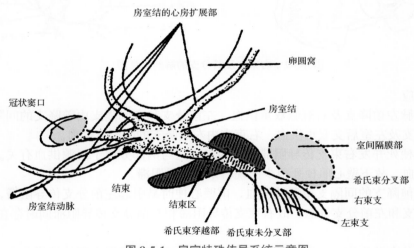

图 8-5-1　房室特殊传导系统示意图

2. 左束支主干及分支

从希氏束分出的左束支主干长约15mm（宽约5mm），穿行于室间隔左侧心内膜深部（室间隔上1/3处）并发出分支。

（1）左前分支（左束支前分支）：左前分支位于心脏纤维支架的左侧，邻近左室流出道，长约35mm。其主支斜向前、向下到达左室前乳头肌的根部，并连续发出细的分支。其分支到达的范围：前乳头肌，室间隔前半部，左室前壁、侧壁、高侧壁等，与左后分支相比，左前分支具有窄、薄、长的特点。其由冠状动脉左前降支的前间隔支供血。

（2）左后分支（左束支后分支）：左后分支可看成左束支主干的延续，邻近左室流入道，长约30mm（宽约6mm）。其主支斜向后、向下到达左室后乳头肌，其延伸过程中发出的细分支到达的范围：后乳头肌、室间隔后半部、左室的后下壁。其形态特点：宽、厚、略短。其由冠状动脉的后降支及回旋支供血。

（3）左中分支（左间隔支）：左间隔支及分支分布于室间隔，在室间隔中下部交织成网状，其分支主要分布在室间隔，部分细分支绕过心尖部而达左室游离壁。室上性激动经左束支主干传导时，沿左前分支、左间隔支、左后分支同时进入左室，与右室激动相比约提前 5ms，因左前分支与左后分支呈相反对称的分布，其产生的心室除极向量相互抵消而不参与心室除极初始向量的形成。而左间隔支引起心室的除极，使室间隔左侧早于心脏其他部位除极，而形成自左向右、向前、向下的心室除极的初始向量，形成 I、aVL、V$_5$、V$_6$ 导联的 q 波。与左前、后两分支相比，左间隔支细小。

3. 右束支

右束支可看成是希氏束的直接延续，呈圆柱状，长约 15 ～ 20mm（宽 1 ～ 3mm）。右束支沿肌性室间隔的右侧面向前、向下呈弓形走行，与左前分支平行地分别位于室间隔的右、左两个侧面。右束支在锥状乳头肌的后下方进入节制束，并到达右室前乳头肌的基底部后分出前分支（发出后循右束支主干方向返回，直到肺动脉圆锥），分布于室间隔前下部和右室前壁；外分支（常为多支）分布于右室游离壁，后分支分布于室间隔后部、左室后乳头肌、左室后壁等部分（图 8-5-2）。右束支从解剖学上可分成 3 支，但心电图没有其分支阻滞的心电图表现，故与左束支的 3 支概念不同。从电生理学的角度考虑，右束支为单支传导束。

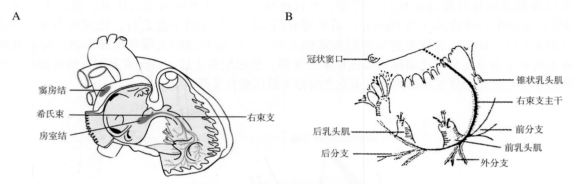

图 8-5-2　右束支及其分支的解剖示意图

4. 束支的血液供应

左束支由冠状动脉左前降支及右冠脉双重供血，左前分支和左间隔支由前降支的间隔支供血，左后分支由冠状动脉的后降支及左室后支双重供血，右束支由左前降支的间隔支供血。

临床前间壁心肌梗死并发右束支传导阻滞较为多见，这与两部分属于同源供血有关。右束支近端很少由房室结动脉单独供血，故下壁心肌梗死很少出现右束支传导阻滞。

左前分支由冠脉前降支的间隔支单源性供血，前壁心梗时易引起左前分支传导阻滞，而冠脉前降支的间隔支常同时为右束支和左前分支供血，故右束支传导阻滞和左前分支传导阻滞同时存在的可能性大。

5. 神经支配

传导系统的神经分布并不均匀，窦房结及房室结比希浦系统有着更丰富的神经分布。颈交感神经节发出的交感神经在全传导系统均有分布，右侧的主要支配窦房结、结间束，左侧的主要支配房室结、希氏束及左右束支。过去认为迷走神经纤维仅分布于窦房结、房室结和心房，近年来证实，左侧迷走神经除支配房室结外，在希氏束及左、右束支近侧部位也有分布。

二、束支的电生理特征

左右束支水平的电生理特征有明显不同。

1. 不应期

不同的束支及分支不应期存在着生理性差别，例如右束支的不应期比左束支约长出 15%。以不应期的长短为序，右束支不应期最长，其后为左前分支、左束支、左后分支、左间隔支。不应期长短与传导阻滞的发生有直接关系，因此上述顺序与临床束支及分支传导阻滞发生率的高低一致。

2. 传导速度

左束支传导速度比右束支略快，两者传导速度的差值不足 20ms，左右束支间传导速度不到 20ms 的差别对心电图 QRS 波不产生影响。当左右束支间传导速度的差值升高到 20 ～ 40ms 时，传导速度慢的束支支配的心室肌将被沿对侧传导速度快的束支下传的激动所激动，此时 QRS 波时限可略有增宽，但低于 120ms，形成不完全性束支传导阻滞。当两侧束支间的传导速度相差 40ms 以上时，则几乎所有心室肌的激动均由传导速度快的一侧束支下传，此时 QRS 波时限将宽于 120ms，QRS 波呈现完全性束支传导阻滞的图形。

临床心电图中，完全性右束支传导阻滞的发生率最高，其产生的原因包括：①右束支不应期长；②右束支传导速度慢；③右束支主干细而长；④右束支主干在较浅的心内膜下走行而易受到损伤。

心电图左前分支传导阻滞的发生率也相对较高，其原因包括：①左前分支的不应期相对长；②左前分支主要由冠脉左前降支的间隔支供血，为单源性供血，容易发生缺血性损伤；③左前分支邻近流出道，承受的压力较高；④左前分支长而纤细，易受心肌各种病变的波及而发生传导阻滞。

右束支传导阻滞与左前分支传导阻滞常同时发生，其原因包括：①右束支及左前分支均细长；②右束支与左前分支分别位于室间隔的右、左侧对称的位置，解剖学十分靠近；③右束支和左前分支均由左前降支的间隔支供血，属于同源供血；④两者的生理性不应期都相对较长。

左后分支被称为"安全传导支"，临床上不少患者有右束支及左前分支传导阻滞，室上性激动仅经左后分支下传而多年保持不变。左后分支能够长期安全传导的原因包括：①左后分支是左束支主干的延续，本身较粗；②左后分支邻近左室流入道，承受的压力小；③左后分支由冠脉左前降支的间隔支、右冠脉的后间隔支双重动脉供血；④左后分支的不应期较短。

三、隐匿性束支传导阻滞及分类

1. 隐匿性束支传导阻滞的定义

顾名思义，隐匿性束支传导阻滞是指已经存在的束支传导阻滞未能在体表心电图表现出来，但通过其他心电检查技术或方法能够使之显现或证实。

应当指出，广义的隐匿性束支传导阻滞的概念包括间歇出现的束支传导阻滞，如快或慢频率依赖性束支传导阻滞。

2. 隐匿性束支传导阻滞的分类

（1）间歇性隐匿性束支传导阻滞：这类隐匿性束支传导阻滞的本质是束支传导阻滞呈间歇性，即平素心电图没有束支传导阻滞，当心率变化或某些引发情况出现时，心电图出现束支传导阻滞的表现。

根据束支传导阻滞显现时有无心率的变化而分成：①频率（快或慢）依赖性束支传导阻滞；②非频率依赖性束支传导阻滞。

（2）伪装性隐匿性束支传导阻滞：这种情况是指患者已有的束支传导阻滞被心电图同时存在的其他异常掩盖，如同心电图为之做了伪装，使束支传导阻滞变为隐匿性。

（3）真性隐匿性束支传导阻滞：当患者存在束支传导阻滞，在心电图上未能出现束支传导阻滞的表现，但通过心内希氏束电图的记录使原有的束支传导阻滞得到诊断时称为真性隐匿性束支传导阻滞。可以看出真性隐匿性束支传导阻滞的诊断，已超出了体表和无创心电学技术的范围，需要有创的心内电生理技术的参与才能完成。

四、间歇性隐匿性束支传导阻滞

间歇性隐匿性束支传导阻滞是指心电图上的束支传导阻滞时而出现，时而消失，出现时为显性束支传导阻滞，消失时为间歇性隐匿性束支传导阻滞。心电图束支传导阻滞从隐匿性变为显性的常见引发因素包括：自主心率的变化、应用人工诱发方法（运动试验、药物、电生理方法）、某些病理因素的出现或加重（缺血、炎症）等。

1. 非频率依赖性间歇性隐匿性束支传导阻滞

此型束支传导阻滞从隐匿性转化为显性的过程与心率的变化无关，显性束支传导阻滞间歇出现的根本原因是束支的传导性本身已存在损伤，其有效不应期和相对不应期本身已存在一定程度的病理性延长，而这些损伤与延长在某些病理因素的作用下，例如心肌暂时的缺血、电解质水平的波动、全身的感染、心肌的炎症等，使之加重而束支传导阻滞转变为显性，当这些病理因素发生某种程度的逆转后，又使束支传导阻滞的程度减轻而变为隐匿性。这种束支传导阻滞隐匿性与显性之间的转换与病理因素作用的强弱直接相关，心率的变化对其影响小，并且束支传导阻滞发生动态变化时心室率多在正常范围内。但有人认为，任何一种间歇性束支传导阻滞都与心率或时相有关，只是一些病例束支传导阻滞的变化与心率的动态变化之间的关系不显著而已。

2. 频率依赖性间歇性隐匿性束支传导阻滞

（1）快频率依赖性间歇性隐匿性束支传导阻滞：这型束支传导阻滞又称 3 位相束支传导阻滞（phase 3 bundle branch block），发生率相对较高，发生机制是束支传导纤维的不应期及传导性出现了病理性延长，当心率加快到某一临界周期，较快的激动抵达该束支时，束支的兴奋性还未从前次激动后完全恢复，处于 3 位相的束支传导纤维膜电位较低，引起传导缓慢、传导中断而发生束支传导阻滞。右束支发生 3 位相阻滞的概率比左束支高，因为其生理性不应期比左束支长。

应当注意，有两种不同的 3 位相束支传导阻滞。①功能性 3 位相束支传导阻滞：又称室内差异性传导。其本质是束支本身的不应期及传导性都正常，只因心率过快，激动到达束支时遇到其处于上次激动后的 3 位相，或者因前一个心动周期过长，引起束支的不应期发生了生理性延长而致。功能性 3 位相束支传导阻滞的心电图表现与右或左束支传导阻滞的图形一样，只是出现时的 RR 间期常短于 400ms。功能性 3 位相束支传导阻滞可称为生理性 3 位相束支传导阻滞，本身无病理意义。②病理性 3 位相束支传导阻滞：这种束支传导阻滞常出现在心率不是太快时，出现的心率常低于 150 次 / 分，即 RR 间期长于 400ms。Tavazzi 的研究表明，出现病理性 3 位相束支传导阻滞的 RR 间期的范围为 450 ～ 1400ms，出现时的 RR 间期越长，提示该束支的不应期越长，发生 3 位相束支传导阻滞的机会越多，病理性意义也就越大（图 8-5-3）。

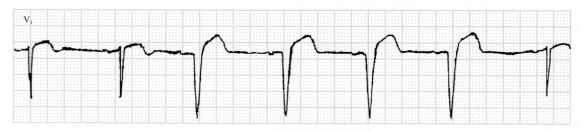

图 8-5-3　病理性 3 位相束支传导阻滞

本图为 V1 导联心电图，窦性心律，第 3 ～ 6 个 QRS 波均出现在窦性 P 波之后，呈完全性左束支传导阻滞的图形，其出现在心率增快时，系左束支发生了 3 位相传导阻滞。第 1 个左束支传导阻滞的 QRS 波出现时的 RR 间期为 900ms，远远超过了束支的生理性不应期范围，因此属于病理性 3 位相传导阻滞

（2）慢频率依赖的间歇性隐匿性束支传导阻滞：这型束支传导阻滞又称 4 位相束支传导阻滞，束支传导阻滞常在心率减慢到临界心率时发生，与 3 位相束支传导阻滞相比，其发生率相对低，发生在左束支的概率高（图 8-5-4）。发生 4 位相束支传导阻滞时，传导纤维的不应期及传导性的病理性改变更为严重。当缓慢的激动到达时，束支传导纤维的膜电位已处于部分除极的低极化状态，传导功能进一步下降，最终使该缓慢的激动在束支发生传导障碍。Tavazzi 报告的资料中，发生 4 位相束支传导阻滞的 RR 间期值为 480 ～ 520ms。临床心电图发生 4 位相束支传导阻滞的患者，几乎都有严重的器质性心脏病。有人将 4 位相束支传导阻滞的心电图视为束支永久性传导阻滞的前驱表现。显然，发生 4 位相束支传导阻滞的 RR 间期均很长，不可能属于生理性范围，因而也就不存在功能性 4 位相束支传导阻滞。

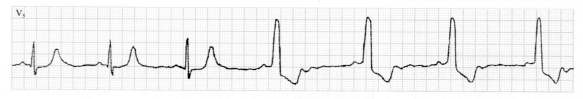

图 8-5-4　4 位相束支传导阻滞

本图为 V5 导联心电图，窦性心律，第 4 ～ 7 个 QRS 波均出现在窦性 P 波之后，呈完全性左束支传导阻滞的图形，其出现在心率变慢时，属于 4 位相左束支传导阻滞

五、伪装性隐匿性束支传导阻滞

伪装性隐匿性束支传导阻滞是指被掩盖的束支传导阻滞，即存在的束支传导阻滞被同时并存的其他心电图异常掩盖或伪装，使之不显露而变为隐匿性束支传导阻滞。伪装性隐匿性束支传导阻滞在临床心电图中并不少见，包括很多不同的情况。完全性右束支传导阻滞能被同时存在的左前分支传导阻滞、左束支传导阻滞、局限性室内传导阻滞、心肌梗死、左室肥大等情况掩盖（伪装）而成为隐匿性右束支传导阻滞。完全性左束支传导阻滞能被同时存在的右束支传导阻滞、左室肥大、B 型预激综合征、下壁心肌梗死等情况掩盖（伪装）而成为隐匿性左束支传导阻滞。除此，左、右束支同时存在传导阻滞，而且阻滞呈对称性时，左、右束支传导阻滞能够同时被掩盖。所谓对称性束支传导阻滞是指左右束支传导阻滞的程度、类型、房室传导比例、传导开始的时间、缓慢传导持续的时间均一致，结果室上性激动经左右束支下传时呈同步性传导延缓，却同时到达左右心室肌细胞，使心室肌除极与正常无异，体表心电图只表现为 PR 间期延长（束支内同步缓慢传导引起），QRS 波形态和时限却完全正常，使左右束支传导阻滞均变为隐匿性束支传导阻滞（图 8-5-5）。

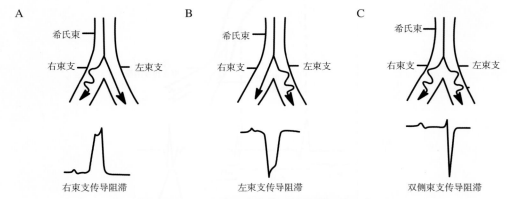

图 8-5-5　对称性双束支隐匿性传导阻滞示意图

A. 患者有时为右束支传导阻滞；B. 患者有时为左束支传导阻滞；C. 双侧束支传导阻滞同时发生，又呈对称性时，心电图仅表现为 PR 间期延长，而 QRS 波正常，双侧束支传导阻滞均变为隐匿性

伪装性隐匿性束支传导阻滞经过一定的方法可获诊断。以左前分支阻滞掩盖右束支传导阻滞为例，右束支传导阻滞时 I 和 aVL 导联的 qRs 波，可因共存的左前分支阻滞使 s 波消失而呈 qR 型，同时 V$_1$ 导联的 rSR' 波因左前分支阻滞使 R' 波消失而呈 rS 型，这些将导致右束支传导阻滞变为隐匿性。此时可以加做上一肋间及下一肋间的胸导联心电图，如果下一肋间胸导联的 QRS 波与原胸导联的心电图图形相似，但上一肋间胸导联，尤其是右胸导联呈右束支传导阻滞的图形，则左前分支阻滞掩盖右束支传导阻滞的诊断可以确定。

六、真性隐匿性束支传导阻滞

当一侧束支发生完全性传导阻滞时，心电图的 PR 间期常能反映对侧束支的传导情况，即心电图出现一度房室传导阻滞的 PR 间期延长，或者发生的二度房室传导阻滞的 P 波脱落，均反映了对侧束支存在着传导延缓或文氏阻滞、2:1 阻滞等。心电图出现这些表现时，对侧束支的不同程度的传导阻滞容易发现、容易诊断，使患者的双侧束支传导阻滞得到及时诊断。但有时体表心电图仅有一侧束支传导阻滞的表现，不伴有 PR 间期的延长，更没有 P 波的脱落，从体表心电图推断似乎不存在对侧束支的传导阻滞。对有单侧束支完全性传导阻滞患者电生理的研究表明，当患者存在左束支传导阻滞时，不论心电图 PR 间期是否延长，经过希氏束电图检查可以发现绝大多数患者的 HV 间期延长，提示右束支也存在着传导延缓，应诊断为双侧束支传导阻滞。1978 年 Dhingra 的研究结果表明，存在左束支传导阻滞而额面心电轴正常时，希氏束电图 HV 间期延长的发生率高达 50% 以上。如合并额面心电轴左偏时，HV 间期延长的百分数更高，说明完全性左束支传导阻滞，PR 间期正常时的隐匿性束支传导阻滞的发生率很高。

希氏束电图记录中，与房室传导的 PR 间期相对应的 AV 间期可以分成 AH 间期及 HV 间期（图 8-5-6）。其中 AH 间期代表房室结传导时间，正常时不超过 140ms，HV 间期代表希氏束、双侧束支、浦肯野纤维的传导时间，正常时不超过 55ms。对于已有单侧束支传导阻滞的患者，HV 间期代表对侧束支的传导时间。存在单侧束支传导阻滞而心电图 PR 间期正常者（例如 180ms），其 HV 间期可以延长（例如 AH 间期100ms，HV 间期 80ms），反映对侧束支或分支存在着传导阻滞情况（图 8-5-7），这反映体表心电图诊断束支传导阻滞的局限性。换言之，左束支传导阻滞时，心电图 PR 间期的延长反映同时存在着右束支的显

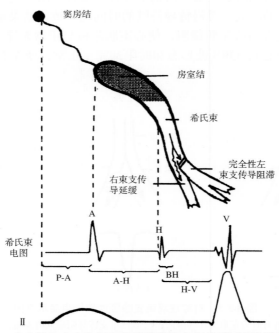

图 8-5-6 完全性左束支传导阻滞伴隐匿性右束支传导阻滞的示意图

完全性左束支传导阻滞时，希氏束电图中 HV 间期代表右束支传导时间。因 HV 间期仅占 PR 间期的小部分，因此其发生明显的病理性延长时，PR 间期还可能在正常范围内，使右束支传导阻滞变为隐匿性。P：窦房结；A：心房；H：希氏束；B：束支；V：心室

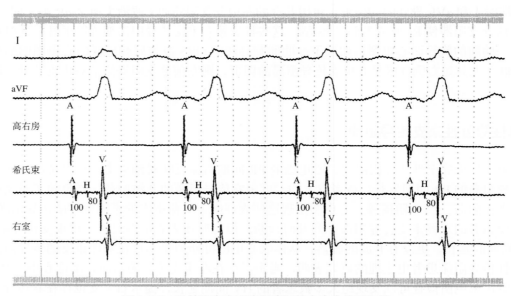

图 8-5-7 经希氏束电图诊断隐匿性右束支传导阻滞

图中 I 和 aVF 导联心电图中有明显的完全性左束支传导阻滞，但 PR 间期 180ms，不提示右束支有传导阻滞。希氏束电图的记录中：AH 间期 100ms，HV 间期 80ms（明显延长），本例隐匿性右束支传导阻滞经希氏束电图得以确定

性传导阻滞，而心电图 PR 间期正常，希氏束 HV 间期延长时，可诊断同时存在隐匿性右束支传导阻滞。

　　所以当一侧束支存在传导阻滞，对侧束支传导是否正常只有经希氏束电图的检查，测量 HV 间期后才能确定。而左束支传导阻滞者，绝大多数都存在 HV 间期的延长，因此有人直接将左束支传导阻滞看成双侧束支传导阻滞。

　　对于完全性右束支传导阻滞伴 PR 间期正常者，经希氏束电图记录可以发现，20% 的患者存在 HV 间期的延长，证实这部分右束支传导阻滞的患者存在着隐匿性左束支传导阻滞。

七、结束语

　　隐匿性束支传导阻滞是一个心电图的老概念，但随着近年来心脏电生理的发展，心电图这一概念有了扩展，充分了解、熟悉、应用这一概念及相关检查，可以使更多的单侧束支传导阻滞、双侧束支传导阻滞的患者得到及时的诊断及相应的治疗。

第六章

功能性房室传导阻滞

功能性房室传导阻滞包括几种不同类型的房室传导阻滞，全面深入地了解有助于对功能性房室传导阻滞这样一个常见的临床及心电图热点建立透彻的认识。除此，本文还对功能性房室传导阻滞的发生机制提出一个全新的概念：不应期重整。

一、功能性房室传导阻滞的基本概念

一度、二度、三度房室传导阻滞都能分成病理性和功能性阻滞两大类。

病理性房室传导阻滞又称阻滞性阻滞，是指在各种病理性因素的作用下，心脏房室传导系统某部位发生的病理生理学改变引起不应期病理性延长，传导功能显著降低，或出现严重的损伤，甚至断裂，结果引起兴奋与激动在房室之间的传导发生延缓或中断的现象。

与之对应，功能性房室传导阻滞是指在各种一过性生理因素的作用下，影响和干扰了房室传导系统的传导性和不应期，进而引起条件性的房室传导阻滞。显然，这种房室传导阻滞是暂时性、一过性的，引发原因一旦去除，房室传导阻滞便能转瞬即逝。

功能性房室传导阻滞包括一系列的相关概念，例如干扰性房室传导阻滞，频率依赖性房室传导阻滞，迷走神经性房室传导阻滞，3位相、4位相传导阻滞等。此外，其还与多种心电现象相关联，例如隐匿性传导、房室结双径路、折返现象等。

二、功能性房室传导阻滞的分类

与病理性房室传导阻滞相同，功能性房室传导阻滞也可按阻滞的部位、阻滞的程度、阻滞的方向和范围等进行分类。

1. 根据阻滞部位的分类

功能性房室传导阻滞的阻滞部位分为房室结及希浦系统阻滞两大类。但由于引发房室传导阻滞的原因不是病理性因素，因此，功能性阻滞中房室结阻滞占绝大多数。有人估计，功能性一度房室传导阻滞中，约90%的阻滞位于房室结，10%位于希浦系统。出现这种情况的原因有两点：①与解剖结构的特点相关：房室结的迷路样结构有利于递减性传导的形成，而希氏束的传导纤维并行纵向排列，不易发生递减性传导。②房室结是心脏传导系统中不应期最长的部位，具有生理性递减传导的特点，并借此形成对心室的保护作用。而希浦系统则相反，其不应期相当短，几乎无递减传导而被看成有着"全或无"传导特征的组织。

2. 根据阻滞程度的分类

根据心电图表现，功能性房室传导阻滞分成一度、二度和三度房室传导阻滞，不同阻滞程度的心电图诊断标准与病理性阻滞完全相同，只是阻滞引起的原因、机制、意义不同。正是由于心电图的表现几乎完全相同，临床上将两者混淆的情况较多见。

3. 根据阻滞方向的分类

根据传导阻滞发生的方向，功能性房室传导阻滞分成前向性及逆向性房室传导阻滞。

4. 根据形成机制的分类

根据形成机制进行分类十分重要。

（1）频率依赖性房室传导阻滞：这种功能性房室传导阻滞主要因室上性激动的频率过快，使部分激动不可避免地落入正常的生理性不应期，包括落入相对和有效不应期，分别发生传导延缓和传导中断。3位相和4位相阻滞也和频率相关，均归为该类型。

（2）干扰性房室传导阻滞：干扰性房室传导阻滞的发生是因存在另一个异位节律点的激动与兴奋，当其到达房室传导系统时，如果遇到房室传导系统处于兴奋期或相对不应期，激动则可侵入并发生缓慢穿透性传导伴干扰性传导阻滞；或发生未穿透性传导（隐匿性传导），能对其后的激动下传产生干扰性房室传导阻滞。引起干扰性房室传导阻滞的异位节律点可源于心房、房室交界区或心室；可分别从不同部位、不同方向、以不同频率影响房室之间激动的传导，产生单次或连续性干扰性房室传导阻滞。

（3）迷走神经性房室传导阻滞：迷走神经对房室传导系统的不应期及传导性有巨大影响，迷走神经兴奋性异常增加时，可引起房室传导系统不应期的显著延长，进而引起不同程度的功能性房室传导阻滞，当迷走神经的兴奋性降低时，房室传导系统的不应期又恢复常态，迷走性房室传导阻滞也随之消失。迷走性房室传导阻滞可以表现为慢频率依赖性房室传导阻滞，在患者同一份动态心电图中，窦性心率快时房室呈1∶1下传，而迷走神经张力增高，窦性心率减慢时，反而出现传导阻滞。

三、频率依赖性房室传导阻滞

1. 常见的频率依赖性房室传导阻滞

频率依赖性房室传导阻滞可以是生理性的，也可能为病理性的，虽然两者都表现为过快的室上性激动下传时发生传导延缓或阻滞，但其本质截然不同。病理性频率依赖性房室传导阻滞的本质是房室传导系统的不应期病理性延长，使频率并非太快的室上性激动落入不应期而发生阻滞。而生理性频率依赖性房室传导阻滞是传导系统的不应期仍在正常范围，只是室上性激动的频率过快而落入不应期。两者心电图的表现迥然不同，一目了然。

生理性不应期由有效与相对不应期两部分组成，有效不应期持续时间长，处于有效不应期的心肌组织的兴奋性和传导性都为零。相对不应期持续的时间较短，心肌组织兴奋性和传导性进入相对不应期后逐渐恢复。在相对不应期之初，兴奋性几乎为零，而在相对不应期之末，兴奋性和传导性几乎完全恢复。因此，处于相对不应期中不同阶段的心肌组织其兴奋性和传导性相差幅度较大，虽然落入该期的室上性激动都能发生频率依赖性房室传导阻滞，但下传的速度和时间却显著不同，使缓慢下传的 PR 间期长短不一。

当心电图出现频率依赖性房室传导阻滞时，如何界定是功能性还是病理性频率依赖性房室传导阻滞常有一定的难度，因为两者之间有一定的重叠交叉区。理论上应根据患者的不应期测定结果判断不应期值属于正常还是异常，进而判断是否属于功能性阻滞（表 8-6-1）。从临床实用出发，临床心电图可以根据发生传导阻滞时室上性激动的频率进行判断。以房室结为例，生理状态下房室结出现一度和二度文氏下传时的心率应 ≥ 150 次 / 分，出现 2∶1 下传时的心率应 ≥ 180 次 / 分，这是房室结生理性递减传导的心率标准。当窦性或室上性激动的心率超过上述心率并出现传导阻滞或传导时间延长时，称为功能性（生理性）传导阻滞（图 8-6-1）。相反，当室上性激动的频率低于上述值便发生不同程度的房室传导阻滞时，则可认为房室结的不应期出现了病理性延长，进而引发病理性频率依赖性房室传导阻滞（图 8-6-2）。对于希浦系统大致也沿用这一标准，即室上性激动的频率超过 150 次 / 分时，前传发生束支传导阻滞时应称为功能性频率依赖性束支传导阻滞，属于正常的心电现象。对于单次房室传导阻滞的现象，应计算发生阻滞时相应的心率。例如房颤出现右束支传导阻滞的室内差传时，判断其属于功能性还是病理性右束支传导阻滞，则需计算出现该差传时 QRS 波的频率，当与前面的 QRS 波之间的 RR 间期 ≤ 400ms 时（即 ≥ 150 次 / 分），肯定属于右束支正常的生理性反应，当 RR 间期明显 > 400ms 时，需要考虑患者的右束支不应期已有一定程度的病理性延长。当然，不应期受多种因素的影响，除考虑 RR 间期外，还应考虑前 RR 间期的长度，因此

表 8-6-1　**正常心脏不同部位的有效不应期（ms）**

	心房	房室结	希浦系统	心室
Denes 等	150 ～ 360	250 ～ 365		
Akhtar 等	230 ～ 330	280 ～ 430	340 ～ 430	190 ～ 290
Schuilenburg 等		230 ～ 390		
Josephson 等	170 ～ 300	230 ～ 425	330 ～ 450	170 ～ 290

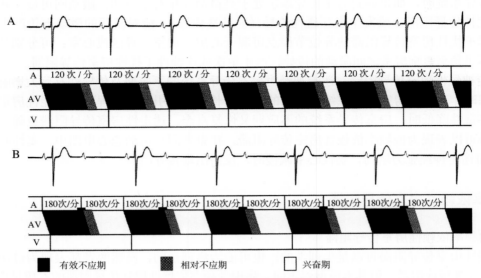

图 8-6-1 功能性频率依赖性房室传导阻滞

A. 窦性心率 120 次 / 分，房室 1∶1 传导；B. 窦性心率增加到 180 次 / 分时，出现房室 2∶1 传导，此因窦性心率太快，每间隔一次的窦律落入有效不应期而发生功能性房室传导阻滞

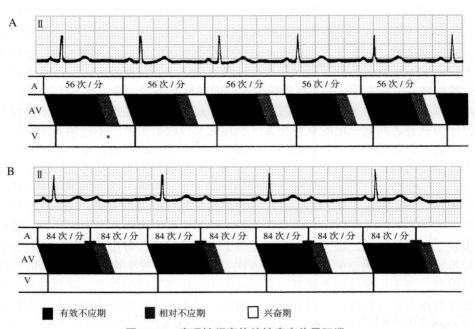

图 8-6-2 病理性频率依赖性房室传导阻滞

A. 窦性心率 56 次 / 分，房室 1∶1 传导；B. 窦性心率增快到 84 次 / 分时，房室 2∶1 传导，发生 2∶1 房室传导阻滞时的心率太慢，因而诊断为病理性频率依赖性房室传导阻滞

上述方法只是一种粗略的估计和判断。此外，心电图上的 P 波顶峰到 T 波之间可粗略看成正常时房室结的有效不应期，落入该间期的室上性激动（P 波）发生传导延缓时属于功能性一度房室传导阻滞，落入此期以远的室上性激动发生下传延缓或下传阻滞时，需考虑为病理性房室传导阻滞。

2. 位相性房室传导阻滞

位相性房室传导阻滞包括 3 位相及 4 位相两种类型，其主要发生在希浦系统，尤其是束支部位，属于常见的功能性频率依赖性房室传导阻滞。

在很长一段时间，多数学者不主张将 3 位相、4 位相阻滞的概念用于临床心电图。认为 3 位相与 4 位相均属于单细胞动作电位中的术语和概念，将之用于临床心电学显然不恰当。也有学者认为，应用这两个概念解释联律间期短及联律间期长的心室 QRS 波均能出现束支传导阻滞的现象似乎令人更容易接受和理解。

3 位相阻滞发生的机制是指激动发生时，其动作电位正处于前一次激动后复极过程中的 3 位相，该位相属于复极不全或未完全复极状态，此时发生激动并传导时，该自律性激动的起始膜电位的负值较小，因此，快速除极的超射时的速度及幅度降低，使扩布传导的速度相应减慢，易引起传导阻滞。3 位相阻滞常用于解释联律间期较短时 QRS 波出现的束支传导阻滞，其实质是快频率依赖性的室内差传（图 8-6-3）。

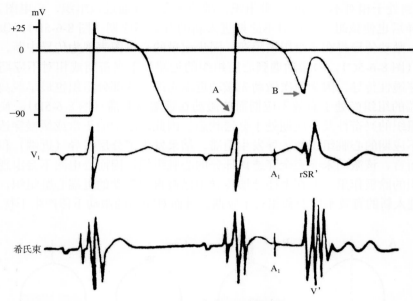

图 8-6-3 右束支 3 位相阻滞

在窦性心律的基础上，加发 A$_1$ 心房刺激，该刺激下传引起的 QRS 波呈完全性右束支传导阻滞。B 为人工房早刺激下传心室形成的 QRS 波起始时的膜电位，该时间点相当于前次激动后复极的 3 位相，由于此时复极尚不完全，使新的动作电位的除极速度和幅度明显降低，下传到右束支时发生阻滞，引起右束支 3 位相阻滞

4 位相阻滞与上述相反。该激动与前次心室激动（QRS）间隔的时间较长，因而其动作电位处于复极过程中的靠后的位置，此时静息膜电位的负值比正常时低，处于一种自动化除极的初始状态。该状态的动作电位与除极阈电位的距离较小，因而激动形成时的除极速率及幅度也将减弱和降低，进而使激动扩布的速度减慢而导致传导阻滞。这种联律间期较长的 QRS 波发生室内差异性传导的现象称为 4 位相阻滞或慢频率依赖性束支传导阻滞（图 8-6-4）。

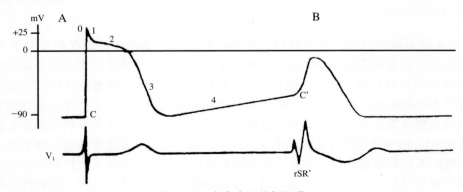

图 8-6-4 右束支 4 位相阻滞

B 图中为一次伴有右束支传导阻滞的心室除极，C' 为该次激动动作电位的起始膜电位，其负值明显比正常时（A 图）的 C 点低，因而使 B 图中激动的除极速度及幅度降低，传导速度下降，继而使联律间期较长的 QRS 波发生右束支 4 位相阻滞

四、干扰性房室传导阻滞

与频率依赖性房室传导阻滞不同，干扰性房室传导阻滞是另一类功能性房室传导阻滞，其引发房室传导阻滞的机制不是室上性节律的心率太快，而是因为出现或存在另一个节律点的激动侵入心脏传导系统并引起不应期重整，进而引起干扰性房室传导阻滞。

处于传导中的激动与其将要经过的心脏组织存在 4 种情况（图 8-6-5）：①激动遇到处于兴奋期的心脏组织，激动正常传导并通过该组织，而激动后则使原处于兴奋期的心脏组织进入除极后的有效不应期（图 8-6-5A）。②激动遇到处于相对不应期的心脏组织，激动缓慢传导通过该组织，心电图表现出传导的延缓，激动缓慢穿透性传导后也使该组织从相对不应期进入新的有效不应期（图 8-6-5B）。③激动遇到处于有效不应期的心脏组织，激动传导将在该组织被阻滞，同步记录的心电图表现为传导中断，原来心脏组织有效不应期的状态不变（图 8-6-5C）。④激动遇到心脏组织的近端处于兴奋期或相对不应期，激动侵入后只发生该层心脏组织的穿透性传导，因为前次激动先激动近端组织，该部分组织也最早脱离上次激动后的有效不应期，但此时远端的组织尚处于有效不应期而使激动在远端被阻滞（图 8-6-5D）。换言之，激动传到该组织时，该处心脏组织的兴奋性及不应期处于分层状态。因此，激动能正常或缓慢穿透其近端组织，而在远端遇到处于有效不应期的心脏组织使传导发生阻滞。结果发生了分层传导（近端）和分层阻滞（远端）。但就整个心脏组织而言，该激动未能完全穿透该部分的心脏组织，因而心电图不会出现穿透该心脏组织后对更远部位心脏组织的除极作用。但在上述分层传导中已被再次激动的近端心脏组织，仍然发生了不应期重整，激动后立即进入新的有效不应期和相对不应期，进而对随后的激动下传产生干扰。

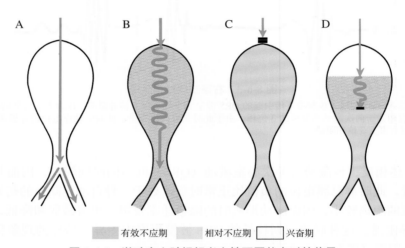

有效不应期 ▨ 相对不应期 ▨ 兴奋期 ☐

图 8-6-5 激动在心脏组织兴奋性不同状态时的传导

A. 激动遇到心脏组织的兴奋期，传导正常；B. 激动遇到心脏组织的相对不应期，在其中缓慢传导；C. 激动遇到心脏组织的有效不应期，传导中断；D. 激动遇到心脏组织的兴奋性处于分层状态时，即发生分层传导及分层阻滞

从图 8-6-5 的 4 种不同的情况，可以看到除图 8-6-5C 之外，其余 3 种情况都发生了不应期重整。所谓不应期重整是指处于兴奋期或相对不应期的心脏传导系统都能接受外来的激动或传导来的兴奋而发生除极，除极之后立即开始新的有效不应期。图 8-6-5A 和 B 发生了激动的穿透性传导。穿透性传导后该组织立即进入新的有效不应期和相对不应期，而图 8-6-5D 发生的是隐匿性传导，产生了非穿透性传导，非穿透性传导时不应期的重整仅发生在分层传导的心脏组织，只有发生了穿透性传导的那部分心脏组织才发生不应期重整。而图 8-6-5C 由于传导阻滞使激动未发生传导，其不应期未发生重整而保持不变。

房室传导系统的不应期重整之后，对下次激动均可能产生干扰，引发干扰性房室传导阻滞。穿透性传导引起的干扰性房室传导阻滞在心电图容易识别、容易诊断。但非穿透性传导（隐匿性传导）时情况相对复杂。

1. 隐匿性传导的概念

很难想象，隐匿性传导现象在 Einthoven 发明弦线式心电图机之前就被发现了。1894 年，正在研究期前收缩的心电图大师 Engelmann 发现："每次有效的心房收缩，即使没有引起一次相应的心室收缩，也会延长随后的房室间期"。这就是隐匿性传导概念的雏形。30 年后，Lewis 等证实窦性激动能在房室结水平发生隐匿性传导。又过了 20 年，Langendorf 等发现多种心肌组织可发生隐匿性传导现象，并正式提出隐匿性传导的概念。

所谓隐匿性传导，是指一次激动在心脏传导系统（例如房室结）或心肌组织发生了传导，但未穿透，也未激动下位的心脏组织，因而这一传导未能在心电图表现出来而呈隐匿性，但其传导经过的心脏组织发生了不应期重整，产生的新的有效或相对不应期对下一次激动在该组织中的传导将产生干扰，发生传导延缓或阻滞并表现在心电图上。这种继发性心电图表现能证实前次激动发生了隐匿性传导。

2. 隐匿性传导的发生机制

为了便于理解、记忆和应用，本文将隐匿性传导的发生过程人为分成三期：①分层传导、分层阻滞期：激动到达某传导系统或心肌组织时，该组织的近端处于兴奋期或相对不应期，使该激动能够侵入，并使处于兴奋期或相对不应期的近端组织除极，激动继续传导到该组织的远端时，其仍然处于有效不应期内，使激动传到远端组织后发生阻滞，激动未能穿透该组织的远端，进而未能使下位心脏组织激动（图 8-6-6A）；②不应期重整期：上述发生了分层传导的心脏组织将发生不应期重整，立即进入新的有效不应期（图 8-6-6B）；③干扰性阻滞期：紧邻的下一次激动再次下传到该组织时，由于间隔的时间不同，不应期重整后的近端组织可能使下次激动发生干扰性传导延缓（图 8-6-6C ①）、传导阻滞（图 8-6-6C ②）、再次隐匿性传导（图 8-6-6C ③），此时的干扰性传导障碍能显示在心电图上并获得诊断。上述过程中，都在干扰性阻滞期及相应的心电图表现出现后，才"回顾性"诊断前次激动发生了隐匿性传导。

3. 隐匿性传导与干扰性房室传导阻滞

隐匿性传导过程中，发生分层穿透性传导的心脏组织可能"薄厚"不同，但发生后均使该层心脏组织发生不应期重整，立即进入新的有效不应期。不应期重整的近端组织多数对其后激动的下传产生干扰，而干扰的程度取决于下一个激动到达该组织时距其不应期重整时的间期，当间隔时间较远时，有可能不受其干扰而正常下传（图 8-6-6C ④），这将使前次激动引起的隐匿性传导真正被"隐匿"。

隐匿性传导引起干扰性房室传导阻滞的心电图在临床上几乎天天都能遇到。例如室早引起的完全性代偿间期就是一个例子。室早发生后可沿房室传导系统逆传，如果逆传能够穿透房室传导系统到达心房，则可逆向夺获心房并产生逆传 P' 波，同时引起室早的不完全代偿间期。但多数室早的逆传不能全部穿透房室传导系统夺获心房，其在逆传的近端发生了穿透性逆传，并使近端组织发生不应期重整，而逆传阻滞发生在逆传的远端。逆传的近端组织的不应期重整可使紧邻而来的下次窦性激动到达该部位时发生阻滞，结果，室早的逆向隐匿性传导引起单次窦性 P 波发生干扰性阻滞，使室早的代偿期完全（图 8-6-7，图 8-6-8）。

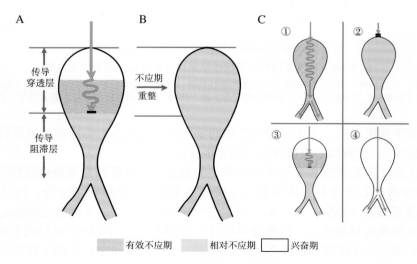

图 8-6-6 隐匿性传导

A. 分层传导，分层阻滞期：激动在心脏组织中发生分层传导、分层阻滞；B. 不应期重整期：分层传导的心脏组织发生不应期重整，进入新的有效不应期；C. 干扰性阻滞期：随前联律间期不同的激动在该组织中发生 4 种不同情况，①缓慢下传；②传导中断；③再次隐匿性传导（传导中断）；④正常下传

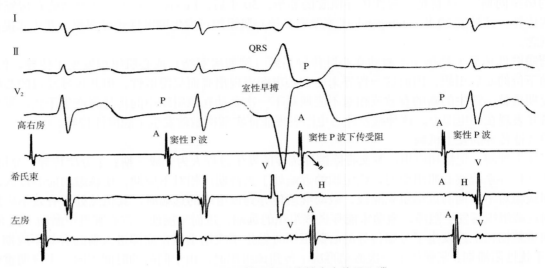

图 8-6-7 室性早搏引起干扰性房室传导阻滞

本图为体表心电图与心内电图的同步记录。心内电图证实室早后的窦性 P 波下传阻滞的原因是室早的逆向隐匿性传导引发干扰性房室传导阻滞，同时形成室早的完全性代偿间期

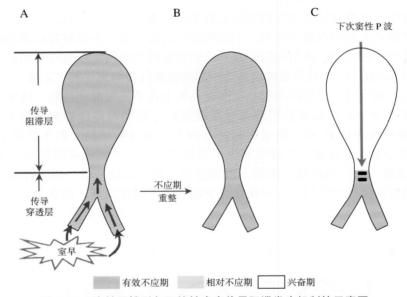

有效不应期　　　相对不应期　　　兴奋期

图 8-6-8 室性早搏引起干扰性房室传导阻滞发生机制的示意图

A. 分层传导，分层阻滞期：室性早搏在房室传导系统逆向发生隐匿性传导：即逆向近端传导，远端阻滞；B. 不应期重整期：近端传导层不应期重整，进入新的有效不应期；C. 干扰性阻滞期：室早后的窦性 P 波下传时，穿过房室结引起希氏束 H 波后，在希浦系统发生前传阻滞

　　在隐匿性传导的干扰阻滞期，对下次激动传导的干扰常常表现为：①房室传导延迟（图 8-6-9）；②房室传导阻滞（图 8-6-10）；③再次隐匿性传导（图 8-6-11）。

　　当我们更为深入地了解隐匿性传导和不应期重整的概念后，就更容易理解病理性三度房室传导阻滞诊断时为什么需要同时满足心房率和心室率分别不能超过 135 次 / 分和 45 次 / 分。这是因为房室结的不应期有时可能很长，甚至能达 1000ms 或以上，在房室结不应期十分长，又存在过快的心房激动或过快的心室激动时，很容易在房室传导系统发生隐匿性传导伴不应期重整进而在房室结形成干扰性三度房室传导阻滞。可以想象，当心房率 > 135 次 / 分和心室率 > 45 次 / 分时，其可能产生的干扰性三度房室传导阻滞与病理性三度房室传导阻滞几乎不能区分而容易误诊。

　　4. 隐匿性传导对低位逸搏点自律性的影响

　　发生隐匿性传导时的分层穿透性传导及不应期重整，不仅能对随后激动的传导产生影响，发生干扰

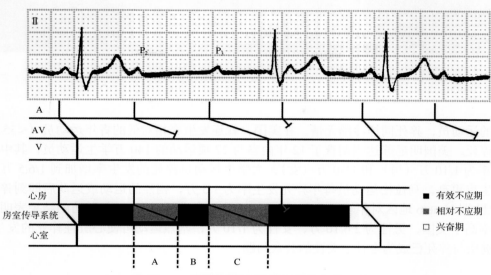

图 8-6-9　隐匿性传导引起随后 PR 间期延长

本图基本心律为窦性心律伴房室 2∶1 传导。P₂ 在房室传导系统被阻滞，但仍然发生了隐匿性传导，这被随后 P₃ 延缓下传而证实。下方的附图说明房室传导系统不应期的变化。A. 分层传导、分层阻滞期：P₂ 在房室结缓慢下传，并在远端（希浦系统）阻滞；B. 不应期重整期：房室结进入新的有效不应期；C. 干扰性阻滞期：随后 P₃ 下传时遇到隐匿性传导后的相对不应期而缓慢下传，使 PR 间期明显延长

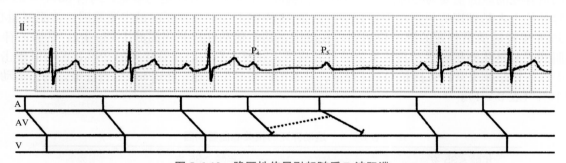

图 8-6-10　隐匿性传导引起随后 P 波阻滞

本图为窦性心律伴二度 I 型文氏阻滞。P₄ 阻滞在房室传导系统，P₅ 未能下传的原因是 P₄ 隐匿性传导引起干扰性房室传导阻滞

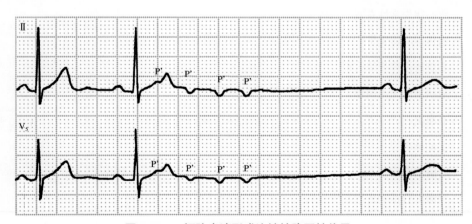

图 8-6-11　短阵房速形成连续性隐匿性传导

在窦性心律的基础上发生了短阵房速，连续 4 次心房波均未能下传心室，这是连续发生隐匿性传导的结果，同时低位逸搏点也受到连续隐匿性下传激动的超速抑制，换言之，患者的自律性较强的逸搏点位于房速 P' 波下传阻滞部位的近端，进而造成了长的 RR 间期

性房室传导阻滞，而且连续发生的隐匿性传导还可抑制低位逸搏点的自律性，进而引起心脏停搏（图 8-6-11）。隐匿性传导过程中，可使位于心脏近端组织邻近的逸搏节律点发生隐匿性除极，使其节律不断被重整，进而起到抑制逸搏心律发生的后果。此外，隐匿性传导后形成的不应期重整也能使逸搏激动的传出被阻滞。因此，隐匿性传导还可引起低位逸搏点的继发性停搏。

运动员心脏综合征

对于强健的运动员，猝死同样冷酷无情。在美国，就连发生率相对低的青年运动员（<35 岁）每年也有将近 300 人猝死。美国明尼苏达州调查了 12 年内参与 27 项运动的 140 万学生运动员，其中高中生运动员猝死的发生率为 1/10 万（男）和 1/30 万（女），大学生运动员猝死的发生率增加到 1/6.5 万，而成年运动员的猝死发生率更高，马拉松运动员每年猝死发生率为 1/5 万，剧烈的运动或运动后即刻猝死的风险增加 5 ～ 50 倍。欧洲 Veneto 地区对年轻运动员（12 ～ 35 岁）和非运动员 24 年随访的结果表明，该地区每年运动员猝死率高于美国，男性为 2.6/10 万，女性为 1/10 万，剧烈运动可使心脏性猝死的发生率增加 2.5 倍。运动员的健康与猝死已成为全社会关注的公众问题。

一、运动员心脏综合征

1. 运动员猝死的病因

运动员猝死的原因主要为心源性（心脏性）和脑源性，心脏性猝死更为多见，约占 60% ～ 85%。引起心脏性猝死的五大基础疾病包括：①冠心病：这是 35 岁以上运动员猝死的最主要原因；②肥厚型心肌病：这是 <35 岁年轻运动员猝死的第一位病因，在美国，其占运动性猝死病因的 1/3 ～ 1/2；③致心律失常性右室心肌病：其是欧洲年轻运动员最重要的致死病因，在意大利占心血管猝死的 25%；④心脏震击猝死综合征；⑤遗传性心律失常：包括长 QT 综合征、儿茶酚胺敏感型室速、Brugada 综合征等，约占运动员猝死病因的 10%（表 8-7-1）。

表 8-7-1　运动猝死的相关心血管病因

年龄 <35 岁	年龄 >35 岁
肥厚型心肌病	冠状动脉疾病
致心律失常性右室心肌病	
遗传性心律失常	
心脏震击猝死综合征	
冠状动脉先天畸形	
心肌炎	
主动脉破裂	
心脏瓣膜疾病	
预激综合征和传导系统疾病	

2. 概念与定义

运动员心脏综合征又称运动员心脏，这是指竞技性运动员因长期、大运动量耐力训练后，面对超大的负荷，心脏出现相应的代偿性结构与功能方面的适应性改变，常表现为心肌的肥厚，心腔的扩大，心率静息时缓慢（窦缓或轻度房室传导阻滞）等，这种对心脏超负荷的情况发生的适应性改变，称为运动员心脏综合征。而心脏发生的这种形态学和功能学的适应性改变，常处于人体正常值的上界，甚至超出正常值范围，因此，对其属于生理性改变，还是病理性改变界定十分困难。运动员心脏是一把双刃剑，一方面，这种改变是运动员参与并完成高强度比赛的基础条件，属于心脏适应性改变，但同时，也与器质性心脏病的某些改变有相似之处，是运动对人体健康双刃剑作用的表现。所谓竞技性运动是指有组织的团体或个人运动项目，需要系统训练和定期比赛，并对成绩优异者颁发高额奖金，竞技运动员常是职业运动员。

3. 发生机制

剧烈运动或比赛时人体代谢率剧增，心脏将动用储备力，通过每搏量的增加而满足机体代谢率增高的需要。与静息状态相比，心排血量此时能增加 4～6 倍或更高。未经训练者，心排血量的增加主要依靠心率的增加，而职业运动员则通过每搏量的增加。正常时心脏每搏量约 70～80ml，运动时每搏量将增加几倍，此时可以想象剧烈运动时心脏的负荷将有多大。因此，随着长期大运动量的耐力训练，心脏负荷严重增加的情况下，心脏将发生适应性改变，心脏的 4 个腔均要扩大，室壁厚度也要增加。

4. 临床表现

（1）心腔扩大：文献显示，约 20% 的竞技运动员左房内径增大（>40mm），而左房增大又是左室增大的结果。有人统计，44% 的运动员左室舒张末期内径超过正常上限，室壁厚度也有同样适应性反应，这些改变有时与肥厚型心肌病、扩张型心肌病难以区分，甚至有人称其为运动性心肌病。因为停止运动一段时间后，这些适应性改变能够消失。

（2）心率变慢：运动员心脏的另一个表现是心率随耐力训练而逐渐减慢，这与多种因素有关。运动员训练与比赛时一直处于交感神经兴奋状态，同时将反射性引起迷走神经张力的持续性增高，如同"水涨船高"。此外，心率的减慢可减少心肌的耗氧量，使舒张期延长，进而延长舒张期冠脉的灌注时间而增加心肌氧供。因此，心率缓慢是心脏适应性改变的又一表现。在职业运动员，甚至非职业运动员中，安静或睡眠时心率 <40 次 / 分者十分常见，部分运动员 24h 的总心率 <5.5 万次，少数人同时存在窦性停搏、窦房阻滞等。心动过缓的另一表现为房室传导阻滞，有 5%～35% 的运动员存在一度房室传导阻滞，而存在二度 I 型房室传导阻滞者可能高达 40%，明显高于一般正常人群。心率的这些适应性改变有时很难与病理状态相鉴别。

总之，一定程度的心脏扩大、肥厚和心率缓慢是职业运动员心脏的职业性表现，其使 50% 以上的运动员心电图不在正常范围，这些心脏适应性改变很可能日后成为运动员猝死的隐患或健康的"天敌"。

二、运动员猝死的三大元凶

引发运动员猝死的诱因中，有三大元凶。

1. 长期过度的训练与比赛

有多种证据表明运动员猝死与高强度的训练和比赛相关，例如，男性运动员的猝死人数是女性的 10 倍，这是因男性参加竞技性运动的人数更多，运动强度更为剧烈。除此，运动强度越高的体育项目猝死的发生率越高。例如足球比赛是猝死发生率名列第一的运动项目，而且多数猝死发生在比赛之中（表 8-7-1），马拉松比赛也是猝死发生率很高的运动项目。

有人形容，高速运动的运动员，宛如高速公路上疾驶的汽车，此时的防护能力非常弱，稍有闪失将"车毁人亡"。不少运动员就是在繁忙的训练与比赛中体力不支而发生意外，或是停止一段运动训练再次复出时在突然过强训练中猝死。足球运动员哈克尔猝死的悲剧发生后，欧洲足联主席普拉蒂尼再次呼吁减少职业球员的比赛密度，以减少更多悲剧的发生。

2. 运动性"交感风暴"

人体运动时心率即刻升高的原因是迷走神经张力下降，随后是交感神经兴奋性的增加使心率增快。交感神经兴奋时对心脏有变时、变力、变传导的三正作用，进而明显增加心排血量，满足机体运动时的需要。交感神经兴奋时体内内源性儿茶酚胺的分泌可增加几十倍、几百倍，甚至上千倍，大量儿茶酚胺的剧增可使心脏不应期缩短，心肌复极离散度加大，使心脏电活动出现不稳定而发生致命性心律失常，引发室性心动过速和室颤，医学上称其为"交感风暴"，是引发猝死的最常见机制。研究表明，当心率超过 130次 / 分时，体内儿茶酚胺的分泌将骤然升高，容易引起心脏电活动的不稳定，引发运动性交感风暴。发生心脏性猝死的运动员，多数死于恶性室性心律失常。

3. 药物和相关致心律失常物质

有些药物和补品能提高运动员的运动性能，有些竞技性运动员为追求更好的成绩而违纪地服用这些兴奋剂，服用能增强肌肉合成的雄性激素、类固醇、肽类激素等，这些药物可诱发猝死、脑卒中、致命性心肌梗死等，这是少数运动员猝死的一大元凶。

三、心脏震击猝死综合征

心脏震击猝死综合征（commotio cordis）是指运动中或其他形式的身体碰撞中，患者左胸部受到突发性、低能量的钝性撞击而引起心脏性猝死，撞击可以是躯体的碰撞，也可以是硬性抛掷物的撞击。尽管撞击是致命性的，但其未引起肋骨、胸骨和心脏结构性损伤。心脏震击猝死综合征发生时，患者可被撞倒在地，发生晕厥、昏迷、心脏停搏，及时的心电图记录可显示冠脉痉挛性 ST 段抬高及心室颤动。其病程凶险，幸存者甚少（仅 10%）。

过去认为心脏震击猝死综合征极为罕见，但近年发表的一组 387 例年轻运动员猝死病因分析中，心脏震击猝死综合征竟成为第二位病因，占总猝死病因的 19.9%。除职业运动员外，还有部分发生在大学生或中学生的非正式运动比赛或学校训练性运动中，甚至青少年的戏耍中也能发生，部分引起法律纠纷的青少年猝死与此综合征相关。

因死者尸检未能发现胸壁、心脏的机械性损伤，故认为患者胸前区遭受的垂直、快速的钝性机械性打击，可转换为 5 ~ 10J 的电能，又经容易变形的胸廓将电能传给心脏触发恶性室性心律失常，这一机制在动物实验中已被证实。

四、减少和预防运动员猝死

减少运动员猝死的唯一出路就是重在预防，警笛长鸣。

1. 遵照指南，健康评估

欧洲心脏病学会 2005 年公布了《年轻竞技性运动员预防猝死的心血管筛查共识》，美国心脏协会 2007 年发表了《竞技性运动员心血管异常筛查的建议》。这些共识与建议强调要对年轻运动员定期做系统的健康评估，包括详细询问个人史、家族史，记录 12 导联心电图，做超声心动图检查等，最后做出健康评估。对于中学和大学生参加竞技性运动时，训练开始前应当进行心血管疾病的筛查及健康评估。

2. 意大利成功的经验

意大利 Veneto 地区针对运动员猝死进行了长期、系统性预防已取得令世人瞩目的成功经验，其坚持在病史和体检基础上，依据 12 导联心电图对运动员进行检查已达 24 年。结果证明，这种筛查方案能有效地发现和检出在此之前未能被诊断的肥厚型心肌病运动员、有明显心律失常的运动员，已坚持 24 年的这种筛查使这一地区运动员心脏性猝死率下降了 89%。

3. 严密监测存在心血管疾病危险因素的运动员

对已有心血管疾病，例如高血压、高脂血症，或有心血管疾病的危险因素（例如糖尿病）的运动员应给予有效的治疗和严密监测。运动中断后需要再恢复时坚持以下原则：①确定运动目标；②完成运动前初始检测；③重新制订训练计划；④定期复查。

4. 提高训练和比赛场所的安全性设备

应当对各级运动组织结构、教练员、训练和比赛场地的相关人员进行定期培训、宣讲，以及心肺复苏、AED（公共体外除颤仪）使用方法的培训，并在相关场地配备适量的心肺复苏及 AED 装备，随时应对突如其来的意外，常备不懈。

Lev 病与心电图

随着社会人口的老龄化，Lev 病的发病率逐渐升高，目前 Lev 病并非少见。随着临床电生理技术的进展以及超声心动图等心血管疾病诊断方法的普遍应用，使 Lev 病于生前诊断已成为可能。因此，提高对 Lev 病临床特点的认识，对于临床医生提高自身的心血管疾病诊治水平、使 Lev 病患者得到及时的诊断和治疗、对这些患者进行猝死的预防以及健康状态的改善，都有着至关重要的意义。

一、Lev 病的定义

Lev 病由 Maurice Lev 于 1964 年首次描述后得名。Lev 病是一种老年退行性疾病，当心脏左侧纤维支架硬化症（sclerosis of the left side of the cardiac skeleton）或老年心脏钙化综合征（senile cardiac calcification syndrome）进一步发展，累及传导系统的双侧束支，使其发生明显的纤维化或硬化，并发生双侧束支传导阻滞时称为 Lev 病。因此，Lev 病是伴有双侧束支传导阻滞的心脏左侧纤维支架硬化症。

二、Lev 病的病理学基础

1. 心脏的纤维支架

从心外膜到心内膜，从大静脉开口到主动脉根部，到处都有结缔组织穿行于心脏的收缩成分与传导成分之间。心脏结缔组织的数量、质地和排列方式在心脏的不同部位完全不同。

心脏纤维支架是指围绕在心室底部、房室口（二、三尖瓣环）和主动脉口周围的一套致密结缔组织形成的复合支架。在这套完整的心脏纤维复合支架中，主动脉、二尖瓣和三尖瓣连接处的心脏纤维支架最为坚实，称为中心纤维体（central fibrous body）。

在主动脉瓣水平，主动脉的右冠瓣和无冠瓣两个瓣膜与二尖瓣前叶瓣之间互为连续，并有纤维组织相连，该纤维组织的相连部称主动脉下帘，主动脉下帘的两端纤维组织明显增厚形成左右纤维三角（图 8-8-1），纤维三角连同室间隔膜部一起构成中心纤维体（图 8-8-2）。可以看出中心纤维体相当于心脏纤维支架系统的核心。

心脏纤维支架有着重要的生理功能：①房室之间的电绝缘作用：心脏纤维支架将心房肌和心室肌之间的电活动分割开，起到二者之间电活动的绝缘作用，而房室之间电活动的传导只能通过特殊传导系统在中

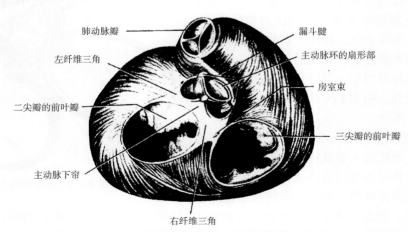

图 8-8-1　心脏纤维支架中左右纤维三角示意图

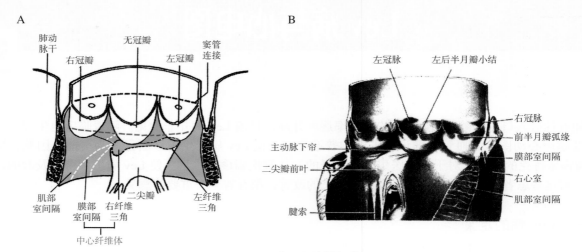

图 8-8-2　中心纤维体示意图

心纤维体内的穿越部分（房室结和希氏束）。②协助将心脏的瓣膜固定在心室上：心脏纤维支架中的二尖瓣环和三尖瓣环以及瓣叶附着线等都为房室瓣的附着提供了稳定而形态可变化的基础，除此也为主动脉瓣及肺动脉瓣的附着提供了相同的基础。③是普通心肌纤维的起始点和机械活动的支点：具有收缩功能的心房肌和心室肌的肌束是以房室纤维环为起始点和附着点。同时，心房肌与心室肌的机械活动各自以房室纤维环为支点，两者的机械活动互相"绝缘"，各自有着独立的机械活动，使心房肌和心室肌不是收缩与舒张的"合胞体"。

心脏纤维支架容易发生硬化或钙化的原因：①与普通心肌不同，心脏纤维支架的血液供应差，易发生硬化或钙化；②承受的压力大：心脏纤维支架是心脏机械活动的中心，在心室收缩与舒张过程中，在主动脉的搏动中，心脏纤维支架长年累月地受到机械性牵拉与磨损，使其容易随年龄增长（尤其是 40 岁以后）出现进行性纤维化和钙化。

2. 心脏左侧纤维支架的硬化或钙化

心脏左侧纤维支架的主体包括中心纤维体以及从中心纤维体伸出并向左弯曲逐渐变细的胶原纤维角。与右胶原纤维角相比，左侧的胶原纤维角更为坚韧，部分包绕二尖瓣口和三尖瓣口，并向心尖倾斜（图 8-8-3）。从广义的角度讲，心脏左侧纤维支架还包括室间隔的膜部、肌性室间隔顶部、主动脉瓣环及其基部等结构。心脏左侧纤维支架与心脏特殊传导系统的房室传导组织更加靠近，其病变使特殊的传导系统更易受累。与右侧纤维支架相比，心脏左侧纤维支架承受的压力负荷更高，使其随年龄的增长，发生老化、硬化、钙化的概率比右侧高。左侧纤维支架不断硬化和钙化的过程中，其可压迫、分割邻近的房室传导组织，部分病例可能发生希氏束或束支起始部的断裂，引发 Lev 病。

3. 双侧束支的纤维化

左侧纤维支架硬化症进一步发展时，由于其靠近心脏特殊传导系统，因此常可累及特殊传导系统，受累部位常选择性地损害传导系统的较远端，包括希氏束远端、双侧束支及其周围传导网。受累后的病理学特点包括传导细胞空泡变性，胶原纤维崩解，融合形成细胞内透明的质块或胞质，胞核消失，仅残留含有吞噬细胞的空肌鞘等。这些病理学改变能够引起节段性、多发性特殊传导组织细胞的进行性减少，束支的轮廓萎

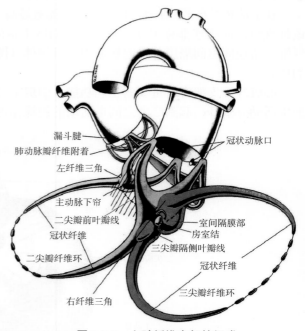

图 8-8-3　心脏纤维支架的组成

缩，最终被纤维组织替代。双侧束支纤维化的最终结果将使患者心电图出现双侧束支传导阻滞。

　　Davies 和 Harris 的研究资料表明，根据病变累及传导系统的部位和范围，从病理学角度可将其分成 3 型。A 型：病变部位、传导纤维进行性丧失主要发生在左束支起始部位及右束支的第 2 段；B 型：传导纤维的进行性丧失发生在左右束支的起始部位；C 型：病变位于双侧束支的末端和周围传导网（图 8-8-4）。应当说明，这 3 种不同类型的病理学改变凭借临床表现和特征无法区别，同时上述 3 型病变在同一患者常同时交错存在。Lev 病的病理学改变常以 B 型病理改变为主。

　　总之，Lev 病是心脏左侧纤维支架硬化后引起双侧束支纤维化和传导阻滞的一种退行性、老年性疾病。

三、Lev 病的临床特点

　　Lev 病的临床特点可归纳为左侧纤维支架硬化症，双侧束支传导阻滞相关的表现，以及一般特点三方面。

　　1. 与左侧纤维支架硬化症相关的临床表现

　　心脏左侧纤维支架的解剖学区域主要集中在中心纤

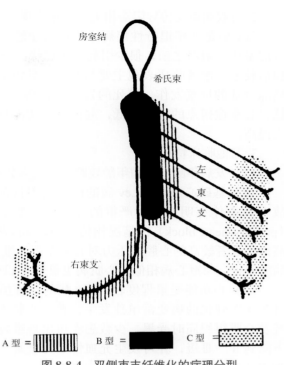

图 8-8-4　双侧束支纤维化的病理分型

维体、心脏底部的大血管和各心脏瓣膜。随着这些部位进行性纤维化及硬化症的发生，最重要的临床特征表现为老年退行性瓣膜病（senile degenerative valvular heart disease）。这是随年龄增长，人体衰老的过程中，心脏纤维支架硬化引起的相关部位形态学与功能学改变的一组疾病。其中最常见的是原发性二尖瓣及主动脉瓣钙化。其好发部位依次为二尖瓣后叶、主动脉瓣叶、二尖瓣前叶、三尖瓣及左室乳头肌、腱索等。病变可以呈单一部位钙化，亦可两处以上同时钙化。由于二尖瓣环或主动脉瓣叶的钙化可引起心脏几何形态学的改变，进而引起心脏瓣膜功能的改变，最后可引起心脏血流动力学的异常和障碍，严重时可引起心脏扩大和心功能不全。

　　以原发性二尖瓣环钙化为例，当二尖瓣环压力增加时，其可明显加速二尖瓣环纤维支架退行性变的进程，促进其老化和钙化。二尖瓣的前叶瓣与后叶瓣中，二尖瓣后叶瓣承受的压力大，使二尖瓣后叶钙化更常见。当二尖瓣环钙化而变得僵硬后，失去其括约肌作用，同时造成瓣叶的变形，加上腱索的松弛等因素可使二尖瓣环和二尖瓣叶在收缩时不能很好地闭合，引发二尖瓣关闭不全。二尖瓣环钙化约占老年退行性心脏瓣膜疾病的 70%，其中 60% 表现为关闭不全，15% 表现为二尖瓣的轻度狭窄。二尖瓣狭窄的发生是因钙化斑块延伸到左心房，或二尖瓣叶与钙化的瓣环粘连时造成二尖瓣口舒张期的狭窄。

　　老年退行性主动脉瓣膜疾病是另一型左侧纤维支架硬化症引起的老年心脏退行性瓣膜疾病，约占老年退行性心脏瓣膜疾病的 30% 左右，其主要的病理改变是主动脉瓣叶的钙化，使瓣叶在心室舒张期不能完全闭合而引起主动脉瓣关闭不全，并能引起左房、左室的扩大。主动脉瓣关闭不全的老年患者中，约 50% 的病例是因老年退行性主动脉瓣膜疾病引起的。主动脉瓣钙化引起主动脉瓣狭窄比关闭不全更常见，其在老年人主动脉瓣狭窄中约占 90%。

　　应当指出，左侧纤维支架硬化症的患者约 85% 同时伴有冠状动脉钙化、主动脉钙化，甚至左室乳头肌、腱索的钙化。当同一患者同时存在心脏及血管的多处钙化时，则构成老年心脏钙化综合征。

　　左侧纤维支架硬化症的临床表现及体征主要与瓣膜相应的病变有关，约 35% 的患者在心尖部或胸骨左缘下方有 2 级以上的收缩期吹风样杂音，5% ～ 15% 的患者心尖部可闻及二尖瓣狭窄的舒张早中期杂音，在主动脉瓣听诊区也可闻及主动脉瓣狭窄与反流的相应杂音。这些患者的临床症状无特异性，与钙化部位、程度、范围等相关。①可有胸闷、气短、心悸等表现；②约 80% 的患者同时合并心律失常，包括病窦综合征、房性心律失常、房室传导阻滞等；③部分患者左房、左室的长期扩大可引起心功能下降（Ⅱ～Ⅲ级）及充血性心衰等。

2. 与双侧束支传导阻滞相关的临床表现

Lev 病是老年退行性疾病，病程常迁延多年而呈进行性加重，在双侧束支传导阻滞发展为二度或三度房室传导阻滞之前，很少引起相关症状。一旦进展到二度或三度房室传导阻滞，病情常变为十分凶险，预后较差。患者临床表现主要与心脏传导阻滞后急性脑供血不足相关。可有黑矇、先兆晕厥、晕厥及阿斯综合征的反复发作，猝死的发生率较高。与房室结阻滞相比，Lev 病伴发的房室传导阻滞的阻滞部位低，心室逸搏点的部位更低，起搏点的功能常不稳定，发生急性心源性脑缺血综合征及猝死的危险度大大提高。

3. 其他临床特征

（1）发病年龄：发病年龄较晚，绝大多数在 40 岁以后发病，随着年龄的增长发病率显著增高。

（2）基础心脏病：Lev 病的确切病因目前还不肯定，多数学者认为属于一种退行性、老年性疾病，故多数不伴有明显的、严重的器质性心脏病。与 1936 年 Yater 及 Cornell 描述的原发性心脏传导阻滞（primary heart block）的情况相仿，Lev 病的患者仅少数伴有冠心病，约 15% 的患者合并高血压。有可能高血压患者较高的心腔内压力对心脏左侧纤维支架产生较高的压力，加速其纤维化及硬化，进而促进 Lev 病的发生。与冠心病相似，心肌病也很少与 Lev 病伴发，因而不能构成 Lev 病的明显病因。

（3）心功能受累程度轻：Lev 病的病程虽然呈进行性加重，但多数进程缓慢、病程迁延。心脏左侧纤维支架硬化的病变常单独发生，普通心肌不同时受累，但也有少数病例表现为纤维支架、特殊传导系统及心肌组织同时受累。少数患者可出现继发性左房、左室扩大，合并频发的心律失常时，心功能可能下降到 Ⅱ～Ⅲ 级，并可发生充血性心力衰竭。但多数患者心功能代偿情况良好，临床表现只以心电疾病为主。

四、Lev 病的心电图特点

双侧束支传导阻滞是指左、右束支同时发生阻滞，是 Lev 病最基本、最重要的心电图表现。

双侧束支传导阻滞的心电图常有以下几种类型：①双侧束支存在程度相同的传导延迟：心电图仅有 PR 间期延长，QRS 波群正常；②单侧束支完全性传导阻滞、对侧束支不完全性传导阻滞：心电图表现为左或右束支的完全性、持续性传导阻滞，对侧束支有不同程度的不完全性阻滞，随之，心电图可间歇性出现一度或二度房室传导阻滞；③双侧束支完全性阻滞：心电图表现为三度房室传导阻滞，房室呈完全性分离状态，QRS 波宽大畸形，逸搏点位于束支的远端，心室率常在 40 次/分以下；④双侧束支传导阻滞交替出现：不同时间的心电图分别有左或右束支传导阻滞。

双侧束支传导阻滞除以上几种类型的心电图改变外，临床还有两种最常见的十分重要的心电图表现。

1. 右束支合并左前分支传导阻滞

（1）心电图表现：完全性右束支传导阻滞伴有 QRS 波平均电轴明显左偏（-60°）。

（2）发生率：本型最常见，发生率约为住院患者常规心电图检查总数的 1%。

（3）发生率高的原因：①右束支及左前分支的近端紧邻室间隔膜部的下方，该区处于心脏纤维支架的四个瓣环相接的中央部位，由于心脏收缩时的牵张与压迫，是退行性变及纤维化最易发生的部位；②右束支及左前分支均由冠脉左前降支的间隔支供血，因此，冠脉左前降支的病变引发的急、慢性心肌缺血，前间隔的内膜下或透壁性心肌梗死易引起两者同时受损，却不累及左束支的主干及左后分支，与右束支和左前分支相反，房室结、希氏束、左束支主支和左后分支主要由右冠状动脉供血，少数情况下由冠脉左回旋支供血；③生理状态下，各束支及分支的不应期长短不一，右束支和左前分支的不应期相对长，左束支主支和左后分支的不应期相对短。因此，右束支、左前分支容易发生传导阻滞有其电生理学基础。

（4）病程及预后：相对而言，右束支合并左前分支传导阻滞的病程更为迁延，进程缓慢，预后相对较好。在未加选择的病例中，其进展为三度房室传导阻滞的危险性约 1%。其同时存在 HV 间期延长的发生率低（约 50%）。因为左后分支的不应期相对较短，是传导功能比较稳定的分支，较少丧失传导功能，使房室传导阻滞的发生率较低。

2. 完全性左束支传导阻滞

40 岁以上的人群中，右束支传导阻滞的发生率比左束支传导阻滞高 8 ～ 15 倍。双侧束支传导阻滞中，完全性左束支传导阻滞的发生率远远低于右束支合并左前分支传导阻滞的发生率。但必须了解，完全性左束支传导阻滞有着十分重要、特殊的临床意义。

完全性左束支传导阻滞可以伴发严重的器质性心脏病，例如冠心病、心肌梗死、心肌病、严重的充血性心力衰竭等。这种情况出现时，严重的器质性心脏病常是左束支传导阻滞的病因，使左束支传导阻滞患者的自然病程及预后都与器质性心脏病密切相关。这些患者的预后主要取决于器质性心脏病的加重、突然恶化等。相比之下，这种完全性左束支传导阻滞引发三度房室传导阻滞，进而发生晕厥与猝死的概率相对低。相反，完全性左束支传导阻滞可以发生在高龄、不伴或伴有轻度心血管疾病的患者，这种左束支传导阻滞可能因独立的特殊传导系统疾病引起，并提示特殊传导系统疾病可能十分弥漫而严重，同时对侧右束支也可能有相同性质的病变，只是与左束支病变的程度不同而已。因此，这种完全性左束支传导阻滞多数归到双侧束支传导阻滞的范畴中考虑。

完全性左束支传导阻滞时，室上性激动只能沿右束支下传，此时在希氏束电图上记录的 HV 间期代表右束支的传导时间。希氏束电图中，HV 间期是指 H 波起始到 V 波起始的间期，代表希浦系统的传导时间，表示希氏束激动开始到心室激动之前的传导时间。正常时 HV 间期值为 35 ～ 55ms，超过 60ms 则为延长（图 8-8-5）。完全性左束支传导阻滞时，体表心电图的 PR 间期可以正常，也可能延长（一度房室传导阻滞），但是体表心电图的 PR 间期正常并不代表希氏束电图的 HV 间期正常，因为 PR 间期相当于希氏束电图中的 AH 间期与 HV 间期之和，AH 间期是从 A 波起始到 H 波起始的间期，代表房室结传导时间，正常值 60 ～ 140ms。HV 间期正常时 < 55ms，只占 PR 间期的一小部分，有可能 HV 间期延长并已超过 60ms 时，PR 间期仍在正常范围（< 200ms）。当完全性左束支传导阻滞伴有 HV 间期延长时，表示右束支存在传导异常，只是体表心电图未能表现出来而已。完全性左束支传导阻滞伴 PR 间期正常，而 HV 间期延长的情况可称为左束支传导阻滞伴隐匿性右束支传导阻滞，这种情况只有通过希氏束电图描记才能最后获得证实和诊断。

完全性左束支传导阻滞伴发一度或二度房室传导阻滞时，通过希氏束电图可以发现这些不同程度的房室传导阻滞几乎都发生在希浦系统水平（HV 间期）而不是房室结水平。在希氏束电图表现为 HV 间期延长或 HV 间期阻滞。甚至完全性左束支传导阻滞伴二度 I 型房室传导阻滞都发生在希浦系统（图 8-8-6）。因此，完全性左束支传导阻滞伴发一至三度房室传导阻滞时，其阻滞的部位常是希浦系统，即阻滞在 HV 间期而不是房室结（AH 间期）。单侧束支传导阻滞伴房室传导阻滞时，阻滞发生的水平多数位于同一层面，几乎都发生在束支水平，而不代表不同层面发生了阻滞，即不是"束支传导阻滞＋房室结传导阻滞"。这不仅牵涉到对传导系统病变范围的一种了解和认识，还与临床病情及预后有重要的关系。如果

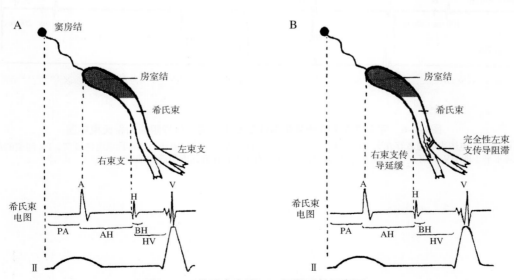

图 8-8-5 希氏束电图 HV 间期延长示意图

A. 正常时希氏束电图各间期示意图，其中 HV 间期代表激动经过希氏束及左右束支的时间；B. 完全性左束支传导阻滞时，PR 间期正常时仍可能存在 HV 间期延长，提示右束支存在损伤及传导延缓。P：窦房结；A：心房；H：希氏束；B：束支；V：心室

是不同层面发生阻滞，提示传导系统病变范围比较广泛，提示新近阻滞位于房室结，传导阻滞的水平面较高，逸搏点的部位也高，自律性相对高而稳定，发生晕厥及猝死的概率相对低。如果是对侧束支的相同层面发生传导阻滞，即在左束支传导阻滞的基础上又发生右束支传导阻滞，阻滞的平面较低，室性自搏性节律点的位置靠下，其自律性低而不稳定，更易发生晕厥、阿斯综合征及猝死，显然上述两种情况的预后不同。

1978 年 Dhingra 的资料认为，左束支传导阻滞伴电轴正常时，HV 间期延长的发生率达 50%～100%，合并电轴左偏时，HV 间期延长的病例可能更多。而 Narula、Puech 及 Josephson 等认为不论心电图 PR 间期是否延长，大多数左束支传导阻滞患者的 HV 间期延长，提示这些病例本身存在双侧束支病变，存在着弥漫性传导系统的远端病变。

以上资料说明：①完全性左束支传导阻滞时，常伴有 HV 间期延长，提示右束支也同时存在传导阻滞，对于高龄患者又无明显器质性心脏病时，这型双侧束支传导阻滞常是 Lev 病的表现；②房室传导阻滞的部位大体分成房室结传导阻滞和希浦系统传导阻滞两种，房室传导阻滞不是房室结传导阻滞的同义语，在完全性房室传导阻滞的患者中，55% 阻滞部位在房室结，45% 的病例阻滞部位在希浦系统，后者常伴有单侧或双侧完全性束支传导阻滞。而先有完全性单侧束支传导阻滞（尤其是左束支传导阻滞）后又发生房室传导阻滞时，最大可能是对侧束支又出现了完全性传导阻滞，双侧束支传导阻滞发生后表现为房室传导阻滞（图 8-8-6，图 8-8-7）。

应当说明，右束支伴左后分支传导阻滞也属于双侧束支传导阻滞的范畴，但这种情况少见。一旦发生，由于左前分支容易受累，故发展成完全性心脏传导阻滞较为常见。

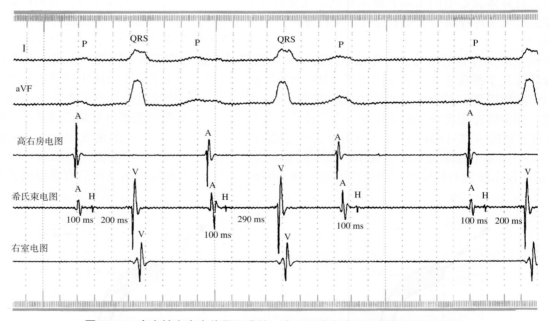

图 8-8-6　完全性左束支传导阻滞伴二度 I 型房室传导阻滞的希氏束电图

Ⅰ 和 aVF 导联的体表心电图表明患者存在完全性左束支传导阻滞伴二度 I 型房室传导阻滞，经希氏束电图证实，PR 间期的逐渐延长及脱落发生在希浦系统水平（即 HV 间期），证实患者二度房室传导阻滞是右束支存在着二度阻滞的结果

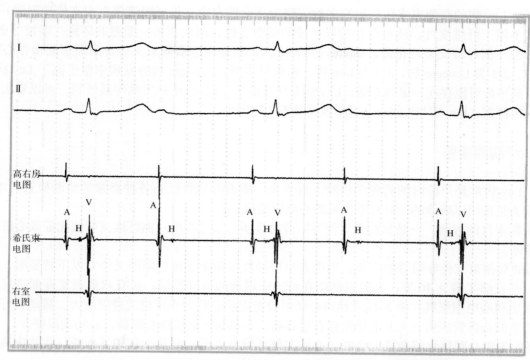

图 8-8-7　完全性右束支传导阻滞伴 2：1 房室传导阻滞的希氏束电图

Ⅰ和Ⅱ导联体表心电图表明患者存在完全性右束支传导阻滞伴 2：1 房室传导阻滞，经希氏束电图证实 2：1 房室传导阻滞发生在希浦系统（即 HV 间期），证实患者存在双侧束支传导阻滞

五、Lev 病与 Lenegre 病

阻滞在希浦系统的慢性房室传导阻滞患者中，约 50% 左右的病例经临床及各种相关检查后仍然未能发现同时伴有的冠心病、心肌病、高血压等明显的器质性心脏病，以及药物中毒等明显的病因，临床称之为原发性房室传导阻滞（primary atrio-ventricular block），其中多数病例属于双侧束支纤维化症（idiopathic bilateral branch fibrosis）。而 Lev 病和 Lenegre 病均以双侧束支传导阻滞为主要的临床表现，但两者有所区别。

Maurice Lev 是美国芝加哥医学院及西北大学医学院病理学教授，从 20 世纪 60 年代致力于心脏传导阻滞的病理学研究。研究中 Lev 发现，房室传导阻滞及传导系统的其他病变可随年龄的增长而明显增多。这种退行性病变常表现为心脏传导纤维变性的进行性加重，单位区域中传导纤维数量下降，并被胶原纤维所替代。这些患者的冠脉受累不明显，一定比例的人伴有高血压，这些传导系统的病理改变可能是心脏左侧纤维支架硬化症的一部分。Lev 的文章发表在 1964 年美国《心血管疾病进展杂志》的第 4 期，此后该病被命名为 Lev 病。

有趣的是，Lenegre J 在同年的该杂志上发表了题为《完全性心脏传导阻滞相关的双侧束支传导阻滞的病因及病理学》的文章，该文报告了 62 例有双侧束支传导阻滞的患者，其中 11 例患者仅有心脏特殊传导系统的孤立性病变，而不伴有心脏血管的其他疾病，在普通心肌及血管未发现明显的病理学改变。11 例中 10 例患者有充足的心电图资料证实患者存在多年的双侧束支传导阻滞，逐步缓慢进展成三度房室传导阻滞。未发现明显的病因引发传导系统的这些病变。此后，这种孤立性双侧束支传导阻滞症被称为 Lenegre 病。显然，Lev 病是心脏左侧纤维支架硬化症伴发的双侧束支传导阻滞症，而 Lenegre 病是一种原因不明的心脏特殊传导系统束支水平的特发性疾病。因而 Lenegre 病又称原发性双侧束支硬化症、原发性双侧束支纤维化症、孤立性传导系统疾病、束支硬化性退行性疾病等。

与 Lev 病相比，Lenegre 病具有以下特征：①发病与年龄增长无关，不属于老年退行性疾病，Lenegre 病可发生在 40 岁以下的患者，甚至有儿童期发病的报告；②病变并不局限在双侧束支，其累及心脏特殊传导系统较广的范围，包括窦房结、房室结、浦肯野纤维网等，可能是部分病窦综合征的病因；③其双侧束支传导阻滞似乎多数表现为右束支伴左前分支传导阻滞，病程迁延，发展缓慢，可逐步发展为三度房室传导阻滞（而 Lev 病的双侧束支传导阻滞多数表现为完全性左束支传导阻滞伴右束支传导阻滞）；④传导系统的病变不限于纤维变性，还可存在传导系统的脂肪变性，间质水肿，细胞的坏死、萎缩等多种病变；⑤不伴有心脏左侧纤维支架硬化症。Davies 报告 46 例尸检证实的双侧束支传导阻滞引起慢性心脏传导阻滞的患者中，2/3 为 Lenegre 病，1/3 为 Lev 病，该资料表明，Lenegre 病的发病率似乎高于 Lev 病。此外，患者发病时的年龄可能存在一定的差别，Lev 病发病年龄大，Lenegre 病发病年龄较轻。可以看出，结合患者不同的临床特点，Lev 病与 Lenegre 病的鉴别并不十分困难。

六、Lev 病的诊断

过去，Lev 病常是尸检时的病理学诊断。近年来，随着心血管疾病各种影像学诊断检查技术的进展，使 Lev 病成为生前可以确诊的一种并不少见的心血管疾病。

诊断依据来自两方面：一是双侧束支传导阻滞的诊断，二是心脏左侧纤维支架硬化症或心脏老年钙化综合征的诊断。

Lev 病的双侧束支传导阻滞的诊断：当患者出现慢性双侧束支传导阻滞又伴有以下特征时，应高度怀疑 Lev 病。①发病年龄＞ 40 岁；②阻滞部位在希氏束以远的传导系统；③有双侧束支逐渐进展为房室传导阻滞的病史和心电图资料；④ X 线或超声心动图检查提示心脏大小正常或轻度增大、搏动良好；⑤不伴有明显或严重的心血管疾病，尤其能排除存在冠心病、心肌病等器质性心脏病，心功能尚好。

Lev 病的老年心脏钙化综合征的诊断：心脏左侧纤维支架硬化症属于病理学诊断，在临床该综合征则表现为老年心脏钙化综合征。

1. 超声心动图

可发现二尖瓣下回声增强，二尖瓣叶钙化，主动脉瓣叶增厚，回声增强、钙化，左室乳头肌回声增强、钙化，冠状动脉的钙化等。以手术或尸解为对照的资料表明，超声心动图诊断和发现二尖瓣环、主动脉瓣等部位钙化、纤维化病灶的敏感性高达 70%，提示超声心动图是左侧纤维支架硬化症及老年钙化综合征诊断的最重要方法。

2. X 线检查

心脏大血管的 X 线透视、造影、摄片等检查可发现主动脉弓有条状钙化影，有冠状动脉的钙化、心脏瓣膜的钙化、心包腔的钙化等征象，而心脏大小及功能正常或基本正常。

3. 心电图

心电图除双侧束支传导阻滞或房室传导阻滞外，还可能同时存在各种心律失常，如房早、房颤、窦缓、病窦综合征等，以及非特异性 ST-T 的改变。

4. 临床症状

存在与左侧纤维支架硬化症或老年钙化综合征相关的胸闷、心悸、气短等非特异性症状，以及心脏瓣膜受累时的相关杂音等体征。

显然，上述心电图表现及相关症状和体征属于非特异性诊断指标，而超声心动图及 X 线检查发现的心血管系统存在退行性变的影像学指标特异性强，对诊断的价值大。

因此，Lev 病的诊断可归纳为一句话：发现双侧束支传导阻滞的心电图表现及老年心脏钙化综合征的影像学证据时就可诊断 Lev 病。

七、Lev 病的治疗

鉴于目前尚无有效的阻止本病进展的治疗方法，因而 Lev 病的治疗目前仍是对症治疗。

1. 易患因素的控制与治疗

某些疾病如高血压、主动脉瓣下狭窄、高脂血症等有可能加速心脏纤维支架硬化症的进程，尤其应当积极有效地控制患者的高血压。

2. 双侧束支传导阻滞阶段的治疗

双侧束支传导阻滞阶段，尤其心电图表现为完全性左束支传导阻滞伴 HV 间期延长的高龄患者，因发生晕厥、阿斯综合征及猝死的概率很高，除药物治疗外，应积极考虑人工心脏起搏器的植入，防止这些危险情况的发生。

3. 已经发生晕厥或阿斯综合征患者的治疗

已经发生过晕厥或阿斯综合征的 Lev 病患者，短时间内晕厥或阿斯综合征再次发生的可能性很高，因此必须尽早植入心脏起搏器，预防阿斯综合征及猝死的再次发生。

资料表明，三度房室传导阻滞患者诊断后 1 ～ 2 年内死亡率高达 50%，而植入心脏起搏器后可使患者的寿命与对照组无异，提示心脏起搏器是 Lev 病患者十分理想、有效的治疗方法。

Lenegre 病与心电图

Lenegre 病由法国学者 Jean Lenegre 于 1964 年首先报告,其报告的 11 例无器质性心脏病患者均有双束支传导阻滞,逐渐又发展为高度或三度房室传导阻滞,其中 10 人有晕厥病史。经病理学检查证实,除双束支纤维化外,该组患者心脏传导系统都存在弥漫性纤维化。

时隔四十余年,我们重新讨论和复习 Lenegre 病的意义有两点:特发性双束支纤维化(Lenegre 病)过去只能经尸检证实,而今只要医生有该病的诊断意识,经过现代医学技术的检查能够使患者生前获得诊断,而 Lenegre 病临床并非少见,是引起房室传导阻滞的常见病因。其次,近几年 Lenegre 病的遗传学研究已有突破性进展,证实其属于 SCN5A 基因突变相关性疾病,并与 Brugada 综合征、长 QT 综合征等构成等位基因性心律失常,Lenegre 病的研究热潮正在兴起。

一、Lenegre 病的定义与名称

Lenegre 病是遗传倾向明显的一种原发性心脏传导系统疾病,传导系统发生的退行性纤维化或硬化的改变呈进行性加重,常从束支传导阻滞逐渐进展为高度或三度房室传导阻滞,传导阻滞严重时患者发生晕厥或猝死的概率较高。

Lenegre 病的名称繁多,新的名称还在出现,复习这些名称有助于我们对该病特征的认识。这些名称先后包括:特发性双束支纤维化(idiopathic bilateral bundle branch fibrosis),这一名称符合该病最初病变的特征;原发性房室传导阻滞(primary atrial ventricular block),这一名称符合该病进一步发展后的结果,但早期仅有束支传导阻滞时,这一名称不够恰当;原发性心脏传导阻滞(primary heart block),原发性慢性传导阻滞(primary chronic block)等名称都存在上述缺陷。在随后很长一段时间该病被称为原发性传导系统疾病(primary conductive system disease)、进行性心脏传导疾病(progressive cardiac conduction defect,PCCD)。近年来,又称其为孤立性心脏传导疾病(isolated cardiac conduction disease,ICCD)、Lenegre-Lev 病、SCN5A 等位基因性心律失常等,这些名称更加贴近和反映出本病的特征。

二、Lenegre 病的发病率

Lenegre 病的发病率很难精确统计,原因是已经发病的患者虽然出现了双束支传导阻滞及心电图改变,但因无任何症状常不就医,而进展为高度或三度房室传导阻滞并出现明显症状的只是其中一部分患者。但有一点十分明确,Lenegre 病不是十分少见的心脏传导系统疾病。

Lenegre 病的特点是最早、最多累及右束支,其次是左前分支(图 8-9-1)。而右束支传导阻滞是最常见的单束支传导阻滞的类型,其与左前分支传导阻滞的组合,又是最常见的双束支传导阻滞。年轻健康人中单纯右束支传导阻滞者并不少见,男性发病率约 1.31%,女性为 0.64%。流行病学的研究结果提示,单纯的右束支传导阻滞很多属于家族性心脏传导障碍,而老年人新发生的右束支传导阻滞常因冠心病心肌缺血、慢性支气管炎等后天因素引起。多数右束支传导阻滞为孤立性病变,不伴有基础心脏病。一般情况下,右束支传导阻滞比较稳定,较少发生传导障碍的进一步发展,但有家族遗传因素存在时,比例较高的患者将发展为双束支传导阻滞和三度房室传导阻滞(图 8-9-2)。

除此,通过对特发性双束支传导阻滞与慢性房室传导阻滞因果关系的分析,也能对 Lenegre 病的发病情况进行粗略的估计。通过慢性房室传导阻滞患者尸检及详细的病理学研究,能客观地评价房室传导阻滞发生的病因。1983 年,Davies 及 Harris 对 200 例患者进行了传导系统病理解剖、冠状动脉检查(包括冠脉造影)等对照研究,评估了房室传导阻滞最常见的病因(表 8-9-1)。

应当指出,不同文献报告的房室传导阻滞各种病因的相对比例结果不一,而且病理学检查结果与临床

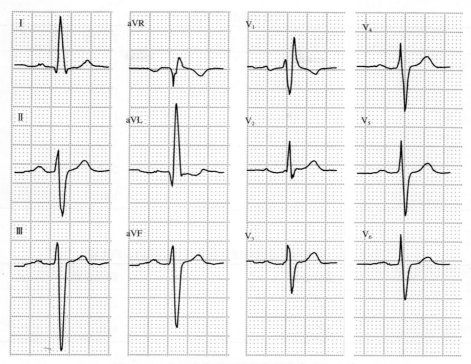

图 8-9-1　右束支传导阻滞伴左前分支传导阻滞

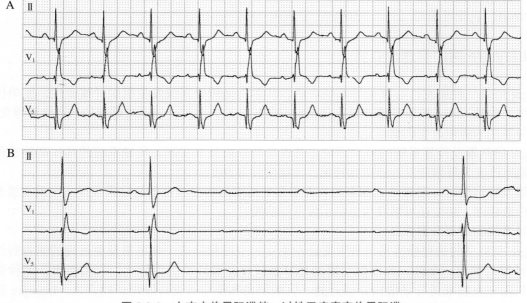

图 8-9-2　右束支传导阻滞伴一过性三度房室传导阻滞

患者男性，30岁。A.右束支传导阻滞；B.发生一过性三度房室传导阻滞

表 8-9-1 慢性房室传导阻滞的病因研究

	例数	百分数（%）
特发性双束支纤维化	76	38.0
冠心病	35	17.5
钙化性房室传导阻滞	22	11
缺血性心肌病	26	13
其他病因	41	20.5
合计	200	100

表 8-9-2 临床与病理诊断慢性房室传导阻滞病因的比较

	临床诊断	病理诊断
扩张型心肌病	10%	2.4%
特发性双束支纤维化	70.3%	48%

诊断相差较大（表 8-9-2）。

多数研究结果认为，慢性房室传导阻滞最常见的病因依次为：特发性双束支纤维化（50%）、冠心病（20% ~ 30%）、钙化性阻滞（5% ~ 10%）、心肌病（5% ~ 10%）。

三、Lenegre 病的病理改变特征

Lenegre 病是一种原发性心脏传导系统疾病。其本质是传导系统发生组织纤维变性，使单位区域中特殊传导纤维的数量下降，胶原纤维逐渐取代正常的传导纤维，出现传导系统远端的进行性纤维化。

1. 传导系统的病理改变广泛

Lenegre 病常累及传导系统的多个部位，其中希浦系统最早受累，传导系统的其他部位也可受累。其病理学的基本改变为纤维变性，还包括钙化、萎缩变性等改变。

偶尔累及窦房结时，窦房结 P 细胞的病理学改变可引起病窦综合征的临床表现，出现窦缓及窦房阻滞等。对于少数病例，病变还可累及房室结引发双结病变。

2. 传导系统的病理损害弥漫

Lenegre 病最早的病理损害常是右束支及左束支的中段和远端，并可累及更远端的浦肯野纤维网，引起浦肯野纤维的萎缩、变性，弥漫性受累的传导系统逐渐被纤维组织替代。应当指出，这种弥漫性病理改变多数只限定在特殊传导系统内，邻近的心肌组织仍然正常而无纤维化。换言之，Lenegre 病患者可能伴有其他先心病，可能存在左室肥厚或局灶性瘢痕，但心肌基本不受累，因此晚期患者也不以心力衰竭为特征（图 8-9-3）。

3. 传导系统的病理损害进行性加重

Lenegre 病的上述病理改变常呈缓慢性、进行性加重，最后当房室传导系统全部或绝大部分被纤维组织替代时，则会发生高度和三度房室传导阻滞。但与 Lev 病相比，Lenegre 病的进展速度相对更快，某些患者在新生儿及儿童期即可发病，而到青春期就可能进展为三度房室传导阻滞，发生晕厥或猝死，这种病例近年有增多趋势。但不同患者该病的发展速度仍有明显不同。Lenegre 病的这些病理学特征与临床表现十分一致。

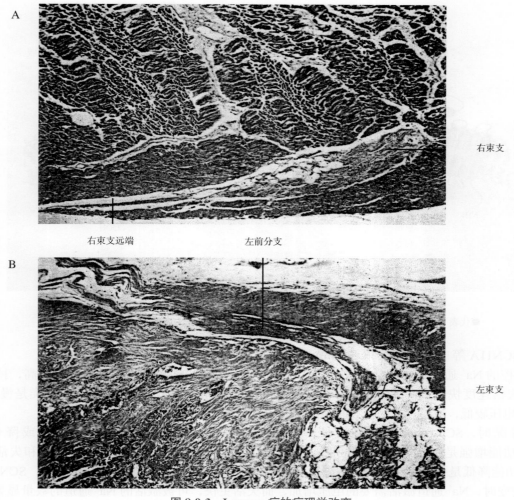

图 8-9-3　**Lenegre 病的病理学改变**
A. 右束支已完全纤维化；B. 左前分支被纤维团块严重侵入

四、Lenegre 病的发生机制

因 Lenegre 病的发病年龄较低（多数＜ 40 岁），又有明显的家族聚集性，因此很早人们就将其归为遗传性心脏传导系统疾病，但直到 1999 年才真正得到基因水平的病因证据。此后 7 年来，发表的相关资料越来越多，使 Lenegre 病成为遗传性心律失常领域研究的一个新热点。

1. Lenegre 病与 SCN5A 基因突变

1999 年，Scott 通过法国一个家系成员的遗传学检测发现 Lenegre 病的致病基因为 SCN5A，SCN5A 基因的 22 号内含子发生拼接－供体突变，使钠通道的 DⅢS4 缺失。此后，Hanno 于 2001 年报告 SCN5A 基因突变还能引起心房和心室的传导阻滞，以及严重的心动过缓。近几年有关 Lenegre 病患者 SCN5A 基因突变的报告日益增多，Royer 于 2005 年报告了动物实验的结果，他成功地建立了靶向干扰 SCN5A 基因后的大鼠模型，进行了 SCN5A 基因的敲除。结果 SCN5A 基因敲除后的纯合子大鼠未出生就已死亡，而存活的杂合子大鼠却发生了心脏传导系统传导速度的减慢，而且传导系统的这种功能障碍随着 SCN5A 基因敲除大鼠年龄的增加而变得严重，这与 Lenegre 病的临床经过几乎一样。Royer 报告的受试大鼠还出现了心肌重构，包括心肌纤维化和肥大，但心功能未受影响。上述这些研究都从不同方面确定了 Lenegre 病与 SCN5A 基因突变有因果关系，截至目前已发现的 SCN5A 基因突变位点如图 8-9-4 所示。

2. SCN5A 基因突变与 Na^+ 通道的功能障碍

Na^+ 通道是心肌细胞膜控制 Na^+ 跨膜进入细胞内的一种结构，由 α、β 两个亚单位组成，α 亚单位又分

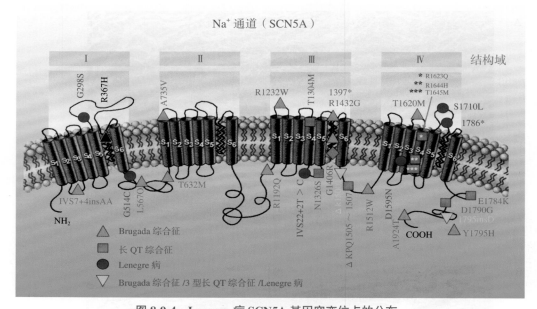

图 8-9-4　Lenegre 病 SCN5A 基因突变位点的分布
●代表 Lenegre 病的基因突变位点，◆代表 Brugada 综合征与 Lenegre 病的共同基因突变位点

成 SCN1A-SCN11A 等 11 个类型，以 SCN5A 亚型最重要。

电压门控的 Na^+ 通道根据失活速度分成两类。一类是快 Na^+ 通道：激活时所需电压高，持续时间仅 1～2ms，失活速度快，引起动作电位 0 相，使膜电位从 −70mV 上升到 + 20mV。另一类是慢 Na^+ 通道：激活时所需电压较低，通道开放的持续时间长，失活速度慢，其参与 2 相和 3 相的复极。

病理情况时，SCN5A 基因突变可使 Na^+ 通道发生功能增强（gain of function）或降低（loss of function）。功能增强是指 Na^+ 内流增强和失活减慢。相反，功能降低是指 Na^+ 内流减少和失活加速，而 Na^+ 通道的功能降低是引发传导障碍的主要原因。Tan 在《Science》杂志发表的文章表明，SCN5A 基因发生 G514C 突变时，Na^+ 通道激活需要的电压增加，而失活更快，可被激活的 Na^+ 通道的数量显著减少。总之，Lenegre 病的 SCN5A 基因突变使 Na^+ 通道的功能降低。

3. Na^+ 通道功能降低与心电图

心肌细胞按形成动作电位 0 相的离子流分成两类。一类是 Na^+ 内流形成动作电位的 0 相，称快反应细胞，包括浦肯野细胞和心房、心室肌细胞，另一类是 Ca^{2+} 内流形成动作电位的 0 相，称慢反应细胞，包括窦房结和房室结的 P 细胞。显然，Lenegre 病的 SCN5A 基因突变影响的是第一类细胞，即浦肯野细胞和心房、心室肌细胞（图 8-9-5）。

Lenegre 病的 SCN5A 基因突变使 Na^+ 通道功能降低，功能降低的最终结果将导致心肌细胞除极时的 Na^+ 内流减少，因而 0 相除极的速率与峰值都降低，使传导减慢。换言之，其能使浦肯野细胞和心房、心室肌细胞的 0 相除极速率和幅度降低，并直接影响细胞的传导性，因而导致希浦系统传导阻滞，心室内、心房内传导阻滞。心电图则表现为 QRS 波增宽、束支传导阻滞、双束支传导阻滞，最后发展为三度房室传导阻滞。

4. SCN5A 等位基因性疾病

所谓等位基因性疾病是指疾病不同，但致病基因相同，只是不同疾病在同一基因中不同突变位点的核苷酸序列不同。近年来证实：Brugada 综合征、特发性室颤、LQT3 和 Lenegre 病的致病基因都是 SCN5A，因而被称为 SCN5A 等位基因性心律失常。

5. 心脏 Na^+ 通道重叠综合征

所谓心脏 Na^+ 通道重叠综合征是指携带 SCN5A（Na^+ 通道）基因突变的某些家族成员，同时兼有上述几种疾病的表现，例如同一患者兼有 QT 间期延长和 Brugada 综合征的双重表现，这种情况称为心脏 Na^+ 通道重叠综合征。

2006 年 Probst 在《Journal of cardiovascular electrophysiology》杂志发表文章，报告 16 个家系的 78 名 Brugada 综合征患者中 59 人有室内传导异常，41 例有右束支传导阻滞，6 例有双束支传导阻滞，5 例因严重的房室传导阻滞植入了心脏起搏器，显然这是同一患者兼有 Brugada 综合征和 Lenegre 病两个病症。

探讨 Lenegre 病发病机制的研究中，Scott 及 Royer 等的研究结果表明，携带 Lenegre 病突变基因的患者不一定在出生时就发生传导阻滞，而是随着年龄的增长传导系统的功能障碍逐渐恶化。因此，Lenegre 病的发病应当是 SCN5A 基因突变与特殊传导系统随年龄增加发生的退行性变共同作用的结果。

五、Lenegre 病的心电图表现及特点

Lenegre 病的心电图改变多数集中在束支传导障碍，除束支传导阻滞外，最多发生的心电图异常为 PR 间期延长、P 波增宽等。

典型的 Lenegre 病患者束支传导阻滞的心电图改变呈进行性加重，即初期为单束支传导阻滞（右束支传导阻滞），随后发展为双束支传导阻滞（右束支传导阻滞加左前分支传导阻滞），最后到高度或三度房室传导阻滞。

1. 右束支传导阻滞

右束支传导阻滞是 Lenegre 病最早的心电图改变（图 8-9-6，图 8-9-7），常是该病纤维化病变的起始部位。Davies 提出应用右侧心脏骨架硬化能解释十分局限的右束支传导阻滞。Davies 认为，位于室间隔心肌中的右束支主干发生的纤维化病变可引起右束支传导阻滞。这种纤维化还可能是弥漫性心内膜下硬化症的一部分，只是在右束支经过的部位纤维化最显著，并对右束支产生机械性压迫而引起右束支传导阻滞。这如同 Lev 病中左侧心脏骨架硬化时造成左束支损害一样。右束支传导阻滞常是完全性的（QRS 波时限 ≥ 120ms），也可以呈不完全性。右束支传导阻滞可以单独存在，也可能就诊时的心电图就已合并了左束支分支传导阻滞的心电图改变（图 8-9-7）。

遗传性和家族性右束支传导阻滞存在以下两型：①近端右束支完全缺如，不伴有传导异常的进展；②传导系统广泛和进行性丧失，最初表现为右束支传导阻滞，以后出现双束支传导阻滞，最后发展为三度房室传导阻滞。Lenegre 病的患者属于后一种类型。

部分患者的右束支传导阻滞可多年处于不进展的"休眠"状态，部分患者的进行性加重可表现为新出现的左束支受累，或者右束支传导阻滞的程度加重（图 8-9-6，图 8-9-7）。

2. 双束支传导阻滞

双束支传导阻滞的心电图表现可由右束支传导阻滞发展而来，也可能初期就存在。左束支受累部位也在远端，多数为左前分支传导阻滞，发生左后分支传导阻滞或左束支主干传导阻滞者少见。

根据传导系统的最初受累特点可以分成两型。1 型：

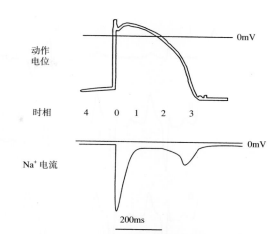

图 8-9-5　动作电位时相与相应的 Na⁺ 电流

图中快 Na⁺ 通道激活及快 Na⁺ 内流形成动作电位 0 相，快速失活参与 1 相复极，而晚 Na⁺ 内流参与 2 相和 3 相复极

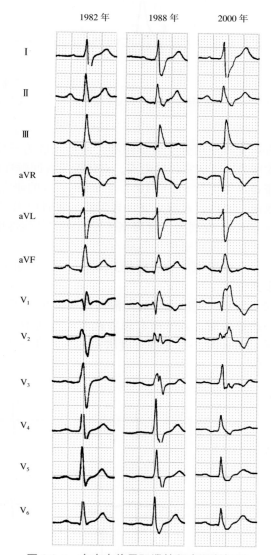

图 8-9-6　右束支传导阻滞的程度逐渐加剧

图为同一患者不同时间的心电图，QRS 波时限逐渐增宽，分别为 130ms、140ms、170ms，提示右束支传导阻滞的程度进行性加重

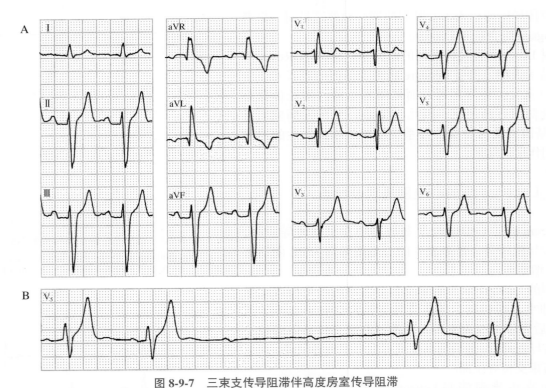

图 8-9-7　三束支传导阻滞伴高度房室传导阻滞

患者男性，36 岁，反复发生晕厥。A. 右束支及左前分支传导阻滞伴一度房室传导阻滞；B. 间歇性高度房室传导阻滞

右束支伴左前分支传导阻滞，最后发展为三度房室传导阻滞；2 型：仅有左后分支传导阻滞伴窦缓，最后发展为三度房室传导阻滞。对住院患者回顾性研究的结果表明：慢性双束支传导阻滞发展为三度房室传导阻滞者每年可达 5% ～ 10%。Framingham 的研究证实，双束支传导阻滞患者心血管疾病的死亡率比对照组高数倍。因此，对双束支传导阻滞的患者应当严密观察或尽早进行电生理检查，检测到 HV 间期延长者（HV ＞ 60ms）发展为三度房室传导阻滞的危险性增大，发生猝死和心血管疾病死亡的概率增高（图 8-9-8）。

3. 三度房室传导阻滞

三度房室传导阻滞是 Lenegre 病最严重的情况，可以与高度房室传导阻滞先后交替出现，也可能"一步到位"。

判断三度房室传导阻滞与双束支传导阻滞的因果关系时，常能发现：①当永久性三度房室传导阻滞伴心动过缓时，几乎所有患者此前均有典型或不典型的束支传导阻滞，而三度房室传导阻滞伴 QRS 波时限 ≥ 120ms 时，更支持三度房室传导阻滞发生前就存在双束支传导阻滞；②新发生的三度房室传导阻滞的

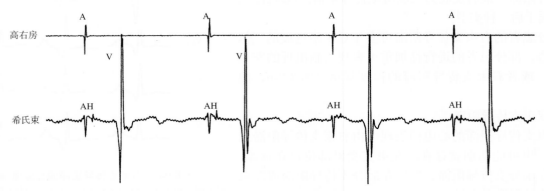

图 8-9-8　希氏束电图 HV 间期延长

与图 8-9-7 为同一患者，希氏束电图中 AH 间期 84ms，HV 间期 163ms，行高右房 110 次 / 分起搏时，可见房室 1∶1 传导

QRS 波时限仅中度增加时（QRS 波＜ 140ms），常由束支传导阻滞进行性加重引起。

4. PR 间期延长与 P 波增宽

如上所述，Lenegre 病患者 SCN5A 基因突变将引起 Na⁺ 通道功能降低，进而对希浦系统、心房肌细胞和心室肌细胞的除极与复极产生影响。

Lenegre 病患者常伴有 P 波增宽，这是 Na⁺ 通道功能降低时，心房肌细胞的 0 相除极速率和幅度降低使房内传导减慢的结果。

Lenegre 病患者的心电图常伴有 PR 间期延长，其原因包括以下几个因素：① P 波时限增宽；②多数患者对侧左束支的某分支也出现传导延缓，进而引起整个希浦系统传导时间（HV 间期）的延长，这种 PR 间期延长与年龄增长有关（图 8-9-9），与病理学改变一致。Lenegre 病影响房室传导系统的远端，而近端的房室结及希氏束不受影响，故在希氏束电图中，AH 间期正常，受累的远端部分使 HV 间期延长。

Lenegre 病患者也能发生窦性心动过缓，窦缓可在疾病的早期或中期出现，有时窦缓与房室传导阻滞可在同一家系的不同成员出现。窦缓发生的原因较多，与窦房结本身的变性和萎缩有关，还可能与心房肌的缓慢传导有关，心房肌缓慢传导可能发生在窦房交界处而使窦律传出障碍。再者窦房结属于慢反应细胞，4 相自动除极依赖于 Ca²⁺ 内流，但 Na⁺ 内流也参与了动作电位 4 相的起搏电流，因而能使窦房结的自律性下降。

近年来，经靶向干扰或基因敲除 SCN5A 后发现：受试动物的心肌细胞 Na⁺ 电流减少，心房肌的缝隙连接蛋白（Cx40）减少，心电图的 P 波时限增宽。

5. 其他心电图改变

Lenegre 病患者可伴发房早、室早，但都属于非特异性。此外，患者心电图很少有 ST-T 改变，QT 间期正常。

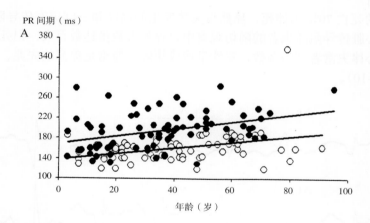

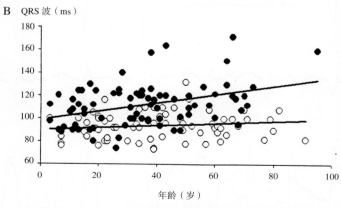

图 8-9-9　Lenegre 病患者年龄与传导时间参数的关系

图中●代表 SCN5A 基因突变者，○代表无 SCN5A 基因突变者。A. 年龄与 PR 间期的关系；B. 年龄与 QRS 波时限的关系。有基因突变者的 PR 间期和 QRS 波时限都比对照者长，但年龄与 PR 间期无显著相关性，而年龄与 QRS 波时限的关系具有统计学意义（P =0.0057），提示 Lenegre 病患者室内传导时间随年龄增长而进行性延长

六、Lenegre 病的临床特征

1. 发病年龄

Lenegre 病属于常染色体显性遗传性疾病，其发病年龄较低。发病有 3 个危险阶段：新生儿期、青春期、中年期。发病越早的患者传导功能障碍也出现得越早，新生儿就已发病者可引起新生儿猝死。Lenegre 病患者中男性多于女性。

2. 伴发的心血管疾病

Lenegre 病多数单独存在，少数可伴其他先天性心脏病，以先天性房间隔缺损多见，少数可伴有扩张型心肌病等。同时伴发的其他原发性心电疾病主要是 Brugada 综合征和 LQT3。

3. 伴发的心血管系统的症状

Lenegre 病是特发性、进行性心脏传导系统疾病，心电图能表现出从单束支传导阻滞向双束支传导阻滞和高度或三度房室传导阻滞的发展过程。显然，当心电图只有单束支和双束支传导阻滞时，患者常无症状。而一旦出现明显的心悸、黑矇、晕厥或阿斯综合征时，都提示患者的病情已进展到高度或三度房室传导阻滞。

人体心脏能够代偿的心率为 40～160 次/分，当心率在 40 次/分以上时，心脏能够通过增加每搏量而保持一定的心排血量，以满足机体的需要。而心率＜ 40 次/分时，即使心脏结构和功能正常也能发生失代偿，发生机体缺血、缺氧的症状。而中枢神经、大脑对缺氧最敏感，缺氧时可发生头晕、黑矇、晕厥等程度不同的症状。双束支传导阻滞伴发三度房室传导阻滞时，由于阻滞部位低，心室逸搏点的部位更低，室性自搏性心率则偏低，结果比房室结传导阻滞引起三度房室传导阻滞患者更易发生晕厥。显然，中枢神经缺血引起的黑矇、晕厥、阿斯综合征可能是多数 Lenegre 病的第一症状、反复症状、最常见的症状，也常是患者就医的主要原因。

4. 晕厥的机制与预测

束支传导阻滞患者的死亡 70% 为猝死，显然与突然发生的高度和三度房室传导阻滞有关。应当强调，文献中对几千例完全性心脏传导阻滞患者的随访观察中，猝死人数虽达数百人，但死于心率过缓者仅为少数，而死于快速性室性心律失常者却为多数，室性早搏或短阵室速常是猝死的先兆，永久起搏器的植入不能完全预防猝死（图 8-9-10）。

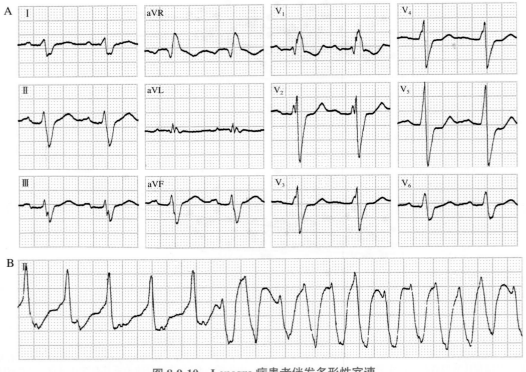

图 8-9-10　Lenegre 病患者伴发多形性室速

患者男性，42 岁。A. 右束支传导阻滞伴一度房室传导阻滞；B. 发生多形性室速

双束支传导阻滞患者的猝死率高，多数与缓慢性心律失常和继发性恶性室性心律失常有关。因此，及时对患者希浦系统的功能储备进行评估十分重要。这种评估包括记录希氏束电图、进行食管心房调搏检查和药物激发试验等（表 8-9-3）。

表 8-9-3　束支传导阻滞患者希浦系统传导功能的评估

	正常	异常
HV 间期	<60ms	>60ms
心房调搏	<150 次 / 分起搏时无希氏束下阻滞	<150 次 / 分起搏时出现希氏束下阻滞
药物试验	HV 间期轻度延长	HV 间期显著延长，或出现二度、三度希氏束下阻滞

5. 其他

Lenegre 病属于原发性心电疾病，不合并其他心血管疾病时很少发生心功能不全，因此有关心脏功能的各项检查（包括超声心动图）结果常正常。当严重房室传导阻滞持续时间较长，心室率十分缓慢时，可能继发心动过缓性心肌病，出现心脏扩大和心功能下降，但这种病例少见。

七、Lenegre 病的诊断和鉴别诊断

（一）Lenegre 病的诊断

只要提高 Lenegre 病的诊断意识，注意多方面资料的整合，及时做出 Lenegre 病的诊断并不十分困难。诊断时应抓住以下几个特征。

1. 发病特征

Lenegre 病的发病年龄偏低，常在 40 岁前就有右束支传导阻滞的心电图改变，甚至在新生儿和儿童时期就已发病，并随年龄增长心脏传导障碍进行性加重。此外，患者可能有明显的家族史，有家族发病的聚集性倾向。

2. 心电图特征

如上所述，Lenegre 病最初的心电图改变为右束支传导阻滞，此后心电图中传导阻滞的进行性加重表现在两个方面：一是"纵向"的逐渐加重，即可能逐步进展为双束支传导阻滞和三度房室传导阻滞；二是"横向"的逐渐加重，即右束支传导阻滞的 QRS 波时限逐渐增宽（图 8-9-6）。一旦发现这些特征，应果断做出诊断。PR 间期进行性延长是心电图的另一特征。

3. 临床特征

Lenegre 病在单束支及双束支传导阻滞阶段，多数无临床症状。当患者发生间歇性或慢性高度和三度房室传导阻滞时，可能突然出现脑缺血症状，发生黑矇、晕厥、阿斯综合征等。

4. 排除其他心血管疾病

过去，Lenegre 病仅是临床病理学诊断，而临床只能采用排他法而臆断。当今这种诊断思路仍可延用，不同的是目前心血管检查技术更为先进，例如超声心动图、冠脉造影及心脏核素检查等已普遍应用。通过这些检查容易确定或排除冠心病、扩张型心肌病、心肌炎等不同类型的心血管疾病，使 Lenegre 病的诊断与鉴别诊断更加简单易行。

5. 遗传学检查

遗传学检查技术正在高速发展，进行速度较快的全基因扫描已成为可能，候选基因的检查更为容易，这能为 Lenegre 病的确诊提供更多依据。

总之，通过上述 5 方面资料与信息的汇总与整合，结合 Lenegre 病的合理诊断思路，Lenegre 病的诊断并不困难。

（二）Lenegre 病应与下列疾病进行鉴别诊断

1. 与 Lev 病鉴别

Lenegre 病与 Lev 病犹如一对孪生姊妹：①两者同年被提出：1964 年，Jean Lenegre 在 *Progress of Cardiovascular Disease* 上发表了"与完全性心脏传导阻滞相关的双侧束支传导阻滞的病因及病理学"一文，Lenegre 病从此得名。同年，在相同的杂志上，Maurice Lev 发表了"完全性房室传导阻滞的病理学"一文，使 Lev 病得名。1989 年，贡献卓著的 Maurice Lev 获得著名的 NASPE 颁发的"功勋科学家奖"（1987 年和 1988 年这个奖项分别授予 ICD 的发明者 Michel Mirowski 和世界级心律失常学大师 G. K.Moe）。②两者临床表现极为相似：两个病的早期心电图都表现为单侧束支或双束支传导阻滞，而后期又都可能进展为高度与三度房室传导阻滞并伴晕厥及猝死。③两者的病理改变十分相像：病理改变都局限在心脏特殊传导系统，表现为传导系统进行性纤维化，组织学以局部硬化为特点。而这两个病终末期的病理表现更为相像，以致病理检查很难区分两者。因此有人将 Lenegre 病和 Lev 病视为特发性双束支纤维化的两个类型，还有学者干脆将两病合称为 Lenegre-Lev 病。

但这两个病在以下几点存在明显不同。

（1）发病年龄不同：Lenegre 病的发病年龄低，提示遗传因素在疾病发病中作用较大，因而在新生儿期、青春期就可能出现单束支或双束支传导阻滞。其进展为高度及三度房室传导阻滞的年龄同样偏低。相反，Lev 病的发病年龄高，绝大多数发生在中老年患者，是一种老年性退行性病变，属于加剧的"老年性改变"（exaggerated aging change），常与其他的老年退行性改变共存，例如"老年退行性瓣膜病""老年钙化综合征"等。由于发病年龄偏高，Lev 病常被误诊为冠心病。

（2）病变初始部位不同：Lenegre 病最初发病部位常在右束支及左束支分支或更远端，甚至周围的浦肯野纤维网。而 Lev 病累及传导系统的范围相对局限，主要累及左束支的近端，以及邻近的希氏束（图8-9-11）。

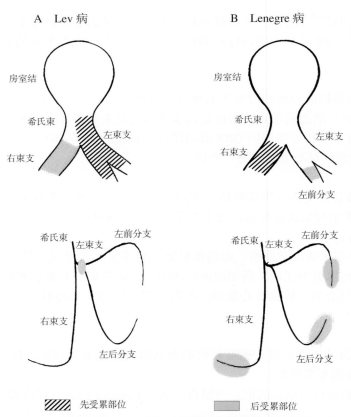

图 8-9-11 Lev 病与 Lenegre 病的病理改变部位

Lev 病的病变位于传导系统的近端，左束支起始部及邻近的希氏束；Lenegre 病的病变位于传导系统偏远端，右束支和左前分支先受累，病变逐步扩展到希浦系统的更远端

（3）病理改变的特征不同：尽管两病的病理改变都是心脏传导系统逐渐被纤维组织取代，但Lev病的病理改变具有"近端"及"局灶"两个特点，表现为局灶受累的传导组织消失，留下似乎为"空无一物"的空间，1974年Lev和Bharahi称这种病理改变为"鬼影结构"（ghost structure）。而邻近受累的希氏束纤维，虽然数量减少，但很少也会完全消失。与之不同，Lenegre病的病理学特征为"弥漫性"，不但传导系统组织受累广泛，而且病变可能延伸到浦肯野纤维网，而受累的浦肯野纤维网邻近的心肌仍属正常，无纤维化。

（4）家族聚集性不同：Lenegre病的遗传倾向明显大于Lev病，因此患者有明显的家族聚集性。

2. 与原发性扩张型心肌病伴束支传导阻滞的鉴别

原发性扩张型心肌病患者可伴传导系统的受损，与Lenegre病相似，远端的束支系统受损更为常见。两者的鉴别主要依靠超声心动图。超声心动图检查可发现心肌病患者心腔扩大，心功能降低，而Lenegre病却没有。除此，前者常伴有心力衰竭的临床表现，而后者常无心衰的征象。

3. 与Ryland综合征的鉴别

Ryland综合征又称钙化性房室传导阻滞，系Ryland于1947年提出后得名的。该综合征临床并不少见，这是老年患者发生了钙化综合征后，当大的钙化团块位于希氏束非穿透部位的主干附近时（即靠近主动脉无冠瓣附着的瓣环或二尖瓣前叶附着的前环），能够累及和损伤传导系统而引起房室传导阻滞。老年性主动脉瓣钙化和二尖瓣环钙化的过程还可能直接侵犯房室结或希氏束而引发房室传导阻滞。两者的鉴别方法：超声心动图能在Ryland综合征患者上述部位发现回声显著增强的钙化团块时，诊断则成立。除此，Ryland综合征的发病年龄高，属于老年退行性病变，而Lenegre病的发病年龄相对年轻，属于原发性传导系统疾病。

八、Lenegre病的治疗

Lenegre病的不同阶段有不同的治疗原则和措施。

（一）束支传导阻滞时的药物治疗

本病的初期或早期，患者可能在很长一段时间仅有右束支传导阻滞或合并左前分支传导阻滞，由于束支传导阻滞本身并不引起明显的血流动力学异常，而且束支传导阻滞本身也无特异性的药物治疗，因此，束支传导阻滞属于不需治疗的心律失常。

1. 抗心律失常药物的应用

当患者合并了其他心律失常，需要选择抗心律失常药物治疗时，由于药物对心脏及传导系统都有抑制作用，应用不当时可能诱发或加重传导阻滞，所以需谨慎应用。

（1）洋地黄类药物：普遍常用剂量的洋地黄对房室传导系统的远端影响甚微，可以安全地用于慢性双束支传导阻滞的患者。

（2）Ⅰ类抗心律失常药物：Ⅰa类药物（奎尼丁、普卡胺）可延长室内传导时间，甚至诱发希浦系统阻滞，需慎重用于慢性束支传导阻滞患者，应用时需要持续的心电监护，一旦出现房室传导阻滞立即停药。Ⅰb类药物对室内传导影响较小，但剂量较大时也有加重传导阻滞的危险。例如利多卡因，一般剂量时安全，大剂量快速推注时也能引起传导阻滞，因此应当在心电监护下缓慢静注。Ⅰc类药物（如心律平）能延缓室内传导，使QRS波增宽，甚至导致严重室性心律失常，禁用于慢性双束支传导阻滞的患者。

（3）Ⅱ类抗心律失常药物：β受体阻滞剂对室内传导影响较小，可用于慢性束支传导阻滞患者而不属禁忌，但是Lenegre病患者传导系统病变可能弥漫，可能累及窦房结和房室结，而这些部位的交感末梢分布丰富，β受体阻滞剂对这些部位的作用较强，易使传导阻滞加重，对此病患者需慎用。

（4）Ⅲ类抗心律失常药物：能延长希浦系统的不应期，使QT间期延长，还可诱发各种束支传导阻滞和房室传导阻滞，属于禁忌。

（5）Ⅳ类抗心律失常药物：钙通道阻滞剂对希浦系统的传导影响不大，可安全地用于慢性束支传导阻滞患者，但其对窦房结及房室结已有功能障碍者可能加重和诱发房室传导阻滞，应当注意（表8-9-4）。

表 8-9-4　抗心律失常药物在束支传导阻滞患者中的应用

抗心律失常药物	室内传导	束支传导阻滞时应用	房室结传导	房室传导阻滞时应用
Ⅰ类				
Ⅰa	延长	慎用、监护		
Ⅰb	——	可用		
Ⅰc	延长	禁忌		
Ⅱ类	——	可用	延长	慎用或禁忌
Ⅲ类	明显延长	禁忌		
Ⅳ类	影响小	可用	延长	慎用或禁忌
洋地黄类	影响小	可用		

总之，多数抗心律失常药物对室内传导有抑制作用，当 Lenegre 病患者必须应用时，药物剂量宜小不宜大，应用时最好有严密的心电监测，必要时应用起搏器保护。

2. 逆转心肌纤维化药物的应用

近几年发现，有几类心血管药物有抗心肌纤维化的作用，包括 ACEI 类药物、ARB 类药物、他汀类降脂药物、抗醛固酮类药物等。这些药物能够抑制心房的纤维化，显著降低心房重塑，进而用于预防和治疗房颤。

业已证实，Lenegre 病的基本病理学改变是心脏传导系统的进行性纤维化，上述这些药物对传导系统的纤维化是否有抑制作用还待研究，真正的作用有待循证医学的结果证实。

3. 激素治疗

对于病情进展较快的患者可考虑泼尼松等激素治疗，其有抑制纤维组织增生的作用，更重要的是这类药物可使 Na^+ 通道开放增加，Na^+ 内流增加，进而改善传导。

（二）非药物治疗

当病情进一步发展合并了高度或三度房室传导阻滞时，或者合并了严重的室性心律失常伴反复晕厥时，需给予更加积极有效的治疗。

1. 植入双腔起搏器

在权威的起搏器植入指南中，慢性双束支传导阻滞患者的起搏治疗适应证被单独列出，与病窦综合征及房室传导阻滞相并列，说明其有重要的独特之处。指南规定：对于二度或三度房室传导阻滞的患者，当患者有相关症状时属于起搏器Ⅰ类植入的适应证。但对于双束支传导阻滞的患者，当其存在间歇性二度或三度房室传导阻滞时，不需伴有相关症状则应积极植入心脏起搏器，属于Ⅰ类适应证。为什么双束支传导阻滞患者伴间歇性二度或三度房室传导阻滞比持续性三度房室传导阻滞患者植入起搏器指征更加放宽呢？主要因为：双束支传导阻滞发生二度或三度房室传导阻滞时的阻滞部位低，心室逸搏节律点肯定位于阻滞部位更远的部位，其心室节律点的自律性更低，同时变时性功能差。一旦发生二度或三度房室传导阻滞，更容易出现晕厥及猝死，因而对这类患者起搏器植入的指征更宽（图 8-9-12）。此外，无症状的双束支传导阻滞患者，当电生理检查 HV 间期 ≥ 100ms 或心房起搏能诱发希氏束以下非生理性阻滞时，属于Ⅱa 类起搏器植入适应证。

2. 植入埋藏式心脏复律除颤器（ICD）

部分 Lenegre 病患者发生高度或三度房室传导阻滞后常有晕厥发生，引发其晕厥的原因有两种，一种是缓慢性心律失常引起，一种是因心动过缓而继发的恶性室性心律失常引起。有的患者甚至在双束支传导阻滞阶段就可能发生快速性室性心律失常，这部分患者属于 ICD 植入的Ⅰ类指征，需要时应给予积极治疗。ICD 植入后可明显降低患者的猝死率。

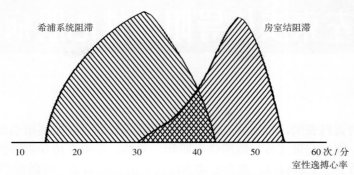

图 8-9-12 三度房室传导阻滞的部位与室性逸搏心率的关系

房室结阻滞时，室性逸搏心率 30～55 次 / 分；希浦系统阻滞时，室性逸搏心率 15～40 次 / 分，心室率明显低于前者

九、结束语

Lenegre 病是一种并非少见的、遗传性心脏特殊传导系统疾病，其束支传导阻滞的发病年龄较低，并呈进行性加重，逐渐进展为双束支传导阻滞及三度房室传导阻滞。Lenegre 病有独特的临床及心电图特征，并结合发病的家族聚集性，临床及时诊断并不困难，重要的是临床及心电图医师要有该病的诊断意识，特别需要与 Lev 病相鉴别。近年来已确定 SCN5A 基因突变是 Lenegre 病的病因，其能与 Brugada 综合征、长 QT 综合征、特发性室颤等构成等位基因性心律失常，以及心脏 Na^+ 通道重叠综合征等，这些也应当引起临床及心电图医师的高度重视。

第十章

左束支传导阻滞性心肌病

近年来，越来越多的资料表明，特发性左束支传导阻滞的长期存在能逐渐引起左室扩张、收缩功能减退，进而发展为心肌病，称为左束支传导阻滞性心肌病。显然，左束支传导阻滞性心肌病这一新概念的推出为获得性心肌病又增添了一个新病因，也为心律失常性心肌病增加了一种新类型。

一、特发性完全性左束支传导阻滞

特发性左束支传导阻滞是心电图经典的概念。1924 年 Einthoven 因发明心电图技术荣获诺贝尔生理学或医学奖，他在获奖演说中最早报告了该心电现象。早在 1894 年，他应用 Waller 发明的毛细管电流计为一位 48 岁患者记录了左束支传导阻滞心电图。30 年后，他用自己发明的弦线式心电图机为该患者记录了形态相同的心电图，而 30 年中患者无任何心血管疾病，这是最早观察和记述的特发性左束支传导阻滞病例。但到最近几年，特发性左束支传导阻滞又重新受到重视。

如果说，完全性左束支传导阻滞仅是一个单纯的心电图诊断，那特发性完全性左束支传导阻滞则属于临床诊断，这意味着患者诊断完全性左束支传导阻滞时，临床未发现伴有任何心血管病因，故诊断为特发性左束支传导阻滞。

业已明确，左束支是心脏房室之间重要的传导束，其从希氏束分出时，粗大、扁宽，并瀑布样发出分支（图 8-10-1）。左束支的传导能力强，不会轻易发生完全性阻滞，而一旦发生，患者几乎都有明显的心血管病因。因此，绝大多数的左束支传导阻滞患者均伴有心血管疾病（图 8-10-2），其中仅 10% 的患者因不伴器质性心血管疾病而诊断为特发性、完全性左束支传导阻滞。长期随访中，约 10% 以上的患者将发生心血管疾病，但不能排除最初诊断左束支传导阻滞时，患者的心血管疾病也处于早期，应用一般检测手段未能发现表现轻微的心脏病。另有患者最初诊断左束支传导阻滞时无心血管疾病，但随访期新发生了高血压、冠心病等。

一组 121 例有左束支传导阻滞的空军人员，89% 不伴器质性心脏病。而欧美国家进行飞行员体检时，一旦发现左束支传导阻滞者必须经各种检查排除伴有器质性心血管疾病后才能通过体检。一组特发性左束支传导阻滞患者 5 ～ 15 年的随访中，5% 检出冠心病，8% 检出高血压。

特发性完全性左束支传导阻滞患者常不伴明显的血流动力学异常，也无明显的症状和体征，多数在体检时发现。

二、真性完全性左束支传导阻滞

（一）左束支传导阻滞的心电图标准

完全性左束支传导阻滞在一般人群中的发生率为 0.5%，且随年龄增长发生率有增加趋势。一组男性公

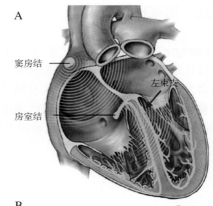

A

窦房结

左束支

房室结

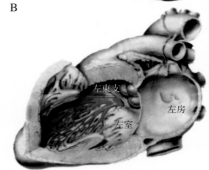

B

左束支

左房

左室

图 8-10-1　左束支解剖示意图

A. 心脏传导系统模式图；B. 从左室长轴观

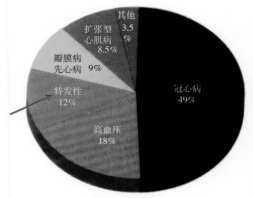

其他 3.5%

扩张型心肌病 8.5%

瓣膜病先心病 9%

特发性 12%

冠心病 49%

高血压 18%

图 8-10-2　左束支传导阻滞的病因分布

民 30 年的随访结果表明，50～55 岁人群的发生率为 1%，而 80 岁以上人群的发生率高达 6%。完全性左束支传导阻滞传统的诊断标准包括：QRS 波时限 ≥ 0.12s，左胸 V₅、V₆ 导联的 QRS 波增宽并伴 R 波切迹，V₁ 导联的 QRS 波或为 QS 波，或在 r 波后有深而宽钝的 S 波，并伴继发性 ST-T 改变（图 8-10-3）。

左胸 V₅、V₆ 导联的 R 波切迹中，前峰为右室除极波，后峰为左室除极波。此外，急、慢性完全性左束支传导阻滞的心电图 R 波形态与伴有的血流动力学特征略有不同。

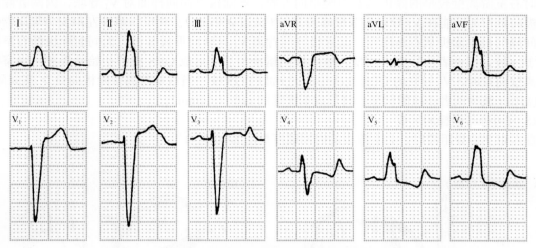

图 8-10-3 完全性左束支传导阻滞心电图

（二）真性左束支传导阻滞的新标准

临床发现，应用左束支传导阻滞传统标准诊断的患者中，部分为假性左束支传导阻滞，即左束支传导并未完全丧失，仍然残存一定的传导功能。例如有些患者左束支的传导尚存在，只是传导的起始或速率比右束支滞后 40ms 以上，则产生左束支传导阻滞的心电图表现。还有人统计，用传统标准诊断的左束支传导阻滞患者中，约 30% 的人因左室肥厚伴左前分支传导阻滞而导致心电图这种改变，患者实际不存在左束支传导功能的完全丧失。

为提高心电图诊断左束支传导阻滞的特异性，2011 年，Strauss 提出真性左束支传导阻滞的新概念，在原心电图诊断标准的基础上又提出三条新标准：① QRS 波时限：男性 ≥ 140ms，女性 ≥ 130m；② QRS 波形态：V₁ 导联的 QRS 波呈 QS 形或 r 波振幅 <1mm 而呈 rS 形，aVL 导联的 q 波振幅 <1mms；③ QRS 波伴有切迹或顿挫：在 I、aVL、V₁、V₂、V₅、V₆ 等导联中有两个或两个以上导联存在 QRS 波的切迹或顿挫（图 8-10-4）。真性左束支传导阻滞的诊断一旦成立，则提示患者左束支的传导功能完全丧失，否则，左束支仍残存传导功能。

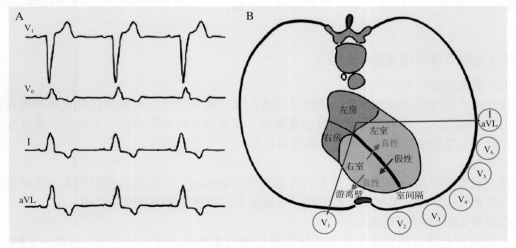

图 8-10-4 真性完全性左束支传导阻滞

真性与假性左束支传导阻滞时，室间隔除极方向全然不同，与右室游离壁除极方向分别呈反向和同向，使 V₁ 导联记录的 r 波 <1mm（真性），或 ≥ 1mm（假性）

（三）心电图新标准的机制

1. V₁ 导联 QS 波或低振幅 r 波的形成

真性与假性左束支传导阻滞的根本区别是左束支是否残存传导，而这一差别的关键是室间隔的初始除极方向。假性左束支传导阻滞时，其残存的传导使室间隔除极仍从左指向右，面对 V₁ 导联形成向上的 r 波，而此时右室游离壁较早的除极从心内膜指向外膜，该除极方向同样面对 V₁ 导联，因两者除极方向相同，故除极向量相加后能在 V₁ 导联形成振幅较高的 r 波（≥ 1mm）。相反，真性左束支传导阻滞不残存传导，使室间隔的最早除极从右指向左，其除极方向背离 V₁ 导联而形成 S 波，而同时除极的右室游离壁在 V₁ 导联形成 r 波，因两者除极方向相反，故除极向量抵消后才形成 QRS 波的初始除极波。当室间隔向量 > 右室游离壁向量时，V₁ 导联的 QRS 波将形成无 r 波的 QS 波。当右室游离壁除极向量 > 室间隔向量时，V₁ 导联的初始 r 波为两者相减的结果，将形成低振幅的 r 波（<1mm）。

2. QRS 波切迹与顿挫的形成

完全性左束支传导阻滞时，心室除极的时间顺序见图 8-10-5。

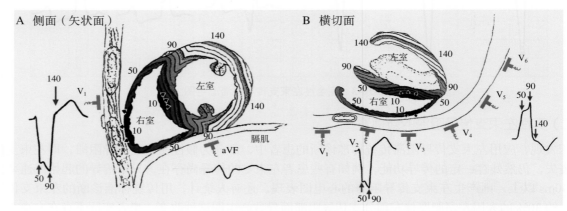

图 8-10-5　完全性左束支传导阻滞时心室除极顺序

完全性左束支传导阻滞时，QRS 波时限 ≥ 140ms 并伴切迹。第一峰出现在 QRS 波的前 1/3 处，代表右室除极，第二峰出现在 QRS 波的后 1/3 处，代表左室除极，两峰间期约 40 ～ 50ms。图中数字单位为 ms

（1）右室除极波：左束支传导阻滞时，右室除极在前，形成 QRS 波的第一峰，即从 QRS 波起始并持续 40 ～ 50ms，位于整个 QRS 波的前 1/3（图 8-10-5）。

（2）左室除极波：右室除极后，左室心肌的除极形成 QRS 波的第二峰，其位于整体 QRS 波的后 1/3。

（3）QRS 波时限更长：这种右室与左室的前后除极，以及两者之间存在的缓慢传导，使 QRS 波时限延长。

（四）真性左束支传导阻滞的临床意义

1. 预警患者易发三度房室传导阻滞

一旦真性左束支传导阻滞诊断成立，则提示患者左束支传导功能完全丧失，这意味着患者容易发生三度房室传导阻滞。换言之，右束支传导一旦出现障碍，三度房室传导阻滞能马上发生。真性左束支传导阻滞已成为患者发生三度房室传导阻滞的心电图预警指标。

2. 心功能受损

存在真性左束支传导阻滞的患者，原本就有器质性心脏病时，心功能将受到损害，进而发生心衰或原心衰加重。当患者为特发性左束支传导阻滞时，可能发生左束支传导阻滞性心肌病。

3. 伴发心衰者 CRT 治疗可获超反应

CRT 为双室同步起搏，能消除左束支传导阻滞引起的血流动力学不良作用，长期的 CRT 治疗将持续消除左束支传导阻滞的不良影响，可使心衰伴真性左束支传导阻滞患者的 LVEF 值明显提高（≥ 15%），获得 CRT 的超反应疗效（详见下文）。

三、左束支传导阻滞与心血管功能

完全性左束支传导阻滞对人体血流动力学有不同程度的不良影响，有时该影响轻微、缓慢而不易察觉。

（一）左束支传导阻滞引起电机械功能异常

与窦性心律伴室内传导正常者相比，左束支传导阻滞患者存在明显的心脏电与机械功能的异常。从图8-10-6看出，其在心室水平引起三个不同步。

1. 左、右心室不同步

正常时，窦性激动经房室结、希氏束下传时，最早的心室除极为室间隔除极，该除极向量从左后指向右前，在 V_1 导联形成 r 波。激动随后沿左、右束支下传使左、右心室迅速除极。心室的最后除极为心底部除极，该除极向量向左、向上、向后（图8-10-6A）。但左束支传导阻滞时，室间隔初始除极方向与正常相反，其从室间隔的右侧面下部穿过间隔，激动从右向左后传导，使右室游离壁与室间隔同时除极，而左室游离壁随后才除极，结果原本左、右心室同步除极的情况变为右室比左室提前 50 ～ 100ms 除极。

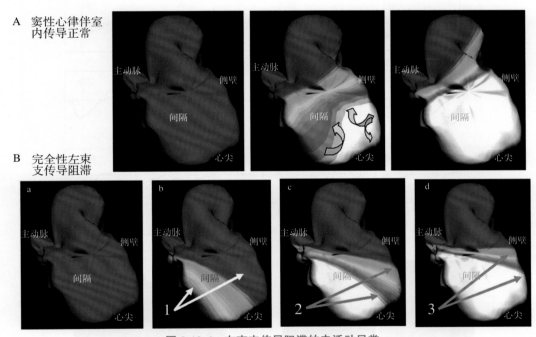

图 8-10-6　左束支传导阻滞的电活动异常

左束支传导阻滞时，经红细胞标记的放射性同位素显像显示，原本同步除极的左、右心室，变为右室领先除极，出现左、右心室电与机械活动的不同步（图8-10-7）。

2. 左室游离壁与室间隔不同步

从图8-10-6看出，左束支传导阻滞还能引起室间隔与左室游离壁的不同步。此时，室间隔与右室游离壁同步除极与收缩，随后，室间隔的电活动才缓慢传导并激动左室。显然，室间隔的电与机械活动都比左室游离壁明显提前，而且电激动的扩布与传导并不通过束支和浦肯野纤维，这种心肌间的缓慢传导使左室游离壁的电活动显著推后。结果，当左室游离壁除极与收缩时，室间隔已先期收缩完毕，使左室原本的球形收缩变为局部游离壁收缩，引起左室收缩功能明显下降（图8-10-8）。此外，左室收缩伴室内压升高时，甚至还能将不收缩的室间隔推向右室侧而膨出，造成左室收缩期室间隔的矛盾运动。

3. 左室游离壁不同部位的不同步

左束支传导阻滞引起心室水平的第三个不同步为左室游离壁不同部位的失同步。从图8-10-6B的第四图可知，左束支传导阻滞时左室最后除极部位为基底部的侧后壁。从图8-10-9进一步看出，该部位恰好是左室后乳头肌部位，其最后除极时能产生下述两个功能性障碍与血流动力学的不良作用。

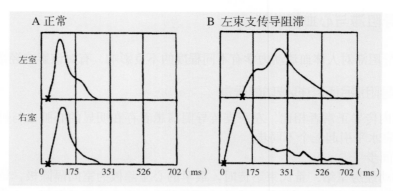

图 8-10-7 放射性同位素显像证实左、右心室电与机械活动不同步

完全性左束支传导阻滞时，右室较早除极与收缩，比左室提前 85ms±31ms

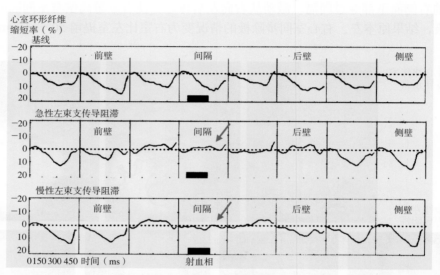

图 8-10-8 完全性左束支传导阻滞时室间隔运动减弱或矛盾运动

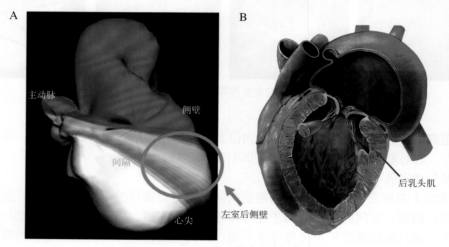

图 8-10-9 左室后乳头肌成为左室除极的最晚部位

（1）二尖瓣后叶脱垂：左束支传导阻滞时，左室基底部的后侧壁最后除极，使左室后乳头肌的电与机械活动严重推迟，并引起功能性二尖瓣后叶脱垂。这是因左室收缩时，迅速升高的室内压犹如一股强风欲把左房、左室之间的二尖瓣前叶和后叶吹向左房，但同时左室前、后乳头肌的收缩把腱索拉紧，防止二尖瓣前、后叶被吹入左房。结果，两股方向完全相反的力量最终使收缩期二尖瓣瓣叶恰当关闭。但左束支传导阻滞时，左室后乳头肌的机械收缩"姗姗来迟"，使左室内压升高并达峰时，后乳头肌收缩及牵拉二尖瓣后叶的力量远未到位，结果二尖瓣后叶脱垂到左房，引起二尖瓣功能性反流及相应的血流动力学改变（图8-10-10）。

（2）室内分流：与上述机制相同，左束支传导阻滞引起左室后乳头肌功能不全时，还能引起左室的室内分流。

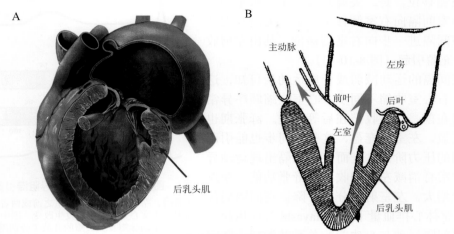

图 8-10-10　后乳头肌功能不全引起二尖瓣的后叶脱垂

正常时，左室不同部位的除极起步时间有前有后：即室间隔先除极，心室体部再除极，心室底部最后除极。心室各部位前后开始的电活动将使相应部位心肌收缩的起步时间也先后有别。但室内传导正常时，各部位心肌收缩却同时达峰，并使室内压达峰而冲开主动脉瓣射血。左室后乳头肌功能不全时，其收缩起步与达峰时间严重滞后，当左室内压达峰并向主动脉射血时，左室基底部侧后壁的心肌尚未收缩，因而形成该部位的低压区，并与左室高压区形成明显的压力阶差，使左室腔内高压区除了向主动脉射血外，还沿腔内压力阶差向左室侧后壁形成室内分流。久而久之，左室基底部的侧后壁因室内分流而向侧后方向膨出，逐渐形成心衰时的球形心（图8-10-11）。

显然，完全性左束支传导阻滞引起心室水平的多重电与收缩的不同步，能使原本就有器质性心脏病甚至心衰患者的病情加重，也能使不伴心血管疾病的患者逐渐发生心室重构，心功能下降而发生失代偿与心肌病。

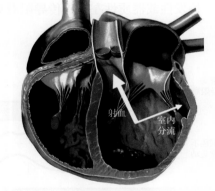

图 8-10-11　左室后乳头肌功能不全引起室内分流

四、左束支传导阻滞引起心肌病

综上所述，完全性左束支传导阻滞引起心脏电与机械功能不同步，引起血流动力学障碍的不良作用长期存在时，势必不断损害患者的左室收缩与舒张功能，进而引起心室扩张与心功能下降。Ozdemir等应用超声心动图和冠脉造影等技术研究了特发性左束支传导阻滞对心功能的影响。结果发现，与对照组相比：①左束支传导阻滞患者的左室等容收缩时间推后并延长，这是主动脉瓣推迟开放的结果；②左室收缩时射血时间延长，以及室间隔运动的不协调，使LVEF值降低；③主动脉瓣和二尖瓣的延迟开放使左室等容舒张时间推后，使左室舒张期的有效充盈时间缩短；④二尖瓣的关闭延迟还使左室舒张末压升高（图8-10-12）。

总之，左束支传导阻滞时左室电活动的延迟将使主动脉瓣和二尖瓣开放与关闭延迟，这些异常都能损害患者的左室收缩与舒张功能。此外，左束支传导阻滞时，室间隔的不协调收缩对左室功能也将产生严重影响。

多数左束支传导阻滞患者存在明显的室间隔异常运动，表现为左室收缩时的不运动或矛盾运动。图8-10-13显示了室间隔①～⑦项运动异常：①右室收缩早期将室间隔推向左室侧，这是右室收缩在前的结果；

②室间隔继续向左室侧移位，这是肺动脉瓣开放，右室射血发生在左室等容收缩期的结果；③室间隔运动减弱或矛盾运动，这是左室与右室同时处于收缩期的表现；④室间隔向右室移位，由延迟的左室持续收缩而产生；⑤室间隔向左室侧移位，是三尖瓣开放较早，右室领先充盈的结果；⑥室间隔向右室侧移位，是二尖瓣延迟开放的结果；⑦室间隔进一步向右室侧移位，其由左房收缩，左室进一步充盈引起（图8-10-13）。

仔细分析室间隔的运动减弱或矛盾运动后可知，这些异常都与左、右心室收缩不同步，心室收缩顺序异常改变，右室收缩在前、左室收缩在后等相关。舒张期也同样，右室先充盈，左室后充盈，这些不同步也能引起左室与右室之间的压力阶差，进而使室间隔出现运动异常。这些运动异常将消减左室的收缩与舒张功能，使左室收缩末期内径增大，左室射血分数下降，室间隔局部射血分数下降，整体心排血量下降。Hayashi等应用超声心动图研究了室间隔运动与心功能的关系并发现，室间隔在左束支传导阻滞时的不运动或矛盾运动对左室功能的影响颇为严重。

特发性或器质性左束支传导阻滞对心功能的一系列影响见图8-10-14。

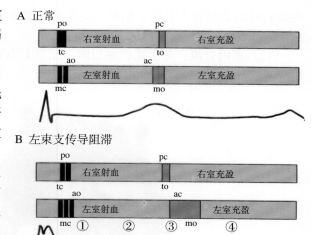

图 8-10-12　左束支传导阻滞引起心功能损害

正常时，左室收缩发生在右室之前或两者同步。左束支传导阻滞时，正常心室收缩顺序发生改变。图中已注明肺动脉瓣、三尖瓣、主动脉瓣及二尖瓣的开放（分别用po、to、ao和mo表示）与关闭时间（分别用pc、tc、ac和mc表示），图B标出的①～④与上述文字中的①～④相对应

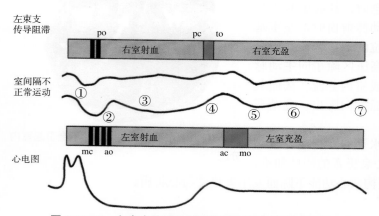

图 8-10-13　左束支传导阻滞时室间隔的各种运动异常

左束支传导阻滞时，室间隔存在严重的运动减弱或矛盾运动。图中标出的①～⑦条室间隔不正常或矛盾运动与正文所述的①～⑦项完全一致

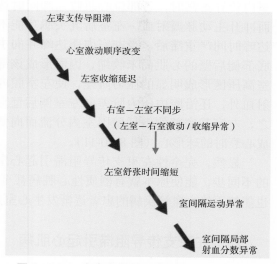

图 8-10-14　左束支传导阻滞对左室功能的影响

五、对左束支传导阻滞性心肌病的认识过程

对左束支传导阻滞性心肌病的认识过程漫长而曲折，这与特发性左束支传导阻滞患者的个体差异有关，也与左束支传导阻滞引起血流动力学障碍、心室扩张、心功能下降的历程缓慢有关。

（一）左束支传导阻滞的个体差异

在爱尔兰进行的一项大规模心脏病预防研究中，特发性左束支传导阻滞在普通人群的发生率约0.1%，与左束支传导阻滞在该人群中的检出率为1%相比，特发性左束支传导阻滞约占左束支传导阻滞总病例的10%，这与图8-10-2显示的比例一致。这项研究发现：特发性左束支传导阻滞对左室电与机械功能有一定

的影响，最终影响心功能。Grines 的研究证实，特发性左束支传导阻滞能引起患者心脏收缩与舒张功能异常，进而导致左室收缩期与舒张期延长，并使左室等容收缩期与舒张期延长。

特发性左束支传导阻滞患者存在明显的个体差异，而且从最初不良的血流动力学作用发展为心功能不全的时间也十分漫长，这容易让人产生一个错误印象：左束支传导阻滞本身不导致任何临床不良后果，而患者的各种心功能异常是其他心血管疾病的临床表现，与左束支传导阻滞无关。

（二）左束支传导阻滞性心肌病的动物研究

建立特发性左束支传导阻滞的动物模型相对容易，2005 年，Vernooy 应用射频消融术消融左束支后，则制成特发性左束支传导阻滞的犬模型。16 周后经超声心动图检测证实：此时犬模型的 LVEF 值下降了 23%±14%，左室容积增加了 25%±19%，室壁质量增加了 17%±16%，左室侧壁与室间隔的质量比下降了 6%±9%，这说明实验犬已发生了心室的非对称性肥厚。除此，室间隔局部的血流灌注及收缩期心肌缩短率都下降到基线水平的 83%±16% 及 11%±20%，左室侧壁的血流灌注及心肌缩短率分别为基线水平的 118%±12% 和 180%±90%，而室间隔与侧壁心肌的机械负荷平行，并与对照组无差别，说明这些部位的心肌未发生冬眠或心肌顿抑。Vernooy 的研究证明，动物的特发性左束支传导阻滞能引起左室的重构、扩张、肥厚、心功能下降，最终发展成扩张型心肌病。但人体是否存在同样情况，还需进一步证实。

（三）临床证实左束支传导阻滞性心肌病的确存在

1. 右室长期起搏结果的提示

近年来，对右室不良起搏作用的研究能提供间接依据，因右室心尖部起搏与左束支传导阻滞极为相似，都存在双室失同步综合征，都有类似的心电图与心脏机械运动的异常。几项研究证实，在心功能正常或已降低的人群，长期不良的右室起搏能增加患者的心衰住院率，心血管事件、房颤发生率等，其原因与心室收缩的失同步有关。这些资料间接表明，无器质性心脏病而有完全性左束支传导阻滞者，其存在的心室失同步能引起心功能下降，心脏重构和症状性心衰。另一方面，对已发生心室重构和心功能改变的动物模型给予 8 周 CRT 治疗后，此前已出现的心功能下降和左室重构可发生较大程度的逆转，出现 CRT 治疗的超反应，异常心功能可恢复正常。这些结果证实，左束支传导阻滞引起的获得性心肌病经 CRT 治疗能获得逆转（图 8-10-15）。

2. 临床回顾性研究提供了确凿证据

进行特发性左束支传导阻滞对心功能影响的前瞻性研究尚存一

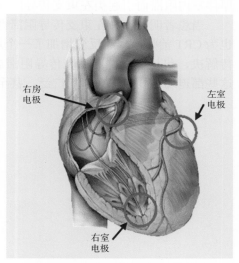

右房电极　左室电极

右室电极

图 8-10-15　CRT 治疗示意图

定困难，因两者因果关系的作用历程漫长。而近期 Vaillant 进行的单中心、回顾性研究却取得了令人兴奋的证据。该研究回顾性统计和分析了 375 例心衰患者的详尽病史，其中 8 例完全满足下列条件。

（1）左束支传导阻滞最初诊断时，患者心功能正常，LVEF 值 >50%，首次诊断的平均年龄为 50.5 岁。

（2）左束支传导阻滞最初诊断时无任何心肌病或其他心血管疾病的病史与诊断。

（3）完全性左束支传导阻滞诊断几年后，其心功能发生不明原因的下降，最终（平均 11.6 年）LVEF 值低于 40% 而发生心衰，NYHA 心功能分级为 Ⅱ～Ⅳ级。

（4）经超声多普勒检查证实，左房、左室间、双室间、心室内都存在明显的机械不同步。8 例患者长期病史的回顾性研究结果毫无争议地证实，患者最初无心功能下降和心衰病因，而唯一的异常就是完全性左束支传导阻滞。因此，该 8 例患者都能诊断为特发性左束支传导阻滞性心肌病。

3. CRT 的超反应"一锤定音"

对左束支传导阻滞性心肌病患者，进行 CRT 治疗的结果令人惊叹。CRT 治疗 1 年后，其中 6 例心功能得到明显好转，左室内径恢复正常，心室机械不同步得到纠正，LVEF 值从原来的 31%±12% 提高到 56%±8%（P=0.027）。上述结果雄辩地说明，这些患者确实存在特发性左束支传导阻滞性心肌病，并经 CRT 治疗能有效逆转。至此，左束支传导阻滞性心肌病最终被确认为获得性心肌病的一种新类型。

六、左束支传导阻滞性心肌病的诊断

Einthoven 早在 1894 年就记录了首例特发性左束支传导阻滞的心电图，直到最近几年才证实：特发性左束支传导阻滞能引起心脏电与机械功能严重的不同步，进而引起心功能不全与心衰，最终发生左束支传导阻滞性心肌病，这一认识过程整整经历了一个多世纪。

与其他获得性心肌病的诊断模式一样，左束支传导阻滞性心肌病的诊断也需满足三项标准。

1. 确诊特发性左束支传导阻滞

心电图能证实患者存在左束支传导阻滞，最初诊断时无其他心血管疾病，心功能正常。

2. 逐渐发生心肌病

特发性左束支传导阻滞诊断后，经较长时间出现左室扩张与肥厚，左室重构及心功能下降，最终发展为心肌病。在心肌病发生、发展过程中能除外其他心血管病的影响。

3. 纠正左束支传导阻滞能逆转心肌病

左束支传导阻滞性心肌病在原发病因（左束支传导阻滞）的影响消除后能获得逆转，心功能可恢复正常或明显改善。而去除左束支传导阻滞不良影响的最佳方法为 CRT 治疗，CRT 治疗后患者能获得超反应，LVEF 值可提高 15% 以上，或 LVEF 的绝对值 >45%。

显然，上述诊断流程与酒精性心肌病、糖尿病性心肌病等获得性心肌病的诊断理念与流程完全一样。

诊断左束支传导阻滞性心肌病时，还要注意真性左束支传导阻滞的诊断，这可排除患者因存在心肌肥厚伴室内阻滞而引起类左束支传导阻滞的心电图改变。

当患者明确存在左束支传导阻滞性心肌病时，还能预测这些患者的心衰对 CRT 治疗能获得超反应，这也为 CRT 治疗出现超反应增加了一个新的预测因子。当然，左束支传导阻滞性心肌病领域还有很多问题亟待解决，包括特发性左束支传导阻滞患者发生心肌病的比例、引发心肌病所需时间、个体差异的作用等，这些都迫切需要更深入、更广泛，甚至前瞻性研究才能得到满意答案。

心电图综合征

第九篇

第一章

Bayes 综合征

Bayes 综合征（Bayes syndrome，贝叶综合征）又称房间阻滞综合征（the interatrial block syndrome），是近 10 年来临床心电学领域一个令人瞩目的进展。其不仅对心电图学中房间阻滞这样一个老概念有了全新诠释，也对房内与房间传导系统及功能障碍有了新认识，并对房间阻滞可能产生的临床危害有了更深了解。因此，全面探讨和阐述这一综合征有着重要意义。

一、定义与命名

与其他心电图综合征一样，其意味着患者一定具有心电图的某一特定表现，又有与之相关的临床表现，当上述两者兼而有之时可诊断该心电图综合征，例如：Brugada 综合征、长 QT 间期综合征、早复极综合征等。

Bayes 综合征既然为房间阻滞综合征，顾名思义，患者心电图一定存在房间阻滞的表现，又因存在房间阻滞而引起快速性室上性心律失常（尤其房颤和房扑），左房功能减退，栓塞性卒中等临床表现。当两者同时存在时诊断为房间阻滞综合征，当仅有心电图房间阻滞表现时则为房间阻滞。

Bayes 综合征名称的产生，可追溯几十年历史。

心电学史上房间阻滞最早的病例由法国学者 Puech 于 1956 年报告，此后陆续有散在报告，但这一时期发表的文章常存在着相互冲突与矛盾，其根本原因就是未将房内阻滞和房间阻滞各自分开。随后，房内特殊传导系统的解剖学研究有了相应进展，这些促使 Bayes 于 1979 年发表了一篇综述，在阐述房内特殊传导系统解剖学新认识的基础上，首次将心房传导障碍分成房内阻滞和房间阻滞两种类型。

Bayes 是一位西班牙著名心脏病医生，现已 85 岁高龄，但仍然精力充沛，思路敏捷，学术活跃，是心脏病和心电生理学领域造诣极深、贡献颇大的国际知名学者（图 9-1-1）。1936 年 Bayes 出生在西班牙巴塞罗那的 Vic 市，先后在英国伦敦的 Hammersmith 心脏病学院和西班牙巴塞罗那心脏病学院接受心脏病专科医生的培训。

图 9-1-1 Antoni Bayes de Luna 教授（1936 年—）

1964 年 Bayes 获心脏病学博士学位，并成为巴塞罗那 Autonomous 大学心脏病学科的全职教授，担任圣保罗医院心脏病学 Catalan 学院的主任。他曾任 Catalan 心脏病协会的主席，倡导并推进世界心脏日的建立，并担任世界心脏日的组委会主席。他撰写了多部心脏病学和心电生理学专著，被译为 7 种文字在世界范围发行。他到过中国，给中国医生讲授和普及心电图知识，他的多部专著已译为中文并正式出版。

在他早期文章中，就把房间阻滞定位在右左心房之间，将房内阻滞的发生部位定位在同一心房。这种分类法大大激发了临床医生和心脏解剖学家的研究兴趣，并将房间阻滞的病理学机制直接与 1916 年就被发现的 Bachmann 束（巴赫曼束）的传导功能障碍紧密联系在一起。

随后的研究证实，双房之间电激动的传导主要通过巴赫曼束（80% ～ 85%），其他向左房传导的通路还包括经卵圆窝（5% ～ 10%）和冠状窦区（10% ～ 15%）（图 9-1-2）。

1985 年，Bayes 发表文章指出，经心电图与心电向量图

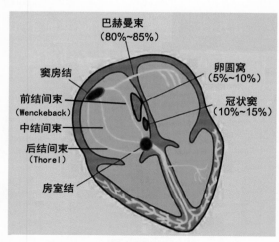

图 9-1-2 右房和双房间的特殊传导路

证明，房间传导障碍的病理学基础为巴赫曼束的传导延缓或中断，并首次提出房间阻滞的心电图诊断标准。

1988年，Bayes在发表的文章中强调指出，房间阻滞不光是心电生理学领域的话题，还是一个独立的临床病症，其能引发快速性室上性心律失常（尤其房颤和房扑）。同期，他先后提出了房间阻滞的2型和3型分类法。

Bayes在2012年发表的文章中进一步提出，心电图诊断房间阻滞时要与左房扩大相鉴别，并提出房间阻滞心电图的三个特点：①心电图表现可间歇性或一过性出现，并与心率变化无关；②心脏影像学检查能证实患者不伴左房扩大而独立存在；③其特征性心电图表现经实验方法可以复制。

在长达40年的潜心研究与艰苦卓绝的努力中，Bayes将房间阻滞这一综合征所涉及的各个方面都给予客观证实及清晰的阐述，使房间阻滞综合征得到广泛认可。

为感谢他对该综合征40多年坚持不懈的努力与贡献，从2014年起，世界各国心脏病学和心电图的学者开始应用"Bayes综合征"替代了传统名称。因此，Bayes综合征的研究已逾40年，而正式命名至今仅7年。

二、心电图表现及诊断

心房P波的形态与间期反映了右房与左房的除极过程及除极的总时间，房间电激动的传导一旦出现延缓，必将引起P波间期与形态发生改变。

（一）房间阻滞的心电图表现

1. P波间期≥120ms

世界卫生组织与国际心脏联盟发表的文件中，将心电图正常P波间期定义为<110ms，其代表窦性激动经右房和左房的除极与传导的总时间，超过该值时可诊断房间阻滞。因此，至今还有学者坚持将房间阻滞的诊断标准定义为P波间期>110ms。但为提高心电图诊断房间阻滞的特异性，Bayes等多数学者主张诊断房间阻滞的P波间期应≥120ms，并常伴P波的双峰或切迹。

应当指出，最长的P波间期能出现在任一导联，因此需经12导联心电图诊断房间阻滞，取P波间期最长者诊断。一般情况下最长的P波间期多出现在Ⅱ、aVF、V4、V5等导联。

文献认为，P波间期≥120ms（伴切迹）诊断房间阻滞的敏感性为74%，特异性为94%，准确性为84%，阳性预测值为94%，阴性预测值为74%。

2. 双峰P波及圆顶尖峰P波

除P波间期延长外，P波形态也是房间阻滞心电图的诊断依据。正常时P波间期短，振幅低矮（<0.25mV），呈圆顶形（图9-1-3）。

如图9-1-3A所示，窦房结位于右房上部，发放的电激动先使右房除极，同时，激动还沿前结间束的分支巴赫曼束向左房快速传导。正常时巴赫曼束的传导速度为1.7m/s，比普通心房肌的传导速度快2倍。因

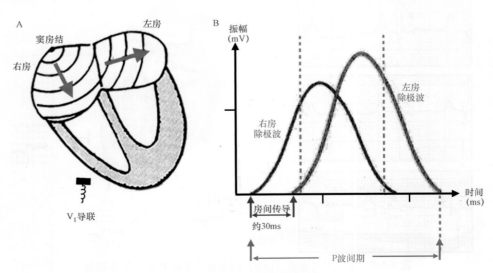

图9-1-3　正常窦性P波间期

此，不等右房除极结束左房已开始除极，并与右房同时除极，两者共同形成窦性 P 波的中 1/3，而最后的左房除极形成 P 波的后 1/3。正常时窦性 P 波间期短，形态圆滑。

当巴赫曼束传导变得缓慢时，将使右房电激动向左房传导的时间延长，左房除极的推迟，使原来左房与右房的同时除极部分消失，引起 P 波间期的延长并形成 P 波双峰或切迹。此时 P 波间期延长的原因可简单理解为巴赫曼束传导的延缓使左房除极的起始时间推迟，原来两房同时除极的中 1/3 消失，自然 P 波间期要向后顺延（图 9-1-4A）。

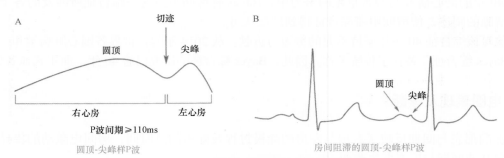

图 9-1-4　房间阻滞时的圆顶-尖峰样 P 波

房间阻滞时 P 波形态除双峰或切迹外，还能形成更典型的圆顶-尖峰样 P 波（图 9-1-4）。此时 P 波的圆顶部分系右房除极形成，尖峰部分由推迟的左房除极形成。因此，房间的缓慢传导可形成圆顶-尖峰样 P 波。

经图 9-1-4 与图 9-1-3 的比较可看出，正是巴赫曼束传导速度的减慢（可从 170cm/s 减慢到 50cm/s），才造成右房除极结束时左房才开始除极，使 P 波间期延长并形成双峰或圆顶-尖峰样 P 波（图 9-1-4）。

应当强调，虽然正常窦性 P 波发生变异时也能形成 P 波双峰，但其前峰多低于后峰或双峰之间的顿挫小，且振幅 <0.25mV，P 波间期 <110ms。

文献指出，圆顶-尖峰样 P 波诊断房间阻滞的价值高于 P 波双峰或切迹。其诊断的敏感性为 96%，特异性为 70%，准确性为 48%，阳性预测值为 98%，阴性预测值为 76%。

3. 下壁导联的双向 P 波

与双峰或圆顶-尖峰样 P 波相比，心电图下壁导联的双向 P 波在房间阻滞的诊断中具有特殊作用。

当巴赫曼束的传导由缓慢变为中断时，窦性心律时的右房激动不能再沿巴赫曼束向左房传导，被迫改经下房间通路向左房传导，电激动跨过房间隔后首先激动左房下部，引起左房心肌发生自下而上的除极，形成下壁导联 P 波后半部的负性 P 波，使下壁导联的 P 波变为先正后负的双向形态（图 9-1-5）。

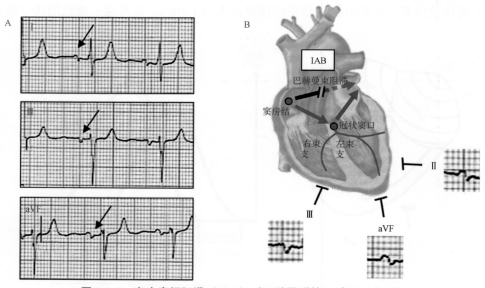

图 9-1-5　高度房间阻滞（IAB）时下壁导联的 P 波呈正负双向
A. 下壁 II 导联的 P 波呈正负双向；B. 双向 P 波的形成机制图

4. 双向 P 波的夹角 >120°

高度房间阻滞时，下壁导联 P 波正负双向之间的夹角 >120°（图 9-1-6）。

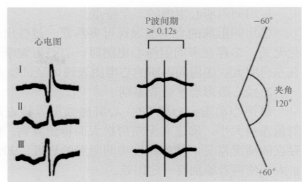

图 9-1-6　高度房间阻滞时 P 波正负双向间的夹角 >120°

（二）不同类型房间阻滞的诊断

1. 不完全性房间阻滞

因巴赫曼束传导延缓引起，使窦性心律时右房电激动经巴赫曼束向左房传导时间推迟，使 P 波出现双峰或切迹，且 P 波间期 ≥ 120ms。

2. 高度房间阻滞

因巴赫曼束传导中断引起，使右房的电激动改经下房间束向左房传导，并使左房发生自下而上的除极，结果不仅 P 波间期 ≥ 120ms，还使下壁导联的 P 波呈正负双向（图 9-1-7）。

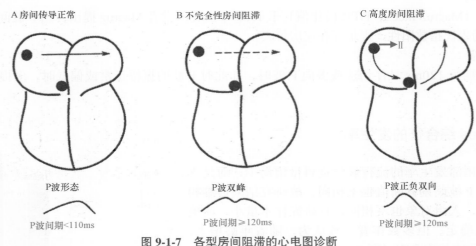

图 9-1-7　各型房间阻滞的心电图诊断

3. 腔内电图的诊断标准

与体表心电图诊断标准不同，腔内电图诊断房间阻滞时，主要依据高右房电位与冠状窦远端左房电位之间的间期值。正常时 60 ～ 70ms，该值 >100ms 时定义为房间阻滞（图 9-1-8）。

（三）房间阻滞与左房扩大的鉴别

众所周知，心电图领域有不少互为因果的心电图表现可在未察觉的情况下悄然出现，这使哪个为因哪个为果，谁是鸡谁是蛋的判断难以明晰。最典型的例子就是左房扩大与房颤间的关系，患者是左房扩大在前引起了房颤，还是房颤在前引起了左房扩大，常常说不清楚。而房间阻滞与左房扩大之间，也存在着孰为鸡孰为蛋的判断难点。

换言之，房间阻滞可引起左房功能下降与负荷增加，进而引起左房重构和扩大。相反，左房扩大与重构也能引起房间阻滞。而且两者的心电图表现相同：都有 P 波间期 ≥ 120ms 伴 P 波双峰或切迹。

Bayes 在 2012 年发表的文章指出，尽管心电图的表现存在重叠，但两者属于平行存在的两个独立体。下列线索有助于两者的鉴别。

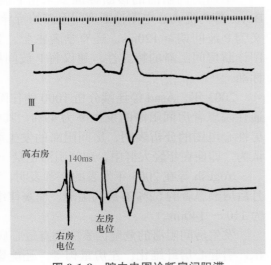

图 9-1-8　腔内电图诊断房间阻滞

图中右房与左房电位间期 140ms 而诊断房间阻滞，与同步记录的心电图表现一致

1. 房间阻滞心电图的三个特点

①房间阻滞的心电图表现可突然或一过性出现，并与心率变化无关；②存在房间阻滞心电图时，心脏影像学检查可证实不存在左房肥大；③房间阻滞的心电图表现可经试验方法复制。

2. 经心脏形态学检查鉴别

超声心动图、心脏 CT、心脏磁共振等检查能客观、准确地测量左房大小，确定有无左房扩大而得到鉴别。但两种表现同时存在的情况常见，例如高度房间阻滞的患者，90% 同时存在左房扩大。使两者鉴别有一定困难。

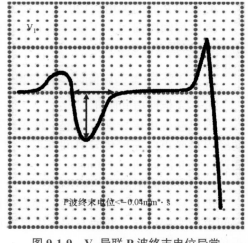

3. 右胸导联 P 波的终末向量增大　心电图右胸导联的 P 波终末电位（Ptf$_{V_1}$）的增大（整体面积 <−0.04mm·s）多因左房增大引起（图 9-1-9）。该指标最早由 Morris 提出，故也称 Morris 标准，其诊断左房扩大的敏感性高达 86%。

图 9-1-9　V_1 导联 P 波终末电位异常

4. 麦氏指数

麦氏指数（Macruz index；P/PR 段比值）于 1958 年由美国学者 Macruz 提出，当 P 波间期 /PR 段的比值 >1.6 时称为麦氏指数阳性，提示存在左房扩大。

5. P 波振幅

当 P 波间期 ≥ 120ms 且伴切迹或多向 P 波时，如此时 P 波的振幅正常或偏低时，多提示因房间阻滞引起。

三、Bayes 综合征的发生率

有关房间阻滞发生率的流行病学资料目前尚少，而且不同研究采用的 P 波间期诊断值也不相同，故研究结果很难相互比较。此外，入组对象也不相同，且研究样本量小，使确切发生率难以确定。但多数作者一致认为，随着年龄增大，房间阻滞的发生率相应升高（图 9-1-10）。

早期房间阻滞的诊断标准多采用 P 波间期 >110ms，而 Bayes 等为提高心电图诊断房间阻滞的特异性，将诊断标准定义为 P 波间期 ≥ 120ms。还有学者主张，为进一步提高心电图诊断房间阻滞的特异性，建议将 P 波间期 ≥ 130ms 为诊断标准。

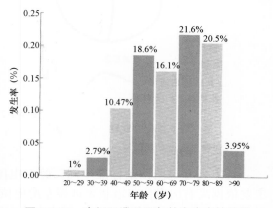

图 9-1-10　房间阻滞不同年龄发生率的趋势

2003 年，Asad 等连续分析 1000 例住院患者的心电图，采用的诊断标准为 P 波间期 ≥ 120ms，结果普通住院患者房间阻滞的发生率为 47%，其中 59% 的患者年龄 ≥ 60 岁。而 Gialafos 对 1353 例 <35 岁健康男性心电图的分析表明，房间阻滞的发生率 9.1%（P 波间期 >110ms），<20 岁人群的发生率 5.4%。结论认为，即使在年轻人群中，房间阻滞也是一种常见的心电现象。

Yogesh 等在 2003 年发表的文章表明，窦律和房颤律的住院人群存在房间阻滞的比例不同。随访 16 个月后房颤患者的 52% 有房间阻滞，而窦律组仅 18%，且房颤组最宽 P 波的间期为 110～200ms，而窦律组为 110～140ms。

发生房间阻滞的危险因素主要有冠心病、高血压、糖尿病、高脂血症等。这些疾病能直接改变心房容积，引起心房纤维化、左房重构等，还能影响窦房结动脉及分支，进而对巴赫曼束产生缺血等间接影响，使其传导能力下降，进而引发房间阻滞。

四、Bayes 综合征的分型

目前 Bayes 综合征的分型均依据巴赫曼束传导阻滞的程度进行。

（一）2型分类法

Bayes 于 1979 年最早提出，将房间阻滞分成 2 型。

1. 不完全性房间阻滞

因巴赫曼束传导延缓引起，心电图 P 波间期 ≥ 120ms，且伴 P 波双峰或切迹。

2. 高度房间阻滞

因巴赫曼束传导中断引起，使右房激动只能沿其他的房间传导通路向左房传导，先沿结间束传到冠状窦口，电激动再沿下房间束跨过房间隔到达右下肺静脉，随后使左房发生自下而上的除极。最终，心电图除 P 波间期 ≥ 120ms 伴 P 波双峰或切迹外，其下壁导联的心房 P 波呈正负双向（图 9-1-11）。

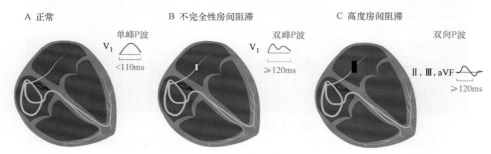

图 9-1-11　Bayes 综合征的 2 型分类法

A. 巴赫曼束传导正常，P 波间期 <110ms；B. 不完全性房间阻滞，巴赫曼束传导缓慢使 P 波间期 ≥ 120ms 并伴切迹；C. 高度房间阻滞：巴赫曼束传导中断引起 P 波间期 ≥ 120m 伴 P 波切迹，下壁导联的 P 波呈正负双向

（二）3型分类法

将房间阻滞分成 3 型也是依据巴赫曼束不同程度的传导阻滞进行的划分，其与心电图诊断窦房阻滞或房室阻滞时的分型理念相似，即分成一度房间阻滞（相当于不完全性房间阻滞）；二度房间阻滞，又称间歇性房间阻滞：心电图房间阻滞的表现时有时无；三度房间阻滞，相当于高度房间阻滞（图 9-1-12、图 9-1-13）。

如何评价上述两种不同的分型方法呢？实际，两种分型法大同小异。目前文献应用较多的是 2 型分类法。而将房间阻滞分为一至三度的 3 型分类法更加细致，且 3 种阻滞程度的心电图临床都可见到，故有利于更多心电图的合理解释。此外 3 型分类法更符合心脏特殊传导系统各部位不同程度病变的分类，也容易被医务人员或健康监护人员理解和接受。

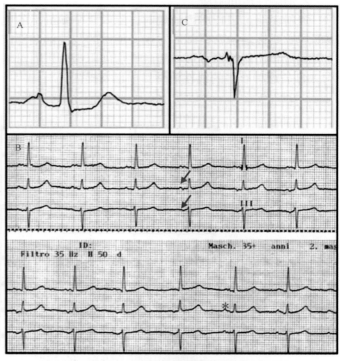

图 9-1-12　房间阻滞的 3 型分类法

A. 一度房间阻滞：相当于不完全性房间阻滞，P 波间期 ≥ 120ms 伴 P 波双峰。B. 二度房间阻滞：介于一度和三度房间阻滞之间，P 波间期的增宽或正负双向的 P 波间歇性出现（图中 ＊ 号指示）；C. 三度房间阻滞：相当于高度房间阻滞，P 波间期 ≥ 120ms 且伴下壁导联的 P 波呈正负双向

（三）医源性房间阻滞

本文认为，除上述分型法外，就房间阻滞的发生原因还可分为：①病理因素性房间阻滞；②医源性房间阻滞。

常见的医源性房间阻滞有三种。

1. 药物性房间阻滞

各种抗心律失常药物治疗心律失常的同时可能引发一过性或长期存在的房间阻滞，这与药物应用时可

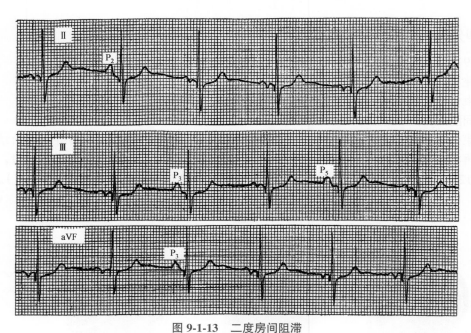

图 9-1-13 二度房间阻滞

本图为 Ⅱ、Ⅲ、aVF 导联的非同步记录，图中显示房间阻滞的心电图呈间歇性出现

引起特殊传导系统其他部位的传导阻滞完全一样。Engelstein 于 1993 年报告，静脉注射 6mg 腺苷可引发一过性房间阻滞。另有学者报告，应用血管紧张素转化酶抑制剂（ACEI）时，能加重房间阻滞的程度。

2. 消融性房间阻滞

资料表明，进行房颤消融时，除做 4 个肺静脉的电隔离外，为提高治疗成功率，有学者曾主张在心房顶部加做线性消融。但随后发现，加做的线性消融部位正是巴赫曼束的所在部位。使该线性消融后容易新发房间传导功能受损，形成消融性房间阻滞，进而可增加消融术后患者快速性室上性心律失常的发生（图 9-1-14）。这种有害的线性消融目前已不提倡。

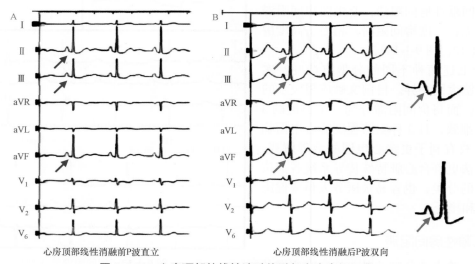

心房顶部线性消融前P波直立　　　　　心房顶部的线性消融后P波双向

图 9-1-14 心房顶部的线性消融能引起高度房间阻滞

A. 消融前房间传导时间 82ms ± 24ms；B. 消融后房间传导时间 155ms ± 24ms，且出现正负双向的 P 波证实引发了房间阻滞

此外，消融性房间阻滞的发生可明显损害左房功能。图 9-1-15 为有这种情况的典型病例：A 图是患者未做巴赫曼束区域的消融，消融术后左房功能尚好，跨二尖瓣血流图仍为 E、A 双峰。而图 9-1-15B 中，因患者做了巴赫曼束区域的线性消融而引发了新的房间阻滞，术后跨二尖瓣血流图仅剩 E 峰，A 峰消失。

图 9-1-16 显示消融术后右房到左房的巴赫曼束传导消失。

3. 起搏性房间阻滞

起搏器的窦房结优先功能是指窦性心率不太慢时，应尽量保持自身的窦性心律，因窦性激动发放后，将经三条结间束使右房除极，同时又将电激动快速传到左房和房室结。

当起搏器行右心耳起搏时，起搏的电激动只能沿心房肌细胞之间缓慢传导，使 P 波间期延长，发生起搏性房间阻滞。资料表明，右心耳起搏可明显增加房间传导时间，引发房间阻滞（图 9-1-17）。

Claude 的资料表明，房间阻滞患者的房间传导时间平均为 150ms（120 ～ 180ms），而右房起搏时，房间传导时间平均为 200ms（150 ～ 240ms）（图 9-1-18）。

2. 起搏性房间阻滞的危害

（1）损害左房功能：房间阻滞使左房除极时间推后，将减少左房充盈及左房射血分数，进而减少左室充盈及每搏量（图 9-1-19）。

（2）增加患者快速性房性心律失常的发生：植入起搏器患者的随访资料表明，当发生起搏性房间阻滞后，患者的快速性房性心律失常（房速、房扑、房颤）的发生率（94%）明显高于对照组。

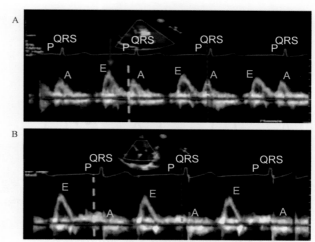

图 9-1-15　消融性房间阻滞明显损害左房功能

A. 对照组房颤消融术后，跨二尖瓣血流图仍有 E、A 双峰；B. 心房顶部线性消融后，跨二尖瓣血流图仅剩 E 峰，A 峰消失

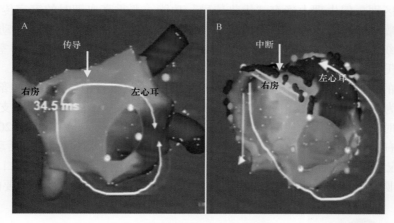

图 9-1-16　心房顶部线性消融后巴赫曼束向左房传导中断

A. 术前右房向左房和左心耳传导正常；B. 心房顶部线性消融后，右房向左房和左心耳的巴赫曼束传导中断。引发高度房间阻滞

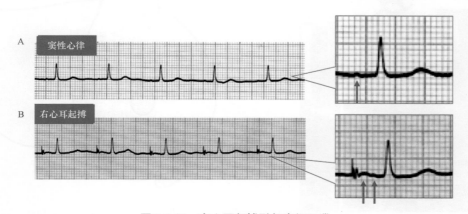

图 9-1-17　右心耳起搏引起房间阻滞

A. 窦性心律，P 波间期 60ms；B. 右心耳起搏时，P 波间期延长为 150ms（双箭头指示），发生起搏性房间阻滞

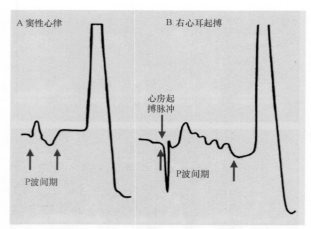

图 9-1-18　右心耳起搏使 P 波间期明显延长

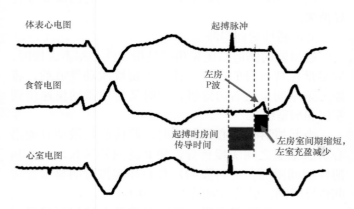

图 9-1-19　AAI 起搏时引发房间阻滞并损害左房功能
从本图看出，左房室间期明显缩短，将损害左心功能

五、Bayes 综合征的发生机制

Bayes 综合征的心电图改变及有害作用都与巴赫曼束的阻滞有关。

与室内特殊传导系统的研究相比，对房内传导系统的研究起步并不晚。早在 19 世纪初期，Wenckeback 就描述了窦房结和房室结之间的特殊通路。其后，Robb 于 1948 年证实在胎儿和猴的心房存在特殊传导通路。James 于 1963 年报告了成人位于右房的前、中、后 3 条特殊的结间束。这些结间通道，在解剖上难以和普通心房肌纤维相区别，但生理上确有"优势传导"功能。严重高血钾时的窦室传导，在心电图看不到 P 波情况下，心房电激动仍能沿特殊传导通路将窦性激动下传给房室结，再下传激动心室。3 条结间束最终在房室结处相互交织成网并形成两股纤维。一股进入房室结上缘，另一股绕过房室结进入房室结下缘，还有部分纤维进入希氏束上部。

对于房间传导束的研究，早在 1916 年法国学者 Bachmann 就报告了位于心房顶部的一条房间传导路，此后将该传导路命名为 Bachmann（巴赫曼）束，并确认其属前结间束的一个重要分支（图 9-1-20）。

在此后很长一个时期，一直认为巴赫曼束是右左心房之间的唯一传导束。直到 2004 年 Lemery 将很多电极导管密集放置在右房和左房内，并经双房非接触性标测证实：房间隔两侧的电活动各自独立而不同步。1999 年，Roithinger 应用电解剖标测的新技术证实右房向左房的电传导有 3 个突破口：包括巴赫曼束、冠状窦口区的肌束和卵圆窝边缘的穿房间隔纤维（图 9-1-21）。其中巴赫曼束为最重要的通道，其次为冠状

图 9-1-20　法国学者 Bachmann

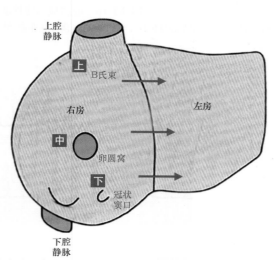

图 9-1-21　右房电激动向左房传导的三个突破口
上为巴赫曼束（B 氏束）；中为卵圆窝；下为冠状窦口

窦口区的肌束。

（一）巴赫曼束

1. 上房间传导束

巴赫曼束即上房间传导束，起源于窦房结的前缘，在房间带（interatrial band）中表浅地向左走行，直至左房和左心耳（图9-1-22，图9-1-23）。其位于心外膜下，由平行的肌束和浦肯野纤维组成。巴赫曼束的外形为斜方形，上面长下面短，高约9mm，厚约4mm。巴赫曼束所在区域由右冠脉和左回旋支供血。巴赫曼束离开窦房结前缘后，先绕上腔静脉再进入前房间带。其传导速度约1.7m/s，是普通心房肌传导速度的2倍，在病理因素的影响下，其传导速度可降至50cm/s，传导的变慢及阻滞将引发房间阻滞。此外，巴赫曼束的不应期长，因此房早发生时可能钠通道尚未激活而出现一过性阻滞，使P波增宽伴切迹。

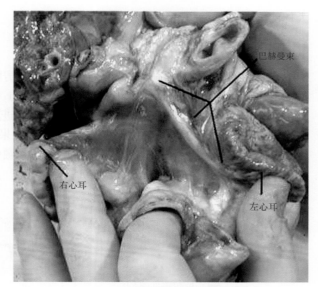

图 9-1-22　巴赫曼束在相对表浅部位走行

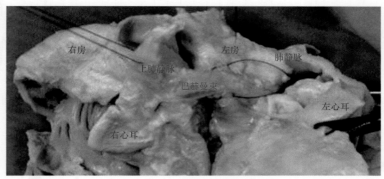

图 9-1-23　巴赫曼束的解剖示意图

2002年，HO的研究证明，巴赫曼束是房间传导的高速公路，是右房电活动向左房传导的优势传导路。

2. 下房间传导束

下房间传导束可理解为心房之间的后房间束，其经心房下部冠状窦口区域的肌束横跨房间隔后到达左房后下部的右肺下静脉处。其在Bayes综合征的发生中有着重要作用。当巴赫曼束传导延缓出现不完全性房间阻滞时，将引起P波间期≥120ms及P波双峰。当巴赫曼束的传导完全中断时，将出现高度房间阻滞。即上房间传导束的传导中断迫使右房电激动改经下房间传导束向左房传导，并在冠状窦口区向左房下部突破，使左房发生自下而上的除极，形成左房除极的负向P波。在心电图则表现为P波间期≥120ms，且下壁导联出现正（右房除极波）负（左房除极波）的双向P波。当巴赫曼束的损伤介于两者之间时，则房间阻滞的心电图表现呈间歇性出现。

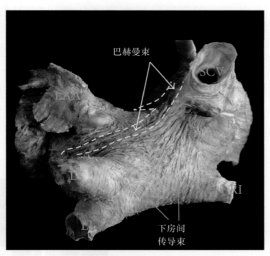

图 9-1-24　巴赫曼束与下房间传导束

六、Bayes 综合征的危害

不像长/短QT综合征的心电图改变那样明显，Bayes综合征似乎只是心电图一个不起眼的改变，但对人体的危害却为多方面。

（一）损害心功能

P 波间期的增宽将左房除极向后推移，使左房除极波与跟随的 QRS 波间期明显缩短。因心脏电与机械活动的耦联间期为 50ms，而心房的有效收缩时间（排空间期）需要 100ms。结果房间阻滞的发生使左房室间期缩短，可使左房的有效收缩时间 <100ms，进而影响左房的排空。应当了解，左房室间期过短是影响左室功能的重要因素。当 P 波形态呈双峰时，如果后峰振幅较高时，估测左房室间期值相对容易，但左房除极波振幅较低或干脆被推迟到 QRS 波中发生融合或部分融合时，估测左房室间期值将遇困难，使此时血流动力学的危害易被忽视（图 9-1-25）。

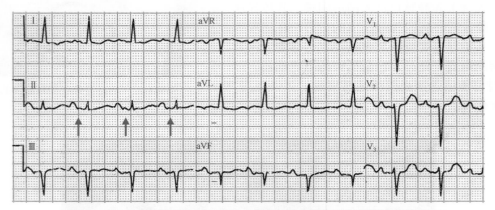

图 9-1-25　房间阻滞时，真正的 P 波间期与左房室间期测量均有困难

本图左房除极波振幅较低，使 P 波双峰及左房波的辨认都将困难，也使左房室间期值的估测出现困难

左房室间期过短可引起左房左室的同步不良，在超声心动图的跨二尖瓣血流图上可显示 A 峰切尾（图 9-1-26），甚至发生 A 峰缺如（图 9-1-27）。这种情况可造成伪象：看上去仍为窦性心律，貌似房室处于同步状态，但实际已发生房室分离，左房辅助泵的作用完全消失或严重受损。

影响起搏器植入患者的心功能：起搏器，尤其 DDD 起搏器的患者多为高龄，部分患者心房已有一定程度的纤维化，又加上患者可能存在病窦综合征而需右心房（耳）起搏。因右心耳起搏本身将使 P 波间期延长，故容易引发起搏性房间阻滞，使左房除极推迟。

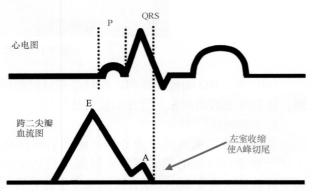

图 9-1-26　跨二尖瓣血流图的 A 峰被切尾

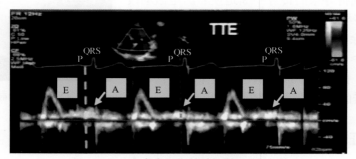

图 9-1-27　左房室间期的缩短使 A 峰消失

图中显示左房室间期过短时，左房除极波的后推可使 A 峰消失，虽为窦性心律但左房辅助泵的作用消失

此时如果对起搏器房室间期值的设置稍有疏忽（设置值较短），则能破坏房室同步并使患者发生"DDD 起搏器综合征"。其本质就是发生了起搏性房间阻滞，使左房除极推后，造成左房的有效收缩发生在左室收缩期，使左房收缩变为无效收缩，左房辅助泵的作用消失，与 VVI 起搏伴 1∶1 室房逆传并发生心脏低排血量综合征一样，最终能引起左房扩大和肺静脉淤血。

早在 1984 年，Munaswamy 就报道 88% 的房间阻滞患者伴左房扩大，这与心房纤维化、心房超负荷、心房缺血等相关。1966 年，Eddison 等发现房间阻滞患者存在显著的左房电-机械功能的延迟，并引起一定的血流动力学改变，产生类短 PR 间期综合征的房室不良同步，使心功能受损。

2001 年，Goyal 和 Spodick 应用超声心动图研究了房间阻滞患者的左房血流动力学，与无房间阻滞的对照组相比，房间阻滞组的左房搏出容积、左房射血分数和左房功能都明显降低。证明房间阻滞能导致左房收缩迟缓、无力、左房功能下降，其受损程度与房间阻滞的程度（最大的 P 波间期）相关。

（二）增加室上性心律失常的发生

因房间阻滞使右左心房电与机械活动的不同步更趋严重，直接后果表现为左房功能明显下降并重构，进而使患者室上性心律失常的发生率明显提升。

1. 更易发生房颤和房扑

1988 年，Bayes 对 16 例有房间阻滞患者随访 2.5 年后发现，8 例患者发生了房颤，发生率达 50%（图 9-1-28）。2003 年，Yogesh 等比较了住院的房扑和窦性心律患者房间阻滞的发生率，随访 16 个月的结果表明，房扑患者中 52% 有房间阻滞，而窦性心律组仅 18% 有房间阻滞（图 9-1-29）。

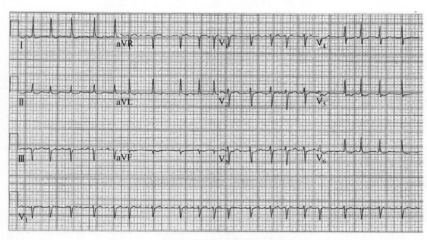

图 9-1-28 房间阻滞患者的房颤发生率高

研究还发现，发生房颤组的最大 P 波间期为 110 ～ 200ms，而窦性心律组的最大 P 波间期相对短（110 ～ 140ms）。

2. 预警药物转律后的房颤复发

2014 年，Enriquez 为 61 例（平均年龄 58 岁）、无器质性心脏病的新发房颤患者，应用药物进行房颤转复。31 例服用心律平，30 例服用尼非卡兰。随后，进一步分析患者原有的房间阻滞能否预警成功转复后的房颤复发。随访 12 个月中，36% 的人房颤复发，而原有高度房间阻滞者 90.9% 复发，不完全性房间阻滞者 70% 的房颤复发，无房间阻滞者仅 12.5% 的人房颤复发。其证实，原本就有高度房间阻滞而经有效药物转律后，房颤容易复发。

3. 预警房颤消融术后的复发

阵发性房颤首次消融治疗的成功率为 70% ～ 80%，而术前就有房间阻滞心电图能否预警术后房颤的复发率高呢？就理论而言，房间阻滞能对左房产生不良影响而重构。Caldwell 的研究证实，原有房间阻滞的患者更易复发。全组 114 例阵发性房颤患者均做了消融治疗，其中 37% 的人原有房间阻滞。术后随访发现，原有高度房间阻滞者 66.6% 的人房颤复发，对照组仅 40.3% 的人复发，P 值 <0.05，两组间有统计学

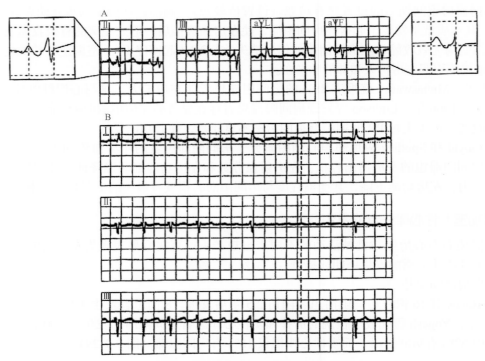

图 9-1-29　房间阻滞患者的房扑发生率增高

差异。

4. 预警房颤消融术后房扑的发生

Enriquez 研究了房间阻滞心电图能否预警右房峡部消融后，房扑的复发或新发。122 例房扑或有房扑病史的患者做了右房峡部消融，全组 23% 术前就有高度房间阻滞。术后随访 2.5 年中，全组 46.7% 的人新发房扑，而原有高度房间阻滞者的发生率为 71.4%，明显高于对照组的 39.4%（P=0.003），两组有明显的统计学差异。因此，术前就有高度房间阻滞心电图表现时，能预警消融术后的新发房扑。

5. 预警心外科术后房颤的发生

2004 年，Ar 的研究发现，房间阻滞还能预警心外科术后房颤的发生。

（三）房间阻滞引发脑卒中

资料表明，6% ～ 23% 的脑卒中由心源性栓塞引起，大部分与房颤有关。而心电图房间阻滞本身就是房颤、房扑发生的重要基质，因此，将房间阻滞视为脑卒中的危险因素并不牵强。此外，临床约 30% 的脑卒中为隐源性，即应用各种方法评价后仍难确定脑卒中发生的原因。2005 年，Lorbar 等发现房间阻滞患者栓塞性脑血管事件的发生率是普通住院患者的 2 倍，而窦性心律伴发脑卒中的患者中，80% 存在心电图房间阻滞，证实房间阻滞是脑卒中发生的重要危险因素。房间阻滞增加脑血管事件的机制尚不明确，但从理论推导，房间阻滞患者常伴左房扩大，收缩力减弱，这些改变将使左房和左心耳的附壁血栓更易形成。另外，房间阻滞能增加患者阵发性房颤的发生，属于发生脑卒中潜在的危险因素。

应当强调，高度房间阻滞对房颤发生的作用更明显，也是发生栓塞性脑卒中的极高危因素。Ariyarajah 的多项研究都证实了这一假说。其中一组 66 例的窦性心律患者因栓塞性脑卒中住院，随后分成 2 组，即有和无房间阻滞各为一组。全组 61% 的人有房间阻滞，55% 有左房肥大，15% 有左心耳血栓或有造影剂云雾状显影。与对照组相比 P 值 <0.04，两组间有明显的统计学差异。

总之，正像 Bayes 强调的那样，房间阻滞不光是一个心电图学术上的话题，也是临床上的一个独立病症，其能引起患者室上性快速性心律失常的发生，心功能受损，进而引发一定数量的栓塞性脑卒中。这一理念应引起临床医生的高度重视。

七、Bayes 综合征的治疗

Bayes 综合征的治疗包括药物和非药物两种，但当今对心脏传导阻滞患者的药物治疗空间很小。

（一）药物治疗

药物对房间阻滞的治疗作用有限，因有些药物可能短时间内有改善心脏传导的作用，但想长期维持疗效却很困难，或因药物作用尚不能维持，或因药物长期服用产生的副作用限制了继续服用，例如阿托品、异丙肾上腺素等应用时，剂量过大或服用时间过长时，多数患者不能耐受，使持续有效的治疗作用很不理想。

（二）非药物治疗

传导阻滞的非药物治疗多为起搏治疗，随着起搏技术的发展，已使多种心脏传导阻滞可经起搏治疗。治疗后传导阻滞完全或部分改善，进而改善了血流动力学状态，减少和消除了相关的合并症。对 Bayes 综合征的患者也是如此。

1. 双房同步起搏治疗

如上所述，腔内电图诊断房间阻滞的标准是高右房电位距冠状窦远端左房电位的间期 >100ms。

Daubert 于 1994 年最早报告了应用普通右房起搏及冠状窦左房起搏的双房同步起搏治疗房间阻滞及伴发的房颤，其技术的关键是如何把左房起搏电极导线送入冠状窦。植入术中，冠状窦起搏电极插入冠状窦后，尽可能先深插，然后边撤起搏导线边测量起搏参数，直至满意为止（图 9-1-30）。

双房同步起搏心电图见图 9-1-31，图中前 4 个心动周期为双房同步起搏，可见同时有 2 个心房起搏脉冲的发放，并起搏了右房和左房。同时起搏的心房波呈正负双向，分别为起搏的右房波和起搏的左房波。图 9-1-31 中，箭头指示的后 4 个周期仅有右房起搏脉冲，起搏的心房波直立。因此，双房同步起搏在缩短心房波间期的

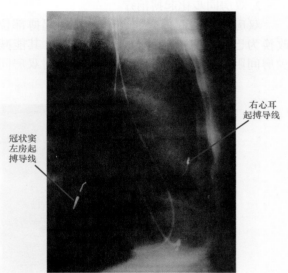

冠状窦左房起搏导线

右心耳起搏导线

图 9-1-30　双房同步起搏治疗房间阻滞

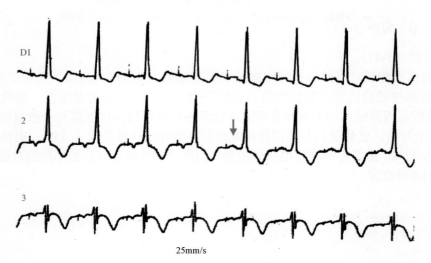

D1

2

3

25mm/s

图 9-1-31　双房与单独右房起搏心电图的比较

同时,左房激动顺序也将改变。

双房同步起搏是一种新的起搏模式,以右房起搏电极为阴极,左房起搏电极为阳极,在心房水平为 AAT 起搏模式,但房室之间仍保持 DDD 的模式(图 9-1-32)。

双房同步起搏具有明显的抗房性心律失常的作用,其在纠正房间阻滞引起不利影响的同时,能预防患者药物治疗无效的房性心律失常的发生,其经多种电生理机制获得这一疗效:包括缩短 P 波间期,使右左心房激动顺序更趋一致,降低双房电与机械活动的离散,改变心房不应期等。治疗结果证明,双房同步起搏可使患者原来存在的"DDD 起搏器综合征"得到改善。

2. 双房同步化起搏治疗

双房同步化起搏是将传统的右房起搏部位改换为巴赫曼束起始部位的右房起搏,其能减少房间阻滞的程度及引起的危害,起到双房同

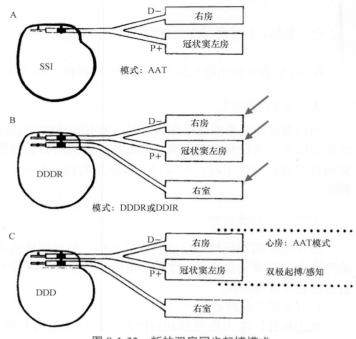

图 9-1-32　新的双房同步起搏模式

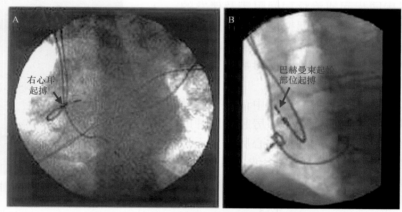

图 9-1-33　在巴赫曼束起始部位行右房起搏

A.传统的右心耳起搏;B.巴赫曼束起始部位的起搏(均为左前斜位)

步化起搏的目的(图 9-1-33)。

双房同步化起搏治疗后,可使患者的房颤发作频度减小,持续时间减少,增加了窦性心律维持时间,进而能降低患者交感神经的活性,起到预防心衰的作用。一项多中心的前瞻性、随机设对照组的研究显示:120 例符合双腔起搏器植入的 Ⅰ 类和 Ⅱ 类适应证患者行双房同步化起搏与一般双腔起搏器治疗的患者相比,在随访 12 个月后,巴赫曼束起始部位的起搏组,窦性心律维持者占 75%,而传统右心耳起搏组窦性心律维持者仅占 47%,患者心悸症状也明显缓解。因此,在巴赫曼束起始部位的右房起搏模式可减少巴赫曼束阻滞带来的多种危害。

短 QT 综合征

短 QT 综合征是近年来提出的临床及心电图综合征，其以心电图 QT 间期显著缩短为特征，多数发生于无器质性心脏病的年轻患者，常伴发阵发性房颤，可因室速、室颤的发作而导致猝死。2000 年，Gussak 医生正式为短 QT 综合征命名。近年的研究发现，短 QT 综合征是一种与遗传相关的原发性心电疾病，与编码 K^+ 通道的基因突变有关。心电图 QT 间期的显著缩短是短 QT 综合征诊断的主要线索和标准。因此，熟悉短 QT 综合征特征性的心电图表现有重要的临床意义。

一、短 QT 综合征的心电图特点

（一）心电图表现

1. QT 间期显著缩短

QT 间期是指心电图 QRS 波群的起点至 T 波终点之间的间期，QT 间期的正常上限值为 460ms，该值已得到公认，但 QT 间期的正常下限值尚无一致的意见。Rautaharju 等提出分析 QT 间期的简明方法，其测量了 14379 例健康人的 QT 间期，提出正常时 QT 间期预测值的计算公式：QTp（ms）=656/（1+ 心率 /100），以该 QT 间期预测值（QTp）的 88% 作为 QT 间期的正常下限值时，QT 间期的正常值范围包含了 95% 的正常人，因而建议将该预测值作为 QT 间期的正常下限值。近年来发现的几个短 QT 综合征家系的 QT（QTc）间期值均≤ 300～330ms，目前多数学者建议将 QT(QTc) 间期≤ 330ms 作为短 QT 综合征的心电图诊断标准。

2. ST-T 的改变

短 QT 综合征患者心电图常有 ST 段的缺失，约半数以上的短 QT 综合征患者胸前导联心电图存在高尖对称的 T 波（图 9-2-1A）。

Priori 等报道 2 例患者的 T 波高尖，呈非对称性改变，降支陡峭（图 9-2-1B）。另外，也有报道心电图 T 波的峰-末间期延长，提示心室肌细胞的跨室壁复极离散度增加。

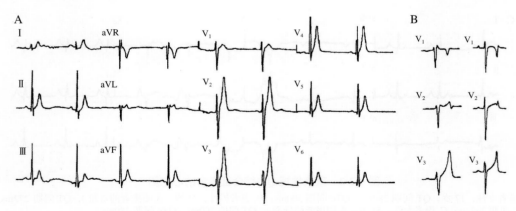

图 9-2-1　短 QT 综合征患者心电图的 T 波改变
A. T 波高尖，升支、降支对称；B. T 波高尖，升支、降支非对称性改变，降支陡峭

3. QT 间期的频率自适应性消失

生理情况下，QT 间期具有频率自适应性，即 QT 间期随心率的加快而缩短，随其减慢而延长，其缩短程度应在预测值的正常范围内。而部分短 QT 综合征患者可在心率减慢时反而出现 QT 间期的缩短。

4. 伴发的心律失常

短 QT 综合征患者常伴有阵发性房颤，最严重的后果是伴发室速、室颤时导致猝死。

（二）心脏电生理检查的特点

目前仅有极少量的短 QT 综合征患者心脏电生理检查结果的报道，主要表现为心房和心室的有效不应期显著缩短，心室程序刺激能诱发室颤（8/9 例），单次心房早搏刺激能诱发房颤（4/7 例）。

二、短 QT 综合征的分类

（一）根据 QT 间期的缩短是否伴频率依赖性

1. 非频率依赖性 QT 间期缩短

患者的 QT 间期显著缩短，但与心率的变化无关。Gussak 等最初报告一个家系的 3 名成员，他们有共同的心电图现象：特发性异常短 QT 间期（图 9-2-2）。

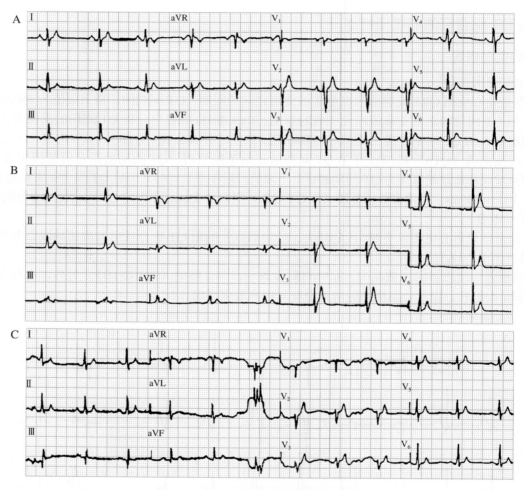

图 9-2-2　家族性短 QT 综合征患者的心电图

A. 患者女性，17 岁，QT 间期 280ms，QTc 间期 300ms；B. 患者男性，21 岁（A 图患者的哥哥），QT 间期 272ms，QTc 间期 267ms；C. 患者女性，51 岁（A 图患者的母亲），QT 间期 260ms，QTc 间期 289ms

2. 慢频率依赖性 QT 间期缩短

2003 年，Gussak 报告了 QT 间期缩短的另一种形式，即慢频率依赖性 QT 间期矛盾性缩短。患者是一位 4 岁非洲裔女孩，早产儿，并出现发育延迟和严重的心搏骤停事件。动态心电图发现其有一过性心动过缓，QT 间期随心率的减慢出现矛盾性缩短，逐渐缩短到 216ms，并伴有一过性 T 波高尖、双支对称性改变（图 9-2-3）。作者认为，一过性矛盾性 QT 间期的缩短可能是心室复极对前次 RR 间期突然增加的异常适应的结果，也有研究表明，其可能与心脏迷走神经张力异常增高并导致 $I_{k\text{-}Ach}$ 电流激活使动作电位时程缩短有关。

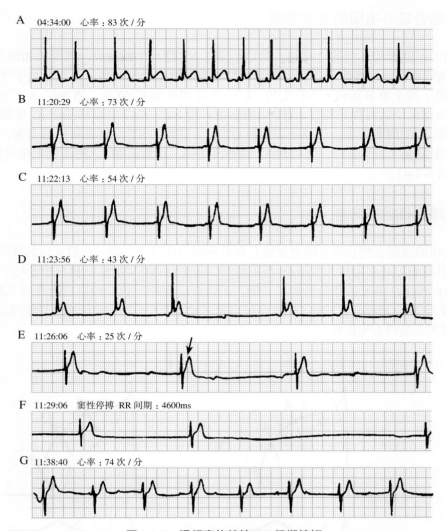

图 9-2-3 慢频率依赖性 QT 间期缩短

A. 窦性心律不齐，QT 间期正常；随后出现以下各种心电图表现；B. 交界性逸搏心律，QT 间期逐渐缩短，T 波高尖，心率 73 次 / 分；C. 心房游走性心律，QT 间期 220ms，心率 54 次 / 分；D. 室上性逸搏心律，伴二度 Ⅱ 型房室传导阻滞；E. 三度房室传导阻滞，QT 间期最短 216ms（箭头指示）；F. 窦性停搏，RR 间期最长达 4600ms；G. 三度房室传导阻滞伴加速性室性心律，心率 74 次 / 分，QT 间期恢复正常

（二）根据基因突变分类

目前，已经发现 3 个短 QT 综合征的致病基因 KCNH2（Brugada R，2004）、KCNQ1（2004，Bellocq C）、KCNJ2（Priori SG，2005），按照发现的先后顺序分别命名为 SQT1、SQT2 及 SQT3（表 9-2-1）。

在已知的 3 个 SQT 基因型中，均以心电图 QT 间期显著缩短为特征，但不同基因突变患者的 T 波形态改变不同，目前发现 SQT1 和 SQT2 患者多出现 T 波高尖伴双支对称性改变，而 SQT3 患者的 T 波呈非对称性，降支陡峭（图 9-2-1A、B）。研究表明，不同短 QT 综合征家族的同一基因突变患者的表现型不同，即基因型和表现型之间并非完全对应。是否短 QT 综合征患者也同长 QT 综合征患者一样，具有基因特异性的心电图表现尚不能确定，需要对更多患者的基因型和心电图进行系统的比较和分析。

表 9-2-1　短 QT 综合征的遗传学分类

	通道蛋白	突变基因	影响电流	影响动作电位的时相
SQT1	HERG	KCNH2	I_{kr}	2、3 相
SQT2	KvLQT1	KCNQ1	I_{ks}	2、3 相
SQT3	Kir2.1	KCNJ2	I_{k1}	4 相

三、短 QT 综合征心电图的离子基础

　　QT 间期代表心室除极和复极的总时间，由 QRS 波、ST 段及 T 波组成，其延长和缩短主要是 ST 段和 T 波时限的延长和缩短，而这些改变主要取决于参与心室肌细胞复极的离子流是否处于平衡状态，参与心室肌细胞复极的离子流主要包括内向 Na^+ 电流、Ca^{2+} 电流和外向 K^+ 电流。当 Na^+、Ca^{2+} 内流减弱或 K^+ 外流显著增强时，动作电位的时程将缩短，QT 间期缩短；当 Na^+、Ca^{2+} 电流增强或 K^+ 电流显著减弱时，动作电位的时程延长，QT 间期延长。已经证实，短 QT 综合征时的 ST 段缺失和 T 波高尖、变窄主要是编码 K^+ 通道的基因发生突变（表 9-2-1），复极时 K^+ 的外流增强（功能获得），使动作电位时程显著缩短，QT 间期显著缩短（图 9-2-4）。

四、短 QT 综合征的临床意义

　　QT 间期延长和缩短都表明心室肌细胞复极存在着不均匀性改变，即心室肌复极的离散度增加，其与恶性室性心律失常引发的猝死密切相关。Algra 等报告了 24h 平均 QT 间期延长和缩短者与平均 QTc 间期正常者（400 ～ 440ms）相比，猝死的危险增加了 2 倍。平均 QTc 间期延长的相对危险度为 2.3，平均 QTc 间期缩短的相对危险度为 2.4。目前发现的短 QT 综合征患者常无器质性心脏病而伴有恶性室性心律失常，甚至猝死，属于家族遗传的原发性心电疾病。

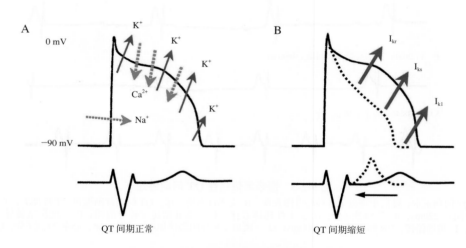

图 9-2-4　QT 间期缩短的离子机制示意图

五、短 QT 综合征的诊断与鉴别诊断

　　短 QT 综合征的诊断主要依靠心电图及临床表现，基因筛查有助于明确基因突变的类型。如果无器质性心脏病的年轻患者出现以下表现时应考虑短 QT 综合征的诊断：QT 间期显著缩短（≤ 330ms），ST 段缺失，胸前导联 T 波高尖、T 波双支对称或不对称、降支陡峭。患者可伴有房颤、室速、室颤等，临床心脏电生理检查可发现心房及心室不应期缩短。

　　诊断短 QT 综合征时应排除继发性 QT 间期缩短，主要包括：高钙血症、高钾血症、酸中毒、交感神经兴奋、洋地黄作用或某些激素（如丙基睾丸素）作用等，还包括迷走神经功能失调、运动员或早复极综合征等情况。

六、短 QT 综合征的治疗

　　目前，植入 ICD 转复恶性室性心律失常是治疗短 QT 综合征的有效方法。也有报道，奎尼丁能延长 QT 间期至正常范围，而氟卡尼仅能轻度延长 QT 间期（主要影响心室除极，延长 QRS 波的时限），索他

洛尔不能延长 QT 间期，对于不能接受 ICD 植入的患者可以首选奎尼丁治疗，但奎尼丁的长期疗效尚在观察中。

总之，短 QT 综合征是近年发现的一种原发性心电疾病，是编码 K^+ 通道的基因突变致使心肌细胞复极时 K^+ 外流增强所致，常发生在无器质性心脏病的年轻人。其诊断主要依靠心电图 QT 间期的显著缩短（≤ 330ms），ST 段缺失，T 波高尖伴对称性或非对称性改变。患者常伴有阵发房颤或因室速、室颤而致猝死，临床应当与继发性 QT 间期缩短加以鉴别。植入 ICD 能有效防止患者因恶性室性心律失常引发的猝死，奎尼丁能使 QT 间期恢复至正常范围。患者特征性的心电图改变对于正确诊断和药物疗效的观察均有重要意义。

第三章

预激性心肌病

自 1930 年 WPW 综合征首次报告以来，先后出现过多种与预激旁路相关的综合征，其多数与患者心律失常的发生有关，多数引起的是心动过速，进而心动过速可引发心肌病。1978 年，根据不同的预激旁路及其特征，Gallagher 总结出几种与旁路相关的综合征，包括：经典的预激综合征（WPW 综合征）、短 PR 综合征（LGL 综合征）、变异型预激综合征、随后又出现 PJRT、Mahaim 束综合征等。

晚近又发现了与预激旁路相关的一种新的综合征，称为预激性心肌病，其发生机制是因旁路的前传使双室不同步而引起的心肌病。

1. 定义

预激性心肌病应当称为 B 型预激性心肌病（图 9-3-1），因其只发生在右侧旁路的预激患者，右侧旁路的前传使右室先激动先收缩，左室后激动后收缩，心电图表现为类左束支传导阻滞图形，其可引起严重的双室同步化不良，并损害了左室功能而引发心肌病。

2. 临床和心电图特点

（1）心电图存在显性右侧旁路（B 型预激心电图而呈类左束支传导阻滞）。

（2）常为完全性 B 型预激综合征（指 QRS 波全部由旁路下传的激动而除极，不存在心室融合波，QRS 波时限增宽更明显，甚至 >200ms）。

（3）无心动过速史。

（4）不伴其他结构性心脏病。

（5）影像学检查证实心脏扩大或心功能异常。

（6）经药物或消融术阻断旁路前传功能后，心肌病可完全逆转。

（7）绝大多数患者为婴幼儿或青少年。

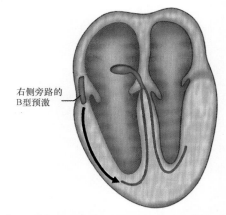

右侧旁路的
B 型预激

图 9-3-1　B 型预激心电图呈类左束支传导阻滞

3. 发生机制

B 型预激综合征的心电图呈类左束支传导阻滞图形，相似的心电图改变可引起相似的心脏机械活动异常（图 9-3-2）。因此，与特殊性完全性左束支传导阻滞引发心肌病的机制一样，B 型预激以同样的机制可引起心肌病。其主要原因是室间隔的收缩功能明显受损，并使左室丧失了球形收缩而变成了左室游离壁的局部收缩。久而久之左室将发生代偿性扩大和心功能的失代偿。

应当说，B 型预激的心电图及机械活动的异常与特发性左束支传导阻滞几乎一样，因此，其引发心肌病的机制与特发性左束支传导阻滞性心肌病发生机制相同，涉及的机制主要有两个。

（1）左右室电与机械活动不同步，进而损害了心功能（图 9-3-3）。

（2）左室间隔的收缩功能严重受损（图 9-3-4）。

4. 诊断要点

（1）心电图存在着 B 型预激。

（2）心肌病的临床诊断成立。

（3）患者心肌病为"特发性"，意指无心动过速、无其他结构性心脏病。

（4）右侧旁路前传功能消除后，心肌病能完全逆转（图 9-3-5）。

应该强调，预激性心肌病主要发生在婴幼儿或青少年，此时因患儿心脏小，代偿能力弱，容易发生失代偿。当成人被诊断为此症时要极为慎重，因预激旁路属于先天性，发生心肌病的时间一定年龄偏小，当 50 岁才被诊断时，其预激性心肌病真正的发生时间肯定远在 50 岁前。

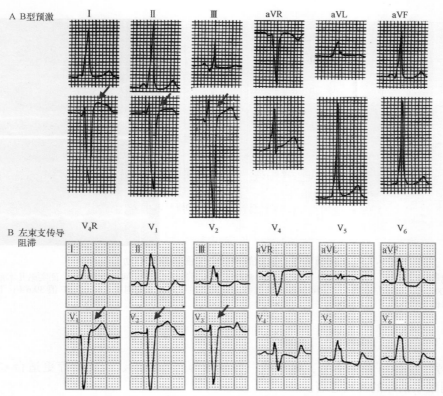

图 9-3-2 相同的心电活动异常将引起相同异常的机械活动

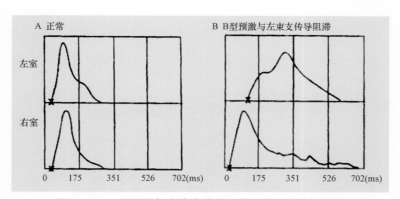

图 9-3-3 B 型预激与左束支传导阻滞时的左右室不同步

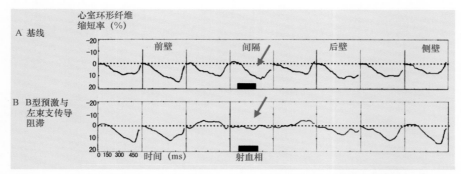

图 9-3-4 B 型预激与左束支传导阻滞时，以间隔收缩功能受损最明显（箭头指示）

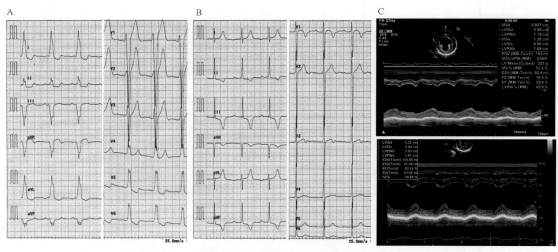

图 9-3-5 1 例预激性心肌病患者的心电图和超声心动图

A. 患儿 9 岁，消融术前有 B 型预激心电图，QRS 波时限 >200ms；B. 消融术后预激波消失，PR 间期 >200ms，证实患儿术前存在完全性预激；C. 上图为消融术前超声心动图，显示左室增大，室间隔收缩功能明显受损，左室舒张末期内径 5.6cm，EF 值 39.6%；下图为消融术后超声心动图，左室舒张末期内径 3.4cm，EF 值 63.7%

5. 治疗

（1）药物治疗：旁路前传可经英卡胺、氟卡胺、胺碘酮等药物阻断，药物治疗更适合 <5 岁或体重 <15kg 而暂不适宜做消融术治疗的儿科患者。

（2）消融术治疗：消融可阻断右侧旁路的前传。

（3）CRT 治疗：CRT 起搏器可使双室同步化不良得到缓解。

仔细分析可以发现，Brugada 综合征和预激综合征有异曲同工之处。两者都有特征性很强的心电图表现，预激综合征的心电图表现为 δ 波、短 PR 间期和 QRS 波宽大畸形三联征；而 Brugada 综合征的心电图表现为 $V_1 \sim V_3$ 导联的 J 波、ST 段抬高和 T 波倒置三联征。两者都经常合并心律失常，预激综合征常合并折返性室上速，属于 0 相折返。静息心电图的上述改变加阵发性室上性心动过速则构成预激综合征这一临床诊断。而 Brugada 综合征常合并心室颤动、多形性室速，属于 2 相折返。同样，静息心电图的典型改变加心室颤动、多形性室速、猝死等构成 Brugada 综合征这一临床诊断。虽然两者最后都属于临床综合征，但其综合征的基本内容都与心电图的特殊表现相关，都要经过心电图而确定诊断，因此也都能归入心电图综合征的范畴。只是预激综合征（Wolff-Parkinson-White syndrome）于 1930 年首次报告，而 Brugada 综合征系 1991 年首次报告的，两者相距 60 年。但这一事实也雄辩地说明，临床心电学技术应用百年以来不但经久不衰，反而在持续不断地发展，不断地有所突破。

近几年，国内 Brugada 综合征的临床与心电图报告日益增多，这是对该综合征认识提高、普及、重视的结果，也说明我国并不是该综合征的低发病区域。但目前存在的相关问题也不少，称为国内第 1 例 Brugada 综合征的报告发表在一本国内十分权威的心血管病专业杂志上，而这例仅因为患者有 Brugada 波的心电图表现及频发的室早则被冠以 Brugada 综合征，显然不正确。除此，还有人仍然错误地认为 Brugada 波就是 Brugada 综合征，因而使不少人无辜受累，使"患者"惶惶不可终日。有的人知道不能只凭心电图 Brugada 波就诊断 Brugada 综合征，但是当患者拿着有 Brugada 波的心电图站在其面前时，医生不知怎样进一步给患者进行诊断，当然更谈不上如何建议患者治疗了。

为此，本文结合近期的文献复习，讨论 Brugada 综合征诊断与治疗的最新观点。

一、1 型 Brugada 波的诊断与形成机制

（一）Brugada 波的分型

根据心电图特征，Brugada 波已从原来的 2 种类型发展为目前的 3 种类型：① ST 段下斜型抬高或称穹隆型（coved-type）；②马鞍型（saddle-type）；③低马鞍型。3 种类型的心电图表现见图 9-4-1。目前，也

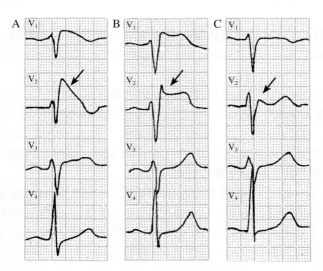

图 9-4-1　3 型 Brugada 波

A. 穹隆型；B. 马鞍型；C. 低马鞍型

有学者建议分为两型，穹隆型及马鞍型，后者将 2、3 型合并在一起。

这种特征性的心电图在右胸 $V_1 \sim V_3$ 导联中 1 个或 1 个以上的导联出现，极少数情况下也能出现在 V_4 导联。这种特征性心电图实际是由 J 波、不同形态的 ST 段和 T 波改变组成的（表 9-4-1）。从表 9-4-1 可以看出，3 型 Brugada 波均由上述 3 种改变组成（图 9-4-2）。

显然，QRS 波后高大明显的 J 波形成了类右束支传导阻滞中的 r' 波，而 J 波与其后的下斜型抬高的 ST 段共同组成"穹隆形"而使 1 型 Brugada 波获名。

表 9-4-1 3 型 Brugada 波的心电图特征

	1 型	2 型	3 型
J 波幅度	≥2mm	≥2mm	≥2mm
T 波	倒置	直立或双向	直立
ST 段			
抬高形状	下斜型	马鞍型	低马鞍型
终末部	逐渐下降	抬高 ≥ 1mm	抬高 <1mm

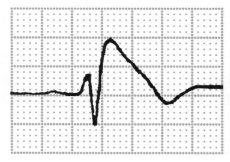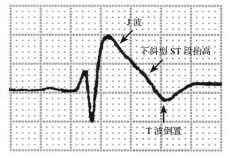

图 9-4-2　心电图 Brugada 波三联征

（二）Brugada 波形成的机制

Brugada 波的发生和出现是心室复极离散度加大的结果和产物，但与 QT 离散度不同，QT 离散度是不同心电图导联 QT 间期值的差异，其代表不同部位心室肌的复极差和复极的离散度，该值增大时发生恶性室性心律失常的概率增高。而 Brugada 波是由面对探查电极的心室内膜与外膜心肌细胞之间存在显著复极离散度而形成的（图 9-4-3）。

正常时，心外膜层心肌和心内膜层心肌的复极就存在一定的差异，引起这一差异的主要原因是瞬间外向 K^+ 电流（transient outward potassium current，I_{to}）在心外膜心肌细胞的分布占优势，在心内膜心肌细胞的分布较少。

I_{to} 通道属于 K^+ 通道，形成短暂的外向 K^+ 电流（I_{to}），参与动作电位复极 1 相及 2 相的形成，I_{to} 通道在 0 相被激活，瞬间形成强大的 K^+ 外流，使除极后成为正值的动作电位迅速下降而形成 1 相快速复极。动作电位 2 相的圆顶波是 I_{to}（K^+ 外流）、I_{Ca}（Ca^{2+} 内流）及 I_{Na}（Na^+ 内流）等离子流共同形成的。正常时，3 种离子流跨心肌细胞膜的进出平衡而形成 2 相平台期（ST 段），而且心内膜与心外膜之间的 2 相复极的差异度很小，结果 ST 段在缓慢的 2 相复极期回到等电位线。

对于 Brugada 综合征患者，因遗传性因素使基因编码为 SCN5A 的钠通道异常，或者该通道的功能下降以及通道的数量减少，使 2 相的 I_{Na} 减少。I_{Na} 的减少破坏了 I_{to}-I_{Na}-I_{Ca} 的 2 相平台期的平衡，结果 I_{to} 的外向电流比内向电流（I_{Na}、I_{Ca}）占优势，引起动作电位平台期的丧失，从而导致心外膜下细胞动作电位的时程明显缩短 40% ~ 70%。这种表现集中在心外膜 I_{to} 丰富的部位，而心内膜与之不同，因而引起了明显的复极离散度的差异，形成了 J 波及 ST 段的下斜型抬高（图 9-4-3），最终形成了 Brugada 波。

由于右室的心外膜 I_{to} 电流比左室心外膜的 I_{to} 电流更具优势，因此，Brugada 波主要表现在 $V_1 \sim V_3$ 的

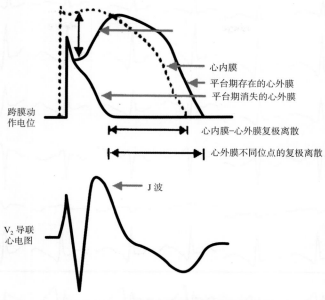

图 9-4-3　Brugada 波形成机制的示意图

右胸导联。I_{Na}、I_{Ca}、I_{to} 受到多种因素的影响，这使 Brugada 波具有易变性、隐匿性以及间歇性等特征。

（三）3 种类型 Brugada 波的发生率及完全不同的诊断意义

由于 Brugada 波的隐匿性、多变性、间歇性等特点，使其确切的检出率很难确定。但可以肯定，在一般人群的心电图普查中，2 型及 3 型 Brugada 波的检出率是 1 型 Brugada 波检出率的 5 倍，男性的检出率远远高于女性。在已经确诊 Brugada 综合征的患者中，1 型 Brugada 波阳性者占 60% 以上。言外之意，不到 40%Brugada 综合征患者的 1 型 Brugada 波不典型，或呈隐匿性，需要进一步进行药物激发试验。

3 种类型 Brugada 波的发生率不同，其在 Brugada 综合征诊断中的意义也截然不同。1 型 Brugada 波有较强的诊断意义，而 2 型及 3 型 Brugada 波即使明确存在也无诊断价值，不能作为 Brugada 综合征的诊断依据。

（四）Brugada 波的特征及影响因素

正如上述，只有 1 型 Brugada 波才有肯定的诊断价值，从 Brugada 综合征诊断思路的阐述中也可看到，1 型 Brugada 波的存在与确定是最后诊断的最重要依据之一。但因 Brugada 波的多种特点及影响因素，使 1 型 Brugada 波并非都能简单获得。

Brugada 波的特征：①隐匿性：是指一般情况下 Brugada 波不出现，应用药物激发试验后才出现（图 9-4-4）；②间歇性：在不同次的心电图记录中，患者该波时有时无；③多变性：在不同次的心电图记录中，该波所属的类型或同一类型的程度均显著不同。

多种因素可明显影响 Brugada 波：①慢频率依赖：一般情况下，Brugada 波与其恶性心律失常的发生均有慢频率依赖性，心率加快时 Brugada 波变得不典型，心率变慢时 Brugada 波变得更明显，Brugada 综合征患者的致命性心律失常多数发生在夜间，与夜间心率变慢有关。但也有少数患者与上述相反，心率加快或运动后 Brugada 波更明显，这些患者的晕厥或猝死可能发生在白天。②自主神经的影响：迷走神经兴奋时，可使心率减慢、Brugada 波更明显，并增加室速、室颤的自发和诱发。交感神经的作用与上相反。③抗心律失常药物的影响：不同种类的药物对 Brugada 波有不同的影响。I 类药物能阻断心肌细胞膜的 Na^+ 通道，因而可使 Brugada 波变得明显。迷走神经兴奋剂、α 受体阻滞剂、β 受体阻滞剂、三环类抗抑郁药等也可使 Brugada 波变得更明显。

不论 Brugada 波是自发性变化，还是在内源性及外源性影响因素作用下的变化，都说明当患者心室复极的离散度增大后，Brugada 波才更典型、更明显。而心室复极离散度一旦增大，Brugada 波一旦更加明显，其发生致命性心律失常的危险性将增高。可以想象，当患者的 Brugada 波在某一时期变化幅度增大、处于

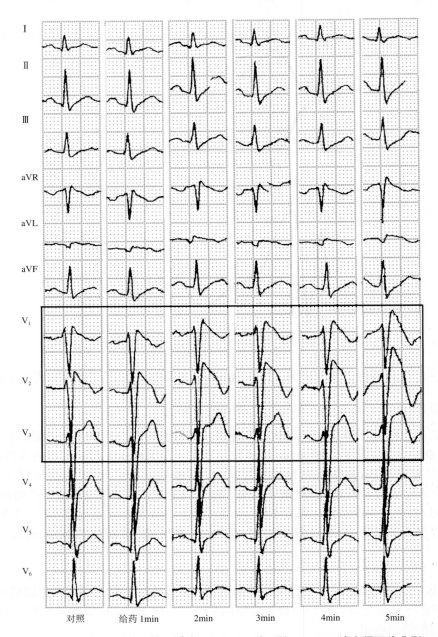

图 9-4-4   静注阿义马林（缓脉灵）50mg 后 1 型 Brugada 波变得更为典型

一种十分不稳定状态时，其具有更大的猝死的潜在危险。

（五）1 型 Brugada 波的获取及药物激发

除非患者有自发、典型的 1 型 Brugada 波，否则都需经过各种努力才能获得 1 型 Brugada 波的心电图证据。特别属于以下几种情况时：①仅有 2 型或 3 型 Brugada 波；②从来就无 Brugada 波，但临床和病史高度怀疑或需要除外 Brugada 综合征者；③ 1 型 Brugada 波不典型或可疑者。

获得 1 型 Brugada 波心电图有 3 种方法。

1. 提高右胸导联心电图的记录位置

提高右胸 $V_1 \sim V_3$ 导联心电图的记录位置可提高 1 型 Brugada 波的检出率（图 9-4-5）。具体是将 $V_1 \sim V_3$ 导联的记录电极从第 4 肋间垂直提高到第 3 肋间、第 2 肋间。这种方法能提高典型 1 型 Brugada 波的检出率，包括下述药物激发试验结果阴性及阳性的患者。研究表明，$V_1 \sim V_3$ 导联的记录位置上移之后，非 Brugada 综合征者极少出现 1 型 Brugada 波，提示这种方法特异性较强。但抬高记录电极位置后，记录到的 Brugada 波是否存在假阳性，仍需更大病例组的前瞻性研究结果加以证实。

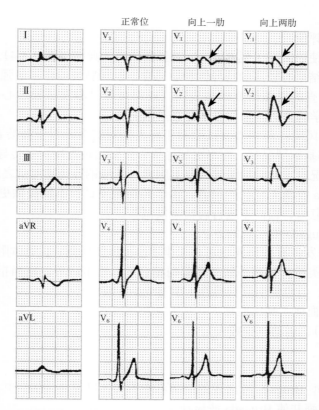

图 9-4-5　提高胸导联记录电极的位置后，可记录到更加典型的 1 型 Brugada 波

2. 药物激发试验

（1）药物激发试验应用的药物：临床应用 I 类 Na⁺ 通道阻滞剂，尤其是 I c 类药物能诱发 1 型 Brugada 波，经常应用的药物及剂量见表 9-4-2。

表 9-4-2　诱发 1 型 Brugada 波的药物及剂量

	给药剂量（mg/kg）	给药方法
阿义马林（缓脉灵）	1	静脉推注 5min 以上
氟卡尼	2	静脉推注 10min 以上（或 400mg 口服）
普鲁卡因胺	10	静脉推注 10min 以上
吡西卡尼	1	静脉推注 10min 以上
普罗帕酮（心律平）	2	静脉推注 10min 以上

（2）药物激发试验的机制：Na⁺ 通道阻滞剂可使 Na⁺ 通道失活加速，使 I_{to} 电流相对增加，进而使心内膜、心外膜的复极离散度加大，使 1 型 Brugada 波显露或变得更加典型。

（3）药物激发试验的方法

1）在持续心电监护下进行，并做好心肺复苏的各项准备。

2）患者属于药物引发房室传导阻滞的高危人群，或有晕厥史的高龄患者时，可在临时起搏的保护下进行激发试验。

3）按表 9-4-2 列出的剂量及给药速度缓慢推药，出现下列情况时立即停止给药：①出现 1 型 Brugada 波；②出现 2 型 Brugada 波伴 ST 段抬高 ≥ 2mm；③ QRS 波时限在用药后增加 30% 以上；④出现室早或其他心律失常。

　　（4）药物激发试验的评价

　　1）药物激发试验可使隐匿性 1 型 Brugada 波显露或更为典型（图 9-4-4）。

　　2）药物激发试验的结果有较高的特异性和敏感性，以缓脉灵的作用最强，其他药物稍逊。

　　3）与遗传基因学检查的对照研究结果表明，应用缓脉灵激发试验后心电图无改变者常无基因学异常，有改变者的遗传基因学的分析结果均显示存在基因突变。

　　（5）药物激发试验的风险：药物激发试验对年轻人相对安全，对于高龄者，尤其患者原来就有房内、室内阻滞，PR 间期延长等基础情况时，应当更加谨慎，严防出现三度房室传导阻滞、电机械分离等严重情况。一旦发生这些紧急情况时，及时给予异丙肾上腺素、乳酸钠等药物对抗之。

　　对于已有 1 型 Brugada 波而无症状的患者，由于药物激发试验不能提供更多的诊断信息，而激发试验又有引发恶性心律失常的危险，因而不进行药物激发试验。

　　3.其他可促进 1 型 Brugada 波出现的方法

　　（1）应用其他药物诱发：有些药物也可使 1 型 Brugada 波显露：β 受体阻滞剂、α 受体阻滞剂、迷走神经兴奋剂、三环或四环类抗抑郁药、胰岛素葡萄糖合剂、可卡因等。应当指出，这些药物可以促进原发性 1 型 Brugada 波的出现，但也能引起获得性 1 型 Brugada 波。

　　（2）高钾血症、低钾血症、高钙血症。

　　（3）发热（热水浴后），运动（少数人）。

　　（4）饮酒。

　　（5）电转复后。

　　上述因素中，促进 1 型 Brugada 波出现的机制可能不同。以发热为例，其能促进 Na^+ 通道的失活加速，因而间接使 I_{to} 电流相对增强并使 Brugada 波显现。

二、Brugada 综合征的诊断

　　Brugada 波不等于 Brugada 综合征，对于已有 1 型 Brugada 波的患者如何掌握进一步的诊断思路、程序和标准十分重要。

（一）诊断思路和标准

　　Brugada 综合征的诊断标准可简单归纳为 1+1/5 的诊断方式。所谓 1 是指患者有自发或诱发性 1 型 Brugada 波；所谓 1/5 是指患者另需满足表 9-4-3 列出的 5 个条件中的一个。表 9-4-3 的 5 个条件中，3 个与患者本人有关，2 个与患者的家族史有关。当满足了 1+1/5 的条件时，Brugada 综合征则可确诊。

表 9-4-3　Brugada 综合征的其他诊断条件

患者本人	家族成员
①有心室颤动、多形性室速的心电图记录	④家族成员有 45 岁以下猝死者
②有晕厥或夜间濒死呼吸	⑤家族成员有 1 型 Brugada 波
③电生理检查可诱发室颤、室速	

　　从上述诊断标准看，1 型 Brugada 波是诊断必须具备的两个标准之一，十分重要。有关 1 型 Brugada 波的相关资料，如何有效地获取或排除这一标准前文已有详述。

　　仔细分析表 9-4-3 列出的 5 个标准中，第 1、2、4 三条标准经过病史询问基本可以得到结果，而第 5 条需要患者和家属提供更多的心电图资料方可确定是否达标。但确定第 1 条标准时需注意患者可能存在无症状性心室颤动或无症状性室速。

　　顾名思义，当室颤或多形性室速发生时不伴明显的症状或因种种原因患者未能察觉时，则可形成无症状性室颤。图 9-4-6 显示了 19 例植入 ICD 的 Brugada 综合征患者，ICD 记录的室颤发生的总情况。从图

9-4-6 可以看出：① Brugada 综合征患者的室颤绝大多数发生在夜间，但白天也可发生，白天发生的时间在上午 6 ～ 9 时，下午 15 ～ 18 时；②白天发作的室颤均伴有症状，而夜间发生的室颤 50% 以上属于无症状性。因而 Brugada 综合征患者主诉的无晕厥、无室颤的病史有可能为假阴性。无症状室颤这一概念的建立可使临床医师对 Brugada 综合征的临床诊断考虑得更为全面。

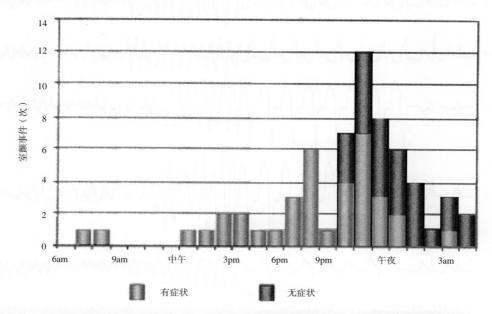

图 9-4-6　ICD 记录的 Brugada 综合征患者有症状和无症状室颤的发作情况

（二）心脏电生理检查

从表 9-4-3 能够看出，其列出的 Brugada 综合征的 5 个诊断标准中的 4 个标准容易确定或排除。当这 4 个标准均为阴性时，第 3 个标准，即心脏电生理检查的结果则举足轻重，十分关键。很多情况下，其是决定 Brugada 综合征诊断是否成立的关键性一步。因而临床医生熟悉该心脏电生理检查十分重要。

电生理检查的基本方法如下。

1. 先行常规心内电图记录及程序刺激

与射频消融术的标测相比，心内记录电极导管可以减少为两支，一支记录希氏束电图，一支进行心房或心室刺激。记录希氏束电图时，需测定 AH 及 HV 间期，再经心房程序刺激测定心房、房室结不应期，房室结下传文氏点及窦房结功能恢复时间等。

2. 心室程序刺激是电生理检查的核心部分

（1）刺激的部位：心室刺激部位可依次选择右室心尖部、右室流出道及右室游离壁。当一个部位的电生理检查结果未达到预计要获得的结果和终点时可移至下一个刺激部位，而室性心律失常的诱发率也会随之而升高。右室心尖部与右室流出道相比，前者恶性室性心律失常的诱发率约30%，明显低于后者的诱发率70%，而右室游离壁的诱发率更高。

（2）程序刺激的检查方法：①基础 S_1S_1 刺激需选择 2 ～ 3 个周期，例如 600ms、500ms、400ms，必要时还可选择更短的周期，例如 350ms。②期外刺激：可加发 1 ～ 3 个期外刺激，分别为 S_2 刺激、S_2+S_3 刺激、$S_2+S_3+S_4$ 刺激等。与上相同，当未达到检查预计的结果和终点时，可进一步依次选择。一般认为，仅加发 S_2 刺激诱发快速性室性心律失常的诱发率很低，约 0 ～ 10%；给予 S_2+S_3 刺激时，S_2 与 S_3 的联律间期可从心室不应期 + 50ms 开始，以后以 10ms 的间期逐次递减。加发 S_2 及 S_3 刺激后，诱发率将大大提高，约为 60% ～ 85%。如果仍然未能诱发快速性室性心律失常，可增加 S_4 刺激。应用 S_4 刺激可进一步提高诱发率，并使室颤的诱发比例增加，但也将增加一定比例的假阳性率。发放的期外刺激的最短联律间期不应短于 200ms。

（3）心脏电生理检查的终点：①诱发出持续性室速或室颤，诱发的室速绝大多数为多形性室速，很少诱

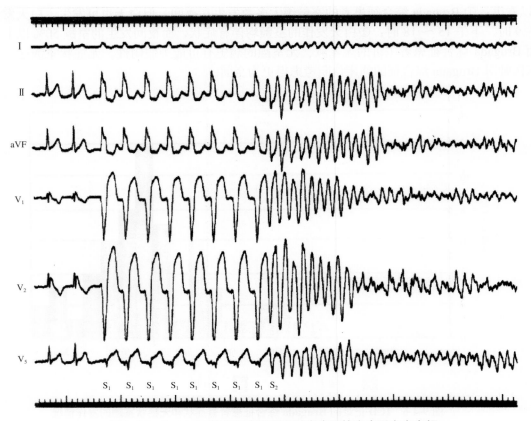

图 9-4-7　Brugada 综合征患者在心脏电生理检查中诱发出室颤

发出单形性室速（图 9-4-7）；②能够反复多次、重复诱发出非持续性、多形性室速：非持续性室速是指每阵大于 6 个周期，室速持续时间 <30s。诱发的非持续性室速的心室率一般应当较快，多数在 200～300 次 / 分。

（4）心脏电生理检查的评价：①心脏电生理检查结果阳性是 Brugada 综合征确诊的重要标准之一，其有重要的临床意义。②心脏电生理检查中，能诱发并能达到检查终点的约为 60%～85%，检查结果不仅对诊断有价值，对危险分层和预后也有重要意义。心脏电生理检查结果中，原有临床症状者的诱发率明显高于无症状者（70%vs.30%），男性患者高于女性患者（54%vs.32%），HV 间期延长者的诱发率高于 HV 间期正常者，室颤的诱发率高于多形性室速的诱发率（65%vs.35%）；因此，HV 间期延长也是 Brugada 综合征的异常表现之一。③诱发多形性室速和室颤的期外刺激的联律间期一般较短，这与器质性心脏病的电生理检查结果不同，后者应用短联律间期诱发的快速室速或室颤可能属于非特异性反应。而 Brugada 综合征患者经短联律间期诱发的快速室速及室颤，可能就是目标心律失常。其心室不应期值也比对照组明显缩短（图 9-4-8）。④常规电生理检查结果阴性时，可给予药物（表 9-4-2）后重复上述电生理检查。⑤加发 S_4 刺激能够明显提高诱发率，也能增加假阳性率。根据 S_4 刺激结果阳性而植入 ICD 时，植入后 ICD 不放电的比例升高。⑥ Brugada 综合征患者心脏电生理检查的阳性结果重复性很高（>80%）。

（三）鉴别诊断

引起右胸导联与 Brugada 综合征心电图表现相似的疾病或临床情况近 20 种，从理论上讲都应进行鉴别诊断。其中最重要的是与早复极综合征和致心律失常性右室发育不良的鉴别。

1. 与早复极综合征的鉴别

由于两者有很多相似之处，都常发生在 "健康青年人"，心电图表现都有 J 波及 ST 段的抬高，故两者的鉴别十分重要（表 9-4-4）。

2. 与致心律失常性右室心肌病的鉴别

Brugada 综合征与致心律失常性右室心肌病都常发生在年轻患者，都可能有致命性室性心律失常，心电图改变都集中在右胸导联，均有心电图 "类右束支传导阻滞" 的改变，因而两者需要鉴别（表 9-4-5）。

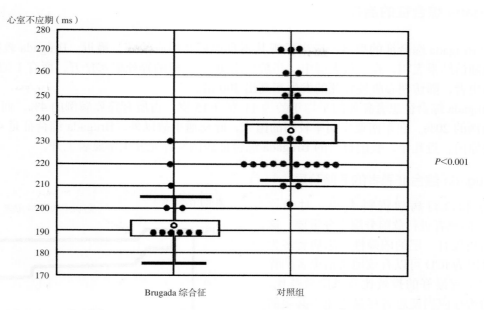

图 9-4-8　Brugada 综合征患者心室不应期明显比对照组短

表 9-4-4　Brugada 综合征与早复极综合征的鉴别

	Brugada 综合征	早复极综合征
心电图变化的导联	右胸导联（$V_1 \sim V_3$）	前侧壁、下壁导联
J 点	不明显	明显，有顿挫
J 波	J 波与 ST 段的分界不明显	J 波与 ST 段的分界明显
ST 段形态	下斜型抬高（1 型）	凹面向上型 ST 段抬高

表 9-4-5　Brugada 综合征与致心律失常性右室心肌病的鉴别

		Brugada 综合征	右室心肌病
心电图			
	J 波	+	−
波	Epsilon	−	+
高	ST 段 抬	+	+
	T 波倒置	+	+
心内电图			
	HV 间期	2/3 延长	−
室速的类型		多形性	单形性
Ⅰ 类抗心律失常药物诱发		ST 段抬高	无影响
超声心动图		正常	右室扩张或室壁瘤

三、Brugada 综合征的治疗

对确诊为 Brugada 综合征的患者，应当重视其不良预后及相应治疗。最近，Brugada 教授报告一组大病例组 3 年的随访结果表明，在一般人群中，年龄平均 40 岁人群的猝死率 <1/ 万，而有 1 型 Brugada 波而无心脏停搏病史者，随访期心脏性猝死的发生率高出 300 倍。

此外，Brugada 综合征患者猝死的平均年龄为 41 岁 ±15 岁，占所有猝死病例的 4%，而占心脏结构正常者猝死总病例的 20%。在东南亚发病率较高的国家，除交通事故以外，Brugada 综合征是 40 岁以下年轻人猝死的首要原因。近几年，我国报告的 Brugada 综合征病例及猝死发生率显著上升。

（一）Brugada 综合征患者的危险分层

循证医学和流行病学资料表明，对确诊 Brugada 综合征的患者进行危险分层十分重要，这不仅因为本病病程有一定的凶险性，患病者多为年轻人，而且因为 ICD 可以有效地防治患者的猝死，可以达到治疗最好的投效比及风险效益比。给患者实施的治疗应当使患者尽量避免不必要的治疗，也应当尽量避免猝死的发生。

对于 Brugada 综合征患者的危险分层，不同的专家有不同的观点，甚至分歧很大。近期 Brugada 综合征专题峰会的特别报告中提出危险分层的以下几点意见。

1. 无症状的 Brugada 综合征患者若自发出现 1 型 Brugada 波或能引发室速和室颤时，则患者处于猝死事件的高风险中。

2. 自发出现的 1 型 Brugada 波是一个危险因素，其发生心律失常事件的风险是药物诱发后出现 1 型 Brugada 波患者的 7.7 倍（图 9-4-9）。

3. 确诊 Brugada 综合征的患者中，男性性别是一个独立的危险因素，其猝死的风险是女性患者的 5.5 倍。

4. 心脏电生理检查诱发出持续的室性心律失常是最强的危险因素，其发生猝死的风险是不能诱发室速、室颤者的 8 倍。

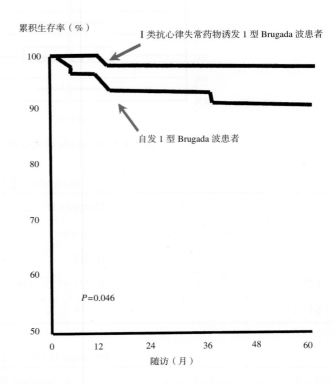

图 9-4-9　有自发性 1 型 Brugada 波患者猝死的风险明显增加

（二）Brugada 综合征患者的治疗

1. 非药物治疗

Brugada 综合征的非药物治疗包括 ICD、射频消融和起搏器 3 种。

（1）ICD 治疗：ICD 是唯一已证实对 Brugada 综合征治疗有效的方法。对于有过猝死、晕厥、猝死先兆等发作的患者，无须再做电生理检查，都需植入 ICD 进行二级预防，这一意见已达共识。但对症状轻微，甚至根本无症状的患者应用 ICD 进行一级预防的做法尚有不同看法。

一组大病例组的 Brugada 综合征并经 ICD 治疗的患者的长期随访结果表明，近 30% 的患者至少接受 ICD 治疗一次，在 5 年随访期中 ICD 的累积有效率分别是 18%、24%、32%、36% 和 38%（图 9-4-10）。

ICD 的治疗不适合年龄较小的婴幼儿患者或经济贫困的患者。

（2）射频消融术治疗：近几年，有人报告通过射频消融术能够将局部可能触发室速或室颤的室性早搏消融掉，以防治室速、室颤的发生，但目前这种方法积累的病例尚少。

（3）起搏器治疗：鉴于 Brugada 综合征患者的猝死和晕厥常发生在夜间心率较慢时，心电图也能证实晕厥发作时患者常同时伴有心动过缓，对这部分患者可考虑通过心脏起搏治疗消除患者的缓慢心率，进而

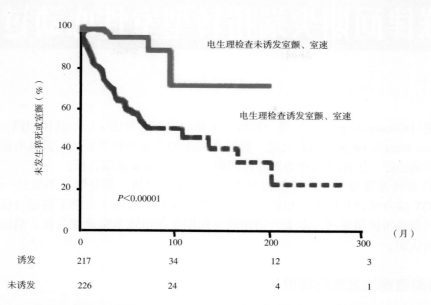

图 9-4-10　心脏电生理检查诱发出室颤、室速的 Brugada 综合征患者发生猝死的风险明显增加

防治慢频率依赖性的室速或室颤，但直到目前对于这种治疗的疗效还未进行过大规模的研究，尚无肯定的结论。

2. 药物治疗

药物治疗存在着 3 种情况。

（1）禁忌应用的药物：Ⅰ类抗心律失常药物能抑制 Na^+ 内流，使 I_{to} 电流相对增加，因此对 Brugada 综合征患者禁用，包括普卡胺、氟卡尼、普罗帕酮（心律平）、双异丙吡胺等药物。

（2）治疗无效的药物：治疗无效的药物包括胺碘酮和 β 受体阻滞剂。

（3）治疗有效的药物：I_{to} 电流的过强是 Brugada 综合征患者的根本发病机制。从理论上推导，具有心脏特异选择性的 I_{to} 阻滞剂应当有效，但直到目前这类药物尚未研制成功。

目前唯一能显著阻断 I_{to} 电流的药物是奎尼丁，奎尼丁是一个特殊的 Ⅰ 类抗心律失常药物，其兼有 Na^+ 通道阻滞作用及 I_{to} 阻滞的作用。实验结果表明，奎尼丁可使心外膜动作电位的 1 相、2 相恢复，并使升高的 ST 段恢复正常，进而预防 2 相折返及多形性室速、室颤的发生。奎尼丁应用时应当给予大剂量（1200 ~ 1500mg/d）。

除奎尼丁外，还可应用异丙肾上腺素，其可增强经 L 型 Ca^{2+} 通道的 Ca^{2+} 内流，使患者抬高的 ST 段恢复正常。另一个可以增强 Ca^{2+} 电流的药物为西洛他唑，是一种磷酸二酯酶Ⅲ抑制剂，其增加 Ca^+ 电流后，可使患者抬高的 ST 段恢复正常。但这些药物治疗的循证医学资料目前尚少，其确切的疗效还有待肯定。

四、结束语

Brugada 综合征是 1991 年正式提出的一个心电图及临床综合征。近 15 年来，相关的基础与临床研究已有长足的进展，心电图、药物激发试验、心脏电生理检查在临床逐渐应用并普及。诊断思路也逐渐明确而清晰，治疗效果也在提高。但应看到，未获诊断或已确定诊断病例发生猝死的报告仍然很多，特异性阻断 I_{to} 电流的药物尚未研发出来，遗传基因学的研究结果仍然离散而不能集中，距有效的基因治疗仍然遥远。为了彻底解开 Brugada 综合征的发病机制之谜，控制及根治 Brugada 综合征，我们还需走很长的道路。

第五章

短联律间期尖端扭转型室性心动过速

尖端扭转型室速（torsade de pointes）是一种特殊类型的多形性室速，而短联律间期尖端扭转型室性心动过速（short-coupled torsade de pointes）又是一种特殊类型的尖端扭转型室速，其具有独立的心电图及临床特征，独特而有效的治疗，因而又被称为短联律间期尖端扭转型室速综合征。

国内对这一综合征尚未充分重视，了解较少或认识存在着混淆。部分学者不做这一综合征的独立诊断，将之混杂在长 QT 综合征合并的尖端扭转型室速之中，或有学者完全忽略了该综合征，认为根本不存在无 QT 间期延长的尖端扭转型室速。本文介绍短联律间期尖端扭转型室速综合征，借以提高临床及心电图医师对此综合征的认识。

一、尖端扭转型室速的发现与提出

尖端扭转型室速最早由法国著名的心脏病学家 Dessertenne 在 1966 年描述并命名，首例患者是位 80 岁的女性患者，有间歇性、三度房室传导阻滞伴反复晕厥，过去她的晕厥都用房室传导阻滞伴过缓心室率来解释。但经过仔细的临床观察及心电资料的记录，Dessertenne 证实，她的晕厥并非是三度房室传导阻滞时心室率太慢引起，而是由伴发的尖端扭转型室速引发的（图 9-5-1）。

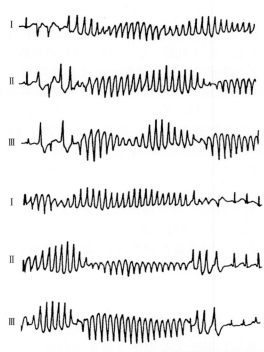

图 9-5-1　Dessertenne 报告的首例尖端扭转型室速

1966 年，他以尖端扭转型室速为题发表了重要文章，为心律失常领域揭开了一个新篇章。为解释他的看法，他使用了一把梳子，梳子一端的小尖之间被分隔成一定的缝隙，他一手握着这一端，并以对侧端为长轴将梳子旋转，结果，"尖端扭转"（twisting of the points）这一术语应运而生。最初，他推测患者心内同时存在两个节律点，交替发放快速的心室激动，并经折返机制形成了这一心律失常。动物实验的结果也支持这种心律失常是两个异位心室节律点发放的激动相互作用而引起的。但数年后他放弃了这些最初的看法。

Dessertenne 随后对尖端扭转型室速做了深入的研究，包括如何与室颤鉴别、诱发的条件、恶化为室颤的原因、发生的机制、治疗的方法等。所有的实验研究未能对 QT 间期延长的作用进行评价。

由于尖端扭转型室速的患者绝大多数伴有原发性或继发性 QT 间期的延长，因此，存在 QT 间期延长几乎已成为尖端扭转型室速诊断的必需条件，形成了狭义的尖端扭转型室速的概念。

二、尖端扭转型室速的定义

对于尖端扭转型室速的定义，不少学者认为除了应当具有其特殊的心电图特征外，还必须伴有 QT 间期的延长。

一般认为，尖端扭转型室速常表现为快而不整齐的 QRS 波的形态发生周期性变化，并以等电位线为轴线发生 180° 扭转。一篇题为《心律失常的临床对策》的综述认为 QT 间期延长是其必备的特征。这种提法能够提醒医生高度重视尖端扭转型室速与 QT 间期延长的重要关系，但另一方面也将 QT 间期正常又确有尖端扭转型室速的情况拒之门外，形成了狭义的、并不完整的尖端扭转型室速的概念。

三、尖端扭转型室速的心电图特征

1. QRS 波发生扭转

尖端扭转型室速发生时，QRS 波的形态具有多形性，但变化仍然具有一定的周期性、规律性，QRS 波的形态、振幅和主波的方向 (极性) 呈周期性变化，在每 5 ~ 15 个周期中，QRS 波的主波围绕等电位线扭转一次，使 QRS 波主波的方向忽上忽下，形成围绕着基线扭转的独特心电图表现，有人形象地将其称为"芭蕾舞样室速"。

2. 发作时心室率 150 ~ 280 次 / 分不等，多数大于 200 次 / 分。

3. 发作可持续几秒自行终止，也可蜕化为室颤，需电除颤治疗（图 9-5-2，图 9-5-3）。

4. 发作前后的心电图有原发或继发性 QT 间期延长（图 9-5-2，图 9-5-3）。

5. 室速的启动分为间歇依赖性及儿茶酚胺依赖性两型。

6. 多数病例上述心电图的独特表现只在几个导联能记录到，其他导联的 QRS 波扭转不典型或不发生。

7. 常规电生理检查，包括药物诱发试验常不能诱发尖端扭转型室速，仅少数能诱发室速。

8. 与其他多形性室速的鉴别有时困难，当患者伴 QT 间期延长、反复发作、自行终止、常无严重的器质性心脏病等特点存在时，支持其为尖端扭转型室速。

9. 应与室颤相鉴别。

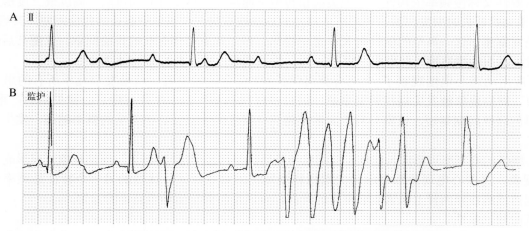

图 9-5-2　获得性长 QT 综合征引发尖端扭转型室速

患者三度房室传导阻滞，心室率缓慢伴 QT 间期延长，并经"短-长-短"周期现象诱发尖端扭转型室速

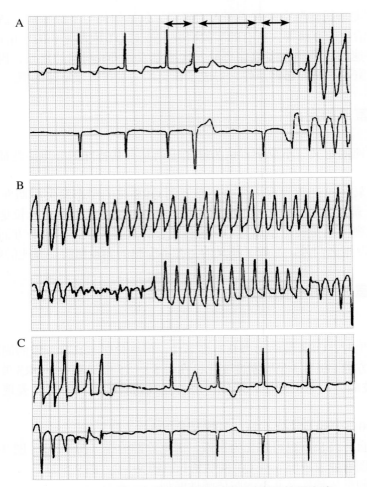

图 9-5-3　抗心律失常药物索他洛尔引发尖端扭转型室速

A、B、C 为连续记录，本例经"短-长-短"周期现象引发尖端扭转型室速，室速停止后的第 1 个窦性周期可见明显的 QT-U 改变

四、尖端扭转型室速的分型

根据尖端扭转型室速启动时的特点分成间歇依赖性及儿茶酚胺依赖性两型。

1. 间歇依赖性

间歇依赖性又称慢频率依赖性，该型尖端扭转型室速常在严重窦性心动过缓、高度或三度房室传导阻滞、RR 间期突然延长时引发。另一种间歇依赖性的启动模式为一次室早引起长的代偿间期，其后又出现 1 次室早而诱发室速。这一典型的模式由 Kay 最早提出，即 1 次室早伴有长的代偿间歇，紧随其后的另一次室早可触发尖端扭转型室速，并形成"短-长-短"周期现象（图 9-5-2，图 9-5-3）。

Locali 应用动态心电图观察了 12 例有获得性长 QT 综合征的患者，结果发现几乎所有的患者均能经"短-长-短"周期现象触发尖端扭转型室速，而且"短-长-短"这一序列与随后心律失常的严重性相关。前一个室早的联律间期越短，该室早后的间歇就越长，发生恶性室性心律失常的概率越高，发生后持续的时间也越长。

总之，缓慢的心室率可形成长间歇，长间歇与其后的早搏能形成"长-短"周期现象，或形成"短-长-短"周期现象，这些心电现象都是启动尖端扭转型室速的常见形式。该型的另一个特征是频率较快的心房、心室起搏或滴注异丙肾上腺素后心室率的升高，可以预防尖端扭转型室速的发生。

2. 儿茶酚胺依赖性

儿茶酚胺依赖性又称心动过速依赖性尖端扭转型室速，顾名思义，其发生前无心动过缓，相反存在着心动过速。部分患者心动过速发作前还可出现明显的 T 波电交替（图 9-5-4），部分患者的 T 波电交替幅度为微伏级而肉眼观察不到，需要用特殊的 T 波电交替检测技术才能诊断。

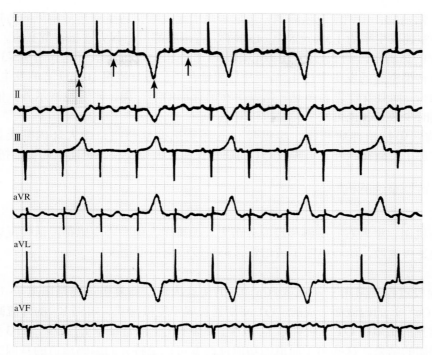

图 9-5-4　扩张型心肌病心衰患者严重低镁血症时出现巨大的 T 波电交替

本图记录后不久，患者发生了尖端扭转型室速

显然，这种尖端扭转型室速容易在患者处于交感神经激活状态时发生，例如：激动、运动时。上述两种启动类型中，以第一种启动形式更常见，而儿茶酚胺依赖性的启动形式多见于婴幼儿患者。

五、尖端扭转型室速的引发因素

狭义的尖端扭转型室速包括伴发的 QT 间期延长及尖端扭转型室速两部分，因此发生机制也包括这两部分。

（一）QT 间期延长的机制

1. 特发性 QT 间期延长

其属于先天、遗传性 QT 间期延长疾病，因某些基因位点的突变引发 QT 间期延长（>480ms），T 波异常等。

2. 继发性 QT 间期延长

继发性 QT 间期延长绝大多数源于心动过缓、电解质紊乱及药物。

（1）心动过缓：心动过缓可因病窦综合征或严重的房室传导阻滞引起，心室率过于缓慢时可引起 QT 间期延长，并引起心肌复极的显著不均衡。

严重心动过缓时，QT 间期的绝对值比 QTc 值更重要，房室传导阻滞患者伴 QT 间期 ≥ 700ms 时，其发生尖端扭转型室速的预测值为 0.83，因此，心动过缓患者伴有显著 QT 间期延长时，即使尚未发生恶性心律失常，也是紧急起搏治疗的指征，通过起搏提高心率，QT 间期也可相应缩短。因此，对于心动过缓、严重房室传导阻滞患者，致命性心律失常包括严重的缓慢心律和继发性 QT 间期延长而导致的尖端扭转型室速及室颤。所以，确定无症状性房室传导阻滞患者是否需要起搏器治疗时，QT 间期也是一个重要的考虑因素。

（2）电解质紊乱：低钾血症是引起尖端扭转型室速最常见的代谢紊乱，因此低血钾是室性心律失常的易患因素。细胞外低钾时可使心肌细胞的动作电位时程延长，QT 间期延长，U 波明显。临床过度使用利尿剂者，可发生低钾血症、低镁血症，并易发生尖端扭转型室速（图 9-5-4）。

低钙血症也可引起 QT 间期延长，偶尔引起尖端扭转型室速。

（3）药物：多种药物可引起 QT 间期延长及尖端扭转型室速。

1）抗心律失常药物：①钠通道阻滞剂：奎尼丁是引起尖端扭转型室速最常见的药物，并与服用剂量无关，尖端扭转型室速发生率为 1.5%～8%，心律平、普卡胺都可引起尖端扭转型室速。②钾通道阻滞剂：接受索他洛尔治疗的患者中，约 2.4% 发生致心律失常事件和尖端扭转型室速（图 9-5-3），而有器质性心脏病的患者尖端扭转型室速的发生率达 4.5%，并与剂量有关，每日服用 100mg 者的发生率约 1%，每日服用 600mg 时高达 4%，而且女性患者多见，常发生在治疗后的第一周。除索他洛尔外，依布利特也有这种作用。服用胺碘酮时少数患者也可发生尖端扭转型室速。

2）其他药物：①抗精神病药物：吩噻嗪和三环类抗抑郁药物；②大环内酯类抗生素如红霉素；③抗组胺药：特非那丁、阿司咪唑等可导致 QT 间期延长和 T 波电交替，进而引起尖端扭转型室速。

（二）尖端扭转型室速的机制

1. 神经机制

又称交感失衡机制，患者右心交感神经的分布先天性减少，使左心交感神经活性反射性增高，导致心脏不同区域心肌的复极离散，使心电图 T 波增宽，跨壁复极离散度增大。

2. 离子机制

心肌细胞的除极过程是阳离子（Na^+、Ca^{2+}）的快速内流，而复极过程是阳离子（K^+）的外流超过了阳离子（Na^+、Ca^{2+}）的内流而形成的。QT 间期延长属于复极延长，可因 K^+ 的外流减少或 Na^+ 的内流增多引起。临床常见的 1 型长 QT 综合征系 I_{Ks} 减少，2 型长 QT 综合征系 I_{Kr} 减少，而 3 型长 QT 综合征是 Na^+ 内流（I_{Na}）增加的结果。这些离子通道的功能性改变可以是特异的编码通道的基因突变引起，也可能是代谢异常或药物引起。当心肌细胞内复极时阳离子过剩时，可引起明显的复极延迟。Ca^{2+} 通道的失活时间进一步延长时，形成的 Ca^{2+} 晚发内流可以形成早后除极（EAD），表现为心电图上 U 波病理性高大，达到阈值幅度时则可能触发室性心律失常，尤其是心室某些区域的内膜下深层细胞，复极异常及早后除极最明显，因而使尖端扭转型室速常起源于这些部位，折返也容易发生在这些部位。

六、尖端扭转型室速的发生机制是折返还是触发

尖端扭转型室速的发生机制尚无一个可被普遍接受的学说。最初是折返机制占上风，认为是两个心室异位节律灶引发的折返相互干扰而引起该心电图的特征性表现。以后主张触发机制者居多，认为触发机制引起的早后除极与迟后除极能引发尖端扭转型室速。而近几年的实验研究的结果又倾向折返机制的可能性大。两种机制都能解释该心律失常的某些方面，但不能成为其发生机制的唯一解释。因此不能排除这样一种可能，触发机制是启动机制，折返是其维持机制。

1. 折返机制

QT 间期延长时，各部位心肌的复极时间延长可能不均衡，引起复极离散度的增加，激动在心室肌不同的区域传导时，常从不应期短的区域传向不应期长的区域，激动传导可以缓慢受阻，形成折返。

2. 触发机制

触发活动在一次正常的动作电位后发生，因此又称为正常激动后的后除极。根据其发生的早晚而分成早后除极与迟后除极，心室水平的早后与迟后除极在心电图分别表现为联律间期长短不一的室性早搏。

早后除极易在心动过速时发生，存在时可以形成 U 波或 TU 波的改变，达到阈电位时可形成一次新的激动，这次新的除极又称触发活动。常被低钾血症、低镁血症、儿茶酚胺所诱发。其也可经快速起搏诱发，镁剂治疗有效。早后除极可能与慢频率依赖性尖端扭转型室速相关。而迟后除极可经儿茶酚胺和快速起搏诱发，与特发性 QT 间期延长综合征发生的尖端扭转型室速相关，即与儿茶酚胺依赖性或快频率依赖性尖端扭转型室速的发生相关。还有人认为早后除极参与了心动过速的触发，迟后除极参与了心动过速的维持。

七、尖端扭转型室速的诊断

根据特征性心电图表现及相应的临床症状，尖端扭转型室速的诊断并不困难。相关的临床症状包括黑朦、眩晕或晕厥，常反复而短暂发作，发作持续时间较长时可引起患者抽搐、阿斯综合征，甚至猝死。

八、尖端扭转型室速的治疗

1. 紧急治疗

（1）直流电除颤：当发生的室颤不能自行终止时，应分秒必争地实施电除颤。

（2）去除诱因：确定诱发因素后给予针对性治疗措施，包括起搏、停药等。

（3）抑制早后除极：静注镁剂，将早后除极电位的振幅降到阈值之下（阻断 Ca^{2+} 内流）。

（4）提高基础心率：①给予高频率的临时心脏起搏（100～140 次／分）；②滴注异丙肾上腺素提高心率，预防发作。

（5）纠正电风暴：反复发作室颤或需反复电除颤者，应当尽快推注 β 受体阻滞剂，尽早终止电风暴或称交感风暴。适当给予镇静剂、麻醉药也有助于缓解"电风暴"或"交感风暴"。

2. 长期治疗

（1）抗肾上腺素能治疗：长期服用 β 受体阻滞剂。

（2）左心交感神经切除术：气管插管及麻醉下，经胸腔镜分离左侧星状神经节，在其下 1/3 处离断，再向下分离到胸 3 交感链，切除已经离断的交感神经节。

（3）心脏起搏和 ICD 治疗：通过心脏起搏纠正心动过缓及心室停搏，减少长间歇及缓慢心率，达到预防作用。植入的 ICD 可减少心搏骤停，降低总死亡率。

（4）避免竞技性运动，避免强烈的情绪波动和压力超负荷。

短联律间期尖端扭转型室速综合征

短联律间期尖端扭转型室速可能发生在多种疾病，如 Brugada 综合征、致心律失常性右室心肌病，其最大的特征是不伴有 QT 间期的延长。当患者具有上述特征，又未发现任何相关病因时，称为特发性短联律间期尖端扭转型室速，由于其有独特的心电图表现及特异性较强的药物治疗，有人将其视为一个独立的疾病，而命名为短联律间期尖端扭转型室速综合征。

一、定义

当患者发生的尖端扭转型室速是被短联律间期（<300ms）的室早诱发，又不伴 QT 间期延长和相关病因时，则可确定为此综合征。

国内不少学者对这一综合征持否定态度，误认为不伴长 QT 间期则不能诊断尖端扭转型室速，或认为短联律间期尖端扭转型室速仅是心电图的一个表现，而不能成为一个独立的临床实体，显然这些观点都不全面。

二、心电学特点

1. 尖端扭转型室速的心电图特征

患者均有典型的尖端扭转型室速的反复发作，发作时的心电图特征与前述尖端扭转型室速的特征相同。

2. 短联律间期的室早

尖端扭转型室速均由室早诱发，室早的联律间期多数为 220～280ms，一般不超过 300ms。Coumel 报告的 25 例病例组中，室早的联律间期 245ms±28ms。短联律间期的室早可以引发尖端扭转型室速，也可孤立存在，但联律间期均很短（图 9-5-5，图 9-5-6）。

3. 室早的形态

患者室早的形态常恒定一致或仅有轻度的变化。室早的形态绝大多数呈左束支传导阻滞伴电轴左偏，提示其起源部位靠近右室心尖部（图 9-5-7），但也能表现为右束支传导阻滞伴电轴右偏。

4. 其他无创性心电检查结果

除上述表现外，患者体表心电图的 QT 间期均正常，QTc 间期也在正常范围内。动态心电图检查可发

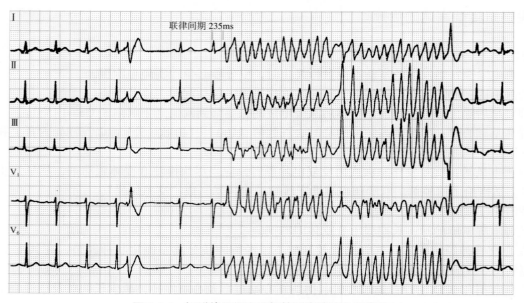

图 9-5-5 短联律间期尖端扭转型室速的典型发作

图中孤立的室早和诱发室速的室早形态相同，联律间期极短（235ms），尖端扭转型室速短阵发作后自行终止

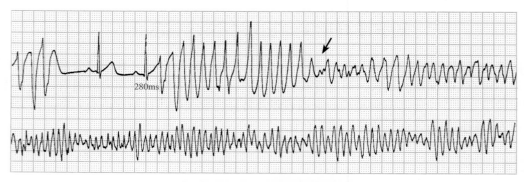

图 9-5-6 短联律间期尖端扭转型室速蜕变为室颤（箭头指示）

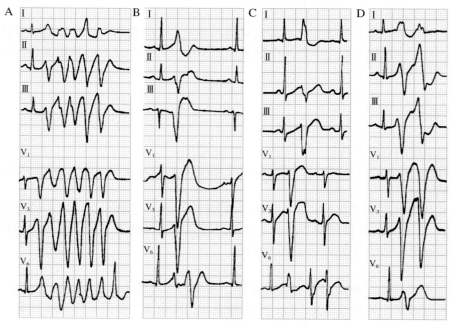

图 9-5-7 4例患者短联律间期的室早

室早均呈左束支传导阻滞伴心电轴左偏，提示起源于右室心尖部

现早搏，白天与夜间、休息与活动等不同状态时，室早的情况大致相同。

除室早外，患者的心率（RR 间期值）与对照组相比有些不同，表现在白天的心率明显比对照组低（$P<0.01$），白天与夜间的心率比值降低（1.20 ± 0.2 $vs.1.34\pm0.1$，$P<0.01$），但夜间或 24h 期间的心率与对照组无统计学差异（表 9-5-1）。

表 9-5-1　两组心率与 QT 间期的比较

	组别	白天：m±SD	夜间：m±SD	P 值
RR 间期（ms）	本综合征 $n=15$	789 ± 109	975 ± 157	0.001
	对照组 $n=30$	708 ± 96	967 ± 126	0.001
P 值		0.01	NS	
QT 间期 / RR 间期	本综合征 $n=15$	0.232	0.210	NS
	对照组 $n=30$	0.196	0.133	0.001
P 值		0.01	0.001	

m：均值；SD：标准差

心率变异性指标可有明显改变，尤其时域指标，SDNN 均有下降，相邻正常 RR 间期差值超过 50ms 的百分比（PNN50）和相邻 NN 间期差的均方根（rMSSD）值夜间均降低。这些改变说明，短联律间期尖端扭转型室速患者的自主神经活性受到抑制，而且迷走神经比交感神经的表现更明显。

5. 心脏电生理检查

患者心脏电生理检查多数正常，仅少数病例经程序刺激能反复诱发尖端扭转型室速。电生理标测可证实患者的室速起源于右室，有人在右室记录的室早心内电图的前面可见等电位线的缓慢抬高，似乎表示该区域发生了顺序性除极过程，符合局灶起源的机制。

6. 电药学检查

应用几种药物进行电药学检查，观察该心律失常能否被药物诱发，药物能否增加诱发率，但结果都为阴性。如静注异丙肾上腺素后全部无效，其无效的机制是药物可使主导心率提高，并抑制了早搏。阿托品受试组 9 例中 2 例于给药后室早增加，并使原来不能诱发室速者变为室速能反复被诱发，而且刺激迷走神经无效。钙剂常能够促进患者尖端扭转型室速的诱发或使诱发加重（8 例中 3 例），而钙通道阻滞剂的作用相反，服用后可使诱发率减少，或者自发的现象得到预防（图 9-5-8）。

7. 自主神经对 QT 间期调整的反应

QT 间期频率适应性指标，即 QT 间期与 RR 间期比值（QT 间期 / RR 间期）是评价心室复极的一项重要的新指标。与 QTc 值相比，虽然两者都经心率（RR 间期）进行校正或其他处理，但意义迥然不同。QTc 值表示患者的某 QT 间期值经过当时心率校正后的 QTc 值，QTc 值是去除了心率影响后的 QT 间期值。而 QT 间期 / RR 间期表示患者的 QT 间期值随心率（RR 间期）变化而发生的相应改变程度，比值增大表示随心率（RR 间期）的变化，QT 间期值发生变化的幅度大。

正常人的 QT 间期值不论白天，还是夜间均随心率变化（RR 间期）而变化，表现为心率越慢，QT 间期值越大，而 QT 间期改变的幅度用 QT 间期 / RR 间期表示，正常人白天为 0.196，夜间为 0.133，两者相比有统计学意义（$P<0.001$，图 9-5-9C）。

短联律间期尖端扭转型室速综合征的患者，其心室复极（QT 间期）对自主神经调节作用发生的动态变化下降，调整的敏感性下降。表现在：① QT 间期 / RR 间期白天与夜间的差别下降，两者相比（$0.232vs.0.210$）无统计学差异（图 9-5-9D）；②虽然其 QT 间期值在正常范围内，但本综合征患者 QT 间期值随 RR 间期值变化时，变化的幅度都超过正常对照组，但白天两组值的差异相对小（$P<0.01$，图 9-5-9A），夜间两组值的差异相对更大（$P<0.001$，图 9-5-9B）。这一特征与先天性或后天性心脏病，特别是长 QT 综合征患者中猝死高危患者的特点相同。提示患者的自主神经调节作用受损。相同心率变化时，QT 间期延长的程度比正常人明显（表 9-5-1）。

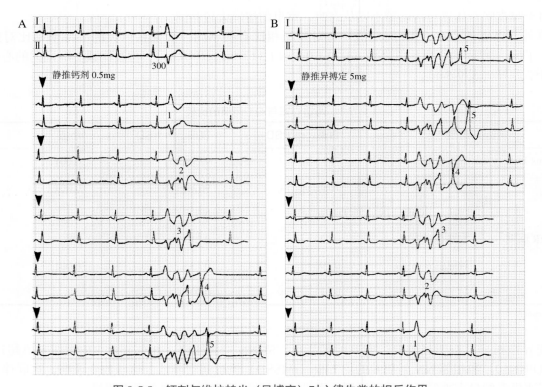

图 9-5-8 钙剂与维拉帕米（异搏定）对心律失常的相反作用

A. 静推钙剂几分钟后，孤立的室早发展为成串的室早和短阵室速；B. 上述现象可被静推异搏定而逆转

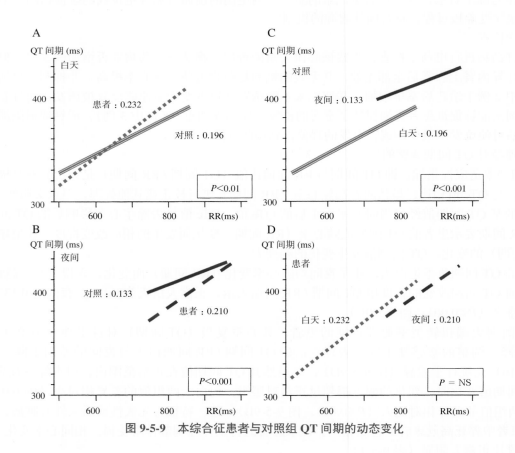

图 9-5-9 本综合征患者与对照组 QT 间期的动态变化

三、发生机制

迄今，本综合征的发生机制不清，但可能与下列因素有关。

1. 交感神经的兴奋性增高

交感神经兴奋性的增高可以表现在心率的增加，也可以表现在室早联律间期的缩短、QT 间期的频率依赖性改变等。短联律间期尖端扭转型室速综合征的患者常有上述表现，提示存在交感神经兴奋性增高，同时自主神经的调节功能受损。

2. 触发机制

患者交感神经兴奋性的增高，对异搏定治疗十分敏感等特征都提示室速的发生可能与触发机制相关。由于室早的联律间期极短，其多数发生在 ST 段终末或 T 波起始部，相当于动作电位的 2 相（平台期）或 3 相早期，系早后除极引起。此时，Na^+ 通道尚处于失活状态，除极是 Ca^{2+} 内流或 K^+ 外流引起的，这能解释 I 类抗心律失常药物的治疗常无效甚至有害，而钙通道阻滞剂有效，以及奎尼丁治疗有效的机制（奎尼丁可减少 I_{to} 电流）。

3. 折返机制

尚不能排除以 Ca^{2+} 内流为基础的折返机制引发室速的可能性，折返性室速常对异搏定治疗反应良好。

四、临床特征

（1）常有反复发作的尖端扭转型室速，通常不伴器质性心脏病。

（2）发作时心室率极快，常在 250 次 / 分左右，可伴有眩晕、晕厥，甚至猝死。

（3）I、II、III 类抗心律失常药物通常无效。

（4）无原发性或继发性 QT 间期延长。

（5）患者年龄偏低：39 岁 ±14 岁。

五、诊断

短联律间期尖端扭转型室速综合征是一个单纯的心电疾病，诊断主要依靠心电图，当发作频繁、发作过程被心电图记录时诊断容易。

1. 根据心电图的特征进行诊断

心电图可见极短联律间期的室早（<300ms），并诱发典型的尖端扭转型室速，同时心电图无 QT 间期原发或继发性延长，无 Brugada 综合征，无右室心肌病的心电图相关表现，进而可以排除其他心电疾病引起的尖端扭转型室速。

2. 病因学的排他诊断

目前证实，尚有几种临床疾病无 QT 间期延长，但可能发生短联律间期尖端扭转型室速，如 Brugada 综合征、致心律失常性右室心肌病、儿茶酚胺敏感型室速、低钾血症等。因而做出本综合征诊断时需排除这几种情况。换言之，本综合征可视为原发的或原因不明的"短联律间期尖端扭转型室速综合征"。患者应当无特异性病因，常频繁发作。

3. 遗传学诊断

文献已有本综合征在同一家族中多位成员发病的报告，但目前尚无一例发现遗传学证据。研究表明，长 QT 综合征、Brugada 综合征、儿茶酚胺敏感型室速、致心律失常性右室发育不良的相关致病基因都不是本综合征的病因。

六、治疗

（一）非药物治疗

本综合征的非药物治疗主要是 ICD 治疗。当患者发生短联律间期尖端扭转型室速，包括单次短联律间期（<300ms）的室早，又有相应症状时，猝死是一个永久的危险。因此有人主张，当患者药物治疗无效时，都适合植入 ICD，并可在 ICD 的保护下进行药物的干预治疗。

（二）药物治疗

1. 治疗无效的药物

资料提示，Ⅰ类、Ⅱ类、Ⅲ类抗心律失常药物对此综合征的治疗均无效。胺碘酮的治疗也常无效，但胺碘酮应用后可提高维拉帕米（异搏定）的疗效。

2. 有效的药物

（1）维拉帕米（异搏定）是唯一持续有效的治疗药物，其可延长室早的联律间期，并能减少或消除尖端扭转型室速的发作。急性期治疗时，应注意使用较大剂量的异搏定（800mg/d），由于该剂量常会出现副作用，使长期永久性治疗者，很难维持。而患者发生致命性心律失常又无先兆，不能预测。

（2）虽然绝大多数Ⅰ类抗心律失常药物的治疗无益，甚至有害，但奎尼丁例外，其可治疗短联律间期尖端扭转型室速综合征。

七、结束语

短联律间期尖端扭转型室速综合征是一个独立的心电疾病，其有独立的心电图特征，有独立的诊断标准，有独特有效的治疗方法。目前较多的证据和诊断方法能明确地将其与其他类似的疾病进行区分，最终得到诊断和相应合理的治疗。因此，医生对此综合征应给予充分重视。

运动员隐匿性心肌病

毋庸置疑，运动和体育锻炼是促进健康，增强体质，抗击疾病的最有效措施。因此，职业运动员常被视为全社会最健康的群体，优秀运动员凭借自己身体素质的天赋，凭借有素的训练和顽强拼搏在运动场一举成名时，就已成为公众心目中的英雄与偶像，而当他们健壮的躯体在竞技场突然倒地，璀璨的生命刹那间结束之时，社会与民众也会深感震惊与痛惜。更令人难以接受的是，正当全社会都在关注运动员健康，正当已采取措施增强运动员健康检查与监测时，运动员的猝死率非但不降反有增高趋势。

为此，还需要更大的关注，需要更深入、更有效的研究。近期，意大利学者 Russo AD 等在他们研究成果的基础上提出了"运动员隐匿性心肌病"这一全新概念，这不仅是"运动员健康"这一热门话题中的新理念，更应当将之视为心律失常领域的一个新突破。

一、运动员心脏与猝死的传统认识

应当看到，在运动员炫丽璀璨光环的后面，有着令人不敢相信、让人难以接受的黑色档案。年轻运动员心脏性猝死的概率比同龄非运动员增加 2.5 倍，而剧烈运动的猝死率要比轻度或不运动者高出 17 倍，这使马拉松长跑、激烈的足球比赛、篮球和橄榄球比赛成为猝死高发的重灾区。有研究表明，运动中或运动后即刻猝死的风险增加 5～50 倍，而意大利的资料表明，男女运动员猝死的比例为 10：1，这与男性运动员的运动更剧烈、伴发更多的器质性心脏病等因素有关。

运动员健康体检的结果更令人震惊，超声心动图检查中，20% 的运动员左房内径＞40mm，左室舒张末期内径超过上限值 54mm 者高达 44%。心电图及 24h 动态心电图的检查结果表明，25%～65% 的运动员有室早，伴有缓慢性心律失常者更多见，以一度及二度房室传导阻滞为例，运动员的发生率比普通人群高出 30～50 倍（表 9-6-1）。

表 9-6-1　普通人群与运动员缓慢性心律失常发生率比较

缓慢性心律失常	普通人群（%）	运动员（%）
游走性房性节律	非常少见	7～20
窦性停搏	6	37～39
一度房室传导阻滞	0.65	5～35
二度房室传导阻滞		
莫氏 I 型	0.003	0.1～10
莫氏 II 型	0.003	0.1～8
三度房室传导阻滞	0.0002	0.017
结区心律	0.06	0.03～7

实际，对运动员健康与猝死的关注由来已久，早在 1899 年，瑞典医生 Henschen 应用叩诊为滑雪运动员进行心脏检查时，就已发现多数运动员的心界扩大。此后一百多年来，这种关注度不断上升，研究与监测技术也在不断改进与提高。

1. 心脏器质性病变

运动员猝死的研究结果表明，运动员发生猝死的主要原因为心源性（心脏性）或脑源性，而心脏性猝死更为多见（表 9-6-2），约占 60% ～ 85%。

引起运动员心脏性猝死的五大疾病包括：①冠心病：这是 35 岁以上运动员猝死的主要原因；②肥厚型心肌病：这是低于 35 岁年轻运动员猝死的第一位病因，在美国，约占运动员猝死病因的 1/3 ～ 2/3；③致心律失常性右室心肌病（ARVC）：这是欧洲年轻人运动时最重要的致死病因，约占意大利运动员心血管猝死的 25%；④心脏震击猝死综合征；⑤遗传性心律失常：包括长 QT 综合征、儿茶酚胺敏感型多形性室速、Brugada 综合征等，约占运动员猝死病因的 10%。

2. 心脏功能性改变

长期大运动量训练的职业运动员可能发生心脏功能的改变，这被称为运动员心脏综合征或运动员心脏。这常是竞技运动员长期、大运动量及耐力训练的结果。运动员心脏是运动员参与并完成剧烈比赛的基础条件，属于心脏适应性改变，但同时，也与器质性心脏病的某些改变有类似之处，是运动对人体健康双刃作用的表现。所谓竞技运动是指有组织的团体或个人运动项目，需要系统训练和定期比赛，并对成绩优异者给予奖励，从事竞技运动者常是职业运动员。

表 9-6-2　运动员猝死的相关心血管疾病
根据年龄分层
年龄＞ 35 岁
冠状动脉疾病
年龄＜ 35 岁
肥厚型心肌病
致心律失常性右室心肌病
遗传性心律失常
心脏震击猝死综合征
冠状动脉先天畸形
心肌炎
主动脉破裂
心脏瓣膜疾病
预激综合征和传导系统疾病

人体在剧烈运动、训练或比赛时代谢率剧增，心脏也动用储备力，通过增加每搏量来满足机体代谢增加的需要。与静息状态相比，运动时心排血量能增加 4 ～ 6 倍或更高。长期运动训练者，心排血量的增加将更高。未经训练者心排血量的增加主要依靠心率的增加，而职业运动员则通过每搏量的增加。正常心脏的每搏量约 70 ～ 80ml，运动时的每搏量将增加几倍，这可计算出剧烈运动时心脏负荷的增加量。因而随着长期大运动量的耐力训练，在负荷严重增加的情况下，心脏将发生适应性改变，表现为心脏各腔室的扩大、室壁厚度的增加。心脏这种适应性改变有时与肥厚型心肌病、扩张型心肌病难以区分，而且停止运动后一段时间，有些适应性改变能够消失或部分消失。

3. 运动员特发性心律失常

总有一定数量的运动员因伴发各种心律失常而接受各种检查，但经过当今最先进的各种检查都未能检出和发现其心脏存在任何病理性或功能性改变，进而对这种心律失常只能诊断为"健康人的心律失常"或"特发性心律失常"。

二、运动员隐匿性心肌病新概念的产生

科学最大的属性就是永不停息地向前发展，而这种探索永远没有终点。这需要科学家有不断向传统理念提出挑战的勇气与胆识。近时，Russo AD 等对特发性室性心律失常这一传统观念提起了挑战，最终发现并提出了运动员隐匿性心肌病这一重要的新概念。

1. 研究背景与方法

评价正常心脏伴发的室性心律失常常是临床医师需要面对的难题，尤其面对职业运动员更是如此，这不仅涉及室性心律失常引发原因的确定与评价，还要决定这些运动员能否继续从事体育职业，是否需要停止竞技性运动的问题。

Russo AD 就职的意大利国家运动心脏病学研究所于 2008 年 1 月至 2009 年 2 月为 1644 例运动员进行体检，初筛后发现 57 例运动员有反复发生的室性心律失常（图 9-6-1），其中 27 例（1.6%）伴发非持续性或持续性室速，而另 30 例（2.1%）存在频发室早（24h＞1000 个室早）。57 例均进行了第一阶段的无创检查：包括询问病史、体检、心室晚电位检查、经胸超声心动图、钆增强的心脏磁共振等。无创检查结果发现 40 例心脏结构异常，17 例心脏结构正常而进入第二阶段的有创检查，包括 CARTO 或 Insite 三维电解剖

标测，以及三维电标测指导下的心肌活检。17 例中 4 例有创检查结果正常，另外 13 例发现心脏结构存在异常而诊断为运动员隐匿性心肌病。

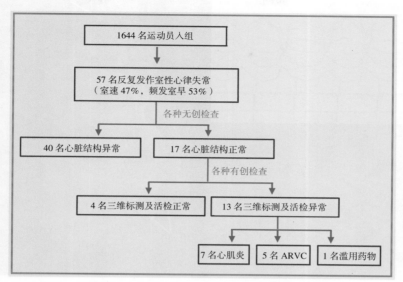

图 9-6-1　1644 名运动员体检与研究流程图

（1）三维电解剖标测，该检查心肌瘢痕的定义为：在 1cm² 内，至少有三个采样点的双极电图电信号的幅度 < 0.5mV（正常时 >1.5mV），而电信号幅度为 0.5 ～ 1.5mV 时为低电压区，进而可计算心室电解剖瘢痕区范围。

（2）心内膜心肌活检：电解剖标测指导下的心内膜活检是在有异常低电压区的心室壁进行 4 ～ 5 处的心内膜心肌活检，并进行组织学及免疫组化处理，根据 Dallas 标准进行心肌炎的诊断，而 ARVC 的诊断是要证实心肌存在广泛而严重纤维脂肪化，诊断标准为脂肪化 > 3%，纤维组织 > 4%，残余心肌 < 45%。

2. 研究结果与结论

第二阶段有创检查发现心脏异常的 13 例中，2 例（15%）有 ARVC 的家族史及猝死史（< 40 岁），3 例有持续性室速（23%），7 例有非持续性室速（54%），3 例有频发室早（23%）。室性心律失常的起源部位 10 例为右室（77%），3 例为左室（23%）。所有患者均伴有心律失常相关症状：3 例有晕厥史、5 例有眩晕、5 例伴心悸。

（1）13 例患者第一阶段的无创检查结果均正常：心脏 MRI 检查无 1 例有钆延迟显像，超声心动图证实所有患者的心功能正常，LVEF 平均值为 57%±3%。

（2）有创性三维电解剖标测时，10 例进行了右室、3 例进行了左室的三维标测，其中 12 例（92%）存在异常电解剖的瘢痕区（< 0.5mV）及电解剖的低电压区（0.5 ～ 1.5mV）（图 9-6-2 至图 9-6-4）。测定的电解剖瘢痕区平均为 18.5cm²±8.9cm²，相当于心室总面积的 11.1%±5.1%。其中 4 例进行了激动顺序标测，证实室性心律失常起源部位与瘢痕区完全一致（图 9-6-2），而右室流出道是最常见的低电压发生区（80%），其次为下后壁（60%）、游离壁（50%）和心尖部（20%）。

心内膜心肌活检：5 例有心肌萎缩（atrophy）、心肌纤维脂肪化伴有低电压区；4 例存在瘢痕区。7 例组织学检查证实存在心肌的炎性浸润及邻近心肌细胞坏死（图 9-6-4）；另有 1 例右室流出道存在低电压区，活检证实其存在收缩带坏死，其有咖啡因和抗生素滥用史（图 9-6-3）。

3. 研究结论

过去运动员常因伴发室性或其他心律失常而接受各种无创检查，包括询问病史、心电图、超声心动图、动态心电图、心脏磁共振等，当检查结果均为阴性时，将认为运动员的心脏正常，其伴发的心律失常属于特发性。而本文就是深入研究了属于这种情况的 13 例运动员，并进行了两项有创性检查：心脏三维电解剖标测及心内膜心肌活检，有创检查证实 13 例患者均存在器质性心肌病变，均存在心肌病的各种基质，因而将原诊断变更为患者存在"运动员隐匿性心肌病"。可以看出，该作者提出的这一新概念有着充

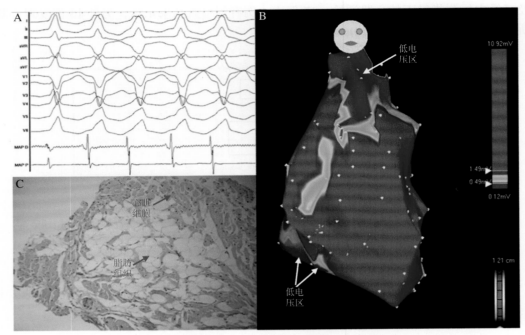

图 9-6-2　ARVC 患者的三维电解剖标测与心肌活检结果

患者男性，31 岁，滑冰运动员，发现非持续性室速 3 个月。A. 室速的 QRS 波呈左束支传导阻滞；B. 三维电解剖标测发现右室流出道与后壁有瘢痕的低电压区；C. 心肌活检证实为 ARVC

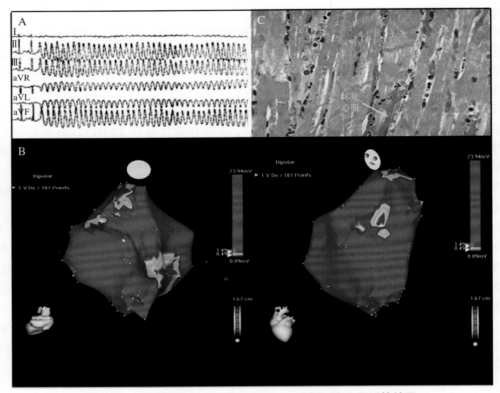

图 9-6-3　滥用药物运动员的心电图、三维标测和心肌活检结果

患者男性，25 岁，自行车运动员，反复晕厥，长期滥用麻黄碱等药物。A. 平板运动试验中发生室速及眩晕症状；B. CARTO 标测发现右室流出道存在低电压区；C. 心肌活检发现局部心肌坏死

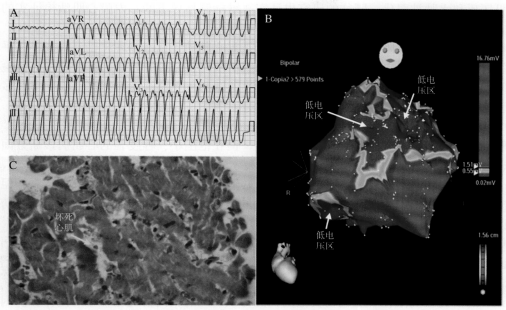

图 9-6-4 心肌炎患者的心电图、三维标测与心肌活检结果
A. 患者存在室速及眩晕症状；B.CARTO 标测发现右室流出道存在低电压区；C. 心肌活检可见心肌坏死

分的依据与理由，也有着重大的临床意义。

三、运动员隐匿性心肌病新概念的重大价值

1. 运动员隐匿性心肌病新概念的重要意义

运动员隐匿性心肌病新概念提出的背景是基于 13 例年轻职业运动员（平均年龄 30 岁 ±13 岁），因伴有各种室性心律失常而接受的各种无创检查，未发现心脏的任何异常，而诊断为正常心脏伴发的室性心律失常，依据传统观念，这种特发的室性心律失常并无重要的临床意义。但 13 例患者随后进行的有创三维电解剖标测及心内膜心肌活检结果令人震惊，13 例中 7 例明确诊断为活动性心肌炎，5 例为 ARVC，1 例为滥用药物引起心肌收缩带坏死。13 例最终均获得心肌病的诊断，成为过去长期未能认识的心肌病，故称为隐匿性心肌病。

诊断明确后，5 例（38%）ARVC 者被迫停止继续从事体育运动，另外 7 例（54%）活动性心肌炎患者被暂时禁止竞技性体育运动。有足够的理由相信，这一举措一定对这些运动员起到保护作用，并对预后产生重大影响，对降低运动员的猝死率有重大意义。

2. 对特发性心律失常的诊断提出了挑战

所谓特发性心律失常是指一组发生在正常心脏的心律失常，例如特发性房颤、特发性室速、特发性室颤等，诊断的前提是经病史询问、体检、超声心动图、心脏磁共振等检查都未发现心脏形态及功能存在异常，且心律失常不能用任何原因解释。

特发性心律失常的诊断一直存在争论与困惑，对其认知水平也在不断发展与提高中。对正常心脏的诊断，过去常依靠体检及经胸超声心动图的检查结果，随后发现心脏磁共振检查，尤其采用钆延迟增强的显影，能使心脏在多维角度显像，并提供心肌组织学特征，进而成为当今正常心脏诊断的"金标准"。但这一看法受到 Russo 研究的颠覆性挑战，13 例心脏磁共振钆延迟显像的阴性结果诊断的正常心脏运动员，随后依靠有创性检查均被诊断为心肌炎或心肌病，并发现：① 70% 的室性心律失常起源于右室流出道，三维电解剖标测及心肌活检能发现该部位存在瘢痕组织，但心脏磁共振检查却未能发现；②心肌活检能检出更小面积的瘢痕组织（右室总面积的 11.1%），而对这种轻型心肌病基质的认识磁共振尚存问题；③ 3 例左室起源的室性心律失常患者，心肌活检确定 2 例心肌存在瘢痕组织，组织学将其诊断为急性心肌炎，虽然磁共振的钆延迟增强显像能敏感地显示心肌内存在的组织坏死，但其诊断价值在急性心肌炎时尚存疑问，因为此时的心肌坏死和水肿被弱化。既往的研究也证实三维标测指导下的心内膜心肌活检证实的心肌炎，仅有 46% 能被磁共振成像诊断。

因此，将心脏磁共振成像阴性检查结果作为诊断正常心脏的金标准的理念受到挑战，几乎能够这样认为，一个新的时代，即在三维电解剖标测指导下的心肌活检时代已经开始了，尽管这种有创检查的普通应用性尚存疑问，但目前有限的病例就已拓宽了临床医生的视野、思路，大大提高了我们对很多特发性心律失常发生原因与机制的新理解。

3. 三维电解剖标测具有巨大潜在的心血管疾病的诊断价值

三维电解剖标测技术在临床应用已有十余年历史，但在范围小、程度轻的心肌病诊断方面，该技术的价值已被凸显。

Corrado 报道的 27 例右室流出道室速患者，超声心动图未能发现右室扩张或其他异常，但三维电解剖标测后均做出 ARVC 的诊断，电解剖标测检查出存在的电解剖瘢痕，并与心肌活检证实的脂肪、纤维化浸润等组织学证据完全一致。

因此，单纯的三维电解剖标测就能发现面积小、程度轻的心肌病基质，该技术诊断心肌病的潜力已得到多项研究证实，显示出重要的临床意义。在与心内膜心肌活检联合应用时将具有更大的诊断价值。

4. 新概念在临床工作中将能广泛延伸

尽管 Russo 的研究仅局限在职业运动员范围，但与该研究的相同情况在临床广泛存在。因此，隐匿性心肌病这一新概念具有的广泛而重要的临床意义：原来被诊断为"特发性"心律失常可能不属于特发性，而属于隐匿性心肌病所致。这种情况更多见于急性发生的心律失常，也见于急性心律失常持续一段时间而缓解的患者。对室性心律失常如此，对房性心律失常也是如此，这将大大拓宽临床医生的诊断思路，进而提高处理这些心律失常的能力。

第七章

获得性 Brugada 综合征

1992 年，西班牙的 Brugada 兄弟报告了 8 例因室颤发生心脏性猝死而又复苏成功的一组病例（图 9-7-1），这些患者的心电图 $V_1 \sim V_3$ 导联都存在 J 波、ST 段及 T 波改变的心电图三联征，并由此而得名 Brugada 综合征。1998 年，中国旅美学者王擎首次报告 Brugada 综合征患者存在编码心脏 Na^+ 通道 α 亚基的 SCN5A 基因突变。随后，Antzelevitch 等报告，Brugada 综合征也能因编码 L 型 Ca^{2+} 通道 α 亚基的 CACNAIC 基因突变引起。

图 9-7-1　Brugada 三兄弟
左起：Brugada Josep，Brugada Ramon，Brugada Pedro

Brugada 综合征是一种遗传性心律失常，主要累及男性青壮年，男性患病率是女性的 10 倍，受累者常无冠心病心肌缺血，无明显的器质性心脏病。心脏性猝死常因室颤引发，多发生在夜间，部分患者的猝死为首发症状，此前无任何异常。20% ～ 30% 的 Brugada 综合征患者的基因学检查能发现 SCN5A 基因突变。其险恶的临床危害常令人恐惧，在无器质性心脏病患者的猝死中，约 20% 系由 Brugada 综合征引起，在发病较多的东南亚地区，除交通事故外，其已成为男性青壮年第二位常见的死因。

中国的 Brugada 综合征患者并不少见，除散发病例外，家族聚集性发病的情况也屡见不鲜，图 9-7-2 是作者所在医院发现的三个 Brugada 综合征家族性发病中的一个家系图，该家族已连续三代有成员猝死，尤其第二代的兄弟 6 人中，先后 4 人发生夜间猝死，在其家系心电图普查时发现，有 3 位家族成员存在典型的 1 型 Brugada 综合征心电图改变。

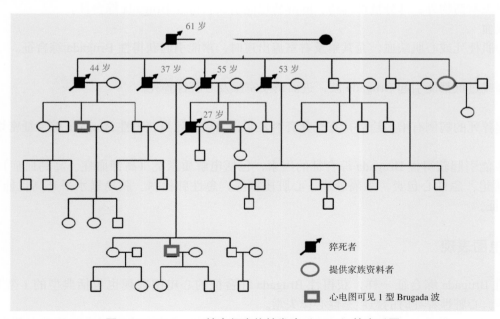

图 9-7-2　Brugada 综合征家族性发病（NO.3）的家系图
图中年龄为猝死年龄

正当临床医生对原发性 Brugada 综合征越来越重视，对其诊断、鉴别诊断、猝死的危险分层正处于探索与经验积累的过程中，获得性 Brugada 综合征引起的严重临床问题也被提到日程上来。有专家指出，与原发性 Brugada 综合征相比，获得性 Brugada 综合征（acquired Brugada syndrome）累及患者的数量可能更多，引发猝死的情况可能更严重，需要临床医生高度关注与重视。

一、定义与概念

与长 QT 综合征（LQTS）存在原发性和获得性两种类型一样，Brugada 综合征也存在原发性和获得性两种。应当说，很多疾病的发生中都有遗传性因素和获得性后天因素的参与，两者相辅相成，促成发病，对于获得性 Brugada 综合征也是如此。

获得性 Brugada 综合征是指在一定的条件或因素的作用下，平素无 Brugada 综合征心电图及临床表现者出现典型的心电图表现和临床症状而被识别、被诊断，随之还可能发生致命性心律失常，引发室颤与心脏性猝死。

患者典型的心电图与临床表现可在引发因素反复出现时重复发生，使心电图表现从无到有，而诱因消失时，心电图及临床表现也能转阴。恶性心律失常也能伴心电图 Brugada 波的出现而出现，随其消失而消失。

显然，患者在无心电图监测时，一时显露的 Brugada 波很难被捕捉记录到，这使随后发生的室颤或猝死被归为原因不明的室颤及猝死。

二、常见病因

引起获得性 Brugada 综合征的病因很多，而且随时间的推移，新的病因还在不断被揭示。

1. 药物

业已发现，很多药物能引起获得性 Brugada 综合征，最经典的药物则属Ⅰc 及Ⅰa 类抗心律失常药物。过去，Ⅰ类抗心律失常药物曾是不典型 Brugada 波（2 或 3 型）的激发试验用药，因为只有 1 型 Brugada 波才是该综合征诊断的可靠指标。而目前，已把这一药物激发试验结果呈阳性者都归为获得性 Brugada 综合征。除Ⅰ类抗心律失常药物外，有些 β 受体阻滞剂、钾通道阻滞剂，以及钙通道阻滞剂也能引发获得性 Brugada 综合征。

除抗心律失常药物外，部分抗抑郁药、麻醉药也能引发获得性 Brugada 综合征。

2. 心肌缺血

在急性心肌梗死或心肌缺血，尤其累及右室流出道时，常能引起获得性 Brugada 综合征。

3. 体温

体温过高或过低都能引起 Brugada 波，进而诱发室颤及心脏性猝死。

4. 饮酒

饮酒引起猝死的病例有增多趋势，有充分资料表明，酒后猝死与获得性 Brugada 综合征密切相关。

5. 其他

还有很多能引起获得性 Brugada 综合征的因素，包括电解质紊乱（高钾血症、高钙血症）、右室流出道的机械性压迫、急性心包炎、纵隔肿瘤、心脏压塞等，急性肺栓塞、胰岛素水平升高也能引起获得性 Brugada 综合征。

三、心电图表现

与原发性 Brugada 综合征一样，获得性 Brugada 综合征的心电图表现也包括典型的 1 型 Brugada 波，以及发生室颤、心脏性猝死时的恶性室性心律失常。

各种因素引起获得性 Brugada 波的心电图改变有两种类型：①在心电图正常的基础上新出现典型的 1 型 Brugada 波；②在原有的 2 型或 3 型 Brugada 波的基础上，转变为典型的 1 型 Brugada 波。

Brugada 波的 3 型分类法是美国心脏协会（AHA）与欧洲心脏病学会成立的专家组在国际首届 Brugada 综合征诊断标准的专题研讨会上，作为专家共识的意见被提出的，即分成 1 型：ST 段下斜型抬高，存在 J 波及 T 波倒置；2 型：ST 段呈马鞍型抬高（≥ 0.2mV），伴有 J 波及 T 波直立或双向；3 型：ST 段呈低马鞍型抬高（<0.1mV），伴有J波及T波直立或双向。此后，在2005年召开的第二届Brugada综合征诊断标准的专题研讨会上，与会专家进一步提出，1型Brugada波是该综合征诊断的必要条件，只有1型Brugada波的患者发生室颤与心脏性猝死的概率才增加，而仅有2型或3型心电图改变时不能诊断Brugada综合征。

图9-7-3是患者应用Ⅰc类抗心律失常药氟卡尼后，心电图V₁～V₃导联新出现典型的1型Brugada波，其属于从无到有的获得性1型Brugada波。

图9-7-4显示1例患者心电图原有2型Brugada波，当注射普鲁卡因胺后，引发了心电图典型的1型Brugada波，这种情况属于从2型或3型Brugada波转变为1型Brugada波。

图9-7-5患者的心电图原本正常，无Brugada波的表现，当在右冠脉近端置入一枚支架引起右冠脉的圆锥支痉挛时，发生的右室心肌缺血使心电图V₁～V₄导联新出现1型Brugada波，并马上发生了室颤。

因此，获得性Brugada综合征的特征性心电图表现包括一定的条件下引发1型Brugada波，以及伴发的恶性室性心律失常、室颤等。

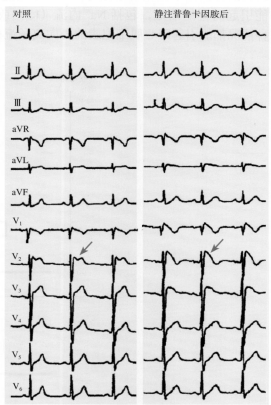

图9-7-4　普鲁卡因胺诱发1型Brugada波

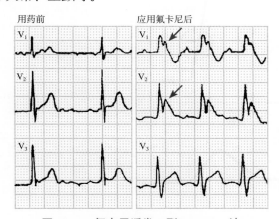

图9-7-3　氟卡尼诱发1型Brugada波

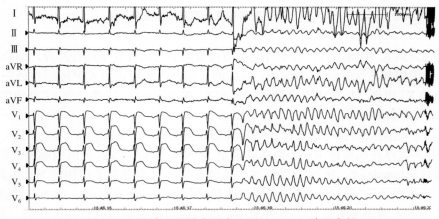

图9-7-5　右室心肌缺血诱发1型Brugada波及室颤

四、发生机制

获得性Brugada综合征的发生机制包括：1型Brugada波的引发机制，以及1型Brugada波出现后引发室颤及猝死的机制。

1. 获得性 1 型 Brugada 波的引发机制

引起获得性 1 型 Brugada 波的机制尚不完全清楚。就理论推导，任何能破坏右室流出道心肌细胞复极早期（1 相末或 2 相初）内向与外向离子流的各种因素都能引起获得性 Brugada 波，只是引发的因素与条件不同，引起不同离子流改变的程度不同。

可以肯定，当心肌细胞复极早期离子流发生异常改变时，可使原来跨膜电位的相对平衡遭到破坏，例如跨膜的外向离子流相对增强时，一定会使复极加速，表现为整体动作电位的时程缩短。有多种离子流异常能引起时程的缩短，包括 Na^+ 内流（I_{Na}）或 Ca^{2+} 内流（I_{Ca}）减弱，K^+ 外流增强（I_{to} 电流增强）等，这三种情况都能引起跨心肌细胞膜的外向离子流相对增强（图 9-7-6）。

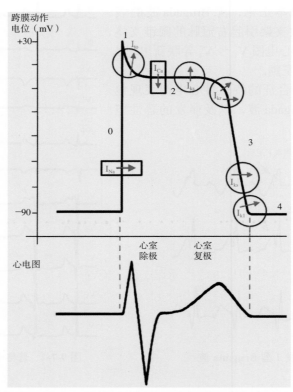

图 9-7-6　复极时多种离子流异常使复极加速

I_{to} 电流又称瞬间外向 K^+ 电流，其在心室外膜层与内膜层的分布存在生理性差异，即心外膜层分布占优，在右室流出道的心外膜更加占优。除 I_{to} 电流外，其他的外向钾电流还包括 ATP 敏感性外向 K^+ 电流（I_{K-ATP}），缓慢激活的延迟整流 K^+ 电流（I_{ks}）和快速激活的外向 K^+ 电流（I_{kr}），这些外向 K^+ 外流的增加都对获得性 Brugada 波的形成起一定作用。

对于 Brugada 波心电图三联征中的 J 波，引发其形成的另一离子流为 Na^+ 内流（I_{Na}）的减弱。原发性 Brugada 综合征患者多数存在遗传性编码心脏 Na^+ 通道 SCN5A 基因突变，进而引起跨心肌细胞膜的 Na^+ 内流减弱。对于获得性 Brugada 波，则因心肌缺血或各种药物等因素抑制了跨膜的 Na^+ 内流。Na^+ 通道的抑制表现为：① Na^+ 通道表达功能丧失；② Na^+ 通道失活加快或失活时间延长；③ Na^+ 通道激活与失活的电压值或时间改变；④ Na^+ 通道易失活而不易再激活；⑤蛋白合成与运输过程存在缺陷。总之，Na^+ 内流的减弱与 I_{to} 电流的增强对 J 波的形成有着相同意义。

Ⅰ类抗心律失常药物过去曾是 1 型 Brugada 波激发试验中应用的药物，在 Na^+ 通道阻滞剂抑制 Na^+ 内流时，将间接起到增强 I_{to} 电流的作用，这是获得性 Brugada 波形成的重要机制。

生理状态下，右室流出道心肌细胞的单向动作电位在 1 相末期存在心外膜与心内膜的复极电位差，这使一定比例正常人的心电图存在 J 波（图 9-7-7），这种生理性 J 波的振幅低、持续时间短，且固定不变。当该复极电位差发生病理性增强时，J 波的幅度将增高且持续时间延长。而复极电位差持续存在并延伸到 2

相初期或更晚时，将在 J 波后出现 Brugada 波特征性 ST 段抬高（图 9-7-8）。应当了解，体表心电图记录的 QRS 波、ST 段及 T 波相当于 10 亿个心室肌细胞除极与复极电位的总和，这使动作电位 1 相存在的复极电位差促成 J 波的形成，持续存在时将引起 ST 段的改变。

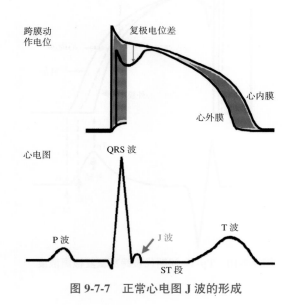

图 9-7-7　正常心电图 J 波的形成

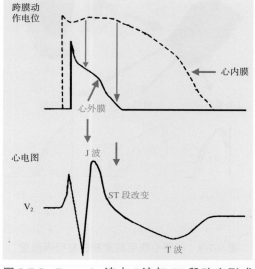

图 9-7-8　Brugada 波中 J 波与 ST 段改变形成机制示意图

2. 室颤与猝死的发生机制

心肌细胞的每个心电周期都包括静息电位和动作电位，而动作电位又分为除极与复极两部分。心肌细胞的除极时间短（0 相为 1 ～ 2ms，对应的 QRS 波时限为 60 ～ 80ms），除极异常包括除极总时间的延长（QRS 波时限 >120ms），表现为左、右束支传导阻滞，室内阻滞等，除极异常还包括室内传导的局部异常（形成心室晚电位或 QRS 波的碎裂电位）。相比之下，心肌细胞的复极时间较长（1 ～ 3 相持续约 300ms）。应当强调，单细胞动作电位的复极 1 ～ 3 相将对应形成体表心电图的 J 波、ST 段和 T 波三部分。

目前，复极异常与恶性室性心律失常、猝死的关系备受重视。复极异常包括复极总时间的延长进而形成的长 QT 综合征或复极总时间缩短而形成的短 QT 综合征（SQTS），还包括复极过程中不同时相的异常，可分别形成 Epsilon 波、J 波、早复极波（ERS 波）、Brugada 波及各种 T 波异常等。除心肌复极异常外，不同心肌之间复极离散度的增大也十分重要。复极离散包括空间离散及跨室壁离散，而跨室壁的复极离散更显重要（图 9-7-9）。

目前，各种跨室壁复极离散度增大的指标中，研究较多的应属 Tp-Te 间期（图 9-7-10）。其中 T_{peak} 代表心室外膜心肌细胞复极结束的时间，而 T_{end} 代表心室肌中层 M 细胞复极结束的时间，因而 Tp-Te 间期可视为跨室壁的不同心室肌复极时间的差值，即复极离散度。正常时，外膜复极时间＜内膜复极时间＜心室肌中层（M 细胞）复极时间。当 Tp-Te 间期从生理范围（80 ～ 100ms）显著延长时，代表跨室壁的复极离散度增大。

复极电位存在离散的另一心电图指标为 J 波，J 波是心电图心室复极初期的一个波，与单向动作电位的 1 相末或 2 相初对应，其由心室外膜与心室内膜心肌细胞复极电位之差形成，这种复极过程中的差值多属于生理性，这也是 10% ～ 15% 正常人心电图存在 J 波的机制。当 J 波病理性增高、增宽时，则说明不同心肌层复极离散度出现病理性增大。因此，心电图 J 波幅度异常增高或变化不定时，其本质则是患者不同层心室肌存在复极离散度的增大，当该电位的差值达到一定程度时，将发生电流从电位高的部位流向电位低的部位，进而形成 2 相折返，心电图表现为恶性室性心律失常及室颤，即发生了 2 相折返性室速或室颤（图 9-7-11）。

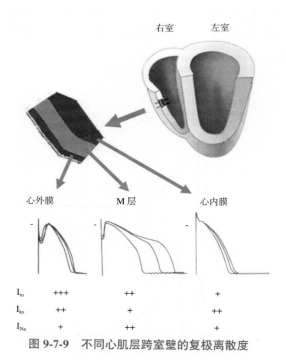

右室 左室

心外膜 M层 心内膜

I_{to}	+++	++	+
I_{ks}	++	+	++
I_{Na}	+	++	+

图 9-7-9 不同心肌层跨室壁的复极离散度

跨膜动作电位（mV）

心内膜
M层
心外膜

心电图

Tp
外膜
Te
内膜
M层

图 9-7-10 Tp-Te 间期代表跨室壁复极离散度

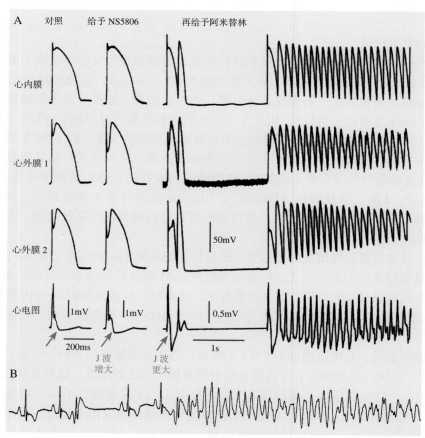

A 对照 给予 NS5806 再给予阿米替林

心内膜

心外膜 1

心外膜 2

心电图

50mV

1mV 1mV 0.5mV

200ms 1s

J波增大 J波更大

B

图 9-7-11 2 相折返引发室颤

A. 实验性 2 相折返；B. 临床患者发生 2 相折返性室颤

五、各种获得性 Brugada 综合征

随着对获得性 Brugada 综合征认识的提高，近年来发现，越来越多的因素或条件能引发获得性 Brugada 综合征。

（一）药物获得性 Brugada 综合征

可以肯定，在获得性 Brugada 综合征的多种类型中，药物引发者最多见，不仅引发的药物种类多，而且总发生率也高。

1. 发生率高

药物获得性 Brugada 综合征在不同研究中的发生率明显不同。一项 1000 例正常人服用钠通道阻滞剂的研究发现，药物获得性 Brugada 综合征的发生率为 0.5%，而另一项入选 95 例服用治疗剂量或过量的三环类抗抑郁药的患者中，10 例出现 Brugada 波，发生率高达 10.5%，其中 1 例死于反复室颤，另 1 例患者虽无 Brugada 波的心电图表现也发生了致命性室颤。还有一组 402 例患者服用三环类抗抑郁药物后，1 型 Brugada 波的发生率为 2.3%，因此，不同药物导致获得性 Brugada 波的发生率在不同文献中差别较大。

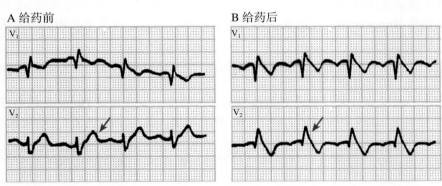

图 9-7-12　静注 105mg 普罗帕酮（心律平）后引起获得性 1 型 Brugada 波

2. 引起 Brugada 综合征的药物种类多

（1）Ⅰ类抗心律失常药物：引发获得性 Brugada 综合征的多种药物中，以Ⅰ类抗心律失常药物最多（图 9-7-12）。此外，部分 β 受体阻滞剂、钙通道阻滞剂（图 9-7-13）等抗心律失常药物也都能引发之。

（2）三环类抗抑郁药：不少三环类抗抑郁药可引发获得性 Brugada 综合征，报告较多的有阿米替林及锂剂（氯化锂）等，停药后心电图可恢复正常。

（3）抗组胺药：不少抗组胺药，例如茶苯海明（乘晕宁）服用后可引发 Brugada 波、直立（体位）性低血压与晕厥。

（4）其他药物：其他很多药物，例如可卡因（cocaine）服药过量时可诱发 Brugada 波及心搏骤停，有些患者还能出现心肌抑制，服用可卡因后发生的猝死及恶性心律失常与其潜在的 Na$^+$ 通道阻滞作用相关。麻醉药异丙酚平素很少有副作用，但对有颅脑损伤患者大剂量静脉应用数天后可能引发猝死。一组 67 例长期应用异丙酚的患者，7 例猝死，6 例出现心电图 Brugada 波改变，并发生电风暴和死亡。近来有人认为这些患者的预后较差，一组 26 例患者中 11 例发生异丙酚相关的猝死，称为静脉异丙酚综合征（图 9-7-14）。

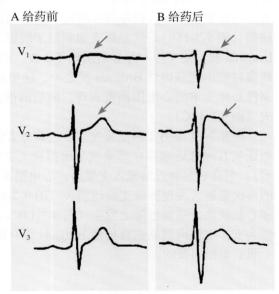

图 9-7-13　静脉推注维拉帕米（异搏定）10mg 后引起获得性 1 型 Brugada 波

A 对照心电图（10时20分）　　B 静脉推注异丙酚（22时39分）C 引发室速（00时42分）

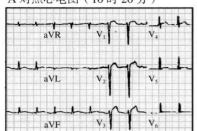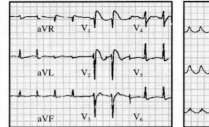

图 9-7-14　异丙酚引起获得性 Brugada 综合征及室颤

正在研制的 NS5806 是一种新的 I_{to} 电流激活剂，其与阿米替林合用时，可使 J 波幅度增大，并引发获得性 Brugada 综合征。

3. 发生机制

当药物具有不同程度的 Na^+ 通道阻滞作用时，都可能引发获得性 Brugada 波，有些患者又存在易感性，甚至属于隐匿性 SCN5A 基因突变，服用的药物增强了相关离子通道功能的异常。需要注意，自主神经的影响也很重要，肾上腺素受体激动剂能使 ST 段抬高，而肾上腺素受体阻滞剂可降低 ST 段抬高的程度。

总之，药物获得性 Brugada 综合征的发生可视为这些药物的致心律失常作用的一种表现，多数患者停药后心电图恢复正常。

（二）缺血获得性 Brugada 综合征

急性心肌梗死与心肌缺血，尤其累及右室流出道部位时常引发获得性 Brugada 综合征，因为右室心肌缺血可激活 ATP 敏感性 K^+ 通道电流（I_{k-ATP}），使 K^+ 外流增加，减少或抑制了 Ca^{2+} 内流，同时使原本就较强的 I_{to} 电流变得更强。

因此，为右室流出道心肌供血的冠状动脉（右冠脉的圆锥支）发生痉挛或闭塞时，常能引起获得性 Brugada 波和室颤。

图 9-7-15 是 1 例陈旧性下壁心梗患者的系列心电图和冠脉造影的影像图，10 年前患者因下壁心梗、右冠脉狭窄置入一枚支架，近几年患者再发劳累性心绞痛。住院后的冠脉造影证实原支架内发生了再狭窄，医生拟在支架狭窄部位行球囊扩张后，再置入新支架。当新支架置入到位并打开后，患者心电图 $V_1 \sim V_4$ 导联出现 ST 段抬高并与 T 波前支融合而形成缺血性心电图的墓碑样改变（图 9-7-15B）。此时医生担心患者左冠脉发生痉挛，但左冠脉的再次造影却显示正常（图 9-7-15D），而右冠脉此时的造影显示圆锥支血流缺如（图 9-7-15E），这是新支架刺激了圆锥支开口而引发痉挛所致。结果，圆锥支的痉挛引起缺血获得性 Brugada 波，使 $V_1 \sim V_4$ 导联出现了 J 波、ST 段抬高及 T 波倒置的心电图改变。图 9-7-16 显示该患者心肌缺血时除引起获得性 Brugada 波之外，还出现了 T 波毫伏级的电交替，这些严重的复极异常都是发生恶性室性心律失常的心电图预警表现。随后圆锥支痉挛消失，心肌血供恢复，缺血获得性 Brugada 波也随之消失（图 9-7-15C）。

图 9-7-17 是另 1 例反复发生心绞痛患者的心电图，冠脉造影前心电图基本正常（图 9-7-17A），冠脉造影证实右冠脉近端存在严重狭窄而拟置入支架，置入前的冠脉造影可见圆锥支正常（图 9-7-17D，箭头指示）。当在右冠脉近端置入支架后，心电图 $V_1 \sim V_4$ 导联出现了与图 9-7-15B 相似的心电图改变，而右冠脉的再次造影，发现圆锥支血流消失（图 9-7-17E，箭头指示），证实该冠脉发生痉挛并引起急性功能性闭塞和心肌缺血，室颤也随之发生（图 9-7-17C）。室颤发生后经 5 次高能量电除颤才转为窦性心律，使患者转危为安。上述两例缺血获得性 Brugada 综合征都经冠脉造影证实，都是右冠脉圆锥支痉挛引起右室流出道心肌缺血而引发的。

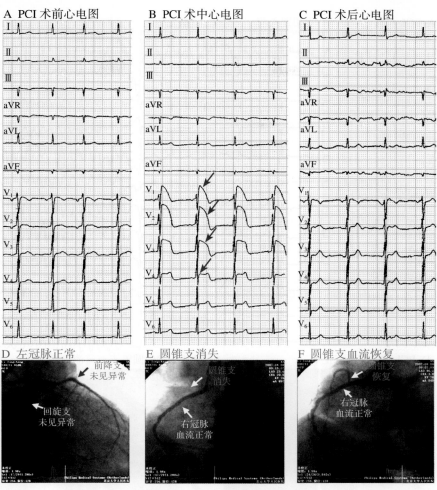

图 9-7-15 圆锥支痉挛引起缺血获得性 1 型 Brugada 波

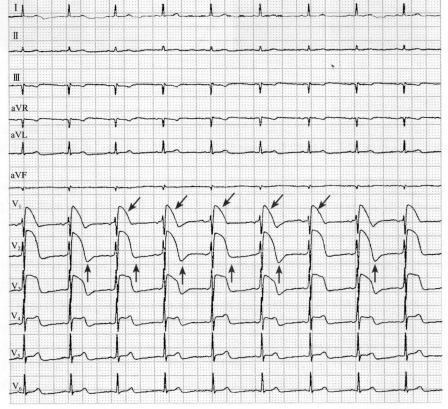

图 9-7-16 圆锥支痉挛引起 1 型 Brugada 波及 T 波电交替（箭头指示）

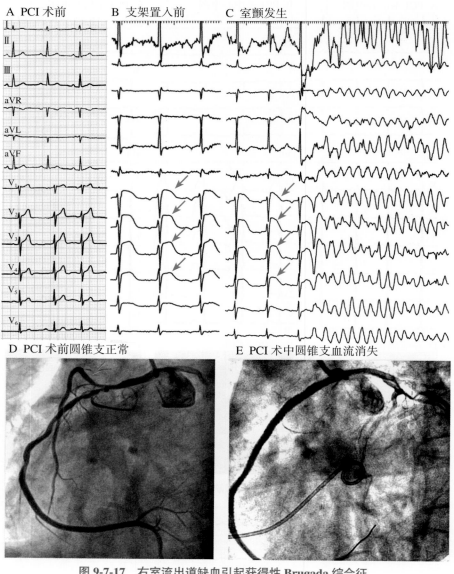

A　PCI 术前　　　B　支架置入前　　　C　室颤发生

D　PCI 术前圆锥支正常　　　　　　E　PCI 术中圆锥支血流消失

图 9-7-17　右室流出道缺血引起获得性 Brugada 综合征

（三）发热获得性 Brugada 综合征

已有文献报告体温过低时能增强 I_{to} 电流而引起明显的心电图 J 波，以及获得性 Brugada 综合征。

近年资料表明：发热也能引起获得性 Brugada 综合征，这是由于 Na^+ 内流减少而引起继发性 Brugada 综合征及室颤。

图 9-7-18 中的 A 图是一位患者体温正常时 $V_1 \sim V_3$ 导联心电图，当患者高热到 39℃时，心电图出现了典型的 1 型 Brugada 波（图 9-7-18B），随后患者又被诱发出室颤，属于发热引起的获得性 Brugada 综合征。

（四）酒精获得性 Brugada 综合征

较多证据表明，饮酒能引起酒精获得性 Brugada 波，而引起获得性 Brugada 综合征的情况也并非少见。

图 9-7-19 是一位 51 岁男性患者的心电图，晚餐与饮酒后发生过 3 次晕厥，本次住院后，进行了饮酒诱发试验。饮酒前患者心电图仅有不典型的 Brugada 波，饮酒 10min 后 Brugada 波较前明显，饮酒 50min 时，出现了典型的 1 型 Brugada 波，结合患者饮酒后的 3 次晕厥，本例可诊断为酒精获得性 Brugada 综合征。

常有猝死与饮酒关系十分密切的事件发生，2012 年发生了某著名播音员的猝死。该例平素健康的患者于当日上午还进行了正常播音，随后驾车于当晚到达济南，并与同行者进餐及大量饮酒后入住宾馆。次日晨起同伴敲其房门时无人应答，后经警察确认其夜间发生了猝死，当时体内酒精含量仍然很高（每

100ml 达 77mg）。该患者在大量饮酒后于夜间发生猝死，很可能是酒精引发获得性 Brugada 综合征而导致的，国内类似的饮酒后发生猝死的实例并不少见，其高度提示，饮酒后的猝死可能与获得性 Brugada 综合征有关。

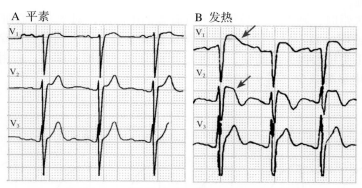

图 9-7-18　发热引起获得性 1 型 Brugada 波

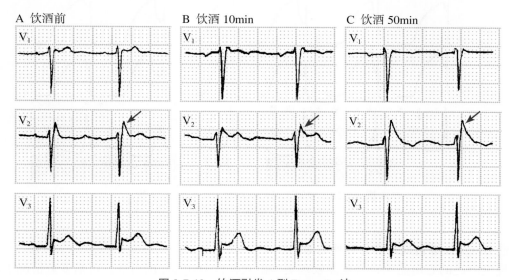

图 9-7-19　饮酒引发 1 型 Brugada 波

（五）其他原因

其他能引起获得性 Brugada 综合征的原因还包括电解质紊乱（高钾血症、高钙血症）、右室流出道机械性压力升高、急性心包炎、肺栓塞、胰岛素水平升高等，这些原因都有引起获得性 Brugada 波及 Brugada 综合征的报告。

六、治疗与临床评价

关注与深入研究获得性 Brugada 综合征有着重要的临床意义。

1. 临床预后

应当指出，绝大多数获得性 Brugada 波患者的临床经过属于良性，去除诱因后 1 型 Brugada 波能被逆转，预后良好。而出现获得性 1 型 Brugada 波并引发恶性室性心律失常、室颤及猝死者仅为少数，但发生时多呈急性病程，发作突然，预后险恶。

显然，如何对获得性 1 型 Brugada 波患者进行危险分层，及时识别猝死的高危者，并做出及时的防范是临床医学面对的又一严峻挑战。

应当指出，当患者出现获得性 1 型 Brugada 波，同时具有的其他猝死高危因素越多，发生猝死的概率也越高。

2. 治疗

对于获得性 Brugada 综合征，重要而紧急的治疗原则是去除诱因，包括紧急停用引发的药物、缓解心肌缺血、停止饮酒等措施。

当已合并恶性心律失常时，则需分秒必争地进行有效的电除颤，对于发生心脏猝死者给予及时有效的心肺复苏。当诱因不明或明确而不易去除，又伴室颤反复发生者，可大剂量口服奎尼丁或植入 ICD 治疗。资料表明，奎尼丁虽为 I 类抗心律失常药物，但对 I_{to} 电流有明显的抑制作用，服用后可使 J 波消失，使反复发生的室颤及 ICD 放电显著减少（图 9-7-20）。

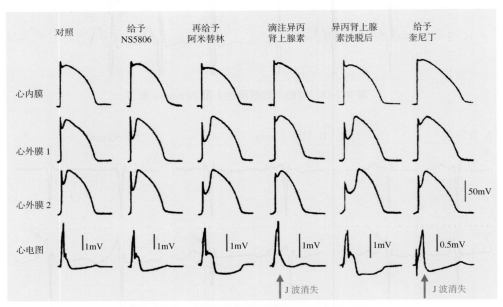

图 9-7-20　奎尼丁可使获得性 Brugada 波消失
NS5806：钾通道开放剂

3. 获得性 Brugada 综合征是部分猝死的原因

如能实现更广泛的心电监测，肯定能发现更多的获得性 Brugada 综合征。可惜多数情况下，发生猝死的患者当时没能进行心电监测，这使获得性 Brugada 波的检出率明显降低，当随后患者发生了室颤及心脏性猝死时，获得性 Brugada 综合征的诊断则被漏掉，而被归为原因不明的室颤和猝死。所以，部分室颤和猝死与获得性 Brugada 综合征密切相关，需要引起临床医生的高度警惕。

4. 解开 CAST 研究的悬念

20 年前公布于世的 CAST 研究结果震惊了中外医学界，其结果表明，I c 类抗心律失常药物（氟卡尼、英卡胺、心律平）在长期有效治疗急性心梗患者频发的室早及短阵室速的同时，与对照组相比，治疗组明显增加了患者的死亡率。Antzelevitch 于 2012 年发表综述认为，CAST 试验结果一直是困扰医学界的谜团，为什么有效治疗急性心梗患者伴发的室早及室速后，却不明原因地增加了死亡率，现在看来，这可能与 I c 类药物引起获得性 Brugada 综合征有关。

5. 大剂量顿服抗心律失常药的潜在危险

对于偶尔发生阵发性房颤的患者，口服抗心律失常药物进行长期预防显然不妥。相关指南推荐这些患者可采用房颤发作后顿服大剂量抗心律失常药物而进行复律治疗，例如心律平、氟卡尼等。但近年已有个案报告，药物顿服后可引发患者发生室颤及猝死，这与服用的药物引发获得性 Brugada 综合征密切相关。因此，这种大剂量顿服抗心律失常药物的安全性受到质疑。

6. 对猝死高危患者进一步提高防范意识

药物引起获得性 Brugada 综合征的患者中，有相当比例的患者同时具有其他的猝死高危因素，包括：高龄、女性、伴有器质性心脏病、低钾血症、同时服用多种心血管活性药物、服用多种抗心律失常药物等。这些患者本身发生室颤及猝死的概率就已增高。因此，对于心脏性猝死的高危患者，服用较大剂量的抗心律失常药物或其他药物时，一定要高度警惕以减少猝死的发生。

七、结束语

目前发现，越来越多的原因与条件可引发 Brugada 综合征，这一新情况已成为心律失常领域关注的新热点。该现象说明，不光是抗心律失常药物，很多非抗心律失常药物，甚至非心血管药物与其他因素都能引起心肌细胞离子通道不同程度的功能改变，影响心肌细胞的除极与复极，引发心电图的相关改变，进而引发心律失常，甚至心脏性猝死。

可以肯定，对于部分不明原因的晕厥与猝死患者，获得性 Brugada 综合征可能是其发病机制之一。因此，及时而有效地识别获得性 Brugada 综合征将对心脏性猝死的有效控制起到重要作用。对获得性 Brugada 综合征的关注与研究方兴未艾，这种关注不仅能提高临床医生对该综合征的认知水平，还能提高医生对心脏性猝死的进一步认识与处理水平。

第八章

房束旁路的心电学诊断

近几年对预激综合征房束旁路（Mahaim束）的报告逐渐增多，对其心电学特征的认识也在不断深入。本文介绍房束旁路的无创性心电学诊断。

一、房束旁路的解剖学特点

1. 传统的 Mahaim 束的解剖学特点

1914 年 Mahaim 和 Winston 首先描述了心脏的某些旁路起源于房室结的下部或希氏束的贯穿部，越过中心纤维体终止于室间隔嵴部。以后发现这些纤维还可以起源于心脏正常传导系统更靠下的部位，即左右束支的近端，而终止于心室肌。根据其起始的部位分别称为结室束、希室束、束室束等，统称为 Mahaim 束。

一般认为 Mahaim 束是一些极其纤细的纤维组织，与 Kent 束相比长度较短，这种纤维组织在儿童多见，随年龄增长而减少，在成人仅少数可见此种传导纤维。Davis 曾强调指出，该束可见于正常心脏。

Mahaim 预激综合征属于变异型预激综合征，发生率低，心电图特点是 PR 间期正常，QRS 波群增宽畸形，可见预激波。其希氏束电图特点为 AH 间期正常，因旁路将室上性激动提前传导到心室，故 HV 间期缩短。心房起搏时 AH 间期逐渐延长，而 HV 间期保持不变。

2. 房束旁路的解剖学特点

近年来临床心脏电生理学的研究发现，右房与右室之间也存在具有 Mahaim 束电生理特点的旁路连接，称为 Mahaim 束型（Mahaim-Type）旁路。因其组织结构及电生理特点都与房室结相似，故有人称之为"类房室结样结构"。认为在房室环形成过程中，正常房室通路发生分离，出现了正副房室结的异常变异，这种旁路被称为"副房室结"。目前多数文献根据其解剖部位及特点称之为房束旁路。

（1）房束旁路的部位：房束旁路至今绝大多数在右侧心腔发现，故又称为右房束旁路。

（2）房束旁路的长度：与其他正常与异常的传导束相比，右房束旁路长而纤细。多数情况下，房束旁路为单根纤维，长度超过 4cm，有人认为其传导速度慢与其长度较长有关。

（3）房束旁路的组织学特点：Becker（1978 年）、Bharti（1979 年）与 Gruiraudon（1988 年）先后报告房束旁路的组织学结构含有结细胞、起搏细胞及移行细胞，这与正常房室结的细胞成分十分类似。

（4）房束旁路的心房端：当心动过速发作时，将电极导管头部放在右心耳或三尖瓣环邻近的心房侧进行心房刺激，其中适时的房早刺激可以夺获心室，夺获时可使心动过速节律重整，却不引起 QRS 波形态的改变，也不引起心室激动顺序的变化。应用这种方法能够证实右房是折返环的必需成分，房束旁路起源于右房。进而可在三尖瓣环上 2～5mm 的不同部位进行上述刺激，其中使心室 QRS 波提前最早的心房起搏点是房束旁路的心房端。除上述方法外，在心房侧能够清楚记录到房束旁路电位的部位也是旁路的心房端插入点。目前的临床电生理资料表明，房束旁路的心房端均位于右房的游离壁，多数位于侧壁，少数位于前侧壁。

（5）房束旁路的心室端：房束旁路患者发生逆向型房室折返性心动过速或心房期外刺激沿旁路下传夺获心室时，都可能获得完全性预激，即心室的除极均由旁路下传的激动控制。完全性预激时可以分析出心室最早激动点，进而确定旁路在心室侧的插入部位。临床资料表明，房束旁路的心室端均位于右室心尖部，即右室游离壁近心尖的 1/3 处。这种旁路的心室端或直接插入该处的心室肌，或与右束支发生融合。因房束旁路外包绕绝缘鞘，因此室上性激动下传时右室心尖部最早激动（图 9-8-1）。

（6）房束旁路合并其他异常：90% 的房束旁路不合并其他异常，仅 10% 左右的病例合并房室结双径路，或合并房室旁路等情况。

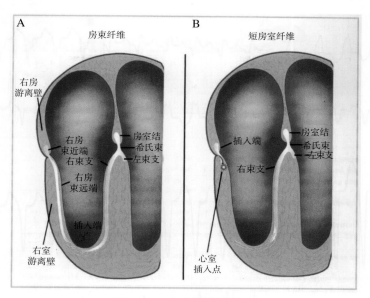

图 9-8-1　房束旁路示意图

A.房束旁路插入端与右束支相融合；B.房束旁路插入右室心肌

二、房束旁路的电生理特点

1. 传导速度慢

传导速度慢是房束旁路的最突出的电生理特点。激动经普通房室旁路（Kent）传导时间一般为 30 ～ 40ms，经房室结的传导时间（AH 间期）低于 150ms，而经房束旁路的传导时间多数大于 150ms。因此，与普通的房室结相比，房束旁路相当于房室之间的一条慢径。这种传导速度慢的特点使其心电图有以下特点：① PR 间期正常或延长；②有左束支传导阻滞时常伴有一度房室传导阻滞（图 9-8-2）；③发生室上速时，AV 间期较长（图 9-8-3）。

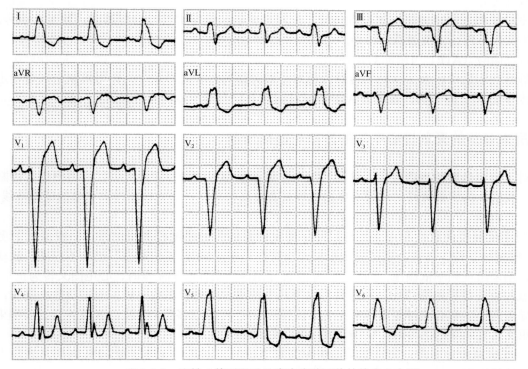

图 9-8-2　窦性心律时激动从房束旁路下传的体表心电图

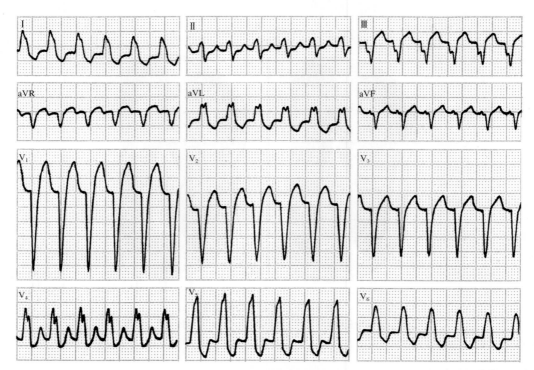

图 9-8-3　心动过速发作时的体表心电图

2. 仅有前向传导

至今发现的房束旁路都无逆传功能，只有房室间的前向传导功能。这一特点使房束旁路患者发生室上速时都为逆向型房室折返性心动过速，即 QRS 波均为宽大畸形的类左束支传导阻滞图形。

3. 不应期相对短

与房室结不应期相比，房束旁路的不应期相对要短，当提前的室上性激动下传时可遇到房室结不应期，早搏激动则经不应期较短的房束旁路下传，经房室结逆传，形成了逆向型房室折返性室上性心动过速。

4. 递减性传导

与房室结相似，房束旁路有递减性传导。应用频率较快的室上性心房刺激时，原来房束旁路 1∶1 的下传可变为文氏下传，出现递减性传导。

5. 腺苷三磷酸（ATP）可阻断其传导

ATP 静脉注射后可阻断房室结的传导，但对一般旁路的传导无影响，其作用机制是兴奋迷走神经。房束旁路的传导受 ATP 的影响，表现为 ATP 静脉注射后其仅有的前传功能暂时消失（图 9-8-4）。

三、房束旁路的无创性心电学的诊断与鉴别诊断

过去对于房束旁路的报告较少，认为心内电生理诊断都很困难，应用无创性心电图进行诊断更是可望而不可及。我们认为房束旁路的体表心电图表现具有较高特异性，能为诊断提供可靠的证据或线索。

1. 体表心电图

（1）频率依赖性间歇性左束支传导阻滞：房束旁路的传导速度较房室结慢，一般情况下窦性激动沿"快通道"房室结下传，体表心电图完全正常。当窦性心率变快时，"快通道"进入不应期，激动则沿房束旁路下传，结果出现频率依赖性、间歇性左束支传导阻滞。窦性心率变慢时，心电图又转为正常。

与一般左束支传导阻滞相比，其还具有以下几个特点：①患者多数年轻，无器质性心脏病；②常伴一度房室传导阻滞；③有心动过速史；④左束支传导阻滞时 V_1 导联多见 QS 波，rS 波少见，而房束旁路下传形成类左束支传导阻滞的图形时，V_1 导联的 QRS 波多呈 rS 型。

（2）一度房室传导阻滞：窦性激动沿房束旁路下传时，因其传导速度慢，PR 间期常表现为延长，形成一度房室传导阻滞。

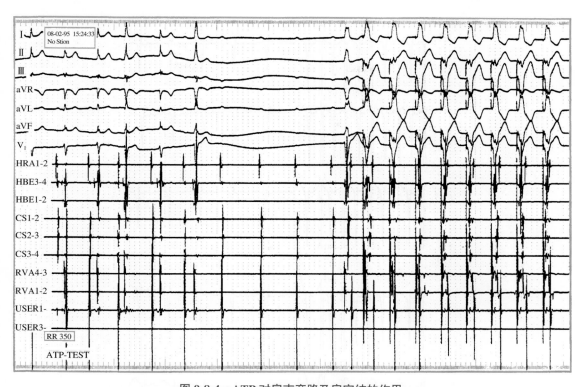

图 9-8-4　ATP 对房束旁路及房室结的作用

ATP 20mg 快速静脉注射后房束旁路与房室结均不下传，2.8s 后经房束旁路下传心室，继而心室起搏

（3）发生心动过速时，QRS 波宽大畸形，呈完全性左束支传导阻滞的图形。因心室最早激动点位于心尖部，心室除极顺序自下而上，从心尖部向心底部除极，因而形成的额面电轴向左偏，与特发性右室流出道室速截然不同。

（4）特有的心室融合波：对于 Kent 束形成的典型预激综合征的心室融合波，临床医师已十分熟悉，其旁路传导速度快，预先激动的心室肌除极时形成了 δ 波，形成了宽大畸形的 QRS 波的前半部分，同时 PR 间期短于 0.12s。房束旁路下传形成的心室融合波与之相反，因其传导速度慢于房室结，经房束旁路下传激动的心室肌除极形成 QRS 波的后半部分，因此不是预激而是"迟激"。这种心室融合波也能因房室结与房束旁路下传激动心室的比例不同而出现"手风琴"效应，QRS 波图形的这种变化有时可误诊为电交替或间歇性室内阻滞。

2. 食管心房调搏

房束旁路患者进行无创性食管心房调搏时有其特征性表现（图 9-8-5）。

（1）随着心房早搏刺激的提前，房室结可能进入不应期，室上性激动沿房束旁路下传，QRS 波出现类左束支传导阻滞的图形，V_1 导联仍呈 rS 波。

（2）与一般人心房调搏频率依赖性的左束支传导阻滞不同，随着早搏刺激的联律间期缩短，S_2R_2 的间期延长不明显。

3. 诊断房束旁路时应注意与以下几种情况鉴别

（1）与特发性右室室速鉴别：房束旁路引起的心动过速最容易与特发性右室室速混淆，以造成治疗（包括射频消融）的困难。鉴别要点包括：①房束旁路引起的心动过速无室房分离，室房呈 1∶1 逆传；②心房刺激容易诱发和终止房束旁路参与的心动过速，而右室室速经心房刺激较难诱发；③心动过速时，心电图 QRS 波群呈类左束支传导阻滞图形，电轴左偏，而特发性右室室速时电轴右偏或不偏。

（2）与右侧 Kent 束鉴别：房束旁路与右侧 Kent 束较易鉴别。普通心电图 Kent 束的典型表现为 PR 间期 ≤ 0.1s 并可见 δ 波，而房束旁路没有这些表现。心动过速发作时 Kent 束伴发的心动过速多为顺向型房室折返性心动过速，QRS 波窄而正常，仅少数为逆向型房室折返性心动过速或伴束支传导阻滞，QRS 波宽大畸形。而房束旁路引起的室上速均为逆向型房室折返性心动过速，QRS 波宽大畸形。

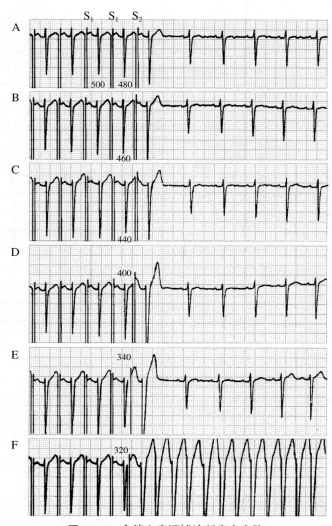

图 9-8-5　食管心房调搏诊断房束旁路

图 A～F 各条心电图中，S_1S_1 刺激间期 500ms，S_2 刺激的联律间期从 480ms 逐渐缩短到 320ms，随着 S_2 刺激的逐渐提前，其下传的 QRS 波的类左束支传导阻滞图形逐渐明显，在 F 条图中，S_2 刺激的联律间期 320ms 时，逆向型房室折返性心动过速被诱发。图中数字单位为 ms

（3）与左束支传导阻滞的鉴别诊断详见上文。

总之，临床医师应当熟悉房束旁路的解剖与电生理特点，进而熟悉和掌握房束旁路的无创性心电学的各种特征性表现，然后通过无创性心电图检查，确定房束旁路的诊断并不困难。

心肌供血与需求的不平衡可因冠脉供血减少或心脏对氧的需求增加所致。心脏血液供需不平衡的结果将导致心肌缺血，心肌缺血持续一定的时间，将先后出现舒张功能异常、收缩功能异常、血流动力学异常、缺血心电图改变以及缺血的临床症状（心绞痛）（图9-9-1）。从缺血发生到可以识别缺血发作之间的时间，称为缺血的裂隙（ischemic gap）。显然，缺血发生后引发的上述病理生理的改变，以缺血心电图及缺血临床症状最易识别。因此，缺血裂隙实际是指心肌缺血持续一定时间后，出现心电图和临床表现的时间间期。不同患者或同一患者不同时间发生的心肌缺血，缺血裂隙时间的长短不一，有的甚至缺血与缺血表现之间发生"阻滞"，而形成无症状或无心电图表现的心肌缺血。

监测心肌是否发生缺血是心电图检查的重要作用之一，心电图诊断心肌缺血有较高的敏感性（50%～65%）和特异性（83%）。

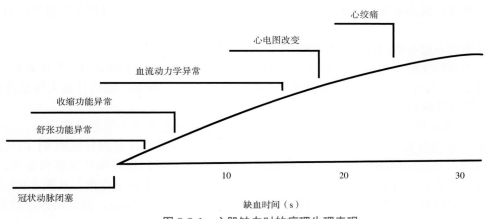

图 9-9-1　心肌缺血时的病理生理表现

一、急性冠脉供血不足的心电图特征

利用典型的急性冠脉缺血的动物模型观察急性心肌缺血的心电图特征十分容易（图9-9-2）。

1. 急性冠脉缺血经典的动物实验

图 9-9-2 是用止血钳将实验犬的一只大的冠状动脉血流阻断，几分钟后心电图出现 T 波倒置，此时立即松钳，重新恢复灌注，倒置的 T 波将迅速恢复正常。这种缺血性 T 波的形态、方向、幅度的改变是暂时的、可恢复的，病理学证实这种心肌细胞内超微结构的改变是可逆的，没有心肌细胞溶解的组织学改变。

如果实验中，止血钳阻断冠脉血流的时间延长，心电图将顺序出现 T 波倒置及 ST 段的逐渐抬高，此时立即松开止血钳，抬高的 ST 段逐渐回降到基线，T 波又逐渐转为直立。与前者相比，出现心电图损伤性 ST 段抬高的心肌损伤相对严重，虽然在光学显微镜下未能见到心肌细胞的解体，但可发现细胞内缺氧性改变：细胞水肿，肌浆网、线粒体肿胀变形。但这些病理学改变仍然可逆，相应的心电图改变也可逆转。

在同一实验中，损伤性 ST 段抬高后，仍不松开止血钳，冠脉血流继续被阻断，心电图将会出现病理性 Q 波，此后再松钳，缺血性 T 波及损伤性 ST 段抬高的心电图改变均可逆转，但坏死性 Q 波成为不可逆的心电图改变，此时的病理学改变出现心肌细胞的坏死，如同 Q 波不可逆一样，心肌细胞的这些病理学改变也不可逆转。

2. 心电图急性缺血的"全或无"规律

缺血与心电图改变的这一经典的动物实验说明，绝大多数情况下，缺血与心电图的改变呈"全或无"的规律，缺血程度轻，持续时间短时，心肌血供恢复后，其相应的心电图改变可以逆转，不遗留异常改变，可视为"全"。这种缺血程度相当于发作心绞痛的临床情况。相反，缺血程度严重而持续时间长，此后血供再恢复时，心电图的坏死性改变成为不可逆性病理性 Q 波时，表明该部位心肌的电功能完全丧失，而出现"无"的情况，这种缺血程度相当于临床的急性心肌梗死。

3. 急性冠脉供血不足的心电图特点

一般认为，急性冠脉供血不足的心电图具有三个显著特征，其中缺血性 ST-T 改变呈一过性、可逆性的特点最重要，即 ST-T 的改变随缺血的发生而出现，随缺血的缓解而消失；其次，心电图出现

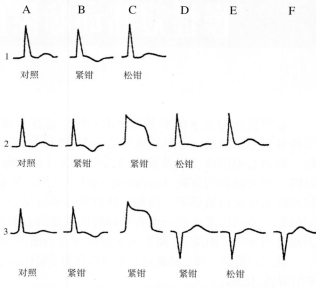

图 9-9-2　不同程度的心肌缺血与心电图改变的关系

缺血性 ST-T 改变的导联，与供血不足的冠状动脉相对应的导联一致，即急性缺血心电图出现的导联呈冠脉供血的区域性分布，而不是无规律的分布；同时，缺血区域的对应性导联（例如前壁导联对应左室下壁）常有相应改变。

4. 急性冠脉供血不足心电图改变持续的时间

在急性缺血的动物实验中可以计算每次缺血的时间，缺血心电图持续的时间，但该实验不可能在人体重复。但通过动态心电图的记录，通过对缺血心电图演变全过程的观察，能够计算人体急性缺血发作时，相应的缺血心电图持续的时间。

图 9-9-3 至图 9-9-6 是 1 例急性冠脉痉挛引起透壁性心肌缺血患者的心电图动态记录。通过计算可知，该患者冠脉痉挛引起的缺血心电图持续时间约为 3 分 30 秒，在此期间，监测导联的 ST 段从正常到抬高，从抬高到单向曲线，又从单向曲线演变为 ST 段逐渐下降，与此同时出现致命性室速和室颤，患者发生晕厥，随后室颤自行终止，窦性心律恢复并伴严重的窦缓，但 ST-T 完全恢复正常。从图 9-9-3 至图 9-9-6 连续的动态心电图记录得知，透壁缺血引起的缺血心电图改变仅持续了 3.5min，而缺血即将结束时，发生了"再灌注性"的恶性室性心律失常。图 9-9-7 至图 9-9-9 是另一例缺血发作时连续记录的动态心电图，患者透壁性缺血伴发的心电图 ST-T 改变持续了 3 分 40 秒，与前一例心电图改变持续的时间惊人地相似，只是图 9-9-7 至图 9-9-9 的患者未发生再灌注性室速和室颤。

从图 9-9-3 至图 9-9-6 和图 9-9-7 至图 9-9-9 可以看出，透壁性心肌缺血的心电图改变约持续 3 ～ 4min。而非透壁性心内膜下心肌缺血的程度常比透壁性缺血的程度轻，内膜下缺血引起心电图的改变表现为 ST 段下移，持续的时间应当与之相似或比之略短。

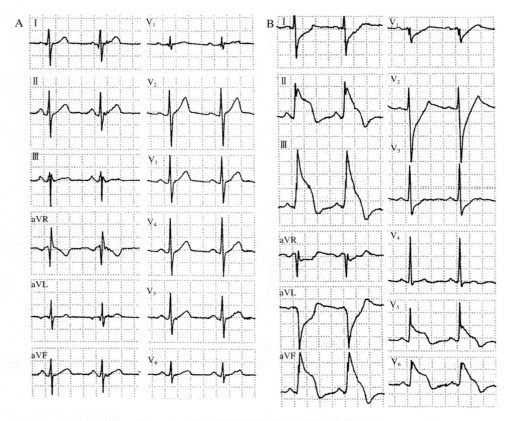

图 9-9-3　冠脉痉挛引起透壁性心肌缺血与晕厥

患者女性，75 岁，频发心绞痛 3 年，本图为 12 导联心电图。A. 正常时心电图；B. 冠脉痉挛时心电图

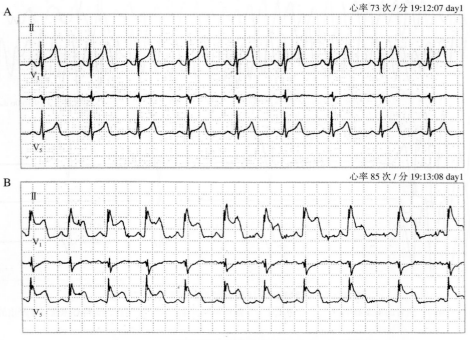

图 9-9-4　冠脉痉挛引起的透壁性心肌缺血与晕厥

与图 9-9-3 为同一患者的动态心电图。A、B 图中 ST 段逐渐抬高

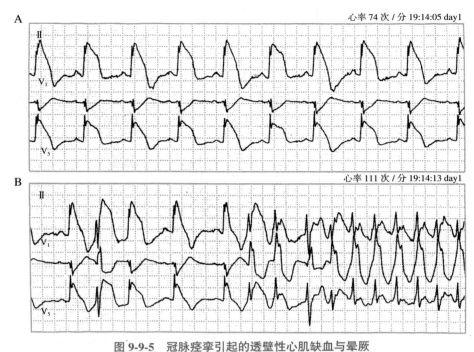

心率 74 次/分 19:14:05 day1

心率 111 次/分 19:14:13 day1

图 9-9-5 冠脉痉挛引起的透壁性心肌缺血与晕厥

与图 9-9-4 为同一患者的动态心电图。A. ST 段与 T 波融合成单相曲线；B. ST 段开始回降，但出现多形性室速

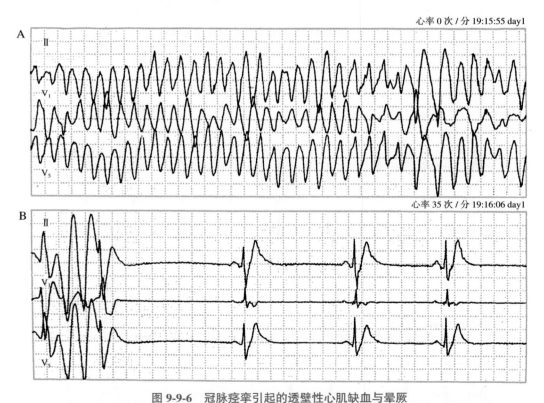

心率 0 次/分 19:15:55 day1

心率 35 次/分 19:16:06 day1

图 9-9-6 冠脉痉挛引起的透壁性心肌缺血与晕厥

与图 9-9-5 为同一患者的动态心电图。A. 室速恶化为室颤伴晕厥发生；B. 室颤终止，窦性心律恢复伴严重的窦缓

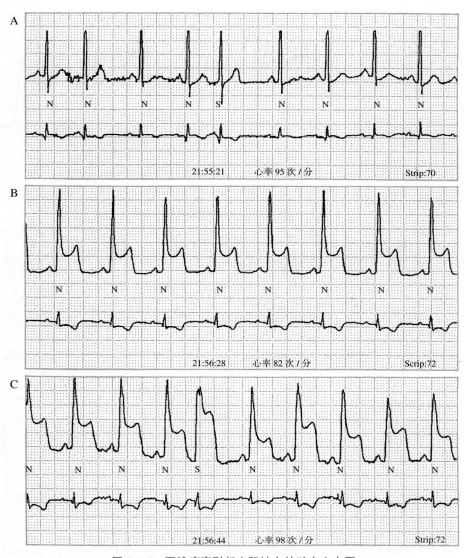

图 9-9-7　冠脉痉挛引起心肌缺血的动态心电图

患者男性，65 岁，心绞痛 4 年。A. 心电图正常，可见房早；B、C. ST 段抬高，对应导联的 ST 段下移

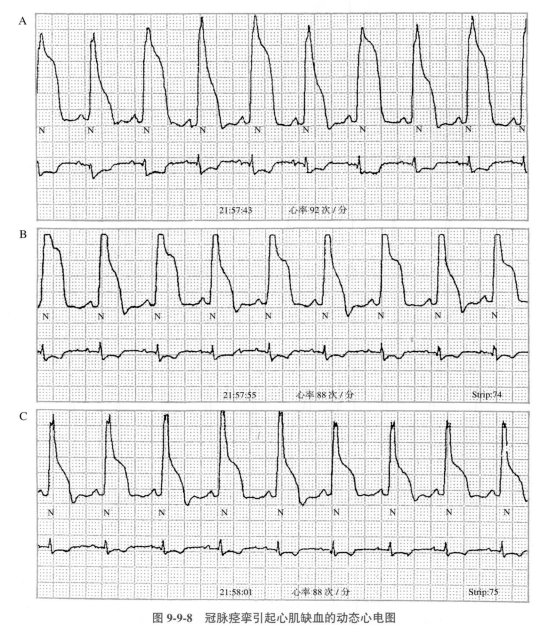

图 9-9-8　冠脉痉挛引起心肌缺血的动态心电图

与图 9-9-7 为同一患者的动态心电图。A. 抬高的 ST 段与 T 波融合形成单相曲线；B 和 C. ST 段逐渐回降

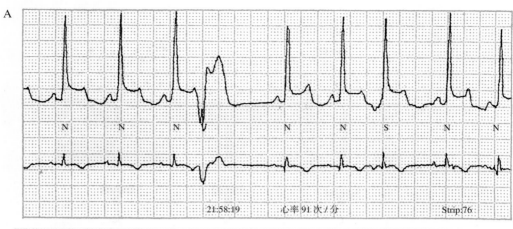

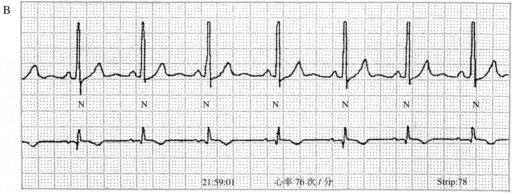

图 9-9-9　冠脉痉挛引起心肌缺血的动态心电图

与图 9-9-8 为同一患者的动态心电图。A、B 图中 ST 段逐渐恢复正常，整个 ST 段的演变时间约 3 分 40 秒

5. 缺血引起两种类型的损伤型 ST 段偏移

透壁性与非透壁性心肌缺血引起的心电图"损伤型"ST 段的偏移有两种。一种是 ST 段抬高系透壁性缺血引发，第二种是内膜下缺血引起的 ST 段下移。从图 9-9-10 可以看出，缺血引起的损伤电流的方向指向缺血区，即从非缺血区指向缺血区，反映在位于心外膜的心电图探查电极时，损伤电流将背离探查电极（内膜缺血），形成 ST 段的下移。相反，损伤电流朝向探查电极时（透壁性缺血）形成 ST 段的抬高。两者的临床情况见于劳力型心绞痛（ST 段压低）及冠脉痉挛或急性心肌梗死（ST 段抬高）。

总之，急性冠脉供血不足的心电图 ST-T 改变常呈一过性动态变化，常持续几分钟，这与临床缺血的心绞痛症状持续的时间几乎一致。人们常把缺血的临床症状和缺血心电图看成缺血事件的双胞胎，这提示两者持续时间也应相仿。当患者主诉心绞痛或胸闷症状持续几个小时，甚至几天、几周时，临床医师几乎立即就能否定该疼痛由冠脉缺血引起。因此，医生看到 ST 段下移持续几小时、几天、几周时，也应当能够排除该持续性 ST 段下移由急性冠脉供血不足引起。

急性冠脉供血不足的心电图改变应和心绞痛的症状持续时间相近，持续几分钟到十几分钟。

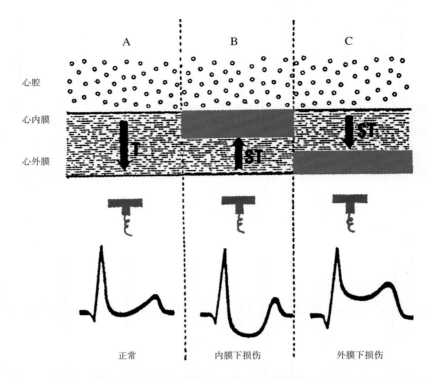

图 9-9-10　损伤电流方向与 ST 段改变的关系

A. 正常；B. 心内膜下缺血，箭头与损伤电流方向一致，由心外膜指向心内膜，形成 ST 段的
下移；C 与 B 相反，损伤电流由心内膜指向心外膜，指向探查电极，引起 ST 段抬高

二、慢性冠脉供血不足的心电图实际并不存在

慢性冠状动脉供血不足的心电图概念已在临床应用五十余年。这一概念认为，慢性冠脉供血不足的心电图可以表现为慢性的 ST-T 改变，当心电图出现这些征象，临床又无引起 ST-T 改变的其他明显病因存在时，该 ST-T 改变则为冠心病的心电图表现，可以诊断患者存在慢性冠脉供血不足，诊断为冠心病。

国内十分重要的一部心电图学专著认为，慢性冠脉供血不足的心电图，除持续存在的 ST-T 改变外，还可表现为运动试验中的 ST-T 改变，或表现为束支或室内阻滞等异常，但这些书籍中列举的某些慢性冠脉供血不足的心电图图例，实际就是典型的心尖肥厚型或其他类型的心肌病心电图。

我们认为，慢性冠脉供血不足的心电图根本不存在，或者说理论上存在，实际临床心电图中根本不存在，心电图学中这一错误概念导致的误区已持续数十年，使很多患者因这一陈旧、不确切的心电图概念而被长期误诊、误治。

有几个重要原因引发心电图这个错误判断或错误概念：①整个心脏由三支冠状动脉供血，对于左心室，左前降支供血约占 50%，回旋支供血约占 30%，右冠脉供血约占 20%。当冠状动脉一支、二支，甚至三支存在严重病变时，心脏肯定处于长期、慢性供血不足的状态中。②急性冠脉供血不足发生时，心电图表现为 ST-T 的一过性、动态改变，而发生慢性冠脉供血不足时，心电图无疑应当是持续性 ST-T 改变。③部分心肌梗死或典型心绞痛患者，临床确诊为冠心病，但心绞痛或心梗后长期存在持续的 ST-T 改变。

根据上述三个理由的推导，结合临床心电图的表现，似乎都支持持续性 ST-T 改变是慢性冠脉供血不足的心电图特征。根据这一概念，心电图持续出现 ST-T 改变，又排除了患者存在继发性心室复极异常时，则这种 ST-T 改变可诊断为原发性缺血性 ST-T 改变，是冠心病患者慢性冠脉供血不足的结果。

但是，近年来随着冠脉造影在国内逐渐普遍开展，随着病例积累的迅速增加，临床医师发现：绝大多数有持续性心电图 ST-T 改变者，冠脉造影常常正常。而冠脉造影的结果否定患者存在冠心病后，这些患者再经超声心动图或其他相关检查后，可能诊断为原发性心肌病、电解质紊乱或高血压性心脏病等继发性心肌病引起的心电图 ST-T 改变。

此外，绝大多数冠脉造影证实有冠脉病变的患者，包括有严重的三支冠脉病变者，当不合并存在高血压、心衰、电解质紊乱等能够引起继发性 ST-T 改变的病因时，静息 12 导联心电图往往正常（图 9-9-11），而绝大多数急性心肌梗死患者不存在引起持续性 ST-T 改变的上述临床病因时，除病理性 Q 波外，其静息心电图绝大多数也正常。

上述临床常能见到的实际情况已经令人怀疑慢性冠脉供血不足的心电图是否存在。

图 9-9-11 是一位 45 岁男性患者的心电图。经冠脉造影证实其前降支及右冠脉完全闭塞，回旋支 80%～90% 狭窄，但其静息心电图完全正常（图 9-9-11），而轻度活动就能引发心绞痛及缺血性心电图改变，表现为前壁、下壁、侧壁 ST 段明显的水平型下移，T 波倒置或双相，aVR 及 aVL 导联 ST 段抬高（图 9-9-12），心绞痛缓解后，缺血性心电图改变也随即消失，静息心电图又恢复正常。图 9-9-12 的 ST 段水平型下移超过了 0.3mV，提示患者存在多支冠脉病变。图 9-9-13 是患者心电图由正常演变为不正常的动态变化。

图 9-9-14 是另一例 70 岁男性患者的动态心电图，冠脉造影证实患者存在三支冠脉病变。在静息状态下，患者窦性心率 61 次／分时心电图正常；当患者进行轻到中度活动时，心率分别上升到 80 次／分、114 次／分、130 次／分，心电图表现为 ST 段进行性水平型压低，提示发生了冠脉供血不足的心电图改变（图 9-9-15）。

这些事实说明，即使冠脉病变十分严重的患者，多数情况下心肌血液的供需之间处于平衡状态，不存在临床缺血的症状（心绞痛），也不出现缺血性心电图改变。这种平衡可能是不同部位心肌不同情况的总和。在心肌坏死区，供血为零（冠脉闭塞），需求也为零；在缺血区冠脉供血下降（冠脉狭窄），需求也下降；在正常心肌区，冠脉供血正常，需求也正常。因此整个心脏血液的供需处于平衡状态。临床有严重三支冠脉病变的患者，其心绞痛并非持续存在，说明缺血是暂时的，多数情况下没有缺血，心肌血流的供需呈平衡状态。

但是冠心病，尤其是冠脉病变严重的患者，心肌血流供需之间的平衡是低水平的平衡，是经不住考验的平衡，当患者做轻微的活动，包括情绪紧张、上厕所、吃早餐、起床、刷牙等，心肌的氧耗量稍一增加，因患者冠脉供血的储备几乎为零，供需平衡立即遭到破坏，随之发生心绞痛并出现缺血性心电图改变，此时患者被迫服药或停止活动使心肌血流供需恢复平衡，心绞痛及相应的心电图改变立即随之消失而恢复正常。

对临床怀疑有冠心病，但又缺乏充足证据确定诊断时，患者可做缺血激发试验，包括活动平板、踏车、多巴酚丁胺等试验，这些试验通过增加心脏的负荷、增加心肌的耗氧量诱发冠脉供血不足的发生。诱发出心肌缺血时，则可出现缺血的症状（胸闷、胸痛、典型的劳力型心绞痛），出现心肌缺血的心电图表现（缺血性 ST-T 改变），此时，诱发试验的结果为阳性而供医生临床诊断时参考。这些试验中，诱发心肌缺血后立即停止运动，休息或口服硝酸甘油，随着患者缺血的缓解，症状和心电图改变均能迅速消失。因此，运动试验不是慢性冠状动脉供血不足的辅助诊断，而是诱发冠脉供血不足的试验方法。

因此，持续性 ST-T 改变不是慢性冠脉供血不足的心电图改变。应当注意，这里只是否定这种类型的 ST-T 改变不是冠心病心电图的表现，并不意味着根据这种心电图则可排除患者存在冠心病。是否存在冠心病，还需寻找其他的诊断依据。

有些持续存在 ST-T 改变的患者，心绞痛发作时可能伴有 ST-T 改变的加重或伪性改善。出现这种情况时，则可认为 ST-T 改变的加重或伪性改善是冠心病缺血心电图的表现，而持续存在的 ST-T 改变不是由冠脉供血不足引起的。

个别病例可能存在心肌顿抑的情况（myocardial stunning），即心肌缺血的程度中等严重，持续的时间处于心绞痛与心肌梗死的中间状态，这种缺血发作后，心肌的各种功能，包括机械功能、电功能、代谢功能等未呈"全或无"的规律，而是需要一段时间，几个小时或几天后心肌的某些功能才逐渐恢复，这种情况称为心肌顿抑。当缺血发生后心肌电功能出现顿抑时，可能缺血性 ST-T 改变持续的时间延长，持续几小时，甚至几天后才消失。所以在较短的时间段内 ST-T 改变可能呈"静止状态"，但从更长的时间段观察，ST-T 的改变仍然是动态变化，可逆性心肌电功能顿抑的现象还能表现为心绞痛发作后短时间内出现病理性 Q 波，缺血消失几天后，病理性 Q 波才消失。

总之，慢性冠脉供血不足的心电图（ST-T 改变）实际并不存在，属于一种推测性的主观臆断。心电图持续性存在 ST-T 改变多数由其他因素引起。

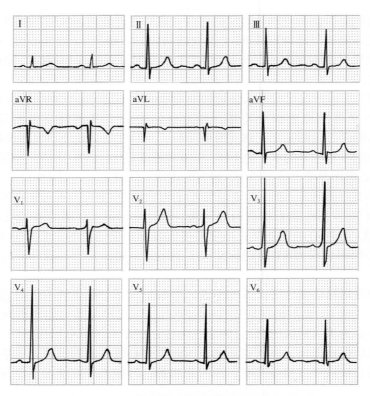

图 9-9-11　三支冠脉病变患者不同状态下的心电图

患者男性，45 岁，心绞痛 5 年，冠脉造影结果为三支病变，前降支、右冠脉均 100% 阻塞，回旋支中段 80% ～ 90% 狭窄，平素无心绞痛症状时心电图正常

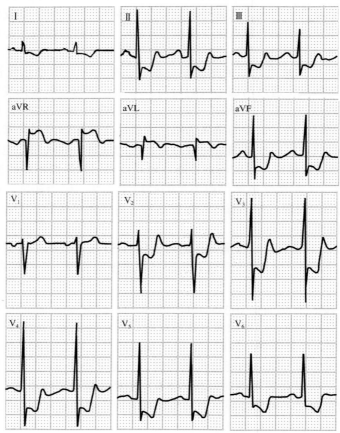

图 9-9-12　三支冠脉病变患者不同状态下的心电图

与图 9-9-11 为同一患者。心绞痛发作时，几乎所有的导联都出现 ST 段显著性下移或抬高

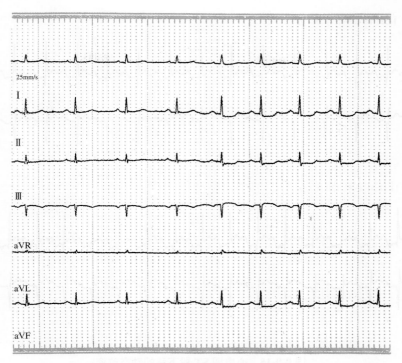

图 9-9-13　三支冠脉病变患者不同状态下的心电图

与图 9-9-12 为同一患者，缺血发作时心电图从正常到出现 ST 段下移的动态过程

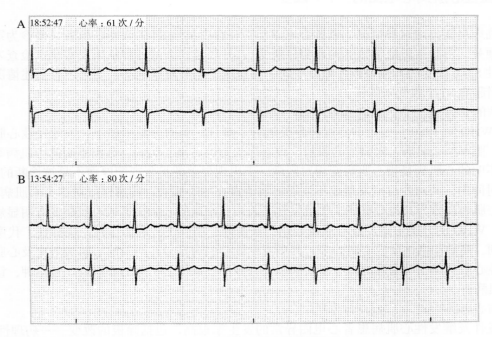

图 9-9-14　心电图 ST 段下移的动态改变

患者男性，70 岁，心绞痛 10 年，冠脉造影结果为三支病变。动态心电图示：A. 心率 61 次/分时 ST 段基本正常；
B. 心率 80 次/分时 ST 段轻度下移

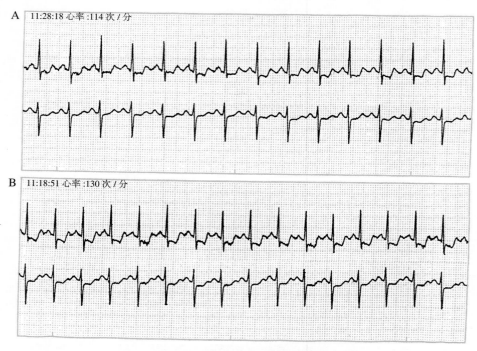

图 9-9-15 心电图 ST 段下移的动态改变

本图与图 9-9-14 为同一患者的动态心电图。A、B. 当心率升高到 114 次/分及 130 次/分时，ST 段下移逐渐加重，形成动态改变

三、缺血性心肌病心电图的 ST-T 改变

有时，临床可能出现这种情况，患者心电图确实存在持续性 ST-T 改变，患者又确诊为冠心病（例如发生过心肌梗死，冠脉造影证实冠脉确有明显病变），并经过详细的各种临床及实验室检查未能发现引起心电图持续性 ST-T 改变的其他原因，如心肌病、高血压、电解质紊乱等，如果确有上述情况，应当用缺血性心肌病引起的 ST-T 改变来解释。

1. 心肌病的分类

1995 年 WHO 对 1980 年制定的心肌病分类进行了修订。新的分类法如下：①原发性心肌病：包括扩张型心肌病、肥厚型心肌病、限制型心肌病、致心律失常性右室心肌病、分类不明的心肌病等 5 类。应当指出，分类不明的心肌病是指心肌病变相对轻微，未出现显著的扩张或肥厚而不易被诊断的心肌病类型，在相当长的时间内，其病变可能发展或不发展，属于潜在的心肌病。临床医生对这类心肌病应予以重视，避免将这种心肌病误诊为其他心脏病。②继发性心肌病：临床的心肌损害或心肌病变有明显病因时称为继发性心肌病。WHO 的分类中继发性心肌病包括：缺血性、瓣膜性、高血压性、炎症性、代谢性、全身性疾病、围产期、高敏和毒性反应心肌病等。其中炎症性心肌病是指有明确的心肌炎病史及心肌病的临床表现。而代谢性心肌病是指有明确的内分泌疾病以及营养不良或缺乏引起的心肌病，包括钾、镁等电解质紊乱引起的心肌病。

2. 心肌病心电图特征

各种原发性及继发性心肌病患者心电图异常的发生率很高，包括除极的改变——病理性 Q 波、心腔（心房、心室）的肥厚、心室复极异常（ST-T）等改变。同时可伴发快速性或缓慢性心律失常。心肌病患者心室复极的 ST-T 改变有以下几个特点：① ST-T 改变的发生率高：心肌病患者约 30% ~ 80% 可出现心电图 ST-T 改变；② ST-T 改变可能长时间持续存在；③ ST-T 改变出现的导联广泛，与冠脉供血不足的 ST-T 改变不同，不呈区域性分布；④引起 ST-T 改变的机制有多种，但最后导致心电图改变的基本原因与心肌细胞受到不可逆的损伤，引起心肌细胞复极不全及出现损伤电流有关。

3. 缺血性心肌病

缺血性心肌病与缺血性心脏病不是同义语，前者是缺血性心脏病的一个类型。缺血性心肌病是一种十分常见的心肌病，是指冠心病心肌缺血引起的心肌变性、心肌坏死、心肌纤维化等改变，导致严重的心肌损害和心力衰竭时称为缺血性心肌病。该病征由 Burch 首先命名，1994 年经 Dash 全面阐述后确定为冠心病一种独立的类型。

缺血性心肌病可有块状或成片坏死区，也可以有非连续性多发的灶性心肌损害存在。因此，心肌细胞坏死、残留细胞肥大、心肌纤维化或瘢痕形成、心肌间质胶原纤维沉积增加等，是缺血性心肌病病理改变的常见模式。

缺血性心肌病患者的冠脉病变常常严重，其中三支冠脉病变者占 71%，双支病变者占 27%，而单支冠脉病变者仅 2%。不同冠脉的受累率不同：前降支 100% 受累，右冠脉 88% 受累，回旋支 79% 受累。

除冠脉狭窄的病变广泛、严重外，患者还可能发生过一次或几次心肌梗死，左室射血分数常低于 30%，多数患者有难治性心力衰竭，2 年内病死率 >50%，预后极差。

总之，患者以心脏扩大、左室功能严重受损为主要矛盾和临床表现，其心脏扩大及收缩功能损害的程度不能用冠状动脉缺血的程度来解释。因此需要用患者存在严重的继发性心肌病变，心衰发生后继发性因素等机制解释其心电图改变。

4. 缺血性心肌病的持续性 ST-T 改变

对于确诊的冠心病患者，尤其有心肌病变、心功能损害严重的患者心电图存在持续性 ST-T 改变，又排除了引起这种心电图改变的其他可能原因时，则应考虑缺血性心肌病是患者心电图 ST-T 改变持续存在的原因。

图 9-9-16 是一位 78 岁的男性患者，心肌梗死 2 年，心电图 V_1 ～ V_4 导联可见病理性 Q 波、室性早搏，患者存在明显的心功能不全，超声心动图证实左室明显扩大，冠脉造影证实患者冠脉存在三支病变。本例患者心电图持续存在的 ST-T 改变（Ⅰ、aVL、V_5、V_6 等导联）系由缺血性心肌病引起。

可能有人认为，缺血性心肌病可以引起心电图 ST-T 持续性改变，缺血性心肌病又是冠心病的一种类型，不正说明是冠状动脉病变引发了这种 ST-T 的持续性改变？这种推理存在一定的问题，正如图 9-9-17 所示，妊娠可引发围产期心肌病，围产期心肌病又可导致心电图出现 ST-T 持续性改变，此时引起心电图

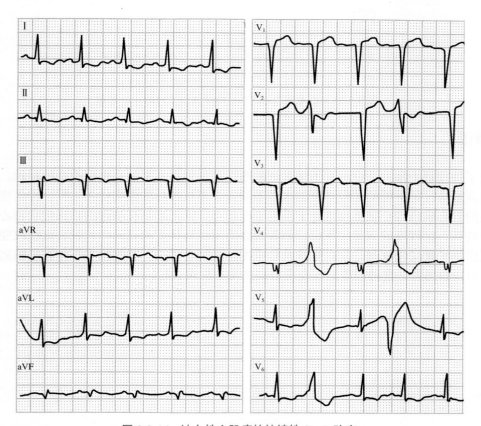

图 9-9-16　缺血性心肌病的持续性 ST-T 改变

患者男性，78 岁，心梗 2 年伴反复心衰，不合并高血压、电解质紊乱等。心电图显示前壁、下壁心肌梗死伴室性早搏，V_5、V_6、Ⅰ、aVL 等导联存在持续性 ST-T 改变

这种表现的本质是心肌病，不能推理为妊娠引起。对缺血性心肌病也是同样道理，缺血性心肌病可引起 ST-T 持续性改变，但不能认为这种心电图改变是冠脉供血不足引起的，因为有同样病变的冠心病患者并不引起 ST-T 持续性改变，只有出现继发性心肌病后才出现这种 ST-T 改变。因此只能说，是缺血性心肌病引起患者心电图 ST-T 持续性改变（图 9-9-17），这也能用于解释图 9-9-8 患者的心电图所见。

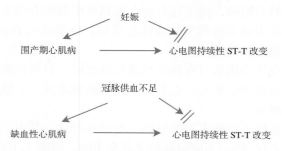

图 9-9-17 心肌病伴持续性 ST-T 改变

总之，缺血性心肌病患者存在明显、严重的心肌病变，进而引起心电图 ST-T 持续性改变，这种心电图改变不是慢性冠脉供血不足所致。应用这一理论可解释少数冠心病患者同时存在的 ST-T 心电图改变。

临床遇到心电图有 ST-T 持续性改变时，可按图 9-9-18 的诊断思路进行逐步诊断。首先排除这种心电图是慢性冠脉供血不足引起，因而需要寻找真正的原因或引发疾病，当发现或找到适当的病因时，可获得明确诊断。如果找不到合理的病因，患者又存在缺血性心肌病，可用缺血性心肌病心电图解释引发这种心电图的原因（图 9-9-18）。

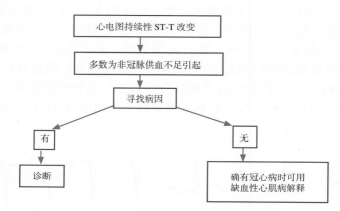

图 9-9-18 心电图存在 ST-T 持续性改变时的诊断思路

四、结束语

本文讨论了持续数十年、至今尚有不同看法的慢性冠脉供血不足的心电图改变的问题。我们认为，心肌供血与需求多数情况是平衡的，但平衡的水平不同，平衡被破坏的概率也不一样。平衡维持时，有冠心病，甚至严重的冠心病患者心肌供血也处于供需平衡状态，因而不存在缺血的临床症状和心电图改变。这种低水平的平衡被一定程度的负荷破坏后，随着缺血的发生而伴发缺血的症状及心电图改变，休息、服药后，心肌血流供需平衡又恢复时，缺血症状及心电图改变随之消失。因此根本不存在慢性冠脉供血不足的心电图改变，对少数患者，这种心电图改变可由缺血性心肌病引起。

切口性房性心动过速

近年来，临床已发现和报告一定数量的切口性房性心动过速（incisional reentrant atrial tachycardia），在先心病大动脉转位的房内矫正术、外通道矫正术、房间隔缺损修补等手术后，切口性房性心动过速的发生率高达 25%，使之成为房性心动过速的一个独立类型。

一、房性心动过速的类型

根据房性心动过速发作的特点及发生机制，房速可分成下列几型。

（1）切口性房速发生机制为房内大折返。

（2）局灶性房速发生机制为心房节律点自律性异常增高。

（3）持续性房速（过去称无休止性房速）发生机制为房内折返。

（4）非阵发性局灶性房速发生机制为触发。

（5）混乱性房速发生机制为心房内多个节律点自律性异常增高。

（6）非持续性阵发性房速。

房速分类中，过去常在文献中提到的异位性房速的诊断显然已不适合，因为不言而喻，房速肯定发生在窦房结之外，肯定属于异位性。

除此，文献中应用的无休止性心律失常的名称，如无休止性交界性心动过速、无休止性房速等也欠妥当。实际这些心律失常也是有发有停，在充分评价这些心律失常的特征之前，采用反复发作性或持续性心律失常的名称更为贴切。

二、切口性房性心动过速的临床和心电图特征

（1）有先心病心外科手术史，且术前无类似的心动过速史。

（2）在复杂的先天性心脏病外科手术后，如大动脉转位患者的房内矫正术后（Hustard procedure）、外通道矫正术后（Fontan procedure）、大的房间隔缺损修补后等，切口性房速的发生率高达 25%。

（3）切口性房速有其他阵发性心动过速的临床特点，包括突然发生、突然终止，发作时心率快而整齐（最高达 250 次 / 分以上），反复发作，持续时间不等，伴发的症状决定于发作时的心率、持续时间等。

（4）发作时心电图为典型的房性心动过速，P 波整齐规律。多次发作频率可有变化，发生时伴或不伴房室传导阻滞（图 9-10-1）。

（5）经心内电生理检查（如拖带等技术）能够证实心动过速属于房内折返，心动过速可用心脏程序性刺激反复诱发和终止。

（6）切口性房速是因房内大折返引起的阵发性室上性心动过速，折返环路常围绕在房内的手术瘢痕附近。心动过速有时呈持续性或反复性发作（图 9-10-2）。

（7）应用常规抗心律失常药物治疗效果差。

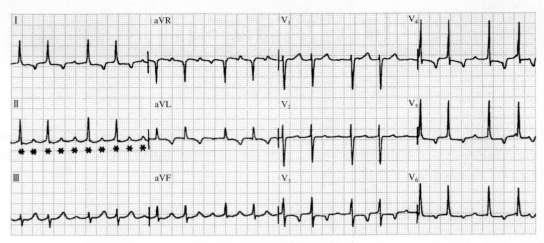

图 9-10-1　切口性房速的心电图

患者女性，36 岁，房间隔缺损修补术后。心房率 240 次 / 分，3∶1 或 2∶1 交替下传心室。Ⅰ、Ⅱ、Ⅲ、aVF 导联 P 波直立，aVR 导联 P 波倒置，V₁ 和 aVL 导联 P 波倒置或低平

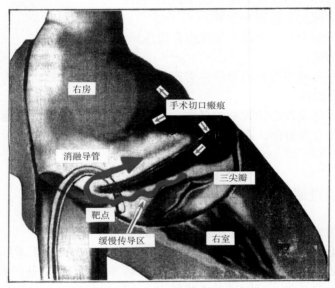

图 9-10-2　心脏右前斜位解剖和射频消融示意图

本图为图 9-10-1 患者心脏右前斜位解剖和射频消融示意图。图中可见房间隔缺损修补术后遗留的心房切口瘢痕，从右心耳斜向延伸到右房下部。图中箭头指示标测到的房速折返环，其中缓慢传导支位于瘢痕组织的下方，消融靶点位于折返的缓慢传导区，消融放电后，房速迅速终止，未再诱发，随访期亦未再复发

三、切口性房性心动过速的治疗

如上所述，本型房速的药物治疗效果差。

射频消融术根治切口性房速的成功率高，技术关键是通过详尽的标测和拖带技术发现和确定折返环路的缓慢传导区和上述峡部。

有些学者通过切口瘢痕邻近处的局部电位标测，也能成功地消融切口性房速，消融的靶点位于心房中非传导区之间有电传导功能的峡部，因此这些学者认为，消融的成功不完全依靠详尽标测和拖带技术来确定缓慢传导区。

多数学者认为，在相关的心外科手术过程中，应当沿着心房的上腔静脉、下腔静脉、肺静脉、三尖瓣环等生理性非传导区的边缘选择切口，切口选择稍加改变即可使术后切口性房速的发生率明显降低。

三维标测技术明显地缩短了切口性房速射频消融术中的电生理标测时间，大大提高了该型房速消融治疗的成功率。

心律失常药物治疗与其他

第十篇

第一章

新药伊伐布雷定

伊伐布雷定（Ivabradine）是全球第一个选择性 I_f 通道抑制剂，早在 1992 年就已获得化合物专利。2005 年 10 月欧洲药品管理局批准伊伐布雷定上市及临床用于治疗伴有窦性心动过速但对 β 受体阻滞剂不能耐受或存在禁忌的稳定型心绞痛患者；2009 年欧洲药品管理局又批准了伊伐布雷定应用的新适应证，可用于已进行了 β 受体阻滞剂最佳剂量的治疗，但病情尚未充分控制，心率仍高于 60 次 / 分的慢性稳定型心绞痛患者；2012 年该组织又批准伊伐布雷定的第三个临床应用适应证：合并收缩功能异常的慢性心力衰竭（心衰）的治疗。3 年后（2015 年），美国 FDA 批准伊伐布雷定用于慢性心衰患者的治疗，减少心衰患者因病情恶化而再次住院的风险。我国国家食品药品监督管理局于 2015 年 4 月批准伊伐布雷定在中国上市，商品名为可兰特，临床用来改善窦性心率 ≥ 75 次 / 分、伴心脏收缩功能障碍的慢性心衰患者的临床症状及远期预后。治疗心衰这一新适应证的获批将大大提高单纯降低心率（HR）的 I_f 通道阻滞剂伊伐布雷定在冠心病和心衰治疗领域的地位。

药物结构与心电生理作用

伊伐布雷定是法国施维雅公司研制的一个选择性 I_f 通道阻滞剂，其有特殊的降低窦性心率作用，是近 20 年来心血管疾病药物治疗领域的重要进展之一。

一、分子式

盐酸伊伐布雷定的分子量为 505.1，分子式为：$C_{27}H_{36}N_2O_5 \cdot HCl$（图 10-1-1）。

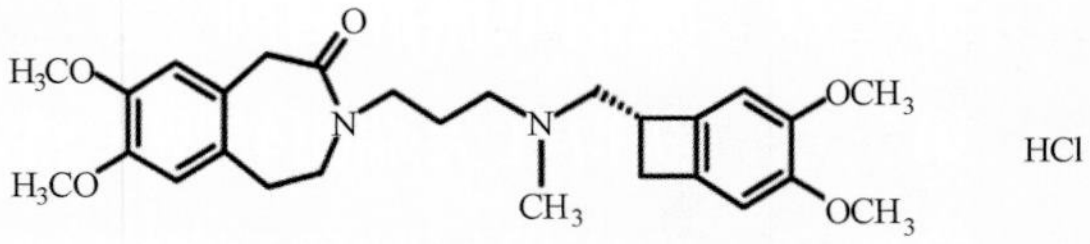

图 10-1-1　伊伐布雷定的分子式

二、心电生理作用

心脏特殊传导系统包括：窦房结、结间束、房室结、希氏束和浦肯野纤维等，心脏的这些特殊传导系统均有自律性，甚至普通心房肌和心室肌细胞在一定条件下也能有自律性而发生异位的自身电活动。正常情况下，窦房结细胞的自律性最高，主导整个心脏节律。其处于静息膜电位或超极化状态时，窦房结细胞能发生 4 相缓慢的舒张期自动化除极，使静息膜电位升高并达到阈电位时引起一次新的除极，一次新的 0 相动作电位。

窦房结细胞舒张期 4 相自动化除极时有多种离子流参与并协同完成：包括 I_k、I_f、I_{Ca-L} 及 I_{Ca-T} 等离子流。而 I_f 电流是诸多离子流中最重要的，且具有最初的启动作用，故 I_f 电流又称起搏电流。I_f 电流是超极化缓慢激活的内向钠、外向钾的混合离子流，其使窦房结细胞的膜电位升高到 −55mV 时，将激活 I_{Ca-T} 通道引起 Ca^{2+} 内流，Ca^{2+} 的内流使跨膜电位进一步升高到 −40mV 时可激活 I_{Ca-L} 通道开放，使更多的 Ca^{2+} 内流。实际，−40mV 也是窦房结细胞能够再次除极的阈电位，大量的 Ca^{2+} 内流将形成一次新的 0 相除极。因此，I_f 通道激活产生的 I_f 电流启动了窦房结细胞舒张期 4 相自动化除极的整体过程，引发了新的窦性激动。伊伐布雷定呈剂量依赖性抑制 I_f 电流，进而降低窦房结细胞的自律性，减慢窦性心率。

药代学

伊伐布雷定药代学的特征如下。

1. 血药浓度达峰快

口服给药后，原型的伊伐布雷定能迅速、几乎完全在消化道吸收，一次口服后血药浓度达峰时间约 1h。

2. 生物利用度

口服给药的生物利用度 40%。

3. 稳态的血药浓度

药物长期口服（5mg，2 次 / 日）时，其 C_{max} 为 22μg/L（CV=29%），稳态的平均血药浓度为 10μg/L（CV=38%）。

4. 体内分布容积

体内稳态分布容积接近 100L。

5. 蛋白结合率

药物与血浆蛋白的结合率为 70%。

6. 药物代谢

原型药物在肝肠经细胞色素 P450 的 3A4（CYP3A4）途径氧化并广泛代谢。

7. 排泄

代谢物经粪便和尿液呈等比例排泄，两者的排泄量相似，口服剂量的药物约以 4% 的原型经尿排出。

8. 清除半衰期

伊伐布雷定的血浆清除半衰期为 11h。

作用机制与药效学

一、药物作用机制

伊伐布雷定是一种高度特异性的 I_f 通道阻滞剂，其可从窦房结细胞内侧进入"开放状态"的 I_f 通道并到达其作用的结合位点（图 10-1-2），进而阻滞 I_f 通道及以 Na^+ 内流为主的 I_f 电流（起搏电流），减慢窦房结细胞的 4 相自动化除极的速率，延长窦房结细胞两次激动的间期，降低其自律性。伊伐布雷定通过抑制最大电导而影响 I_f 通道的通透性，却不改变电流激活的电压依赖性。伊伐布雷定与开放的 I_f 通道有亲和性进而将其阻断（图 10-1-3），是一个在除极电压下更为有效的 I_f 通道阻滞剂，在除极电压时其更易进入 I_f 通道。

对药物剂量（图 10-1-4）和人体基础窦性心率（图 10-1-5）的双重依赖性是伊伐布雷定减慢心率的基本特征。当药

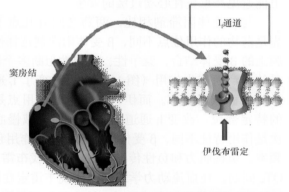

图 10-1-2　伊伐布雷定与 I_f 通道特异性结合抑制 I_f 电流

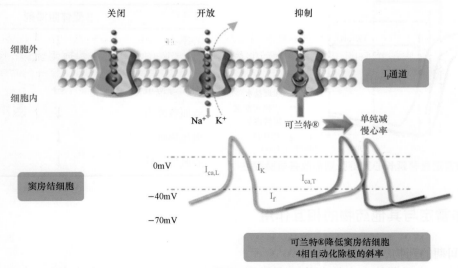

图 10-1-3　伊伐布雷定的作用机制

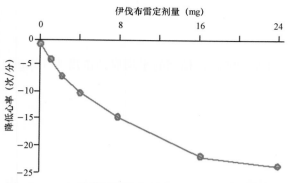

图 10-1-4 伊伐布雷定降低心率的作用呈剂量依赖性

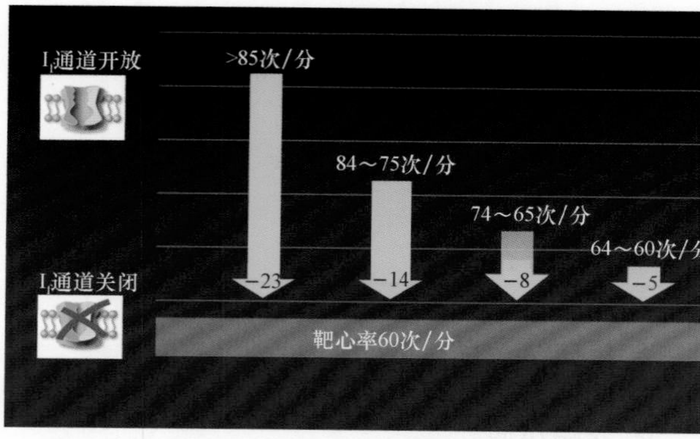

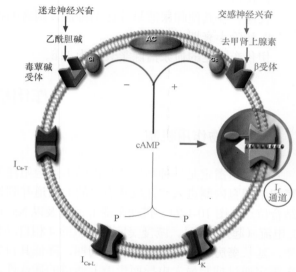

图 10-1-5 伊伐布雷定降低心率的作用明显依赖于基础心率

物服用剂量低于 15 ～ 20mg，每日 2 次时，其降低心率的作用与剂量呈线性关系，表现出线性药动学，即降心率作用呈明显的剂量依赖性。换言之，伊伐布雷定对 I_f 通道的阻滞作用与血药浓度呈正比，剂量越大和血药浓度越高时降低心率的幅度越大；当剂量超出上述范围或患者静息窦性心率偏低时，因开放的 I_f 通道数量少，故阻滞作用趋于平台状态，这在一定程度上能避免严重窦性心动过缓的发生。

与 β 受体阻滞剂相比，两药之间有几点不同。首先是药物的作用位点不同，β 受体阻滞剂选择性与细胞膜上的 β 受体结合，竞争性、可逆性阻断多个器官的 β 受体激活而产生作用（图 10-1-6），改变了 I_f 通道的化学门控而减慢心率。而伊伐布雷定的作用点是 I_f 通道的特定部位，改变 I_f 通道的电压门控而减慢心率。其次是作用特征不同，β 受体阻滞剂的心脏作用包括负性

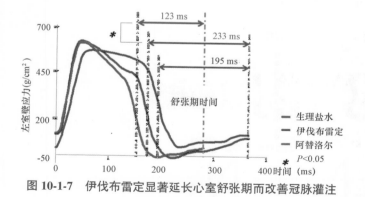

图 10-1-6 伊伐布雷定与 β 受体阻滞剂减慢心率的机制不同

频率、负性肌力和负性传导作用；而伊伐布雷定无负性肌力和负性传导作用，进而维持了患者原来基础的 QTc 间期。在血流动力学方面，伊伐布雷定在降低心率的同时延长了心室舒张期，进而使每搏量增加（图 10-1-7），抵消了心率减慢对心输出量的可能影响，并进一步改善冠脉的灌注（表 10-1-1）。

图 10-1-7 伊伐布雷定显著延长心室舒张期而改善冠脉灌注

表 10-1-1 伊伐布雷定与 β 受体阻滞剂作用的比较

	β 受体阻滞剂	伊伐布雷定
心率	↓	↓
延长舒张期	↑	↑↑
增加每搏量	↔	↑
心肌收缩力	↓	↔
血压影响	↓	↔
心脏传导性	↓	↔

二、伊伐布雷定与其他药物的相互作用

1. 延长 QT 间期的药物

（1）包括延长 QT 间期的心血管药物（奎尼丁、丙吡胺、苄普地尔、索他洛尔、伊布利特、胺碘酮）

和延长 QT 间期的非心血管药物（匹莫齐特、齐拉西酮、舍吲哚、甲氟喹、卤泛群、喷他脒、西沙必利、注射用红霉素）等两类。因减慢心率能加重 QT 间期的延长，因此要避免与心血管和非心血管两类兼有 QT 间期延长作用的药物同时使用。必须合用时，应给予严密的心电监测。

（2）排钾利尿剂（噻嗪类和袢利尿剂）：低钾血症能增加心律失常的发生危险，而伊伐布雷定有引发心动过缓、低钾血症和心动过缓的作用，这些都是诱发严重心律失常的易感因素，尤其对长 QT 综合征（先天性或药物诱发性）患者，合并用药时需慎重。

伊伐布雷定的临床应用

一、冠心病患者中的应用

根据欧洲药物管理局批准的适应证，伊伐布雷定可用于窦性心率 ≥ 70 次 / 分伴慢性稳定型心绞痛患者的对症治疗，包括 β 受体阻滞剂应用有禁忌或不能耐受时的替代用药，或是 β 受体阻滞剂已达最佳剂量但症状仍无法控制时的联合用药。

对于冠心病患者，伊伐布雷定具有明确的抗心绞痛和抗心肌缺血作用。单药服用时，伊伐布雷定能显著降低稳定型心绞痛患者心绞痛的发作次数和持续时间，其抗心肌缺血和抗心绞痛作用与 β 受体阻滞剂和钙通道阻滞剂相似。ASSOCIATE 研究证实，稳定性冠心病患者在 β 受体阻滞剂应用基础上联合应用伊伐布雷定时能进一步改善运动耐量，强化抗心绞痛的疗效。在改善预后方面，伊伐布雷定在 β 受体阻滞剂应用基础上，能进一步降低伴窦性心率 ≥ 70 次 / 分的冠心病患者致死性或非致死性心肌梗死的发生，以及减少 36% 和 30% 的进行冠脉血运重建的需要。尤其合并左室收缩功能障碍的患者，可使上述终点降低 73%和 59%。近期公布的 SIGNIFY 研究结果再次肯定了伊伐布雷定对左心功能正常的冠心病患者改善症状的作用，但未观察到终点事件发生率之间的差异。

二、慢性心衰患者中的应用

依据欧洲药物管理局和中国食品药品监督管理局批准的适应证，伊伐布雷定可用于窦性心率 ≥ 70 次 /分伴心功能 Ⅱ ～ Ⅳ 级慢性心衰患者的治疗，可与 β 受体阻滞剂等药物联合使用，也适合用于 β 受体阻滞剂有禁忌或不能耐受患者的治疗。

1. 相关研究

临床研究表明，伊伐布雷定能改善伴 EF 值减低心衰患者的预后。SHIFT 研究入选了 6558 例窦性心率 ≥ 70 次 / 分、EF 值 ≤ 35%、纽约心功能 Ⅱ ～ Ⅳ 级的慢性心衰患者，在 β 受体阻滞剂标准治疗的基础上，随机给予伊伐布雷定或安慰剂治疗。平均随访 22.9 个月后，伊伐布雷定组的主要终点事件（心血管病死亡和心衰恶化再入院）的风险显著降低 18%（图 10-1-8）。SHIFT 研究的亚组分析发现，伊伐布雷定获益程度与患者的静息窦性心率有关，对于基线窦性心率 ≥ 75 次 / 分的亚组患者，伊伐布雷定改善预后的获益更明显（主要终点事件的风险降低 24%）；而年龄、血压水平、是否合并糖尿病或肾功能不全等对获益无显著影响。伊伐布雷定改善心衰患者预后的机制除减慢心率外，还与提高左室射血分数、逆转心脏重构等作用有关。此外，伊伐布雷定在减少心血管事件发生的同时还显著改善患者的生活质量，这是在心衰治疗中常被忽视的获益。

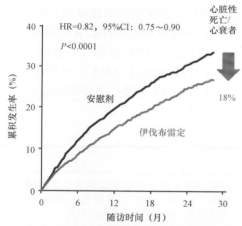

图 10-1-8　伊伐布雷定服用后可使心衰患者预后进一步改善

2. 与 β 受体阻滞剂的联合应用

心衰患者出院后早期，即使坚持常规药物治疗，出院后 2 ～ 3 个月内的死亡率和因心衰加重的再住院率仍高达 15% 和 30%，临床有学者将该现象称为心衰再次住院的易损期（vulnerable phase）。易损期内，部分心衰患者充血性心衰的症状加重、肾功能和神经体液的状态异常恶化，进而增加了患者的心衰症状和再次住院的风险。因此，加强易损期的随访，进一步优化基础药物治疗十分重要。应当强调，处在易损期心衰患者的心率加快是其近期、远期全因死亡增加及心衰再住院的重要危险因素。因此，提早进行心率控制不仅能在常规药物治疗获益的基础上改善预后，也是该阶段简单易行的干预手段。β受体阻滞剂作为减慢心衰患者基础心率的用药，初期先小剂量使用，随后逐渐上调剂量，这种给药方法使心率降幅有限，使用β受体阻滞剂的前3个月（常处于易损期阶段的患者）有抑制左心功能的可能，即应用初期可能使心排血量下降。因此，处于易损期且静息心率较高的心衰患者，联合服用伊伐布雷定是尽早控制心率的优选策略（图10-1-9）。

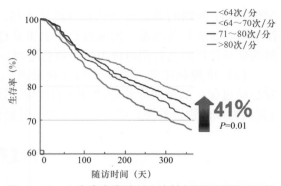

图 10-1-9 心衰患者出院时心率较低组远期预后更佳

此外，早期联合应用伊伐布雷定有利于慢性心衰患者的心率控制和β受体阻滞剂的剂量上调，BAGRIY研究为β受体阻滞剂逐渐加量和早期联合应用伊伐布雷定的优劣比较提供了直接证据。入选的69例心衰患者分别给予卡维地洛逐渐加量（3.125mg，2次/日，每2周剂量加倍，直到最大耐受量）或卡维地洛联合伊伐布雷定治疗；随访5个月后，联合治疗组患者的窦性心率降得更低，卡维地洛的服用量反而更高，达到β受体阻滞剂服用最大剂量的时间也早于卡维地洛单药组。研究证实，早期联用伊伐布雷定时，不但减慢心率更有效，还可易化β受体阻滞剂的剂量上调。后者可能得益于伊伐布雷定对心功能的有效改善，补偿了β受体阻滞剂早期服用时的负性肌力作用，使心衰患者能耐受更大剂量的β受体阻滞剂。

早期联合应用伊伐布雷定有益于心衰患者的心率控制及心功能改善：ETHIC-AHF研究结果表明，易损期内使用伊伐布雷定，能更好地控制患者的心率，改善患者的心功能。该研究属于前瞻性的随机对照研究，全组入选了71例急性心衰患者，患者入院24～48h的病情稳定，窦性心率≥70次/分，EF值<40%，随机分为β受体阻滞剂常规使用组和β受体阻滞剂+伊伐布雷定联合治疗组。结果显示，患者出院后的28天及4个月时的心率：β受体阻滞剂+伊伐布雷定联合治疗组的心率显著低于β受体阻滞剂常规使用组[（64.3±7.5）次/分 *vs.*（70.3±9.3）次/分，P=0.01及（60.6±7.5）次/分 *vs.*（67.8±8.0）次/分，P=0.004]。而4个月时患者的心功能，β受体阻滞剂+伊伐布雷定联合治疗组显著优于β受体阻滞剂常规使用组：左室射血分数显著改善（44.8% *vs.* 38.1%），BNP明显下降（259pg/ml *vs.* 554pg/ml）。

伊伐布雷定联合β受体阻滞剂的治疗能进一步改善心衰患者的运动耐量和生活质量：CARVIVA研究显示，与卡维地洛单药（25mg，2次/日）治疗相比，卡维地洛（12.5mg，2次/日）并联合应用伊伐布雷定治疗组能显著降低心衰患者的纽约心功能分级、改善6min步行试验的最远距离及最大摄氧量（MVO$_2$），提示联合伊伐布雷定治疗组比单独上调β受体阻滞剂剂量组能更加有效地改善心衰患者的运动耐量和生活质量。

3. 伊伐布雷定治疗心衰的指南推荐

（1）2016 ESC急慢性心衰诊治指南对伊伐布雷定的推荐见表10-1-2。

（2）2016ACC/AHA心衰指南对伊伐布雷定的推荐见表10-1-3。

（3）2014中国心力衰竭诊断和治疗指南对伊伐布雷定的推荐见表10-1-4。

表 10-1-2 2016ESC急慢性心衰治疗指南对伊伐布雷定的推荐

推荐内容	推荐类别	证据水平
经靶剂量或最大耐受剂量的β受体阻滞剂、ACEI或ARB和醛固酮受体拮抗剂充分治疗后仍有症状、EF值≤35%，且窦性心率≥70次/分的心衰患者，可使用伊伐布雷定降低心衰患者的再住院率与心血管疾病死亡风险	Ⅱa	B
β受体阻滞剂不能耐受或有禁忌，但伴有症状、EF值≤35%且窦性心率≥70次/分的心衰患者，可使用伊伐布雷定降低心衰的再住院率与心血管疾病的死亡风险；但患者需继续ACEI或ARB和醛固酮受体拮抗剂的治疗	Ⅱa	C
慢性心衰伴心绞痛患者，已使用最大剂量的β受体阻滞剂，但治疗后仍有心绞痛，或不能耐受β受体阻滞剂者；可加服伊伐布雷定	Ⅱa	B

表 10-1-3　2016ACC/AHA 心衰指南对伊伐布雷定的推荐

推荐内容	推荐类别	证据水平
对已接受指南推荐的评估和管理（最大耐受量的 β 受体阻滞剂），但静息窦性心率 ≥ 70 次 / 分且有症状的慢性稳定心衰（EF ≤ 35%）患者，可使用伊伐布雷定降低心衰的再住院率。指南推荐，鉴于 β 受体阻滞剂有明确降低死亡率的益处，故使用伊伐布雷定降低静息窦性心率之前需要应用靶剂量的 β 受体阻滞剂。需要注意，研究排除了 2 个月内发生过心梗的患者	Ⅱa	B

表 10-1-4　2014 中国心力衰竭诊断和治疗指南对伊伐布雷定的推荐

推荐内容	推荐类别	证据水平
窦性心律，LVEF ≤ 35%，已使用 ACEI（或 ARB）和醛固酮受体拮抗剂（或 ARB）治疗的心衰患者，如 β 受体阻滞剂已达到指南推荐剂量或最大耐受量，心率仍然 ≥ 70 次 / 分且持续伴有症状（NYHA Ⅱ～Ⅳ级）时，可加服伊伐布雷定	Ⅱa	B
如不能耐受 β 受体阻滞剂，心率 ≥ 70 次 / 分者也需使用伊伐布雷定	Ⅱb	C
慢性心衰伴心绞痛患者，如使用 β 受体阻滞剂（或其他替代药物）治疗后仍有心绞痛时，可加用伊伐布雷定	Ⅰ	A
慢性心衰伴心绞痛患者，如不能耐受 β 受体阻滞剂时，可加用伊伐布雷定	Ⅱa	A

三、不良性窦性心动过速治疗中的应用

2015 年美国成人室上速处理指南推荐了伊伐布雷定在不良性窦性心动过速治疗中的应用。

不良性窦性心动过速（inappropriate sinus tachycardia，IST）临床相对少见，其表现为静息或轻度运动时出现窦性心动过速，心率的异常增加与正常生理代谢的需求不符合，通常患者无器质性心脏病和导致窦性心动过速的其他继发原因。IST 由 Codvelle 和 Boucher 于 1939 年首次报道，1979 年，Bauernfeind 对 IST 的临床特点进行了系统描述。

1. 临床特点与诊断标准

IST 患者的临床表现多样，约 90% 的患者为年轻女性（多在 20 ～ 45 岁），可伴有间断性心悸或自主神经功能失调的症状，如头晕、先兆晕厥或晕厥、胸痛或胸闷等。

IST 的诊断尚无明确标准，但 2015 年美国成人室上速处理指南提出符合以下情况时可诊断 IST：休息或轻度运动时心率 >100 次 / 分且伴有相应症状，Holter 检查提示心动过速时 P 波形态与窦性 P 波相同，平均心率 >90 次 / 分，卧位或半卧位变为立位时心率的增加 >25 ～ 30 次 / 分。采用平板运动的标准 BRUCE 方案检测时，最初 90s 的低负荷运动时，心率已超过 130 次 / 分，同时又能排除继发病因导致的窦性心动过速，以及房速和窦房折返性心动过速时即可诊断。

2. 传统的治疗方法

IST 的主要治疗为对症治疗，包括药物和消融治疗。药物治疗主要服用 β 受体阻滞剂和非二氢吡啶类钙通道阻滞剂，常需较大的药物剂量，容易发生治疗中的不能耐受。对于难治性病例，可尝试导管消融进行窦房结改良，尽管该治疗的效果较好，但多数患者短期内可复发。另外，窦房结的导管消融可导致窦房结功能的过度损伤而需植入永久性心脏起搏器。

3. 伊伐布雷定治疗 IST

伊伐布雷定治疗不良性窦性心动过速的作用引人瞩目，也是目前唯一用于临床的 I_f 通道选择性阻滞剂，其呈剂量依赖性抑制 I_f 电流，减缓窦房结细胞的 4 相自动化除极的斜率，降低静息心率和运动时心率。因伊伐布雷定有控制心率的优势，故临床已用于 IST 的治疗。Zellerhoff 对 10 例有症状的 IST 患者，其中 8 例经传统药物治疗失败，2 例拒绝接受传统药物治疗，给予伊伐布雷定 5.0 ～ 7.5mg，每日 2 次，单独使用（7 例）或联合 β 受体阻滞剂治疗（3 例），通过 72 h 动态心电图及症状问卷评价疗效。结果显示，伊伐布雷定能显著降低患者的最大心率和平均心率（$P<0.05$），而最小心率无明显变化。3 例患者出现一过性光幻视但未停药。在（16±9）个月的随访中，8 例 IST 患者的相关症状减轻（3 例）或消失（5 例）。该研究证实伊伐布雷定对有

症状的 IST 患者治疗有效而安全。Calo 报道了 16 例 IST 患者应用伊伐布雷定治疗的有效性，其可明显降低患者 24h 的平均心率和最大心率，而且伊伐布雷定降低心率的作用随使用时间的延长而增加。

更令人兴奋的是，Cappato 等 2012 年在 JACC 杂志报道了一项双盲、随机、安慰剂对照、交叉设计的临床研究结果，为伊伐布雷定治疗 IST 提供了循证医学的证据。研究共入选 21 例 IST 患者并随机分成安慰剂组 9 例，治疗组 10 例。伊伐布雷定治疗组每次 5mg，每日 2 次，3 周后如能耐受，剂量增加到 7.5mg，每日 2 次，共治疗 6 周，安慰剂组口服安慰剂 6 周。6 周后停药 7 天，再进行两组的交叉用药，原伊伐布雷定组口服安慰剂 6 周，原安慰剂组服用伊伐布雷定 5mg，每日 2 次；3 周后如患者能耐受，再将剂量增加到 7.5mg，每日 2 次，共 6 周。结果显示，服用伊伐布雷定的 67% 患者症状减轻 70% 以上，其中 47% 的患者症状完全消除。该研究证实，伊伐布雷定治疗 IST 6 周以上时可明显降低患者的心率和改善症状，且不良反应少。

4. 2015 AHA/ACC/HRS 美国成人室上速处理指南对伊伐布雷定应用的推荐

2015 AHA/ACC/HRS 美国成人室上速处理指南对伊伐布雷定应用的推荐见表 10-1-5。对于不良性窦性心动过速，推荐服用的剂量为 5 ～ 7.5mg，每日 2 次，降低心率的目标值为 25 ～ 40 次 / 分。

表 10-1-5　2015 AHA/ACC/HRS 美国成人室上速处理指南对伊伐布雷定应用的推荐

推荐内容	推荐类别	证据水平
伊伐布雷定对有症状的不良性窦性心动过速患者进行治疗符合临床需要	Ⅱa	B

禁忌证

（1）急性心衰或心源性休克。

（2）急性心肌梗死或不稳定型心绞痛。

（3）血压 <90/50mmHg。

（4）病窦综合征、窦房传导阻滞、三度房室传导阻滞（非起搏器植入者）。

（5）治疗前静息窦性心率 <70 次 / 分。

（6）起搏器依赖（患者窦性心率低于起搏器下限起搏频率）。

（7）重度肝功能不全。

（8）应用强效细胞色素 P450 3A4（CYP3A4）抑制剂，如唑类抗真菌药、大环内酯类抗生素、HIV 蛋白酶抑制剂。

（9）联合应用维拉帕米或地尔硫草。

（10）孕妇、哺乳期妇女。

给药方法

一、慢性心衰

对 EF 值下降的慢性稳定性心衰患者，推荐起始剂量 5mg，每日 2 次，进餐时服用。对 ≥ 75 岁的老年患者可考虑起始剂量 2.5mg，每日 2 次。治疗 2 周后，对患者评估后再进行剂量调整（图 10-1-10）。此后长期服药过程中仍要根据实际心率调整剂量，使患者的静息心率保持在 50 ～ 60 次 / 分之间。发生急性心衰时，应根据血压和心率情况暂时减少服药剂量或停用，若血压正常、心率 >60 次 / 分时不需停用，但收缩压 <85mmHg 或心率 <50 次 / 分时应当停用。

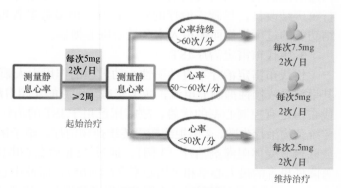

图 10-1-10　伊伐布雷定服用剂量的调整

二、特殊人群的应用

1. 老年和儿童

本药对 80 岁以上高龄患者的治疗是安全的，对 ≥ 75 岁的患者，起始剂量推荐为 2.5mg，每日 2 次，长期使用时应根据实际心率调整剂量。儿童应用的安全性和有效性尚在评估中。

2. 肾功能不全患者

肌酐清除率 >15ml/min 的患者不需调整剂量。肌酐清除率 <15ml/min 的患者需谨慎用药。

3. 肝功能不全患者

轻度肝功能不全患者不需调整剂量，中度肝功能不全患者使用时慎用，重度肝功能不全的患者禁用。

4. 心房颤动

伊伐布雷定对房颤无预防或治疗作用；对于持续性或阵发性房颤患者房颤发作时，不建议使用伊伐布雷定。

5. 二度房室传导阻滞

不建议使用伊伐布雷定（除非已植入起搏器）。

6. 药物相互作用

伊伐布雷定经 CYP3A4 途径代谢，对 CYP3A4 代谢的其他药物及其血浆浓度无任何影响，与辛伐他汀、二氢吡啶类钙通道阻滞剂（氨氯地平、拉西地平）、地高辛和华法林等没有明显的药物相互作用。

7. 胺碘酮

不建议胺碘酮与伊伐布雷定合用。但对特殊长期服用胺碘酮的患者，如需要或出现窦性心动过速时可加服伊伐布雷定 2.5mg，每日 2 次。联合应用时，应严密监测心率。胺碘酮可在组织中逐渐蓄积，故不建议在伊伐布雷定使用后再联合应用胺碘酮。

8. 袢利尿剂

心衰患者常因服用袢利尿剂而发生低钾血症，低钾血症和心动过缓的合并存在是引发严重心律失常的易患因素，因此，使用伊伐布雷定时应监测血钾。

9. 食物影响

因食物可导致该药吸收延迟约 1h，并使血浆浓度增加 20%～30%，为减少个体差异，建议早、晚进餐时服用，还应避免同时饮用西柚汁。

10. 长 QT 综合征

在伊伐布雷定治疗前或调整剂量时，应对窦性心率较慢、伴有室内传导障碍的患者严密监测静息心率；先天性长 QT 综合征或使用延长 QT 间期药物的患者应尽量避免使用伊伐布雷定，虽然伊伐布雷定不影响 QT 间期，但必须联合用药时，应严密监测。

11. 代谢及其他

伊伐布雷定不影响糖代谢，无支气管收缩作用，适合伴有糖尿病、哮喘、慢性阻塞性肺疾病的冠心病患者应用。

不良反应及处理

经过对接受伊伐布雷定治疗的 9300 例患者的观察，与剂量相关的不良反应包括：光幻视 14.5%（但症状较轻且能恢复，其中 77.5% 的患者在治疗期间恢复，不到 1% 的患者因其而停药），心动过缓 3.3%，治疗 2～3 个月内出现严重心动过缓者仅 0.5%（窦性心率 ≤ 40 次/分）。常见的不良反应还包括视物模糊、室性早搏、头痛、头昏；偶有室上性早搏、心悸、恶心、便秘、腹泻、眩晕、呼吸困难等。

一、光幻视

光幻视的不良反应较常见，且呈剂量依赖性。其表现为视野的局部区域出现短暂的亮度增强，也能表现为光环、图像分解、彩色亮光或多重图像。一般为轻度至中度，多发生在起始治疗的前两个月，多数患者这种反应可自行消失。无证据表明伊伐布雷定对视网膜有毒性作用，若视觉功能恶化时，应考虑停药。

二、心动过缓

心动过缓可在最初治疗的 2～3 个月内发生。对药物过量所致的严重、长时间心动过缓者应给予对症处理；对血流动力学不稳定者，可考虑静注 β 受体激动剂，如异丙肾上腺素，必要时行心脏临时起搏。

三、心房颤动

资料显示，伊伐布雷定治疗时新发房颤为 4.86%，对照组为 4.08%，相对风险比为 1.26，95% CI：1.15～1.39。

四、其他不良反应

其他不良反应包括视物模糊、头痛、头晕、一度房室传导阻滞、室性早搏、血压波动等。多数不需要特殊干预，仅给予对症治疗，症状严重者应考虑停药。

小结

伊伐布雷定是全球第一个选择性 I_f 通道阻滞剂，其在减慢心率的同时不影响心肌收缩力和心脏传导。多项研究显示伊伐布雷定通过减慢患者心率，可在原来治疗的基础上进一步改善患者的预后，提高生活质量，特别是心衰早期联用伊伐布雷定时能更有效地降低心衰患者的再住院率及易损期时的心率，解决了 β 受体阻滞剂治疗时可能遇到的一些困难。因此，推荐静息心率较快、EF 值减低的冠心病及慢性心衰患者，在原有治疗的基础上联合应用伊伐布雷定。

晚钠电流抑制剂

越来越多的研究表明，晚钠电流的增强可明显影响心肌细胞动作电位的持续时间，并在早后除极（early afterdepolarization，EAD）和迟后除极（delayed afterdepolarization，DAD）的产生中起到关键作用，进而触发室性心动过速和心室颤动。

因此，近年来对诱发室速和室颤的触发活动进行有效抑制已成为心律失常药物治疗的新策略，并使防治晚钠电流病理性增强发展为恶性室性心律失常和心脏性猝死成为关注的新热点。

一、非选择性晚钠电流抑制剂

广义而言，晚钠电流抑制剂包括选择性和非选择性晚钠电流抑制剂两种。

有些经典的 I 类抗心律失常药物（钠通道阻滞剂），在阻滞或抑制峰钠电流的同时，还兼有一定程度的晚钠电流抑制作用，如雷诺嗪、美西律等药物，这些药物则为非选择性晚钠电流抑制剂。

1. 晚钠电流

峰钠电流（I_{Nap}）是指跨心肌细胞膜电位处于最适宜开放的阈电位（-80mV）时，心肌细胞膜上的钠通道瞬间同时开放，使大量钠离子迅速内流并形成较强的跨膜电流，该电流可使心肌细胞的跨膜电位从 -80mV 瞬间升到 +30mV 形成超射，但该较强的峰钠电流持续时间仅 1 ~ 3ms。

与峰钠电流截然不同，晚钠电流（I_{NaL}）是继峰钠电流后，持续存在的钠内流（图 10-2-1），其持续时间约 10 ~ 100ms，但电流弱，正常时晚钠电流的强度仅相当于峰钠电流的 0.1%。有学者认为，晚钠电流属于快钠电流的慢失活成分，即绝大多数的钠通道开放后迅速关闭，而部分钠通道的失活滞后而保持在激活的开放状态，使小量的钠内流持续存在。

2. 晚钠电流增强

正常时，晚钠电流较弱，但在临床很多病理情况时，晚钠电流可异常增强，例如心力衰竭、LQT3、心肌缺血、缺氧（图 10-2-2）等。这些增强的晚钠电流，在促进早后除极、迟后除极及 T 波电交替的形成过程中起着重要作用，进而可触发局灶性室速，或通过多灶机制使室颤维持。

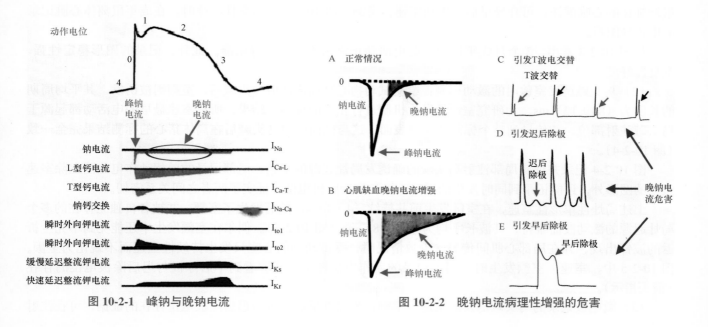

图 10-2-1　峰钠与晚钠电流　　　　　　　图 10-2-2　晚钠电流病理性增强的危害

3. 非选择性晚钠电流抑制剂

文献已证实，一些经典的钠通道阻滞剂，除了阻滞或抑制峰钠电流外，还兼有晚钠电流的抑制作用，如雷诺嗪、氟卡胺、美西律等药物，进而能抑制早后除极、迟后除极、T 波电交替及其介导的触发性心律失常。但这些药物，包括雷诺嗪在内，没有一个药物具有明显的选择性抑制晚钠电流的作用，只是兼有晚钠电流的抑制作用，结果，在完整的动物体上局灶性室速和多灶性室颤的发生中，增强的晚钠电流仍然起到一定的作用。因此，研发特异性晚钠电流阻滞剂对于抗心律失常的药物治疗意义重大。

二、选择性晚钠电流抑制剂

近年来，已充分认识到晚钠电流增强的致心律失常作用，尤其引发室速和室颤的作用。相应之下，研发有效而特异的晚钠电流抑制剂已成为药物治疗心律失常领域的新热点、新策略。代号 GS967 的新药则是选择性晚钠电流抑制剂。

GS967 是一个高选择性的晚钠电流阻滞剂，其对心肌细胞膜其他离子通道仅有很小或几乎没有作用，但对晚钠电流则可完全抑制。相关研究表明，在乌头碱引发的室速与室颤发生中，晚钠电流增强可能是其唯一的可能原因。表 10-2-1 比较了 GS967、雷诺嗪和氟卡胺抑制晚钠电流的作用。

表 10-2-1　三个药物抑制峰钠与晚钠电流作用的比较

	阻断峰钠电流（I_{Nap}）IC50	阻断晚钠电流（I_{NaL}）IC50	阻断 I_{Kr} 电流 IC50
氟卡胺	（84±4）μmol/L	（3.4±0.5）μmol/L	（1.5±0.1）μmol/L
雷诺嗪	（1329±114）μmol/L	（17±1）μmol/L	（17±1）μmol/L
GS967	10μmol/L 时减少 7.5%	（0.13±0.01）μmol/L	10μmol/L 时减少 17%

1. 乌头碱诱发室速、室颤的动物模型

（1）制备动物模型：选择成年（3 个月）及老年（23～25 个月）雄鼠，麻醉状态下取出心脏，插管并通过主动脉，以 5ml/s 的速度灌流 Langendorff 液。同时记录心电图、心室电图、心房电图，以及用单细胞玻璃微电极记录左室外膜的跨心肌细胞膜的动作电位图。为增强晚钠电流和诱发早后除极介导的室速和室颤，将 50μg 的乌头碱直接注射到受试动物左室侧壁中部心肌中，而玻璃微电极则在乌头碱左室注射部位 1mm 内进行单细胞电位的记录，在氧化应激模型的制备中，将 0.1mmol/L 的过氧化水（H_2O_2）给老年鼠纤维化的心脏灌注，可介导早后除极和室速、室颤。图 10-2-3 显示窦性心律时，在成年鼠离体心脏记录的电传导图形。

从图 10-2-3 看出，3 个月成年鼠的心脏电活动正常而不存在传导阻滞。此外，记录的图形稳定性强，重复性好。

（2）乌头碱诱发室颤时的激动标测：给受试动物心脏局部注射乌头碱后，室颤则被诱发，其平均周期的长度为（84±12）ms。为研究室速的发生机制进行相应的标测，结果，所有室速最早的电活动都起源于乌头碱注射部位，并传导到整个标测的左室表面，这与以前应用乌头碱后在离体猪心的标测结果完全一致（图 10-2-4）。

图 10-2-4 记录并证实局部注射乌头碱的确诱发局灶起源的室速，局部记录的单相动作电位图上除室速激动的图形外，还能记录到同时发生的迟后除极和早后除极电位，证实了两者之间关系密切。

上述局灶性单形性室速，在室颤发生前共持续（4±1）s，随后发生了室颤，并被各自独立存在的多个局灶起源的激动波而维持，其波长平均为（52±8）ms（图 10-2-5）。偶尔在室颤发生中还能见到不完全折返的波锋出现，并在局部心肌间传导。少数情况时，受试动物的心室只发生持续性室速而不蜕化为室颤。图 10-2-5 中，室速、室颤发生时，同步记录的动作电位图上，能够看到早后除极与迟后除极电位的存在（箭头指示）。

（3）微电极记录的乌头碱诱发的室速、室颤：为提供早后除极与迟后除极电位存在的证据，可在注射

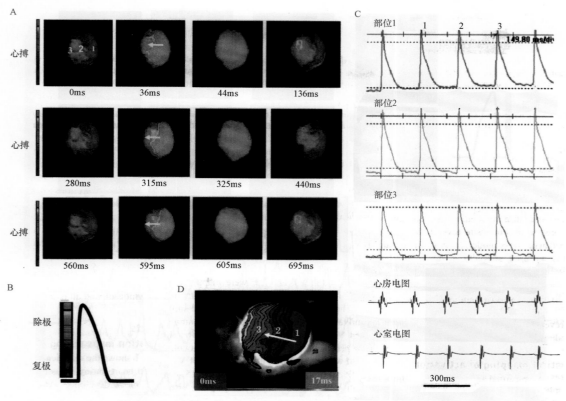

图 10-2-3 窦性心律时记录到选择点的动作电位图和等时标测图

A. 记录的三个连续的窦性心搏；B. 整个电活动中红色代表除极，蓝色和紫色代表复极，可见在 3 个心动周期中记录的全过程稳定而能重复，图 A 中的黄箭头指示激动波的传导方向；C. 在三个不同部位记录的动作电位图；D. 在等时图上，蓝色代表 0，整个记录中不存在阻滞

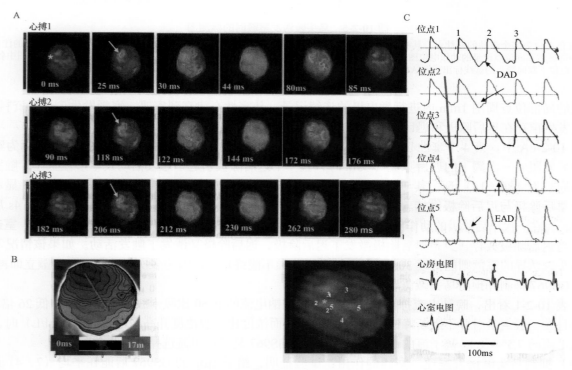

图 10-2-4 单形性室速发生时的标测

A. 等时电位标测；B. 动作电位放大显示；C. 注射乌头碱诱发时，局部单形性室速发生部位的记录。在图 A 中，乌头碱注射部位用黄色 ★ 标出，随后黄箭头指示：25ms 时，在靠近注射部位处出现了局部激动，随后激动传导而在 17ms 内无传导阻滞（图 B 为放大显示，图中红箭头代表电激动传导方向）。第一个室速周期在 90ms 时结束，118ms 时在同样部位产生了室速的第 2 个周期，且传导方式与前周期相同，随后第三次心搏起源于同样部位，传导与前也完全相同。图 C 动作电位的记录部位也靠近乌头碱注射部位，因此，提示在局部起源的室速发生中，存在着迟后除极（DAD）和早后除极（EAD）

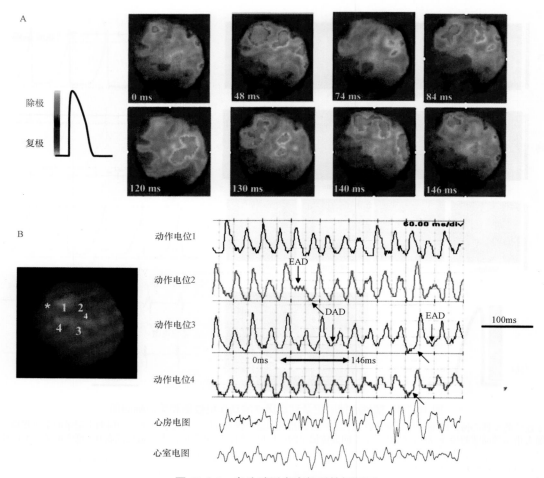

图 10-2-5 乌头碱诱发室颤时的标测图

A. 图中红色部位为多个激动的局灶点，其被周围已恢复除极的心肌组织包围和分开。这些激动的局灶起源部位靠近乌头碱的注射部位；B. 左室中部区域不同位点记录的动作电位图，其说明存在早后除极电位（向下的箭头指示）和迟后除极（向上的箭头指示）。图中各位点的单向动作电位下双向箭头的蓝线标出了图 A 显示的 146ms 的室颤周期

乌头碱的局部位点周围 1mm 内进行微电极的连续记录，从窦性心律直到室速、室颤发生，记录资料证明，在室速发生前存在早后除极和迟后除极电位。

图 10-2-6A 中，第 4 个窦性心律伴有早后除极，其后为迟后除极介导的触发性激动（其被标为室早），而早搏后紧跟着一次阈下的迟后除极（<5mV），且一个迟后除极引起了触发活动及单形性室速，触发激动的平均周长为（86±14）ms，其与单形性室速的周期长度（86±12）ms 无明显差别。图 10-2-6B 显示，该室速被早后除极与迟后除极维持着（在快速扫描的微电极记录中能够显示）。而单形性室速持续 4s 后蜕化为室颤。而在一次早后除极的动作电位后，发生了迟后除极（在图 10-2-6B 中也十分清楚）。因此，室速、早后除极与迟后除极共存，只是早后除极激发了迟后除极，迟后除极又诱发了触发活动。如果该情况不被终止，乌头碱诱导的室颤则能持续 30min 以上，且电除颤不能终止之，因为多次电除颤后，室颤立即再发。

2. GS967 抑制并预防乌头碱诱导的室速与室颤

从表 10-2-1 看出，晚钠电流抑制剂 GS967 阻断晚钠电流的 IC50 比氟卡胺和雷诺嗪分别低 26 倍和 130 倍，而且在一般剂量时并不阻断峰钠电流和 I_{Kr} 通道，而浓度比一般浓度升高 10 倍（10 μmol/L）时，只减少峰钠电流的 7.5% 及 I_{Kr} 离子流的 17%。因此证实，GS967 是晚钠电流选择性很强的阻滞剂。

（1）抑制乌头碱诱发室速、室颤的作用：试验证明，给予 1μm 的 GS967 后能在平均（7±4）min 的时间内抑制绝大多数乌头碱诱导的室速-室颤（图 10-2-7）。室颤终止过程中伴有早后除极和迟后除极的逐渐被抑制，以及动作电位时程的缩短（图 10-2-7B、C）。

给予 GS967 治疗后，仅有少数受试动物仍有短阵单形性室速或持续性室速的发作。应当注意，GS967 抑制乌头碱诱导的室速-室颤的作用可以反转，即 GS967 在血清中清除后，于 8min 内（平均 7min±4min）

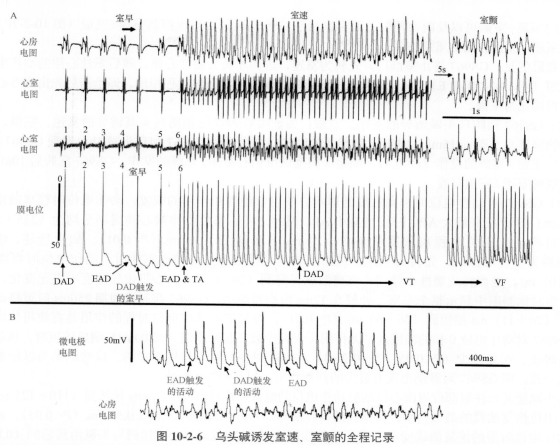

图 10-2-6 乌头碱诱发室速、室颤的全程记录

A. 图中 6 个窦性心搏显示细胞水平的早后除极和迟后除极伴有心室夺获。注意单次迟后除极触发了室早（发生在窦性激动 4 与 5 之间），起到触发作用的迟后除极电位在 QRS 波前 8ms 出现，说明触发活动是该室早发生的起源。还要注意，在迟后除极后紧跟的动作电位中自发性钙波增大，进而引起迟后除极介导的触发活动；B. 室颤时，应用微电极快速记录的电位能更清楚地显示早后除极和迟后除极电位

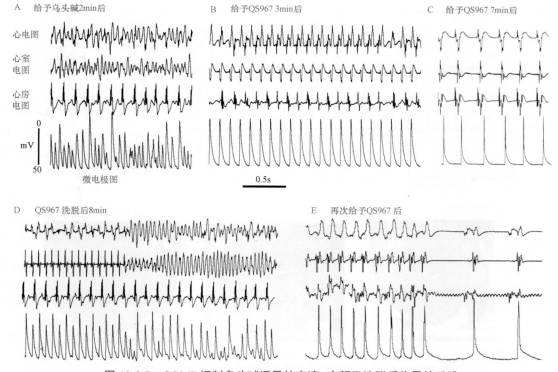

图 10-2-7 GS967 抑制乌头碱诱导的室速–室颤及洗脱后作用的反跳

A. 给予乌头碱 2min 后，室颤发作；B. 给予 GS967 3min 后，乌头碱诱导的室颤变为单形性室速；C. 再过 4min 室速变为窦性心律；D.GS967 洗脱后 8min 室速再发，并蜕化为室颤；E. 再次给予 GS967 后，室颤先变为室速，再恢复窦性心律，在 C、E 两图中，尽管心动周期变长，但给予 GS967 后，动作电位的时程在窦性心律恢复后缩短

被抑制的室速-室颤可以反跳而再发，而再次给予 GS967 后，可再次抑制室速-室颤（图 10-2-7E），说明其治疗室速、室颤作用的重复性强。

有意思的是，GS967 终止室颤后，先转为室速，进而才转为窦性心律，随后窦性心律的动作电位时程明显缩短（图 10-2-7B 和 E），这一动态过程恰与乌头碱诱导室颤的过程相反，即给药后先由窦性心律变为室速，再蜕化为室颤。

（2）GS967 预防乌头碱诱导的室速、室颤：为证实 GS967 能预防乌头碱诱导的室速、室颤，在给予受试动物滴注乌头碱前 15min，先经动脉给予 GS967，联合应用 GS967 和乌头碱 1h，发现 GS967 抑制 5/8 的成年鼠室速/室颤的发作（$P<0.3$），剩余 3 只受试鼠仍有室速/室颤的发作。GS967 洗脱后 10min 内，5 只受试鼠的室速/室颤复发。

（3）GS967 对动作电位时程离散度的影响、使用依赖性和作用的恢复：动作电位时程离散度（APD dispersion）等于左室最大 APD 时程与最小 APD 时程之差。窦性心律时心动周期平均为（235±55）ms，GS967 可将动作电位时程离散度从（42±12）ms 下降到（8±3）ms（$P<0.01$）。如上所述，GS967 终止室颤转为窦性心律时，先转为室速，进而才转为窦性心律。先转成室速时，动作电位时程离散度为（86±10）ms，进而转成窦性心律前，该离散度可降到（20±6）ms。心肌传导速度一直无变化，即在图 10-2-8 等时标测图中显示整个左室心外膜在 12ms 内均被激动。GS967 在起搏周期 250ms 时可将动作电位时程从（76±11）ms 缩短到（36±6）ms（$P<0.01$），而且缩短动作电位时程的作用具有使用依赖性。相反，GS967 对动作电位 0 相的幅度几乎无作用，仅有少数在起搏周期（<200ms）明显缩短时，该动作电位时程有轻度、明显减少（$P<0.05$，图 10-2-9）。GS967 对传导缓慢作用无影响，这些结果与以前很多专家的意见一致，即 GS967 对晚钠电流有最大的抑制作用，但不增加 Na^+ 电流。

乌头碱能延长注射部位周围心肌细胞动作电位的时程，即从（78±8）ms 延长到（110±12）ms，并增加动作电位恢复曲线的最大斜率，从基线的（1.02±0.3）ms 增加到（1.44±0.5）ms（$P<0.05$），而 GS967 能使动作电位时限的恢复曲线变得平滑，从基线时的（0.72±0.2）ms 增加到乌头碱给药后的（0.82±0.3）ms（$P<0.05$），乌头碱和 GS967 对动作电位时程以及动作电位恢复时间与以前报告一致，在窦性心律或快

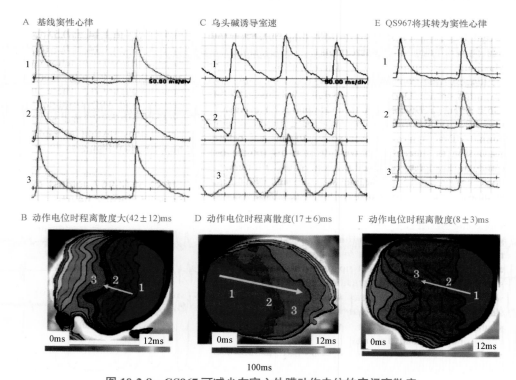

图 10-2-8　GS967 可减少左室心外膜动作电位的空间离散度

基线时从位点 1 到位点 3 记录的动作电位时程离散度（最大动作电位时程减去最小动作电位时程），基线状态时为（42±12）ms（A），此时等时激动图（B）显示，左室心外膜激动传导时间为 12ms。乌头碱引发室速时，其动作电位时程离散度为（17±6）ms，但不影响传导时间（C、D），滴注 GS967 时缩短了动作电位时程离散度，使之变为（8±3）ms，但不影响传导时间（E、F）

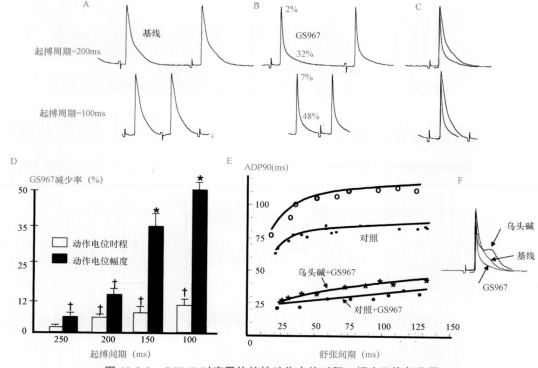

图 10-2-9 GS967 对应用依赖性动作电位时程、幅度及恢复作用

A. 基线时微电极记录的 2 个起搏间期的动作电位；B.GS967 对两个起搏间期的影响，即动作电位时程分别减少 2% ～ 7%；C. 在频率加快时，GS967 引起动作电位时程比其幅度有更明显的缩短（应用依赖性）；D. 动作电位幅度和动作电位时程平均减少率为起搏周期的函数；E.GS967 对动态的动作电位时程恢复斜率的作用（基线或乌头碱应用后）；F. 乌头碱注射后，诱导室速、室颤前，基线的动作电位时程及幅度的重叠图

速心室起搏时，GS967 无致心律失常作用。

3. GS967 对氧化应激介导的室速与室颤的作用

现已明确，双氧水（H_2O_2）可引起氧化应激（Oxidative Stress）进而引起老年纤维化心脏的晚钠电流明显增加，并能促进早后除极的发生，触发局灶性室速和室颤。给受试动物心脏滴注 0.1mmol/L 的双氧水，18min 内则能促发早后除极介导的室颤发生（图 10-2-10A），此时给予 GS967 后，4min 内可使 5/8 的室颤终止（$P<0.013$）（图 10-2-10B），而在双氧水存在情况下，GS967 洗脱后 12min 内，可使原室颤已终止者再次发生（图 10-2-10C）。

在受试老年鼠心脏，为研究 GS967 预防室颤作用，在滴注 0.1mmol/L 双氧水之前，先滴注 1μmol/L 的 GS967，结果在连续给予双氧水的 90min 内，GS967 可预防 5/8 的心脏诱导出室颤（$P<0.03$），而 GS967 洗脱后可使 5 例有效预防室颤者中的 4 例室颤复发。

三、晚钠电流抑制剂的评价与展望

1. 晚钠电流抑制剂治疗及预防室速、室颤的机制

相关研究证实，乌头碱能直接影响钠通道的再激活，而双氧水可激活钙调蛋白激酶 Ⅱ（CaMK Ⅱ），进而间接增加晚钠电流，并影响其他离子通道，包括 L 型钙通道的内流。钠负荷的增加还能促发细胞内钙负荷增加，进而促进早后除极与迟后除极电位的出现及触发活动。

目前已证实，晚钠电流抑制剂，包括 GS967、雷诺嗪等在离体犬、兔子和心房及心室肌组织，可以抑制早后除极、迟后除极电位和触发活动。而在肥厚型心肌病患者的离体心室肌细胞也证实了这些作用。

晚近，对晚钠电流抑制剂 GS967 进行了深入研究，结果显示，选择性晚钠电流抑制剂 GS967 可在几秒钟内抑制和预防乌头碱和双氧水诱导的快速局灶性室速和多灶维持的室颤。

有趣的是，GS967 终止室颤到恢复窦性心律的过程中，常是单灶性室速先出现，这提示该药终止室颤

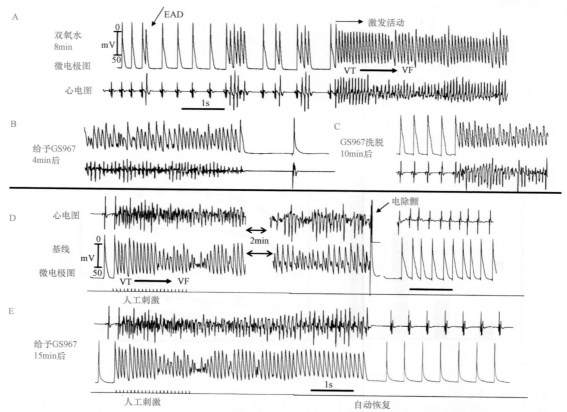

图 10-2-10 GS967 能抑制和预防 H₂O₂（双氧水）诱导的早后除极、室速、室颤

A. 给予双氧水 8min 后，促发了早后除极、短阵室速及室颤；B. 滴注 GS967 4min 内抑制了室颤，并恢复了窦性心律伴动作电位时程的缩短；C. 洗脱 GS967 10min 后，室颤可再次出现；D. 快速心室起搏诱发了室速、室颤，给予电除颤终止；E. 给予 GS96715min 后，使快速起搏诱发的室颤不能维持而于 3s 内自动终止

的机制是抑制早后除极和迟后除极电位后，进而将使原来维持室颤的多灶激动点变为单灶的单形性室速。同时 GS967 还因应用依赖性特征缩短了动作电位时程，降低了复极的室间离散度，并使动作电位的恢复曲线的斜率平坦化，进而抑制了折返波的碎裂，这些机制都使 GS967 对多灶激动维持的室颤能有效抑制（图 10-2-11）。

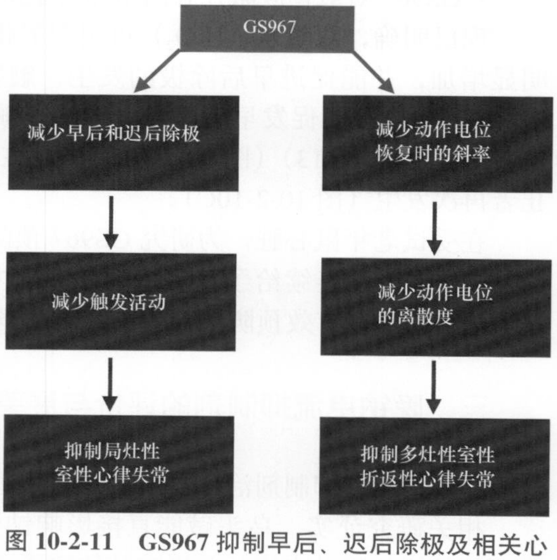

2. 晚钠电流抑制剂的优势

选择性晚钠电流抑制剂是一类有高效治疗作用的新型抗心律失常药物，尤其对局灶性、快速性心律失常。此外，其还减少心室组织的动作电位空间离散度和减缓动作电位恢复曲线的斜率，进而可治疗折返性、快速性室性心律失常。

该药的另一优势是常规剂量时，其不干扰正常心脏的兴奋与收缩的耦联，不减慢心肌组织的传导。因此与其他 I 类抗心律失常药物不同，晚钠电流抑制剂无致心律失常作用，故这类化学合成的药物不久将能用于临床。

3. 新型的 I 类抗心律失常药物

III 类抗心律失常药物根据其阻滞的钾通道而划分成多种钾通道阻滞剂（I_{Kr}、I_{Ks}、I_{KI} 等），与 III 类抗心律失常药物相似，不久 I 类抗心律失常药物将能分成两类：峰钠电流抑制剂和晚钠电流抑制剂，这将使心律失常的药物治疗更加有效，让我们拭目以待。

图 10-2-11 GS967 抑制早后、迟后除极及相关心律失常的机制

抗心律失常药物的致心律失常作用及安全性问题严重干扰着临床医生用药，唯恐发生意外，尤其担心药物引发尖端扭转型室速（Tdp）及室颤。本文解读《院内获得性尖端扭转型室性心动过速防治 2010 专家共识》，通过讨论几个关键性问题，希望能提高对这一问题的认识水平。

一、本次专家共识的目的

药物是引起继发性 QT 间期延长的最重要原因，本项专家共识专题讨论药物获得性长 QT 综合征伴 Tdp 的防治。

制定本项共识的目的：①药物引起的获得性长 QT 综合征伴发的 Tdp 有潜在的致命性，需要重视；②尽管院内 Tdp 的发生率低，但与院外服用同一药物的患者相比，住院患者的发生率反而较高；③ Tdp 发作时有特征性的心电图及预警心电图改变，即 Tdp 有特征性很强的上游心律，熟知后有利于及时识别高危情况，进而防范；④应当重视 QT/QTc 的监测，重视患者存在的各种易患因素和促发因素，在采取各种有效的防范措施后有望减少院内 Tdp 的发作，减少院内心脏恶性事件的发生。

二、Tdp 的提出

尖端扭转型室速最早由法国著名的心脏病学家 Dessertenne 在 1966 年描述并命名（图 10-3-1），首例是一位 80 岁的女性患者，有间歇性、完全性房室传导阻滞伴反复晕厥。其晕厥既往一直用房室传导阻滞伴缓慢心室率解释。但经仔细的临床观察及心电图记录，Dessertenne 证实，其晕厥并非因三度房室传导阻滞伴过慢的心室率引发，而是由 Tdp 引起（图 10-3-2）。

1966 年，他发表的"尖端扭转型室速"的文章为心律失常领域揭开了新篇章。为了能形象地解释其观点，他手握梳子的一端，梳子的小尖已被分隔成一定的缝隙，又以对侧端为长轴将梳子旋转，结果，"尖端扭转"（twisting of the points）这一术语应运而生。他推测患者心室内同时存在两个节律点，交替发放快速的心室激动，再经折返形成了这一心律失常，动物实验的结果也支持是两个异位心室节律点发放的激动相互影响而引起 Tdp（图 10-3-3）。EL-Sherif 的研究揭示，Tdp 最初的激动起源于心内膜心肌的触发灶，随后激动形成折返的旋转波，旋转波的波锋（wavefront）在室内扩布时，在室间隔邻近部位因遇功能性阻滞区而发生分裂，该功能性阻滞部

图 10-3-1　Dessertenne(1917 年—)

位可能位于右室前壁与室间隔之间或位于左室前壁与室间隔之间。分裂后的两个同步旋转波分别激动左室和右室，引起 QRS 波的电轴发生周期性反转。折返的终止也与功能性阻滞有关，折返终止的同时 Tdp 也即刻停止（图 10-3-4）。

三、Tdp 的定义

毫无疑义，Tdp 是一种特殊类型的多形性室速，具有这种典型 Tdp 心电图的情况几乎都发生在先天性或获得性长 QT 间期患者，故多数学者主张，伴 QT 间期延长的这种特殊类型的多形性室速称为 Tdp，而

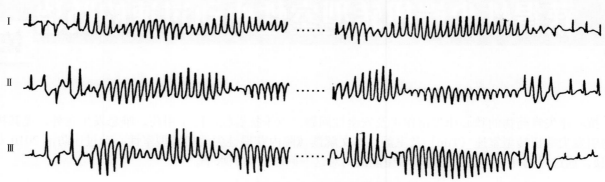

图 10-3-2 Dessertenne 报告的首例尖端扭转型室速

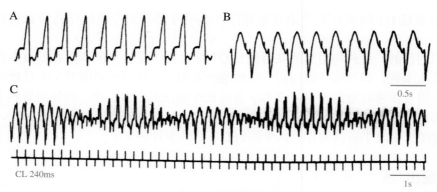

图 10-3-3 实验性 Tdp

在离体 Langendorff 猪心上，同时行左右心室起搏（A、B）并记录心电图。其中左室以固定的频率起搏，而右室起搏频率有一定的周期性轻度变化，当右室起搏频率由快轻度变慢时，则能引起典型的 Tdp 心电图（C）

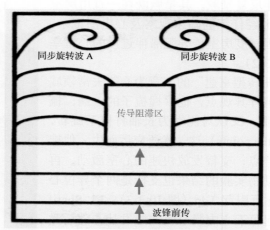

图 10-3-4 旋转波分裂的示意图

旋转波在室内传导时，其波锋遇到传导阻滞区，进而分裂成 2 个同步的旋转波 A 和 B

不伴 QT 间期延长的这种特殊类型的多形性室速，只称为多形性室速（图 10-3-5）。

EL-Sherif 认为，Tdp 专用来描述长 QT 综合征的患者发生的这种多形性室速，但并非每例长 QT 综合征患者一定伴发典型的 Tdp，这种典型的心电图表现也能见于无 QT 间期延长的患者，例如儿茶酚胺敏感型多形性室速（CPVT）患者，但后者仍称为多形性室速。

本项共识指出：尖端扭转型室速一词也能用来描述少数 QT 间期不延长的多形性室速，因为部分患者属于隐匿性长 QT 综合征的患者。但本概念最好用于描述 QT 间期显著延长（>500ms），伴 T-U 波畸形的多形性室速，因为这两类室速有着不同的发生机制和治疗方法。

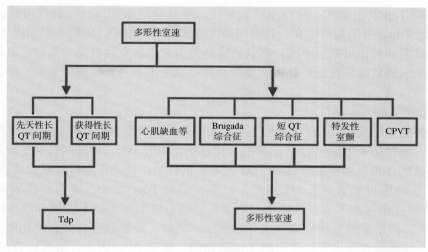

图 10-3-5　多形性室速的临床分类

四、院内 Tdp 的发生率

院内药物引起获得性长 QT 综合征伴 Tdp 的发生率无法精确统计，当患者发生室颤而无心电监测时，对蜕化为室颤的上游心律不能确定，而心搏骤停后心电图确实存在长 QT 间期时，也不能全然肯定就是获得性 LQTS 引起的 Tdp，因为心搏骤停后的心肌缺血、缺氧都能引起 QT 间期延长，而细胞外高钾能引起 QT 间期的缩短。

1. 关于 Tdp 的发生率

本项专家共识指出几个已明确的问题。

（1）抗心律失常药物致 Tdp 的发生率：同时阻断 Na^+ 和 K^+ 通道或单纯阻断 K^+ 通道的延长 QT 间期的药物，引起 Tdp 的发生率为 1% ～ 10%，该发生率来自临床试验或新药的申报资料。

（2）非抗心律失常药物的致 Tdp 发生率：非抗心律失常药物也能引发 Tdp，但发生率低于抗心律失常药。

（3）发生率与剂量有关：所有延长 QT 间期的药物引发 Tdp 的危险性都随剂量和血药浓度的增加而增高，仅奎尼丁例外。奎尼丁是一个强效的 I_{kr} 通道阻滞剂，其引发 Tdp 的概率与药物剂量无关，低血药浓度时能延长动作电位时限，临床见到的奎尼丁晕厥或引发的 Tdp 多数发生在低剂量时，而大剂量的奎尼丁显示出 Na^+ 通道阻滞作用（缩短 QT 间期），使原来延长动作电位时限的作用被抵消或减弱，使 Tdp 的发生反而减少，这可能是应用大剂量口服奎尼丁用于治疗和预防 Brugada 综合征患者发生室颤的机制。

（4）I_{kr} 阻滞剂更易引发 Tdp：资料显示，I_{kr} 通道阻滞剂更易引发 Tdp，因绝大多数 I_{kr} 通道分布在心室肌中层 M 细胞，QT 间期值几乎能代表心室中层细胞的复极时间。M 细胞的复极本来就相对缓慢（图 10-3-6），药物选择性阻滞 I_{kr} 电流时，将使 M 细胞的复极时间进一步延长，在延长 Tp-Te 间期的同时，使跨室壁复极离散度增加及心室相对不应期延长，结果不同部位心室肌之间电的非同步性加大，引发 Tdp 的概率也将升高。

不同层心肌之间正常时就存在程度较轻的生理性复极离散度（相当于正常的 Tp-Te 间期），而 I_{kr} 阻滞剂可使生理性离散度转变为病理性离散度，Tp-Te 间期明显延长，使 Tdp 容易发作（图 10-3-6）。

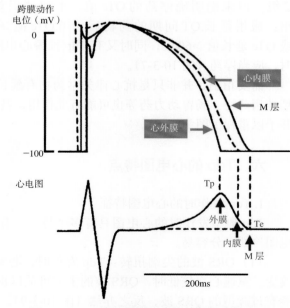

图 10-3-6　正常不同层心室肌的复极离散度

（5）静脉给药时 Tdp 发生率高：与口服药物相比，静脉给药浓度高，心脏作用强，即使给药速度缓慢，也相对容易引起 Tdp，可能与药物在心肌不同部位的分布不同相关，但根本原因尚不清楚。

（6）高危和低危药物的作用截然不同：高危药物是指引发 Tdp 危险性高的药物，其能明显增加有遗传基因突变患者发生 Tdp 的危险，而低危药物需要存在其他危险因素（如电解质紊乱）时，才增加患者发生 Tdp 的风险。

2.几种需要注意的药物

（1）普卡胺（普鲁卡因胺）：经肝代谢后产生的代谢产物乙酰普卡酰胺有 I_{kr} 阻滞作用，能引起 Tdp。

（2）维拉帕米：维拉帕米是较强的 I_{kr} 阻滞剂，却几乎不引起 Tdp，因其同时又是较强的 L 型钙通道阻滞剂，减少 Ca^{2+} 内流的作用有缩短复极时间（QT 间期）的作用，使动作电位时限的延长程度下降。

（3）胺碘酮：胺碘酮可显著延长 QT 间期，但很少引起 Tdp(<1%)，因为胺碘酮同时非选择性阻断 I_{kr} 和 I_{ks}，这与 I_{kr} 选择性阻滞剂不同，其能均匀地延长三层心室肌细胞的不应期和动作电位时限，而用药后 QT 间期虽然延长，但跨室壁复极的离散度并不增加。同时，胺碘酮还有抑制晚钠电流作用，也能减少 Tdp 的发生。因此，胺碘酮并未进入容易引起 Tdp 药物的"黑名单"，因此，用药后 QTc>500ms 时也不是停药的指征，属于例外情况。

五、QT 间期延长的标准

有标准认为，当 QTc>440ms 就已达到原发或获得性 QT 间期延长的诊断标准，但国际注册的数据表明：有 10% ~ 20% 正常人的 QTc 间期 >440ms，而 6% ~ 8% 的 QTc<440ms 的长 QT 间期家族成员也能发生晕厥或心搏骤停事件。

本项共识提出：当男性 QTc 间期 >470ms，女性 >480ms 时诊断为 QT 间期延长。同时指出，无论男性还是女性 QTc>500ms 时都属于高度异常。据此，提出了停用延长 QT 间期药物的 QTc 值标准。早在 2006 年发表的 ACC/AHA《室速治疗指南》中，对院内 Tdp 的防治已有一定的建议，对于药物获得性长 QT 间期患者停药的措施虽然已确定为 I 类指征，证据水平为 C 级，但未能明确停药的 QTc 值。本项共识首次提出：服用延长 QT 间期的药物后，当 QTc 值 >500ms 或 QTc 延长值 >60ms，同时又有 Tdp 预警心电图表现时，应当停药（图 10-3-7）。

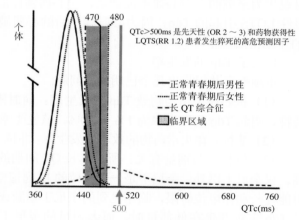

图 10-3-7　QTc 分布曲线

图为正常男性、女性和一组先天性 LQTS 患者的 QTc 分布曲线。男性 QTc 的正常上限为 470ms，女性为 480ms。无论男性或女性，QTc>500ms 都属高危情况。OR 表示优势比（odds ratio），RR 表示相对危险

需要指出，并非只是抗心律失常药物有延长 QT 间期的作用，其他很多种类的药物，包括抗生素、抗精神病药物、肠胃动力药等也可能有此作用，甚至有明显延长 QT 间期的作用，临床医生对此应充分了解，并予以重视（图 10-3-8）。

六、Tdp 的心电图特点

1.Tdp 发作时的心电图特征

Tdp 典型发作时的心电图具有多个特征，有些临床医生已熟知，有些尚未注意，这些特征使 Tdp 的心电图诊断十分容易。

（1）QRS 波的尖端扭转：Tdp 发作时，心室 QRS 波的形态和极性能围绕着一条假想的基线呈周期性改变。室速心率较低时，QRS 波的主波可从以正向波为主的形态逐渐演变为以负向波占优的图形，中间还能有过渡型的 QRS 波，反之亦然（图 10-3-9）。多数 Tdp 发作时，常在 5 ~ 20 个心动周期中 QRS 波的主波围绕基线扭转一次，形成独特的心电图表现，有人称其为"芭蕾舞样室速"。但需注意，12 导联同步心

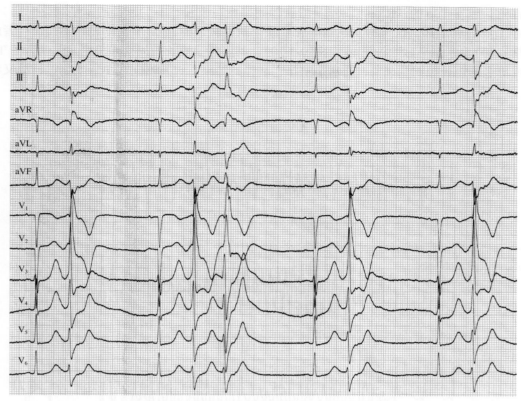

图 10-3-8　误服大量红霉素引起 QT 间期明显延长

患者女性，38 岁，误服红霉素 8 片 5h 后感心悸不适，心电图 QT 间期明显延长达 600ms，伴有室早二联律及连发室早

电图诊断 Tdp 的阳性率更高，因 Tdp 典型发作时，在部分心电图导联只表现为 QRS 波的形态有轻度变化的多形性室速，或变化不大的单形性室速。

（2）短长短周期现象诱发：多数 Tdp 能被短长短周期现象诱发，其第 1 个短周期是指第 1 个室早的联律间期较短，而长周期是指该室早的代偿间期。第 2 个短周期是指代偿间期之后的第 2 个室早的联律间期也较短（图 10-3-9），其落在前次窦性心搏的 T 波顶峰附近，形成较短的联律间期，诱发 Tdp 的这种短长短周期现象相当于心脏电生理作用的一种组合。因患者已有先天性或获得性 QT 间期延长，不应期已有一定程度的离散，而第一个室早能加剧这一离散。其次，室早较长的代偿间期又能进一步增加心室的 QT 间期及离散度，起到一个缓慢心律的作用。在此基础上，来自心内膜下的局灶激动形成的第二个室早在室内扩布时，能遇到前次心肌除极后形成的复极离散区，并在该区域形成激动传导的功能性双径路、单向阻滞和缓慢传导，进而发生折返。折返的旋转波在心室内传导时，又能遇到心室游离壁与室间隔之间存在的功能性阻滞区，使折返的旋转波分裂成两个独立的同步旋转波分别激动左右心室，形成 Tdp 独特的扭转样心电图图形。

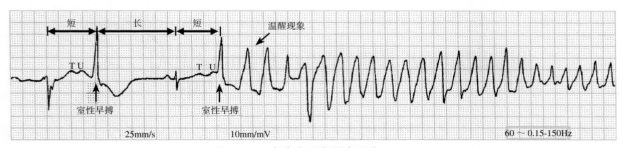

图 10-3-9　短长短周期现象诱发 Tdp

还应注意，触发 Tdp 的"R on T"室早的联律间期相对较长，不少患者的室早联律间期 >500ms，并有可能落在 T 波的后半部，这与特发性室颤患者联律间期较短的 R on T 室早显然不同，后者的室早联律间期短，常 <300ms，系早后除极引起（图 10-3-10），其不需要短长短周期现象引发。前者的 Tdp 发生时，常需一个或更多的短长短周期现象，通常是室早二联律的结果，因其出现在 Tdp 发生前，故又称为 Tdp 的上游心律。

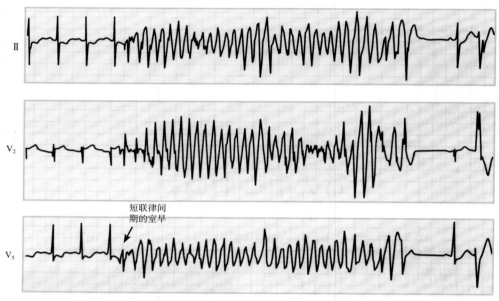

图 10-3-10 短联律间期室早诱发多形性室速（不需要短长短周期现象）

（3）温醒现象：Tdp 发作时，室速最初几个 QRS 波的 RR 间期常比随后的 RR 间期长，即 Tdp 初发时心室率有逐渐增快的温醒现象，而 Tdp 的心室率常在 160 ~ 240 次 / 分（平均 220 次 / 分），比室颤的心室率慢得多。

（4）冷却现象：多数 Tdp 能自行终止，而终止前的 1 ~ 3 个心动周期的心室率常有先减慢后终止的规律，酷似冷却现象（图 10-3-11）。

（5）转归：Tdp 能自行终止，少数情况下，Tdp 也能蜕化为室颤，一旦室颤发生很难自行终止，如不能及时有效地实施电除颤治疗，可引起患者猝死。

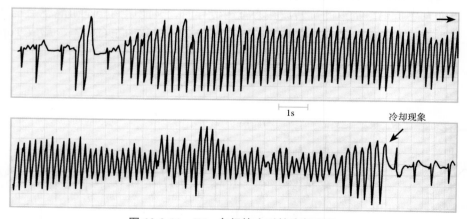

图 10-3-11 Tdp 自行终止时的冷却现象

七、Tdp 预警心电图

1. 本项共识将预警 Tdp 心电图分为 3 类

（1）QT 及 QTc 间期延长：QT 及 QTc 间期的延长是发生 Tdp 的基础因素。资料表明，随着 QTc 间期的延长，Tdp 发生的危险性呈指数级增长：① QTc 间期每增加 10ms，Tdp 发生的危险性增加 5% ～ 7%；② QTc 间期 >500ms 时，Tdp 发生的危险性增加 2 ～ 3 倍（先天性和药物获得性同等增加）；③ QTc 间期为 540ms 时发生 Tdp 的危险比 QTc440ms 者增加 63% ～ 97%。但 QTc 间期延长到多少时就一定会引发 Tdp 的意见尚不统一。Keren 和 Roden 认为，药物获得性 Tdp 患者的 QT 间期值几乎均 >600ms，但其他文献不曾报告 QT 间期值如此显著延长。Haverkamp 报告的一组 28 例 Tdp 患者的 QTc 间期值超过了 550ms。此外，Tdp 的发生是与 QT 间期值还是与 QTc 间期值关系更密切的意见也不一致。不少文献认为，急性情况发生时的 QT 间期值与 Tdp 发生的相关性更强。

（2）T-U 波畸形：T-U 波畸形在 Tdp 患者心电图中常见，此外，T 波正常而 U 波明显的情况也经常存在。U 波容易在胸前导联检出。当用单导联心电图检出 T 波和 U 波同时存在时，从 T-U 波中区分 T 波和 U 波成分常有困难，也使 T 波的终点难以判定。测量 QT 间期时不能包括 U 波，否则将会高估 QT 和 QTc 间期值。而 T 波形态的改变和 U 波的出现是重要的 Tdp 预警心电图表现，当 Tdp 患者的心电图存在 U 波时，Tdp 常在 U 波的峰顶或降支开始（图 10-3-12）。

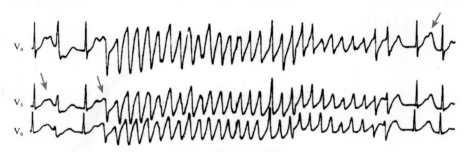

图 10-3-12　典型的短长短周期现象诱发 Tdp

图中第 3 个 QRS 波为窦性心律的 QRS 波，其后存在高振幅的 T-U 波，随后发生的 Tdp 从 T-U 波的峰顶稍后开始，而 Tdp 终止后的第一个正常 QRS 波后也有 T-U 波振幅的明显增加（箭头指示）

当心电图 T-U 波形态正常、QT 间期正常时，QTc 间期的测量准确且容易，而 T-U 波的畸形可使准确测量变得困难。Tdp 发作前的短长短周期现象中，长周期后的预警性心电图改变包括：T 波低平、T 波双峰、T 波与 U 波融合、T 波降支延缓并延长。研究表明，Tdp 更易发生在 Tp-Te 间期延长时。

（3）T 波电交替：除 QT 间期延长和 T-U 波畸形外，另一个少见但预警性较高的心电图表现是毫伏级 T 波电交替的出现（图 10-3-13），这是细胞内 Ca^{2+} 浓度发生周期性变化所致。

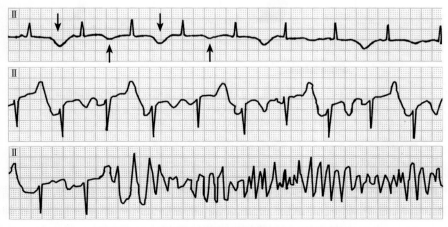

图 10-3-13　毫伏级 T 波电交替与 Tdp（箭头指示）

应当强调，上述预警心电图中，QT 间期的延长是发生 Tdp 的基础，但获得性 LQTS 患者窦性心律时 QT 间期虽有延长，但单独存在时并不出现不良后果。作为预警心电图更应当重视的是，心电图长间期（室早、房室传导阻滞等引起）后 QT 间期的显著延长和 T-U 波畸形的预警意义更大。

八、获得性 Tdp 的发生机制

1. 遗传易感性

遗传易感性是指患者本身存在致病基因或普通的基因多态性。先天性长 QT 综合征是一种离子通道病，约 2/3 的患者（LQT1 和 LQT2）有编码 K^+ 通道基因功能的丧失（KCNQ1 和 KCNH2）（图 10-3-14B、C），K^+ 外流的减少使动作电位 3 相复极更加缓慢，QT 间期和动作电位时程延长。以该基质为基础，适时的早后除极发生时常能诱发 Tdp。此外，5%～10% 的患者（LQT3）存在编码 Na^+ 通道基因功能（SCN5A）的异常，其能引起晚钠电流增强，破坏动作电位 2 相的平衡，进而使动作电位时限延长，QT 间期延长并形成 Tdp 的发生基质（图 10-3-14D）。

上述 LQTS 的 2 个编码 K^+ 通道和 1 个编码 Na^+ 通道的基因突变占总病例的 75%，成为 LQT1、LQT2 和 LQT3 的致病基因。另有 5% 的 LQTS 患者存在其他类型的基因突变，而余下 20% 的 LQTS 患者基因检测结果为阴性。而孤立性药物获得性 LQTS 患者中，上述 3 个致病基因突变的发生率为 10%～15%，而抗心律失常药物诱发的 Tdp 患者中，5%～20% 的患者存在亚临床型先天性 LQTS，相当比例的获得性 Tdp 患者伴有亚临床的隐匿性 LQTS。

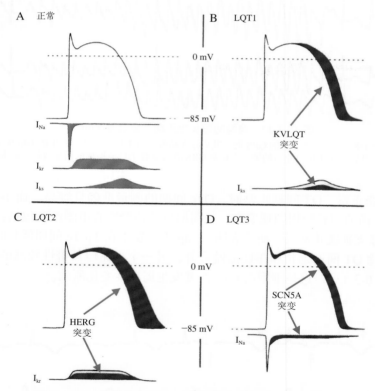

图 10-3-14 各型先天性 LQTS 患者 QT 间期延长的不同机制
A. 正常对照：I_{Na}、I_{kr}、I_{ks} 均正常；B. LQT1：I_{ks} 电流减弱使复极时间延长；C. LQT2：I_{Kr} 电流减弱使复极时间延长；D. LQT3：晚钠电流的增加使复极时间延长

2. 细胞学机制

犬心室肌楔形组织块的研究表明，正常心脏的各层心室肌的复极就已不同步，复极结束的前后顺序为心外膜、心内膜和中层 M 细胞（图 10-3-6），但因各层心肌细胞紧密连接在一起，使这种生理性跨室壁复极的差异小，不引发 Tdp。当患者存在易感基因突变或药物选择性延长部分心肌细胞（常是 M 细胞）的复

极时间时，QT 间期将延长，跨室壁复极离散度增大，进而形成折返和 Tdp 发生的基础。

同时，心室肌细胞复极过分延长时，容易形成早后除极性室早，进而成为 Tdp 的触发因素。而心电图上的长间期常可增加其后的心肌细胞动作电位上震荡电位的幅度，使其更容易达到除极的阈值而形成单个或成串的室早。当心肌存在明显复极差时，室早将在心室内某一方向的传导发生阻滞，而在其他方向传导正常，结果形成折返，使单个室早转变成连续的 Tdp。

3. 电生理机制

EL-Sherif 的资料表明，触发 Tdp 的室早起源于心内膜的局部心肌，发生后引起折返的旋转波，进一步在室内传导时遇到位于室间隔邻近部位的功能性阻滞区，使旋转波分裂成两个同步的旋转波而分别激动左室和右室，并能形成周期性变化的 Tdp 独特的心电图表现。

在审视、理解和分析 LQTS 患者发生 Tdp 机制时，首先要肯定这样一个事实，不是所有的先天性 LQTS 患者都不可避免地发生 Tdp，也不是所有延长 QT 间期的药物都增加 Tdp 的风险。这说明，单独的 QT 间期延长只是形成了 Tdp 的发生基质，其单独存在时不足以引起 Tdp。相反，复极的不同步或离散度却是 Tdp 发生的必要条件。这也是当前更为重视 Tp-Te 间期延长的实质性原因。

当然，QT 间期延长，尤其过分延长时，很容易伴有复极的离散，但同时临床医生还要重视能够加大这一复极离散度的其他因素。

（1）心电图长间期的出现：不管是窦缓、室早还是传导阻滞引起的心电图的长间期都有多种不良影响：①使延长的 QT 间期更为延长；②增加其后的早后除极的幅度，使之更容易达到阈值而引起一次新的除极，即引起单个或成串的室早；③增加复极离散度，使其后的 T-U 波畸形，Tp-Te 间期延长。这三重不良作用使心电图长间期这一因素在引发 Tdp 时十分重要。

（2）低钾血症：低钾的危害包括①改变 I_{kr} 通道的功能而延长 QT 间期；②引起复极离散度的增加。而利尿剂是引起低钾的常见原因，利尿剂还有直接抑制 K^+ 电流的作用。低钾有加重复极离散度的作用，使之成为 Tdp 发作的重要危险因素和促发因素，也使临床 Tdp 患者常伴有低钾血症。

（3）室早：室早能直接增加复极离散度，室早后的长代偿间期还有多种间接不良作用，这些使室早成为引发折返的因素（引起单向阻滞和缓慢传导），这也使室早成为 Tdp 重要的上游心律和触发机制。

当临床医生能全面认识到长间期和室早各自的不良作用后，将对 Tdp 常由短长短周期心电现象诱发这一事实有更深的理解，同时也能认识到，短长短周期现象具有组合式的心脏电生理作用。总之，Tdp 的发生需要有充足的基质因素，充分的促发因素和即刻的触发因素，是一组多因素共同作用的临床后果。

九、Tdp 危险因素和促发因素

本次专家共识十分重视 Tdp 发生的危险和促发因素。

1. 危险因素

通过大量 Tdp 患者的临床资料、相关综述、meta 分析、临床检测结果等多方面资料的综合分析，本项专家共识总结出 4 类发生 Tdp 的危险因素。

（1）临床病史：患者病史中的危险因素包括：高龄（>65 岁），女性（Tdp 发生率比男性高 2 倍），有严重心脏病，尤其有充血性心衰和急性心梗（图 10-3-15），其他危险因素是服用多种延长 QT 间期的药物，服用利尿剂或影响肝、肾代谢的药物，以及经静脉快速给药等。

（2）心电图：心电图危险因素包括：QTc 间期 >500ms，用药后 QTc 间期延长 >60ms，心电图有 LQT2 型的复极改变，T 波切迹，Tp-Te 间期延长，心动过缓，传导阻滞，室早引起短长短周期现象等。

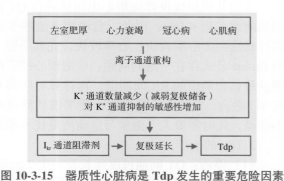

图 10-3-15　器质性心脏病是 Tdp 发生的重要危险因素
心衰患者对 I_{kr} 阻滞剂敏感，因为心衰患者的 I_{ks} 密度减少，对 I_{kr} 的复极作用依赖性增强

（3）实验室检查：这类危险因素包括低血钾、低血镁、低血钙等。

（4）潜在的危险因素：这是指患者有潜在的先天性 LQTS，或存在遗传基因的多态性。

上述 4 类危险因素中，当有多个危险因素共存时，将使药物性 Tdp 发生的危险明显增大。

2. 促发因素

上述每项危险因素同时也是促发因素。例如：药物的蓄积能促使 Tdp 的发生，该蓄积作用包括服药剂量过大，与其他药物有相互作用，损害或影响药物代谢与排泄器官（肝、肾）的功能，甚至引起功能障碍等。患者的基础心脏病，电解质紊乱，肝、肾功能障碍等也都可能是 Tdp 的促发因素。

此外，获得性 Tdp 与先天性 QT 间期延长的患者相比，其受多种因素的影响更大（图 10-3-16）。

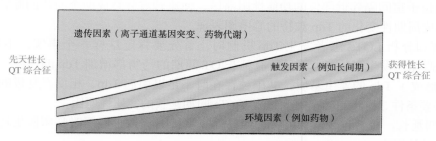

图 10-3-16　多因素引发获得性长 QT 综合征患者发生 Tdp

十、院内 Tdp 的防治

1. 预防 Tdp

院内 Tdp 防治的关键是医生要重视和熟知药物获得性 QT 间期延长及伴发 Tdp 的相关知识，特别要重视 QTc 间期 >500ms，用药后 QTc 间期延长 >60ms 都是停药的重要指标。因此，应用心电图密切监测 QT 间期及 QTc 间期十分重要。

本项专家共识对 QT 间期的测量与监测的各种方法，包括手工测量、电子分规测量、QT/QTc 全自动测量给予了客观评价。

（1）监测的启动：下列情况应启动 QT 间期的监测：①开始应用延长 QT 间期的药物时；②具有潜在致心律失常作用的药物服用过量；③新出现病窦综合征的临床表现；④发现严重的低血钾、低血镁等。

（2）监测时间：用药前、用药后每 8 ～ 12h，药物剂量增加时，剂量过大时都要监测和测量 QT 间期。如果发现 QTc 间期已有延长，则需更频繁测量和记录 QTc 间期。

（3）测量的选择：应选择同一台心电图机进行记录和测量，并选择 T 波振幅 >0.2mV 的导联，重复测量时需在同一导联进行测量和比较。

（4）QT 间期的测量及监测：手工测量时人为影响因素较多而使测量结果可靠性差。

本项共识积极推荐应用心电图机进行 QT 间期的自动测量。一般情况下，高质量的心电图机自动测量结果的误差应 <1ms，因此，自动测量值在多数情况下准确可靠。几种情况下需要警惕自动测量分析系统的可靠性：①心率较快：心率较快，尤其 >85 次 / 分时，自动检测的 QTc 值可能较高，这是由于计算 QTc 的 Bazett 公式存在一定的问题；②房颤心律：房颤时，QT 间期值随 RR 间期值的变化而变化，因此，可以测量最长和最短的 RR 间期值，再计算对应的 QTc 值，进而取其平均值为最后结果；③ T-U 波畸形：当存在 TU 融合、T 波严重畸形时，使 T 波的终点难以辨认，使心电图机自动测量系统出现测量困难和结果的不准确，此时需要人工测量与自动测量技术相互配合和互补。

2. Tdp 的治疗

（1）停药：QT 间期过度延长及发生 Tdp 时，应立即停服相关药物。

（2）除颤：患者 Tdp 持续存在或蜕化为室颤时，应立即进行体外自动电除颤治疗。

（3）补镁：无论患者血清镁的水平如何，都应立即静脉给予硫酸镁，首选静推硫酸镁 2g，无效时，可再给 2g 硫酸镁。

（4）补钾：及时补钾使血钾水平达到 4.5 ～ 5.0mmol/L。

（5）快速起搏：经心房、心室进行临时心脏起搏，以起搏频率 >70 次 / 分为宜，高频和心脏起搏能缩短 QT 间期，并能减少心电图上出现的长间期，进而减少对早、后除极振幅的不良作用，减少 Tdp 的发作。

（6）应用提高心率的药物：可应用能增快心率的阿托品或异丙肾上腺素，心率的提高能缩短 QTc 间期。

总之，本项专家共识的内容十分重要而及时，其重要之处是使临床医生更清晰、更全面地认识为什么院内 Tdp 的发生率高于院外，全面认识 Tdp 的心电图特点、预警心电图表现，以及 QT 间期延长和 Tdp 的发生机制和促发因素等。清晰地认识和掌握这些关键性要点后，对减少药物性 Tdp 的发生将有重要影响。

我在做学生时，很难记住抗心律失常药物的分类，因为它们有几十种。而现在我只把它们分为胺碘酮与非胺碘酮两类。

——英国心脏协会主席 Camm（图 10-4-1）

众所周知，胺碘酮作为一个广谱抗心律失常药物临床应用已 30 年。在 30 年的应用中胺碘酮不仅久盛不衰，而且还在不断推出应用的新特点、作用的新机制。在欧美国家，胺碘酮占抗心律失常药物处方量的 1/3，而在拉美国家竟高达 70%。相比之下，中国胺碘酮的应用尚不够广泛，约占抗心律失常药物总处方量的 10%～20%。尽管应用比例高低不同，但相同的是，胺碘酮已成为当今世界各国心律失常药物治疗的基石与中流砥柱。因此，用好胺碘酮似乎成为心血管内科医生的一项基本功。

胺碘酮最早于 1962 年在比利时的 Labaz 实验室合成，并于 1968 年作为一个血管扩张剂在法国上市，用于心绞痛治疗。1970 年，阿根廷著名心血管病学家 Rosenbaum（图 10-4-2）应用胺碘酮治疗冠心病时，发现该药对冠心病患者合并的室早有特殊疗效。并于 1976 年发表了"胺碘酮作为抗心律失常药物的临床应用"一文，这一新观点令世界学术界为之侧目，也正是这篇文章，使胺碘酮强大的抗心律失常作用受到学术界重视，并使胺碘酮从抗心绞痛药物转变为抗心律失常药物。

图 10-4-1　Camm 教授

图 10-4-2　Rosenbaum 教授

1985 年，美国 FDA 正式批准胺碘酮可用于危及生命、反复发生的室速治疗，使其正式成为一种抗心律失常药物。

胺碘酮负荷量的用法一直没变

一、胺碘酮的剂型

胺碘酮有口服片剂与静脉针剂两种剂型，其片剂可供口服和顿服。自 30 年前口服胺碘酮用于临床的初期，到 2014 年美国 ACC（美国心脏病学会）和 AHA（美国心脏协会）发布的最新指南，推荐和强调胺碘酮起始服用时需给予负荷量的理念一直没变。

二、负荷量定义

所谓负荷量（loading dosage）是指患者起始服用胺碘酮时，最初每日应给予较大的服用剂量，较快地使患者体内摄入胺碘酮的总量达到 10g。以前指南推荐每日最初的口服量为 1.2～1.8g，当服药总量达 10g 后，改为维持量。每日服用的胺碘酮可采用每 2 小时服用 0.2g 的方法，1 天服进 5～9 片不等。从理论上讲，胺碘酮的体内总负荷量可达 15g，故指南推荐的 10g 负荷量仍是一个留有余地的负荷量。换言之，对体重明显超重或肥胖者，10g 的负荷量尚显不足，需在改用维持量的同时再做适当补充。

应当指出，胺碘酮起始口服时要给予负荷量的方法 30 年来一直未变，在 2014 年 ACC 和 AHA 两个学会联合发表的"美国房颤治疗指南"中仍坚持这种服药方法（图 10-4-3）。与以往不同的是，这一最新指南中将原来推荐的每日最初服用量从 1.2～1.8g 降到每日 0.6～0.8g，这可能是从患者更安全的角度考虑的结果。

2014年美国房颤治疗指南对于药物复律的推荐剂量（节选）

药物	给药途径	剂量		潜在副作用
胺碘酮	口服	每日 600～800 mg 分次给药 达到 10 g 的总负荷量，然后每日 200mg 维持量		静脉炎（静脉），低血压，心动过缓，QT 间期延长，尖端扭转型室速（罕见），胃肠不适，便秘，INR 升高
	静脉	150mg 超过 10min 静注，然后 1mg/min 6h，然后 0.5mg/min 18h 或更改为口服给药		
多非利特	口服	肌酐清除率 (ml/min)	剂量 h （μg 2次/日）	QT 间期延长，尖端扭转室速；根据肾功能、体重及年龄调整剂量
		＞60	500	
		40～60	250	
		20～40	125	
		＜20	不建议	
氟卡尼	口服	200～300 mg×1		低血压，心房扑动伴 1：1 房室传导，致室性心律失常作用；避免应用于冠心病和明显心脏结构异常患者
伊布利特	静脉	1mg 超过 10min 静注，如有必要可重复 1mg 一次（体重＜60kg 者使用 0.01mg/kg）		QT 间期延长，尖端扭转型室速，低血压
普罗帕酮	口服	450～600 mg×1		低血压，心房扑动伴 1：1 房室传导，致室性心律失常作用；避免应用于冠心病和明显心脏结构异常患者

图 10-4-3　2014 年美国房颤治疗指南仍坚持胺碘酮起始口服的负荷量

实际上服药起始时每日应用较高药物剂量时，可使体内达到稳态血药浓度的时间缩短 30%，进而使患者心律失常的病情能被尽快控制。

给予胺碘酮负荷量的机制

胺碘酮起始服用时需给予负荷量的方法与其药代学特征密切相关。

一、胺碘酮：三室开放模型

药物进入人体后，根据其在体内分布与代谢的特征可分成单室、双室和三室开放的不同模型。

1. 单室开放模型

呈单室开放模型的药物进入人体后将布满全室，而所谓的全室或称中央室是指整个人体，即把整个人体视为一个均质的容器，此时药物在人体不同部位的分布也是均匀的。因此，服用后人体的血药浓度由服入的药量与药物的排泄量决定。计算公式为：药物浓度 = 药物摄入量 ÷ 全室容积，同样，全室容积 = 药物摄入量 ÷ 药物浓度（图 10-4-4）。一般而言，针剂型药物在体内的分布与代谢常为单室开放模型。

2. 双室开放模型

在药物的双室开放模型中，是把整个人体分成两个室。

（1）中央室：是指血液循环良好的组织或器官，包括心、肺、肝、肾。

（2）周围室：指血液循环不良的组织或器官，包括肌肉、皮肤、脂肪等。药物进入人体后先进入中央室，再从中央室进入到周围室或被清除到体外。因此，给药后当两室的血药浓度达到动态平衡时，体内有效的血药浓度才趋于稳定。其代谢过程是，药物进入中央室并逐渐排泄，同时又经中央室进入周围室分布，中央室与周围室药物浓度平衡后，中央室只表现不断摄入和排泄等量的药物（图 10-4-5）。一般情况下，口服药物在体内多数呈双室开放模型。

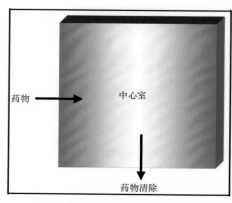

图 10-4-4 药物的单室开放模型

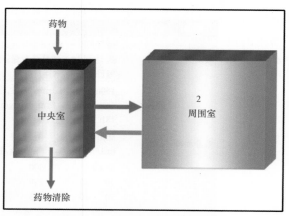

图 10-4-5 药物的双室开放模型

3. 三室开放模型

三室开放模型是在双室开放模型的基础上，再将周围室进一步分成浅室和深室而形成三室。浅室是与中央室药物交换速度较快的组织与器官，例如皮肤与肌肉，而深室是指与中央室药物交换速度较慢的组织或器官，例如脂肪。结果，中央室的血药浓度取决于 4 个不同的药物平衡过程。

（1）药物进入中央室的速度（图 10-4-6 ①）。

（2）中央室的药物清除速度（图 10-4-6 ②）。

（3）中央室与浅室的药物分布与平衡过程（图 10-4-6 ③）。

（4）中央室与深室的药物分布与平衡过程（图 10-4-6 ④）。

三室开放模型的药物在体内的血药浓度由上述 4 个过程的最终净效应决定。换言之，体内达到稳态的血药浓度是指三室药物分布的浓度均已达到饱和后的稳定状态。

当三室开放模型稳定的血药浓度达标时，再给予的药物维持量则等于中央室的药物摄入量，其与每日的排泄量相等（图 10-4-6）。

胺碘酮在体内的分布与代谢属于典型的三室开放模型，结果使胺碘酮起始服药时应给予口服的负荷量，这也使胺碘酮服用后达到稳态血药浓度的时间较长，在达到稳态的血药浓度之前，过早评价胺碘酮的疗效显然不妥。

此外，三室开放模型的特征也使胺碘酮停药后，药物在体内的清除半衰期较长（平均 50 天），而达到 5 个清除半衰期的时间将更长。

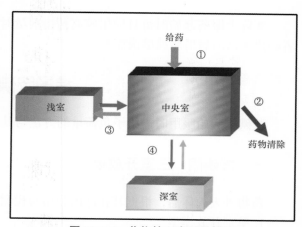

图 10-4-6 药物的三室开放模型

二、胺碘酮：体内分布特点

胺碘酮起始服用需给予负荷量的另一机制与胺碘酮的高度脂溶性有关，胺碘酮及其体内代谢产物都与蛋白质和脂肪的亲和性强（96%），两者的结合率也高。

这种高脂溶性决定了胺碘酮在体内不同组织的分布浓度差异较大，如把胺碘酮的血浆浓度视为 1 而计算时，胺碘酮在心肌等组织中的分布浓度为其 10 ～ 50 倍，而体内脂肪组织的分布浓度则比血浆浓度高出 500 倍。不同组织胺碘酮的分布浓度差异极大，这使胺碘酮在体内分布的有效容积高达 5000L，而人体的血容量一般只有 5 ～ 8L，这意味着，胺碘酮在人体血管外的分布容量很大，浓度也高。因此，对不同个体，例如显著肥胖者，皮下大量脂肪沉积者，其服用的负荷量应当更大（图 10-4-7）。

显然，胺碘酮的血药浓度比其他组织的药物浓度低，说明中央室的药物浓度也低，相比之下，深室的脂肪组织药物浓度竟是其 500 倍。因此，在取得体内稳态血药浓度的过程中，中央室和深室之间胺碘酮浓度要想达到动态平衡，需要很长时间。

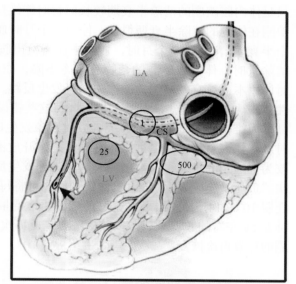

图 10-4-7　不同组织中胺碘酮分布浓度差别极大
图中的 1 代表冠状窦的血药浓度被设定为 1；25 代表左室心肌的药物浓度是其 25 倍；500 代表脂肪组织的药物浓度是其 500 倍

正是胺碘酮的上述药代学特征，使其口服时在体内达到稳态血药浓度的时间长达 2 ～ 4 周，甚至更长。为缩短这一时间，需给予负荷量。

有关负荷量的其他事项

胺碘酮治疗心律失常时，存在一定的心外和心脏不良反应，部分不良反应的发生率还较高。而胺碘酮的应用在国内推广与普及过程中，有些不良反应被夸大，这使国内医生使用胺碘酮时有些缩手缩脚，应用的剂量有时也打折扣。

一、打折扣后的负荷量给药方式

至今，国内不少医院，甚至三级甲等医院或教学医院的内科医生对胺碘酮负荷量的概念不清，进而推出与指南十分不符的给药方式。临床有两种常见类型。

（1）胺碘酮每日 3 次，每次 1 片（200mg），连服 1 周后改为 200mg/d 的维持量。

（2）胺碘酮每日 2 次，每次 1 片（200mg），连服 2 周后改服 200mg/d 的维持量。计算后可知，这两种给药方式中，改服维持量之前的胺碘酮摄入量分别为 4.2g 和 5.6g，其距指南推荐的 10g 负荷量相差甚远。这意味着，患者体内此时远未达到有效的稳态血药浓度，这可造成患者的心律失常一直控制不理想或心律失常出现不断反复的情况发生。这种情况根本不是胺碘酮对患者心律失常的疗效不佳，而是医生给药方式与剂量不规范的后果。

二、服药期间的心律失常反跳

心律失常患者服用胺碘酮治疗期间，不少病例可出现一定程度的反跳，即原来已被药物控制的心律失常再次出现。发生这种反跳的原因很多，包括患者病情的变化，其他影响因素的加剧等。但不少病例与医生的用药有关，其中维持量过低则是一个常见而重要的因素。这些发生反跳患者服用的胺碘酮维持量常低于推荐的维持量，或是推荐的下限剂量。

应用较低维持量的初期药物疗效还可能维持，这使医生更加确信该维持量对患者十分合适。实际，这只是体内胺碘酮的清除半衰期较长而暂时能维持疗效的结果，其实患者体内血药浓度已开始下降，只因胺碘酮在体内的清除半衰期很长，停药 1 个月时血药浓度只降低 25%，停药 2 个月时血药浓度降低 50%（一个半衰期），停药 9 个月时，血浆中还能检出胺碘酮。因此，当患者服用的维持量低于中央室每天药物的清除量时，体内胺碘酮的药物总量将下降，血药浓度也随之下降。当实际的血药浓度低于有效血药浓度时，原本已被有效控制的心律失常将发生反跳。面对该种情况，千万不能解释为患者已产生胺碘酮的耐药性，或认为药物对患者的有效性下降，这些错误的推断将导致放弃患者的胺碘酮治疗。

因维持量过低引起心律失常反跳现象发生时，正确的处理是再给患者一次胺碘酮的"负荷量"，因此时患者体内药物总量已远远不够，呈三室开放模型的胺碘酮的血药浓度也将下降，当完成再次负荷量后再改为更适当的维持量长期服用。因考虑到发生反跳时患者体内还存在一定量的胺碘酮，因此，胺碘酮的这次"负荷量"应低于 10g。具体给药时，可将每日服用量加大［例如增加到 3 次 / 日，每次一片（200mg），连服 10 ～ 14 天］。结果，在每日必需的维持量基础上，逐渐额外补充体内胺碘酮贮存的药物总量。额外补充 5g 左右的胺碘酮后，多数病例将完成再次的"负荷量"，进而用维持量维持，这种补救方式可使胺碘酮的疗效再次恢复。

三、负荷量期间的每日"负荷量"

给予胺碘酮负荷量时，还存在着每日"负荷量"的高低。确定每日负荷量时，有两点需要考虑：① 正在治疗的心律失常类型：胺碘酮是广谱抗心律失常药物，临床用于室性或室上性心律失常的治疗。相比之下，室性心律失常引起血流动力学的危害大，临床需要更快地控制病情，这使每日"负荷量"应相对更大。② 患者被监控的难易程度：因住院患者比门诊患者更易监控，故以往指南推荐的每日"负荷量"有所不同：住院患者 1.2 ～ 1.8g/d，门诊患者 0.6 ～ 0.8g/d。尽管 2014 年美国房颤治疗指南只推荐了后一种每日负荷量的剂量，但临床医生仍需酌情制定每日的"负荷量"。我们常采用每日"负荷量"为 1g 的方法，让患者连服 10 天而累积服药量达到 10g，这种给药方法简单、体内的累积量容易计算。

四、改服维持量时可适当补充"负荷量"

应用胺碘酮并考虑个体化用药问题时，有几个问题需统筹考虑：一是胺碘酮的体内负荷量理论上为 15g，而指南推荐的负荷量仅 10g，其与真正负荷量尚存一定的空间，存在该负荷量的个体化。二是胺碘酮在人体不同组织与器官中分布的浓度差别极大，因此，给予负荷量时要考虑患者不同的个体情况，包括体重、性别、皮下脂肪的多寡等。有鉴于此，对于体重远远超过 60kg、显著肥胖、脂肪组织异常增多的患者，在口服完成 10g 负荷量后改服维持量时，还应适当考虑补服"负荷量"的问题，这对患者日后心律失常疗效的稳定性有着重要影响。

具体而言，对这些特殊患者服满 10g 改服维持量时，可采用逐渐递减服量的过渡方式。例如先以 400mg/d 服用 2 周，再减为 300mg/d 的维持量再服 2 周，最后降到维持量 200mg/d 而长期维持。结果在上述 4 周逐渐减量的过程中，在服用必需维持量的同时，又额外补充了约 4g 的负荷量。对这些特殊患者服用 14g 的负荷量，可使日后获得更稳定的疗效。

五、正确给予维持量

应强调，胺碘酮治疗不同心律失常时，指南推荐的维持量也各不相同。治疗严重室性心律失常的维持量可高达每日 400mg 或更多，对于体重超大的患者其维持量也需适当增加。即使治疗同一心律失常的不同适应证时，胺碘酮的维持量也有不同。以治疗房颤为例，图 10-4-3 显示 2014 年美国房颤治疗指南推荐胺碘酮转复窦性心律的维持量为 200mg，同样，胺碘酮用于房颤患者窦性心律维持而不是转复时，其推荐的维持量为 100 ～ 200mg，两者显然不同（图 10-4-8）。维持量的不同与治疗目的不同有关。用于房颤转复

2014美国房颤治疗指南对于窦性心律维持的药物推荐(节选)

药物	常用剂量	禁忌/谨慎应用	主要药代动力学及药物相互作用
III 类			
胺碘酮	* 口服 400-600 mg 每日分次给药 2～4 周，维持剂量为 100～200 mg 1次/日 * 静注：150 mg 大于 10 min 然后以 1 mg/min 维持 6 h；之后 0.5 mg/min 持续 18 h 或者改为口服给药；24h 后考虑减少剂量为 0.25mg/min	* 窦房结或房室结功能障碍 * 结下传导疾病 * 肺病 * QT 间期延长	* 抑制大多数 CYPs 引起药物相互作用：华法林浓度↑(↑INR 0%～200%)、他汀类药物、多数其他药物 * 抑制 p-糖蛋白：地高辛浓度↑
多非利特	125～500μg q12h	* QT 间期延长 * 肾脏疾病 * 低钾血症 * 利尿剂治疗 * 避免其他延长 QT 间期的药物	* 通过 CYP3A 代谢：异搏定、氢氯噻嗪、甲氰咪胍、酮康唑、甲氧苄氨嘧啶、普鲁氯嗪和甲地孕酮是禁忌；在应用之前至少停止应用胺碘酮 3 个月
决奈达隆	400mg q12h	* 心动过缓 * 心衰 * 长期持续性存在的房颤/房扑 * 肝脏疾病 * QT 间期延长	* 通过 CYP3A 代谢：谨慎与抑制剂(例如：异搏定、地尔硫草、酮康唑、大环内酯抗生素、蛋白酶抑制剂大环内酯抗生素)和诱导剂(例如：利福平、鲁米那、苯妥英钠)联用 * 抑制 CYP3A CYP2D6 P 糖蛋白：一些他汀类药物浓度↑、雷帕霉素、他克莫司、β受体阻滞药、地高辛

图 10-4-8　2014 美国房颤治疗指南对胺碘酮维持窦性心律的维持量建议

窦性心律的治疗中，患者的房颤因不能自行转复而需药物协助转复，因此，患者必然属于持续性或慢性房颤，其发生与维持房颤的基质相对严重，故使胺碘酮的维持剂量也相对增大。

显然，胺碘酮在维持窦性心律的治疗中药物用量也应有不同，因这些患者为阵发性房颤，其房颤处于反复自身发生又自行终止的状态，服用的胺碘酮只需在自身转为窦性心律后，协助患者维持窦性心律。相对而言，后者体内发生与维持房颤的基质弱，使胺碘酮的维持剂量也降低。

总之，胺碘酮临床应用已经 30 年，大量资料证实，胺碘酮是一个广谱、强效的抗心律失常药。过去中国医生过度担心胺碘酮的心外和心脏副作用，使临床应用胺碘酮时过分谨慎，进而造成药物负荷量的摄入方法不规范，甚至采用错误的给药方式，这将大大影响胺碘酮的临床疗效。中国医生应当对该问题进行更深入的反思，深入理解和正确应用胺碘酮负荷量的给药方法，这将能显著提高胺碘酮的疗效。

第五章

普罗帕酮：心律失常药物治疗的利器

众所周知，近年来心律失常的非药物治疗，尤其消融术的进展迅猛异常。但还应知晓，药物至今仍是心律失常应用最广泛的一线治疗，原因尤为简单。以房颤为例，中国的房颤患者至少 1 千万，但当今国内每年消融术治疗房颤的总量近 5 万例。照此计算，即使除外每年的新发病例也要 200 年才能经消融术治疗完。显然，这与临床的需求极不匹配。所以，临床医生必须娴熟地用好抗心律失常药物才能满足患者的临床需要。

辩证解疑：普罗帕酮的安全性

心律失常的药物治疗近年来最大的特点就是更加强调安全性，这使药物治疗心律失常的适应证越来越严，并趋向于保守与慎重，唯恐给患者带来危害。

普罗帕酮早在 1978 年就已上市，临床应用已逾 40 年。1995 年进入中国，至今也有 25 年之久（图 10-5-1）。可以说，中国前后 2 ～ 3 代的临床医生都应用过普罗帕酮，至今其仍是临床一线应用的老药。但碍于安全性，使医生应用时尚存诸多顾虑，应用剂量也偏低，更有医生宁可安全地不用，也怕药物引起医疗问题。

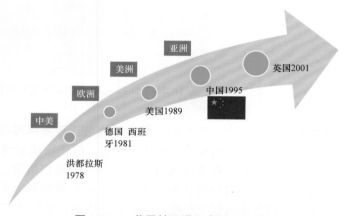

图 10-5-1 普罗帕酮进入中国已 26 年

一、CAST 研究的影响还未消散

CAST 研究（Cardiac Arrhythmia Suppressing Trial）又称心律失常抑制试验，是美国国家心肺血液研究院主持的一项长达 10 年的多中心、随机、双盲、设安慰剂做对照的研究，该研究的目的是验证经药物有效抑制急性心梗者频发室早或短阵室速后，能否降低心梗者的死亡率。该研究分为预试验、CAST Ⅰ研究和 CAST Ⅱ研究三部分。

在 CAST 研究的预试验中，选用了当时文献证实治疗室早十分有效的四个 Ⅰc 类药物，包括：氟卡胺、英卡胺、莫雷西嗪和丙咪嗪。预试验的研究结果表明：①选用的四个治疗药物都能长期有效地抑制急性心梗患者的频发室早和短阵室速；②丙咪嗪的疗效相对低，而副作用较高，故未被选入此后的正式研究。随后，在 CAST Ⅰ研究中应用氟卡胺、英卡胺为治疗药物，在中期安全性观察的开盲结果发现：室早的药物治疗明显有效，但治疗组的死亡率却显著增加（与对照组死亡人数相比为 56 *vs.* 22），死亡风险增加到 2.5 倍。这使 CAST Ⅰ研究被迫提前中止。同期进行的 CAST Ⅱ研究选用的治疗药物为莫雷西嗪，其安全性观察的中期开盲结果与 CAST Ⅰ研究相同，药物治疗组患者的室早及短阵室速的疗效满意，但死亡率也显著增加（死亡人数 59 *vs.* 22），这使 CAST Ⅱ研究也不得不提前中止（图 10-5-2）。上述研究结果在新英格兰杂志公布后，使全世界医学界震惊。医生最初为了降低患者死亡率的治疗却增加了治疗者的死亡率。这一研究使整个医学进入了循证医学的新时代，也使药物治疗的安全性受到更大重视。

二、普罗帕酮受到株连

CAST 研究结果在新英格兰杂志发表已经 30 年，但药物治疗组死亡率增加的原因至今不清，未能发现

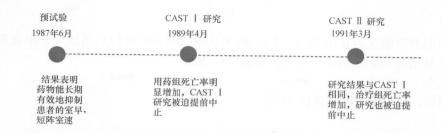

	药物	治疗对象	结果
CAST Ⅰ	氟卡胺/英卡胺 *vs.* 安慰剂	心梗后频发室早（>6次/小时）	死亡率明显增加
CAST Ⅱ	莫雷西嗪 *vs.* 安慰剂		死亡率明显增加

图 10-5-2　CAST 研究概况

或证实增加死亡率的原因。此外，即使客观真有增加死亡率的因素，也因研究方法设计为随机双盲，将使同一因素可同样影响两个组。

　　这种情况下，有学者推断：选用的治疗药物存在的负性肌力作用可使患者心功能受损，进而导致死亡率增加。尽管普罗帕酮并未入选 CAST 研究，但其同属Ⅰc 类药物，同样存在着负性肌力作用，故认为该药也有增加心梗者死亡率的风险（图 10-5-3）。

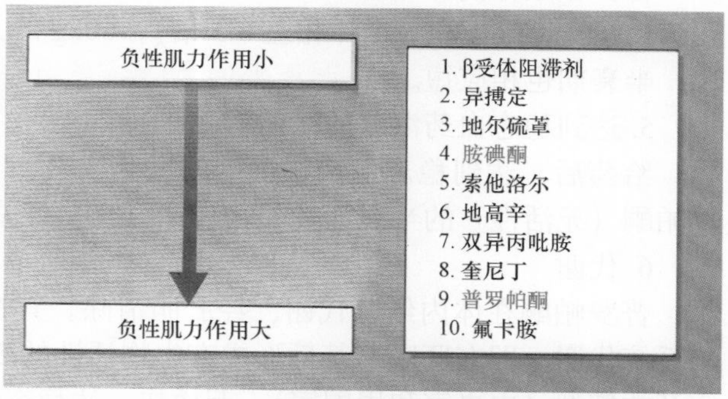

图 10-5-3　10 种抗心律失常药物负性肌力作用的比较

三、后 CAST 研究的资料

　　CAST 研究结果发表后，国内外有学者对普罗帕酮临床应用的安全性做了进一步研究。

　　其中较大病例组是 Podrid 1996 年在 *Am J cardiol* 杂志报告的 480 例各种心律失常应用普罗帕酮治疗的结果。在结构性心脏病人群中，该药心血管系统不良反应的发生率高达 20%，其中常见的不良反应是传导阻滞和心衰的发生。而无结构性心脏病的患者不良反应发生率明显较低。

　　此外，有报告认为该药应用中，约 15% 的服药者因消化系统、中枢神经系统和心血管系统的不良反应而需停药。

　　除此，在心衰（EF ≤ 40%）和病窦综合征患者的应用中不良反应的发生率明显增加，药物还能引起新发的左束支传导阻滞或其他传导阻滞。

四、当今指南推荐的适应证是安全的

　　应当了解，国外指南或专家共识的更新从来都是与时俱进的，一旦有可信度较强的资料发表，很快就会在新指南中有所体现。换言之，在 CAST 研究发表后的 30 年来，欧美的相关指南或专家共识早已多次更新，原来不良反应高发的适应证早已从普罗帕酮原来的适应证中被剔除。因此，在当前较新的指南中，有明显冠心病（特别是心梗）、明显结构性心脏病及心衰患者伴发的心律失常早已不再是普罗帕酮治疗的适应证。所以，当今共识或指南推荐的普罗帕酮应用的适应证是安全的，对普罗帕酮安全性的担心与顾虑完全没有必要。因此，重新认识及用好普罗帕酮对国内一线医生十分重要。

普罗帕酮的药代学

　　如上所述，国内不少医生对普罗帕酮的应用安全性尚存疑虑，对之敬而远之。也正是这些原因使其临床应用远远不够，应用剂量也常不足，故重温本药药代学的意义重大。

1. 药物起效快

（1）口服：口服普罗帕酮后 0.5h 起效，2～3h 可达单次剂量的峰值血药浓度，半衰期短（4～6h）。

（2）静脉：静脉给药 10min 后作用达峰，半衰期仅 20min。

2. 口服吸收完全

口服普罗帕酮后，经小肠吸收率高达 95%。

3. 生物利用度高

口服普罗帕酮的生物利用度有逐渐增大的特点，最终生物利用度可达 100%。

影响生物利用度的主要因素如下。

（1）剂量依赖性：剂量越大生物利用度越高。

（2）食物影响：需与进餐同服或餐后服用。

（3）肝功能影响：肝功能障碍可降低生物利用度。

4. 分布容积

普罗帕酮体内分布容积呈中等大小。分布容积是指药物在血管外的分布范围。普罗帕酮在体内分布容积为：1.1～3.6L/kg（个体相差 3.5 倍），60kg 的人体分布容积 66～200L。因此，给药后达到稳态的速度快，半衰期也相应短。

5. 达到稳态血药浓度的时间

给药后，达到稳态血药浓度的时间为 3 日，与主要代谢产物 5 羟普罗帕酮（有活性）和 N-debutyl 普罗帕酮（无活性）的半衰期较长（10～12h）有关，因此服用本药 3 日后治疗作用趋向稳定。

6. 代谢

普罗帕酮在体内经肝代谢、经肝胆清除。其在体内代谢途径为：经细胞色素酶 P450 的 2D6（及 3A4）酶系统代谢。即在肝脱羟基后形成有生物活性的 5 羟普罗帕酮，半衰期 4～6h，故本药在体内的分布呈二室开放模型（中央室和周围室），起效快，达稳态快，半衰期短。

又因临床常用的药物中，经 P450 中 2D6 代谢途径的药物较少，故使普罗帕酮与其他药物发生相互作用的概率低。

7. 药物排泄

普罗帕酮在体内 99% 经肝胆清除排泄，可视为单通道排泄，仅 1% 经肾排泄。

8. 慢代谢

不同人群体内脱羟基酶的高低存在差异（遗传因素引起），约 10% 的患者此酶先天性缺乏，使普罗帕酮原型在体内代谢缓慢，并使半衰期延长到 12h，可发生一定的药物蓄积。

9. 与蛋白结合率高

普罗帕酮体内蛋白结合率高达 85%～95%。一般而言，药物进入人体后存在与蛋白结合和非结合两种形式。与蛋白结合者暂时失活，形成储存形式。多数情况下，药物与蛋白结合率恒定。此外，与血浆蛋白结合达到饱和后，再加大服药剂量时，可增加药物作用，使药物靶部位的游离药物浓度增加。普罗帕酮的蛋白结合率明显高于胺碘酮（62%）。

普罗帕酮的药效学

用好普罗帕酮的另一要点是应熟悉和掌握其药效学特点，做到用药时知其然，并知其所以然。

一、对心肌细胞膜离子通道的作用

普罗帕酮为 I 类抗心律失常药物，但同时兼有 4 种抗心律失常药物的作用（表 10-5-1）。其明显阻断 Na$^+$ 通道，对心肌细胞的除极速率有明显降低作用。此外，还兼有 β 受体阻滞作用（相当于心得安作用的 1/4），有 K$^+$ 通道（I$_{Kr}$ 和 I$_{Kur}$）

表 10-5-1　普罗帕酮的离子通道作用

分类	作用	强度
1	阻滞 Na$^+$ 通道	强
2	阻滞 β 受体	中效（心得安作用的 1/4）
3	阻滞 K$^+$ 通道	I$_{Kr}$、I$_{Kur}$
4	阻滞 Ca^{2+} 通道	弱（比维拉帕米作用低 2～100 倍）

阻滞作用，还有较弱的 Ca^{2+} 通道阻滞作用（比维拉帕米作用低 $2 \sim 100$ 倍）。因此，服用普罗帕酮时相当于 4 种抗心律失常药物小剂量的联合应用。另外，普罗帕酮多种离子通道的阻滞作用，还能克服单一离子通道阻滞药物（单纯 Na^+ 或 K^+ 通道阻滞剂）可能发生的严重、甚至致命性副作用。

1. 较强的 Na^+ 通道阻滞作用

普罗帕酮因较强的 Na^+ 通道阻滞作用而划入 Ⅰc 类（表 10-5-2），对心肌除极有明显影响（0 相斜率显著下降），其对 Na^+ 通道的主要作用发生在激活和失活两个时相，结合持久、解离缓慢，作用强而持久（图 10-5-4）。

表 10-5-2　Na^+ 通道阻滞剂的再分类

再分类	阻断 Na^+ 通道强度	代表药物
Ⅰa	中效	奎尼丁、普鲁卡因胺
Ⅰb	弱效	利多卡因
Ⅰc	强效	普罗帕酮、氟卡胺、英卡胺

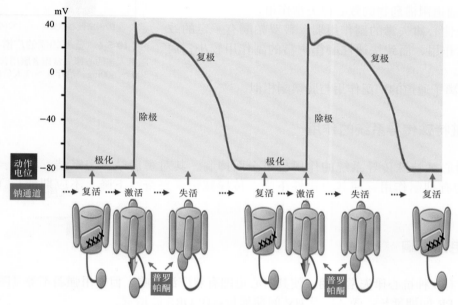

图 10-5-4　对 Na^+ 通道的作用特点

主要作用在激活和失活时相

2. β 受体阻滞作用

普罗帕酮有中度的 β 受体阻滞作用，这是因普罗帕酮存在两种对映体，并形成（R）和（S）两种对映体 1∶1 的混合物。而 S 对映异构体的存在，使其具有 β 受体的阻滞作用，能竞争性与 β 受体结合并阻断之（图 10-5-5）。

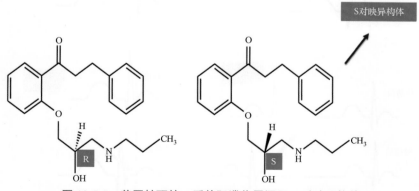

图 10-5-5　普罗帕酮的 β 受体阻滞作用源于 S 对映异构体

3. K^+ 通道阻滞作用

与氟卡胺一样，普罗帕酮有阻断 K^+ 通道（I_{Kr} 和 I_{Kur}）的作用。

4. Ca^{2+} 通道阻滞作用

普罗帕酮有较弱的 Ca^{2+} 通道阻滞作用，作用强度比维拉帕米低 2 ～ 100 倍。

因普罗帕酮兼有 4 种抗心律失常药物的作用，使其具有下述特点。

（1）广谱抗心律失常作用：因有多种离子通道阻滞作用，故能广泛用于房性、室性等心律失常的治疗（图 10-5-6）。

（2）安全性强：因服用普罗帕酮相当于联合服用 4 种抗心律失常药物，这可减少单一药物大剂量服用时可能产生的副作用，并能克服单通道阻滞药物的致心律失常作用。

（3）致快速性心律失常的副作用弱：普罗帕酮有一定的致缓慢性心律失常作用，而致快速性心律失常的副作用较小，而后者常有致命性。

总之，其对离子通道的广泛作用与胺碘酮相似。

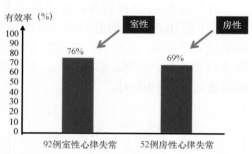

图 10-5-6　普罗帕酮的广谱抗心律失常作用
随机入选的心律失常患者服用普罗帕酮，每日服药 300 ～ 600mg，治疗 5 ～ 7 天后的疗效

二、对心脏特殊传导系统的作用

普罗帕酮对心脏特殊传导系统的作用也呈全面抑制。其对窦房结、房室结、心房、心室、希浦系统、预激旁路均有抑制作用；使其自律性下降，传导减慢，兴奋性下降，不应期延长（包括延长旁路的不应期）。

三、对心电图影响

普罗帕酮兼有 4 种抗心律失常作用，使其对心电图有着广泛影响，但作用强弱不等（图 10-5-7）：①窦性心率减慢；② PR 间期延长；③ AH 及 HV 间期延长；④ QRS 波增宽。

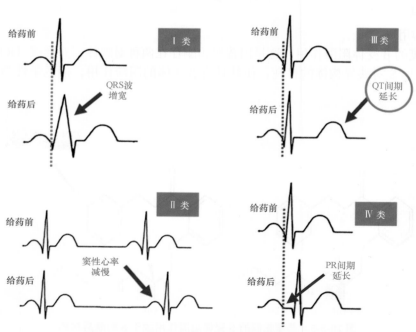

图 10-5-7　普罗帕酮对心电图可能产生的影响

普罗帕酮的给药方法

普罗帕酮有口服片剂和注射针剂两种剂型，给药方法如下。

一、口服法

普罗帕酮进口商品名为悦复隆，每片150mg，国产商品名为心律平，每片50mg。两者都能经两种方法服用。

1. 一般性口服

一般情况时，普罗帕酮每次口服150mg，每日3～4次。但疗效不佳或无效时，尤其当最初有效，随后疗效下降时，可在去除诱因的情况下，将每次口服剂量增加到300mg，每日3次，即每日口服总量可达900mg。因此应用一般剂量疗效欠佳时，不要轻易做出药物无效的结论。

2. 顿服法

顿服法是单次口服大剂量药物的方法。主要用于阵发性房颤突然复发时患者的自我转复治疗。

（1）适应证：①发作次数较少的阵发性房颤，没有长期服药进行预防的必要；②无明显结构性心脏病；③无心衰；④无严重冠心病，尤其是心肌梗死；⑤有安全顿服本药的应用史。

（2）顿服剂量：一次性口服450～600mg（国产心律平9～12片/次，悦复隆3～4片/次）。

（3）转复时间及成功率：服药后1～3h有效转复率为50%～70%，转复的平均时间为（113±84）min，与静脉普罗帕酮转复时间及成功率几乎一样，但顿服法简单易行，患者可在家中自我转复。

（4）顿服法指南推荐类别：Ⅱa（图10-5-8）。

（5）其他：①没有长期口服本药者可顿服一次；②已经在长期口服本药者可增加一次顿服；③已佩戴起搏器患者的顿服应用更安全；④在家服用时需要有安全顿服的治疗史。

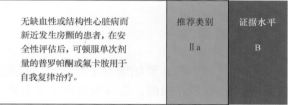

| 无缺血性或结构性心脏病而新近发生房颤的患者，在安全性评估后，可顿服单次剂量的普罗帕酮或氟卡胺用于自我复律治疗。 | 推荐类别 Ⅱa | 证据水平 B |

图10-5-8　顿服普罗帕酮转复房颤的指南推荐

二、静脉给药

伴血流动力学改变的心律失常，常需静脉给予普罗帕酮治疗。

（1）首次剂量：70～140mg（用5%葡萄糖20ml稀释，5min缓推），相当于给药1～2mg/kg。

（2）再次剂量：首次剂量未能奏效时，10min后可重复上述剂量再次给药。

（3）一般情况下，普罗帕酮静脉给药剂量可达5mg/kg或350mg。

三、不良反应

普罗帕酮治疗各种心律失常时，常见的不良反应有：口干、感觉异常、头昏、眩晕、消化不良、呕吐、发热、出汗、心悸、肝酶升高、局部疼痛、致心律失常作用等。可以看出，不良反应主要发生在消化、中枢神经和心血管系统，因不良反应较重而需停药者约15%。

应当强调，这些不良反应多为可逆，例如服药后新出现的左束支或右束支传导阻滞、房室传导阻滞等，停药后可恢复。此外，静脉给药剂量较大时，可出现肉眼血尿，停药后血尿可消失。

心律失常药物治疗的"哼哈二将"

哼哈二将是中国古代神话中两位武艺高强的天神，二位天神的画像常贴在百姓宅院的大门，故又称门神。还常站立在佛家寺院前殿的左右，一个紧闭口、积丹田之气欲吼"哼"字，另一位则张开大口欲吼

"哈"字，由此得到哼哈二将之名，在佛家寺院起到护神作用。为说明普罗帕酮在中国医生治疗心律失常中的重要地位，本文借而喻之（图 10-5-9）。

图 10-5-9 抗心律失常药物的哼哈二将

正如本文文题，普罗帕酮是心律失常药物治疗的利器。进而本文将普罗帕酮与胺碘酮喻为心律失常治疗药物的哼哈二将。

一、骁勇二将

哼哈二将中的普罗帕酮为 I 类药物，以阻断 Na^+ 通道为主，胺碘酮属于 III 类药物，以阻断 K^+ 通道为主。但两药有多处相似：①均为多离子通道阻滞剂，二药都兼有 4 类抗心律失常药物的作用；②都是作用很强的广谱抗心律失常药物，除少数特殊情况和几种禁忌证外，几乎所有的室上性及室性心律失常均可应用；③两种药都有口服与静脉两种剂型，使急诊和普通心律失常治疗时均可选用；④疗效明显，以单药转复房颤为例，两药转复房颤的成功率都在 60% 以上。

二、各把持一方

将两药喻为中国医生治疗心律失常的哼哈二将，依据如下。

1. 两药治疗心律失常患者的临床背景全然不同

胺碘酮适用于冠心病（包括心梗）、严重结构性心脏病、心衰患者的心律失常治疗。而普罗帕酮恰好相反，其不能用于治疗有明显结构性心脏病、心衰、冠心病心肌梗死患者的心律失常，而适用于无或有轻度心脏病患者的心律失常。因此，两药分别治疗临床背景截然不同患者的心律失常，形成各把持一方的态势。

2. 各种指南推荐的心律失常治疗药物

指南推荐心律失常药物治疗时，对同一种心律但背景不同患者的推荐分列将两药列于左右两侧（图 10-5-10），如同门神，即推荐胺碘酮治疗冠心病、心衰、明显结构性心脏病患者的心律失常，而推荐普罗帕酮治疗无或有轻度心脏病患者的心律失常。

3. 对中国医生有着特殊意义

在各种心律失常药物治疗的国际指南中，推荐用于无或轻度心脏病患者心律失常的治疗时，常同时推荐多种药物，包括氟卡胺、普罗帕酮、尼非卡兰、决奈达隆等。看上去医生的治疗可有多种选择，但对中国医生，苦于很多药物国内没有。因此，中国医生常常只能选用普罗帕酮，进而更符合哼哈二将各把持一方的情景。

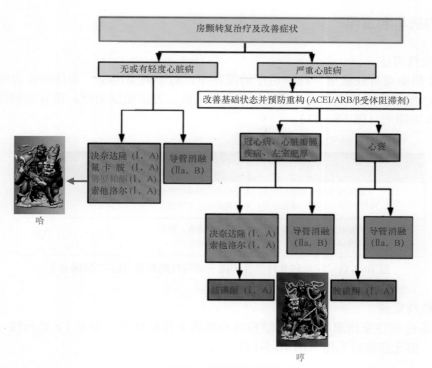

图 10-5-10 房颤的转复治疗
对无或轻度心脏病患者房颤药物转复中，中国医生几乎仅能选用普罗帕酮

普罗帕酮治疗的适应证

一、适应证简述

为简明扼要地了解和记忆普罗帕酮治疗的适应证，需熟知三点。

1. 熟知普罗帕酮应用的三个禁区

（1）有明显结构性心脏病。

（2）有明显心衰。

（3）有缺血性心脏病，尤其心肌梗死。

对于上述三大禁区的患者，应用普罗帕酮时发生严重不良反应的概率高。

2. 熟知普罗帕酮应用的其他禁忌证

（1）缓慢性心律失常：病窦综合征或严重传导阻滞。

（2）电解质紊乱：主要是血钾紊乱，包括高钾及低钾血症的患者。

（3）有肝脏或肾脏疾病。

（4）严重的阻塞性肺疾病，支气管痉挛。

（5）束支传导阻滞。

（6）Brugada 综合征。

（7）粒细胞缺乏，重症肌无力。

3. 熟知普罗帕酮治疗适应证的排他性记忆法

因普罗帕酮为广谱抗心律失常药物，因而治疗适应证可用排他性记忆法：除三大禁区和几项禁忌证外，只要病情需要，普罗帕酮几乎可用于所有室上性及室性心律失常的治疗。

二、有症状的房早和室早

1. 房早与非持续性房速

2018 ESC/HRS 指南对有症状房早药物治疗的推荐中，对于频发房早、非持续性房速而伴症状者，当无结构性心脏病时，推荐 β 受体阻滞剂、索他洛尔、氟卡胺、普罗帕酮治疗；而有结构性心脏病时，推荐应用胺碘酮、β 受体阻滞剂（图 10-5-11）。

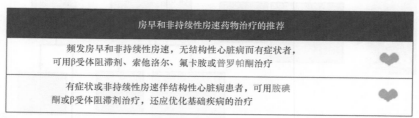

图 10-5-11   房早和非持续性房速药物治疗的推荐（ESC 2018 年）

2. 室早与非持续性室速

对频发室早和非持续性室速患者，在无结构性心脏病而伴症状时：推荐Ⅰc 类药物（普罗帕酮、氟卡胺、丙吡胺）治疗，但无症状时不用（图 10-5-12）。

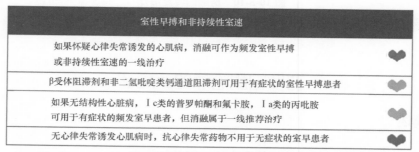

图 10-5-12   室早和非持续性室速药物治疗的推荐（ESC 2018 年）

三、房颤与房扑

房颤的药物治疗包括：节律治疗（转复房颤）、维持窦性心律治疗、室率控制治疗、消融术后空白期的治疗等。其中节律治疗是最重要的治疗。

（一）房颤的节律治疗

1. 房颤节律治疗的意义重大

不论对中国还是世界，房颤都是一种常见而危害很大的心律失常。资料表明：在全社会人群中，房颤的发生率高达 2% ～ 3%。其有四大危害：①社区人群中，房颤的心脏性猝死率比无房颤者高出 2 ～ 3 倍；②房颤患者的总死亡率明显增加；③房颤的致残率比对照组高 5 倍；④房颤能明显损害心功能。

因此，有效防治房颤，降低患者的死亡率、致残率已成为世界各国面临的一个严峻社会问题。在房颤节律治疗中一个重要概念必须强调，房颤治疗的 AFFIRM 研究结果使不少医生错误认为：房颤的室率控制与节律治疗的临床价值不相上下，旗鼓相当。而正确的认识应当是：将房颤有效转复为窦性心律时，可使房颤患者获得更多益处。换言之，面对房颤患者，临床医生如能将其转复为窦性心律，并能维持窦性心律时，就应尽量转复和维持窦性心律，当不容易转复或不容易维持窦性心律时，不应勉强行之。此时，合理的室率控制也能得到良好获益。

房颤的节律治疗在多方面优于室率控制治疗。

（1）有效减少患者的心血管事件：在斯德哥尔摩队列研究中，361例房颤患者经直流电复律治疗，进而观察入组患者的复合终点（死亡、卒中、心肌梗死、心衰），随访时间为3.2年。结果显示，与早期复发（直流电复律后3个月内房颤复发）的患者相比，未复发而一直保持窦性心律患者的复合终点显著较低（HR=0.51，95%CI：0.32～0.82，P=0.0058）（图10-5-13）。

（2）提高患者的运动耐量：一项持续性房颤的研究中，先随机、双盲应用抗心律失常药物和安慰剂治疗4周，4周后仍未转复窦性心律者再行直流电复律治疗，转复为窦性心律者入窦性心律组，仍为房颤者进入房颤组，并随访1年比较两组生活质量与运动耐量的差别。结果发现：窦性心律（窦律）组与房颤组相比，在8周和1年时，其运动耐量均有明显提升（图10-5-14）。

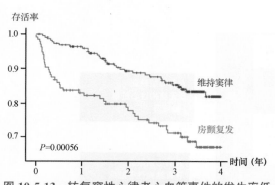

图 10-5-13　转复窦性心律者心血管事件的发生率低

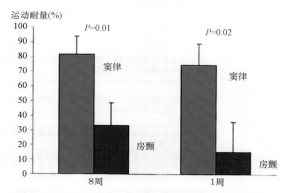

图 10-5-14　窦性心律更能提高房颤患者的运动耐量

（3）延缓房颤进展：RECORDAF研究是一项前瞻性、观察性研究。其入组5604例新发房颤患者，随访12个月。主要比较节律治疗（并维持窦性心律）与室率控制（心率<80次/分）两种治疗对房颤发展的影响。结果显示，1年后，节律治疗组比室率控制组发展为永久性房颤的比例低（图10-5-15）。其证实，节律治疗比室率控制治疗更能延缓患者发展为慢性房颤的病程。

（4）减少患者卒中风险：卒中是房颤最严重的并发症，其大大增加患者的致残率和致死率。为减少卒中发生，有效抗凝治疗已成为房颤患者的最重要治疗，而有效转复窦性心律和维持窦性心律治疗也能明显减少卒中的发生。一项观察性研究中，入组的57518例房颤患者，分成16325例的节律治疗组及41193例的室率控制组，并比较两种治疗对患者卒中及TIA（一过性脑缺血）发生率的影响，结果发现节律治疗组比室率控制组更能降低房颤患者发生卒中及TIA的风险（图10-5-16）。

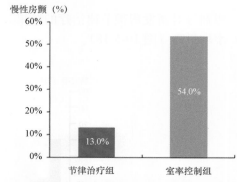

图 10-5-15　节律治疗比室率控制更能延缓房颤进展

鉴于上述四方面的比较，明显看出，转复房颤的节律治疗比室率控制治疗更能使房颤患者获益。

2. 房颤节律治疗的药物推荐

在无普罗帕酮应用的三大禁区和禁忌证的前提下，普罗帕酮对房颤，尤其新发房颤的转复治疗中，一直作为Ⅰ类推荐（图10-5-17）。而推荐中，普罗帕酮与胺碘酮用于临床背景全然不同的房颤患者，仍呈现"二将分别把持"的情况（图10-5-17）。

3. 房颤节律治疗中普罗帕酮的优势

尽管在房颤节律治疗中，普罗帕酮与胺碘酮都被列为Ⅰ类推荐，但实际应用中，普罗帕酮在几方面更具优势，这可能与普罗帕酮有阻断 I_{Kur} 的作用有关，因 I_{Kur} 钾通道只在心房肌细胞存在，阻断时对房性心律失常的治疗更具特异性。

（1）转复新发房颤的成功率高：有文献比较了奎尼丁、索他洛尔、普罗帕酮、胺碘酮、自身复律和安

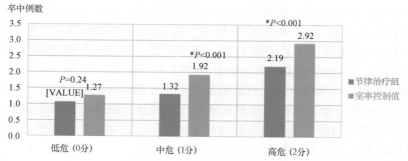

图 10-5-16　节律治疗更能减少卒中风险

为精准比较节律治疗和室率控制治疗中卒中发生风险，进行了 CHADS2 积分相同的亚组内比较

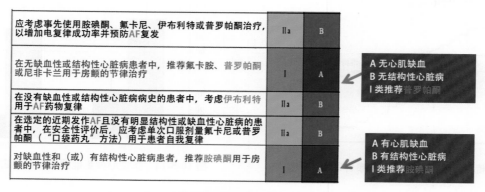

图 10-5-17　普罗帕酮在房颤节律治疗中为 I 类推荐

慰剂等对新发房颤节律治疗的结果。在给药后 6h、12h 及 24h 的 3 个时间点，普罗帕酮对新发房颤的转复率均最高（图 10-5-18）。

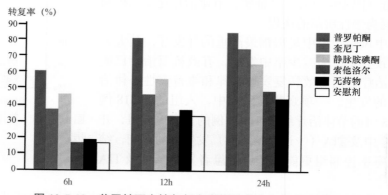

图 10-5-18　普罗帕酮在转复新发房颤的成功率方面高居首位

（2）转复房颤用时短：对房颤发生 <2 周的患者，经随机、单盲、多中心并设对照组的研究结果显示：普罗帕酮转复需要的平均时间明显短于胺碘酮，并有统计学差异（图 10-5-19）。

（3）转复成功率高：给药后 12h 的转复成功率及累积的总成功率，普罗帕酮均高于胺碘酮（图 10-5-20）。同样，给药后 1h、8h、12h 的三个时间点比较转复房颤的有效率时，单药普罗帕酮的转复率高于胺碘酮（表 10-5-3）。

（二）维持窦性心律的治疗

顾名思义，维持窦性心律的治疗是在阵发性房颤的窦性心律时或持续性及慢性房颤用各种方法（药

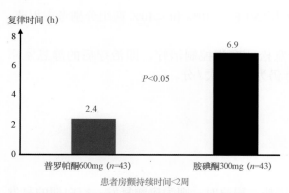

图 10-5-19　普罗帕酮房颤转复所需时间比胺碘酮短

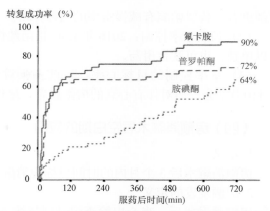

图 10-5-20　普罗帕酮转复窦性心律的成功率高于胺碘酮

表 10-5-3　普罗帕酮转复房颤的成功率高于胺碘酮

各组成功转复窦性心律的比较			
胺碘酮（n=50）	普罗帕酮（n=50）	氟卡胺（n=50）	p 值
1h 后转复率 7（14%）	30（60%）	29（58%）	<0.001
8h 后转复率 21（42%）	34（68%）	41（82%）	<0.001
12h 后转复率 32（64%）	36（72%）	45（90%）	0.008

物、电复律、消融术）转复为窦性心律后，进行的维持窦性心律治疗。而在房颤患者的这一治疗中，对三大禁区和禁忌证之外的患者，普罗帕酮一直作为 I 类药物积极推荐（图 10-5-21）。

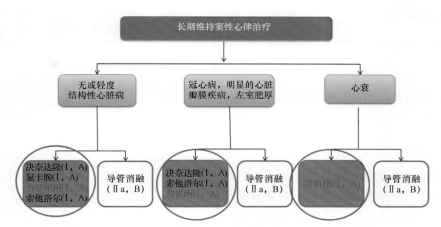

图 10-5-21　长期维持窦性心律治疗的推荐（ESC 2016 年）

（三）室率控制治疗

房颤患者的室率控制治疗也十分重要，其不仅能缓解患者的临床症状，还能改善疾病状态，包括心肌缺血、心功能等。目前，房颤的室率控制治疗又分为急性期和长期治疗两种。

1. 不同时段的治疗

（1）急性期的室率控制：静脉 β 受体阻滞剂、钙通道阻滞剂、洋地黄制剂、普罗帕酮、胺碘酮依然是指南推荐的一线用药。对于心功能不全或急性左心衰竭患者，急性期的室率控制首选 β 受体阻滞剂，尽可能用最小剂量将室率控制在 ≤ 110 次 / 分，疗效不佳时可加用洋地黄制剂、胺碘酮等，对于心功能正常的房颤患者，普罗帕酮有减慢室率的治疗作用。

（2）长期室率控制：2016 年 ESC 指南建议：可将患者分为 LVEF ≥ 40% 和 <40% 两组分别考虑用药，可以单独，也可联合用药。

（3）室率控制的目标心率：目前主张对房颤患者进行宽松的室率控制治疗，即治疗后的静息室率 ≤ 110 次 / 分，但对伴有心衰的房颤患者，最佳室率控制目标仍为 ≤ 80 次 / 分。

（四）房颤消融术后空白期的应用

1. 定义

房颤消融术后 3 个月内的时间段称为消融术后空白期。

2. 房颤复发的定义

房颤消融术后，当心电检查记录到持续 ≥ 30s 的房颤、房扑、房速时，则为房颤复发，空白期的复发称为早期复发。

3. 消融术失败的界定

空白期房颤的复发不视为消融术失败，因空白期发生房颤的影响因素多，例如消融部位的心房肌水肿、局部损伤等都能促使房颤复发。

4. 空白期预防房颤复发的推荐药物

推荐的预防房颤复发的抗心律失常药物见表 10-5-4。

表 10-5-4　消融术后空白期药物应用的推荐

临床特点	抗心律失常药物（最小剂量）
左室功能正常不伴冠心病	普罗帕酮（150mg，3 次 / 日） 氟卡胺（100mg，2 次 / 日）
左室功能正常伴冠心病	索他洛尔（80mg，2 次 / 日） 胺碘酮
左室功能异常	索他洛尔（80mg，2 次 / 日） 多菲利特（500μg，2 次 / 日）

5. 临床应用

房颤消融术后空白期应用药物预防与不预防相比，可明显减少房颤的复发（图 10-5-22）。

（五）心房扑动的治疗

因房颤与房扑都为房性快速性心律失常，又能在同一患者混杂出现，还能互为因果等，因此，对普罗帕酮转复房扑的治疗推荐与房颤基本一致，故不赘述。但单纯房扑的转复成功率，除伊布利特少数药物外，多数抗心律失常药物的效果比房颤转复时差。

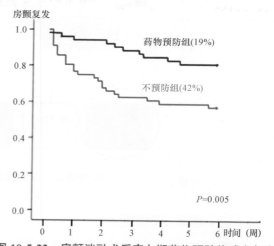

图 10-5-22　房颤消融术后空白期药物预防能减少复发

四、室上性心动过速（室上速）

常见成人室上速（不包括房扑及房颤时）有七种类型：窦性心动过速、不良性窦速、房性心动过速、局灶性房速、交界区心动过速、房室折返性心动过速、房室结折返性心动过速。种类繁多的室上速患者可伴有各不相同的临床情况，故室上速的药物治疗中，普罗帕酮治疗的推荐原则及应用有着各自特点。

在心律规整的室上速药物治疗的推荐中，ACC/AHA/HRS 推荐普罗帕酮的应用，起始用量 150mg，3 次 / 日，最大维持剂量为 300mg，3 次 / 日。应用中需监测 PR 间期及 QRS 波时限，有肝功能损伤者减量。

此外，房扑治疗中有可能使 2∶1 下传的房扑变为 1∶1 下传，发生 Tdp、心动过缓等，需格外小心。

五、室性心动过速（室速）

与其他心律失常相比，室速的特点是发病急，常伴有明显血流动力学改变及结构性心脏病。此外，快速性室性心律失常的变化快，致死性高。在室速治疗中，非药物治疗技术进展很快，方法又多。例如 ICD（包括皮下 ICD）、穿戴式 ICD、直流电复律、消融术等。

对于室速的药物治疗，2017 年美国三大学会（AHA/ACC/HRS）的指南明确指出：在室性心律失常的药物治疗中，除 β 受体阻滞剂之外，在心脏性猝死的一级和二级预防中，尚无一种药物有循证医学的资料证实能改善患者的存活率。但药物治疗对患者心律失常的控制和改善症状有着重要作用。

该指南认为，室速的药物治疗中，Vaughn Williams 分类中的四类抗心律失常都可选择，但 β 受体阻滞剂应用最安全，并能减少心脏性猝死的风险，故常做一线选择，尤其当室速由交感神经介导或触发机制引起时。对于 Ⅰ 类钠通道阻滞剂，该指南也做了应用推荐，但强调快钠通道阻滞剂不能长期用于缺血性心脏病患者室性心律失常的治疗，因有可能增加死亡率。

在普罗帕酮应用推荐中，推荐剂量为每 8h 口服普罗帕酮 150 ～ 300mg，主要用于无结构性心脏病患者室速的治疗，其对心电图的影响主要可使 QRS 波时限增宽，还能使患者电除颤的阈值增高。而常见的不良反应有心衰加重、房室传导阻滞加重、药物性 Brugada 综合征等。此外，还可见到消化系统、中枢神经系统的不良反应。

临床医生应用口服普罗帕酮治疗心律失常时，还要了解：

1. 室速治疗时的维持剂量大

与其他抗心律失常药物相同，普罗帕酮治疗和维持治疗时，对室上速和室速患者的维持剂量有所不同，后者的治疗与维持剂量一般偏大。

2. 心律平的效价相对低

多项研究证实，国产心律平（国产普罗帕酮）的效价常低于悦复隆（进口普罗帕酮）。上世纪 90 年代，我国研究人员对悦复隆与心律平进行了对比观察，比较两者在代谢、药代动力学及生物利用度等方面有无差异。结果显示，悦复隆的血药浓度、AUC 均高于心律平（AUC：血药浓度-时间曲线下面积，简称药-时曲线，AUC 值反映了药物口服后吸收、血药浓度峰值、分布与清除等信息，数值高时，提示效价高）。绝对生物利用度分别为 44.00%±31.72% 与 30.92%±27.36%，两者之间有显著差异（$P < 0.02$）。研究者认为，两者绝对生物利用度的差别与药物不同的吸收程度有关（图 10-5-23）。因此，当应用某剂量的心律平疗效欠佳时，应当想到可能存在着效价不稳定情况。此时可适当增加心律平服用剂量，或改用悦复隆治疗后再做疗效的评价。

3. 悦复隆的应用

在应用悦复隆治疗时，国内一般用量为每日 450mg，分三次服用。但对少数疗效差的病例，悦复隆口服剂量可用到 900mg/d，分三次服用。

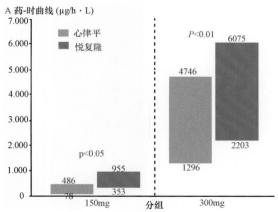

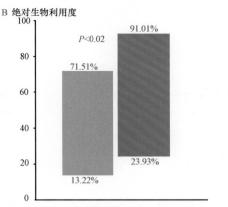

图 10-5-23　悦复隆与心律平的 AUC（A）、绝对生物利用度（B）的比较

结束语

至今，心律失常的药物治疗仍是临床应用最多的一线治疗。但因心律失常的种类多，患者的临床背

景差异大，对临床及血流动力学的影响各自不同。此外，抗心律失常药物的种类繁多，作用特点各异。因此，心律失常的药物治疗，尤其急诊心律失常的药物治疗常使临床医生颇感棘手。本文将普罗帕酮与胺碘酮喻为中国医生心律失常药物治疗的哼哈二将，并强调二药可视为中国医生心律失常治疗的核心药物。相信这些理念的阐述将对提高临床医生处理心律失常的能力有所帮助。

此外，由于中国医生在心律失常治疗中可选择的药物很少，因此，熟悉和用好普罗帕酮更显重要。

β 受体阻滞剂的非等效性

全世界第一个 β 受体阻滞剂 Pronethalol 于 1962 年问世，研究表明，该药治疗冠心病心绞痛有效，但因存在明显的内在拟交感活性而未能用于临床。但 James W Black 于 1988 年因提出 β 受体阻滞剂的概念而获诺贝尔生理学或医学奖（图 10-6-1）。诺贝尔奖评审委员会对他贡献的评价是："自 200 年前发现洋地黄以来，β 受体阻滞剂是药物防治心血管疾病最伟大的突破""β 受体阻滞剂的发现与临床应用是 20 世纪药理学和药物治疗学进展的里程碑"。此后，越来越多的 β 受体阻滞剂用于临床，越来越多的心血管疾病经 β 受体阻滞剂治疗而获显著疗效。同时，随着对 β 受体阻滞剂的深入研究，使很多相关理论得以突破。

图 10-6-1　1988 年 James W Black 荣获诺贝尔生理学或医学奖

直到 2007 年美国 AHA 的科学声明上首次指出："ACEI、ARB 和利尿剂等药物在心血管疾病治疗中存在着类效应，即它们的作用机制和副作用存在一致性"。与其相反，β 受体阻滞剂和钙通道阻滞剂却存在较大的异质性，不同药物的疗效、机制和副作用存在一定的差异。随之，β 受体阻滞剂的非等效性受到重视。

β 受体阻滞剂非等效性概念

一、非等效性定义

药物的非等效性是药物的类效应或等效性的反义词。

药物的等效性（equivalence）包括药物等效性（pharmaceutical equivalence）、生物等效性（bioequivalence）、治疗等效性（therapeutic equivalence）等。临床中的等效性是指治疗等效性。具体定义为：当两种制剂含有相同活性成分，并在临床显示有相同的安全性和有效性时，则两个制剂具有治疗等效性。评价药物等效性的方法包括活性成分相同、临床安全性和有效性相同。而药物的非等效性与其相反，这是指同类药物中不同药物之间存在较大的异质性，治疗同一疾病的疗效与副作用存在差异，故不能用一种药物的疗效推断另一药物一定有效，必须经独立的循证医学研究才能证实其疗效，同类药物之间不存在疗效的等同性。

应当了解，β 受体阻滞剂在有些适应证的治疗中存在着等效性，最典型的例子就是心绞痛的治疗。但在有些适应证的治疗中存在非等效性。β 受体阻滞剂的非等效性与药物的亚类，不同的药代动力学、吸收方式，与血浆蛋白的结合，以及抑制 β 受体的程度等多种因素有关。还应注意，非等效性的表现也不完全相同，心衰治疗中的非等效性是选择性 β 受体阻滞剂优于非选择性，而在原发性遗传心律失常治疗中的非等效性表现为非选择性 β 受体阻滞剂优于选择性药物。

二、引起非等效性的常见原因

（一）β 受体阻滞剂的亚类不同

心脏的 β 受体是参与心脏功能活动最重要的受体，其 β1、β2 及 β3 三个亚型的受体存在于不同心肌组织中。其中β1受体占75%，遍及整个心脏，β2受体占25%，主要分布在心室、心房。而在窦房结，其受体密度比右心房高出2.5倍，这决定了β受体更多参与心率和心律的调节（表10-6-1）。

表 10-6-1　β1 和 β2 受体在心血管的分布和作用

分布的器官	主要受体	生理学效应
心肌	β1>β2	
窦房结	β1	心率加快
房室结	β1	传导加快
心房	β1	收缩力增强，传导加快
心室	β1	收缩力增强，传导加快，自律性升高
支气管平滑肌	β2	支气管扩张
冠状动脉	α	血管收缩
	β1	血管扩张
脑血管	α	血管收缩
腹腔内脏血管	α	血管收缩
	β	血管扩张

常见的β受体阻滞剂分成3类，这是引起非等效性的重要因素。

1. 第一类——非选择性β受体阻滞剂（非选择性）

能竞争性阻断β1和β2肾上腺素受体，包括心肌细胞的β1受体和支气管与血管平滑肌上的β2受体。抑制β2受体可导致糖、脂代谢紊乱和肺功能的不良影响；而阻断血管上的β2受体时，可相对兴奋α受体，增加周围动脉阻力。这类药物包括普萘洛尔（心得安）、纳多洛尔等。

2. 第二类——选择性β1受体阻滞剂（选择性）

特异性阻断β1肾上腺素受体的药物，对β2受体的影响较小。因对支气管上β2受体的作用小，可避免用药时肺相关的并发症。这类药物包括比索洛尔和美托洛尔等（图10-6-2）。

3. 第三类——有周围血管舒张作用的β受体阻滞剂

该类药物通过阻断α1受体产生血管舒张作用，如卡维地洛、阿罗洛尔、拉贝洛尔，或因激动β3受体而增加一氧化氮的释放，产生周围血管舒张作用，如奈必洛尔。

（二）内在拟交感活性

除β受体阻滞剂三个亚类的不同外，引起非等效性的另一因素则是内在拟交感活性（ISA），同一亚类的不同药物可有不同的ISA（表10-6-2）。

β受体阻滞剂各自的ISA特点与分子结构相关，使药物和受体结合时，在抑制内源性儿茶酚胺与受体结合的过程中，有的完全抑制受体而无兴奋受体的作用，而有的药

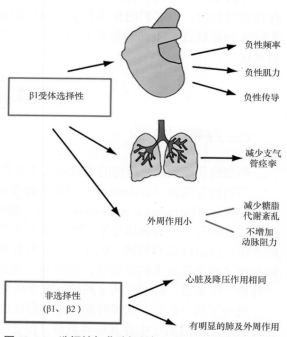

图 10-6-2　选择性与非选择性β受体阻滞剂的作用不同

表 10-6-2　临床常用的β受体阻滞剂内在拟交感活性

无 ISA 药物	有 ISA 药物
美托洛尔	普拉洛尔
阿替洛尔	阿普洛尔
普萘洛尔	氧烯洛尔

物与受体结合后，在抑制受体的同时还有轻度兴奋受体的作用，后者则为 ISA 作用（图 10-6-3）。ISA 作用可引起心脏轻度的交感兴奋，例如可使心率轻度升高（10 ～ 15 次 / 分）。具有 ISA 作用时，该药阻断受体的作用将被减弱，其有益的心血管作用也将减弱，改善患者预后、降低总死亡率等优势也能减弱，并对室颤阈值产生不良影响（图 10-6-4）。

图 10-6-4 显示 β 受体阻滞剂在有无选择性与有无 ISA 作用相加时对死亡率的影响，其中无 ISA 作用的药物明显优于有 ISA 的药物，而选择性与非选择性药物相比时，对无 ISA 作用的药物影响不大，但对有 ISA 作用的药物有明显影响。

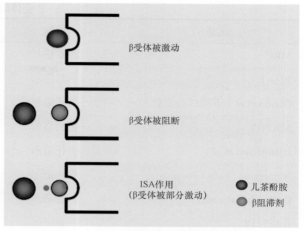

图 10-6-3　β 阻滞剂的内在拟交感活性

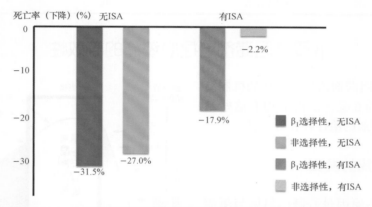

图 10-6-4　有无选择性作用和有无 ISA 作用相加后降低死亡率不同

（三）亲脂性

各种 β 受体阻滞剂的亲脂性不同，有亲脂性时称脂溶性，无亲脂性时为水溶性，该特点对 β 受体阻滞剂的非等效性有一定影响。

1. 对血脑屏障的穿透性不同

脂溶性 β 受体阻滞剂容易穿过血脑屏障进入中枢神经系统，并阻断局部的 β 受体，进而能出现更强、更广泛的 β 受体阻滞作用。相反，水溶性 β 受体阻滞剂常在胃肠道吸收不全，并能以原型或活性代谢产物从肾排泄，对老年肾功能障碍者、肾小球滤过率下降者，药物的清除半衰期将延长并增加药物的蓄积风险。

2. 抗室颤作用加强

亲脂性 β 受体阻滞剂进入中枢并与局部受体结合后，因能阻滞儿茶酚胺的不良作用，使抗室颤的作用更强（图 10-6-5），使自身心电更趋稳定，但该作用也能引起患者嗜睡等症状。

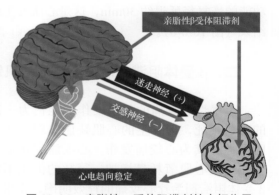

图 10-6-5　亲脂性 β 受体阻滞剂的中枢作用

3. 长期的心脏保护作用

研究表明，凡亲脂性较强或呈中等程度的 β 受体阻滞剂均有长期的心脏保护作用，明显降低心血管事件的发生，保护心功能，改善患者预后（表 10-6-3）。

上述 β 受体阻滞剂的几个不同特点都是引起 β 受体阻滞剂非等效性的重要因素。

表 10-6-3　β 受体阻滞剂的亲脂性与心脏保护作用

试验	药物	亲脂性	心脏保护
MRC	普萘洛尔	高	有
BHAT	普萘洛尔	高	有
Olsson et al（五项试验汇总）	美托洛尔	中	有
MAPHY	美托洛尔	中	有
Hjalmarson et al	美托洛尔	中	有
Norwegian Study Group	噻吗洛尔	中	有
Coope &Warrender	阿替洛尔	低	无
HAPPHY	阿替洛尔	低	无
MRC-Elderly	阿替洛尔	低	无
Julian et al	索他洛尔	低	无

β 受体阻滞剂治疗心绞痛的等效性

已被熟知，β 受体阻滞剂治疗心绞痛的机制简洁明确，而几乎所有的 β 受体阻滞剂均有这些基本作用，使 β 受体阻滞剂的治疗存在等效性。

一、劳累性心绞痛的发生

心绞痛发作的根本原因是心脏的氧供与氧需间的不平衡，当氧需＞氧供时则导致心肌缺血，引发一系列的心肌代谢变化。其中高能磷酸盐的不足可导致钾流失和钙增加，快速引起舒张功能及收缩功能不全。心电图将出现心肌缺血的急性改变，同时患者呼吸短促、心绞痛发作。而在心肌缺血的复原期，心电图很快恢复正常，但收缩功能的恢复将延迟约 30min，这是心肌发生顿抑的结果（图 10-6-6）。

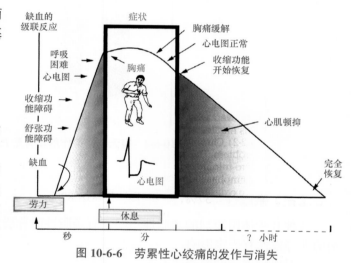

图 10-6-6　劳累性心绞痛的发作与消失

二、β 受体阻滞剂治疗心绞痛的机制

劳累性心绞痛的每次发作都能视为一次流产的心肌梗死，即发生的心肌缺血出现了逆转才能回顾性称其为心绞痛发作。心绞痛症状发生的根本原因是心肌氧耗量增加，冠脉的供血不足。而 β 受体阻滞剂治疗心绞痛的疗效明确，作用机制包括：降低心率和血压，限制心肌收缩力增加，降低心脏的氧需量（图 10-6-7）。此时，重要而又容易测量的指标则是心率降低。因各种 β 受体阻滞剂均有上述基本作用，使药物治疗都有明显效果。尤其对稳定型心绞痛，β 受体阻滞剂是治疗心绞痛

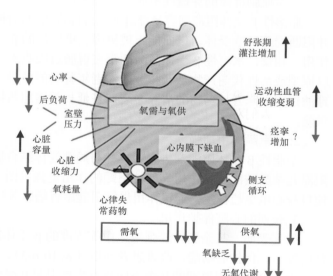

图 10-6-7　β 受体阻滞剂治疗心绞痛的机制

各种药物中最为关键的药物，对其合理应用相当于给患者做了经皮冠状动脉支架置入术。总之，其基本药物作用是限制运动时心率的增加，治疗后的理想状态是指运动时心率 ≤ 100 次 / 分，静息时心率 <60 次 / 分。

三、各种 β 阻滞剂被等同推荐治疗心绞痛

目前认为，β 受体阻滞剂是劳累性、混合性、静息及不稳定型心绞痛及稳定性冠心病的标准治疗方法，而稳定性冠心病包括慢性稳定性劳力型心绞痛、缺血性心肌病和急性冠脉综合征后的稳定阶段。治疗心绞痛的关键是缓解患者症状及预防心血管事件的发生。临床常用的 3 类药物包括：β 受体阻滞剂，硝酸酯类药物和钙通道阻滞剂，其中 β 受体阻滞剂兼有缓解症状，改善缺血，预防心梗和死亡的作用。

现已明确，各种 β 受体阻滞剂治疗心绞痛有着等同性，使药物的选择对治疗的影响甚小（表10-6-4）。

从表 10-6-4 看出，美国 FDA 在推荐心绞痛治疗药物时，选择性与非选择性 β 受体阻滞剂受到等同推荐，不存在治疗的非等效性。

当 β 受体阻滞剂治疗心绞痛无效时，可能与药物剂量应用不够、患者有潜在严重阻塞性冠脉病变，导致低水平劳累时仍发生心绞痛，或其过度的负性肌力作用，使左室舒张末压增加，引起心内膜下血流减少有关。

表 10-6-4　缺血性心脏病与美国 FDA 批准的治疗药物

治疗适应证	FDA 批准的药物
心绞痛	阿替洛尔、美托洛尔、纳多洛尔、心得安
急性心梗早期	阿替洛尔、美托洛尔、
急性心梗随访期	心得安、噻吗洛尔、美托洛尔、卡维地洛
围术期心肌缺血	阿替洛尔、比索洛尔

治疗心衰的非等效性（选择性药物更优）

一、闯入禁区，创造奇迹

众所周知，心衰是各种器质性心脏病的晚期表现，发病率高达全社会人口的 1%，而且死亡率高、预后差，男性心衰者 2 年死亡率 37%，6 年死亡率高达 82%。

但是，自 1975 年瑞典 Waagstein 教授闯入 β 受体阻滞剂治疗心衰的禁区，并证实其能有效治疗心衰以来，已使心衰的治疗理念发生了颠覆性改变，并对心衰的病理生理认识有了根本性转变。目前，心衰的治疗已从改善症状的策略变化为改善患者的预后、降低死亡率和住院率，从短期改善患者的血流动力学的理念变化为长期修复性策略、改变衰竭心脏的生物学性质、抑制神经体液的过度激活、逆转心室重构等。这些都是 β 受体阻滞剂有效治疗心衰后，使人们对其病理生理有了重新认识的结果。这不仅使 β 受体阻滞剂在心衰药物治疗中从禁忌变为治疗的基石，而且使其临床使用率有逐年升高趋势（图 10-6-8）。

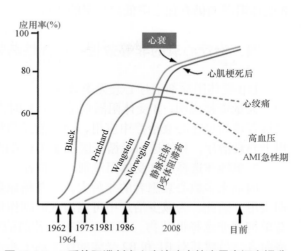

图 10-6-8　β 受体阻滞剂在心衰治疗中的应用率还在提升

二、治疗心衰的机制

β 受体阻滞剂治疗心衰有多重机制，首先因同时阻滞交感神经系统和 RAAS 系统，能最大限度地降低心率，降低心肌收缩力，减少心肌耗氧量。此外，因延长心室舒张时间而增加冠脉血流的灌注，并减弱循环系统内源性儿茶酚胺对心肌的直接毒性，以及较强的抗心律失常作用能降低死亡率和猝死率。此外，还通过抑制 RAAS 系统显著逆转已经发生的心脏重构，充分发挥其生物学效应（图 10-6-9）。

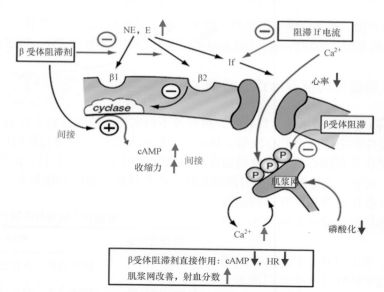

图 10-6-9 β 受体阻滞剂治疗心衰的多种机制

竞争性与 β 受体结合后，抑制肾上腺素和去甲肾上腺素的作用，间接使 cAMP 增加、心肌收缩力增强，又经降低心率使 Ca^{2+} 进入细胞减少而降低 Ca^{2+} 超载

三、治疗心衰的疗效

β 受体阻滞剂能明显降低心衰患者的总死亡率和猝死率。在慢性心衰治疗中，美托洛尔与安慰剂相比，能显著降低总死亡率 34% ～ 35%，降低猝死率 41% ～ 45%，而比索洛尔与对照组相比，可使猝死发生率降低 44%。

文献对 36 个 ACEI 治疗心衰的荟萃分析显示：治疗后死亡率下降 24%，随后再加用 β 受体阻滞剂治疗时，死亡率可进一步下降到 36%。该结果说明，心衰治疗中，在充分使用 ACEI 治疗的基础上，再加用 β 受体阻滞剂仍有独立降低死亡率的作用。

四、治疗心衰的非等效性：选择性药物更优

1. β 受体阻滞剂治疗心衰无类效应

大量资料说明，β 受体阻滞剂治疗心衰时没有类效应，因此必须经循证医学证明某药有效后，才能正式推荐该药可在心衰治疗中应用，而不能经药物的类效应而推断。这意味着，不是所有 β 受体阻滞剂都能用于心衰治疗，只能选用经循证医学证实有效的药物：如美托洛尔、比索洛尔等。

2. 单纯非选择性 β 受体阻滞剂未被推荐

因临床多数心衰患者的年龄大，合并糖尿病，高脂血症，肺部疾病的概率高，治疗心衰时药物又要长期服用。因此，为减少治疗中可能出现的副作用，故指南推荐及临床医生实际选用的 β 受体阻滞剂几乎没有单纯的非选择性药物。相反，常被推荐的治疗药物多数属于选择性 β1 受体阻滞剂。对被推荐的卡维地洛而言，虽然其对 β1 和 β2 受体的作用属于非选择性药，但因兼有 α 受体的阻滞作用，使其已划入第三类 β 受体阻滞剂，不属于单纯的非选择性 β 受体阻滞剂。

3. 指南推荐的药物以选择性 β1 受体阻滞剂为主

指南反复推荐的治疗心衰药物为美托洛尔和比索洛尔，两者都是 β1 选择性药物。其可明显减少长期治疗中对糖脂代谢、对气道阻力产生的不良影响。

五、注意选择另具特点的 β 受体阻滞剂

在选择 β 受体阻滞剂治疗心衰时，除优先使用选择性 β1 受体阻滞剂外，还要优先考虑那些无内在拟

交感活性、有脂溶性、有膜稳定作用的 β 受体阻滞剂。这些特点都能提高药物的疗效。

　　总之，β 受体阻滞剂治疗充血性心衰时，存在着明显的非等效性，总趋势是选择性 β1 受体阻滞剂优于非选择性药物。

治疗遗传性心律失常的非等效性
（非选择性药物更优）

　　如上所述，β 受体阻滞剂治疗心衰时存在着非等效性。而治疗原发性遗传性心律失常时也存在明显的非等效性，但此时是非选择性药物优于选择性药物。

一、β 受体阻滞剂治疗心律失常机制

　　β 受体阻滞剂具有多重抗心律失常机制（图 10-6-10），因能阻滞交感神经系统，使高交感性心律失常（急性心梗早期、心衰、围术期、运动、二尖瓣脱垂等伴发的心律失常）和儿茶酚胺敏感性心律失常（儿茶酚胺敏感性多形性室速、甲亢性心律失常）的治疗更加有效，包括交感风暴、ICD 风暴的治疗。此外，其竞争性与心肌细胞膜上的 β 受体结合后，能降低 cAMP 的生成，对心肌细胞膜上的各种离子通道，尤其是 Ca^{2+} 通道（包括 Na^+ 和 K^+ 通道）有间接阻滞作用，使其具有广泛的离子通道抑制作用。而脂溶性 β 受体阻滞剂还有中枢抗心律失常作用。此外，β 受体阻滞剂还有抗室颤、防治猝死的作用。因此，β 受体阻滞剂可明显降低心律失常的发生率和死亡率。

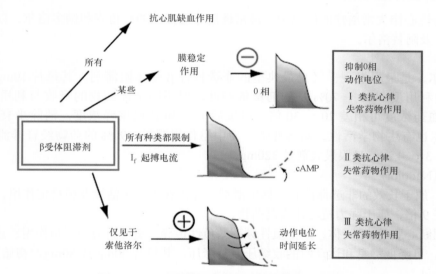

图 10-6-10　β 受体阻滞剂多重抗心律失常机制

β 受体阻滞剂的抗心肌缺血作用能间接治疗心律失常，同时限制 I_f 起搏电流，表现为负性频率作用。而心得安的膜稳定作用也有抗心律失常作用。延长复极时间的作用仅见于索他洛尔一个药

二、原发性遗传性心律失常的特点

　　2013 年国际三大心律组织联合制定和发表了原发性遗传性心律失常的专家共识，该共识首次推出 8 种原发性遗传性心律失常（表 10-6-5）。其与继发性遗传性心律失常不同，原发是指患者存在的基因突变只影响心肌细胞上的离子通道，并引发各种心律失常。其对心脏其他组织几乎无影响，使患者一般不伴器质性心脏病，不伴有心脏形态与功能的改变。

　　8 种原发性遗传性心律失常发生恶性室性心律失常时都存在一定的交感神经激活为诱因，但 LQTS（长QT 综合征）和 CPVT（儿茶酚胺敏感性多形性室速）与交感神经兴奋性的增高有更显著关联，故 β 受体阻

表 10-6-5 8 种原发性遗传性心律失常

序号	心律失常名称
1	长 QT 综合征
2	短 QT 综合征
3	Brugada 综合征
4	CPVT（儿茶酚胺敏感性多形性室速）
5	特发性室颤
6	早复极综合征
7	不明原因的心脏性猝死综合征（成人或婴儿猝死综合征）
8	进行性心脏传导疾病（PCCD）

滞剂在这两种遗传性心律失常的治疗中均为首选。

此外，LQTS 和 CPVT 两种遗传性心律失常的发病率高，死亡率高，使有效的药物干预更显重要。

三、β 受体阻滞剂治疗时的非等效性

（一）常用的β受体阻滞剂

近几年在遗传性心律失常治疗的研究中，最常选用非选择性的心得安和纳多洛尔，以及选择性的美托洛尔（倍他乐克）及阿替洛尔。

1. 心得安

又称普萘洛尔，是最早发现、又是最典型的非选择性 β 受体阻滞剂。其每片 10mg（缓释片 40mg，国内无药），生物利用度 30%～70% 并呈剂量依赖性。但不同个体药物的吸收与利用存在差异，使服用相同剂量时，血药浓度可相差 20～30 倍。口服后 1～3h 达血浆峰浓度，消除半衰期 3～4h，代谢产物 4 羟普萘洛尔也有生物学活性。脂溶性强，使中枢作用明显，90% 的药物经肾排泄。初始剂量每次 10～20mg，每日 3～4 次，日服最大剂量 320mg。

2. 纳多洛尔（Nadolol）

1973 年合成，属于长效的非选择性 β 受体阻滞剂，无内在拟交感活性及膜稳定作用，阻滞 β 受体的强度为心得安的 3～9 倍，属于强力抗心律失常药物。

纳多洛尔可阻断心肌的 β1 受体，产生负性频率、负性传导、负性肌力的三负作用，还阻断气管和血管平滑肌的 β2 受体，可降低静息和运动时的收缩压及舒张压，其每片 40mg 或 80mg，初始剂量 20～40mg，常用量 40～80mg/d。

3. β1 选择性药物

研究常选择的 β1 受体阻滞剂为美托洛尔和阿替洛尔，这 2 种药物的特点已有大量文献介绍，此不赘述。

二、治疗 LQTS 的非等效性

因 LQTS 的发病率高，合并心脏事件多，发病又有明显交感兴奋的依赖性，故临床应用 β 受体阻滞剂治疗的研究较多。

理论上，每种 β 受体阻滞剂都能用于 LQTS 的治疗。在有症状的 LQTS 患者的治疗中，β 受体阻滞剂都被推荐为首选或 I 类推荐应用。但要注意，在 LQTS 各亚型的 β 受体阻滞剂治疗中，疗效尚有很大不同（表 10-6-6）。

表 10-6-6 中的心脏事件是指晕厥、心脏性猝死、心搏骤停等。可以看出，β 受体阻滞剂治疗 LQT1 的效果最佳，LQT3 最差，这使 LQT3 的治疗需在 β 受体阻滞剂应用的基础上再加用 I 类抗心律失常药物美心律。

表 10-6-6　LQTS 各亚型对 β 受体阻滞剂治疗的反应

分型	本身心脏事件的发生率（%）	正确应用 β 受体阻滞剂后的病死率（%）
LQT1	60	1
LQT2	40	7
LQT3	18	13

1. 非选择性 β 受体阻滞剂缩短 QTc 的作用最强

Priya Chockalingam 对 382 例经基因筛查确定为 LQT1 及 LQT2 的患者分别给予普萘洛尔（心得安）、美托洛尔及纳多洛尔治疗。结果发现，非选择性 β 受体阻滞剂中的心得安对患者 QTc 的缩短最显著，其防止心脏事件的效果也明显优于美托洛尔（图 10-6-11），该文发表在 2012 年的 JACC 杂志。

2. 非选择性 β 受体阻滞剂对峰钠电流抑制作用最强

在不同 β 受体阻滞剂各种作用的研究中，Priya Chockalingam 发现：非选择性 β 受体阻滞剂心得安和纳多洛尔独具峰钠电流的抑制作用，而美托洛尔并不具有（图 10-6-12）。还能看出，心得安抑制的程度最

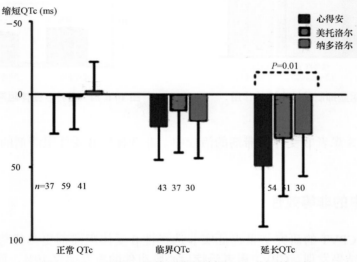

图 10-6-11　不同 β 受体阻滞剂缩短 QTc 作用的比较

正常 QTc 是指 ≤ 450ms；临界 QTc 为 451 ～ 480ms，QTc 延长是指 >480ms。其中心得安缩短 QTc 最明显，与另两种药相比有显著性差异

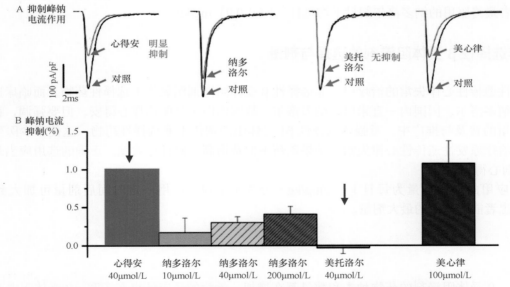

图 10-6-12　非选择性 β 受体阻滞剂心得安与纳多洛尔独具抑制峰钠电流的作用

明显，纳多洛尔只能抑制峰钠电流约 20% 左右。

3. 非选择性 β 受体阻滞剂抑制晚钠电流作用最强

多位学者已发现非选择性 β 受体阻滞剂心得安有明显抑制晚钠电流的作用（图 10-6-13）。Bankston 的研究也发现，心得安抑制晚钠电流的作用比对峰钠电流的作用明显更强。对晚钠电流较强的抑制作用还能解释心得安缩短 QTc 作用最强的原因。该作用在 LQTS 患者恶性心律失常的防治中十分重要。

4. 非选择性 β 受体阻滞剂降低心血管事件的作用最强

临床心血管事件包括晕厥、心脏性猝死和心搏骤停。临床应用 β 受体阻滞剂治疗 LQTS 的结果显示，在降低心血管事件方面，非选择性 β 受体阻滞剂明显优于选择性 β1 受体阻滞剂（图 10-6-14）。

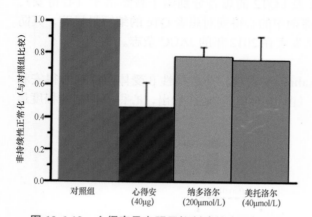

图 10-6-13　心得安具有明显抑制晚钠电流的作用

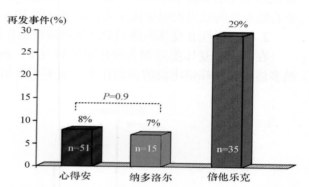

图 10-6-14　各种 β 受体阻滞剂治疗后心血管事件的再发

综上看出，在 LQTS 患者 β 受体阻滞剂的治疗中，非选择性 β 受体阻滞剂的疗效明显优于选择性 β1 受体阻滞剂。

三、CPVT 治疗中的非等效性

β 受体阻滞剂治疗 CPVT 的研究结果也证实非选择性 β 受体阻滞剂更具优势。Hayashim 对 CPVT 患者给予纳多洛尔治疗，结果发现，CPVT 患者治疗后心脏事件的再发率仅 19%，而应用其他 β 受体阻滞剂治疗时，心脏事件的再发率为 35%。其有力证明非选择性 β 受体阻滞剂纳多洛尔治疗的有效性。因此在 CPVT 患者的药物治疗中，指南建议选用高剂量的纳多洛尔（每日 1 ~ 2mg/kg）治疗 CPVT。在 Hayashim 的研究中患者最终服用的纳多洛尔剂量平均每日 （1.6±0.9）mg/kg。

四、非选择性 β 受体阻滞剂的选择与剂量

在原发性遗传性心律失常的治疗中，非选择性 β 受体阻滞剂明显优于选择性药物。而临床选用最多的为心得安和纳多洛尔。因国内一直未引进纳多洛尔，故国内医生只能选择心得安。但要强调，在国内 β 受体阻滞剂应用的普及与推广中，常强调选择性 β1 受体阻滞剂优于非选择性药物，这使不少医生习惯性选用倍他乐克治疗原发性遗传性心律失常。结果该药不但费用高，而且疗效差。正确的选用应当是非选择性 β 受体阻滞剂心得安。

心得安应用的初始剂量为每日 1 ~ 2mg/kg，分 3 次服用，应用一定时间后剂量可加大到足量每日 3mg/kg，或患者能够耐受的最大剂量。

结束语

40 年来，β 受体阻滞剂的药物种类和数量都在增加，治疗的适应证也在拓宽。β 受体阻滞剂已成为多

种心血管疾病治疗的首选药物或基础用药，并已取得良好疗效，还能明显降低心血管疾病患者的死亡率、住院率、猝死率等。在中国，β受体阻滞剂的应用还存在一定的短板、不足，甚至是误区。对不同心血管疾病的治疗存在着等效性和非等效性的认识不足，更未重视β受体阻滞剂治疗中还存在着截然不同的非等效性，而这些对提高我国β受体阻滞剂的应用水平至关重要。

第七章

抗心律失常药物的西西里分类

说到意大利西西里，让人马上联想到这是黑手党的老巢，还能想到国际象棋中著名的西西里开局。而本文介绍的是抗心律失常药物的西西里分类。

1. 西西里分类的出台背景

抗心律失常药物 Vaughan Williams 分类法于 1970 年推出，其打破了此前按照治疗的心律失常种类进行的抗心律失常药物分类的理念，首次按照药物作用的不同离子通道进行分类，该分类将抗心律失常药物分成四类（图 10-7-1），这一分类法简明扼要，容易记忆和应用，故被学术界及临床医生很快地接受及应用。

但随着应用时间的推移，逐渐发现这种分类的不足，尤其是按分类的药物作用与临床治疗作用常有矛盾情况，特别是 1989 年 CAST 试验研究结果的发表，其表明抗心律失常药物治疗组要比不用药物治疗的对照组死亡率明显增加，该结果引起了临床极大的混乱与不安，使各国医生都为抗心律失常药物的安全性担忧。

为了从传统的经验治疗误区中走出来，更合理地以病理生理学为基础进行药物选择，世界各国学者在1990 年云集于意大利西西里岛召开了抗心律失常药物的专题研讨，讨论合理使用抗心律失常药物的基本概念，并提出取代 Vaughan Williams 分类法的新方案（图 10-7-2）。

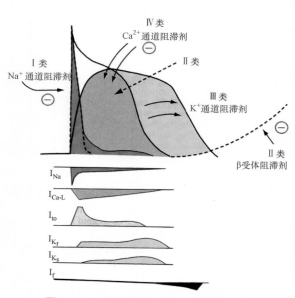

图 10-7-1 抗心律失常药物的四大分类

分类	离子通道	复极时间	举例
Ⅰa	阻滞钠通道＋＋	延长	奎尼丁、丙吡胺、普鲁卡因胺
Ⅰb	阻滞钠通道＋	缩短	利多卡因、苯妥英钠、美西律、妥卡尼
Ⅰc	阻滞钠通道＋＋＋	不变	氟卡尼、普罗帕酮
Ⅱ	抑制 If 电流（一种起搏及去极化电流）、间接抑制 L-钙电流	不变	β受体阻滞剂（索他洛尔例外，其同时具有Ⅲ类抗心律失常效应）
Ⅲ	抑制钾电流	显著延长	胺碘酮、索他洛尔、伊布利特、多非利特
Ⅳ	抑制房室结钙内流	不变	维拉帕米、地尔硫䓬
类Ⅳ	激活钾电流（超极化）	不变	腺苷

＋.抑制效应；＋＋.明显抑制效应；＋＋＋.主要抑制效应

图 10-7-2 抗心律失常药物的西西里分类

2. 西西里分类法

（1）西西里分类法的总原则：①确定心律失常的发生机制；②确定心律失常最容易被纠正的环节；③找出治疗靶点细胞水平的通道或受体；④从新分类表中找到能作用于该靶点的药物。

（2）研讨会最终形成两个核心文件：①抗心律失常药物的西西里分类（图 10-7-2）；②抗心律失常药物特点的一览表（略），该表包括药物的名称、作用的离子通道、受体、离子泵、临床作用、心电图影响等，专供临床医生选择药物时应用。

此后，于 1993 年、1996 年及 2000 年又先后召开了三届西西里专题研讨会，对原来的文件做了修改及完善。

3. Ⅰ类药物的再分类

抗心律失常药物的西西里分类法的一个核心理念就是将 Ⅰ 类钠通道阻滞剂再分成三个亚类。

Ⅰ类抗心律失常药物又称 Na⁺ 通道阻滞剂，其主要作用是降低心肌细胞的 0 相除极速率，进而减慢或降低传导速度。

尽管Ⅰ类抗心律失常药物有着相似的化学结构，均有阻滞 Na⁺ 通道的作用，都有使用依赖性，但基于不同药物对钠通道不同三个时相的作用不同，对 Na⁺ 通道阻滞的程度不同，以及心电图改变、传导速度减慢的特点不同，进而可将Ⅰ类抗心律失常药物又分成Ⅰa、Ⅰb 和Ⅰc 三个亚类。其作用特点及代表药物见表 10-7-1。

表 10-7-1　Ⅰa、Ⅰb 和Ⅰc 三种亚类药物作用的不同特点

类型	Na⁺ 通道阻滞	心电图改变	动作电位时程	阻滞速度	代表药物
Ⅰa	中等	延长 PR 和 QT	增加	中等	奎尼丁、普卡胺、双异丙吡啶
Ⅰb	弱	无	轻度缩短	快	利多卡因、妥卡胺、慢心律
Ⅰc	强	QRS 波增宽	无变化	慢	氟卡胺、心律平、乙吗噻嗪

应当了解，这三个亚类的再分类主要与两个因素相关：①各亚类对 Na⁺ 通道三个不同时相的亲和性不同，作用程度不同；②除阻滞 Na⁺ 通道外，对 K⁺ 通道的作用也不同（图 10-7-3）。

心肌细胞膜上的 Na⁺ 通道有三种不同时相的循环转换：复活（静息关闭），激活（开放）和失活（关闭）三种状态。处于静息关闭状态时可看成通道处于复活状态，即有适当刺激即可激活开放，而短时间激活开放时相后 Na⁺ 通道进入失活时相的关闭状态，该状态的 Na⁺ 通道不能直接激活开放，要经外来刺激后先进入静息关闭状态的复活时相，再遇刺激后才能激活开放。而Ⅰ类抗心律失常药物的三种亚类药物，Ⅰb 类药物与失活关闭状态的 Na⁺ 通道更有亲和力，Ⅰc 类药物与开放状态的 Na⁺ 通道更有亲和力。

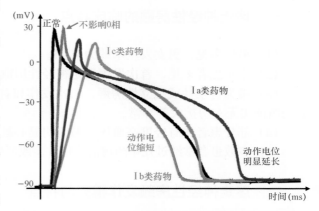

图 10-7-3　Ⅰa、Ⅰb 和Ⅰc 三个亚类药物的不同作用

三个亚类中，Ⅰa 类药物除抑制 Na⁺ 通道外，还抑制 K⁺ 通道，故明显延长心房和心室的复极过程。用药后可消除折返，抑制自律性，属于广谱抗心律失常药物。其还抑制胆碱能受体而兼有阻断迷走神经作用，故以迷走神经占优的窦房结心律受该类药物影响小。其对 QT 的影响可产生致心律失常作用。

Ⅰb 类药物抑制快 Na⁺ 通道（抑制失活时相而处于关闭状态的 Na⁺ 通道）的作用弱，故对动作电位 0 相影响小，进而不影响传导速度。其对慢 Na⁺ 通道有抑制作用，同时对 K⁺ 离子的外流有促进作用，故可使动作电位时程缩短，其主要作用于浦肯野纤维，故为窄谱抗心律失常药物。

Ⅰc 类药物亲和并抑制开放状态（激活时相）的 Na⁺ 通道，故明显抑制 Na⁺ 通道，明显影响 0 相除极速率，并减慢传导，也属于广谱抗心律失常药物。

4. 西西里分类的意义

（1）西西里分类使临床医生对抗心律失常药物有了更深入、更全面的认识与了解。

（2）随后很多国家都参照西西里分类法制定了本国抗心律失常药物的分类及使用策略。

（3）药物一览表的内容繁多，不易记忆、不利于应用，故有学者已推出抗心律失常药物选择的自动化流程。

（4）西西里分类法对几十种抗心律失常药物的特点做了深入细致的阐述，实际等于进行了一次抗心律失常药物特征与应用的空前普及。

（5）我国未能及时跟进，使国内对抗心律失常药物的认识与了解缺少了重要一课。

第八章

迷走神经性心房颤动

迷走神经和交感神经共同支配着心脏，并从两个相反的方向调节心脏以适应机体整体的活动。自主神经对心脏的支配作用并非对等。在静息清醒的动物，迷走神经的作用占主导地位。这种主导地位的作用不仅表现在对心脏的直接调节中，还表现在反射性调节中。有些窦性心动过缓是迷走神经兴奋的结果，而运动后的心率加快也主要是迷走神经张力减弱而造成的，此时，交感神经兴奋的增强并不是主要原因。

各种心律失常都会受到自主神经系统的影响，只是程度轻重不同。早在75年前动物实验就已证明，刺激迷走神经可以诱发心房颤动。1978年，Coumel提出了迷走神经介导性心房颤动（简称迷走神经性房颤）综合征的概念。目前，越来越多的动态心电图资料证实，迷走神经介导性房颤并非少见。随之，心房起搏治疗这型房颤的方法也受到重视。

一、迷走神经性房颤的临床特点

（1）男性多见，男女发生率约为4:1。

（2）中年患者多见，首次发生迷走神经性房颤的平均年龄在45岁左右，年龄范围25～65岁。

（3）常为特发性或孤立性房颤，首次发作和首次诊断时，以及随访期中患者多无器质性心脏病，超声心动图证实无左房扩大等异常。

（4）部分患者伴有轻度高血压，但无明显心脏受累，可以排除高血压与房颤的因果关系。

（5）多数患者常经过几年药物治疗疗效差或产生耐受性，病情加重后就诊，临床病史常已达2～15年。

二、迷走神经性房颤发作模式的特点

（1）发作多在夜间、休息时，很少或从不发生在体力活动或情绪激动时（图10-8-1，图10-8-2）。

（2）房颤发作常与进食相关，尤其晚餐后，晚餐后迷走神经不仅处于消化期的兴奋刺激中，而且处于白天到夜间迷走神经张力逐渐增高的转换中。饮酒后的酒精吸收期也常是诱发因素。多数患者的发作与进餐后的胃消化期相关，少数患者的房颤与进食时的吞咽动作、食物刺激咽部和食管直接相关。

（3）发作常在凌晨或清晨终止，这时迷走神经兴奋性下降，交感神经兴奋性相对增强。除此，当患者

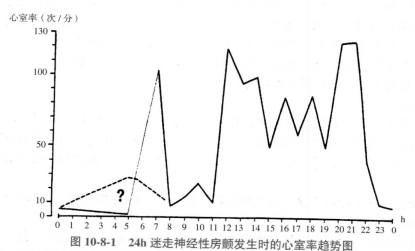

图 10-8-1　24h 迷走神经性房颤发生时的心室率趋势图

图为1例典型迷走神经性房颤患者16年中1128次发作的时间分布图。图中7点的高峰系夜间发作而凌晨停止所形成的。其他特点包括上午不发作，发作集中在下午、进餐后，尤其是晚餐后

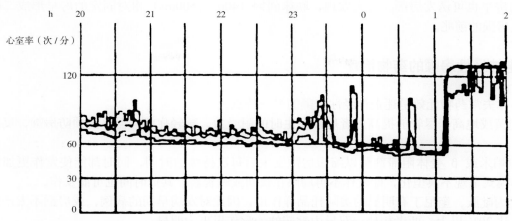

图 10-8-2　迷走神经性房颤 24h 的心率趋势图

总趋势为白天心率较快，入睡后心率逐渐下降，夜间 1 点左右窦性心率下降到 50 次 / 分左右，房颤发生后，心室率骤然升高

发生反复早搏，出现相应症状，根据经验预感房颤可能要被诱发时，通过运动、用力等刺激交感神经的方式可阻止此型房颤的发生。

（4）机械性或药物刺激和兴奋迷走神经常可诱发房颤。

（5）几乎所有患者都随病程进展而发作趋向频繁，不同患者的复发率不同，一般从每年发作几次到每月、每周，甚至每日发作几次。发作持续时间从几分钟到几小时逐渐延长。但是，长期随访证实，迷走神经介导性阵发性房颤没有或很少变为持续性房颤。

三、迷走神经性房颤的心电图特点

（1）典型的迷走神经性房颤发作前常有进行性的窦性心率减慢，提示迷走神经兴奋性进行性增加，当窦性心动过缓达到一定临界程度时才发生，多数病例的临界心率在 60 次 / 分以下。

（2）动态心电图资料显示，除心率逐渐减慢外，发作前的几分钟或几十分钟，常可出现房早或房早二联律，这也是迷走神经性房颤即将发作的心电图特征（图 10-8-3）。

（3）发作过程中，常可见到房颤与 Ⅰ 型房扑交替发生（F 波在 Ⅱ、Ⅲ 导联倒置），记录较长时可以见到房扑变为房颤或从房颤变为房扑的过程。房扑转化为房颤的过程为其迷走介导性机制提供了有力的证据，即迷走神经兴奋缩短了心房不应期，遂可使房扑的心房率加快，进而演变为房颤。

（4）与病窦综合征或慢快综合征不同，迷走神经介导性房颤几乎没有病窦综合征的其他心电图特点，服用强效的抗心律失常药物后心电图也常没有病窦综合征的表现。而病窦综合征患者较少发生房扑。

（5）一般认为，心房肌的易损期位于心房肌的有效不应期结束、相对不应期开始前，相当于心电图 QRS 波的 R 波降支（或 S 波的后支）。因此，需要十分提前的房早落入该区方可诱发房颤。迷走神经性房颤时略有不同，迷走神经可使心房肌细胞的动作电位和不应期缩短，并伴发房内兴奋传导的减弱。因此，

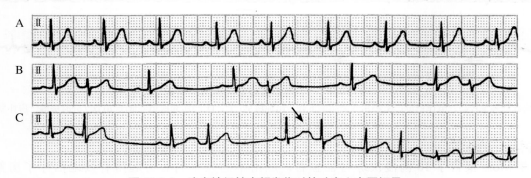

图 10-8-3　迷走神经性房颤发作时的动态心电图记录

A. 心率较快而稳定的窦性心律；B. 夜间窦性心率减慢后出现频发房早；C. 箭头指示房早诱发了房颤

不十分提前的房早也可诱发房颤。有人发现,联律间期(400～500ms)相对固定的房早形成二联律或三联律常是发生房颤的前兆。

四、迷走神经性房颤的药物治疗

多数抗心律失常药物无效是迷走神经性房颤的另一特点。

(1)洋地黄或地高辛尽管能提高患者房颤发生时的耐受力,减轻症状,但不能预防房颤,反而促进其发生。

(2)维拉帕米或β受体阻滞剂可以缩短房颤发生后每次持续的时间,同时却能使发作更加频繁。除此,可使发作模式呈现不典型化,即发作不再局限在夜间或晚餐后,其他时间也可能发作。

(3)双异丙吡胺、奎尼丁有明显的类阿托品样作用,因此对发病早期的病例,或房颤不太严重时,治疗的有效率可达20%以上。两者相比,双异丙吡胺的治疗作用更为明显。

(4)Ⅰa类药物最初有效,治疗时间较长时,逐渐出现耐药性使治疗无效。

(5)Ⅲ类抗心律失常药物如胺碘酮能够有效地延长心房肌细胞的动作电位时程,延长不应期,对40%～50%的迷走神经性房颤治疗有效,而且作用最持久。

(6)Ⅰc类药物氟卡胺与胺碘酮合用被认为是疗效最为显著的治疗。但是两药联合治疗时仍有相当数量的病例无效,发作频繁,症状明显时,需寻找其他治疗方法。

五、迷走神经性房颤的心房起搏治疗

过去认为阵发性房颤患者应当避免永久起搏器的治疗,近年来发现,这种起搏治疗除有明显的血流动力学益处外,还有明显的抗心律失常作用。阵发性房颤可视为永久起搏器治疗的一个新适应证。

1. 起搏模式

起搏器的选择多为 AAI 起搏器,伴有房室结功能不全或束支传导阻滞等异常时应选用 DDD 起搏器。

2. 起搏频率

根据经验起搏频率多数应＞80次/分(80～90次/分),少数不能耐受者可选择70～75次/分的起搏频率。较高的起搏频率除了有血流动力学获益外,还使房内潜在的节律点不断发生隐匿性激动及节律重整而达到"超速抑制异位灶"的目的(图10-8-4)。

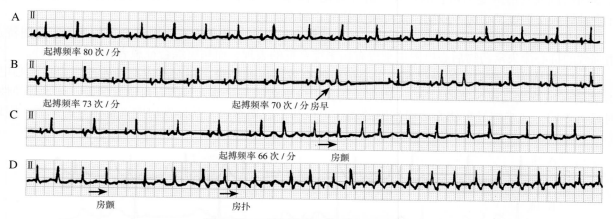

图10-8-4 心房超速抑制起搏治疗房颤

A.心房起搏频率较高,节律稳定;B.心房起搏频率下调,出现房早;C、D.心房起搏频率低于70次/分时房颤、房扑发生

3. 起搏治疗的疗效

1978年 Moss 报告了10例慢快综合征患者,应用不同频率的心房起搏有效地治疗了房颤。最近,Denjoy 系统地报告了对20例迷走性房颤经药物治疗效果不佳者进行永久起搏器治疗,15例为 AAI 起

搏，5 例为 DDD 起搏，其中 17 例心房起搏频率 80 ～ 90 次 / 分，3 例 70 ～ 75 次 / 分。治疗成功标准包括房颤不再发生，相关症状消失。随访期为（6±1）年，20 例中 3 例无效，余 17 例均获得成功，治疗成功率为 85%（图 10-8-5）。Denjoy 报告的病例组具有较大的临床参考价值。因为这组患者有共同特点：①均为典型的迷走神经介导性房颤；②患者年龄较高，平均 56 岁；③病史较长，从发病到起搏器植入时间平均间隔 11 年；④服用 1 ～ 2 种较强的抗心律失常药物无效。

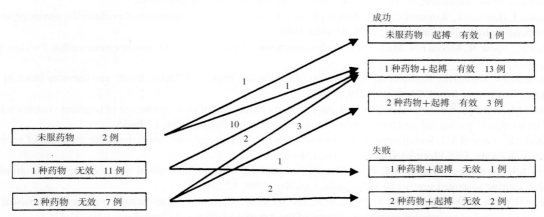

图 10-8-5　20 例顽固性迷走神经性房颤心房起搏的治疗结果

4. 起搏治疗的评价

①起搏频率的选择十分重要。资料证实，因各种原因将起搏频率程控在 80 次 / 分以下时，房颤容易复发，起搏频率高于 80 次 / 分时，房颤的预防更为有效（图 10-8-4），这可能是由于心率的加快，可使心房复极更加一致，并对迷走神经兴奋性增高后出现的不规整心律不敏感。②心房起搏仍需配合抗心律失常药物才能更好地控制迷走神经性房颤。③一种药物治疗失败者，配合起搏治疗的有效与失败比例为 10：1，两种药物治疗失败者，配合起搏治疗有效与失败比例为 5：2，揭示约有 10% ～ 15% 的严重、顽固的迷走神经性房颤患者经药物及心房起搏联合治疗无效。④反复房颤的患者常伴有心房电生理特性方面的异常，如传导异常、不应期缩短等，又因服用一种或几种抗心律失常药物，可能会引起心房起搏阈值增高、心房电图振幅较低等情况。因此，应选择心房感知敏感度较好 (至少能程控为 0.5mV)，起搏输出值较高 (最好能达 7.0 ～ 7.5V) 的起搏器。

主要参考文献

1. Koller BS, Karasik PE, Soloman AJ, et al. The relationship betweenrepolarization and refractoriness during programmed electrical stimu-lation in the human right ventricle: implications for ventricular tachycardia induction. Circulation, 1995, 91:2378-2384.

2. Wang J, Bourne GW, Wang Z, et al. Comparative mechanisms of antiarrhythmic drug action in experimental atrial fibrillation: importance of use-dependent effects on refractoriness. Circulation, 1993, 88:1030-1044.

3. Brugada J, Boersma L, Kirchhof C, et al. Proarrhythmic effects of flecainide: experimental evidence for increased susceptibility to reentrant arrhythmias. Circulation, 1991, 84:1808-1818.

4. Bailey JC, Spear JF, Moore EN. Microelectrode demonstra-tion of Wedensky facilitation in canine cardiac Purkinje fibers. Circ Res, 1973, 33:48-53.

5. Cranefield PF, Klein HO, Hoffman BF. Conduction of the cardiac impulse. I. Delay, block, and one-way block in de-pressed Purkinje fibers. Circ Res, 1971, 28:199-219.

6. Aizawa M, Aizawa Y, Chinushi M, et al. Conductive property of the zone of slow conduction of reentrant ventricular tachycardia and its relation to pacing induced terminability. Pacing Clin Electrophysiol, 1994, 17:46-55.

7. Giudici MC, Gimbel MJ. Radiofrequency catheter ablation of an intraatrial reentrant tachycardia: evidence of an area of slow conduction.Pacing Clin Electrophysiol, 1993, 16: 1249-1255.

8. Peters NS, Coromilas J, Hanna MS, et al. Characteristics of the temporal and spatial excitable gap in anisotropic reentrant circuits causing sustained ventricular tachycardia. Circ Res, 1998, 82:279-293.

9. George Horvath, Nikhil Patel, Roger S. Damle, et al. The Presence and duration of an excitable gap during ventricular fibrillation in a canine model of myocardial infarction. Journal of the American College of Cardiology, 1995, 25:425.

10. Saac Aidonidis, Konstantinos Doulas, Apostolia Hatziefthimiou, et al. Ranolazine-induced postrepolarization refractoriness suppresses induction of atrial flutter and fibrillation in anesthetized rabbits. J Cardio Pharm and Thera, 2013, 18:94-101.

11. Paulus Kirchhof, Hubertus Degen, Michael R, Franz. Amiodarone-Induced postrepolarization refractoriness suppresses induction of ventricular fibrillation. J Pharmacol Exp Ther, 2003, 305:257.

12. Maskara B, Aguel F, Emokpae R, et al. Spiral wave attachment to millimeter-sized obstacles.Circulation, 2006, 114:2113-2121.

13. Katritsis DG. Upper and lower common pathways in atrioventricular nodal reentrant tachycardia: refutation of a legend? Pacing Clin Electrophysiol, 2007, 30:1305-1308.

14. Tanaka Y, Yamabe H, Morihisa K, et al. Incidence and mechanism of dislocated fast pathway in various forms of atrioventricular nodal reentrant tachycardia. Circ J, 2007, 71:1099-1106.

15. Ashihara T, Namba T, Ikeda T, et al. Mechanisms of myocardial capture and temporal excitable gap during spiral wave reentry in a bidomain model. Circulation, 2004, 109:920-925.

16. Masao Sakabe, Akira Fujiki, Kunihiro Nishida, et al. Enalapril can prevent perpetuation of atrial fibrillation through suppression of interstitial fibrosis and connex 43 expression associated with shortening of excitable gap in a canine rapid atrial pacing model with tachycardia mediated cardiomyopathy.Journal of the American College of Cardiology, 2004, 43:A110.

17. Jason L, Constantino, Robert C. Decreasing LV postshock excitable gap lowers the upper limit of vulnerability.Heart Rhythm, 2006; 3(5):225-S226.

18. Wen-Ter Lai, Chee-Siong Lee, Sheng-Hsiung Sheu, et al. Mechanisms of atrial fibrillation: 477 Effect of chronic amiodarone therapy on the excitable gap during typical human atrial flutter. Europace, 2005, 7,1:107.

19. Christian P, Dirk S, Birgit B, et al. eNOS-translocation but not eNOS-phosphorylation is dependent on intracellular Ca2+ in human atrial myocardium. Am J Physiol Cell Physiol, 2006, 290:1437-1445.

20. Zhang ZS, Cheng HJ, Onishi K, et al. Enhanced inhibition of L-type Ca2+ current by beta3-adrenergic stimulation in failing rat heart. Pharmacol Exp Ther, 2005, 315:1203-1211.

21. Jonathan Silva, Yoram Rudy. Subunit Interaction Determines IKs participation in cardiac repolarization and repolarization reserve. Circulation, 2005, 112:1384-1391.

22. Csaba Lengyel, László Virág, Tamás Bíró, et al. Diabetes mellitus attenuates the repolarization reserve in mammalian heart. Cardiovasc Res, 2007, 73:512-520.

23. Lin Wu, Sridharan Rajamani, Hong Li, et al. Reduction of repolarization reserve unmasks the proarrhythmic role of endogenous late Na+ current in the heart. Am J Physiol Heart Circ Physiol, 2009, 297:H1048-H1057.

24. Dan M. Roden. Repolarization Reserve: A Moving Target. Circulation, 2008, 118:981-982.

25. Yasushi Sakata, Kazuhiro Yamamoto, Toshiaki Mano, et al. Activation of matrix metalloproteinases precedes left ventricular remodeling in hypertensive heart failure rats: its inhibition as a primary effect of angiotensin-converting enzyme inhibitor. Circulation, 2004, 109:2143-2149.

26. Prashanthan Sanders, Peter M. Kistler, Joseph B. Morton, et al. Remodeling of sinus node function in patients with congestive heart failure: reduction in sinus node reserve. Circulation, 2004, 110:897-903.

27. Scott D. Solomon, Martin St John Sutton, Gervasio A. Lamas, et al. Ventricular remodeling does not accompany the development of heart failure in diabetic patients after myocardial infarction. Circulation, 2002, 106:1251-1255.

28. Derek K. Zachman, Adam J. Chicco, Sylvia A. McCune, et al. The role of calcium-independent phospholipase A2 in cardiolipin remodeling in the spontaneously hypertensive heart failure rat heart. J. Lipid Res, 2010, 51:525-534.

29. Giovanni Cioffi, Luigi Tarantini, Stefania De Feo, et al. Pharmacological left ventricular reverse remodeling in elderly patients receiving optimal therapy for chronic heart failure. Eur J Heart Fail, 2005, 7:1040-1048.

30. Masao Sakabe, Akiko Shiroshita-Takeshita, Ange Maguy, et al. Omega-3 polyunsaturated fatty acids prevent atrial fibrillation associated with heart failure but not atrial tachycardia remodeling. Circulation, 2007, 116:2101-2109.

31. Tatsuya Kawasaki, Satoshi Kaimoto, Tomohiko Sakatani, et al. Chronotropic incompetence and autonomic dysfunction in patients without structural heart disease. Europace, 2010, 12:561-566.

32. Christoph Melzer and Henryk Dreger. Chronotropic incompetence: a never-ending story. Europace, 2010, 12,4:464-465.

33. Thanh Trung Phan, Ganesh Nallur Shivu, Khalid Abozguia, et al. Impaired heart rate recovery and chronotropic incompetence in patients with heart failure with preserved ejection fraction. Circ Heart Fail, 2010, 1:29-34.

34. Kai P. Savonen, Vesa Kiviniemi, Jari A. Laukkanen, et al. Chronotropic incompetence and mortality in middle-aged men with known or suspected coronary heart disease. Eur Heart J, 2008, 29:1896-1902.

35. Ulrich P. Jorde, Timothy J. Vittorio, Michael E. Kasper, et al. Chronotropic incompetence, beta-blockers, and functional capacity in advanced congestive heart failure: Time to pace? Eur J Heart Fail, 2008, 10,1:96-101.

36. Nitasha Anand, Brian W. McCrindle, Christine C. Chiu, et al. Chronotropic incompetence in young patients with late postoperative atrial flutter: a casecontrol study. Eur Heart J, 2006, 27:2069-2073.

37. Morita H, Kusano KF, Miura D, et al.Fragmented QRS as a marker of conduction abnormality and a predictor of prognosis of Brugada syndrome.Circulation, 2008, 118:1697- 704.

38. Das MK, Khan B, Jacob S, et al.complex Significance of a fragmented QRS versus a Q wave in patients with coronary artery disease.Circulation, 2006, 113:2495-2501.

39. Pietrasik G, Goldenberg I, Zdzienicka J, et al. prognostic significance of fragmented QRS complex for predicting the risk of recurrent cardiac events in patients with Q wave myocardial infarction..Am J Cardiol, 2007, 100:583-586.

40. Yan GX, Joshi A, Guo D, et al. Phase 2 reentry as a trigger to initiate ventricular fibrillation during early acute myocardial ischemia. Circulation, 2004, 110:1036-1041.

41. Rituparna S, Suresh S, Chandrashekhar M, et al. Occurrence of "J waves" in 12-lead ECG as a marker of acute ischemia and their cellular basis. PACE, 2007, 30:817-819.

42. Brugada P, Benito B, Brugada R, et al Brugada syndrome:update 2009. Hellenic J Cardiol, 2009, 50:352-372.

43. Brugada J, Brugada R, Brugada P. Determinants of sudden cardiac death in individuals with the electrocardiographic pattern of Brugada syndrome and no previous cardiac arrest. Circulation, 2003, 108:3092-3096.

44. Morita H, Zipes DP, Wu J. Brugada syndrome: insights of ST elevation. Arrhythmogenicity, and risk stratification from experimental observations. Heart Rhythm, 2009, 6: S34-43.

45. Antzelevitch C, Brugada P, Borggrefe M, et al. Brugada syndrome: report of the second consensus conference: endorsed by the Heart Rhythm Society and the European Heart Rhythm Association. Circulation, 2005, 111:659-670.

46. Yan GX, Rials SJ, Wu Y, et al. Ventricular hypertrophy amplifies transmural repolarization dispersion and induces early afterdepolarization. Am J Physiol, 2001, 281:Hl968-Hl975.

47. 郭继鸿. 获得性Brugada综合征. 临床心电学杂志, 2013, 22:131-142.

48. Joshi S, Wilber DJ. Ablation of idiopathic right ventricular outflow tract tachycardia: current perspectives. J Cardiovasc Electrophysiol, 2005, 16 Suppl 1:S52-S58.

49. Marcus FI, McKenna WJ, Sherrill D, et al. Diagnosis of arrhythmogenic right ventricular cardiomyopathy/dysplasia: proposed modification of the Task Force Criteria. Eur Heart J, 2010, 31:806-814.

50. Hoffmayer KS, Machado ON, Marcus GM, et al. Electrocardiographic comparison of ventricular arrhythmias in patients with arrhythmogenic right ventricular cardiomyopathy and right ventricular outflow tract tachycardia. J Am Coll Cardiol, 2011, 58:831-838.

51. Hoffmayer KS, Bhave PD, Marcus GM, et al. An electrocardiographic scoring system for distinguishing right ventricular outflow tract arrhythmias in patients with arrhythmogenic right ventricular cardiomyopathy from idiopathic ventricular tachycardia. Heart Rhythm, 2013, 10:477-482.

52. Marcus FI, Zareba W, Calkins H, et al. Arrhythmogenic right ventricular cardiomyopathy/ dysplasia clinical presentation and diagnostic evaluation: results from the North American Multidisciplinary Study. Heart Rhythm, 2009, 6:984-992.

53. Morin DP, Mauer AC, Gear K, et al. Usefulness of precordial T-wave inversion to distinguish arrhythmogenic right ventricular cardiomyopathy from idiopathic ventricular tachycardia arising from the right ventricular outflow tract. Am J Cardiol, 2010, 105:1821-1824.

54. Ainsworth CD, Skanes AC, Klein GJ, et al. Differentiating arrhythmogenic right ventricular cardiomyopathy from right ventricular outflow tract ventricular tachycardia using multilead QRS duration and axis. Heart Rhythm, 2006, 3:416-423.

55. van Gelder BM, Meijer A, Bracke FA. The optimized V-V interval determined by interventricular conduction times versus invasive measurement by LVdP/dtMAX.J Cardiovasc Electrophysiol, 2008, 19:939-944.

56. Burri H, Sunthorn H, Shah D, et al. Optimization of device programming for cardiac resynchronization therapy. Pacing Clin Electrophysiol, 2006, 29:1416-1425.

57. Barold SS, Ilercil A, Herweg B.Echocardiographic optimization of the atrioventricular and interventricular intervals during cardiac resynchronization. Europace, 2008, 10:iii88-iii 95.

58. Gianfranco Mazzocca, Tiziana Giovannini. Heart rate regularisation in patients with permanent atrial fibrillation implanted with a VVI(R) pacemaker. F Europace, 2004, 6:236- 242.

59. Bauer A, Kantelhardt JW, Bunde A, et al. Phase-rectified signal averaging detects quasi-periodicities in non-stationary data. Physica A, 2006, 364:423-434.

60. Wessel N, Dash S, Kurths J, et al. Asymmetry of the acceleration and deceleration capacity of heart rate is strongly dependent on ventricular premature complexes. Biomed Tech (Berl), 2007, 52:264-266.

61. Bauer A, Kantelhardt JW, Barthel P, et al. Deceleration capacity of heart rate as a predictor of mortality after myocardial infarction: cohort study. Lancet, 2006, 367:1674-1681.

62. Kreuz J, Lickfett LM, Schwab JO. Modern noninvasive risk stratification in primary prevention of sudden cardiac death. J Interv Card Electrophysiol, 2008, 23:23-28.

63. Kantelhardt JW, Bauer A, Schumann AY, et al. Phase-rectified signal averaging for the detection of quasi-periodicities and the prediction of cardiovascular risk. Chaos, 2007, 17: 95-112.

64. 郭继鸿. 心率减速力检测. 临床心电学杂志, 2009, 18:59-68.

65. Zipes DP, Camm AJ, Borggrefe M, et al. ACC/AHA/ESC 2006 guidelines for management of patients with ventricular arrhythmias and the prevention of sudden cardiac death:a report of the American College of Cardiology/American Heart Association Task Force and the European Society of Cardiology Committee for Practice Guidelines. European Heart Rhythm Association, Heart Rhythm Society. J Am Coll Cardiol, 2006, 48:e247-346.

66. Barthel P, Schneider R, Bauer A, et al. Risk stratification after acute myocardial infarction by heart rate turbulence. Circulation, 2003, 108:1221-1226.

67. Wichterle D, Simek J, La Rovere MT, et al. Prevalent low frequency oscillation of heart rate: novel predictor of mortality after myocardial infarction. Circulation, 2004, 110:1183-1190.

68. Bauer A, Barthel P, Schneider R, et al. Improved stratification of autonomic regulation for risk prediction in post-infarction patients with preserved left ventricular function (ISAR-Risk). Eur Heart J, 2009, 30:576-583.

69. Strohmer B, Pichler M, Froemmel M, et al. Evaluation of atrial conduction time at various sites of right atrial pacing and influence on atrioventricular delay optimization by surface electrocardiography. Pacing Clin Electrophysiol, 2004, 27:468-474.

70. Garrigue S, Pépin JL, Defaye P, et al. High prevalence of sleep apnea syndrome in patients with long-term pacing: the european multicenter polysomnographic study. Circulation, 2007, 115: 1703-1709.

71. Knight BP, Desai A, Coman J, et al. Long-term retention of cardiac resynchronization therapy. J Am Coll Cardiol, 2004, 44: 72-77.

72. 周金台编译. 起搏心电图随访基础与自我测试. 天津:天津科技翻译出版公司, 2006:5-10.

73. 郭继鸿. 起搏心电图（V）双腔起搏器心电图（I）. 心电学杂志, 2002, 21:171-173.

74. 郭继鸿. 起搏心电图（V）双腔起搏器心电图（II）. 心电学杂志, 2002, 21:228-232.

75. 王立群, 郭继鸿. 起搏器计时规则与起搏心电图分析. 心电学杂志, 2008, 27: 112-115.

76. Darouiche RO. Treatment of infections associated with surgical implants. N Engl J Med, 2004, 350:1422.

77. Baddour LM, Epstein AE, Erickson CC et al. Update on cardiovascular implantable electronic device infections and their management: a scientific statement from the American Heart Association. Circulation, 2010, 121:458.

78. Wilkoff BL, Love CJ, Byrd CL, et al. Transvenous lead extraction: Heart Rhythm Society expert consensus on facilities, training, indications, and patient management: this document was endorsed by the American Heart Association (AHA). Heart Rhythm, 2009, 6:1085.

79. Greenspon AJ, Patel JD, Lau E, et al. 16-year trends in the infection burden for pacemakers and implantable cardioverter-defibrillators in the United States 1993 to 2008. J Am Coll Cardiol, 2011, 58:1001.

80. S.M. Kurtz, J.A. Ochoa, E. Lau, et al.Implantation trends and patient profiles for pacemakers and implantable cardioverter defibrillators in the United States: 1993-2006. Pacing Clin Electrophysiol, 2011, 33:705.

81. Arnold J. Greenspon, Jasmine D. Patel, Edmund Lau, et al. Trends in Permanent Pacemaker Implantation in the United States From 1993 to 2009: Increasing Complexity of Patients and Procedures. J Am Coll Cardiol, 2009, 60:1540.

82. Voigt A, Shalaby A, Saba S. Rising rates of cardiac rhythm management device infections in the United States: 1996 through 2003. J Am Coll Cardiol, 2000, 48:590.

83. 郭继鸿, 李学斌, 主译. 心力衰竭再同步化和电除颤治疗. 北京: 北京大学医学出版社, 2006.

84. 郭继鸿, 王龙, 李学斌, 主译. CRT基础教程. 天津:天津科技翻译出版公司, 2009.

85. Barold S, Herweg B, Giudici M. Electrocardiographic follow-Up of biventricular pacemakers. Ann Noninvasive Electrocardiol, 2005, 10:231-255.

86. Sweeney M, van Bommel R, Schalij M, et al. Analysis of ventricular activation using surface electrocardiography to predict left ventricular reverse volumetric remodeling during cardiac resynchronization therapy. Circulation, 2010, 121:626-634.

87. Barold S, Herweg B. Usefulness of the 12-lead electrocardiogram in the follow-up of patients with cardiac resynchronization devices. Part I. Cardiology Journal, 2011, 18:476-486.

88. Barold S, Herweg B. Usefulness of the 12-lead electrocardiogram in the follow-up of patients with cardiac resynchronization

devices. Part II. Cardiology Journal, 2011, 18:610-624.

89. Refaat M, Mansour M, Singh JP, et al. Electrocardiographic characteristics in right ventricular vs biventricular pacing in patients with paced right bundle-branch block QRS pattern. J Electrocardiol, 2011, 44:289-295.

90. Giudici MC, Tigrett DW, Carlson JI, et al. Patterns in cardiac resynchronization therapy. Pacing the great cardiac and middle cardiac veins. Pacing Clin Electrophysiol, 2007, 30: 1376-1380.

91. Iler MA, Hu T, Ayyagari S, et al. Prognostic value of electrocardiographic measurements before and after cardiac resynchronization device implantation in patients with heart failure due to ischemic or nonischemic cardiomyopathy. Am J Cardiol, 2008, 101:359-363.

92. Boriani G, Biffi M, Martignani C, et al. Electrocardiographic remodeling during cardiac resynchronization therapy. Int J Cardiol, 2006, 108:165-170.

93. Leclercq C, Faris O, Tunin R, et al. Systolic improvement and mechanical resynchronization does not require electrical synchrony in the dilated failing heart with left bundle branch block. Circulation, 2002, 106:1760-1763.

94. Herweg B, Ali R, Ilercil A, et al. Site-specific differences in latency intervals during biventricular pacing: Impact on paced QRS morphology and echo-optimized V-V interval. Pacing Clin Electrophysiol, 2010, 33:1382-1391.

95. Cleland JG, Daubert JC, Erdmann E, et al. The effect of cardiac resynchronization on morbidity and mortality in heart failure. N Engl J Med, 2005, 352:1539-1549.

96. Reumann M, Farina D, Miri R, et al. Computer model for the optimization of AV and VV delay in cardiac resynchronization therapy. Med Biol Eng Comput, 2007, 45:845-854.

97. Baker JH 2nd, McKenzie J 3rd, Beau S, et al. Acute evaluation of programmer guided AV/PV and VV delay optimization comparing an IEGM method and echocardiogram for cardiac resynchronization therapy in heart failure patients and dual-chamber ICD implants. J Cardiovasc Electrophysiol, 2007, 18:185-191.

98. Agacdiken A, Vural A, Ural D, et al. Effect of cardiac resynchronization therapy on left ventricular diastolic filling pattern in responder and non-responder patients. Pacing Clin Electrophysiol, 2005, 28:654-660.

99. Leclercq C, Hare JM. Ventricular resynchronization. Current state of art. Circulation, 2004, 109:296-299.

100. Swedberg K, Andersson B, Leclerq CH, et al. Management of chronic heart failure. In: Camm JA, Lüscher TF, Serruys PW, editors. The ESC Textbook of Cardiovascular Medicine. Malden: Blackwell Publishing Co, 2006:721-757.

101. Kass DA. Ventricular resynchronization: pathophysiology and identification of responders. Rev Cardiovasc Med, 2003, 4 (Suppl 2):S3-13.

102. Reddy VY, Neuzil P, Taborsky M, et al. Electroanatomic mapping of cardiac resynchronization therapy. Circulation, 2003, 107:2761-2763.

103. Lambiase PD, Rinaldi A, Hauck J, et al. Non-contact left ventricular endocardial mapping in cardiac resynchronization therapy. Heart, 2005, 90:44-51.

104. Duray GZ, Hohnloser SH, Israel CW. Coronary sinus side branches for cardiac resynchronization therapy: prospective evaluation of availability, implant success, and procedural determinants. J Cardiovasc Electrophysiol, 2008, 19:489-494.

105. Gurevitz O, Nof E, Carasso S, et al. Programmable multiple pacing configurations help to overcome high left ventricular pacing thresholds and avoid phrenic nerve stimulation. Pacing Clin Electrophysiol, 2005, 28:1255-1259.

106. Biffi M, Moschini C, Bertini M, et al. Phrenic stimulation: a challenge for cardiac resynchronization therapy. Circ Arrhythm Electrophysiol, 2009, 2:402-410.

107. León AR, Abraham WT, Curtis AB, et al. Safety of transvenous cardiac resynchronization system implantation in patients with chronic heart failure: combined results of over 2,000 patients from a multicenter study program. J Am Coll Cardiol, 2005, 46:2348-2356.

108. Forleo GB, Della Rocca DG, Papavasileiou LP, et al. Left ventricular pacing with a new quadripolar transvenous lead for CRT: early results of a prospective comparison with conventional implant outcomes. Heart Rhythm, 2011, 8:31-37.

109. Singh JP, Klein HU, Huang DT, et al. Left ventricular lead position and clinical outcome in the Multicenter Automatic Defibrillator Implantation Trial Cardiac Resynchronization Therapy (MADIT-CRT) trial. Circulation, 2011, 123:1159-1166.

110. Merchant FM, Heist EK, McCarty D, et al. Impact of segmental left ventricle lead position on cardiac resynchronization therapy outcomes. Heart Rhythm, 2010, 7:639-644.

111. Lecoq G, Leclercq C, Leray E, et al. Clinical and electrocardiographic predictors of a positive response to cardiac resynchronization therapy in advanced heart failure. Eur Heart J, 2005, 26: 1094-1100.

112. Herweg B, Ilercil A, Madramootoo C, et al. Latency during left ventricular pacing from the lateral cardiac veins: A cause of ineffectual biventricular pacing. Pacing Clin Electrophysiol, 2006, 29:574-581.

113. Grimley SR, Suffoletto MS, Gorcsan J, et al. Electrocardiographically concealed variation in left ventricular capture: A case with implications for resynchronization therapy in ischemic cardiomyopathy. Heart Rhythm, 2006, 3:739-742.

114. Tereshchenko LG, Henrikson CA, Stempniewicz P, et al. Antiarrhythmic effect of reverse electrical remodeling associated with cardiac resynchronization therapy. Pacing Clin Electrophysiol, 2011, 34:357-364.

115. Joachim Seegers, Markus Zabel, Lars Lüthje, et al. Ventricular oversensing due to manufacturer-related differences in implantable cardioverter-defibrillator signal processing and sensing lead properties. Europace, 2010, 12:1460-1466.

116. Strohmer B, Schernthaner C, Pichler M. T-wave oversensing by an implantable cardioverter defibrillator after successful ablation

of idiopathic ventricular fibrillation. Pacing Clin Electrophysiol, 2006, 29:431-435.

117. Canto JG, Zalenski RJ, Ornato JP, et al. Use of emergency medical services in acute myocardial infarction and subsequent quality of care observations from the National Registry of Myocardial Infarction 2. Circulation, 2002, 106:3018-3023.

118. Faxon D, Lenfant C. Timing is everything: motivating patients to call 9-1-1 at onset of acute myocardial infarction. Circulation, 2001, 104:12101211.

119. DeLuca G, Suryapranata H, Ottervanger JP, et al. Time delay to treatment and mortality in primary angioplasty for acute myocardial infarction. Every minute counts. Circulation, 2004, 109:1223-1225.

120. Chew DP, Moliterno DJ, Herrmann HC. Present and potential future paradigms for the treatment of ST-segment elevation acute myocardial infarction. J Invas Cardiol, 2002, 14 Suppl A:320.

121. Sekulic M, Hassunlzadeh B, McGraw S, et al. Feasibility of early emergency room notification to improve door-to balloon times for patients with acute ST-segment elevation myocardial infarction. Cath Cardiovasc Intervent, 2005, 66:316-319.

122. Fischell TA, Fischell DR, Fischell RE, et al. Real-time detection and alerting for acute ST-segment elevation myocardial ischemia using an implantable, high-fidelity, intracardiac electrogram monitoring system with long-range telemetry in an ambulatory porcine model. J Am Coll Cardiol, 2006, 48:2306-2314.

123. Hopenfeld B, John MS, Fischell DR, et al. The Guardian: an implantable system for chronic ambulatory monitoring of acute myocardial infarction. J Electrocardiol, 2009, 42:481-486.

124. Vetrovec GW. Improving reperfusion in patients with myocardial infarction. N Engl J Med, 2008, 358:634-637.

125. Brodie BR, Gersh BJ, Stuckey T, et al. When is door-to-balloon time critical? Analysis from the HORIZONS-AMI (Harmonizing Outcomes with Revascularization and Stents in Acute Myocardial Infarction) and CADILLAC (Controlled Abciximab and Device Investigation to Lower Late Angioplasty Complications) trials. J Am Coll Cardiol, 2010, 56:407-413.

126. Daubert JP, Zareba W, Cannom DS, et al. Inappropriate implantable cardioverter-defibrillator shocks in MADIT II: frequency, mechanisms, predictors, and survival impact. J Am Coll Cardiol, 2008, 51:1357-1365.

127. Eberhardt E, Schuchert A, Bode E, et al. Incidence and significance of far-field sensing in a VDD-ICD. Pacing Clin Electrophysiol, 2007, 30:395-403.

128. Kim MH, Bruckman D, Sticherling C, et al. Diagnostic value of single versus dual chamber electrograms recorded from an implantable defibrillator. J Interv Card Electrophysiol, 2003, 9:49-53.

129. Wilkoff BL, Williamson BD, Stern RS, et al. Strategic programming of detection and therapy parameters in implantable cardioverter-defibrillators reduces shocks in primary prevention patients: results from the PREPARE (Primary Prevention Parameters Evaluation) study. J Am Coll Cardiol, 2008, 52:541-550.

130. Knecht S, Sacher F, Hassaguerre M, et al. Long-term follow-up of idiopathic ventricular fibrillation ablation: a multicenter study. J Am Coll Cardiol, 2009, 54:522-528.

131. Kawata H, Noda T, Yamada Y, et al. Effect of sodium-channel blockade on early repolarization in inferior/lateral leads in patients with idiopathic ventricular fibrillation and Brugada syndrome. Heart Rhythm, 2012, 9:77-83.

132. Aizawa Y, Sato A, Haissaguerre M, et al. Dynamicity of the J-wave in idiopathic ventricular fibrillation with a special reference to pause-dependent augmentation of the J-wave. J Am Coll Cardiol, 2012, 59:1948-1953.

133. 郭继鸿. 特发性室颤的现代观点. 新概念心电图. 第三版. 北京:北京大学医学出版社, 2003.

134. Watanabe H, Nogami A, Ohkubo K, et al. Clinical characteristics and risk of arrhythmia recurrences in patients with idiopathic ventricular fibrillation associated with early repolarization. Int J Cardiol, 2012, 159:238-240.

135. 2005 International Liaison Committee on Resuscitation, American Heart Association, and European Resuscitation Council. From the 2005 International Consensus Conference on Cardiopulmonary resuscitation and emergency cardiovascular care science with treatment recommendations, hosted by the American Heart Association in Dallas, Texas, January 2330, 2005. Circulation, 2005, 112:III-1-III-4.

136. Yoshio Tahara, Kazuo Kimura, Masami Kosuge, et al. Comparison of Nifekalant and Lidocaine for the Treatment of Shock-Refractory Ventricular Fibrillation. Circ J, 2006, 70: 442-446.

137. Sarkozy A, Dorian P. Strategies for reversing shock-resistant ventricular fibrillation. Curr Opin Crit Care, 2003, 9:189-193.

138. Ladislava Bartosova, Filip Novak, Marketa Bebarova, et al. Antiarrhythmic effect of newly synthesized compound 44Bu on model of aconitine-induced arrhythmia-Compared to lidocaine. European Journal of Pharmacology, 2007, 575:127-133.

139. Milford G. Wyman, R. Michael Wyman, David S. Cannom, et al. Prevention of primary ventricular fibrillation in acute myocardial infarction with prophylactic lidocaine. Am J Cardiol, 2004, 94:545-551.

140. Centini F, Fiore C, Riezzo I, et al. Suicide due to oral ingestion of lidocaine: a case report and review of the literature. Forensic Sci Int, 2007, 171:57-62.

141. Cheryl R. Killingsworth, Chih-Chang Wei, et al. Short-acting-adrenergic antagonist esmolol given at reperfusion improves survival after prolonged ventricular fibrillation. Circulation, 2004, 109:2469-2474.

142. XinQi Dong, Todd Beck, Melissa A. Simon, et al. The associations of gender, depression and elder mistreatment in a community-dwelling Chinese population: The modifying effect of social support. Archives of Gerontology and Geriatrics, 2010, 50:202-208.

143. Sachiko Ito, Hiroshi Tada, Shigeto Naito, et al. Gender and age differences in idiopathic ventricular arrhythmias. Heart Rhythm, 2005, 55:S199-S200.

144. Kohl P, Sachs F, Franz MR. Cardiac mechano-electric feedback and arrhythmias. Elsevier Inc. Philadephia, 2005, 4-30.

145. Taggart P, Lab M.Cardiac mechano-electric feedback and electrical restitution in humans. Prog Biophys Mol Biol, 2008, 97:452-460.

146. Kohl P, Bollensdorff C, Garny A. Effects of mechanosensitive ion channels on ventricular electrophysiology: experimental and theoretical models.Exp Physiol, 2006, 91:307-321.

147. Ravens U. Mechano-electric feedback and arrhythmias. Prog Biophys Mol Biol, 2003, 82: 255-266.

148. Kamkin A, Kiseleva I, Isenberg G, et al. Cardiac fibroblasts and the mechano-electric feedback mechanism in healthy and diseased hearts.Prog Biophys Mol Biol, 2003, 82:111-120.

149. Hutan Ashrafian, Andrew Gogbashian, Barry J. Maron, et al. Sudden Death in Young Athletes. N Engl J Med, 2003, 349:2464-2465.

150. Domenico Corrado, Antonio Pelliccia, Hans Halvor Bjrnstad, et al. Cardiovascular pre-participation screening of young competitive athletes for prevention of sudden death: proposal for a common European protocol: Consensus Statement of the Study Group of Sport Cardiology of the Working Group of Cardiac Rehabilitation and Exercise Physiology and the Working Group of Myocardial and Pericardial Diseases of the European Society of Cardiology. Eur. Heart J, 2005, 26:516-524.

151. Barry J. Maron, Antonio Pelliccia. The Heart of Trained Athletes: Cardiac Remodeling and the Risks of Sports, Including Sudden Death. Circulation, 2006, 10,114:1633-1644.

152. Roberta G. Williams and Alex Y. Chen, et al. Identifying athletes at risk for sudden death J Am Coll Cardiol, 2003, 42,11:1964-1966.

153. Hein Heidbüchel, Jan Hoogsteen, Robert Fagard, et al. High prevalence of right ventricular involvementin endurance athletes with ventricular arrhythmias: Role of an electrophysiologic study in risk stratification. Eur. Heart J, 2003, 24:1473-1480.

154. Antonio Pelliccia, Fernando M. Di Paolo, Domenico Corrado, et al. Evidence for efficacy of the Italian national pre-participation screening programme for identification of hypertrophic cardiomyopathy in competitive athletes. Eur Heart J, 2006, 27,7:2196-2200.

155. Antonio Pelliccia, Douglas P. Zipes, and Barry J. Maron, et al. Bethesda Conference 36 and the European Society of Cardiology Consensus Recommendations Revisited: A Comparison of U.S. and European Criteria for Eligibility and Disqualification of Competitive Athletes With Cardiovascular Abnormalities. J Am Coll Cardiol, 2008, 52,11:1990-1996.

156. Caroline Vaillant, Raphael P. Martins, Erwan Donal, et al. Resolution of left bundle branch block-induced cardiomyopathy by cardiac resynchronization therapy. J Am Coll Cardiol, 2013, 61:1089-1095.

157. Neeland IJ, Kontos MC, de Lemos JA. Evolving consideration in the management of patients with left bundle branch block and suspected myocardial infarction. J Am Coll Cardiol, 2012, 60:96-105.

158. Strauss DG, Selvester RH, Wagner GS. Defining left bundle branch block in the era of cardiac resynchronization therapy. Am J Cardiol, 2011, 107:927-934.

159. Verooy K, Verbeek XA, Delhaas T, et al. Left bundle branch block induces ventricular remodeling and functional septal hypoperfusion. Eur Heart J, 2005, 26:91-98.

160. Stenestrand U, Tabrizi F, Lindback J, et al. Comorbidity and myocardial dysfunction are the main explanations for the higher 1-year mortality in acute myocardial infarction with left bundle-branch block. Circulation, 2004, 110:1896-1902.

161. Auricchio A, Fantoni C, Regoli F, et al. Characterization of left ventricular activation in patients with heart failure and left bundle-branch block. Circulation, 2004, 109:1113-1119.

162. Liu R, Chang Q. Hyperkalemia-induced brugada pattern with electrical alternans. Ann Noninvasive Electrocardiol, 2013, 18:95-98.

163. Rollin A, Maury P, Guilbeau-Frugier C, Brugada J. Transient ST elevation after ketamine intoxication: a new cause of acquired brugada ECG pattern. J Cardiovasc Electrophysiol, 2011, 22:91-94.

164. Aizawa Y, Matsuhashi T, Sato T, et al. A danger of induction of Brugada syndrome during pill-in-the-pocket therapy for paroxysmal atrial fibrillation. Drug Healthc Patient Saf, 2010, 2:139-140.

165. Viskin S, Rosso R, Márquez MF, et al. The acquired Brugada syndrome and the paradox of choice. Heart Rhythm, 2009, 6:1342-1344.

166. Riezzo I, Centini F, Neri M, et al. Brugada-like EKG pattern and myocardial effects in a chronic propofol abuser. Clin Toxicol (Phila), 2009, 47:358-363.

167. Yap YG, Behr ER, Camm AJ. Drug-induced Brugada syndrome. Europace, 2009, 11:989-994.

168. Shimizu W. Genetics of congenital long QT syndrome and Brugada syndrome. Future Cardiol, 2008, 4:379-389.

169. Shimizu W. Acquired forms of the Brugada syndrome. J Electrocardiol, 2005, 38(4 Suppl): 22-25.

170. Shimizu W, Aiba T, Kamakura S. Mechanisms of disease: current understanding and future challenges in Brugada syndrome. Nat Clin Pract Cardiovasc Med, 2005, 2:408-414.

171. Pérez Riera AR, Antzelevitch C, Schapacknik E, et al. Is there an overlap between Brugada syndrome and arrhythmogenic right ventricular cardiomyopathy/dysplasia. J Electrocardiol, 2005;38:260-263.

172. Pilz B, Luft FC. Acquired Brugada syndrome. Am J Cardiol, 2003, 92:771.

173. Brugada J, Brugada R, Brugada P. Pharmacological and device approach to therapy of inherited cardiac diseases associated with cardiac arrhythmias and sudden death. J Electrocardiol, 2000, 33:Suppl:41-47.

174. Donadio V, Plazzi G, Vandi S, et al. Sympathetic and cardiovascular activity during cataplexy in narcolepsy. J Sleep Res, 2008,

17:458-463.

175. Cao WH, Fan W, Morrison SF.Medullary pathways mediating specific sympathetic responses to activation of dorsomedial hypothalamus. Neuroscience, 2004, 126:229-240.

176. Zhou S, Chen LS, Miyauchi Y, et al. Mechanisms of cardiac nerve sprouting after myocardial infarction in dogs. Circ Res, 2004, 95:76-83.

177. Fujishiro H, Frigerio R, Burnett M, et al. Cardiac sympathetic denervation correlates with clinical and pathologic stages of Parkinson disease. Mov Disord, 2008, 23:1085-1092.

178. Mortara A. The neurovegetative system in heart failure and heart transplantation.tal Heart J Suppl, 2001, 2:871-887.

179. Bai J, Ren C, Hao W, et al. Chemical sympathetic denervation, suppression of myocardial transient outward potassium current, and ventricular fibrillation in the rat. Physiol Pharmacol, 2008, 86:700-709.

180. Chen LS, Zhou S, Fishbein MC, et al. Perspectives on the role of autonomic nervous system in the genesis of arrhythmias. J Cardiovasc Electrophysiol, 2007, 18:123-127.

181. Kim DT, Luthringer DJ, Lai AC, et al.Sympathetic nerve sprouting after orthotopic heart transplantation.J Heart Lung Transplant, 2004, 23:1349-1358.

182. Latif S, Dixit S, Callans DJ. Ventricular arrhythmias in normal hearts. Cardiol Clin, 2008, 26: 367-380.

183. Douglas PS. Saving athletes? lives a reason to find common ground? J Am Coll Cardiol, 2008, 52:1997-1999.

184. Pieroni M, Dello Russo A, Marzo F, et al. High prevalence of myocarditis mimicking arrhythmogenic right ventricular cardiomyopathy differential diagnosis by electroanatomic mapping-guided endomyocardial biopsy. J Am Coll Cardiol, 2009, 53:681-689.

185. Corrado D, Basso C, Rizzoli G, et al. Does sports activity enhance the risk of sudden death in adolescents and young adults? J Am Coll Cardiol, 2003, 42:1959-1963.

186. Biffi A, Maron BJ, Verdile L, et al. Impact of physical deconditioning on ventricular tachyarrhythmias in trained athletes. J Am Coll Cardiol, 2004, 44:1053-1058.

187. Piccini JP, Hasselblad V, Peterson ED, et al. Compara- tive efficacy of dronedarone and amiodarone for the maintenance of sinus rhythm in patients with atrial fibrillation. J Am Coll Cardiol, 2009, 54:1089-1095.

188. Singh D, Cingolani E, Diamon GA, et al. Dronedarone for atrial fibrillation: have we expanded the antiarrhythmic armamentarium. J Am Coll Cardiol, 2010, 55:1569-1576.

189. Freemantle N, Mitchell S, Orme M, et al. Morbidity and mor- tality associated with antiarrhythmic drugs in atrial fibrillation: a systematic review and mixed treatment meta-analysis (abstract). Circulation, 2009, 120:S691-S692.

190. Shah AN, Mittal S, Sichrovsky TC, et al. Long-term outcome following successful pulmonary vein isolation: pattern and prediction of very late recurrence. J Cardiovasc Electrophysiol, 2008, 19:661-667.

191. Cappato R, Calkins H, Chen SA, et al. Worldwide survey on the methods, efficacy, and safety of catheter ablation for human atrial fibrillation. Circulation, 2005, 111:1100-1105.

192. Cappato R, Calkins H, Chen SA, et al. Prevalence and causes of fatal outcome in cath- eter ablation of atrial fibrillation. J Am Coll Cardiol, 2009, 53:1798-1803.

193. Abriel H, Kass RS. Regulation of the voltage-gated cardiac sodium channel NaV1.5 by interacting proteins. Treands Cardiovas Med, 2005, 15:35-40.

194. Undrovinas A, Maltsev VA. Late sodium current is a new therapeutic target to improve contractility and rhythm in failing heart. Cardiovasc Hematol Agents Med Chem, 2008, 6:348-359.

195. Maguy A, Hebert TE, Nattlet S, et al. Involvement of lipid rafts and caveolae in cardiac ion channel function. Cardiovasc Res, 2006, 69:798-807.

196. Vatta M, Ackerman M, Ye B, et al. Mutant caveolin-3 induces persistent late sodium current and is associated with Long-QT Syndrome. Circulation, 2006, 114:2104-2112.

197. Maltsev VA, Undrovinas A. Late sodium current in failing heart: Friend or foe? Progr Biophys Mol Biol, 2008, 96:421-451.

198. Gautier M, Zhang H, et al. Peroxynite formation mediates LPC-induced augmentation of cardiac late sodium currents. L Mol Cell Cardiol, 2008, 44:241-251.

199. 刘峰, 兰燕平, 周筠, 等, 稳心颗粒对家兔左心室内外膜电生理特性的影响. 心脏杂志, 2006, 18:6.

200. 唐其柱, 黄峥嵘, 史锡腾, 等. 甘松提取物对家兔心室肌细胞钠钙通道的影响. 中华心血管病杂志, 2004, 32(E2):267-270.

201. Mazzini MJ, Monahan KM. Pharmacotherapy for atrial arrhythmias:present and future. Heart Rhythm, 2008, 5:S26-S31.

202. Serra JL, Bendersky M. Atrial fibrillation and renin-angiotensin system. Ther Adv Cardiovasc Dis, 2008, 2:215-223.

203. Singh BN. Amiodarone as paradigm for developing new drugs for atrial fibrillation. J Cardiovasc Pharmacol, 2008, 52:300-305.

204. Finsterer J, Stllberger C. Strategies for primary and secondary stroke prevention in atrial fibrillation. Neth J Med, 2008, 66:327-333.

205. Savelieva I, Camm J. Anti-arrhythmic drug therapy for atrial fibrillation: current anti-arrhythmic drugs, investigational agents, and innovative approaches. Europace, 2008, 10:647-665.

206. Fonarow GC, Lukas MA, Robertson M, et al. Effects of carvedilol early after myocardial infarction: analysis of the first 30 days in Carvedilol Post-Infarct Survival Control in Left Ventricular Dysfunction (CAPRICORN). Am Heart J, 2007, 154:637-644.

207. Chen ZM, Pan HC, Chen YP, et al. Early intravenous then oral metoprolol in 45,852 patients with acute myocardial infarction: randomised placebo-controlled trial. Lancet, 2005, 366(9497):1622-1632.

208. Bristow MR, Krause-Steinrauf H, Nuzzo R, et al. Effect of baseline or changes in adrenergic activity on clinical outcomes in the beta-blocker evaluation of survival trial.Circulation, 2004, 110(11):1437-1442.

209. Zipes DP, Jalife J(eds):Cardiac Electrophysiology. From cell to the bedside. Philadelphia: WB Saunders, 2000:903-921.

210. 沙峰, 蒋逸风, 吴宰盛. 静脉注射倍他乐克治疗顽固性室性心动过速、心室颤动一例. 中国心脏起搏与心电生理杂志, 2007, 02:111.

211. Hagens VE, Rienstra M, Van Gelder IC. Determinants of sudden cardiac death in patients with persistent atrial fibrillation in the rate control versus electrical cardioversion (RACE) study. Am J Cardiol, 2006, 98:929-932.

212. Brodine WN, Tung RT, Lee JK, MADIT-II Research Group. Effects of beta-blockers on implantable cardioverter defibrillator therapy and survival in the patients with ischemic cardiomyopathy (from the Multicenter Automatic Defibrillator Implantation Trial-II). Am J Cardiol, 2005, 96:691-695.

213. McMurray J, Kber L, Robertson M, et al. Antiarrhythmic effect of carvedilol after acute myocardial infarction: results of the Carvedilol Post-Infarct Survival Control in Left Ventricular Dysfunction (CAPRICORN) trial. J Am Coll Cardiol, 2005, 45:525-530.

214. Kochiadakis GE, Igoumenidis NE, Chlouverakis GI, et al. Sotalol versus propafenone for long-term maintenance of normal sinus rhythm in patients with recurrent symptomatic atrial fibrillation. Am J Cardiol, 2004, 94:1563-1566.

215. The AFFIRM Investigators. A comparison of rate control and rhythm control in patients with atrial fibrillation. N Engl J Med, 2002, 347:1825-1833.

216. The AFFIRM Investigators. Relationships between sinus rhythm, treatment, and survival in the atrial fibrillation follow-up investigation of rhythm management(AFFIRM)study. Circulation, 2004, 109:1509-1513.

217. Roy D, Talajic M, Dorian P, et al. Amiodarone to prevent recurrence of atrial fibrillation. Canadian Trial of Atrial Fibrillation Investigators. N Engl J Med, 2000, 342:913-920.

218. Singh BS, Singh SN, Reda DJ, et al. Sotalol Amiodarone Atrial Fibrillation Efficacy Trial(SAFE-T)Investigators. Amiodarone versus sotalol for atrial fibrillation. N Engl J Med, 2005, 352:1861-1872.

219. 郭继鸿, 胡大一. 中国心律学2010. 北京:人民卫生出版社, 2010, 215-219.

220. 张海澄, 郭继鸿, 许原. 置入性心电记录器的置入方法. 中国心脏起搏与心电生理杂志, 2002, 16:71-73.

221. 张海澄, 郭继鸿. 具有感知功能的置入式心电记录器的临床应用. 中华心律失常学杂志, 2002, 6:116-119.

222. 郭继鸿. 置入式 "Holter" 仪. 中华心律失常学杂志, 1998, 2: 66.

223. 王立群, 郭继鸿. 置入式 "Holter" 的临床应用. 心电学杂志, 2001, 3:179-183.

224. Diaz A, Bourassa MG, Guertin MC, et al. Long-term prognostic value of resting heart rate in patients with suspected or proven coronary artery disease. Eur Heart J, 2005, 26: 967-974.

225. Kolloch R, Legler UF, Champion A, et al. Impact of resting heart rate on outcomes in hypertensive patients with coronary artery disease: findings from the INternational VErapamil-SR/trandolapril STudy (INVEST). Eur Heart J, 2008, 29:1327-1334.

226. Heidland UE, Strauer BE. Left ventricular muscle mass and elevated heart rate are associated with coronary plaque disruption. Circulation, 2001, 104:1477-1482.

227. Fox K, Ferrari R, Tendera M, et al. Rationale and design of a randomized, double-blind, placebo-controlled trial of ivabradine in patients with stable coronary artery disease and left ventricular dysfunction: the morBidity-mortality Evaluation of the If inhibitor ivabradine in patients with coronary disease and left ventricular dysfunction (BEAUTIFUL) Study. Am Heart J, 2006, 152:860-866.

228. BEAUTIFUL Study Group. The BEAUTIFUL study: randomized trial of ivabradine in patients with stable coronary artery disease and left ventricular systolic dysfunction-baseline characteristics of the study population. Cardiology, 2008, 110:271-282.

229. Mauss O, Klingenheben T, Ptaszynski P, et al. Bedside risk stratifi cation after acute myocardial infarction: prospective evaluation of the use of heart rate and left ventricular function. J Electrocardiol, 2005, 38:106-112.

230. Daly CA, Clemens F, Sendon JL, et al. The clinical characteristics and investigations planned in patients with stable angina presenting to cardiologists in Europe: from the Euro Heart Survey of Stable Angina. Eur Heart J, 2005, 26:996-1010.

231. Kjekshus J, Gullestad L. Heart rate as a therapeutic target in heart failure. Eur Heart J, 1999, 1:H64H69.

232. Hjalmarson A. Heart rate: an independent risk factor in cardiovascular disease. Eur Heart J Suppl, 2007, 9:F3F7.

233. Lechat P, Hulot JS, Escolano S, et al. Heart rate and cardiac rhythm relationships with bisoprolol benefi t in chronic heart failure in xCIBIS II Trial. Circulation, 2001, 103:1428- 1433.

234. András Vereckei, László Vándor, Judit Halász, et al. Infective endocarditis resulting in rupture of sinus of valsalva with a rupture site communicating with both the right atrium and right ventricle.Journal of the American Society of Echocardiography. Heart Rhythm, 2004, 17: 995-997.

235. András Vereckei, Gábor Duray, Gábor Szénási, et al. New algorithm using only lead aVR for differential diagnosis of wide QRS complex tachycardia. Heart Rhythm, 2008, 5:89-98.

236. András Vereckei, Gábor Duray, Gábor Szénási, et al. Application of a new algorithm in the differential diagnosis of wide QRS complex tachycardia. Eur Heart J, 2007, 28, 3:589-600.

237. Tomás Datino, Jesús Almendral, Esteban González-Torrecilla, et al. Rate-related changes in QRS morphology in patients with

fixed bundle branch block: implications for differential diagnosis of wide QRS complex tachycardia. Eur Heart J, 2008, 29:2351-2358.

238. Jose L. Merino, Rafael Peinado, Ignacio Fernandez-Lozano,et al. Bundle-branch reentry and the postpacing interval after entrainment by right ventricular apex stimulation: A new approach to elucidate the mechanism of wide-QRS-complex tachycardia with atrioventricular dissociation. Circulation, 2001, 103:1102-1108.

239. Kenichi Sasaki. A new, simple algorithm for diagnosing wide QRS complex tachycardia: comparison with Brugada, Vereckei and aVR Algorithms. Circulation, 2009, 120:S671.

240. B. Brembilla-Perrot, D. Beurrier, P. Houriez, et al. Wide QRS complex tachycardia. Rapid method of prognostic evaluation. International Journal of Cardiology, 2004, 97:83-88.

241. Hyung Oh Choi, Seung Geun Lee, Pil Hyung Lee, et al. Incessant tachycardia with wide and narrow QRS complexes: What is the mechanism?Heart Rhythm, 2009, 67:1063-1065.

242. Benjamin M. Scirica, Christopher P. Cannon, Hkan Emanuelsson, et al. The incidence of arrhythmias and clinical arrhythmias events in patients with acute coronary syndromes treated with ticagrelor or glopidogrel in the PLATO trail. Journal of the American College of Cardiology, 2010, 55:E1006.

243. Fadi A Saab, Philippe Gabriel Steg, Alvaro Avezum, et al. Can an elderly woman heart be too strong? Increased mortality with high vs. normal ejection fraction after an acute coronary syndrome. The global registry of acute coronary events. Circulation, 2006, 114:513.

244. Shingo Sakamoto, Norimasa Taniguchi, Syunsuke Nakajima, et al. Clinical outcome of patients with acute coronary syndrome receiving percutaneous extracorporeal life support. Circulation, 2009, 120,11:S938.

245. Whedy Wang, Ewa Karwatowska-Prokopczuk, Dewan Zeng, et al. Number of consecutive ectopic beats of non-dustained ventricular tachycardia episode predicts sudden cardiac death in patients with non-ST-elevation ACS. Circulation, 2009, 120,11:S661.

246. Ming-Jui Hung, Chi-Wen Cheng, Ning-I Yang, et al. Coronary vasospasm-induced acute coronary syndrome complicated by life-threatening cardiac arrhythmias in patients without hemodynamically significant coronary artery disease. International Journal of Cardiology, 2007, 117:437-444.

247. Lvaro Avezum, Leopoldo S. Piegas, Robert J. Magnitude and prognosis associated with ventricular arrhythmias in patients hospitalized with acute coronary syndromes (from the GRACE Registry). The American Journal of Cardiology, 2008, 102:1577-1582.

248. Catherine Winkler, Marjorie Funk, Barbara Drew, et al. Arrhythmias in patients with acute coronary syndromes in the first 24 hours of emergency department admission during the postreperfusion era. Journal of Electrocardiology, 2009, 42,6:620.

249. Dennis H. Lau, Luan T. Huynh, Derek P. Chew, et al. Time of onset of ventricular arrhythmia in acute coronary syndrome determines its long-term prognostic burden. Heart, Lung and Circulation, 2008, 17,9:S114.

250. Paula Carmona, Elena Monge, Maria Iluminada Canal, et al. Coronary vasospasm-induced malignant arrhythmias and acute coronary syndrome in aortic surgery. Journal of Cardiothoracic and Vascular Anesthesia, 2008, 22:864-867.

251. El Khoury N, Mathieu S, Marger L, et al. Upregulation of the hyperpolarization- activated current increases pacemaker activity of the sinoatrial node and heart rate during pregnancy in mice. Circulation, 2013, 127(20):2009-2020.

252. Biel M, Wahl-Schott C, Michalakis S, Zong X. Hyperpolarization-activated cation channels:from genes to function. Physiol Rev, 2009, 89(3):847-885.

253. Knaus A, Zong X, Beetz N, et al. Direct inhibition of cardiac hyperpolarization- activated cyclic nucleotide-gated pacemaker channels by clonidine. Circulation, 2007, 115(7):872-880.

254. Michels G, Er F, Khan I, et al. Single-channel properties support a potential contribution of hyperpolarization-activated cyclic nucleotide-gated channels and If to cardiac arrhythmias. Circulation, 2005, 111(4):399-404.

255. Robinson RB, Siegelbaum SA. Hyperpolarization-activated cation currents:from molecules to physiological function. Annu Rev Physiol, 2003, 65:453-480.

256. Stevens DR, Seifert R, Bufe B, et al. Hyperpolarization-activated channels HCN1 and HCN4 mediate responses to sour stimuli. Nature, 2001, 413(6856):631-635.

257. Ludwig A, Zong X, Jeglitsch M, et al. A family of hyperpolarization-activated mammalian cation channels. Nature, 1998, 393(6685):587-591.

258. Nilius B, Carbone E. Amazing T-type calcium channels:updating functional properties in health and disease. Pflugers Arch, 2014, 466(4):623-626.

259. Kosmala W, Holland DJ, Rojek A, et al. Effect of If-channel inhibition on hemodynamic status and exercise tolerance in heart failure with preserved ejection fraction:a randomized trial. J Am Coll Cardiol, 2013, 62(15):1330-1338.

260. Yeh YH, Burstein B, Qi XY, et al. Funny current downregulation and sinus node dysfunction associated with atrial tachyarrhythmia:a molecular basis for tachycardia-bradycardia syndrome. Circulation, 2009, 119(12):1576-1585.

261. John RM, Kumar S. Sinus Node and Atrial Arrhythmias. Circulation, 2016, 133(19):1892-1900.

262. Qu Z, Weiss JN. Mechanisms of ventricular arrhythmias:from molecular fluctuations to electrical turbulence. Annu Rev Physiol, 2015, 77:29-55.

263. Nayyar S, Ganesan AN, Brooks AG, P, et al. Venturing into ventricular arrhythmia storm:a systematic review and meta-analysis.

Eur Heart J, 2013, 34(8):560-571.

264. Barsheshet A, Wang PJ, Moss AJ, et al. Reverse remodeling and the risk of ventricular tachyarrhythmias in the MADIT-CRT(Multicenter Automatic Defibrillator Implantation Trial-Cardiac Resynchronization Therapy). J Am Coll Cardiol, 2011, 7(24):2416-2423.

265. Jolly WA, Ritchie WJ. Auricular flutter and fibrillation. Heart, 1911, 2:177-221.

266. Puech P, Latour H, Grolleau R. Le flutter et ses limites. Arch Mal Coeur, 1970, 63:116-144.

267. Wells JL Jr, MacLean WAH, James TN, Waldo AL. Characterization of atrial flutter:studies in man after open heart surgery using fixed atrial electrodes.Circulation, 1979, 60:665-673.

268. Wellens HJJ, Lau C-P, Luderitz B, et al, for the METRIX Investigators. Atrioverter:an implantable device for the treatment of atrial fibrillation Circulation, 1998, 98:1651-1656.

269. Waldo AL, MacLean WAH, Karp RB, et al.Entrainment and interruption of atrial flutter with atrial pacing:studies in man following open-heart surgery.Circulation, 1977, 56:737-745.

270. Mark E. Josephson, MD. clinical cardiac electrophysiology Techniques and Interpretations fourth edition, 2008, 9:285-336.

271. Prinzen F W, Augustijn C H, Allessie M A, et al. The Time Sequence of Electrical and Mechanical Activation During Spontaneous Beating and Ectopic Stimulation. Eur Heart J, 1992, 13:535-543.

272. van Oosterhout M F M, Prinzen F W, Arts T, et al. Asynchronous Electrical Activation Induces Asymmetrical Hypertrophy of the Left Ventricular Wall. Circulation, 1998, 98:588-595.

273. Kohl P, Hunter P, Noble D. Stretch-Induced Changes in Heart Rate and Rhythm:Clinical Observations, Experiments and Mathematical Models. Prog Biophys Mol Biol, 1999, 71:91-138.

274. Pfeiffer ER, Tangney JR, Omens JH. Biomechanics of Cardiac Electromechanical Coupling and Mechanoelectric Feedback. J Biomech Eng-T Asme, 2014, 136:2.

275. Lab M J. Contraction-Excitation Feedback in Myocardium. Physiological Basis and Clinical Relevance. Circ Res, 1982, 50:757-766.

276. Cohn K, Kryda W. The Influence of Ectopic Beats and Tachyarrhythmias on Stroke Volume and Cardiac-Output. J Electrocardiol, 1981, 14:207-218.

277. Yoshizawa Y, Shimizu R, Kasuda H, et al. The influence of ventricular extrasystoles and postextrasystoles on cardiovascular dynamics in anesthetized dogs.J Anesth, 1989, 3:65-73.

278. Stokke MK, Rivelsrud F, Sjaastad I, et al. From global to local:a new understanding of cardiac electromechanical coupling. Tidsskr Nor Laegeforen, 2012, 132:1457-1460.

279. Sun YP, Blom NA, Yu YH, et al. The influence of premature ventricular contractions on left ventricular function in asymptomatic children without structural heart disease:an echocardiographic evaluation. Int J Cardiovas Imag, 2003, 19:295-299.

280. Halmos PB, Patterso Gc. Effect of Atrial Fibrillation on Cardiac Output. Brit Heart J, 1965, 27:719-&.

281. Wellens HJ, Bar FW, Lie KI. The value of the electrocardiogram in the differential diagnosis of a tachycardia with a widened QRS complex. Med, 1978, 64:27-33.

282. Vereckei A, Duray G, Szenasi G, et al. Application of a new algorithm in the differential diagnosis of wide QRS complex tachycardia. Eur Heart J, 2007, 28:589-600.

283. Vereckei A, Duray G, Szenasi G, et al. New algorithm using only lead aVR for differential diagnosis of wide QRS complex tachycardia. Heart Rhythm, 2008, 5:89-98.

284. Swanick EJ, La Camera JrF, Marriott HJ. Morphologic features of right ventricular ectopic beats. Cardiol, 1972, 30:888-891.

285. Sandler IA, Marriott HJ. The differential morphology of anomalous ventricular complexes of RBBB-type in lead V1:ventricular ectopy versus aberration. Circulation, 1965, 31:551-556.

286. Pava LF, Perafan P, Badiel M, et al. R-wave peak time at DII:a new criterion for differentiating between wide complex QRS tachycardias. Heart Rhythm, 2010, 7:922-926.

287. Kindwall KE, Brown J, Josephson ME. Electrocardiographic criteria for ventricular tachycardia in wide complex left bundle branch block morphology tachycardias. Cardiol, 1988, 61:1279-1283.

288. Griffith MJ, Garratt CJ, Mounsey P, Camm AJ. Ventricular tachycardia as default diagnosis in broad complex tachycardia. Lancet, 1994, 343:386-388.

289. Brugada P, Brugada J, Mont L, et al. A new approach to the differential diagnosis of a regular tachycardia with a wide QRS complex. Circulation, 1991, 83:1649-1659.

290. Jastrzebski M, Sasaki K, Kukla P, et al. The ventricular tachycardia score:a novel approach to electrocardiographic diagnosis of ventricular tachycardia. Europace, 2016, 18:578-584.

291. Jastrzebski M, Kukla P, Czarnecka D, Kawecka-Jaszcz K. Comparison of five electrocardiographic methods for differentiation of wide QRS- complex tachycardias. Europace, 2012, 14:1165-1171.

292. Jastrzebski M, Moskal P, Kukla P, et al. Specificity of wide QRS complex tachycardia criteria and algorithms in patients with ventricular preexcitation. Ann Noninvasive Electrocardiol, 2018, 23:e12493.

293. Kireyev D, Gupta V, Arkhipov MV, et al. Approach to the differentiation of wide QRS complex tachycardias. Am Heart Hosp J, 2011, 9:E33-36.

294. Drew BJ, Scheinman MM. ECG criteria to distinguish between aberrantly conducted supraventricular tachycardia and ventricular

tachycardia:practical aspects for the immediate care setting. Pacing Clin Electrophysiol, 1995, 18:2194-208.

295. Reddy GV, Leghari RU. Standard limb lead QRS concordance during wide QRS tachycardia. A new surface ECG sign of ventricular tachycardia. Chest, 1987, 92:763-765.

296. 郭继鸿. 阵发性房室阻滞. 临床心电学杂志, 2019, 28:129-144.

297. Alboni P, Holz A, Brignole M. Vagally mediated atrioventricular block:pathophysiology and diagnosis. Heart, 2013, 99:904-908.

298. Aste M, Brignole M. Syncope and paroxysmal atrioventricular block. J Arrhythm, 2017, 33:562-567.

299. Komatsu S, Sumiyoshi M, Miura S, et al. A proposal of clinical ECG index "vagal score" for determining the mechanism of paroxysmal atrioventricular block. J Arrhythm, 2017, 33:208-213.

300. Shenasa M, Josephson ME, Wit AL. Paroxysmal atrioventricular block:Electrophysiological mechanism of phase 4 conduction block in the His-Purkinje system:A comparison with phase 3 block. Pacing Clin Electrophysiol, 2017, 40:1234-1241.

301. Mond HG, Vohra J. The Electrocardiographic Footprints of Wenckebach Block. Heart Lung Circ, 2017, 26:1252-1266.

302. Nelson WP. Diagnostic and Prognostic Implications of Surface Recordings from Patients with Atrioventricular Block. Card Electrophysiol Clin, 2016, 8:25-35.

303. Oh YZ, Tan VH, Wong KC:Concealed conduction of premature ventricular complexes resulting in AV nodal block. J Arrhythm, 2017, 33:528-529.

304. Aguiar Rosa S, Timoteo AT, Ferreira L, et al. Complete atrioventricular block in acute coronary syndrome:prevalence, characterisation and implication on outcome. Eur Heart J Acute Cardiovasc Care, 2018, 7:218-223.

305. Winnik SH, Luscher TF, Herzog B, et al. AV Block on Exertion:Pulmonary Sarcoidosis with Involvement of the His-Purkinje System. Am J Med, 2015, 128:e31-33.

306. Scheinman M. Ablative care of atrioventricular block:Uncovering new horizons or chasing ghosts. Heart Rhythm, 2018, 15:97-98.

307. Guerreromárquez F J, Aranarueda E, Pedrote A. Idiopathic Paroxysmal Atrio-Ventricular Block. What is The Mechanism. Journal of Atrial Fibrillation, 2016, 9:1449.

308. Ivan Cakulev, Jayakumar Sahadevan, Mauricio Arruda, et, al. Confirmation of Novel Noninvasive High Density Electrocardiographic Mapping With Electrophysiology Study:Implications for Therapy. Circ Arrhythm Electrophysiol, 2013, 6:68-75.

309. Shahnaz Jamil-Copley, Ryan Bokan, Pipin Kojodjojo, et, al.Noninvasive electrocardiographic mapping to guide ablation of outflow tract ventricular arrhythmias. Heart Rhythm, 2014, 11:587-594.

310. Chengzong Han, Steven M. Pogwizd, Cheryl R. Killingsworth, et, al. Noninvasive imaging of three-dimensional cardiac activation sequence during pacing and ventricular tachycardia. Heart Rhythm, 2011, 8:1266-1272.

311. Raja N. Ghanem, Ping Jia, Charulatha Ramanathan, et, al. Noninvasive Electrocardiographic Imaging(ECGI):Comparison to intraoperative mapping in patients. Heart Rhythm, 2005, 2:339-354.

312. Raja N. Ghanem. Noninvasive electrocardiographic imaging of arrhythmogenesis:insights from modeling and human studies. Journal of Electrocardiology, 2007, 40:S169-S173.

313. Bokhari F, Alqurashi M, Raslan O, et, al. Right atrial appendage tachycardia:A rare cause of tachycardia induced cardiomyopathy with successful radiofrequency ablation using the 3D mapping system. J Saudi Heart Assoc, 2013, 25(4):265-271.

314. Seo Y, Yamasaki H, Kawamura R, et, al. Left ventricular activation imaging by 3-dimensional speckle-tracking echocardiography. Comparison with electrical activation?mapping. Circ J, 2013, 77(10):2481-2489.

315. Shah AJ, Hocini M, Xhaet O, et, al. Validation of novel 3-dimensional electrocardiographic mapping of atrial tachycardias by invasive mapping and ablation:a multicenter study. J Am Coll Cardiol, 2013, 62(10):889-897.

316. Scheinman M, Gerstenfeld E. Mapping of complex atrial tachycardia circuits by 3-dimensional body surface mapping:the first step in the dawn of a new era. J Am Coll Cardiol, 2013, 62(10):898-899.

317. Carpen M, Matkins J, Syros G, et, al. First experience of 3D rotational angiography fusion with NavX electroanatomical mapping to guide catheter ablation of atrial fibrillation. Heart Rhythm, 2013, 10(3):422-427.

318. Tsuchiya T. Three-dimensional mapping of cardiac arrhythmias - string of pearls. Circ J, 2012, 76(3):572-581.

319. Del Carpio Munoz F, Buescher TL, Asirvatham SJ. Teaching points with 3-dimensional mapping of cardiac arrhythmia:how to overcome potential pitfalls during substrate mapping Circ Arrhythm Electrophysiol, 2011, 4(6):e72-75.

320. Jang SW, Shin WS, Kim JH, et, al. The feasibility and efficacy of a large-sized lasso catheter combined with 3 dimensional mapping system for catheter ablation of atrial fibrillation. Korean Circ J, 2011, 41(8):447-452.

321. Del Carpio Munoz F, Buescher T, Asirvatham SJ. Teaching points with 3-dimensional mapping of cardiac arrhythmias:taking points:activation mapping. Circ Arrhythm Electrophysiol, 2011, 4(3):e22-25.

322. Del Carpio Munoz F, Buescher TL, Asirvatham SJTeaching points with 3-dimensional mapping of cardiac arrhythmias:teaching point 3:when early is not early. Circ Arrhythm Electrophysiol, 2011, 4(2):e11-14.

323. Donadio V. Plazzi G. Vandi S.et al.Sympathetic and cardiovascular activity during cataplexy in narcolepsy.J Sleep Res, 2008, 17(4):458-463.

324. Cao WH, Fan W, Morrison SF.Medullary pathways mediating specific sympathetic responses to activation of dorsomedial hypothalamus. Neuroscience, 2004, 126(1):229-240.

325. Nomura M, Nada T, Endo J, et al.Brugada syndrome associated with an autonomic disorder.Heart, 1998, 80(2):194-196.

326. Zhou S. Chen LS. Miyauchi Y, et al.Mechanisms of cardiac nerve sprouting after myocardial infarction in dogs Circ Res, 2004,

95(1):76-83.

327. Bai J, Ren C, Hao W, et al.Chemical sympathetic denervation, suppression of myocardial transient outward potassium current, and ventricular fibrillation in the rat.J Physiol Pharmacol, 2008, 86(10):700-709.

328. Chen PS, Chen LS, Cao JM, et al.Sympathetic nerve sprouting, electrical remodeling and the mechanisms of sudden cardiac death. Cardiovasc Res, 2001, 50(2):409-416.

329. Fujishiro H, Frigerio R, Burnett M, et al.Cardiac sympathetic denervation correlates with clinical and pathologic stages of Parkinson's disease.Mov Disord, 2008, 23(8):1085-1092.

330. Mortara A. The neurovegetative system in heart failure and heart transplantation.tal Heart J Suppl, 2001, 2(8):871-887.

331. Bai J, Ren C, Hao W, et al.Chemical sympathetic denervation, suppression of myocardial transient outward potassium current, and ventricular fibrillation in the rat.Physiol Pharmacol, 2008, 86(10):700-709.

332. Chen LS, Zhou S, Fishbein MC, et al.Perspectives on the role of autonomic nervous system in the genesis of arrhythmias.J Cardiovasc Electrophysiol, 2007, 18(1):123-127.

333. Kim DT, Luthringer DJ, Lai AC, et al.Sympathetic nerve sprouting after orthotopic heart transplantation.J Heart Lung Transplant, 2004, 23(12):1349-1358.

334. Bibevski S, Dunlap ME. Ganglionic mechanisms contribute to diminished vagal control in heart failure.Circulation, 1999, 99(22):2958-2963.

335. Gilliam FR 3rd, Singh JP, Mullin CM, et al. Prognostic value of heart rate variability footprint and standard deviation of average 5-minute intrinsic RR intervals for mortality in cardiac resynchronization therapy patients. J Electrocardiol, 2007, 40(4):336-342.

336. Ten Sande JN, Damman P, Tijssen JG, et al. Value of serial heart rate variability measurement for prediction of appropriate ICD discharge in patients with heart failure. J Cardiovasc Electrophysiol, 2014, 25(1):60-65.

337. Bochkov YA, Palmenberg AC, Lee WM, et al. Molecular modeling, organ culture and reverse genetics for a newly identified human rhinovirus C. Nat Med, 2011, 17(5):627-632.

338. Ghuran A, Reid F, La Rovere MT, et al. Heart rate turbulence-based predictors of fatal and nonfatal cardiac arrest(The Autonomic Tone and Reflexes After Myocardial Infarction substudy). Am J Cardiol, 2002, 89(2):184-190.

339. Baydar O, Oktay V, Sinan UY, et al.Heart rate turbulence in patients with stable coronary artery disease and its relationship with the severity of the disease. Turk Kardiyol Dern Ars, 2015, 43(7):594-598.

340. Urbanek B, Ruta J, Kudryński K, et al. Relationship Between Changes in Pulse Pressure and Frequency Domain Components of Heart Rate Variability During Short-Term Left Ventricular Pacing in Patients with Cardiac Resynchronization Therapy. Med Sci Monit, 2016, 22:2043-2049.

341. Alonso A, Huang X, Mosley TH, et al. Heart rate variability and the risk of Parkinson disease:The Atherosclerosis Risk in Communities study. Ann Neurol, 2015, 77(5):877-83.

342. Porta A, Girardengo G, Bari V, et al. Autonomic control of heart rate and QT interval variability influences arrhythmic risk in long QT syndrome type 1. J Am Coll Cardiol, 2015, 65(4):367-74.

343. Seppala I, Kleber ME, Lyytikainen LP, et al. AtheroRemo Consortium. Genome-wide association study on dimethylarginines reveals novel AGXT2 variants associated with heart rate variability but not with overall mortality. Eur Heart J, 2014, 35(8):524-531.

344. Huikuri HV, Raatikainen MJ, Moerch-Joergensen R, et al. Cardiac Arrhythmias and Risk Stratification after Acute Myocardial Infarction study group. Prediction of fatal or near-fatal cardiac arrhythmia events in patients with depressed left ventricular function after an acute myocardial infarction. Eur Heart J, 2009, 30(6):689-698.

345. Pizzi C, Manzoli L, Mancini S, Costa GM. Analysis of potential predictors of depression among coronary heart disease risk factors including heart rate variability, markers of inflammation, and endothelial function. Eur Heart J, 2008, 29(9):1110-1117.

346. Hinterseer M, Thomsen MB, Beckmann BM, et al. Beat-to-beat variability of QT intervals is increased in patients with drug-induced long-QT syndrome:a case control pilot study. Eur Heart J, 2008, 29(2):185-190.

347. Krantz MJ, Mehler PS. Heart rate variability in women. Arch Intern Med, 2006, 166(2):247.

348. Guzzetti S, Borroni E, Garbelli PE, et al. Symbolic dynamics of heart rate variability:a probe to investigate cardiac autonomic modulation. Circulation, 2005, 112(4):465-470.

349. Kim CK, McGorray SP, Bartholomew BA, et al. Depressive symptoms and heart rate variability in postmenopausal women. Arch Intern Med, 2005, 165(11):1239- 1244.

350. Alboni P, Holz A, Brignole M. Vagally mediated atrioventricular block:pathophysiology and diagnosis. Heart, 2013, 99:904-908.

351. Aste M, Brignole M. Syncope and paroxysmal atrioventricular block. J Arrhythm, 2017, 33:562-567.

352. Brignole M, Deharo JC, Guieu R. Syncope and Idiopathic(Paroxysmal)AV Block. Cardiol Clin, 2015, 33:441-447.

353. Komatsu S, Sumiyoshi M, Miura S, et al. A proposal of clinical ECG index "vagal score" for determining the mechanism of paroxysmal atrioventricular block. J Arrhythm, 2017, 33:208-213.

354. Shenasa M, Josephson ME, Wit AL. Paroxysmal atrioventricular block:Electrophysiological mechanism of phase 4 conduction block in the His-Purkinje system:A comparison with phase 3 block. Pacing Clin Electrophysiol, 2017, 40:1234-1241.

355. Sameer Prasada, Arvind Nishtala, Nora Goldschlager. Prolonged Ventricular Asystole:A Premature Diagnosis Circulation, 2019, 139:2798-2801.

356. Mond HG, Vohra J. The Electrocardiographic Footprints of Wenckebach Block. Heart Lung Circ, 2017, 26:1252-1266.

357. Nelson WP. Diagnostic and Prognostic Implications of Surface Recordings from Patients with Atrioventricular Block. Card Electrophysiol Clin, 2016, 8:25-35.

358. Oh YZ, Tan VH, Wong KC. Concealed conduction of premature ventricular complexes resulting in AV nodal block. J Arrhythm, 2017, 33:528-529.

359. Aguiar Rosa S, Timoteo AT, Ferreira L, et al. Complete atrioventricular block in acute coronary syndrome:prevalence, characterisation and implication on outcome. Eur Heart J Acute Cardiovasc Care, 2018, 7:218-223.

360. Scheinman MM. Ablative care of atrioventricular block:Uncovering new horizons or chasing ghosts. Heart Rhythm, 2018, 15:97-98.

361. Francisco J Guerrero-Márquez, Arana-Rueda E, Pedrote A. Idiopathic Paroxysmal Atrio-Ventricular Block. What is The Mechanism J Journal of Atrial Fibrillation, 2016, 9:1449.

362. 贾忠伟, 郭继鸿, 许原, 等. 经房室结双径路1:2传导引起的一种新型室上性心动过速. 临床心电学杂志, 2003, 12:149-152.

363. Picciolo G, Crea P, Luzza F, et al. V＞A:When the paradigm fails. Journal of Cardiovascular Electrophysiology, 2017, 28:837-840.

364. Zhao YT, Wang L, Yi Z. Tachycardia-Induced Cardiomyopathy in a 43-Year-Old Man. Circulation, 2016, 134:1198-201.

365. Nakao K, Motonobu Hayano, Ivan I Iliev:Double ventricular response via dual atrioventricular nodal pathways resulting with nonreentrant supraventricular tachycardia and successfully treated with radiofrequency catheter ablation.Journal of Electrocardiology, 2001, 34:59-63.

366. Csapo G:Paroxysmal nonreentrant tachycardias due to simultaneous conduction through dual atrioventricular nodal pathways. Am J Cardiol, 1979, 43:1033-1045.

367. Neuss H, Buss J, Schlepper M, et al. Double ventricular response in dual AV nodal pathways mimicking supraventricular as well as ventricular tachycardia. Eur Heart J, 1982, 3:146-154.

368. Ajiki K, Murakawa Y, Yamashita T, et al. Nonreentrant supraventricular tachycardia due to double ventricular response via dual atrioventricular nodal pathways. J Electrocardiol, 1996, 29:155-160.

369. Fraticelli A, Saccomanno G, Pappone C, et al. Paroxysmal supraventricular tachycardia caused by 1:2 atrioventricular conduction in the presence of dual atrioventricular nodal pathways. J Electrocardiol, 1999, 32:347-354.

370. Sato N, Sasaki R, Imahashi M, et, al. The relationship between repolarization parameters and serum electrolyte levels in patients with J wavesyndromes. Magnes Res, 2015, 28(1):1-13.

371. Antzelevitch C, Yan GX. J-wave syndromes:Brugada and early repolarization syndromes. Heart Rhythm. 2015 ［Epub ahead of print］

372. Brosnan MJ, Kumar S, LaGerche A, et, al. Early repolarization patterns associated with increased arrhythmic risk are common in young non-Caucasian Australian males and not influenced by athletic status. Heart Rhythm. 2015 ［Epub ahead of print］

373. Kukla P, Jastrz?bski M, Pérez-Riera AR. Some Controversies about Early Repolarization:The Ha?ssaguerre Syndrome. Ann Noninvasive Electrocardiol. 2015 ［Epub ahead of print］

374. Mahida S, Derval N, Sacher F, et, al. Role of electrophysiological studies in predicting risk of ventricular arrhythmia in early repolarization syndrome. J Am Coll Cardiol, 2015, 65(2):151-159.

375. Zorzi A, Leoni L, Di Paolo FM, et, al. Differential diagnosis between early repolarization of athlete's heart and coved-type Brugada electrocardiogram. Am J Cardiol, 2015, 115(4):529-532.

376. Ali Diab O, Abdel-Hafez Allam RM, Mohamed HG, et, al. Early Repolarization Pattern Is Associated with Increased Risk of Early Ventricular Arrhythmias during Acute ST Segment Elevation Myocardial Infarction. Ann Noninvasive Electrocardiol. 2014 ［Epub ahead of print］

377. Kobayashi M, Takata Y, Goseki Y, et, al. A sudden cardiac death induced by sildenafil and sexual activity in an HIV patient with drug interaction, cardiacearly repolarization, and arrhythmogenic right ventricular cardiomyopathy. Int J Cardiol, 2015, 179:421-423.

378. Talib AK, Sato N, Kawabata N, et, al. Repolarization characteristics in early repolarization and brugada syndromes:insight into an overlapping mechanism of lethal arrhythmias. J Cardiovas Electrophysiol, 2014, 25(12):1376-1384.

379. Sethi KK, Sethi K, Chutani SK. Early repolarisation and J wave syndromes. Indian Heart J, 2014, 66(4):443-452.

380. Kaneko Y, Horie M, Niwano S, et, al. Electrical storm in patients with brugada syndrome is associated with early repolarization. Circ Arrhythm Electrophysiol, 2014, 7(6):1122-1128.

381. Quattrini FM, Pelliccia A, Assorgi R, et, al. Benign clinical significance of J-wave pattern(early repolarization)in highly trained athletes. Heart Rhythm, 2014, 11(11):1974-1982.

382. Frontera A, Carpenter A, Ahmed N, et, al. Prevalence and significance of early repolarization in patients presenting with syncope. Int J Cardiol, 2014, 176(1):298-299.

383. Nagase S. Association of early repolarization with long-term mortality and major adverse cardiac events in patients with ST-segment elevation myocardial infarction. J Cardiol, 2014, 64(3):162-163.

384. Mizusawa Y, Bezzina CR. Early repolarization pattern:its ECG characteristics, arrhythmogeneity and heritability. J Interv Card Electrophysiol, 2014, 39(3):185-192.

385. Ohsawa M, Okamura T, Ogasawara K, et al. Relative and absolute risks of all-cause and cause-specific deaths attributable to

atrial fibrillation in middle-aged and elderly community dwellers. Int J Cardiol, 2015, 184:692-698.

386. Chen LY, Benditt DG, Alonso A. Atrial fibrillation and its association with sudden cardiac death. Circ J, 2014, 78:2588-2593.

387. Baczko I, Leprán I, Kiss L, et al. Future perspectives in the pharmacological treatment of atrial fibrillation and ventricular arrhythmias in heart failure. Curr Pharm Des, 2015, 21:1011- 1029.

388. Bardai A, Blom MT, van Hoeijen DA, et al. Atrial fibrillation is an independent risk factor for ventricular fibrillation:a large-scale population-based case-control study. Circ Arrhythm Electrophysiol, 2014, 7:1033-1039.

389. Siontis KC, Geske JB, Ong K, et al. Atrial fibrillation in hypertrophic cardiomyopathy:prevalence, clinical correlations, and mortality in a large high-risk population.J Am Heart Assoc, 2014, 3:e001002.

390. Piccini JP, Daubert JP. Atrial fibrillation and sudden cardiac death:is heart failure the middleman?JACC Heart Fail, 2014, 2:228-229.

391. Reinier K, Marijon E, Uy-Evanado A, et al. The association between atrial fibrillation and sudden cardiac death:the relevance of heart failure. JACC Heart Fail, 2014, 2:221-227.

392. Buiten MS, de Bie MK, Rotmans JI, et al. The dialysis procedure as a trigger for atrial fibrillation:new insights in the development of atrial fibrillation in dialysis patients. Heart, 2014, 100:685-690.

393. Giustetto C, Cerrato N, Gribaudo E, et al. Atrial fibrillation in a large population with Brugada electrocardiographic pattern:prevalence, management, and correlation with prognosis. Heart Rhythm, 2014, 11:259-265.

394. Urtubia Palacios A, Usieto López L, Fernández Esteban MI, et al. Torsade de pointes in the management of atrial fibrillation. Semergen, 2014, 40:e5-7.

395. Ruwald AC, Bloch Thomsen PE, Gang U, et al. New-onset atrial fibrillation predicts malignant arrhythmias in post-myocardial infarction patients--a Cardiac Arrhythmias and RIsk Stratification after acute Myocardial infarction(CARISMA)substudy. Am Heart J, 2013, 166:855-863.

396. Marijon E, Le Heuzey JY, Connolly S, et al. Causes of death and influencing factors in patients with atrial fibrillation:a competing-risk analysis from the randomized evaluation of long-term anticoagulant therapy study. Circulation, 2013, 128:2192-2201.

397. Kimura T, Takatsuki S, Aizawa Y, et al. Ventricular fibrillation associated with J-wave manifestation following pericarditis after catheter ablation for paroxysmal atrial fibrillation. Can J Cardiol, 2013, 29:1330.e1-1330.e3.

398. DeMazumder D, Lake DE, Cheng A, et al. Dynamic analysis of cardiac rhythms for discriminating atrial fibrillation from lethal ventricular arrhythmias. Circ Arrhythm Electrophysiol, 2013, 6:555-561.

399. Takahashi K, Ohtsuka Y, Shimabukuro A, et al. Automated external defibrillator documented degeneration of pre-excited atrial fibrillation into ventricular fibrillation. J Electrocardiol, 2013, 46:663-665.

400. Divakara Menon SM, Nair GM, Leaplaza GL et al. Resetting of a Supraventricular Tachycardia by a Ventricular Premature Beat. What Is the Mechanism?2015, 8. 〔Epub ahead of print〕.

401. Bencharif S, Leung L. A 54-year-old woman with premature ventricular complexes and a rapidly changing ECG. BMJ Case Rep, 2015, 31:2015.

402. Matoshvili Z, Petriashvili S, 1Archvadze A, et al. Early repolarization as a predictor of premature ventricular beats. Georgian Med News, 2015, 239:44-47.

403. Erkapic D, Neumann T. Ablation of premature ventricular complexes exclusively guided by three-dimensional noninvasive mapping. Card Electrophysiol Clin, 2015, 7:109-115.

404. Eugenio PL. Frequent Premature Ventricular Contractions:An Electrical Link to Cardiomyopathy. Cardiol Rev, 2015:2. 〔Epub ahead of print〕.

405. Ichikawa T, Sobue Y, Kasai A, et al. Beat-to-beat T-wave amplitude variability in the risk stratification of right ventricular outflow tract-premature ventricular complex patients. Europace, 2015. 〔Epub ahead of print〕

406. Kiris A, Turan OE, Kiris G, et al. Relationship between epicardial fat tissue thickness and frequent ventricular premature beats. Kardiol Pol, 2015, 3 〔Epub ahead of print〕.

407. Aktas MK, Mittal S, Kutyifa V, et, al. The Burden and Morphology of?Premature Ventricular Contractions and their Impact on Clinical Outcomes in Patients Receiving Biventricular Pacing in the Multicenter Automatic Defibrillator Implantation Trial-Cardiac Resynchronization Therapy(MADIT-CRT). Ann Noninvasive Electrocardiol.2015; 16. 〔Epub ahead of print〕.

408. Michele Brignole, Angel Moya, Frederik J.de Lange, et al. 2018 ESC Guidelines for the Diagnosis and Management of Syncope. European Heart Journal, 2018, 39:1883-1948.

409. Wijesekera N T, Kurbaan A S. Pacing for Vasovagal Syncope. Indian Pacing & Electrophysiology Journal, 2002, 2:114-119.

410. Ruzieh M, Ammari Z, Dasa O, et al. Role of closed loop stimulation pacing(CLS)in vasovagal syncope. Pacing and Clinical Electrophysiology, 2017, 40:1302-1307.

411. Cha Y M, Lloyd M A, Birgersdottergreen A U M. Arrhythmias in Women. Clinical Medicine, 2014.

412. Gialafos E, Psaltopoulou T, Papaioannou T G, et al.Prevalence of interatrial block in young healthy men＜35 years of age.Am J Cardiol, 2007, 100:995-997.

413. Engelen M A, Juergens K U, Breithardt G, et al.Interatrial conduction delay and atrioventricular block due to primary cardiac lymphoma.J Cardiovasc Electrophysiol, 2005, 16:926.

414. Bayes de Luna A, Guindo J, Vinolas X, et al. Third-degree inter-atrial block and supraventricular tachyarrhythmias. Europace,

1999, 1:43-46.

415. Ariyarajah V, Asad N, Tandar A, et al. Interatrial block:pandemic prevalence, significance, and diagnosis. Chest, 2005, 128:970-975.

416. Ariyarajah V, Apiyasawat S, Najjar H, et al. Frequency of interatrial block in patients with sinus rhythm hospitalized for stroke and comparison to those without interatrial block. Am J Cardiol, 2007, 99:49-52.

417. Ariyarajah V, Apiyasawat S, Moorthi R, et al. Potential clinical correlates and risk factors for interatrial block. Cardiology, 2006, 105:213-218.

418. Bacharova L, Wagner G S. The time for naming the Interatrial Block Syndrome:Bayes Syndrome. J Electrocardiol, 2015, 48:133-134.

419. Rubaj A, Rucinski P, Kutarski A, et al. Cardiac hemodynamics and proinflammatory cytokines during biatrial and right atrial appendage pacing in patients with interatrial block. Journal of interventional cardiac electrophysiology:an international journal of arrhythmias and pacing, 2013, 37:147-154.

420. Enriquez A, Marano M, D'Amato A, et al. Second-degree interatrial block in hemodialysis patients. Case reports in cardiology, 2015, 2015:468493.

421. James T N. The connecting pathways between the sinus node and A-V node and between the right and the left atrium in the human heart. Am Heart J, 1963, 66:498-508.

422. Waggoner A D, Kalathiveetil S, Spence K E, et al. Interatrial conduction time and left atrial function in patients with left ventricular systolic dysfunction:effects of cardiac resynchronization therapy. Journal of the American Society of Echocardiography:official publication of the American Society of Echocardiography, 2009, 22:472-477.

423. Holmqvist F, Husser D, Tapanainen J M, et al. Interatrial conduction can be accurately determined using standard 12-lead electrocardiography:validation of P-wave morphology using electroanatomic mapping in man. Heart Rhythm, 2008, 5:413-418.

424. Platonov P G, Mitrofanova L, Ivanov V, et al. Substrates for intra-atrial and interatrial conduction in the atrial septum:anatomical study on 84 human hearts. Heart Rhythm, 2008, 5:1189-1195.

425. Enriquez A, Conde D, Redfearn D P, et al. Progressive interatrial block and supraventricular arrhythmias. Annals of noninvasive electrocardiology:the official journal of the International Society for Holter and Noninvasive Electrocardiology, Inc, 2015, 20:394-396.

426. Bayes de Luna A, Cladellas M, Oter R, et al. Interatrial conduction block and retrograde activation of the left atrium and paroxysmal supraventricular tachyarrhythmia. European heart journal, 1988, 9:1112-1118.

427. Bayes de Luna A, Platonov P, Cosio F G, et al. Interatrial blocks. A separate entity from left atrial enlargement:a consensus report. J Electrocardiol, 2012, 45:445-451.

428. Bayes de Luna A, Fort de Ribot R, Trilla E, et al. Electrocardiographic and vectorcardiographic study of interatrial conduction disturbances with left atrial retrograde activation. J Electrocardiol, 1985, 18:1-13.

429. Conde D, Baranchuk A, Bayes de Luna A. Advanced interatrial block as a substrate of supraventricular tachyarrhythmias:a well recognized syndrome. J Electrocardiol, 2015, 48:135-140.

430. Arboix A, Marti L, Dorison S, et al. Bayes syndrome and acute cardioembolic ischemic stroke. World journal of clinical cases, 2017, 5:93-101.

431. Tse G, Lai E T, Yeo J M, et al. Electrophysiological Mechanisms of Bayes Syndrome:Insights from Clinical and Mouse Studies. Front Physiol, 2016, 7:188.

432. Conde D, Seoane L, Gysel M, et al. Bayes' syndrome:the association between interatrial block and supraventricular arrhythmias. Expert Rev Cardiovasc Ther, 2015, 13:541-550.

433. Baranchuk A, Bayes-Genis A. Bayes' Syndrome. Revista espanola de cardiologia(English ed), 2016, 69:439.

434. European Medicines Agency. Procoralan(ivabradine):EU summary of product characteristics [online]. Available from URL:http://www.ema.europa.eu/docs/en_GB/document_library/EPAR_-_Product_Information/human/000597/WC500043590.

435. Berdeaux A. Drugs, 2007; 2:25-33.

436. Pharmacovigilance risk assessment committee(PRAC). European Medicines Agency, 2014, 734305. http://www.fda.gov/newsevents/newsroom/pressannouncements/ucm442978.htm

437. Ferrari R, et al. Anti-ischaemic effect of ivabradine. Pharmacol Res, 2006; 53(5):435-9.

438. Brown HF, et al. How does adrenaline accelerate the heart Nature, 1979; 280(5719):235-236.

439. DiFrancesco D. Characterization of single pacemaker channels in cardiac sino-atrial node cells. Nature, 1986; 324(6096):470-473.

440. DiFrancesco D. The contribution of the 'pacemaker' current(if)to generation of spontaneous activity in rabbit sino-atrial node myocytes. J Physiol, 1991; 434:23-40.

441. Berdeaux A. Preclinical results with I(f)current inhibition by ivabradine. Drugs, 2007; 2:25-33.

442. Pichler P, Pichler-Cetin E, Vertesich M, et al. Ivabradine versus metoprolol for heart rate reduction before coronary computed tomography angiography. Am J Cardiol, 2012; 109(2):169-173.

443. Ruzyllo W, Tendera M, Ford I, et al. Antianginal efficacy and safety of ivabradine compared with amlodipine in patients with stable effort angina pectoris:a 3-month randomised, double-blind, multicentre, noninferiority trial. Drugs, 2007; 67(3):393-405.

444. Tardif JC, Ponikowski P, Kahan T, et al. Efficacy of the I(f)current inhibitor ivabradine in patients with chronic stable angina

receiving beta-blocker therapy:a 4-month, randomized, placebo-controlled trial. Eur Heart J, 2009; 30(5):540-548.

445. BEAUTIFUL Investigators. Ivabradine for patients with stable coronary artery disease and left-ventricular systolic dysfunction(BEAUTIFUL):a randomised, double-blind, placebo-controlled trial. Lancet, 2008; 372(9641):807-816.

446. BEAUTIFUL Investigators. Relationship between ivabradine treatment and cardiovascular outcomes in patients with stable coronary artery disease and left ventricular systolic dysfunction with limiting angina:a subgroup analysis of the randomized, controlled BEAUTIFUL trial. Eur Heart J, 2009; 30(19):2337-2345.

447. Fox K, Ford I, Steg PG, et al. Ivabradine in stable coronary artery disease without clinical heart failure. N Engl J Med, 2014; 371(12):1091-1099.

448. Belardinelli L, Liu G, Smith-Maxwell C, et al. Anovel, potent, and selective inhibitor of cardiac late sodium current suppress experimental arrhythmias. J Pharmacol ExpTher, 2013, 344:23-32.

449. Sicouri S, Belardinelli L, Antzelevitch C. Antiarrhythmic effects of the highly selective late sodium channel current blocker GS-458967. Heart Rhythm, 2013, 10:1036-1043.

450. Coppini R, Ferrantini C, Yao L, et al. Late sodium current inhibition reverses electromechanical dysfunction in human hypertrophic cardiomyopathy. Circulation, 2013, 127:575-584.

451. Shryock JC, Song Y, Rajamani S, et al. The arrhythmogenic consequences of increasing late INa in the cardiomyocyte. Cardiovasc Res, 2013, 99:600-611.

452. Antzelevitch C, Burashnikov A, Sicouri S, et al. Electrophysiologic basis for the antiarrhythmic actions of ranolazine. Heart Rhythm, 2011, 8:1281-1290.

453. Smith-Maxwell CJ, Xie C, Chan K, et al. Discovery of GS-485967:a novel and highly selective inhibitor of cardiac sodium late current. Heart Rhythm, 2012, 9:S394.

454. Pezhouman A, Madahian S, Stepanyan H, et al. Selective inhibition of the late sodium current to prevent ventricular fibrillation. Circulation, 2013, 128:A13310(abstr).

455. Bapat A, Nguyen TP, Lee JH, et al. Enhanced sensitivity of aged fibrotic hearts to angiotensin II-and hypokalemia-induced early afterdepolarizations-mediated ventricular arrhythmias. Am J Physiol Heart Circ Physiol 2012; 302:H2331- H2340.

456. Qu Z, Xie LH, Olcese R, Karagueuzian HS, et al. Early afterdepolarizations in cardiac myocytes:beyond reduced repolarization reserve. Cardiovasc Res, 2013, 99:6-15.

457. Steffel J, Giugliano RP, Braunwald E, et al. Edoxaban vs. warfarin in patients with atrial fibrillation on amiodarone:a subgroup analysis of the ENGAGE AF-TIMI 48 trial. Eur Heart J. 2015 [Epub ahead of print] .

458. Tesic D, Kostic M, Paunovic D, et al. Analysis of the cost-effectiveness of dronedarone versus amiodarone, propafenone, and sotalol in patients with atrial fibrillation:results for Serbia. Kardiol Pol, 2015, 73:287-295.

459. Yilmaz M, Aydin U, Arslan ZI, et al. The effect of lidocaine and amiodarone on prevention of ventricular fibrillation in patients undergoing coronary artery bypass grafting. Heart Surg Forum, 2014, 17:E245-249.

460. Adelborg K, Ebbeh j E, Nielsen JC, et al. Treatment with amiodarone. Ugeskr Laeger, 2014, 176.

461. Jennings DL, Martinez B, Montalvo S, et al. Impact of pre-implant amiodarone exposure on outcomes in cardiac transplant recipients. Heart Fail Rev. 2015 [Epub ahead of print] .

462. Kounis NG, Soufras GD, Davlouros P, et al. Combined etiology of anaphylactic cardiogenic shock:Amiodarone, epinephrine, cardioverter defibrillator, left ventricular assist devices and the Kounis syndrome. Ann Card Anaesth, 2015, 18:261-264.

463. Saharan S, Balaji S. Cardiovascular collapse during amiodarone infusion in a hemodynamically compromised child with refractory supraventricular tachycardia. Ann Pediatr Cardiol, 2015, 8:50-52.

464. Rajagopal S. Catatonic depression precipitated by amiodarone prescribed for atrial fibrillation. Indian J Psychiatry, 2015, 57:105-106.

465. Alonso A, MacLehose RF, Lutsey PL, et al. Association of amiodarone use with acute pancreatitis in patients with atrial fibrillation:a nested case-control study. JAMA Intern Med, 2015, 175:449-450.

466. Besli F, Basar C, Kecebas M, et al. Improvement of the myocardial performance index in atrial fibrillation patients treated with amiodarone after cardioversion. J Interv Card Electrophysiol, 2015, 42:107-115.

467. Costache L, Mogos V, Preda C, et al. Therapeutic particularities in amiodarone induced thyroid disorder in patients with underlying cardiac condition. Rev Med Chir Soc Med Nat Iasi, 2014, 118:959-964.

468. Bienias P, Ciurzyński M, Paczyńska M, et al. Cardiac arrest and electrical storm due to recurrent torsades de pointes caused by concomitant clarithromycin, cotrimoxazole and amiodarone treatment. Pol Merkur Lekarski, 2014, 37:285-288.

469. Kotake Y, Kurita T, Akaiwa Y, et al. Intravenous amiodarone homogeneously prolongs ventricular repolarization in patients with life-threatening ventricular tachyarrhythmia. J Cardiol. 2014 [Epub ahead of print] .

470. Capone CA, Gebb J, Dar P, et al. Favorable neurodevelopmental outcome in a hypothyroid neonate following intracordal amiodarone for cardioversion of refractory supraventricular tachycardia in a fetus. J Neonatal Perinatal Med, 2014, 7:305-309.

471. Mohanty S, Di Biase L, Mohanty P, et al. Effect of periprocedural amiodarone on procedure outcome in patients with longstanding persistent atrial fibrillation undergoing extended pulmonary vein antrum isolation:results from a randomized study(SPECULATE). Heart Rhythm, 2015, 12:477-483.

472. Echt D S, Liebson P R, Mitchell L B, et al. Mortality and morbidity in patients receiving encainide, flecainide, or placebo. The Cardiac Arrhythmia Suppression Trial. N Engl J Med, 1991, 324:781-788.

473. N Engl J Med. Preliminary report:effect of encainide and flecainide on mortality in a randomized trial of arrhythmia suppression after myocardial infarction. N Engl JMed, 1989, 321:406-412.

474. 2016ESC/EACTS心房颤动管理指南（中文翻译版）.

475. Furberg CD. Effect of antiarrhythmic drugs on mortality after myocardial infarction. Am J Cardiol, 1983, 52:32C-36C.

476. Schwartz PJ, Stramba-Badiale M, Crotti L, et al.Prevalence of the congenital long-QT syndrome. Circulation, 2009, 120:1761-1767.

477. Levine E, Rosero SZ, Budzikowski AS, et al. Congenital long QT syndrome:considerations for primary care physicians. Cleve Clin J Med, 2008, 75:591-600.

478. Tranebjaerg L, Bathen J, Tyson J, et al. Jervell and Lange-Nielsen syndrome:a Norwegian perspective. American Journal of Medical Genetics, 1999, 89:137-146.

479. Jervell A, Lange-Nielsen F, Lange-Nielsen. "Congenital deaf-mutism, functional heart disease with prolongation of the Q-T interval and sudden death". Am. Heart J, 1957, 54:59-68.

480. Ward OC. A new familial cardiac syndrome in childre. J Ir Med Assoc, 1964, 54:103-106.

481. Hedley PL, Jorgensen P, Schlamowitz S, et al. The genetic basis of long QT and short QT syndromes:a mutation update. Human Mutation, 2009, 30:1486-1511.

482. Priori SG, Wilde AA, HorieM, et al. HRS/EHRA/APHRS expert consensus statement on the diagnosis and management of patients with inherited primary arrhythmia syndromes:document endorsed by HRS, EHRA, and APHRS in May 2013 and by ACCF, AHA, PACES, and AEPC in June 2013. Heart Rhythm. 2013, 10:1932-1963.

483. Moss A.J., Zareba W., Hall W.J., et al. Effectiveness and limitations of beta-blocker therapy in congenital long-QT syndrome. Circulation, 2000, 101:616-623.

484. A. Abu-Zeitone, D.R. Peterson, B. Polonsky, S. McNitt, A.J. Moss. Efficacy of different β-blockers in the treatment of long QT syndrome. J Am CollCardiol, 2014, 64:1352-1358.

485. ChockalingamP., CrottiL., GirardengoG., et al.Not all beta-blockers are equal in the management of long QT syndrome types 1 and 2:higher recurrence of events under metoprolol. J Am CollCardiol, 2012, 60:2092-2099.

486. Jons C., Moss A.J., Goldenberg I., et al. Risk of fatal arrhythmic events in long QT syndrome patients after syncope. J Am CollCardiol, 2010, 55:783-788.

487. Giros B, el Mestikawy S, Godinot N, et al. Caron MG.Cloning, pharmacological characterization, and chromosome assignment of the human dopamine transporter. Mol Pharmacol, 1992, 42-3:383-90.

488. Cherstniakova SA, Bi D, Fuller DR, et al. Metabolism of vanoxerine, 1-［2-［bis4-fluorophenyl-methoxy］ethyl］-4-(3-phenylpropyl)piperazine, by human cytochrome P450 enzymes. Drug Metab Dispos 2001, 29-9:1216-20.

489. Sogaard U, Michalow J, Butler B, et al. A tolerance study of single and multiple dosing of the selective dopamine uptake inhibitor GBR 12909 in healthy subjects. Int Clin Psychopharmacol, 1990, 5:237-251.

490. Lacerda AE, Kuryshev YA, Yan G-X, et al. Vanoxerine:Molecular mechanisms of a new antiarrhythmic drug. J Cardiovasc Electrophysiol, 2010, 21:301-310.

491. Cakulev I, Lacerda AE, Khrestian CM, et al. Oral Vanoxerine Prevents Reinduction of Atrial Tachyarrhythmias:Preliminary Results J Cardiovasc Electrophysiol, 2011, 22-11:1266-1273.

492. January CT, Wann LS, Alpert JS, et al. 2014 AHA/ACC/HRS guideline for the management of patients with atrial fibrillation:a report of the American College of Cardiology/American Heart Association Task Force on Practice Guidelines and the Heart Rhythm Society. J Am Coll Cardiol, 2014, 64:1-76.

493. Page RL, Joglar JA, Caldwell MA, et al. 2015 ACC/AHA/HRS Guideline for the Management of Adult Patients With Supraventricular Tachycardia:A Report of the American College of Cardiology/American Heart Association Task Force on Clinical Practice Guidelines and the Heart Rhythm Society. J Am Coll Cardiol, 2016, 67:27-27e115.

494. Calkins H, Kuck KH, Cappato R, et al. 2012 HRS/EHRA/ECAS Expert Consensus Statement on Catheter and Surgical Ablation of Atrial Fibrillation:recommendations for patient selection, procedural techniques, patient management and follow-up, definitions, endpoints, and research trial design. Europace, 2012, 14:528-606.

495. Liu T, Traebert M, Ju H, et al. Differentiating electrophysiological effects and cardiac safety of drugs based on the electrocardiogram:a blinded validation. Heart Rhythm, 2012, 9:1706-1715.

496. 诸骏仁, 桑国卫. 中华人民共和国药典:临床用药须知-化学药和生物制品卷（2005年版）. 北京:人民卫生出版社, 2005:181-184.

497. Bristow MR. Beta-adrenergic receptor blockade in chronic heart failure. Circulation, 2000, 101:558-569.

498. Janet B McGill. Optimal use of β-blockers in high-risk hypertension:A guide to dosing equivalence. Vascular Health and Risk Management, 2010, 6:363-372.

499. The Cardiac Insufficiency Bisoprolol Study II(CIBIS-II):a randomized trial. Lancet, 1999, 353:9-13.

500. Packer M, Coats AJ, Fowler MB, et al. Effect of carvedilol on survival in severe chronic heart failure. N Engl J Med, 2001, 344:1651-1658.

501. 施仲伟. 阿替洛尔的心脏保护作用缺乏证据. 中华医学杂志, 2005, 85:928-930.

502. Priori SG, Wilde AA, Horie M, et al. HRS/EHRA/APHRS expert consensus statement on the diagnosis and management of patients with inherited primary arrhythmia syndromes:Document endorsed by hrs, ehra, and aphrs in may 2013 and by ACCF,

AHA, PACES, and AEPC in June 2013. Heart rhythm, 2013, 10:1932-1963.

503. Priori SG, Napolitano C, Schwartz PJ, et al. Association of long qt syndrome loci and cardiac events among patients treated with beta-blockers. JAMA, 2004, 292:1341-1344.

504. 郭继鸿. β受体阻滞剂在心律失常治疗中的应用. 中国心脏起搏与心电生理杂志, 2007, 21:4-6.

505. Goldenberg I, Bradley J, Moss A, et al. Beta-blocker efficacy in high-risk patients with the congenital long-qt syndrome types 1 and 2:Implications for patient management. Journal of Cardiovascular Electrophysiology, 2010, 21:893-901.

506. Chatrath R, Bell CM, Ackerman MJ. Beta-blocker therapy failures in symptom-Matic probands with genotyped long-qt syndrome. Pediatric cardiology, 2004, 25:459-465.

507. Vincent GM, Schwartz PJ, Denjoy I, et al. High efficacy of beta-blockers in long-qt syndrome type 1:Contribution of noncompliance and qt-prolonging drugs to the occurrence of beta-blocker treatment "failures". Circulation, 2009, 119:215-221.

508. Chockalingam P, Crotti L, Girardengo G, et al. Not all beta-blockers are equal in the management of long qt syndrome types 1 and 2:Higher recurrence of events under metoprolol. Journal of the American College of Cardiology, 2012, 60:2092-2099.

509. Bankston JR, Kass RS. Molecular determinants of local anesthetic action of beta-blocking drugs:Implications for therapeutic management of long qt syndrome variant 3. Journal of molecular and cellular cardiology, 2010, 48:246-253.

510. Ahrens-Nicklas RC, Clancy CE, Christini DJ. Re-evaluating the efficacy of beta-adrenergic agonists and antagonists in long qt-3 syndrome through computational modelling. Cardiovascular research, 2009, 82:439-447.

511. Besana A, Wang DW, George A Jr., et al. Nadolol block of nav1.5 does not explain its efficacy in the long qt syndrome. Journal of cardiovascular pharmacology, 2012, 59:249-253.